Les cours de
Paul Arnaud

CHIMIE ORGANIQUE

Cours avec 350 questions et exercices corrigés

18e édition
entièrement refondue par

Brigitte Jamart
Professeure à l'ENSIC, INPL (Nancy)

Jacques Bodiguel
Maître de conférences à l'université Henri Poincaré (Nancy)

Nicolas Brosse
Professeur à l'université Henri Poincaré (Nancy)

DUNOD

Illustration de couverture : Nénuphars (lac Baringo, Kenya). © Biosphoto, Gunther Michel/MAU

ISBN 978-2-10-052647-5

AVANT-PROPOS À LA 18^{E} ÉDITION

Dans les éditions précédentes de cet ouvrage, Paul Arnaud s'est efforcé d'expliquer le plus clairement possible la chimie organique, science qui peut paraître de prime abord complexe avec un nombre écrasant de réactions à mémoriser. Le succès incontestable de l'ouvrage n'a fait que confirmer les talents de pédagogue de cet auteur. Nous avons accepté la tâche de réviser « chimie organique » avec la volonté de respecter le cheminement pédagogique de Paul Arnaud qui a fait ses preuves. Nous nous sommes donc appuyés sur le contenu de l'édition antérieure que nous avons remis à jour en l'adaptant aux exigences d'aujourd'hui. Nous avons notamment renforcé l'aspect mécanistique permettant d'expliquer la réactivité des principales fonctions organiques. Pour une meilleure lisibilité, nous avons modifié le plan et les schémas, ajouté des rubriques « L'essentiel » permettant au lecteur de situer rapidement les propos de chaque chapitre et placé à la fin des chapitres des tests d'autoévaluation sous forme de QCM. Lorsque cela s'y prêtait, nous avons également inséré des encarts historiques et techniques ou des encarts permettant de positionner la chimie organique dans un contexte sociétal.

Pour cette nouvelle édition un site Web compagnon avec des reportages photos, des QCM supplémentaires, un chapitre sur la chimie industrielle, des interviews… accompagne l'étudiant. L'adresse www.chimie-organique.net.

Nous espérons que la lecture de cette 18e édition contribuera efficacement à l'apprentissage de la chimie organique et, qui sait, suscitera de nouvelles vocations de chimistes organiciens. Nous souhaitons remercier toutes les personnes qui, de près ou de loin, ont contribué à la révision de cet ouvrage.

La critique étant constructive, nous vous invitons à nous faire part de vos remarques et sommes prêts à éclaircir ou approfondir certains aspects abordés dans cet ouvrage.

Brigitte Jamart
brigitte.jamart@ensic.inpl-nancy.fr

Jacques Bodiguel
jacques.bodiguel@ensic.inpl-nancy.fr

Nicolas Brosse
nicolas.brosse@lermab.uhp-nancy.fr

Symboles et abréviations

c	Concentration massique Vitesse de la lumière	*v*	Vitesse de réaction
e	Charge de l'électron	*Z*	Configuration « Zusammen »
E	Configuration « Entgegen »	[α]	Pouvoir rotatoire spécifique
E_a	Energie d'activation	δ	Déplacement chimique (RMN) Charge fractionnaire
h	Constante de Planck	ε	Coefficient d'extinction
Hz	Hertz (cycle/seconde)	λ	Longueur d'onde
J	Constante de couplage (RMN)	μ	Moment dipolaire
k	Constante de vitesse (cinétique)	ν	Fréquence
M	Masse molaire	[ ]	Concentration ($mol \cdot L^{-1}$)
r	Rayon de covalence	$\leftrightarrows$	Équilibre chimique
R	Rayon de Van der Waals	↔	Mésomérie
R	Configuration « Rectus »	*	(ou rel) Configuration relative
S	Configuration « Sinister »	UV	Ultraviolet
T	Transmittance	IR	Infrarouge
T	Température (Kelvin)	RMN	Résonance magnétique nucléaire.

Électronégativités de quelques éléments (selon Pauling)

Aluminium	1,61	Chlore	3,16	Phosphore	2,19
Azote	3,04	Fluor	3,98	Plomb	1,85
Bore	2,04	Hydrogène	2,20	Potassium	0,82
Brome	2,96	Iode	2,66	Silicium	1,90
Cadmium	1,69	Lithium	0,98	Sodium	0.93
Calcium	1,00	Magnésium	1,25	Soufre	2,58
Carbone	2,55	Oxygène	3,44	Zinc	1,65

Table des matières

PARTIE II
CHIMIE ORGANIQUE DESCRIPTIVE

Le site Web compagnon

www.chimie-organique.net

- *Reportages photos*
- *QCM interactifs*
- *Informations sur la chimie industrielle…*
- *Sites Web*
- *Interviews des auteurs*
- *Exercices avec solutions détaillées*
- *…*

POUR COMMENCER QUELQUES CONSEILS…

de Paul Arnaud

À Anne-Françoise
Paule-Catherine
Anne-Cécile
Véronique
Sophie
Geneviève

À la mémoire
de mes parents

Souvent on juge inutile de lire les avertissements ou les autres textes préliminaires qui se trouvent au début des livres. Je souhaite cependant que vous ayez le courage et la patience de lire celui-ci, car il contient, me semble-t-il, des conseils pour étudier qui pourront vous être utiles. Mais, je voudrais d'abord préciser le contenu et les objectifs de ce livre.

QU'Y-A-T-IL DANS CE LIVRE ?

Ce « Cours » n'est pas lié de façon stricte à un programme officiel déterminé. Il propose à tous ceux qui désirent, ou doivent, acquérir une formation de base en chimie organique une initiation relativement large et générale, telle qu'elle est prévue, par exemple, dans certains parcours universitaires (sciences (L1, L2, L3), médecine, pharmacie), dans certains départements des I.U.T. ou dans certaines classes préparatoires aux grandes écoles.

La *première partie* (chapitres 1 à 7)

Elle contient les « généralités » nécessaires, dans la suite, à une bonne compréhension de la réactivité, c'est-à-dire de la façon dont les composés organiques réagissent dans des conditions données, ou des raisons pour lesquelles ils ne réagissent pas. Cela suppose, au départ, une connaissance suffisante de la *structure des molécules*, qui fait l'objet des chapitres 1 à 4. Les *réactions* organiques, bien que très diverses, présentent des traits communs, et la notion de mécanisme introduite au chapitre 5, est à la base d'une organisation rationnelle des données expérimentales.

Cette première partie s'achève par quelques indications répondant à la question « Comment peut-on connaître la structure des molécules que l'on ne voit pas ? » (chapitre 6), et par un résumé des règles permettant de donner un nom à une molécule (chapitre 7).

La *seconde partie* (chapitres 8 à 26)

Elle décrit le *comportement chimique* des composés organiques. Les chapitres 8 à 20 contiennent ce que l'on pourrait appeler la chimie organique de base ; ils illustrent l'existence de relations précises et constantes entre la structure et la réactivité, à partir de la notion fondamentale de *groupe fonctionnel*.

Les chapitres 21 à 24 traitent de composés plus complexes, souvent présents dans les organismes vivants, végétaux ou animaux.

Le chapitre 25, dédié au concept de « chimie verte » (« green chemistry »), développé aux États-Unis au début des années 1990, donne un aperçu d'une « nouvelle chimie », plus respectueuse de l'environnement et de l'expérimentateur.

Organisation de ce cours chimie organique

Première partie : CHIMIE ORGANIQUE GÉNÉRALE

La molécule

1 La structure des molécules organiques
2 La géométrie des molécules organiques
3 La stéréoisomérie
4 La structure électronique des molécules

La réaction

5 Les réactions et leur mécanisme :
- Thermodynamique
- Cinétique
- Rupture et formation des liaisons
- Stéréochimie dynamique

6 La détermination des structures
7 La nomenclature

Seconde partie : CHIMIE ORGANIQUE DESCRIPTIVE

Fonctions simples

8 Les alcanes
9 Les alcènes
10 Les alcynes
11 Les hydrocarbures cycliques
12 Les arènes
13 Les dérivés halogénés
14 Les organométalliques
15 Les alcools
16 Les phénols
17 Les amines
18 Les aldéhydes et les cétones
19 Les acides carboxyliques

20 Les fonctions multiples et mixtes

21 Les composés hétérocycliques
22 Les glucides
23 Les acides aminés
24 Les lipides, les terpènes, les stéroïdes

25 Chimie verte

26 Les grandes classes de réactions

Sur le Web : www.chimie-organique.net
27 Chimie organique industrielle

Le programme minimal, correspondant à la chimie organique « de base », est constitué par les chapitres 1 à 5 et 8 à19. Les chapitres 6, 7 et 21 à 24 ne constituent pas des passages obligés pour la compréhension des autres (mais la nomenclature sera toutefois utilisée dans les exercices de la seconde partie).

Enfin, le chapitre 26 propose, dans un retour sur l'ensemble de cette seconde partie, une autre façon de classer rationnellement les réactions des composés organiques, sur la base de leur « mécanisme », et non plus sur celle du groupe fonctionnel des corps qui y participent.

Ce « Cours » n'exige aucune connaissance préalable de la chimie organique. En revanche, il vous sera utile, voire nécessaire, de posséder déjà certaines notions de chimie physique (structure de l'atome et liaison chimique surtout, mais aussi quelques bases de cinétique et de thermodynamique). Le strict nécessaire sur ces sujets est contenu dans la première partie, principalement dans les chapitres 4 et 5, mais de manière nécessairement très succincte. Vous serez donc peut-être amené(e) à compléter ou à « rafraîchir » vos connaissances dans ces domaines en recourant à un ouvrage de chimie physique.

Comment travailler efficacement ?

Peut-être pensez-vous, car on le dit parfois, qu'en chimie il faut « tout apprendre par cœur ». Ne le faites pas ! Cela ne vous mènerait à rien de bon.

Empiler des matériaux n'est pas construire une maison et, de même, accumuler des savoirs, des informations, n'est pas (se) construire des connaissances *durables et utilisables.*

> Apprendre, c'est organiser et structurer les informations reçues. Cela signifie qu'il faut, en permanence, rechercher les *relations* qui peuvent exister entre ces informations, et les liens qu'elles peuvent avoir avec ce que l'on sait déjà. La mémoire ne retient durablement et ne restitue facilement au moment où on en a besoin, que ce qui a ainsi pris du sens ; une information qui reste isolée va à la dérive et se perd.

Mais cette *construction* des connaissances ne peut résulter que d'une activité personnelle, irremplaçable, de celui qui apprend, dans laquelle il utilise ses propres modes de pensée. Elle n'existe donc pas « toute faite » dans un livre (ou un cours oral), même bien structuré, à partir duquel ce travail individuel reste à faire.

Pratiquement

- Efforcez-vous (c'est un préalable important) de développer en vous le *projet* réel d'apprendre la chimie organique, même si, en fait, c'est une nécessité qui vous est plus ou moins imposée…
- Lorsque vous étudiez un point, cherchez toujours à le situer dans un *contexte* et dans une *progression* : savoir où l'on va contribue à donner du sens à ce que l'on fait. Pour commencer, prenez effectivement un contact avec l'organisation de ce livre, telle qu'elle est décrite ci-dessus : repérez les parties, les chapitres et les annexes qu'il comporte. Un regard sur la table des matières pourra aussi être utile.

- Pratiquez une *lecture active* (c'est-à-dire l'analogue de « l'écoute active » d'un cours). Faites réellement exister en vous, représentez-vous en pensée les informations que vous recevez. Confrontez-les avec ce que vous savez déjà (analogies, oppositions, liens de conséquence logique, simple association d'idées...). Pour vous y aider, le texte contient de fréquents renvois à d'autres paragraphes ; ne manquez pas de vous y reporter, même si cela ralentit votre lecture.
- Les *questions insérées* dans le texte vous donnent des occasions d'utiliser votre acquis pour expliquer par vous-même un fait, établir une relation avec une situation analogue, ou encore anticiper sur la suite. Elles peuvent donc vous entraîner à vous poser des questions et vous aider à réaliser cette structuration indispensable de vos connaissances. Elles constituent une incitation à une attitude active.

Lisez-les et efforcez-vous d'y répondre, au moment où vous les rencontrez (n'attendez pas la fin du chapitre, ce ne sont pas des « exercices »). « Jouez le jeu », et ne vous reportez pas immédiatement aux réponses; faites réellement le travail de réflexion ou de recherche d'information qui est nécessaire (au besoin, faites des recherches dans d'autres parties du livre, dans un autre livre, dans un cours...). Si vous ne parvenez pas à y répondre, ne passez pas outre, et regardez la réponse donnée ; vous pourrez en avoir besoin ultérieurement. Et si vous avez trouvé une réponse, vérifiez-la; en cas d'erreur, efforcez-vous de bien comprendre pourquoi vous vous êtes trompé(e) ; l'erreur (comprise et rectifiée) peut être très « formatrice ».

- Ne laissez pas passer une lacune constatée dans les connaissances que vous auriez dû acquérir antérieurement. Une information nouvelle ne peut pas s'intégrer à vos connaissances s'il y manque la pièce du « puzzle » par laquelle elle devrait s'y relier. Si un mot, une définition, un concept auquel il est fait allusion n'a pas pour vous un sens certain et parfaitement clair, arrêtez-vous et cherchez les informations qui vous manquent (l'index alphabétique pourra vous y aider).

En bref, n'absorbez pas ce cours passivement. Efforcez-vous de demeurer concentré(e) et actif(ve), ayez une pensée critique toujours en alerte, triez, classez ordonnez... Ce travail se traduira utilement sous la forme de notes personnelles, de résumés ou de fiches, efficaces dans la mesure où ce seront les *vôtres*, à l'image de votre forme de pensée (c'est pour vous laisser le bénéfice de ce travail irremplaçable que ce livre ne contient pas de résumés).

Si vous travaillez avec ardeur, et surtout avec *méthode*, vous parviendrez certainement à de bons résultats. Si cependant vous rencontriez des difficultés que vous ne puissiez surmonter seul(e), et si vous ne trouviez pas autour de vous une « personne-ressource » qui pourrait vous aider, n'hésitez pas à nous en faire part, en nous écrivant.

Bon courage !

Paul Arnaud

Mode d'emploi de l'ouvrage

Le cours

Les préalables à connaître avant de débuter le chapitre

Les mots clés sont référencés

14

LES COMPOSÉS ORGANOMÉTALLIQUES

Organomagnésiens ou réactifs de Grignard

PRÉALABLES
- Règles de nomenclature des composés organométalliques
- Acidobasicité selon Brönsted
- Acidobasicité selon Lewis

MOTS-CLÉS
- Addition
- Intermédiaire de réaction
- Organométalliques
- Réaction acide base
- Solvatation
- Substitution

Le bromure de méthylmagnésium CH_3MgBr dans l'éther « ordinaire »

331

Des questions dans le cours pour se tester

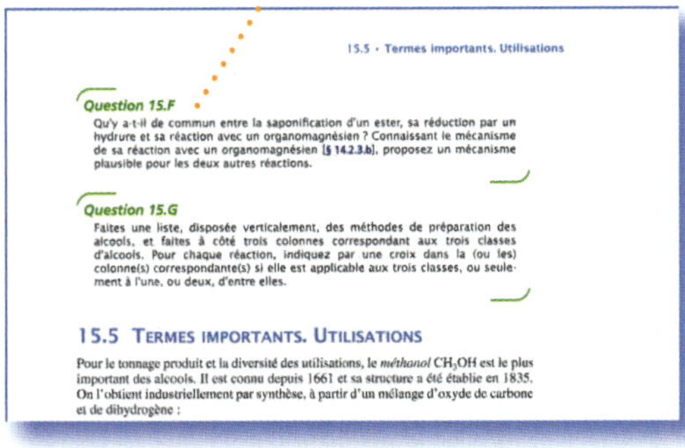

15.5 • Termes importants. Utilisations

Question 15.F

Qu'y a-t-il de commun entre la saponification d'un ester, sa réduction par un hydrure et sa réaction avec un organomagnésien ? Connaissant le mécanisme de sa réaction avec un organomagnésien [§ 14.2.3.b], proposez un mécanisme plausible pour les deux autres réactions.

Question 15.G

Faites une liste, disposée verticalement, des méthodes de préparation des alcools, et faites à côté trois colonnes correspondant aux trois classes d'alcools. Pour chaque réaction, indiquez par une croix dans la (ou les) colonne(s) correspondante(s) si elle est applicable aux trois classes, ou seulement à l'une, ou deux, d'entre elles.

15.5 TERMES IMPORTANTS. UTILISATIONS

Pour le tonnage produit et la diversité des utilisations, le *méthanol* CH_3OH est le plus important des alcools. Il est connu depuis 1661 et sa structure a été établie en 1835. On l'obtient industriellement par synthèse, à partir d'un mélange d'oxyde de carbone et de dihydrogène :

Des exemples pour mieux comprendre

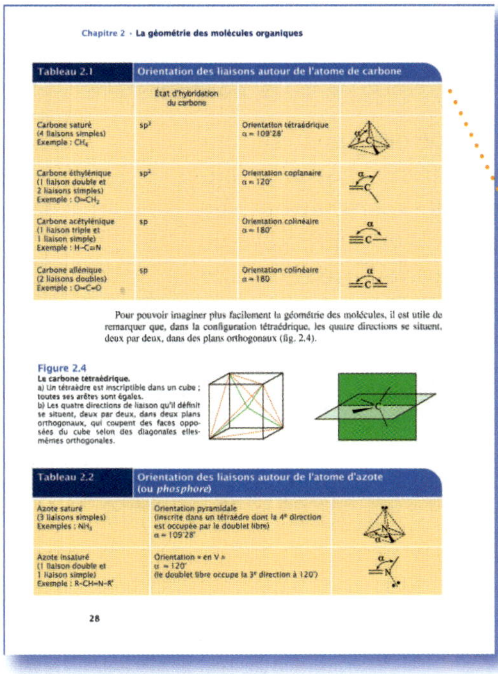

Chapitre 2 • La géométrie des molécules organiques

Tableau 2.1	Orientation des liaisons autour de l'atome de carbone		
	État d'hybridation du carbone		
Carbone saturé (4 liaisons simples) Exemple : CH_4	sp^3	Orientation tétraédrique α = 109°28'	
Carbone éthylénique (1 liaison double et 2 liaisons simples) Exemple : $O{=}CH_2$	sp^2	Orientation coplanaire α = 120°	
Carbone acétylénique (1 liaison triple et 1 liaison simple) Exemple : H–C≡N	sp	Orientation colinéaire α = 180°	
Carbone allénique (2 liaisons doubles) Exemple : O=C=O	sp	Orientation colinéaire α = 180	

Pour pouvoir imaginer plus facilement la géométrie des molécules, il est utile de remarquer que, dans la configuration tétraédrique, les quatre directions se situent, deux par deux, dans des plans orthogonaux (fig. 2.4).

Figure 2.4
Le carbone tétraédrique.
a) Un tétraèdre est inscriptible dans un cube ; toutes ses arêtes sont égales.
b) Les quatre directions de liaison qu'il définit se situent, deux par deux, dans deux plans orthogonaux, qui coupent des faces opposées du cube selon des diagonales elles-mêmes orthogonales.

Tableau 2.2	Orientation des liaisons autour de l'atome d'azote (ou *phosphore*)	
Azote saturé (3 liaisons simples) Exemples : NH_3	Orientation pyramidale (inscrite dans un tétraèdre dont la 4ᵉ direction est occupée par le doublet libre) α = 109°28'	
Azote insaturé (1 liaison double et 1 liaison simple) Exemple : R–CH=N–R'	Orientation « en V » α = 120° (le doublet libre occupe la 3ᵉ direction à 120°)	

28

Des tableaux de synthèse

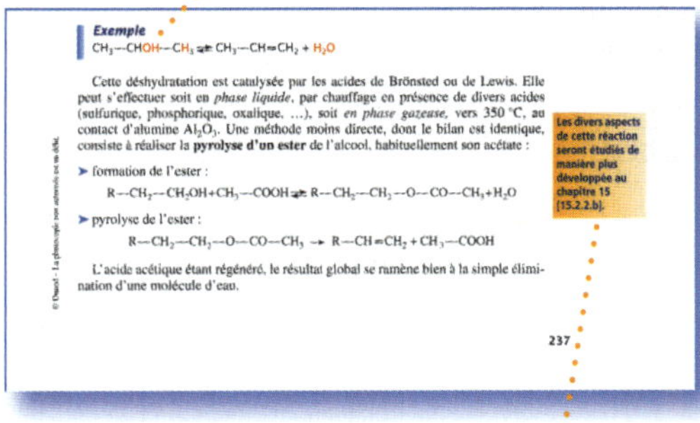

Exemple

$CH_3–CHOH–CH_3 \rightleftarrows CH_3–CH{=}CH_2 + H_2O$

Cette déshydratation est catalysée par les acides de Brönsted ou de Lewis. Elle peut s'effectuer soit en *phase liquide*, par chauffage en présence de divers acides (sulfurique, phosphorique, oxalique, ...), soit *en phase gazeuse*, vers 350 °C, au contact d'alumine Al_2O_3. Une méthode moins directe, dont le bilan est identique, consiste à réaliser la **pyrolyse d'un ester** de l'alcool, habituellement son acétate :

➤ formation de l'ester :

$R–CH_2–CH_2OH + CH_3–COOH \rightleftarrows R–CH_2–CH_2–O–CO–CH_3 + H_2O$

➤ pyrolyse de l'ester :

$R–CH_2–CH_2–O–CO–CH_3 \rightarrow R–CH{=}CH_2 + CH_3–COOH$

L'acide acétique étant régénéré, le résultat global se ramène bien à la simple élimination d'une molécule d'eau.

Les divers aspects de cette réaction seront étudiés de manière plus développée au chapitre 15 [15.2.2.b].

237

En marge les renvois

Des remarques apportent un complément d'information

Des mises en garde pour éviter les pièges

Chapitre 4 · La structure électronique des molécules

Remarque
On peut facilement commettre deux erreurs au sujet de la mésomérie : croire soit que le composé ainsi décrit est un *mélange* de molécules ayant des structures différentes, soit que ses molécules prennent alternativement, *dans le temps*, ces diverses structures. Il *n'existe pas*, même fugitivement, de molécules ayant la structure de telle ou telle forme limite. Le composé est formé de molécules toutes identiques, dont la structure, *unique et permanente* dans le temps, est un hybride de structures qui ne sont que des « vues de l'esprit ».

Le symbole de la mésomérie (↔) ne doit donc pas être confondu avec celui de l'équilibre chimique (⇌) qui, au contraire, exprime une transformation réciproque entre des espèces physiquement existantes (molécules ou ions).

La molécule réelle et les formes limites peuvent être comparées respectivement à un vecteur (unique) et à ses composantes (multiples). Ces composantes n'ont pas de signification intrinsèque, puisqu'elles dépendent du système de référence choisi. Chacune contribue à décrire le vecteur, mais aucune ne suffit à elle seule à le décrire ; il faut pour cela les prendre toutes en compte.

Des encadrés historiques, scientifiques ou culturels

Chapitre 6 · La détermination des structures

y a des protons dans tous les noyaux atomiques) mais spécifiquement de celui qui constitue le noyau de ^1H.

Remarque
Bien que l'hydrogène soit *a priori* un élément peu caractéristique des molécules organiques, les spectres de résonance protonique fournissent un grand nombre d'informations sur la structure de ces molécules. *La suite ne concerne que la résonance du proton de* ^1H.

L'IMAGERIE PAR RÉSONANCE MAGNÉTIQUE (IRM)

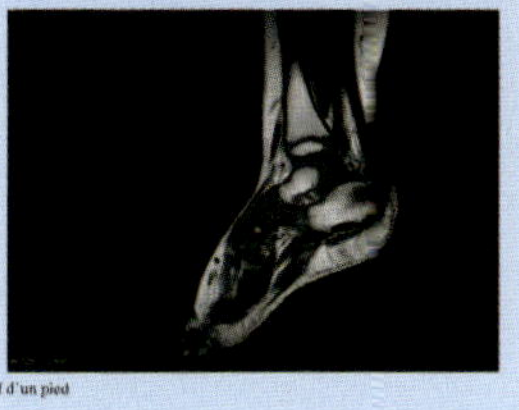

Cliché IRM d'un pied

Le principe IRM (ou imagerie par résonance magnétique) repose sur celui de la résonance magnétique nucléaire. La partie du corps du patient à étudier est placée dans un champ magnétique puissant de façon à ce que tous les atomes d'hydrogène s'orientent dans la même direction ; ils sont alors excités par des ondes radio. À l'arrêt de cette stimulation, les atomes restituent l'énergie accumulée en produisant un signal qui est enregistré et converti en image dont l'intensité des tâches est fonction du nombre de noyaux d'hydrogène et de leur environnement.

L'IRM étudie avec une grande précision de nombreux organes tels que le cerveau, la colonne vertébrale et les tissus mous. C'est une technique qui est d'une grande utilité lorsqu'une analyse très fine est nécessaire et que certaines lésions ne sont pas visibles sur les radiographies classiques. Elle permet de faire des images en coupes dans différents plans et de reconstruire en trois dimensions la structure analysée.

156

En résumé, ce qu'il faut retenir du chapitre

L'utilisation des alcynes

Voir § 10.1

Le seul alcyne préparé couramment, à l'échelle industrielle, est l'acétylène, encore que son importance ait beaucoup diminué au cours des dernières décennies. Il constituait antérieurement la matière première d'un grand nombre de fabrications, notamment par son hydratation en acétaldéhyde, transformé ensuite en des composés très variés. Mais sa préparation, si elle peut s'effectuer à partir de matières premières simples et de bas prix (coke et chaux, ou méthane) est par contre très coûteuse en énergie, en raison du caractère endothermique de sa formation (de très hautes températures sont toujours nécessaires).

Avec le développement de la pétrochimie, un transfert s'est opéré : les fabrications antérieurement basées sur l'acétylène sont devenus possibles, plus économiquement, à partir de l'éthylène. Il ne demeure donc que les utilisations de l'acétylène en synthèse, au laboratoire et en « chimie fine » et pour la production de températures élevées (chalumeau). Cette situation ne pourrait se modifier qu'en cas d'épuisement des réserves de pétrole, ou si le rapport entre les prix du pétrole et de l'énergie électrique évoluait favorablement de façon importante.

L'ESSENTIEL

Deux types alcynes

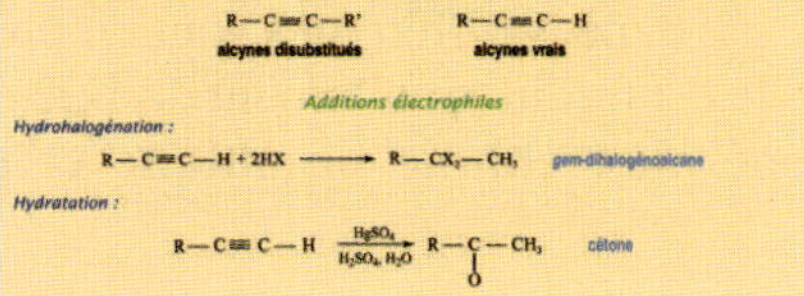

260

Des encadrés pour approfondir certaines notions du cours

L'ENTRAÎNEMENT

De la couleur pour mieux suivre et comprendre les réactions

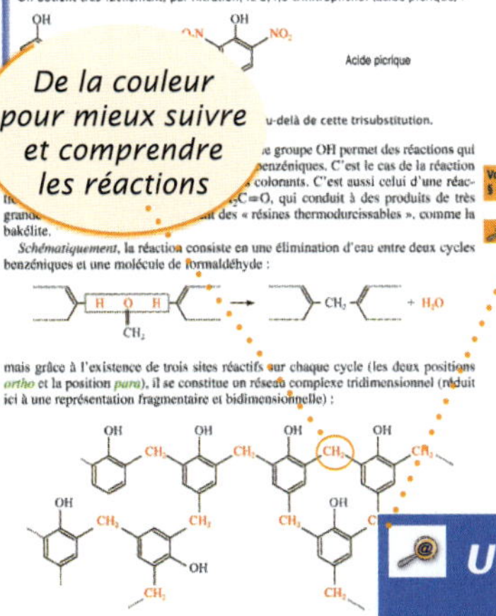

16.3 · État naturel

Exemple
On obtient très facilement, par nitration, le 2,4,6-trinitrophénol (acide picrique) :

Acide picrique

... au-delà de cette trisubstitution.

... groupe OH permet des réactions qui ... benzéniques. C'est le cas de la réaction ... colorants. C'est aussi celui d'une réaction ... C=O, qui conduit à des produits de très grande ... des « résines thermodurcissables », comme la bakélite.

Voir chap. 17, § 17.2.5

Web

Schématiquement, la réaction consiste en une élimination d'eau entre deux cycles benzéniques et une molécule de formaldéhyde :

mais grâce à l'existence de trois sites réactifs sur chaque cycle (les deux positions *ortho* et la position *para*), il se constitue un réseau complexe tridimensionnel (réduit ici à une représentation fragmentaire et bidimensionnelle) :

16.3 État naturel

De nombreux phénols existent à l'état naturel dans les végéta... souvent des constituants très odoriférants.

À la suite du cours des QCM et des exercices (les solutions sont regroupées à la fin de l'ouvrage)

EXERCICES ET QCM

7. Concernant la stabilité relative des radicaux R•
- a. un radical primaire est plus stable qu'un tertiaire
- b. un radical en position allylique (site adjacent d'une double liaison) est plus stable qu'un radical aliphatique
- c. un radical secondaire est plus stable qu'un primaire
- d. un radical benzylique est stabilisé par résonance

8. La combustion d'un alcane
- a. est une oxydation
- b. provoque la coupure de toutes les liaisons C—C mais pas des liaisons C—H
- c. produit du monoxyde de carbone et de l'eau
- d. est fortement endothermique

EXERCICES

Les **règles de nomenclature**, permettant de faire correspondre réciproquement un nom et une formule, sont exposées dans le chapitre 3 (pour les stéréoisomères, au chapitre 3).

8-a Combien d'alcanes répondent à la formule brute C_5H_{12} ? Écrire leur formule et donner leur nom. Même question pour la formule brute C_6H_{14}.

8-b La monochloration d'un composé A conduit au composé B qui sous l'action de sodium fournit du 2,2,5,5-tétraméthylhexane.
Quels sont les formules et les noms de A et B ?

8-c Les réactions de réduction d'une cétone E et d'un aldéhyde F par du zinc en milieu acide (méthode de Clemmensen) conduisent toutes deux à la formation de 3-méthylpentane. Donner les formules semi-développées et les noms de E et de F.

8-d On réalise la combustion de 10 g de paraffine de formule brute $C_{20}H_{42}$. Calculer le volume d'oxygène nécessaire à la combustion.
Volume molaire = 22,4 L·mol⁻¹.

8-e La monochloration du butane, à 25 °C, fournit un mélange contenant 27 % de 1-chlorobutane et 73 % de 2-chlorobutane.
– Quelle serait la proportion « statistique » obtenue si la vitesse propre de la réaction était la même dans les deux cas (même proportion de chocs efficaces) ?
– Compte tenu du résultat expérimental, quel est le rapport des deux vitesses de réaction (rapport des réactivités sur les sites secondaires et primaires) ?

214

Un site Web compagnon

www.chimie-organique.net

- Reportages photos
- QCM interactifs
- Informations sur la chimie industrielle...
- Sites Web
- ...

En fin d'ouvrage, un glossaire et un index

Premier contact avec la chimie organique

La chimie organique au sein de la chimie

La chimie a pour objet de décrire, expliquer et prévoir les **transformations de la matière**, qui peuvent s'observer lorsque des substances différentes sont en présence, et qu'il se produit entre elles une **réaction**. Elle est traditionnellement divisée en trois grandes parties : **chimie physique** (ou **générale**), **chimie organique** et **chimie minérale** (ou **inorganique**).

La chimie physique étudie, dans leurs aspects généraux, la structure et les états de la matière, ainsi que les manifestations et les lois des réactions chimiques, du point de vue thermodynamique et du point de vue cinétique.

La chimie organique et la chimie minérale constituent les deux volets de la chimie descriptive qui, comme son nom l'indique, décrit dans toutes leurs particularités les propriétés des corps connus. La première partie traite des composés du carbone et la seconde traite des composés que forment entre eux tous les autres éléments, ainsi que des corps simples. Quelques composés simples du carbone (les deux oxydes CO et CO_2, les carbonates, les cyanures, les carbures) sont toutefois considérés comme minéraux.

La chimie organique est la chimie des composés du carbone

Voir chapitre 1

Contrairement à ce que l'on pourrait penser *a priori*, le domaine de la chimie organique est beaucoup plus vaste que celui de la chimie minérale. En effet, le carbone peut se lier à lui-même de façon presque indéfinie, pour former des enchaînements extrêmement variés. Il suffit alors de quelques autres éléments (le plus souvent H, O et N seulement) pour former avec lui des millions de molécules différentes, dont la masse moléculaire peut atteindre 100 000 ou même 1 000 000 ; on parle alors de « macromolécules ».

Tous les autres éléments (soit une centaine environ), malgré leur diversité, ne forment qu'un nombre beaucoup plus restreint de composés, dont les masses moléculaires sont limitées à des valeurs assez faibles (moins de 300 pour la plupart).

Les raisons de la discrimination « organique-minéral »

Cette division de la chimie en « organique » et « minérale » (souvent désignée comme « inorganique ») peut paraître bien arbitraire dans la mesure où les composés du carbone, ainsi mis à part, obéissent en fait de façon tout à fait normale aux lois générales de la chimie, tout comme les composés qui ne contiennent pas cet élément. Pourquoi alors cette discrimination ?

Son origine est d'abord historique. Si on se réfère à l'étymologie des deux termes, la chimie *organique* aurait pour objet l'étude des substances qui constituent les *organismes vivants* (végétaux et animaux) et la chimie *minérale* celle des substances que l'on trouve dans le *règne minéral* (sol et sous-sol, atmosphère).

Cette distinction, et même cette opposition, entre le vivant et l'inanimé, qui régna pendant des siècles sur la chimie, était à l'origine surtout imprégnée d'idées philosophiques plutôt que scientifiques. L'élaboration par les organismes vivants de leur propre substance, par des processus que l'on ne savait pas reconstituer artificiellement (et qui ne peuvent d'ailleurs encore pas l'être intégralement) semblait exiger l'intervention d'une mystérieuse « force vitale », dont les chimistes ne disposaient pas.

Cette idée prévalut jusqu'au début du XIXe siècle, époque où furent réalisées les premières synthèses artificielles de composés connus jusqu'alors exclusivement comme produits naturels (préparation de l'urée par Wöhler, en 1828, à partir de cyanate d'ammonium, composé typiquement minéral). On s'aperçut alors que les composés organiques, même d'origine naturelle, ne recelaient aucun mystère particulier, obéissant à toutes les lois classiques de la chimie et qu'il n'y avait aucune différence fondamentale entre eux et les composés minéraux.

La synthèse des composés organiques fit ensuite des progrès très rapides. Non seulement on reconstitua en laboratoire un grand nombre de composés d'abord identifiés à l'état naturel, mais on fabrique de toutes pièces des composés « organiques » (c'est-à-dire des composés du carbone) qui n'ont jamais existé dans la nature. On estime que le nombre de composés organiques connus et « répertoriés » était de 12 000 en 1880, 150 000 en 1910, 500 000 en 1940, et qu'il dépasse 7 millions de nos jours. Dès lors, pourquoi continue-t-on à appeler « organiques » des composés purement synthétiques, et pourquoi la chimie ne s'est-elle pas unifiée ?

En fait, des raisons objectives, fondées sur des réalités observables, justifient la persistance de nos jours de la distinction entre minéral et organique. A divers égards, en effet, les composés organiques et leurs réactions peuvent être « opposés » à leurs homologues minéraux. Les principaux points sur lesquels ils s'opposent sont résumés dans le tableauci-contre.

Tableau 0.1	Particularisme des composés organique et des composés minéraux

Les composés organiques (composés du carbone) et les composés minéraux (composés des autres éléments), ainsi que les réactions auxquelles les uns et les autres donnent lieu, présentent des particularismes très marqués. Ceux-ci sont tous, plus ou moins directement, liés à la nature des liaisons mise en cause dans les deux cas. La position médiane du carbone dans la classification périodique des éléments, et dans l'échelle des électronégativités, a pour conséquence que la chimie organique est essentiellement une chimie de composés covalents (liaisons non, ou peu, polarisées).

Les composés organiques	Les composés minéraux
▪ Sont formés de liaisons covalentes, ou à caractère covalent dominant.	▪ Sont souvent formés de liaisons ioniques, ou à caractère ionique dominant.
▪ Sont rarement solubles dans l'eau, et encore plus rarement dans des électrolytes.	▪ Sont souvent des électrolytes, solubles dans l'eau.
▪ Ont souvent des points de fusion et d'ébullition relativement bas, beaucoup sont des liquides à la température ordinaire.	▪ Ont souvent des points de fusion et d'ébullition élevés : beaucoup sont des solides cristallisés à la température ordinaire.
▪ Ont le plus souvent une masse volumique voisine de l'unité.	▪ Ont des masses volumiques variables et souvent grandes (métaux).
▪ Sont facilement décomposés par la chaleur ; peu résistent à une température supérieure à 500 °C.	▪ Ont généralement une grande stabilité thermique (matériaux réfractaires).
▪ Sont presque tous combustibles.	▪ Sont rarement combustibles.
Les réactions organiques	**Les réactions minérales**
▪ Sont souvent lentes, réversibles et incomplètes.	▪ Sont souvent rapides et totales.
▪ Ont le plus souvent des effets thermiques faibles (faible différence d'énergie entre état initial et état final).	▪ Ont souvent des effets thermiques forts (exothermiques ou endothermiques).

La chimie organique au quotidien

La chimie organique est une réalité concrète et quotidienne, pour ceux qui la pratiquent ou la font, dans un laboratoire ou dans une usine (chimiste « organiciens », qu'ils soient chercheurs, ingénieurs, techniciens…) mais aussi pour *chacun de nous,* sans que nous ayons toujours conscience de son importance.

La recherche

Dans le domaine de la **recherche fondamentale**, qui a pour objectif de faire progresser les connaissances, les principaux axes de développement de la chimie organique sont :

- L'approfondissement et l'affinement de nos connaissances sur les relations qui existent entre la *structure moléculaire* et *la réactivité*, et sur le « *mécanisme* » des réactions, à l'échelle moléculaire. Sur ces points, les progrès consistent à pouvoir expliquer et rationaliser de mieux en mieux les données de l'expérience, à connaître comment et pourquoi les réactions se produisent (ou ne se produisent pas) et par là à devenir capable également de *prévoir* les réactions possibles et leur résultat ;
- Le développement des méthodes de *synthèse* : extension du champ d'application de réactions connues, découvertes de nouvelles réactions, construction de molécules jusqu'alors inconnues, et de plus en plus compliquées, soit en raison de propriétés intéressantes qu'on leur suppose, soit même par pur plaisir intellectuel et esthétique ;
- L'isolement de *composés naturels,* végétaux en particulier, et l'établissement de leur structure, en vue d'en compléter l'inventaire, mais aussi d'élucider les mécanismes par lesquels s'effectue leur « biosynthèse » dans les organismes vivants et ainsi mieux connaître les fondements chimiques de la vie.

Les avancées très importantes réalisées dans ces diverses directions au cours des dernières décennies ont été rendues possibles par le perfectionnement des moyens analytiques permettant l'isolement, la purification et l'identification des composés organiques, sur des quantités de plus en plus réduites (de l'ordre du milligramme). Ces opérations s'effectuent à l'aide d'un appareillage très perfectionné (et très coûteux), faisant de plus en plus appel à l'informatique.

Voir chapitre 6

En définitive, le chimiste organicien de laboratoire partage l'essentiel de son temps entre trois activités : la synthèse, l'isolement et l'identification des produits qu'il a préparés et la documentation bibliographique (tenue à jour de ses connaissances, lecture des revues spécialisées dans lesquelles sont publiés continuellement les résultats des recherches poursuivies dans le monde entier).

Dans le domaine de la **recherche appliquée** ; on s'efforce essentiellement soit de trouver des *produits* ou des *matériaux nouveaux*, susceptibles d'applications particulières, soit d'améliorer les procédés de fabrication et d'en abaisser le coût (passage de l'échelle du laboratoire à celle de la production industrielle, amélioration des rendements, recherche d'une synthèse artificielle permettant de produire à moindre prix un produit naturel, etc.).

Les applications

Filles d'une recherche qui poursuit continuellement ses efforts, les applications pratiques de la chimie organique sont déjà innombrables et l'industrie correspondante, qui va de la production des grandes matières premières par millions de tonnes/an à la chimie « fine » des médicaments ou des parfums, tient une place économique considérable. Il est sans doute superflu d'insister sur l'importance, dans notre monde moderne et notre vie quotidienne, des produits énumérés ci-dessous, dans une liste qui ne saurait être exhaustive.

Web

Tableau 0.2	Les produits liés à la chimie

- Carburants et autres combustibles liquides (fiouls, mazouts), sources d'énergies calorifiques comme d'énergie mécanique.
- Matières plastiques et élastomères (caoutchoucs synthétiques).
- Peintures et vernis.
- Textiles synthétiques (rayonne, nylon, orlon, tergal, rilsan, etc.).
- Colorants.
- Savons et détergents.
- Insecticides et produits phytosanitaires (fongicides, pesticides), destinés à protéger les cultures des parasites, rongeurs, insectes et maladies.
- Médicaments de synthèse (antibiotiques, antihistaminiques, anti-tumoraux, contraceptifs, etc).
- Édulcorants (remplaçant le sucre).
- Cosmétiques et parfums.
- Explosifs.

La chimie organique est donc constamment présente dans notre vie quotidienne (santé, vêtements, habitation, énergie et transports, alimentation, etc.) sans oublier qu'en outre elle est fondamentalement impliquée dans la vie elle-même, puisqu'elle règle tout le fonctionnement cellulaire des organismes vivants : activité musculaire et nerveuse, digestion, respiration, reproduction, odorat, goût, et même activité cérébrale.

On ne saurait, pour autant, passer sous silence que, si nous devons à la chimie organique bien des progrès et des améliorations de nos conditions de vie, il existe aussi des conséquences moins heureuses de l'état de développement où elle a été portée. Il s'agit évidemment des multiples problèmes de pollution par des composés organiques (insecticides présents dans la graisse des pingouins du pôle Nord, action du fréon sur la couche d'ozone, pollution des lacs et rivières par les détergents ou les rejets industriels, etc.). Mais est-ce la faute de la chimie organique ou celle des hommes, et de l'usage qu'ils en font ?

Après ce regard circulaire rapide sur les divers aspects de la chimie organique, sa définition originelle peut paraître bien lointaine. On peut cependant observer que les matières premières de ces fabrications si diverses conservent presque toutes, plus ou moins directement, deux origines principales : la houille et le pétrole, qui proviennent de la transformation de végétaux préhistoriques. Il est donc possible de dire que tous ces composés conservent en définitive une origine « organique », au sens étymologique et originel du terme.

Partie I

CHIMIE ORGANIQUE GÉNÉRALE

Si l'on veut pouvoir comprendre la chimie organique, et interpréter les données de l'expérience concernant la réactivité, on ne peut aborder directement l'étude des réactions des composés organiques.

Ces réactions, leur existence et leur résultat, sont déterminés par la **structure des molécules**, qu'il faut donc connaître, et que l'on peut envisager de deux points de vue complémentaires : *géométrique et électronique*.

On a d'autre part besoin d'un **langage**, et il faut donc également connaître les conventions (internationales) utilisées pour représenter cette structure, et pour donner un nom à un composé.

Enfin, les **lois générales des réactions chimiques**, exprimées par la *cinétique* et la *thermodynamique,* s'appliquent entièrement aux réactions organiques, et apportent des éléments essentiels à leur interprétation, notamment en termes de *mécanisme réactionnel*. Leur connaissance préalable est donc aussi une nécessité.

Cette première partie a pour objet d'installer ces préalables, et de préparer une étude « intelligente » de la chimie organique descriptive. Elle comporte, en complément, quelques indications sur les méthodes et les techniques qui permettent d'identifier un composé organique et d'établir la structure de sa molécule.

1 La structure des molécules organiques

PRÉALABLES

- Existence des atomes, et des molécules formées par un assemblage organisé d'atomes, unis par des « liaisons chimiques ».
- Notion de valence.
- Notions d'élément chimique, et de familles d'éléments.
- Existence des réactions chimiques, vues comme une modification de l'état de liaison des atomes, et leur réarrangement dans une nouvelle distribution.
- Notion d'équilibre chimique.

MOTS-CLÉS

- Acyclique (série —, composé —)
- Chaîne linéaire, ramifiée, cyclique, saturée, non saturée
- Fonction ; groupe fonctionnel
- Formule brute
- Formule développée plane
- Isomérie (plane)
- Liaison simple, multiple
- Primaire, secondaire, tertiaire, quaternaire (carbone —, radical —)
- Radical ; radical libre
- Série homologue
- Tautomérie

Les composés organiques ont parfois des formules compliquées, qui peuvent « faire peur ». Certaines de celles qui apparaissent dans les chapitres 21 et 22 en sont des exemples, mais… il y a pire !

Le but de ce chapitre est de vous montrer que, simples ou compliquées, les formules des composés organiques sont construites selon les mêmes principes généraux, et qu'il n'y a rien là de vraiment difficile. Il introduit, entre autres, un certain vocabulaire et des conventions d'écriture qui seront fréquemment utilisés dans la suite, et avec lesquels vous devez impérativement vous familiariser.

À ce stade, aucune hypothèse ou aucun modèle particulier concernant la nature de la liaison chimique n'est nécessaire.

1.1 Les éléments constitutifs des composés organiques

Les formules les plus compliquées, formées de plusieurs centaines et même parfois plusieurs milliers d'atomes, ne comportent le plus souvent qu'un très petit nombre d'éléments différents. Beaucoup de composés organiques ne renferment que du carbone et de l'hydrogène, et il est rare qu'une molécule organique comporte plus de quatre ou cinq éléments différents.

Les *éléments constitutifs* des molécules organiques sont, par ordre de fréquence décroissant :

- les quatre éléments **C**, **H**, **O**, **N** (par définition C est toujours présent),
- les non-métaux tels que Cl, Br, I, S, P, As…
- des métaux tels que Na, Li, Mg, Zn, Cd, Pb, Sn…

Question 1.A

Quels caractères différencient les métaux et les non-métaux ?
Comment se placent les uns et les autres dans le tableau de la classification périodique ? À quelles familles appartiennent Cl, Br et I ? Na et Li ?

La *formule brute* d'un composé organique (par exemple, $C_6H_{11}Cl$) n'a que peu d'intérêt. On a toujours besoin de connaître la façon dont les atomes constitutifs de la molécule sont liés les uns aux autres ; il y a en effet le plus souvent plusieurs arrangements possibles non équivalents pour les mêmes atomes, donc pour la même formule brute. De là résulte la nécessité de *formules développées*, qui explicitent cette disposition interne des atomes.

Exemple : pour l'urée,

CH_4N_2O

Formule brute

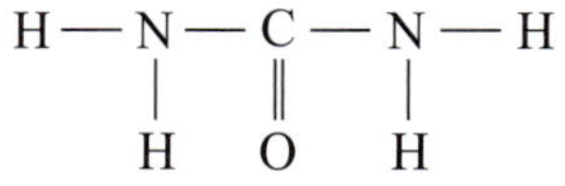

Formule développée

1.2 Les formules développées planes

Une formule est évidemment toujours « plane », puisqu'elle se matérialise sur la surface plane d'une feuille de papier. On appelle en fait *formule plane* une formule correspondant à une sorte de projection plane de la molécule, qui, elle, se développe dans l'espace. Une telle formule a donc pour seul objet de montrer l'ordre dans lequel les atomes se suivent et sont liés les uns aux autres. Mais elle n'a *aucune prétention de représenter la géométrie réelle* de la molécule (question qui sera envisagée dans le chapitre 2).

Ainsi la formule

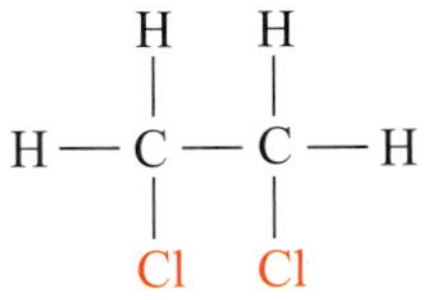

apporte l'information que cette molécule est formée de deux carbones directement liés l'un à l'autre, et portant chacun un chlore et deux hydrogènes. On pourrait tout aussi valablement l'écrire :

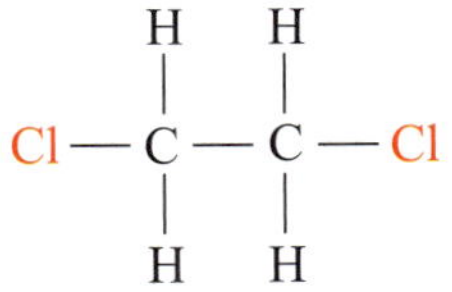

puisque le mode d'enchaînement des atomes reste le même. Par contre, la formule :

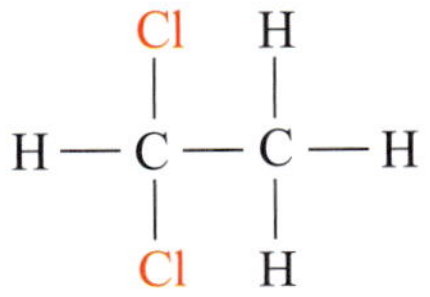

serait celle d'une autre molécule, car l'enchaînement n'est pas le même (un carbone portant trois hydrogènes lié à un autre carbone portant deux chlores et un hydrogène).

La seule règle à suivre pour écrire (construire) des formules planes exactes est de « donner » à chaque atome un nombre de liaisons égal à sa valence. Le carbone est normalement tétravalent, sauf de rares exceptions qui ne seront pas envisagées ici ; il devra donc toujours apparaître dans les formules de molécules (le cas des ions est différent) avec quatre liaisons. L'hydrogène est monovalent, l'oxygène divalent et l'azote trivalent :

1.2.1 Chaînes carbonées

Afin d'apprendre à construire des formules correspondant à des molécules de plus en plus compliquées, le problème sera tout d'abord limité à celles qui ne contiennent que les deux seuls éléments C et H, c'est-à-dire aux molécules d'*hydrocarbures*.

a) Liaisons simples

Avec *un seul* C, il n'y a qu'une seule structure convenable :

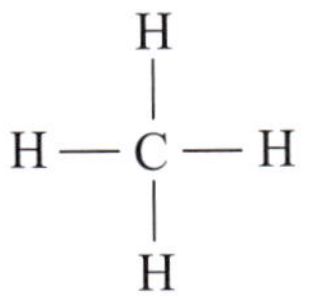

Méthane

C'est la formule du méthane, le plus simple des composés organiques.

Question 1.B

Avant de lire la suite, essayez de voir par vous-même de quelle(s) manière(s) pourraient être assemblés deux atomes de carbone et six atomes d'hydrogène (réponse dans la suite du texte).

Avec *deux* C, qui ne peuvent être réunis par un H puisque H est monovalent, et doivent donc nécessairement être directement liés l'un à l'autre, il n'y a encore qu'une possibilité :

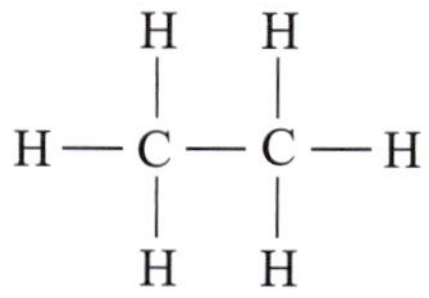

Éthane

Avec *trois* C, il en est encore de même :

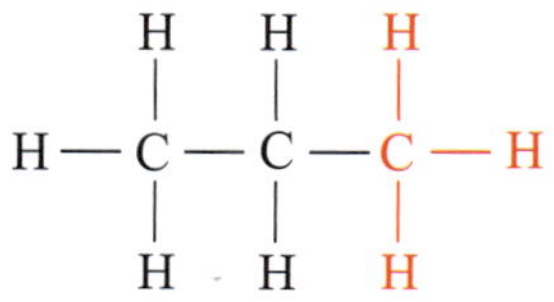

Propane

Si l'on compare ces trois formules, il apparaît que l'on passe de l'une à la suivante (on dit d'un *terme* de la *série* au suivant) en remplaçant un H par un groupe

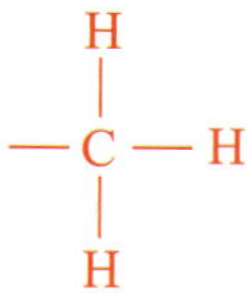

Groupe méthyle

En partant du méthane, il n'y a qu'une seule possibilité de remplacement, bien qu'il y ait quatre H remplaçables, par raison de symétrie (le résultat est identique, quel que soit celui des quatre H qui est remplacé). En partant de l'éthane on pourrait par contre penser qu'il y a deux possibilités, selon que l'on remplace l'un des deux H « terminaux » (comme on l'a fait ci-dessus) ou l'un des quatre H « latéraux ». Mais la nouvelle formule obtenue,

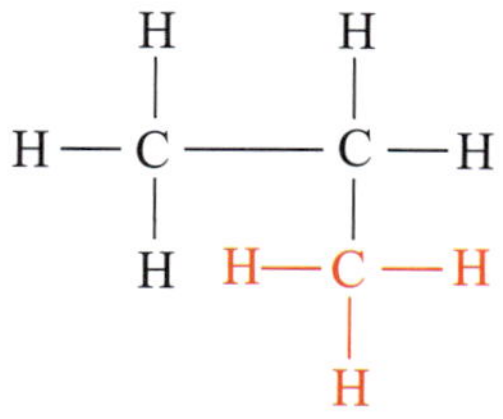

décrit le même enchaînement d'atomes que la première (un C portant deux H entre deux C en portant chacun trois), et les deux formules sont donc équivalentes. Il n'y a donc qu'une seule formule développée pour la formule brute C_3H_8.

Voir p. 4

Ces formules développées deviennent vite encombrantes et peu lisibles lorsque les molécules se compliquent. On utilise donc le plus souvent des formules *semi-développées* :

Méthane	CH_4
Éthane	$H_3C{-}CH_3$
Propane	$H_3C{-}CH_2{-}CH_3$

Pour continuer la série, et passer au terme contenant quatre C, on peut appliquer la « règle » dégagée plus haut, et remplacer par un groupe $—CH_3$ l'un des H du propane. Mais il est manifeste qu'il y a ici deux possibilités réellement distinctes, selon que la substitution concerne un H de l'un des deux groupes CH_3, ou du groupe CH_2 central :

$$H_3C - CH_2 - CH_2 - CH_3 \qquad \text{Butane}$$

$$\begin{array}{c} H_3C - CH - CH_3 \\ | \\ CH_3 \end{array} \qquad \text{Isobutane}$$

Ces deux formules diffèrent par le mode d'enchaînement des atomes, et pas seulement par la façon dont elles sont écrites. Cependant, elles correspondent toutes les deux à la même formule brute : C_4H_{10}. On dit que ces deux composés différents sont **isomères** l'un de l'autre, ou encore qu'il y a **isomérie** entre eux. Une telle situation est très fréquente et l'isomérie, sous ses différentes formes, fera l'objet de développements ultérieurs.

Voir chap. 3, § 1 3

Passant maintenant au terme à cinq atomes de carbone, par le remplacement, de toutes les façons possibles, d'un H par un $—CH_3$ dans le butane et dans l'isobutane, on trouve trois formules réellement différentes et trois seulement :

$$H_3C - CH_2 - CH_2 - CH_2 - CH_3 \qquad \text{Pentane}$$

$$\begin{array}{l} H_3C - CH - CH_2 - CH_3 \\ \qquad\;\;\, | \\ \qquad\; CH_3 \end{array} \qquad \text{Isopentane (ou Méthylbutane)}$$

$$\begin{array}{c} CH_3 \\ | \\ H_3C - C - CH_3 \\ | \\ CH_3 \end{array} \qquad \text{Néopentane (ou Diméthylpropane)}$$

Il y a donc trois isomères de formule C_5H_{12}.

Question 1.C

Essayez réellement, par écrit, de remplacer un H par un groupe CH_3, de toutes les manières possibles, dans le butane puis dans l'isobutane. Vérifiez par vous-même qu'après avoir éliminé les formules faisant « double emploi » il ne reste que trois isomères en C_5H_{12}.

Les molécules qui peuvent être écrites entièrement sur une seule ligne et ne comportent pas de groupes substituants sur le côté (comme celles du butane et du pentane) sont dites à **chaîne linéaire**. Celles qui comportent des « substituants » sur le côté (comme celles de l'isobutane, de l'isopentane ou du néopentane) sont dites à **chaîne ramifiée**. Les composés à chaîne linéaire ou ramifiée appartiennent à la série des composés **acycliques**.

Il existe également des chaînes **cycliques**, refermées sur elles-mêmes comme des anneaux. Les composés correspondants constituent la *série cyclique*. Il faut évidemment un minimum de trois atomes de carbone pour former une chaîne cyclique, mais il n'y a pas de limite supérieure ; on connaît des cycles de plusieurs dizaines d'atomes de carbone, et il pourrait, *a priori*, en exister de plus grands.

Exemples

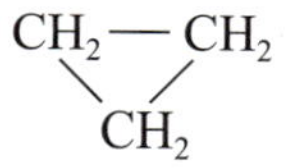

Cyclopropane

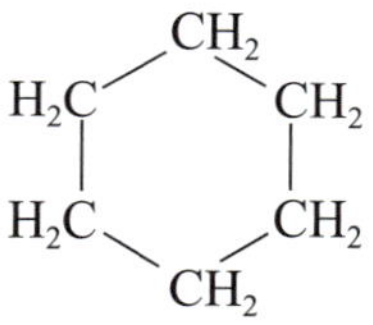

Cyclohexane

Les chaînes cycliques peuvent être constituées exclusivement d'atomes de carbone, comme dans les exemples ci-dessus ; ce sont alors des chaînes *homocycliques*. Elles peuvent aussi comporter un ou plusieurs atomes d'autres éléments ; elles sont alors *hétérocycliques*.

Exemples

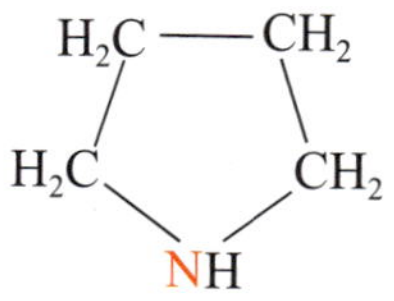

Pyrrolidine

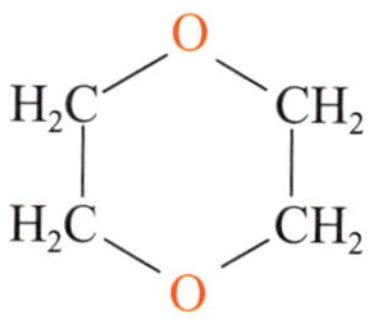

Dioxane

Question 1.D

Le propane et le cyclopropane sont-ils isomères ?

Un atome de carbone est dit :

- *Primaire*, s'il est lié à un seul autre atome de carbone,
- *Secondaire*, s'il est lié à deux autres atomes de carbone,
- *Tertiaire*, s'il est lié à trois autres atomes de carbone,
- *Quaternaire*, s'il est lié à quatre autres atomes de carbone.

Exemple

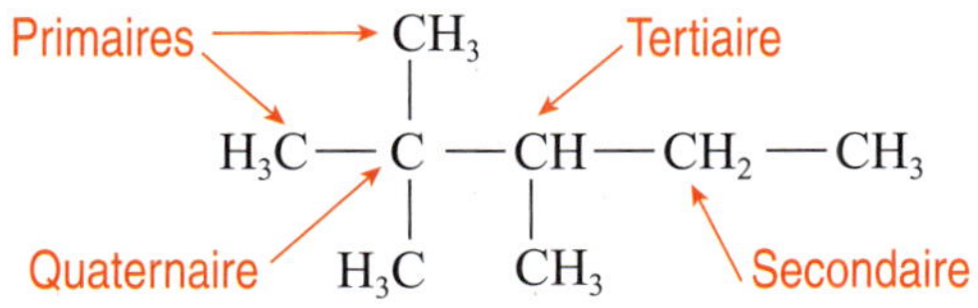

b) Liaisons multiples

Deux atomes de carbone peuvent aussi s'unir l'un à l'autre non pas par une simple liaison, comme dans les exemples précédents, mais par une **double liaison**, ou même par une **triple liaison**.

Exemples

$H_2C{=}CH_2$ Éthylène (ou éthène) $HC{\equiv}CH$ Acétylène (ou éthyne)

Les liaisons simples sont dites *saturées*, et les liaisons multiples, doubles ou triples, *insaturées*.

On peut trouver associés dans une même molécule tous les éléments structuraux définis jusqu'ici : chaînes linéaires, ramifiées et cycliques, liaisons simples, doubles et triples.

Remarque

Il existe cependant certaines incompatibilités. Par exemple, pour des raisons géométriques, un cycle ne peut comporter une triple liaison s'il n'est pas formé d'un minimum de huit atomes de carbone.

Exemples

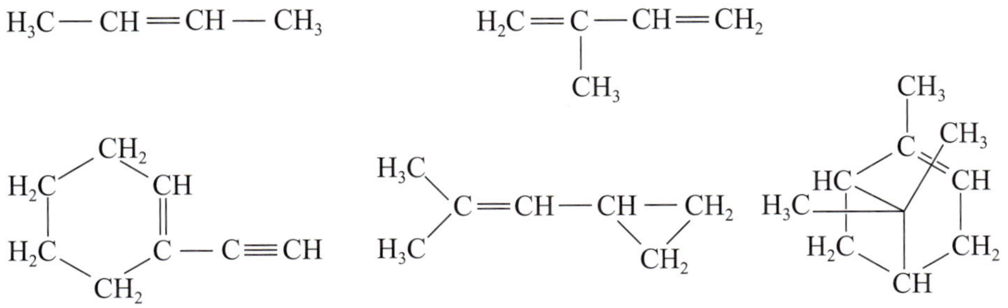

La forme de la chaîne a assez peu d'influence sur la réactivité, mais la présence de doubles ou triples liaisons dans une molécule modifie profondément ses possibilités de réaction.

Question 1.E

Si l'on considère les diverses molécules d'hydrocarbures que peuvent former *n* atomes de carbone, le nombre d'atomes d'hydrogène présents dans ces molécules dépend-il de la forme de la chaîne (linéaire, ramifiée ou cyclique) ? Quel est le nombre maximal d'atomes d'hydrogène qui peuvent être associés à *n* carbones ? Quelles autres valeurs sont possibles ? À quels types d'enchaînement sont-elles associées ?

c) Représentations simplifiées

Habituellement, pour alléger l'écriture des formules développées, on ne représente pas les carbones des chaînes cycliques, ni les hydrogènes qu'ils peuvent porter. Ainsi, les molécules cycliques figurant parmi les exemples précédents s'écrivent :

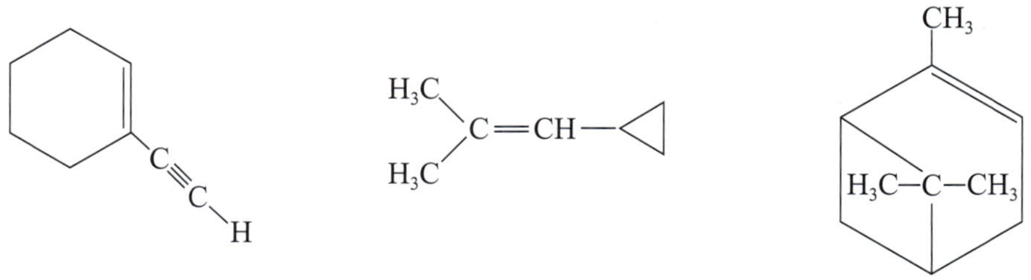

On peut aller plus loin dans la schématisation, en ne représentant plus aucun atome de carbone. Les cinq exemples précédents deviennent alors :

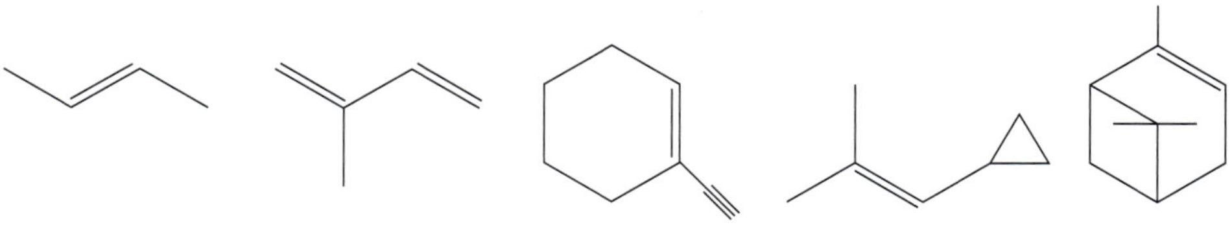

Par convention, il faut « voir » un C aux extrémités libres des segments et à leurs intersections. Un trait représente donc une liaison entre deux carbones. On est donc conduit, pour indiquer chaque carbone, à écrire systématiquement les chaînes sous formes de lignes brisées. Voici encore quelques exemples, plus simples :

$CH_3{-}CH_2{-}OH$	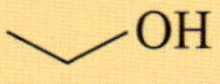	$CH_3{-}CH(CH_3){-}CH{=}CH{-}C({=}O){-}Cl$	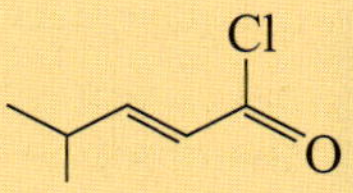
$CH_3{-}CH_2{-}CH_2{-}CH_3$		$CH_3{-}C(CH_3)_2{-}CH_2Cl$	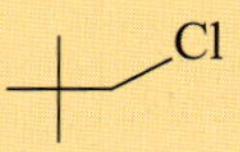
$CH_3{-}C({=}O){-}CH_3$	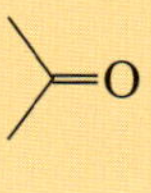		

(Le méthane se réduirait à un point, et ne peut pas être représenté de cette façon).

1.2.2 Groupements fonctionnels

Si, en plus du carbone et de l'hydrogène, on se donne aussi de l'oxygène, élément bivalent, on augmente encore le nombre des possibilités. Trois enchaînements sont envisageables :

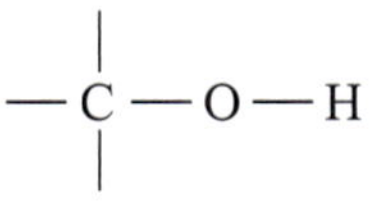

Exemple : $H_3C—CH_2—O—H$ Éthanol

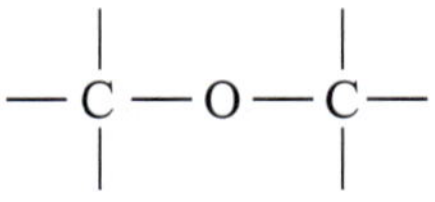

Exemple : $H_3C—O—CH_3$ Oxyde de diméthyle

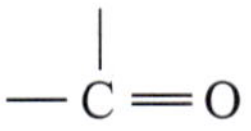

Exemple : $H_3C—CH{=}O$ Acétaldéhyde ou éthanal

Ces trois groupements confèrent aux molécules dans lesquelles ils se trouvent un ensemble de propriétés, diffèrent pour les trois mais caractéristique de chacun d'eux. Toutes les molécules qui contiennent l'un de ces groupements ont des propriétés analogues, et constituent une famille homogène.

Cet ensemble de propriétés, liées à la présence d'un groupement particulier d'atomes dans une molécule, définit une *fonction* et ce groupement porte le nom de *groupe fonctionnel*.

Ainsi,

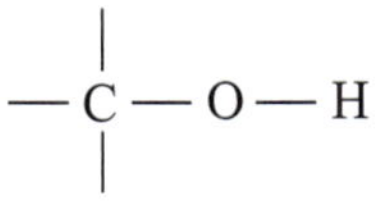

est le groupement fonctionnel « *alcool* ». Toutes les molécules qui le contiennent sont des alcools et ont des propriétés analogues ; ces propriétés communes se résument sous la dénomination de « *fonction alcool* ».

Remarque

Il y a généralement un grand contraste entre la réactivité du groupement fonctionnel et la relative inertie chimique de la chaîne carbonée qui le porte, formée exclusivement de liaisons C—C et C—H. La fonction est la partie active de la molécule et, en première approximation, ses caractères chimiques sont indépendants de la structure de la chaîne carbonée sur laquelle elle est fixée.

Une même chaîne peut porter plusieurs groupes fonctionnels, soit identiques, soit différents.

Exemples

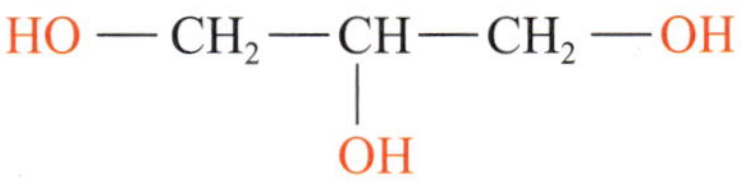

(trois fonctions alcool)

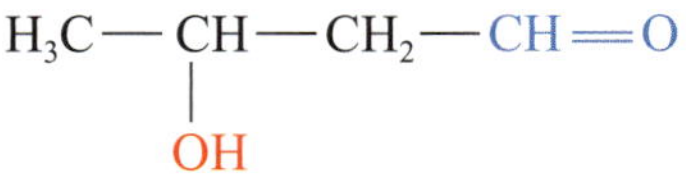

(fonctions alcool et aldéhyde)

Tableau 1.1 — Les principaux groupements fonctionnels

Hydrocarbures

• *Séries acyclique et cyclique non benzénique*			
Hydrocarbures saturés		ALCANES, CYCLOALCANES[a]	$-\overset{\vert}{\underset{\vert}{C}}-\overset{\vert}{\underset{\vert}{C}}-$
Hydrocarbures insaturés	{	ALCÈNES, CYCLOALCÈNES	$-\underset{\vert}{C}=\underset{\vert}{C}-$
		ALCYNES, CYCLOALCYNES	$-C\equiv C-$
• *Séries benzénique*		ARÈNES	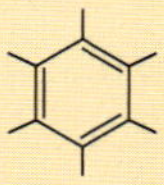

Fonctions monovalentes

HALOGÉNURE	$-\overset{\vert}{\underset{\vert}{C}}-X$ [b]
ORGANOMÉTALLIQUE	$-\overset{\vert}{\underset{\vert}{C}}-M$
ALCOOL	$-\overset{\vert}{\underset{\vert}{C}}-OH$
THIOL	$-\overset{\vert}{\underset{\vert}{C}}-SH$
PHÉNOL	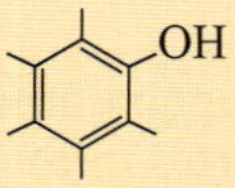
ETHER-OXYDE	$-\overset{\vert}{\underset{\vert}{C}}-O-\overset{\vert}{\underset{\vert}{C}}-$
AMINE	$-\overset{\vert}{\underset{\vert}{C}}-\underset{\vert}{N}-$

Fonctions bivalentes

ALDÉHYDE	$-\underset{\Vert \atop O}{C}-H$
CÉTONE	$-\underset{\Vert \atop O}{C}-$

Fonctions trivalentes

ACIDE CARBOXYLIQUE	$-\underset{\Vert \atop O}{C}-OH$
CHLORURE D'ACIDE	$-\underset{\Vert \atop O}{C}-Cl$
ANHYDRIDE D'ACIDE	$-\underset{\Vert \atop O}{C}-O-\underset{\Vert \atop O}{C}-$
AMIDE	$-\underset{\Vert \atop O}{C}-\underset{\vert}{N}-$
NITRILE	$-C\equiv N$

a. Les hydrocarbures saturés ne comportent pas, à proprement parler, de groupement fonctionnel ; la liaison simple C—C n'en est pas un, puisqu'elle est le maillon de base des chaînes carbonées qui portent les groupements fonctionnels.
b. Le symbole X est fréquemment utilisé pour représenter l'un quelconque des « halogènes » : F, Cl, Br et I.

Cette notion de fonction est pour la chimie organique un facteur d'ordre et de clarification. Les sept millions de composés connus à l'heure actuelle se répartissent entre un nombre en fait très restreint de fonctions. Il n'y a guère qu'une vingtaine de fonctions importantes, dont le tableau 1.1 regroupe les principales, et la chimie organique ne s'aborde pas par l'étude descriptive individuelle des composés, mais par celle des fonctions.

Remarque

Une fonction peut toujours être considérée comme dérivant (quant à sa formule tout au moins) d'un hydrocarbure saturé, par la substitution de divers atomes ou groupements d'atomes à un ou plusieurs atomes d'hydrogène.

Partant de cette remarque, on a l'habitude de classer les fonctions suivant leur « valence » (expression peu adéquate en l'occurrence, et qu'il ne faut pas prendre ici dans le même sens que lorsqu'il s'agit de la valence d'un élément). La valence d'une fonction est égale au nombre d'atomes d'hydrogène que remplace le groupe fonctionnel, par référence à l'hydrocarbure saturé « correspondant », c'est-à-dire ayant la même chaîne.

Voir § 1.2

Exemples

Dans le tableau 1.1, la fonction alcool figure parmi les fonctions monovalentes parce qu'elle résulte du remplacement, dans un hydrocarbure, d'un H par un groupe OH. La fonction aldéhyde est bivalente parce que l'oxygène doublement lié y remplace deux H. La fonction acide est trivalente parce que le groupe OH et l'oxygène doublement lié y remplacent trois H.

On considère que le passage d'une fonction à une autre de valence plus grande est une *oxydation* (le « nombre d'oxydation » du carbone augmente), et que le passage inverse est une *réduction* (le nombre d'oxydation du carbone diminue). Ainsi, la transformation d'un alcool en un aldéhyde est une oxydation, bien que l'aldéhyde ne contienne pas plus d'oxygène que l'alcool, et celle d'un dérivé halogéné en hydrocarbure (auquel on peut attribuer la valence zéro) est une réduction.

1.3 L'ISOMÉRIE PLANE

Voir p. 7

Des *isomères* sont des composés possédant la même formule brute (leurs molécules sont donc formées des mêmes atomes, en nombre égal), mais non la même formule développée ; on dit qu'il y a entre eux une relation d'*isomérie*. Des isomères manifestent des différences plus ou moins marquées, dans leurs propriétés physiques et/ ou dans leurs propriétés chimiques.

Cette notion d'isomérie s'est imposée dès le début de ce chapitre et elle est constamment présente dans toute la chimie organique. Il existe en effet le plus souvent de multiples structures pour des molécules qui sont formées d'un grand nombre d'atomes représentant peu d'éléments différents.

La disposition des atomes dans des molécules isomères peut différer de diverses façons et il faut avoir recours, pour rendre compte de ces différences, à des formules plus ou moins détaillées, selon les cas. Il ne sera question ici que de l'isomérie

Voir § 1.2

« *plane* », ce qui signifie que les formules planes suffisent pour décrire les isomères en question ; ils diffèrent en effet par l'ordre dans lequel les atomes sont liés les uns aux autres. Le chapitre 3 sera consacré à l'isomérie « *stérique* » (ou *stéréoisomérie*), qui ne peut être décrite qu'en ayant recours à des représentations spatiales des molécules.

Question 1.F

Écrivez toutes les formules possibles pour un alcool de formule brute $C_5H_{12}O$. Ces molécules sont ________ les unes des autres. Peut-on imaginer une ou plusieurs molécules possédant aussi cette formule brute mais n'appartenant pas à la même fonction ?

1.3.1 Isomérie de fonction

Voir § 1.2.2

Le seul point commun entre des isomères « de fonction » est qu'ils ont la même formule brute. Ils n'appartiennent pas à la même fonction et leur isomérie est en fait une simple coïncidence. Ils diffèrent à la fois par leurs propriétés physiques et par leurs propriétés chimiques.

Exemples

$CH_3—CH_2—CH_2—COOH$ (*acide*)
$HOH_2C—CH{=}CH—CH_2OH$ (*dialcool*, ou « *diol* »)
$CH_3—CHOH—CH_2—CHO$ (*aldéhyde-alcool*)
qui ont tous trois pour formule brute $C_4H_8O_2$.

Question 1.G

En vous aidant du tableau des fonctions (tableau 1.1), trouvez trois isomères de fonction répondant à la formule C_4H_7NO.

1.3.2 Isomérie de squelette

Les isomères « de squelette » (ou « de chaîne ») possèdent les mêmes éventuels groupes fonctionnels et ne diffèrent pas que par le mode d'enchaînement des atomes de carbone de leur squelette carboné.

Exemples

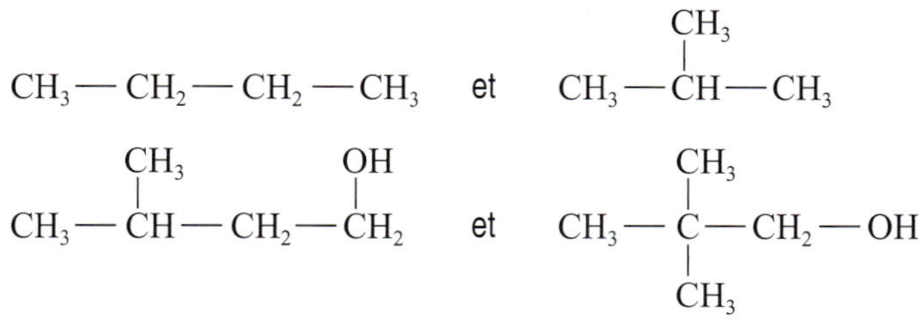

1.3.3 Isomérie de position

La parenté des isomères « de position » est beaucoup plus grande : outre qu'ils ont la même formule brute, ils appartiennent à la même fonction, possèdent le même squelette carboné et ne diffèrent que par la position le long de la chaîne du groupe fonctionnel ou d'une liaison multiple carbone-carbone. Leurs propriétés chimiques sont donc d'ordinaire voisines, mais leurs propriétés physiques (températures de fusion et d'ébullition, densité, spectres d'absorption, ...) sont différentes.

Exemples

$$CH_3-CH_2-CH_2-CH_2(OH) \quad \text{et} \quad CH_3-CH(OH)-CH_2-CH_3$$

(position d'un — OH)

$$CH_3-CH_2-CH=CH_2 \quad \text{et} \quad CH_3-CH=CH-CH_3$$

(position de la double liaison)

Le nombre de tels isomères de fonction, de squelette et de position pour une formule brute donnée peut être étonnamment grand. Ainsi, il pourrait exister 75 hydrocarbures de formule $C_{10}H_{22}$, 366 319 de formule $C_{20}H_{42}$ et plus de quatre milliards de formule $C_{30}H_{62}$.

Remarque

Ces nombres résultent d'une prévision théorique. Ils montrent bien le nombre pratiquement illimité des composés organiques *possibles*. Seuls quelques uns de ces hydrocarbures ont été réellement préparés, mais rien ne s'opposerait à ce qu'on les prépare tous, si ce n'est le temps qui serait nécessaire, pour un travail sans intérêt.

Question 1.H

Quels isomères de position peuvent correspondre à la formule C_3H_8O ? et à la formule $C_3H_6Cl_2$?

1.3.4 Tautomérie

Parfois deux isomères de constitution peuvent se transformer réversiblement l'un en l'autre. On dit alors que ce sont des *formes tautomères*, ou encore qu'il y a entre eux une relation de *tautomérie*.

Exemple

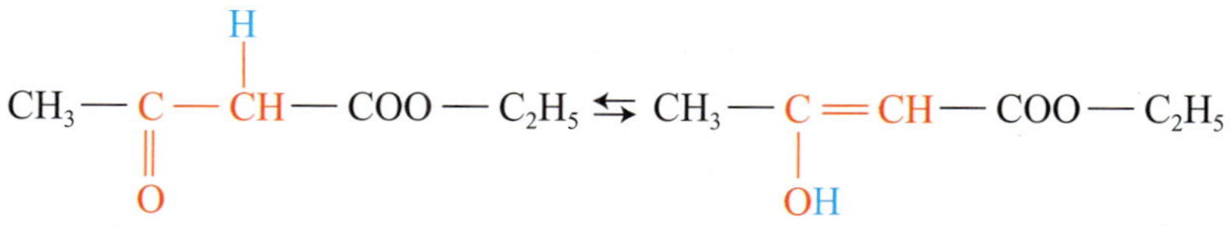

Cétone Énol

Il s'agit d'un véritable équilibre chimique. Si l'on fait réagir sur le mélange de deux formes tautomères A et B un composé réagissant seulement avec la forme A, l'équilibre se déplacera dans le sens B → A à mesure que la forme A sera consommée (application de la « loi d'action de masse »). Tout se passera donc comme si la forme B n'était pas présente : la totalité du mélange réagira sous la forme A. Inversement, en présence d'un réactif spécifique de la forme B, le mélange se comportera comme s'il était formé uniquement de celle-ci, la forme A n'y étant pas présente.

Les cas de tautomérie les plus importants consistent, comme dans l'exemple précédent, en une migration d'hydrogène d'un atome sur un autre (« prototropie »). En voici deux autres exemples :

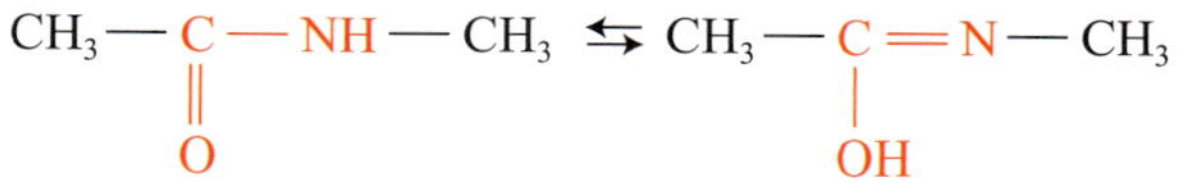

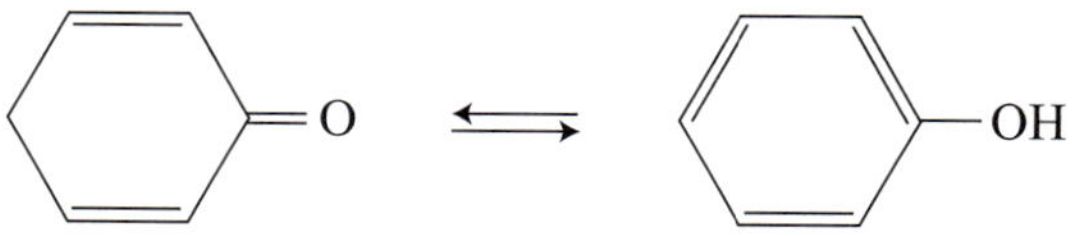

1.4 Groupes et radicaux

Une réaction consiste en une redistribution des atomes présents, qui se trouvent liés les uns aux autres d'une façon différente dans les composés de départ (« réactifs ») et dans les nouvelles molécules formées (« produits »).

Cependant cette redistribution n'affecte habituellement pas la totalité des atomes, et ne concerne qu'une partie de l'architecture moléculaire. Il a, du reste, déjà été mentionné que la réactivité (ou aptitude à réagir) se localise au niveau des groupements fonctionnels, par opposition à la chaîne carbonée qui leur sert de support et qui, le plus souvent, n'est pas modifiée par la réaction.

Voir § 1.2.2

Exemple

$$H_3C-CH_2-CH_2-OH + HBr \rightarrow H_3C-CH_2-CH_2-Br + H_2O$$

La réaction se limite à la substitution de —OH (dans le groupe fonctionnel alcool C—OH) par Br ; la partie $H_3C-CH_2-CH_2-$ n'est pas modifiée. Cette réaction est la même pour de très nombreux alcools, qui diffèrent cependant par la forme ou la longueur de la chaîne carbonée, et il est possible de l'écrire sous la forme plus générale :

$$R-OH + HBr \rightarrow R-Br + H_2O$$

qui traduit un caractère chimique « des alcools en général », ou encore « de la fonction alcool ».

Dans cette formulation, R représente le **radical** de l'alcool. Ce symbole désigne donc globalement un « morceau de formule » que l'on ne juge pas utile d'expliciter.

Tableau 1.2 Les principaux radicaux (ou groupes)

Radicaux ALKYLES (*Symbole général* R)		
		Symbole
$-CH_3$	Méthyle	Me
$-CH_2-CH_3$	Éthyle	Et
$-CH_2-CH_2-CH_3$	Propyle	Pr
$CH_3-\underset{\mid}{C}H-CH_3$	Isopropyle	isoPr ou iPr
$-CH_2-CH_2-CH_2-CH_3$	Butyle primaire	Bu
$CH_3-\underset{\mid}{C}H-CH_2-CH_3$	Butyle secondaire	secBu ou sBu
$-CH_2-\underset{CH_3}{\underset{\mid}{C}H}-CH_3$	Isobutyle	isoBu ou iBu
$CH_3-\underset{CH_3}{\underset{\mid}{\overset{\mid}{C}}}-CH_3$	Tertiobutyle (butyle tertiaire)	terBu ou tBu

Radicaux CYCLOALKYLES			
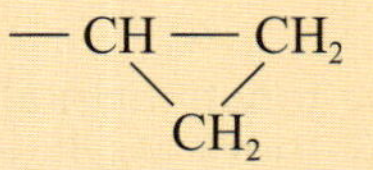	ou 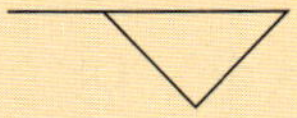	Cyclopropyle	
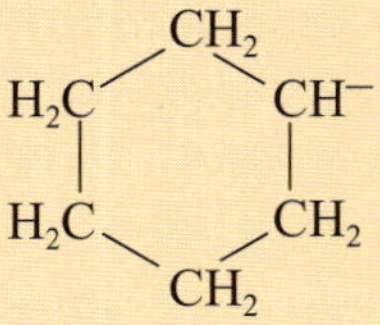	ou 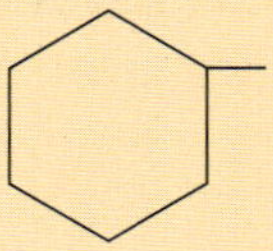	Cyclohexyle	
Radicaux ARYLES (*Symbole général* Ar)			
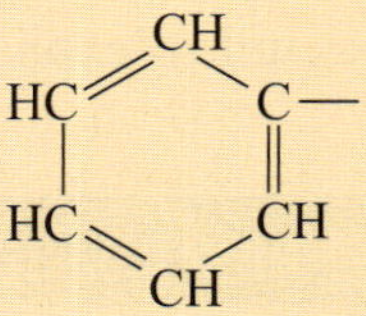	ou 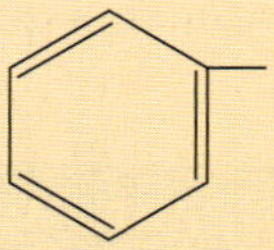	Phényle Ph	

Un radical est dit « primaire », « secondaire » ou « tertiaire », selon que le carbone qui porte la valence libre est lui-même primaire, secondaire ou tertiaire [voir § 1.2.1.a]

Les plus simples de ces radicaux (on dit aussi « *groupes* » ou « *groupements* ») ont reçu des noms particuliers, qu'il est utile de connaître et qui sont rassemblés dans le tableau 1.2.

Remarque

Le terme « radical » possède également une autre signification, qui ne concerne plus les formules et leur écriture, mais la réalité physique du déroulement des réactions. Au cours de certaines d'entre elles (ce n'est pas le cas de celle des alcools avec HBr), à la suite de la rupture de certaines liaisons, il se forme de façon transitoire des entités très instables, de courte durée de vie, neutres et comportant un électron impair, que l'on appelle aussi des radicaux. Mais il est plus correct, pour éviter toute ambiguïté, de les appeler *radicaux libres*.

Voir chap. 4, § 4.2.1.a

Question 1.I

Au cours de la chloration de l'éthane, il se forme transitoirement, par rupture d'une liaison C—H, des entités $CH_3—CH_2$, dont la durée de vie est de l'ordre de 10^{-4} seconde ; ces entités sont des ______.

Dans la réaction $CH_3—CH_2OH + HCl \rightarrow CH_3—CH_2Cl + H_2O$, il ne se forme pas de radicaux libres mais, dans la formule de l'alcool, $CH_3—CH_2—$ est le ______ ou ______ éthyle.

Séries homologues

Lorsque, dans la formule d'une molécule, on remplace par différents radicaux un atome d'hydrogène pris hors du groupement fonctionnel, tout en conservant à la chaîne sa forme générale, on obtient des composés qui constituent une *série homologue*.

Ainsi, en remplaçant dans le méthane CH_4 l'un des H par les radicaux méthyle éthyle, propyle, etc. (cf. tableau 1.2), on obtient la série éthane, propane, butane, etc. C'est la série des *hydrocarbures saturés linéaires*.

Voir § 1.2.1.a

L'isobutane est par ailleurs le premier terme de la série « *en iso* », c'est-à-dire la série des hydrocarbures représentés par la formule générale :

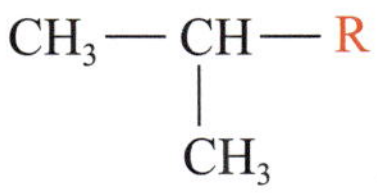

Si R correspond aux groupes méthyle, éthyle, propyle…, on obtient les termes successifs de la série : isobutane, isopentane, isohexane, etc.

La notion d'homologie est donc plus restrictive que celle de fonction puisqu'entre les termes d'une série homologue il y a non seulement identité de fonction, mais aussi analogie dans la forme générale de la chaîne.

Exemples

$$CH_3—CH_2—CH_2—OH \qquad \text{Propan-1-ol}$$

alcool en C_3 à chaîne droite, a pour « homologue supérieur » l'alcool en C_4 également à chaîne droite :

$$CH_3—CH_2—CH_2—CH_2—OH \qquad \text{Butan-1-ol}$$

Mais les autres alcools en C_4 isomères de ce dernier, comme (entre autres) :

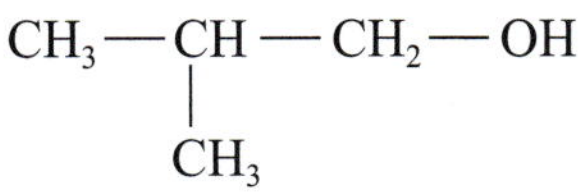

Isobutanol (ou Méthylpropan-1-ol)

ne sont pas les homologues du premier.

OBJECTIFS

- Écrire des formules développées exactes (possibles), à partir d'une formule brute donnée.
- Reconnaître si des formules développées planes présentées différemment représentent ou non des molécules différentes.
- Reconnaître et nommer les principaux groupements fonctionnels.
- Reconnaître et nommer les principaux radicaux.
- Utiliser et comprendre les représentations schématiques simplifiées des formules.

Les solutions se trouvent à la page 665.

1-a Trouvez au moins une (éventuellement plusieurs) formule(s) développée(s) plane(s) correspondant aux formules brutes suivantes :

a) C_4H_2	d) $C_{15}H_{32}$	g) C_3NH	j) CH_5N
b) C_6H_6	e) $C_3H_4Cl_2$	h) C_2H_3OCl	k) $C_2HO_2Cl_3$
c) C_4H_6	f) C_3H_6O	i) C_4H_6S	l) C_4H_7ON

1-b Trouvez les formules développées planes de tous les hydrocarbures saturés acycliques en C_6 (formule brute : C_6H_{14}).

1-c Trouvez les formules développées planes de tous les hydrocarbures saturés cycliques (cycloalcanes) de formule brute C_6H_{12} (il y en a 12). Les représenter en écriture schématique simplifiée [cf. 1.2.1.c].

1-d Si un hydrocarbure saturé de formule brute C_7H_{14} ne comporte qu'un seul carbone primaire, quelles sont ses formules développées possibles ?

1-e L'analyse d'un composé organique a montré que sa molécule contient une fonction aldéhyde et une double liaison carbone-carbone. Sa masse molaire est par ailleurs 70. Quelles sont les formules possibles pour ce composé ?

1-f Les formules brutes suivantes correspondent-elles, *a priori*, à des molécules pouvant exister (sont-elles possibles) ?

$C_{25}H_{53}$	$C_2H_2Cl_6$	$C_{10}H_{20}O_2Cl_2$	$C_5H_4Br_3$
$C_{30}H_{60}$	$C_{15}H_{28}Cl_2$	$C_{32}H_{32}Br$	$C_{12}H_{24}O_2$

1-g Pour la formule brute C_4H_8O, indiquer les représentations simplifiées de :

a) 2 isomères de squelette

b) 2 isomères de position

c) 2 isomères de fonction

1-h Trouver toutes les représentations simplifiées pour un alcool (chapitre 15) dont la formule brute est $C_5H_{12}O$. Indiquer deux isomères de squelette ainsi que deux isomères de position.

1-i Représenter quatre isomères de fonction correspondant à la formule brute $C_6H_{12}O$.

LA GÉOMÉTRIE DES MOLÉCULES ORGANIQUES

2

PRÉALABLES

- Formules développées planes ; chaînes carbonées ; liaisons simples et multiples.
- Notions élémentaires de géométrie (angles plans, angles dièdres, triangle équilatéral, pyramide, tétraèdre).

Voir chap. 1, § 1 2

MOTS-CLÉS

- Angles de liaisons
- Barrière d'énergie
- Carbone tétraédrique
- Configuration
- Conformation
- Interactions gauches. Interactions 1,3 – diaxiales
- Liaisons décalées
- Liaisons éclipsées
- Longueur de liaison
- Rayon de covalence
- Rayon de Van der Waals
- Squelette

Le schéma d'un circuit électrique représente la façon dont sont connectés entre eux les éléments qui le constituent. Mais il ne représente pas leur forme, ni leur disposition réelle dans l'espace.

De même, la formule développée plane d'une molécule [cf. 1.2] la représente « schématiquement ». Elle montre seulement la nature et le nombre des liaisons qui la constituent, c'est-à-dire la nature des « connexions » entre les atomes, ou encore leur mode d'enchaînement.

Mais une molécule est un objet matériel, qui a une forme et des dimensions. Elle possède une organisation, une architecture, et les atomes qui la constituent ne sont pas agglutinés en vrac les uns aux autres.

Ce chapitre contient les données essentielles permettant d'imaginer, et de représenter selon les conventions admises, de façon compréhensible pour tous, la géométrie des molécules. Outre leur intérêt pour une meilleure **connaissance de l'organisation de la matière**, ces données sont importantes pour la **compréhension de la réactivité**. La stéréochimie constitue une composante importante de la chimie organique moderne, car des considérations stéréochimiques sont impliquées dans l'étude et la description des « mécanismes réactionnels » [cf. 5.4]. D'autre part, les efforts qui ont été faits pour réaliser la synthèse de molécules répondant à une géométrie donnée ont conduit à des résultats parmi les plus beaux de ces dernières années.

Ce chapitre pourrait, a priori, vous paraître un peu marginal par rapport à ceux qui traitent des réactions. Mais il n'en est rien ; ne le négligez pas, car vous devriez y revenir plus tard. Il ne contient toutefois que les bases de la stéréochimie, et le sujet sera ultérieurement enrichi et complété par les exemples que nous rencontrerons au fil des autres chapitres.

2.1 Les bases de la stéréochimie

2.1.1 Stéréochimie, expérience et théorie

La **stéréochimie moléculaire**, dont il est question ici, décrit la position relative des atomes dans les édifices covalents, molécules et ions complexes. Il existe aussi une stéréochimie de l'état solide, appelée également **cristallographie**, qui décrit la disposition des atomes, des ions ou des molécules dans les solides cristallisés. Bien que ces solides puissent être des composés organiques (le sucre, par exemple, en est un), cet aspect de la stéréochimie ne sera pas envisagé ici.

Voir aussi « *Cours de Chimie physique* », chapitres 3, 4, 5, 6 et 13.

Les données sur la géométrie des molécules sont d'*origine expérimentale*. Elles ont été d'abord obtenues par l'observation de certaines possibilités de stéréoisomérie (Pasteur et la dissymétrie moléculaire en 1848 ; Le Bel et Van't Hoff et le « carbone tétraédrique » en 1874). Diverses techniques instrumentales (principalement spectroscopiques) ont ensuite apporté, et continuent d'apporter, des informations beaucoup plus précises.

Voir chap. 4, § 4.2.2.c

Les modèles théoriques récents de l'atome et de la liaison prennent en compte les aspects géométriques. Ainsi le modèle ondulatoire avec le concept d'orbitales directionnelles et la notion d'hybridation s'ajuste bien aux cas connus par l'expérience, et peut-être prévisionnel pour d'autres cas. Les « règles de Gillespie » (modèle V.S.E.P.R.) permettent aussi, plus simplement mais plus approximativement, de déterminer *a priori* l'orientation des liaisons formées par un atome.

2.1.2 La définition de la géométrie moléculaire

La géométrie des molécules peut se définir de deux façons :

- Le « **squelette** », c'est-à-dire la position relative dans l'espace des centres des atomes, décrite par un réseau de points et les segments qui les relient, conformément à l'enchaînement des liaisons. Ce squelette se définit donc par des *distances* (de centre à centre) et des *angles*.
- La **forme extérieure**, c'est-à-dire la forme de l'espace occupé réellement par la molécule, et dans lequel ne peut pénétrer une autre molécule. Cette forme se décrit par le *rayon* des sphères auxquelles peuvent être assimilés chacun des atomes

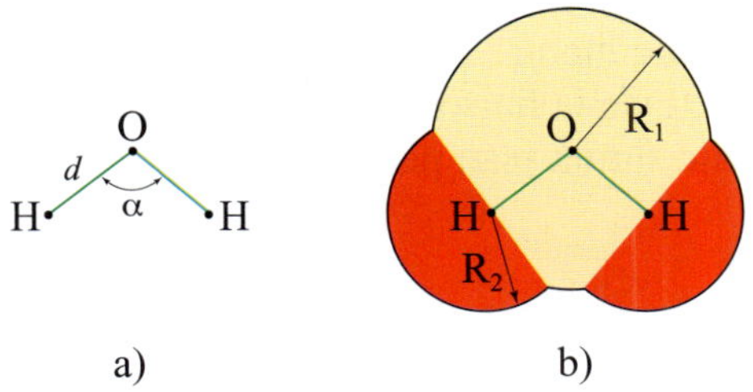

Figure 2.1
La géométrie de la molécule d'eau H_2O.
a) Forme du squelette, définie par la distance *d* entre les centres des atomes O et H (longueur de liaison), et par l'angle α.
b) Forme extérieure de la molécule, définie en outre par les rayons R_1 et R_2 des sphères « d'encombrement » des atomes.

2.1.3 Les moyens de représentation de la géométrie moléculaire

En général on ne s'intéresse qu'à la géométrie du « squelette », et on utilise divers procédés conventionnels pour représenter schématiquement l'orientation des liaisons dans l'espace.

Voir § 2.1.2

a) Procédé du « coin volant »

———— représente une liaison située dans le plan du papier (supposé vertical).

- - - - - représente une liaison orientée en arrière de ce plan.

 représente une liaison orientée en avant de ce plan.

Traduction littérale de l'expression anglaise *flying wedge*.

Exemple

la molécule de méthane peut être représentée par

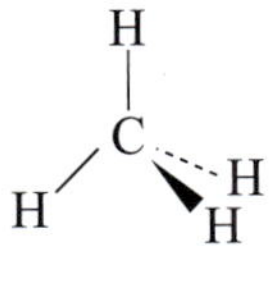

ou

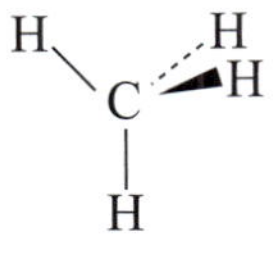

ou

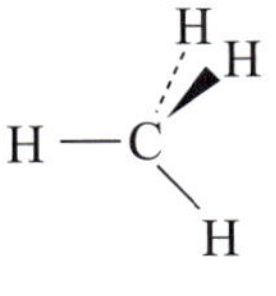

(on pourra comparer ces représentations, notamment la première, avec les modèles moléculaires de la figure 2.3).

Pour éviter que la liaison située en avant ne cache celle qui est située en arrière, on suppose que l'on ne place pas l'œil exactement sur la perpendiculaire au papier partant du carbone. Dans les deux premières représentations ci-dessus, il est placé un peu au-dessus de cette perpendiculaire ; dans la troisième il est placé un peu à gauche de celle-ci.

Question 2.A

Ci-dessus, la molécule de méthane est représentée dans diverses positions par rapport à l'observateur. Peut-on aussi la représenter de l'une des façons suivantes ?

(a) 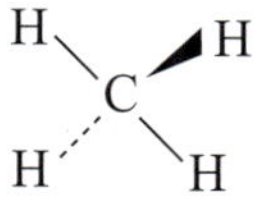 (b) 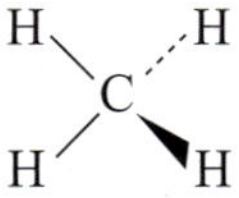

b) Projection de Newman

Cette représentation est utilisée pour montrer la disposition relative des liaisons formées par deux atomes adjacents. Elle montre la façon dont on verrait ces liaisons si l'on regardait la molécule dans l'axe de la liaison qui unit ces deux atomes ; c'est une sorte de projection de la molécule sur un plan perpendiculaire à cet axe.

Exemple

la molécule d'éthane $H_3C—CH_3$:

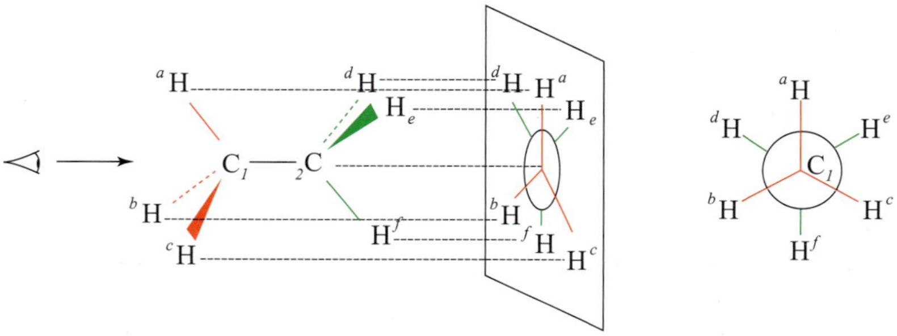

Figure 2.2 Représentation de la molécule d'éthane en projection de Newman. La molécule est représentée comme on la verrait en plaçant l'œil dans l'axe de la liaison $C_1—C_2$. On peut considérer aussi qu'il s'agit d'une sorte de projection de la molécule sur un plan perpendiculaire à cet axe. Le cercle est censé représenter le carbone C_1. Il cache le carbone C_2, dont on voit seulement dépasser les liaisons représentées plus courtes pour suggérer leur plus grand éloignement.

Voir chap. 22, § 22.2.1

D'autres modes de représentation sont également utilisés, mais dans des domaines particuliers (par exemple, la projection de Fischer pour les glucides). Ils seront présentés le moment venu.

Question 2.B

Parmi les schématisations (a), (b), (c) et (d) de la molécule $CHCl_2—CH_2Cl$, certaines la représentent-elles exactement dans la même géométrie ?

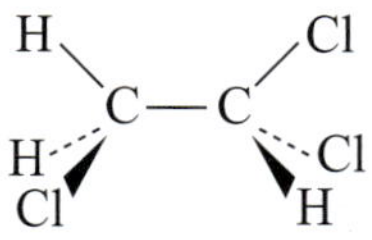
(a)

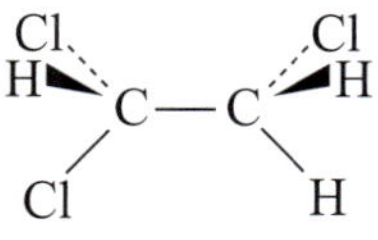
(b)

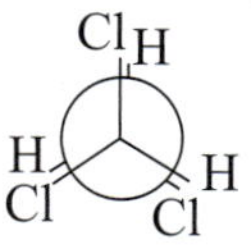
(c)

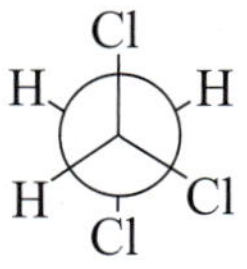
(d)

c) Modèles moléculaires

Les chimistes disposent d'une sorte de « jeu de construction », qui leur permet de construire des maquettes des molécules à notre échelle. Les atomes y sont matérialisés par des sphères, dont le rayon est proportionnel à leur encombrement réel. Ces sphères peuvent être soit directement accolées (montage compact), soit réunies par des bâtonnets (montage éclaté). Seul le montage compact donne une idée de la forme réelle des molécules, mais le montage éclaté montre mieux la forme du squelette et les angles de liaisons.

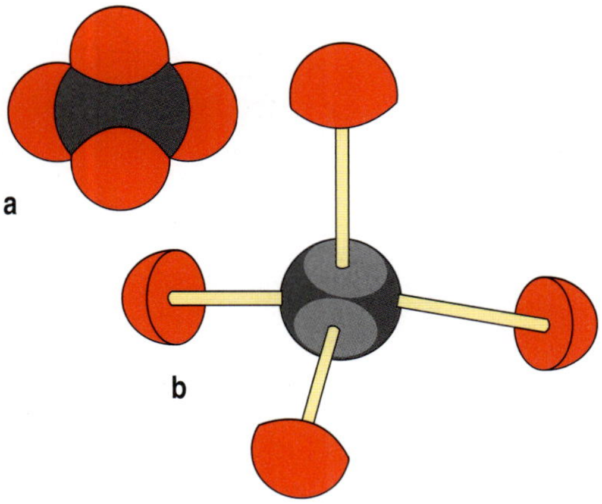

Figure 2.3
La molécule de méthane représentée à l'aide de modèles moléculaires.
a) Le montage « compact » donne une image de la forme réelle de la molécule.
b) Le montage « éclaté » n'est pas conforme au réel, mais il montre plus clairement les angles des liaisons.

Remarque

L'utilisation de modèles moléculaires est très efficace pour aider à comprendre la stéréochimie. À défaut de disposer de « vrais » modèles, on peut très efficacement en fabriquer avec des moyens artisanaux (bouchons de liège ou boules de cotillon pour les atomes, fil de fer ou cure-dents pour les liaisons...) ; il faut respecter, au moins approximativement les angles de liaisons indiqués dans la suite mais dans la plupart des cas les différences de rayon entre les atomes peuvent être ignorées.

Voir § 2.2

Simulation informatique

L'informatique permet de visualiser sur l'écran d'un ordinateur des représentations spatiales très exactes de molécules très complexes et même de les faire tourner sur elles-mêmes afin de les voir sous des angles différents.

2.2 L'orientation des liaisons autour d'un atome

L'orientation spatiale des liaisons que forme un atome avec ses plus proches voisins constitue sa **configuration**. Les données les plus importantes pour la chimie organique, telles qu'elles peuvent être prévues par les règles de Gillespie ou par la théorie de l'hybridation, sont résumées dans les tableaux suivants.

Voir § 2.1.1

Voir chap. 4, § 4.2.2.c

Tableau 2.1	**Orientation des liaisons autour de l'atome de carbone**		
	État d'hybridation du carbone		
Carbone saturé (4 liaisons simples) Exemple : CH_4	sp^3	Orientation tétraédrique $\alpha = 109°28'$	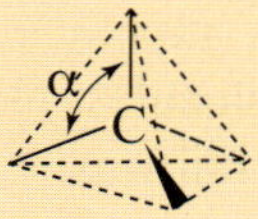
Carbone éthylénique (1 liaison double et 2 liaisons simples) Exemple : $O{=}CH_2$	sp^2	Orientation coplanaire $\alpha = 120°$	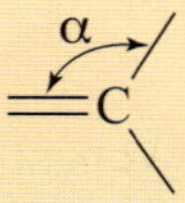
Carbone acétylénique (1 liaison triple et 1 liaison simple) Exemple : H–C≡N	sp	Orientation colinéaire $\alpha = 180°$	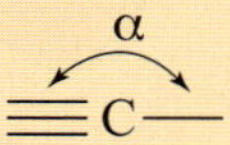
Carbone allénique (2 liaisons doubles) Exemple : O=C=O	sp	Orientation colinéaire $\alpha = 180$	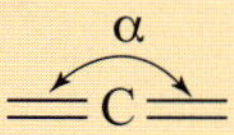

Pour pouvoir imaginer plus facilement la géométrie des molécules, il est utile de remarquer que, dans la configuration tétraédrique, les quatre directions se situent, deux par deux, dans des plans orthogonaux (fig. 2.4).

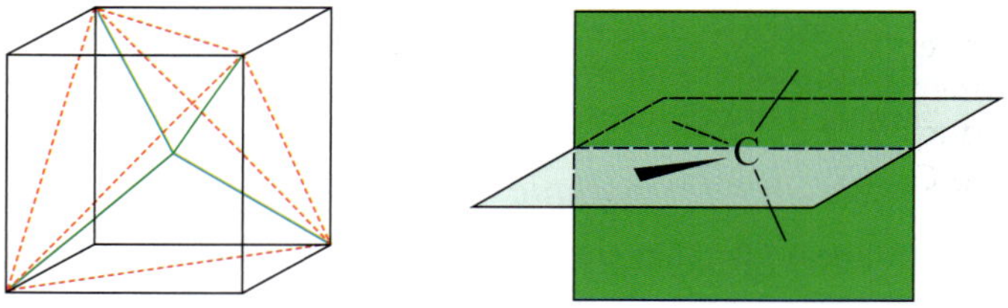

Figure 2.4
Le carbone tétraédrique.
a) Un tétraèdre est inscriptible dans un cube ; toutes ses arêtes sont égales.
b) Les quatre directions de liaison qu'il définit se situent, deux par deux, dans deux plans orthogonaux, qui coupent des faces opposées du cube selon des diagonales elles-mêmes orthogonales.

Tableau 2.2	**Orientation des liaisons autour de l'atome d'azote (ou *phosphore*)**	
Azote saturé (3 liaisons simples) Exemples : NH_3	Orientation pyramidale (inscrite dans un tétraèdre dont la 4e direction est occupée par le doublet libre) $\alpha = 109°28'$	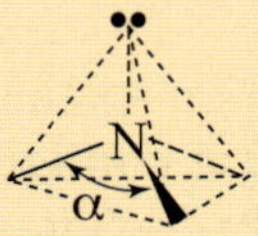
Azote insaturé (1 liaison double et 1 liaison simple) Exemple : R–CH=N–R'	Orientation « en V » $\alpha = 120°$ (le doublet libre occupe la 3e direction à 120°)	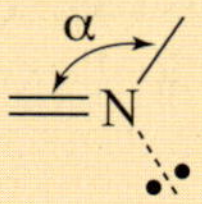

Tableau 2.3	Orientation des liaisons autour de l'atome d'oxygène (ou *soufre*)	
Oxygène saturé (2 liaisons simples) Exemple : H_2O	Orientation « en V » (inscrite dans un tétraèdre, les doublets libres occupant les 2 autres directions) α = 109°28'	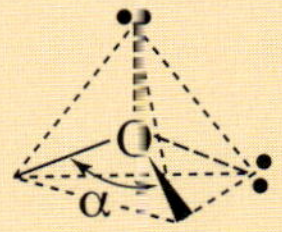

En fait, les valeurs réelles des angles des liaisons sont souvent différentes des valeurs prévues. Des écarts, relativement faibles (quelques degrés), peuvent être provoqués par divers facteurs, de nature géométrique ou électronique. Ainsi, autour d'un carbone « tétraédrique » les angles des liaisons ne sont tous égaux (109°28') que si les quatre atomes ou groupes d'atomes liés au carbone sont identiques. Dans le dichlorométhane CH_2Cl_2, la grosseur des atomes de chlore provoque une ouverture de l'angle formé par les deux liaisons C—Cl, qui vaut 112°.

Voir « *Cours de Chimie physique* », chapitre 6.

Des écarts beaucoup plus importants peuvent résulter de contraintes particulières. Par exemple, dans le cyclopropane

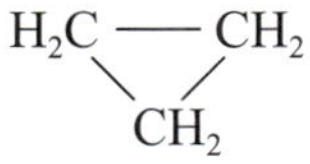

les liaisons C—C constituant le cycle forment nécessairement des angles de 60° (les atomes de carbone sont aux sommets d'un triangle équilatéral).

Question 2.C

Dans les molécules suivantes, peut-il exister plusieurs arrangements géométriquement différents des quatre atomes qui entourent le carbone ? En serait-il de même si ces quatre atomes occupaient les sommets d'un carré au centre duquel le carbone se trouverait ?

a) CH_3Cl b) CH_2Cl_2 c) CH_2ClBr

2.3 Les chaînes carbonées

Les données précédentes permettent de connaître la géométrie de toute molécule formée d'un atome central, auquel sont directement liés tous les autres (exemples : $CHCl_3$, $O{=}CH_2$, H—C≡N, où C est l'atome central). Pour des molécules plus complexes, on doit considérer successivement comme atome central tous ceux qui forment plus d'une liaison.

Ainsi, pour le méthanol H_3C—O—H, on peut facilement établir que les quatre liaisons du carbone ont une orientation tétraédrique et que les deux liaisons de l'oxygène ont une orientation « en V » (tous les angles, aussi bien autour du carbone qu'autour de l'oxygène valant 109°28'). La représentation (a) traduit bien ces conclusions, mais la représentation (b), pourtant différente, les traduit aussi.

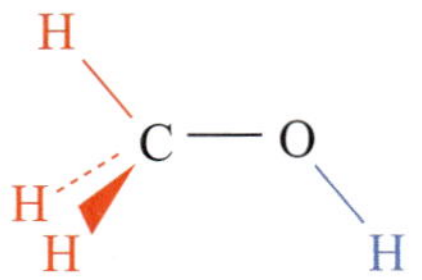

(a)

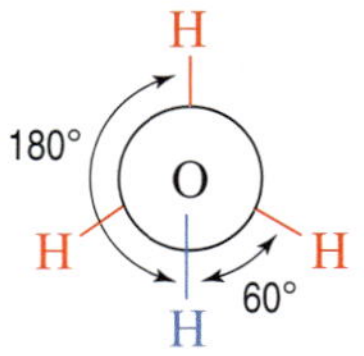

(a')

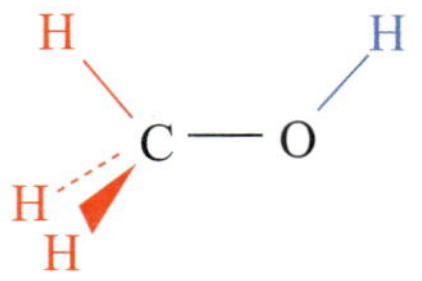

(b)

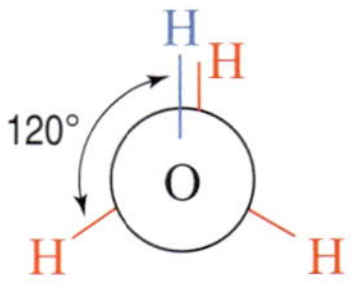

(b')

Ces deux représentations diffèrent par la position relative de la liaison O—H par rapport aux trois liaisons C—H, ou encore par une *rotation* du groupe OH par rapport au groupe CH_3. Les deux projections de Newman (a') et (b'), qui correspondent respectivement aux représentations (a) et (b) avec l'oxygène au premier plan par rapport à l'observateur, le montrent nettement.

Remarque

Pour fixer la géométrie d'une molécule, il ne suffit donc pas de connaître les angles des liaisons autour de chaque atome. Il est nécessaire également de savoir comment se positionnent les liaisons d'un atome par rapport à celles de son (ou ses) voisins(s). Des dispositions qui ne diffèrent *que par une rotation* d'une partie de la molécule par rapport à une autre constituent des **conformations** différentes de cette molécule. On dit aussi que ce sont des **conformères** de la même molécule.

Une conformation particulière est caractérisée par la valeur des *angles dièdres* que forment les liaisons de deux atomes voisins. Ces angles se « lisent » directement sur une projection de Newman (exemple : pour le méthanol des angles dièdres entre la liaison O—H et les liaisons C—H sont 60° et 180° dans la conformation a', ou 0° et 120° dans la conformation b').

2.3.1 Chaînes saturées acycliques

a) Cas de l'éthane

Voir chap. 1, § 1.2.1.a

L'éthane $H_3C—CH_3$, constitue l'exemple le plus simple de chaîne saturée acyclique, formée par un enchaînement de carbones « tétraédriques ». Parmi toutes les conformations imaginables pour cette molécule, on peut en considérer deux plus particulièrement.

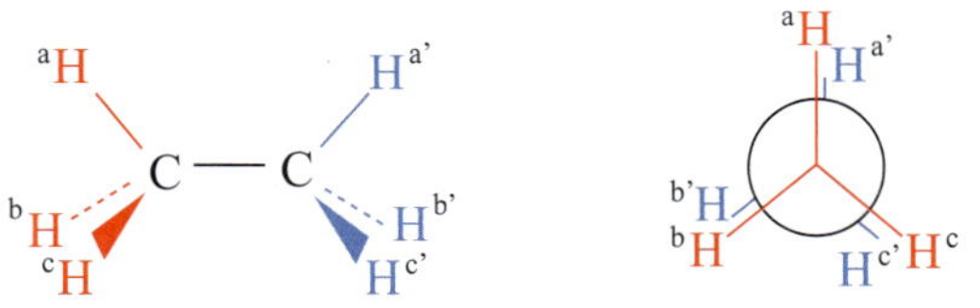

Conformation éclipsée

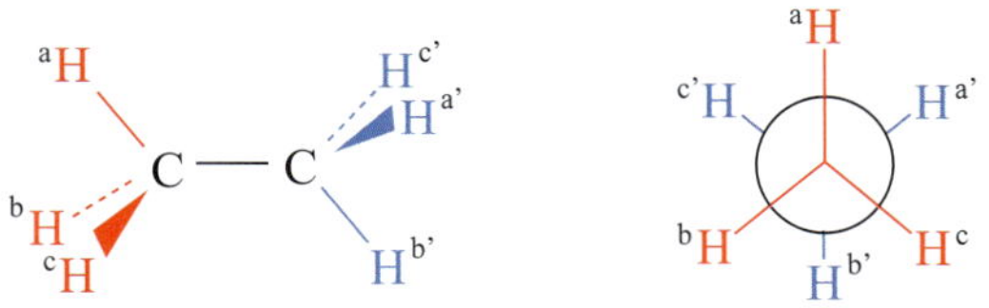

Conformation décalée

Dans la conformation *éclipsée*, les liaisons C—H des deux groupes CH_3 se font face deux par deux. Dans la conformation *décalée*, les liaisons C—H de l'un des deux groupes CH_3 se trouvent en face de la bissectrice des angles formés par celles de l'autre. On passe de l'une de ces conformations à l'autre par une rotation de 60° de l'un des deux groupes CH_3.

Remarque

En fait, dans l'éthane, les deux groupes CH_3 peuvent tourner librement l'un par rapport à l'autre et les chocs entre molécules entretiennent effectivement (sauf à très basse température) une rotation continuelle. Les deux conformations éclipsée et décalée ne constituent que deux dispositions relatives particulières de ces deux groupes (comme deux photographies instantanées de la molécule), parmi l'infinité de celles qui peuvent exister et par lesquelles la molécule passe au cours d'une rotation. Dans toutes les conformations de l'éthane, les six hydrogènes sont indiscernables et l'on comprend mieux maintenant qu'il n'y ait qu'un seul propane, résultant du remplacement de n'importe lequel de ces hydrogènes par un groupe CH_3.

Voir chap. 1, § 1.2.1

Dans la conformation décalée les H et les électrons des liaisons C—H d'un CH_3 sont aussi loin que possible de ceux de l'autre ; dans la conformation éclipsée ils en sont au contraire aussi près que possible. Il en résulte que le passage d'une conformation décalée à une conformation éclipsée nécessite un certain travail, pour vaincre la répulsion entre les nuages électroniques qui se rapprochent, et que l'énergie potentielle de la conformation éclipsée est supérieure à celle de la conformation décalée (de même que l'on augmente l'énergie potentielle d'un ressort en dépensant du travail pour le comprimer).

Au cours de la rotation, l'énergie potentielle de la molécule passe donc alternativement par des maximums, correspondant aux conformations décalées. On dit que deux conformations décalées successives sont séparées par une **barrière d'énergie** (ou barrière de potentiel), qui doit être franchie trois fois au cours d'une rotation complète de 360° (cf. fig. 2.5).

Dans le cas de l'éthane, cette barrière vaut 12,5 kJ · mol^{-1}. Cette valeur est suffisamment faible pour que, dès la température ordinaire, les molécules puissent trouver cette énergie à l'occasion de chocs entre elles. La rotation a donc lieu en permanence mais, statistiquement, à un instant donné, il y a dans l'éthane plus de molécules décalées (plus stables) que de molécules éclipsées. La proportion de chaque conformation est constante à une température donnée, mais cela ne signifie pas que la conformation d'une molécule particulière est fixée une fois pour toutes. À tout moment elle se modifie, et cela exclut d'ailleurs que l'on puisse isoler les molécules possédant une conformation déterminée (les différences de conformation ne constituent pas, habituellement, un cas d'isomérie géométrique [3]).

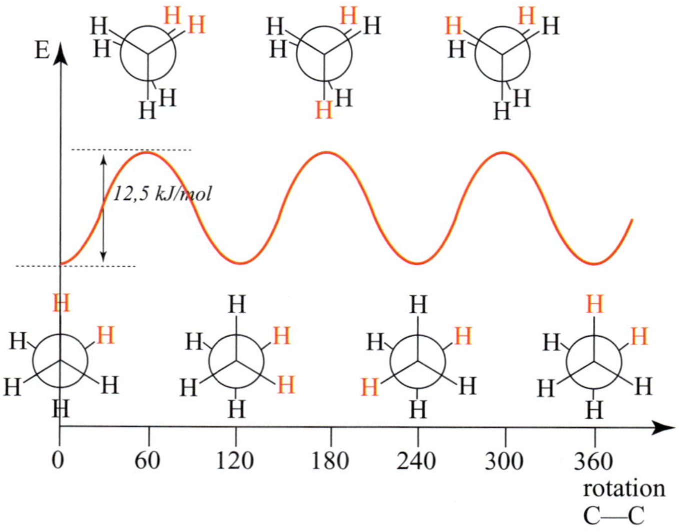

Figure 2.5 L'énergie potentielle de la molécule d'éthane, en fonction de sa conformation.

Voir chap. 8

Au cours d'une rotation complète de l'un des groupes CH_3 par rapport à l'autre, à partir d'une conformation décalée, la molécule passe trois fois par une conformation éclipsée. Chacun de ces passages implique le rapprochement des électrons des liaisons C—H qui s'éclipsent, et nécessite un travail accompli contre les forces de répulsion. Ce travail, fourni aux dépens de l'énergie cinétique des molécules, se « retrouve » dans une augmentation de l'énergie potentielle de la molécule, qui passe alors par un maximum.
Entre deux conformations décalées, la molécule doit franchir une « barrière » d'énergie et la rotation interne d'un CH_3 ressemble, à cet égard, à une course de haies.

Question 2.D

Dans le cas du propane CH_3—CH_2—CH_3, la courbe de variation de l'énergie potentielle au cours d'une rotation complète (360°) d'un CH_3 par rapport au reste de la molécule a la même allure que pour l'éthane (fig. 2.5), mais la barrière d'énergie est plus élevée (14,2 kJ · mol^{-1}). Quelle explication pourrait-on proposer ?

Les mêmes principes sont valables dans le cas de chaînes plus longues. Elles tendent donc à adopter préférentiellement une forme « en zigzag » dans laquelle les liaisons C—C sont dans un même plan et les liaisons C—H portées par deux carbones voisins sont systématiquement décalées (cf. fig. 2.6). La possibilité d'une rotation au niveau de chaque liaison C—C subsiste cependant, de sorte que *les chaînes carbonées ne sont pas rigides* et peuvent prendre également toutes sortes d'autres conformations.

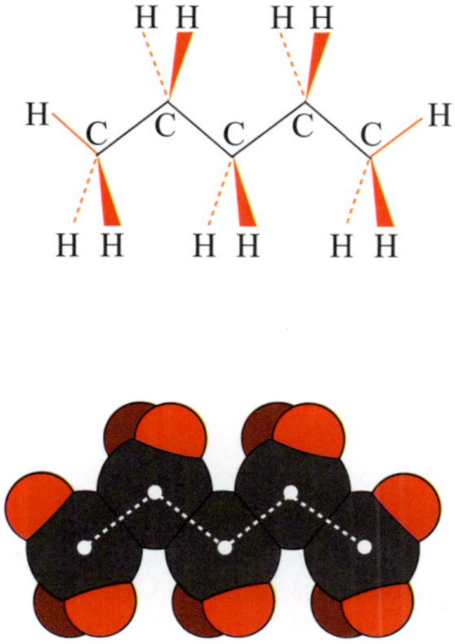

Figure 2.6
La conformation préférentielle des chaînes carbonées acycliques saturées.
Au niveau de chaque liaison C—C d'une chaîne carbonée de la forme CH_3—$(CH_2)_n$—CH_3, il existe une possibilité de libre rotation. De telles chaînes sont donc très « flexibles », et peuvent prendre toutes sortes de formes, depuis une forme « allongée » en zig-zag (ci-contre), jusqu'à une forme « pelotonnée » très compacte. La forme en zig-zag, où toutes les liaisons C—C sont dans un même plan, est cependant préférée, car il y correspond une énergie potentielle minimale pour la molécule, du fait que les liaisons C—H de deux carbones voisins sont toujours décalées.

b) Cas du butane

Dans le cas du butane, ces phénomènes sont plus complexes. En effet, la rotation de la liaison C_2—C_3 conduit la molécule à adopter deux types de conformations limites décalées et deux types de conformations limites éclipsées. (cf. fig. 2.7). Le conformère décalé ***anti*** dans lequel les méthyles sont les plus éloignés correspond à la forme la plus stable puisque l'encombrement stérique est minimal. Une rotation de 60 degrés du carbone arrière permet d'aboutir à une conformation éclipsée moins stable de 15,9 kJ · mol^{-1} où chaque méthyle s'éclipse respectivement avec un hydrogène. Une rotation de 60 degrés supplémentaires aboutit à une forme décalée ***gauche*** qui rapproche les deux méthyles l'un de l'autre créant une gène stérique appelé ***interaction gauche***, le conformère *gauche* est de ce fait plus énergétique que le conformère *anti* : la différence est de **3,8 kJ · mol^{-1}**. Une rotation supplémentaire de 60 degrés conduit à une nouvelle forme éclipsée où deux groupements méthyles se superposent correspondant au conformère le plus énergétique du butane se situant à 18,8 kJ · mol^{-1} du conformère *anti*.

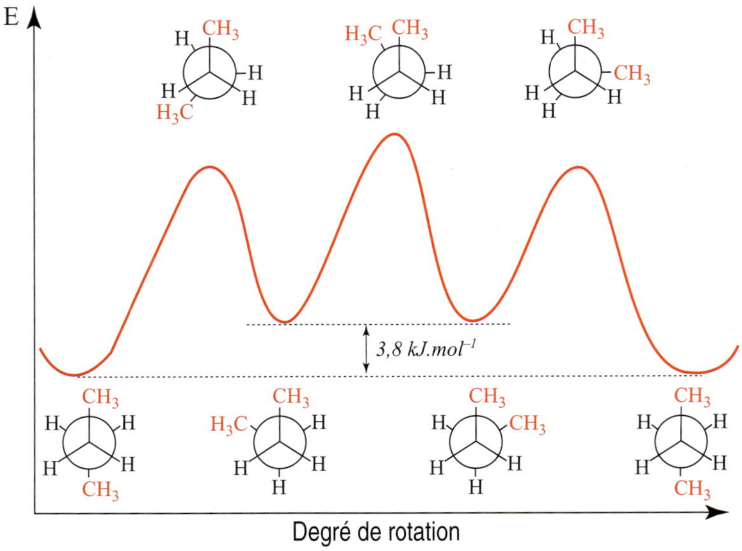

Figure 2.7
Énergie potentielle de la molécule de butane, en fonction de sa conformation.
D'un point de vue énergétique, on peut quantifier sur ce diagramme trois opérations : une interconversion *gauche / gauche* de 15,1 $kJ \cdot mol^{-1}$, la conversion *anti / gauche* de 15,9 $kJ \cdot mol^{-1}$ et enfin une conversion *gauche / anti* de 12,1 $kJ \cdot mol^{-1}$. Si l'on relie ces valeurs aux structures, il est possible d'attribuer la valeur de 3,8 $kJ \cdot mol^{-1}$ à une interaction *gauche* entre deux groupements méthyle.

2.3.2 Chaînes saturées cycliques

Dans une chaîne carbonée cyclique saturée, les liaisons C—C ne peuvent pas former l'angle normal de 109°28'. Dans la mesure où les cycles ont la forme de polygones réguliers plans, elles forment dans les premiers termes les angles suivants :

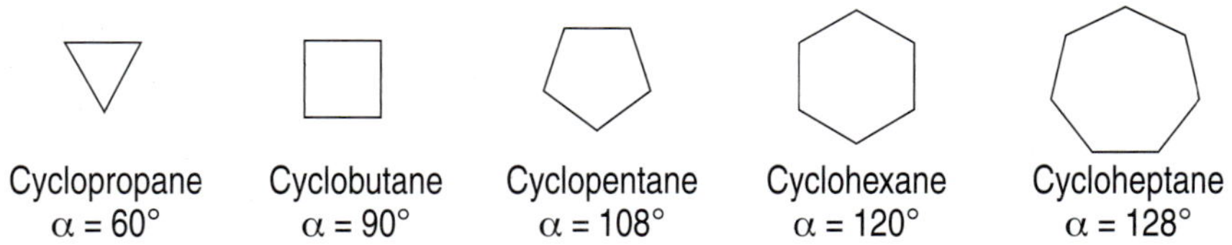

Question 2.E

Représentez le cyclopropane en « coin-volant », en mettant les trois liaisons C—C du cycle dans le plan du papier. Dans quelle disposition relative (quelle conformation) les liaisons C—H se trouvent-elles ?

La déformation angulaire imposée par la structure cyclique crée dans ces molécules une « *tension* », ou « *contrainte* ». D'autre part, dans cette géométrie plane des cycles, les liaisons C—H de deux carbones voisins sont nécessairement éclipsées. Ces deux facteurs sont *a priori* défavorables à la stabilité de ces molécules.

Si les cycles ont effectivement cette géométrie, la contrainte angulaire diminue du cyclopropane au cyclopentane, pour lequel elle est très faible ; puis elle augmente de nouveau, en sens inverse (angles supérieurs à 109°28'), à partir du cyclohexane. On pourrait donc penser que l'instabilité de ces molécules varie de la même manière avec le nombre d'atomes de carbone du cycle.

De fait, le cyclopropane manifeste une tendance très marquée à s'ouvrir, comme dans la réaction

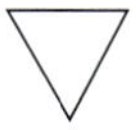 $+ H_2 \rightarrow H_3C—CH_2—CH_3$

qui est facile à réaliser (dans le propane qui se forme, l'angle des liaisons C—C retrouve sa valeur normale). Cette tendance est plus faible pour le cyclobutane, et le cyclopentane n'a aucune propension particulière à s'ouvrir. Mais, à partir du cyclohexane, et en contradiction avec la prévision précédente, les hydrocarbures cycliques saturés sont tous très stables, même s'ils comportent plusieurs dizaines d'atomes de carbone. Il ne semble donc pas que leurs molécules soient « contraintes ».

Voir chap. 11, § 2.2

Cette observation expérimentale s'interprète de façon satisfaisante en attribuant aux cycles comportant au moins six atomes de carbone des géométries non planes. Les liaisons C—C constituant ces cycles ne sont pas toutes contenues dans un même plan et, de ce fait, les angles qu'elles forment peuvent avoir la valeur normale de 109°28' (ou, tout au moins, une valeur très voisine).

Remarque

En réalité, seul le cycle en C_3 est réellement (et nécessairement) plan. Les cycles en C_4 et C_5, s'ils peuvent en première approximation être considérés comme plans, sont en fait légèrement « pliés ». Cette déformation augmente un peu les contraintes angulaires, mais cet effet est plus que compensé par le gain en stabilité qui résulte du fait que les liaisons C—H ne sont plus exactement éclipsées.

a) Le cycle du cyclohexane

Le cycle du cyclohexane présente un intérêt particulier du fait qu'il est présent dans la structure de nombreux composés naturels (stéroïdes et terpènes entre autres).

Voir chap. 24, § 2 et § 3

Le cyclohexane peut prendre *deux conformations principales*, dénommées « forme chaise » et « forme bateau » :

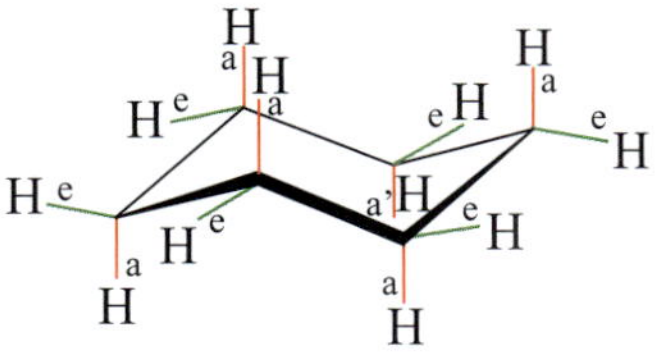

Forme chaise

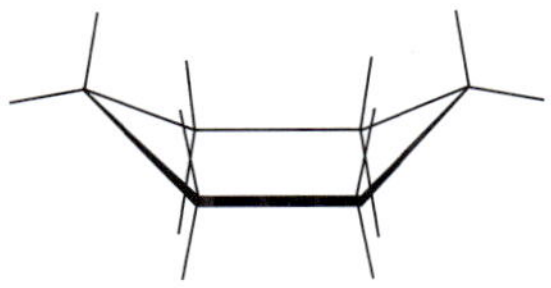

Forme bateau

Ces deux formes se transforment avec facilité réciproquement l'une en l'autre ; elles sont en *équilibre mutuel*.

Remarque

Toutefois, la forme bateau est moins stable car elle comporte huit liaisons C—H éclipsées deux par deux (sur les côtés du « bateau »), alors que dans la forme chaise les liaisons C—H de deux carbones voisins sont toujours décalées. En conséquence, l'équilibre est très déplacé, à la température ordinaire du moins, en faveur de la forme chaise et, à un instant donné, très peu de molécules se trouvent dans la forme bateau (moins de 1 %).

Dans la forme chaise, les douze liaisons C—H se divisent en deux groupes :

- six liaisons *axiales*, perpendiculaires à ce que l'on pourrait appeler le « plan moyen » du cycle, et disposées alternativement de part et d'autre de ce plan (repérées par la lettre « a » sur le schéma ci-dessus) ;
- six liaisons *équatoriales*, faisant un angle faible (15° environ) avec ce plan moyen, également alternées par rapport à lui (repérées par la lettre « e » sur le schéma ci-dessus).

b) Le cyclohexane monosubstitué

Un substituant porté par un carbone du cyclohexane, un groupe méthyle CH_3 par exemple, peut donc occuper soit une position axiale, soit une position équatoriale. En fait le cycle possède une déformabilité conformationnelle telle que, outre l'équilibre avec la forme du bateau, il y a également équilibre entre deux formes chaise. Dans cette transformation réciproque, les liaisons axiales d'une forme deviennent les liaisons équatoriales de l'autre, et inversement. Pour le cyclohexane lui-même, cette inversion se produit environ 500 000 fois par seconde, à la température ordinaire.

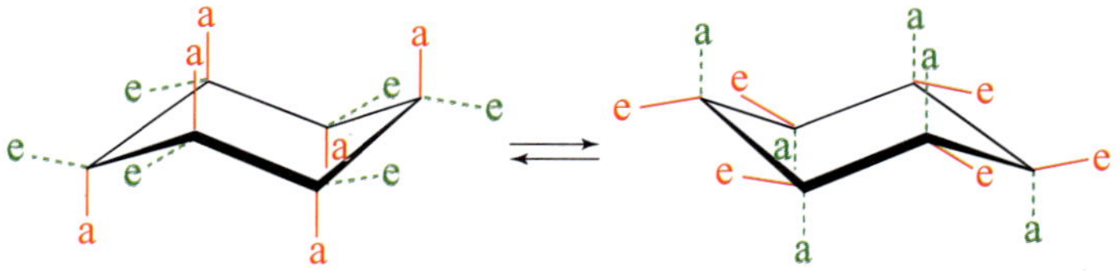

Un substituant n'occupe donc pas une position fixée définitivement, et la liaison qui l'unit au cycle peut se trouver, à tout instant, soit axiale soit équatoriale. Cependant cet équilibre est toujours en faveur de la forme dans laquelle le substituant est équatorial car, lorsque le substituant est en position axiale sur le carbone 1, il existe des interactions (une « gêne ») entre lui et les atomes portés par les liaisons axiales des carbones 3 et 5. Les atomes, ou groupes d'atomes, portés par les liaisons axiales en position 1, 3 et 5 sont en effet beaucoup plus proches que ne le suggère la représentation schématique habituelle. En position équatoriale, un substituant est beaucoup mieux « dégagé » du reste de la molécule.

En projection de Newman (cf. fig. 2.8) il est possible de s'apercevoir que lorsque le cyclohexane porte un substituant en position axiale cela entraîne des interactions gauche déstabilisantes de même type que celles rencontrées lors de l'analyse rotationnelle du butane. De plus, à ces interactions gauches viennent s'ajouter des interactions 1,3-diaxiales entre le substituant et les hydrogènes axiaux situés en position 3 et 5. Ces interactions n'existent pas lorsque par interconversion le méthyle se place en position équatoriale. De ce fait, il en résulte qu'un cyclohexane monosubstitué sera plus stable dans une conformation où le substituant est en position équatoriale.

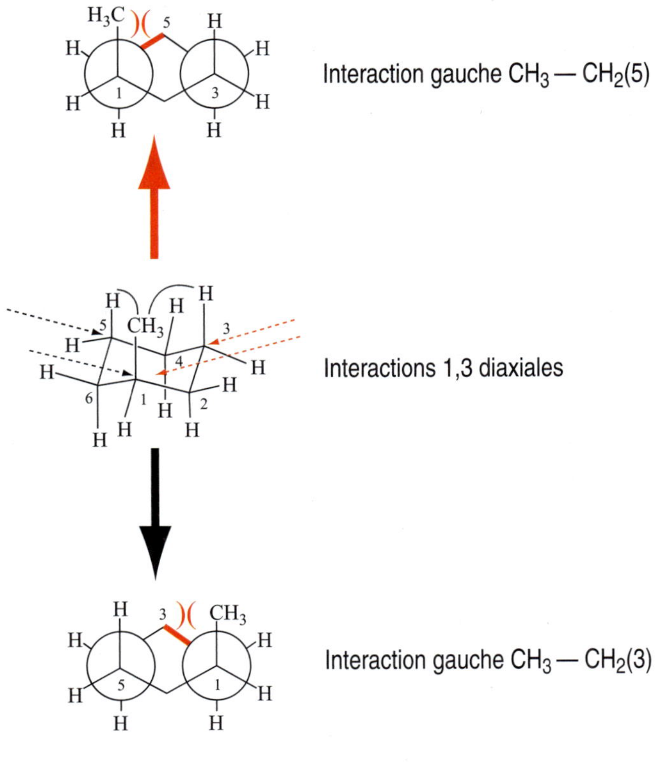

Figure 2.8
Projections de Newman du méthylcyclohexane.
En haut vue selon les liaisons C_1—C_6 et C_3—C_4, en bas vue selon les liaisons C_1—C_2 et C_5—C_4. Ces deux projections sont nécessaires pour visualiser l'ensemble des interactions gauche l'une avec le CH_2 en position 5 l'autre avec le CH_2 en position 3. Les interactions sont en rouge.

DU LABORATOIRE À L'INDUSTRIE

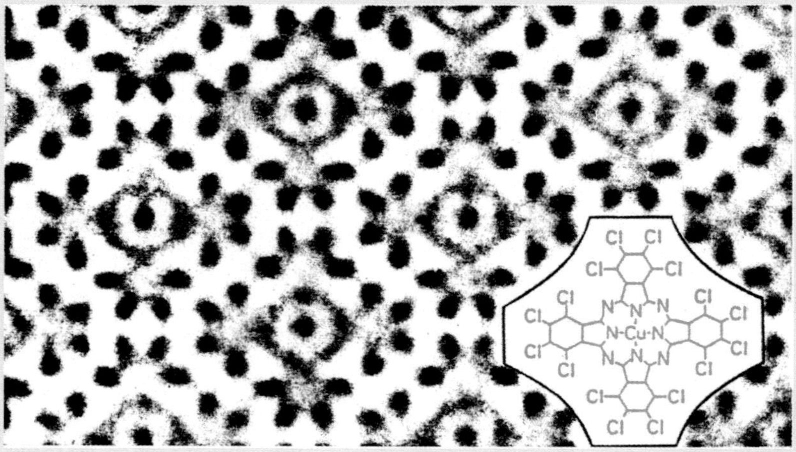

Cette image (qui n'est pas une « photographie » directe, au sens usuel du terme) a été obtenue au microscope électronique à haute résolution, avec de l'hexadécachlorophtalocyanate de cuivre, à l'état solide. Elle révèle la disposition régulière et ordonnée des atomes, qui caractérise d'une manière générale l'état solide cristallin, mais qui ici, avec une molécule très complexe, apparaît particulièrement remarquable. (N.Uyeda et al., Chemica Scripta, vol.14 (1978-79), 47-61.)

➤ *Les techniques modernes au service de la stéréochimie*

La diversité et la complexité de la géométrie des molécules organiques en fait un domaine d'étude fascinant, dans lequel l'intérêt scientifique rejoint la satisfaction esthétique.

Les spécialistes disposent d'outils extraordinairement efficaces, grâce auxquels peuvent être élucidées et représentées les structures les plus complexes, comme celles que l'on rencontre en particulier dans le vivant (protéines, acides nucléiques, ...). Dans le chapitre 6, quelques-unes des techniques « de routine » qu'utilisent les chimistes seront décrites, mais les résultats les plus spectaculaires sont obtenus par des moyens beaucoup plus sophistiqués, qui ne peuvent être décrits dans ce livre. Deux exemples de tels résultats seront seulement donnés ici.

➤ *Déterminations expérimentales*

Les techniques de diffraction (des rayons X, des électrons ou des neutrons), et la microscopie électronique à haute résolution, permettent de déterminer la position relative des atomes dans l'espace, et d'en donner une représentation. Mais elles exigent des équipements très lourds (un réacteur nucléaire, dans le cas de la diffraction des neutrons).

➤ *Modélisation informatique des molécules*

Il existe des logiciels graphiques qui permettent d'obtenir sur l'écran de visualisation d'un ordinateur une représentation en trois dimensions et en perspective de molécules très complexes. Les données initiales sont constituées par les valeurs des angles et des longueurs des liaisons, ainsi que les rayons atomiques, et la molécule est « construite » automatiquement, à partir de sa formule structurale (formule plane). Elle apparaît dans sa géométrie optimale, minimisant au mieux les diverses contraintes dont elle peut être le siège, ce qui n'est pas possible avec des modèles moléculaires, qui ne permettent pas de construire des molécules contraintes comme, par exemple, des petits cycles.

L'ordinateur peut également fournir de nombreuses données calculées, comme les dimensions linéaires de la molécule, sa surface et son volume (en distinguant éventuellement les parties polaires et les chaînes carbonées non polaires), ou son moment dipolaire. Des techniques d'animation permettent en outre de faire pivoter la molécule à l'écran, autour d'un axe de rotation choisi, de manière à la voir sous tous les angles.

Ces techniques sont particulièrement utiles lorsqu'on étudie les possibilités géométriques d'interactions entre deux molécules, ou entre une molécule et un substrat biologique (mise au point de molécules biologiquement actives, comme médicaments par exemple).

Cette image, obtenue par « infographie » (simulation informatique de la forme des molécules), est celle d'une cyclodextrine, qui est un dérivé de l'amidon [cf. 22.4.2.b]. Elle représente à la fois le squelette de la molécule et son « volume », et y on distingue clairement des cycles hexagonaux dans la forme chaise, dont un des sommets est rouge pour marquer qu'il est occupé par un oxygène et non par un carbone.

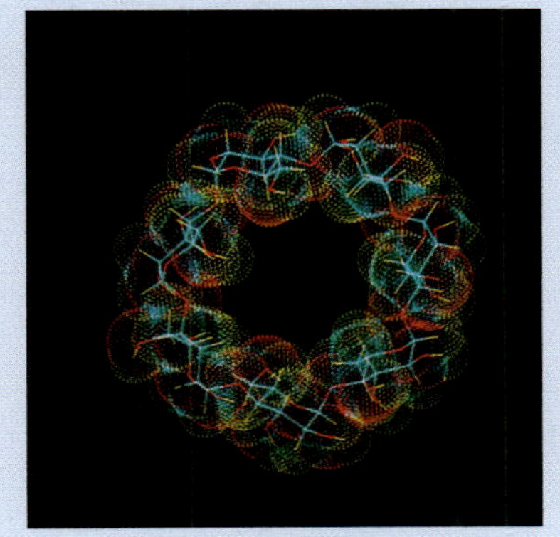

Document Rhône Poulenc.

c) Le cyclohexane polysubstitué

Par extension, la conformation privilégiée d'un cyclohexane polysubstitué sera celle où le maximum de substituants ou les substituants les plus encombrés seront en position équatoriale (cf. fig. 2.9).

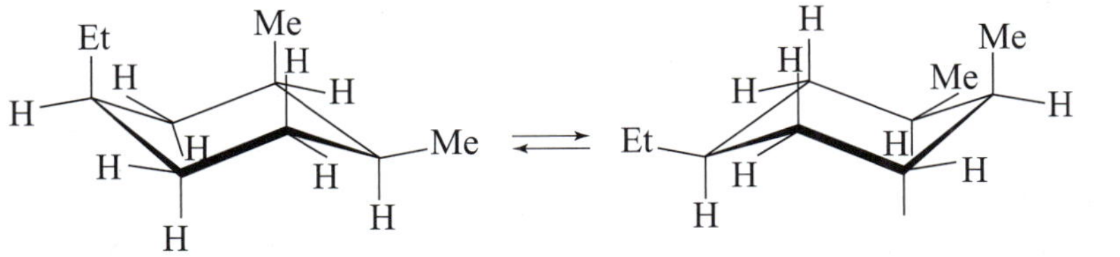

Figure 2.9 Conformation la plus stable d'un cyclohexane polysubstitué.
Lorsque le cyclohexane est substitué par plusieurs groupements, ceux-ci peuvent se trouver en *cis* ou en *trans* l'un par rapport à l'autre. Deux substituants en position 1,2 ou 1,4 ou 1,6 seront en *trans* s'ils sont tous les deux en axiale ou en équatoriale alors qu'ils seront en *cis* si l'un est en axiale et l'autre en équatoriale. L'inverse est vrai si les substituants sont en 1,3 ou en 1,5. Dans les deux conformations chaises ci-dessus, les deux méthyle sont en *cis* l'un par rapport à l'autre et tous les deux sont en *trans* par rapport au groupement éthyle Notons que la conformation la plus stable est celle où le groupement éthyle et un des deux groupemenents méthyle sont en position équatoriale.

Cette prédominance de la forme où le substituant est équatorial est d'autant plus marquée que ce substituant est plus volumineux. S'il s'agit d'un groupe méthyle CH_3, il y a statistiquement à l'équilibre, à la température ordinaire, 1 molécule à substituant axial pour 20 molécules à substituant équatorial ; mais avec un groupe tertiobutyle $C(CH_3)_3$ cette proportion tombe à 1 molécule à substituant axial pour 5 000 molécules à substituant équatorial. Ainsi, la présence d'un substituant très volumineux « bloque » pratiquement la conformation de la molécule et supprime l'interconversion entre les deux formes chaise.

Les cycles en C_6, dans leur forme chaise, peuvent s'assembler sans limite, de façon « géométriquement naturelle » et sans créer des contraintes nouvelles, pour constituer des structures tridimensionnelles très stables. Le réseau cristallin du diamant peut être considéré comme un empilement et une juxtaposition de formes chaise.

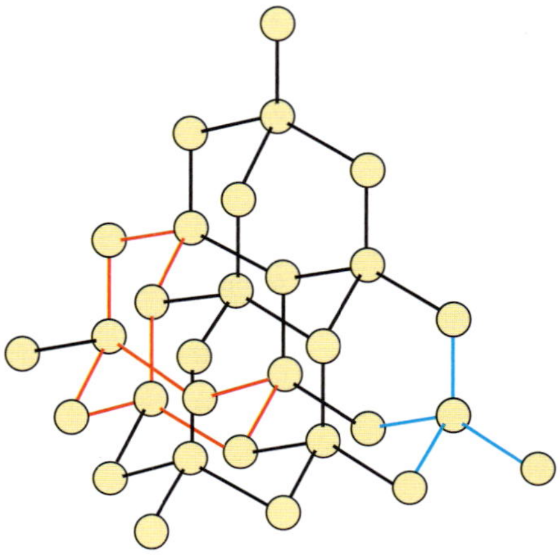

Le diamant

2.3.3 Enchaînements non saturés

a) Doubles liaisons

Voir § 2.2

Les trois directions de liaison d'un carbone « éthylénique » forment, dans un même plan, trois angles de 120°. Lorsque deux carbones s'unissent par une double liaison, toutes les liaisons du groupement $>C=C<$ sont en permanence dans *un même plan*, et ces deux carbones ne peuvent pas tourner l'un par rapport à l'autre comme le font des carbones unis par une simple liaison. Cet enchaînement constitue donc un *maillon rigide et plan* dans les chaînes carbonées.

Voir chap. 4, § 4.2.2.c

La description de la double liaison dans le modèle des orbitales moléculaires rend compte de ce blocage de rotation. Elle montre que deux carbones doublement liés ne peuvent tourner l'un par rapport à l'autre que si l'une des deux liaisons (en l'occurrence la « liaisons π ») est rompue, et cette rupture exige une énergie importante, de l'ordre de 270 kJ · mol^{-1}. On peut donc considérer qu'entre les deux formes planes, qui différeraient par une rotation de 180° de l'un des carbones par rapport à l'autre, il existe une *barrière d'énergie* de 270 kJ · mol^{-1}. À la température ordinaire, son franchissement est impossible ; mais à température élevée (400-500 °C), ou sous l'action

Voir § 2.3.1.a

du rayonnement, il peut devenir possible. Ce point sera repris à propos de la stéréoisomérie.

Voir chap. 3

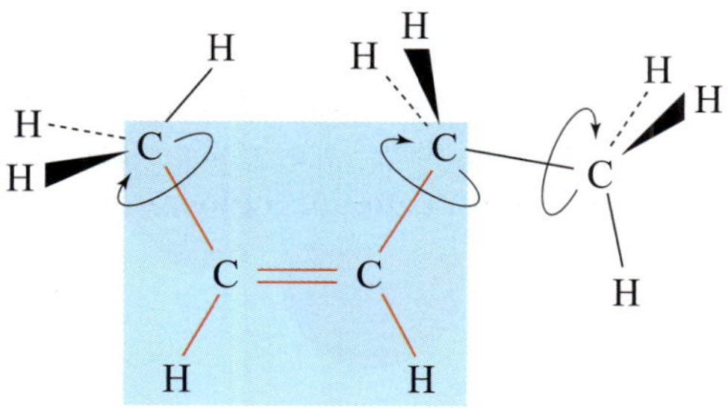

Figure 2.10

La géométrie de l'enchaînement éthylénique.

Dans une molécule telle que $CH_3—CH=CH—CH_2—CH_3$, la double liaison et les quatre liaisons simples qui l'entourent sont en permanence coplanaires. La partie bleue claire constitue, à la température ordinaire, une zone plane et rigide de la molécule. En revanche, la rotation est toujours possible autour des liaisons simples, même celles qui sont adjacentes à la double liaison ; la chaîne carbonée n'est donc pas nécessairement plane dans son ensemble.

b) Triples liaisons

Les deux directions de liaison d'un carbone « acétylénique » sont colinéaires (angle de 180°), et l'enchaînement —C≡C— est donc, lui aussi, *linéaire*. Il n'y a pas lieu, dans ces conditions, d'envisager l'éventualité d'une rotation, qui ne produirait aucune modification de la géométrie de la molécule.

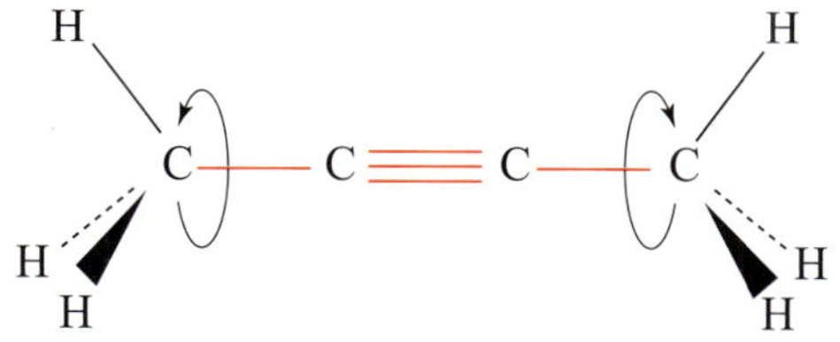

Figure 2.11

La géométrie de l'enchaînement acétylénique.

Les deux liaisons encadrant le groupe C≡C sont colinéaires avec l'axe de la triple liaison ; les quatre carbones de l'enchaînement C—C≡C—C sont donc alignés. Les deux liaisons simples permettent, normalement, la rotation des carbones et la situation est très semblable à celle de l'éthane $H_3C—CH_3$, à ceci près que les deux groupes CH_3 sont plus loin l'un de l'autre, leur distance étant « rallongée » de la longueur du maillon C≡C. La triple liaison n'introduit donc pas un élément nouveau de rigidité.

c) Chaînes cycliques insaturées

Seul sera mentionné ici le cas du *cycle benzénique*. À la différence du cyclohexane, ce cycle de six atomes de carbone est plan, chaque atome étant à l'un des sommets d'un hexagone régulier. Sa structure ne peut être correctement décrite que dans le cadre du modèle des orbitales moléculaires. Mais on peut observer que sa représentation par la « formule de Kékulé » classique (fig. 2.12), où chaque atome de carbone est uni par une liaison simple à l'un de ses voisins et par une liaison double avec l'autre, conduit aussi à ce schéma hexagonal plan. Les angles de 120° que forment d'une part les liaisons du cycle entre elles et d'autre part les liaisons C—H avec celles du cycle, sont en effet les angles normaux pour le carbone formant une liaison double et deux liaisons simples.

Voir § 2.3.2

Voir chap. 4, § 4.2

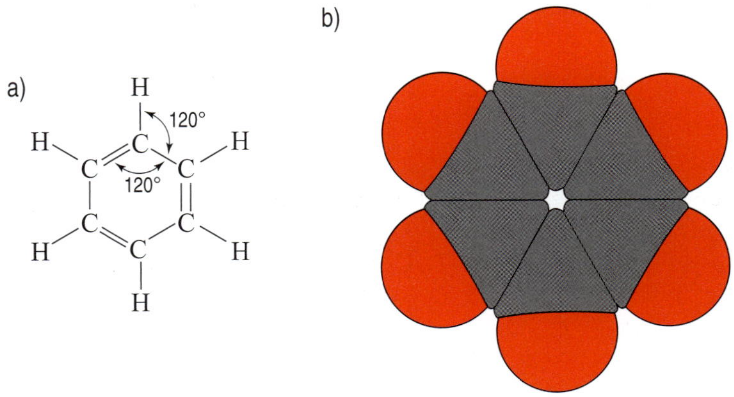

Figure 2.12 **La molécule de benzène.**
La « formule de Kékulé » (a) laisse prévoir une molécule non contrainte, dont toutes les liaisons sont coplanaires, ce que confirme l'expérience. Mais elle conduit également à prévoir que les côtés de l'hexagone ne seraient pas égaux (liaisons doubles plus courtes que les liaisons simples). Or ils sont égaux, comme le montre le modèle (b), et ce désaccord est une des raisons d'attribuer au benzène une structure électronique différente de celle que suggère la formule de Kékulé.

Voir § 2.4.1

2.4 Les distances interatomiques et les rayons atomiques

Outre les angles formés par les liaisons, la géométrie des molécules est déterminée également par les distances interatomiques. Deux cas sont à considérer, selon qu'il s'agit d'atomes liés ou non liés directement l'un à l'autre.

2.4.1 Rayon de covalence. Longueur de liaison

Voir § 2.1.2

La distance entre les centres de deux atomes liés l'un à l'autre, encore appelée « *longueur de liaison* » est un élément de la géométrie du *squelette* de la molécule. Elle correspond, pour ces deux atomes, à une position d'équilibre pour laquelle l'énergie potentielle de l'ensemble qu'ils forment est minimale.

Le tableau 2.4 donne les longueurs des liaisons les plus usuelles en chimie organique.

Tableau 2.4 **Longueurs de liaisons**

C—H	0,107	N—H	0,101	C=C	0,135
C—C	0,154	C—F	0,135	C≡C	0,120
C—O	0,143	C—Cl	0,177	C=O	0,122
C—N	0,147	C—Br	0,194	C=N	0,130
O—H	0,096	C—I	0,214	C≡N	0,116

La longueur des liaisons est, en première approximation, indépendante de l'environnement moléculaire dans lequel elles se trouvent. Les valeurs données ci-contre résultent de déterminations expérimentales, par diverses méthodes physiques, notamment spectroscopiques. Elles sont exprimées en nanomètres (1 nm = 10^{-9} m).

On appelle « *rayon de covalence* » (ou « rayon covalent ») d'un élément la moitié de la longueur de la liaison dans la molécule biatomique du corps simple correspondant (fig. 2.13).

> ***Exemple***
> Dans la molécule H_2, la distance entre les deux noyaux est 0,074 nm ; le rayon de covalence de l'hydrogène est 0,074 : 2 = 0,037 nm.

L'intérêt des rayons de covalence provient de leur propriété d'additivité : la longueur d'une liaison quelconque entre deux éléments A et B peut se calculer, avec une assez bonne approximation par rapport aux valeurs expérimentales, en additionnant simplement les deux rayons de covalence r_A et r_B de ces deux éléments.

> ***Exemple***
> La longueur de la liaison H—Cl (d_{H-Cl}) peut se calculer par addition du rayon de covalence r_H de l'hydrogène (défini comme la moitié de la distance H—H dans la molécule H_2) et du rayon de covalence r_{Cl} du chlore (défini comme la moitié de la distance Cl—Cl dans la molécule Cl_2) :
> $$d_{H-Cl} = r_H + r_{Cl} = 0{,}037 + 0{,}099 = 0{,}136 \text{ nm}$$
> (valeur expérimentale 0,128 nm).

Le tableau 2.5 donne les valeurs des rayons de covalence *r* de quelques éléments courants.

Tableau 2.5 Rayon de covalence (*r*) et rayon de Van der Waals (*R*) pour quelques éléments courants (en nanomètres)

	H	C	N	O	F	Cl	Br	I
r (nm)	0,037	0,077	0,070	0,066	0,064	0,099	0,114	0,133
R (nm)	0,120	0,150	0,150	0,140	0,135	0,180	0,195	0,215

2.4.2 Rayon de Van der Waals. Forme des molécules

Les atomes, et par conséquent les molécules, sont essentiellement « faits de vide » ; les particules qui les constituent (noyaux, électrons) ont en effet des diamètres très petits par rapport à leurs distances.

Voir « *Cours de Chimie physique* », chapitre 4.

Cependant ils occupent un espace, considéré comme sphérique, dans lequel un autre atome ne peut pas pénétrer (sauf en cas de la formation d'une liaison, qui suppose une interpénétration des nuages électroniques). Tout se passe *comme si* les atomes étaient des sphères compactes impénétrables les unes aux autres, mais cela résulte uniquement de l'existence de forces de répulsion qui se manifestent aux très courtes distances.

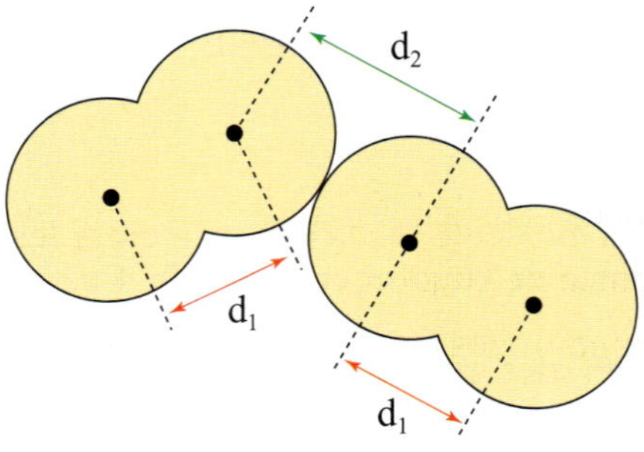

Figure 2.13
Définitions du rayon de covalence et du rayon de Van der Waals.
La figure représente deux molécules d'un même corps simple diatomique (H_2, Cl_2, etc.) « au contact » l'une de l'autre. Par définition, le rayon de covalence de l'élément (H, Cl, etc.) est $r = d_1/2$ et son rayon de Van der Waals est $R = d_2/2$.

On appelle *rayon de Van der Waals* d'un élément la moitié de la distance minimale à laquelle peuvent s'approcher deux atomes de cet élément non directement liés (cf. fig. 2.13). Deux atomes différents ne peuvent pas s'approcher à une distance inférieure à la somme de leurs rayons de Van der Waals. Le tableau 2.5 donne les valeurs des rayons de Van der Waals de quelques éléments ; ils sont toujours supérieurs aux rayons de covalence.

La connaissance des rayons de Van der Waals permet de déterminer la forme réelle de l'espace occupé par une molécule, c'est-à-dire pratiquement sa « forme extérieure ». Il suffit pour cela « d'habiller » son squelette en traçant autour du centre de chaque atome une sphère de rayon égal à son rayon de Van der Waals (fig. 2.1, 2.6, 2.13).

Cette notion d'encombrement s'applique aussi à des atomes non liés directement mais appartenant à la même molécule et qui, dans certaines conformations, peuvent se trouver proches dans l'espace. Si, dans une conformation particulière, leurs centres se trouvent à une distance inférieure à la somme de leurs rayons de Van der Waals, cette conformation est « déstabilisée » ; elle peut même être impossible, si la zone de recouvrement des sphères d'encombrement est importante.

OBJECTIFS

- Dessiner correctement, selon l'un des procédés habituels (« coin volant », projection de Newman) la géométrie de molécules simples contenant des carbones dans les différents états de liaison possibles.
- Reconnaître les possibilités de rotation interne dans les molécules.
- Reconnaître les conformations *a priori* privilégiées.
- Reconnaître si une molécule est plane, ou peut être plane (toutes les liaisons dans un même plan).
- Calculer la distance de deux atomes non directement liés, dans une conformation particulière de la molécule.

Les solutions se trouvent à la page 666.

2-a Combien faut-il définir d'angles de liaison α, d'angles dièdres δ et de distances interatomiques d, pour définir entièrement la géométrie des molécules suivantes ?

a) $H_2N—NH_2$ b) $H_2C=CH—C\equiv N$ c) $H_3C—O—CH_3$

2-b Calculez, dans la molécule d'éthylène $H_2C=CH_2$, la distance des centres de deux atomes d'hydrogène,

a) portés par le même carbone b) portés chacun par l'un des deux carbones.

2-c Calculez, ou déterminez graphiquement, la distance entre les centres de deux carbones « en 1,3 » (c'est-à-dire séparés par un autre carbone) dans la forme chaise du cyclohexane.

Les liaisons axiales étant parallèles, cette distance est aussi celle qui sépare les centres de deux atomes portés par les liaisons axiales de ces deux carbones, par exemple deux H ou deux Cl. Dans chacun de ces deux cas, comparez cette distance à la somme des rayons de Van der Waals des deux atomes. Que peut-on en conclure ?

2-d Dans les molécules suivantes, quelles sont les possibilités de rotation susceptibles d'engendrer des conformations distinctes ?

a) $CH_3—CH_2—OH$ c) $CH_2=CH—CH_3$ e) 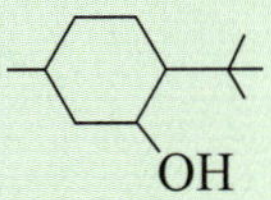

f) 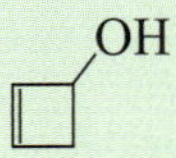

b) $CH_2=CH—Cl$ d) $CH_3—C\equiv C—C\equiv N$

2-e Parmi les molécules suivantes, quelles sont celles qui possèdent une conformation dans laquelle toutes leurs liaisons sont dans un même plan ?

a) $H_2C=CH—CH=CH_2$ e) 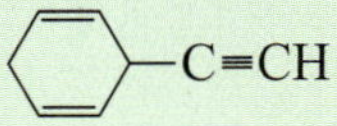

g) 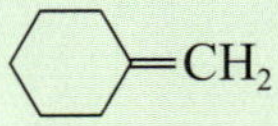

b) $H_2C=CH—CH_2—CH=CH_2$

c) $H_2C{=}CH{—}C{\equiv}C{—}CH{=}CH_2$ f) 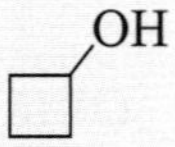

d) 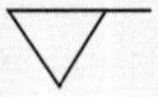 $CH{=}CH_2$

2-f La molécule ci-après ne peut pas être obtenue par synthèse ; une raison géométrique la rend « impossible ». Quelle est cette raison ?

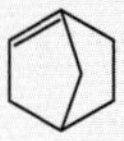

2-g Imaginez et représentez la géométrie des molécules suivantes (s'il peut en exister plusieurs conformations, représentez celle qui possède le plus grand nombre de liaisons coplanaires) :

a) $CH_3{—}CO{—}CO{—}OH$ c) $H_2C{—}CH{—}CH_3$ (O) d)  e) 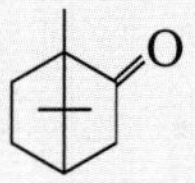

b) $O{=}CH{—}CH{=}O$

2-h Donner, en représentation chaise et en projection de Newman, la conformation la plus stable du :

a) Cyclohexanol

b) *cis* 1-éthyl-3-fluorocyclohexane

c) *trans* 1-acétoxy-4-*tert*-butylcyclohexane

d) *cis* 1-acétoxy-4-*tert*-butylcyclohexane

(acétoxy = $—OCOCH_3$)

2-i Donner, en représentation chaise, la conformation la plus stable de la *trans* décaline.

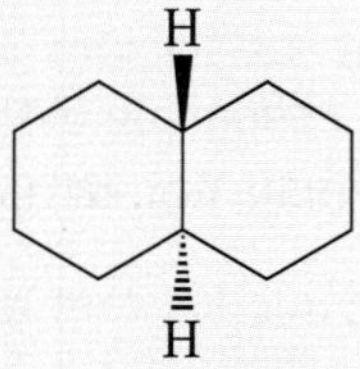

La stéréoisomérie

3

PRÉALABLES

- Stéréochimie moléculaire.
- Éléments et opérations simples de symétrie (plan, axe et centre de symétrie ; symétrie de réflexion dans un plan).
- Notion de numéro atomique d'un élément.
- Nature de la lumière ; lumière polarisée plane (cf. un cours de physique).

Voir chap. 2

cf. un cours de mathématiques

cf. un cours de chimie physique

MOTS-CLÉS

- Carbone asymétrique
- Chiral, chiralité
- *Cis* et *Trans* (positions –)
- Configuration absolue
- Dextrogyre
- Diastéréoisomère, diastéréoisomérie
- Énantiomère, énantiomérie
- Lévogyre
- Méso (forme –)
- Polarimétrie
- Pouvoir rotatoire (ou activité optique)
- Racémique
- *R* et *S* (configurations –)
- *Z* et *E* (configurations –)

De même qu'avec des pièces données d'un jeu de construction on peut bâtir des édifices différents, les atomes constituant une molécule donnée peuvent, presque toujours, s'assembler de différentes façons. Les « édifices chimiques » correspondant à ces assemblages différents sont des molécules **isomères** : elles possèdent la même formule brute mais non la même formule développée.

Dès le chapitre 1, l'existence possible d'isomères a déjà dû être prise en compte, mais en se limitant alors au cas de molécules différant par leurs formules planes (isoméries de fonction [cf. 1.3.1], de squelette [cf. 1.3.2] et de position [cf. 1.3.3].

La connaissance de la géométrie des molécules nous permet maintenant d'aborder le cas des isomères possédant la même formule plane, dans lesquels les atomes sont donc liés les uns aux autres selon le même enchaînement, mais dont les atomes sont dans une **disposition géométrique différente**. Il s'agit alors de **stéréoisomérie** (prononcez stéréo-isomérie) ou isomérie **stérique**.

Ce sujet présente un double intérêt :

• L'observation du résultat d'une même réaction effectuée sur des stéréoisomères, ou de celui d'une réaction susceptible de conduire ou non à des stéréoisomères du produit formé, est une des principales sources d'informations sur les « **mécanismes réactionnels** » [cf. 5.4.2]. À ce titre, vous aurez diverses occasions dans la suite d'appliquer les connaissances acquises dans ce chapitre.

• La nature des interactions entre les molécules et le milieu vivant sont très fortement dépendantes de leur géométrie, et fréquemment l'activité biologique de deux stéréoisomères est très différente. La stéréochimie, et particulièrement la stéréoisomérie, sont donc impliquées dans toute démarche en ce domaine (compréhension des mécanismes biochimiques, recherche de molécules actives, médicaments ou insecticides par exemple, etc.).

3.1 La chiralité : notion d'énantiomérie

Stéréoisomérie et barrière d'énergie

Seules sont considérées comme des *isomères* des formes ayant une *existence réelle*, c'est-à-dire une certaine durée de vie et pouvant, par suite, être séparées et isolées.

Voir chap. 2, § 2.3.2.a

Ainsi l'existence des deux formes « axiale » et « équatoriale » du chlorocyclohexane ne constitue pas un cas d'isomérie, puisqu'elles ne peuvent pas être isolées et qu'il s'agit d'un équilibre entre deux conformations en transformation réciproque permanente. Les représentations que l'on en donne sont comme des photographies instantanées, prises à deux moments différents, qui « immobilisent » un mouvement.

Voir § 3.5

Par contre, le composé ClCH=CHCl *existe sous deux formes* isomères, qui peuvent être isolées à l'état pur, et ne se transforment pas l'une en l'autre.

La différence essentielle entre les deux cas est la valeur de la *barrière d'énergie* qui sépare les deux formes, beaucoup plus grande dans le second que dans le premier. Il se trouve que, compte tenu de ces valeurs, la rotation est possible à la *température ordinaire* pour le cyclohexane et ne l'est pas pour la double liaison. Mais, à température suffisamment élevée, elle peut le devenir aussi pour cette dernière qui ne représente alors plus une cause de stéréoisomérie. La température joue donc un rôle essentiel dans la définition des cas de stéréoisomérie.

Voir chap. 2, § 3.3.a

Certains objets sont identiques à leur image dans un miroir, à laquelle ils peuvent être exactement superposés par la pensée. Tel est le cas d'une tasse, d'un arrosoir ou de la tour Eiffel.

D'autres, au contraire, ne sont pas identiques (superposables) à leur image dans un miroir. C'est le cas pour un escargot (le sens d'enroulement de sa coquille est opposé), d'une main (l'image d'une main gauche est une main droite) ou de la statue de la Liberté (elle ne tient pas son flambeau dans la même main).

Lorsqu'un objet n'est pas superposable à son image dans un plan, on dit qu'il est **chiral** (prononcez kiral, du grec χειρ : main), ou encore qu'il possède la propriété de **chiralité**. Dans le cas contraire, il est **achiral**.

Question 3.A

Dans la liste suivante, quels sont les objets chiraux et achiraux ? Une chaussure, une auto, une cuillère, une montre, un tire-bouchon, un fauteuil, une mouche, une cloche.

Il en est de même pour les objets particuliers que sont les molécules ; certaines sont chirales, d'autres achirales.

Tableau 3.1 — Exemples de structures chirales et achirales

Comme tout objet, une molécule peut être identique à son image dans un miroir (achirale), ou non-identique à cette image (chirale). La chiralité ou l'achiralité ne sont pas des caractères propres aux seules molécules organiques ; des composés minéraux peuvent les posséder aussi (dernier exemple de chaque série)

Molécules achirales

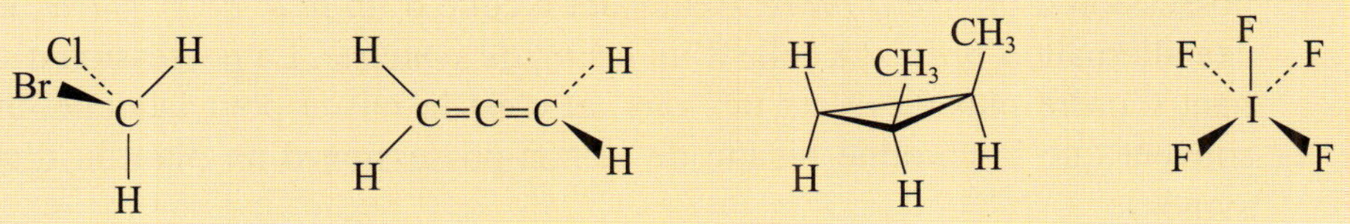

Molécules chirales

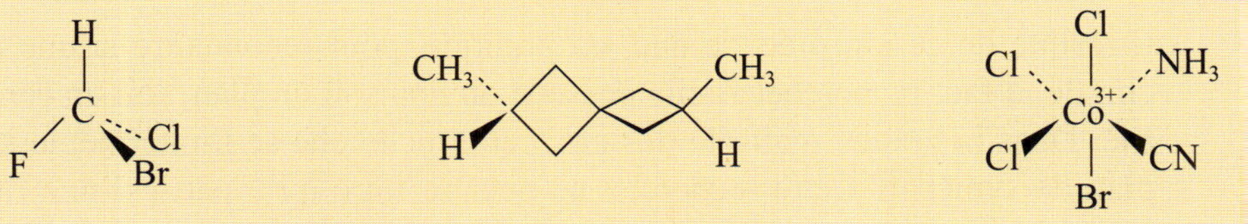

Question 3.B

Pour chacune des molécules précédentes, dessinez une représentation de son image réfléchie dans un plan. Puis vérifiez personnellement si ces images sont superposables ou non à la molécule originale, en essayant par la pensée de les amener en superposition avec elle.

3.1.1 Origine et reconnaissance de la chiralité

On peut se borner à constater qu'une molécule est achirale ou chirale, en observant qu'elle est, ou n'est pas, superposable à son image dans un miroir. Mais il possible aussi de relier la chiralité à certaines caractéristiques géométriques internes des molécules, et de dégager des critères permettant de reconnaître *a priori* si une molécule est chirale.

a) À quoi tient-il qu'une molécule soit chirale ou achirale ?

La chiralité d'un objet est liée à l'absence de certains éléments de symétrie dans la forme de cet objet. Dans la très grande majorité des cas, les molécules chirales sont des molécules qui ne possèdent *ni plan, ni centre de symétrie*.

Un plan de symétrie (*P*)

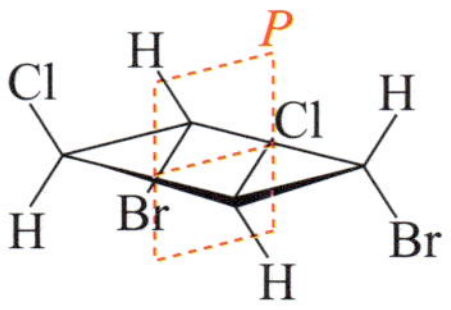

Un centre de symétrie (*C*)

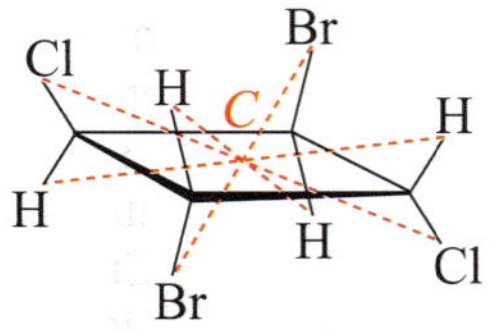

La condition d'absence de plan et de centre de symétrie est une condition nécessaire à la présence de la chiralité, mais ce n'est pas une condition suffisante. En termes plus précis, une molécule est chirale si elle ne possède *aucun axe de symétrie alternant (ou axe de rotation-réflexion)*. Une molécule possède un axe alternant d'ordre n si une rotation de $2\pi/n$ autour de cet axe, suivie d'une réflexion dans un plan perpendiculaire à lui, engendre une image superposable à l'objet initial. Mais la possession d'un axe *d'ordre 1* équivaut à celle d'un *plan de symétrie*, et celle d'un axe alternant *d'ordre 2* à celle d'un *centre de symétrie*. La possession d'un axe alternant d'ordre plus élevé est très rare, et c'est la raison pour laquelle on dit le plus souvent que la chiralité résulte de la non-possession d'un plan ou d'un centre de symétrie.

b) Comment reconnaître qu'une molécule est chirale ?

Il résulte de ce qui précède que, en pratique, pour reconnaître si une molécule est chirale, il faut rechercher si elle possède ou non soit un plan, soit un centre de symétrie. Dans la grande majorité des cas, cette recherche se limite même à un éventuel plan de symétrie. Cette recherche ne peut se faire qu'à partir d'une représentation stéréochimique de la molécule, soit effectivement écrite, soit imaginée mentalement.

Exemples

a)

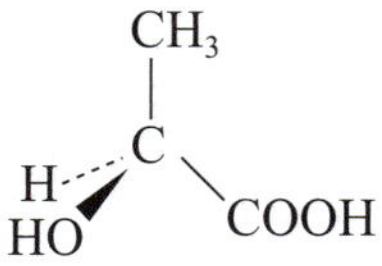

Aucun plan ne peut être trouvé qui partage cette molécule en deux moitiés symétriques l'une de l'autre. Elle n'a donc pas de plan de symétrie, et elle ne possède pas non plus de centre de symétrie ; elle est par la suite chirale.

b)

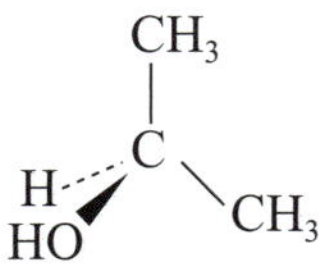

Le plan oblique qui contient les liaisons C—H et C—OH ainsi que la bissectrice de l'angle formé par les deux liaisons C—CH_3 est un plan de symétrie pour la molécule (il la partage en deux moitiés symétriques par rapport à lui). Elle est donc achirale.

c) Chiralité et conformation

Il arrive fréquemment qu'une molécule soit chirale dans certaines conformations et achirale dans d'autres. Ainsi, la molécule d'éthane présente plusieurs plans de symétrie dans la conformation éclipsée et dans la conformation décalée, mais n'en présente pas dans une conformation quelconque, intermédiaire entre ces deux extrêmes.

Voir chap. 2, § 3.1.a

LA CHIRALITÉ ET LE VIVANT

Dans les réactions effectuées par les chimistes, les deux énantiomères d'un composé chiral ont le plus souvent des comportements identiques (les deux énantiomères du butan-2-ol CH_3—CHOH—CH_2—CH_3 s'oxydent, s'estérifient ou se déshydratent de la même façon). D'autre part, si une réaction aboutit à la formation d'un composé chiral, ses deux énantiomères se forment presque toujours en quantités égales et l'on obtient son mélange racémique (l'hydrogénation de la butanone CH_3—CO—CH_2—CH_3 donne le mélange racémique du butan-2-ol). En d'autres termes, dans la très grande majorité des réactions « artificielles », la chiralité passe inaperçue.

Il en va autrement pour les composés naturels, présents dans les organismes vivants, et pour les réactions mettant en jeu le milieu vivant. Lorsqu'un composé naturel est chiral, il est très fréquent qu'un seul de ses deux énantiomères existe dans la nature ; c'est le cas du camphre, du menthol, du glucose, du cholestérol, des acides aminés constitutifs des protéines, etc.

D'autre part, les réactions naturelles conduisant à un composé chiral n'en fournissent en général qu'un seul énantiomère. Ainsi, l'hydratation au laboratoire de l'acide fumarique donne le mélange racémique de l'acide malique :

Mais la même réaction effectuée biologiquement au cours du « cycle de Krebs » produit spécifiquement l'acide *S*-malique.

Enfin, le comportement chimique de deux énantiomères vis-à-vis d'un « substrat » (ou « récepteur ») biologique peut être très différent :

- La forme dextrogyre de l'asparagine :

$$H_2N\text{—}CO\text{—}CH_2\text{—}\overset{*}{C}H(NH_2)\text{—}COOH$$

a un goût sucré, alors que sa forme lévogyre a un goût amer. L'odeur de deux énantiomères peut être également différente.

- La forme lévogyre de l'adrénaline (agent hypertenseur produit par les capsules surrénales) est douze fois plus active que sa forme dextrogyre.

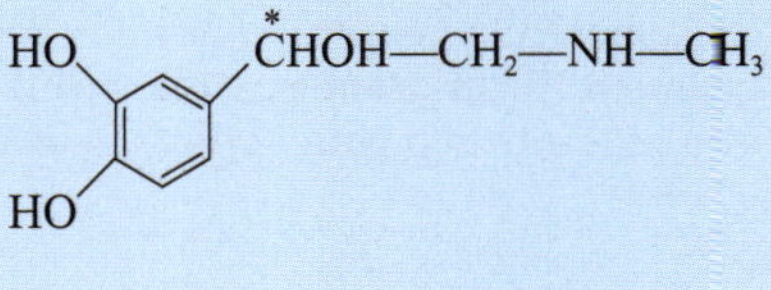

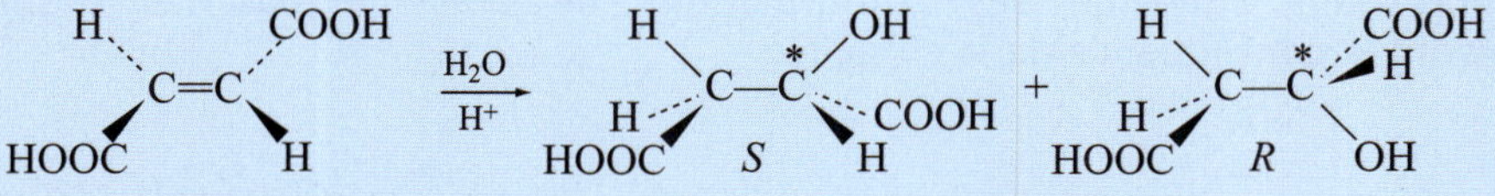

Acide fumarique **Acide malique racémique**

▪ L'hexachlorocyclohexane est un insecticide, mais en fait seul l'un de ses stéréoisomères est actif ; c'est celui dans lequel les six chlores occupent trois positions axiales contiguës et trois positions équatoriales contiguës sur le cycle dans sa forme chaise (voir encadré Pesticides et environnement, page 318).

Dans ces exemples, comme dans bien d'autres, l'interaction chimique entre une molécule et un substrat biologique (par exemple la surface d'une protéine) est conditionnée par une reconnaissance de forme mutuelle, comme il en existe une entre une serrure et sa clé.

Dans le cas d'une molécule contenant un carbone asymétrique, on peut, en simplifiant beaucoup, imaginer la situation comme le suggère le schéma suivant :

Mais la correspondance géométrique nécessaire entre une molécule et un substrat peut concerner la forme générale de la molécule, qui doit pouvoir « se loger » dans les « creux » du substrat.

La transmission de l'influx nerveux entre les neurones, au niveau des synapses, est assurée par des transmetteurs chimiques (acétylcholine, noradrénaline, ...) qui agissent sur des récepteurs protéiniques comportant des sites dont la forme est complémentaire de celle de ces molécules. Les « tranquillisants » sont des molécules susceptibles, grâce à une géométrie analogue à celle des transmetteurs, de bloquer ces récepteurs.

Les recherches dans ces domaines tirent un grand profit des techniques de modélisation visuelle des molécules.

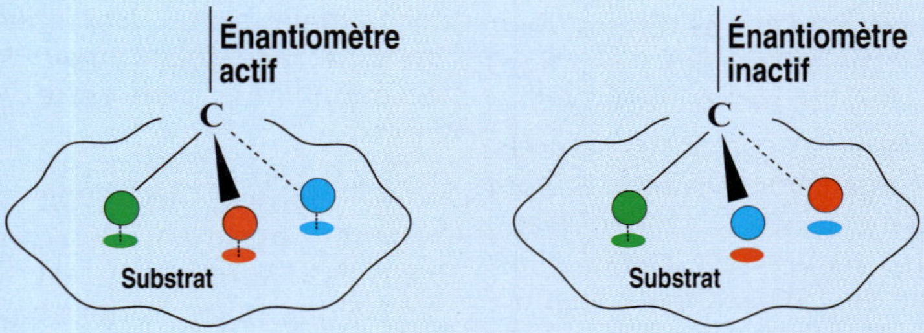

L'interaction entre une molécule et un substrat biologique n'est possible que si les groupes actifs de la molécule peuvent entrer en contact avec les sites récepteurs qui leur correspondent chimiquement. Si ces groupes actifs sont portés par un carbone asymétrique, cette condition ne peut être satisfaite que pour l'un des deux énantiomères.

Remarque

Un composé n'est chiral que s'il l'est dans toutes ses conformations, c'est-à-dire, s'il ne possède aucune conformation achirale. Il ne s'agit pas d'une définition *a priori*, mais du constat expérimental qu'un composé achiral dans l'une de ses conformations ne présente pas les propriétés qui sont la conséquence de la chiralité.

Voir § 3.2.1

Question 3.C

Les molécules suivantes sont-elles chirales ou achirales ?

(a)

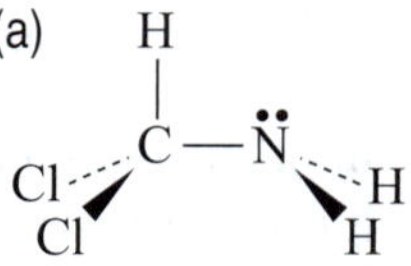

(b)

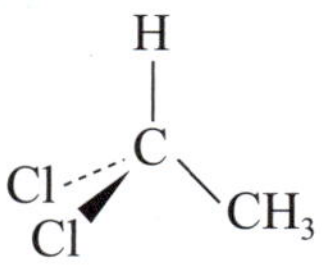

(c)

3.1.2 Le carbone asymétrique

Si un atome de carbone porte *quatre atomes ou groupes d'atomes tous différents*, la molécule qui le contient ne peut posséder aucun élément de symétrie ; elle est donc chirale. Un tel carbone est dit « *asymétrique* » ; il constitue un *centre de chiralité*.

Le repérage d'un carbone asymétrique, possible sur la formule plane, constitue donc une condition suffisante (mais non nécessaire) de chiralité. Il s'agit d'une situation très courante, à l'origine de la plupart des cas de chiralité et l'on a même parfois tendance à assimiler (abusivement) chiralité et présence d'un carbone asymétrique.

Remarque

Si la présence *d'un* carbone asymétrique entraîne nécessairement la chiralité de la molécule qui le contient, par contre celle de *deux ou plusieurs* carbones asymétriques n'a pas obligatoirement la même conséquence.

Voir § 3.4.2

Un carbone doublement ou triplement lié ne peut en aucun cas être asymétrique et se trouver à l'origine de la chiralité.

Question 3.D

Les molécules suivantes possèdent-elles un (ou plusieurs) carbone(s) asymétrique(s) ?

(a)

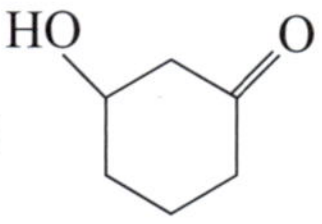

(b)

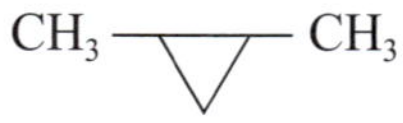

(c)

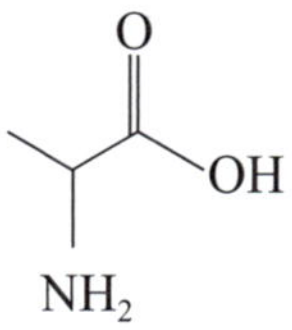

3.2 Les conséquences de la chiralité

La chiralité a deux ordres de conséquences : sur l'existence d'un type particulier d'isomérie, et sur certaines propriétés particulières, physiques ou chimiques, des molécules.

3.2.1 L'énantiomérie

Question 3.E

Disposez de toutes les façons que vous pourrez imaginer les quatre éléments H, F, Cl et Br sur les quatre liaisons d'un carbone tétraédique. Comparez les molécules que vous aurez ainsi « fabriquées », en imaginant des essais de translation et de superposition entre elles. Combien trouvez-vous d'arrangements réellement différents (non superposables) ? (réponse dans la suite).

La conséquence la plus directe et la plus évidente de la chiralité est qu'une molécule chirale n'est pas superposable à son image dans un miroir. La relation qui existe entre ces deux formules (relation objet-image) est appelée **énantiomérie**, et chacune est **l'énantiomère** de l'autre (on dit aussi *énantiomorphe*, ou encore *antipode optique*). Ces deux molécules diffèrent par leur *configuration* ; leur interconversion est habituellement impossible à la température ordinaire et il s'agit donc d'un cas de *stéréoisomérie*.

Exemples

Voir § 3.1.1.b

L'acide lactique CH_3—CHOH—COOH, reconnu précédemment comme chiral, peut exister sous deux formes énantiomères (c) et (d), et deux seulement :

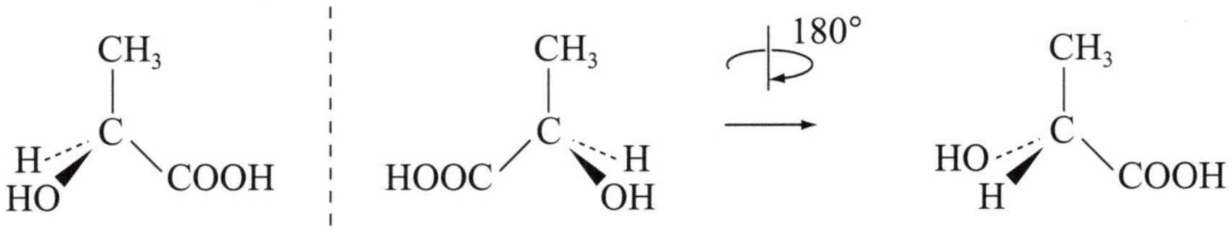

(c) (d) (d')

En faisant tourner la représentation (d) de 180° autour d'un axe vertical (celui de la liaison C—CH_3), on obtient la représentation (d'), qui décrit évidemment la même molécule. Ceci permet de constater que la transformation formelle d'une molécule en son énantiomère correspond indifféremment à une réflexion dans un plan (passage de (c) à (d) et inversement) ou à la permutation de deux des substituants d'un carbone asymétrique (passage de (c) à (d') et inversement).

Le cas de l'azote

Voir chap. 2, § 2.2.1

Une molécule dans laquelle un atome d'azote porte trois atomes ou groupes d'atomes différents, de géométrie pyramidale, est chirale (pas de plan ni de centre de symétrie). On peut donc en concevoir deux formes énantiomères (e) et (f) :

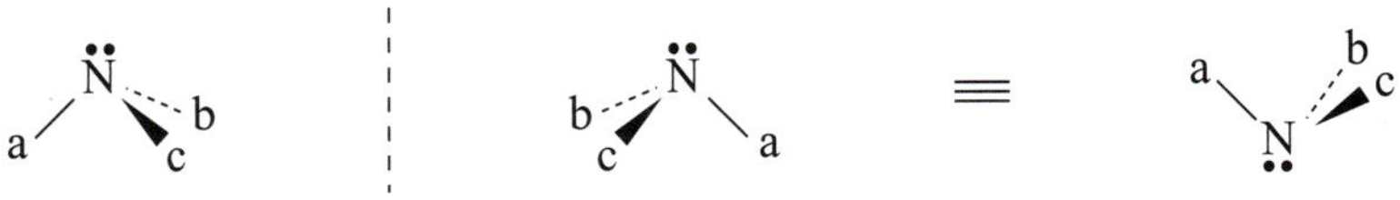

(e) (f) (f')

Mais, en général, il ne correspond pas à cette situation un cas de stéréoisomérie, car une telle molécule subit continuellement et très rapidement une inversion de configuration qui transforme (e) en (f'), identique à (f) (la molécule est « retournée » comme peut l'être un parapluie dans un fort vent). Les deux formes énantiomères sont donc en continuelle interconversion réciproque, elles n'ont pas d'existence individuelle et ne peuvent pas être isolées.

En revanche, un ion ammonium tétrasubstitué, de la forme $(Nabcd)^+$, de géométrie tétraédrique, présente exactement la même situation qu'un composé contenant un carbone asymétrique et il en existe deux énantiomères stables.

3.2.2 L'activité optique

Dans la plupart des circonstances, deux énantiomères manifestent des propriétés identiques, et sont indiscernables. Ils ont les mêmes constantes physiques (points de fusion et d'ébullition, masse volumique, indice de réfraction, ...) et les mêmes spectres d'absorption. Ils ont également les mêmes caractères chimiques, sauf parfois à l'égard d'une autre molécule chirale. Il existe un seul point sur lequel deux énantiomères se différencient toujours, et même s'opposent : le « pouvoir rotatoire ».

Voir chap. 6, § 6.6.1

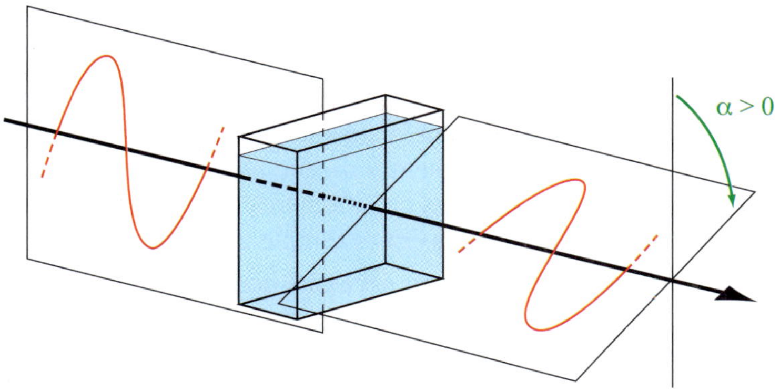

Figure 3.1
Le pouvoir rotatoire, ou activité optique.
Dans la lumière polarisée plane, le vecteur champ électrique varie périodiquement en amplitude, mais en demeurant dans un plan qui possède une orientation constante ; son extrémité décrit une sinusoïde dans ce plan.
Après la traversée d'un milieu « optiquement actif » (ici une solution d'un composé actif, contenue dans une cuve), l'orientation de ce plan est modifiée. Il a tourné d'un angle α dont la valeur, dans des conditions expérimentales données, est une constante physique caractéristique de chaque composé optiquement actif.

Une substance chirale possède toujours une propriété particulière, que ne possèdent jamais les substances achirales, appelée **activité optique** ou encore **pouvoir rotatoire** : si elle est traversée par un faisceau de lumière polarisée plane (voir un cours de physique), elle provoque une rotation du plan de polarisation de cette lumière (fig. 3.1).

Le pouvoir rotatoire se mesure habituellement sur une solution du composé optiquement actif ; il est alors défini par la relation :

$$[\alpha] = \frac{\alpha}{l \cdot c} \quad \textit{(Loi de Biot)}$$

[α] = Pouvoir rotatoire spécifique (une constante pour un composé donné, si la température, la nature du solvant et la longueur d'onde de la lumière utilisée sont fixés).

α = Angle de rotation observé (cf. fig. 3.1).

l = Longueur du trajet de la lumière dans la solution (exprimée en décimètres).
c = Concentration en substance active (exprimée en grammes par cm^3).

Cette relation permet de réaliser le dosage des substances optiquement actives par la mesure de l'angle α (cette technique est la *polarimétrie*).

Deux énantiomères ont des pouvoirs rotatoires identiques en valeur absolue, mais opposés. Celui qui fait tourner le plan de polarisation dans le sens des aiguilles d'une montre pour l'observateur qui reçoit le rayon lumineux (α positif, cas de la figure 3.1) est dit « *dextrogyre* ». L'autre, qui le fait tourner du même angle mais vers la gauche (α négatif) est dit « *lévogyre* ».

Pour spécifier chaque énantiomère, on fait précéder le nom du composé des signes (+) ou (–). Exemple : la forme dextrogyre du butan-2-ol CH_3—CHOH—CH_2—CH_3 est désignée comme le (+)-butan-2-ol ; sa forme lévogyre est le (–)-butan-2-ol.

Le mélange racémique

Dans la pratique, les composés chiraux se rencontrent le plus souvent sous la forme du mélange en proportions égales de leurs deux énantiomères ; la plupart des réactions qui comportent la formation d'un composé chiral fournissent en effet exactement autant de molécules dextrogyres que de molécules lévogyres. Ce mélange est appelé « *mélange racémique* » ou, plus simplement « *racémique* ». Il n'est pas optiquement actif, car les pouvoirs rotatoires de deux énantiomères se compensent exactement. On désigne le racémique par le symbole (±) ; exemple : (±)-butan-2-ol.

L'obtention de l'un des énantiomères à l'état pur nécessite donc, en règle générale, la séparation des deux constituants du racémique, opération que l'on appelle « *résolution* », ou encore « *dédoublement* », de ce racémique.

Cette séparation est rendue difficile par le fait que, mis à part le signe du pouvoir rotatoire, deux énantiomères sont entièrement identiques, physiquement et chimiquement. En effet, les méthodes de séparation usuelles sont toutes fondées sur une différence dans l'une de leurs propriétés des constituants du mélange à séparer (distillation : différence de température d'ébullition ; cristallisation : différence de solubilité ou de température de fusion ; etc.).

On peut, entre autres, utiliser une méthode chimique consistant à faire agir sur le mélange racémique des deux énantiomères un réactif optiquement actif. Soit, par exemple, à « résoudre » le racémique d'un acide optiquement actif (±)-A. Si on fait réagir sur lui une base optiquement active prise sous la forme de son énantiomère dextrogyre pur (+)-B, on obtient deux sels stéréoisomères :

$$(\pm)\text{-A} + 2\,(+)\text{-B} \rightarrow (+)\text{-A}/(+)\text{-B} + (-)\text{-A}/(+)\text{-B}$$

Or ces deux sels ne sont pas énantiomères, puisqu'ils ne sont pas images l'un de l'autre dans un miroir (l'énantiomère de (+)-A/(+)-B serait (–)-A/(–)-B, et celui de (–)-A/(+)-B serait (+)-A/(–)-B). Ils sont seulement *diastéréoisomères* et leurs propriétés physiques ne sont pas identiques. Leur séparation est donc bien plus aisée que celle de deux énantiomères, et il est facile ensuite de régénérer séparément (+)-A et (–)-A par l'action d'un acide fort sur chacun des deux sels.

Voir § 3.4

3.3 La configuration absolue

La relation d'énantiométrie définit la configuration *relative* de deux énantiomères : leurs molécules sont symétriques l'une de l'autre par rapport à un plan. D'autre part, l'un des énantiomères est dextrogyre et l'autre est lévogyre. Mais il est impossible de dire *a priori*, à l'examen des deux représentations stéréochimiques, laquelle représente la forme dextrogyre et laquelle représente la forme lévogyre. En d'autres termes, on ne peut attribuer *a priori* à chaque isomère, caractérisé et défini expérimentalement par le signe de son pouvoir rotatoire, sa configuration effective, ou *absolue*.

Exemple

(c) et (d) représentent les deux configurations énantiomères de l'acide lactique. On peut dire que si l'isomère dextrogyre est (c) *alors* l'isomère lévogyre est (d), et inversement ; mais on ne peut pas déterminer *a priori* si (c) est dextrogyre ou lévogyre, sans mesure du pouvoir rotatoire et à la seule vue des molécules.

Voir § 3.2.1

Avant de voir comment on peut procéder pour attribuer à chaque énantiomère sa configuration, il faut préalablement fixer des règles de nomenclature permettant de désigner chacune des deux configurations par un nom.

3.3.1 Nomenclature des configurations du carbone asymétrique

Selon la règle de Cahn-Ingold-Prelog, pour caractériser et définir de manière univoque chacune des deux configurations d'un carbone asymétrique on procède en deux temps :

a) Établissement d'un classement des quatre substituants

On établit tout d'abord un classement séquentiel, c'est-à-dire une suite ordonnée selon un certain critère, des quatre substituants, en attribuant à chacun d'eux un « rang » dans ce classement.

Le critère utilisé est le *numéro atomique* Z de l'atome qui, dans le substituant, est directement lié au carbone asymétrique ; l'ordre du classement correspond aux valeurs décroissantes de Z.

Si deux substituants sont liés au carbone asymétrique par un atome du même élément, on les « départage » en considérant les atomes qui se présentent pour chacun d'eux en deuxième rang puis, si nécessaire, en troisième, quatrième, … rang, (on procède ici comme pour classer des mots par ordre alphabétique ; s'ils commencent par la même lettre, on les classe en fonction de la deuxième et, si nécessaire, de la troisième, de la quatrième, etc.).

Ainsi les groupes méthyle $—CH_3$ et éthyle $—CH_2—CH_3$ sont tous deux liés par un carbone ; mais $—CH_2—CH_3$ a priorité sur $—CH_3$ car, en deuxième rang, il comporte deux H (Z = 1) et C (Z = 6), alors que CH_3 comporte trois H :

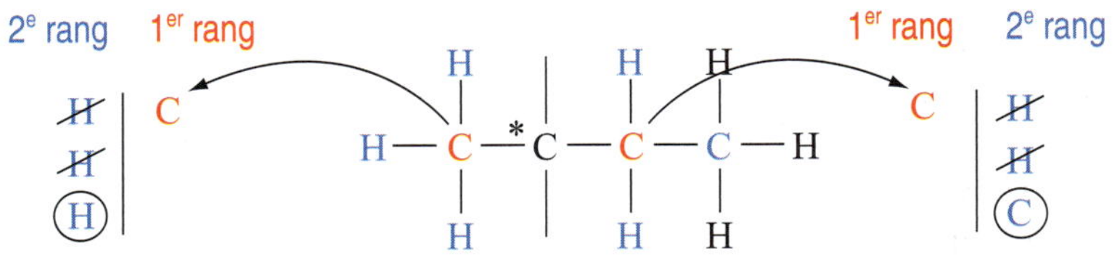

Nomenclature des configurations du carbone asymétrique

> Il ne faut pas faire la somme des numéros atomiques des atomes se trouvant dans une position donnée ; seul « compte » le Z le plus grand. Ainsi —CH_2OH, avec un seul O (Z = 8) en deuxième position, serait prioritaire sur —$C(CH_3)_3$, qui a trois C (Z = 6) dans la même position.

Une double (ou triple) liaison est considérée comme l'équivalent de deux (ou trois) liaisons simples avec deux (ou trois) atomes du même élément (dans >C=C<, chaque carbone est considéré comme lié à deux autres carbones ; dans >C=O, C est considéré comme lié à deux oxygènes, et O est considéré comme lié à deux carbones).

L'hydrogène a priorité sur un doublet libre (non liant).

Exemples

Les chiffres entre parenthèses indiquent le rang de classement des substituants du carbone asymétrique, lui-même désigné par un astérisque.

a) 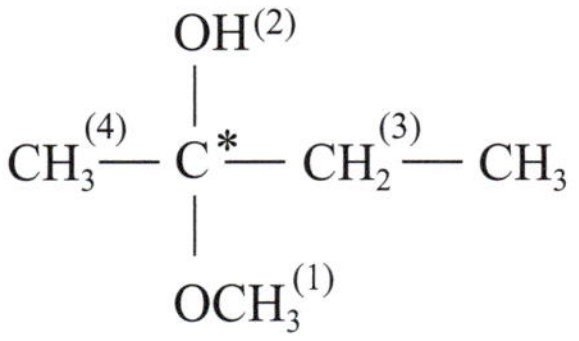

O (Z = 8) a priorité sur C (Z = 6) ; OH et OCH_3 d'une part, CH_3 et CH_2—CH_3 d'autre part, sont départagés par la nature des atomes situés en deuxième position (dans les deux cas, priorité de C sur H).

b) 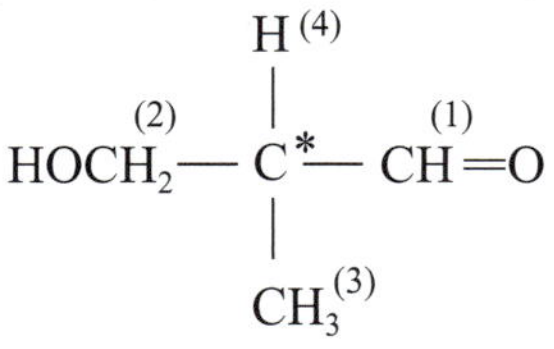

CH = O, où C est lié à un H et (« fictivement ») à deux O, a priorité sur $HOCH_2$, où C est lié à deux H et à un O ; dans CH_3 C est lié à trois H.

c) 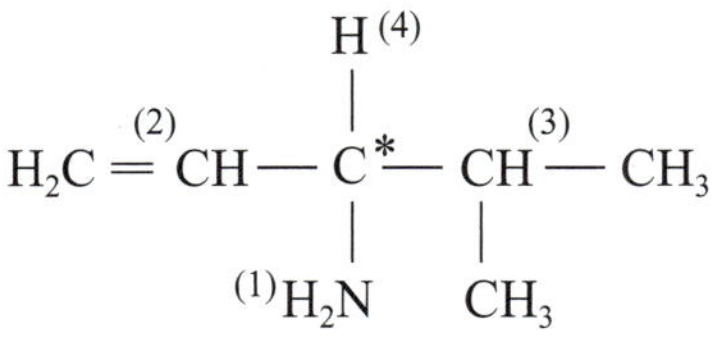

N (Z = 7) a priorité sur C (Z = 6). Dans H_2C = CH et dans $CH(CH_3)_2$ la situation est identique au niveau du premier carbone, qui dans les deux cas est lié à un H et à deux C (« fictivement » dans H_2C = CH). Mais il apparaît une différence au niveau des carbones en deuxième position : dans H_2C = CH, le C du groupe CH_2 est lié à deux H et (« fictivement ») à deux C ; dans CH $(CH_3)_2$ les C des deux groupes CH_2 sont liés à trois H et à un C.

b) Examen visuel de la molécule selon un angle déterminé

Ce classement étant établi, on suppose que l'on regarde la molécule dans l'axe et la direction de la liaison qui unit le carbone asymétrique au substituant classé dernier (4e rang). Puis on examine si, dans ces conditions, les trois autres substituants, pris dans l'ordre décroissant des priorités, se présentent au regard dans le sens des aiguilles d'une montre ou dans le sens inverse.

Dans le premier cas, la configuration est dite « ***R*** » (de *rectus* : droit) ; dans le second elle est dite « ***S*** » (de *sinister* : gauche).

Exemple

Les quatre substituants du carbone asymétrique de l'acide lactique se classent, selon la règle précédemment définie, de la façon suivante :

Voir § 3.2.1

1) OH 2) —COOH 3) —CH_3 4) —H

L'application de la procédure indiquée conduit donc au résultat suivant.

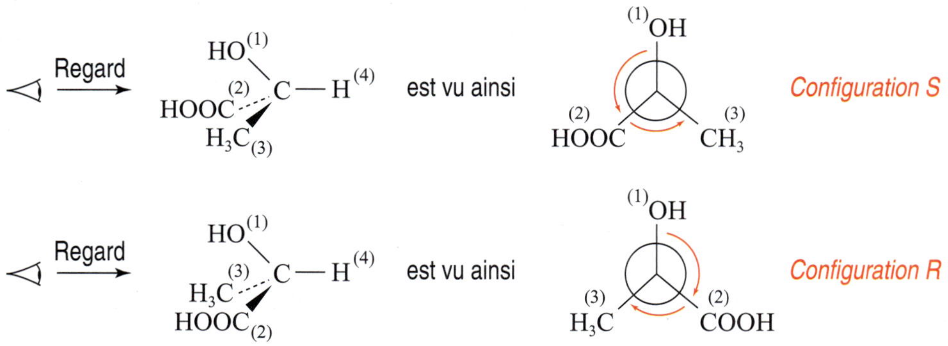

Question 3.F

Dans la molécule représentée ci-contre, le carbone asymétrique (*) est-il dans la configuration R ou S ?

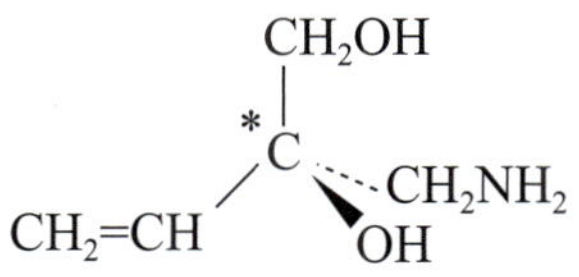

3.3.2 Attribution des configurations absolues

Le fait de pouvoir attribuer une nomenclature R ou S à chacune des configurations d'un composé contenant un carbone asymétrique n'apporte évidemment pas la solution du problème consistant à déterminer la configuration absolue de chaque énantiomère, le dextrogyre et le lévogyre. Il n'y a, en effet, pas de relation systématique entre le signe du pouvoir rotatoire et la configuration absolue (sauf, bien entendu, que l'inversion de la configuration entraîne le changement de signe du pouvoir rotatoire). Il ne faudrait donc *surtout pas penser* que la forme « *R* » est dextrogyre et la forme « *S* » lévogyre ; cette façon de nommer les deux configurations *ne préjuge en rien* du signe du pouvoir rotatoire.

Ainsi, le fait d'estérifier la fonction acide de l'acide lactique, selon la réaction ne modifie en rien la configuration du carbone asymétrique (*). Pourtant cela provoque un changement de signe du pouvoir rotatoire (en plus d'une modification de sa valeur absolue).

Remarque

On peut déterminer dans l'absolu, par une méthode utilisant la diffraction des rayons X, la géométrie complète d'une molécule et en particulier la configuration du (ou des) carbone(s) asymétrique(s) qu'elle peut éventuellement contenir. Mais cette technique nécessite dans chaque cas un travail très important, et peu de configurations absolues ont été déterminées ainsi. On procède le plus souvent par *corrélation de configurations*, en établissant la configuration inconnue d'un composé par référence à celle, déjà connue, d'un autre. Le composé de référence dans ces corrélations est souvent le glycéraldéhyde $HOCH_2—\overset{*}{C}HOH—CH=O$ dont la configuration absolue a été établie par les rayons X en 1951. Les premières corrélations avec le glycéraldéhyde ont été faites à une époque où sa configuration absolue n'était pas encore connue et, dans l'attente de sa détermination, on avait attribué arbitrairement (avec une chance sur deux de « tomber juste » ...) une configuration au (+)-glycéraldéhyde. Il a été démontré en 1951 que cette attribution était exacte.

Exemple

Détermination de la configuration absolue de l'acide lactique, par corrélation avec le glycéraldéhyde.

Il est possible de passer du glycéraldéhyde à l'acide lactique par une série de réactions qui ne comportent aucune participation des liaisons du carbone asymétrique et qui, par conséquent, laissent sa configuration inchangée :

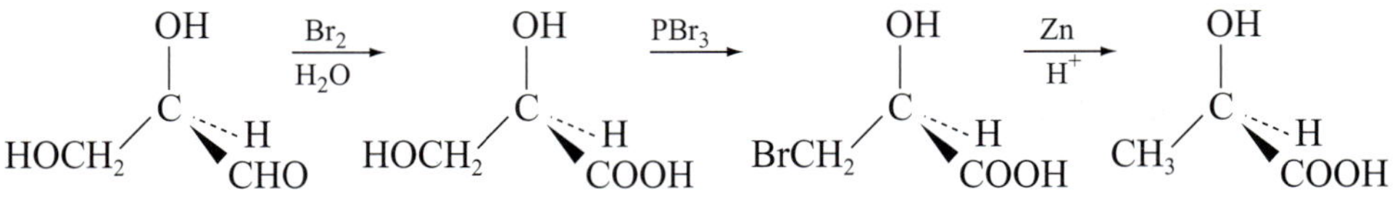

(+)-glycéraldéhyde — acide (−)-lactique

On constate alors qu'en partant du (+)-glycéraldéhyde (c'est-à-dire de l'isomère dextrogyre de cet aldéhyde, de configuration *connue*) on obtient l'acide (−)-lactique (lévogyre), dont la configuration se trouve ainsi élucidée ; on peut voir que c'est une forme « *R* ».

Il apparaît donc que l'isomère lévogyre de l'acide lactique possède la configuration « *R* » de sorte que l'isomère dextrogyre possède la configuration « *S* ». Ces deux isomères peuvent dès lors recevoir une appellation qui indique à la fois leur configuration absolue et le signe de leur pouvoir rotatoire : ce sont l'acide (−)-(*R*)-lactique et l'acide (+)-(*S*)-lactique.

Ce résultat étant acquis, l'acide lactique peut devenir, à son tour, une référence pour établir par corrélation la configuration absolue d'autres composés.

La nomenclature D, L

Au lieu d'indiquer la configuration absolue, *R* ou *S*, d'un composé comportant un carbone asymétrique, on indique parfois avec quelle forme, dextrogyre ou lévogyre, du glycéraldéhyde il peut être mis en corrélation. On fait alors précéder son nom de la lettre D si c'est avec la forme dextrogyre, ou de la lettre L si c'est avec la forme lévogyre. Mais, de même que les symboles *R* et *S*, les symboles D et L n'ont pas de rapport avec le signe du pouvoir rotatoire de ce composé, qui doit donc être précisé indépendamment de la manière habituelle.

Exemples

L'acide (–)-(*R*)-lactique, dont la configuration est directement reliée à celle du (+)-glycéraldéhyde (cf. plus haut), est souvent désigné comme acide (–)-(D)-lactique ; sa forme dextrogyre sera alors l'acide (+)-(L)-lactique.

Dans ces deux noms (–) et (+) indiquent le signe du pouvoir rotatoire de l'acide lactique, alors que (D) et (L) indiquent sa configuration absolue : l'acide lactique lévogyre (–) a la même configuration absolue que celle du glycéraldéhyde dextrogyre (D), et l'acide lactique dextrogyre (+) a la même configuration absolue que le glycéraldéhyde lévogyre (L).

L'alanine $CH_3—\overset{*}{C}H(NH_2)—COOH$ correspond à un acide lactique dans lequel le groupe OH aurait été remplacé par le groupe NH_2, et sa forme dextrogyre a la même configuration absolue que l'acide lactique dextrogyre. On peut donc dire que, comme celui-ci, elle se relie au (–)-glycéraldéhyde, et la désigner soit par (+)-(*S*)-alanine soit par (+)-(L)-alanine.

Cette nomenclature, qui n'est utilisée que pour certaines familles de composés (glucides, acides aminés) se justifie surtout si, par ailleurs, on utilise pour représenter la configuration de ces composés la *convention de Fischer*, qui sera exposée ultérieurement.

Voir chap. 22, § 22.2.1

Lorsque deux molécules *sont stéréoisomères*, c'est-à-dire ne diffèrent que par des caractères géométriques, mais *ne sont pas énantiomères* (pas images l'une de l'autre par rapport à un plan), elles sont **diastéréoisomères**.

Deux cas de diastéréoisomérie seront envisagés ici : celui des composés comportant deux ou plusieurs carbones asymétriques, et celui de l'enchaînement éthylénique (double liaison carbone-carbone).

3.4 COMPOSÉS COMPORTANT PLUS D'UN CARBONE ASYMÉTRIQUE : RELATION D'ÉNANTIOMÉRIE ET DE DIASTÉRÉOISOMÉRIE

Si une molécule contient deux carbones asymétriques, comme c'est le cas pour $CH_3—\overset{*}{C}HCl—\overset{*}{C}HBr—CH_3$, chacun d'eux peut se trouver, indépendamment de l'autre, dans la configuration *R* ou dans la configuration *S*. Il existe donc quatre stéréoisomères, correspondant aux quatre combinaisons possibles pour la configuration d'ensemble de la molécule : *R*,*R*, *R*,*S*, *S*,*R* et *S*,*S*.

Les molécules *R,R* et *S,S* sont images l'une de l'autre, puisque de l'une à l'autre les configurations des *deux* carbones sont inversées ; elles constituent un couple *d'énantiomères*. Il en est de même pour les molécules *R,S* et *S,R*.

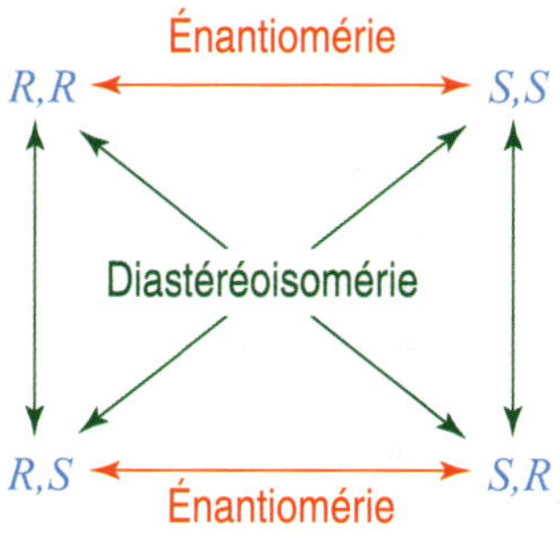

Figure 3.2

Les stéréoisomères associés à la présence de deux carbones asymétriques, et leurs relations. À chacune des quatre combinaisons possibles pour les configurations des deux carbones asymétriques correspond un stéréoisomère. L'inversion *des deux* carbones donne une nouvelle molécule entièrement réfléchie dans un plan, énantiomère de la molécule initiale. L'inversion *d'un seul* des deux carbones donne une molécule dont une partie seulement a été réfléchie dans un plan, l'autre partie étant restée identique ; cette nouvelle molécule est diastéréoisomère de la molécule initiale.

En revanche, les formes *R,R* et *R,S*, par exemple, ne sont pas images l'une de l'autre puisque dans l'une et l'autre l'un des carbones possède la même configuration, et seul l'autre y a des configurations inverses. Elles sont *diastéréoisomères*. La figure 3.2 résume l'ensemble des relations entre les quatre stéréoisomères possibles.

Exemple

Le 2, 3, 4-trihydroxybutanal.

$$HOCH_2—\overset{*}{C}HOH—\overset{*}{C}HOH—CH{=}O$$

($CH_3—CH_2—CH_2—CH{=}O$ est le butanal et le groupe OH s'appelle « hydroxy ») présente deux carbones asymétriques. Il en existe donc quatre stéréoisomères, représentés ci-dessous (les chiffres 1, 2, 3 et 4 constituent une simple numérotation des quatre carbones de la chaîne) :

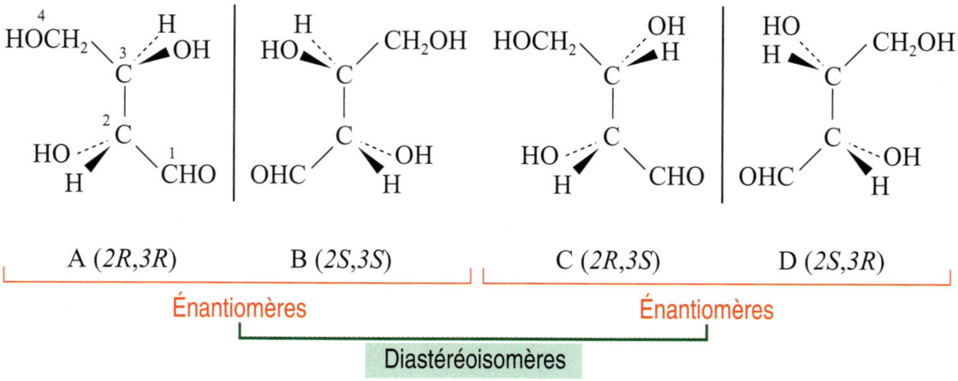

Le passage de A et B, de même que celui de C à D, comporte l'inversion de la configuration des *deux carbones* asymétriques. A et B d'une part, C et D d'autre part, constituent des couples d'énantiomères (ils sont représentés ici dans la position relative d'un objet et de son image dans un plan P, de façon à mettre en évidence leur relation d'énantiomère).

Le passage de A (ou de B) à C (ou à D) ne comporte que l'inversion d'un seul carbone asymétrique (par exemple, le carbone 3 pour le passage de A à C). A et B sont des *diastéréoisomères* de C et de D.

Les pouvoirs rotatoires de A et de B, de même que ceux de C et de D, sont égaux en valeur absolue et opposés. Mais il n'y a *pas de relation a priori* entre celui du couple A, B et celui du couple C, D.

Remarque

À propos de l'exemple précédent, deux remarques :

Voir chap. 2, § 2.3

a) Les quatre stéréoisomères ont été représentés dans une *conformation* arbitrairement fixée. Une rotation éventuelle des deux parties de la molécule, autour de la liaison qui unit les deux carbones asymétriques C2 et C3, ne modifie pas la *configuration* de ceux-ci. Le stéréoisomère A, par exemple, reste « *2R,3R* », quelle que soit sa conformation. Toute autre représentation, différente par sa conformation de celle qui en a été donnée, serait donc également valable.

b) Dans cet exemple, les deux carbones asymétriques sont directement liés l'un à l'autre. La situation serait la même, quant au nombre des stéréoisomères et leurs relations, dans une molécule où deux carbones asymétriques seraient dans une position relative différente (par exemple dans le composé $CH_3—\overset{*}{C}HCl—CH_2—CH_2—\overset{*}{C}HBr—CH_3$).

3.4.1 Nomenclature

a) Désignation des couples d'énantiomères

Voir § 3.2.2

Le plus souvent, dans la pratique, on a affaire à des mélanges racémiques, mélanges en proportions égales des deux énantiomères d'un composé chiral. On a donc trouvé utile de disposer, pour un composé à deux carbones asymétriques, d'un mode de désignation de chaque couple d'énantiomères, sans distinguer chacun des énantiomères individuellement.

Le couple formé par les deux énantiomères *R*,*R* et *S*,*S* dans lesquels les deux carbones asymétriques ont la *même* configuration, est le couple « *like* ». Il est identifié en faisant précéder le nom du composé de (*R**,*R**), qui se lit « R étoile, R étoile », ou de (rel-*R*,*R*) (rel = relatif).

Exemples

Le couple des deux énantiomères **A** et **B** dans l'exemple précédent est désigné comme (*2R*,3R**)-2,3,4-trihydroxybutanal, ou comme (rel-*2R,3R*)-2,3,4-trihydroxybutanal.

Le couple formé par les deux énantiomères *R*,*S* et *S*,*R* dans lesquels les deux carbones asymétriques ont des configurations *différentes*, est le couple « *unlike* ». Il est identifié en faisant précéder le nom du composé de (*R**,*S**), ou de (rel-*R*,*S*).

Exemples

Le couple des deux énantiomères **C** et **D** dans l'exemple précédent est désigné comme (*2R*,3S**)-2,3,4-trihydroxybutanal, ou comme (rel-*2R,3S*)-2,3,4-trihydroxybutanal.

> Dans le couple (R^*,R^*) la configuration des deux carbones asymétriques est la même, mais elle peut être *soit R,R soit S,S*. De même, l'appellation (R^*,S^*) signifie que les deux carbones asymétriques n'ont pas la même configuration, mais elle n'indique pas *lequel* est *R* et *lequel* est *S*.

b) Désignation d'un stéréoisomère particulier

Voir § 3.2.2

Dans chaque couple d'énantiomère, l'un est dextrogyre et l'autre est lévogyre. On peut donc les individualiser en référence à cette propriété particulière, même si l'on ne connaît pas la configuration absolue de chacun. Ainsi dans le couple *like* (couple **A**,**B**) de l'exemple précédent, l'isomère dextrogyre est le (+)-(R^*,R^*)-2,3,4-trihydroxybutanal, et l'isomère lévogyre est le (–)-(R^*,R^*)-2,3,4-trihydroxybutanal.

Si l'on connaît la configuration absolue (et non seulement la configuration relative) des deux carbones asymétriques dans chaque isomère, on peut alors supprimer les * et attribuer à chacun un nom qui le décrit entièrement et qui ne peut appartenir qu'à lui seul. C'est le cas dans le présent exemple, où l'on sait que dans le couple *like* la forme dextrogyre est (2*S*,3*S*) et la forme lévogyre est (2*R*,3*R*) ; dans le couple *unlike* la forme dextrogyre est (2*R*,3*S*) et la forme lévogyre est (2*S*,3*R*). Les quatre stéréoisomères peuvent être totalement identifiés par les noms suivants :

A : (–)-(2*R*,3*R*)-2,3,4-trihydroxybutanal	**C** : (+)-(2*R*,3*S*)-2,3,4-trihydroxybutanal
B : (+)-(2*S*,3*S*)-2,3,4-trihydroxybutanal	**D** : (–)-(2*S*,3*R*)-2,3,4-trihydroxybutanal

3.4.2 La forme méso

Dans un composé à deux carbones asymétriques, ceux-ci peuvent porter des substituants identiques, comme dans :

$$CH_3—\overset{*}{C}HCl—\overset{*}{C}HCl—CH_3$$

où tous deux portent un H, un Cl et un groupe CH_3. En ce cas, il existe toujours deux énantiomères *like* (*R*,*R* et *S*,*S*), mais les deux stéréoisomères *unlike* (*R*,*S* et *S*,*R*) sont identiques, puisqu'il est alors indifférent que le carbone 2 soit *R* et le carbone 3 soit *S*, ou le contraire.

Il n'existe donc plus que trois stéréoisomères : un couple d'énantiomères *like* et une seule forme *unlike*, appelée *forme méso*. Celle-ci ne possède pas d'activité optique, bien qu'elle contienne deux carbones asymétriques, et on peut le justifier par deux raisons, du reste équivalentes :

- On peut considérer que la molécule est formée de deux parties « actives » sur la lumière polarisée, identiques mais de configurations opposées. Elle constitue donc une sorte de *racémique interne*, dans lequel le pouvoir rotatoire associé à l'un des centres de chiralité est compensé exactement par celui qui est associé à l'autre, de même valeur absolue mais de signe opposé.

➤ On peut observer que, dans l'une de ses conformations, la molécule possède un plan de symétrie ; elle n'est donc pas chirale.

Voir § 3.1.1.b

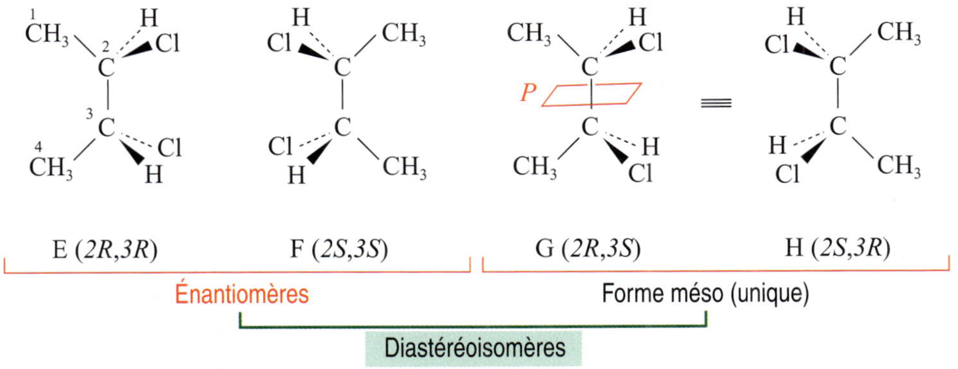

Les deux représentations **G** et **H** sont superposables, moyennant le retournement vertical de l'une d'elles. Elles décrivent la même molécule, superposable à son image (achirale) et inactive sur la lumière polarisée en raison de la présence d'un plan de symétrie interne *P* (dans la conformation représentée ci-dessus).

3.4.3 Les molécules cycliques

Le 1-bromo-2-chlorocyclobutane,

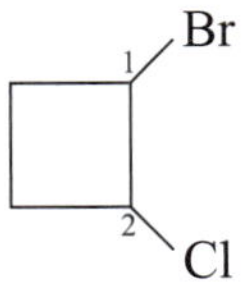

comporte deux carbones asymétriques ; il en existe donc quatre stéréoisomères, constituant deux couples d'énantiomères :

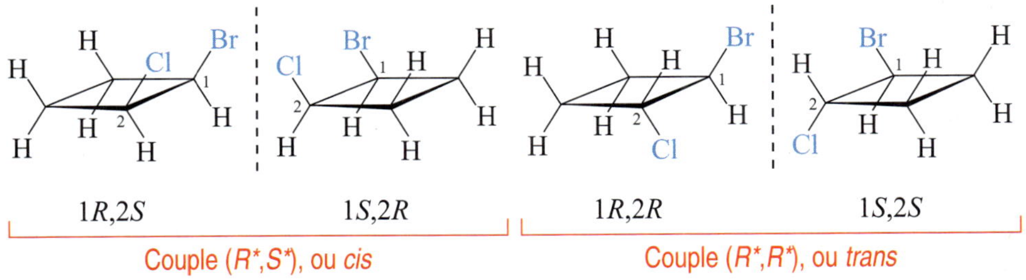

Le fait que la molécule soit cyclique ne change rien au nombre des configurations possibles, donc à celui des stéréoisomères, mais il en résulte un blocage de la rotation entre les deux carbones asymétriques. De ce fait, dans le couple (R^*,S^*) le chlore et le brome sont nécessairement du même côté par rapport au plan du cycle ; pour cette raison, on dit qu'il s'agit de deux formes « *cis* ». Inversement, dans le couple (R^*,R^*) les deux atomes Br et Cl sont nécessairement de part et d'autre du plan du cycle ; on dit qu'il s'agit de deux formes « *trans* ».

Question 3.G

La situation (nombre et nature des stéréoisomères) serait-elle modifiée, et comment, si dans le 1-bromo-2-chlorocyclobutane l'atome de brome était remplacé par un autre atome de chlore ?

3.4.4 Généralisation aux composés à plusieurs carbones asymétriques

Question 3.H

Au début du § 3.4 on a déterminé *a priori* le nombre de stéréoisomères pour un composé comportant 2 carbones asymétriques. Faites de même pour un composé qui en comporterait 3, en désignant chaque stéréoisomère par une « formule » symbolique du type RRR, RRS... et établissez les relations qui existent entre eux.
Si le nombre de carbones asymétriques augmente encore, par quel facteur est multiplié le nombre de stéréoisomères pour chaque carbone asymétrique supplémentaire ? Combien y-a-t-il de stéréoisomères d'une molécule comportant n carbones asymétriques ? et combien de mélanges racémiques ?

La présence de n carbones asymétriques, pouvant prendre chacun pour son compte l'une ou l'autre des configurations *R* ou *S*, entraîne dans le cas général l'existence de 2^n stéréoisomères au maximum, constituant 2^{n-1} couples d'énantiomères. Cependant, certains de ces stéréoisomères peuvent être achiraux (formes méso), et en ce cas le nombre réel de stéréoisomères est inférieur à 2^n. D'autres particularités structurales peuvent, au contraire, conduire à un nombre de stéréoisomères plus grand que 2^n.

3.5 Diastéréoisomérie due à la présence d'une double liaison

Voir chap. 2, § 2.3.3.a

L'enchaînement $>C=C<$ est plan et rigide, la présence de la double liaison empêche, au moins à la température ordinaire, la rotation des deux carbones l'un par rapport à l'autre. En conséquence, *si chacun d'eux porte deux atomes ou groupes d'atomes différents*, il peut exister deux stéréoisomères. Ils ne sont pas images l'un de l'autre et sont donc l'un pour l'autre des *diastéréoisomères*.

Exemple

Le 1,2-dichloréthylène ClCH=CHCl existe sous les deux formes diastéréoisomères :

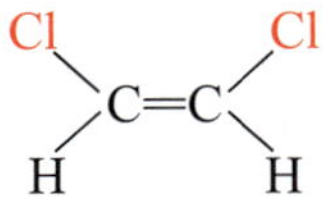

et

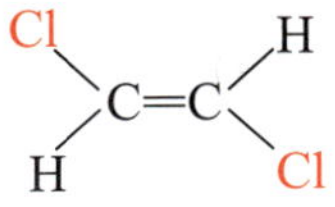

3.5.1 Nomenclature

Pour désigner deux stéréoisomères de ce type, on établit d'abord un classement, *sur chacun des carbones doublement liés*, entre les deux atomes ou groupes d'atomes qu'il porte, en utilisant la règle séquentielle de Cahn-Ingold-Prelog. Puis on examine dans quelle disposition relative se trouvent les deux atomes ou groupes prioritaires de chaque carbone :

Voir § 3.3.1

- s'ils sont du même côté de l'axe de la liaison C=C (on dit « en position *cis* »), il s'agit de l'isomère Z (de l'allemand *zusammen* : ensemble),
- s'ils sont de part et d'autre de cet axe (on dit « en position *trans* »), il s'agit de l'isomère E (de l'allemand *entgegen* : opposé).

Les deux groupes prioritaires en position « *cis* » :
ISOMÈRE *Z*

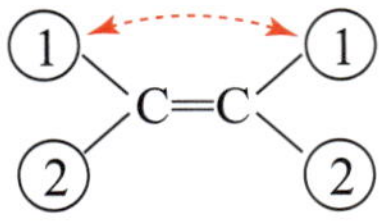

Les deux groupes prioritaires en position « *trans* » :
ISOMÈRE *E*

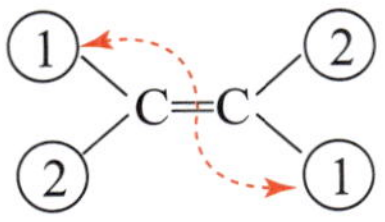

Exemple

Dans l'acide 2-méthylbut-2-énoïque, dont la formule plane est :

$$\overset{4}{C}H_3—\overset{3}{C}H=\overset{2}{C}(CH_3)—\overset{1}{C}OOH$$

sur le carbone 2, COOH est prioritaire sur CH_3 ; sur le carbone 3, CH_3 est prioritaire sur H. Ses deux diastéréoisomères sont donc nommés de la façon suivante :

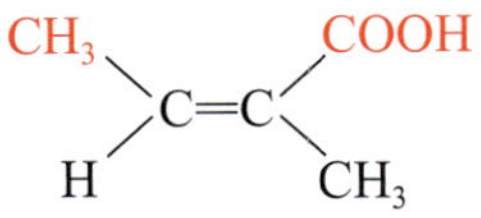

Les deux groupes prioritaires sont en « position *cis* » : il s'agit de l'acide (Z)-2-méthylbut-2-énoïque.

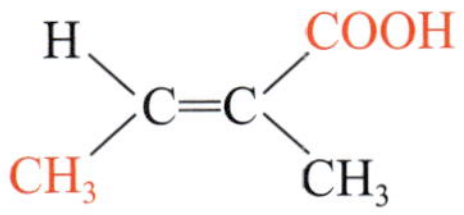

Les deux groupes prioritaires sont en « position *trans* » : il s'agit de l'acide (E)-2-méthylbut-2-énoïque.

Contrairement à une règle antérieurement en usage, les termes *cis* et *trans* n'apparaissent pas dans les noms attribués aux stéréoisomères de ce type.

La double liaison carbone-azote $>C=\ddot{N}—$ donne lieu à une isomérie de même nature, et les règles de nomenclature « *Z*, *E* » sont applicables aux diastéréoisomères correspondants.

Question 3.I

Récapitulons : Si deux molécules ne diffèrent que par la géométrie de leurs liaisons, elles sont ___________. Si elles sont images l'une de l'autre par rapport à un plan, elles sont ________ (exemple : les deux configurations d'une molécule contenant un carbone __________). Dans tous les cas où des stéréoisomères ne répondent pas à cette condition, ils sont _________ (exemples : molécules contenant ______ carbones asymétriques ou deux carbones unis par une __________).

Remarque

Comme on l'a vu dans ce chapitre, la stéréoisomérie a le plus souvent pour origine la présence dans une molécule de certains éléments structuraux, notamment un carbone asymétrique ou une double liaison dans un environnement dissymétrique.

Une molécule peut comporter un nombre quelconque de ces éléments. Le cas des molécules à deux ou plusieurs carbones asymétriques a été explicitement envisagé, mais il peut s'agir de deux ou plusieurs doubles liaisons, ou de carbones asymétriques et de doubles liaisons. Le nombre total de stéréoisomères possibles résulte de la combinaison des possibilités associées à chacun des éléments.

Une molécule comportant deux doubles liaisons susceptibles d'engendrer une isomérie du type « *Z*, *E* » peut exister sous quatre formes correspondant aux quatre combinaisons (*Z*,*Z*), (*Z*,*E*), (*E*,*Z*), (*E*,*E*). Une molécule qui comporterait deux carbones asymétriques et une double liaison présenterait huit stéréoisomères, puisque chacun des quatre stéréoisomères associés à la présence des deux carbones asymétriques pourrait par ailleurs avoir une double liaison *Z* ou *E* ; ces huit formes correspondraient aux huit combinaisons (*R*,*R*,*Z*), (*R*,*R*,*E*), (*R*,*S*,*Z*), (*R*,*S*,*E*), (*S*,*R*,*Z*), (*S*,*R*,*E*), (*S*,*S*,*Z*), (*S*,*S*,*E*) (ce décompte suppose qu'il n'existe pas de forme méso ; dans le cas contraire, il y aurait seulement six stéréoisomères).

Tableau 3.2 Relations d'isomérie

Il est facile de connaître la relation d'isomérie qui lie deux molécules en répondant par oui ou par non aux questions posées dans ce tableau.

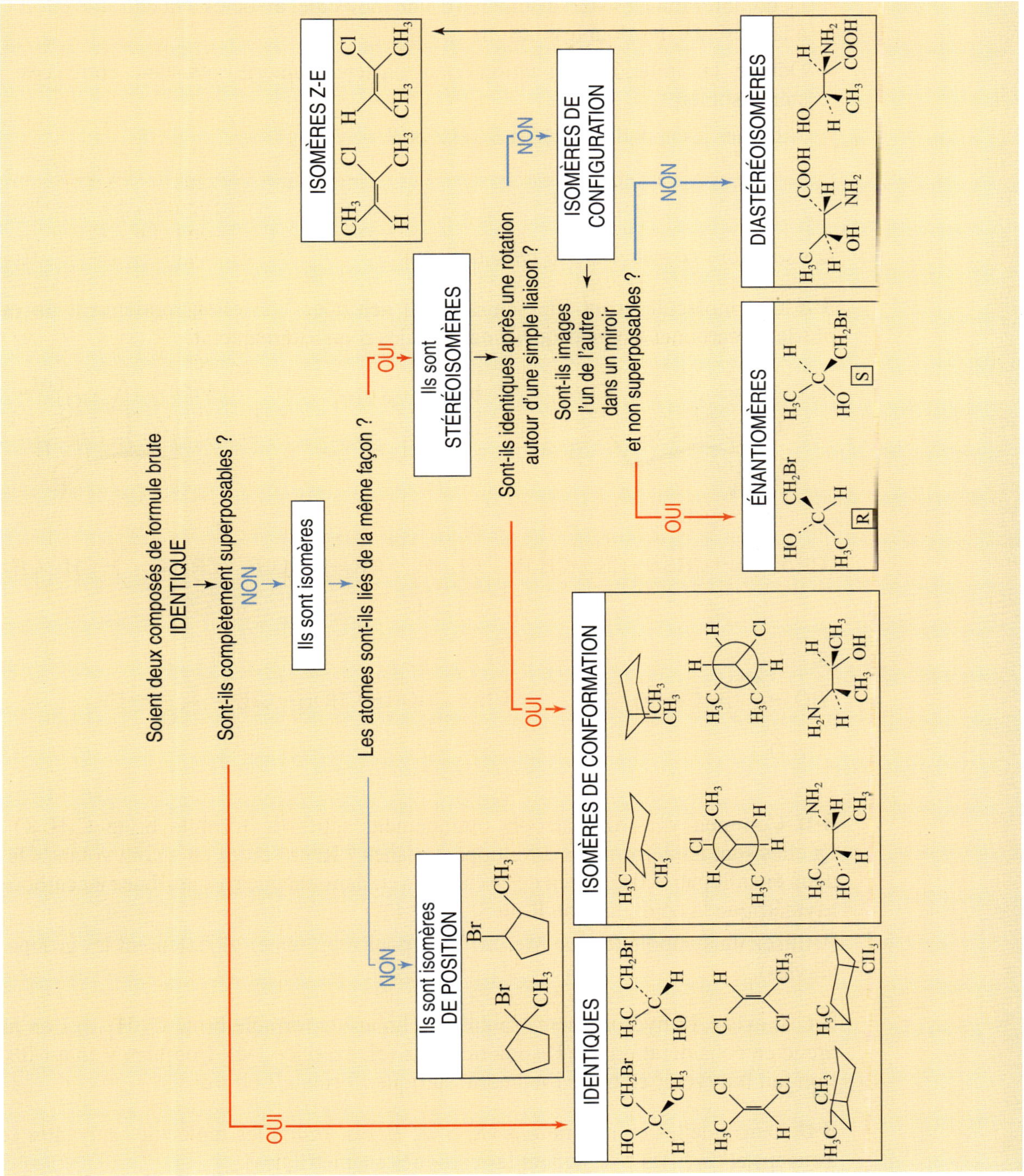

OBJECTIFS

- À partir de sa représentation stéréochimique ou de sa formule plane, reconnaître si une molécule est chirale ou achirale.
- Dénombrer tous les stéréoisomères d'une molécule, associés à la chiralité et/ou à la présence des doubles liaisons.
- Définir les relations (énantiomérie, diastéréoisomérie) existant entre ces stéréoisomères.
- Attribuer les appellations *R* et *S*, ou *Z* et *E*.

Les solutions se trouvent à la page 667.

3-a Ces molécules sont-elles chirales ou achirales ? Si elles contiennent un ou plusieurs carbones asymétriques, marquez-les d'un astérisque.

a)

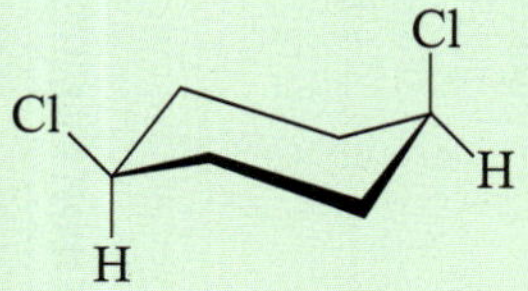

b)

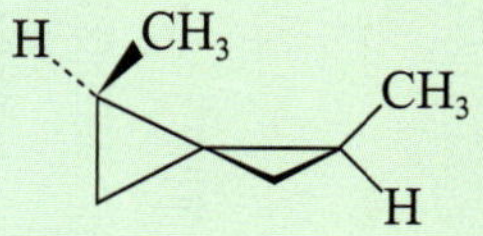

c)

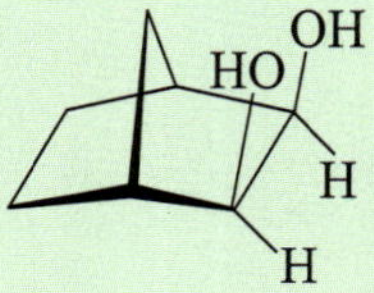

d) $CH_3-CH_2-CHBr-CH_2-CH_2Br$

e) $CH_3-C(=O)-CH_2-CH_2OH$

f)

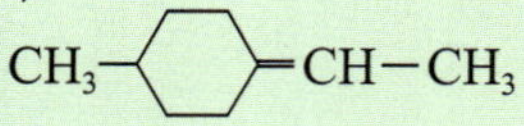

g)

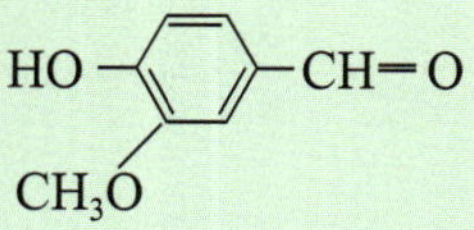

h) $CH_3-CHOH-CHOH-CH_3$

i)

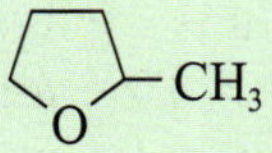

3-b Combien y a-t-il d'alcools optiquement actifs de formule brute $C_5H_{12}O$? Quelles sont leurs formules développées planes ? Représentez en « coin volant » les deux énantiomères de chacun de ces alcools et, dans chaque cas, attribuez au carbone asymétrique la configuration R ou S.

(Utilisez un symbole tel que Me, Et, Pr... pour représenter globalement les groupes alkyles).

3-c Il existe 12 hydrocarbures saturés cycliques de formule brute C_6H_{12} si l'on ne prend en considération que l'isomérie plane (cf. exercice 1-c). Combien y en a-t-il si l'on fait intervenir en outre l'isomérie stérique (forme *cis* ou *trans*) ?

3-d Dans quelles configurations (*R, S, Z, E, cis, trans*) les molécules suivantes se trouvent-elles ? (les * désignent les carbones asymétriques).

a) 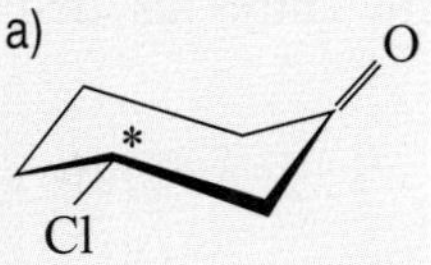
b) 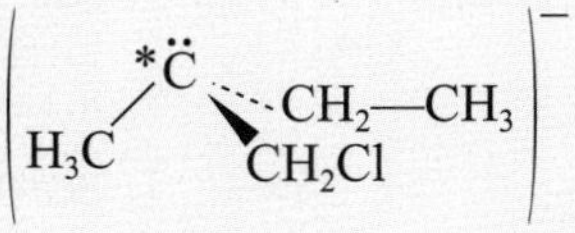
c) 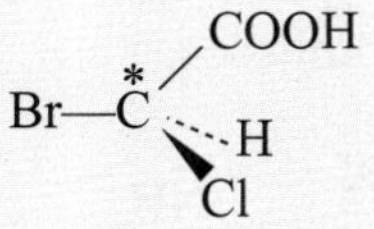

d) 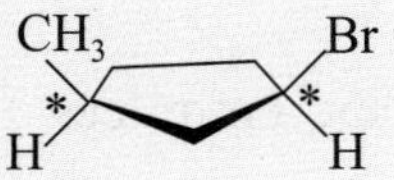
e) 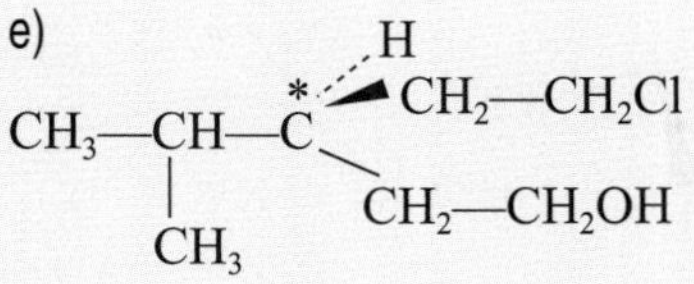
f) 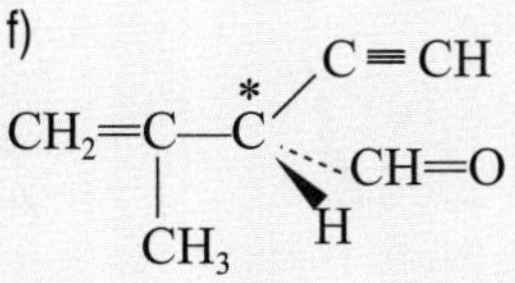

g) 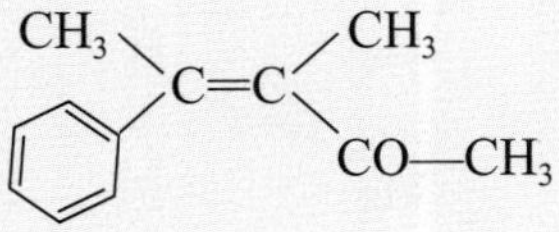
h) 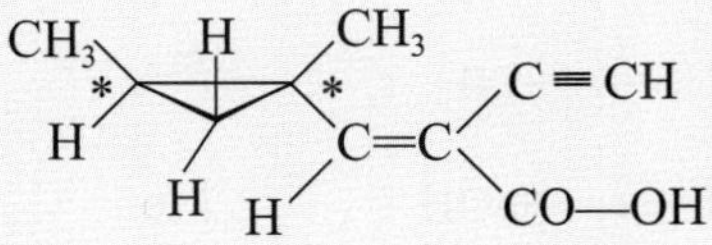
i) 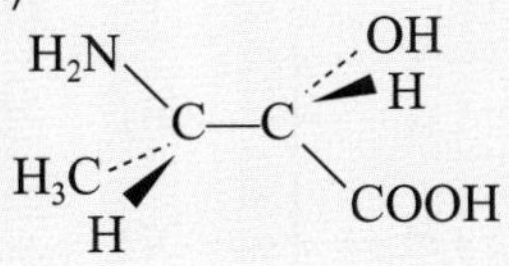

3-e Les molécules suivantes diffèrent-elles par leur conformation ou par leur configuration ? Dans ce dernier cas, sont-elles énantiomères ou diastéréoisomères ?

a) 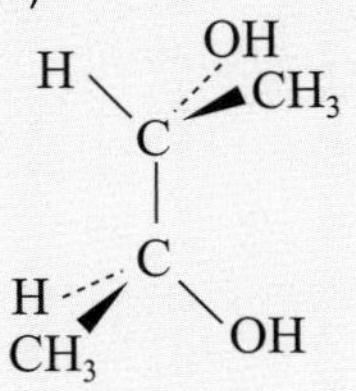 et 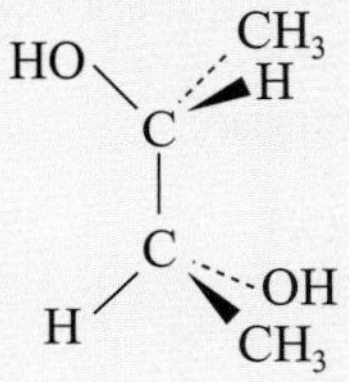

b) 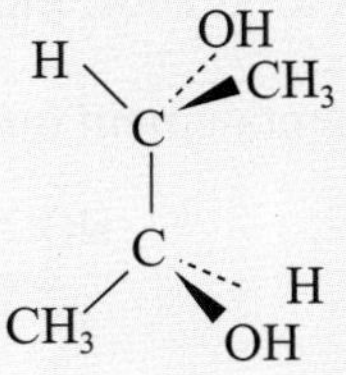 et 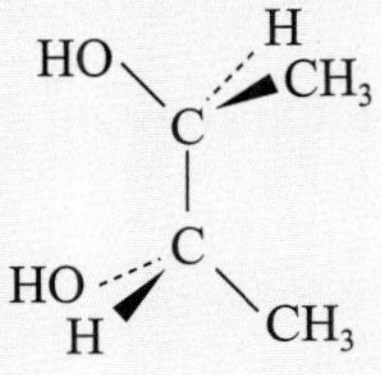

3-f Dénombrez (s'il en existe) tous les stéréoisomères des composés suivants. Attribuez-leur une configuration (*R, S, Z, E*) et, le cas échéant, l'une des appellations *cis, trans, méso, like, unlike*. Établissez les relations (énantiomérie, diastéréoisomérie) qui existent entre eux.

a) 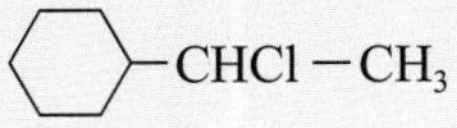

b) 

c) 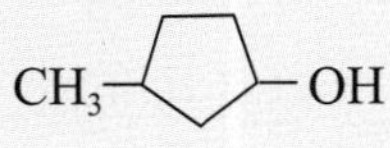

d) 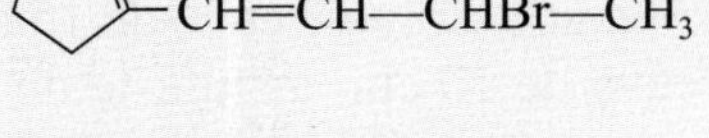

e) $HC\equiv C—CHCl—CH=O$

f) $CH_3—CHOH—CH=CH—CHOH—CH_3$

g) $CH_3—CH=CH—CH=CH—CH_3$

h) $CH_3—CH=CH—CHCl—CH_3$

i) 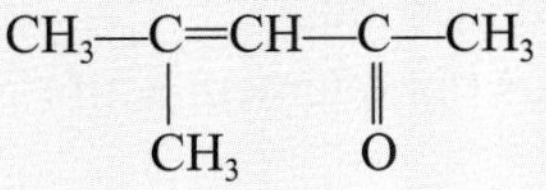

j) 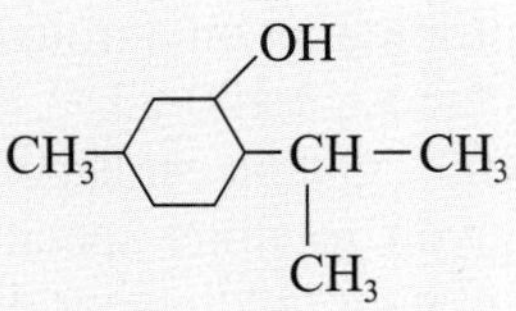

3-g Indiquer pour chaque couple la relation de stéréoisomérie entre les deux composés.

a)

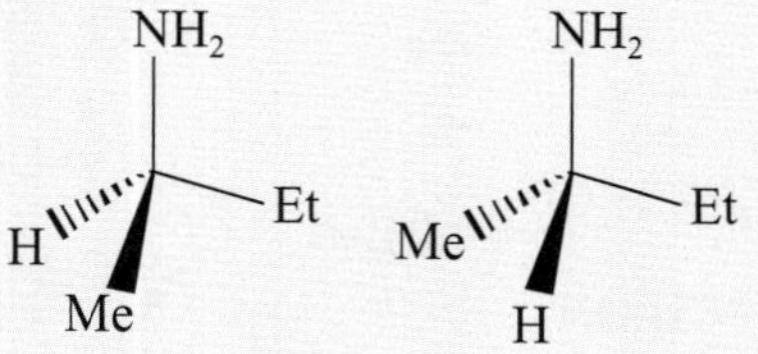

b)

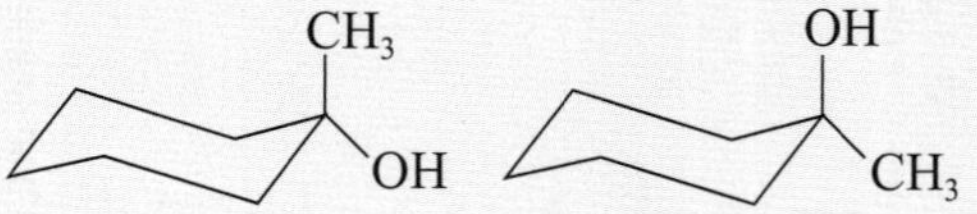

c)

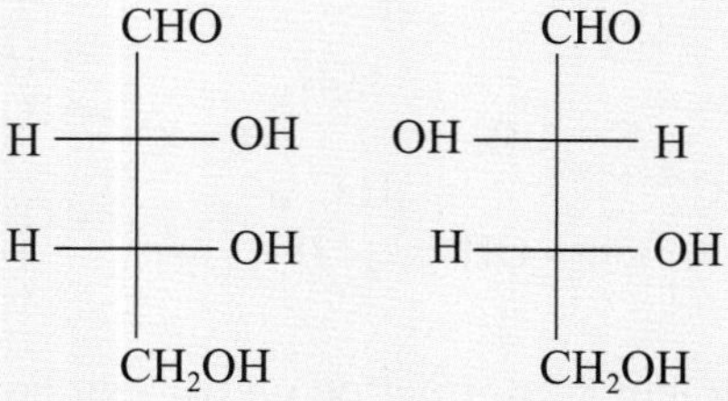

d)

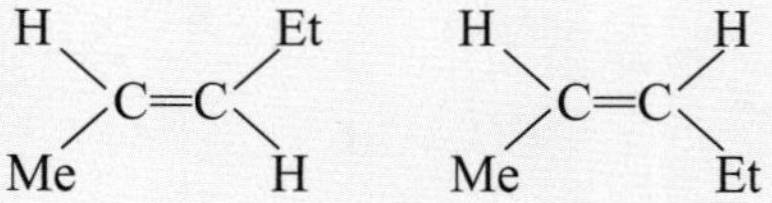

3-h Donner tous les isomères de position et tous les stéréoisomères du dichlorocyclobutane et du chlorocyclobutanol. Indiquer ceux qui sont chiraux.

3-i On constate expérimentalement que le composé

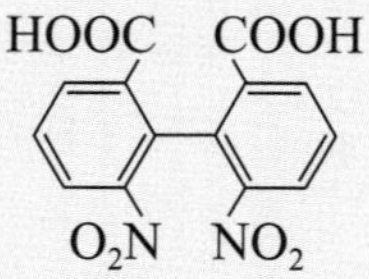

est optiquement actif, et qu'il en existe deux énantiomères. Il ne contient cependant pas de carbone asymétrique, et chacune des deux moitiés identiques de la molécule est plane. Comment pourrait-on expliquer cette constatation ?

3-j Un des acides présents dans le raisin est l'acide 2,3-dihydroxybutanedioïque (chapitre7) connu également sous le nom d'acide tartrique.

a) Donner la formule semi-développée de cet acide.

b) Indiquer le nombre de stéréoisomères de configuration attendus pour cet acide. Donner leur représentation de Cram en précisant la configuration absolue des atomes de carbone asymétriques.

c) Sont-ils tous optiquement actifs ?

3-k On a mesuré le pouvoir rotatoire d'une solution de saccharose, en vue de déterminer sa concentration, et on a trouvé + 19,95° en utilisant une cuve de 15 cm. Une solution de saccharose à 100 $g.L^{-1}$, dans une cuve de 10 cm, manifeste un pouvoir rotatoire de + 6,65°. Quelle est la concentration de la première solution ? Quelle est la valeur du pouvoir rotatoire spécifique du saccharose (à la température où a été faite la mesure, et pour la longueur d'onde de la lumière utilisée) ?

4

LA STRUCTURE ÉLECTRONIQUE DES MOLÉCULES

PRÉALABLES

- Ce chapitre suppose acquises quelques connaissances de base concernant l'atome, la classification périodique des éléments et la liaison chimique. Il ne comporte pas un exposé complet sur ces points, mais seulement un rappel de l'essentiel, et il ne peut pas remplacer, si nécessaire, la (re)lecture d'un ouvrage de Chimie physique.
  Les connaissances plus spécialement nécessaires sont les suivantes :
- *L'atome* : nombres quantiques, couches, sous-couches, cases quantiques, orbitales atomiques *s* et *p* ; configuration électronique (couche externe en particulier) ; électronégativité.
- *La liaison* : liaison par doublet partagé (covalence, coordinence) ; polarisation ; orbitales moléculaires σ et π ; hybridation ; systèmes conjugués ; énergie de liaison.

Voir *Cours de Chimie physique* (en particulier les chapitres 1, 2, 3, 4, 5, 6 et 7

MOTS-CLÉS

- Conjugaison
- Covalence
- Coordinence
- Délocalisation
- Densité électronique
- Effet inductif
- Effet mésomère
- Électrons σ, π, *n*
- Énergie de résonance
- Forme limite
- Hybridation (des orbitales)
- Hybride (de résonance)
- Mésomérie
- Moment dipolaire
- Orbitale (*s*,*p*)
- Polarisation
- Résonance
- Structure de Lewis

Jusqu'ici les molécules ont été décrites selon un « modèle » simple, celui d'un assemblage d'atomes, eux-mêmes imaginés comme des sphères compactes. Ces atomes sont « liés » les uns aux autres dans un ordonnancement représenté par la formule plane (chapitre 1), et ils occupent les uns par rapport aux autres, dans l'espace, des positions déterminées (chapitre 2).

La compréhension du comportement chimique des molécules, au cours des réactions, nécessite de dépasser ce niveau de description, et d'envisager maintenant la structure électronique des molécules. Au cours d'une réaction, certains atomes antérieurement liés se séparent et, inversement, d'autres deviennent liés alors qu'ils ne l'étaient pas. Une réaction se ramène ainsi toujours à une succession, plus ou moins complexe, d'actes élémentaires consistant en la formation ou la rupture de certaines liaisons.

Il est donc nécessaire à une « chimie intelligente » de connaître la **nature de la liaison chimique**. Or les liaisons sont assurées par des électrons et une étude de la structure électronique des molécules a essentiellement pour objectif de parvenir à cette connaissance. Il s'agit en somme de décrire avec une meilleure précision ce que signifient les tirets qui représentent symboliquement les liaisons dans les formules.

C'est l'objet de ce chapitre, et les points qui y sont abordés seront constamment évoqués dans la suite ; ils sont, au sens propre, réellement fondamentaux.

4.1 La notion de structure électronique

Voir chap. 2, § 2.1.2

Les molécules sont constituées d'atomes, eux-mêmes formés de noyaux positifs entourés d'électrons négatifs. Une molécule est donc en définitive un ensemble *globalement* neutre de particules chargées, en nombre défini et constant (hors le cas d'ionisation). Les noyaux, lourds, occupent des positions relatives pratiquement fixes les unes par rapport aux autres, auxquelles correspond le « squelette » de la molécule. Les électrons, légers et très mobiles, constituent le « nuage électronique », qui entoure ce squelette.

Mais il n'est pas exclu que la distribution interne des électrons au sein de la molécule comporte des zones de « raréfaction » et des zones de « densification » du nuage électronique. En d'autres termes, il peut exister des sites où *localement* la neutralité électrique n'est pas assurée.

D'une façon analogue, l'atmosphère terrestre comporte une quantité constante d'air mais présente des zones de dépression et des zones de haute pression. De même que l'on peut établir des cartes montrant la localisation géographique de ces zones, cernées par des lignes isobares (le long desquelles la pression atmosphérique a une valeur constante), il est possible de décrire les localisations préférentielles des électrons dans une molécule et de tracer des lignes d'isodensité électronique (fig. 4.1).

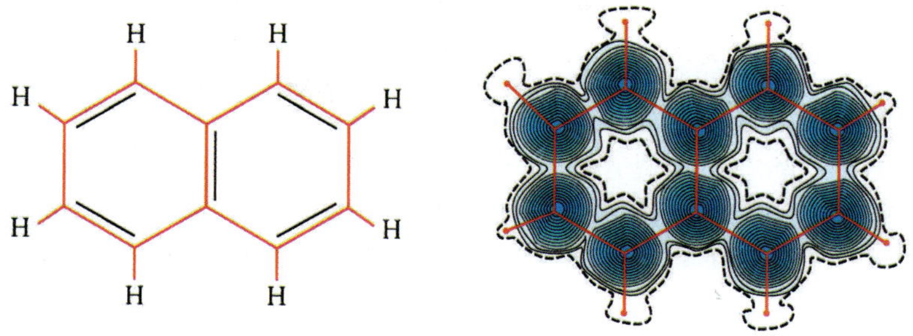

Figure 4.1 **La carte électronique du naphtaléne.**
La diffraction des rayons X permet d'établir des sortes de « cartes de densité électronique », où la localisation des atomes apparaît nettement. Ces techniques permettent donc aussi d'élucider ou de confirmer la géométrie des molécules (ici, un point important est l'égale longueur de toutes les liaisons carbone-carbone).

Voir § 4.4

La répartition effective des charges électroniques détermine en très grande partie le comportement des molécules dans les réactions et sa connaissance est donc d'un grand intérêt pour comprendre, et prévoir, ce comportement. Toutefois on peut limiter cette description aux *électrons externes* (électrons *s* et *p* de la dernière couche) qui le plus souvent, en chimie organique, participent seuls à la formation des liaisons.

4.2 La liaison covalente

La description d'un « édifice chimique » (molécules, ion ou cristal), sous l'angle de la situation et du rôle des électrons, peut être envisagée, comme celle de l'atome isolé, de deux façons correspondant à deux « modèles » : le modèle de Lewis et le modèle ondulatoire.

Le *modèle de Lewis* de la covalence a l'intérêt d'être relativement simple. Complété par la notion de polarisation des liaisons, il permet cependant une interprétation assez générale de la réactivité. Associé aux règles de Gillespie il permet aussi de déterminer avec une assez bonne précision l'orientation des liaisons formées par un atome. Mais il laisse inexpliqués un certain nombre de faits, tant en matière de stéréochimie (par exemple la rigidité des doubles liaisons et l'isomérie qui en résulte, qu'en matière de réactivité (par exemple, le comportement des systèmes conjugués). Le *modèle ondulatoire* est le plus « performant », notamment sur les points qui viennent d'être évoqués, mais il est d'une approche plus difficile et le modèle de Lewis est largement utilité, malgré ses « faiblesses », lorsqu'il est suffisant.

Voir § 4.3

Voir chap. 2, § 2.1.2

Voir chap. 3, § 3.5

4.2.1 Le modèle de Lewis

Cette description de la liaison covalente se réfère au modèle quantique de l'atome. Les électrons y sont considérés comme des particules dont l'énergie est quantifiée (c'est-à-dire ne peut prendre que certaines valeurs), caractérisées individuellement par les valeurs de quatre paramètres, les nombres quantiques *n*, *l*, *m* et *s*. Ils occupent des « cases quantiques », regroupées en sous-couches (*s*, *p*, *d* et *f*), elles-mêmes regroupées en couches (K, L, M, N, …).

La liaison entre deux atomes est assurée par une paire d'électrons qui leur est commune et cette situation peut être créée de deux façons :

➤ **Covalence proprement dite :** Chacun des deux atomes fournit un des électrons de sa couche externe occupant seul une case quantique (électron impair ou *célibataire*). Ces deux électrons *s'apparient* pour constituer le doublet commun aux deux atomes :

$$A^{\bullet} \rightleftarrows {}^{\bullet}B \longrightarrow A:B \quad \text{ou} \quad A—B$$

Exemple

Constitution de la molécule d'ammoniac NH_3

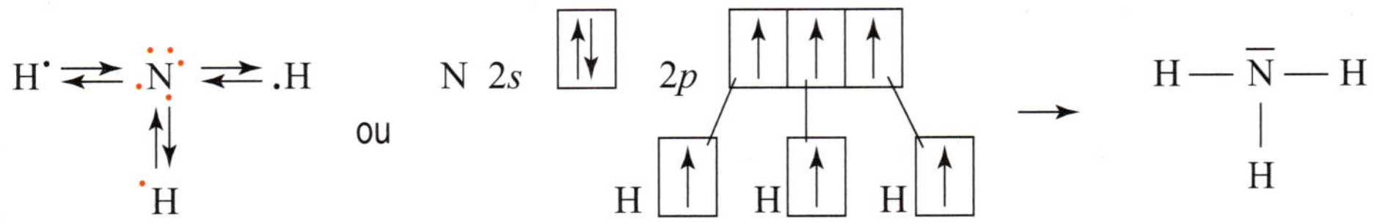

On dit aussi « coordination », ou « liaison dative »

➤ **Coordinence** : L'un des deux atomes (le *donneur*) fournit un doublet déjà constitué de sa couche externe ; l'autre (l'*accepteur*) reçoit ce doublet dans une case vide de sa couche externe :

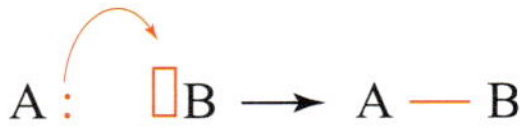

Exemple

Formation de l'ion ammonium NH_4^+ à partir de l'ammoniac NH_3 en milieu acide.

$$NH_3 + H^+ \longrightarrow NH_4^+$$

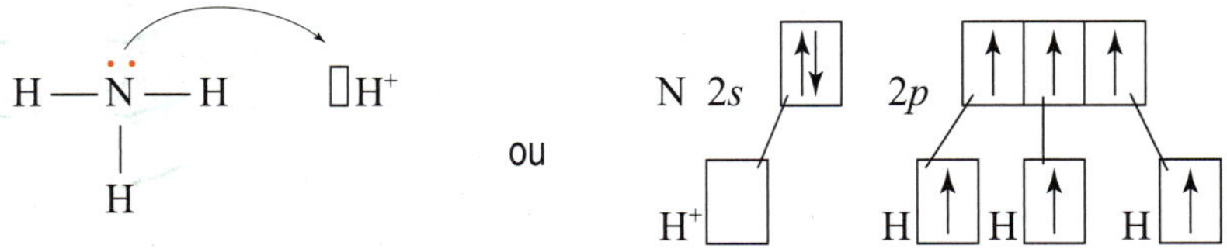

Seule « l'histoire » de la quatrième liaison dans NH_4^+ la distingue des trois autres liaisons, mais le résultat est identique et les quatre liaisons N—H sont en fait indiscernables, la charge + appartenant à l'ensemble :

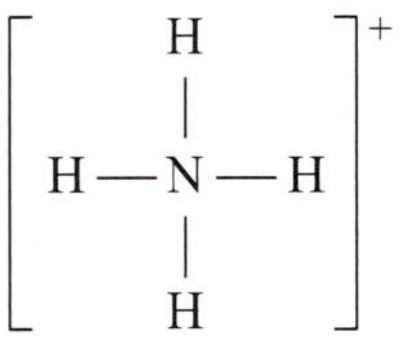

Liaisons multiples

Il est possible que deux atomes mettent en commun non pas une paire d'électrons, mais deux ou même trois ; ils s'unissent alors par une liaison *double* ou *triple*. L'une des liaisons est une liaison σ (sigma) ; l'autre, ou éventuellement les deux autres, sont des liaisons π (pi).

Voir § 4.10

Exemples : $H_2C{=}O$ $H_2C{=}CH_2$ $HC{\equiv}CH$ $HC{\equiv}N$

a) La « structure de Lewis »

Dans la très grande majorité des cas en chimie organique, seule la couche électronique externe des atomes joue un rôle dans les réactions, soit pour « donner » les électrons qu'elle comporte, soit pour en « accepter » d'autres. Une représentation des édifices covalents (molécules ou ions) montrant le rôle de tous les électrons externes des atomes, mais « ignorant » les autres, décrit la « structure de Lewis » de ces édifices.

Outre les *doublets partagés* assurant les liaisons, les atomes peuvent posséder dans leur couche externe des *doublets non partagés*, encore appelés *doublets libres* ou *non liants*, ou *doublets n*.

Il peut d'autre part se produire qu'après avoir formé autant de liaisons covalentes qu'il possédait d'électrons impairs, un atome n'ait pas pour autant rempli sa couche externe. Il possède alors une ou plusieurs *cases vides* (on dit aussi orbitales vides).

Mais en règle générale, lorsque toutes les liaisons possibles sont formées, la molécule (ou l'ion) possède un *nombre pair d'électrons*. S'il existe dans un édifice covalent un ou plusieurs *électrons impairs* (célibataires), il s'agit alors d'un *radical libre*. Les radicaux libres sont des entités habituellement très instables, de très courte durée de vie, qui très rapidement réagissent avec les autres espèces présentes ; il peuvent intervenir comme espèces intermédiaires dans les réactions.

Voir chap. 5, § 5.3.1

Les « structures de Lewis » sont décrites par les « formules de Lewis », dans lesquelles sont explicitement représentés tous les électrons externes (ou du moins tous ceux des atomes qui participent à la réaction envisagée). Les doublets y sont figurés soit par deux points soit par un tiret ; ces symboles sont placés entre les deux atomes liés lorsqu'il s'agit d'un doublet partagé, ou parallèlement au symbole de l'atome auquel il appartient lorsqu'il s'agit d'un doublet non liant. Les électrons impairs sont figurés par un point. Les cases vides ne sont pas toujours représentées de façon explicite, mais elles peuvent l'être sous la forme d'un petit rectangle.

Exemples

Le méthanol CH_3OH (deux doublets libres sur l'oxygène) peut être représenté par

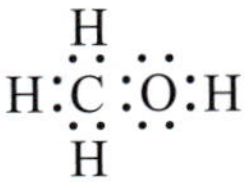

, mais sa représentation usuelle est plutôt

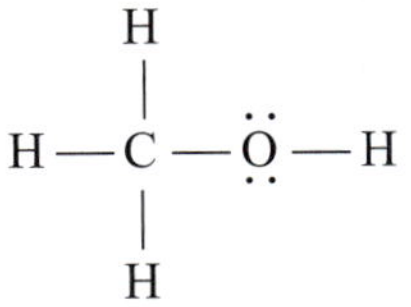

ou

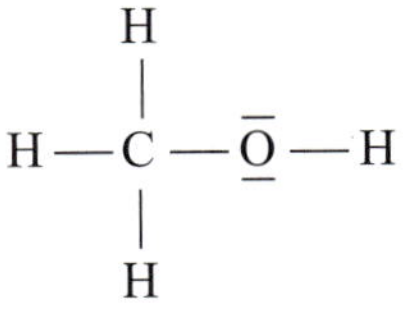

Le chlorure d'aluminium (une case vide sur Al, trois doublets libres sur chaque Cl) se représente par :

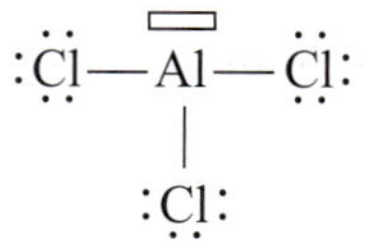 ou par 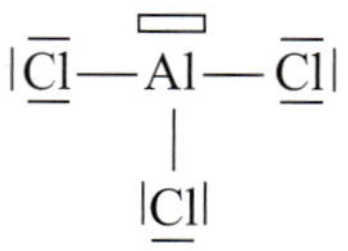

Le formaldéhyde $H_2C = O$ (deux doublets libres sur l'oxygène) se représente par

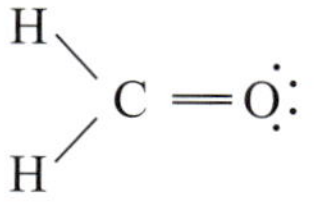 ou par 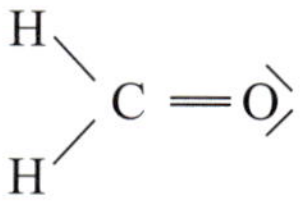

Question 4.A

Identifiez et dénombrez les électrons σ, π ou *n*, ainsi que les cases vides, dans les espèces suivantes :

a) $HC{\equiv}C-CH_2OH$ b) $CH_3-\overset{+}{C}H-CH{=}CH_2$

c) $CH_3-\overset{+}{N}H_3$ d) $(CH_3)^-$

b) Les états de valence

La construction (sur le papier) d'une structure de Lewis prend pour point de départ la configuration électronique externe des éléments (cf. par exemple, la construction de la molécule NH_3 à partir de la configuration de l'azote).

Voir § 4.2.1

Il peut arriver que la configuration électronique des atomes dans leur état fondamental ne permette pas de justifier des structures dont l'expérience montre cependant l'existence. On doit alors attribuer à certains atomes une autre configuration électronique externe, correspondant à un « *état de valence* » différent de leur état fondamental. Mais il ne s'agit que d'un procédé et ces états de valence n'ont pas de réalité physique. Il serait erroné de penser que les atomes prennent d'abord réellement ces configurations particulières, et forment ensuite des liaisons.

Exemples

On peut avoir « besoin » d'un plus grand nombre d'électrons impairs que n'en comporte l'état fondamental ; on sépare alors les électrons d'un doublet, en faisant passer l'un d'eux dans une case vide (à la condition qu'il en existe dans la même couche).

C'est le cas pour le carbone dans la quasi-totalité de ses composés. Dans l'état fondamental sa configuration externe $2s^2,2p^2$, ou encore 2*s* [↑↓] 2p [↑|↑|] ; elle ne comporte que deux électrons impairs de sorte que la formule du méthane devrait être CH_2 et non CH_4. On justifie la formule expérimentale du méthane en considérant le carbone dans un autre état de valence, $2s^1,2p^3$ ou 2*s* [↑] 2*p* [↑|↑|↑], comportant quatre électrons impairs.

On peut aussi, au contraire, avoir « besoin » d'un plus grand nombre de cases vides que n'en comporte l'état fondamental ; on effectue alors la « manipulation » inverse. Le cas se présente notamment lorsqu'on doit décrire la fixation d'un oxygène sur un atome qui offre seulement un doublet libre. La configuration fondamentale de l'oxygène est 2*s* [↑↓] 2*p* [↑↓|↑|↑] mais on peut libérer une case vide pour une liaison de coordinence en distribuant les électrons selon la configuration 2*s* [↑↓] 2*p* [↑↓|↑↓|].

4.2.2 Le modèle ondulatoire

Ce modèle de la liaison se réfère au modèle de l'atome que fournit la mécanique ondulatoire, et qui est fondé sur deux idées essentielles :

➤ L'électron a une « double nature » et, selon les cas, son comportement se décrit soit comme celui d'une particule, soit comme celui d'une onde.

➤ Il n'est pas possible d'attribuer à l'électron une orbite géométriquement définie, ni une localisation précise dans l'espace à un instant donné. On peut seulement connaître la probabilité de sa présence en chaque point de l'espace autour du noyau.

a) La fonction d'onde, ou orbitale

En mécanique ondulatoire, l'état d'un électron dans un atome est défini par une fonction mathématique ψ (psi), appelée *fonction d'onde* ou encore *orbitale*. La notion d'orbitale correspond à celle de « case quantique » dans le modèle de Bohr de l'atome ; on définit donc les orbitales *s*, *p*, *d* ou *f* et, de même que les cases quantiques, une orbitale ne peut être « occupée » que par deux électrons au maximum, de spins opposés.

La fonction d'onde ψ est une fonction des coordonnées d'espace, définies par rapport au noyau pris pour origine. Elle n'a pas par elle-même une signification physique, mais la valeur en un point de son carré ψ^2 détermine la probabilité dP de trouver l'électron dans un élément de volume dv autour de ce point : $dP = \psi^2 \cdot dv$. Le rapport $dP/dv = \psi^2$ est appelé densité de probabilité de présence de l'électron au point considéré (on dit aussi, par simplification, *densité électronique*). La façon dont ψ^2 varie dans l'espace entourant le noyau diffère selon qu'il s'agit d'une orbitale *s*, *p*, *d* ou *f*.

Géométrie des orbitales s et p

Seuls les électrons des orbitales *s* et *p* (orbitales de la couche externe) interviennent couramment dans les liaisons en chimie organique.

➤ Les *orbitales s* (une seule par couche électronique, comme il n'y a qu'une seule case quantique *s*) ont une symétrie sphérique. La probabilité de trouver l'électron varie de la même façon en fonction de la distance au noyau, quelle que soit la direction dans laquelle on s'en éloigne. L'ensemble des points où la « densité électronique » ψ^2 a une même valeur constitue une sphère centrée sur le noyau (cette sphère est une surface d'isodensité électronique).

➤ Les *orbitales p* (trois par couche, comme il y a trois cases quantiques *p*) sont en revanche « directionnelles » : la densité électronique correspondante est maximale dans une direction privilégiée, et les trois directions privilégiées des trois orbitales *p* sont les trois axes orthogonaux d'un trièdre cartésien. Chaque orbitale *p* comporte deux régions (lobes) de forte densité électronique, situées de part et d'autre du noyau, pour lesquelles l'un des axes *x*, *y* ou *z* est un axe commun de symétrie de révolution (symétrie cylindrique). La figure 4.2 donne la forme et l'orientation spatiale des deux lobes, pour chacune des trois orbitales *p* de la couche L.

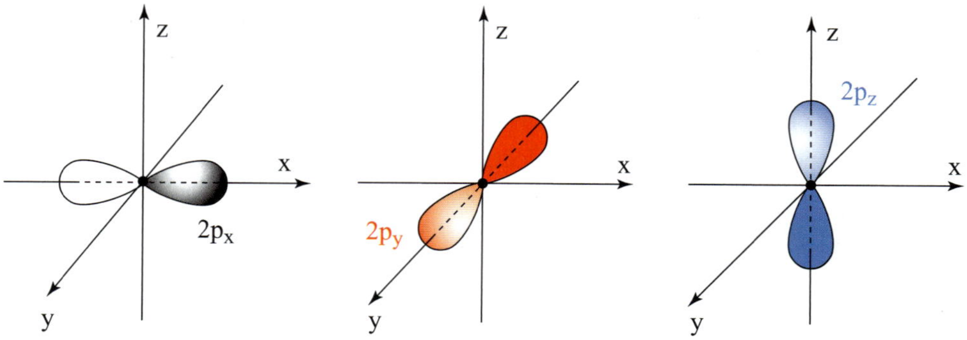

Figure 4.2 **Les trois orbitales *p* de la couche L (orbitales 2*p*).**
La forme donnée ici aux deux lobes et celle des surfaces sur lesquelles la « densité électronique » (ψ^2) a une valeur uniforme (surfaces d'isodensité électronique). Souvent les orbitales *p* sont représentées par deux sphères, ou deux ellipsoïdes (ballons de rugby) ; chacune de ces représentations a en fait une signification particulière, qui ne peut être explicitée ici (). Mais dans tous les cas, il s'agit de *surfaces mathématiques*, sur lesquelles une fonction a en tous points la même valeur, et non pas d'enveloppes qui renfermeraient l'électron.

Voir *Cours de Chimie physique*, chap. 5

b) La formation des liaisons covalentes

L'idée fondamentale de la mise en commun d'un doublet, déjà présente dans le modèle de Lewis, est conservée. Mais il s'y ajoute l'idée complémentaire de *recouvrement des orbitales* : les deux orbitales atomiques dans lesquelles se trouvent originellement les deux électrons impairs se recouvrent (« fusionnent » partiellement), pour donner une *orbitale moléculaire*, englobant les deux noyaux, et dans laquelle le doublet partagé a la plus grande probabilité de se trouver. Ce schéma est également applicable au cas de la coordinence : l'une des deux orbitales atomiques est initialement vide et l'autre est occupée par un doublet déjà constitué qui occupera l'orbitale moléculaire formée.

Si le recouvrement s'effectue de telle sorte que les orbitales atomiques mettent en commun leur axe de symétrie (ou un de leurs axes de symétrie) qui devient aussi celui de l'orbitale moléculaire, il s'agit d'une *liaison* σ.

Exemple

La formation de la molécule H_2 résulte, outre la mise en commun des électrons impairs des deux atomes H, du recouvrement des orbitales 1*s* qu'ils occupent dans les atomes. Il se constitue ainsi une orbitale moléculaire, dont les surfaces d'isodensité englobent les deux noyaux et possèdent une symétrie de révolution autour de l'axe de la liaison :

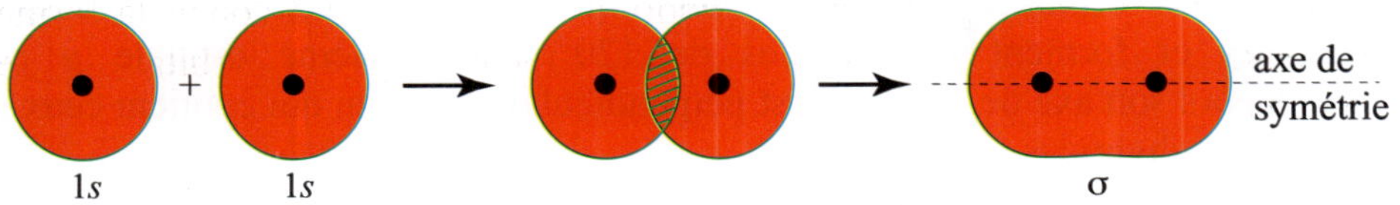

La liaison est d'autant plus forte que la zone de recouvrement est plus grande. Dans le cas des orbitales *p*, l'axe de symétrie constitue donc une direction privilégiée pour la formation des liaisons.

Remarque

Il y a là une raison pour que les liaisons ne se forment pas dans des directions quelconques, mais selon des orientations déterminées (sauf si elles mettent en jeu une orbitale s, de symétrie sphérique). Il n'y a cependant pas concordance spontanée entre ce modèle de la liaison et la géométrie des molécules telle que l'expérience la révèle. Une « retouche » au modèle est donc nécessaire ; c'est la théorie de l'hybridation des orbitales.

c) L'hybridation des orbitales

La théorie de l'hybridation s'applique dans des situations très nombreuses et diverses, en chimie minérale comme en chimie organique. Cependant, seul le cas du carbone, dans ses divers états de liaisons, sera envisagé ici.

Le carbone saturé

Les données expérimentales démontrent que les quatre liaisons C—H du méthane sont identiques et indiscernables. Chacune forme avec les trois autres le même angle de 109°28' et les quatre hydrogènes sont à la fois équidistants entre eux et équidistants du carbone (schéma tétraédrique).

Voir chap. 2, § 2.2.1

Mais la prise en compte de la structure électronique du carbone conduit à une prévision différente. En effet, dans l'état de valence qui a déjà été envisagé et justifié, les quatre électrons impairs du carbone ne sont pas dans le même état : l'un est un électron *s* (2*s*) et les trois autres sont des électrons *p* (2*p*). En conséquence, le carbone devrait former trois liaisons orientées selon les trois axes orthogonaux *x*, *y*, *z* (avec ses trois orbitales *p*) et une quatrième liaison sans orientation déterminée, moins forte que les autres (avec son orbitale *s*, de symétrie sphérique et ne se prêtant pas à un recouvrement très important).

Voir chap. 4, § 4.2.1.b

On justifie l'existence de quatre liaisons identiques, dirigées selon le schéma tétraédrique, en admettant que les orbitales *s* et *p* ne restent pas distinctes. Elles se « réorganisent » et il en résulte quatre orbitales identiques, appelées *orbitales hybrides* sp^3. Dans cet état, le carbone est dit « *tétragonal* ». La recherche *a priori*, par le calcul, de quatre orbitales hybrides d'énergie aussi basse que possible (minimisation de l'énergie de la molécule, pour une stabilité maximale) conduit à leur attribuer précisément l'orientation tétraédrique.

Le carbone doublement et triplement lié

Le *carbone doublement lié* (carbone *trigonal*) est dans l'état d'*hybridation* sp^2. La réorganisation des orbitales se limite à l'orbitale *s* et à deux des trois orbitales *p* ; il en résulte trois orbitales hybrides sp^2 identiques, dont les axes de symétrie sont coplanaires et forment trois angles de 120°. La troisième orbitale *p* reste « naturelle » ; son axe de symétrie est perpendiculaire au plan qui contient ceux des trois orbitales hybrides (fig. 4.3a).

Une double liaison C=C associe deux carbones trigonaux. Elle comporte une *liaison* σ, formée par le recouvrement *coaxial* de deux orbitales hybrides sp^2, et une *liaison* π, formée par le recouvrement *latéral* des deux orbitales *p* non hybridées (fig. 4.3b et c). L'orbitale moléculaire π possède le même plan de symétrie que les orbitales *p* qui l'on formée.

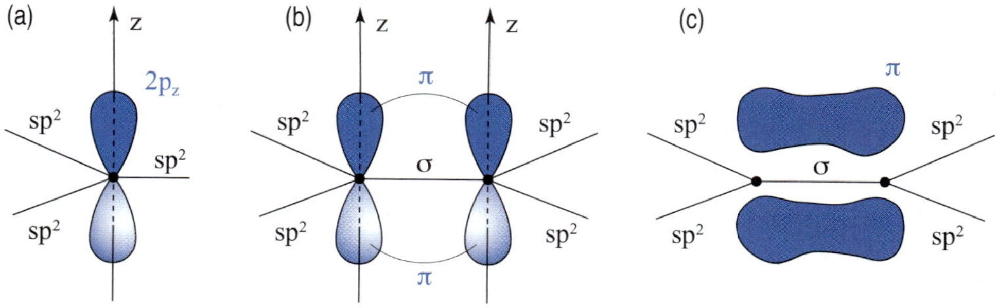

Figure 4.3 **La double liaison « éthylénique », >C=C<.**
Le carbone trigonal (a) possède trois orbitales hybrides sp^2, représentées ici seulement par leurs axes, coplanaires et formant trois angles de 120° dans le plan xOy, et une orbitale p naturelle (p_z). Une double liaison se forme entre deux carbones trigonaux ; elle comporte une liaison σ résultant du recouvrement coaxial de deux orbitales hybrides sp^2 (b), et une liaison π résultant du recouvrement latéral des deux orbitales p (c).

Voir chap. 23, § 23.3.a

Voir chap. 3, § 3.5.1

Ce modèle descriptif de la double liaison apporte une justification de ses caractéristiques géométriques (ce dont le modèle de Lewis n'est pas capable). La nécessité du parallélisme des axes des deux orbitales *p* non hybridées a en effet pour conséquence obligée la *coplanéité* des quatre liaisons que peuvent encore former les deux carbones (par exemple, les quatre liaisons C—H de l'éthylène $H_2C{=}CH_2$). L'*impossibilité de rotation* l'un par rapport à l'autre de deux carbones doublement liés, d'où résulte l'existence de deux stéréoisomères *Z* et *E*, se trouve aussi expliquée : cette rotation ne serait possible que si la liaison π se trouvait rompue, le recouvrement des deux orbitales *p* étant supprimé. Cette éventualité ne survient pas à la température ordinaire, car elle exige une énergie trop importante.

Le *carbone triplement* lié est dans l'état d'hybridation *digonal*, ou *sp*. La réorganisation des orbitales ne concerne que l'orbitale *s* et l'une des trois orbitales *p* ; il en résulte deux orbitales hybrides *sp* dont les axes forment un angle de 180° et sont confondus avec l'axe de symétrie de l'orbitale *p* « utilisée ». Les deux autres orbitales *p* restent « naturelles » (fig. 4.4a).

Une triple liaison C≡C associe deux carbones digonaux. Le recouvrement *coaxial* de deux orbitales hybrides *sp* forme *une liaison* σ, et le recouvrement *latéral*, deux par deux, des orbitales *p* dont les axes sont parallèles forme *deux liaisons* π (fig. 4.4b et c).

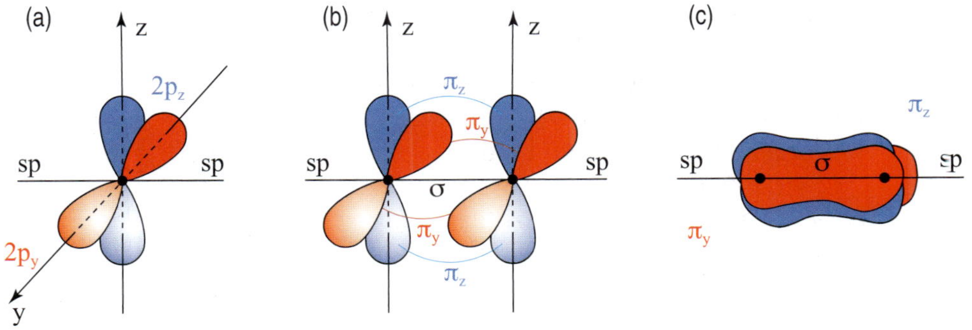

Figure 4.4 **La triple liaison « acétylénique », —C≡C—.**
Dans le carbone digonal (a), l'orbitale $2p_x$ a été hybridée avec l'orbitale $2s$ et il subsiste deux orbitales p naturelles, $2p_y$ et $2p_z$.
Le recouvrement coaxial de deux orbitales hybrides *sp* (représentées ici par leurs axes) donne la liaison σ (b). Le recouvrement latéral des deux orbitales $2p_y$ d'une part, et $2p_z$ d'autre part, donne les deux liaisons π.

On notera que la théorie de l'hybridation des orbitales conduit, par une voie totalement différente, aux mêmes résultats sur le plan géométrique que le modèle des répulsions (modèle V.S.E.P.R., règles de Gillespie). L'hybridation est un élément d'une théorie générale de la liaison chimique, alors que le modèle V.S.E.P.R. n'y prétend pas, mais la facilité de sa mise en œuvre et la validité des conclusions auxquelles il conduit lui donnent son intérêt.

Voir chap. 2, § 2.1.1

Question 4.B

La théorie de l'hybridation peut s'appliquer à d'autres éléments que le carbone. Connaissant la géométrie de la molécule d'ammoniac NH_3 peut-on penser que l'azote y est hybridé ? Si oui, de quelle façon ?

Voir chap. 2, § 2.2.2

4.3 La polarisation des liaisons

Lorsqu'une covalence unit deux atomes identiques (H—H, Cl—Cl) le doublet commun est également partagé entre eux. Il se trouve en moyenne à égale distance des deux noyaux et l'ensemble du nuage électronique est symétrique par rapport au plan perpendiculaire à l'axe de la liaison, équidistant des deux noyaux. Le barycentre des charges positives (noyaux) coïncide avec celui des charges négatives (électrons).

Mais si les deux atomes ne sont pas identiques (HCl, CO) celui qui est le plus électronégatif attire plus fortement le doublet. Le nuage électronique n'est plus globalement symétrique; il est déplacé vers l'élément le plus électronégatif, autour duquel la densité électronique, est plus forte. Le barycentre des charges positives ne coïncide plus avec celui des charges négatives et on dit, en ce cas, que la liaison est *polarisée*.

Ayant plus ou moins accaparé le doublet, l'élément le plus électronégatif présente un excès de charge négative. Par voie de conséquence, l'autre présente au contraire un déficit de charge négative, ou encore un excès de charge positive. On note ces charges δ+ et δ– (delta + et delta –) :

$$\overset{\delta+}{\mathrm{H}} — \overset{\delta-}{\mathrm{Cl}}$$

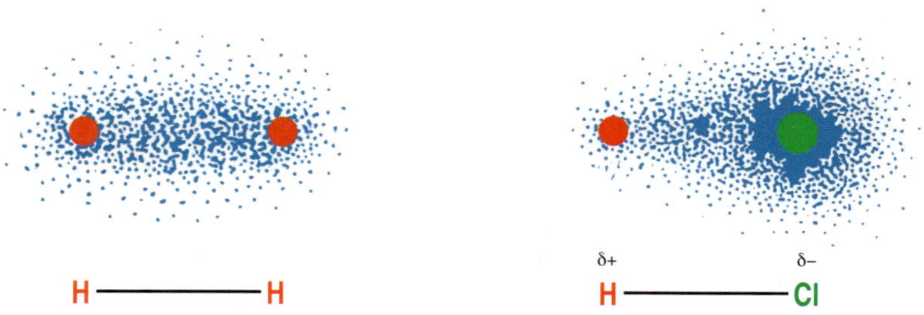

Figure 4.5 La polarisation d'une liaison.
Le nuage électronique de H_2 est symétrique ; celui de HCl est déformé par la forte électronégativité du chlore, qui attire plus fortement les électrons de liaison. (Les points ne représentent pas chacun un électron ; ils représentent les positions dans lesquelles on trouverait les électrons si on pouvait les photographier un très grand nombre de fois et superposer ensuite les photographies. La densité de points suggère la plus ou moins grande densité électronique dans une région).

La molécule présente un *pôle positif* et un *pôle négatif*. La valeur absolue des charges δ+ et δ– dépend de la différence d'électronégativité entre les deux éléments. Elle varie entre 0 et 1, si l'on prend pour unité la valeur absolue de la charge de l'électron. La valeur 0 correspond à une liaison covalente non polarisée, et la valeur 1 à la charge que porteraient les deux atomes si le doublet était *totalement* accaparé par l'un d'eux, et n'était plus un doublet partagé. Dans ce cas, en effet, l'élément le plus électronégatif, bien qu'ayant capté deux électrons, n'en aurait *gagné* qu'un, puisque l'un des deux avait été fourni par lui. Réciproquement, l'autre atome aurait perdu un électron (et non deux).

Le bilan global de ce cas-limite est donc le *transfert* d'un électron de l'élément le moins électronégatif au plus électronégatif. Le résultat est la formation de deux ions :

$$\mathrm{A}^{\cdot} \quad \cdot\mathrm{B} \longrightarrow \mathrm{A}\square^{+} \quad \mathrm{B}\colon^{-}$$ (B plus électronégatif que A)

On parle alors de *liaison ionique* ou d'*interaction ionique*. Il s'agit cependant d'une situation-limite, dont on s'approche d'autant plus que la différence d'électronégativité entre les deux éléments est plus grande, mais qui n'est jamais réalisée à 100 %. Même entre Na et F, situés aux extrêmes de l'échelle d'électronégativité, les charges δ n'atteignent que ± 0,90.

Remarque

Cette situation est donc très rare dans les composés organiques, qui ne contiennent généralement pas des éléments d'électronégativités très différentes (le carbone se situe « au milieu » de l'échelle d'électronégativité et aucun autre élément ne peut donc avoir avec lui une très grande différence d'électronégativité). On peut cependant citer, comme « quasi-ionique », la liaison oxygène-métal dans les sels d'acides organiques, dont l'acétate de sodium CH_3—COO^-Na^+ est un exemple.

Question 4.C

Dans les formules suivantes, placez les δ+ et δ– exprimant la polarisation des liaisons entre le carbone et l'hétéroatome (atome autre que H) auquel il est lié :
a) H_3C—OH b) HC≡C—Na c) H_3C—NH_2 d) H_3C—Mg—CH_3 e) H_3C—Cl
Peut-on classer ces molécules en fonction de la charge portée par le carbone (du plus grand δ+ au plus grand δ–, en valeur absolue) ?
N.B. Une table d'électronégativités se trouve en annexe.

4.3.1 Le moment dipolaire

L'état de polarisation d'une liaison est caractérisé par la valeur des charges δ+ et δ–, mais il peut l'être aussi par la valeur, et le sens, de son *moment électrique* ou *moment diplolaire* μ (mu), défini par la relation $\mu = q \cdot d$ (q = valeur absolue de la charge portée par chacun des atomes ; d = longueur de la liaison). En pratique, pour exprimer le moment dipolaire dans son unité usuelle qui est le Debye D (prononcez, « Debaille »), on le définit par la relation $\mu = 48 \cdot q \cdot d$ (q = charge exprimée en « unité électronique » ; d = longueur de liaison en nanomètres).

Voir chap. 2, § 2.4.1

a) Les molécules diatomiques

Exemple

La polarisation de la liaison H—Cl crée sur les deux atomes une charge dont la valeur absolue est |δ| = 0,16 (en unité électronique). D'autre part la distance entre les deux noyaux (longueur de liaison) est d = 0,127 nm. Le moment dipolaire de la molécule HCl vaut donc 48 × 16 × 0,127 = 0,97D. Il faut toutefois noter que, dans la pratique, c'est le moment dipolaire qui peut être déterminé expérimentalement, et on en déduit la valeur de δ, si l'on connaît la longueur de liaison.

Le moment dipolaire est une grandeur vectorielle ; il possède une direction, un sens et un module. On le représente par une flèche parallèle à la liaison, orientée conventionnellement du pôle + vers le pôle – (convention des chimistes, différente de celle des physiciens). Une croix à l'opposé de la pointe de la flèche, rappelle cette convention.

Exemple : $\overset{+\!\!\longrightarrow}{\text{H — Cl}}$

b) Les molécules polyatomiques

Jusqu'ici, seul a été considéré le cas de molécules biatomiques, comme HCl, ne comportant qu'une seule liaison. Dans une molécule polyatomique, formée de plusieurs liaisons, on peut encore attribuer à chacune d'elles un moment dipolaire, mais il est difficile de déterminer la charge effective d'un atome qui participe à deux ou plusieurs liaisons.

Les moments dipolaires des diverses liaisons d'une molécule polyatomique s'additionnent comme des vecteurs, et leur résultante est le moment dipolaire de la molécule considérée globalement. La direction de ce moment résultant ne coïncide pas nécessairement avec l'une des liaisons, et les deux pôles positif et négatif ne coïncident pas nécessairement avec l'un des atomes de la molécule. Le cas de l'eau (fig. 4.6) en est un exemple.

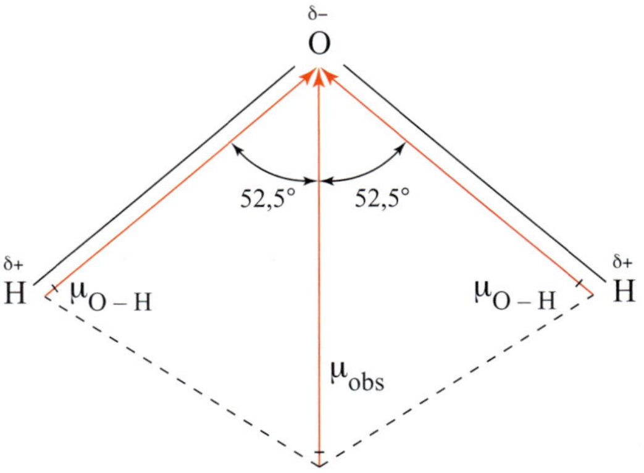

Figure 4.6

Moments de liaison et moment dipolaire dans la molécule d'eau.

Le moment dipolaire global, observé expérimentalement, est porté par la bissectrice de l'angle formé par les deux liaisons O—H. Le pôle négatif se trouve sur l'oxygène, mais le pôle positif se trouve en un point virtuel.

Le moment dipolaire mesuré (1,85D) est égal à la somme vectorielle des deux moments de liaison :

$\mu_{H_2O} = 2(\mu_{O-H} \cdot \cos 52{,}5^\circ) = 1{,}85$ D, d'où $\mu_{O-H} = 1{,}51$ D

La géométrie de la molécule peut être telle que la somme vectorielle des moments de liaison soit nulle. La molécule est alors « non polaire », bien que ses liaisons soient polarisées. Ainsi le dioxyde de carbone CO_2 (O=C=O) n'est pas polaire, car la molécule est linéaire et les moments (non nuls) des deux liaisons C=O sont égaux et opposés. Le tétrachlorométhane CCl_4, n'est pas non plus polaire, car sa molécule est tétraédrique et la résultante de quatre vecteurs égaux orientés vers les sommets d'un tétraèdre est nulle.

Question 4.D

Le moment dipolaire des molécules ou ions suivants est-il nul ou non nul ? Dans la deuxième cas, comment est-il orienté ?

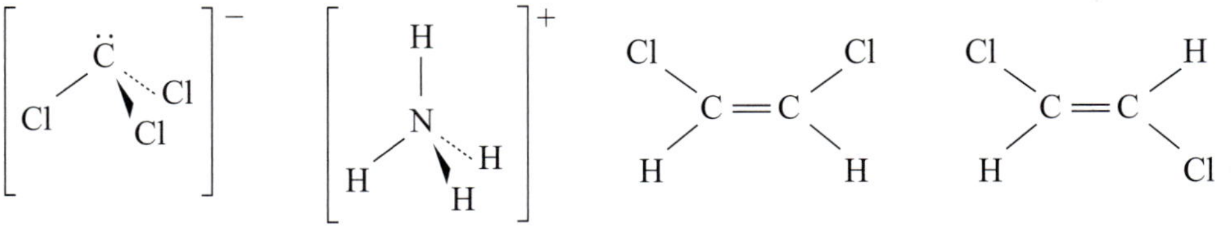

(a) (b) (c) (d)

4.3.2 L'effet inductif

La polarisation d'une liaison est due à une attraction préférentielle exercée sur le doublet commun par le noyau de l'un des deux atomes. Cette attraction s'exerce aussi à plus grande distance, et en particulier sur les doublets partagés des liaisons avoisinantes. Ainsi, la présence d'un atome de chlore (fortement électronégatif) sur le premier carbone d'une chaîne polarise non seulement la liaison Cl—C^1 mais aussi les liaisons C^1—C^2, C^2—C^3, … :

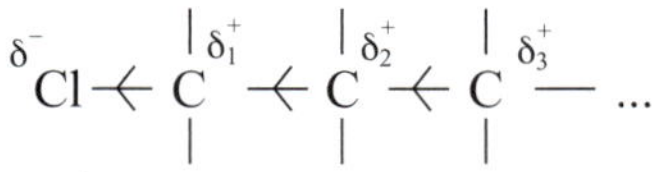

$$|\delta^-| = |\delta_1^+ + \delta_2^+ + \delta_3^+| \quad \text{et} \quad \delta_1^+ > \delta_2^+ > \delta_3^+$$

Cependant, comme toutes les forces électrostatiques, cette attraction décroît rapidement avec la distance, comme le suggère la dimension décroissante des flèches qui symbolisent la polarisation des liaisons dans le schéma ci-dessus. Elle est pratiquement nulle au-delà de trois ou quatre liaisons.

Cette influence exercée le long d'une chaîne de liaisons covalentes est l'*effet inductif*. Dans le précédent exemple, il était exercé par un atome plus électronégatif que le carbone, qui attire à lui les électrons ; on parle alors d'effet *inductif-attractif* (effet « –I »). La situation inverse peut exister, en présence d'un élément moins électronégatif que la carbone comme un métal, par exemple le sodium :

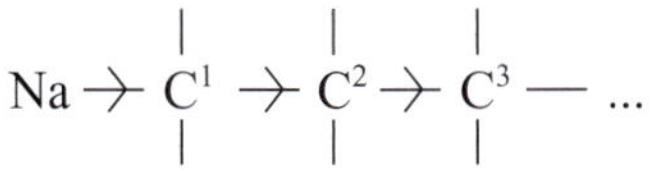

Il s'agit alors d'un effet *inductif-répulsif* (effet « +I »).

L'électronégativité de l'hydrogène est très voisine de celle du carbone, de sorte que la liaison C—H est très peu polarisée. On considère, par convention, qu'il exerce un effet inductif nul, et tous les substituants, atomes ou groupes d'atomes, que peut porter un carbone sont classés « attractifs » ou « répulsifs » *par rapport à l'hydrogène*.

Exemples

Substituants « attractifs »	H	*Substituants « répulsifs »*
F, Cl, Br, I (halogènes), OH, NH_2		Groupes alkyles (Me, Et, iPr, tBu). Métaux.

Voir chap. 1, § 1.1.1

La polarisation, et son prolongement par l'effet inductif, jouent un rôle important dans la réactivité. Ils sont responsables de l'existence dans les molécules de sites « riches » (δ–) et de sites « déficitaires » (δ+) en densité électronique, propices à une interaction avec des réactifs respectivement déficitaires ou riches, qui présentent un caractère opposé et complémentaire.

Ainsi l'action de la soude (ions OH^-) sur un dérivé halogéné peut conduire à un alcool par une attaque sur le carbone porteur du chlore, qui est le plus déficitaire ; le bilan est une substitution de Cl^- par OH^-. Elle peut conduire également à la création d'une double liaison, à la suite d'une attaque sur un hydrogène porté par la carbone voisin :

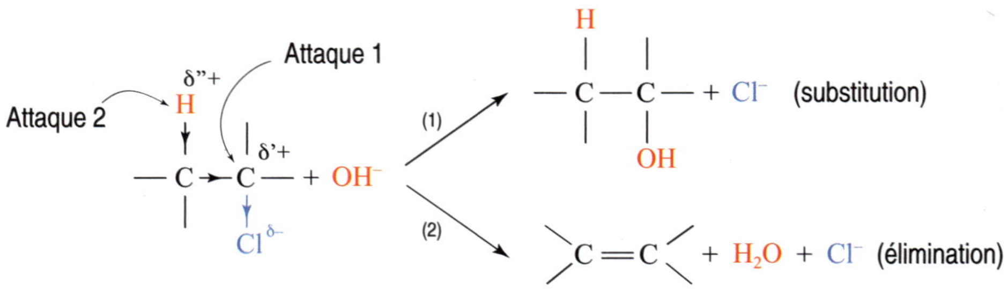

Habituellement une base comme OH^- ne peut arracher les H fixés sur un carbone. Mais ici l'hydrogène est rendu « labile » (c'est-à-dire relativement facile à enlever sous la forme H^+) par l'effet inductif du chlore, qui polarise un peu la liaison C—H.

Dans d'autres cas, l'effet inductif peut, au contraire, diminuer la réactivité. Par exemple le chlorobenzène est moins réactif que le benzène dans les réactions de substitution électrophile. Dans ces réactions, le cycle benzénique est « fournisseur » d'électrons et la présence du chlore, fortement inductif-attractif, appauvrit en densité électronique l'ensemble du cycle (et pas seulement le carbone sur lequel il est lié).

Voir chap. 12, § 12.2.2.a

L'effet inductif peut être invoqué dans bien d'autres situations. Par exemple, il contribue à modifier la basicité des amines [cf. 17.2.1.a] ou la stabilité des carbocations [cf. 5.3.2].

4.4 LES STRUCTURES À ÉLECTRONS DÉLOCALISÉS

On peut parfois envisager deux ou plusieurs formules de Lewis pour une molécule ou un ion, sans avoir de raisons de choisir préférentiellement l'une d'elles et d'écarter les autres. Par exemple, l'*ortho*-xylène peut être représenté par l'une ou l'autre des deux formules

qui diffèrent par la localisation des électrons π (doubles liaisons).

Aucune de ces deux formules ne décrit la structure réelle de la molécule. Ainsi, l'expérience montre que les six liaisons carbone-carbone du cycle sont identiques, et ne sont ni simples, ni doubles. Une preuve entre autres, en est donnée par le fait qu'elles ont toutes la même longueur (0,146 nm), intermédiaire entre celle des liaisons simples (0,154 nm) et celle des liaisons doubles (0,135 nm).

Voir chap. 2, § 2.4.1

Cela peut s'expliquer en considérant que les trois doublets π ne sont pas localisés sur trois liaisons particulières du cycle, mais *délocalisés* sur l'ensemble de ses six liaisons. Comme ces *trois* doublets ne peuvent, statistiquement, se trouver que la moitié du temps sur chacune de ces six liaisons, on dit que celles-ci sont

« partiellement doubles », ou encore qu'elles sont « intermédiaires entre une liaison simple et une liaison double ».

4.4.1 La mésomérie

Voir § 4.2.1

Les formules de Lewis habituelles ne permettent pas de représenter ce type de situation. La représentation d'un doublet (par un tiret, ou par deux points) suppose en effet qu'on le localise, soit sur un atome déterminé, soit sur une liaison déterminée. Dans ces conditions, une liaison ne peut être représentée que simple, double ou triple, et le cas d'une liaison d'un type intermédiaire n'est pas « prévu ».

La *mésomérie* est un procédé qui permet de décrire la délocalisation des électrons en utilisant des formules de Lewis « ordinaires ». Une molécule comportant des électrons délocalisés est décrite par *l'ensemble de deux ou plusieurs formules de Lewis*, dans lesquelles les électrons sont tous localisés, soit sur un atome, soit sur une liaison. Ces formules diffèrent *uniquement* par la localisation de certains électrons, et elles décrivent le *même enchaînement d'atomes*. On les appelle **formes limites** ou **formes mésomères** ; il y a entre elles **mésomérie** ou **résonance**. On les sépare, dans l'écriture, par le signe ↔.

Remarque

L'existence de structures dans lesquelles certains électrons ne peuvent pas être localisés est un fait réel, mais la mésomérie n'est qu'un procédé artificiel permettant de décrire cette situation avec une assez bonne approximation.

Exemple

L'*ortho*-xylène est représenté par l'*ensemble* des deux formules déjà évoquées.

Voir p. 88

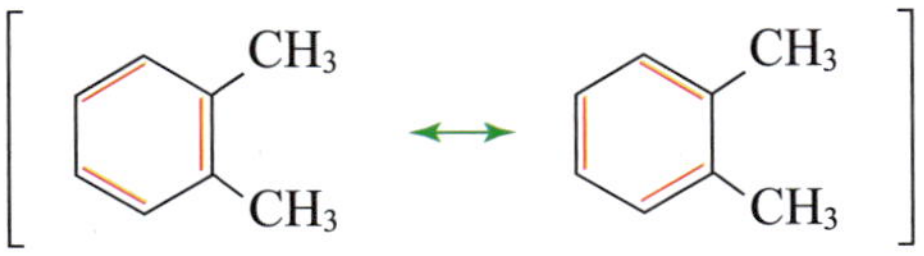

Les formes limites utilisées pour décrire une molécule sont purement formelles et fictives, et aucune ne représente une espèce physiquement existante. La molécule réelle est un **hybride de résonance** (on dit aussi, plus simplement « *hybride* ») de l'ensemble des formes limites par lesquelles on la représente. Sa structure correspond à une sorte de « moyenne » entre les structures des formes limites, et cette moyenne est pondérée, c'est-à-dire que chaque structure limite y intervient avec un certain « poids » ; plus ce poids est grand, plus le degré de ressemblance de la molécule réelle avec une structure limite est grand. Souvent l'une des formes limites a un poids nettement plus grand que celui des autres, ce qui justifie, dans la pratique, l'utilisation d'une seule forme limite lorsque rien ne nécessite une description plus complète d'une molécule. Ainsi la formule « usuelle » du chlorure de vinyle est $CH_2{=}CH{-}Cl$, bien que cette molécule soit en fait un hybride de deux structures limites :

Voir § 4.4.1.b

$$CH_2{=}CH{-}\ddot{\underset{..}{Cl}}: \longleftrightarrow \overset{-}{C}H_2{-}CH{=}\overset{+}{\underset{..}{Cl}}:$$

Remarque

On peut facilement commettre deux erreurs au sujet de la mésomérie : croire soit que le composé ainsi décrit est un *mélange* de molécules ayant des structures différentes, soit que ses molécules prennent alternativement, *dans le temps*, ces diverses structures. Il *n'existe pas*, même fugitivement, de molécules ayant la structure de telle ou telle forme limite. Le composé est formé de molécules toutes identiques, dont la structure, *unique et permanente* dans le temps, est un hybride de structures qui ne sont que des « vues de l'esprit ».

Le symbole de la mésomérie (↔) ne doit donc pas être confondu avec celui de l'équilibre chimique ($\rightleftarrows$) qui, au contraire, exprime une transformation réciproque entre des espèces physiquement existantes (molécules ou ions).

La molécule réelle et les formes limites peuvent être comparées respectivement à un vecteur (unique) et à ses composantes (multiples). Ces composantes n'ont pas de signification intrinsèque, puisqu'elles dépendent du système de référence choisi. Chacune contribue à décrire le vecteur, mais aucune ne suffit à elle seule à le décrire ; il faut pour cela les prendre toutes en compte.

On peut tenter d'évoquer, approximativement, la « physionomie » de l'hybride, en construisant une sorte de « portrait-robot » de la molécule, à partir des formes limites qui la décrivent et avec chacune desquelles elle a une certaine ressemblance. Ainsi, l'acroléine a pour formule usuelle $CH_2{=}CH{-}CH{=}O$. Mais c'est une molécule à électrons délocalisés, et cette formule est seulement celle de la forme limite ayant le plus de poids dans l'hybride qui la décrit. Elle peut être représentée par :

$$CH_2 = CH - CH = O \longleftrightarrow \overset{+}{C}H_2 - CH = CH - \overset{-}{O}$$

ou, d'une façon plus approximative mais plus « suggestive » par

$$\overset{\delta+}{C}H_2 \;\dot{=}\; CH \;\dot{=}\; CH \;\dot{=}\; \overset{\delta-}{O}$$

Chacune des trois liaisons représentées est soit simple, soit double selon la forme limite considérée ; elles sont donc « intermédiaires », ce que suggère l'emploi de tirets pour figurer les liaisons π. Le carbone du groupe CH_2 est neutre dans une des formes et porteur d'une charge + (+1) dans l'autre ; si l'on fait une « moyenne » on doit lui attribuer une charge positive comprise entre 0 et +1 représentée par δ+. Pour des raisons analogues, l'oxygène reçoit une charge fractionnaire δ–.

Voir les chapitres 16,17 et 21

D'autres exemples se rencontreront dans la suite : Phénol ; Aniline ; Pyrrole ; Pyridine ; etc.

Question 4.E

Parmi les quatre formules suivantes :

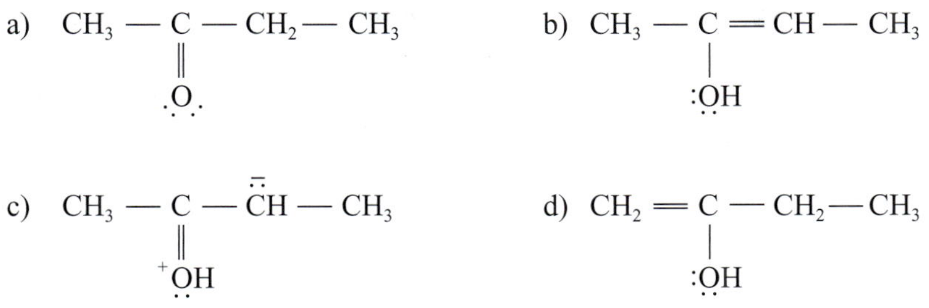

quelles sont celles qui représentent des formes limites décrivant une même molécule ? celles qui représentent des isomères ?

Question 4.F

Comment peut-on représenter l'hybride de chacune des paires de formes limites suivantes ?

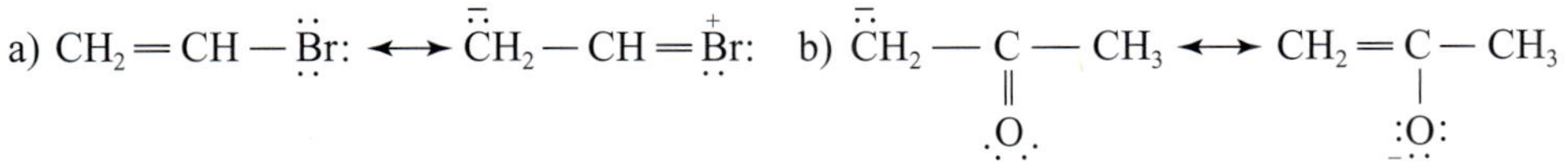

a) Les systèmes conjugués

Comment reconnaître si une molécule, pour laquelle on ne dispose que d'une formule de Lewis, est le siège d'une délocalisation d'électrons et relève d'une description par la mésomérie ?

La délocalisation d'électrons est le fait des « *systèmes conjugués* », dont il existe plusieurs types. Ils comportent en général deux (parfois plusieurs) éléments structuraux particuliers : électrons π ou n, cases vides, électrons impairs, séparés par une liaison simple (et une seule). Les divers cas possibles sont indiqués ci-dessous ; dans les exemples le système conjugué proprement dit est distingué du reste de la molécule par la couleur. Pour chacun de ces exemples, deux formes limites seulement sont données, mais il peut, parfois, en exister davantage.

Les formes limites d'une molécule ne « s'inventent » pas *a priori*. Elles se « déduisent » les unes des autres, en imaginant des *déplacements fictifs d'électrons*, que l'on symbolise par des flèches courbes.

➤ Électrons π – Électrons π

Exemples

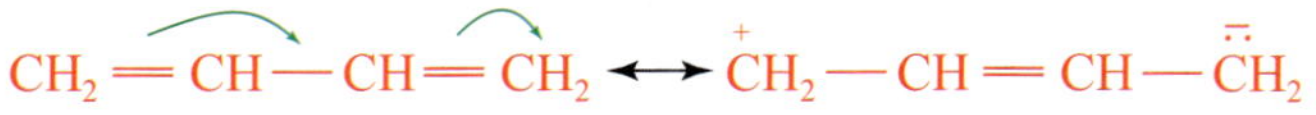
(a)

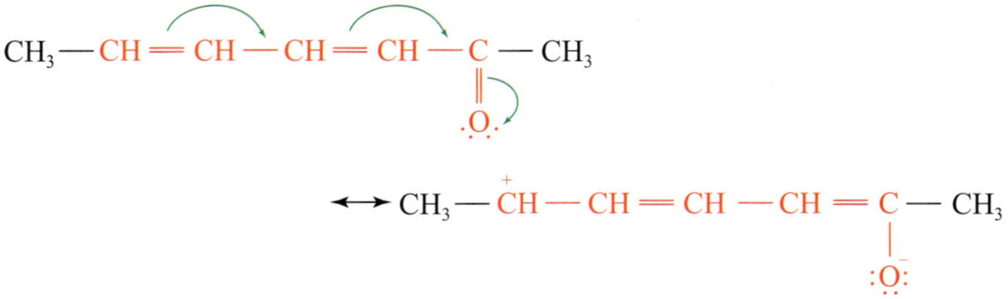
(b)

➤ Électrons π – Électrons *n*

Exemples

(c)

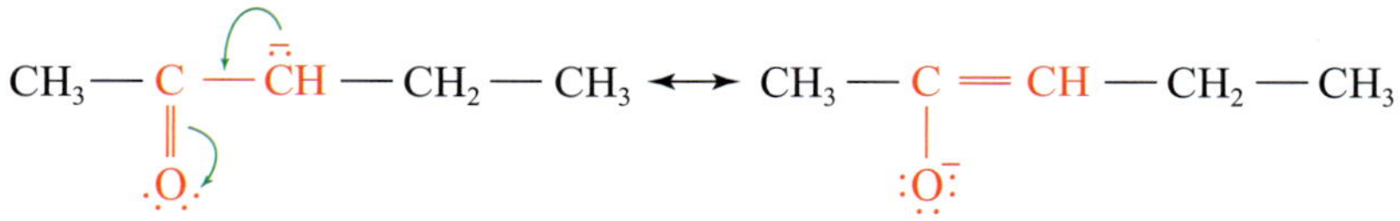
(d)

➤ Électrons π – Case vide

Exemple

(e)

➤ Électrons *n* – Case vide

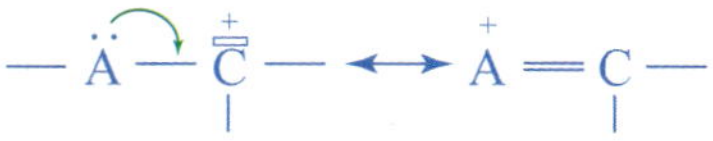

Exemple :

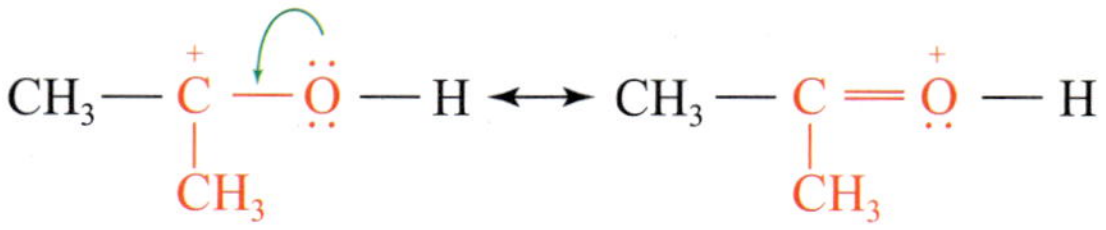
(f)

➤ Électron impair – Électrons π

Exemple : 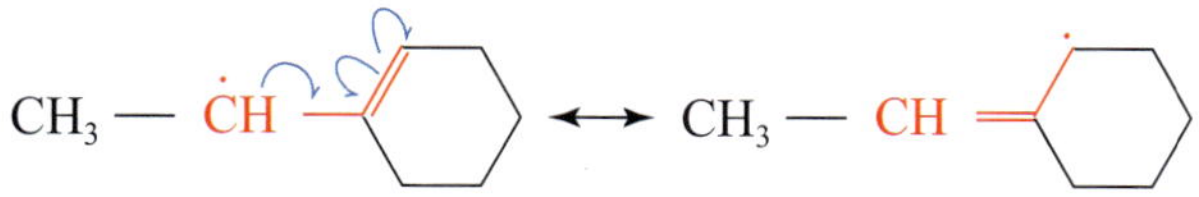 (g)

Il peut arriver que la deuxième forme limite obtenue puisse conduire par l'un des schémas envisagés, à une troisième, que celle-ci puisse à son tour conduire à une quatrième, etc.

Exemple

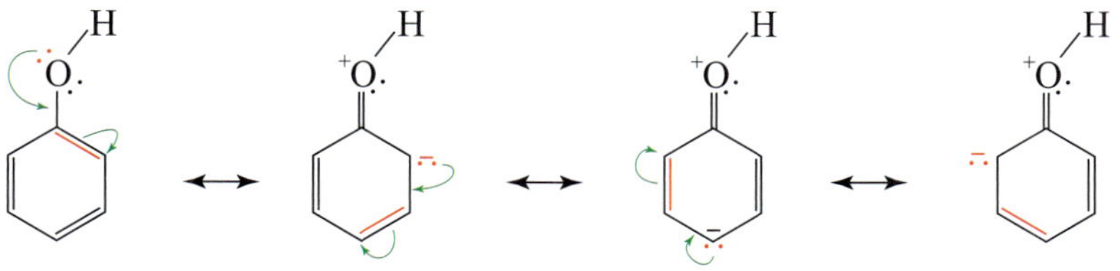

Ces déplacements d'électrons peuvent concerner un grand nombre de liaisons consécutives. Ils se succèdent et s'enchaînent tant qu'il y a alternance d'électrons π, ou *n*, ou de cases vides, et de liaisons simples. Mais deux liaisons simples consécutives constituent un « obstacle » infranchissable qui « isole », du point de vue de la conjugaison, les deux parties de la molécule entre lesquelles il se trouve.

Exemples

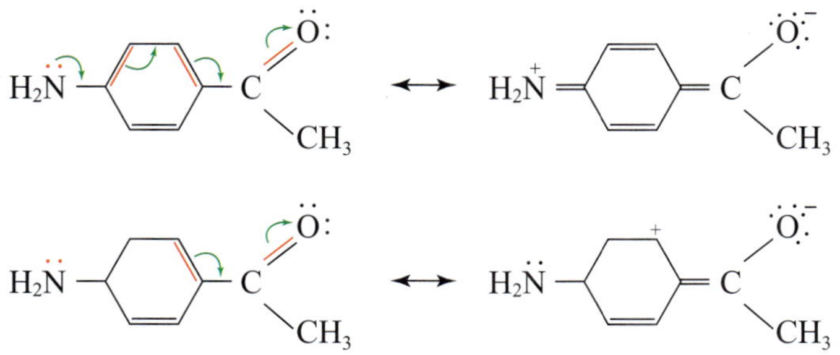

Dans le second cas le doublet libre de l'azote ne participe pas à la délocalisation car il est séparé de la plus proche double liaison par deux liaisons simples consécutives.

Savoir imaginer et opérer correctement ces manipulations d'électrons demande un peu d'entraînement. En fait, les schémas possibles sont peu nombreux ; ils sont résumés dans le tableau 4.1. Mais il importe de bien noter que :

- D'une forme limite à une autre, seuls des électrons π, *n* ou impairs, et des cases vides peuvent être déplacés. Les électrons σ ne l'étant pas, l'ordre d'enchaînement des atomes n'est pas modifié (cf. question 4.E). Des formes limites *ne sont pas des isomères*.

- La charge électrique globale (nulle pour une molécule, positive ou négative pour un ion) doit être la même dans toutes les formes limites, le nombre total d'électrons ne variant pas.
- À l'occasion de ces manipulations d'électrons, un élément de la deuxième période (notamment C, N et O, fréquents dans les composés organiques) ne doit pas avoir plus de huit électrons dans sa couche externe.

Tableau 4.1 Les structures résonantes

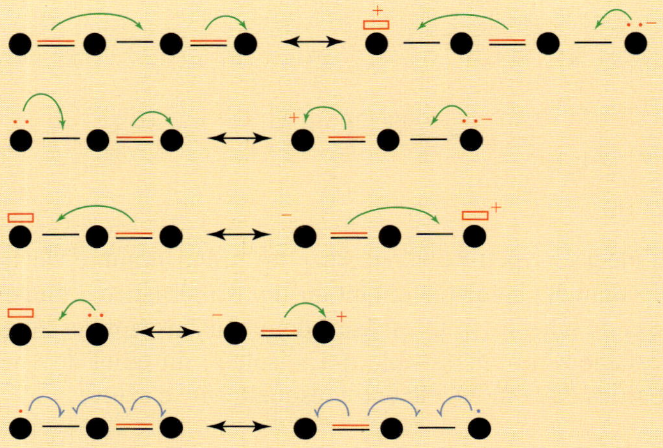

Les systèmes conjugués comportent toujours, au moins dans l'une de leurs formes limites (celle à laquelle ils ressemblent le plus), deux éléments tels que électrons π, électrons *n*, case vide, électron impair, séparés par une liaison simple.

Question 4.G

Écrivez dans chaque cas une seconde forme limite :

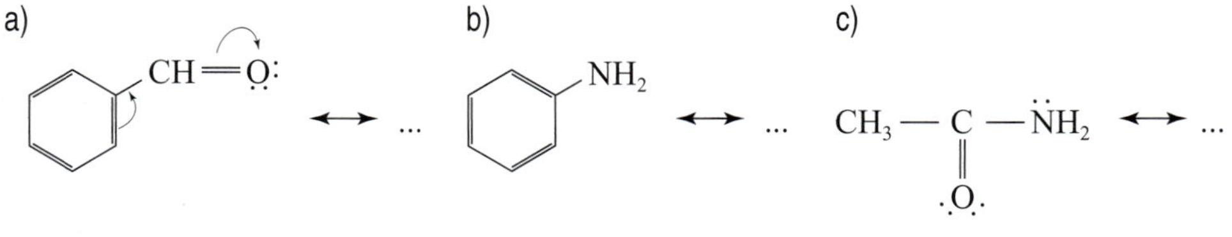

b) Le poids relatif des formes limites

Voir § 4.4.1

Les formes limites parfois nombreuses, d'un composé n'ont pas toutes le même « poids » : elles contribuent plus ou moins, certaines beaucoup et d'autres très peu, à l'hybride de résonance. Quelques critères simples permettent d'estimer leur poids relatif , et notamment d'identifier celles qui sont éventuellement négligeables par rapport aux autres ou, au contraire, celle qui a le plus grand poids et peut être retenue comme formule courante d'un composé.

Le poids d'une forme limite est d'autant plus grand qu'elle représente une structure plus stable (d'énergie plus basse) et, à cet égard, les charges électriques jouent un rôle important. Les *facteurs favorables* sont, entre autres :

➤ Un « accord » entre le signe de la charge placée sur un atome et l'électronégativité de l'élément correspondant : un élément très électronégatif « s'accommode » mieux d'une charge négative que d'une charge positive, et inversement.

> ***Exemple***
> La stabilité de la forme $\overset{-}{C}H_2—CH=\overset{+}{Cl}$ (exemple (c) ci-dessus) est diminuée par la présence d'une charge positive (déficit électronique) sur un atome de chlore, élément très électronégatif.

➤ L'absence d'une séparation de charges, c'est-à-dire de la création de charges de signes contraires sur des sites distincts dans une structure neutre.

> ***Exemple***
> Dans les exemples (a) et (b) ci-dessus, la seconde forme limite a moins de poids que la première (qui est la formule usuelle de chacun des composés), car elle comporte la création et la séparation de deux pôles, positif et négatif.

➤ La division d'une charge (dans une structure ionique) et sa répartition sur plusieurs sites, sous la forme de charges plus faibles et plus nombreuses.

> ***Exemple***
> Dans le cas des composés (d), (e) ou (f), ci-dessus, le passage d'une forme limite à l'autre déplace la charge. Dans l'hybride elle se trouve donc partagée entre deux sites, sous la forme de deux charges fractionnaires de même signe δ+ ou δ– (par exemple, $CH_3—\overset{\delta+}{CH}\overset{\cdots}{=}CH\overset{\cdots}{=}\overset{\delta'+}{CH}—CH_2—CH_3$.

c) Les conséquences de la délocalisation des électrons

La conjugaison ou résonance, a deux types de conséquences, qui toutes deux jouent un rôle important dans le comportement chimique.

L'effet mésomère

La délocalisation des électrons peut être responsable de l'existence de charges électriques fractionnaires (δ+ ou δ–) dans l'hybride qui décrit la molécule. On dit alors qu'il s'exerce, du fait de cette délocalisation un *effet mésomère*. Celui-ci peut être *donneur* (+ M), de la part d'un atome ou d'un groupe d'atomes qui cède des électrons au reste de la molécule, ou *accepteur* (– M) de la part d'un atome ou d'un groupe d'atomes qui reçoit des électrons du reste de la molécule.

Le buta-1,3-diène, exemple (a) du **§ 4.4.1.a** a précédemment été décrit comme un hybride de deux formes limites. Mais on doit en considérer aussi une troisième, obtenue en opérant un déplacement d'électrons opposés à celui qui conduit à la seconde :

$$\underset{A}{CH_2{=}CH{—}CH{=}CH_2} \longleftrightarrow \underset{B}{\overset{+}{C}H_2{—}CH{=}CH{—}\overset{-}{C}H_2} \longleftrightarrow \underset{C}{\overset{-}{C}H_2{—}CH{=}CH{—}\overset{+}{C}H_2}$$

Les formes B et C, de même structure, ont *a priori* le même poids, par ailleurs faible. Les charges δ+ et δ– qu'elles apportent dans l'hybride se compensent donc exactement et, dans la molécule réelle il n'y a pas de pôles positif et négatif (cette conclusion rejoint du reste celle qui résulterait de simples considérations de symétrie).

Le « portrait-robot » de l'hybride est donc simplement

$$CH_2 \cdots CH \cdots CH \cdots CH_2$$

mais le faible poids des formes B et C par rapport à la forme A permet de dire que le caractère « partiellement double » de la liaison centrale est plus faible que celui des deux liaisons extrêmes. Il n'y a pas, en ce cas, d'effet mésomère.

L'acroléine a été décrite comme l'hybride de deux formes limites. En ce cas également, on pourrait en envisager une troisième :

$$CH_2{=}CH{-}CH{=}O \longleftrightarrow \overset{+}{C}H_2{-}CH{=}CH{-}\overset{-}{O} \longleftrightarrow \overset{-}{C}H_2{-}CH{=}CH{-}\overset{+}{O}$$

Voir § 4.4.1.b

Mais le poids de cette troisième forme est plus faible que celui des deux autres, car l'oxygène, élément fortement électronégatif, y est le siège d'une charge +. Elle peut être, en première approximation négligée par rapport aux deux premières, et l'hybride est donc effectivement décrit par

$$\overset{\delta+}{CH_2} \cdots CH \cdots CH \cdots \overset{\delta-}{O}$$

Les charges δ+ et δ–, dont la valeur absolue dépend du poids relatif donné à chacune des deux formes limites retenues, résultent d'un *effet mésomère*, *donneur* de la part du groupe C=C et *accepteur* de la part du groupe C=O.

Voir § 4.3.2

Les charges créées par l'effet mésomère sont distinctes de celles qui peuvent, par ailleurs, résulter de l'effet inductif et se superposent éventuellement à elles. Ainsi dans l'acroléine $CH_2{=}CH{-}CH{=}O$, l'effet inductif exercé par l'oxygène crée un déficit sur la chaîne carbonée, principalement localisé sur le carbone du groupe CH=O (il s'affaiblit ensuite rapidement). L'effet mésomère, quant à lui, crée un déficit localisé sur le carbone du groupe CH_2 :

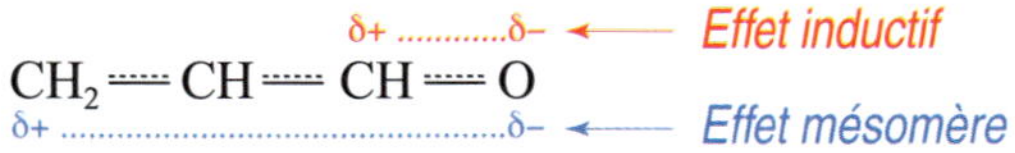

Voir chap. 20, § 2.1.a

Le comportement chimique de cette molécule est très directement déterminé par la répartition de la densité électronique qui résulte de ces divers facteurs.

L'effet inductif et l'effet mésomère peuvent être « en conflit », créant sur les mêmes sites des charges de signes contraires. La charge effective est alors la somme algébrique de celles qui résultent de chaque effet, mais, en général, l'effet mésomère « l'emporte » car les charges qu'il crée sont supérieures en valeur absolue.

Le monoxyde de carbone CO, dont la molécule est un hybride de deux formes limites :

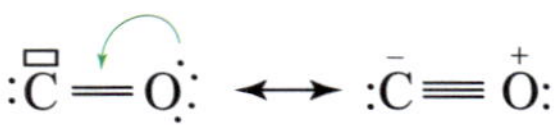

offre un exemple simple d'une telle situation. L'expérience montre en effet que, contrairement à ce que laisserait attendre le sens de la différence d'électronégativité entre C et O, le moment dipolaire de cette molécule est orienté de O vers C :

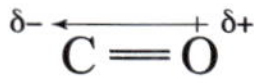

Ce renversement de la polarité est dû aux caractères mésomère-donneur de l'oxygène et mésomère-accepteur du carbone.

Question 4.H

Existe-t-il un effet mésomère dans les structures suivantes ? Si oui, comment se traduit-il ?

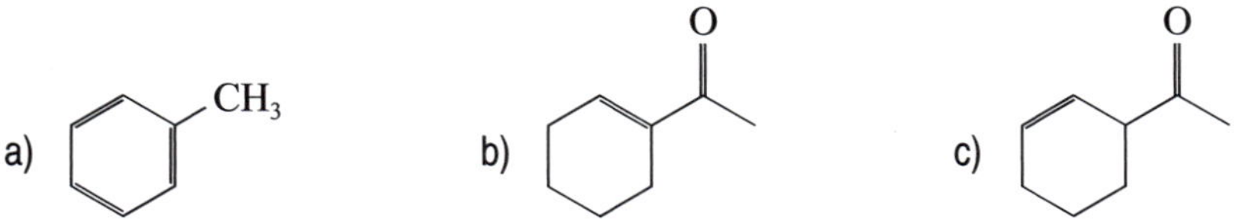

La stabilisation

La délocalisation des électrons entraîne une *stabilisation*. De deux molécules isomères, dont l'une est le siège d'une délocalisation et l'autre non, la première est toujours plus stable que la seconde.

La molécule réelle d'un composé à électrons délocalisés est donc plus stable que ne le serait chacune des formes limites (si elles existaient réellement), puisque dans celles-ci les électrons sont, par définition, tous localisés.

On peut déterminer expérimentalement l'énergie de formation d'une molécule, c'est-à-dire l'énergie mise en jeu dans la réaction, le plus souvent hypothétique, par laquelle elle se formerait à partir de corps simples (par exemple, la formation du benzène C_6H_6 par la réaction $6C + 3H_2 \rightarrow C_6H_6$). On peut d'autre part calculer, par addition des énergies de liaison, l'énergie de formation « théorique » d'une forme limite. La différence entre ces deux énergies est toujours en faveur de la stabilité de la molécule réelle, dont le niveau énergétique est inférieur à celui de n'importe quelle forme limite (fig. 4.7). Cette différence est appelée **énergie de résonance** ; elle mesure le gain de stabilité associé à la délocalisation des électrons.

À propos de ces déterminations, expérimentales ou par le calcul, des énergies de formation voir un cours de thermodynamique (par exemple : *Cours de Chimie physique* – chapitre 13).

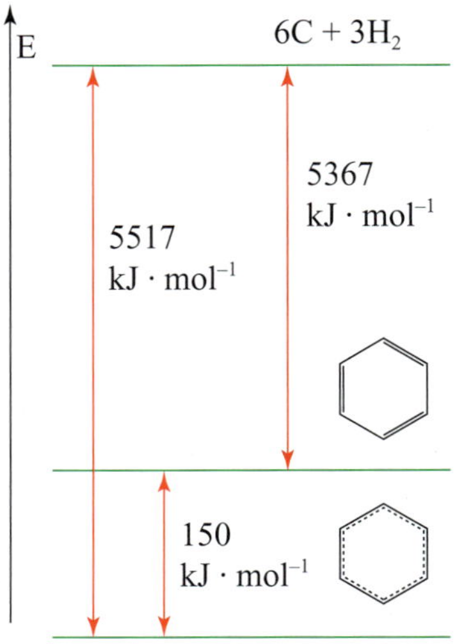

Figure 4.7 **L'énergie de résonance du benzène C_6H_6.**
La formation de la molécule réelle de benzène s'accompagne d'un dégagement d'énergie (chaleur) de 5 517 kJ · mol^{-1}. Le calcul *a priori* de l'énergie de formation d'une molécule de benzène hypothétique, comportant trois doubles liaisons et trois simples liaisons donne la valeur 5 367 kJ · mol^{-1}.
La différence, soit 150 kJ · mol^{-1}, est l'énergie de résonance du benzène. Sa valeur élevée explique que le cycle benzénique manifeste une très grande stabilité.

Voir les chapitres 12 et 16

Cette stabilisation par résonance dans les systèmes conjugués est un facteur important de la réactivité. Un processus de réaction qui apporte ou étend une possibilité de délocalisation électronique est favorisé par rapport à un processus qui supprime ou restreint cette possibilité. Cette influence peut s'exercer soit au niveau des molécules de réactifs ou de produits, soit à celui des intermédiaires de réactions ; divers exemples en seront rencontrés dans la suite.

Question 4.I

L'alcool $CH_2{=}CH{-}CH_2{-}CHOH{-}CH_3$ peut en principe, par déshydratation donner soit $CH_2{=}CH{-}CH{=}CH{-}CH_3$, soit $CH_2{=}CH{-}CH_2{-}CH{=}CH_2$. Si la réaction doit fournir le plus stable de ces deux hydrocarbures, lequel obtiendra-t-on préférentiellement ?

4.4.2 Les systèmes conjugués dans le modèle ondulatoire

Voir § 4.2.2

La description des systèmes conjugués que donne le modèle ondulatoire de la liaison chimique est un prolongement naturel de l'image qu'il fournit de la liaison covalente en général. Elle ne nécessite pas l'intervention d'idées nouvelles.

Dans le buta-1,3-diène, exemple (a) du § 4.4.1.a, les quatre carbones sont dans l'état d'hybridation sp^2 (trigonal) et possèdent donc chacun une orbitale p naturelle, non hybridée. La formule usuelle :

$$CH_2{=}CH{-}CH{=}CH_2$$

correspond à la formation de deux liaisons π par le recouvrement de ces orbitales p deux par deux (fig. 4.8a). Mais on peut aussi bien envisager un recouvrement entre les orbitales des carbones 2 et 3, et en définitive le « nuage π » recouvre l'ensemble des trois liaisons (fig. 4.8b).

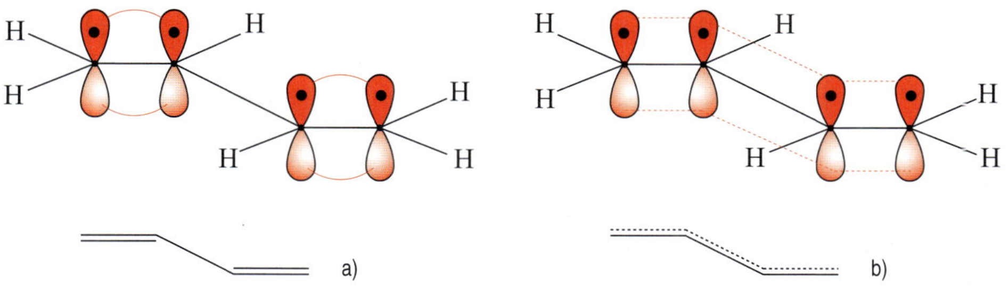

Figure 4.8 **La structure électronique du buta-1,3-diène.**
Les quatre orbitales *p* des quatre atomes de carbone trigonaux (a) peuvent se recouvrir deux à deux pour donner deux doubles liaisons « classiques ». Cependant les données expérimentales (notamment les longueurs de liaisons) montrent que la liaison carbone-carbone centrale possède un caractère partiel de double liaison ; ceci est en accord avec un recouvrement des deux atomes de carbone centraux. Cela ne concerne pas le nombre d'électrons concernés (4 électrons 2*p*), mais les deux doublets π qu'ils constituent évoluent alors sur trois liaisons carbone-carbone (b) dans un nuage électronique continu.

On comprend bien, à partir de ce modèle, que deux doubles liaisons ne peuvent être « conjuguées » que si elles sont séparées par *une seule* liaison simple. Deux orbitales p qui se trouveraient séparées par deux liaisons seraient trop éloignées pour se recouvrir.

Dans le benzène les six carbones du cycle sont dans l'état d'hybridation sp^2, et la formule classique (formule « de Kékulé ») traduit l'hypothèse d'un recouvrement de leurs orbitales *p* deux par deux, pour former trois liaisons π (fig. 4.9a). Mais il est normal de considérer que chacune peut se recouvrir aussi bien avec l'une ou l'autre de ses deux voisines et l'on aboutit ainsi à l'idée d'un « nuage π » recouvrant l'ensemble du cycle dans lequel « évoluent » les trois doublets π totalement délocalisés (fig. 4.9b).

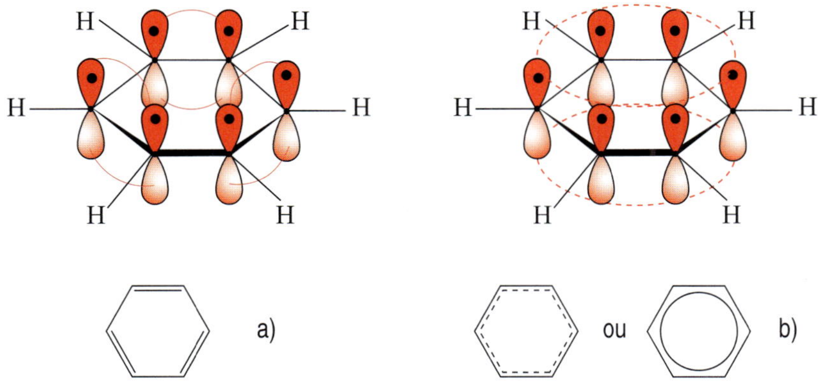

Figure 4.9
La structure électronique du benzène.
Les six orbitales p non hybridées des six carbones trigonaux, au lieu de se recouvrir deux par deux pour former trois doubles liaisons (a), fusionnent pour constituer un nuage électronique couvrant les six liaisons de part et d'autre du plan du cycle (b).

La nécessité de parallélisme entre les axes des orbitales p qui se recouvrent latéralement explique que la délocalisation des électrons (ou résonance, ou conjugaison) ait des *implications géométriques*. Ainsi, dans le butadiène, ce parallélisme exige que la molécule soit entièrement plane. Dans certains cas, au contraire, l'impossibilité de réaliser ce parallélisme constitue un empêchement à la délocalisation, et on en observe les conséquences au niveau des propriétés. Par exemple, dans la pyridine

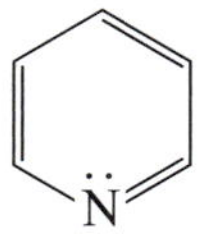

Voir chap. 21, § 21.2.2

on pourrait supposer, *a priori*, que le doublet libre de l'azote est également délocalisé. En fait, la force du caractère basique de cette molécule conduit à penser qu'il est localisé sur l'azote et le modèle orbitalaire justifie cette conclusion. L'azote est, comme les cinq carbones du cycle, dans l'état d'hybridation sp^2, et le doublet libre occupe l'une des orbitales hybrides dont l'axe est dans le plan du cycle. Cette orbitale ne peut donc pas participer au nuage délocalisé.

Question 4.J

Trois questions à propos du buta-1,3-diène $CH_2{=}CH{-}CH{=}CH_2$:

a) Ne pourrait-on pas imaginer une forme différente de celle qui est représentée par la figure 4.8, mais également plane ?

b) Puisque les électrons π peuvent se trouver sur chacune des trois liaisons carbone-carbone pourquoi ne peut-on pas, tout simplement, dire qu'elles sont toutes les trois doubles ?

c) On observe que, dans un système conjugué de ce type, la rotation autour de la liaison centrale, sans être libre, est cependant moins difficile qu'autour des liaisons extrêmes ; quelle information contenue dans le § 4.4.1 permet de l'expliquer ?

OBJECTIFS

- Reconnaître, à partir d'une formule développée plane, la présence de doublets libres ou de cases vides (orbitales vacantes) sur certains atomes.
- Localiser les charges qui résultent de la polarisation des liaisons et de l'effet inductif.
- Connaissant la géométrie d'une molécule, déterminer si elle est polaire ou non ; dans l'affirmative, établir la direction et le sens de son moment dipolaire.
- Reconnaître, dans une formule développée plane, la présence d'un système conjugué.
- Disposant de l'une des formes limites qui décrivent une molécule conjuguée, écrire les autres, et estimer le poids relatif de chacune.
- Reconnaître l'existence d'un effet mésomère, et localiser les charges qui en résultent.
- Déterminer si deux structures sont isomères ou mésomères.

Les solutions se trouvent à la page 669.

4-a Complétez les formules suivantes, en y indiquant les doublets libres et les cases vides (un tableau de la classification périodique des éléments se trouve en annexe).

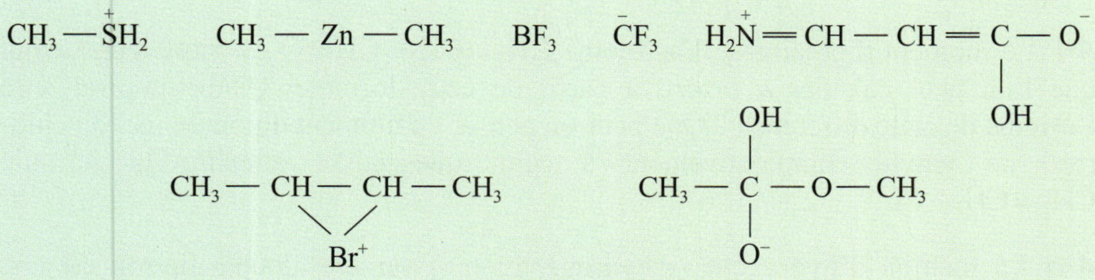

4-b Il existe trois dichlorobenzènes isomères :

a) 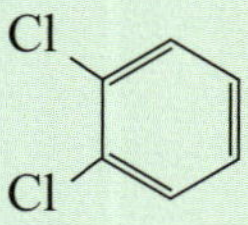

b) 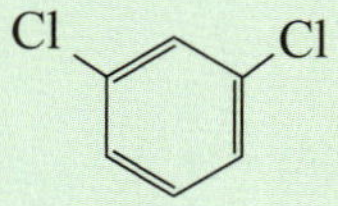

c) 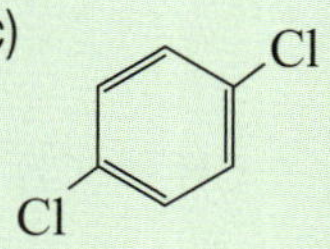

Leurs trois moments dipolaires sont, dans le désordre : 0, 1,26 D et 2,33 D. Par un raisonnement qualitatif, sans aucun calcul, pouvez-vous attribuer à chaque isomère son moment dipolaire ?

4-c Pour chaque série, attribuer un pk_a à un acide carboxylique. Justifier brièvement votre attribution.

1) $ClCH_2COOH$; ICH_2COOH ; $BrCH_2COOH$; FCH_2COOH
$pk_{a1} = 2{,}66$; $pk_{a2} = 2{,}85$; $pk_{a3} = 3{,}12$; $pk_{a4} = 2{,}87$ (à 25 °C dans l'eau)

2) $ClCH_2CH_2CH_2COOH$; $CH_3CHClCH_2COOH$; $CH_3CH_2CHClCOOH$
$pk_{a1} = 4{,}06$; $pk_{a2} = 2{,}87$; $pk_{a3} = 4{,}52$ (à 25 °C dans l'eau)

3) $ClCH_2COOH$; $Cl_2CHCOOH$; Cl_3CCOOH
$pk_{a1} = 1{,}26$; $pk_{a2} = 0{,}70$; $pk_{a3} = 2{,}85$ (à 25 °C dans l'eau)

4-d Comment pourrait-on schématiser la structure hybride du phénol 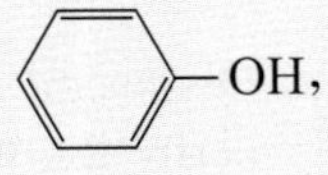

, à partir des quatre formes limites représentées au § 4.4.1 ?

4-e Existe-t-il un effet mésomère dans les molécules suivantes ? Si oui, indiquez le signe et la position des charges qui en résultent :

a) $CH_3—CO—CH=CH—Cl$ b) $CH_3—CH=CH—CH=CH—CH_3$

c) 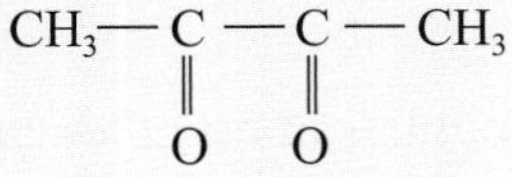

d) 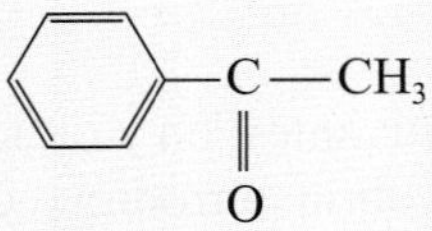

e) 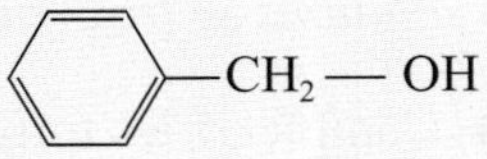

4-f Le moment dipolaire de l'acroléine $CH_2{=}CH—CH{=}O$ est supérieur à celui que l'on peut calculer *a priori*, à partir de cette formule. Quelle pourrait être l'origine de cette différence ? Que peut-on penser du moment dipolaire réel du chlorure de vinyle comparativement à celui que laisse attendre la formule $CH_2{=}CH—Cl$.

4-g La fixation d'hydrogène (« hydrogénation ») sur une double liaison est une réaction exothermique ; elle dégage de l'énergie (chaleur), et le niveau d'énergie du produit formé est inférieur à celui de la molécule de départ. L'hydrogénation du penta-1,3-diène (A) et celle du penta-1,4-diène (B) conduisent au même produit, le pentane (C) :

$$CH_2{=}CH—CH{=}CH—CH_3 \text{ (A)} + H_2 \searrow$$
$$CH_3—CH_2—CH_2—CH_2—CH_3 \text{ (C)}$$
$$CH_2{=}CH—CH_2—CH{=}CH_2 \text{ (B)} + H_2 \nearrow$$

mais la réaction (A) → (C) dégage 226 $kJ.mol^{-1}$ alors que la réaction (B) → (C) dégage 254 $kJ.mol^{-1}$. Quelle est l'origine de cette différence ? Quelle est sa signification physique ?

4-h Explicitez les formes limites obtenues en effectuant les déplacements électroniques indiqués :

a) 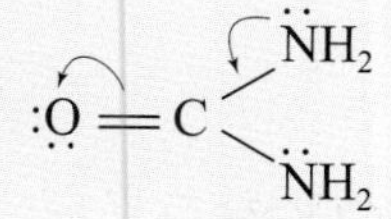

b) 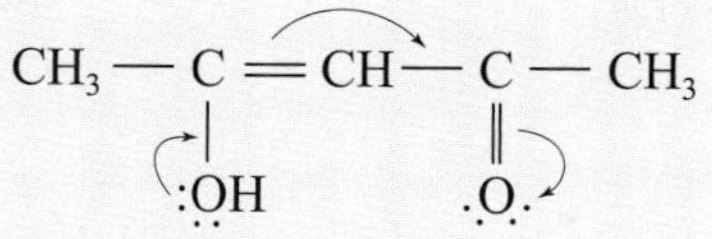

c) 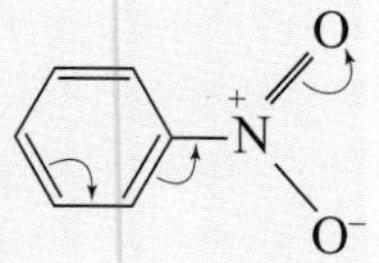

d) 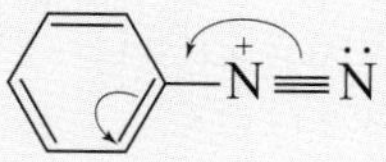

4-i Trouvez une autre forme limite possible pour chacun des composés suivants :

a) 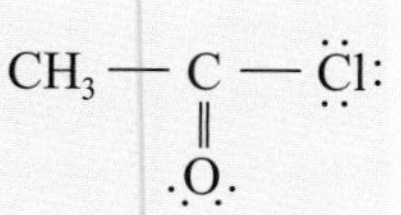

b) 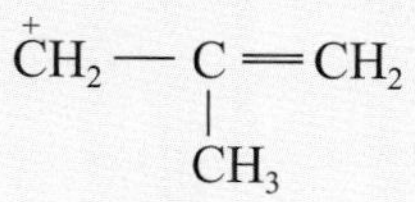

c) 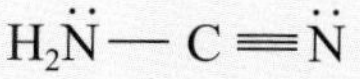

d) 

e) 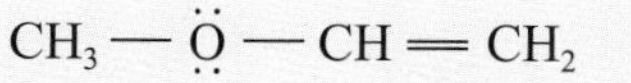

f) 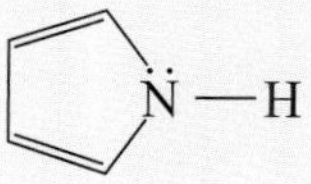

g) 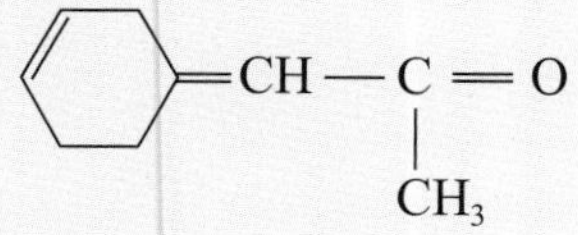

h) 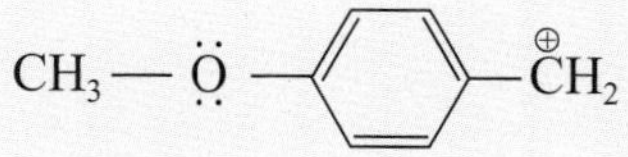

4-j Donner une formule développée pour les ions NO_2^-, NO_2^+ et la molécule NO_2. Montrer qu'il existe deux formules développées pour la molécule NO_2. L'une avec un électron célibataire porté par l'atome d'azote, l'autre avec un électron célibataire localisé sur l'atome d'oxygène.

À partir de ces deux formes mésomères, donner les trois formules développées possibles pour le dimère N_2O_4.

LES RÉACTIONS ET LEUR MÉCANISME

5

PRÉALABLES

- Notion d'équation-bilan d'une réaction.
- Énergie potentielle, énergie cinétique, et leurs transformations réciproques, choc élastique [voir un cours de mécanique élémentaire].
- Liaison covalente ; coordinence ; polarisation, résonance.
- Orientation des liaisons autour d'un carbone dans ses divers états de liaison.

Voir chap. 4

Voir chap. 2, § 2.2

MOTS-CLÉS

- Acide
- Amphotère
- Base
- Carbanion
- Carbocation
- Catalyse
- Dissociation
- Électrophile
- Énergie d'activation
- Énergie de réaction
- Étape cinétiquement déterminante
- État de transition
- Hétérolytique (réaction-)
- Homolytique (réaction-)
- Intermédiaire
- Ionisation
- Mécanisme réactionnel
- Nucléophile
- Ordre partiel, global
- Radical libre
- Réaction élémentaire
- Réaction complexe
- Solvatation

Dans les chapitres précédents, les molécules ont été considérées comme des objets isolés, au repos, dont l'étude structurale a porté successivement sur les aspects géométrique et électronique. De statique, notre étude devient maintenant dynamique, pour déboucher sur le véritable objet de la chimie : les transformations des molécules au cours des réactions.

La façon dont se produisent les réactions, au niveau « microscopique » qui est celui des atomes, n'est pas directement observable. Mais des informations peuvent être obtenues à ce sujet par des méthodes expérimentales indirectes, notamment cinétiques ou stéréochimiques. La notion de **mécanisme réactionnel**,

qui englobe tout ce qui peut être ainsi connu ou supposé, concernant cette réalité invisible est absolument centrale dans la chimie organique moderne, à laquelle elle donne sa rationalité. Elle permet, en effet, de classer, d'interpréter et, dans une certaine mesure, de prévoir les comportements moléculaires.
Les notions, et le vocabulaire, qui sont introduits dans ce chapitre seront très fréquemment utilisés dans la suite.

5.1 La notion de mécanisme réactionnel

Une réaction se produit lorsque la mise en présence de certaines substances, ou simplement la réalisation de certaines conditions (température, catalyse, ...), donne la possibilité de former un système plus stable que celui des corps initiaux. Une réaction consiste donc en la rupture de certaines liaisons et la formation de nouvelles liaisons, en vue d'aboutir à l'arrangement le plus stable des atomes en présence, compte tenu des conditions actuelles.

Une première démarche en vue d'apporter un élément d'organisation dans l'étude des réactions de la chimie organique, très nombreuses et très diverses, consiste à tenter de les classer sur la base du bilan global de cette redistribution des atomes.

5.1.1 Classification des réactions organiques selon leur bilan

Si l'on rapproche le résultat final d'une réaction de la situation initiale, on peut instituer une classification des réactions organiques en quatre grandes catégories :

➤ **Substitutions** : un atome (ou un groupe d'atomes) en remplace un autre dans la molécule initiale.

Exemple

$$CH_3Cl + NaOH \rightarrow CH_3OH + NaCl$$

➤ **Additions** : une molécule se scinde en deux fragments, qui se fixent sur une autre molécule.

Exemple

$$H_2C{=}CH_2 + H_2 \rightarrow H_3C{-}CH_3$$

➤ **Éliminations** : une molécule perd certains de ses atomes et il en résulte la création d'une liaison supplémentaire en son sein (liaison multiple, cyclisation).

Exemple

$$H_3C{-}CH_2OH \rightarrow H_2C{=}CH_2 + H_2O$$

(l'un des carbones perd H et l'autre perd OH).

➤ **Réarrangements** (ou *transpositions*) : certains atomes, ou groupes d'atomes, changent de place dans la molécule.

Exemple

$$H_2C{=}CHOH \rightarrow H_3C{-}CH{=}O$$

D'autres types de réactions sont parfois cités : *condensations, oxydations, cyclisations*, etc. Mais ces réactions comportent en général plusieurs étapes successives qui, elles, entrent dans la classification précédente (par exemple, une oxydation peut résulter d'une substitution suivie d'une élimination, une cyclisation peut se ramener à un schéma de substitution interne, etc.).

Question 5.A

À quel(s) type(s) appartiennent les réactions suivantes

$BrCH_2{-}CH_2\,Br + Zn \rightarrow CH_2{=}CH_2 + ZnBr_2$

$CH_3{-}CH_2Br + CH_3MgBr \rightarrow CH_3{-}CH_2{-}CH_3 + MgBr_2$

$CH_3{-}CH{=}CH_2 + HCl \rightarrow CH_3{-}CHCl{-}CH_3$

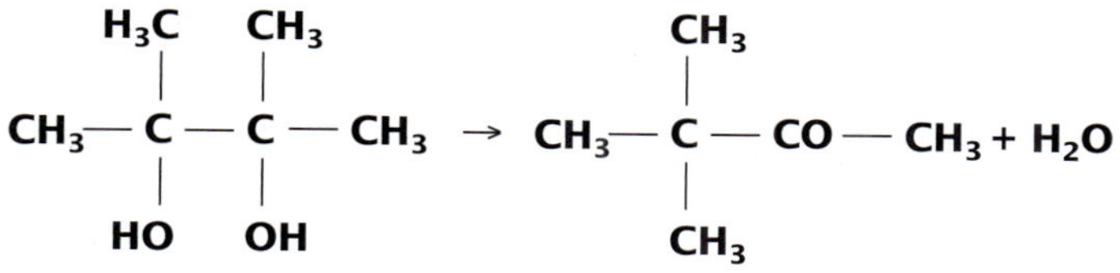

5.1.2 Le mécanisme d'une réaction

Mais l'équation-bilan d'une réaction ne prend en compte que l'état initial et l'état final du système qui évolue ; elle ne donne aucune indication sur « ce qui se passe » pendant la réaction, sur la façon dont les réactifs entrent en contact et engendrent de nouvelles espèces chimiques. Si l'on considère, par exemple, la réaction d'hydratation du but-1-ène en butan-2-ol :

$$\underset{\text{But-1-ène}}{CH_2{=}CH{-}CH_2{-}CH_3} + H_2O \xrightarrow{\text{milieu acide}} \underset{\text{Butan-2-ol}}{CH_3 - CHOH - CH_2 - CH_3}$$

l'examen de son bilan permet de dire qu'elle comporte la rupture de la liaison π du but-1-ène et de l'une des deux liaisons H—O de l'eau, ainsi que la formation d'une liaison C—O et d'une liaison C—H. Mais il laisse sans réponses de nombreuses questions, telles que :

- La réaction s'effectue-t-elle en une ou plusieurs étapes ? Ces ruptures et formations de liaisons sont-elles simultanées ou non ? Si non, dans quel ordre se succèdent-elles ?
- Que deviennent les électrons de la liaison π et de la liaison H—O rompues ? D'où sont « venus » les électrons des deux liaisons nouvellement formées ?
- Pourquoi cette réaction nécessite-t-elle la présence d'un acide, qui pourtant n'est pas consommé ?
- Le butan-2-ol, qui possède un carbone asymétrique, est obtenu sous la forme du mélange racémique. Pourquoi les deux énantiomères se forment-ils en quantités égales ? Voir page 56

Il existe cependant des réponses à ces questions, et leur ensemble contribue à décrire le *mécanisme* de la réaction. La notion de mécanisme réactionnel correspond à cette réalité physique qui nous échappe, et dont la description constitue en quelque sorte le « film » de la réaction, comme si on pouvait la voir se réaliser, au ralenti et en très gros plan.

La description complète d'un mécanisme réactionnel recouvre les trois aspects essentiels d'une réaction, souvent plus ou moins intriqués :

- *aspect énergétique et cinétique* : évolution de l'énergie du système au cours de la transformation, vitesse avec laquelle elle se réalise et facteurs dont elle dépend ;
- *aspect électronique* : rôle et sort des électrons et des charges électriques lors de la rupture et de la formation des liaisons ;
- *aspect stéréochimique* (*géométrique*) : modifications de la géométrie moléculaire au cours de la réaction, rôle des facteurs géométriques (contraintes, encombrement).

La connaissance de la façon dont les réactions s'effectuent, au niveau de la réalité moléculaire microscopique, répond certes à une curiosité naturelle du chimiste, mais ce n'est pas seulement un objet de curiosité intellectuelle. Cette connaissance est en effet un élément essentiel d'une vraie compréhension de la chimie organique. Elle introduit une rationalité là où il pourrait n'y avoir qu'une collection de faits d'observation. Elle permet d'*expliquer* (par exemple, pourquoi la chloration du toluène $C_6H_5—CH_3$ s'effectue soit sur le cycle benzénique C_6H_5, soit sur le groupe méthyle CH_3, selon les conditions opératoires) et de *prévoir* (par exemple, l'impossibilité de réactions qu'il est donc inutile de tenter, comme
$CH_3OH + NaCl \rightarrow CH_3Cl + NaOH$).

Voir page 286

5.2 Aspects énergétique et cinétique

Cette partie concerne les échanges d'énergie avec l'extérieur (étudiés en *thermodynamique*) et la vitesse des réactions (étudiée en *cinétique chimique*).

Remarque
Ces sujets ne sont abordés ici que d'une façon très succincte et simplifiée. La lecture de ce chapitre ne peut pas remplacer celle d'un ouvrage de chimie physique (voir, par exemple, *Cours de Chimie physique*).

5.2.1 L'énergie de réaction

Les réactions s'accompagnent presque toujours d'échanges d'énergie entre le système en réaction et « l'extérieur », c'est-à-dire le plus souvent l'atmosphère. En effet, les produits d'une réaction ne contiennent habituellement pas la même quantité d'énergie que les réactifs et la différence est cédée ou empruntée à l'environnement.

Si de l'énergie a été cédée (fournie au milieu extérieur) par le système, la réaction est *exoénergétique* (on affecte alors le signe – à cette quantité d'énergie). Si, au contraire, de l'énergie a été absorbée (prise au milieu extérieur) par le système, la réaction est *endoénergétique* (on affecte alors le signe + à cette quantité d'énergie).

La forme d'énergie le plus couramment échangée au cours des réactions chimiques est la chaleur, et les réactions sont alors dites *exothermiques* ou *endothermiques*.

La libération d'énergie par un système dans lequel se produit une réaction chimique signifie qu'il est plus stable dans son état final (produits de la réaction) que dans son état initial (réactifs). En ce cas, la réaction peut donc avoir lieu spontanément, sans apport externe d'énergie.

L'énergie du système dont la variation au cours de la réaction est à prendre en considération comme critère de spontanéité est l'*enthalpie libre* $G = H - TS$ (H : enthalpie, T : température absolue, S : entropie). Sa variation au cours d'une transformation du système effectuée à température et pression constantes est $\Delta G = \Delta H - T{\cdot}\Delta S$; le terme ΔH est égal à la chaleur de réaction à pression constante, et le terme $T{\cdot}\Delta S$, qui ne se mesure pas directement, est en relation avec la variation du « désordre » du système. La condition de spontanéité est donc $\Delta G < O$.

Remarque

Toutefois, en chimie organique surtout, on ne prend souvent en compte comme « énergie de réaction » que le terme ΔH (chaleur de réaction). Outre qu'il est mesurable expérimentalement, ou facilement calculable indirectement, il est généralement beaucoup plus grand en valeur absolue que le terme $T{\cdot}\Delta S$, qui peut en première approximation être négligé. L'énergie du système en réaction sera donc représentée dans la suite par E, et ses variations par ΔE, symboles généraux auxquels on pourra donner, selon les cas, la signification appropriée.

Par ailleurs ΔG est en relation avec la constante d'équilibre K d'une réaction ($\Delta G° = - RT{\cdot}\ln K$).

5.2.2 L'énergie d'activation

Pour qu'une réaction ait effectivement lieu de façon spontanée, il ne suffit pas qu'elle s'accompagne d'une diminution de l'énergie du système ($\Delta G < 0$). Il faut encore que sa *vitesse* ne soit pas nulle, ou si faible qu'aucune transformation ne puisse être réellement observée. Ainsi, les combustions sont exoénergétiques et spontanément possibles (point de vue thermodynamique) mais, à la température ordinaire, leur vitesse est nulle et elles n'ont pas lieu (point de vue cinétique). Par contre, une fois amorcées par une élévation de température même très locale (flamme, étincelle), elles se poursuivent effectivement de façon autonome, à température élevée.

Réaction et collisions

Dans la matière, surtout dans les gaz et les liquides, les molécules sont en perpétuelle agitation, et les réactions ont lieu à l'occasion de collisions entre elles. Mais les collisions « efficaces », c'est-à-dire effectivement suivies de réaction, sont en fait très rares ; dans les conditions ordinaires de température et de pression, une molécule d'un gaz subit environ 10^9 collisions par seconde avec une autre molécule, mais la proportion de collisions efficaces est seulement de 1 pour 10^9 à 10^{12}. Les autres collisions s'assimilent à des chocs élastiques ; comme deux boules de billard qui se heurtent, les molécules sont seulement déviées dans leur trajectoire.

Pour qu'une collision soit efficace, deux conditions doivent être remplies :

1. Au moment de la collision, les deux molécules doivent être favorablement orientées l'une par rapport à l'autre, de façon que les atomes appelés à se lier entrent effectivement en contact.
2. L'énergie cinétique (donc la vitesse) des molécules doit être suffisante pour que, malgré les forces de répulsion qui se manifestent aux très courtes distances, elles « s'encastrent » l'une dans l'autre (recouvrement des nuages électroniques).

Voir chap. 4, § 4.2.2.b

Plus précisément, une collision est efficace si le système formé par les molécules initiales peut passer par un **état de transition** (on dit aussi former un **complexe activé**), dans lequel son énergie potentielle est supérieure à celle que possédaient initialement ensemble les molécules séparées. Ce gain d'énergie potentielle est appelé **énergie d'activation** (E_a ou E^{+}) ; il se réalise par transformation d'une partie de l'énergie cinétique possédée par les molécules au moment de la collision, laquelle doit donc être suffisante.

Figure 5.1 Une image du déroulement d'une réaction.
De même que le système en réaction, le sauteur doit augmenter temporairement son énergie potentielle, qui passera par un maximum au moment du franchissement de la barre, et il trouve l'essentiel de cette énergie dans une transformation de l'énergie cinétique qu'il a acquise en courant. Le passage par l'état de transition n'a pas plus de durée que celui du sauteur par le point culminant de sa trajectoire.

À une température donnée, les molécules n'ont pas toutes la même énergie cinétique d'agitation ; seule leur énergie cinétique *moyenne* est définie. Donc certaines sont « aptes » à réagir et d'autres ne le sont pas, et c'est l'une des raisons qui rendent beaucoup de collisions inefficaces. Mais une élévation de la température accroît la proportion de molécules « aptes », et ainsi explique que la vitesse des réactions augmente avec la température.

L'état de transition n'est pas un état stable. Il n'a pas de durée de vie finie et les représentations que l'ont peut en donner, par des formules, sont comme des photographies instantanées qui « arrêtent » un mouvement. Le complexe que forment alors les molécules se scinde ensuite pour donner les produits de la réaction.

Exemple

La réaction $CH_3Br + OH^- \rightarrow CH_3OH + Br^-$ a lieu dans une collision entre une molécule de bromométhane CH_3Br et un ion hydroxyle OH^-. Elle comporte la rupture d'une liaison C—Br et la formation d'une liaison C—O, et l'état de transition peut, approximativement, se représenter par $[Br\text{---}CH_3\text{---}OH]^-$: les deux réactifs ne « font plus qu'un » dans un complexe où la liaison C—Br est « en train de se rompre » en même temps que la liaison C—O est « en train de se former ». Ce complexe finira par se scinder en CH_3OH et Br^-.

Question 5.B

Par quel mécanisme une flamme « allume »-t-elle une combustion ? Comment se fait-il que l'on puisse enflammer une matière combustible sans l'aide d'une flamme (par exemple, en concentrant les rayons du soleil avec une loupe) ? Pourquoi ne peut-on pas faire brûler du bois humide ?
Essayez de donner à chacune de ces questions une réponse « scientifique ».

5.2.3 Réactions élémentaires et réactions complexes

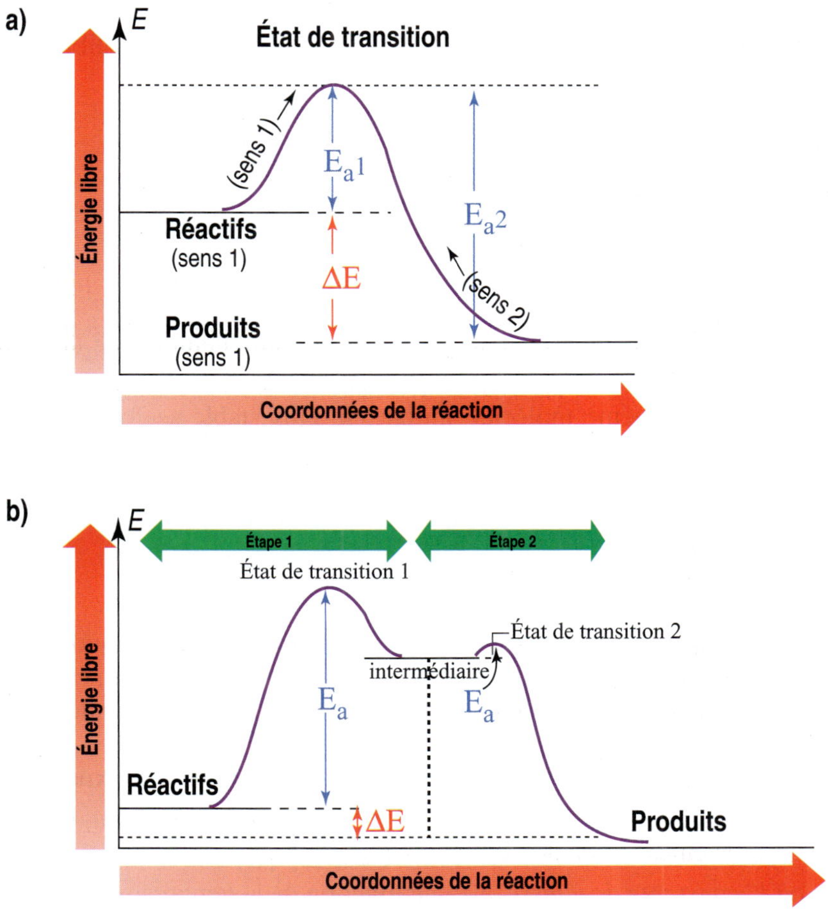

Figure 5.2 Profils énergétiques d'une réaction élémentaire (a) et d'une réaction complexe (b).
Le « profil énergétique » d'une réaction est une représentation schématique de la variation de l'énergie potentielle du système au cours de son évolution de l'état initial (réactifs) à l'état final (produits). Seuls les écarts verticaux entre niveaux d'énergie (initial, intermédiaire, final) sont déterminés. L'abscisse correspond simplement à l'idée de progression de la transformation, ou d'écoulement du temps, et la forme de la courbe est arbitraire. Dans les deux cas représentés l'état final est « plus bas » (en énergie) que l'état initial, il s'agit donc de réactions globalement exoénergétiques.

La figure 5.2 (a) décrit, du point de vue énergétique, une réaction s'accomplissant en un seul « acte », à la suite d'une collision qui déclenche à la fois la rupture et la formation des liaisons en cause. On appelle un tel processus « **réaction élémentaire** ». C'est le cas, par exemple, de la réaction entre le bromométhane CH_3Br et l'ion OH^- évoquée plus haut.

Mais beaucoup de réactions s'effectuent en deux ou plusieurs étapes, par une succession de réactions élémentaires ; ce sont alors des « **réactions complexes** ». C'est pratiquement toujours le cas lorsque le premier membre de l'équation-bilan comporte plus de deux « particules » (molécules ou ions), car les collisions entre trois particules (ou plus) sont extrêmement improbables.

La figure 5.2 (b) illustre le cas d'une réaction en deux étapes. Le « creux » du profil énergétique entre les deux états de transition, correspond à l'intermédiaire de la réaction. Ce peut être une molécule, un ion ou un radical libre.

Voir § 5.3.1

Exemple

Addition de HCl sur l'éthylène :

1re étape : $H_2C{=}CH_2 + HCl \rightarrow H_3C{-}\overset{+}{C}H_2 + Cl^-$

2e étape : $H_3C{-}\overset{+}{C}H_2 + Cl^- \rightarrow H_3C{-}CH_2Cl$

(l'intermédiaire réactionnel est le cation $H_3C{-}\overset{+}{C}H_2$).

Plus un intermédiaire est stable et plus l'énergie d'activation de la première étape est faible. En conséquence, s'il peut exister deux intermédiaires différents formés à partir de la même molécule initiale, le plus stable se forme plus rapidement que l'autre, et ceci détermine l'orientation préférentielle de la réaction. C'est un principe très général qu'*une réaction passe de préférence par le plus stable des intermédiaires possibles.* Plusieurs exemples d'application de cette « règle » se rencontreront par la suite.

Voir pages 222, 290

La loi de vitesse

La vitesse d'une réaction se définit par référence à la diminution au cours du temps de la concentration des réactifs, ou à l'augmentation de la concentration des produits, qui peuvent être plus ou moins rapides. Dans la très grande majorité des cas, la vitesse d'une réaction entre deux corps A et B, de la forme $\nu_A A + \nu_B B \rightarrow$ Produits, est liée à chaque instant à leurs concentrations [A] et [B] (exprimées usuellement en $mol \cdot L^{-1}$) par une relation de la forme :

$$v = k[A]^m[B]^n$$

où k, *constante de vitesse*, est une fonction de la température :

$$k = \mathbf{B} \cdot \mathbf{e}^{-Ea/RT} \text{ (Loi d'Arrhénius)}$$

(**B** est une constante, différente pour chaque réaction, $\mathbf{E}_a$ l'énergie d'activation, $\boldsymbol{R}$ la constante du gaz parfait et $\boldsymbol{T}$ la température absolue).

Voir § 5.2.2

Les exposants m et n sont les *ordres partiels* de la réaction par rapport, respectivement aux réactifs A et B ; leur somme $(m + n)$ est son *ordre global*. Les ordres partiels peuvent être entiers ou fractionnaires ; ils peuvent aussi être nuls, ce qui signifie que la concentration du réactif correspondant n'intervient pas dans la vitesse de la réaction. Ils ne sont pas prévisibles, et leur valeur ne peut être déterminée *que par l'expérience*, mais ils sont égaux aux coefficients stœchiométriques du réactif correspondant *si la réaction est une réaction élémentaire* (au sens défini plus haut) ; en ce cas l'ordre global est donc égal à la *molécularité* de la réaction, c'est-à-dire la somme des coefficients stœchiométriques du premier membre de l'équation-bilan.

Si la réaction est une réaction complexe, l'une de ses étapes est en général intrinsèquement moins rapide que les autres. Elle joue le rôle d'*étape cinétiquement déterminante*, et les ordres partiels et global observés correspondent alors souvent aux coefficients stœchiométriques et à la molécularité de cette étape.

L'étude expérimentale de l'ordre cinétique d'une réaction est donc un moyen d'obtenir des informations sur son mécanisme).

Voir chap. 13, § 13.2.1.b et 13.2.2

Question 5.C

Ayant effectué la réaction $RBr + OH^- \rightarrow ROH + Br^-$ avec deux dérivés bromés différents RBr et R'Br, on a trouvé deux lois de vitesse différentes : $v = k[RBr][OH^-]$ et $v = k'[R'Br]$. Laquelle de ces deux réactions peut ne comporter qu'une étape, et laquelle en comporte-t-elle nécessairement plus d'une ?

5.2.4 La catalyse

Un catalyseur est un corps qui, par sa présence dans un système capable d'évoluer chimiquement, accélère la transformation sans participer à son bilan et, en général, sans être lui-même modifié. Il peut donc « resservir » et il n'y a pas de rapport stœchiométrique entre sa masse et celle des produits formés.

Contrairement à une élévation de température, un catalyseur n'apporte pas d'énergie. Mais sa présence abaisse l'énergie d'activation de la transformation et, toutes choses égales par ailleurs (température, concentrations des réactifs) la transformation est donc rendue plus rapide, puisque la proportion de molécules aptes à réagir est plus grande.

Ce résultat est obtenu par une modification du « chemin réactionnel » pouvant aller jusqu'à remplacer une réaction en une étape par une autre qui s'effectue en plusieurs étapes (fig. 5.3).

Exemple

La réaction

$$RCl + OH^- \rightarrow ROH + Cl^-$$

est relativement lente, mais elle s'effectue beaucoup plus rapidement en présence d'ions iodure I^-, apportés par une addition d'iodure de sodium NaI dans le milieu réactionnel. Dans ces conditions, elle s'effectue en deux étapes :

1) $RCl + I^- \rightarrow RI + Cl^-$

2) $RI + OH^- \rightarrow ROH + I^-$

et il se trouve que chacune de ces deux réactions a une énergie d'activation inférieure à celle de la réaction directe non catalysée. En présence de I^-, le profil de la réaction, au lieu d'être du type « A » (fig. 5.3) est du type « C » ; le dérivé iodé RI est l'intermédiaire de la réaction catalysée et il correspond au « creux » du profil.

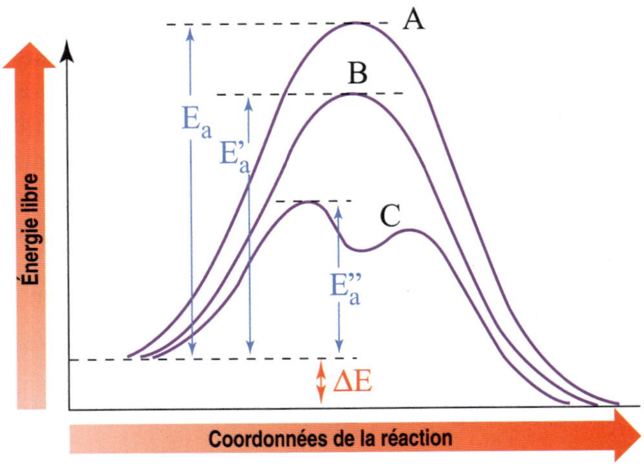

Figure 5.3 **Modification du profil énergétique d'une transformation par la catalyse.**
Le profil de la réaction non catalysée (A) est modifié en présence d'un catalyseur, soit par stabilisation de l'état de transition (B), soit par la formation d'un intermédiaire au cours d'un processus complexe (C).
Dans les deux cas, l'accélération de la transformation est due à l'abaissement de l'énergie d'activation E, qui rend le franchissement du « col » accessible à une plus forte proportion des molécules.

Voir chap. 12, § 12.2.2 ; chap. 15, § 15.2.2.b et chap. 18, § 18.2.1.g et 18.2.2.a

Très souvent la catalyse des réactions organiques est assurée par des acides (au sens de Brönsted ou au sens de Lewis) ou par des bases.

5.3 Aspect électronique

Cet aspect concerne les processus de rupture et de formation des liaisons : sort des électrons qui constituaient une liaison rompue, origine des électrons formant les nouvelles liaisons. Trois schémas principaux sont possibles :

5.3.1 Réactions homolytiques, ou radicalaires

La *rupture* homolytique d'une liaison comporte le partage symétrique du doublet commun de la covalence, dont les deux atomes conservent chacun un électron :

$$X:Y \rightarrow X^{\bullet} + Y^{\bullet}$$

Elle conduit à la formation de deux **radicaux libres**, atomes ou groupes d'atomes possédant un électron impair, sans charge électrique.

La *formation* des liaisons peut résulter de deux processus :

➤ Réunion de deux radicaux, avec mise en commun de leurs deux électrons impairs pour former un doublet partagé, selon le mécanisme de la covalence :

$$Y^{\bullet} + Z^{\bullet} \rightarrow Y:Z$$

Exemple : $^{\bullet}CH_3 + {}^{\bullet}CH_3 \rightarrow H_3C:CH_3$

➤ Réaction entre un radical et une molécule, pour donner un nouveau radical et une nouvelle molécule, par attaque soit sur une liaison σ, soit sur une liaison π :

$$Y^{\bullet} + A:B \rightarrow Y:A + B^{\bullet}$$

Exemple

$$CH_4 + Cl^{\bullet} \rightarrow \dot{C}H_3 + H:Cl$$

$$Y^{\bullet} + A{=}B \rightarrow Y:A{-}B^{\bullet}$$

Exemple

$$Br^{\bullet} + CH_2{=}CH_2 \rightarrow BrCH_2{-}\dot{C}H_2$$

Les réactions de ce type concernent particulièrement des composés comportant des liaisons non, ou peu, polarisées (exemple : les hydrocarbures saturés, cf. chapitre 8). La rupture homolytique peut être provoquée par la *chaleur* (thermolyse, réactions thermiques) ou par le *rayonnement*, ultraviolet notamment (photolyse, réactions photochimiques), qui apportent l'énergie nécessaire. Ces réactions se produisent surtout en phase gazeuse.

Le point de rupture de la molécule est déterminé par la plus ou moins grande stabilité des radicaux qui se formeront, la réaction passant préférentiellement par l'intermédiaire le plus stable. Les radicaux tertiaires sont plus stables que les secondaires, qui le sont eux-mêmes plus que les primaires :

Voir § 5.2.3

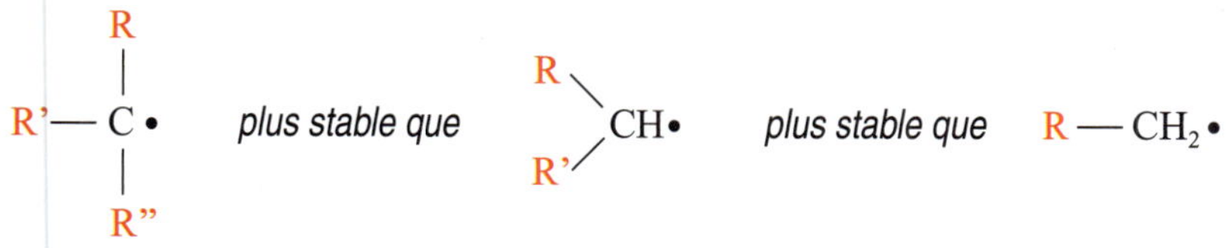

Cette notion de stabilité des radicaux est cependant toute relative : sauf cas particuliers (stabilisation par résonance), ce sont des espèces très instables et très réactives, dont la durée de vie est de l'ordre de 10^{-6} seconde.

Voir page 97

Les réactions radicalaires sont souvent des **réactions en chaîne**. La chloration des alcanes en sera un exemple typique.

Voir chap. 8, § 8.2 2

5.3.2 Réactions hétérolytiques

La *rupture* hétérolytique est un processus dissymétrique : le doublet de covalence reste constitué, et il est conservé par le plus électronégatif des deux atomes ; l'autre se trouve alors possesseur d'une case vide (▯) :

$$X:Y \rightarrow X\square + Y: \quad \text{(Y plus électronégatif que X)}$$

Voir chap. 4, § 4.4

La *formation* d'une liaison, selon le processus inverse, correspond au schéma classique de la coordinence : mise en commun d'un doublet déjà constitué, apporté par l'un des deux atomes, l'autre disposant d'une case vide :

$$\mathrm{Y{:}} + \square\mathrm{Z} \rightarrow \mathrm{Y{:}Z}$$

Cependant les étapes élémentaires de rupture et de formation des liaisons ne sont pas toujours entièrement distinctes et successives. Elles peuvent être plus ou moins simultanées et on dit alors que la réaction est « *concertée* » :

$$\mathrm{Y{:}} + \mathrm{Z{:}X} \rightarrow \mathrm{Y{:}Z} + \mathrm{X{:}}$$

Les deux fragments X et Y peuvent être des ions de signes opposés, si la rupture s'est produite dans une molécule neutre :

Exemple

$CH_3{-}I \rightarrow CH_3^+ + I^-$

Mais l'un d'eux peut être une molécule et l'autre un ion, si l'espèce initiale était un ion :

Exemple

$CH_3{-}\overset{+}{O}H_2 \rightarrow CH_3^+ + H_2O$

Remarque

La seule règle générale est la *conservation de la charge globale :* la somme algébrique des charges présentes dans le second membre de l'équation-bilan doit être égale à celle des charges présentes dans son premier membre. Cette règle est également valable lors de la formation d'une liaison, qui peut elle aussi mettre en jeu soit deux ions, soit une molécule et un ion, soit encore deux molécules.

Les réactions hétérolytiques concernent les composés qui comportent des liaisons plus ou moins fortement polarisées. Elles peuvent avoir lieu à la température ordinaire, en phase liquide dans un solvant, surtout si ce dernier est « polaire », grâce aux phénomènes de solvatation.

Voir § 5.6

Question 5.D

Quelle raison pourrait justifier que les réactions hétérolytiques sont beaucoup plus fréquentes que les réactions homolytiques (pensez simplement aux caractéristiques des liaisons impliquées par ces deux types de mécanisme).

Les divers modes de rupture et de formation des liaisons au cours des réactions hétérolytiques, ainsi que la manière de les représenter par des conventions graphiques, sont regroupés schématiquement en fin de chapitre.

Voir page 122

a) Carbanions et carbocations

Parmi les intermédiaires des réactions hétérolytiques, les carbanions et les carbocations jouent un rôle particulièrement important.

Un carbanion

C'est un anion dont la charge négative est portée par un atome de carbone : CH_3^- ou $CH_3—C\equiv C^-$ sont des carbanions, mais $CH_3—CH_2—O^-$ n'en est pas un car la charge y est portée par un hétéroatome (l'oxygène).

Parmi les divers modes de formation d'un carbanion, le plus simple est la rupture hétérolytique d'une liaison entre un carbone et un atome moins électronégatif que lui, par exemple un métal :

Voir chap. 26, § 26.1.2

Exemple

$$CH_3—C\equiv\overset{\delta-}{C}—\overset{\delta+}{Na} \rightarrow CH_3—C\equiv C\colon^{-} + Na^+$$

Le carbone chargé d'un carbanion conserve donc le doublet de la liaison rompue et, par suite, porte un *doublet libre.*

Un carbanion saturé a une géométrie *pyramidale*, inscrite dans un tétraèdre dont la quatrième direction est occupée par le doublet libre (même géométrie que celle de l'ammoniac par exemple).

Voir chap. 2, § 2.2

Carbanion

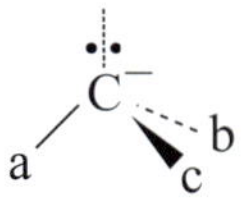

Carbocation

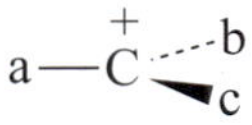

Un carbocation

C'est un cation dont la charge positive est portée par un atome de carbone : $CH_3—\overset{+}{C}H_2$ ou $C_6H_5—\overset{+}{C}H—CH_3$ sont des carbocations, mais $CH_3—\overset{+}{N}H_3$ n'en est pas un, car la charge y est portée par un hétéroatome (l'azote).

Parmi les divers modes de formation des carbocations, le plus simple est la rupture hétérolytique d'une liaison entre un carbone et un atome plus électronégatif que lui, par exemple un halogène.

Voir chap. 26, § 26.1.1

Exemple

$$CH_3—\overset{\delta+}{C}H_2—\overset{\delta-}{Cl} \rightarrow CH_3—\overset{+}{C}H_2 + Cl\colon^{-}$$

Le doublet de la liaison rompue demeure sur l'atome le plus électronégatif de sorte que le carbone chargé possède une *case vide.*

Le carbone d'un carbocation n'étant entouré que de trois doublets, les trois liaisons qu'il forme sont *coplanaires*.

Voir chap. 2, § 2.2

b) Stabilité des carbanions et carbocations

Carbanions et carbocations sont habituellement des intermédiaires instables, dont la durée de vie est très courte. Cependant ils manifestent des différences importantes de *stabilité*, selon la nature des atomes ou des groupes a, b, c qui entourent le carbone chargé. En particulier, leur stabilité est d'autant plus grande que l'entourage du carbone chargé peut assurer une dispersion ou une délocalisation de la charge, par effet inductif ou mésomère.

Voir chap. 4, § 4.3.2 et p. 95

Ainsi, un carbocation est d'autant plus stable que le carbone positif est entouré d'un plus grand nombre de groupes alkyles (tableau 5.1). En effet, leur caractère inductif-répulsif tend à « combler » partiellement le déficit existant au niveau de ce carbone.

Bien entendu, la charge globale d'un carbocation reste égale à +1 quelle que soit sa structure. Mais dans un carbocation tertiaire les trois doublets qui entourent le carbone central se rapprochent de lui et sa charge se trouve diminuée, cependant que les trois carbones qui lui sont liés deviennent légèrement déficitaires. La charge totale se trouve donc partiellement dispersée sur quatre atomes, au lieu d'être portée entièrement par un seul. Cet effet est moins important s'il n'y a que deux groupes alkyles liés au carbone central, et encore moins s'il n'y en a qu'un.

Remarque

Inversement, l'effet inductif répulsif des groupes alkyles défavorise un carbanion tertiaire par rapport à un carbanion primaire, car il tend au contraire à accroître la charge négative du carbone porteur du doublet libre. Par contre, un substituant attracteur (comme F dans $CF_3—CH_2^-$ par exemple) exerce un effet favorable à la stabilité, en dispersant la charge négative.

La *résonance*, dans un carbocation ou dans un carbanion, peut être également un important facteur de stabilisation, comme dans les exemples suivants :

$$CH_3—CH{=}CH—\overset{+}{C}H_2 \longleftrightarrow CH_3—\overset{+}{C}H—CH{=}CH_2 \quad \text{ou} \quad CH_3—\overset{\delta+}{C}H \overset{---}{=} CH \overset{---}{=} \overset{\delta'+}{C}H_2$$

$$CH_3—\overset{-}{C}H—\underset{\underset{O}{\|}}{C}—CH_3 \longleftrightarrow CH_3—CH{=}\underset{\underset{O^-}{|}}{C}—CH_3 \quad \text{ou} \quad CH_3—\overset{\delta-}{C}H \overset{---}{=} \underset{\underset{O^{\delta'-}}{\vdots|}}{C}—CH_3$$

Enfin, des *facteurs géométriques* peuvent également intervenir dans la stabilité des carbanions et des carbocations. En particulier, la plus grande stabilité des carbocations tertiaires provient en partie de la « décompression » qui accompagne le passage d'une structure tétraédrique à une structure coplanaire, au moment de la rupture hétérolytique ($RX \rightarrow R^+ + X^-$).

Question 5.E

Complétez les équations suivantes, en ajoutant les doublets libres, les cases vides ou les charges qui manquent dans le second membre :

$H—CO—OH \rightarrow H—CO—O+H$ $\qquad$ $CH_3—NH_2+H^+ \rightarrow CH_3—NH_3$

$CH_3—CH{=}O+H^+ \rightarrow CH_3—CH—OH$ $\qquad$ $HC{\equiv}CH+NH_2^- \rightarrow HC{\equiv}C+NH_3$

Question 5.F

Si une réaction peut prendre deux chemins, comportant respectivement comme intermédiaire soit un carbocation primaire, soit un carbocation tertiaire, lequel choisira-t-elle préférentiellement et pourquoi ?

Tableau 5.1 — Évolution de la stabilité des carbanions et des carbocations, en fonction de leur degré de substitution

	Primaire	Secondaire	Tertiaire
	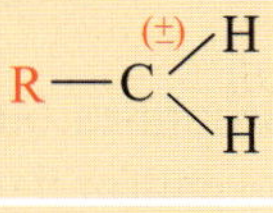	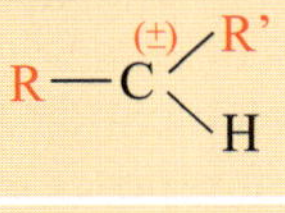	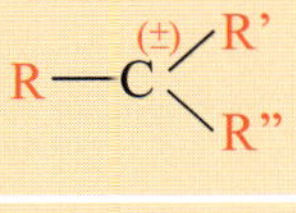
Carbocations			
Carbanions			

Les mêmes facteurs, électroniques et stériques, ont des effets inverses sur la stabilité des carbanions et des carbocations, en raison du signe différent de leur charge et de leur géométrie différente [cf. 5.3.2.a]. Ces différences de stabilité ont une influence importante sur l'orientation des réactions [cf. 5.2.3].

Des informations complémentaires sur les modes de formation des carbanions et des carbocations, ainsi que sur leurs divers comportements chimiques, seront apportées dans des chapitres ultérieurs. Elles seront regroupées au chapitre 26.

Voir chap. 26, § 26.1.1 et 2

c) Électrophiles et nucléophiles

Certains réactifs ont besoin, pour se lier, d'un doublet d'électrons fourni par leur « partenaire ». Ils réagissent donc préférentiellement sur les sites de forte densité électronique ; on les appelle réactifs *électrophiles*. Ils disposent d'une case vide, ou susceptible de se libérer au cours d'un mécanisme concerté. Les cations, entre autres, entrent évidemment dans cette catégorie.

Il faut entendre ici par « réactif » toute espèce réagissante, molécule ou ion, présente au début d'une réaction.

D'autres, au contraire, possèdent les électrons nécessaires à la formation d'une liaison, sous la forme soit d'un doublet libre, soit d'un doublet facilement mobilisable au cours d'un mécanisme concerté. Ils réagissent donc préférentiellement avec les sites de faible densité électronique ; on les appelle réactifs *nucléophiles*. Les anions, entre autres, appartiennent à cette catégorie.

La répartition des électrons dans une molécule, la localisation des sites excédentaires (δ–) ou déficitaires (δ+), jouent donc un rôle fondamental dans le déroulement des différentes phases d'une réaction hétérolytique, et les effets inductif et mésomère, précédemment décrits, y prennent une grande importance.

Voir chap. 1, § 1.2.2

On arrive ainsi à l'idée qu'une réaction n'est pas conditionnée uniquement par la nature du groupement fonctionnel, mais également par son environnement, qui peut contribuer à satisfaire, ou à contrarier, les exigences électroniques de la réaction : polarisation et polarisabilité des liaisons, disponibilité des électrons, etc.

Toute la chimie des réactions hétérolytiques (qui sont les plus nombreuses) est commandée par cette dualité *nucléophile-électrophile*, ou encore *donneur-accepteur* d'électrons. Dans toute réaction de ce type, il y a nécessairement un électrophile *et* un nucléophile (comme dans toute réaction d'oxydo-réduction il y a nécessairement un oxydant *et* un réducteur). Si A a un comportement électrophile (accepteur) vis-à-vis de B, on peut tout aussi bien dire que B a un comportement nucléophile (donneur) vis-à-vis de A.

On parle également de *réactions* électrophiles ou nucléophiles, mais ces expressions ne peuvent reposer que sur une convention fixant le réactif par rapport auquel on considère la réaction. Dans certains cas, ce choix est assez évident, ainsi dans la réaction :

$$Na^+ \, OH^- + \overset{\delta+}{C}H_3 - \overset{\delta-}{Br} \rightarrow CH_3 - OH + Na^+ \, Br^-$$

OH^- a un comportement nucléophile et le carbone de CH_3Br un comportement électrophile. Mais CH_3Br est la molécule principale (ou « *substrat* »), que l'on « attaque » par le *réactif* OH^- pour la transformer en méthanol CH_3OH par une substitution. On qualifie alors la réaction de « substitution nucléophile » (car accomplie par un réactif nucléophile).

Dans d'autres cas, cependant, la définition d'un « substrat » et d'un « réactif » peut être purement arbitraire. Ainsi, dans la réaction :

$$\overset{\delta-}{C}H_3 - \overset{\delta+}{MgBr} + \overset{\delta+}{C}H_3 - \overset{\delta-}{Br} \rightarrow CH_3 - CH_3 + MgBr_2$$

la première molécule subit une « attaque » électrophile de la part de la seconde, et la seconde une « attaque » nucléophile de la part de la première. Il n'y a pas, par ailleurs, de raison déterminante de considérer plutôt l'une que l'autre comme le « substrat » et la réaction peut donc indifféremment être qualifiée d'électrophile ou de nucléophile, selon la molécule à laquelle on porte intérêt et sur laquelle on étudie les conséquences de la réaction.

Voir § 5.1.1

Voir le chapitre 26. Il présente une récapitulation, établie sur ces bases, des diverses réactions rencontrées auparavant.

On peut instituer une *classification des réactions* prenant en compte à la fois leur bilan et leur mécanisme du point de vue électronique. Ainsi, pour les réactions de substitution, on peut distinguer les substitutions nucléophiles, électrophiles ou radicalaires.

5.3.3 Réactions électrocycliques

Dans le déroulement de certaines réactions, il est impossible de discerner des étapes de rupture et de formation de liaisons. Elles s'effectuent de manière totalement concertée, sans comporter aucun intermédiaire défini, et par une sorte de « redistribution » de la densité électronique, qui peut être schématisée sous la forme d'un *transfert cyclique d'électrons*. Ces réactions sont, pour cette raison, appelées réactions *électrocycliques*.

Exemple

réaction entre le buta-1,3-diène $CH_2{=}CH{-}CH{=}CH_2$ et l'éthylène $CH_2{=}CH_2$ pour donner le cyclohexène :

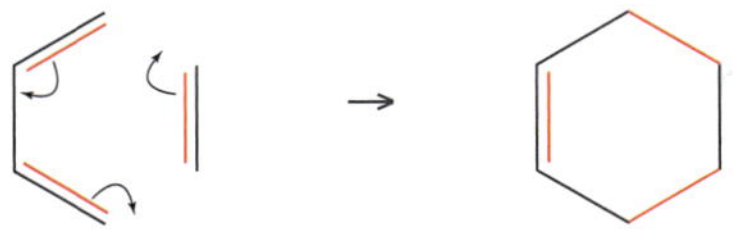

On notera qu'un transfert circulaire en sens inverse de celui qui est suggéré ci-dessus (sens des aiguilles d'une montre) conduirait au même résultat. La représentation qui est utilisée (flèches courbes) n'a qu'une valeur purement schématique et le terme même de « transfert circulaire » ne doit pas être pris à la lettre.

QUELQUES REPÈRES À PROPOS DES « MÉCANISMES ÉLECTRONIQUES » (RÉACTIONS HÉTÈROLYTIQUES)

« Les mécanismes électroniques » peuvent paraître, au premier abord, d'une grande diversité. En fait, les réactions les plus complexes peuvent toujours s'analyser comme une succession, ou une combinaison, d'actes élémentaires qui sont très peu nombreux et très simples et que l'on retrouve fréquemment.

Les avoir bien identifiés, et pouvoir les reconnaître dans le mécanisme d'une réaction complexe, est une étape importante dans la compréhension de la chimie organique, et dans la familiarisation avec son formalisme, qu'il s'agisse du langage ou des codes graphiques utilisés pour décrire les mécanismes réactionnels.

Les **schémas de base** qui suffisent pour décrire la plupart des réactions hétérolytiques, lesquelles constituent la très grande majorité des réactions organiques, sont en fait peu nombreux. Ils sont regroupés dans le tableau de la page suivante.

Fréquemment, au cours des réactions hétérolytiques, apparaissent ou disparaissent des **charges électriques**. Leur apparition ou leur disparition sont liées à une modification du rôle de certains doublets : doublets liants (σ ou π) devenant non-liants (doublets libres, ou n), ou l'inverse.

Le *passage d'un doublet liant sur un seul des deux atomes liés* (rupture hétérolytique d'une liaison σ ou π) entraîne la création d'un déficit électronique (charge +1) sur celui que le doublet quitte, et d'un excédent électronique (charge −1) sur celui qui le reçoit(*) :

$$A{-}B \rightarrow A^{(+)}\ B^{(-)}$$

Mais il n'apparaît pas nécessairement, pour autant, des charges effectives +1 et −1, car les charges formelles ainsi créées s'ajoutent algébriquement à celles qui peuvent exister déjà sur l'un des deux atomes :

$$C_6H_5{-}\overset{+}{N}{\equiv}N \rightarrow C_6H_5^{+} + N{\equiv}N$$

(*) L'atome qui garde le doublet ne gagne que l'équivalent d'un électron, et non de deux, puisque ce doublet lui « appartenait déjà à moitié » ; il acquiert donc une charge −1, et non −2. Pour la même raison, l'atome qui perd le doublet acquiert une charge +1, et non +2.

Mécanismes non concertés	Mécanismes concertés
RUPTURE D'UNE LIAISON	
Le doublet de la liaison rompue	
■ Passe sur l'un des deux atomes qu'il liait : $A{:}B \rightarrow A\square : B$ • $\sigma \rightarrow n$ $CH_3-Cl \rightarrow \overset{+}{C}H_3 + Cl^-$	■ Se réemploie dans une nouvelle liaison : $A{:}B \quad \square C \rightarrow A\square \quad B{:}C$ • $\sigma \rightarrow \sigma$ $CH_3-Cl + AlCl_3 \rightarrow CH_3^+ + AlCl_4^-$ • $\sigma \rightarrow \pi$ $H-CH_2-CH_2^+ \rightarrow H^+ + H_2C=CH_2$ • $\pi \rightarrow \sigma$ $CH_3-CH=O + H^+ \rightarrow CH_3-\overset{+}{C}H-OH$
FORMATION D'UNE LIAISON	
Le doublet du nucléophile	
■ Vient occuper une case vide : $A{:} \quad \square B \rightarrow A{:}B$ • $n \rightarrow \sigma$ $OH^- + (CH_3)_3C^+ \rightarrow (CH_3)_3\,C-OH$	■ En « chasse » un autre : $A{:} \quad B{:}C \rightarrow A{:}B \quad {:}C$ • $n \rightarrow \sigma \Rightarrow \sigma \rightarrow n$ $NH_2^- + H-C\equiv C-H \rightarrow NH_3 + {}^-C\equiv CH$ • $n \rightarrow \sigma \Rightarrow \pi \rightarrow n$ $OH^- + C_6H_5-CH=O \rightarrow C_6H_5-CH(OH)-O^-$ • $n \rightarrow \pi \Rightarrow \sigma \rightarrow n$ $CH_3-C(OH)(OEt)-O^- \rightarrow CH_3-C(OH)=O + EtO^-$

Par convention, les flèches indiquent le « sort » des doublets électroniques ; elles vont donc toujours du nucléophile (donneur) à l'électrophile (accepteur).

Inversement, la *mise en commun d'un doublet libre* (formation d'une liaison par coordinence) entraîne la création d'un déficit électronique (charge +1) sur le « donneur » et d'un excédent électronique (charge −1) sur « l'accepteur ». Mais, là encore, ces charges s'ajoutent algébriquement à celles qui se trouvent éventuellement déjà présentes :

$$H_3C-\overset{+}{C}H_2 + Cl^- \rightarrow H_3C-CH_2-Cl$$

$$CH_3^- + H_2C{=}O \rightarrow CH_3-CH_2-O^-$$

Il est utile d'observer d'autre part qu'il n'y a pas de relation entre la présence d'une charge + et l'existence ou l'absence d'une case vide (lacune électronique) : dans NH_4^+ ou $R-\overset{+}{O}H_2$, N ou O sont déficitaires sans avoir de case vide ; dans BF_3 ou $AlCl_3$, B ou Al ont une case vide et ne sont pas déficitaires (sauf par polarisation des liaisons, ce qui est un autre point de vue).
De même il n'y a pas de relation entre la présence d'une charge − et la presence ou l'absence d'un doublet libre : dans $AlCl_4^-$ l'aluminium a quatre doublets partagés ; dans NH_3, N porte un doublet libre.
Enfin, bien des erreurs peuvent être évitées si l'on garde à l'esprit la règle de *conservation des charges* : en toute hypothèse et quoi qu'il arrive, la somme algébrique des charges doit être la même dans les deux membres de l'équation bilan d'une réaction, qu'il s'agisse de la réaction globale ou d'une de ses étapes.

5.4 Aspect stéréochimique

L'étude du déroulement des réactions sous l'aspect stéréochimique (*stéréochimie dynamique*) peut répondre à des préoccupations diverses.

5.4.1 Une meilleure compréhension de la réactivité

La mise en cause de facteurs stériques (géométriques) permet souvent d'expliquer des particularités de comportement, notamment des différences de réactivité entre des composés appartenant à une même fonction, à partir des deux idées suivantes :

- Pour qu'une réaction puisse avoir lieu, les sites réactionnels doivent pouvoir entrer effectivement en contact ; l'espace autour d'eux ne doit donc pas être trop encombré par les autres parties de la molécule.
- Si le déroulement d'une réaction crée, ou aggrave, une contrainte (déformation d'angles, passage à une conformation éclipsée, rapprochement de groupes volumineux), cette réaction est défavorisée. En raison d'une valeur élevée de son énergie d'activation, elle est plus lente, voire même totalement empêchée. Ce facteur peut intervenir soit au niveau d'un intermédiaire, soit à celui du produit final.

Voir § 5.2.2

Exemples

- La cétone $(CH_3)_3C-CO-C(CH_3)_3$ ne manifeste pas les propriétés habituelles de sa fonction, par suite de l'encombrement que créent les deux groupes tertiobutyles $-C(CH_3)_3$ autour du carbone fonctionnel.
- La nitration d'un hydrocarbure benzénique de la forme C_6H_5-R s'effectue principalement sur les positions « ortho » et « para » du cycle :

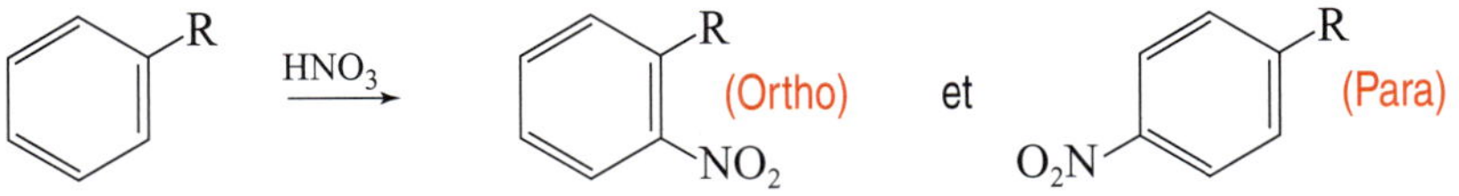

et la proportion dans laquelle s'obtiennent les deux isomères dépend fortement de la grosseur de R, qui gène plus ou moins l'approche de la position ortho (avec $R{=}CH_3$: ortho 61 %, para 39 % ; avec $R{=}C(CH_3)_3$: ortho 18 %, para 82 %).

• Les acides maléique (A) et fumarique (B) sont stéréoisomères, mais seul le premier peut être transformé en anhydride (C). Dans le second, en effet, les deux fonctions acides COOH sont trop éloignées l'une de l'autre.

(A) 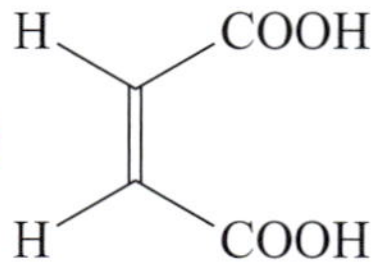 (B) 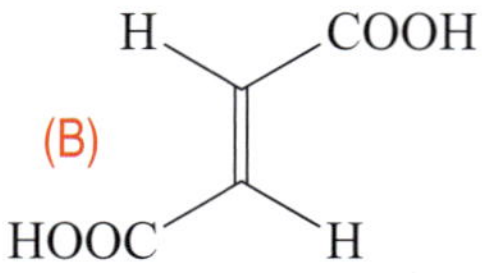 (C) 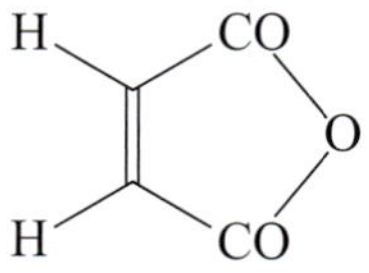

• La fermeture d'un cycle est plus difficile pour un petit cycle (trois ou quatre carbones) que pour un cycle moyen, en raison de la déformation imposée aux angles de liaison (de 109,5° à 60° pour le cyclopropane), et également de l'obligation faite aux liaisons C—H de se trouver en position éclipsée.

Voir chap. 2, § 2.3.2

5.4.2 Un moyen d'élucider les mécanismes de réaction

Voir page 112

Voir chap. 3, § 3.3.1, § 3.5.1 et § 3.1.2

Voir page 56

L'étude des relations qui peuvent exister entre les configurations des réactifs initiaux et celles des produits formés constitue l'un des principaux moyens d'obtenir des informations sur le mécanisme des réactions (un autre étant la méthode cinétique).

Il s'agit alors d'une expérimentation réalisée spécialement dans ce but, en choisissant une molécule de départ pouvant présenter, de même que le produit formé, plusieurs configurations (*R, S, Z* ou *E*). Par exemple, on peut étudier le mécanisme d'une substitution en la réalisant sur un carbone asymétrique : partant d'une molécule *R* ou *S*, on examine si le produit est *R, S* ou racémique. Ou encore on peut étudier le mécanisme d'une addition sur une double liaison en l'effectuant sur une molécule *Z* ou *E*, choisie de telle sorte qu'en outre, dans le produit formé, apparaissent deux carbones asymétriques. On examine alors si un stéréoisomère déterminé de la molécule initiale conduit à un seul ou à plusieurs des stéréoisomères du produit.

Si chaque configuration de la molécule initiale conduit à une seule configuration du produit, la réaction est *stéréospécifique*. C'est, par exemple, le cas si un réactif *R* conduit uniquement à un produit *R (rétention* de la configuration) ou uniquement à un produit *S (inversion* de la configuration). Mais un réactif *R* (ou *S*) peut aussi conduire, si la réaction n'est pas stéréospécifique, à un mélange des deux configurations *R* et *S* du produit (*racémisation*, si ces deux formes sont obtenues en quantités égales).

Remarque

Si une réaction susceptible de donner deux stéréoisomères fournit l'un d'eux *préférentiellement*, mais non exclusivement, elle est dite *stéréosélective*.

Divers exemples de telles situations seront rencontrés dans la suite. On verra alors comment des observations de cette nature peuvent être interprétées en termes de mécanismes réactionnels.

5.5 Acidité et basicité

De nombreuses réactions organiques sont de type « acidobasique », en référence soit à la définition des acides et des bases selon Brönsted et Lowry, soit à celle de Lewis.

5.5.1 L'acidobasicité selon Brönsted et Lowry

Un **acide** est une espèce (molécule ou ion) susceptible de céder un proton (c'est-à-dire un ion H^+) :

Exemple

l'acide acétique, $CH_3—COOH \leftrightarrows CH_3—COO^- + H^+$

Une **base** est une espèce (molécule ou ion) susceptible de fixer un proton :

Exemple

la méthylamine, $CH_3—NH_2+H^+ \leftrightarrows CH_3—\overset{+}{N}H_3$

Certaines espèces peuvent jouer les deux rôles, elles sont **amphotères** :

Exemple

l'éthanol,

$CH_3—CH_2—OH \leftrightarrows CH_3—CH_2—O^-+H^+$ *(rôle d'acide)*

$CH_3—CH_2—OH+H^+ \leftrightarrows CH_3—CH_2—\overset{+}{O}H_2$ *(rôle de base).*

Les processus de gain ou de perte d'un proton sont toujours réversibles. Ainsi, l'ion $CH_3—CO_2^-$, formé à partir de l'acide acétique par perte de H^+, peut inversement fixer un proton pour former une molécule $CH_3—COOH$; c'est donc une base. L'ion $CH_3—\overset{+}{N}H_3$ peut perdre un proton pour donner une molécule $CH_3—NH_2$; c'est donc un acide.

De ce fait, à chaque acide correspond une base (sa base *conjuguée*), de même qu'à chaque base correspond un acide (son acide *conjugué*), selon la relation générale :

$$\textbf{Acide} \leftrightarrows \textbf{Base}+\textbf{H}^+$$

Un acide et sa base conjuguée forment un **couple acidobasique**. La plupart de ces couples correspondent à l'une des deux formes :

$$BH \leftrightarrows B^-+H^+$$

ou

$$BH^+ \leftrightarrows B+H^+$$

Un acide peut être *fort* ou *faible,* selon qu'il cède facilement ou difficilement un proton. De même, une base peut être *forte* ou *faible*, selon qu'elle a une tendance forte ou faible à se combiner avec un proton. En conséquence, dans un couple, *si l'acide est fort sa base conjuguée est faible,* et inversement. Par exemple, HCl est un acide fort parce que sa base conjuguée Cl^- est faible, présentant peu d'affinité pour H^+ et s'en séparant donc facilement.

Une **réaction acidobasique** est un échange de proton entre deux couples, ou encore une compétition entre deux bases pour fixer un proton.

Exemple

la réaction entre l'acétylène HC≡CH et l'ion amidure NH_2^-

$$HC{\equiv}CH + NH_2^- \underset{2}{\overset{1}{\rightleftarrows}} HC{\equiv}C^- + NH_3$$

peut être considérée comme la somme de deux « demi-réactions » (fictives) :

$$HC{\equiv}CH \leftrightarrows HC{\equiv}C^- + H^+$$

et

$$NH_2^- + H^+ \leftrightarrows NH_3$$

Des deux bases $HC{\equiv}C^-$ et NH_2^-, la seconde est la plus forte, de sorte que la réaction évolue préférentiellement dans le sens 1.

Le schéma général d'une réaction acidobasique entre eux couples (1) et (2) est donc :

$$\textbf{Acide (1)} + \textbf{Base (2)} \leftrightarrows \textbf{Base (1)} + \textbf{Acide (2)}$$

et un tel équilibre évolue préférentiellement vers la formation de l'acide et de la base les plus faibles (qui sont nécessairement dans le même membre de l'équation-bilan).

La dissociation d'un acide dans l'eau est un cas particulier de réaction acidobasique, dans lequel l'eau joue le rôle d'une base, au sein du coupe H_3O^+/H_2O (H_3O^+ étant l'ion hydronium, ou proton hydraté) :

$$BH + H_2O \leftrightarrows B^- + H_3O^+$$

Exemple

$$HCOOH + H_2O \leftrightarrows HCOO^- + H_3O^+$$

Cette réaction sert de référence usuelle pour définir la force acide d'un couple. Sa constante d'équilibre porte le nom de *constante d'acidité* K_a du couple

$$K_a = \frac{[B^-][H_3O^+]}{[BH]}$$

On utilise aussi, pour caractériser l'acidité d'un couple, la valeur de son pk_a :

$$pK_a = -\log K_a$$

Il ne faut pas perdre de vue que K_a et pK_a sont définis pour des solutions aqueuses, et ne peuvent pas être utilisés pour d'autres milieux.

Relations acidobasicité-structure

Fondamentalement, l'acidité (on dit aussi la « *labilité de l'hydrogène* ») est associée à une certaine facilité de rupture hétérolytique pour une liaison A—H selon le schéma $\overset{\frown}{A}{:}H$. La basicité, quant à elle, est associée à la présence d'un doublet libre permettant la fixation d'un ion H^+ par coordinence (*protonation*), selon le schéma :

$$\mathbf{A{:}} \; + \; \square\mathbf{H^+}$$

Mais tous les composés hydrogénés ne sont pas des acides (CH_4 n'en est pas un) et, dans une molécule à caractère acide, tous les H ne sont pas labiles (dans CH_3—COOH seul l'H lié à l'oxygène l'est vraiment). De même, la présence de doublet(s) libre(s) n'apporte pas toujours le caractère basique (Cl^-, avec quatre doublets libres n'est pratiquement pas basique).

L'existence, et la force, des caractères acide et basique sont sous la dépendance de divers facteurs structuraux, électroniques ou géométriques. Certains interviennent dans la molécule initiale (polarisation de la liaison C—H, création d'une forte densité électronique sur l'atome porteur d'un doublet libre). D'autres interviennent au niveau de l'espèce conjuguée : un acide est d'autant plus fort que sa base conjuguée est plus stabilisée comparativement à lui, et une base d'autant plus forte que son acide conjugué est plus stabilisé comparativement à elle.

Remarques

Des exemples variés de ces effets structuraux seront rencontrés dans la suite. Les principaux facteurs dont ils montreront l'influence sont :

- l'électronégativité, la polarisation des liaisons et l'effet inductif [cf. 13.1 ; 15.2] ;
- la polarisabilité et le rayon des atomes [§ p. 376] ;
- la résonance et ses conditions géométriques [§ p. 281, 16.2 ; 18.2 ; 19.2.1 ; 21.1.2] ;
- l'hybridation.

Voir chap. 10, § 1C.2

5.5.2 L'acidobasicité selon Lewis

Selon les définitions proposées par Lewis :

➤ un **acide** est une espèce contenant un atome susceptible de se fixer sur un doublet électronique libre ;

➤ une **base** est une espèce possédant un doublet libre.

Il n'est donc plus question d'un rôle particulier dévolu au proton.

En ce qui concerne les bases, cette conception n'est pas très éloignée de celle de Brönsted, car les espèces qui peuvent fixer un proton (bases de Brönsted) possèdent précisément un doublet libre. Par contre la définition des acides par Lewis est beaucoup plus générale que celle de Brönsted, puisqu'elle englobe toute espèce comportant une case (ou orbitale) libre. Dans ces conditions, H^+ est lui-même un acide, de même que des composés comme BF_3, $AlCl_3$, Zn^{2+} ou CH_3MgBr :

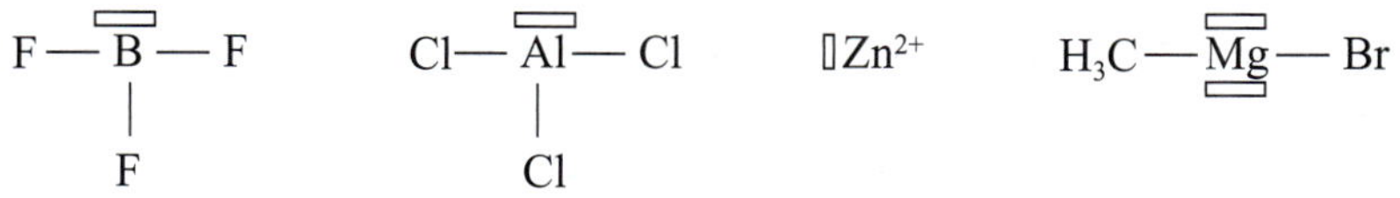

Selon cette façon de voir, toute formation d'une liaison par coordinence constitue une réaction du type acide-base. On peut observer, d'autre part, qu'un acide de Lewis est un électrophile, et qu'une base de Lewis est un nucléophile, mais ces analogies ne sont que qualitatives.

5.6 Les solvants et leur rôle

La grande majorité des réactions organiques s'effectuent en phase liquide, dans un solvant qui joue plusieurs rôles. Un double *rôle physique* d'abord :

➤ créer un milieu homogène dans lequel les réactifs sont en contact intime. Ceci est particulièrement important si les réactifs ne sont pas mutuellement solubles, et surtout s'il s'agit de solide(s) ;

➤ permettre de contrôler la vitesse de la réaction, en ajustant les concentrations des réactifs à une valeur convenable.

Un *rôle chimique* également :

un solvant est rarement un milieu inerte par rapport à la réaction. Souvent il y joue un rôle actif et peut, par exemple, influer considérablement sur sa vitesse, et/ou modifier son mécanisme. Ces « effets de solvant » sont faibles ou inexistants dans les réactions radicalaires, mais ils peuvent être extrêmement importants dans les réactions hétérolytiques, surtout lorsque des charges électriques apparaissent ou disparaissent.

Voir chap. 5, § 5.3.1 et § 5.3.2

L'apparition d'espèces ioniques intermédiaires à partir d'une molécule initiale comporte deux étapes :

Voir chap. 4, § 4.3

1. l'*ionisation* : la liaison covalente se polarise à l'extrême, et il se forme deux ions de signes contraires, qui restent associés dans une « *paire d'ions* » :

$$\overset{\delta+}{A}—\overset{\delta-}{B} \rightarrow [A^+B^-]$$

2. la *dissociation* : les deux ions se séparent et se « solvatent » plus ou moins, c'est-à-dire s'entourent d'une « coquille » de molécules de solvant :

$$[A^+B^-] + \text{solvant} \rightarrow A^+_{solv} + B^-_{solv}$$

La présence d'un solvant peut favoriser l'apparition d'ions intermédiaires, sous une forme plus ou moins réactive, au niveau de chacune de ces deux étapes, en exerçant un *pouvoir ionisant* et/ou un *pouvoir dissociant*. Pour interpréter ces divers effets, il faut distinguer chimiquement trois types principaux de solvants :

Voir chap. 15, § 15.1

➤ *solvants protiques* : capable de donner des liaisons hydrogène c'est-à-dire porteur d'hydrogènes acides (déficitaires en électrons) liés à un hétéroatome. Exemple l'eau H_2O :

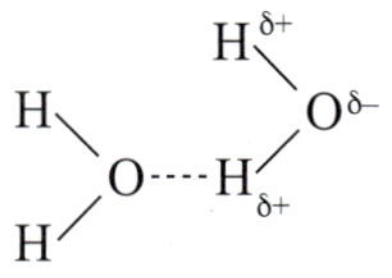

➤ *solvants aprotiques* : ne pouvant pas donner de liaisons hydrogène, cette catégorie de solvants peut être divisée en 3 sous catégories :

- les **aprotiques dipolaires** possédant un fort moment dipolaire, exemple : le diméthylsulfoxyde (DMSO) $(CH_3)_2S{=}O$ et l'acétonitrile CH_3CN ;
- les **aprotiques peu polaires** de moment dipolaire moyen exemple : l'éther diéthylique $(CH_3CH_2)_2O$;
- et enfin les **aprotiques apolaires** dénués de moment dipolaire : ce sont tous les hydrocarbures.

Remarque

Par ailleurs, et indépendamment de ces caractères chimiques, les solvants possèdent (comme tout milieu matériel) une *constante diélectrique* ε plus ou moins grande (hydrocarbures : environ 2 ; éthanol : 25 ; diméthylsulfoxyde : 45 ; eau : 80). Cette constante intervient dans la facilité avec laquelle les ions se séparent, dans la phase de dissociation. Elle figure en effet au dénominateur de l'expression de la force électrostatique d'attraction entre deux charges de signes contraires (loi de Coulomb), qui est d'autant plus faible que la constante ε du milieu est grande. L'eau est donc un solvant fortement dissociant.

Mais les effets de solvant les plus importants résultent des interactions que celui-ci peut établir, soit avec les molécules initiales (pouvoir ionisant), soit avec les ions formés (pouvoir de *solvatation*).

➤ Les *solvants protiques*, généralement du type A—OH, forment des associations avec les sites négatifs, et solvatent particulièrement les anions. Ils favorisent par exemple l'ionisation des dérivés halogénés RX, et la formation d'un cation libre, donc très réactif :

$$\overset{\delta+}{R}-\overset{\delta-}{X}+\overset{\delta+}{H}-O-A \rightarrow \overset{\delta+}{R}\cdots\overset{\delta-}{X}\cdots\overset{\delta+}{H}-O-A \rightarrow R^{+}+X^{-}\cdots\overset{\delta+}{H}-O-A$$

Les réactions qui s'effectuent par l'intermédiaire du carbocation R^+ sont donc facilitées (accélérées) par un solvant protique. C'est le cas, par exemple, des réactions de type « S_N1 ».

Voir chap. 13, § 13.2.1.a

➤ les *solvants aprotiques dipolaires* ou *aprotiques peu polaires* ont principalement un caractère donneur d'électrons, par le (ou les) site(s) négatif(s) qu'ils possèdent (ils possèdent généralement aussi un ou des sites positifs, mais ils sont souvent moins accessibles que les sites négatifs, et ne jouent pas le rôle principal).

Ils solvatent tout particulièrement les cations, et favorisent donc la formation d'anions libres, très réactifs. Ils « activent » entre autres les bases et les nucléophiles anioniques.

Exemples

- La base CH_3O^-, provenant de la dissociation du méthylate de sodium CH_3ONa en CH_3O^- et Na^+, enlève un H^+ sur un carbone 10^9 fois plus vite dans le diméthylsulfoxyde que dans le méthanol CH_3OH (le DMSO solvate Na^+ et libère CH_3O^-, alors que le méthanol solvate CH_3O^- par liaison hydrogène).
- La substitution de I^- par F^- dans CH_3I est 10^7 fois plus rapide dans le DMSO que dans l'éthanol.

En revanche, si le réactif nucléophile est une molécule (H_2O, NH_3) et non un anion, l'effet est beaucoup plus faible.

On obtient des résultats spectaculaires dans ce domaine par l'utilisation de composés, appelés *cryptants*, dont la molécule possède une cavité aux dimensions du cation à retirer du milieu. Celui-ci se trouve « mis en cage » et ne peut plus interagir avec l'anion qui doit produire la réaction.

Voir page 372

5.7 Oxydoréduction en chimie organique

Beaucoup de réactions de la chimie organique peuvent entrer dans la catégorie des réactions d'oxydoréduction, ou réactions « redox ». Pour aborder ce sujet, il n'est peut-être pas inutile de rappeler les principales définitions et règles applicables dans ce domaine :

- On peut attribuer à tout élément présent dans une molécule ou un ion un *nombre d'oxydation* (N.O.), caractéristique de son état d'oxydation.
- Si le N.O. de certains éléments varie au cours d'une réaction, il s'agit d'une réaction d'oxydoréduction.
- Une augmentation en valeur algébrique du N.O. est une *oxydation* pour l'élément concerné, et une diminution en valeur algébrique est une *réduction.*
- Au cours d'une réaction d'oxydoréduction, la somme algébrique des N.O. de tous les éléments concernés reste constante (la variation totale des N.O. des éléments oxydés est égale en valeur absolue à la variation totale des N.O. des éléments réduits).

Détermination du nombre d'oxydation d'un élément

S'agissant de composés covalents, la détermination du N.O. d'un élément ne peut se faire que par attribution (fictive) du doublet de chacune de ses liaisons au plus électronégatif des deux éléments (l'Annexe 2 donne les électronégativités des éléments le plus souvent rencontrés en chimie organique). Mais les réactions organiques ne mettent généralement en cause qu'un atome, ou un groupe d'atomes (groupement fonctionnel dans la molécule. On ne cherche donc généralement pas à déterminer le N.O. de tous les atomes constitutifs des molécules, et on ne s'intéresse qu'à celui de l'atome, ou des atomes, dont l'état de liaison change dans la réaction considérée.

Voir chap. 1, § 1.2.2

Exemples

• Nombre d'oxydation du carbone dans le méthane CH_4 : C étant plus électronégatif que H, on lui attribue (fictivement) les doublets des quatre liaisons C—H ; avec une couche externe de huit électrons, au lieu de quatre dans l'atome neutre, il porterait alors une charge −4, et son N.O. est donc −IV.

• Nombre d'oxydation des deux carbones dans l'éthylène $H_2C{=}CH_2$: les doublets des deux liaisons C—C sont partagés entre les deux C (un électron à chaque carbone) puisqu'ils ont par définition la même électronégativité, et ceux des liaisons C—H sont attribués à C. Chaque C disposerait alors de six électrons externes, soit deux de plus que dans l'atome neutre, sa charge serait −2 et son N.O. est donc −II (la somme des N.O. dans la molécule est nulle, puisque celui de chaque H est +I).

• Nombre d'oxydation du carbone fonctionnel dans un aldéhyde R—CH=O : les quatre électrons de la double liaison C=O sont attribués à O, ceux de la liaison C—H à C et le doublet de la liaison R—C (en fait liaison C—C) est partagé. Avec trois électrons externes, soit un de moins que dans l'atome neutre, le carbone porterait une charge +1, et son N.O. est +I.

Réactions d'oxydoréduction

Les réactions d'oxydoréduction mettent en jeu un réducteur (qui sera oxydé) *et* un oxydant (qui sera réduit). Elles comportent donc toujours à la fois une oxydation *et* une réduction simultanées. Cependant on désigne souvent certaines de ces réactions comme des « oxydations » (exemple : les réactions d'oxydation des aldéhydes) ou comme des « réductions » (exemple : les réactions de réduction des dérivés nitrés). Ce faisant, on porte attention uniquement à ce qu'il advient du *substrat*, c'est-à-dire de la molécule principale que la réaction a pour but de transformer. Mais une oxydation du substrat a toujours pour contrepartie la réduction du *réactif* (par exemple $KMnO_4$), de même que la réduction du substrat a toujours pour contrepartie l'oxydation du réactif (par exemple H_2, Zn, etc.).

Voir chap. 18, § 18.2.3

Voir p. 415

Bien des réactions organiques, que l'on ne songerait pas *a priori* à classer « redox », comportent en fait des variations de nombres d'oxydation.

Exemples

• La chloration du méthane ($CH_4+Cl_2 \rightarrow CH_3Cl+HCl$) est une oxydation pour le carbone dont le N.O. passe de –IV à –II, et une réduction pour les deux atomes de chlore dont le N.O. passe de 0 à –I.

• L'hydrogénation d'une double liaison C=C, par exemple celle de l'éthylène ($H_2C{=}CH_2+H_2 \rightarrow H_3C{—}CH_3$) est une réduction pour les deux C, dont le N.O. diminue de 1, et une oxydation pour les deux H dont le N.O. passe de 0 à +I. Mais l'hydrogénation d'un aldéhyde R—CH=O en alcool primaire $R—CH_2OH$ est une réduction uniquement pour le carbone fonctionnel, dont le N.O. passe de +I à –I, et l'oxygène, qui pourtant « reçoit » aussi un H, ne voit pas son N.O. varier, car il est toujours l'élément le plus électronégatif dans la nouvelle liaison O—H et « conserve » tous ses électrons.

La prise en compte des variations de nombre d'oxydation au cours des réactions organiques n'apporte pas toujours des éléments décisifs de compréhension, et on n'y porte donc pas intérêt dans tous les cas. Elle permet cependant d'établir une « hiérarchie » des fonctions, fondée sur le degré d'oxydation du carbone fonctionnel, et peut concourir à l'établissement d'une classification des réactions qui permettent de passer d'une fonction à une autre.

En chimie minérale, la prise en compte des variations des nombres d'oxydation est un moyen souvent utilisé pour équilibrer les bilans réactionnels, surtout lorsqu'ils comportent de nombreuses espèces, et des coefficients stœchiométriques élevés. En chimie organique, les bilans redox sont en général plus faciles à équilibrer (cf. les exemples précédents), mais dans certains cas ce procédé peut cependant rendre service.

Exemple

L'hydroxylation d'un alcène par le permanganate de potassium en milieu initialement neutre (il devient ensuite basique) correspond au bilan (non équilibré) suivant :

Voir p. 233

$$R{—}CH{=}CH{—}R'+MnO_4^- \rightarrow R{—}CHOH{—}CHOH{—}R'+MnO_2$$

Au cours de la réaction, le N.O. de chacun des deux carbones doublement liés passe de –I à 0, soit une variation globale de +2. Par ailleurs le manganèse passe du N.O. +VII dans le permanganate au N.O. +IV dans le dioxyde, soit une variation de –3. L'équilibrage se réalisera donc sur la base de six électrons formellement échangés (6 étant le plus petit commun multiple de 2 et de 3), d'où les coefficients suivants :

$$3R{-}CH{=}CH{-}R' + 2MnO_4^- \rightarrow 3R{-}CHOH{-}CHOH{-}R' + 2\ MnO_2$$

Cette équation indique l'équivalence entre l'alcène et le permanganate (3 moles pour 2 moles), ce qui est le principal. Mais on peut terminer l'équilibrage de la manière habituelle, en faisant intervenir l'eau et la production d'ions OH^- :

$$3R{-}CH{=}CH{-}R' + 2MnO_4^- + 4H_2O$$
$$\rightarrow 3R{-}CHOH{-}CHOH{-}R' + 2\ MnO_2 + 2\ OH^-$$

OBJECTIFS

- Reconnaître si une réaction est une substitution, une addition, une élimination, un réarrangement.
- Situer sur le profil énergétique d'une réaction les états initial et final, l'état de transition, le ou les intermédiaire(s), l'énergie de réaction, l'énergie d'activation.
- Connaissant l'équation-bilan d'une réaction et sa loi de vitesse, reconnaître s'il est possible ou non qu'elle ne comporte qu'une étape.
- Déterminer si une espèce est nucléophile ou électrophile.
- Dans une réaction acidobasique, identifier l'acide et la base, selon Brönsted ou selon Lewis.
- Prévoir sur quel site d'une espèce donnée se portera préférentiellement une attaque nucléophile ou électrophile.
- Entre deux carbocations ou deux carbanions, identifier le plus stable.

Les solutions se trouvent à la page 670.

5-a 1) Donner la définition d'un électrophile et d'un nucléophile.

2) Pour chaque ion ou molécule suivant, dire s'il s'agit d'un nucléophile ou d'un électrophile.

H^- HO^- BF_3 R_3N 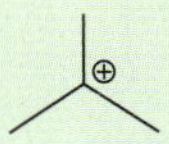 C_2H_5OH 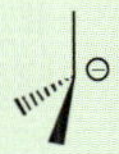

RO^- $\overset{\oplus}{N}H_4$ $\overset{\oplus}{N}O_2$ $AlCl_3$ H_2O H_2S $P(C_6H_5)_3$

5-b Déterminez le (ou les) site(s) sur le(s)quel(s) se portera préférentiellement l'attaque du réactif dans chacun des cas suivants (le « réactif » est indiqué en second) :

a) $H_3C—CH(CH_3)—CH_3 + Cl^\bullet$

b) $H_3C—CH_2—NH_2 + H^+$

c) $CH_2{=}CH—\overset{+}{C}H—CH_3 + Cl^-$

d) $H_3C—C(=O)—OCH_3 + OH^-$

e) $H_3C—CH{=}CH_2 + H^+$

f) $H_3C—CH_2Br + NH_3$

5-c Établir à quel type de mécanisme (ex. : addition électrophile, substitution nucléophile,...) appartiennent les réactions suivantes (le « substrat » est indiqué en premier) :

a) $CH_3—CH_2Br + CN^- \rightarrow CH_3—CH_2—CN + Br^-$

b) C_6H_6 (benzène) $+ CH_3—Cl \rightarrow C_6H_5—CH_3 + HCl$

c) $CH_3—CH_3 + Cl_2 \rightarrow CH_3—CH_2Cl + HCl$

d) $H_2C{=}CH_2 + HBr \rightarrow H_2\overset{+}{C}—CH_3 + Br^-$

e) $CH_3—CH{=}O + N{\equiv}C^- \rightarrow CH_3—CH(O^-)—C{\equiv}N$

5d Identifiez dans le premier membre des équations-bilans suivantes, les acides et les bases, en précisant s'il s'agit de la définition de Brönsted ou de celle de Lewis :

a) $CH_3—CH_2^+ + H_2O \rightarrow CH_3—CH_2—\overset{+}{O}H_2$

b) $CH_3O^- + H_2O \rightarrow CH_3OH + OH^-$

c) $C_6H_5—OH + H_2O \rightarrow C_6H_5—O^- + H_3O^+$

d) $HC{\equiv}C^- + CH_3I \rightarrow HC{\equiv}C—CH_3 + I^-$

5e Dans le premier ou le second membre des équations-bilans suivantes, ajouter les signes + ou –, ou les électrons impairs (•) qui manquent :

a) $H + CH_3—C({=}O)—CH_3 \rightarrow CH_3—C(OH)—CH_3$

b) $CH_3—CH(O^-)—CH_3 + H_2O \rightarrow CH_3—CH(OH)—CH_3 + OH$

c) $CH_3—MgBr + H_2C—CH_2$ (pont O, époxyde) $\rightarrow CH_3—CH_2—CH_2—O + MgBr$

d) $CH_3Cl + AlCl_3 \rightarrow CH_3 + AlCl_4$

e) $R\bullet + C_6H_5—CH{=}CH_2 \rightarrow R—CH(C_6H_5)—CH_2$

f) $R—OH + Zn^{2+} \rightarrow R—O(Zn^+)—H$

g) $CH_3—CH—OH + CH_3OH \rightarrow CH_3—CH(OH)—\overset{+}{O}(H)—CH_3$

5-f La réaction de bromation de l'acétone :

$$CH_3—CO—CH_3 + Br_2 \rightarrow CH_3—CO—CH_2Br + HBr$$

effectuée en milieu basique (présence d'ions OH^-) a pour loi de vitesse expérimentale

$$v = k\,[CH_3COCH_3]\,[OH^-].$$

Quelle conclusion peut-on tirer de cette observation, quant au caractère « élémentaire » ou « complexe » de cette réaction ?

5-g Écrivez les formes mésomères possibles du composé suivant et en déduire les sites pouvant être attaqués par un nucléophile :

$$CH_3—CH{=}CH—CH{=}CH—C{\overset{\displaystyle O}{\underset{\displaystyle H}{\lessgtr}}}$$

5-h Comparer la stabilité des radicaux suivants :

a) 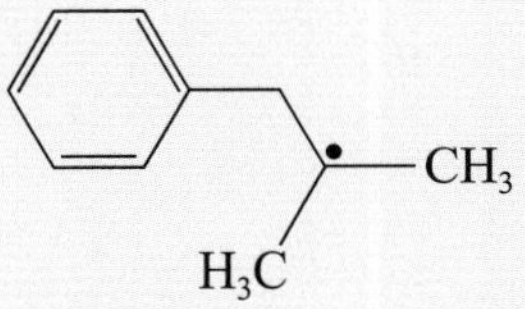

b) 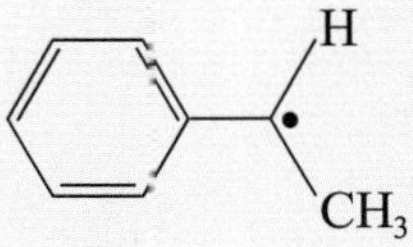

c) 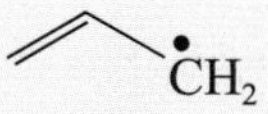

5-i Le diméthylsulfoxyde (DMSO) (p. 128) est un solvant moyennement visqueux. Lorsque de l'eau lui est additionnée progressivement, la viscosité du mélange commence par augmenter, atteint un maximum puis finit par diminuer. Interpréter cette observation.

La détermination des structures

6

PRÉALABLES

- Masse molaire, atomique et moléculaire.
- Formules développées planes ; notion de fonction et principales fonctions.
- Angles et longueurs de liaison.
- Niveaux d'énergie quantifiée dans les atomes et les molécules.
- Rayonnement électromagnétique ; fréquence et longueur d'onde.
- Notion de champ magnétique.
- Notion de température de changement d'état (fusion, ébullition).

Voir chap. 1

Voir chap. 2

Voir cours de chimie physique

MOTS-CLÉS

- Absorption (du rayonnement)
- Bande d'absorption
- Chromatographie
- Coefficient d'extinction
- Composition centésimale
- Constantes physiques
- Corps pur
- Couplage de spins
- Cryométrie
- Déplacement chimique
- Distillation
- Loi de Lambert-Beer
- Infrarouge
- Résonance magnétique nucléaire
- Spectrophotométrie
- Ultraviolet

Les chapitres précédents, et les nombreuses informations qu'ils contiennent sur la structure des molécules, témoignent que nous possédons à ce sujet beaucoup de renseignements, très précis. Pourtant, personne n'a jamais vu une molécule, et nos connaissances dans ce domaine ne peuvent être acquises que par des méthodes indirectes.

Le chimiste organicien peut passer plus de temps à identifier et à caractériser les composés qu'il prépare, et à déterminer leur structure, qu'à en faire la synthèse. Il dispose pour cela d'un « arsenal » de techniques physiques, extrêmement performantes, applicables à des échantillons minimes (quelques milligrammes, ou même moins), faisant appel à un matériel très sophistiqué, largement automatisé et informatisé (et très coûteux).

Ce chapitre évoque les étapes de la démarche conduisant à élucider la structure d'un composé, et donne en particulier les bases de quelques-unes de ces méthodes physiques.

6.1 La nature du problème

Lorsqu'un chimiste organicien a effectué la synthèse d'un composé, ou lorsqu'il a isolé une substance naturelle (par exemple par extraction des feuilles d'une plante), le problème se pose à lui d'identifier ce produit, c'est-à-dire de déterminer complètement sa formule développée, y compris éventuellement sa géométrie dans l'espace.

Remarque

Il n'est pas impossible d'y parvenir sans aucune information initiale sur la nature du composé. Mais il est rare, en fait, que dans ce genre de travail on doive partir « de zéro », et avancer entièrement à l'aveuglette. Souvent, en effet, on peut faire des hypothèses raisonnables, en fonction de travaux antérieurs dans le même domaine ; c'est le cas, par exemple, lorsqu'on a appliqué une réaction d'un type connu à des composés qui n'y avaient jamais encore été soumis. Fréquemment on cherche donc à confirmer une structure supposée, plutôt qu'à élucider une structure totalement inconnue.

La première démarche consiste donc en général à rechercher dans la littérature chimique si le composé auquel on pense avoir affaire a déjà été préparé quelque part dans le monde. Il existe pour cela des dictionnaires de composés chimiques (fig. 6.1), ainsi que des banques de données informatisées continuellement mises à jour. Deux situations peuvent alors se présenter :

1. *Le composé est déjà connu* : la littérature fournit en ce cas à son sujet une sorte de « fiche d'identité » (valeur des constantes physiques telles que température de fusion et d'ébullition, densité, indice de réfraction; spectres, etc.). La tâche consiste alors à vérifier si le composé à identifier a effectivement les mêmes caractéristiques.
2. *Le composé n'a jamais été préparé* : la tâche est alors évidemment plus difficile. Il faut recourir aux diverses techniques d'élucidation des structures, dont les plus courantes sont décrites dans ce chapitre. Le « flair » du chimiste, guidé par le contexte dans lequel a été préparé ou isolé le composé, a aussi son rôle à jouer…

Le chimiste qui aura mené à bien ce travail sera ensuite amené à le publier dans la littérature spécialisée, c'est-à-dire à le porter à la connaissance de la communauté scientifique. Les données qu'il aura établies pourront alors servir à un autre chercheur, qui se trouvera, cette fois, dans la première des deux situations évoquées ici.

3-Phénylhexan-2-one

$$\begin{array}{c} \qquad\qquad\qquad\quad C_6H_5 \\ \qquad\qquad\qquad\quad | \\ CH_3 \cdot CH_2 \cdot CH_2 \cdot CH \cdot CO \cdot CH_3 \end{array}$$

$C_{12}H_{16}O$ MW 176

B.p. 235 - 6°C, 114 - 15°C / 13 mm. D_4^{20} 0·970. n_D^{20} 1·5020.

Oxime : m.p. 42 - 3°C.

Semicarbazone : m.p. 137 - 137·5° C.

Lévy, Jullien, *Bull. Soc. Chim.*, 1929, **45**, 941.

Suter, Weston, *J. Am. Chem. Soc.*, 1942, **64**, 533.

Deux, *Compt. Rend.*, 1941, **213**, 211.

Figure 6.1 **La « fiche d'identité » d'un composé organique.**
On y trouve :
– Les constantes physiques du composé lui-même : point d'ébullition (*boiling point*, B.p.) sous 1 atm et sous 13 mmHg, densité, indice de réfraction, ainsi que sa masse molaire (molecular weight, MW).
– Les points de fusion (*melting point*, m.p.) de deux de ses dérivés caractéristiques [18.2.1.h].
– Les références des articles publiés par les chimistes qui ont préparé le composé, ou donné des informations à son sujet.
(*Dictionary of organic compounds* par J.R.A. Pollock et R. Stevens, Eyre-Spottingwoods éd. 1965).

6.2 Purification de l'échantillon

L'identification d'un composé nécessite qu'il se présente sous la forme d'un **corps pur**, et non d'un mélange. Il convient donc, avant tout, de lui appliquer les procédés de *séparation* et de *purification* qui conviennent à sa nature ou à son état physique, jusqu'à ce qu'il présente les caractères d'un corps pur : résistance à tous les essais de fractionnement, constance de la température au cours des changements d'état, etc.

En chimie organique, les techniques de séparations et de purifications les plus courantes sont :

➤ **La distillation fractionnée**, fondée sur la différence de points d'ébullition (ou de « volatilité ») de deux liquides.

La distillation est l'une des opérations les plus courantes dans un laboratoire de chimie organique, en raison notamment du fait que les composés organiques sont souvent des liquides, de point d'ébullition relativement bas. Elle est pratiquée de façon quasi-systématique, avec un matériel très simple (fig. 6.2) sur le mélange brut des produits d'une réaction, pour une première séparation sans purification très poussée. Chaque « fraction » obtenue est ensuite purifiée, soit par une nouvelle distillation, soit par une autre technique (chromatographie, par exemple).

Web

Elle peut être appliquée à des quantités de matière très différentes, de quelques grammes au laboratoire à plusieurs tonnes dans l'industrie. Ainsi, des tours (ou colonnes) de distillation font partie du « paysage » de toutes les raffineries ; elles y servent à fractionner le pétrole brut en ses composants et traitent en continu des tonnages très importants.

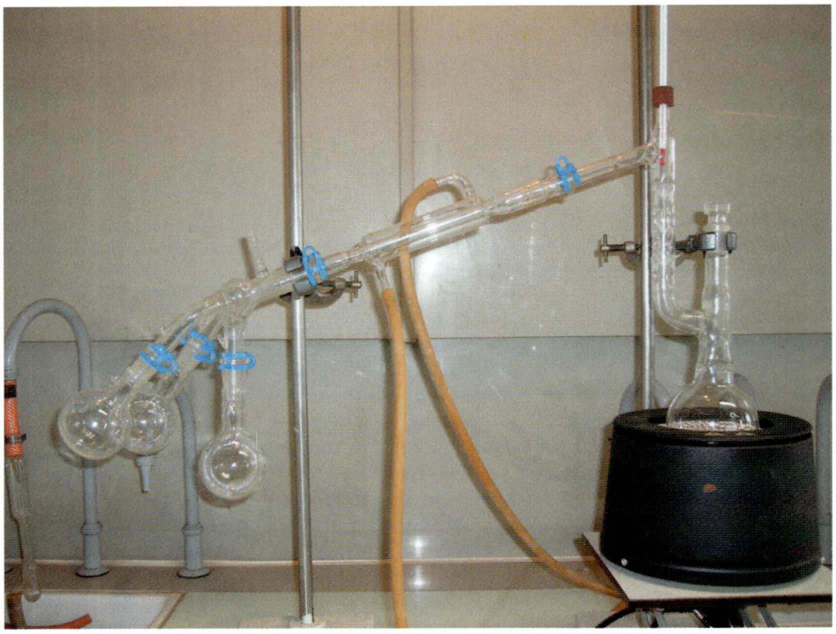

Figure 6.2 **Une distillation simple au laboratoire.**
Pour séparer par distillation les constituants d'un mélange de liquides, on le fait bouillir dans un ballon que l'on voit ici en bas à droite, dans un chauffe-ballon électrique, surmonté d'une « colonne ». Les vapeurs qui arrivent au sommet de cette colonne traversent ensuite un « réfrigérant », constitué par un tube entouré d'une enveloppe dans laquelle circule de l'eau froide. Elles s'y condensent et le liquide ainsi obtenu, ou « distillat », est recueilli dans une « recette » (le petit ballon que l'on voit à gauche). Un thermomètre placé au sommet de la colonne indique la température des vapeurs qui y parviennent.
En simplifiant, on peut dire que les constituants du mélange se vaporisent successivement, dans l'ordre croissant de leurs points d'ébullition, et parviennent ainsi les uns après les autres au sommet de la colonne et dans le réfrigérant. Le thermomètre indique une température constante aussi longtemps qu'un même constituant arrive en tête de la colonne, puis monte brusquement lorsque le constituant suivant arrive. On change de recette chaque fois que le thermomètre indique ainsi un changement de constituant.

➤ **La chromatographie**, fondée sur une différence d'affinité des constituants d'un mélange pour un « adsorbant ».

Web

La *chromatographie en phase gazeuse* (ou en phase « vapeur », d'où le sigle usuel CPV) permet de séparer les constituants de mélanges de gaz ou de liquides volatils. L'appareillage consiste essentiellement en un long tube (plusieurs mètres) de faible diamètre (quelques millimètres), rempli d'un solide en grains fins ou en poudre, imprégné d'un liquide non volatil, qui constitue la « phase stationnaire ». Un échantillon du mélange est introduit, à l'état gazeux, à une extrémité du tube, dans lequel il est entraîné par un courant de gaz inerte, jouant le rôle de « gaz vecteur » (généralement de l'azote ou de l'hélium). Les constituants du mélange progressent dans le tube à des vitesses différentes, en fonction de l'affinité plus ou moins grande qu'ils peuvent avoir avec la phase stationnaire. Ils en sortent donc successivement, et non simultanément, et un « détecteur », placé à la sortie du tube, permet de repérer leur passage, signalé par un « pic » sur un enregistrement.

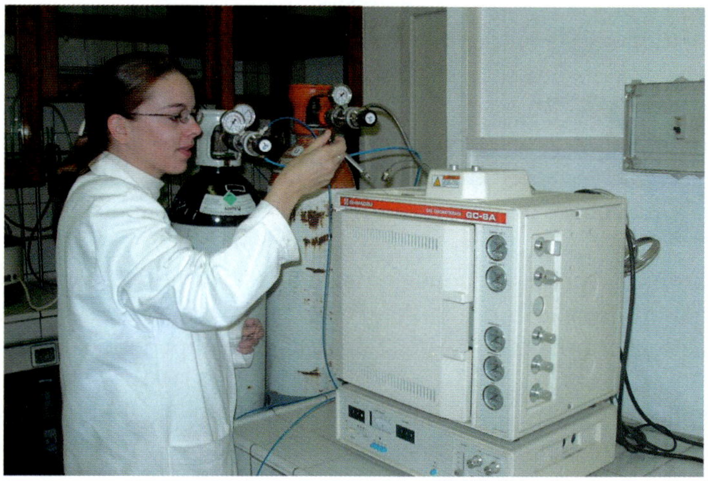

Figure 6.3
Appareil de CPV (ou CPG).
Une quantité infime (quelques microlitres) de l'échantillon à étudier diluée dans un solvant est injectée à l'aide d'une seringue dans la chambre d'injection où il est vaporisé.

Si l'opération est faite dans un but purement analytique (vérifier la pureté d'un produit, dénombrer et doser les constituants d'un mélange), les gaz sortant du tube ne sont pas récupérés. Mais on peut aussi « piéger » et récupérer chaque constituant du mélange à la sortie, et la CPV devient alors « préparative ». Mais elle ne peut fournir que des quantités faibles de produits purs.

1) 2) 3)

Figure 6.4 **Séparation de deux pigments végétaux par chromatographie sur papier.**
1) Extraction des pigments : découpez une feuille d'épinard en tout petits morceaux et broyez-les longuement, avec 2 à 3 mL d'alcool « à 90° », dans le fond d'une tasse ou d'un petit verre avec la pointe d'une cuillère, jusqu'à obtenir une solution vert sombre.
2) Imprégnation de la « phase stationnaire » : découpez dans une feuille de buvard blanc (à défaut dans un filtre à café) une bande de 1 cm de large, et faites tremper son extrémité dans la solution (fig. 1), jusqu'à ce que celle-ci soit montée de 2 cm environ dans le papier.
3) *Élution* : remplacez la solution verte par de l'alcool pur et plongez-y à nouveau l'extrémité de la bande de papier (fig. 2). En s'élevant dans le papier, l'alcool fait migrer la zone verte, qui se concentre en même temps qu'apparaît au-dessus d'elle une zone jaune qui migre plus vite qu'elle (fig. 3). Cette petite manipulation montre le principe de la chromatographie mais, vu la simplicité des moyens mis en œuvre, la séparation obtenue n'est pas parfaite. Dans des conditions optimales (nature du papier, choix des solvants d'extraction et d'élution) on peut obtenir deux zones, verte et jaune, bien séparées. On peut alors les découper et extraire séparément de chacune d'elles les deux pigments avec un solvant.

La *chromatographie en phase liquide* est une technique analogue, à ceci près que la phase stationnaire est un solide en poudre (silice, alumine…) et la phase mobile une solution d'un mélange de solutés, le gaz vecteur étant remplacé par un solvant pur.

Une autre forme de chromatographie liquide-solide est la *chromatographie sur papier* (fig. 6.4), ou sur *couche mince* d'un solide en poudre étalée sur un support (verre, aluminium etc.). Là encore on peut distinguer la chromatographie analytique et préparative.

Web

En recherche, la chromatographie sur couche mince (ccm) est utilisée pour suivre l'évolution d'une réaction. Soit la réaction A → B dont le temps réactionnel est inconnu, un suivi réactionnel pourra être effectué par chromatographie sur couche mince (ccm).

Web

Au temps T0, un spot contenant le produit de référence A est déposé à la base d'une plaque ccm à l'aide d'un capillaire. Le spot est élué avec un solvant permettant la migration du produit A à une hauteur donnée de la plaque.

Au temps T1, deux spots sont déposés sur une autre plaque, le premier contenant le produit de référence A et le second, le mélange de la réaction. Après élution, l'analyse de la ccm montre la formation du produit B mais également que la réaction n'est pas terminée puisqu'un spot apparaît au niveau de migration du produit A.

Au temps T2, l'opération est renouvelée, le produit A a totalement disparu au profit du produit B, la réaction est alors terminée.

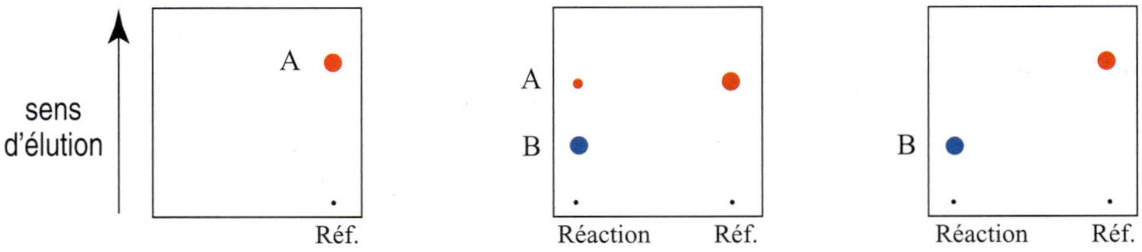

T 0
Produit A de référence

T1
Spots de référence A
et du mélange réactionnel
contenant A et B

T2
Spots de référence A
et du mélange réactionnel
ne contenant plus que B

- **L'extraction par solvant**, fondée sur une différence de solubilité dans un solvant, ou sur le partage des constituants d'un mélange entre deux solvants non miscibles.
- **La cristallisation fractionnée**, fondée sur la différence de solubilité de deux solides dans un liquide (solvant), ou sur leur différence de point de fusion.

6.3 Masse molaire, composition centésimale et formule brute

La **masse molaire** est la première et la plus fondamentale des données à recueillir. Elle peut être déterminée de plusieurs façons :

6.3.1 Cryométrie

Il s'agit de la mesure de l'écart de point de congélation qui existe entre un solvant pur et une solution dans ce solvant du composé étudié (la solution se congelant à une température plus basse que le solvant pur). Selon la loi de Raoult, l'abaissement de point congélation ΔT (en degrés) est lié à la concentration massique c de la solution (masse du corps en solution dissoute dans 1 kg de solvant) et à la masse molaire M du corps dissous par la relation :

$$\Delta T = \mathrm{K}\frac{\mathrm{c}}{M} \quad \text{ou} \quad M = \mathrm{K}\frac{\mathrm{c}}{\Delta T}$$

où K est une constante caractéristique de chaque solvant (constante cryoscopique), qui vaut par exemple 1,86 pour l'eau et 5,12 pour le benzène.

La cryométrie présente l'intérêt d'être facile à mettre en œuvre, mais la loi de Raoult n'est pas applicable si le « soluté » (c'est-à-dire le corps dissous) subit une dissociation ionique. Elle donne également un résultat erroné si le soluté donne lieu à une association intermoléculaire, notamment par « liaison hydrogène ».

Voir chap. 15, § 15.2

6.3.2 Spectrométrie de masse

Voir § 6.6.3

Cette technique, décrite plus loin, fournit la valeur des masses molaires avec une grande précision. Mais c'est une technique « lourde », nécessitant des équipements très importants, dont tous les laboratoires ne disposent pas.

La **composition centésimale** d'une substance est la proportion, exprimée en pourcentage, de chacun des éléments qui la constituent. Ainsi, une mole d'éthane C_2H_6 (masse molaire $M = 30$) contient 24 g de carbone et 6 g d'hydrogène, proportions correspondant respectivement à 80 % et 20 % ; la « composition centésimale » de l'éthane est : C % 80 ; H % 20.

Web

Cette composition se déduit des résultats de l'*analyse élémentaire* c'est-à-dire l'identification et le dosage de chacun des éléments présents dans le composé étudié.

Les éléments constitutifs d'un composé organique sont identifiés par « minéralisation » :

- C et H par une oxydation totale, sont transformés respectivement en CO_2 et H_2O faciles à mettre en évidence.
- N, Cl, Br, I, S…, par une réaction en présence de sodium fondu, sont transformés en divers sels minéraux (cyanure NaCN, halogénures NaCl, NaBr, NaI, sulfure Na_2S), caractérisés ensuite par les méthodes habituelles de l'analyse minérale.

Si l'on effectue ces diverses réactions sur un échantillon de masse connue du composé étudié, et dans des conditions permettant de déterminer avec précision la masse de chacun des produits formés, on peut *doser* chaque élément constitutif de ce composé et ainsi établir sa composition centésimale.

Remarque

La détermination quantitative de l'azote s'effectue d'une façon particulière : tout l'élément azote contenu dans le composé organique est transformé en diazote N_2 gazeux, dont on mesure le volume.

Il n'y a pas de méthode simple pour doser directement l'oxygène, dont la proportion présente dans un composé organique se détermine par différence :
O % = 100 – (somme des % de tous les autres éléments présents).

Les techniques d'analyse élémentaire quantitative ont été portées à un haut degré de perfectionnement et d'automaticité. Le dosage des éléments est possible sur des échantillons minimes, de l'ordre de quelques milligrammes (« microanalyse ») dans des laboratoires spécialisés auxquels ordinairement les chimistes adressent leurs produits.

Question 6.A

Pour réaliser l'analyse élémentaire d'un composé dans lequel on n'a pu identifier directement que les éléments C, H et N, on procède à l'oxydation complète d'un échantillon de 0,120 g. On obtient 88 mg de CO_2, 72 mg d'eau et 44,8 mL de diazote (volume mesuré à 0 °C et sous 1 atm). Quelle est la composition centésimale de ce composé ?

La détermination de la composition centésimale d'un composé inconnu peut répondre à deux finalités :

1. Si l'on a pu attribuer une formule supposée au composé étudié, de sorte que l'on cherche à *confirmer* une structure, la concordance de la composition centésimale obtenue expérimentalement avec celle que l'on peut calculer *a priori* à partir de la formule est un argument (non une preuve) en faveur de celle-ci.
2. Si l'on ne peut faire aucune hypothèse sur la structure du composé étudié, la connaissance de sa composition centésimale et de sa masse molaire permet tout au moins de lui attribuer une formule brute.

Il suffit pour cela d'écrire qu'il y a le même rapport entre 100 g et la masse molaire qu'entre les masses de chaque élément contenues respectivement dans 100 g (c'est-à-dire la composition centésimale en cet élément) et dans une mole.

Exemple

Un composé formé des éléments C, H et O, dont la formule brute est donc de la forme $C_xH_yO_z$, a la composition suivante : C % 68,2 ; H % 13,6 ; O % 18,2. Sa masse molaire a été trouvée égale à 88. Quelle est sa formule brute ?

Pour le carbone, on peut poser l'égalité :

$$\frac{100}{88} = \frac{68{,}2}{12 \cdot x} \quad \text{d'où } x = 4{,}98 \approx 5.$$

On trouverait de même que $y = 11{,}97 \approx 12$ et que $z = 1$. La formule brute du composé est donc $C_5H_{12}O$.

Question 6.B

Une analyse élémentaire a conduit aux résultats suivants : C % 78,62, H % 8,36, N % 12,99. Apporte-t-elle une présomption favorable à l'identification d'un composé auquel on pense pouvoir attribuer une structure correspondant à la formule brute C_7H_9N (les erreurs d'expérience sont de l'ordre de ± 0,5 %).

Question 6.C

L'analyse élémentaire d'un composé organique a conduit à lui attribuer la composition centésimale suivante : C % 49,0 ; H % 2,7 ; Cl % 48,3. Par ailleurs, une solution de 0,97 g de ce composé dans 50 g de benzène se congèle 0,67 degré plus bas que le benzène pur (constante cryoscopique du benzène : 5,12). Quelle formule brute peut-on appliquer à ce composé ?

6.4 CONSTANTES PHYSIQUES

Les constantes physiques usuelles, qui ont surtout une valeur de comparaison avec les données de la littérature, pour établir l'identité d'un composé avec un composé déjà connu, sont :

- Le **point de fusion** (F, ou T_f), facile à déterminer avec une bonne précision (fig. 6.5) dans la mesure où il se situe dans un domaine de température facilement accessible (approximativement entre 0 °C et 300 °C), ce qui est fréquemment le cas des solides organiques.

Web

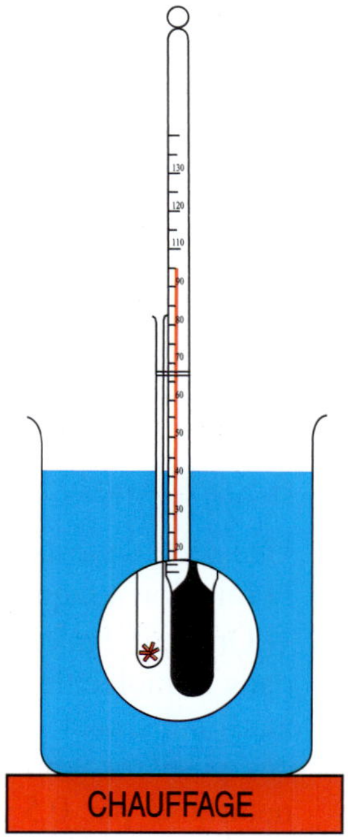

Figure 6.5 Une technique simple pour la détermination des points de fusion.
On introduit quelques petits cristaux du composé dans un tube fin, que l'on fixe contre un thermomètre de précision, et on immerge le tout dans un liquide dont le point d'ébullition est supérieur au point de fusion présumé. On chauffe ce liquide, très lentement de sorte que la température dans le tube soit aussi voisine que possible de celle du bain, tout en observant attentivement les cristaux avec une loupe. Au moment où on les voit fondre, on lit la température du bain sur le thermomètre.

- Le **point d'ébullition** (Eb, ou $T_{éb}$), plus difficile à déterminer avec exactitude, et surtout variable avec la pression sous laquelle il est mesuré. Cette pression doit donc toujours être précisée lorsqu'on indique un point d'ébullition (elle s'exprime alors souvent en « mm de mercure », mmHg, bien que ce ne soit pas une unité officielle ; 1 atm correspond à 760 mmHg).

Exemple

Eb_{15}, point d'ébullition mesuré sous 15 mm de mercure.

➤ **L'indice de réfraction** (n), qui se mesure très facilement avec un « réfractomètre ». Il est fonction à la fois de la température et de la longueur d'onde (ou de la fréquence) de la lumière employée, qui doivent donc être précisées.

Exemple

n_D^{20}, indice mesuré à 20 °C, et avec la lumière de la raie D du spectre du sodium.

➤ La **densité** (d) qui, pour un liquide, se définit comme le rapport de la masse d'un volume *V* de ce liquide à celle du même volume d'eau, prise à 4 °C. Sa mesure se ramène donc à la détermination de la masse d'un volume exactement connu du composé, dont la température peut être différente de 4 °C et doit être précisée.

Exemple

d_4^{20} densité du liquide à 20 °C, par rapport à l'eau à 4 °C.

Question 6.D

Un chimiste publie ainsi les constantes physiques qu'il a déterminées pour un composé qu'il a été le premier à préparer : F = 12 °C ; Eb = 138,5 °C ; n = 1,3591. Ces renseignements sont-ils exploitables par un autre chimiste ?

6.5 Caractérisation chimique

L'identification d'un composé inconnu, ou la vérification d'une formule supposée, peuvent se poursuivre par la mise en œuvre de procédés chimiques.

6.5.1 Analyse fonctionnelle qualitative et quantitative

Une série de tests chimiques, en présence de divers « réactifs », permet de connaître la fonction à laquelle appartient le composé (alcool, aldéhyde, cétone, amine, etc.).

On peut également déterminer le nombre de groupements fonctionnels présents dans la molécule (par exemple, le nombre de doubles liaisons). Un tel dosage peut aussi constituer une mesure indirecte de la masse molaire. Ainsi, dans le cas d'un composé reconnu pour être un acide carboxylique, et dont 1 g serait exactement neutralisé par 0,5 g de soude (soit 1/80 de mole), il ne pourrait s'agir que d'un monoacide de masse molaire 80, d'un diacide de masse molaire 160, etc., et d'autres critères peuvent permettre d'opter entre ces différentes hypothèses.

6.5.2 Modifications chimiques et transformations en dérivés caractéristiques

Des indications utiles peuvent être obtenues en transformant chimiquement le composé étudié, par des réactions ne prêtant à aucune équivoque. Par exemple, un composé non déjà connu, dans lequel on a identifié une fonction cétone et une double liaison carbone-carbone peut être « hydrogéné » de façon à faire disparaître la double liaison selon le schéma :

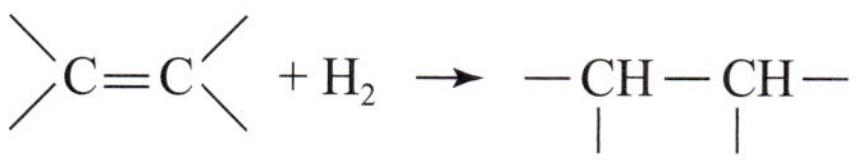

sans modifier en rien le reste de la molécule. On obtient de cette façon une cétone simple, qui a plus de chances d'être déjà connue et de pouvoir être identifiée par ses constantes physiques. La forme de la chaîne carbonée se trouve alors élucidée, de même que la position de la fonction sur cette chaîne. Il ne reste plus, ensuite, qu'à préciser la position de la double liaison, ce qui peut être fait, par exemple, par coupure de la molécule sous l'action de l'ozone.

Voir p 234

Une autre pratique courante, si l'on pense avoir affaire à un composé déjà décrit dans la littérature, est d'en transformer un échantillon en un « dérivé caractéristique », afin d'ajouter ses propres constantes physiques à celles du composé à identifier. On diminue ainsi les risques de coïncidence fortuite entre les constantes de deux composés différents. On s'intéresse surtout, dans ce rôle, aux dérivés cristallisés, dont les points de fusion peuvent être facilement mesurés avec une bonne précision (exemple : dérivés des aldéhydes et des cétones).

Voir chap. 18, § 18.2.1.h

6.5.3 Synthèse indépendante

Afin de confirmer une structure supposée, on peut également envisager d'effectuer la synthèse indépendante du composé possédant cette structure, à la condition qu'elle soit possible par des réactions « classiques » et éprouvées, différentes de celles par lesquelles on a obtenu le composé que l'on veut identifier, et dont le résultat ne peut pas faire de doute. Il ne reste plus, ensuite qu'à comparer (par exemple au moyen des constantes physiques ou des spectres) l'échantillon « authentique » ainsi obtenu et le composé étudié, de façon à vérifier s'ils sont effectivement identiques.

6.6 Méthodes spectroscopiques

Il existe de nombreuses formes d'*interaction entre la matière et le rayonnement électromagnétique*, qu'il s'agisse de rayonnement hertzien, infrarouge, visible ou ultraviolet, de rayons X ou de rayonnement associé à un faisceau de particules, électrons ou neutrons.

Les modalités et les effets observables de ces interactions dépendent très étroitement de la structure de la matière : structure électronique (niveaux d'énergie dans les atomes ou les molécules, nature des liaisons) ou structure géométrique (positions des atomes dans l'espace). L'observation et l'analyse de ces phénomènes peut donc apporter des informations sur cette structure, et il y correspond toute une « panoplie » de techniques, à la disposition entre autres des chimistes pour lesquels elles sont devenues des auxiliaires irremplaçables dans le travail d'élucidation des structures. Ils y trouvent de nombreux renseignements extrêmement « fins », qu'ils ne pourraient pas obtenir autrement.

La suite de ce chapitre concerne trois de ces techniques, parmi les plus fréquemment utilisées. D'autres existent, et peuvent même être très importantes dans la résolution de certains problèmes (par exemple, techniques de diffraction des rayons X, des électrons ou des neutrons), mais ce sont des moyens « lourds », auxquels on ne recourt pas facilement « en routine », et dont la théorie ne peut être abordée au niveau de ce livre.

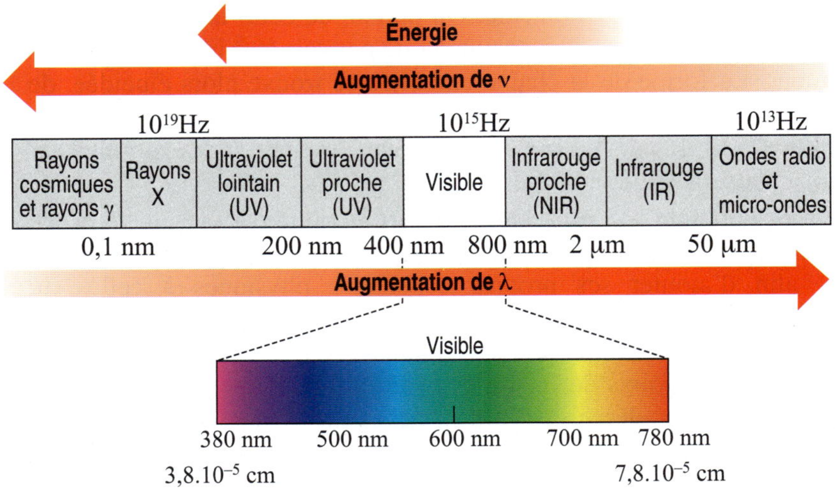

Figure 6.6 **Domaines spectraux.**

6.6.1 Spectrophotométrie d'absorption

L'absorption du rayonnement par la matière est un phénomène que l'on rencontre souvent dans la vie courante : l'échauffement d'un objet exposé au rayonnement solaire, le « filtrage » de ce même rayonnement par des lunettes de soleil, ou par une crème solaire, l'existence des couleurs, … en sont des exemples. Il s'agit du *transfert à la matière de l'énergie du rayonnement absorbé*.

a) Loi de Lambert-Beer. Spectres

Un rayonnement monochromatique correspond à une fréquence ν (ou une longueur d'onde λ) unique.

Lorsqu'un rayonnement monochromatique traverse un milieu matériel transparent, qui, dans la pratique, est le plus souvent une solution, une partie de son énergie peut être absorbée par ce milieu. La *loi de Lambert-Beer* s'exprime par la relation :

$$I = I_0 \cdot e^{-klc}$$

I_0 et I représentent l'intensité du rayonnement, respectivement avant et après le passage dans le milieu absorbant,
k est le *coefficient d'extinction moléculaire*,
l est la longueur du trajet optique dans le milieu absorbant (en cm),
c est la concentration du milieu en substance absorbante (en mol · L^{-1}).

À partir de cette relation on définit :

➤ La *transmittance* : $T = \frac{I}{I_0} = e^{-klc}$;

➤ L'*absorbance* (ou densité optique) : $A = \log \frac{I_0}{I} = \varepsilon lc$

(avec $\varepsilon = k/2{,}3$ en raison du changement de base du logarithme).

La proportionnalité qui existe entre l'absorbance et la concentration est à la base d'une méthode de *dosage* : détermination de *c* par mesure de A. Lorsque cette méthode est pratiquée dans le domaine du visible, où les rayonnements de longueurs d'onde différentes correspondent à des couleurs de lumière différentes, elle prend le nom de « *colorimétrie* ».

Les applications à la *détermination des structures* sont fondées sur le fait que le coefficient d'extinction ε (ou k), indépendant de la concentration et constituant une caractéristique de chaque composé, est fonction de la longueur d'onde du rayonnement. La représentation graphique de l'absorption d'un composé en fonction de la longueur d'onde à laquelle est faite la mesure est un tracé plus ou moins accidenté, présentant des maximums et des minimums, qui constituent le *spectre d'absorption* de ce composé (les figures 6.7 et 6.8 en offrent des exemples). Ces spectres sont obtenus de façon entièrement automatique, soit sur un écran de visualisation, soit sur papier, à l'aide d'un « spectrophotomètre ».

Lorsque l'absorbance passe par un maximum (ou la transmittance par un minimum), on dit que le spectre présente une *bande d'absorption*, que l'on caractérise par les valeurs de la longueur d'onde (abscisse) et du coefficient d'extinction (ordonnée) correspondant à ce maximum : λ_{max} et ε_{max}.

Les domaines de longueur d'onde dans lesquels on étudie le plus couramment les spectres d'absorption sont :

– L'ultraviolet .... longueur d'onde comprise entre 200 et 400 nm
– Le visible .... longueur d'onde comprise entre 400 et 700 nm
– L'infrarouge moyen .... longueur d'onde comprise entre 2 et 15 μm

1 nm (nanomètre) = 10^{-9} m ; 1 μm (micromètre, ou « micron ») = 10^{-6} m.

b) Origine des spectres d'absorption

La question est maintenant de savoir pourquoi l'intensité de l'absorption du rayonnement par la matière n'est pas la même à toutes les longueurs d'onde, et pourquoi elle passe par des maximums et des minimums qui ne sont pas les mêmes pour tous les composés.

Les atomes d'une molécule ne sont pas au repos. En permanence ils sont animés de mouvements de vibration autour de positions moyennes, et de mouvements de rotation autour des liaisons. À ces mouvements correspondent des *énergies de vibration et de rotation*. D'autre part, les électrons possèdent aussi une *énergie électronique*, qui dépend de la case quantique, ou orbitale (moléculaire ou atomique), qu'ils occupent.

Le phénomène de l'absorption du rayonnement par la matière ne sera envisagé ici qu'en ce qui concerne les molécules, mais les atomes isolés ou les ions ont aussi des spectres d'absorption.

Ces diverses formes d'énergie présentes dans la matière sont *quantifiées*. Cela signifie qu'elles ne peuvent prendre que certaines valeurs, et ne peuvent varier que par un « saut » brusque de l'une de ces valeurs à une autre. À chacun de ces sauts, ou *transitions*, est donc associée une variation finie d'énergie ΔE.

Par ailleurs, un rayonnement « transporte » une énergie qui est également quantifiée. Il ne peut la céder à la matière que de façon discontinue, par multiples entiers d'une quantité finie, appelée *quantum* ou *photon*. La valeur d'un quantum n'est pas la même pour tous les rayonnements; elle est fonction de leur fréquence ν (nombre de vibrations par seconde) :

$$1 \text{ quantum (photon)} = h \cdot \nu \text{ Joules (J)}$$

h étant la « constante de Planck » ($h = 6{,}626 \cdot 10^{-34}$ J.s).

Il ne peut se produire un transfert d'énergie du rayonnement à la matière, donc une absorption du rayonnement par la matière, que s'il y a égalité entre la quantité d'énergie ΔE correspondant à une transition possible dans la molécule et la valeur du quantum pour le rayonnement utilisé. N'importe quel rayonnement ne peut pas provoquer n'importe quelle transition, et la condition d'une interaction effective entre la matière et le rayonnement est exprimée par la relation :

$$\Delta E = h\nu$$

Or les niveaux d'énergie dans une molécule, et par suite la valeur ΔE des transitions de l'un à l'autre, ont des valeurs déterminées qui dépendent de la structure de l'édifice moléculaire. Donc, si l'on fait traverser un échantillon d'une substance par un rayonnement dont la fréquence varie dans le temps de façon continue, la valeur de l'absorption varie en fonction de cette fréquence: elle passe par un maximum toutes les fois que la condition $\Delta E = h\nu$ se trouve vérifiée pour *l'une* des transitions possibles. Telle est l'origine des spectres d'absorption.

Remarque

Strictement, en fonction de cette interprétation, l'absorption devrait être constamment nulle entre les valeurs de la fréquence ν correspondant à des transitions possibles. L'allure des spectres reproduits (fig. 6.7 et 6.8) montre qu'il n'en est pas ainsi, mais l'explication de cet état de fait ne peut trouver place ici.

Sauf pour des molécules très simples, formées de quelques atomes seulement, les niveaux d'énergie d'une molécule (énergies de vibration, de rotation et électronique) ne sont pas calculables *a priori*. On ne peut donc pas prévoir les spectres. Le principe de la méthode spectrophotométrique de détermination des structures est de nature empirique : si l'observation des spectres d'un grand nombre de composés ayant une caractéristique commune (par exemple, la présence d'un groupe >C=O) a permis de mettre en évidence la présence constante d'une bande d'absorption à une fréquence déterminée, on est fondé, inversement, à penser qu'un composé inconnu possède aussi cette caractéristique si l'on observe la même bande dans son spectre.

Question 6.E

Quelle est la fréquence du rayonnement qui peut produire une transition entre deux niveaux d'énergie distants de 400 kJ/mol ? Dans quel domaine spectral pourra-t-on observer l'absorption correspondant à cette transition ?

c) Ultraviolet et visible. Spectres électroniques.

Les niveaux d'énergie électronique sont très distants les uns des autres, de sorte que les transitions correspondantes mettent en jeu des énergies ΔE importantes (de l'ordre de 400 $kJ \cdot mol^{-1}$) et que seul un rayonnement de grande fréquence, ou de faible longueur d'onde, peut les provoquer. Pratiquement, les « spectres électroniques », correspondant à des sauts d'électrons d'une orbitale à une autre, s'observent dans le visible et l'ultraviolet (UV). Les molécules saturées, ne comportant que des électrons σ (alcanes par exemple) n'absorbent que dans l'ultraviolet lointain, en-dessous de 150 nm, région dans laquelle les mesures sont difficiles. Dans l'ultraviolet proche et moyen (200-400 nm) on observe principalement une absorption associée à la présence de groupements non saturés (électrons π) et de doublets libres sur des hétéroatomes comme O ou N (électrons n).

Voir chap. 4, § 4.2.2.b

Exemples

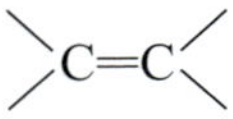 .... maximum d'absorption vers 180 nm (ε = 10 000)

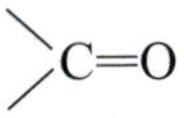 .... maximum d'absorption vers 280 nm (ε = 15)

Le reste de la molécule (chaînes saturées) a peu d'influence sur le spectre ultraviolet, et tous les composés possédant un groupe non saturé déterminé ont des spectres très voisins.

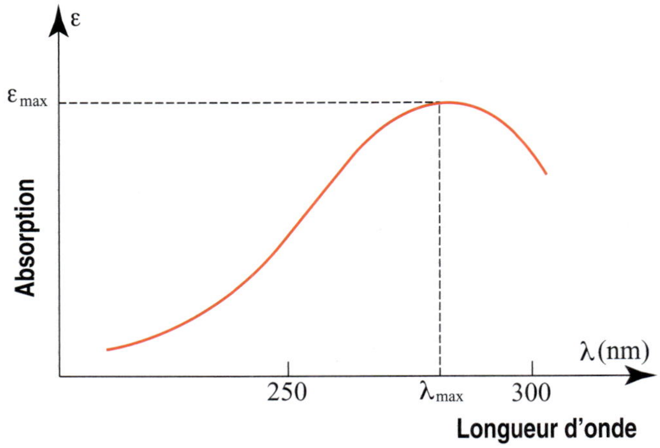

Figure 6.7 Spectre d'absorption d'une cétone dans l'ultraviolet, entre 250 et 300 nm.
À quelques nanomètres près pour la position du maximum d'absorption, toutes les cétones saturées de la forme R-CO-R', ont pratiquement le même spectre. Les valeurs observées dans cette région pour λ_{max} et ε_{max} peuvent permettre de diagnostiquer la présence d'une fonction cétone, mais non d'identifier la cétone particulière dont il s'agit.

Voir chap. 4, § 4.4.1.a

En revanche, les spectres électroniques sont fortement modifiés par des particularités de structure, comme la conjugaison des liaisons multiples. Elle a un double effet : déplacement du maximum d'absorption vers les grandes longueurs d'onde et augmentation de son intensité.

Exemples

	λ_{max}	ε_{max}
Ethylène $H_2C{=}CH_2$	185 nm	8 000
Butadiène $H_2C{=}CH{-}CH{=}CH_2$	217 nm	21 000

Voir chap. 24, § 24.1.1

Pour le carotène qui contient neuf doubles liaisons conjuguées, λ_{max} = 496 nm et ε_{max} = 162 000.

L'examen du spectre ultraviolet d'un composé contenant deux ou plusieurs doubles liaisons permet donc de mettre clairement en évidence leur conjugaison éventuelle.

Si l'absorption reste limitée au domaine de l'ultraviolet, la substance est incolore. Mais si elle a lieu dans le domaine du visible, la substance apparaît colorée (en jaune si l'absorption a lieu dans le violet, en orangé si elle a lieu dans le bleu, en rouge si elle a lieu dans le vert). C'est le cas des molécules contenant un grand nombre de doubles liaisons conjuguées, comme le carotène qui est rouge-orangé.

d) Infrarouge. Spectres de vibration-rotation

Le rayonnement infrarouge (IR), de plus grande longueur d'onde (et de plus faible fréquence) que l'ultraviolet, ne peut « fournir » que des quantum de plus faible énergie et ne peut pas provoquer des modifications dans l'état énergétique des électrons. Il peut, par contre, exciter des mouvements de vibration ou de rotation; il y correspond en effet des niveaux quantifiés beaucoup plus rapprochés et, en conséquence, des énergies de transition ΔE plus faibles (de l'ordre de 4 à 40 $kJ \cdot mol^{-1}$). À chaque groupe d'atomes susceptibles d'entrer en vibration ou en rotation, suivant une fréquence qui lui est propre, correspond une bande d'absorption à une longueur d'onde déterminée.

Dans la région usuelle de l'infrarouge (entre 2 et 15 micromètres), on observe principalement des bandes en rapport avec deux sortes de vibrations (cf. figures incluses dans le tableau 6.1) :

- *Vibration d'élongation* (ou « de valence ») : oscillations de deux atomes liés, dans l'axe de leur liaison, produisant une variation périodique de leur distance.
- *Vibrations de déformation* : oscillations de deux atomes liés à un troisième, produisant une variation périodique de l'angle des deux liaisons.

À chacun de ces deux modes de vibrations sont associées des bandes d'absorption caractéristiques de groupements d'atomes particuliers. Le tableau 6.1 donne, à titre d'exemple, les positions de quelques-unes de ces bandes.

Tous les atomes d'une molécule sont susceptibles de participer à des mouvements de vibration, de sorte que les spectres dans l'infrarouge sont compliqués et présentent de nombreuses bandes d'absorption (fig. 6.8) ; il est rare que l'on puisse assigner chacune des bandes observées à un mode de vibration précis.

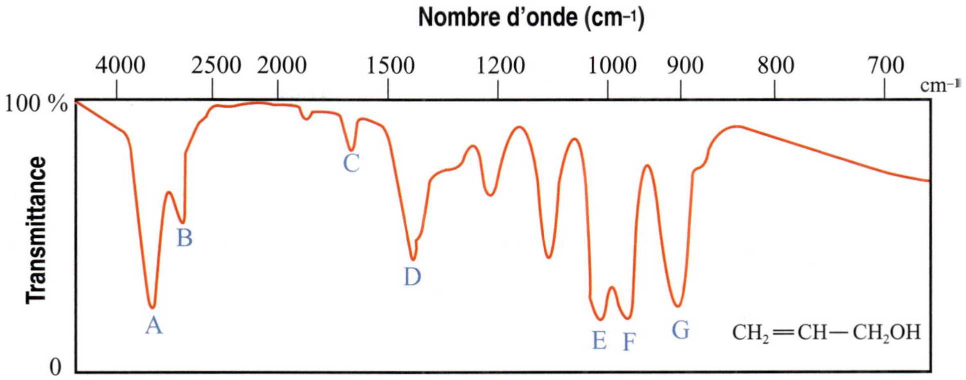

Figure 6.8 **Un exemple de spectre d'absorption dans l'infrarouge.**
On a l'habitude, pour les spectres dans l'infrarouge, de porter en ordonnée la transmittance [cf. 6.9] qui passe par un minimum quand l'absorbance passe par un maximum. Chaque passage du tracé par un *minimum* correspond donc à une bande d'absorption.
En raison de leur grand nombre et de leur proximité, les bandes d'un spectre infra rouge se « chevauchent » fréquemment, et il est généralement difficile de déterminer pour chacune la valeur du coefficient d'extinction.

A : Vibration de valence O—H

B : Vibration de valence C—H

C : Vibration de valence C=C

D : Vibration de déformation des CH

E : Vibration de valence C—O

F : Vibration de déformation de l'hydrogène dans =CH—

G : Vibration de déformation de l'hydrogène dans $=CH_2$

Mais cette complexité, qui est un reflet de tous les détails de la structure moléculaire, constitue précisément l'intérêt des spectres dans l'infrarouge. Convenablement interprétés, ils peuvent fournir sur les molécules étudiées de nombreux renseignements, très précis. D'autre part, ils sont « individuels », en ce sens que seules deux molécules parfaitement identiques peuvent avoir exactement le même spectre. Ceci est d'autant plus vrai dans la zone allant de 600 à 1 400 cm^{-1}, représentant l'équivalent de « l'empreinte digitale » de la molécule. En conséquence, l'identité complète (superposabilité) du spectre d'un composé inconnu avec celui d'un composé connu, tracé dans les mêmes conditions, constitue un moyen valable d'identifier le premier de même que l'on peut identifier un individu par ses empreintes digitales.

L'existence de ces divers types de vibrations dans les molécules semble rendre impossible l'attribution de valeurs définies aux longueurs et aux angles de liaisons, alors que de telles valeurs ont été indiquées au chapitre 2. Il s'agit de valeurs *moyennes*, correspondant aux positions d'équilibre des atomes, dans la molécule supposée au repos.

Tableau 6.1 Quelques bandes caractéristiques dans l'infrarouge

1) VIBRATIONS D'ÉLONGATION

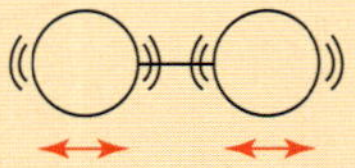

Groupement	*Position*
>C—H	2 840 – 3 000 cm^{-1} (*)
=C—H	3 050 – 3 150 cm^{-1}
≡C—H	3 260 – 3 330 cm^{-1}
—O—H (alcools)	3 500 – 3 650 cm^{-1}
—O—H (acides)	2 500 – 3 000 cm^{-1}
>N—H	3 300 – 3 500 cm^{-1}
>C=C<	1 620 – 1 680 cm^{-1}
—C≡C—	2 100 – 2 260 cm^{-1}
>C=N—	1 500 – 1 650 cm^{-1}
—C≡N	2 200 – 2 260 cm^{-1}
>C—O—	1 000 – 1 260 cm^{-1}
>C=O (aldéhydes)	1 720 – 1 740 cm^{-1}
>C=O (cétones)	1 705 – 1 725 cm^{-1}
>C=O (acides)	1 710 – 1 760 cm^{-1}
>C=O (esters)	1 735 – 1 750 cm^{-1}

2) VIBRATIONS DE DÉFORMATION

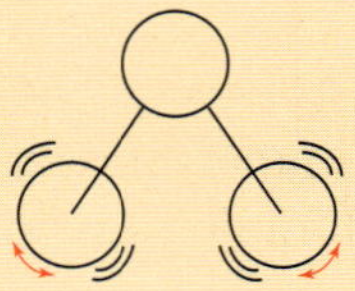

Groupement	*Position de la bande*
>C=CH_2	Vers 890 cm^{-1}
—CH=CH_2	Vers 910 et 990 cm^{-1}
—CH=CH— (Z)	Vers 965 cm^{-1}
—CH=CH— (E)	Vers 690 cm^{-1}
>C=CH—	Vers 840 cm^{-1}

(*) Dans le domaine infrarouge, au lieu de la longueur d'onde λ ou de la fréquence ν, on emploie généralement pour caractériser un rayonnement le « nombre d'ondes ». C'est l'inverse de la longueur d'onde, exprimée en cm ; son unité est le « cm^{-1} ».

Exemple : Une longueur d'onde de 5 mm, soit $5 \cdot 10^{-4}$ cm, correspond à $1/5 \cdot 10^{-4} = 2\,000$ cm^{-1}.

La fréquence de vibration d'un groupement n'est pas strictement déterminée par sa nature, et dépend dans une certaine mesure de l'environnement moléculaire. La position de la bande d'absorption correspondante ne peut donc pas être indiquée avec précision ; elle peut se situer dans un intervalle de « nombre d'ondes » plus ou moins large selon les cas.

Question 6.F

Après examen des spectres UV et IR d'un composé, on a pu conclure qu'il s'agit d'un alcool, dont la molécule comporte en outre deux doubles liaisons C=C non conjuguées, l'une en bout de chaîne et l'autre dans le corps de la chaîne avec la configuration Z. Parmi ces informations, lesquelles ont été données par le spectre UV et lesquelles ont été données par le spectre IR?

6.6.2 Résonance magnétique nucléaire

Web

La résonance magnétique nucléaire (RMN) est également une technique fondée sur l'absorption du rayonnement électromagnétique par la matière, mais la transition provoquée concerne le *noyau* de certains atomes présents dans la molécule (d'où le qualificatif « nucléaire »), et le phénomène observé se produit dans le domaine spectral des *ondes hertziennes* (fréquences de l'ordre de 10^7 à 10^8 hertz ; longueurs d'onde de l'ordre de quelques mètres).

Certains noyaux atomiques possèdent un *spin*. De même que pour les électrons, c'est une grandeur vectorielle associée à la rotation des noyaux sur eux-mêmes :

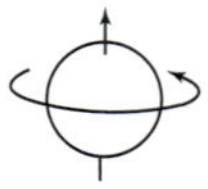

Représentation symbolique du spin d'un noyau.

Un noyau possédant un spin non nul se comporte magnétiquement comme un petit aimant. Placé dans un champ magnétique, il peut y prendre deux orientations : dans l'une son spin est parallèle au champ et de même sens, dans l'autre il lui est parallèle mais de sens opposé (orientation antiparallèle). À ces deux orientations sont associés deux niveaux d'énergie quantifiés, le plus bas correspondant à l'orientation parallèle, qui est la plus stable.

L'absorption d'un photon peut provoquer une *transition*, du niveau inférieur au niveau supérieur. Celle-ci est possible si l'intensité H du champ magnétique et la fréquence ν du rayonnement électromagnétique satisfont à la relation :

$$\nu = \gamma H/2\pi$$

où γ est une constante caractéristique du noyau concerné (constante gyromagnétique). Lorsque cette relation se trouve satisfaite, on dit que les noyaux entrent « en résonance ». Pour le proton (noyau d'hydrogène), dans un champ magnétique de 14 000 gauss, la résonance est provoquée par un rayonnement dont la fréquence est d'environ 60 mégahertz (1 mégahertz, MHz, vaut 10^6 Hz ou encore 10^6 vibrations par seconde). Ce rayonnement appartient au domaine des ondes hertziennes (longueur d'onde d'environ 5 m).

Pour obtenir un « *spectre de résonance nucléaire* » on place un échantillon du composé à étudier dans un champ magnétique H, produit par un aimant ou un électroaimant puissant, et on le soumet simultanément à un rayonnement hertzien, produit par un circuit oscillant, dont la fréquence varie dans un intervalle convenablement choisi (en fonction de la valeur du champs H). Chaque fois que, pour un noyau déterminé présent dans la molécule, la relation ci-dessus est satisfaite, une partie de l'énergie du rayonnement est absorbée et cette absorption, détectée par un dispositif approprié, se traduit par un « pic » sur un diagramme (cf. par exemple les figures 6.9 et 6.11).

On peut également maintenir fixe la fréquence du rayonnement et faire varier l'intensité du champ magnétique.

Parmi les noyaux à spin non nul, susceptibles de « résonner », on trouve en particulier ^{1}H, ^{13}C, ^{17}O, ^{15}N, ^{19}F, et ^{31}P ; mais ^{12}C et ^{16}O, les isotopes courants de ces deux éléments, ont un spin nucléaire nul et ne donnent donc lieu à aucune résonance. Hors le cas d'études particulières, c'est la résonance du noyau de ^{1}H, constitué par un unique proton que l'on observe et étudie le plus couramment ; on parle alors de « *résonance protonique* », étant entendu qu'il s'agit non de n'importe quel proton (il y a des protons dans tous les noyaux atomiques) mais spécifiquement de celui qui constitue le noyau de ^{1}H.

Remarque

Bien que l'hydrogène soit *a priori* un élément peu caractéristique des molécules organiques, les spectres de résonance protonique fournissent un grand nombre d'informations sur la structure de ces molécules. *La suite ne concerne que la résonance du proton de* ^{1}H.

L'IMAGERIE PAR RÉSONANCE MAGNÉTIQUE (IRM)

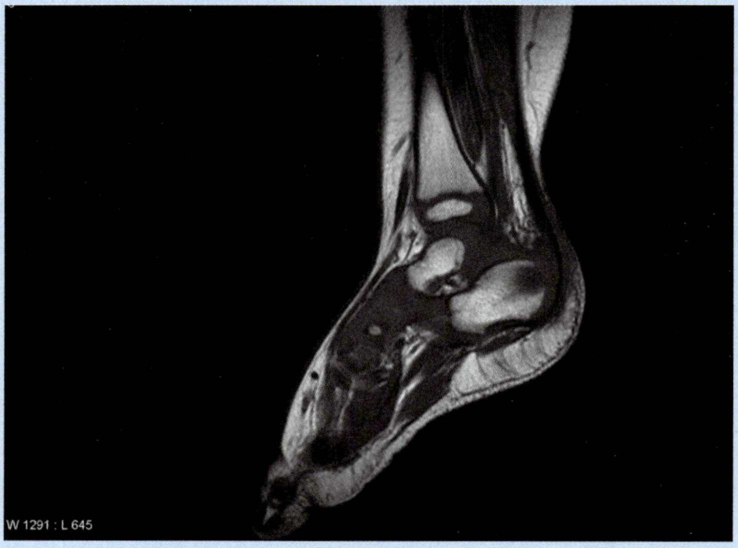

Cliché IRM d'un pied

Le principe IRM (ou imagerie par résonance magnétique) repose sur celui de la résonance magnétique nucléaire. La partie du corps du patient à étudier est placée dans un champ magnétique puissant de façon à ce que tous les atomes d'hydrogène s'orientent dans la même direction ; ils sont alors excités par des ondes radio. À l'arrêt de cette stimulation, les atomes restituent l'énergie accumulée en produisant un signal qui est enregistré et converti en image dont l'intensité des tâches est fonction du nombre de noyaux d'hydrogène et de leur environnement.

L'IRM étudie avec une grande précision de nombreux organes tels que le cerveau, la colonne vertébrale et les tissus mous. C'est une technique qui est d'une grande utilité lorsqu'une analyse très fine est nécessaire et que certaines lésions ne sont pas visibles sur les radiographies classiques. Elle permet de faire des images en coupes dans différents plans et de reconstruire en trois dimensions la structure analysée.

a) Le déplacement chimique

Le champ magnétique *local* réel, dans lequel se trouvent effectivement les noyaux d'hydrogène d'une molécule, n'est pas exactement le champ *externe* H_0 dans lequel l'échantillon a été placé. Ce champ externe est en effet modifié localement, au sein de la matière, par l'existence de champs magnétiques divers dus aux mouvements des électrons des atomes et des liaisons. En général, le champ réel local H est inférieur au champ externe H_0 ; on dit que les influences locales créent un *blindage*.

Ces influences locales dépendent de l'environnement de chaque site dans la molécule, de sorte que tous les noyaux d'hydrogène d'une molécule ne se trouvent pas dans le même champ local H. En conséquence, ils n'entrent pas tous en résonance pour la même fréquence du rayonnement hertzien. Lorsque cette fréquence varie régulièrement, on n'obtient donc pas un seul pic, mais une série de pics correspondant chacun aux atomes d'hydrogène occupant un site donné de la molécule (fig. 6.9).

Les spectres de RMN sont enregistrés sur des diagrammes dont l'abscisse correspond à la fréquence ν du rayonnement, croissante de gauche à droite. Dans la pratique, on mélange à l'échantillon étudié une petite quantité d'un composé de référence, produisant un pic unique à une fréquence ν_0 servant d'origine pour définir la position relative des autres pics du spectre.

Remarque

Le composé de référence est habituellement le tétraméthylsilane (TMS) $(CH_3)_4Si$, inerte chimiquement vis-à-vis des composés organiques et dont tous les protons résonnent à la même fréquence. En outre, cette fréquence est supérieure à toutes les fréquences de résonance usuellement observées en chimie organique, de sorte que les pics propres aux composés étudiés sont toujours « à gauche » du pic de référence sur le tracé des spectres.

Cette position pourrait s'exprimer par la distance en hertz ($\Delta\nu = \nu - \nu_0$) au pic de référence, mais elle dépendrait alors du champ externe H_0, qui peut varier d'un appareil à un autre. Pour disposer d'une valeur indépendante de H_0, on définit le *déplacement chimique* δ d'un pic par l'expression :

$$\delta = \frac{\Delta\nu}{\nu_0} \cdot 10^6$$

δ s'exprime en « ppm » (parties par million) et ses valeurs usuelles sont comprises entre 0 et 16 ppm.

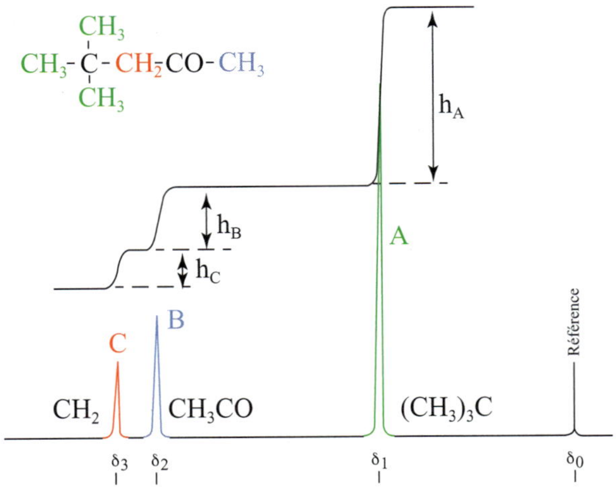

Figure 6.9 Le spectre de RMN de la 4,4-Diméthylpentan- 2-one.
Un spectre comme celui-ci comporte deux sortes d'informations :
– La position des pics sur l'axe des fréquences est caractéristique des divers sites dans lesquels se trouvent les hydrogènes et permet de les identifier (ici : un CH_3 et un CH_2 adjacents à un groupe C=O. et les trois CH_3, indiscernables, d'un groupe tertiobutyle).
– L'aire des pics, mesurée par la distance verticale entre les paliers de la courbe intégrale, est proportionnelle au nombre d'hydrogènes occupant chaque type de site.

Les déplacements chimiques sont caractéristiques des diverses situations que peuvent occuper les atomes d'hydrogène dans une molécule et leur connaissance apporte donc des informations sur la nature des groupements, groupements fonctionnels notamment, présents dans le composé étudié. On dispose de tables donnant les valeurs du déplacement chimique pour les divers groupements susceptibles d'être rencontrés (tableau 6.2).

Des hydrogènes (ou, dans le langage de la RMN, des protons) sont dit **équivalents** si leur substitution par un autre atome donne, pour chacun d'eux, des molécules identiques, ou énantiomères. Ainsi, les deux H de CH_2Cl_2, ou les quatre H de $ClCH_2—CH_2Cl$ sont équivalents ; dans $CH_3—CH_2Cl$ les H du CH_3 sont équivalents, comme le sont ceux du CH_2, mais ceux du CH_3 et ceux du CH_2 ne sont pas équivalents. *Des hydrogènes (protons) équivalents ont le même déplacement chimique* δ.

Les protons acides (liés à un hétéroatome) ont un comportement particulier en RMN. Leur déplacement chimique n'est pas fixe mais dépend de la concentration de l'échantillon analysé ainsi que du solvant utilisé. De plus, l'ajout d'eau lourde (D_2O) à l'échantillon analysé permet l'échange du deutérium et du proton acide, un nouveau tracé de spectre montre alors la disparition du pic de l'hydrogène acide au profit de celui de l'eau monodeutérée à 4,75 ppm.

Exemple

$CH_3CH_2OH + D_2O$ → $CH_3CH_2OD + DOH$

	CH_3	CH_2	OH		CH_3	CH_2	DOH
δ (ppm)	1,1	3,6	2,6		1,1	3,6	4,75

Tableau 6.2 **Déplacements chimiques caractéristiques de quelques types d'hydrogènes** (en ppm ; référence : tétraméthylsilane, TMS)

Type d'hydrogène	δ (ppm)	Type d'hydrogène	δ (ppm)
R—CH_3	0,8-1,0	R_2C=C(R')—CH_3	1,6-1,9
R—CH_2—R'	1,2-1,4		
R—CH(R'')—R'	1,4-1,7	R_2C=CH_2	4,6-5,0
		R_2C=CH—R'	5,2-5,7
R—CH_2F	4,3-4,4	R—CO—CH_3	2,1-2,6
R—CH_2Cl	3,6-3,8	R—CH=O	9,5-9,6
R—CH_2Br	3,4-3,6	R—CH_2—OH	3,3-4,0
R—CH_2I	3,1-3,3	R— OH	0,5-5,0

Questions 6.G

Dans les molécules suivantes, y-a-t-il des protons équivalents ? Si oui, lesquels ?

a) $ClCH_2$—CH_2Br b) $ClCH_2$—CHCl—CH_3

c) CH_3—O—CH_2—CH_2—O—CH_3

b) La courbe intégrale

Dans un spectre de RMN, l'aire comprise sous les pics est proportionnelle au nombre de protons concernés dans la molécule; on peut donc non seulement caractériser les divers « types » d'atomes d'hydrogène, mais encore dénombrer ceux de chaque type.

La courbe « en escalier » de la figure 6.9, dont le tracé (de gauche à droite) est obtenu automatiquement, correspond à l'intégration continue des aires incluses sous les pics. La distance verticale h_c entre les deux premiers paliers horizontaux est proportionnelle à la surface du pic C, donc au nombre de protons qui entrent en résonance à la fréquence ν_3. De même h_B est proportionnel au nombre de protons résonnant à la fréquence ν_2 et h_A à celui des protons résonnant à la fréquence ν_1. Si l'aire du pic C la plus petite, est prise pour unité, les aires des pics B et A valent respectivement 1,5 et 4,5. Le nombre d'hydrogènes dans un site étant nécessairement entier, les pics C, B et A correspondent donc respectivement à 2, 3 et 9 hydrogènes, ou aux produits de ces nombres par un même entier.

Il arrive que la résonance des hydrogènes d'un même site se traduise non par un pic unique mais par un groupe de deux ou plusieurs pics (cf., par exemple, la figure 6.11). En ce cas, c'est la *somme des aires* de ces pics qui est proportionnelle au nombre d'hydrogènes concernés. Dans ce cas également le déplacement chimique correspond au milieu du massif.

Question 6.H

Combien les composés suivants possèdent-ils de pics de résonance ? Quel est le rapport des intensités (aires) de ces pics ?

a) $C(CH_3)_4$ b) $ClCH_2—O—CH_3$

c) $(CH_3)_3C—NH_2$ d) $(CH_3O)_2CH—CO_2—CH_3$

c) Le couplage des spins

Très souvent, la résonance de protons pourtant équivalents se manifeste non par un pic unique mais par un groupe de pics, à des fréquences proches : *doublet* (deux pics), *triplet* (trois pics), *quadruplet* (quatre pics)…, *multiplet* (nombreux pics). Un exemple en est donné par le spectre du composé $Cl_2CH—CO_2—CH_2—CH_3$ (fig. 6.11), où apparaît un triplet pour la résonance du groupe CH_3, et un quadruplet pour celle du groupe CH_2 ; par contre la résonance du proton du groupe Cl_2CH ne donne qu'un pic (c'est-à-dire un « *singulet* »). Pour comprendre l'origine et la signification de cette multiplication des pics de résonance, il faut approfondir un peu l'analyse des « effets d'environnement » qui modifient localement, au niveau d'un proton ou d'un groupe de protons particulier, le champ magnétique appliqué.

Voir § 6.6.2.a

Si les protons observés voisinent avec *un seul* proton qui ne leur est pas équivalent, au moment où se produit la résonance, le spin de cet autre proton peut être soit parallèle, soit antiparallèle au champ magnétique. Ces protons peuvent donc se trouver dans *deux* environnements différents et, de ce fait, résonner à des fréquences légèrement différentes. Statistiquement, dans la collection de molécules que constitue un échantillon de matière, il y a sensiblement le même nombre de molécules correspondant à ces deux situations et on observe donc, pour les protons étudiés, deux pics proches, d'égale intensité, situés de part et d'autre de la fréquence normale de résonance de ces protons et correspondant à un doublet.

Si les protons observés voisinent avec *deux* autres protons qui ne leur sont pas équivalents, chacun de ceux-ci peut avoir son spin parallèle ou antiparallèle au champ magnétique. Il existe donc quatre combinaisons, ou quatre situations, possibles :

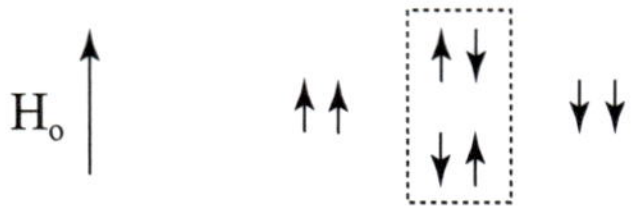

En fait, les deux situations du centre sont équivalentes, et correspondent à une non-modification du champ, car les influences des deux spins se compensent. Ces quatre configurations ont à peu près la même probabilité d'exister, de sorte que statistiquement, dans une collection de molécules, la moitié est dans la situation centrale et un quart se trouve dans chacune des situations extrêmes. La résonance des protons observés se traduit donc par *trois* pics proches, celui du centre ayant une intensité (aire) double de celle des deux autres ; en outre, ce pic central se trouve à la fréquence normale de résonance de ces protons, il s'agit là d'un triplet.

Question 6.I

Par un raisonnement analogue, déterminez le nombre de pics observés, et leurs intensités relatives, lorsque les protons observés voisinent avec trois protons qui ne leur sont pas équivalents (dénombrez toutes les combinaisons possibles pour l'orientation des spins de ces trois protons, et regroupez celles qui sont équivalentes).

Dans le cas où les protons observés voisinent avec trois autres protons qui ne leur sont pas équivalents, un raisonnement analogue (voir réponse à la question 6.I et fig.6.10) montre que leur spectre de résonance comporte *quatre* pics proches équidistants, dont les intensités relatives sont entre elles comme les nombres 1, 3, 3 et 1 correspondant à un quadruplet.

D'une façon générale, si un groupe de protons équivalents voisine avec n protons qui ne leur sont pas équivalents mais qui sont équivalents entre eux, leur spectre de résonance comporte $(n + 1)$ pics. Les intensités relatives de ces pics sont entre elles comme les coefficients du polynôme $(a + b)^n$ (1 : 2 : 1 pour $n = 2$; 1 : 3 : 3 : 1 pour $n = 3$; 1 : 4 : 6 : 4 : 1 pour $n = 4$, etc.).

La multiplicité des pics ne dépend donc pas du nombre des protons qui résonnent, mais de celui de leurs voisins. Dans le spectre de la figure 6.11, si le groupe Cl_2CH ne donne qu'un pic unique c'est parce qu'il n'a pas d'H voisin proche ; si le groupe CH_3 donne un triplet, ce n'est pas parce qu'il comporte trois H mais parce qu'il a pour voisin un groupe CH_2 (application de la « règle $(n + 1)$ », avec $n = 2$).

En cas de voisinage avec deux groupes de protons équivalents, les effets produits sont additifs. Ainsi, pour le composé $CH_3—CHCl—CH_3$, la résonance du groupe CH, qui voisine avec six H équivalents, correspond à un groupe de sept pics (intensité 1), cependant que la résonance des groupes CH_3 se traduit par un doublet (intensité 6).

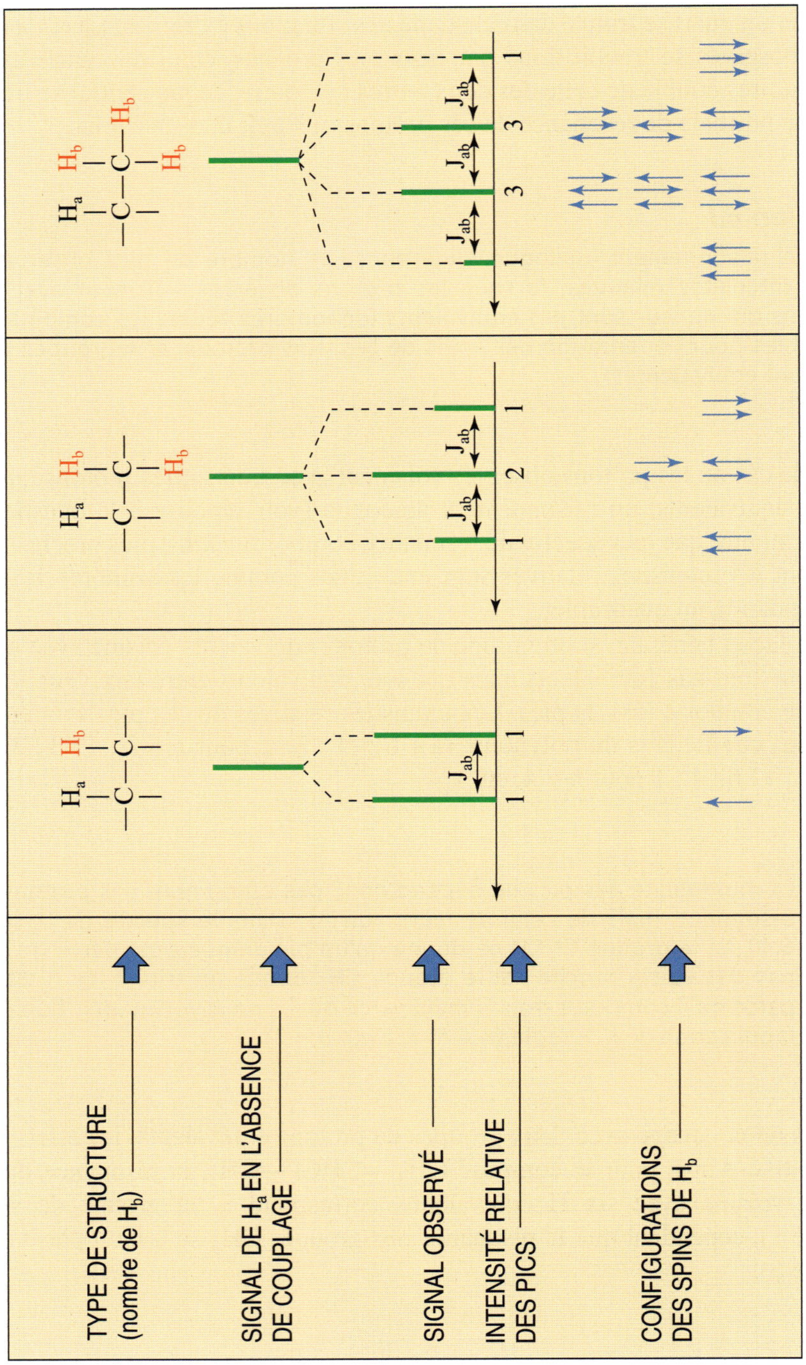

Figure 6.10 **La multiplication des signaux par le couplage des spins.**

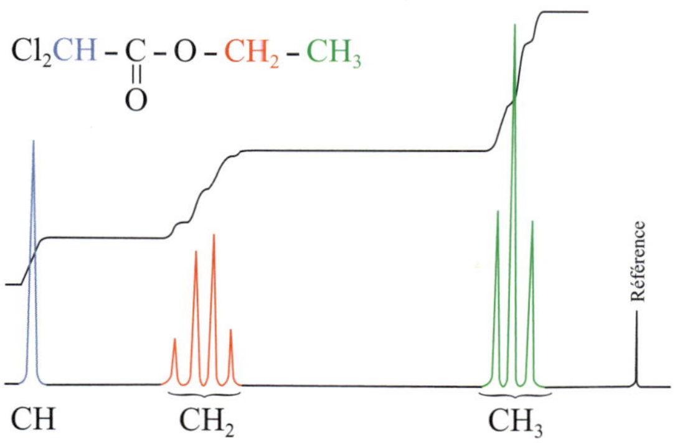

Figure 6.11 **Le spectre de RMN du dichloracétate d'éthyle.**
La particularité de ce spectre est que les signaux de résonance des groupes CH_2 et CH_3 ne sont pas ces pics simples mais, respectivement, un quadruplet et un triplet. La distance (exprimée en fréquence) des pics est la même dans les deux groupes ; c'est la *constante de couplage J*.
L'apparition de signaux complexes, conséquence du couplage de spins, complique les spectres, surtout si les groupes de pics se chevauchent, mais donne des informations supplémentaires sur la disposition relative dans la molécule des divers groupes de protons, et même sur la conformation des liaisons C—H.

Cette interaction entre deux groupes de protons voisins, non équivalents, est appelée **couplage de spins**. Elle est réciproque, comme on peut le constater dans le spectre de la figure 6.11 : le spectre du groupe CH_2, est un quadruplet à cause du voisinage avec un groupe CH_3, et le spectre du groupe CH_3 est un triplet en raison de son voisinage avec un groupe CH_2.

L'écart de fréquence entre les pics d'une résonance multiple (triplet, quadruplet, etc.) est uniforme ; c'est la *constante de couplage J.* Sa valeur est la même pour les deux groupes de protons en interaction (par exemple dans le triplet et dans le quadruplet de la figure 6.11). Elle est indépendante de celle du champ H_0, mais elle s'affaiblit rapidement avec la distance entre les deux groupes de protons. Bien que l'on connaisse certains cas de couplage à longue distance, on ne l'observe habituellement que pour des protons séparés au maximum par trois liaisons, comme les H portés par deux carbones adjacents. C'est la raison pour laquelle le spectre de la figure 6.9 ne comporte que des pics simples (singulets), car les H du composé en questions sont tous séparés par quatre liaisons de leurs plus proches voisins. Le tableau 6.3 donne les valeurs de quelques constantes de couplage.

Il n'y a pas *de couplage entre des protons équivalents*. Par exemple, le spectre du composé $ClCH_2CH_2Cl$ ne comporte qu'un singulet pour l'ensemble de ses quatre protons.

Lorsque la résonance d'un groupe de protons correspond à deux ou plusieurs pics, par suite d'un couplage, on retient comme valeur du déplacement chimique pour ces protons celle qui correspond au centre du groupe de pics.

L'existence du couplage de spins peut compliquer considérablement les spectres de RMN, notamment lorsque la constante de couplage devient du même ordre de grandeur que la différence de déplacement chimique des deux groupes de protons. Il se produit alors un chevauchement des deux groupes de pics, pour donner un « multiplet » dont l'analyse peut être difficile. La situation peut également devenir compliquée si un groupe de protons est couplé simultanément avec deux groupes voisins non équivalents. Diverses techniques permettent de clarifier plus ou moins le problème (utilisation de champs d'intensité différente, double irradiation,...), mais il faut néanmoins recourir parfois à l'ordinateur pour le résoudre.

Tableau 6.3 **Valeurs de quelques constantes de couplage (en hertz)**

Structure	J_{ab} (Hertz)	Structure	J_{ab} (Hertz)
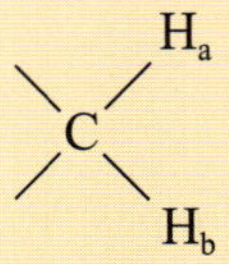	9-15	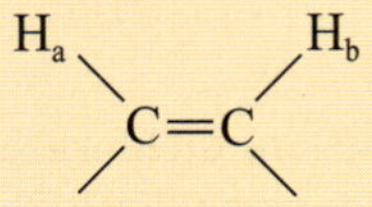	6-12
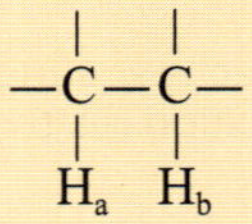	selon angle diedre [2.7] : 0°........ 8 ; 60°....... 2 ; 90°....... 0 ; 120°..... 2 ; 180°...... 9.	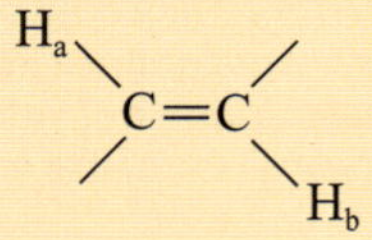	12-18
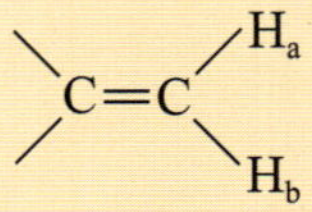	0-3	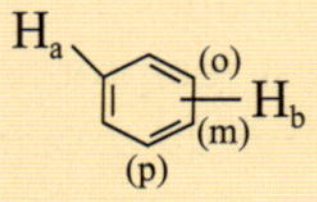	ortho (o).......... 6-10 ; méta (m).......... 1-3 ; para (p)............ 0-1

Le couplage entre deux protons ou groupes de protons, n'est effectif que s'il ne sont pas équivalents ; cette condition est rappelée par l'attribution des indices a et b. Mais, selon l'environnement moléculaire, les H figurant dans les structures indiquées peuvent être équivalents ou non.

Remarque

Cette complication des spectres de RMN, si elle ne facilite pas la tâche du chimiste, a pour contrepartie la richesse et la finesse des informations qu'ils peuvent fournir sur la structure, et même la géométrie, des molécules. La RMN est actuellement, pour les chimistes organiciens, la technique de base d'élucidation des structures.

6.6.3 Spectrométrie de masse

Web

La spectrométrie de masse est une technique entièrement différente des précédentes, puisqu'il ne s'agit plus d'une absorption du rayonnement par la matière.

L'échantillon est introduit dans une enceinte où règne le vide, vaporisé, puis soumis à un bombardement par un faisceau d'électrons de grande énergie. Ce bombardement provoque l'ionisation des molécules, par arrachement d'un électron, et on obtient ainsi une espèce qui est à la fois un cation (par sa charge positive) et un radical libre (par la possession d'un électron impair), que l'on appelle *ion moléculaire* ou *ion-parent*. Celui-ci peut ensuite se fragmenter par la rupture de certaines liaisons, pour donner d'autres ions positifs de masse plus faible. Ces derniers peuvent à leur tour se fragmenter encore et on obtient donc en définitive un grand nombre (parfois plusieurs dizaines) d'ions différents ; ils sont d'autant plus nombreux que la molécule est plus « grosse » et comporte davantage d'atomes.

Ces divers ions sont ensuite accélérés dans un champ électrique puis dirigés, sous la forme d'un faisceau, entre les pôles d'un aimant. Sous l'effet du champ magnétique, leur trajectoire s'incurve pour devenir circulaire, avec un rayon de courbure qui dépend du rapport m/z de leur masse à leur charge. Cette trajectoire les conduit sur un récepteur, qui détecte leur arrivée et fournit un signal électrique. En faisant varier le champ électrique, donc la vitesse des ions, on peut faire en sorte qu'ils parviennent successivement au récepteur, dans l'ordre croissant de leur rapport m/z, c'est-à-dire en fait dans l'ordre croissant de leur masse m, car leur charge z est pratiquement toujours égale à l'unité. En fin de compte, le spectromètre fournit un diagramme, appelé « *spectre de masse* », dont un exemple est donné par la figure 6.12.

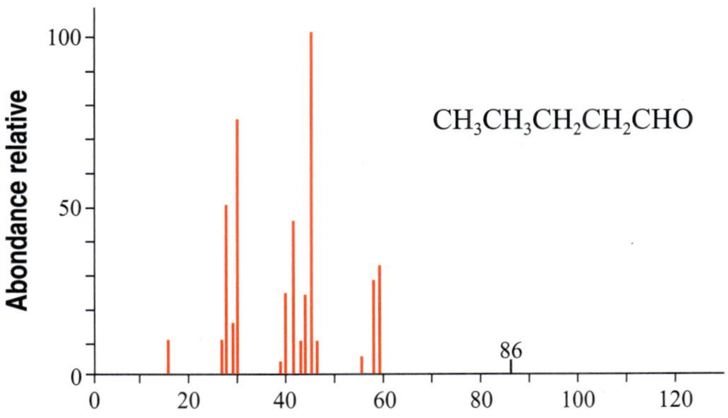

Figure 6.12 Le spectre de masse du pentanal.
Chaque trait vertical correspond à l'un des ions formés à la suite du bombardement électronique. Sa position sur l'axe horizontal est déterminée par la valeur du rapport m/z de l'ion, c'est-à-dire en pratique par sa masse m ($z = 1$). Sa hauteur est proportionnelle à l'abondance relative de l'ion. L'ion le plus lourd ($m/z = 86$) correspond à l'ion moléculaire, ou « ion-parent ».

La connaissance des modes les plus probables de rupture des chaînes carbonées et des groupes fonctionnels, ainsi que l'utilisation de tables donnant la liste de tous les ions possibles correspondant à une masse donnée, permet de déterminer la structure de la molécule initiale. Accessoirement, la spectrométrie de masse fournit également la masse molaire du composé (qui est aussi la masse de son « ion moléculaire », celle de l'électron arraché étant négligeable), avec une très grande précision.

Figure 6.13 Électroaimant supraconducteur d'un appareil RMN.
Électroaimant supraconducteur refroidi à l'hélium liquide permettant de générer un champ magnétique puissant. Quelques milligrammes de l'échantillon à étudier, dissous dans un solvant qui n'absorbe pas dans la zone de RMN étudiée (par exemple $CDCl_3$ pour la RMN du proton), sont placés à l'intérieur de l'électroaimant dans un tube en rotation afin d'assurer une homogénéité de l'échantillon.
La fréquence de résonance des noyaux d'hydrogène est pour ce type d'appareil d'environ 300 MHz correspondant à un champ magnétique de 7.05 Tesla. Le signal est ensuite analysé par un ordinateur qui le traduit en un spectre conventionnel.

OBJECTIFS

- Calculer une masse molaire à partir d'une mesure cryométrique.
- Établir une formule brute à partir d'une composition centésimale.
- Citer les constantes physiques les plus usuelles.
- Expliquer l'origine des spectres d'absorption dans l'ultraviolet et l'infrarouge, et des spectres de résonance magnétique nucléaire.
- Comprendre la signification des informations fournies par les spectres UV, IR et de RMN, et les utiliser pour résoudre des problèmes simples de détermination de structure.
- Expliquer le principe de la spectrométrie de masse.

Les solutions se trouvent à la page 671.

6-a L'oxydation d'un composé dans lequel on a reconnu la présence de C, H et N a donné les résultats suivants :

Masse de l'échantillon	50 mg
Masse de CO_2	110 mg
Masse d'eau obtenue	68 mg
Volume de diazote recueilli	10,2 mL (volume mesuré à 20 °C, sous une pression de 1 atm).

La température de congélation d'une solution de 0,5 g de ce composé dans 100 g de benzène est inférieure de 0,87 °C à celle du benzène pur.

a) Quelle est la formule brute de ce composé ?

b) Quelle est sa formule développée, sachant que l'on a mis en évidence par des tests chimiques la présence du groupe fonctionnel « amine secondaire », de sorte que la formule de ce composé est de la forme R—NH—R' ?

6-b L'analyse élémentaire d'un composé organique a montré qu'il ne contient que du carbone et de l'hydrogène. La combustion de 5 mg de ce composé fournit 16,15 mg de CO_2 et 5,30 mg d'eau. Le pic de son ion moléculaire en spectrométrie de masse correspond à m/z = 68.114. Il absorbe dans l'ultraviolet vers 220 nm (ε = 20 000).

a) Quelle est la formule brute de ce composé ?

b) Quelles sont les formules développées possibles ?

c) Le spectre de RMN du composé permettrait-il de faire un choix entre ces formules ? Quelle est l'observation la plus simple que l'on pourrait y faire ?

6-c L'analyse élémentaire d'un composé organique contenant les éléments C, H et O a donné les résultats suivants : C% = 68,57 ; H% = 8,57. Il possède dans l'infrarouge des bandes d'absorption à 1 730 cm^{-1}, 910 cm^{-1} et 990 cm^{-1}. Dans l'ultraviolet, il absorbe à 185 nm et à 280 nm. La spectrométrie de masse lui attribue une masse molaire de 70. Quelle est la formule développée de ce composé ?

6-d Il existe trois isomères du dichlorocyclopropane : le 1,1-dichloro (A) et les deux 1,2-dichloro, cis (B) et trans (C) :

A) 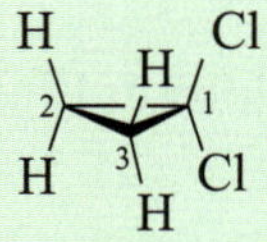

B) 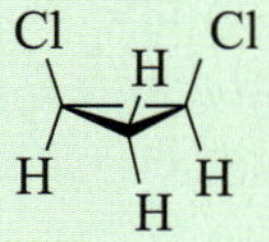

C) 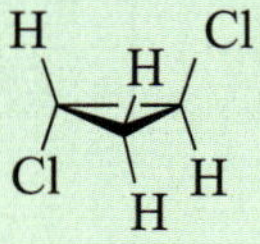

Leurs spectres de RMN présentent, selon l'isomère dont il s'agit, un, deux ou trois signaux. Peut-on identifier chacun de ces isomères sur cette seule base, sans faire intervenir la valeur des déplacements chimiques, ni le caractère de singulet ou de multiplet de ces signaux ?

6-e Les hydrogènes portés par les carbones 1,2 et 3 du 1-chloropropane :

$\overset{3}{C}H_3—\overset{2}{C}H_2—\overset{1}{C}H_2Cl$ résonnent respectivement à 3,47 ppm, 1,81 ppm et 1,06 ppm. Quelle est l'origine de ces différences ?

6-f Quel type de spectre de RMN (nombre et position relative des signaux, multiplicité éventuelle des pics) peut-on attendre pour chacun des deux composés $Cl_2CH—CHCl_2$ et $Cl_2CH—CH_2Cl$?

6-g Un hydrocarbure de formule C_6H_{12} ne présente en RMN qu'un seul pic (singulet) à 1,4 ppm. Quelle est sa structure ?

La substitution d'un seul de ses H par un Cl provoque une transformation très importante de son spectre, qui devient très complexe, présentant plusieurs pics multiples. Pourquoi ?

6-h Un composé de formule C_3H_7Cl possède un spectre RMN comportant deux signaux : un doublet à 1,5 ppm et un heptuplet (7 pics) à 4,2 ppm (rapport d'intensités 6 : 1). Quelle est sa formule ?

6-i Une amine tertiaire (trois groupes alkyles liés à un même atome d'azote), de formule brute $C_6H_{15}N$ a un spectre de RMN comportant deux signaux : un triplet à 1,42 ppm et un quadruplet à 3,18 ppm (rapport d'intensités 3 : 2). Quelle est sa formule ?

6-j On a trouvé dans le sang d'un accidenté de la route une substance *X* contenant du carbone de l'hydrogène et de l'oxygène. La combustion de 3,3 mg de cette substance *X* donne 6,3 mg de CO_2 et 3,91 mg d'eau. Identifier le produit sachant qu'une analyse de RMN de *X* montre 3 massifs : un triplet à 1,1 ppm intégrant pour 3H, un singulet à 2,6 ppm intégrant pour 1H (qui disparaît à l'ajout de D_2O), un quadruplet à 3,6 ppm intégrant pour 2H. Le spectre infrarouge présente entre autre une large bande de 3 000 à 3 700 cm^{-1}.

6-k La combustion de 4,520 mg d'un composé X donne 11,561 mg de CO_2 et 4,725 mg de H_2O.

Sachant que X est un composé monooxygéné, donner sa formule brute.

X pouvant être caractérisé par une configuration Z ou E et une configuration R ou S, proposer une représentation spatiale de X compatible avec toutes ces informations.

6-l Donner la formule semi-développée des composés caractérisés par leur formule brute et par leur spectre RMN ^1H :

a) C_2H_6O 1 singulet

b) $C_4H_8Cl_2O$ 2 triplets

c) $C_4H_8O_2$ 1 singulet, 1 triplet et 1 quadruplet

6-m Donner l'allure des spectres de RMN ^1H des composés suivants :

CH_2Cl_2 ; Br—CH_2—CH_2—CH_2—Br ; HO—CH_2—$CCl(CH_3)_2$

La nomenclature

7

PRÉALABLES

- Structure des molécules ; formules développées planes ; fonctions simples.

Voir chap. 1

MOTS-CLÉS

- Chaîne principale
- Fonction prioritaire
- Noms d'usage cités
- Noms génériques des fonctions
- Préfixes et suffixes désignant les structures et les fonctions

Dans les débuts de la chimie organique, lorsque le nombre des composés qu'elle avait recensés étaient encore restreint, ceux-ci recevaient des noms particuliers, rappelant souvent leur origine (« menthol », retiré de l'essence de menthe ; « cumène », retiré de l'essence de cumin ; « acide formique », retiré des fourmis ; etc.).

Puis, le nombre des composés organiques augmentant très rapidement, il a fallu instituer une « nomenclature systématique », c'est-à-dire fixer des règles assurant un langage commun entre tous les chimistes. Ces règles permettent d'associer à chaque formule développée un nom qui ne peut appartenir qu'à elle et, inversement, d'établir sans ambiguïté à partir d'un nom la structure (formule développée) du composé qu'il désigne.

Ces règles sont établies par un organisme international, l'U.I.C.P.A. (Union Internationale de Chimie Pure et Appliquée, souvent désignée par son signe anglais, IUPAC, prononcé comme un mot), et, le cas échéant, adaptées aux diverses langues dans lesquelles elles sont appelées à être utilisées.

Elles permettent de donner un nom à n'importe quelle molécule, quelle que soit sa complexité. Mais, pour atteindre cet objectif, elles deviennent dans certains cas fort complexes elles-mêmes. Ce chapitre ne contient que les règles utiles pour nommer les composés étudiés dans ce livre, qui représentent des cas simples.

Une sélection plus complète des règles édictées par l'UICPA pour les structures et les fonctions les plus courantes, est disponible sur le site Internet : *www.acdlabs.com/iupac/nomenclature.*

On utilise cependant aussi des noms particuliers, consacrés par l'usage mais non conformes à la nomenclature systématique. On le fait soit pour des composés simples très courants (acétone, chloroforme, toluène, ...), soit au contraire pour des composés de structure complexe, dont le nom « officiel » est très long et compliqué, et serait inutilisable au moins dans le langage parlé (chlorophylle, pénicilline, cholestérol, saccharose, ...). Ces noms ne peuvent être appris que par la pratique ; certains seront mentionnés dans ce chapitre.

Remarque

Les autorités compétentes de Belgique, du Canada, de France et de Suisse ont adopté en 1988 des « Recommandations relatives à la présentation française des noms des composés organiques », qui s'appliquent depuis leur publication en 1989, révisée en 1993, et dont ce chapitre tient compte.

Principe général

Le nom attribué à une molécule se *construit* par la réunion, dans un ordre et selon des règles d'écriture strictement déterminées, d'éléments traduisant chacune de ses particularités. Cette construction s'effectue en deux étapes :

a) On établit d'abord le nom de la *chaîne carbonée*, c'est-à-dire le nom de l'hydrocarbure ayant le même squelette carboné, qui constitue la base du nom du composé.

b) On ajoute ensuite à ce nom des préfixes et/ou des suffixes, ainsi que des indices numériques, indiquant la nature et la position sur la chaîne des *atomes* ou *groupes particuliers* que contient la molécule.

Cette démarche justifie le développement relativement important accordé dans la suite à la nomenclature des hydrocarbures.

7.1 HYDROCARBURES

7.1.1 Hydrocarbures acycliques saturés

Les hydrocarbures acycliques saturés de formule générale C_nH_{2n+2}, ont pour nom génériques ALCANES.

Voir chap. 1, § 1.4

L'enlèvement d'un atome d'hydrogène dans la formule d'un alcane produit un groupe ALKYLE, de symbole général R, dont le nom s'obtient en remplaçant la terminaison *ane* de l'alcane par la terminaison **yle**. Les noms et les écritures abrégées des principaux groupes alkyles ont été donnés dans le tableau 1.2. Les alcanes peuvent donc être représentés aussi par le symbole général **RH**.

a) Alcanes linéaires

Les quatre premiers termes portent des noms d'usage ; les termes suivants portent un nom formé d'un préfixe indiquant le nombre de carbone de leur chaîne suivi de la terminaison **ane** :

Tableau 7.1 Nomenclature des alcènes linéaires

CH_4	Méthane	C_9H_{20}	Nonane	$C_{17}H_{36}$	Heptadécane
C_2H_6	Éthane	$C_{10}H_{22}$	Décane	$C_{18}H_{38}$	Octadécane
C_3H_8	Propane	$C_{11}H_{24}$	Undécane	$C_{19}H_{40}$	Nonadécane
C_4H_{10}	Butane	$C_{12}H_{26}$	Dodécane	$C_{20}H_{42}$	Eicosane
C_5H_{12}	Pentane	$C_{13}H_{28}$	Tridécane	$C_{30}H_{62}$	Triacontane
C_6H_{14}	Hexane	$C_{14}H_{30}$	Tétradécane	$C_{40}H_{82}$	Tétracontane
C_7H_{16}	Heptane	$C_{15}H_{32}$	Pentadécane	$C_{50}H_{102}$	Pentacontane
C_8H_{18}	Octane	$C_{16}H_{34}$	Hexadécane	...	

b) Alcanes ramifiés

Pour nommer un alcane ramifié, on le considère comme formé d'une *chaîne principale* portant des *substituants* (ou « chaînes latérales »), constitués par des groupes alkyles.

1. On recherche dans la formule de cet alcane le plus long enchaînement carboné linéaire (qui n'y est pas nécessairement écrit en ligne droite). Le nom de l'alcane linéaire correspondant à cette *chaîne principale* (cf. ci-dessus) constitue la base du nom à construire.

   Remarque

   S'il existe plusieurs chaînes d'égale longueur susceptibles de constituer la « chaîne principale », on choisit celle qui porte le plus grand nombre de substituants. En cas d'égalité sur ce point, on choisit celle pour laquelle le premier substituant porte le plus petit indice (voir ci-après).

2. On identifie le, ou les, groupe(s) alkyle(s) qui constitue(nt) le, ou les, *substituant*(s) de la chaîne principale, et on énonce son (leurs) nom (s) devant celui de la chaîne. S'il y a plusieurs substituants, on les classe par ordre alphabétique.
3. On détermine la *position* de chaque substituant sur la chaîne principale en numérotant les carbones de celle-ci, et on indique cette position en faisant précéder le nom de chaque substituant d'un indice de position.

S'il n'y a qu'un substituant, le sens de numérotage de la chaîne principale est choisi de telle sorte que son indice de position soit le plus petit possible. S'il y a plusieurs substituants, le sens de numérotage est choisi de telle sorte que l'indice du carbone porteur de la première ramification soit minimal. Si deux numérotages sont possibles, on choisit celui qui donne le plus petit indice au premier substituant du classement alphabétique.

Exemples

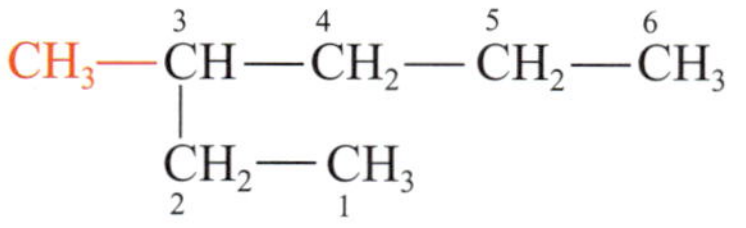

3-méthylhexane

Le plus long enchaînement possible comporte six carbones (hexane), et il porte un groupe méthyle sur le carbone numéroté 3. Le numérotage inverse aurait attribué au méthyle la position 4 ; le numérotage indiqué doit donc être préféré.

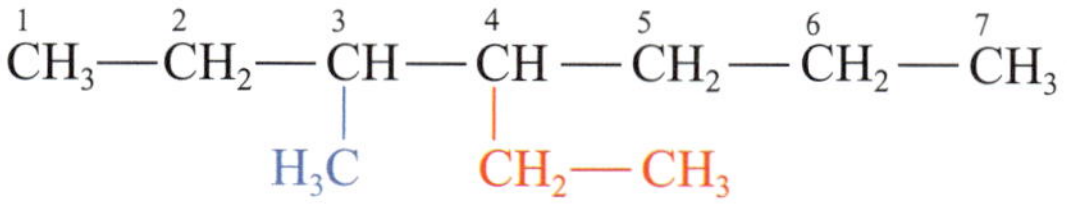

4-éthyl- 3-méthylheptane

Le plus long enchaînement possible comporte sept carbones (heptane). La chaîne principale porte un groupe méthyle et un groupe éthyle, classés ici par ordre alphabétique. En utilisant le sens de numérotage indiqué, la première ramification porte l'indice 3, alors qu'avec le numérotage inverse, la première ramification porterait l'indice 4.

Si un même groupe alkyle se trouve deux ou plusieurs fois en position de substituant sur la chaîne principale, on ne répète pas son nom mais on le fait précéder d'un préfixe multiplicateur : di, tri, tétra, penta etc. Ce préfixe n'est pas pris en compte pour le classement par ordre alphabétique.

Exemple

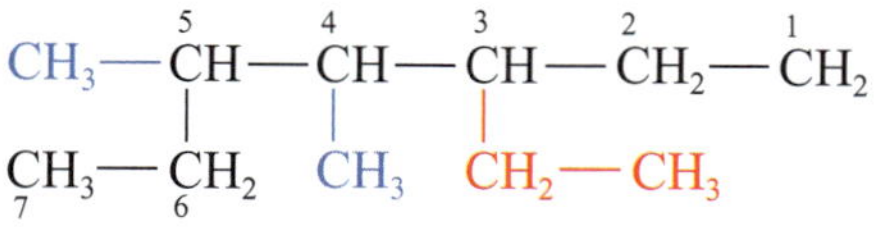

3-éthyl-4,5-diméthylheptane

Une chaîne de sept carbones (heptane) porte deux groupes méthyles et un groupe éthyle. Les deux sens de numérotage conduisent à l'indice 3 pour le carbone porteur de la première ramification. On choisit alors celui donnant le plus petit indice au préfixe « éthyl » (premier substituant dans le classement alphabétique).

Plusieurs points « d'orthographe chimique » doivent être notés :

- Employé comme préfixe, le nom d'un radical alkyle perd son e muet.
- Les composantes du nom d'un hydrocarbure (parties littérales, indice de position) sont toutes liées par des tirets ; cependant les indices de position multiples pour un même type de substituant sont séparés par des virgules (exemple : 3-éthyl-4,5-diméthylheptane).

➤ Lorsque le nom d'un substituant est précédé d'un préfixe multiplicateur (di, tri,…), il doit être précédé du nombre correspondant d'indices de position, même si l'un d'eux doit être répété (exemple : 2,2,4-triméthylpentane).

7.1.2 Hydrocarbures acycliques non saturés

Le nom générique des hydrocarbures acycliques non saturés est ALCENES s'ils comportent une *double liaison*, et ALCYNES s'ils comportent une *triple liaison*.

Leur nom se forme à partir de celui de l'alcane qui possède le même squelette carboné, en remplaçant la terminaison *ane* par la terminaison **ène** pour les alcènes et **yne** pour les alcynes. Cependant, la chaîne principale n'est pas nécessairement la plus longue (comme il est de règle pour les alcanes) ; c'est la plus longue des chaînes *contenant la double, ou la triple, liaison*.

La position de la double, ou triple, liaison dans la chaîne principale est indiquée par un indice placé avant la terminaison **ène** ou **yne** donnant le numéro du *premier carbone non saturé* rencontré lorsqu'on suit le sens de numérotage de la chaîne. La double, ou triple, liaison a priorité sur les substituants pour le choix du sens de numérotage : celui-ci doit obligatoirement donner à la liaison insaturée le plus petit indice de position possible.

Exemples

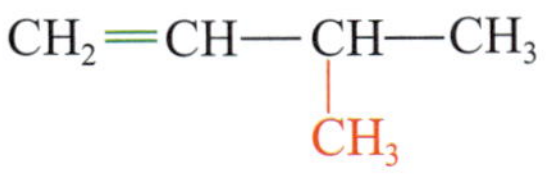

3-méthylbut-1-ène

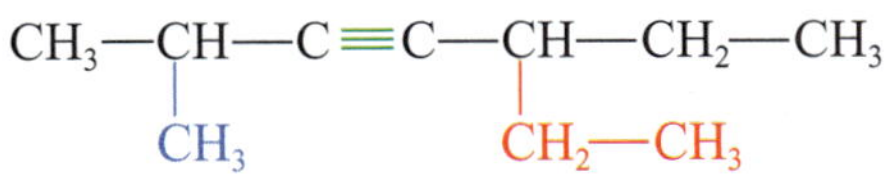

5-éthyl-2-méthylhept-3-yne

Les hydrocarbures acycliques insaturés comportant *plusieurs liaisons multiples* sont nommés en remplaçant la terminaison *ane* de l'alcane correspondant par les terminaisons **adiène**, **atriène**, etc. pour deux, trois… doubles liaisons, ou **adiyne**, **atriyne**… pour deux, trois, etc. triples liaisons. La présence simultanée d'une double et d'une triple liaison est indiquée par la terminaison **ényne**. Ces diverses terminaisons doivent être précédées d'autant d'indices de position qu'elles indiquent de liaisons multiples.

Devant une voyelle, le suffixe *ène* devient *én*.

Exemples

$H_2C{=}CH{-}CH{=}CH_2$ Buta-1,3-diène

$HC{\equiv}C{-}CH_2{-}C{\equiv}C{-}CH_3$ Hexa-1,4-diyne

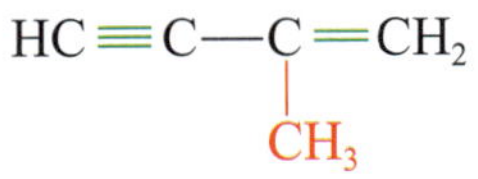

2-méthylbut-1-èn-3-yne

Des deux premiers alcènes dérivent deux groupes portant des noms particuliers utiles à connaître :

$H_2C{=}CH{-}$ groupe *vinyle*

$H_2C{=}CH{-}CH_2{-}$ groupe *allyle*

7.1.3 Hydrocarbures monocycliques

Les hydrocarbures monocycliques qui ne possèdent pas de chaîne latérale se nomment en faisant précéder du préfixe **cyclo** le nom de l'hydrocarbure acyclique linéaire, saturé ou non saturé, comportant le même nombre de carbones.

Exemples

Cyclobutane

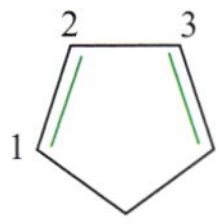

Cyclopenta-1,3-diène

Cyclohexène (indice de position inutile)

S'ils possèdent une ou plusieurs chaînes latérales, on considère le cycle comme « chaîne principale », et on nomme devant lui les groupes substituants, dans l'ordre alphabétique et avec des indices de position. Une liaison multiple a priorité vis-à-vis du sens de numérotage ; elle doit avoir l'indice le plus faible possible.

Exemples

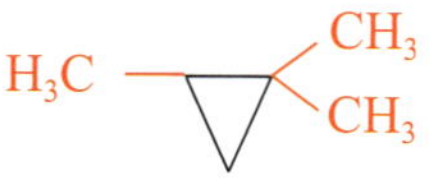

1,1,2-triméthylcyclopropane

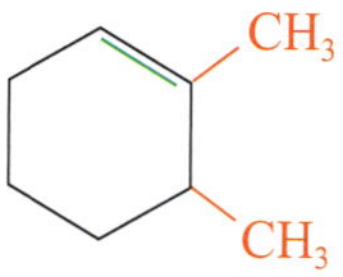

1,6-diméthylcyclohex-1-ène («1» facultatif)

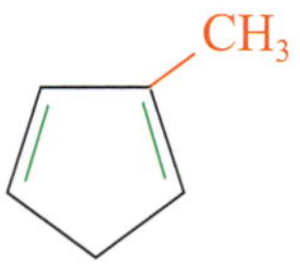

2-méthylcyclopenta-1,3-diène

7.1.4 Hydrocarbures benzéniques

Leur nom générique est ARENES. Le terme le plus simple est le benzène :

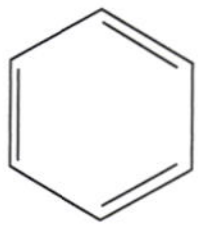
ou
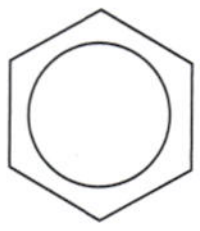

Les autres termes en dérivent, soit par adjonction de chaînes latérales, soit par la réunion de plusieurs cycles, soit encore des deux façons simultanément. La plupart ont des noms d'usage et la nomenclature systématique est peu utilisée dans cette série.

Exemples

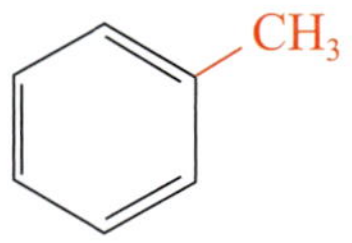

Toluène
(Méthylbenzène)

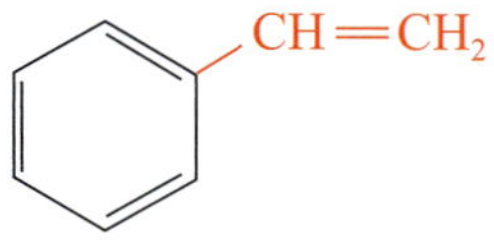

Styrène
(Vinylbenzène)

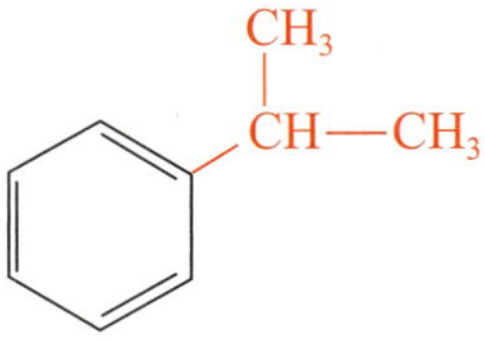

Cumène
(Isopropylbenzène)

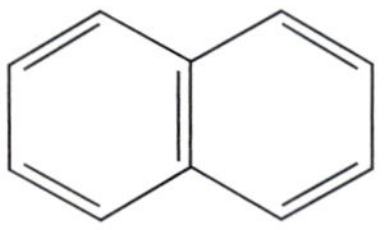

Naphtalène

Les dérivés disubstitués du benzène peuvent exister sous trois formes isomères, pour lesquelles on emploie les préfixes *ortho, méta* et *para,* souvent abrégés en *o, m* et *p*, au lieu de « 1,2 », « 1,3 » et « 1,4 ».

Exemples

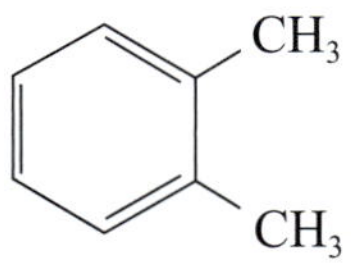

o - Xylène
(1,2-diméthylbenzène)

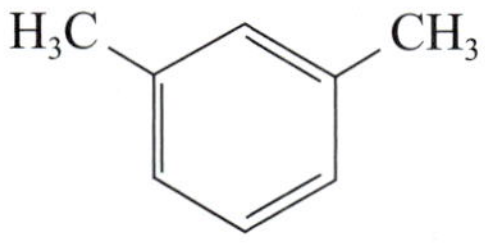

m - Xylène
(1,3-diméthylbenzène)

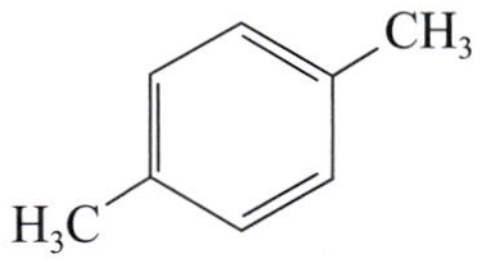

p - Xylène
(1,4-diméthylbenzène)

Deux groupes particuliers à cette série portent des noms d'usage fréquemment utilisés :

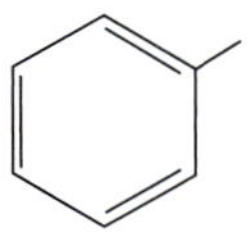

groupe (ou radical) *phényle.* C'est un groupe ARYLE (symbole général Ar), car la « valence disponible » se trouve sur l'un des carbones du cycle benzénique.

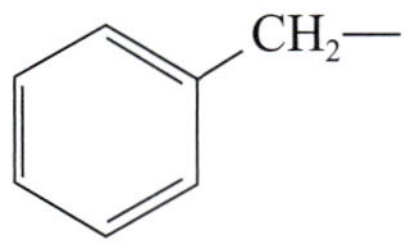

groupe (ou radical) *benzyle.* C'est un groupe ALKYLE (R), car la « valence disponible » est portée par un carbone saturé (« sp^3 » [cf. 4.2.2.c]), hors du cycle benzénique.

Question 7.A

a. Nommer les composés suivants :

1) 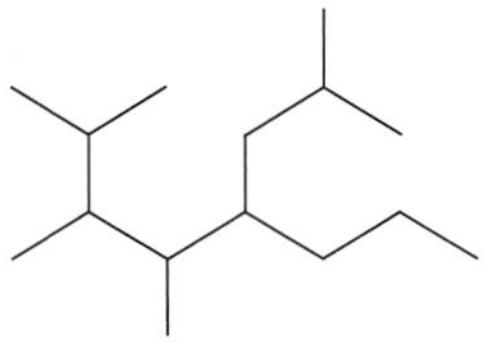

2) 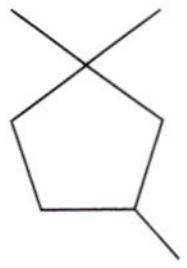

3) 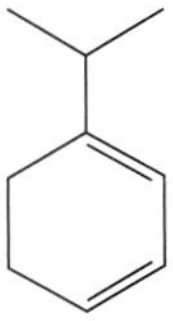

4) 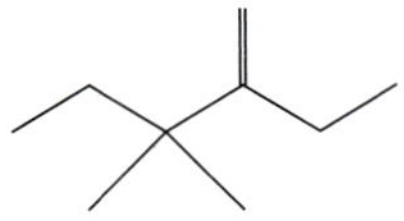

b. Établir la formule développée des composés portant les noms suivants :
1) 4-isopropyl-2,5,5-triméthylnonane
2) 5-isobutyl-6-tertiobutyldodécane

7.2 Composés à fonctions simples et multiples

Voir chap. 1, § 1.2.2

Voir § 7.3

Les notions de fonction et de groupe (ou groupement) fonctionnel ont déjà été définies. On parle de « *fonction simple* » si la molécule contient un seul groupe fonctionnel, et de « *fonction multiple* » si elle contient deux ou plusieurs groupes fonctionnels de même nature. Le terme de « *fonction mixte* » est employé pour le cas, envisagé ultérieurement, où des fonctions différentes coexistent dans la même molécule.

Bien qu'il existe de nombreux cas particuliers, le nom d'un composé « fonctionnel » se construit à partir de celui de l'hydrocarbure correspondant, c'est-à-dire celui qui possède le même squelette carboné y compris les insaturations, auquel on rajoute des préfixes et/ou des suffixes.

Remarque

Toutefois, le sens du numérotage de la chaîne principale peut devoir être inversé, par rapport à l'hydrocarbure, en raison de l'introduction de nouvelles priorités. Le nom d'un composé fonctionnel peut comporter quatre parties :

Préfixes	+	Chaîne principale	+	Suffixes d'insaturations	+	Suffixes de fonctions
A		**B**		**C**		**D**

et le sens de numérotage de la chaîne doit, dans les choix successifs qui peuvent se présenter, affecter par priorité décroissante l'indice de position le plus petit à D (s'il y a lieu), puis à C (s'il y a lieu), et enfin à A.

7.2.1 Dérivés halogénés

Les halogènes (Fluor F, Chlore Cl, Brome Br et Iode I) sont souvent représentés par le symbole générique X. Les dérivés halogénés organiques comportent au moins une liaison C—X, et éventuellement plusieurs.

1. On nomme les dérivées halogénés en faisant précéder le nom de l'hydrocarbure correspondant des préfixes **fluoro**, **chloro**, **bromo**, **iodo**, précédés eux-mêmes éventuellement des préfixes multiplicateurs *di*, *tri*, *tétra*, *penta*… et des indices de position. Le préfixe *per* indique que *tous* les H d'un hydrocarbure, quel que soit leur nombre, ont été remplacés par un halogène.

Exemples

$CH_3—CH_2Cl$	Chloroéthane (indice inutile)
CCl_2F_2	Dichlorodifluorométhane (indices inutiles)
$BrCH_2—CH(CH_3)—CH{=}CH—CH_2Br$	1,5-dibromo-4-méthylpent-2-ène
$CF_3—(CF_2)_3—CF_3$	Perfluoropentane

2. Les dérivés halogénés dans lesquels le « reste hydrocarboné » correspond à un groupe (ou radical) portant un nom usuel peuvent aussi être nommés comme « halogénure de… ».

Exemples

CH_3I	Iodure de méthyle (Iodométhane)
$CH_3—C(CH_3)_2—Cl$	Chlorure de tertiobutyle (2-chloro-2-méthylpropane)
$CH_2{=}CHCl$	Chlorure de vinyle (Chloroéthylène)

3. Enfin, certains dérivés halogénés sont le plus souvent désignés par un nom d'usage.

Exemples

CCl_4	Tétrachlorure de carbone (Tétrachlorométhane)
$CHCl_3$	Chloroforme (Trichlorométhane) (de même : bromoforme, iodoforme)

7.2.2 Composés organométalliques

Les composés organométalliques comportent une, ou plusieurs, liaison (s) carbone-métal. S'ils sont de la forme R—MX (M : métal ; X : halogène), ce sont des « *halogénures d'alkylmétal* ».

Exemple

$CH_3—CH_2—MgI$	Iodure d'éthylmagnésium

S'ils sont de la forme R—M—R, ce sont des « *alkylmétal* », nommés sur le modèle des exemples ci-après.

Exemples

$CH_3—CH_2—CH_2—CH_2—Li$	Butyllithium
$CH_3—Cd—CH_3$	Diméthylcadmium
$(CH_3—CH_2)_4Pb$	Tétraéthylplomb

7.2.3 Alcools

➤ Les alcools ont pour formule générale R—OH. Le groupe « hydroxyle » OH y est lié à un carbone saturé, ou sp^3. On les nomme en faisant suivre le nom de l'hydrocarbure correspondant de la terminaison ol (avec élision de l'e muet final de l'hydrocarbure), immédiatement précédée de l'indice de position de la fonction. Si la molécule contient deux ou plusieurs fonctions alcool (diols, triols, ...), la terminaison ol est précédée d'un indice multiplicateur, lui-même précédé de tous les indices de position ; le nom de l'hydrocarbure conserve alors son e muet.

Exemples

$CH_3—CH_2OH$	Éthanol
$CH_3—CH_2—CH_2—C(CH_2OH)=CH—CH_3$	2-propylbut-2-én-1-ol
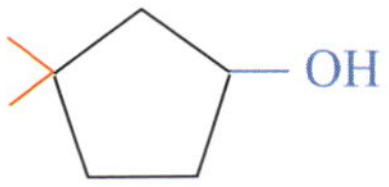	3,3-diméthylcyclopentan-1-ol
$HOCH_2—C≡C—CH_2OH$	But-2-yne-1,4-diol

➤ On peut également nommer les alcools simples (monoalcools) de la forme ROH en faisant précéder du mot *alcool* le nom du groupe R, complété de la terminaison ique.

Exemples

CH_3OH	Alcool méthylique (méthanol)
$CH_3—CH(CH_3)—CH_2OH$	Alcool isobutylique (2-méthylpropan-1-ol)
$CH_2=CH—CH_2OH$	Alcool allylique (Prop-2-én-1-ol)

➤ Certains alcools portent des noms d'usage utilisés préférentiellement.

Exemples

$HOCH_2—CH_2OH$ Ethylèneglycol (Ethane-1,2-diol)

$HOCH_2—CHOH—CH_2OH$ Glycérol (Propane-1,2,3-triol)

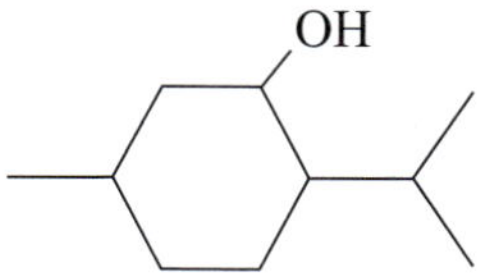

Menthol (2-isopropyl-5-méthylcyclohexan-1-ol)

7.2.4 Phénols

Les composés dans lesquels un groupe hydroxyle OH est lié à un carbone d'un cycle benzénique ont pour nom générique PHENOLS. Leur formule générale est ArOH.

Ar : groupe aryle [§ 7.1.4]

Il n'y a pas de règle générale pour les nommer. Le premier terme est le phénol. Les

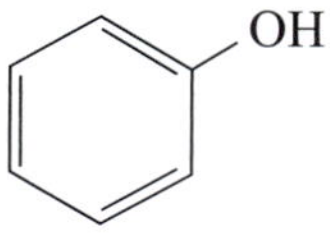

Phénol

autres termes sont, selon les cas, considérés comme des dérivés du phénol (par exemple, des alkyl-phénols), ou comme des dérivés d'hydrocarbures benzéniques divers (par exemple, les xylénols, dérivant des trois xylènes, comme le phénol dérive du benzène). En outre, beaucoup de phénols sont en fait toujours désignés par des noms d'usage. Seuls, quelques exemples de ceux-ci sont donnés ici :

Voir § 7.1.4

Exemples

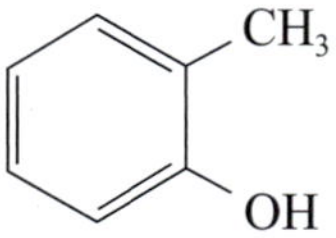

o-crésol

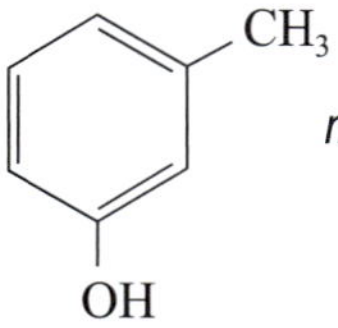

m-crésol

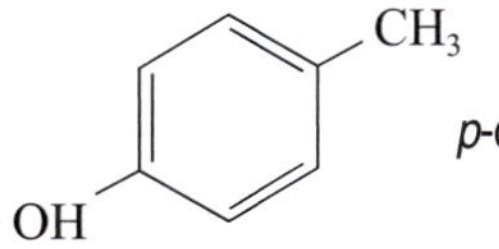

p-crésol

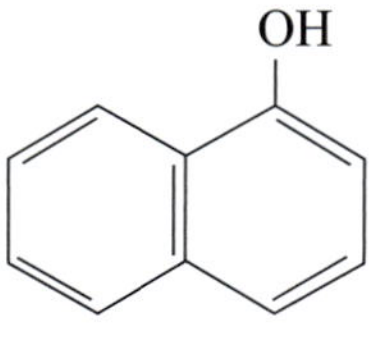

α-naphtol

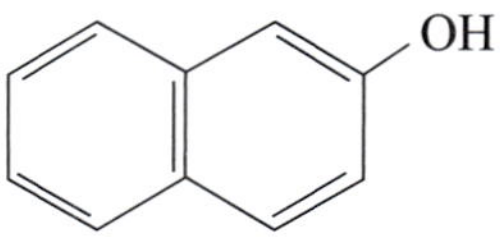

β-naphtol

7.2.5 Éthers - oxydes

Les ETHERS-OXYDES sont les composés de la forme R—O—R (symétriques) ou R—O—R' (mixtes) ; les deux groupes peuvent être aussi des groupes aryles Ar. Pour les nommer, on détermine d'abord un nom de base qui est celui du composé RH correspondant au groupe R prioritaire, c'est-à-dire celui qui contient le plus de carbones, ou une insaturation ou une fonction. Le groupe RO—, groupe **alkoxy**, qui contient l'autre groupe R est considéré comme un substituant dans le composé de base, et constitue un préfixe devant son nom.

Ou alkyloxy (pentyloxy, hexyloxy, ...) pour les groupes comportant cinq carbones et plus (sauf C_6H_5O—, qui est le groupe *phénoxy*, et non phényloxy).

Exemples

$CH_3—O—CH_2—CH_3$	Méthoxyéthane
$CH_3—CH_2—O—CH{=}CH—CH_3$	1-éthoxyprop-1-ène
$CH_3—O—CH_2—CHCl—CH_3$	2-chloro-1-méthoxypropane

On peut aussi nommer les éthers-oxydes en faisant précéder les noms des deux groupes R et R' du terme *oxyde de…* Ce procédé est surtout utilisé pour les éthers symétriques.

Exemples

$CH_3—O—CH{=}CH_2$	Oxyde de méthyle et de vinyle (Méthoxyéthylène)
$CH_3—CH_2—O—CH_2—CH_3$	Oxyde de diéthyle (Éthoxyéthane)

Le dernier de ces éthers-oxydes est aussi appelé « l'éther », ou « éther sulfurique », en référence à sa préparation par réaction entre l'éthanol et l'acide sulfurique.

7.2.6 Amines

Le terme générique AMINES s'applique à trois classes de composés, de formules générales :

$R—NH_2$	Amines *primaires*	Les groupes R, R' et R" peuvent être identiques ou différents.
$R—NH—R'$	Amines *secondaires*	
$R—N(R'')—R'$	Amines *tertiaires*	

a) Amines primaires

Les amines primaires sont nommées en ajoutant la terminaison amine au nom du groupe R (ou Ar). Si le groupe R est ramifié, sa chaîne principale doit contenir le carbone lié au groupe NH_2 ; ce carbone porte toujours le numéro 1 de sorte que l'on ne donne pas d'indice de position à la fonction.

Exemples

$CH_3—CH_2—NH_2$	Éthylamine
$CH_3—CH_2—CH(CH_2—NH_2)—CH_2—CH_3$	2-éthylbutylamine

Certaines amines primaires ont des noms d'usage préférentiellement :

Exemples

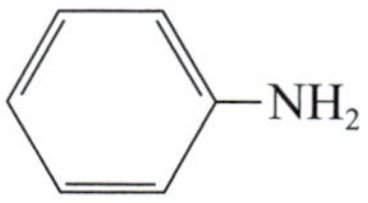

Aniline
(Phénylamine)

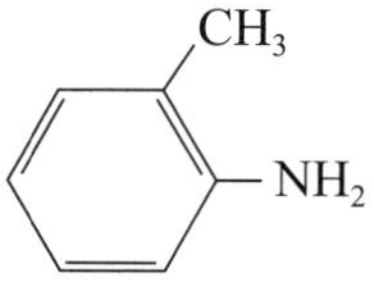

Toluidine
(*ortho*-Crésylamine)

b) Amines secondaires et tertiaires

Si elles sont *symétriques* (les deux ou les trois groupes R identiques), les amines secondaires ou tertiaires sont nommées selon la même règle que les amines primaires, mais en faisant précéder le nom des groupes R du préfixe multiplicateur di ou tri.

Exemples

$CH_3—CH_2—NH—CH_2—CH_3$ Diéthylamine

$CH_3—N(CH_3)—CH_3$ Triméthylamine

Si elles sont *mixtes* (groupes R non tous identiques), elles sont considérées comme des dérivés de l'amine primaire qui pourrait être formée avec le groupe R le plus long ou le plus complexe, substituée sur l'atome d'azote (on dit substituée « à l'azote ») par les autres groupes. On énonce les noms de ces autres groupes devant celui de l'amine primaire, en les faisant précéder de la lettre N (azote), éventuellement répétée.

Exemples

$CH_3—NH—CH_2—CH_3$ N-Méthyléthylamine

$C_6H_5—N(CH_3)—CH_3$ N,N-Diméthylaniline

$CH_3—CH_2—CH_2—N(CH_3)—CH_2—CH_3$ N-Éthyl N-méthylpropylamine

7.2.7 Aldéhydes

Les composés contenant un groupe $>C=O$ (groupe *carbonyle*) lié à un seul atome de carbone sont des ALDEHYDES. Leur formule générale est R—CH=O (premier terme H—CH=O, ou CH_2O).

➤ Le nom d'un aldéhyde *acyclique* est formé en ajoutant la terminaison al (avec élision de l'e muet), ou dial pour un dialdéhyde, au nom de l'hydrocarbure correspondant (CH_3 au lieu de CH=O). Le carbone du groupe CH=O porte toujours le numéro 1, et l'indice de position de la fonction est habituellement omis.

Exemples

$CH_3-\underset{\displaystyle CH_3}{\underset{\mid}{CH}}-CH_2-CH=O$	3-méthylbutanal
$CH_2=CH-CH=CH-CH=O$	Penta-2,4-diénal
$CCl_3-CH=O$	2,2,2-trichloroéthanal

Les aldéhydes *cycliques* dans lesquels la fonction est liée directement à un cycle sont nommés en ajoutant la terminaison **carbaldéhyde** au nom du cycle.

Exemple

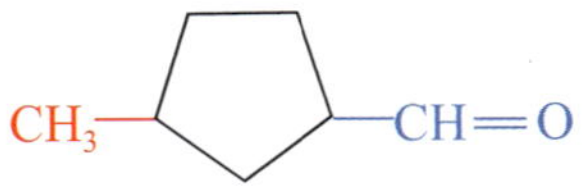

3-méthylcyclopentanecarbaldéhyde

Voir § 7.2.9

➤ Si l'acide R—COOH correspondant à l'aldéhyde R—CH=O possède un nom d'usage, on peut former le nom de l'aldéhyde en remplaçant la terminaison *ique* ou *oïque,* de l'acide par la terminaison aldéhyde. On peut aussi conserver le nom de l'acide et remplacer le mot *acide* par *aldéhyde*.

Exemples

$H-CH=O$	Formaldéhyde, ou Aldéhyde formique (Méthanal)
$CH_3-CH=O$	Acétaldéhyde, ou Aldéhyde acétique (Éthanal)
$C_6H_5-CH=O$	Benzaldéhyde, ou Aldéhyde benzoïque (Phénylméthanal)
$CH_3-CH=CH-CH=O$	Crotonaldéhyde, ou Aldéhyde crotonique (But-2-énal)

➤ Enfin, certains aldéhydes ont des noms d'usage.

Exemples

$CH_2=CH-CH=O$	Acroléine (Propénal)
$CH_3-\underset{\displaystyle CH_3}{\underset{\mid}{C}}=CH-CH_2-CH_2-\underset{\displaystyle CH_3}{\underset{\mid}{C}}=CH-CH=O$	Citral (3,7-diméthylocta-2,6-diénal)

7.2.8 Cétones

Les composés contenant un groupe $>C=O$ (groupe carbonyle) lié à deux carbones sont des CETONES. Leur formule générale est R—CO—R (cétones symétriques) ou R—CO—R' (cétones mixtes).

➤ Le nom d'une cétone se forme en ajoutant la terminaison one (avec élision du e muet), précédée d'un indice de position, à celui de l'hydrocarbure correspondant (CH_2 à la place de CO). La chaîne principale est la plus longue de celles qui contiennent le groupe CO.

Exemples

$CH_3—CH_2—CH_2—CO—CH_3$ Pentan-2-one

$CH_3—CO—CH_2—CO—CH_2—CH_3$ Hexane-2,4-dione

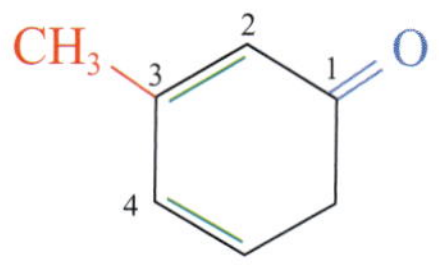

3-méthylcyclohexa-2,4-dién-1-one
(« 1 » facultatif)

➤ Si les groupes R et R' sont simples, on peut également nommer les cétones en faisant suivre leurs noms, dans l'ordre alphabétique, du mot cétone.

Exemples

$CH_3—CO—CH_2—CH_3$ Éthylméthylcétone (Butanone ; indice inutile)

$CH_3—\underset{CH_3}{\underset{|}{CH}}—CO—\underset{CH_3}{\underset{|}{CH}}—CH_3$ Diisopropylcétone (2,4-diméthylpentanone)

➤ Certaines cétones sont préférentiellement désignées par des noms d'usage.

Exemples

$CH_3—CO—CH_3$ Acétone (Propanone ; diméthylcétone)

$C_6H_5—CO—CH_3$ Acétophénone (1-phényléthanone ; Méthylphénylcétone)

7.2.9 Acides carboxyliques

Les composés contenant le groupe *carboxyle* —COOH sont des ACIDES CARBOXYLIQUES (on dit aussi, plus simplement, des « ACIDES »).

➤ En série *acyclique*, les acides sont nommés en faisant suivre le nom de l'hydrocarbure correspondant (CH_3 à la place de COOH) de la terminaison oïque (dioïque pour un diacide), et en le faisant précéder du mot **acide**. Le carbone du groupe COOH porte toujours le numéro 1 et on omet donc l'indice de position.

Exemples

$CH_3—COOH$	Acide éthanoïque
$CH_3—CH_2—C(=CH_2)—CH_2—COOH$	Acide 3-éthylbut-3-énoïque
$HOOC—CH_2—CH_2—COOH$	Acide butanedioïque (indices inutiles)

En série *cyclique,* les acides dont la fonction est directement liée à un cycle sont nommés en faisant suivre le mot acide du nom de l'hydrocarbure auquel on ajoute le suffixe carboxylique.

Exemple

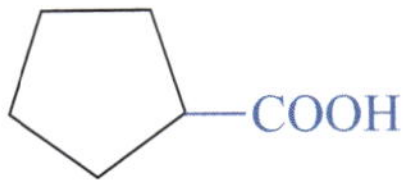

Acide cyclopentanecarboxylique

➤ En fait, de nombreux acides sont de manière très habituelle désignés par des noms d'usage. Quelques-uns de ces noms sont donnés ci-après :

$H—COOH$	Acide formique (méthanoïque)
$CH_3—COOH$	Acide acétique (éthanoïque)
$CH_3—CH_2—COOH$	Acide propionique (propanoïque)
$CH_2{=}CH—COOH$	Acide acrylique (propènoïque)
$HOOC—COOH$	Acide oxalique (éthanedioïque)
$HOOC—CH_2—COOH$	Acide malonique (propanedioïque)
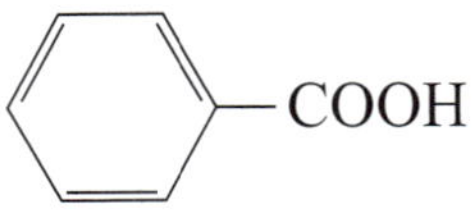	Acide benzoïque (benzène carboxylique)

7.2.10 Anhydrides (d'acides)

Les composés de la forme R—CO—O—CO—R' (avec R et R' identiques ou différents ; si R=R', on écrit généralement $(R—CO)_2O$) sont des ANHYDRIDES (on ajoute parfois « d'acides »). Ils se nomment en faisant suivre le mot **anhydride** du nom de l'acide R—COOH, si R=R', ou des noms des deux acides R—COOH et R'—COOH (dans l'ordre alphabétique).

Exemples

$(CH_3—CO)_2O$	Anhydride éthanoïque (acétique)
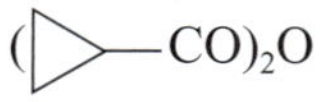	Anhydride cyclopropanecarboxylique
$CH_3—CO—O—CO—C_6H_5$	Anhydride éthanoïque et benzoïque

7.2.11 Halogénures d'acides (ou d'acyles)

Voir § 7.8

Le remplacement, dans un acide carboxylique, du groupe OH par un halogène X engendre un HALOGENURE D'ACIDE, R—CO—X. Les groupes R—CO portant le nom générique de groupes ACYLES, ces composés sont également appelés HALOGENURES D'ACYLES.

Les noms des groupes acyles dérivent de ceux des acides, en remplaçant la terminaison ique par la terminaison **yle** (exemple : $CH_3—COOH$, acide acétique ou éthanoïque ; $CH_3—CO$, groupe acétyle ou éthanoyle). Les groupes acyles qui dérivent des acides cycloalcanecarboxyliques sont nommés en remplaçant la terminaison *xylique* par la terminaison **nyle** (exemple : $C_6H_{11}—COOH$, acide cyclohexanecarboxylique ; $C_6H_{11}—CO_2$, groupe cyclohexanecarbonyle).

Les halogénures d'acyles sont nommés en faisant précéder le nom du groupe acyle des mots *fluorure de*, *chlorure de*, *bromure de* ou *iodure de*.

Exemples

$CH_3—CH_2—COCl$	Chlorure de propanoyle
$C_6H_5—COBr$	Bromure de benzoyle

7.2.12 Esters

Le remplacement dans un acide carboxylique, de l'hydrogène « fonctionnel » (celui du groupe COOH) par un groupe hydrocarboné donne un ESTER, de formule générale R—CO—OR'. Les esters sont nommés en remplaçant, dans le nom de l'acide, la terminaison *ique* par la terminaison **ate**, et en faisant suivre le mot ainsi obtenu du nom du groupe R', lié par la préposition « de ».

Exemples

$CH_3—CO—O—CH_2—CH_2—CH_3$	Éthanoate de propyle
$CH_3—O—CO—CH_2—CO—O—CH_3$	Malonate de diméthyle
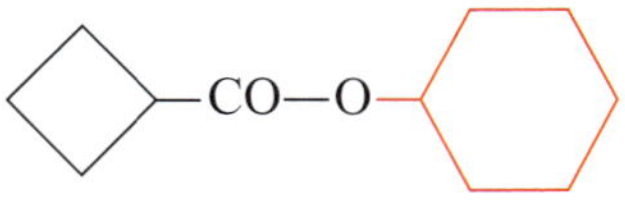	Cyclobutanecarboxylate de cyclohexyle

7.2.13 Sels

Le remplacement de l'hydrogène fonctionnel d'un acide par un métal M donne un SEL, de formule générale $(R—COO)_nM$ où *n* est égal à la valeur absolue de la charge positive du cation métallique. Les sels se nomment comme les esters, en remplaçant le nom du groupe R' par celui du métal. Certains cations non métalliques, tels l'ion ammonium NH_4^+, peuvent tenir le même rôle qu'un cation métallique.

Exemples

$H—COONa$	Méthanoate de sodium
$(CH_3—COO)_3Fe$	Éthanoate de fer (III)
$NH_4OCO—COONH_4$	Oxalate de diammonium

7.2.14 Amides

Le terme générique AMIDES recouvre trois types différents de molécules :

$R—CO—NH_2$	Amide *primaire*
$R—CO—NH—R^1$	Amide *secondaire*
$R—CO—N(R^1)(R^2)$	Amide *tertiaire*

Ils se nomment en remplaçant la terminaison *ique* ou *oïque*, de l'acide correspondant R—COOH par la terminaison **amide** (pour les acides cycliques, la terminaison *carboxylique* est transformée en **carboxamide**). Les termes substitués à l'azote, de la forme R—CO—NH—R' ou R—CO—NR'R'', se nomment en plaçant devant le nom de l'amide $R—CO—NH_2$, en préfixes, les noms des groupes R' et R'', comme pour la désignation des amines secondaires et tertiaires.

Voir § 7.2.6

Exemples

$CH_3—CO—NH—CH_2—C_6H_5$	N-benzyléthanamide
$CH_3—CH_2—CO—N(CH_3)—CH_2—CH_3$	N-éthyl N-méthylpropanamide
$H—CO—N(CH_3)_2$	N,N-diméthylméthanamide

7.2.15 Nitriles

Les NITRILES ont pour formule générale R—C≡N. On les nomme en ajoutant la terminaison nitrile au nom de l'hydrocarbure correspondant (CH_3 à la place de C≡N).

Exemple

$$CH_3—\underset{\displaystyle CH_3}{\underset{|}{C}}{=}CH—CH_2—C{\equiv}N$$

4-méthylpent-3-ène nitrile (indice 1 inutile)

On peut également faire suivre les mots **cyanure de** du nom du groupe R (en ce cas, le carbone du groupe C≡N ne fait pas partie de la chaîne principale et ne porte plus le numéro 1).

Exemple

$CH_2{=}CH—CH_2—C{\equiv}N$ Cyanure d'allyle

Enfin, on peut considérer un nitrile R—C≡N comme un dérivé de l'acide R—COOH, en particulier lorsque ce dernier porte un nom d'usage. On remplace alors, dans le nom de l'acide, la terminaison *ique* ou *oïque* par la terminaison onitrile.

Exemple

$CH_2{=}CH—C{\equiv}N$ Acrylonitrile ($CH_2{=}CH—COOH$: acide acrylique.)

7.3 Composés à fonctions mixtes

Les composés à fonctions mixtes comportent, dans la même molécule, des fonctions différentes. Il n'y a pas de limite théorique au nombre des fonctions qui peuvent être ainsi associées, et il est évidemment impossible d'envisager ici toutes les combinaisons imaginables, même en se limitant aux associations de fonctions deux par deux. On ne considérera donc que quelques cas de composés bifonctionnels.

Du point de vue de la nomenclature, la réunion de deux (ou plusieurs) fonctions dans une molécule pose essentiellement des questions de priorité entre elles. La fonction prioritaire est désignée par un suffixe (ceux qui ont été indiqués précédemment), et le sens de numérotage de la chaîne principale est choisi de façon à lui attribuer l'indice le plus petit possible. Les autres fonctions présentes sont désignées par des préfixes, indiqués dans le tableau 7.2. Dans ce tableau, les fonctions sont classées par priorité décroissante de haut en bas : une fonction a priorité sur celles qui se trouvent au-dessous d'elle.

Tableau 7.2 Composés à fonctions mixtes

FONCTION	PRIORITAIRE (suffixe)	NON PRIORITAIRE (préfixe)
Acide carboxylique	-oïque	–
Nitrile	-nitrile	cyano- (C≡N)
Aldéhyde	-al (*)	oxo- (=O) (**)
Cétone	-one	oxo- (=O)
Alcool, Phénol	-ol	hydroxy- (OH)
Amine	-amine	amino- (NH_2, NHR, NHR_2)
Dérivé halogéné	–	halogéno-

(*) Dans le cas des composés cycliques, on utilise le suffixe « carbaldéhyde ».
(**) Si le groupement CHO ne se trouve pas dans la chaîne principale le groupe fonctionnel « CHO » est nommé formyl.

Exemples

$CH_3—C(OH)(CH_3)—CH_2—CO—CH_3$ 4-hydroxy-4-méthylpentan-2-one

$CH_3—CHOH—CH_2—CH{=}O$ 3-hydroxybutanal

$CH_2{=}C(CH_3)—CO—CH_2—COOH$ Acide 4-méthyl-3-oxopent-4-énoïque

$N{\equiv}C—CH(CH_3)—CH_2—CH(CH_3)—COOH$ Acide 4-cyano-2,4-diméthylbutanoïque

$CH_3—CH_2—CH(C{\equiv}N)—CH{=}O$ 2-formylbutanenitrile

$CH_3—CH_2—NH—CH(CH_3)—COOH$ Acide 2-(N-éthylamino)propanoïque

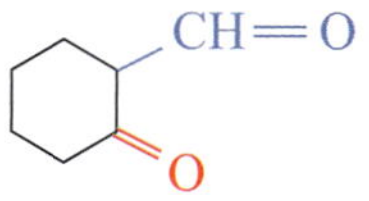

2-oxocyclohexanecarbaldéhyde

Question 7.B

a. Nommer les composés suivants :

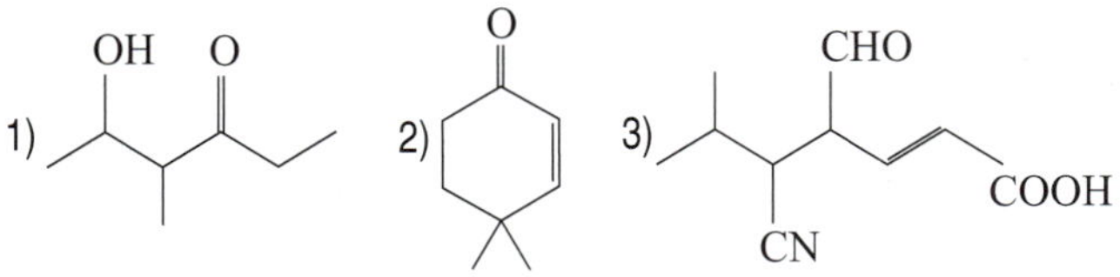

4) $Et_2N—CH_2CH=CH_2$

b. Établir la formule développée des composés portant les noms suivants :

1) 4-chloro-3-oxobutanoate d'éthyle
2) (Z)-4-chlorobut-3-énal
3) acide 2-hydroxy-2-méthyl-4-oxobutanoïque.

7.4 Nomenclature « grecque »

Si l'on veut indiquer seulement la position *relative* d'une fonction par rapport à une autre, on emploie une nomenclature faisant appel à l'alphabet grec. Le carbone portant la fonction principale (ci-dessous Y) est pris pour origine et les carbones voisins sont « numérotés » de proche en proche α (alpha), β (béta), γ (gamma), δ (delta), ε (epsilon), … d'un côté de la fonction et, si besoin est, α', β', γ', δ', ε' … de l'autre côté.

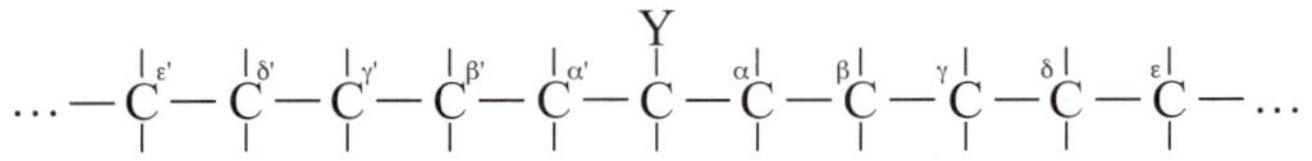

Exemples

• $CH_3—CH_2—CH(NH_2)—COOH$ (acide 2-aminobutanoïque)
est un α-aminoacide, ou encore un acide α-aminé.

• $CH_3—CO—CH_2—COO—CH_3$ (3-oxobutanoate de méthyle)
est un β-cétoester, ou encore un ester β-cétonique)

• $CH_3—CH=CH—CO—CH_3$ (pent-3-én-2-one)
est une cétone α, β-éthylénique (cétone éthylénique conjuguée)

• $CH_3—CHCl—CO—CHCl—CH_3$ (2,4-dichloropentan-3-one)
est une cétone α, α'-dichlorée.

On emploie la lettre ω, dernière de l'alphabet grec, pour signifier que l'une des deux fonctions est portée par le dernier carbone de la chaîne, quelle que soit par ailleurs la longueur de cette chaîne. Ainsi, les ω-aminoacides comportent une fonction amine en bout de chaîne, à l'opposé de la fonction acide, mais peuvent comporter un nombre quelconque de carbones.

Ce repérage uniquement relatif des positions de deux fonctions conduit à définir des « types » de molécules, et n'identifie pas un composé déterminé.

Ainsi $CH_3—CH_2—CHOH—CH_2OH$ (butane-1,2-diol) et $CH_3—CHOH—CHOH—CH_3$ (butane-2,3-diol) sont tous deux des α-diols, mais $CH_3—CHOH—CH_2—CH_2OH$ (butane-1,3-diol) est un β-diol.

OBJECTIFS

- Établir le nom d'un hydrocarbure ou d'un composé comportant une ou deux fonctions, au vu de sa formule développée (au niveau de complexité des exemples traités).
- Établir la formule développée d'un hydrocarbure ou d'un composé comportant une ou deux fonctions, connaissant son nom (au niveau de complexité des exemples traités).

Les réponses se trouvent à la page 663.

QCM

Choisir pour chacune des molécules le nom qui lui correspond

1.

$CH_3CH_2CH(CH_3)CH(CH_3)CH_2CH(CH_3)CH_2CH_3$

- ☐ **a.** triméthyloctane
- ☐ **b.** 3,5,6-triméthyloctane
- ☐ **c.** 3,4,6-triméthyloctane
- ☐ **d.** undécane

2.

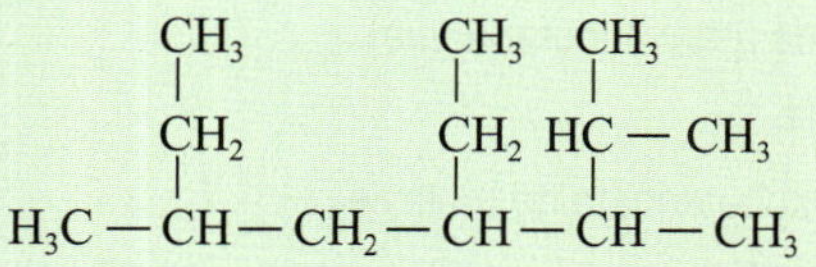

- ☐ **a.** 2-(méthyléthyl)-3,5-diéthylhexane
- ☐ **b.** 3,5-diéthyl-2-(méthyléthyl)hexane
- ☐ **c.** 4-éthyl-3,6,7-triméthyloctane
- ☐ **d.** 5-éthyl-2,3,6-triméthyloctane

3.

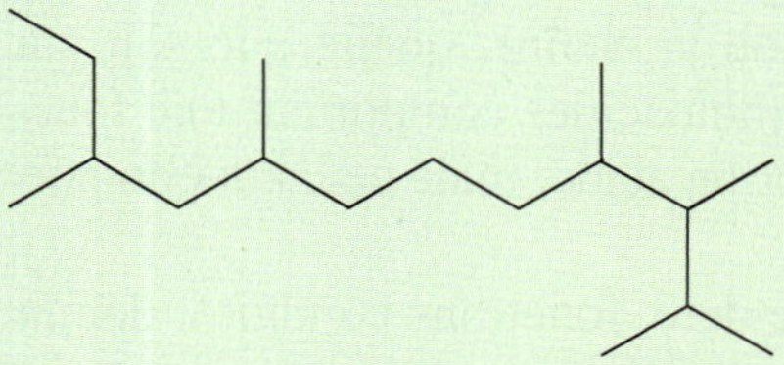

- ☐ **a.** 9-éthyl-2-isopropyl-3,7-diméthyldécane
- ☐ **b.** 2,3,4,8,10-pentaméthyldodécane
- ☐ **c.** 3,5,9,10,11- pentaméthyldodécane
- ☐ **d.** 2-isopropyl-3,7,9-triméthylundécane

4.

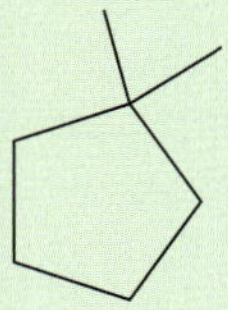

- ☐ a. diméthylcyclopentane
- ☐ b. 1-diméthylcyclopentane
- ☐ c. 1,1-diméthylcyclopentane
- ☐ d. cyclo-1,1-diméthylpentane

5.

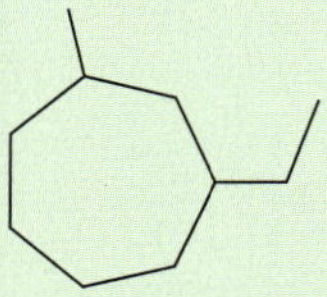

- ☐ a. 4-éthyl-2-méthylcycloheptène
- ☐ b. 1-méthyl-3-éthylcycloheptène
- ☐ c. 1-méthyl-6-éthylcyclohept-1-ène
- ☐ d. 1-méthyl-6-éthylcyclohex-1-ène

6.

$CH_3—CH_2—CH(OH)—CH_2—CH(CH_3)_2$

- ☐ a. 2-méthylhexan-4-ol
- ☐ b. 2-méthyl-4-hydroxyhexane
- ☐ c. 5-méthylhexan-3-ol
- ☐ d. 2-méthylhexan-4-ol

7.

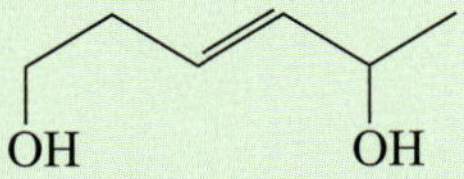

- ☐ a. 1,5-dihydroxyhex-3-ène
- ☐ b. 2, 6-dihydroxyhex-3-ène
- ☐ c. hex-3-ène-1,5-diol
- ☐ d. hex-3-ène-2,6-diol

8.

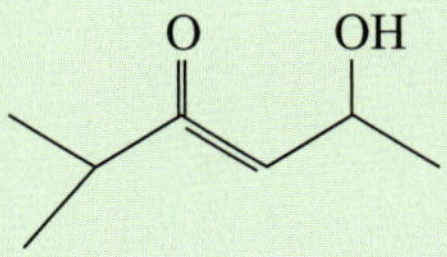

☐ a. 5-hydroxy-2-méthylhexan-3-one
☐ b. 2-hydroxy-5-méthylhexan-4-one
☐ c. 5-méthyl-4-oxohexan-2-ol
☐ d. 2-méthylhexan-3-on-5-ol

9.

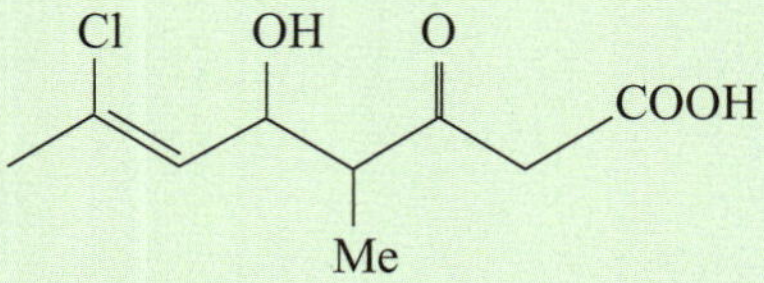

☐ a. 1-carboxy-7-chloro-5-hydroxy-4-méthyloct-6-èn-3-one
☐ b. acide 7-chloro-5-hydroxy-4-méthyl-3-oxooct-6-ènoïque
☐ c. acide 5-hydroxy-4-méthyl-7-chloro-3-oxooct-6-ènoïque
☐ d. acide 7-chloro-5-hydroxy-6-èn-4-méthyl-3-oxooctanoïque
☐

10.

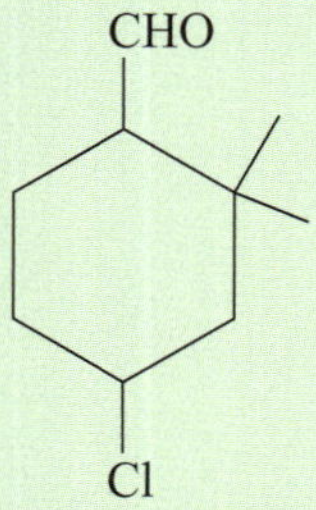

☐ a. 4-chloro-2,2-diméthylcyclohexanal
☐ b. 1-carbaldéhyde-4-chloro-2,2-diméthylcyclohexane
☐ c. 4-chloro-2,2-diméthyl-1-oxocyclohexane
☐ d. 4-chloro-2,2-diméthylcyclohexanecarbaldéhyde

11.

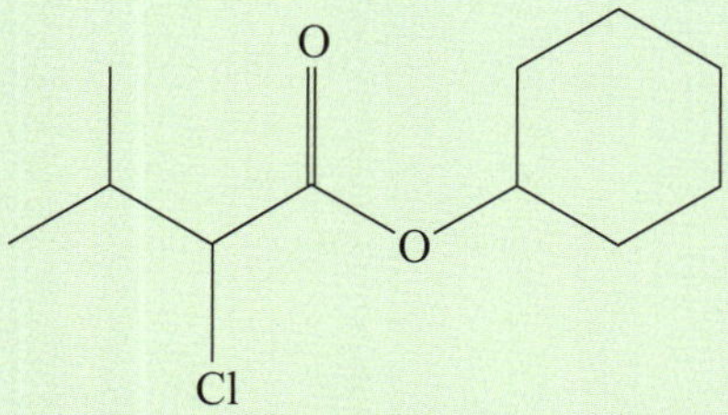

☐ a. O-(2'-chloro-3'-méthyl-1'-oxo)cyclohexanol
☐ b. 2-chloro-3-méthylbutanoate de cyclohexyle
☐ c. 2-chloro-3-méthylbutanoate d'hexyle
☐ d. cyclohexylate de 2-chloro-3-méthylbutanone

EXERCICES

Les solutions se trouvent à la page 671.

Aux règles de nomenclature exposées dans ce chapitre s'ajoutent celles qui concernent la stéréochimie et les stéréoisomères, indiqués dans le chapitre 3 (carbone asymétrique [cf. 3.3.1.a], liaison éthylénique [cf. 3.5]). Ces exercices peuvent donner lieu à leur application.

Les principes d'écriture des formules schématiques ont été précisés au chapitre 1, de même que les symboles usuels des groupes alkyles simples et du groupe phényle.

Voir chap. 1, § 1.2.1.c et 1.4

Les exercices proposés dans les chapitres suivants vous donneront également des occasions de pratiquer les règles de nomenclature.

7-a Établissez les noms des composés suivants :

1) $C_6H_5C{\equiv}N$

2) Cl_3C-CCl_3

3) 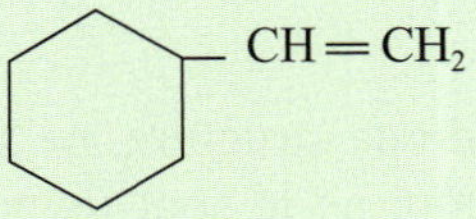

4) $CH_3-CH(H_3C)-N(CH_3)-CH_2-CH_2-CH_3$

5) $CH_2{=}CH(CH_3)-CH_2-CO-COO-CH_3$

6) Ph—COO—Ph

7) $CH_3-CH_2-O-CH_2-C{\equiv}CH$

8) $HOCH_2-CHOH-CH{=}O$

9) 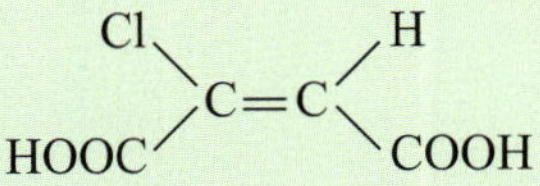

10) 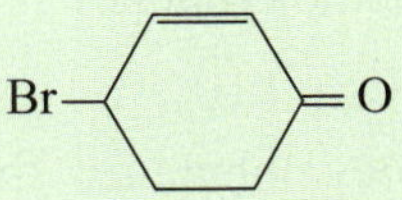

11) 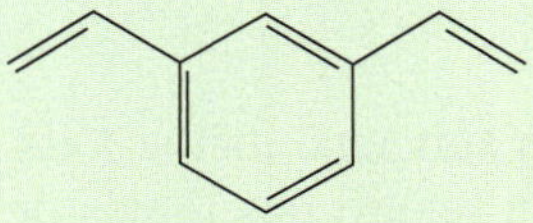

12) 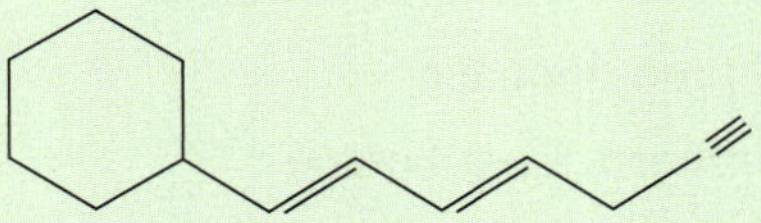

13) 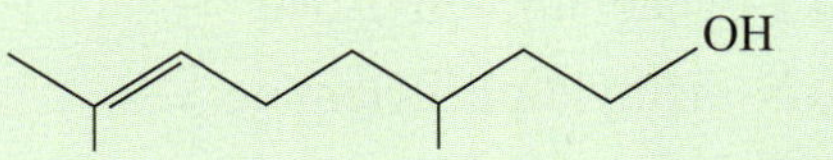

14) 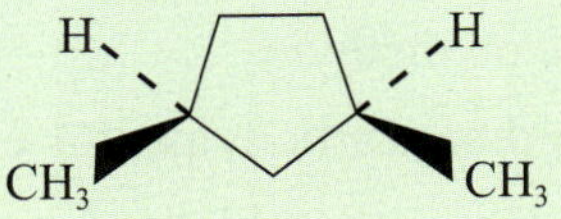

15) Me—CHOH—Pr

7-b Établissez la formule développée des composés portant les noms suivants.

La transcription dans le sens nom→formule n'a pas été envisagée jusqu'ici. Il convient de procéder en trois étapes :

– Écrivez le squelette carboné de la chaîne principale.

– Y « accrocher » les substituants et fonctions indiqués par les préfixes et les suffixes.

– Complétez en hydrogène les carbones de la chaîne principale.

1) 4-éthyl-2,6,6-triméthyloctane

2) 1-chloro-3-méthyl-4-propylcyclopentane

3) Butanedioate de diméthyle

4) N-butylpropanamide

5) 3-méthylpent-3-èn-2-one

6) N-éthyl-2-phényléthylamine

7) Acide (*R*)-2-aminobutanoïque

8) Trichloracétate d'ammonium

9) 4-bromo-3,5-diméthoxyphénol

10) Pent-3-yn-2-ol

11) (*trans*)-3- chlorocyclobutanecarboxaldéhyde

12) Triphénylméthanol

7-c Les noms suivants, même s'ils décrivent sans ambiguïté une structure, ne sont pas corrects au regard des règles de la nomenclature. Pourquoi ne le sont-ils pas ? Quel serait leur nom correct ?

1) 3-propylnonane

2) 2-fluoro-3-oxobutane

3) 1,1,2,2-tétraméthyléthane-1,2-diol

4) 1-cynaobut-3-én-2-one

5) N-méthyldiphénylamine

6) Diméthylacétylène

7) 1,1,4-triméthylbutane

8) 2-éthylcyclohexène

9) Cyclopent-1-én-3-ol

10) 2,2-diméthylbutanone.

7-d Donner les formules simplifiées des composés suivants :

a) propanoate de méthyle

b) acide 5-méthoxycarbonylpent-4-ènoïque

c) 5-isobutyl-6-tertiobutyldodécane

d) 4-chloro-3-oxobutanoate d'éthyle

e) 4-isopropyl-2,5,5-triméthylnonane

f) 2-cyanoéthanamide

7-e Donner une représentation spatiale en accord avec les noms ci-dessous :

a) (S) butan-2-ol

b) (R) 4-méthyl-4-phénylcyclohex-2-ènone

c) (2E,6E) 3,6-diméthylocta-2,6-diènal
d) (2R,3Z) pent-3-èn-2-ol
e) (3S,4Z) 3-hydroxyhex-4-èn-2-one

7-f Déterminer le nom des composés suivants en nomenclature officielle :

a) 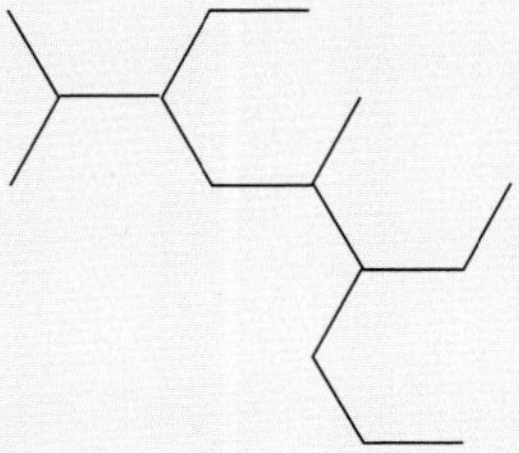

b) 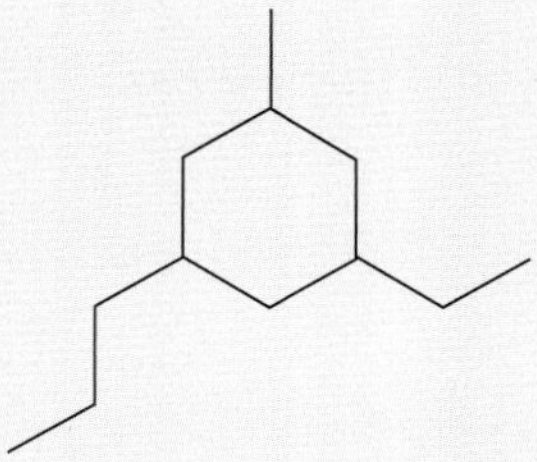

c) 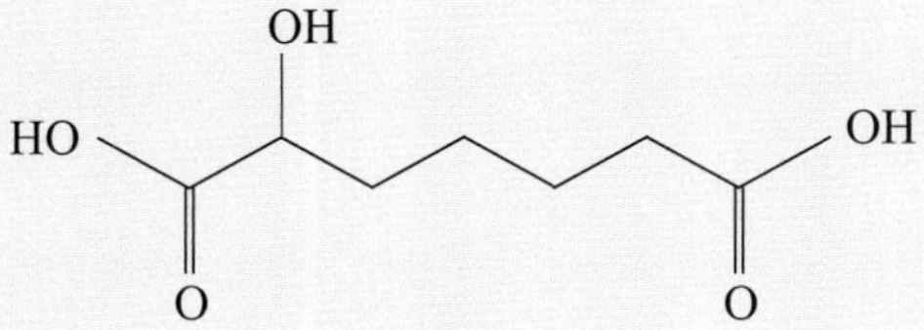

d) 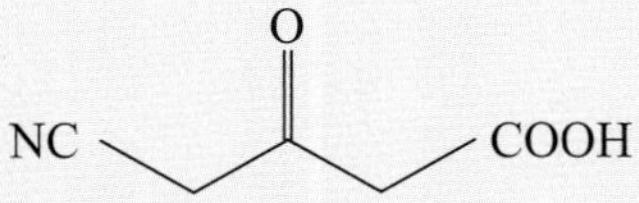

e) 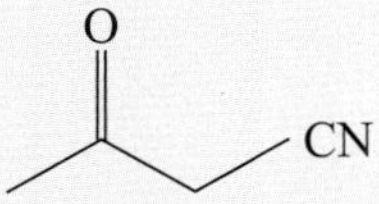

Partie II

CHIMIE ORGANIQUE DESCRIPTIVE

Les connaissances acquises dans les chapitres précédents permettent maintenant d'aborder l'étude du comportement chimique des composés organiques, avec la possibilité de les comprendre et (dans une certaine mesure) de les prévoir, au lieu de se borner à les constater et à les « apprendre ».

Mais la présentation qui en est faite dans cette seconde partie repose sur certaines *simplifications*, qu'il ne faut pas perdre de vue :

- Les réactions présentées comme caractéristiques d'un groupe fonctionnel, et illustrées par la réactivité de composés généralement monofonctionnels de structure simple, ne sont pas toujours aussi générales qu'on pourrait le supposer. Souvent elles sont influencées par la structure générale de la molécule, et ne s'appliquent pas identiquement à tous les termes d'une série. Selon l'environnement moléculaire du groupe fonctionnel, elles peuvent être plus ou moins faciles, ou même ne pas exister, et conduire parfois à des résultats différents.
- Il est fréquent également que les réactions ne conduisent pas au seul produit prévu par l'équation-bilan « théorique », et fournissent des mélanges plus ou moins complexes. Souvent deux ou plusieurs réactions sont en compétition, et telle réaction, secondaire dans un cas, peut devenir la réaction principale dans un autre.
- Seuls les « mécanismes » les plus typiques, ou les plus généraux, ont été décrits. De nombreuses réactions ne sont représentées que par leur équation-bilan, mais ceci n'exclut pas qu'elles soient en réalité plus complexes, et comportent éventuellement plusieurs étapes.

Les **objectifs** à atteindre dans cette seconde partie peuvent se définir globalement, au moins pour les chapitres 8 à 19 qui constituent la base des suivants, et en fait celle de toute la chimie organique. Il s'agit, à propos de chaque fonction étudiée, de *devenir capable de* :

- *Décrire*, en donnant des exemples, les réactions caractéristiques de la fonction, et les *relier* à la structure du groupe fonctionnel.
- *Prévoir* le résultat normalement attendu de l'application de ces réactions à n'importe quel terme simple de la série.
- *Expliquer* les particularités de certaines de ces réactions (plus ou moins grande facilité, orientation préférentielle, résultat stéréochimique, rôle des conditions expérimentales et notamment des catalyseurs), en les reliant à leur mécanisme.
- *Concevoir un schéma de synthèse* permettant de préparer un composé, ou de transformer un composé en un autre, cette préparation ou cette transformation étant possible en un petit nombre d'étapes (trois au maximum).
- *Appliquer les règles de nomenclature*, pour nommer un composé simple, ou pour établir sa formule connaissant son nom.

Méthodes de préparation

Une réaction qui transforme une fonction en une autre décrit à la fois une propriété de la fonction de départ et une préparation possible de la fonction obtenue. La rubrique « Préparations » d'une fonction pourra donc largement faire « double emploi » avec les rubriques « Réactivité » d'autres fonctions. Lorsqu'une réaction devra ainsi être mentionnée deux fois, ce sera toujours très sommairement dans les méthodes de préparation, avec un renvoi au chapitre où cette réaction a été, ou sera, présentée de façon plus détaillée.

Écriture des réactions

Selon un usage fréquent, le réactif sera parfois écrit au-dessus de la flèche, et seul le produit principal de la réaction sera indiqué. Ainsi, au lieu d'écrire :

$$H_2C=CH_2 + Br_2 \rightarrow BrCH_2{-}CH_2Br$$

puis $$BrCH_2{-}CH_2Br + 2OH^- \rightarrow HC\equiv CH + 2H_2O + 2Br^-$$

on écrira : $$H_2C=CH_2 \xrightarrow{Br_2} BrCH_2{-}CH_2Br \xrightarrow{OH^-} HC\equiv CH$$

ou même : $$H_2C=CH_2 \xrightarrow[2)\ OH^-]{1)\ Br_2} HC\equiv CH$$

- Des crochets encadrant une formule écrite au-dessus ou au-dessous d'une flèche signifient qu'il s'agit d'un catalyseur.
- Le symbole Δ, également placé au-dessus ou au-dessous d'une flèche, signifie que la réaction nécessite une élévation de température.

8

LES ALCANES

Les chaînes saturées acycliques

PRÉALABLES

- Nomenclature des alcanes
- Structure et géométrie des molécules organiques
- Réactions homolytiques ou radicalaires
- Oxydoréduction en chimie organique

Voir chap. 1 et 2

MOTS-CLÉS

- Alcane
- Combustion des alcanes
- Hydrocarbure
- Pyrolyse des alcanes
- Substitution radicalaire

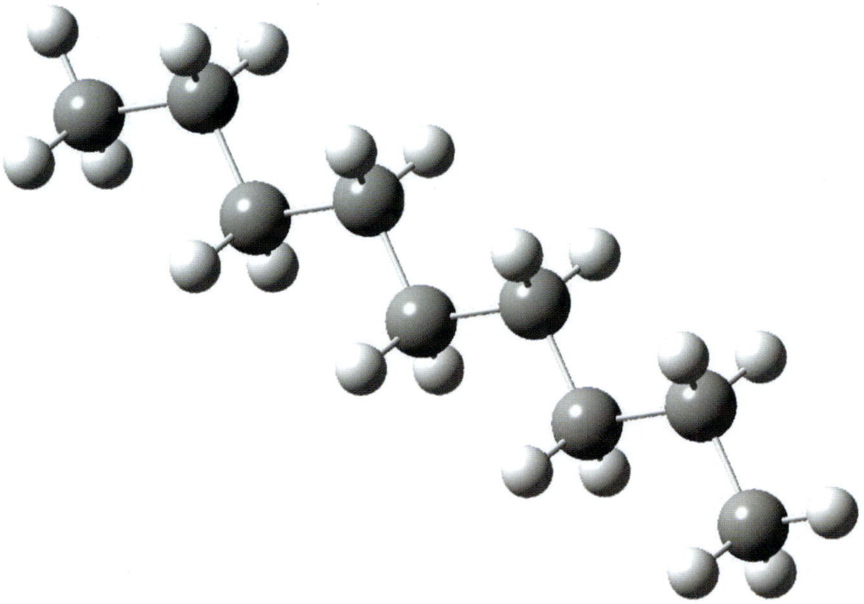

Le nonane C_9H_{20}

Voir chap. 1, § 1.2.1.a

Les **alcanes** sont les *hydrocarbures* (composés de carbone et d'hydrogène seulement), *saturés* (pas de liaisons multiples), *acycliques* (chaînes ouvertes, linéaires ou ramifiées). Ils répondent à la formule générale $\mathbf{C_nH_{2n+2}}$.

On peut les représenter symboliquement par la formule **RH**, réunion d'un *groupe alkyle* R et d'un hydrogène (par exemple, le propane CH_3—CH_2—CH_3 peut être considéré comme un composé de la forme RH, dans lequel R est indifféremment le groupe propyle CH_3—CH_2—CH_2— ou le groupe isopropyle CH_3—CH—CH_3).
|

La *nomenclature* des alcanes est exposée au chapitre 7 § 7.1.1

Les chaînes hydrocarbonées saturées sont également présentes dans d'innombrables composés organiques, dont elles constituent le *squelette*, et où elles portent des groupes fonctionnels divers ; on peut considérer que ces groupes fonctionnels remplacent un ou plusieurs H de l'alcane ayant le même squelette. Dans ces composés, elles possèdent, à quelques nuances près, les mêmes caractères chimiques que dans les alcanes proprement dits. L'étude de ces derniers, à laquelle se limite ce chapitre, apporte donc des informations qui peuvent très largement être généralisées aux chaînes saturées des composés fonctionnels.

8.1 Caractères physiques

Voir page 19

Dans une série homologue par exemple celle des alcanes linéaires, les constantes physiques, telles que les points d'ébullition et de fusion, augmentent régulièrement avec la masse moléculaire. Dans les conditions ordinaires le méthane est un gaz (Eb = – 164 °C), ainsi que l'éthane, le propane et le butane (Eb = – 0,5 °C) ; à partir du pentane (Eb = 35 °C), les alcanes linéaires sont des liquides de point d'ébullition de plus en plus élevé et, à partir de $C_{17}H_{36}$ (F = 22 °C) ce sont des solides dont le point de fusion ne dépasse cependant pas 100 °C (pour $C_{60}H_{122}$, F = 99 °C).

Voir page 7

Mais, à masse moléculaire égale, le point d'ébullition est d'autant plus bas que la molécule est plus ramifiée. Ainsi, ceux des trois alcanes isomères de formule C_5H_{12} sont :

Pentane (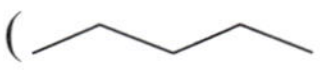) : 35 °C

Isopentane (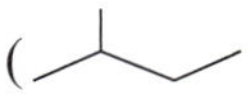) : 25 °C

Néopentane () : 9 °C

Ces différences s'expliquent sur la base de l'intervention des forces de Van der Waals.

Voir, par exemple, *Cours de Chimie physique*, chapitre 7 [7.3.1].

Les alcanes ont une densité assez faible (liquides : environ 0,7 ; solides : environ 0,8-0,9). Comme tous les hydrocarbures, ils sont insolubles dans l'eau ; ils sont, par contre miscibles avec un grand nombre de liquides organiques et sont des *solvants* de nombreux composés organiques, solides ou liquides (exemple : le « white spirit », solvant de peintures entre autres).

8.2 RÉACTIVITÉ

Les liaisons σ qui constituent les alcanes sont des *liaisons fortes* : C—C, environ 350 kJ·mol^{-1} ; C—H, environ 400 kJ·mol^{-1}. Elles sont, d'autre part, *non*, ou *très peu, polarisées*, car le carbone et l'hydrogène ont des électronégativités peu différentes. Leur rupture est donc difficile et, lorsqu'elle se produit, s'effectue selon le mode *homolytique*, ou *radicalaire*.

Voir chap. 5, § 5.3.1

Peu polaires, ces liaisons sont également *peu polarisables*, en raison de la faible « mobilité » des électrons σ. L'approche des réactifs, même chargés électriquement (anions, cations) n'induit pas significativement des pôles positifs (électrophiles) ou négatifs (nucléophiles).

Voir chap. 5, § 5.3.2.b

En conséquence, les alcanes manifestent une *grande stabilité* et sont *très peu réactifs*. Ils donnent des réactions radicalaires, à température élevée ou photochimiquement et, en l'absence de ces conditions, font preuve d'une grande inertie chimique. Ils ne sont pas attaqués par des réactifs pourtant « énergiques » comme les bases fortes en solution concentrée, l'acide sulfurique, les oxydants forts, etc. Enfin, ne comportant que des liaisons simples, « saturées », ils ne peuvent se prêter qu'à des réactions de substitution, à l'exclusion de toute addition.

Voir chap. 5, § 5.1.1

Remarque

Cette relative inertie des chaînes saturées explique le contraste que l'on observe habituellement, pour les composés possédant une fonction, entre la réactivité du groupe fonctionnel et la non-réactivité du reste de la molécule.

8.2.1 Réaction avec les dihalogènes. Substitution radicalaire

Les dihalogènes X_2 (F_2, Cl_2, Br_2, I_2) n'ont pas tous le même comportement vis-à-vis des alcanes.

Le *difluor* F_2, extrêmement réactif, donne avec les alcanes une réaction violente, généralement destructive, dont le bilan est alors

$$C_nH_{2n+2} + (n+1)\,F_2 \rightarrow nC + (2n+2)HF$$

Il en est de même avec la plupart des composés organiques et, en chimie organique, l'expression « les halogènes » désigne habituellement, de façon restrictive, Cl_2, Br_2 et I_2 seulement. À bien des égards la chimie des dérivés organiques du fluor est « à part ».

Voir chap. 13, § 13.4

La réaction « normale » entre les alcanes et les *autres dihalogènes* a pour bilan général :

$$RH + X_2 \rightarrow RX + HX$$

Exemple

$$CH_3{-}CH_3 + Cl_2 \rightarrow CH_3{-}CH_2Cl + HCl$$

C'est donc une réaction de *substitution*, qui a lieu soit à température élevée (300 °C), soit sous l'action du rayonnement ultraviolet (réaction photochimique). Le *dichlore* réagit rapidement, le *dibrome* plus difficilement et le *diiode* ne réagit pratiquement pas (on observe au contraire la réaction inverse, RI + HI $\rightarrow$ RH + I_2).

Cette réaction n'est pas sélective : tous les H d'un alcane sont substituables, et il est impossible de la contrôler de manière à obtenir un seul produit. Ainsi, la chloration du méthane, après la substitution d'un premier hydrogène et la formation du chlorométhane CH_3Cl (ou chlorure de méthyle), conduit successivement au dichlorométhane CH_2Cl_2 (ou chlorure de méthylène), au trichlorométhane $CHCl_3$ (ou chloroforme) et, plus difficilement, au tétrachlorométhane CCl_4 (ou tétrachlorure de carbone). Ces quatre dérivés sont obtenus simultanément.

Voir chap. 1, § 1.3.3

L'halogénation d'un alcane de masse moléculaire plus grande peut en outre donner à chaque étape de la réaction, et dès la première, un mélange d'isomères de position. Les mélanges obtenus sont donc en général très complexes et l'halogénation directe des alcanes n'est pas une bonne méthode de préparation des dérivés halogénés.

Question 8.A

Combien de dérivés monochlorés, dichlorés, trichlorés et tétrachlorés peut-on obtenir au cours de la chloration du propane ? (nommez-les).

Question 8.B

On pourrait penser qu'en faisant réagir 1 mole de méthane avec 1 mole seulement de dichlore il ne pourrait pas se former de dérivés di, tri ou tétrachlorés. Or on obtient, même dans ces conditions un mélange. Comment l'expliquer ? Comment pourrait-on favoriser la formation majoritaire de CH_3Cl ?

8.2.2 La substitution radicalaire (S_R) en chaîne

L'halogénation photochimique des alcanes s'accomplit par un processus en étapes, caractéristique d'une réaction *radicalaire* et *en chaîne*, détaillé ci-après sur l'exemple de la chloration du méthane.

a) Phase d'amorçage

À la suite de l'absorption d'un photon ultraviolet, une molécule de dichlore se dissocie en deux atomes :

$$Cl_2 \xrightarrow{h\nu} 2\,Cl^{\bullet} \qquad \Delta H° = +\,242\ kJ \cdot mol^{-1}$$

Voir chap. 5, § 5.2.1

Cette étape est endothermique, elle « absorbe » 242 kJ par mole.

b) Phase de propagation

Une collision entre un atome de chlore et une molécule de méthane déclenche un processus en deux étapes :

$$1)\ Cl^{\bullet} + CH_4 \longrightarrow CH_3^{\bullet} + HCl \qquad \Delta H° = +\,8\ kJ \cdot mol^{-1}$$

$$2)\ CH_3^{\bullet} + Cl_2 \longrightarrow CH_3Cl + Cl^{\bullet} \qquad \Delta H° = -\,113\ kJ \cdot mol^{-1}$$

Ce processus est globalement exothermique (il s'accompagne d'une variation d'enthalpie $\Delta H° = 8 - 113 = - 105\ kJ \cdot mol^{-1}$) et il produit autant d'atomes $Cl^{\bullet}$ qu'il en consomme. Il est donc « autoentretenu » et il se reproduit très rapidement un très grand nombre de fois. En principe, il suffirait qu'une seule molécule Cl_2 ait été dissociée pour que la totalité du méthane et du dichlore réagissent ; mais en fait ce processus ne se reproduit qu'environ 10 000 fois, en raison de la survenue d'évènements qui constituent la troisième phase.

c) Phase d'arrêt (ou de terminaison)

Il peut arriver, fortuitement, au hasard des collisions, que l'une ou l'autre des éventualités suivantes se produise :

$$2\ Cl^{\bullet} \longrightarrow Cl_2 \quad \text{ou} \quad CH_3^{\bullet} + Cl^{\bullet} \longrightarrow CH_3-Cl \quad \text{ou} \quad 2\ CH_3^{\bullet} \longrightarrow CH_3-CH_3$$

Ces événements mettent fin à la propagation du mécanisme en chaîne, en faisant disparaître les radicaux libres qui lui sont nécessaires. La poursuite de la réaction nécessite un « réamorçage », par dissociation d'une molécule de dichlore.

Ce mécanisme permet d'expliquer les diverses observations expérimentales qui peuvent être faites à propos de cette réaction :

Différence de réactivité entre les halogènes

Voir § 3.4

Ces différences se justifient à partir des valeurs différentes des énergies des liaisons rompues (X—X, C—H) ou formées (C—X, H—X), d'où résultent des valeurs différentes pour l'enthalpie globale de la phase de propagation. La substitution par le brome n'est que très légèrement exothermique ($- 30\ kJ \cdot mol^{-1}$) et la substitution par l'iode est endothermique ($+ 54\ kJ \cdot mol^{-1}$). En ce dernier cas, c'est donc la réaction inverse (exothermique) qui est favorisée.

Différence de réactivité entre H portés par des carbones primaires, secondaires et tertiaires

Outre le facteur énergétique, la réaction est également contrôlée par un facteur statistique. La probabilité de la formation d'un des dérivés halogénés d'un alcane est d'autant plus grande que le nombre des hydrogènes équivalents dont la substitution fournit ce dérivé est plus grand. Par exemple, dans la chloration du propane, la formation du 1-chloropropane $CH_3-CH_2-CH_2Cl$ peut résulter de la substitution de l'un ou l'autre de *six* hydrogènes équivalents, alors que la formation du 2-chloropronane $CH_3-CHCl-CH_3$ ne peut résulter que de la substitution de l'un ou l'autre de *deux* hydrogènes équivalents.

On devrait donc s'attendre à obtenir de 1-chloro et le 2-chloropropane dans la proportion de 6 à 2, soit 75 % et 25 % respectivement. Or on les obtient, à la température ordinaire, dans la proportion respective de 43 % et 57 %. Un site $-CH_2-$ est donc, par nature, plus réactif qu'un site $-CH_3$, ce qui revient à dire que les collisions d'un atome $Cl^{\bullet}$ sur un site $-CH_2-$ sont *plus souvent* suivies de réaction que les collisions sur un site $-CH_3$. On peut, de même constater que les sites du type $-\overset{|}{\underset{|}{C}}H-$ (carbone tertiaire) sont encore plus réactifs.

Voir chap. 5, § 5.2.2

Ces différences se justifient en partie par le fait que l'énergie de la liaison C—H, qui doit se rompre, diminue légèrement de $-CH_3$ ($400\ kJ \cdot mol^{-1}$) à $-CH_2-$

(393 kJ·mol^{-1}) et à $-\underset{|}{CH}-$ (372 kJ·mol^{-1}). Par ailleurs, pour des raisons qu'il n'est pas possible d'expliquer de façon simple, la stabilité des radicaux libres R$^\bullet$ qui constituent l'intermédiaire à la réaction augmente dans l'ordre

$$-\dot{C}H_2 < -\dot{C}H- < -\underset{|}{\dot{C}}-$$

Cette accentuation de la réactivité par la stabilité du radical libre intermédiaire est aussi à l'origine de la sélectivité très marquée de la réaction en faveur des sites adjacents à une double liaison (*position allylique*) ou à un cycle benzénique (*position benzylique*) :

$$CH_2{=}CH-CH_2-CH_3 \xrightarrow{Cl_2,\ h\nu} CH_2{=}CH-CHCl-CH_3$$

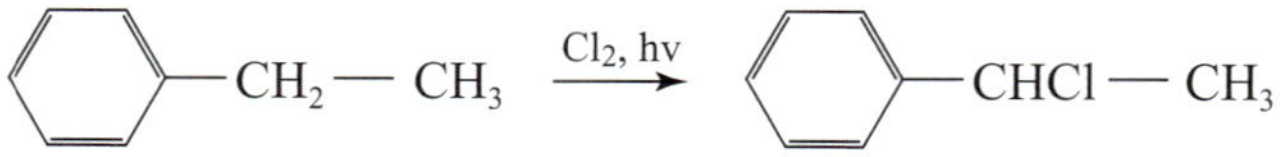

Voir chap. 4, § 4.4.1.a

Les radicaux $CH_2=CH-\dot{C}H-CH_3$ et $Ph-\dot{C}H-CH_3$ sont en effet stabilisés par résonance.

Question 8.C

Peut-on penser que la différence de réactivité entre les sites CH_2 et CH_3 du propane augmente ou diminue quand la température s'élève ?

8.2.3 Combustion-Oxydation

Les alcanes peuvent réagir de deux façons avec le dioxygène :

a) Ils sont combustibles

Leur *combustion*, comme celle de tous les hydrocarbures, provoque la rupture de toutes les liaisons C—C et C—H ; les produits sont le dioxyde de carbone et l'eau :

$$2C_nH_{2n+2} + (3n+1)O_2 \longrightarrow 2n\,CO_2 + (2n+2)H_2O \qquad \Delta H^\circ = -50\ \text{kJ}\cdot\text{g}^{-1}$$

Cette réaction n'a pas d'intérêt du point de vue chimique, mais elle a un très grand intérêt pratique en raison de son caractère fortement exothermique. Elle est à la base de toutes les utilisations des alcanes comme sources d'énergie.

Les alcanes gazeux (méthane naturel, propane, butane) ou liquides (fuel, ou « fioul », mazout) sont très largement utilisés comme combustibles. La *chaleur* obtenue est utilisée soit directement (cuisson, chauffage), soit indirectement pour la production d'*électricité*, *via* la production de vapeur, dans les centrales thermiques. La combustion des carburants (essence, gas-oil ou « gazole », kérosène) dans les moteurs « à combustion interne » produit d'autre part une grande partie de l'*énergie mécanique* que nous utilisons, soit pour les transports (cyclomoteurs, motos, autos, camions, autocars, avions, bateaux...), soit pour la réalisation de travaux divers (tronçonneuses, tondeuses à gazon, engins de chantier...).

Deux types de combustion

Ces diverses applications reposent sur deux modes différents de combustion. La *combustion progressive*, relativement lente, est celle qui se produit dans un briquet, un réchaud, un chalumeau ou une chaudière ; elle ne produit que de la chaleur. On l'obtient en ne réalisant la mise en présence des deux réactifs (l'alcane et le dioxygène de l'air) que progressivement, dans un « brûleur » alimenté en alcane seulement au fur et à mesure que la combustion a lieu.

La *combustion explosive* a lieu lorsque l'alcane, gazeux ou « vaporisé » en très petites gouttelettes, est mélangé à l'avance avec le volume de dioxygène (ou, usuellement, d'air) nécessaire à sa combustion. Celle-ci, déclenchée par une flamme, une étincelle ou un fort échauffement a lieu en un temps extrêmement court et la chaleur produite ne peut se dissiper immédiatement dans le milieu ambiant. Il en résulte donc une très brusque élévation de température des gaz produits par la réaction (CO_2, vapeur d'eau), qui se dilatent très violemment, produisant un effet d'explosion. Ce régime de combustion s'observe dans les « coups de grisou », dus à la présence de méthane dans l'atmosphère des mines, et dans les cylindres des moteurs « à explosions ». Dans ce dernier cas, l'élévation de température dans le cylindre produit une élévation de pression des gaz de combustion, qui repoussent le piston.

Voir chap. 5, § 5.2.2

b) L'oxydation ménagée

Les alcanes peuvent aussi, en présence de catalyseurs divers, subir une *oxydation ménagée* par le dioxygène de l'air. Ces réactions, uniquement industrielles, font apparaître diverses fonctions oxygénées, alcools et acides en particulier. On peut aussi considérer comme une oxydation du méthane sa réaction à haute température avec la vapeur d'eau :

$$CH_4 + H_2O \rightarrow CO + 3H_2$$

Le mélange CO/H_2 ainsi obtenu a diverses utilisations, entre autres la synthèse du méthanol.

Voir chap. 15, § 15.5

8.2.4 Action de la chaleur (pyrolyse)

Les alcanes sont parmi les composés organiques les plus stables à la chaleur. Cependant, à partir de 700 °C environ, éventuellement en présence de catalyseurs, ils subissent diverses transformations consécutives à des ruptures de liaisons (pyrolyse = « coupure par la chaleur »).

a) Coupures de chaîne

Des *ruptures de liaisons* C—C peuvent se produire à tous les niveaux d'une chaîne. Il en résulte la fragmentation de la molécule initiale en deux ou plusieurs molécules plus légères, et on obtient des mélanges d'alcanes et d'alcènes.

Exemples

$C_{20}H_{42}$ peut donner $C_{10}H_{20}$ (alcène) et $C_{10}H_{22}$ (alcane), ou $C_{16}H_{32}$ (alcène) et C_4H_{10} (alcane), ou tout autre mélange de molécules totalisant 20 atomes de carbone et 42 atomes d'hydrogène.

b) Déshydrogénation

La *rupture de liaisons* C—H peut conduire à une simple déshydrogénation, un alcane donnant un alcène (ou un mélange d'isomères de position d'un alcène) possédant le même nombre d'atomes de carbone.

Exemple

$$C_4H_{10} \text{ (alcane)} \rightarrow C_4H_8 \text{ (alcène)} + H_2$$

c) Isomérisation

Un alcane à chaîne linéaire peut se « réarranger » en un isomère à chaîne ramifiée.

Exemple

le butane peut s'isomériser en isobutane.

d) Cyclisation

On observe également la transformation des chaînes linéaires en chaînes cycliques, à la suite de la formation d'une liaison C—C entre leurs deux carbones extrêmes, ou même entre l'un d'eux et l'un de ceux de la chaîne. Simultanément, il se produit une déshydrogénation et l'on obtient en définitive un cycle benzénique, plus ou moins substitué.

Exemples

Hexane → **Benzène :** $CH_3—(CH_2)_4—CH_3 \rightarrow$  $+ 4\,H_2$

Heptane → **Toluène :** $CH_3—(CH_2)_5—CH_3 \rightarrow$ 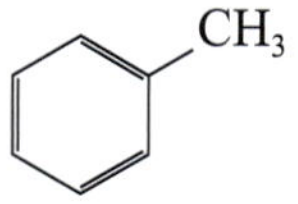 $+ 4\,H_2$

Voir chap. 5, § 5.3.1

Ces diverses réactions s'interprètent par la formation initiale de *radicaux libres*, à la suite de la rupture homolytique de liaisons C—C ou C—H. Divers processus interviennent ensuite entre ces radicaux libres : recombinaison de radicaux provenant de molécules différentes, « attaque » de liaisons C—H, transferts d'hydrogène entre radicaux, etc. Ainsi, la formation d'un alcane et d'un alcène à la suite d'une rupture de chaîne (ci-dessus, a) peut s'expliquer par un processus en deux étapes :

1. Formation de deux radicaux libres : $C_{20}H_{42} \rightarrow C_{16}H_{33}^{\bullet} + C_4H_9^{\bullet}$
2. Transfert d'un $H^{\bullet}$ d'un radical à l'autre (à l'occasion d'une collision entre eux) :

$$C_{14}H_{29}—CH_2—\dot{C}H_2 + C_3H_7—\dot{C}H_2 \rightarrow C_{14}H_{29}—CH=CH_2 + C_3H_7—CH_3$$

Ces diverses réactions, qui ne peuvent valablement être mises en œuvre qu'à l'échelon industriel, trouvent des applications importantes dans la valorisation du pétrole brut.

8.3 ÉTAT NATUREL

Les alcanes existent en grande quantité sous forme de gisements naturels de gaz ou de pétrole. L'origine de ces gisements est attribuée à la fermentation de la cellulose des végétaux des temps préhistoriques, dans le sol, sous l'action de bactéries. Le gaz naturel est constitué principalement de méthane, mais les pétroles contiennent un mélange très complexe d'hydrocarbures, comportant de un à quarante carbones environ (cependant tous les pétroles ne sont pas constitués d'alcanes ; ceux de Pensylvanie le sont, mais ceux d'Europe centrale sont formés principalement de cycloalcanes et ceux d'Indonésie contiennent en grande proportion des hydrocarbures benzéniques).

Sauf pour les premiers termes de la série, de CH_4 à C_6H_{14}, il est pratiquement impossible de retirer du pétrole brut un alcane particulier à l'état pur, à cause de la complexité du mélange et de la proximité des points d'ébullition des constituants de masse moléculaire voisine. Les méthodes de préparation artificielles restent donc le seul moyen d'obtenir un hydrocarbure déterminé.

8.4 PRÉPARATIONS

Au *laboratoire*, on prépare très rarement des alcanes ; ils ne présentent en effet que peu d'intérêt par eux-mêmes et leur faible réactivité ne les destine pas à être des intermédiaires en vue de nouvelles synthèses.

En revanche, on peut avoir besoin, dans une molécule comportant plusieurs fonctions, de « réduire » totalement l'une d'elles, c'est-à-dire de la faire disparaître en ramenant le carbone qui la portait à l'état de groupe CH_3, CH_2 ou CH.

Exemples

$$H_2C{=}CH-CH_2-CH_2OH \longrightarrow H_3C-CH_2-CH_2-CH_2OH$$

$$H_3C-CHOH-CH_2-CH{=}O \longrightarrow H_3C-CHOH-CH_2-CH_3$$

C'est principalement dans cette perspective qu'il faut voir l'intérêt des « méthodes de préparation » des alcanes à partir de composés à fonctions diverses.

Industriellement, l'obtention de *mélanges* d'alcanes d'un type déterminé constitue l'un des objectifs de la « pétrochimie » (alcanes légers à partir d'alcanes lourds, alcanes ramifiés à partir d'alcanes linéaires…) mais il ne s'agit jamais de préparer un alcane particulier à l'état pur. Voir § 8.5

8.4.1 À partir d'halogénures d'alkyles

a) Réduction d'un halogénure d'alkyle

La **réduction d'un halogénure d'alkyle** RX (X = Cl, Br ou I) en alcane peut s'effectuer de deux façons :

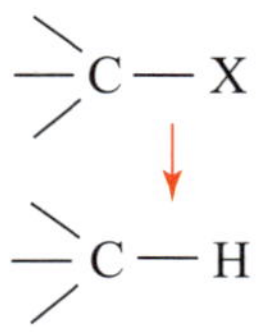

➤ par le *dihydrogène*, en présence de palladium (Pd) comme catalyseur :

$$RX + H_2 \xrightarrow{[Pd]} RH + HX$$

Exemple

$$CH_3Br + H_2 \xrightarrow{[Pd]} CH_4 + HBr$$

➤ par l'intermédiaire d'un composé *organomagnésien* R—MgX, en deux étapes :

1. Formation de l'organomagnésien :

$$RX + Mg \longrightarrow R — MgX$$

2. Hydrolyse de l'organomagnésien :

$$R — MgX + H_2O \longrightarrow RH + XMgOH$$

Exemple

$$CH_3 — CH_2Br \xrightarrow{Mg} CH_3 — CH_2 — MgBr \xrightarrow{H_2O} CH_3 — CH_3 + BrMgOH$$

b) Réaction de Wurtz

La **réaction de Wurtz** permet la synthèse d'un alcane à partir de deux molécules d'halogénures d'alkyles, traitées par un métal comme Na ou Zn :

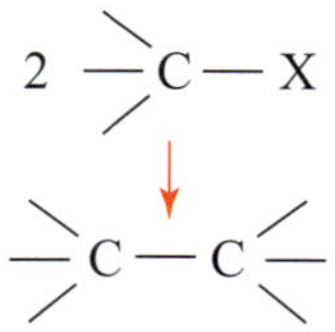

$$RX + R'X + 2Na \longrightarrow R — R' + 2\ NaX$$

Cette réaction présente l'inconvénient, si l'on utilise deux halogénures différents, de fournir le mélange des trois hydrocarbures R—R, R—R' et R'—R'. On ne peut en effet pas empêcher la réaction de se produire entre deux molécules identiques aussi bien qu'entre deux molécules différentes. Cette méthode donne, par contre, de bons résultats pour la synthèse d'alcanes symétriques de masse molaire élevée (40 à 60 carbones).

On peut également parvenir au même résultat, à partir des mêmes composés de départ, par une méthode organomagnésienne qui évite l'obtention des mélanges dans les synthèses mixtes :

1. $RX + Mg \longrightarrow R-MgX$
2. $R-MgX + R'X \longrightarrow R-R' + MgX_2$

Exemple

$$CH_3Br \xrightarrow{Mg} CH_3-MgBr \xrightarrow{CH_3-CHBr-CH_3} CH_3-CH(CH_3)-CH_3$$

Cette réaction a cependant souvent un mauvais rendement avec les dérivés halogénés saturés (halogénoalcanes). Elle s'utilise plutôt avec des halogénures « activés », comme les halogénures allyliques $R-CH=CH-CH_2X$. L'obtention d'un alcane nécessite alors une hydrogénation ultérieure.

Voir § 8.4.2

8.4.2 À partir d'hydrocarbures non saturés

L'**hydrogénation catalytique** des liaisons doubles (alcènes) ou triples (alcynes) les transforme en liaisons simples. Les catalyseurs les plus usuels sont le nickel et le platine.

Voir chap. 9, § 9.2.1.a

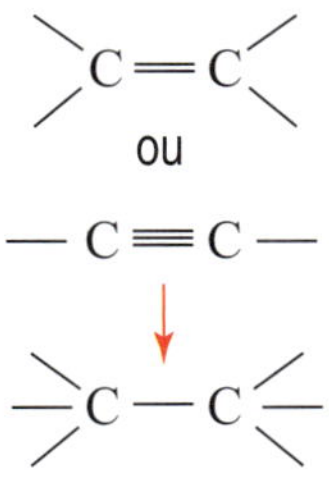

$>C=C<$ (alcène ou composé éthylénique) $+ H_2 \longrightarrow -CH-CH-$

$-C\equiv C-$ (alcyne ou composé acétylénique) $+ 2H_2 \longrightarrow -CH_2-CH_2-$

Question 8.D

Le diméthylpropane (également appelé......) peut-il être préparé par cette méthode ?

8.4.3 Réduction des aldéhydes et des cétones

La **réduction totale des aldéhydes et des cétones** peut s'effectuer de diverses façons. L'agent réducteur peut être un métal, comme le zinc, en milieu acide (*réaction de Clemmensen*).

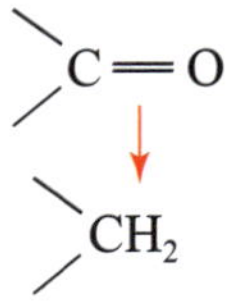

Exemple

$$CH_3—CO—CH_2—CH_3 \xrightarrow{Zn/H_3O^+} CH_3—CH_2—CH_2—CH_3 + H_2O$$

Voir chap. 18, § 18.2.1.h

La réduction peut également être réalisée par action d'hydrazine (NH_2NH_2) en milieu basique (réaction de Wolff-Kishner).

Utilisations des alcanes

Voir § 8.2.3

Les alcanes les plus importants sont ceux qui se trouvent dans la nature : gaz naturel et pétroles, mélanges complexes d'un très grand nombre d'hydrocarbures différents. Leur intérêt comme sources d'énergie (on dit parfois qu'ils constituent une « énergie fossile ») a déjà été évoqué plus haut. Mais ils constituent aussi une source, directe ou indirecte, de matières premières pour de très nombreuses fabrications (matières plastiques, textiles synthétiques, détergents, etc.). La *pétrochimie* est l'ensemble des opérations de séparation, de raffinage et de transformation des constituants du pétrole brut, en vue de leur valorisation. Il s'agit d'un secteur majeur de la « très grosse » industrie chimique, la quantité de produits traités se chiffrant annuellement, en France seulement, en centaines de millions de tonnes.

L'ESSENTIEL

Les alcanes répondent à la formule générale C_nH_{2n+2}. Les liaisons C—C et C—H qui les composent étant fortes et peu polarisées, les alcanes sont très peu réactifs.

Par action de dihalogène (F_2, Cl_2, Br_2...) à haute température ou en présence de rayonnements UV ils peuvent subir des réactions non sélectives d'halogénation par un mécanisme de Substitution Radicalaire en chaîne qui s'accomplit selon un mécanisme en trois phases : amorçage, propagation, terminaison.

QCM

Les réponses se trouvent à la page 663.

1. La formule générale d'un alcane

☐ **a.** est toujours C_nH_{2n+2}

☐ **b.** est C_nH_{2n+2} uniquement pour un alcane non ramifié

☐ **c.** est C_nH_{2n+2} pour un alcane non cyclique

☐ **d.** est C_nH_{2n+2} pour un alcane cyclique

2. Les alcanes

☐ **a.** dans les conditions ordinaires peuvent être gazeux, liquides ou solides selon leur masse molaire

☐ **b.** dans les conditions ordinaires sont toujours gazeux ou liquides selon leur masse molaire

☐ **c.** sont miscibles avec l'eau

☐ **d.** ont une densité inférieure à 1

3. Dans un alcane, la liaison C—C

☐ **a.** est une liaison forte

☐ **b.** est une liaison polarisée

☐ **c.** est une liaison covalente

☐ **d.** est une liaison polarisable

4. La réaction d'un alcane avec un dihalogène X_2

☐ **a.** est plus rapide avec F_2 qu'avec I_2

☐ **b.** est rapide à température ambiante

☐ **c.** est une substitution

☐ **d.** conduit généralement à un mélange complexe de produits

5. Une substitution radicalaire

☐ **a.** est une réaction en 2 étapes (comme la SN1)

☐ **b.** est une réaction en chaîne

☐ **c.** nécessite une étape d'amorçage

☐ **d.** est stéréospécifique

6. Concernant la chloration photochimique du but-1-ène

☐ **a.** elle est non régiosélective et entièrement régie par les statistiques

☐ **b.** elle conduit majoritairement au 1,2-dichlorobutane

☐ **c.** elle conduit à un mélange de régioisomères dans lequel le 3-chlorobut-1-ène est majoritaire

☐ **d.** elle conduit à un mélange de régioisomères dans lequel le 4-chlorobut-1-ène est majoritaire

7. Concernant la stabilité relative des radicaux R•

- ☐ a. un radical primaire est plus stable qu'un tertiaire
- ☐ b. un radical en position allylique (site adjacent d'une double liaison) est plus stable qu'un radical aliphatique
- ☐ c. un radical secondaire est plus stable qu'un primaire
- ☐ d. un radical benzylique est stabilisé par résonance

8. La combustion d'un alcane

- ☐ a. est une oxydation
- ☐ b. provoque la coupure de toutes les liaisons C—C mais pas des liaisons C—H
- ☐ c. produit du monoxyde de carbone et de l'eau
- ☐ d. est fortement endothermique

EXERCICES

Les solutions se trouvent à la page 673.

Les **règles de nomenclature,** permettant de faire correspondre réciproquement un nom et une formule, sont exposées dans le chapitre 7 (pour les stéréoisomères, au chapitre 3).

8-a Combien d'alcanes répondent à la formule brute C_5H_{12} ? Écrire leur formule et donner leur nom. Même question pour la formule brute C_6H_{14}.

8-b La monochloration d'un composé A conduit au composé B qui sous l'action de sodium fournit du 2,2,5,5-tétraméthylhexane.

Quels sont les formules et les noms de A et B ?

8-c Les réactions de réduction d'une cétone E et d'un aldéhyde F par du zinc en milieu acide (méthode de Clemmensen) conduisent toutes deux à la formation de 3-méthylpentane. Donner les formules semi-développées et les noms de E et de F.

8-d On réalise la combustion de 10 g de paraffine de formule brute $C_{20}H_{42}$. Calculer le volume d'oxygène nécessaire à la combustion.

Volume molaire = 22,4 $L \cdot mol^{-1}$.

8-e La monochloration du butane, à 25 °C, fournit un mélange contenant 27 % de 1-chlorobutane et 73 % de 2-chlorobutane.

– Quelle serait la proportion « statistique » obtenue si la vitesse propre de la réaction était la même dans les deux cas (même proportion de chocs efficaces) ?

– Compte tenu du résultat expérimental, quel est le rapport des deux vitesses de réaction (rapport des réactivités sur les sites secondaires et primaires) ?

8-f Une détermination cryométrique, dont la précision peut être estimée de l'ordre de 1 %, a donné la valeur 129 pour la masse molaire d'un alcane. Son spectre de RMN présente deux pics simples, vers 0,9 et 1,3 ppm. Le rapport de leurs intensités est 9 : 1. Quelle est la structure de cet alcane ? Donner son nom.

8-g Comment préparer le butane à partir des composés suivants :

1) butanone

2) butanal

3) but-1-ène

4) but-2-ène

5) but-1-yne

6) 1-chlorobutane

7) chloroéthane

9

Les alcènes

La double liaison carbone-carbone

PRÉALABLES

- Structure électronique de la liaison π
- Stéréoisomérie
- Règles de nomenclature des alcènes
- Effets inductif et mésomère

MOTS-CLÉS

- Addition ionique électrophile
- Addition radicalaire
- Carbocation
- Cation ponté
- Halogénation
- Hydratation
- Hydroboration
- Hydrogénation
- Hydrohalogénation
- Hypohalogénation
- Oxydation
- Ozonolyse
- Polymérisation

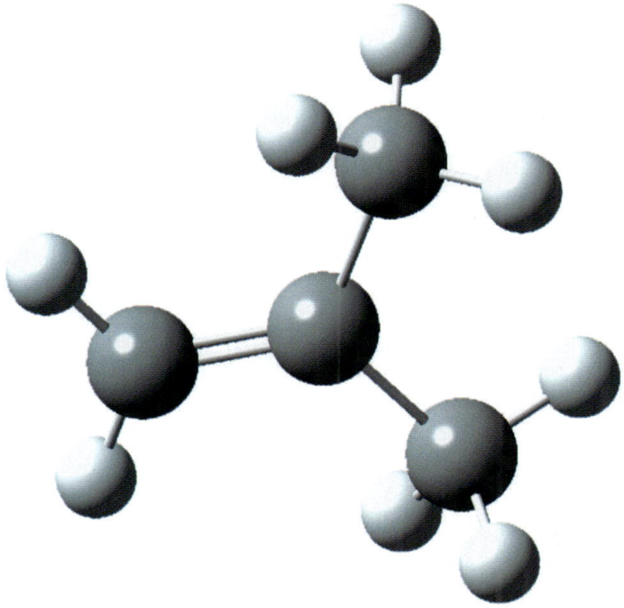

Le méthylpropène ou l'isobutène C_4H_8

> Parfois, notamment dans le langage des « pétroliers » (chimistes du pétrole), on les appelle aussi oléfines, mais ce terme n'est pas reconnu par l'UICPA.

Les **alcènes** sont les hydrocarbures acycliques possédant une *double liaison* C=C. Leur formule générale est $\mathbf{C_nH_{2n}}$. On les appelle également *hydrocarbures éthyléniques*, du nom du premier terme qui est l'éthylène, $H_2C{=}CH_2$.

Mais la double liaison C=C est très fréquemment présente dans des composés, naturels ou non, possédant par ailleurs une ou plusieurs fonctions. Mis à part certains cas, elle conserve dans ces **composés éthyléniques** l'essentiel de la réactivité qu'elle présente dans les alcènes. Les réactions décrites dans ce chapitre sont donc autant celles de « la double liaison » que celles des alcènes proprement dits.

> La *nomenclature* des alcènes est exposée au chapitre 7 [7.1.2].

9.1 Caractères physiques

Les alcènes ne possédant pas plus de quatre carbones sont gazeux dans les conditions ordinaires. Les suivants sont liquides et leur point d'ébullition augmente avec leur masse moléculaire. Les plus lourds sont solides. Un alcène bout un peu plus bas que l'alcane correspondant.

Les alcènes sont insolubles dans l'eau, mais solubles dans les autres hydrocarbures.

Le groupe C=C possède une absorption caractéristique dans l'ultraviolet lointain (vers 185 nm) et dans l'infrarouge (vibration d'élongation entre 1 620 et 1 680 cm^{-1}). Les H (protons) adjacents ont des déplacements chimiques caractéristiques en RMN (vers 5 ppm).

> Voir *Cours de Chimie physique*, chapitre 15.

Pour une chaîne carbonée donnée, la *stabilité* d'un alcène (estimée à partir de son enthalpie standard de formation) varie selon la position de la double liaison dans cette chaîne : l'isomère dans lequel elle est entourée du plus grand nombre de groupes alkyles (double liaison « la plus substituée ») est le plus stable. Par ailleurs, le stéréoisomère dans lequel les deux groupes les plus encombrants sur chaque carbone sont en position *trans* est plus stable que celui dans lequel ils sont en position *cis*.

Exemples

(> signifiant « plus stable que ») :

Méthylbutènes :

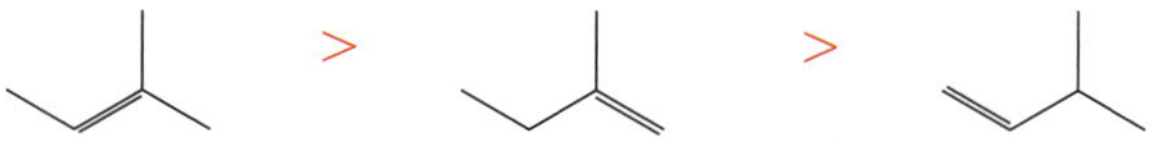

But-2-éne *Z* et *E* :

9.2 Réactivité

À la différence des alcanes, les alcènes possèdent un véritable site réactif. La double liaison est beaucoup plus réactive que les enchaînements carbonés saturés qui « l'entourent », et la plupart des réactions se situent à son niveau.

> Voir chap. 5, § 5.1.1

Le caractère principal de la double liaison est d'être *non saturée* (ou *insaturée*), c'est-à-dire de pouvoir donner des *réactions d'addition*, par « ouverture » de la liaison π. Ces réactions sont facilitées par la *faible énergie de la liaison* π (environ 250 kJ·mol^{-1}, à comparer avec 350 kJ·mol^{-1} pour la liaison σ C—C), qui rend facile sa rupture et grâce à laquelle le bilan thermodynamique est souvent favorable (exothermique).

D'autre part, une double liaison est un site de *forte densité électronique*, où se trouvent de surcroît des électrons facilement « accessibles ». En conséquence, ces électrons seront en mesure d'attaquer un réactif électrophile (cation ou atome déficitaire dans une molécule).

Voir geométrie des orbitales, p. 82

Enfin, la double liaison, en raison même de sa réactivité, constitue un point vulnérable de l'enchaînement carboné, et certaines réactions entraînent la *coupure entre les deux carbones doublement liés* (*sp*^{2}) (action de certains oxydants en particulier).

9.2.1 Réactions d'additions

Le schéma général des réactions d'addition sur une liaison éthylénique peut être figuré par :

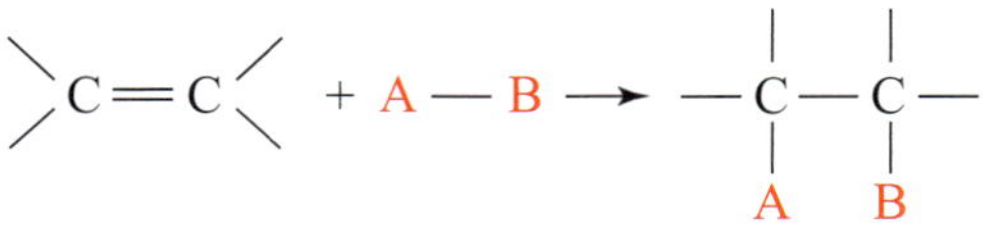

sans préjuger du mécanisme réel, qui peut prendre des formes diverses, et qui sera envisagé cas par cas. Mais il y a toujours rupture de la liaison π de l'alcène et de la liaison σ de la molécule A—B, et formation de deux nouvelles liaisons σ, C—A et C—B. Le bilan thermodynamique de la réaction est la somme algébrique des énergies *à fournir* pour rompre les liaisons et des énergies *fournies* par la formation des nouvelles liaisons.

a) Hydrogénation

L'addition du dihydrogène sur une double liaison conduit à l'enchaînement saturé correspondant :

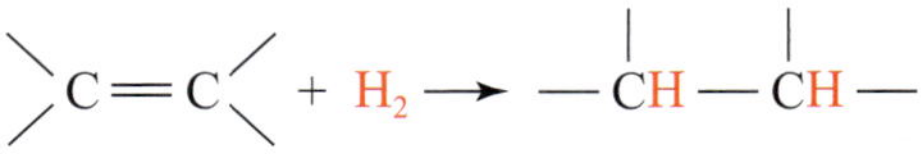

Exemple

$CH_3—CH=CH_2 + H_2 \rightarrow CH_3—CH_2—CH_3$

Cette réaction ne se produit avec une vitesse appréciable qu'en présence d'un catalyseur. Elle peut s'effectuer :

- soit en *phase gazeuse* : passage d'un mélange gazeux d'alcène et de dihydrogène, à une température convenable, sur le catalyseur contenu dans un tube chauffé,
- soit en *phase liquide* : agitation sous une atmosphère de dihydrogène de l'alcène contenant en suspension le catalyseur. L'emploi d'une pression élevée de dihydrogène (100 bars ou plus) peut être nécessaire.

Les catalyseurs d'hydrogénation sont des métaux (nickel, platine), finement divisés. Ils interviennent en effet par une action de surface, la réaction ayant lieu entre molécules d'alcène et de dihydrogène fixées (« adsorbées ») à la surface du métal. Dans cet état d'adsorption, les liaisons H—H et π, qui doivent être rompues, sont très notablement affaiblies. L'énergie d'activation de la réaction s'en trouve diminuée, et elle devient beaucoup plus rapide. Un morceau massif du même métal aurait aussi une action catalytique, mais sa surface serait trop faible pour que cette action soit vraiment sensible. La surface d'un catalyseur offerte aux réactifs peut-être de l'ordre de 10^5 cm^2 par gramme, soit plusieurs dizaines de milliers de fois plus grande que celle de la même masse du métal sous forme massive.

Voir mécanisme de la catalyse [5.2.4]

On peut préparer un catalyseur de Nickel de deux façons :

1. à partir de carbonate de nickel $NiCO_3$, précipité dans une solution d'un sel de nickel :

$$NiCO_3 \xrightarrow{\Delta} NiO\ (+\ CO_2) \xrightarrow{H_2} Ni + H_2O$$ (Nickel « Sabatier »)

2. à partir d'un alliage nickel/aluminium, attaqué par une solution de soude :

$$Ni/Al \xrightarrow{OH^-} NaAlO_2\ (\text{soluble}) + Ni$$ (Nickel « Raney »)

Dans les deux cas, le catalyseur se présente sous la forme d'une fine poudre noire.

Du fait qu'au moment de la réaction la molécule d'alcène est fixée « à plat » à la surface du catalyseur, les deux atomes d'hydrogène se fixent sur la même face du plan de la double liaison. On dit qu'il se produit une *syn*-addition H et que la réaction est *stéréospécifique*.

Voir chap. 5, § 5.4.2

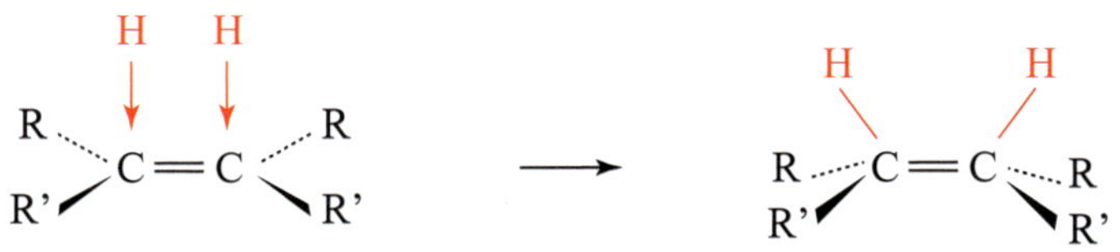

Question 9.A

L'hydrogénation du (Z)-3,4-diméthylhex-3-ène fournit-elle un produit optiquement actif ou inactif ? (nommez-le).

L'hydrogénation d'un alcène (ou de tout autre composé éthylénique) peut avoir pour objectif la préparation effective du composé saturé correspondant. Mais elle peut également avoir un but analytique : effectuée dans des conditions adaptées, elle permet de doser les doubles liaisons contenues dans un échantillon de matière, par mesure du volume de dihydrogène absorbé.

Parmi les applications industrielles de l'hydrogénation, on peut citer celle d'huiles végétales (esters non saturés) pour les transformer en graisses comestibles (margarines).

a)

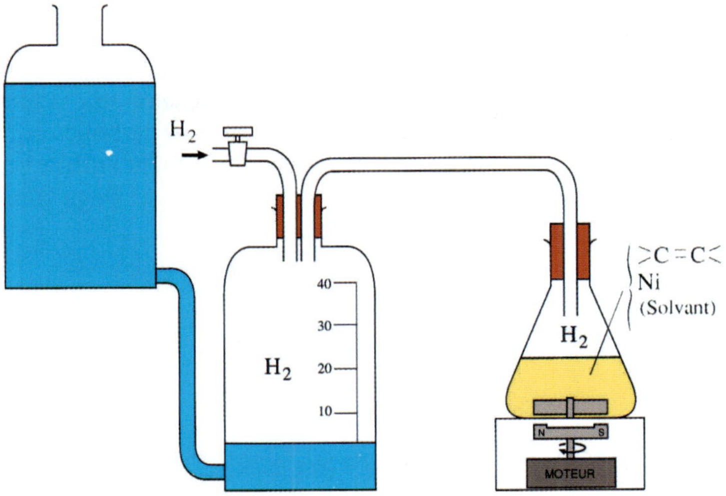

Figure 9.1 Hydrogenation catalytique en milieu liquide.
L'hydrogénation catalytique en milieu liquide, à la pression atmosphérique, s'effectue dans un appareillage très simple en verre, représenté schématiquement ci-dessus (a). Le dihydrogène est stocké dans un « gazomètre » (flacon gradué), sous une très légère pression, et la réaction a lieu dans un « erlenmeyer » visible à droite. Celui-ci contient l'alcène, dissous dans un solvant et le catalyseur (Ni en poudre) : un barreau aimanté, entraîné par un aimant extérieur mû par un moteur, agite son contenu et maintient le nickel en suspension. La progression de la réaction est suivie par la montée du liquide (eau) dans le gazomètre, dont le niveau indique à tout moment la quantité de dihydrogène absorbée.

b)

c)

Si l'on doit réaliser la réaction sous une pression élevée, on utilise un autoclave, réacteur à parois d'acier épaisses (b), placé dans le four (c) pour pouvoir être éventuellement chauffé : l'agitation est assurée par un dispositif magnétique que l'on voit au-dessus du four. On établit dans l'autoclave la pression de dihydrogène désirée (le plus souvent entre 100 et 200 bars), puis on l'isole de la source de dihydrogène par la fermeture d'une vanne. À partir de cet instant, on peut suivre l'avancement de la réaction par la baisse de la pression, lue sur un manomètre. Lorsque la pression ne baisse plus, la réaction est terminée.

b) Additions électrophiles

Voir chap. 5, § 5.3.2.b

Voir chap. 5, § 5.3.2.a

La plupart des réactions d'addition sur les doubles liaisons présentent les caractères d'une réaction en deux étapes, dont la première consiste en une attaque électrophile sur les électron π : la molécule qui s'additionne subit une rupture hétérolytique, et le fragment cationique se fixe le premier sur l'un des carbones éthyléniques, en utilisant pour se lier le doublet π. Le fragment anionique vient ensuite se lier, grâce au doublet libre dont il dispose, sur l'autre carbone devenu le siège d'une lacune. L'intermédiaire de la réaction est un carbocation.

1re étape :

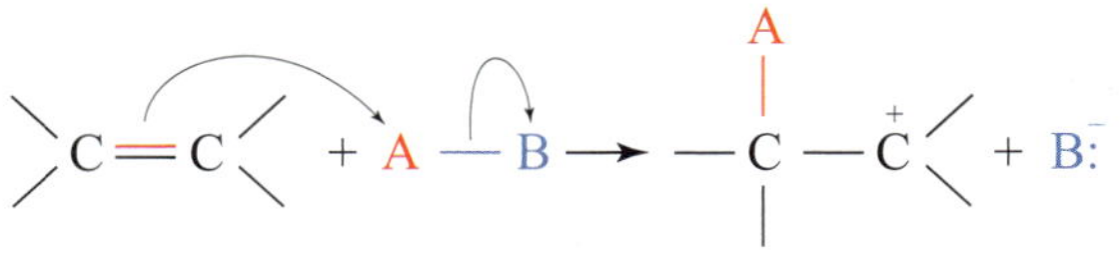

2e étape :

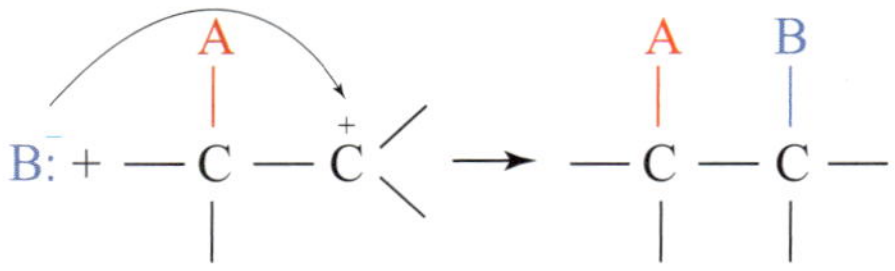

Ce mécanisme se trouve validé par le fait qu'il permet d'expliquer de façon satisfaisante divers aspects secondaires de la réaction : différence de réactivité (vitesse de réaction) selon la structure de l'alcène, géométrie des produits formés, orientation de l'addition de réactifs dissymétriques, existence de réarrangements du squelette carboné.

La réalité de ce schéma en deux étapes peut, d'autre part, être attestée par la démonstration de l'existence effective (quoique fugitive) du carbocation intermédiaire. Cette démonstration peut être faite par une méthode constituant à introduire dans le milieu réactionnel une espèce étrangère à la réaction, susceptible de réagir avec l'intermédiaire supposé. Une partie de celui-ci se trouve ainsi soustraite à la réaction principale, pour donner un composé que l'on pourra retrouver dans les produits de la réaction. Dans le cas présent, l'introduction d'un anion étranger, NO_3^- par exemple (par addition au milieu réactionnel de nitrate de sodium $NaNO_3$) a pour conséquence la formation d'une certaine quantité de R—NO_3, par réaction entre NO_3^- et le carbocation R^+.

Question 9.B

Dans l'expérience décrite ci-dessus, la formation de R—NO_3 pourrait être due non pas à la réaction de NO_3^- avec le carbocation, mais à une réaction de substitution de Br^- par NO_3^- dans le produit final, après sa formation. En ce cas, la formation d'un carbocation ne serait pas prouvée. Par quelle expérience complémentaire pourrait-on lever ce doute ?

Hydracides halogénés (halogénures d'hydrogène HX)

Les hydracides halogénés HCl, HBr, HI (chlorure, bromure et iodure d'hydrogène) s'additionnent directement sur les doubles liaisons, pour donner un dérivé monohalogéné saturé. L'électrophile est l'ion H^+, résultant de la dissociation de HX en H^+ et X^- :

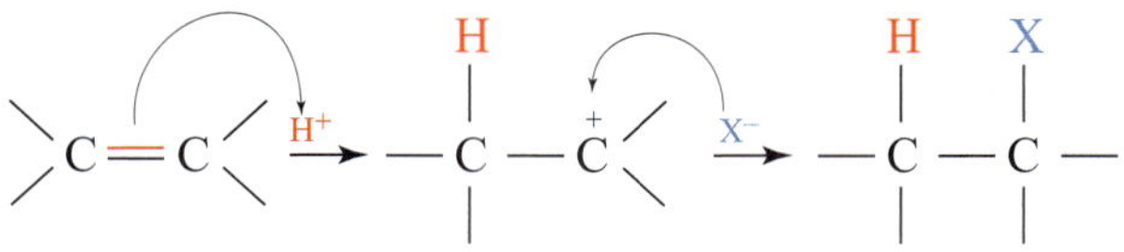

Exemple

$$CH_3—CH=CH—CH_3 + HBr \longrightarrow CH_3—CH_2—CHBr—CH_3$$

But-2-ène **2-Bromobutane**

Question 9.C

En acceptant un proton, un alcène jour le rôle d'une ____ ; le carbocation formé est son ____ conjugué.

Si l'environnement de la double liaison est dissymétrique, la réaction peut donner deux produits différents, selon le « sens » de l'addition :

Exemple

$$CH_3—CH=CH_2 + HCl \nearrow CH_3—CHCl—CH_3 \quad \textbf{2-Chloropropane}$$
$$\searrow CH_3—CH_2—CH_2Cl \quad \textbf{1-Chloropropane}$$

Propène

On obtient un mélange des deux dérivés chlorés, mais le 2-chloropropane y est très majoritaire. On dit que la réaction est *régiosélective* (elle serait « *régiospécifique* » si l'on obtenait exclusivement l'un des deux dérivés chlorés).

La règle de Markownikov

La régiosélectivité de cette réaction est connue depuis très longtemps et, dès 1869, le chimiste russe Markownikov avait pu énoncer, comme une règle purement empirique, que lors de l'addition d'un composé hydrogéné AH sur un alcène dissymétrique « *l'hydrogène se fixe sur le carbone le moins substitué (ou le plus hydrogéné)* ». Formulée ainsi, cette règle connaît un certain nombre de contre-exemples et l'explication, ou la prévision, du sens de l'addition doit être recherchée en se référant, plus fondamentalement, à son mécanisme.

Les deux étapes de l'addition de HCl sur le propène, et l'obtention possible de deux dérivés, chlorés, se schématisent ainsi :

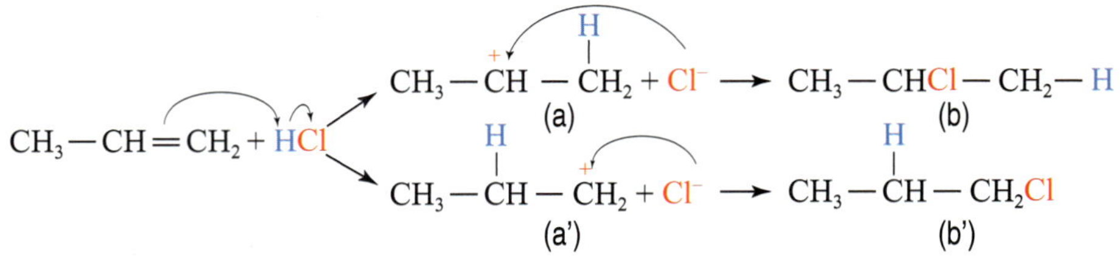

Voir page 112

L'orientation de la réaction « se joue » dans sa première étape, qui est l'étape cinétiquement déterminante, et résulte du « choix » fait par H^+ de se fixer sur l'un ou sur l'autre des carbones éthyléniques. Il en résulte en effet la formation de l'un ou l'autre des deux carbocations (a) et (a'), qui ne peuvent ensuite que conduire, respectivement, aux composés (b) et b').

Voir chap. 5, § 5.2.3

Ces deux carbocations n'ont pas la même stabilité : (a), qui est secondaire, est plus stable que (a') qui est primaire (tableau 5.1, p. 119). En conséquence, l'énergie d'activation de la formation de (a) est plus faible que celle de la formation de (a'), et la formation de (a) est plus rapide que celle de (a'). En définitive, la formation de (b) est plus rapide que celle de (b'), et (b) se forme en plus grande quantité que (b').

Puisque l'orientation de la réaction se détermine au moment de l'attaque de H^+ sur l'un ou l'autre des deux carbones éthyléniques, c'est-à-dire dès la première interaction entre les réactifs, on peut s'étonner qu'elle soit influencée de manière anticipée par la stabilité d'un intermédiaire qui ne se formera qu'ultérieurement.

Voir chap. 5, § 5.5.1

Pour surmonter ce paradoxe apparent, il faut avoir à l'esprit l'allure des profils énergétiques des deux réactions possibles [figure 9.2]. L'intermédiaire le plus stable (cation secondaire), qui correspond au « creux » le plus bas, est aussi celui qui se forme avec la plus faible énergie d'activation.

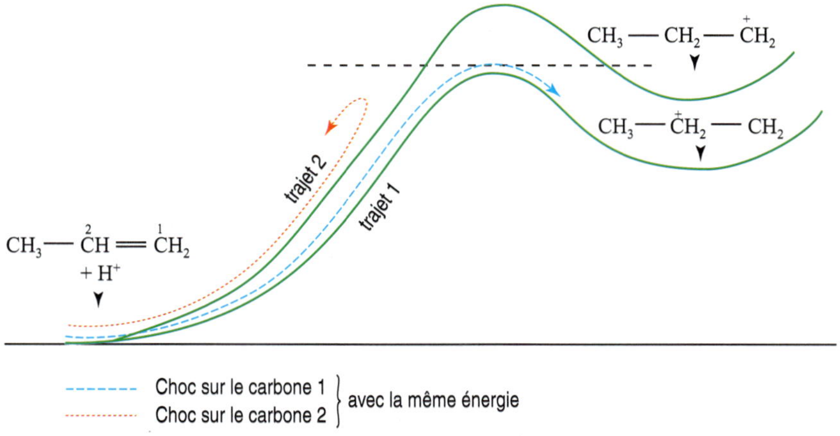

Figure 9.2 Interprétation cinétique de la règle de Markownikov.
La protonation de l'un des carbones éthyléniques du propène, pour former un carbocation, « réussit » plus souvent si elle concerne le carbone 1 que si elle concerne le carbone 2. Le chemin énergétique à suivre « monte moins haut » (énergie d'activation plus faible), car le carbocation secondaire est le plus stable (« creux » plus profond).

Il convient aussi de se souvenir que toutes les collisions entre des réactifs susceptibles de donner lieu à une réaction ne sont pas efficaces. Les chocs ont lieu aussi bien sur le CH_2 que sur le CH (et même sur le CH_3), mais ils sont *plus souvent efficaces* dans le premier cas que dans le second. Pour une énergie cinétique donnée au moment de la collision, les réactifs franchissent plus facilement la « barre » de l'état de transition sur le trajet 1 que sur le trajet 2. La réaction 1, conduisant au carbocation secondaire, est donc plus rapide ce qui revient à dire que ce carbocation se forme préférentiellement.

Voir chap. 5, § 5.2.2

On dit en ce cas que la proportion finale de deux produits d'addition est **cinétiquement contrôlée**.

À la lumière de cette analyse, la « règle de Markownikov » peut être reformulée, d'une façon qui lui donne une portée beaucoup plus générale et qui fait rentrer les contre-exemples dans la norme : « *Lors de l'addition d'une molécule dissymétrique* A—B *sur une double liaison dissymétrique, pouvant donner lieu à deux orientations, le produit principal est celui qui se forme par l'intermédiaire réactionnel le plus stable* ».

Question 9.D

Quel serait le produit majoritairement obtenu dans l'addition de HBr sur le 2-méthylbut-2-ène et sur le 1-phénylpropène ?

L'effet Karasch (effet peroxyde)

Certaines additions d'hydracides, qui ont lieu normalement dans le sens indiqué par la règle de Markownikov, ont lieu en sens inverse si la réaction est réalisée en présence d'un composé susceptible de fournir des radicaux libres, un peroxyde R—CO—O—O—CO—R par exemple. Il s'agit de « l'effet Karasch » ou « effet peroxyde ».

Exemple :

$$CH_3 - CH = CH_2 + HBr \xrightarrow{\text{Peroxyde}} CH_3 - CH_2 - CH_2Br$$

L'explication réside dans le fait que dans ces conditions la réaction n'a plus un mécanisme hétérolytique, mais devient homolytique et en chaîne (ce n'est donc plus une addition électrophile) :

a) Production des radicaux amorceurs

$$R-CO-O-O-CO-R \rightarrow 2\,CO_2 + 2R^\bullet$$

b) Phase d'amorçage

$$R^\bullet + HBr \rightarrow RH + Br^\bullet$$

c) Phase de propagation

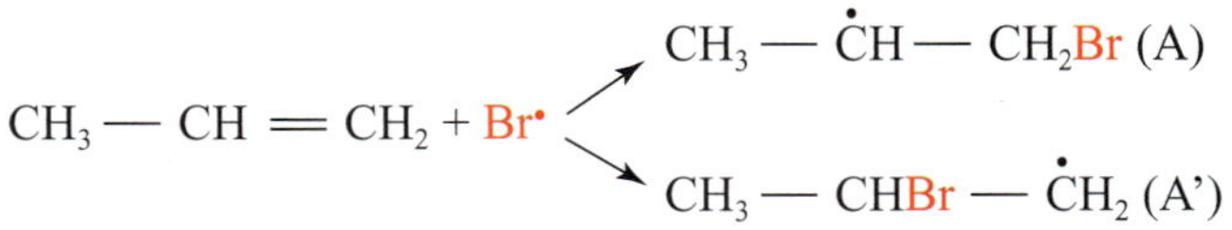

$$\begin{cases} (A) + HBr \longrightarrow CH_3-CH_2-CH_2Br\ (B) + Br^{\bullet} \\ (A') + HBr \longrightarrow CH_3-CHBr-CH_3\ (B') + Br^{\bullet} \end{cases}$$

Voir chap. 5, § 5.3.1

(A), radical libre secondaire, est plus stable que (A'), radical libre primaire ; en conséquence, la réaction conduit préférentiellement à (B).

L'addition de HBr en présence d'un peroxyde ne suit pas la règle initiale de Markownikov (on dit parfois que c'est une addition « anti-Markownikov »), mais en revanche son résultat est en accord avec la règle « rénovée » énoncée ci-dessus.

Hydratation

L'addition de l'eau sur un alcène, ou *hydratation*, ne se fait qu'en présence d'une quantité au moins catalytique d'acide, elle conduit à un alcool selon le schéma :

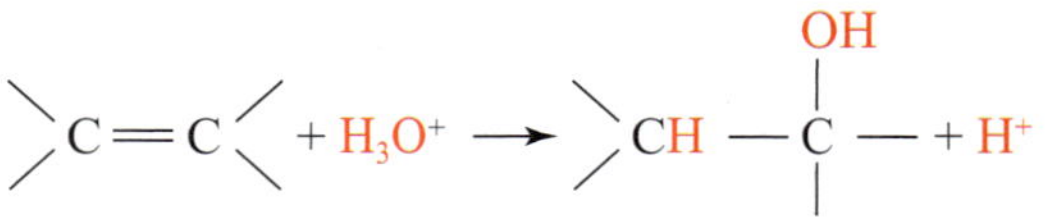

Comme dans l'addition des hydracides HX, l'électrophile est un proton (ion H^+). Mais la fixation directe de l'eau, sous la forme de H^+ puis OH^-, n'est pas possible, car ce n'est pas un acide assez fort pour « protoner » la double liaison qui est, quant à elle, une base extrêmement faible. La réaction n'a lieu qu'en présence d'un acide fort, tel que l'ion H_3O^+ présent dans une solution aqueuse d'acide sulfurique H_2SO_4 ($H_2SO_4 + H_2O \rightleftharpoons HSO_4^- + H_3O^+$), ce dernier jouant le rôle d'un catalyseur.

Voir chap. 5, § 5.5.1 et § 5.2.4

L'hydratation s'effectue alors en trois étapes :

1re étape : Protonation de la double liaison par l'acide sulfurique (H—OSO_3H) et formation d'un carbocation :

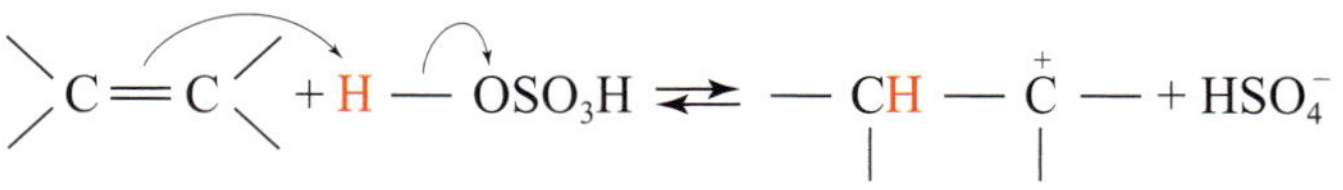

2e étape : Intervention de l'eau, non plus comme acide (puisqu'elle ne peut pas jouer efficacement ce rôle), mais comme réactif nucléophile pouvant se fixer sur le carbocation par l'un de ses doublets libres :

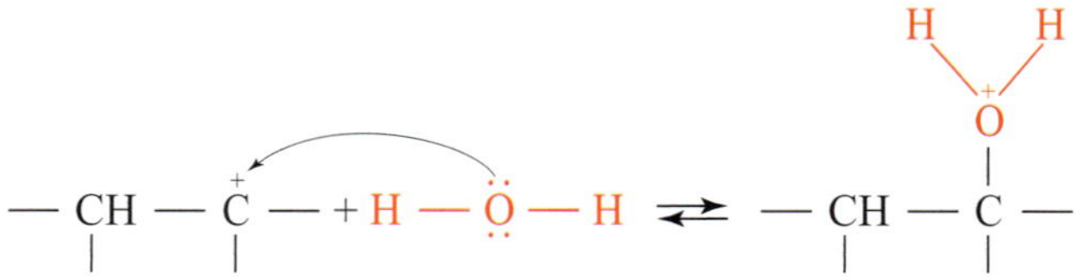

Remarque

On utilise parfois H_2SO_4 très concentré et on peut alors considérer qu'au cours de cette deuxième étape il se forme un composé d'addition $—CH—C—OSO_3H$. En ce cas, le résultat est inchangé, l'eau que l'on fait ensuite intervenir hydrolyse le groupe $—OSO_3H$ pour conduire à l'alcool correspondant.

3e étape : Élimination d'un proton, facilitée par l'existence d'un déficit électronique sur l'oxygène :

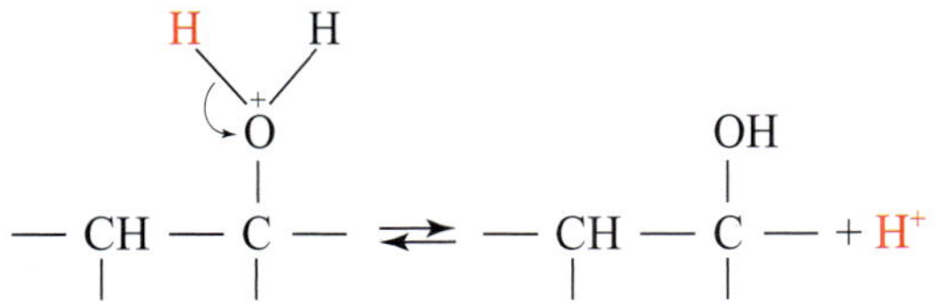

Le proton éliminé remplace celui que l'acide sulfurique a initialement fourni ($HSO_4^- + H^+ \rightleftharpoons H_2SO_4$) ; le catalyseur n'est pas « consommé ».

La règle de Markownikov s'applique au moment de la formation du carbocation et le *sens de l'addition* lui est conforme : l'hydrogène se fixe sur le carbone le moins substitué et le groupe OH sur l'autre. Ainsi, l'hydratation du propène donne le propan-2-ol et non le propan-1-ol. Seul l'éthylène, dans ces conditions, conduit à un alcool primaire, l'éthanol (ou alcool éthylique), dont c'est du reste une préparation industrielle :

$$H_2C{=}CH_2 + H_2O \longrightarrow CH_3{—}CH_2OH$$

Question 9.E

Comme acide fort, pour catalyser l'hydratation, ne pourrait-on pas utiliser HCl aussi bien que H_2SO_4 ? (réponse dans la suite).

A priori, n'importe quel acide fort semblerait pouvoir jouer le rôle de catalyseur dans cette réaction. Mais le choix de H_2SO_4 répond à la nécessité de ne plus faire apparaître en présence du carbocation un anion trop fortement nucléophile. Si l'on employait HCl, l'anion Cl^- pourrait réagir « pour son propre compte » et il se formerait le dérivé halogéné. HSO_4^- est peu nucléophile (parce que sa charge – est répartie sur plusieurs atomes) et, même s'il se fixe sur le carbocation, il est ensuite facilement « déplacé » par H_2O, plus nucléophile que lui.

Voir page 222

Toutes les étapes de la réaction globale, sont inversibles (noter les doubles flèches $\rightleftharpoons$). La réaction inverse est la déshydratation d'un alcool en alcène [cf. 9.4.1.a ; 15.2.2.b]. À froid, en présence d'un excès d'eau, l'équilibre est déplacé dans le sens de la formation de l'alcool.

Hydratation par hydroboration

Voir chap. 5, § 5.5.2

L'hydratation d'une double liaison peut aussi être réalisée, de manière indirecte, en faisant intervenir dans un premier temps l'hydrure de bore BH_3, un acide de Lewis (qui existe en réalité sous la forme dimère B_2H_6). La première étape appelée *hydroboration*, est une addition concertée de BH_3 sur la double liaison, pour donner un alkylborane R—BH_2. Cette réaction est concertée et l'addition est *syn*. La réaction est de plus régiospécifique, le bore venant se fixer du côté le moins encombré.

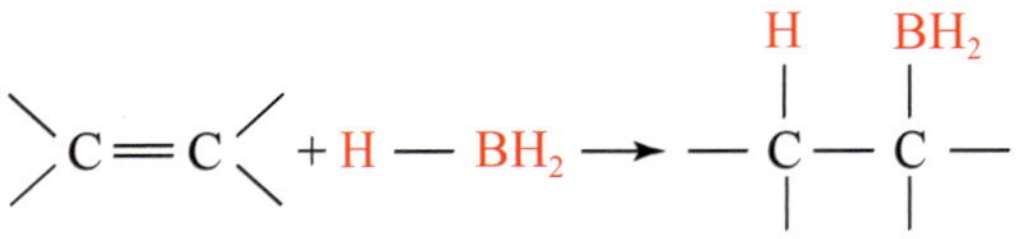

(les trois liaisons B—H de BH_3 peuvent « fonctionner » et, en fait, trois molécules d'alcène réagissent avec une molécule BH_3, pour donner un trialkylborane R_3B).

La seconde étape est l'oxydation de l'alkylborane par le peroxyde d'hydrogène (ou « eau oxygénée ») H_2O_2, en milieu basique (mécanisme non détaillé ici) :

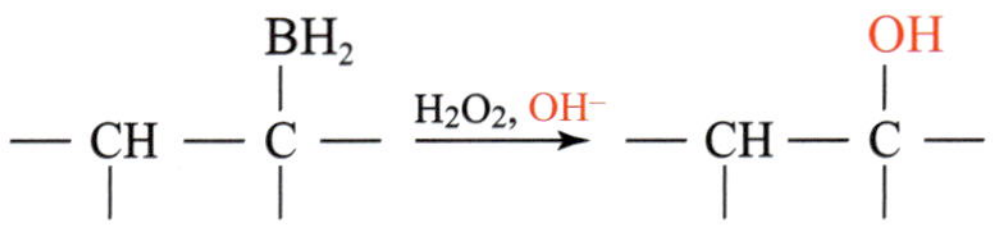

Le bilan global de ces deux réactions successives est celui d'une hydratation : addition de H et OH, et formation d'un alcool. Mais cette addition est « anti-Markownikov », ce qui présente l'intérêt de permettre la préparation d'alcools primaires à partir d'alcènes de la forme R—CH=CH_2 :

Exemple :

$$CH_3-CH_2-CH=CH_2 \xrightarrow[(2)\ H_2O_2,\ OH^-]{(1)\ BH_3} CH_3-CH_2-CH_2-CH_2OH$$

Addition de dihalogènes

Les dihalogènes X_2 (Cl_2, Br_2, I_2) s'additionnent sur les doubles liaisons, en donnant un dérivé dihalogéné dans lequel les deux atomes d'halogène sont portés par deux carbones voisins (dérivés dihalogénés *vicinaux*, ou *vic*-dihalogénés) :

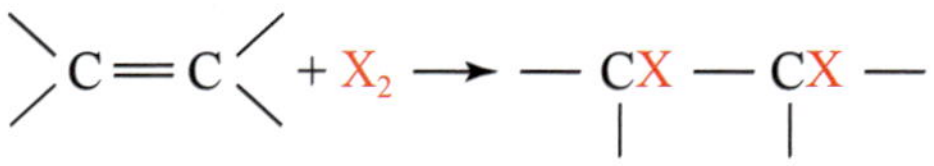

Le dichlore et le dibrome se fixent facilement à froid, mais le diiode ne s'additionne qu'indirectement, en présence de catalyseurs. Indépendamment de leur éventuel intérêt préparatif, ces réactions sont souvent utilisées pour la caractérisation des doubles liaisons, soit qualitativement (décoloration d'une solution de dibrome, initialement rouge-brun), soit quantitativement (détermination de la quantité de diiode pouvant être fixée par un échantillon de masse connue d'un composé insaturé).

Voir exercice 24.a

L'expérience montre que l'addition des halogènes est *stéréo-spécifique* et que c'est une *anti-addition* : les deux atomes d'halogène se fixent de part et d'autre du plan initial du groupe 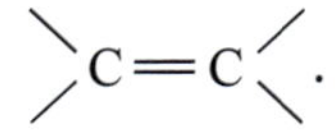. On peut obtenir la preuve en effectuant la réaction sur un alcène qui présente l'isométrie *Z—E*, et qui donne un dérivé halogéné possédant deux carbones asymétriques identiques. Chaque isomère de l'alcène donne spécifiquement la configuration du dérivé dihalogéné correspondant à une *anti-addition* :

Voir chap. 5, § 5.3.1

Voir chap. 3, § 3.4

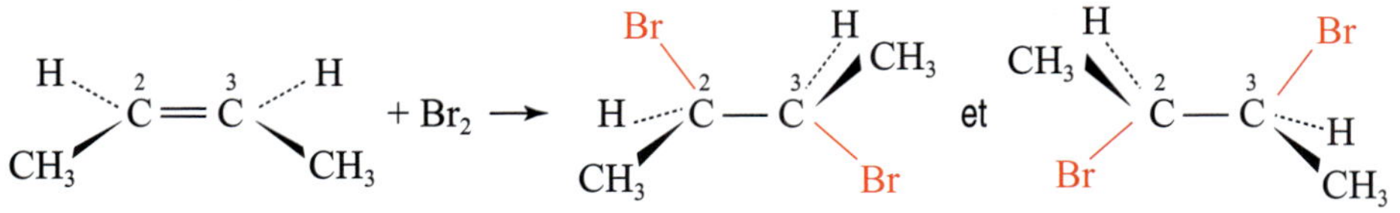

(*Z*)-But-2-ène — 2*R*,3*R* — 2*S*,3*S*

2,3-dibromobutane racémique
(inactif mais dédoublable en énantiomètres actifs)

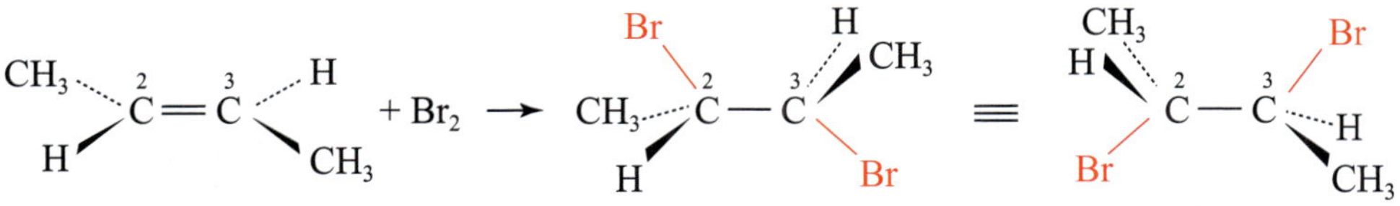

(*E*)-But-2-ène — 2*S*,3*R* — 2*R*,3*S*

2,3-dibromobutane méso
(inactif et indédoublable)

L'expérience montre aussi l'existence d'un intermédiaire réactionnel monobromé chargé positivement, ce qui implique la dissociation hétérolytique de la molécule X_2. On pourrait s'étonner qu'une molécule symétrique, comme X_2, subisse une rupture hétérolytique, l'un des atomes X gardant le doublet de liaison, et non une rupture homolytique symétrique. Mais, à l'approche de la double liaison, site riche en électrons et répulsif pour d'autres électrons, la molécule X_2 subit une polarisation par influence. La rupture en X^+ et X^- est plus ou moins simultanée avec la formation d'un « complexe » entre l'orbitale π et l'atome X le plus proche d'elle :

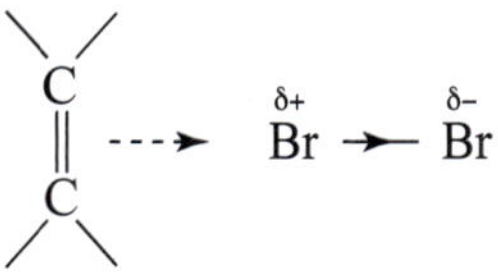

Si la première étape consistait en la formation d'un carbocation classique, plan, l'attaque ultérieure de celui-ci par l'ion bromure Br^- pourrait avoir lieu indifféremment sur l'une ou l'autre de ses faces, et la réaction ne serait pas stéréospécifique :

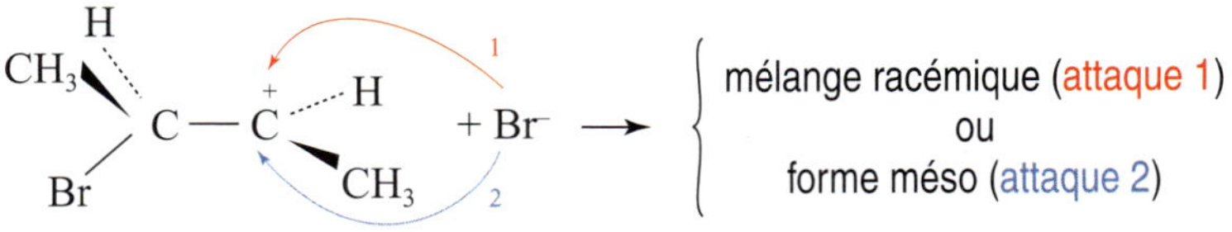

2*R*,3*S*

On explique le résultat expérimental (stéréospécificité) par l'intervention d'un cation particulier, ion « halonium » (ici « bromonium »), de structure cyclique. Dans ce cation « ponté », où la rotation entre les deux carbones n'est pas possible, la charge positive est répartie entre trois atomes. Il ne peut être attaqué par l'ion X^- (Br^-) que du côté le moins encombré, et cette attaque provoque la réouverture du cycle. L'obtention du mélange racémique à partir du (Z)-but-2-ène se justifie par la formation en proportion égale de l'ion bromonium des deux côtés du plan de l'alcène de sorte qu'il se forme autant d'isomère *R*,*R* que d'isomère *S*,*S* :

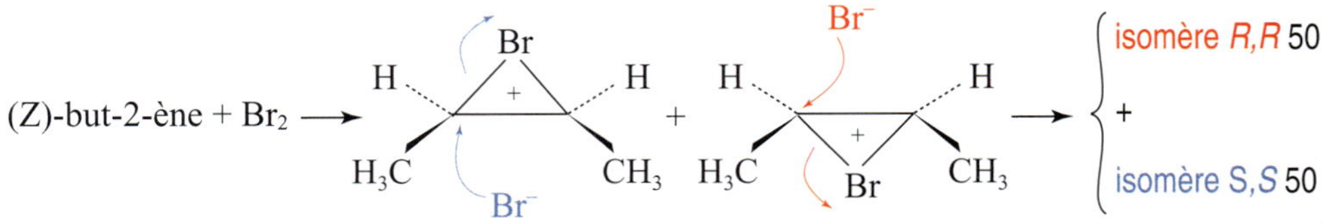

Dans le cas d'un alcène dissymétrique, les ions Br^- attaqueront le bromonium du côté où la probabilité d'existence de la charge positive est la plus grande (c'est-à-dire le plus substitué par des groupements donneurs d'électrons) et sur la face opposée conduisant à la formation d'un mélange racémique.

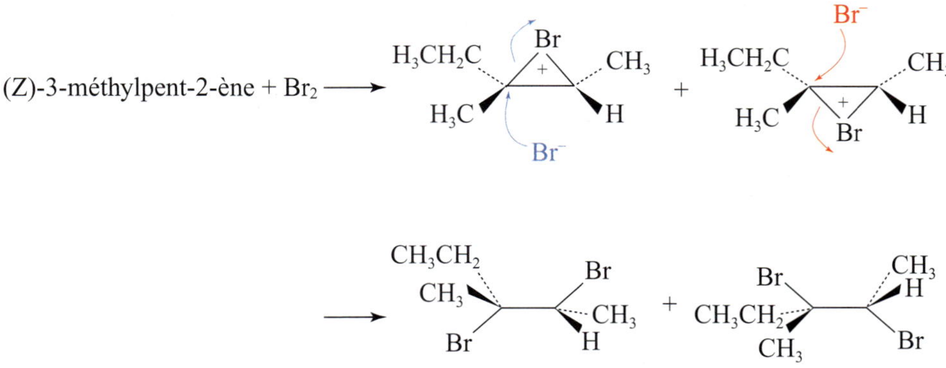

Isomère *S*,*S* Isomère *R*,*R*

La formation de ce cation cyclique n'est pas en contradiction avec la valence 1 habituelle du brome. On peut, par exemple, concevoir sa formation par établissement d'une liaison de coordinence entre le brome, porteur de doublets libres, et le carbone disposant d'une orbitale vide :

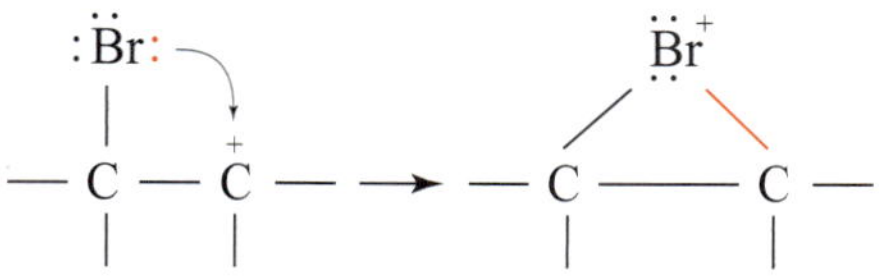

À la température ordinaire, l'addition d'un halogène sur une double liaison étant beaucoup plus facile que la substitution à un atome d'hydrogène, on n'observe pas de substitution aussi longtemps qu'il subsiste des doubles liaisons. À haute température, il est au contraire possible de substituer un alcène sur les carbones saturés de sa chaîne, sans saturer préalablement ses doubles liaisons.

Voir chap. 8, § 8.2.1

Exemple

$$CH_3 — CH = CH_2 + Cl_2 \xrightarrow{600\ °C} ClCH_2 — CH = CH_2 + HCl$$

À cette température, en effet, la réaction de chloration radicalaire en chaîne sur le carbone saturé devient possible, et elle est beaucoup plus rapide que l'addition sur la double liaison. Elle devient donc la réaction principale. Cette substitution a lieu préférentiellement sur les positions adjacentes à la double liaison.

Voir chap. 8, § 8.2.2

Addition d'acides HOX

Les acides de la forme HOX, essentiellement l'acide hypochloreux HOCl et l'acide hypobromeux HOBr, s'additionnent aux doubles liaisons selon le schéma :

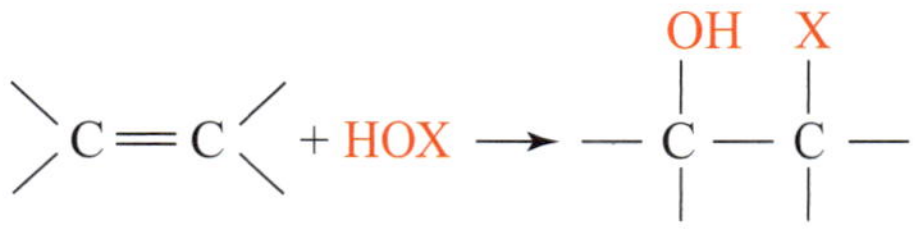

Il se forme une *halohydrine*, ou alcool α-halogéné (chlorhydrine, bromhydrine). La réaction est *régiosélective* : on obtient principalement l'halohydrine résultant de la fixation de X sur le carbone le moins substitué et de OH sur le carbone le plus substitué.

Exemple

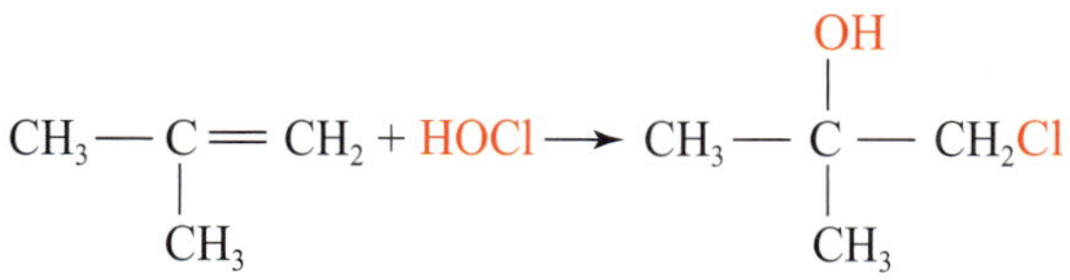

Cette orientation se justifie par le fait que HOCl se scinde en Cl^+ et OH^- (O est plus électronégatif que Cl), et que Cl^+ constitue le réactif électrophile. Très normalement il se lie en premier sur le carbone le moins substitué formant ainsi le chloronium qui est attaqué sur la face opposée (stéréospécificité) et sur le carbone le plus substitué (régiosélectivité).

Voir page 222

Voir page 228

Pratiquement, la réaction se réalise en faisant réagir ensemble sur l'alcène, l'halogène X_2 et l'eau. On peut considérer qu'il se forme dans ces conditions l'acide HOX, mais on peut aussi admettre que la réaction de X_2 sur l'alcène donne un ion halonium, ensuite ouvert par une attaque de l'eau, suivie de la perte d'un proton. Mais la régiosélectivité de la réaction est en ce cas plus délicate à expliquer, et on en restera ici au schéma ci-dessus, même s'il n'a qu'une valeur mnémotechnique.

9.2.2 Réactions d'oxydation

Divers modes d'oxydation sont possibles pour les alcènes conduisant à des résultats très différents et illustrant l'influence parfois déterminante des conditions opératoires (concentration, température, acidité du milieu) sur le déroulement d'une réaction.

a) Oxydation ménagée sans coupure de la chaîne. Époxydation, hydroxylation

L'action d'un **peracide** R—CO—O—OH, par exemple l'acide perbenzoïque C_6H_5—CO_3H, sur un alcène conduit à la formation d'un *époxyde* :

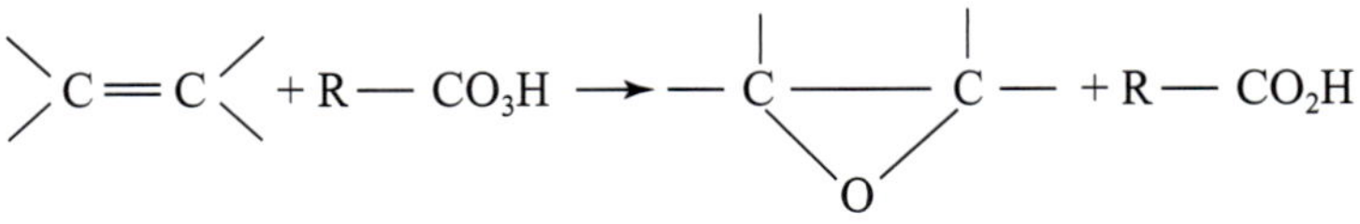

Exemple

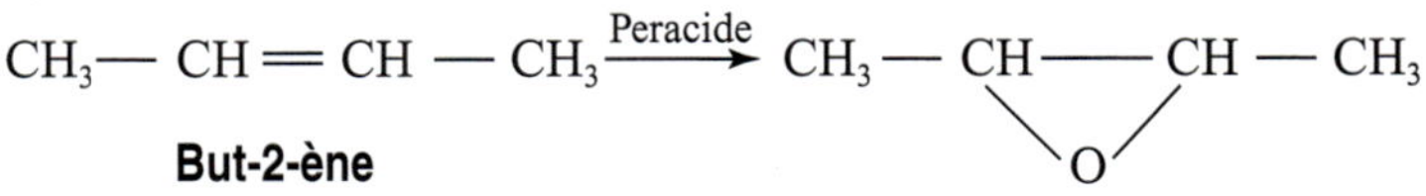

But-2-ène

2,3-époxybutane

Voir page 374

Les époxydes sont très réactifs. Ils peuvent en particulier, être hydrolysés en milieu acide, pour donner des α-*diols*, ou *glycols* :

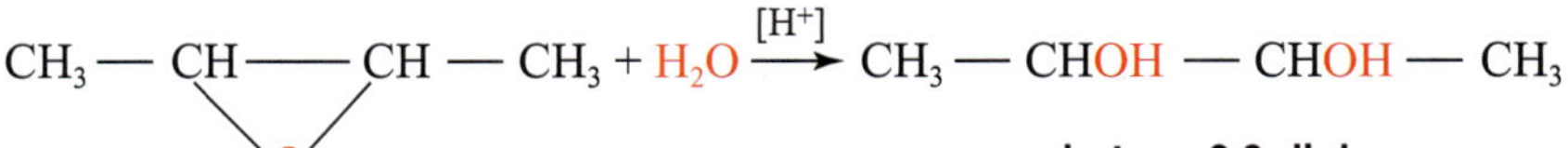

butane-2,3-diol

Le bilan global de la transformation, par ce procédé, d'une double liaison en glycol, est une addition anti, stéréospécifique de deux groupes hydroxyde OH (*anti*-dihydroxylation).

Remarque

Il ne faut pas confondre les deux termes hydratation et hydrolyse :

- l'*hydratation* est une addition (fixation) d'eau, sous la forme de H et OH (exemple : hydratation de l'éthylène $H_2C{=}CH_2 + H_2O \rightarrow CH_3{-}CH_2OH$) ;
- l'*hydrolyse* est la coupure d'une liaison sous l'action de l'eau (exemple : hydrolyse d'un dérivé halogéné $CH_3Cl + H_2O \rightarrow CH_3OH + HCl$, comportant la rupture de la liaison C—Cl).

Question 9.F

Essayez de proposer un mécanisme plausible pour l'ouverture d'un époxyde par l'eau en milieu acide, justifiant en particulier que le résultat soit une *anti*-dihydroxylation par rapport à l'alcène initial (que peut faire un H^+ sur un époxyde ? Que peut faire ensuite l'eau, compte tenu de son caractère nucléophile ? Le résultat connu de la réaction est un guide : d'autre part l'ouverture d'un ion halonium présente une situation un peu analogue).

Voir page 229

Le plus simple des époxydes, 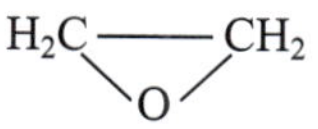 (époxyéthane, ou « oxyde d'éthylène ») est un intermédiaire industriel important. On ne le prépare pas avec un peracide, trop coûteux pour constituer un réactif industriel, mais par oxydation par le dioxygène (air), en présence d'un catalyseur.

Le **permanganate de potassium** $KMnO_4$, en solution aqueuse diluée, à froid et en milieu neutre, donne directement un α-diol :

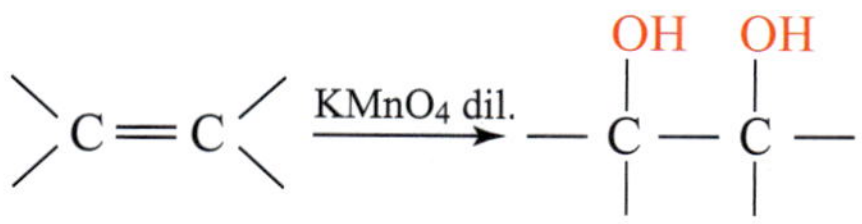

Cette réaction est chimiquement équivalente à la précédente, mais elle en diffère stéréochimiquement : c'est une *addition syn* stéréospécifique, qui s'explique par la formation initiale d'un intermédiaire cyclique entre la double liaison et l'ion MnO_4^-.

b) Oxydation avec coupure de la chaîne

$KMnO_4$ concentré ou $K_2Cr_2O_7$

En présence d'oxydants plus brutaux, comme le **permanganate** de potassium $KMnO_4$ en solution concentrée et à chaud ou le **bichromate** de potassium $K_2Cr_2O_7$ en milieu sulfurique (mélange sulfo-chromique), la double liaison est coupée et un atome d'oxygène se fixe sur chacun des deux carbones éthyléniques. Un carbone doublement lié portant deux groupes alkyles se transforme ainsi en fonction *cétone*, mais s'il porte un hydrogène (ou deux) il se transforme en fonction *aldéhyde*. En ce dernier cas, par suite de la très grande oxydabilité des aldéhydes, celui-ci se transforme habituellement en *acide carboxylique* :

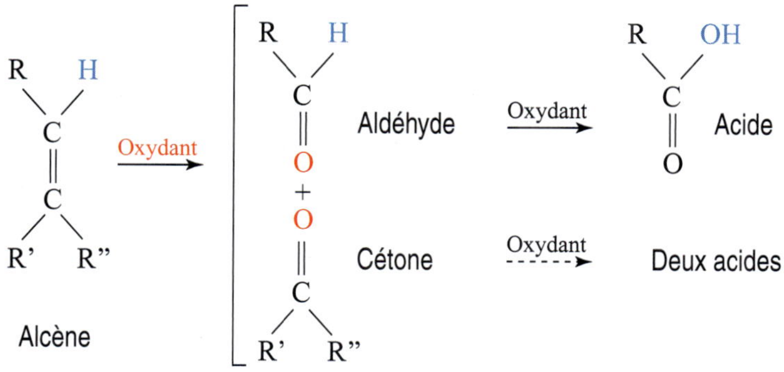

Éventuellement, mais seulement si le milieu est très fortement oxydant (forte concentration, milieu acide, température élevée) une cétone formée dans ces conditions peut être scindée en deux acides.

Voir page 444

Un groupe terminal $=CH_2$ donne successivement, dans ces conditions, l'aldéhyde $H_2C=O$ (méthanal), l'acide correspondant H—COOH (acide formique), et finalement CO_2 et H_2O.

Ozonolyse

L'**ozone** est un gaz de formule O_3 que l'on obtient, en petite quantité (environ 3 à 4 %), par la réaction $3O_2 \rightleftarrows 2O_3$, en soumettant du dioxygène à une décharge électrique (pratiquement, on fait passer un courant de dioxygène entre les armatures d'un condensateur où règne un champ électrique alternatif de l'ordre de 15 000 volts/cm). Il réagit facilement avec les doubles liaisons, pour donner d'abord un produit d'addition (molozonide), qui se réarrange en *ozonide*.

Les ozonides sont instables, et peuvent même parfois se décomposer spontanément de façon explosive. Leur hydrolyse produit la scission de la molécule en deux composés carbonylés, aldéhyde(s) ou cétone(s) selon que les carbones intéressés portent ou non de l'hydrogène :

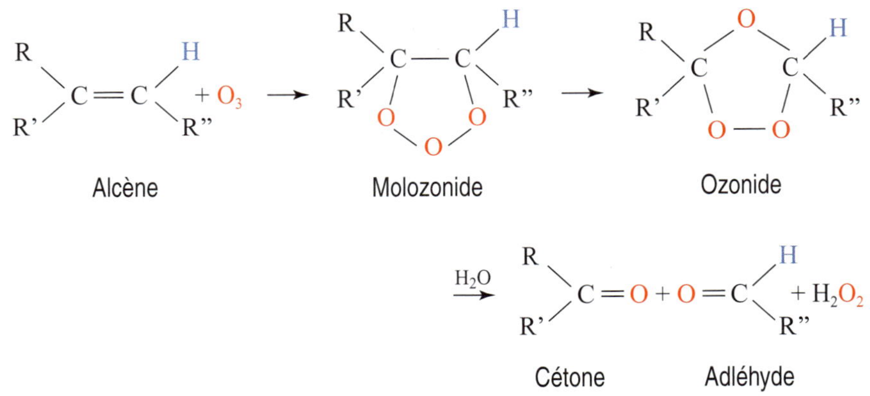

Afin d'éviter l'oxydation éventuelle des aldéhydes en acides par le peroxyde d'hydrogène (eau oxygénée) H_2O_2, on effectue généralement l'hydrolyse en milieu réducteur en présence de zinc et d'acide acétique.

L'ozonolyse a été pendant longtemps utilisée pour préciser chimiquement la structure d'un alcène, en particulier la position de la double liaison dans sa chaîne. En effet, les produits obtenus (aldéhydes et cétones, par définition plus simples que l'alcène de départ) sont en général aisés à identifier, et il est ensuite facile de « remonter » de leur formule à celle de l'alcène de départ. À l'heure actuelle les méthodes physiques (par exemple RMN) sont souvent plus faciles et plus rapides à mettre en œuvre, et plus riches d'informations.

Voir exercice 9.b

Voir chap. 6, § 6.6.2

c) Combustion

Les alcènes, comme tous les hydrocarbures sont combustibles. Ils brûlent dans le dioxygène, ou dans l'air.

Exemple

$H_2C{=}CH_2 + 3O_2 \rightarrow 2CO_2 + 2H_2O \qquad \Delta H = -\ 1\ 380\ \text{kJ}\cdot\text{mol}^{-1}$

9.2.3 Polymérisation

Une étude plus complète des réactions de polymérisation, ainsi que des propriétés et des utilisations des polymères, est incluse dans le chapitre disponible sur le web.

Une polymérisation est une réaction dans laquelle les molécules d'un composé se soudent les unes aux autres, en nombre parfois très grand, sans aucune élimination, pour donner une substance (le *polymère*) dont la masse molaire est un multiple exact de celle du composé initial (le *monomère*).

L'*éthylène* peut se polymériser, pour donner des chaînes saturées linéaires parfois très longues constituant le « polyéthylène » :

$$n\,H_2C = CH_2 \rightarrow CH_3 - \underbrace{CH_2 - CH_2 - \ldots - CH_2}_{2n-3 \text{ groupes } CH_2} - CH = CH_2$$

La masse molaire du polyéthylène peut atteindre un million. Les polymères relativement légers sont des liquides plus ou moins visqueux, utilisés comme lubrifiants. Les plus lourds sont solides, mais se ramollissent à la chaleur et peuvent être moulés pour fabriquer des objets très divers. Ils se prêtent également à la fabrication de feuilles minces, très utilisées notamment dans l'emballage. Formé uniquement de liaisons simples (saturées), le polyéthylène est très inerte chimiquement.

Divers composés de la forme A—CH=CH$_2$, appelés *dérivés vinyliques* (du nom du groupe vinyle —CH=CH$_2$) peuvent également se polymériser selon le schéma :

$$n\,A - CH = CH_2 \rightarrow \ldots - \underset{\displaystyle A}{\underset{|}{CH}} - CH_2 - \underset{\displaystyle A}{\underset{|}{CH}} - CH_2 - \underset{\displaystyle A}{\underset{|}{CH}} - CH_2 - \ldots$$

$$\text{ou} \quad \left(- \underset{\displaystyle A}{\underset{|}{CH}} - CH_2 - \right)_n$$

Exemples

Cl—CH=CH$_2$	(Chlorure de vinyle) → Chlorure de polyvinyle
N≡C—CH=CH$_2$	(Acrylonitrile) → Polyacrylonitrile
C_6H_5—CH=CH$_2$	(Styrène) → Polystyrène

Ces divers polymères font partie des nombreuses « *matières plastiques* » que l'on utilise actuellement. Ils peuvent aussi constituer des *fibres textiles* synthétiques.

Hormis l'emploi de catalyseurs particuliers (procédé Ziergler-Natta), ces polymérisations peuvent s'effectuer selon deux types de mécanismes en chaîne :

➤ La **polymérisation radicalaire** est déclenchée par un « amorceur » composé capable de fournir facilement des radicaux libres (par exemple, un peroxyde).

Voir page 225

Exemple : polymérisation du styrène Ph—CH=CH$_2$:

a) Amorçage :

$$R^\bullet \text{ (produit par l'amorceur)} + Ph - CH = CH_2 \rightarrow R - CH_2 - \dot{C}H - Ph$$

b) Propagation :

$$R-CH_2-CH^{\bullet}(Ph) + CH_2=CH(Ph) \longrightarrow R-CH_2-CH(Ph)-CH_2-CH^{\bullet}(Ph), \text{ etc.}$$

➤ La **polymérisation cationique** a lieu en milieu acide.

Exemple : polymérisation de l'isobutène (méthylpropène) :

a) Formation d'un carbocation initial :

$$CH_3-C(CH_3)=CH_2 + H^+ \longrightarrow CH_3-\overset{+}{C}(CH_3)-CH_3$$

b) Propagation :

$$CH_3-\overset{+}{C}(CH_3)_2 + CH_2=C(CH_3)-CH_3 \longrightarrow CH_3-C(CH_3)_2-CH_2-\overset{+}{C}(CH_3)-CH_3, \text{ etc.}$$

Ce processus peut s'interrompre à tout moment, c'est-à-dire à tous les stades de développement du polymère, par le départ d'un proton et la formation d'une double liaison :

$$CH_3-C(CH_3)_2-\ldots-\overset{+}{C}(CH_3)-CH_3 \longrightarrow CH_3-C(CH_3)_2-\ldots-C(CH_3)=CH_2 + H^+$$

9.3 ÉTAT NATUREL

Les alcènes proprement dits (hydrocarbures éthyléniques acycliques) sont relativement rares dans la nature. Les pétroles n'en contiennent pas. On trouve dans le règne végétal surtout, des hydrocarbures polyinsaturés, comme l'ocimène (basilic), ou le myrcène (laurier) :

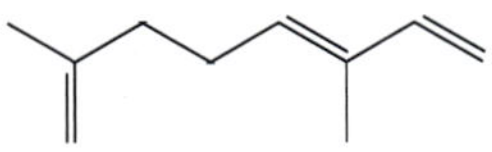

Ocimène

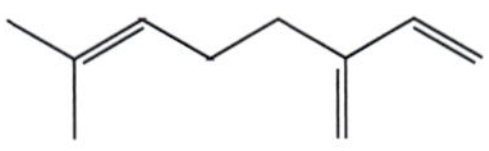

Myrcène

ou cycliques comme le limonène ou le pinène.

En revanche, la double liaison est très fréquente dans des composés naturels dont la molécule comporte par ailleurs diverses fonctions (alcools, aldéhydes et cétones, acides, … éthyléniques).

9.4 Préparations

Les alcènes peuvent se préparer soit à partir de composés saturés par des réactions d'*élimination* soit à partir de composés moins saturés qu'eux (alcynes) par une réaction d'*addition* :

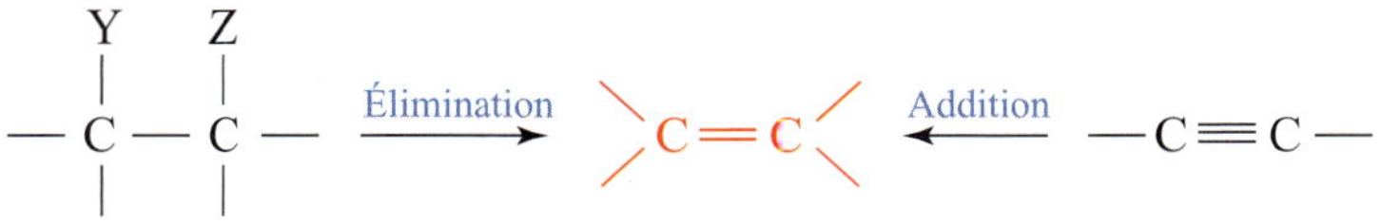

(l'un des deux atomes Y et Z peut être un atome d'hydrogène).

Ces réactions permettent également de *créer une double liaison* dans un composé comportant par ailleurs une fonction (alcool, cétone, etc.).

9.4.1 Par une réaction d'élimination

a) La déshydratation d'un alcool

Elle conduit à la création d'une double liaison, par élimination du groupe hydroxyle OH avec un H d'un carbone adjacent.

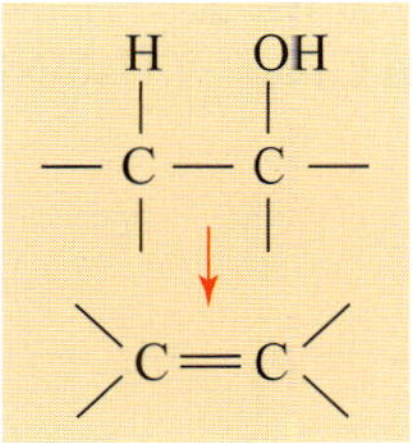

Exemple

$CH_3—CHOH—CH_3 \rightleftarrows CH_3—CH{=}CH_2 + H_2O$

Cette déshydratation est catalysée par les acides de Brönsted ou de Lewis. Elle peut s'effectuer soit en *phase liquide*, par chauffage en présence de divers acides (sulfurique, phosphorique, oxalique, ...), soit *en phase gazeuse,* vers 350 °C, au contact d'alumine Al_2O_3. Une méthode moins directe, dont le bilan est identique, consiste à réaliser la **pyrolyse d'un ester** de l'alcool, habituellement son acétate :

Les divers aspects de cette réaction seront étudiés de manière plus développée au chapitre 15 [15.2.2.b].

- formation de l'ester :

$$R—CH_2—CH_2OH + CH_3—COOH \rightleftarrows R—CH_2—CH_2—O—CO—CH_3 + H_2O$$

- pyrolyse de l'ester :

$$R—CH_2—CH_2—O—CO—CH_3 \rightarrow R—CH{=}CH_2 + CH_3—COOH$$

L'acide acétique étant régénéré, le résultat global se ramène bien à la simple élimination d'une molécule d'eau.

Voir § 9.2

Si les deux carbones adjacents à la fonction alcool, portent tous deux de l'hydrogène, la double liaison peut se former avec l'un ou l'autre et l'on peut obtenir deux alcènes isomères par la position de leur double liaison dans leur chaîne carbonée. Mais la réaction est régiosélective : la *règle de Zaïtsev* indique que l'on obtient préférentiellement l'alcène dans lequel la double liaison est la plus substituée, c'est-à-dire entourée par le plus grand nombre de groupes alkyles, car c'est le plus stable. Cela revient à dire que l'hydrogène est pris au carbone, voisin de la fonction alcool, qui en possède le moins.

Exemple

la déshydratation du butan-2-ol

$$CH_3 - CH_2 - CHOH - CH_3 \rightarrow CH_3 - CH = CH - CH_3 \quad (A)$$

ou

$$CH_3 - CH_2 - CHOH - CH_3 \rightarrow CH_3 - CH_2 - CH = CH_2 \quad (B)$$

donne préférentiellement le but-2-ène- (A).

b) La déshydrohalogénation d'un dérivé monohalogéné

L'enlèvement de l'atome d'halogène et d'un atome d'hydrogène sur un carbone voisin conduit également à un alcène. Cette élimination se produit en présence de réactifs basiques, tels que OH^- (NaOH, KOH), NH_2^- (amidure de sodium $NaNH_2$), $CH_3—CH_2O^-$ (éthylate de sodium $CH_3—CH_2ONa$).

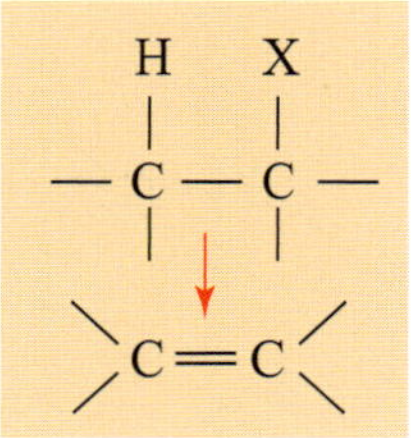

Les réactions de ce type, leurs mécanismes et leurs diverses particularités seront détaillés ultérieurement dans le chapitre 13 [13.2.2].

Exemple

$CH_3—CH_2Br + OH^- \rightarrow H_2C=CH_2 + H_2O + Br^-$

$CH_3—CHCl—CH_3 + NH_2^- \rightarrow CH_3—CH=CH_2 + NH_3 + Cl^-$

En cas de double possibilité d'élimination, la *règle de Zaïtsev* s'applique, comme pour la déshydratation des alcools [9.4.1.a] : la double liaison se forme préférentiellement avec le carbone le moins hydrogéné (le plus substitué par des groupes alkyles).

Question 9.G

Pour préparer par cette méthode le 2-méthylpent-2-ène, on peut en principe partir indifféremment de deux dérivés halogénés ; lesquels ?
Peut-on, de même, choisir entre deux composés de départ pour préparer le 3-méthylbut-1-ène ?

c) La déshalogénation d'un dérivé dihalogéné vicinal

Sous l'action d'un métal comme le zinc, la déshalogénation d'un dérivé dihalogéné vicinal provoque également la formation d'une double liaison.

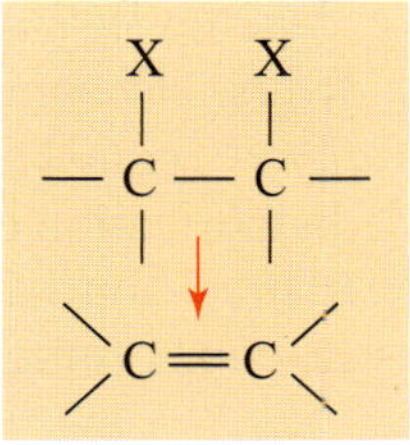

Exemple

$$CH_3—CHCl—CHCl—CH_3 + Zn \rightarrow CH_3—CH{=}CH—CH_3 + ZnCl_2$$

9.4.2 Par une réaction d'addition

a) La semi-hydrogénation d'une triple liaison

Elle peut constituer une méthode de préparation des alcènes. La difficulté est d'éviter la fixation d'une seconde molécule de dihydrogène, qui transformerait l'alcène en alcane. On peut y parvenir en utilisant un catalyseur peu actif (palladium « désactivé »).

Voir § 9.2.1.a

Voir chap. 10, § 10.2.1.a

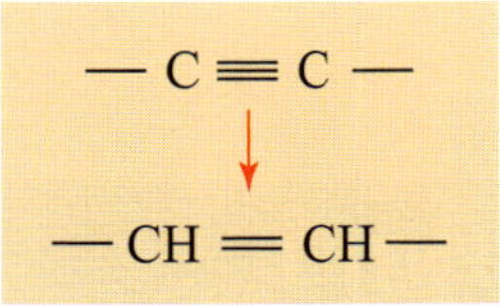

Exemple

$$CH_3 — C \equiv CH + H_2 \xrightarrow[\text{désactivé}]{\text{Pd}} CH_3 — CH = CH_2$$

Cette méthode n'est pas générale puisqu'elle ne peut fournir que des alcènes dont les carbones doublement liés portent chacun au moins un hydrogène, c'est-à-dire des alcènes de la forme R—CH=CH—R ou R—CH=CH_2, à l'exclusion de ceux qui comportent trois ou quatre groupes alkyle autour de la double liaison.

S'agissant, comme pour l'hydrogénation catalytique des alcènes d'une *syn*-addition stéréospécificique, un alcène susceptible d'exister sous les deux formes stéréoisomères *Z* et *E* est obtenu sous la forme *Z*.

Voir § 9.2.1.a

Mais un autre procédé, la réduction par le sodium dans l'ammoniac liquide, dont le bilan est :

$$R—C{\equiv}C—R' + 2Na + 2NH_3 \rightarrow R—CH{=}CH—R' + 2Na^+ + 2NH_2^-$$

fournit au contraire stéréospécifiquement l'isomère *E*, par une *anti*-addition de deux H.

Voir chap. 10, § 10.2.1.a

L'utilisation des alcènes

Voir chap. 8, § 8.2.4

Voir chap. 24, § 24.2

Les alcènes industriellement les plus importants sont les premiers termes : *éthylène* surtout, mais aussi *propène*, *butènes* et *isobutène*. Outre la production de polymères aux usages les plus divers, ils constituent des bases pour de très nombreuses synthèses. Certains *diènes* (buta-1,3-diène, 2-méthylbuta-1,3-diène ou « isoprène ») sont au départ de la fabrication des élastomères, ou caoutchoucs synthétiques. Ces divers hydrocarbures non saturés sont obtenus à partir du pétrole, formé d'alcanes, par des réactions (uniquement industrielles) de déshydrogénation à haute température.

Par ailleurs, la double liaison éthylénique (sinon les alcènes proprement dits) joue des rôles variés dans de nombreux processus chimiques du vivant, en particulier ceux qui mettent en jeu les *composés « terpéniques »*. À titre d'exemples : le rétinal est un aldéhyde polyéthylénique à cinq doubles liaisons, dont l'une subit une isomérisation *Z*—*E* au cours des réactions qui assurent la vision ; le squalène ($C_{30}H_{50}$) est un hydrocarbure polyéthylénique (six doubles liaisons) à partir duquel les organismes produisent le cholestérol ; les phéromones, substances produites par certains insectes et qui constituent des signaux sexuels, comportent des doubles liaisons dans une géométrie bien déterminée.

L'ESSENTIEL

Les alcènes

Additions électrophiles

Hydrohalogénation :

$$R—CH{=}CH_2 + HX \longrightarrow R—\underset{}{\overset{\displaystyle X}{\overset{|}{C}}}H—CH_3 \qquad \text{halogénoalcane}$$

Hydratation :

$$R—CH{=}CH_2 + H_2O \xrightarrow{H_2SO_4} R—\overset{\displaystyle OH}{\overset{|}{C}}H—CH_3 \qquad \text{alcool}$$

Halogénation :

$$R-CH=CH_2 + X_2 \xrightarrow{\text{anti addition}} R-\underset{\substack{|\\X}}{CH}-\underset{\substack{|\\X}}{CH_2}$$ **dihalogénoalcane**

Hypohalogénation :

$$R-CH=CH_2 + XOH \xrightarrow{\textit{anti}\text{-addition}} R-\overset{\substack{OH\\|}}{CH}-\underset{\substack{|\\X}}{CH_2}$$ **halohydrine**

Hydroboration :

$$R-CH=CH_2 + BH_3 \xrightarrow[H_2O_2,\ NaOH]{\text{puis}} R-CH_2-CH_2OH$$ **alcool**

Hydrogénation :

$$R-CH=CH_2 + H_2 \xrightarrow[\textit{syn}\text{-addition}]{\text{catalyseur}} R-\overset{\substack{H\\|}}{CH}-\overset{\substack{H\\|}}{CH_2}$$ **alcane**

Addition radicalaire

Hydrohalogénation :

$$R-CH=CH_2 + HX \xrightarrow{\text{peroxyde}} R-CH_2-CH_2-X$$ **halogénoalcane**

Oxydations

Oxydation douce :

$$R-CH=CH_2 + \underset{\text{dilué et froid}}{KMnO_4} \xrightarrow[\text{addition}]{\textit{syn}} R-\overset{\substack{OH\\|}}{CH}-\overset{\substack{OH\\|}}{CH_2}$$ **diol**

$$R-CH=CH_2 + \underset{\text{peracide}}{RCO_3H} \xrightarrow[\text{addition}]{\textit{syn}} \underbrace{\overset{R\diagdown}{CH}-CH_2}_{\diagdown O \diagup} + RCO_2H$$ **époxyde**

Oxydation dure :

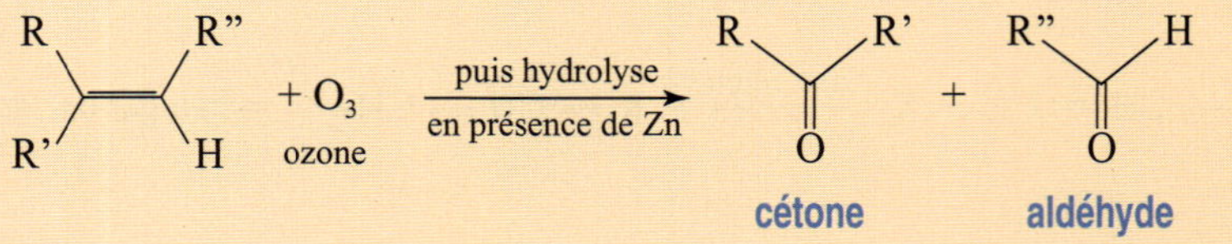

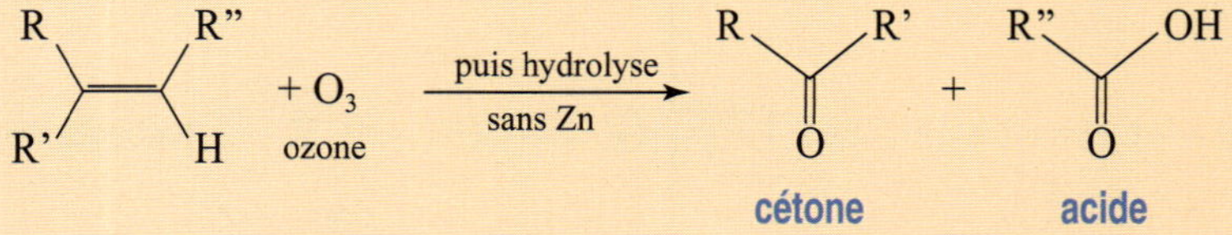

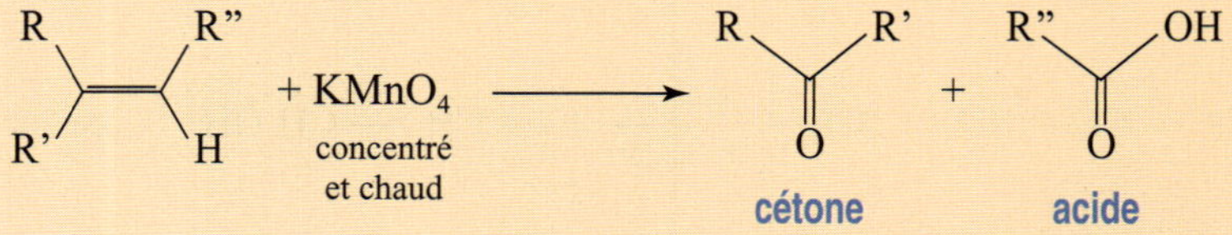

QCM

Les réponses se trouvent à la page 663.

1. Les alcènes acycliques

- ☐ **a.** ont pour formule générale C_nH_{2n}
- ☐ **b.** sont aussi appelés hydrocarbures acétyléniques
- ☐ **c.** possèdent des points d'ébullition plus élevés que les alcanes correspondants
- ☐ **d.** sont insolubles dans l'eau

2. Nommer l'alcène suivant :

- ☐ **a.** (*E*) butène
- ☐ **b.** (*E*) pent-2-ène
- ☐ **c.** (*Z*) pent-2-ène
- ☐ **d.** (*Z*) hex-2-ène

3. Dans un alcène, la double liaison C=C

- ☐ **a.** est une liaison forte donc stable chimiquement
- ☐ **b.** est plus réactive que la chaîne hydrocarbonée saturée
- ☐ **c.** comporte deux liaisons σ
- ☐ **d.** est plus longue qu'une liaison C—C

4. L'hydrogénation d'un alcène

- ☐ **a.** correspond a une anti addition de deux atomes d'hydrogène
- ☐ **b.** est stéréospécifique
- ☐ **c.** nécessite la présence d'un catalyseur
- ☐ **d.** passe par un mécanisme en deux étapes avec formation d'un carbocation

5. L'addition de HCl sur le propène

- ☐ **a.** est stéréospécifique
- ☐ **b.** est régiosélective
- ☐ **c.** se déroule selon un mécanisme cationique
- ☐ **d.** se déroule selon un mécanisme radicalaire

6. Donner le produit majoritaire issu de l'addition de HCl sur le 2-méthylpent-2-ène

- ☐ **a.** 1-chloro-2-méthylpentane
- ☐ **b.** 2-chloro-2-méthylpentane
- ☐ **c.** 3-chloro-2-méthylpentane
- ☐ **d.** 4-chloro-2-méthylpentane

7. L'addition de dibrome sur le cyclohexène conduit

- ☐ **a.** majoritairement à du *cis*-1,2-dibromocyclohexane
- ☐ **b.** uniquement à du *cis*-1,2-dibromocyclohexane
- ☐ **c.** majoritairement à du *trans*-1,2-dibromocyclohexane
- ☐ **d.** uniquement à du *trans*-1,2-dibromocyclohexane

8. L'addition de l'acide hypochloreux sur un alcène

- ☐ **a.** se déroule selon un mécanisme concerté en 1 étape
- ☐ **b.** est régiosélective
- ☐ **c.** est stéréospécifique
- ☐ **d.** passe intermédiairement par un ion chloronium

9. L'oxydation d'un alcène avec coupure oxydante de la liaison C=C peut être réalisée par

- ☐ **a.** de l'ozone
- ☐ **b.** un peracide RCOOOH
- ☐ **c.** $KMnO_4$, à froid en milieu dilué
- ☐ **d.** $KMnO_4$, à chaud en milieu concentré

10. L'addition de HBr sur le propène en présence d'une quantité catalytique de peroxyde

- ☐ **a.** respecte la règle de Markownikov
- ☐ **b.** conduit majoritairement au 1-bromopropane
- ☐ **c.** se déroule selon un mécanisme hétérolytique
- ☐ **d.** se déroule selon un mécanisme en chaîne

EXERCICES

Les solutions se trouvent à la page 673.

Les **règles de nomenclature**, permettant de faire correspondre réciproquement un nom et une formule, sont exposées dans le chapitre 7 (pour les stéréoisomères, au chapitre 3).

9-a L'analyse élémentaire de deux hydrocarbures isomères leur a fait attribuer la formule C_7H_{14}. L'oxydation de A par $KMnO_4$ à chaud donne la cétone $CH_3—CH_2—CO—CH_3$ et l'acide $CH_3—CH_2—COOH$. Celle de B donne l'acide $(CH_3)_2CH—CH_2—CH_2—COOH$ et un dégagement gazeux. Quelles sont les formules de A et de B ? Comment se nomment-ils ?

9-b Quelle est la structure des hydrocarbures dont l'ozonolyse fournit :

1) $CH_3—CH=O$ et $(CH_3)_2CH—CO—CH_3$

2) $CH_3—CO—CH_2—CH_3$, $H_2C{=}O$ et $O{=}CH—CH{=}O$

3) $O{=}CH—CH_2—CH{=}O$ et $CH_3—CO—CH_2—CO—CH_3$

Comment nomme-t-on chacun de ces hydrocarbures ?

9-c Quels sont les produits formés par la réaction du 2-méthylbut-1-ène avec chacun des corps simples ou composés suivants :

1) HCl	3) Br_2	5) HBr (ROOR)	7) O_2 (catal.)
2) IOH	4) H_2O (H_2SO_4)	6) BH_3, puis H_2O_2 (OH^-)	8) $KMnO_4$ dilué

9-d Par quelle(s) réaction(s) peut-on passer, en une ou plusieurs étapes :

1) de $CH_3—CHBr—CH_2Br$	à	$CH_3—CH_2—CH_3$
2) de $CH_3—CHBr—CH_2Br$	à	$CH_3—CHBr—CH_3$
3) de $CH_3—CHBr—CH_2Br$	à	$CH_3—CH_2—CH_2Br$
4) de $CH_3—CH_2—CH_2Br$	à	$CH_3—CHBr—CH_2Br$
5) de $CH_3—CH_2—CH_2OH$	à	$CH_3—CHOH—CH_3$
6) de $CH_3—CHOH—CH_3$	à	$CH_3—CH_2—CH_2OH$
7) de $CH_3—CH_2—CH_2OH$	à	$CH_3—CHOH—CH_2OH$
8) de $CH_3—CHCl—CH_2Cl$	à	$CH_3—COOH$
9) de $CH_3—CHCl—CH_3$	à	$CH_3—CH{=}O$
10) de $CH_3—CH_2—CH_3$	à	$CH_3—CH{=}CH_2$

9-e Remplacez, dans les enchaînements de réactions suivants, les lettres (a), (b), (c), etc., par les formules des composés correspondants :

1) (a) + Zn → (b) + $ZnCl_2$

(b) + $KMnO_4$ à chaud → $CH_3—CH_2—COOH + CO_2 + H_2O$

2) (c) + HBr → (d)

(d) + Mg → (e)

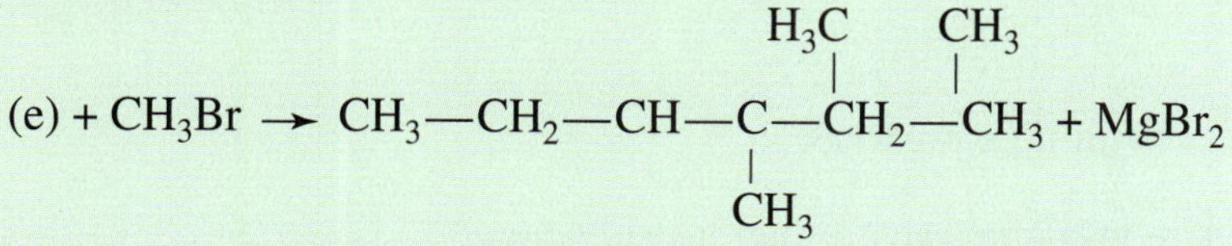

(c) + O_3, puis H_2O → 2 $CH_3—CO—CH_2—CH_3 + H_2O_2$

9-f Donnez la formule et le nom complet, y compris la stéréochimie, des hydrocarbures qui donnent :

1) Par action du dibrome, le (2*R*,3*R*)-2,3-dibromo-3-méthylpentane.

2) Par action de $KMnO_4$ dilué, à froid, le (1*S*,2*R*)-1-phénylpropane-1,2-diol.

9-g Donnez la formule stéréochimique et le nom complet des composés résultant des réactions suivantes :

1) Époxydation, puis hydrolyse, du (*E*)-1,2-diphényléthylène.

2) Hydrogénation catalytique du (*Z*)-3-méthyl-4-phénylpent-3-én-2-ol.

9-h Un hydrocarbure décolore une solution de dibrome et, en présence de nickel, absorbe 0,4 litre de dihydrogène (volume mesuré à 0 °C et sous 1 atm) par gramme. Il présente un maximum d'absorption dans l'ultraviolet à 220 nm (ε = 20 000). Son spectre infrarouge possède une bande à 840 cm^{-1} et son spectre de RMN présente trois singulets, à 1,74 ppm, 1,79 ppm et 5,70 ppm ; l'intensité des deux premiers est trois fois plus forte que celle du troisième. Son ozonolyse donne, entre autres, de l'acétone $CH_3—CO—CH_3$. Quelle est sa structure ? Comment se nomme-t-il ?

9-i L'addition de HCl sur le 3,3,3-trifluopropène $F_3C—CH{=}CH_2$ donne, comme produit principal le 1-chloro-3,3,3-trifluoropropène $F_3C—CH_2—CH_2Cl$. Elle s'accomplit donc dans le sens « anti-Markownikov ». Peut-on justifier, sur une base plus large, ce résultat, ou s'agit-il vraiment d'une « anomalie » ?

9-j L'addition de HBr sur le 2-bromo-3-méthylbut-2-ène $CH_3—C(CH_3)=CBr—CH_3$ ne donne que l'un des deux produits que l'on pourrait attendre *a priori*. Lequel ? Pourquoi ?

9-k Donner le mécanisme ainsi que la représentation spatiale des produits de la réaction suivante. Sont-ils optiquement actifs ?

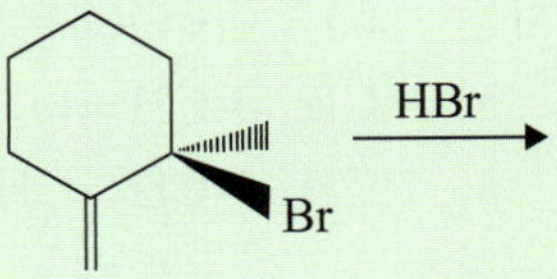

9-l Donner la représentation spatiale des stéréoisomères formés dans la réaction suivante ainsi que la configuration absolue de leurs carbones asymétriques.

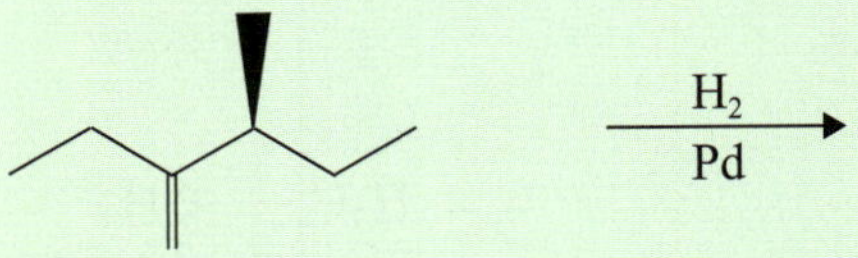

Sont-ils actifs sur la lumière polarisée ?

9-m On considère les deux transformations suivantes :

$$\underset{\text{racémique unlike}}{C_6H_5—\underset{|}{\overset{OH}{}}CH—\overset{OH}{CH}—CH_3} \xleftarrow{?} \text{(Z) 1-phénylpropéne} \xrightarrow{?} \underset{\text{racémique like}}{C_6H_5—\overset{OH}{CH}—\overset{OH}{CH}—CH_3}$$

Préciser dans chaque cas la nature du ou des réactif(s) symbolisé(s) par ?, le mécanisme de la transformation ainsi que la nature R ou S des carbones asymétriques contenus dans le diol.

10

LES ALCYNES

La triple liaison carbone-carbone

PRÉALABLES

- Règles de nomenclature des alcynes
- Acidité et basicité selon Brönsted
- Effets inductif et mésomère

MOTS-CLÉS

- Alcyne disubstitué
- Alcyne vrai
- Alcynure
- Addition ionique électrophile
- Carbocation
- Cation ponté
- Hydratation
- Hydrohalogénation
- Halogénation
- Hydroboration
- Hydrogénation
- Métallation

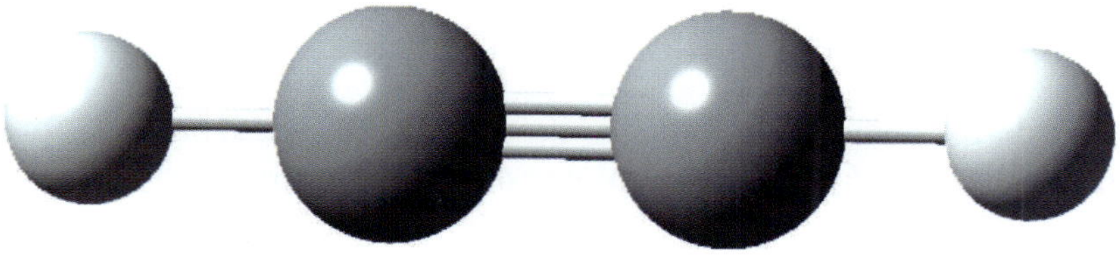

L'éthyne ou l'acétylène C_2H_2

Les hydrocarbures acycliques qui comportent une triple liaison carbone-carbone, de formule générale $\mathbf{C_nH_{2n-2}}$, sont les **alcynes**. On les appelle également *hydrocarbures acétyléniques,* du nom usuel du premier terme de la série, l'acétylène HC≡CH.

La *nomenclature* des alcynes est exposée au chapitre 7 [7.1.2].

On distingue, en raison de leurs caractères chimiques partiellement différents, deux types d'alcynes :

- alcynes **monosubstitués**, ou **vrais**............... **R—C≡C—H**
- alcynes **disubstitués** .... **R—C≡C—R'**

(R et R' identiques ou différents)

10.1 Caractères physiques

L'acétylène (Eb = – 83 °C sous 1 atm), le propyne et le but-1-yne sont gazeux à la température ordinaire. Les autres termes sont liquides, puis solides, à mesure que leur masse moléculaire augmente.

La formation de l'acétylène selon la réaction :

$$2C + H_2 \rightarrow C_2H_2$$

est endothermique ($\Delta H = +\,230\ \mathrm{kJ \cdot mol^{-1}}$). L'acétylène est, pour cette raison, instable. Il tend à se décomposer en carbone et dihydrogène, de façon parfois violente, surtout s'il est comprimé ou liquéfié. Cette particularité a longtemps gêné son utilisation dans les diverses applications qu'il peut recevoir. On peut cependant le transporter sans danger sous forme de solution dans l'acétone, où il est très soluble, et l'utiliser sous une légère pression dans les synthèses industrielles à condition de le diluer avec un gaz inerte (diazote), et de chasser au préalable totalement l'air des installations.

Remarque

Cette réaction ne constitue pas, en pratique, une synthèse de l'acétylène, mais elle est réalisable à la température de l'arc électrique (environ 2 500 °C), comme dans la célèbre expérience de « l'œuf électrique » de Berthelot (1860) : il se forme un peu d'acétylène si l'on fait fonctionner un arc électrique entre deux électrodes de carbone, dans une atmosphère d'hydrogène.

10.2 Réactivité

Voir § 10.2.1 à 10.2.3

Il convient de distinguer les propriétés de *la triple liaison,* communes à tous les alcynes, et celles de *l'hydrogène porté par un carbone triplement lié,* particulières aux alcynes vrais.

a) La triple liaison C≡C

Voir chap. 9, § 9.2

Elle présente une réactivité assez analogue à celle de la double liaison :

- ➤ elle offre des possibilités de *réactions d'addition*, qui s'accomplissent en deux stades ; le premier conduit à la formation d'une double liaison et le second à celle d'une liaison simple (ce second stade correspond donc, en fait, aux possibilités réactionnelles de la double liaison) ;
- ➤ elle constitue un *point vulnérable* de la chaîne, en présence d'oxydants.

Mais bien que le groupe C≡C représente une densité électronique globale supérieure à celle du groupe C=C (deux doublets π au lieu d'un), la triple liaison est *moins réactive* que la double liaison à l'égard des *réactifs électrophiles*. En effet, la triple liaison est notablement plus courte que la double liaison. Le recouvrement des orbitales p est donc meilleur, et les électrons π sont, en définitive, moins disponibles.

Voir chap. 2, § 2.4.1

Dans certains cas, l'attaque par des *réactifs nucléophiles* (anions) est même possible (addition de HC≡N, par exemple).

b) L'hydrogène terminal des alcynes vrais est labile

Ce terme signifie qu'il présente une aptitude marquée à se laisser « arracher » par une base, sous la forme H^+. Dans ces conditions, la rupture de la liaison C—H conduit à un *carbanion* :

$$\mathrm{R{-}C{\equiv}C{-}H + B^- \underset{2}{\overset{1}{\rightleftarrows}} R{-}C{\equiv}C^- + BH}$$

Ce *carbanion* (parfois appelé « alcynure ») peut être produit par l'action de bases fortes diverses (R^-, NH_2^-, …). Il est *nucléophile*, c'est-à-dire porté à réagir avec les sites déficitaires en électrons. Sur un carbone déficitaire *saturé* (dérivé halogéné) il provoque une *substitution* ; sur un carbone déficitaire *non saturé* (aldéhyde, cétone) il provoque une *addition.*

Voir chap. 5, § 5.3.2 b

Ce comportement des alcynes vrais est en fait celui d'un acide de Brönsted et le carbanion formé est la base conjuguée de l'acide R—C≡C—H. Mais l'acidité correspondante est extrêmement faible ; le pK_a des alcynes vrais est de l'ordre de 20 ($K_a \approx 10^{-20}$). La dissociation de la liaison ≡C—H n'est effective qu'en présence d'une *base suffisamment forte* pour que l'équilibre ci-dessus soit déplacé significativement dans le sens 1, et ce n'est pas le cas de l'eau.

Voir chap. 5, § 5.5.1

L'origine de cette labilité réside dans l'état de liaison particulier où se trouvent les carbones d'un groupe C≡C, décrit dans la théorie de l'hybridation comme un état « sp ». L'orbitale hybride sp utilisée par le carbone pour se lier à l'hydrogène comporte « 50 % de caractère s ». Or, dans une orbitale s, de symétrie sphérique, la densité électronique décroît très rapidement quand on s'éloigne du noyau. On peut donc dire que le doublet partagé de la liaison C—H reste, en moyenne, plus près du noyau du carbone, ou encore que le carbone dans l'*état sp* se comporte comme un élément *plus électronégatif* que le carbone saturé dans l'état sp^3. On peut du reste vérifier expérimentalement que la liaison C—H des alcynes vrais est effectivement plus fortement polarisée (charge δ+ plus importante sur H) que les liaisons $>$C—H d'un alcane, ou même qu'une liaison =C—H dans un alcène.

Voir page 000
Voir chap. 4, § 4.2.2 a
Voir chap. 4, § 4.3.1

On peut observer une situation analogue dans l'acide cyanhydrique N≡C—H. L'hydrogène y est labile, pour la même raison. Mais, en outre, l'électronégativité de l'azote renforce encore la polarisation de la liaison, et la stabilité de l'ion $N{\equiv}C^-$, de sorte que même dans l'eau on observe une dissociation notable (pK_a = 9,2).

10.2.1 Réactions d'addition

Les réactions d'addition sur les alcynes posent les mêmes questions de mécanisme, d'orientation (*régiosélectivité*) et de stéréochimie que celles des alcènes. Mais en outre elles posent la question supplémentaire de savoir si, après avoir conduit à la formation d'une double liaison, elles peuvent se poursuivre jusqu'à la formation d'une liaison simple.

a) Hydrogénation

L'*addition du dihydrogène* à une triple liaison peut conduire, en deux étapes successives, à une double liaison d'abord, puis à une liaison simple saturée :

$$-C \equiv C- \xrightarrow{H_2} -CH=CH- \xrightarrow{H_2} -CH_2-CH_2-$$

Voir chap. 9, § 9.2.1.a

La réaction nécessite un catalyseur. Le nickel ou le platine hydrogènent les doubles liaisons et, par conséquent, conduisent jusqu'à l'enchaînement saturé. Mais certains catalyseurs peu actifs, comme le palladium Pd partiellement « désactivé » par divers procédés, n'assurent que la première étape, plus facile que la seconde, et permettent d'obtenir une double liaison.

L'hydrogénation catalytique des triples liaisons, comme celle des doubles liaisons, est une addition *syn*.

La réduction par le sodium dans l'ammoniac liquide est un autre moyen pour transformer une triple liaison en double liaison, avec fixation de deux H sur les carbones.

$$-C \equiv C- + 2Na \xrightarrow{2NH_3} -CH=CH- + 2Na^+ + 2NH_2^-$$

voir *Cours de Chimie physique*, chap. 18

Remarque

La transformation de —C≡C— en —CH=CH— est bien une *réduction* : le nombre d'oxydation du carbone passe de – 1 à – 2. Le sodium joue donc effectivement le rôle d'un réducteur (donneur d'électrons).

Le bilan stéréochimique est celui d'une addition *anti*.

Question 10.A

Comparez, du point de vue stéréochimique, le résultat de l'hydrogénation d'un alcyne R—C≡C—R' par H_2/Pd ou par Na/NH_3. Si, ensuite, on hydrogène catalytiquement, sur du nickel, les deux alcènes obtenus, le résultat est-il différent à partir de chacun d'eux ?

b) Addition de dihalogènes

Les triples liaisons peuvent *a priori* fixer successivement deux molécules d'un dihalogène X_2, en donnant dans un premier temps un dihalogénoalcène :

$$-C \equiv C- \xrightarrow{X_2} -CX=CX- \xrightarrow{X_2} -CX_2-CX_2-$$

Avec le diiode I_2, qui ne réagit pas directement sur les alcènes, seule la première étape a lieu. Mais avec le dichlore Cl_2 ou le dibrome Br_2 on ne peut obtenir une proportion importante de dihalogénoalcène qu'en faisant réagir l'alcyne en gros excès par rapport à l'halogène.

Voir page 228

Le mécanisme de cette addition est le même que pour les alcènes ; c'est donc une addition *anti*.

Voir page 228

c) Addition d'hydracides halogénés

Deux molécules d'hydracide HX peuvent s'additionner successivement :

$$—C\equiv C— \xrightarrow{HX} —CH=CX— \xrightarrow{HX} —CH_2—CX_2—$$

Cette addition s'effectue dans le sens prévisible par la règle de Markownikov. Dans la première étape, un alcyne vrai $R—C\equiv CH$ donne $R—CX=CH_2$ préférentiellement à $R—CH=CHX$ (avec un alcyne substitué, la règle ne permet pas de prévision, et on obtient un mélange des deux dérivés halogénés possibles). La seconde molécule HX s'additionne dans le même sens que la première, de sorte que l'on obtient toujours un dérivé dihalogéné *sur le même carbone* (dihalogénure *géminé*, ou *gem*-dihalogénure), ce carbone n'étant cependant jamais le premier de la chaîne.

Voir page 225

Exemple

$$CH_3—C\equiv CH \xrightarrow{2HCl} CH_3—CCl_2—CH_3 \quad (\text{et non } CH_3—CH_2—CHCl_2)$$

Question 10.B

Quel(s) facteur(s) peut-on invoquer pour expliquer l'orientation de cette addition, à chacune de ses étapes (c'est-à-dire pour justifier la plus grande stabilité de l'un des deux intermédiaires possibles, à chaque étape).

Voir exercices 9.E et 9.J

d) Hydratation

L'addition de l'eau sur une triple liaison donne d'abord, selon le même schéma que l'hydratation des alcènes, et dans le sens prévisible par la règle de Markownikov, un *énol*. Celui-ci est instable et se transpose spontanément, par migration d'un atome d'hydrogène, en cétone :

Voir page 226

Voir chap. 1, § 1.3 4

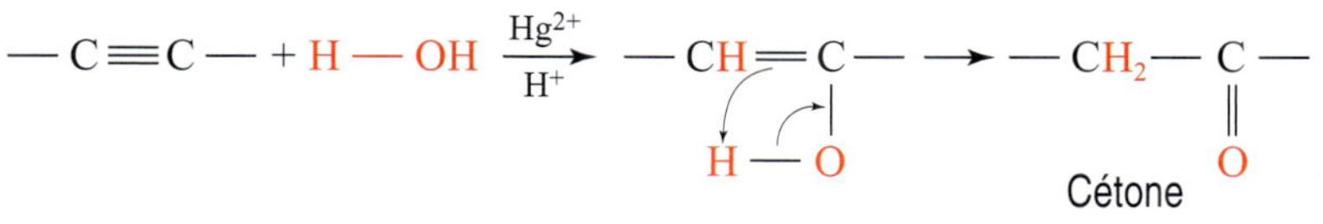

La réaction nécessite une catalyse acide, assurée par des ions *mercuriques* Hg^{2+} ; ce sont des acides de Lewis, comme en sont également du reste les ions H^+ qui catalysent l'hydratation des doubles liaisons.

Voir chap. 5, § 5.5.2

La régiosélectivité de la réaction au stade de la formation de l'énol a pour conséquence qu'un alcyne vrai R—C≡CH donne la cétone R—CO—CH_3 et non l'aldéhyde R—CH_2—CHO (qui proviendrait de l'énol « anti-Markownikov » R—CH=CHOH).

Exemple

$$CH_3—CH_2—C{\equiv}CH + H_2O \xrightarrow{Hg^{2+}} CH_3—CH_2—COH{=}CH_2$$
$$\longrightarrow CH_3—CH_2—CO—CH_3$$

La seule exception est l'hydratation de l'acétylène HC≡CH, qui ne peut donner qu'un aldéhyde (l'acétaldéhyde, ou éthanal), puisque le groupe OH se fixe nécessairement sur un carbone terminal :

$$HC{\equiv}CH + H_2O \xrightarrow[H^+]{Hg^{2+}} CH_2{=}CHOH \longrightarrow CH_3—CH{=}O$$

Voir page 226

L'*hydratation par hydroboration*, décrite à propos des alcènes, peut être appliquée également aux triples liaisons pour former un énol. Son orientation « anti-Markownikov » conduit, dans le cas des alcynes vrais R—C≡CH, à l'énol R—CH=CHOH et à l'aldéhyde R—CH_2—CHO.

Exemple

$$CH_3—CH_2—C{\equiv}CH \xrightarrow[2)\ H_2O_2,\ OH^-]{1)\ BH_3} CH_3—CH_2—CH{=}CHOH$$
$$\rightleftarrows CH_3—CH_2—CH_2—CH{=}O$$

e) Additions diverses

Voir chap. 9, § 9.2.3

Divers autres composés de formule générale AH peuvent également s'additionner sur les triples liaisons. Ces réactions présentent de l'intérêt principalement dans le cas de l'acétylène, car les produits qui en résultent, de la forme A—CH=CH_2, sont des « dérivés vinyliques », susceptibles de se polymériser.

Exemples

$$HC{\equiv}CH + CH_3—CO_2H \longrightarrow CH_3—CO_2—CH{=}CH_2$$

Acétate de vinyle

$$HC{\equiv}CH + N{\equiv}C—H \longrightarrow N{\equiv}C—CH{=}CH_2$$

Acrylonitrile

$$HC{\equiv}CH + HC{\equiv}CH \longrightarrow HC{\equiv}C—CH{=}CH_2$$

Vinylacétylène

Question 10.C

Il peut être établi que l'addition de HCN sur l'acétylène est un processus nucléophile. Proposez un mécanisme pour cette réaction.

Voir chap. 5, § 5.3.2 b

10.2.2 Oxydation

La triple liaison est plus résistante à l'oxydation que la liaison éthylénique. Cependant, en présence d'oxydants énergétiques (acide chromique H_2CrO_4, par exemple), il se produit une *coupure de la molécule* avec formation de deux acides :

$$R{-}C{\equiv}C{-}R' \longrightarrow R{-}COOH + R'{-}COOH$$

La *combustion* de l'acétylène,

$$HC{\equiv}CH + 5/2\ O_2 \longrightarrow 2\ CO_2 + H_2O \Delta H = -\ 1325\ kJ \cdot mol^{-1}$$

dégage une quantité de chaleur particulièrement importante. En effet, à la chaleur de formation des produits s'ajoute la chaleur de dissociation de l'acétylène, puisque sa formation est endothermique.

Voir § 10.1

Lampe à acétylène utilisée encore en spéléologie
Photographie D. Decobecq

Remarque

La flamme de l'acétylène atteint une température de 2 000 °C dans l'air et 3 000 °C dans le dioxygène pur. Sa puissance calorifique est utilisée dans le chalumeau « oxy-acétylénique », qui brûle même sous l'eau, et que l'on emploie pour la soudure ou le découpage des tôles. En outre, cette flamme, riche en particules de carbone incandescentes, est très éclairante et cette caractéristique est mise à profit dans les lampes à acétylène, utilisées par exemple en spéléologie.

10.2.3 Métallation des alcynes vrais

Voir § 10.2

Ces réactions sont la conséquence de la labilité de l'hydrogène terminal des alcynes vrais, déjà évoquée. Les dérivés que l'on peut obtenir en remplaçant cet hydrogène par un métal sont beaucoup plus réactifs que les alcynes vrais eux-mêmes et constituent des intermédiaires de synthèses intéressants.

a) Formation des dérivés métalliques

Voir § 10.2

L'**action d'une base B^-** sur un alcyne vrai peut se représenter sous la forme ionique par l'équation

$$R{-}C{\equiv}CH + B^- \rightleftharpoons R{-}C{\equiv}C^- + BH$$

Mais la base B^- provient d'un composé dans lequel elle était associée à un métal M et celui-ci, dans le bilan complet de la réaction, s'associe sous la forme du cation M^+ au carbanion formé :

Remarque

Il en est de même dans la réaction de n'importe quel acide (et dans cette réaction l'alcyne vrai en est un, quoique faible) avec une base. Ainsi, la réaction de HCl, avec la soude peut être décrite sous la forme ionique :

$$HCl + OH^- \rightarrow H_2O + Cl^-,$$

ou par un bilan complet qui comporte la formation de chlorure de sodium (remplacement de H par Na) : $HCl + NaOH \rightarrow H_2O + NaCl$.

$$R{-}C{\equiv}CH + BM\ (B^-, M^+) \rightleftharpoons R{-}C{\equiv}C{-}M + BH$$

En définitive, l'hydrogène labile est remplacé par un métal ; on dit que l'alcyne a subi une *métallation*.

Exemples

– action de l'*amidure de sodium* $NaNH_2$, fournissant la base NH_2^- (ion amidure) :

$$R{-}C{\equiv}CH + NaNH_2 \rightarrow R{-}C{\equiv}C{-}Na + NH_3$$

Dérivé sodé

Voir page 332

– action d'un *composé organométallique*, par exemple un organolithien RLi ou un organomagnésien mixte RMgX, fournissant la base R^- (carbanion) :

$$R{-}C{\equiv}CH + R'Li \rightarrow R{-}C{\equiv}C{-}Li + R'H$$

Dérivé lithien

$$R{-}C{\equiv}CH + R'MgX \rightarrow R{-}C{\equiv}C{-}MgX + R'H$$

Dérivé magnésien

La métallation d'un alcyne vrai peut aussi résulter de l'**action directe d'un métal**, en particulier un métal alcalin (Na, K, Li). L'hydrogène déplacé est alors réduit en dihydrogène, qui se dégage à l'état gazeux (comme dans la réaction habituelle d'un acide sur un métal, par exemple $Zn + 2HCl \rightarrow ZnCl_2 + H_2$) :

$$R{-}C{\equiv}CH + Na \rightarrow R{-}C{\equiv}C{-}Na + 1/2\ H_2$$

Enfin, les alcynes vrais subissent également une métallation au contact de réactifs particuliers, tels que le « *chlorure cuivreux ammoniacal* » qui donne un dérivé cuivreux R—C≡C—Cu, ou le « *nitrate d'argent ammoniacal* » qui donne un dérivé argentique R—C≡C—Ag. Ces dérivés sont rarement utilisés en synthèse, car ils sont instables, et même explosifs. Mais leur formation constitue un test de caractérisation des alcynes vrais (ils apparaissent comme des précipités respectivement rouge-brique et blanc).

Dans toutes ces réactions, l'*acétylène,* comportant deux H labiles peut réagir deux fois, donnant par exemple XMg—C≡C—MgX avec un organomagnésien.

b) Réactions des dérivés métalliques

Dans les dérivés métalliques des alcynes vrais, comme dans tous les organométalliques, la liaison carbone-métal est fortement polarisée :

$$R-C\equiv\overset{\delta-}{C}-\overset{\delta+}{\text{métal}}$$

Ces dérivés donnent donc facilement (plus facilement que l'alcyne vrai lui-même) le carbanion $R-C\equiv C^-$, basique et nucléophile. Les divers dérivés métalliques des alcynes vrais (sodés, lithiens, magnésiens, ...), très réactifs, donnent donc *tous les mêmes réactions*, puisque ce sont en fait celles de ce carbanion.

Hydrolyse

En présence d'eau, les dérivés métalliques des alcynes vrais s'hydrolysent, en redonnant l'alcyne initial.

Voir chap. 9, § 9.2.2.a

Exemples

$$R-C\equiv C-Na + H_2O \longrightarrow R-C\equiv CH + NaOH$$

ou

$$R-C\equiv C^- + H-OH \longrightarrow R-C\equiv CH + OH^- \quad (Na^+ \text{ « spectateur »})$$

Cette réaction témoigne du caractère très fortement basique du carbanion $R-C\equiv C^-$, qui correspond au caractère très faiblement acide de son acide conjugué R—C≡CH.

Voir § 10.2

Question 10.D

Classez par force décroissante les bases $R-C\equiv C^-$, NH_2^- et OH^-. Quels sont leurs acides conjugués ? Classez-les également par force décroissante. Peut-on prévoir *a priori* la réaction de l'amidure de sodium sur l'eau ?

Réaction avec les dérivés halogénés

Par son caractère nucléophile, le carbanion $R-C\equiv C^-$ peut provoquer une *substitution* de l'halogène sur le carbone saturé déficitaire d'un dérivé halogéné :

$$R-C\equiv C^- + R'-X \longrightarrow R-C\equiv C-R' + X^-$$

Exemples

$$CH_3—C≡C—MgCl + CH_3—CH_2Cl \longrightarrow CH_3—C≡C—CH_2—CH_3 + MgCl_2$$

$$Ph—C≡C—Na + CH_3—CHCl—CH_3 \longrightarrow Ph—C≡C—CH(CH_3)—CH_3 + NaCl$$

Cette réaction, dans ses diverses variantes, permet donc de réaliser en deux étapes l'*alkylation* d'un alcyne vrai, c'est-à-dire le remplacement de son hydrogène terminal par un groupe alkyle R. Elle sera, à ce titre, évoquée à nouveau à propos des méthodes de synthèse des alcynes.

Voir § 10.3.2

Le caractère basique du carbanion $R—C≡C^-$ peut toutefois favoriser une réaction concurrente, constituant en une élimination de H et X (déshydro-halogénation) dans le dérivé halogéné, avec formation d'un alcène :

Voir chap. 9, § 9.4.1.b

$$R—C≡C^- + —\overset{|}{\underset{|}{C}}H—\overset{|}{\underset{|}{C}}X— \longrightarrow R—C≡CH + \rangle C=C\langle + X^-$$

En particulier, l'alkylation d'un alcyne vrai par un dérivé halogéné tertiaire R_3CX a généralement, de ce fait, un mauvais rendement.

Voir chap. 13, § 13.2.3

Réaction avec les aldéhydes et les cétones

Le carbanion $R—C≡C^-$ peut également se lier au carbone déficitaire du groupe carbonyle $\rangle C=O$, dans les aldéhydes et les cétones. S'agissant d'un carbone non saturé, il en résulte non une substitution, comme sur les dérivés halogénés, mais une *addition*. Il se forme un alcoolate, dont l'hydrolyse conduit finalement à un alcool acétylénique :

$$R—C≡C^- + \rangle \overset{\delta+}{C}=\overset{\delta-}{O} \longrightarrow R—C≡C—\overset{|}{\underset{|}{C}}—O^-$$

Alcoolate

$$\xrightarrow{H_2O} R—C≡C—\overset{|}{\underset{|}{C}}—OH + OH^-$$

Alcool acétylénique

Exemples

$$CH_3-CH_2-C\equiv C-MgBr+CH_3-CH=O$$

$$\longrightarrow CH_3-CH_2-C\equiv C-\underset{\displaystyle CH_3}{\underset{|}{CH}}-O^-\,(MgBr^+)$$

$$\xrightarrow{H_2O} CH_3-CH_2-C\equiv C-\underset{\displaystyle CH_3}{\underset{|}{CH}}-OH+BrMgOH$$

Si l'alcyne est l'acétylène, on parle de réaction d'*éthynylation* (HC≡C— est le groupe éthynyle) et deux molécules d'aldéhyde ou de cétone peuvent réagir avec la même molécule d'acétylène.

Exemple : synthèse du but-2-yne-1,4-diol, par réaction entre l'acétylène (après métallation) et le formaldéhyde H—CH=O :

$$HC\equiv CH \xrightarrow[\substack{1)\ B^-M^+\\ 2)\ H-CH=O\\ 3)\ H_2O}]{} HOCH_2-C\equiv CH \xrightarrow[\substack{1)\ B^-M^+\\ 2)\ H-CH=O\\ 3)\ H_2O}]{} HOCH_2-C\equiv C-CH_2OH$$

10.3 Préparations

Certains végétaux contiennent des composés polyacétyléniques mais les alcynes, et plus généralement la triple liaison, sont très rares dans la nature. Ils doivent donc pratiquement toujours être préparés artificiellement et, pour ce faire, deux démarches totalement différentes sont possibles.

10.3.1 Création d'une triple liaison dans une chaîne existante

La **double déshydrohalogénation d'un dérivé dihalogéné** conduit à la création d'une triple liaison de même que la déshydrohalogénation d'un dérivé monohalogéné conduit à celle d'une double liaison.

Voir chap. 9, § 9.4.1.b

$$\begin{array}{c} -CH_2-CX_2- \\ -CHX-CHX- \\ \downarrow \\ -C\equiv C- \end{array}$$

Le dérivé dihalogéné peut être soit de la forme —CHX—CHX— (dérivé dihalogéné *vicinal*, préparé par exemple par addition d'un halogène à un alcène de la forme —CH=CH—), soit de la forme —CH_2—CX_2— (dérivé dihalogéné *géminé*, préparé à partir d'un aldéhyde ou d'une cétone).

Voir page 228

Comme pour créer une double liaison, l'élimination de deux H et deux X est provoquée par des réactifs basiques (mécanisme]). Une première étape conduit assez

Voir chap. 13, § 13.2.2.a

facilement à un dérivé monohalogéné éthylénique —CH=CX—, mais la seconde étape est plus difficile à réaliser, car ces dérivés sont particulièrement peu réactifs. On doit donc utiliser des conditions très « énergiques » : soude ou potasse en solution concentrée, ou amidure de sodium, à chaud :

Exemples

$$CH_3-CH_2-CHBr_2 + 2OH^- \xrightarrow{\Delta} CH_3-C\equiv CH + 2Br^- + 2H_2O$$

$$CH_3-CHBr-CH_2Br + 2NH_2^- \xrightarrow{\Delta} CH_3-C\equiv CH + 2Br^- + 2NH_3$$

Voir chap. 9, § 9.4.1.a

La triple liaison se forme en principe soit entre les deux carbones monohalogénés, soit entre le carbone dihalogéné et le carbone voisin portant le moins d'hydrogène (règle de Zaïtsev). Mais fréquemment le milieu basique produit une *isomérisation* de l'alcyne primitivement formé, dont la triple liaison se déplace le long de la chaîne. À cet égard, les bases OH^- et NH_2^- n'ont pas le même effet : OH^- (soude, potasse) tend à faire migrer vers le centre de la chaîne une triple liaison terminale,

$$CH_3-CH_2-CHBr-CH_2Br \xrightarrow{KOH} CH_3-CH_2-C\equiv CH \xrightarrow{KOH} CH_3-C\equiv C-CH_3$$

alors que NH_2^- (amidure de sodium) tend au contraire à faire migrer la triple liaison vers l'extrémité de la chaîne,

$$CH_3-CHBr-CHBr-CH_3 \xrightarrow{NaNH_2} CH_3-C\equiv C-CH_3 \xrightarrow{NaNH_2} CH_3-CH_2-C\equiv CNa$$

D'autre part, on obtient souvent simultanément une quantité plus ou moins importante d'un *allène*, hydrocarbure à deux doubles liaisons adjacentes, par exemple $CH_3-CH=C=CH_2$ dans le cas des réactions ci-dessus. Cet allène constitue en effet un intermédiaire dans l'isomérisation par migration de la double liaison, et il peut en subsister une certaine quantité parmi les produits de la réaction.

Question 10.E

Essayez de proposer un mécanisme plausible pour la transformation en deux étapes :
$CH_3-C\equiv C-CH_3 \rightarrow CH_3-CH=C=CH_2 \rightarrow CH_3-CH_2-C\equiv CH$,
en présence de la base NH_2^- (observez les migrations d'atomes, et pensez à la possibilité d'une résonance de certains intermédiaires).

10.3.2 Alkylation de l'acétylène ou d'un alcyne vrai

On peut faire la *synthèse* des alcynes en « construisant » leur molécule autour de la triple liaison de l'acétylène, selon le schéma :

$HC\equiv CH$	$\rightarrow$	$R-C\equiv CH$	$\rightarrow$	$R-C\equiv C-R'$
Acétylène		Alcynes vrais		Alcynes substitués

Remarque

Le terme « synthèse » n'est pas synonyme de « préparation ». Il a un sens plus restrictif, comportant l'idée de *réunion d'éléments*, pour former un ensemble plus complexe. Par exemple, la formation des alcynes à partir de dérivés dihalogénés constitue une « préparation », mais non une « synthèse », alors que la réunion d'une triple liaison (molécule d'acétylène) et d'un ou deux groupes alkyles constitue une « synthèse ».

Voir § 10.3.1

a) Préparation de l'acétylène

L'acétylène $HC\equiv CH$ peut s'obtenir par *hydrolyse du carbure de calcium* CaC_2, lui-même préparé par réaction entre le carbone (sous forme de coke) et la chaux, à très haute température dans un four électrique :

$$3C + CaO \xrightarrow{2\,200\ °C} CaC_2 + CO$$

$$CaC_2\ (ou\ Ca^{2+},\ \bar{C}\equiv\bar{C}) + 2H_2O \longrightarrow HC\equiv CH + Ca(OH)_2$$

Remarque

Ce procédé a été appliqué industriellement à grande échelle, mais il n'est plus guère utilisé que pour obtenir de petites quantités d'acétylène, par exemple dans les « lampes à acétylène » où l'on fait tomber goutte à goutte de l'eau sur quelques dizaines de grammes de carbure de calcium (solide).

La préparation industrielle actuelle de l'acétylène consiste à porter du méthane (gaz naturel) à haute température pendant un temps très bref, en le faisant passer en continu dans un four :

$$2CH_4 \xrightarrow{1\,000\ °C} HC\equiv CH + 3H_2$$

Pour les usages de laboratoire, on ne prépare pas soi-même l'acétylène. On trouve dans le commerce des bouteilles en acier (celles qui sont utilisées également dans les postes de soudure), qui contiennent de l'acétylène dissous sous pression dans l'acétone et qui le laissent s'échapper lorsqu'on ouvre leur robinet.

b) Passage aux autres alcynes

Les autres alcynes, vrais ou substitués, peuvent se préparer à partir de l'acétylène, en remplaçant par un groupe alkyle R l'un de ses H labiles, ou les deux. Cette *alkylation* s'effectue par l'intermédiaire du dérivé métallique HC≡CM, ou R—C≡CM, en deux étapes déjà décrites plus haut.

Voir § 10.2.3.a et b

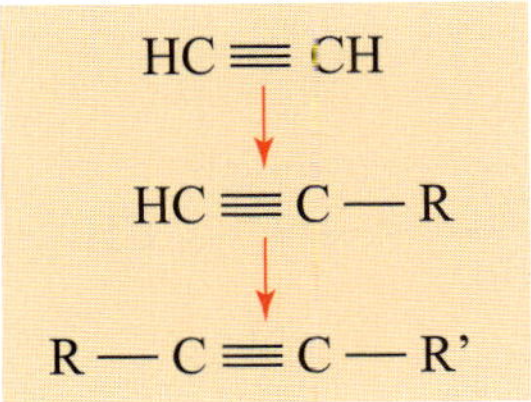

En résumé :

$$R-C\equiv CH \xrightarrow{B^- \text{ ou Na}} R-C\equiv C-M \xrightarrow{R'X} R-C\equiv C-R'$$

avec $B^- = NH_2^-(NaNH_2)$ ou R''^- (R"MgX, R"Na, R"Li)
et M = Na, Li, MgX.

L'utilisation des alcynes

Le seul alcyne préparé couramment, à l'échelle industrielle, est l'acétylène, encore que son importance ait beaucoup diminué au cours des dernières décennies. Il constituait antérieurement la matière première d'un grand nombre de fabrications, notamment par son hydratation en acétaldéhyde, transformé ensuite en des composés très variés. Mais sa préparation, si elle peut s'effectuer à partir de matières premières simples et de bas prix (coke et chaux, ou méthane) est par contre très coûteuse en énergie, en raison du caractère endothermique de sa formation (de très hautes températures sont toujours nécessaires).

Voir § 10.1

Avec le développement de la pétrochimie, un transfert s'est opéré : les fabrications antérieurement basées sur l'acétylène sont devenus possibles, plus économiquement, à partir de l'éthylène. Il ne demeure donc que les utilisations de l'acétylène en synthèse, au laboratoire et en « chimie fine » et pour la production de températures élevées (chalumeau). Cette situation ne pourrait se modifier qu'en cas d'épuisement des réserves de pétrole, ou si le rapport entre les prix du pétrole et de l'énergie électrique évoluait favorablement de façon importante.

L'ESSENTIEL

Deux types alcynes

$R-C\equiv C-R'$ **alcynes disubstitués**

$R-C\equiv C-H$ **alcynes vrais**

Additions électrophiles

Hydrohalogénation :

$$R-C\equiv C-H + 2HX \longrightarrow R-CX_2-CH_3$$ ***gem*-dihalogénoalcane**

Hydratation :

$$R-C\equiv C-H \xrightarrow[H_2SO_4,\ H_2O]{HgSO_4} R-C(=O)-CH_3$$ **cétone**

Halogénation :

$$R-C\equiv C-H + 2X_2 \longrightarrow R-CX_2-CX_2H$$ **tétrahalogénoalcane**

Hydroboration :

$$R-C\equiv CH + BH_3 \xrightarrow[H_2O_2,\ NaOH]{\text{puis}} R-CH_2-\underset{\underset{O}{\|}}{C}-H$$ **aldéhyde**

Hydrogénation :

- totale :

$$R-C\equiv CH + 2H_2 \xrightarrow[\textit{syn}\text{-addition}]{\text{catalyseur}} R-CH_2-CH_3$$ **alcane**

- partielle :

$$R-C\equiv CH + H_2 \xrightarrow[\text{désactivé}]{\text{catalyseur}} R-CH=CH_2$$ **alcène**

$$R-C\equiv CH \xrightarrow[NH_3\ \text{liquide}]{Na} R-CH=CH_2$$

Caractère acide des alcynes vrais

$$R-C\equiv C-H + \overline{B}^{\ominus}M^{\oplus} \longrightarrow R-C\equiv C-M + BH$$ **alcynure**

Les alcynures sont :

- des bases :

$$R-C\equiv C-M + H_2O \longrightarrow R-C\equiv C-H + MOH$$

- des nucléophiles :

$$R-C\equiv C-M + R'-X \longrightarrow R-C\equiv C-R' + MX$$ **alcyne disubstitué**

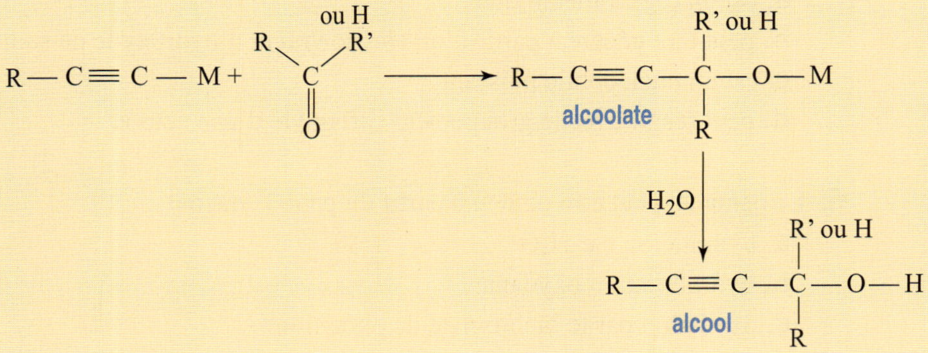

QCM

Les réponses se trouvent à la page 663.

1. Les alcynes

- ☐ **a.** sont aussi appelés hydrocarbures acétyléniques
- ☐ **b.** ont pour formule générale C_nH_{2n}
- ☐ **c.** peuvent subir des réactions d'addition
- ☐ **d.** sont plus réactifs que les alcènes vis-à-vis des électrophiles

2. Les alcynes vrais

- ☐ **a.** sont aussi appelés alcynes disubstitués
- ☐ **b.** possède un hydrogène labile
- ☐ **c.** peuvent conduire en présence d'une base faible à un alcynure
- ☐ **d.** contiennent toujours moins de 4 atomes de carbone

3. L'addition d'un excès de HCl sur le propyne

- ☐ **a.** ne respecte pas la règle de Markownikov
- ☐ **b.** conduit à la formation de 2-chloropropène
- ☐ **c.** conduit à la formation de 1,1,2,2-tétrachloropropane
- ☐ **d.** conduit à la formation de 2,2-dichloropropane

4. L'hydratation d'un alcyne

- ☐ **a.** conduit à un alcool
- ☐ **b.** conduit à un dérive carbonyle
- ☐ **c.** conduit à un acide carboxylique
- ☐ **d.** nécessite la présence d'un catalyseur

5. Un alcynure de sodium

- ☐ **a.** est un organométallique
- ☐ **b.** peut être généré à partir d'un alcyne vrai et d'hydroxyde de sodium
- ☐ **c.** est un nucléophile puissant
- ☐ **d.** peut réagir avec le groupement carbonyle d'une cétone

6. Le pentanal peut être obtenu à partir du pent-1-yne par

- ☐ **a.** hydratation par H_3O^+
- ☐ **b.** hydroboration oxydante
- ☐ **c.** oxydation par le bichromate de potassium
- ☐ **d.** hydrogénation catalytique

7. L'addition de HBr sur le propyne en présence d'une quantité catalytique de peroxyde

- ☐ **a.** se fait selon un mécanisme hétérolytique
- ☐ **b.** ne respecte pas la règle de Markownikov
- ☐ **c.** est une réaction en chaîne
- ☐ **d.** conduit majoritairement au 2-bromopropane

8. Propyne + Cl_2 (en excès) → ?

- ☐ **a.** 1,2-dichloropropane
- ☐ **b.** 2,2-dichloropropane
- ☐ **c.** 1,1,2,2-tétrachloropropane
- ☐ **d.** 1,2-dichloropropène

EXERCICES

Les solutions se trouvent à la page 674.

Les **règles de nomenclature**, permettant de faire correspondre réciproquement un nom et une formule, sont exposées dans le chapitre 7 (pour les stéréoisomères, au chapitre 3).

10-a Indiquez, à la suite de la flèche, la formule du composé principal résultant des réactions suivantes, si elles sont possibles. Nommez-le.

1) propyne + Cl_2 →

2) But-2-yne + 2 HCl →

3) Pent-1-yne + Chlorure cuivreux (CuCl) ammoniacal →

4) Isopropylacétylène + H_2O $\xrightarrow{H_2SO_4,\ Hg^{2+}}$

5) Pent-2-yne + H_2 $\xrightarrow{Pd}$

6) But-2-yne + CH_3MgCl →

7) 2-méthylbut-1-èn-3-yne + … Br_2 →

8) Phénylacétylène + $NaNH_2$ →

9) Hex-1-yne + Na →

10) But-1-yne + $CH_3—CH_2—MgBr$ →

11) $CH_3—C{\equiv}C—MgCl$ + $CH_3—CO—CH_3$, puis H_2O →

10-b Par quelles réactions peut-on passer, en une ou plusieurs étapes, en ne faisant intervenir que des composés minéraux.

1) du propène au propyne

2) du propyne à $CH_3—CHOH—CH_3$

3) du pent-1-yne	au pent-2-yne
4) du but-2-yne	à CH_3—CHBr—CBr_2—CH_3
5) du but-1-yne	à l'oct-3-yne
6) de CH_3—CH_2OH	à l'hex-3-yne
7) du propyne	à CH_3—CH_2—CH=O
8) du but-2-yne	au (*RS*,*SR*)-2,3-dibromobutane
9) du but-2-yne	au (*RR*,*SS*)-2,3-dibromobutane
10) de l'hex-3-yne	à CH_3—CH_2—CH=O
11) du cyclooctyne	au *cis*-cyclooctane-1,2-diol

10-c À partir d'acétylène et de substances minérales, comment peut-on préparer (en plusieurs étapes) les composés suivants ?

1) $ClCH_2$—CH_2Cl	4) Butane	7) CH_3—CHOH—C≡CH
2) Cl_2CH—CH_2Cl	5) But-1-yne	8) CH_2=CH—CH=CH_2
3) $HOCH_2$—CH_2OH	6) CH_3—CH_2OH	9) O=CH—CH=O

10-d Un hydrocarbure de formule brute C_8H_{14} présente les caractères suivants :

– Un échantillon de 5,5 g fixe 1,12 l de dihydrogène sur palladium désactivé, et 2,24 l sur nickel (volumes mesurés à 0 °C et sous 1 atm).

– Un échantillon de 2 g, en présence de dibrome en excès, en fixe à froid 5,8 g.

– Il ne donne pas de précipité avec le nitrate d'argent ammoniacal.

– Son hydratation, soit par l'eau en présence d'ions mercuriques, soit par hydroboration, donne dans les deux cas le même produit (une cétone).

– Son hydrogénation sur le palladium désactivé donne un composé dont l'ozonolyse fournit un seul composé. Celui-ci présente une bande à 1 730 cm^{-1} dans l'infrarouge.

– Son spectre de RMN présente deux signaux : un doublet et un heptuplet (rapport d'intensité 6:1).

Quelles conclusions peut-on tirer de chacune de ces informations ?

Quelle est la formule de cet hydrocarbure ? Quel est son nom ?

Certaines des informations fournies ne sont-elles pas redondantes (c'est-à-dire qu'elles font « double emploi »). Lesquelles ? Quelles informations sont vraiment essentielles et suffiraient à trouver la réponse ?

10-e Un corps A donne, en réagissant avec CH_3MgBr, un corps B et un dégagement gazeux. B, par réaction avec un corps C ($C_6H_{10}O$), suivie d'une hydrolyse, donne un corps D. La déshydratation de D en présence d'acide sulfurique donne un corps E qui, hydrogéné sur palladium désactivé, donne du 1-vinylcyclohexène F.

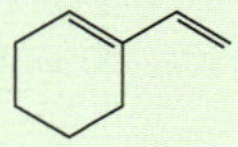

(F)

Identifiez les corps A, B, C, D et E. Quel est le gaz qui se dégage au cours de la première réaction ?

11

HYDROCARBURES CYCLIQUES (non benzéniques)

PRÉALABLES

- Géométrie des molécules organiques
- Les chaînes saturées cycliques et les conformations du cyclohexane
- Substitution Radicalaire en chaîne ; halogénation des alcanes
- Addition électrophile sur les alcènes ; addition des hydracides halogénés et des dihalogènes
- Oxydation des alcènes avec et sans coupure de la chaîne
- Hydrogénation des alcènes

Voir chap. 2

Voir chap. 8

Voir chap. 9

MOTS-CLÉS

- Conformation chaise du cyclohexane
- Cycloalcane
- Hydrocarbures cycliques
- Ouverture des petits cycles
- Positions équatoriales et axiales
- *Syn*-addition ; *anti*-addition
- Tension de cycle

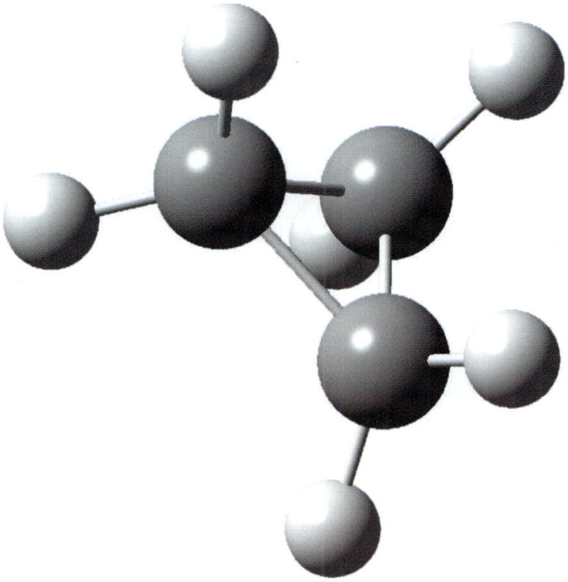

Le cyclopropane C_3H_6

Voir page 8

Les hydrocarbures dont la chaîne carbonée est cyclique sont les **cycloalcanes** (saturés), les **cycloalcènes** (éthyléniques) et les **cycloalcynes** (acétyléniques). Il existe une très grande diversité de structures cycliques. D'une part le nombre d'atomes de carbone constituant un cycle est très variable (de trois à plusieurs dizaines) ; d'autre part, une molécule peut comporter deux ou plusieurs cycles, de tailles souvent différentes, « agencés » de toutes sortes de façons. Les exemples suivants, et ceux de la figure 11.1, donnent un aperçu de cette diversité de possibilités. En outre, les chaînes cycliques (monocycliques, bicycliques, polycycliques) peuvent porter des chaînes acycliques, saturées ou non.

Les hydrocarbures dont la molécule comporte un ou plusieurs *cycles benzéniques* [tableau 1.1] constituent toutefois une classe particulière, les *arènes*, qui sont étudiés au chapitre 12.

Spiro [2,2] pentane	bicyclo [2,2,1] heptane	Adamantane	Bullvalène	Cyclooctadéca-1,3,7,9,13,15-hexayne

Voir chap. 2, § 2.2

Certaines structures, concevables sur le papier, ne sont cependant pas possibles, car elles imposeraient des déformations trop importantes aux angles que forment normalement les liaisons. Ainsi, une triple liaison, qui entraîne la disposition linéaire de quatre atomes de carbone (C—C≡C—C), ne peut être introduite dans un cycle ne comportant pas au moins huit carbones. Il en est de même pour l'enchaînement —CH=CH— dans sa forme *E* [§ 3.5]. Un carbone en « tête de pont » (par exemple, le carbone supérieur dans la représentation ci-dessus du bicyclo [2,2,1]-heptane) ne peut pas être impliqué dans une double liaison si la molécule ne comporte pas, au minimum neuf atomes de carbone ; ses trois voisins sont, en effet, normalement coplanaires avec lui et cette disposition est *a priori* incompatible avec la cyclisation, sauf si les contraintes peuvent se répartir entre un nombre suffisant de liaisons.

Voir chap. 2, § 2.3.3.a

La *nomenclature* des hydrocarbures cycliques est exposée au chapitre 7 [7.1.3].

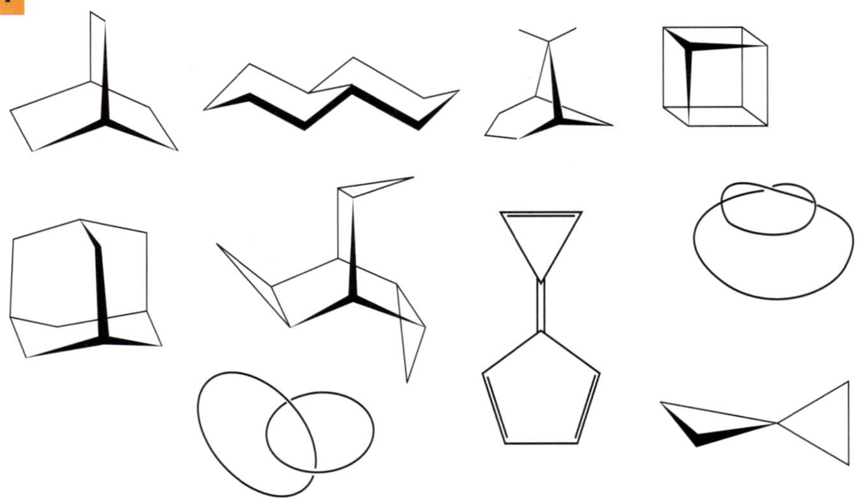

Figure 11.1 **Quelques molécules cycliques remarquables.**
Les structures cycliques offrent un large champ à l'imagination et à la créativité des chimistes. Dans certains cas, la synthèse de molécules cycliques constitue pour eux des défis, qu'ils relèvent pour le seul plaisir de vaincre la difficulté.

Question 11.A

Remémorez-vous tout ce qui a déjà pu être « dit » dans les chapitres antérieurs concernant les cycles (quelques mots-clés : homocyclique, hétérocyclique, stéréoisomérie, cis, trans-conformation, chaise, bateau, axial, équatorial).

11.1 CARACTÈRES PHYSIQUES

Les caractères physiques courants des hydrocarbures cycliques (état physique dans les conditions normales, absorptions caractéristiques du rayonnement, solubilité, etc.) ne présentent pas de particularités notables par rapport à ceux des hydrocarbures acycliques.

Les différences de stabilité, associées à la présence dans certaines molécules de contraintes diverses (déformations angulaires imposées, liaisons éclipsées [§ **2.3.1**]) se traduisent dans les valeurs des enthalpies standard de formation, d'autant plus faibles que ces contraintes sont importantes. La tendance à une minimisation, ou une disparition, de ces contraintes conduit soit à des géométries particulières (cas du cyclohexane par exemple [§ **2.3.2.a**]), soit à des comportements chimiques particuliers [§ **11.2**].

Voir, par exemple, *Cours de Chimie physique*, chapitre 8.

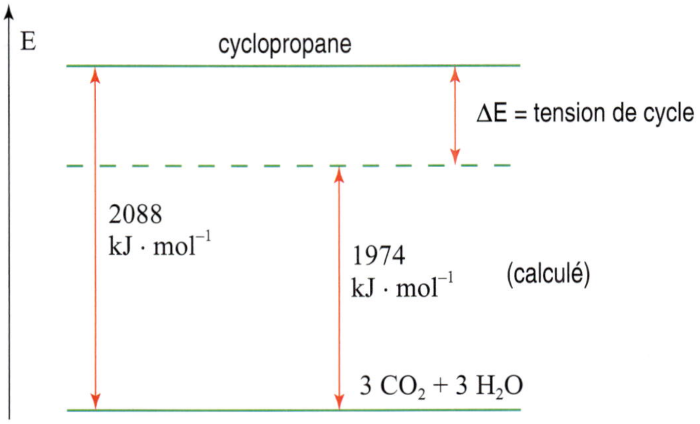

Figure 11.2 L'enthalpie de combustion du cyclopropane.
La valeur 1 974 kJ·mol^{-1} résulte d'un calcul *a priori* à partir des valeurs des énergies des liaisons rompues et formées dans la réaction. 2 088 kJ·mol^{-1} est la valeur expérimentale, mesurée par calorimétrie. L'état final étant le même dans les deux cas, la différence se situe nécessairement au niveau de la molécule initiale : elle traduit l'existence de contraintes qui la « déstabilisent ».

La combustion est l'une des réactions qui permettent de mettre en évidence la différence de stabilité de ces hydrocarbures en fonction de la taille du cycle. Il est, en effet, relativement facile de mesurer la quantité de chaleur produite par une combustion (en utilisant une « bombe calorimétrique »), et on observe que celle des petits cycles est proportionnellement plus grande que celle des cycles moyens ou des chaînes ouvertes. Cela signifie que le niveau d'énergie des molécules des petits cycles est *plus élevé* (figure 11.2), et donc qu'elles sont « déstabilisées » par des

Voir chap. 2, § 2.3.1

contraintes : déformation forcée des angles de liaisons, liaisons C—H de deux carbones adjacents éclipsées.

Le tableau 11.1 donne les enthalpies de combustion (par groupement CH_2) pour les quatre premiers cycloalcanes ainsi que leur tension de cycle exprimées en $KJ \cdot mol^{-1}$ et calculées par rapport aux alcanes linéaires correspondants.

Tableau 11.1 Enthalpie de combustion

	Enthalpie de combustion (par CH_2)	**Tension de cycle** (par CH_2)
cyclopropane	696 $kJ \cdot mol^{-1}$	38 $kJ \cdot mol^{-1}$
cyclobutane	685 $kJ \cdot mol^{-1}$	27 $kJ \cdot mol^{-1}$
cyclopentane	663 $k \cdot mol^{-1}$	5 $kJ \cdot mol^{-1}$
cyclohexane	658 $kJ \cdot mol^{-1}$	0 $kJ \cdot mol^{-1}$

Les valeurs sont calculées à partir de la valeur de 658 $kJ \cdot mol^{-1}$ par groupe de CH_2 pour la combustion d'un alcane non cyclique.

On peut observer que le cyclohexane, molécule non plane et non contrainte, a la même enthalpie de combustion qu'une chaîne ouverte. Mais celle-ci augmente régulièrement, en même temps que l'importance des contraintes, lorsque la taille du cycle diminue.

Cette observation peut s'expliquer par l'état de tension dans lequel se trouvent les petits cycles : leur chaîne carbonée peut présenter des angles de liaisons bien inférieurs à la valeur normale de 109°5'. Dans le cas du cyclopropane, les angles de liaisons valent 60°. Le fait qu'un cycle présentant une si forte distorsion puisse exister s'explique par la formation de liaisons C—C coudées pour lesquelles le recouvrement est partiellement latéral (proche d'un état d'hybridation sp^2 comme dans l'éthène).

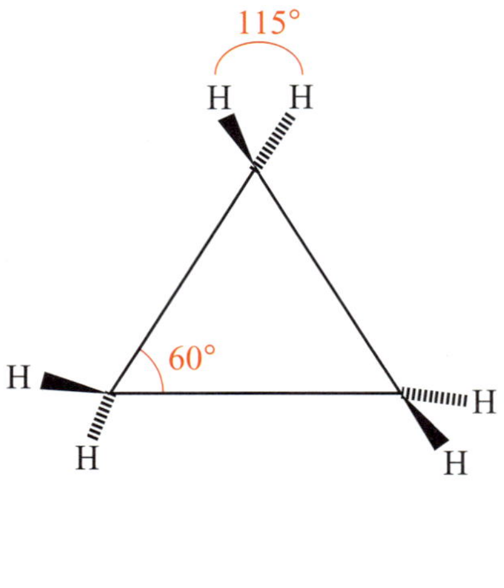

A

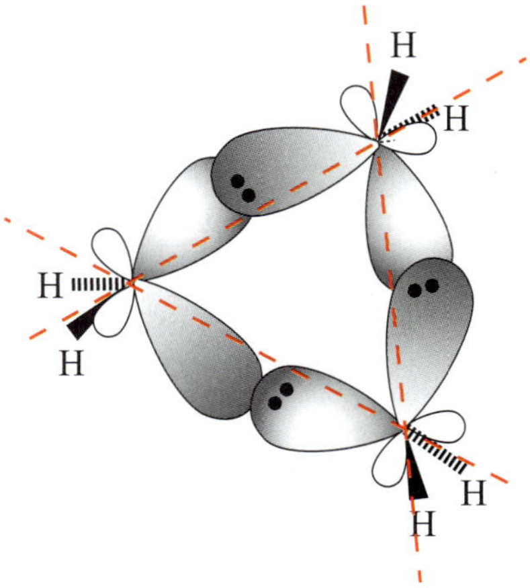

B

(A) Formule développée du cyclopropane : les angles des liaisons C—C—C valent 60°
(B) Représentation des orbitales moléculaires du cyclopropane ; les liaisons C—C adoptent une géométrie coudée qui peut expliquer le phénomène de tension de cycle.

11.2 Réactivité

Pour une très large part, les propriétés chimiques des hydrocarbures cycliques sont identiques à celles des hydrocarbures acycliques de même type. Les *cycloalcanes*, saturés, sont comme les alcanes peu réactifs et donnent essentiellement des réactions de substitution radicalaires. La double liaison des *cycloalcènes* se prête aux mêmes réactions d'addition et d'oxydation que celle des alcènes.

Mais le caractère cyclique des molécules entraîne en outre, dans certains cas, des particularités de comportement. La plus notable concerne les « *petits cycles* » (cyclopropane et, dans une moindre mesure, cyclobutane). Ils manifestent une tendance marquée à *s'ouvrir* par rupture d'une liaison carbone-carbone, dans des réactions dont le bilan est celui d'une *addition* du réactif sur les extrémités de la chaîne acyclique qui apparaît. L'existence de ces réactions témoigne d'une structure mal décrite par une formule ne comportant que des liaisons de covalence « classiques », et pour laquelle divers autres modèles peuvent être utilisés (tension du cycle, hybridation du carbone, ...).

11.2.1 Réactions sur les chaînes saturées ou insaturées

Voir chap. 8, § 8.2

Comme les alcanes, et pour les mêmes raisons, les cycloalcanes manifestent une relative inertie chimique, et une aptitude à subir des substitutions de caractère radicalaire, notamment une *halogénation photochimique en chaîne* [**8.2.1-2**]. Dans les cycloalcènes, les carbones saturés adjacents à une double liaison (position allylique [**8.2.2**]) sont des sites préférentiels pour cette substitution.

Exemple

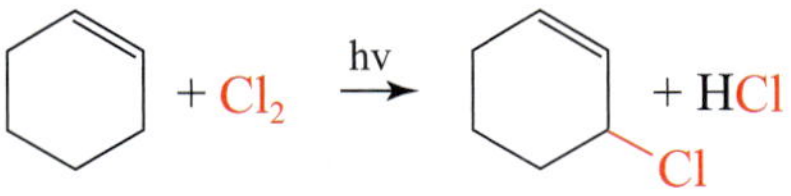

Voir chap. 9, § 9.2.1

Les réactions d'**addition** déjà décrites pour les alcènes sont possibles sur un cycloalcène, avec les mêmes mécanismes et les mêmes caractères éventuels de régiosélectivité (règle de Markownikov) et de stéréospécificité (*syn*- ou *anti*-addition). Seuls quelques nouveaux exemples seront pris ici :

(*syn*-addition)

(*anti*-addition)

Question 11.B

Dessiner la conformation privilégiée des produits des deux réactions précédentes.

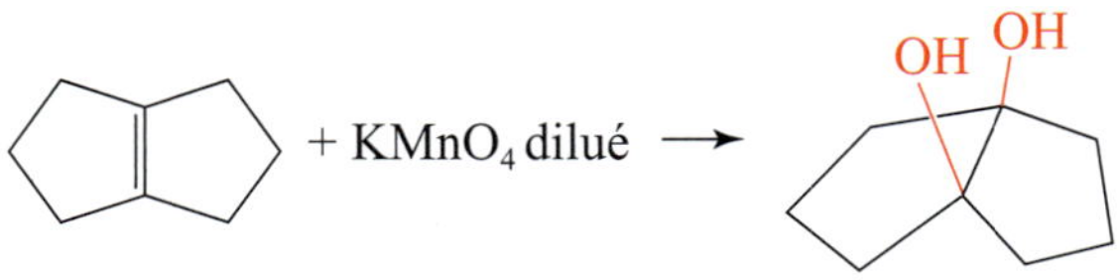

Les réactions **d'oxydation** sont également les mêmes que pour un alcène, qu'il s'agisse de l'époxydation ou de la coupure de la chaîne, par exemple par l'ozone :

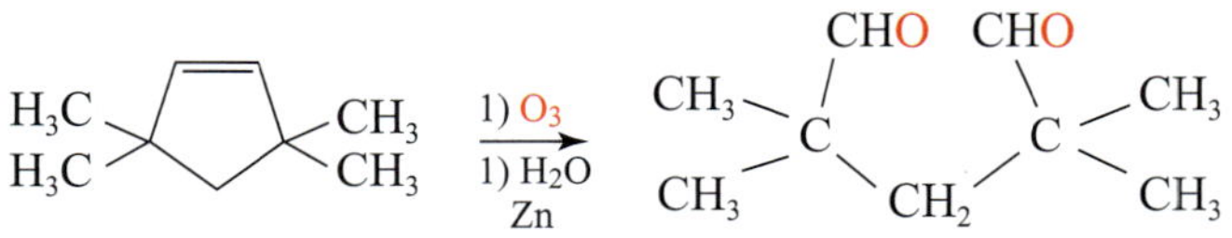

11.2.2 Ouverture des petits cycles (C_3, C_4)

Le cyclopropane et le cyclobutane, malgré l'absence de liaisons multiples, se comportent comme des molécules insaturées, et donnent des réactions d'addition par ouverture du cycle, à la suite de la rupture d'une liaison carbone-carbone. Il existe donc une analogie de réactivité entre ces petits cycles et la liaison éthylénique, mais on observe une diminution de la facilité de ces réactions d'addition, de l'éthylène au cyclopropane et au cyclobutane ; à partir du cyclopentane elles ne sont plus possibles.

Voir page 266

On peut attribuer cette tendance à l'ouverture des petits cycles à l'état d'hybridation des atomes de carbone proche de sp^2. Les liaisons C—C du cycle s'apparentent donc à des liaisons π. Les mauvaises conditions de recouvrement expliquent alors qu'elles soient faibles (énergie de rupture égale à 270 kJ·mol^{-1}, au lieu de 370 kJ·mol^{-1} dans l'éthane).

a) Dihydrogène

En présence des catalyseurs d'hydrogénation habituels (nickel, par exemple), les petits cycles fixent une molécule de dihydrogène et se transforment en alcanes. Les températures nécessaires à la réaction témoignent de la diminution de réactivité signalée plus haut :

$$H_2C = CH_2 + H_2 \xrightarrow[20\ °C]{[Ni]} H_3C - CH_3$$

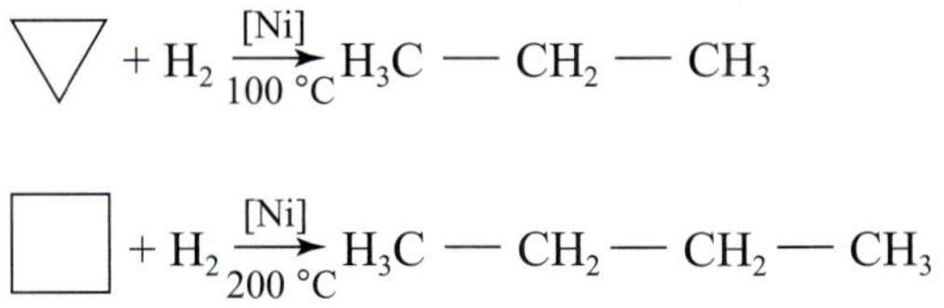

b) Réactifs électrophiles

Divers réactifs électrophiles (halogènes, hydracides halogénés, ...) s'additionnent sur le cyclopropane, mais non sur le cyclobutane. Les mécanismes de ces réactions sont les mêmes que pour les réactions analogues s'effectuant sur la double liaison des alcènes.

Exemples

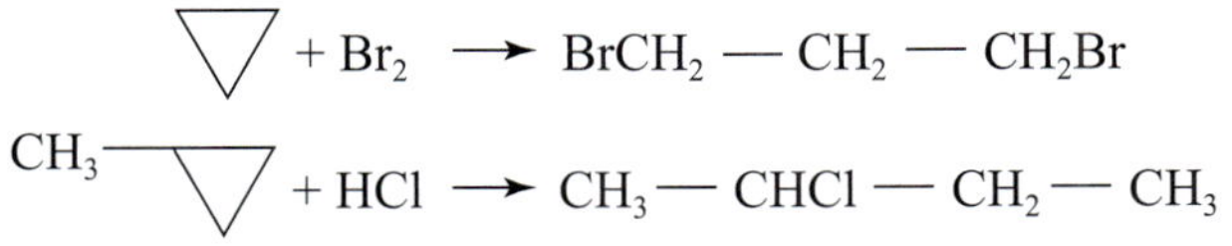

On observera que, dans ce dernier exemple, la règle de Markownikov s'applique, avec la même justification que pour les alcènes.

Voir page 223

Question 11.C

Pourquoi n'est-ce pas la liaison $CH_2—CH_2$ qui se rompt ? Quel autre dérivé chloré aurait-on pu obtenir à la suite de la rupture de la liaison $CH—CH_2$? Pourquoi obtient-on le dérivé indiqué ?

11.3 État naturel

Des cycloalcanes sont présents dans certains pétroles, notamment dans les gisements d'Europe centrale. Diverses essences végétales contiennent des hydrocarbures cycliques non saturés, mono- ou polycycliques, comme le limonène (citron) ou le pinène (résine de pin).

Mais il est plus fréquent de trouver dans la nature des molécules cycliques, souvent polycycliques, comportant en outre des fonctions diverses : alcool, aldéhyde, cétone, acide... (ce ne sont alors évidemment pas des hydrocarbures). On peut mentionner en particulier la série des stéroïdes (cholestérol, hormones sexuelles, cortisone).

Voir chap. 24, § 24.3

11.4 Préparations

Les *méthodes générales de préparation des hydrocarbures*, saturés ou non, sont en principe applicables en série cyclique (par exemple : obtention d'un cycloalcane par hydrogénation d'un cycloalcène [§ 8.4.2], ou préparation d'un cycloalcène par déshydratation d'un alcool cyclique [§ 9.4.1.a]). Seules seront envisagées ici quelques unes des réactions permettant la *création d'une chaîne cyclique*.

11.4.1 La réaction de Wurtz

Voir chap. 8, § 8.4.1.b

La **réaction de Wurtz**, appliquée à un dérivé dihalogéné sur ses carbones terminaux, permet de créer une liaison entre ceux-ci :

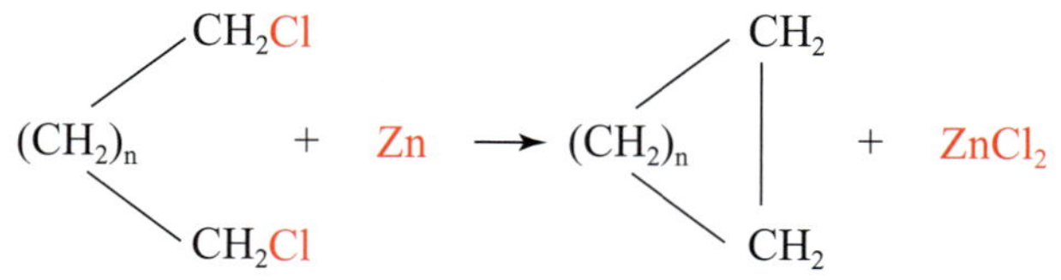

Le rendement de cette réaction, bon pour n = 1 (cyclopropane) diminue lorsque la longueur de la chaîne augmente car, compte tenu des possibilités de rotation au niveau de chaque liaison C—C la probabilité que les deux sites terminaux soient proches dans l'espace diminue.

11.4.2 Le pontage d'une double liaison

Le **pontage d'une double liaison** par un groupe CH_2, à l'aide de diazométhane CH_2N_2, constitue une synthèse spécifique du cycle à trois carbones :

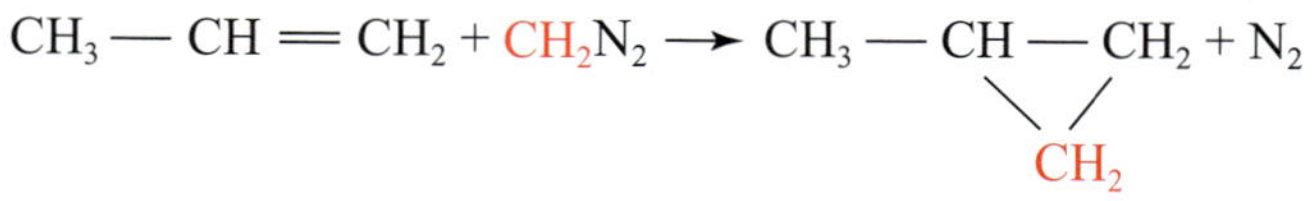

11.4.3 La réaction de Diels-Alder

Voir page 482

La **réaction de Diels-Alder** donne accès au cycle du cyclohexène. Elle se schématise par :

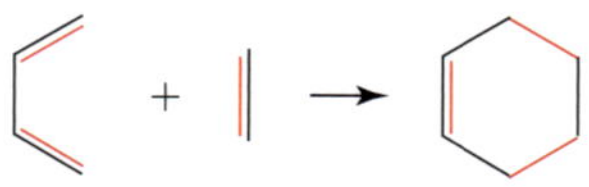

Cette réaction a un meilleur rendement lorsque le réactif monoéthylénique comporte un groupe attracteur d'électrons, comme CH=O ou C≡N. En ce cas, elle ne conduit pas à un hydrocarbure, mais il est toujours possible, dans une étape ultérieure, de « défonctionnaliser » la molécule obtenue.

Exemples

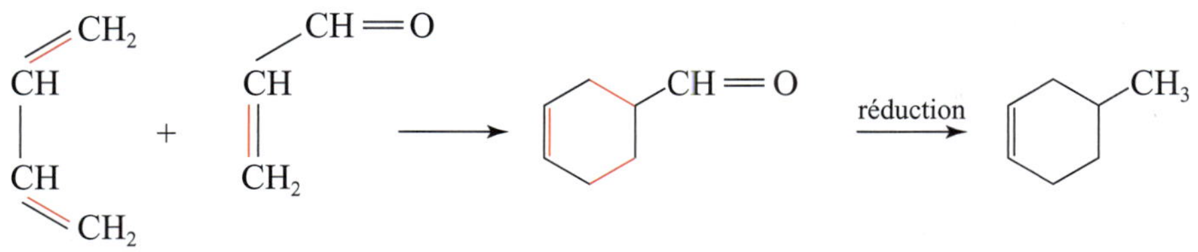

11.4.4 L'hydrogénation d'un cycle benzénique

Voir chap. 12, § 12.2.[illegible].a

L'hydrogénation d'un cycle benzénique si elle ne constitue pas une création de chaîne cyclique, est une bonne méthode d'accès à la série du cyclohexane :

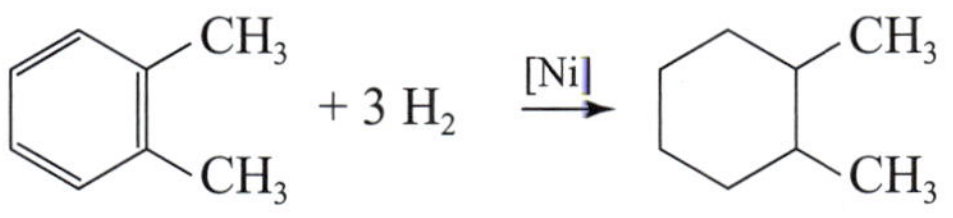

L'ESSENTIEL

Mise à part le cas particulier des petits cycles, les hydrocarbures cycliques (cycloalcanes et cycloalcènes) présentent des propriétés chimiques comparables à celle des hydrocarbures acycliques.

Les petits cycles (C_3 et C_4) présentent une certaine analogie de réactivité avec les composés éthyléniques. Ils donnent des réactions d'addition électrophile et d'hydrogénation par ouverture du cycle qui traduisent l'existence de contraintes dues à la tension de cycle.

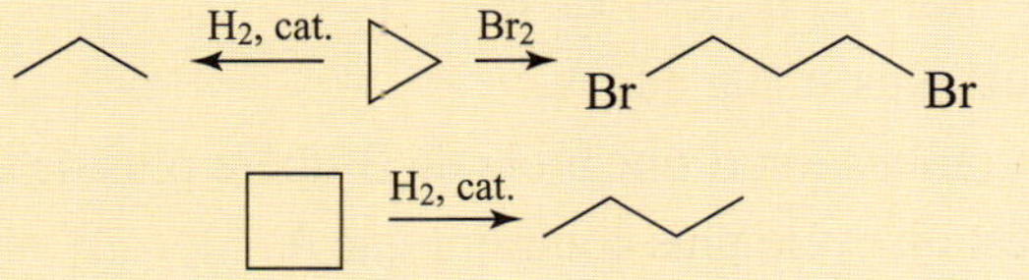

QCM

Les réponses se trouvent à la page 663.

1. Identifier parmi les 4 structures proposées, celles qui ne sont pas possibles (car présentant une tension de cycle trop importante)

☐ a.

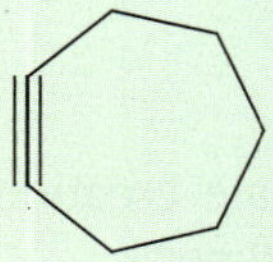

☐ b.

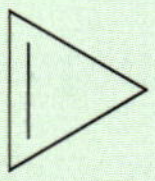

☐ c.

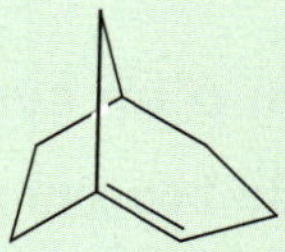

☐ d.

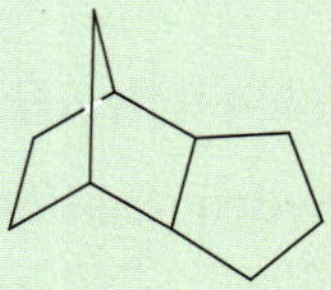

2. Parmi les propositions suivantes, quelles sont celles qui correspondent à des molécules impossibles

☐ **a.** le (*Z*) cyclononène

☐ **b.** le cycloheptyne

☐ **c.** la cyclopropanone

☐ **d.** le (*E*) cycloheptène

3. Le cyclopropane

☐ **a.** présente une chaleur de combustion supérieure à celle du cyclobutane

☐ **b.** a une réactivité chimique proche de celle d'un alcène

☐ **c.** est très stable chimiquement

☐ **d.** peut être transformé en propane par hydrogénation catalytique

4. On donne pour 2 cycloalcanes A et B les enthalpies de combustion par CH_2 ; A : 663 $kJ \cdot mol^{-1}$ et B : 690 $kJ \cdot mol^{-1}$

☐ **a.** B est plus stable que A

☐ **b.** la combustion d'une mole de B libère plus de chaleur qu'une mole de A

☐ **c.** B est un cycle plus contraint que A

☐ **d.** B présente plus d'isomères de conformation que A

5. À partir du cyclohexène, l'action d'un peracide (RCOOOH) suivie d'une hydrolyse acide conduit

☐ **a.** au cyclohexanol

☐ **b.** à l'acide hexanedioïque

☐ **c.** au *cis* cyclohexane-1,2-diol

☐ **d.** au *trans* cyclohexane-1,2-diol

EXERCICES

Les solutions se trouvent à la page 675.

Les **règles de nomenclature**, permettant de faire correspondre réciproquement un nom et une formule, sont exposées dans le chapitre 7 (pour les stéréoisomères au chapitre 3).

11-a Quel est le comportement des réactifs suivants vis-à-vis du cyclopropane ? Donner le produit majoritaire de chacune des réactions.

1) Br_2

2) HCl

3) H_2, Ni

11-b Comment peut-on préparer chacun des composés suivants, à partir du cyclohexanol ?

1) Chlorocyclohexane

2) 1,2-dibromocyclohexane

3) 3-chlorocyclohexène

4) Cyclohexane-1,2-diol (*cis* et *trans*)

5) Acide adipique $HOOC—(CH_2)_4—COOH$

11-c Comment peut-on passer, en plusieurs étapes, du cyclopropane à chacun des composés suivants ?

1) Propène

2) Propan-2-ol

3) Hexane

4) 2,3-diméthylbutane

11-d Quel est le produit principal résultant de la réaction du 1,2-diméthylcyclohexène avec chacun des réactifs suivants ? Quand cela est nécessaire, représenter stéréochimiquement le produit de la réaction.

1) a. O_3 ; b. Zn, H_2O

2) $KMnO_4$ dilué

3) Br_2

4) H_2, Pd

5) $KMnO_4$ concentré

6) acide peracétique puis H_2O en milieu basique

7) BH_3 puis H_2O_2 en milieu basique

Concernant la question 3) : Quelle est la conformation la plus stable de la molécule ? Les atomes de brome occupent-ils la position axiale ou équatoriale ? La molécule obtenue est-elle chirale ? Le produit est-il optiquement actif ?

12

Les arènes

Le cycle benzénique

PRÉALABLES

- Règles de nomenclature des hydrocarbures benzéniques
- Effets inductif et mésomère

MOTS-CLÉS

- Acylation
- Alkylation
- Arènes
- Benzène
- Énergie de résonance
- Halogénation
- Nitration
- Substitution électrophile aromatique
- Sulfonation

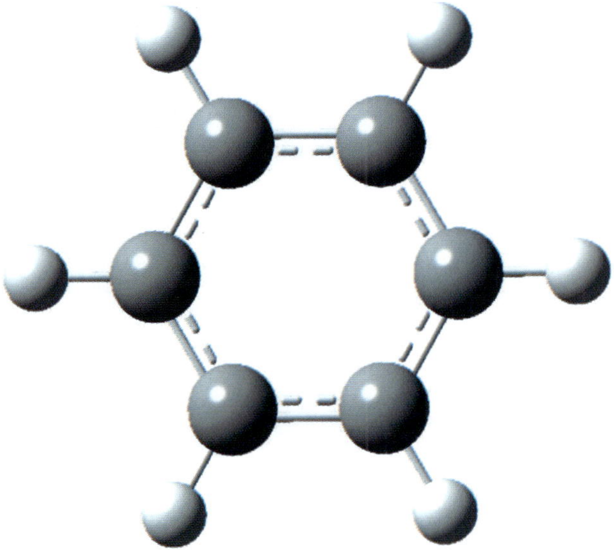

Le benzène C_6H_6

Les **arènes** sont les hydrocarbures dont la formule dérive de celle du benzène,

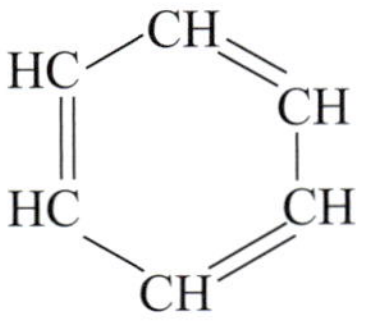

ou

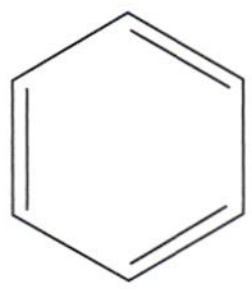

Leurs molécules contiennent donc au moins un « *cycle benzénique* » (on dit aussi « *noyau benzénique* »). Elles peuvent en comporter plusieurs, soit reliés par des chaînes acycliques (C, E) soit directement liés par un sommet (F), soit encore accolés avec un côté commun (G). En outre, ces cycles peuvent porter une ou plusieurs « chaînes latérales », linéaires, ramifiées ou cycliques, saturées ou insaturées (A, B, D).

Exemples

(A)

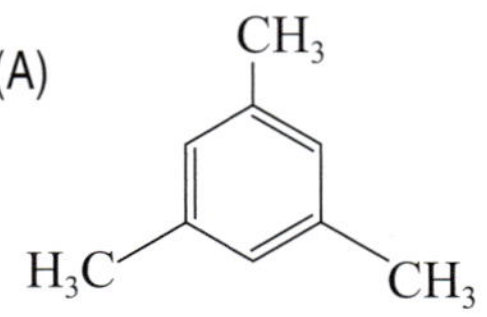

1,3,5 triméthylbenzène
(Mésitylène)

(B)

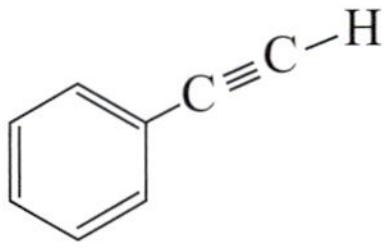

Phénylacétylène

Voir chap. 7, § 7.1.4

(C)

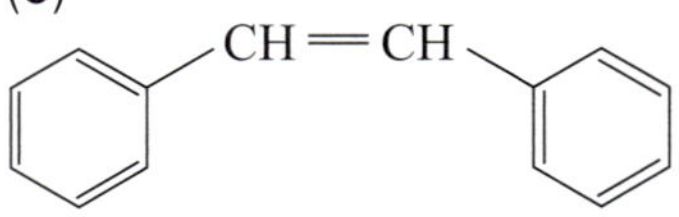

1,2 diphényléthylène
(Stilbène)

(D)

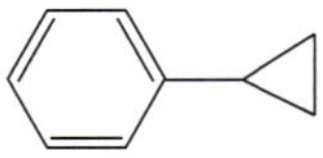

Cyclopropylbenzène

(E)

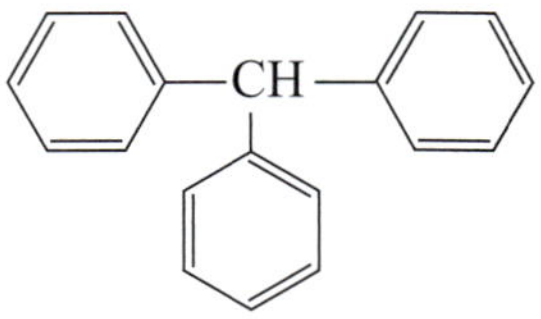

Triphénylméthane

(F)

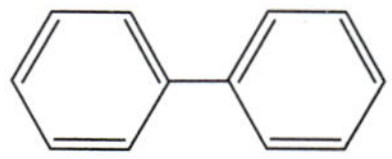

Biphényle

(G)

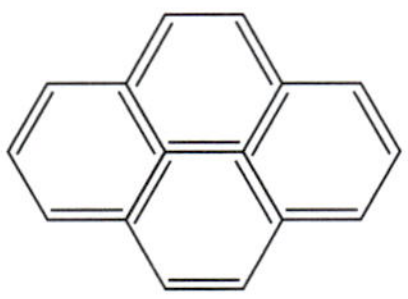

Pyrène

➤ On appelle parfois les arènes « *hydrocarbures aromatiques* ». Cette appellation, très ancienne, provient du fait que la plupart d'entre eux ont effectivement une odeur très prononcée. Mais le terme « aromatique » a actuellement un sens différent, qui ne fait plus référence à l'odeur : il définit un ensemble de caractères, physiques et chimiques, que l'on trouve aussi dans des composés non dérivés du benzène [21.1.2.b]

Voir § 12.1

Voir page 281

➤ La représentation du cycle benzénique par un hexagone où alternent trois liaisons simples et trois liaisons doubles (formule de Kékulé) ne correspond pas à sa véritable structure électronique. Tout au plus correspond-elle à *l'une* des formes limites à prendre en compte dans le modèle de la mésomérie. On l'emploie cependant souvent, car la « matérialisation » des trois doublets π permet de mieux suivre leur « sort » au cours des réactions. Mais ce n'est qu'un *symbole* et, dans ces conditions, la position assignée aux doubles liaisons est arbitraire. On peut d'ailleurs utiliser aussi une autre représentation, où la délocalisation des doublets π est symbolisée par un cercle inscrit dans l'hexagone.

Voir chap. 4, § 4.4.1

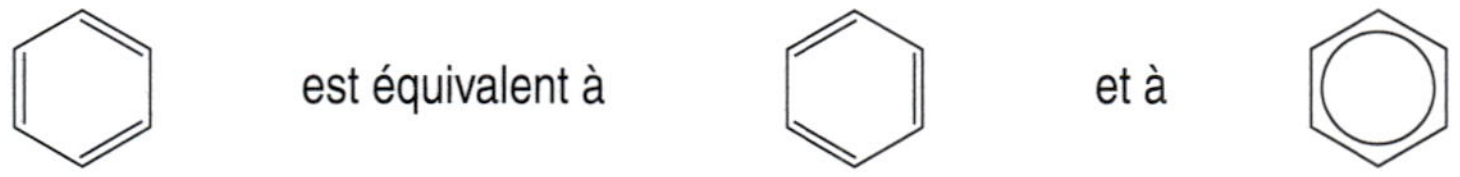

➤ L'enlèvement d'un hydrogène porté par un carbone du *cycle* fournit un groupe **aryle** (symbole : Ar). Celui d'un H porté par une chaîne latérale fournit un groupe *alkyle* (symbole : R).

Exemples

Groupes aryles (Ar) : Groupe alkyle (R) :

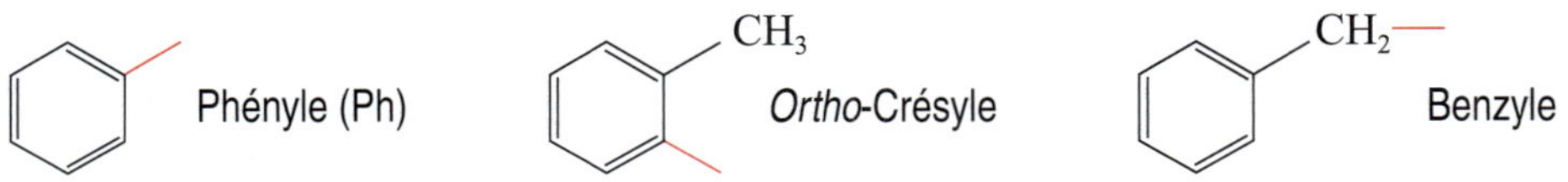

La nomenclature des arènes est exposée au chapitre 7 § 7.1.4

Indépendamment des arènes proprement dits, le cycle benzénique est présent dans de très nombreux composés, notamment naturels, en même temps que des fonctions diverses. Il y conserve, pour l'essentiel, ses caractères propres.

12.1 CARACTÈRES PHYSIQUES

Selon leur masse moléculaire, les arènes sont des liquides ou des solides à la température ordinaire (benzène : F = 5,5 °C, Eb = 80 °C). Ils sont insolubles dans l'eau. Les termes liquides (benzène et toluène surtout) sont de bons solvants pour de nombreuses substances organiques (corps gras, caoutchouc…).

Remarque

Ils ont souvent une odeur très marquée (exemples : la « benzine », nom commun du benzène ; la « naphtaline », nom commun du naphtalène). Les composés naturels très odorants (essences de vanille, d'anis, de cumin, de thym...) ont d'ailleurs souvent une structure benzénique, associée à des fonctions diverses.

Le cycle benzénique absorbe dans l'ultraviolet, vers 255–270 nm (ε = 250 à 350). Dans l'infrarouge, il présente des bandes caractéristiques vers 3 100 – 3 300 cm^{-1} (vibration d'élongation C—H) et entre 650 et 900 cm^{-1} (vibrations de déformation hors du plan du cycle). En RMN, le signal des protons benzéniques (H liés au cycle), très « déblindés », apparaît entre 6,5 et 8,5 ppm (benzène, 7,27 ppm).

Le cycle benzénique est un hexagone régulier plan ; ses six liaisons C—C ont la même longueur, 0,146 nm, intermédiaire entre celle des liaisons simples (0,154 nm) et celle des liaisons doubles (0,135 nm).

Voir chap. 4, § 4.4.1

L'enthalpie standard de formation du benzène est inférieure de 150 kJ.mol^{-1} à la valeur calculable *a priori* pour le cyclohexa-1,3,5-triène. Cette différence correspond à l'énergie de résonance du système conjugué, et rend compte de la très grande stabilité du benzène.

Question 12.A

Êtes-vous sûr(e) de parfaitement connaître le sens des termes : conjugaison, délocalisation, résonance, forme limite, hybride, énergie de résonance (si nécessaire reportez-vous à l'index, ou directement au chapitre 4).

12.2 Réactivité

Voir chap. 4, § 4.4.1.2

La structure électronique particulière du cycle benzénique a déjà été décrite. Les points essentiels la caractérisant sont les suivants :

- Les *trois doublets* π ne sont pas localisés sur trois liaisons particulières, mais *délocalisés* sur l'ensemble des six liaisons. Celles-ci sont donc toutes identiques, et « partiellement doubles ».
- Cette délocalisation, parfaitement symétrique, concernant un domaine étendu, procure au cycle benzénique une *stabilité exceptionnelle.*

Les conséquences de cet état de choses au niveau de la réactivité sont très importantes. Elles se résument dans le fait que *les réactions qui détruisent cette structure sont très défavorisées par rapport à celles qui la conservent, ou qui la restaurent après une destruction temporaire*.

Voir chap. 9, § 9.2.1.b

Plus précisément, malgré le caractère apparemment non saturé du cycle benzénique, *les réactions d'addition sont difficiles et peu nombreuses*. En effet, une addition utilise un doublet π, qui devient un doublet σ et par conséquent les éventuels produits d'additions sur le cycle benzénique perdent la stabilisation due à la délocalisation des trois doublets π.

En revanche, et malgré ce caractère apparemment non saturé du cycle benzénique, *les réactions de substitution sont faciles et nombreuses*. En effet, le remplacement d'un H du cycle par un autre atome ou groupe d'atomes ne modifie pas la structure électronique du noyau, et ne fait pas perdre à la molécule la stabilité qui y correspond. La plupart de ces substitutions ont lieu en présence de réactifs *électrophiles*, en raison de la forte densité électronique « offerte » par le cycle.

Pour la même raison, les oxydants, même forts et dans des conditions où un alcène serait coupé, coupent difficilement le cycle. Mais les chaînes latérales sont beaucoup plus oxydables, particulièrement sur la « position benzylique » (premier carbone de la chaîne, lié au cycle).

LE CARACTÈRE AROMATIQUE

Le cycle benzénique présente un ensemble de caractères très « typé » : très grande stabilité, tendance beaucoup plus marquée aux réactions de substitution qu'aux réactions d'addition malgré une structure « non saturée » (trois doublets π), résistance aux oxydants.

Ce « profil » définit le *caractère aromatique* ou « *aromaticité* ». Il n'est pas propre au seul cycle benzénique, et d'autres composés le possèdent également, mais tous les cycles présentant une alternance de liaisons simples et doubles ne le possèdent pas.

La **règle de Hückel** (1938) indique que *toute structure cyclique siège d'une délocalisation électronique couvrant l'ensemble du cycle, et affectant un ensemble de* $4n + 2$ *électrons* (n = 0, 1, 2, 3, ...) *présente le caractère aromatique.*

Pour n = 0 (deux électrons délocalisés), la seule structure possible est celle du *cation cyclopropényle* :

Pour n = 1 (six électrons délocalisés) les exemples sont plus nombreux. En voici quelques-uns :

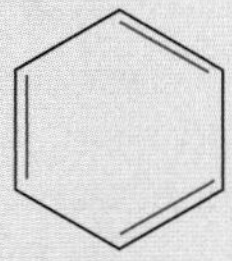

Benzène

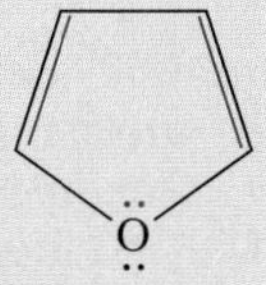

Furane

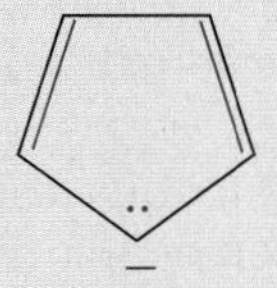

Anion cyclopentadiényle

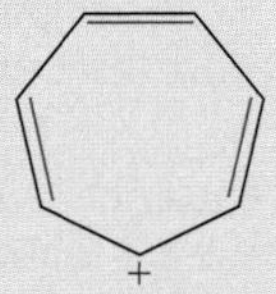

Cation tropylium

Le cas du benzène vient d'être traité, et celui du furane (ainsi que d'autres hétérocycles) le sera au chapitre 21. Mais celui de *l'anion cyclopentadiényle* mérite ici quelques développements.

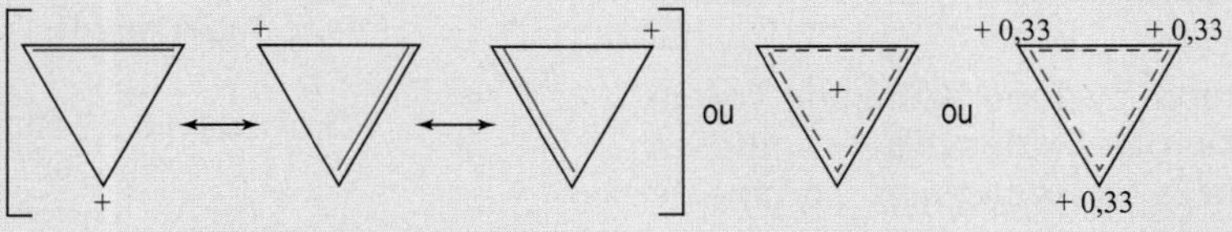

La représentation de toutes ses formes limites, et de son hybride, montre qu'effectivement les deux doublets π et le doublet n (non liant) sont totalement délocalisés sur l'ensemble du cycle, et que la charge – 1 est également distribuée entre les cinq carbones :

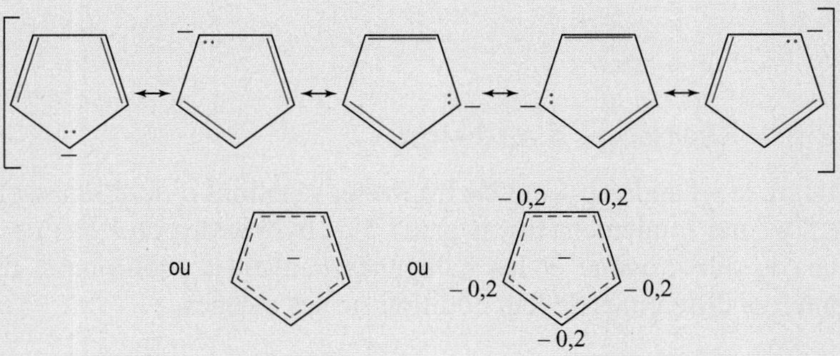

Cet anion est la base conjuguée [cf. 5.5.1] du cyclopenta-1,3-diène :

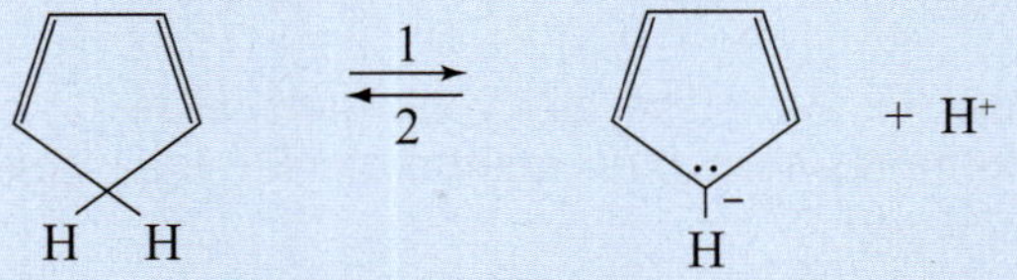

et sa stabilité particulière, associée à son caractère aromatique, rend sa formation (réaction 1) facile. Inversement, sa protonation (réaction 2) est défavorisée, à la fois par la perte de stabilité qui en résulterait (par « immobilisation » de l'un des doublets dans la liaison C—H), et par la dispersion de la charge —, qui rend les cinq carbones peu nucléophiles.

La conséquence au plan chimique est que le cyclopenta-1,3-diène présente un caractère acide marqué : son pK_a [cf. 5.5.1] vaut 16, alors que la valeur habituelle pour un groupe CH_2 adjacent à une double liaison est 40.

En d'autres termes, les deux H du groupe CH_2, dans le cyclopenta-1,3-diène sont « *labiles* », comme l'est (pour d'autres raisons) l'H terminal des alcynes vrais [cf. 10.2]. Il en résulte les mêmes possibilités de réactions, par exemple une alkylation après métallation [cf. 10.2.3.a, p. 256].

Par ailleurs, l'anion cyclopentadiényle forme avec certains ions métalliques des « composés sandwich » appelés *métallocènes*, comme le ferrocène formé autour d'un ion Fe^{2+},

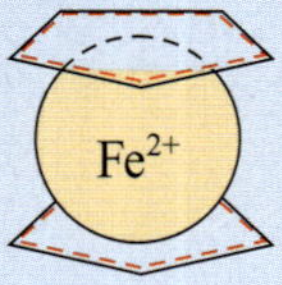

Ferrocène

ce qui montre que la charge – 1 n'est pas portée par un carbone déterminé, mais distribuée, de telle sorte que son barycentre se trouve au centre du pentagone.

En revanche, le cyclobutadiène, avec quatre électrons délocalisés ne satisfait pas à la règle de Hückel, et n'est pas aromatique. Il est même très instable, et ne peut être observé qu'à très basse température (– 260 °C). De même, le cycloocta-1,3,5,7-tétraène, avec huit carbones et quatre doubles liaisons conjuguées (huit électrons délocalisés) ne manifeste que les caractères chimiques d'un alcène (réactions d'addition, d'oxydation, ...). Sa molécule n'est d'ailleurs pas plane.

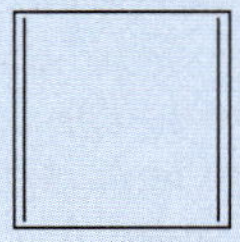

Cyclobuta-1,3-diène

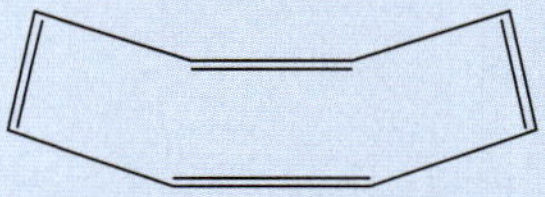

Cycloocta-1,3,5,7-tétraène

Au-delà, l'hydrocarbure cyclique à dix carbones, comportant cinq doubles liaisons conjuguées, est plan et aromatique, mais le suivant (douze carbones et six doubles liaisons) est de nouveau non plan et non aromatique, etc.

12.2.1 Réactions d'addition

Voir § 12.2

Malgré le « handicap » qui les frappe les réactions d'addition sur le cycle benzénique ne sont pas totalement inexistantes. Les hydracides ou l'eau ne s'additionnent pas, mais le dihydrogène et les halogènes peuvent s'additionner, dans des conditions toutefois différentes de leur addition sur les alcènes.

a) Hydrogénation

En présence de nickel, à température et sous une pression élevées (100 °C, 100 à 150 bars), le cycle benzénique fixe trois molécules de dihydrogène, et se transforme en cycle cyclohexanique :

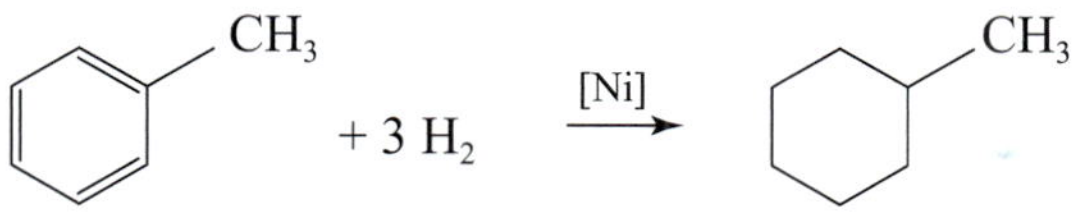

La réaction est toujours totale. On ne peut la limiter à la fixation d'une ou deux molécules de dihydrogène seulement, car les cyclohexadiènes ou les cyclohexènes qui se formeraient s'hydrogènent trop facilement dans ces conditions.

Une réduction par le sodium dans l'ammoniac liquide est possible, comme pour les alcynes [10.2.1.a]. Effectuée en présence d'éthanol (*réduction de Birch*) elle conduit à un cycle contenant deux doubles liaisons non conjuguées.

Exemple

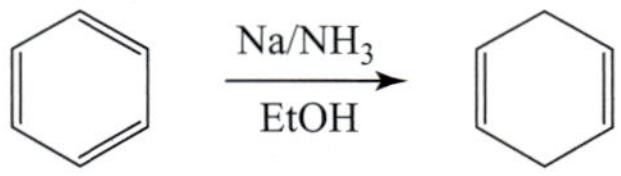

Cyclohexa- 1,4-diène

b) Halogénation

Le cycle benzénique peut fixer trois molécules d'un halogène (Cl_2, Br_2), par une réaction photochimique, de mécanisme radicalaire en chaîne (donc très différent de celui de l'addition des halogènes sur les alcènes)

Exemple

$C_6H_6 + 3\ Cl_2 \xrightarrow{h\nu} C_6H_6Cl_6$ 1,2,3,4,5,6-hexachlorocyclohexane (HCH, Lindane)

12.2.2 Réactions de substitution

a) Substitution électrophile

La plupart des réactions de substitution sur le cycle benzénique correspondent au bilan suivant :

$$ArH + A — B \rightarrow Ar — A + HB$$

et leur mécanisme, en deux étapes, peut se schématiser ainsi :

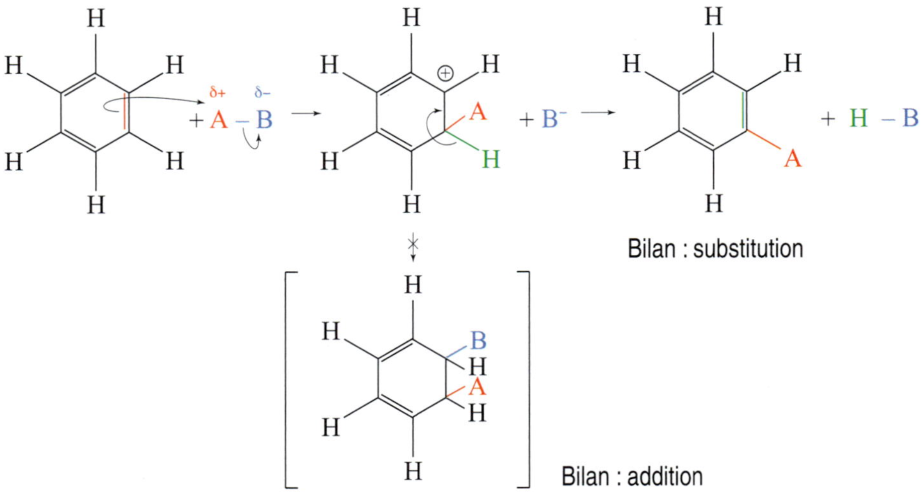

Le réactif A—B subit une dissociation hétérolytique en A^+ et B^-, et c'est le fragment A^+, déficitaire et électrophile, qui interagit avec le cycle benzénique, riche en électrons très disponibles (les six électrons π). A^+ se lie à l'un des carbones du cycle, en utilisant un des doublets π, qui vient assurer la nouvelle liaison C—A. Il résulte de cette première étape un carbocation intermédiaire, non benzénique puisqu'il ne possède plus que deux doublets π. Ce carbocation se stabilise par l'élimination, sous la forme H^+, de l'hydrogène porté par le même carbone que A, et le doublet de la liaison C—H rompue « rentre » dans le cycle, qui redevient ainsi un cycle benzénique. Le fragment B^- et le proton H^+ libéré forment le composé HB figurant dans le bilan de la réaction.

En raison de la nature de la première étape, les substitutions de ce type sont désignées comme « *substitutions électrophiles* » (S_E).

Question 12.B

Une seule forme limite est représentée ci-dessus, pour les molécules initiale et finale comme pour le carbocation intermédiaire, mais tous sont le siège d'une délocalisation. Représentez l'ensemble des formes limites, et l'hybride, pour le carbocation.

On pourrait imaginer que l'anion B^- réagisse avec le carbocation, de telle sorte qu'en définitive le réactif A—B se serait additionné sur deux carbones adjacents du cycle (cf. « bilan d'addition », dans le schéma ci-dessus). Cette addition serait identique, dans son déroulement, à l'addition électrophile sur la double liaison d'un alcène.

Voir chap. 9, § 9.2.1.b

En réalité, cette addition ne s'observe pas. La réaction évolue uniquement vers le « bilan de substitution », et cela s'explique par des considérations énergétiques et cinétiques. Le produit résultant de l'addition n'a plus que deux doubles liaisons conjuguées, et il n'est plus le siège d'une délocalisation aussi importante et complète que celle du benzène. Son énergie de résonance est moins grande, et son niveau d'énergie est donc plus élevé. Le produit résultant de la substitution, au contraire, présente une structure résonante du type de celle du benzène, à laquelle le substituant A participe aussi le plus souvent. Son niveau d'énergie est donc plus bas (fig. 12.1).

L'orientation de la réaction se joue dans la seconde étape, à partir de l'intermédiaire commun aux deux schémas réactionnels. Elle est sous « contrôle cinétique », c'est-à-dire qu'elle résulte du rapport des vitesses des deux réactions dans la seconde étape. Or celle qui conduit au produit de substitution, plus stable, a la plus faible énergie d'activation (fig. 12.1), et elle est donc la plus rapide. Ainsi s'explique que la réaction donne pratiquement, comme seul produit, le dérivé substitué et que, plus généralement, les additions électrophiles sur le cycle benzénique sont impossibles.

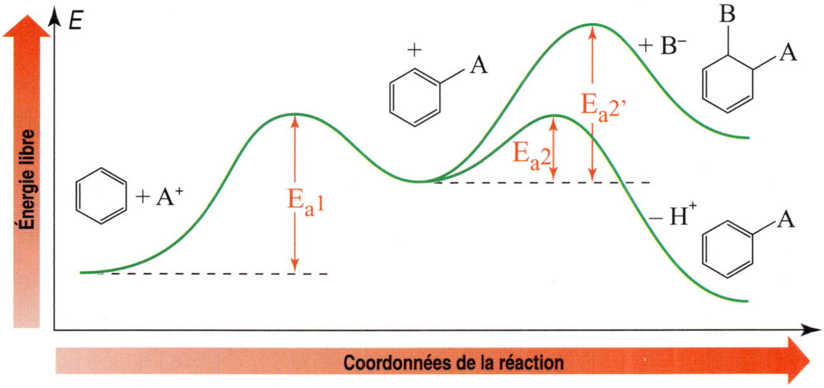

Figure 12.1 **Les deux suites possibles d'une attaque électrophile sur le benzène.**
À partir du même intermédiaire, la réaction peut s'achever par une *addition* ou par une *substitution*. Le chemin qui conduit au produit le plus stable (dérivé de substitution) présente l'énergie d'activation la plus faible. Il y correspond donc la réaction la plus rapide, qui consomme pratiquement la totalité de l'intermédiaire.

Fréquemment, les substitutions sur le cycle benzénique nécessitent l'intervention d'un catalyseur, qui facilite la formation initiale de l'électrophile A^+. Ce catalyseur (Z) doit pouvoir fixer par coordinence l'ion B^- « inutile » dans la réaction ; ce doit donc être un acide de Lewis, avec un atome disposant d'une orbitale vacante. On fait souvent intervenir dans ce rôle le chlorure d'aluminium $AlCl_3$.

Voir chap. 5, § 5.5.2

La réaction catalysée peut se schématiser ainsi :

1. *Formation de l'électrophile* : $A—B + Z \rightarrow A^+ + BZ^-$

2. *Substitution (en deux étapes)* : $A^+ + ArH \rightarrow Ar—A + H^+$

3. *Régénération du catalyseur* : $BZ + H^+ \rightarrow BH + Z$

(des exemples se présenteront dans la suite).

Ce processus constitue un exemple typique de la façon dont peut intervenir un catalyseur dans une réaction. La rupture de la liaison A—B, consommatrice d'énergie, se trouve « jumelée » avec la formation plus ou moins simultanée de la liaison B—Z, productrice d'énergie, et ainsi la libération de l'espèce active A^+ est plus facile (moins « coûteuse » en énergie) et plus rapide.

Les principales réactions de substitution sur le cycle benzénique, appliquées au benzène à titre d'exemple, sont regroupées dans le schéma ci-après. Pour chacune de ces réactions est indiqué le réactif A—B, le catalyseur usuel (entre [ ]), et l'espèce électrophile impliquée dans la première étape (entre parenthèses).

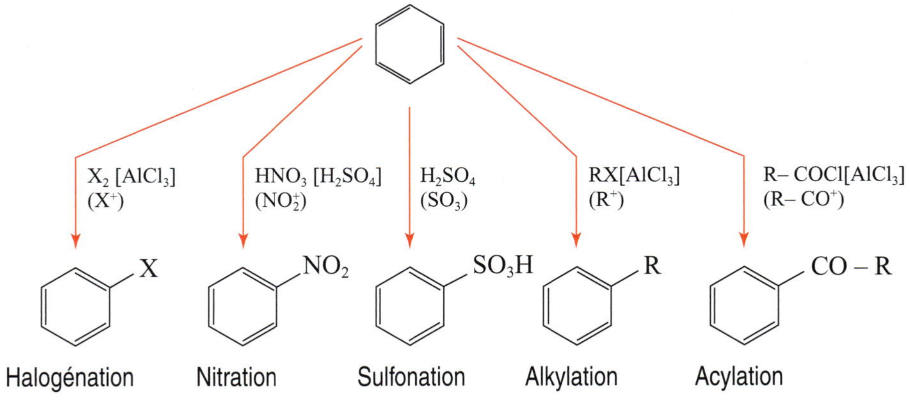

Halogénation

Le dichlore et le dibrome se substituent progressivement aux hydrogènes des cycles benzéniques, selon un bilan de la forme :

$$C_6H_6 + Cl_2 \longrightarrow C_6H_5Cl + HCl$$

On peut ainsi obtenir successivement C_6H_5Cl, $C_6H_4Cl_2$ … C_6Cl_6.

La réaction a lieu en présence de catalyseurs divers, dont le plus courant est le chlorure d'aluminium $AlCl_3$. Il favorise la coupure hétérolytique de la molécule Cl_2, et l'apparition de l'ion Cl^+ selon le schéma :

$$Cl—Cl + \square AlCl_3 \longrightarrow Cl^+ + AlCl_4^-$$

Si l'hydrocarbure benzénique comporte une chaîne latérale saturée, on pourrait attendre également une substitution sur l'un de ses carbones, de même qu'elle a lieu dans les alcanes. Cette possibilité existe effectivement, mais la substitution d'un hydrogène par un halogène sur un carbone saturé est une réaction radicalaire [**§ 8.2.2**], à la différence de la substitution sur un carbone benzénique qui a un caractère hétérolytique et électrophile. En raison de cette différence de mécanisme, les conditions opératoires sont déterminantes pour le résultat de la réaction :

Voir chap. 8, § 8.2.1

- à froid et en présence de chlorure d'aluminium, la formation de radicaux $Cl^•$ n'est pas possible. Seuls des ions Cl^+ peuvent se former, et la substitution a lieu sur le cycle,
- à chaud, sans catalyseur et en présence de lumière, la rupture homolytique de la molécule Cl_2 est favorisée, et le radicaux $Cl^•$ produits provoquent une substitution sur la chaîne saturée. Elle a lieu préférentiellement en position benzylique, en raison de la stabilité particulière du radical libre correspondant.

Voir chap. 8, § 8.2.2

Exemple

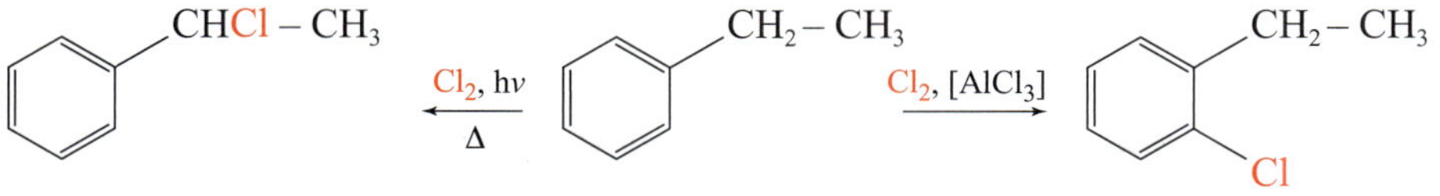

Question 12.C

Quelle autre réaction a déjà été rencontrée, dont l'orientation puisse être modifiée à volonté, par le choix des conditions opératoires, du fait que celles-ci déterminent l'un ou l'autre de deux mécanismes différents ?

Nitration

Un mélange d'acides nitrique et sulfurique concentrés (mélange « sulfonitrique ») provoque sur un cycle benzénique une réaction de *nitration* : remplacement d'un H par un groupe « nitro », NO_2. On obtient un *dérivé nitré*. Le bilan de la réaction sur le benzène est :

$$C_6H_6 + HNO_3 \xrightarrow{H_2SO_4} C_6H_5-NO_2 + H_2O$$

Pour des raisons qui seront précisées plus loin, la réaction est limitée à l'introduction de trois groupes NO_2 au maximum, en positions relatives *méta* :

Voir page 290

Voir chap. 7, § 7.1.4

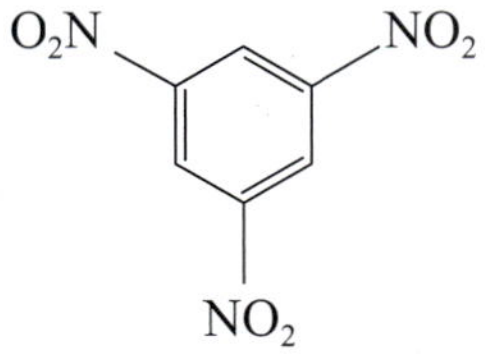

1,3,5-trinitrobenzène

L'acide sulfurique assure le rôle de catalyseur, en favorisant la formation du réactif électrophile NO_2^+ (ion nitronium), par la réaction :

$$H_2SO_4 + HNO_3 \longrightarrow NO_2^+ + HSO_4^- + H_2O$$

Dans un premier temps, l'acide sulfurique protone l'acide nitrique (qui joue donc, dans cette circonstance, le rôle d'une base) et cette protonation entraîne la rupture hétérolytique de la liaison O—N :

$$H_2SO_4 + HO-NO_2 \longrightarrow HSO_4^- + H_2\overset{+}{O}-NO_2 \longrightarrow H_2O + NO_2^+$$

On retrouvera un mécanisme analogue pour la formation d'un carbocation à partir d'un alcool en milieu acide.

Voir page 356

Le mononitrobenzène est un liquide auquel son odeur d'amande vaut d'être employé en parfumerie. C'est, par ailleurs, la matière première de la préparation de l'aniline $C_6H_5-NH_2$, elle-même base de synthèse de nombreux colorants :

$$C_6H_5-NO_2 + 3H_2 \xrightarrow{\text{catalyseur}} C_6H_5-NH_2 + 2H_2O$$

Le 1,3,5-trinitrobenzène est un solide utilisé comme explosif, de même que le 2,4,6-trinitrotoluène (communément appelé T.N.T.).

Sulfonation

L'acide sulfurique très concentré (oléum, solution de SO_3 dans H_2SO_4) produit sur le cycle benzénique une réaction de *sulfonation*, conduisant à un *dérivé sulfoné*, ou acide sulfonique, Ar—SO_3H. Le bilan de la réaction sur le benzène est :

$$C_6H_6 + H_2SO_4 \rightleftharpoons C_6H_5 - SO_3H + H_2O$$

Cette réaction présente deux particularités par rapport aux autres substitutions électrophiles :

- d'une part, elle est inversible : le dérivé sulfoné peut être hydrolysé, en présence d'un excès d'eau, à chaud,
- d'autre part, l'espère électrophile n'est pas un cation, mais la molécule SO_3 présente dans l'oléum, dont l'atome de soufre est rendu très déficitaire, donc électrophile, par la forte électronégativité des trois atomes d'oxygène qui l'entourent. Il se lie directement à l'un des carbones du cycle et l'intermédiaire de la réaction est globalement neutre. Le proton libéré dans la seconde étape subit seulement une migration interne au sein de cet intermédiaire :

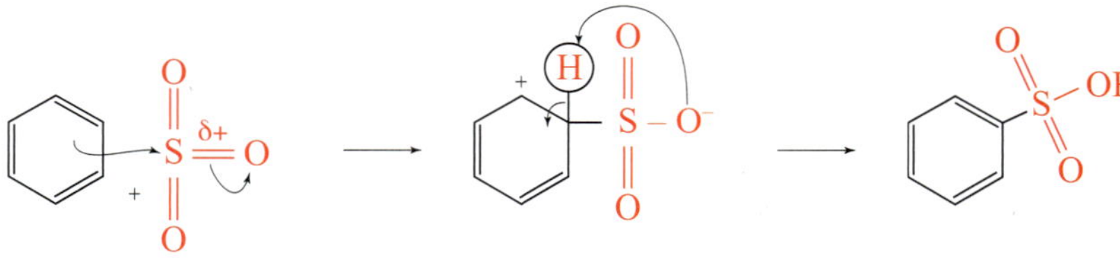

Cependant, en raison de l'existence d'un équilibre, dans l'oléum, entre H_2SO_4 et SO_3, il y a bien en définitive consommation d'acide sulfurique conformément au bilan indiqué.

Voir page 393

Les acides sulfoniques interviennent dans la méthode la plus générale de préparation des phénols. Par l'intermédiaire de leurs « chlorures d'acides », Ar—SO_2Cl, ils sont également utilisés dans la synthèse des sulfamides, employés en médecine comme antibactériens.

Alkylation-Acylation

L'*alkylation* et l'*acylation* sont deux réactions dans lesquelles l'espère électrophile est un *carbocation* et qui aboutissent à la création d'une nouvelle liaison *carbone-carbone*. Elles sont souvent appelées *réaction de Friedel et Crafts*.

L'alkylation

C'est la substitution d'un H par un groupe alkyle R ; elle permet donc de lier une chaîne latérale sur un cycle. Elle résulte de la réaction entre un hydrocarbure benzénique et un halogénure d'alkyle RX, en présence de chlorure d'aluminium comme catalyseur. Avec le benzène et un chloroalcane, son bilan est :

$$C_6H_6 + R - Cl \xrightarrow{[AlCl_3]} C_6H_5 - R + HCl$$

Le chlorure d'aluminium facilite la rupture de la liaison C—Cl, et la formation du réactif électrophile R^+, par la réaction :

$$R — Cl + AlCl_3 \longrightarrow R^+ + AlCl_4^-$$

Conformément au schéma général, il est finalement régénéré par réaction avec le proton libéré :

Voir chap. 12, § 12.2.2.a

$$AlCl_4^- + H^+ \longrightarrow AlCl_3 + HCl$$

A priori très intéressante comme méthode de synthèse des hydrocarbures benzéniques à chaîne latérale, cette réaction présente cependant deux écueils :

- d'une part, il est difficile de la limiter à la substitution d'un seul H ;

Voir page 290

- d'autre part, le groupe alkyle R ne se lie pas toujours au cycle par le carbone qui portait l'halogène dans RX, par suite d'un *réarrangement* susceptible d'intervenir dans le carbocation R^+. Par exemple, la réaction du benzène avec le 1-chloropropane $CH_3—CH_2—CH_2Cl$ donne majoritairement l'isopropylbenzène $C_6H_5—CH\,(CH_3)_2$ au lieu de propylbenzène $C_6H_5—CH_2—CH_2—CH_3$ normalement attendu.

Voir chap. 26, § 26.1.1

Enfin, les halogènures d'aryles Ar—X (par exemple, le chlorobenzène Ph—Cl) ne se prêtent pas à cette réaction, que l'on ne peut donc pas mettre en œuvre pour souder deux cycles benzéniques.

Question 12.D

En présence d'un acide, agissant comme catalyseur, le benzène paraît s'additionner sur le propène :

$$C_6H_6 + CH_3 — CH = CH_2 \xrightarrow{[H^+]} C_6H_5 — \underset{\displaystyle CH_3}{\underset{|}{CH}} — CH_3$$

Il s'agit en réalité d'une substitution électrophile sur le cycle benzénique (H remplacé par le groupe isopropyle). Proposez un mécanisme plausible pour cette réaction (il doit rendre compte de l'orientation de la réaction, qui donne l'isopropylbenzène et non le propylbenzène, ainsi que du rôle du catalyseur).

L'acylation

C'est la substitution d'un H par un groupe acyle R—CO ; on obtient donc une cétone, de la forme Ar—CO—R. Présentant beaucoup d'analogies avec l'alkylation, elle résulte de la réaction d'un *chlorure d'acide* (ou *chlorure d'acyle*) R—COCl sur un hydrocarbure benzénique, en présence de chlorure d'aluminium qui favorise la formation du carbocation $R—\overset{+}{C}{=}O$. Son bilan, sur le benzène, est :

$$C_6H_6 + R — \underset{\displaystyle O}{\underset{\|}{C}} — Cl \xrightarrow{[AlCl_3]} C_6H_5 — \underset{\displaystyle O}{\underset{\|}{C}} — R + HCl$$

Orientation des substitutions sur un cycle déjà substitué

Voir chap. 7, § 7.1.4

Une première substitution effectuée sur le benzène ne pose pas de problème d'orientation, puisque tous ses carbones sont équivalents. Mais une deuxième substitution, identique ou différente, peut *a priori* conduire aux trois isomères *ortho, méta* et *para*. Par exemple, on peut attendre de la chloration du toluène les trois dérivés :

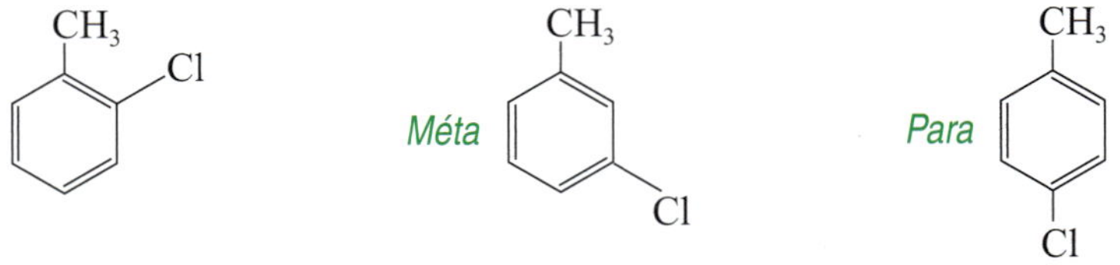

Sur une base purement statistique, du fait qu'il y a deux positions *ortho*, deux positions *méta* et une seule position *para*, on devrait obtenir 40 % de dérivé *ortho*, 40 % de dérivé *méta* et 20 % de dérivé *para* (soit 20 % du total sur chacun des cinq carbones susceptibles de subir la substitution). En fait, on obtient pas les trois isomères dans ces proportions statistiques. La seconde substitution est « régiosélective » et l'expérience montre que son orientation préférentielle ne dépend pas de la nature du second substituant qu'elle introduit, mais de *celle du substituant qui est déjà sur le cycle*.

On observe aussi que la présence d'un premier substituant peut modifier de façon très importante la vitesse d'une deuxième substitution : certains l'accélèrent (ils sont « activants »), d'autres la ralentissent (ils sont « désactivants »).

La règle de Holleman

L'ensemble des résultats expérimentaux connus à ce sujet, a conduit depuis longtemps à formuler une règle empirique, connue sous le nom de « Règle de Holleman » :

Les divers substituants que peut porter un cycle benzénique se classent en deux groupes selon la façon dont ils orientent une substitution :

Substituants ortho/para-orienteurs :

- activants : —OH, —NH_2, —R (groupes alkyles), —OR
- désactivants : —F, —Cl, —Br, —I (halogènes)

Substituants méta-orienteurs :

- désactivants : —NO_2, —SO_3H, —COOH, —CH=O, —CO—R, —C≡N.

La proportion dans ce mélange, des deux isomères ortho et para peut varier assez largement selon le cas [5.4.1] mais cette question ne sera pas discutée.

Exemples : Nitration comparée de quatre composés benzéniques.

	Composé	*Vitesse relative par rapport au benzène*	*% mélange ortho + para*	*% méta*
Phénol	C_6H_5—OH	10^3	98	2
Toluène	C_6H_5—CH_3	25	95	5
Chlorobenzène	C_6H_5—Cl	0,3	99	1
Nitrobenzène	C_6H_5—NO_2	10^{-4}	6	94

Le mécanisme attribué à la substitution sur le cycle benzénique permet de donner à l'ensemble de ces faits une interprétation cohérente, sur la base de deux idées :

➤ En raison de son caractère électrophile, la réaction est plus rapide ou plus lente selon que le substituant déjà présent augmente ou diminue la densité électronique du cycle. Son influence peut s'exercer par *effet inductif* (attractif ou répulsif) [**4.3.2**] et/ou par *effet mésomère* (donneur ou accepteur) [**4.4.1**].

Question 12.E

Quels sont les effets inductifs et/ou mésomères exercés sur un cycle benzénique par les substituants : OH, CH_3 et CH=O ? Représentez l'hybride qui décrit la molécule, lorsqu'il y a lieu.

➤ La première étape de la réaction (formation de l'intermédiaire cationique) est cinétiquement déterminante. La vitesse globale de la réaction est déterminée par la vitesse propre de cette étape qui dépend de son énergie d'activation (E_a^1 sur la figure 12.1) laquelle est liée à la stabilité de l'intermédiaire. Or les trois orientations ortho, méta et para correspondent à des intermédiaires différents, de stabilités différentes, et la réaction passe préférentiellement par le (ou les) plus stable(s).

Voir page 112

Voir chap. 5, § 5.2.3

Il faut donc examiner, pour chaque type de substituant, quelle influence il a pu avoir sur ces deux points.

Question 12.F

Quelle autre « règle » a été précédemment interprétée sur des bases analogues ?

Substitutions en présence d'un groupe ortho/para-orienteur

Le groupe OH, par exemple, est inductif-attractif et mésomère-donneur. Mais, comme c'est le plus souvent le cas, l'effet mésomère est dominant et, la réaction est facilitée. Par ailleurs, le groupe OH exerce un effet stabilisant sur l'intermédiaire, *si l'électrophile s'est lié en ortho ou en para*. Dans ces deux cas, en effet, les doublets

Voir chap. 4, § 4.4.1

libres de l'oxygène peuvent participer à la délocalisation. Mais si l'électrophile s'est lié en méta, cette stabilisation supplémentaire ne peut pas avoir lieu.

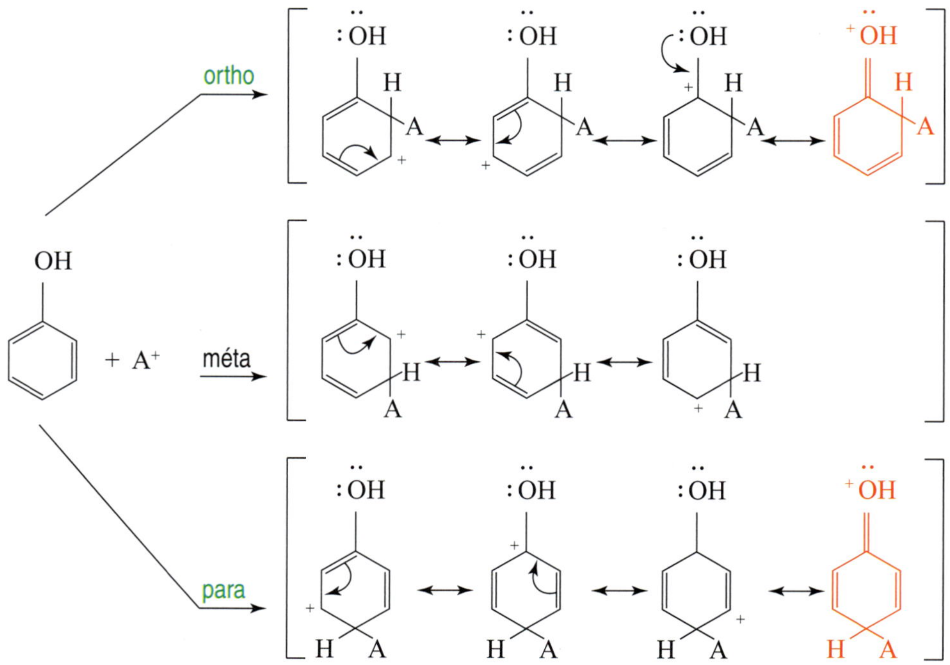

Les *halogènes* sont également *ortho/para-orienteurs*, mais désactivants. Ils peuvent, en effet, jouer le même rôle mésomère que le groupe OH, grâce à leurs doublets libres, pour une substitution en *ortho* et en *para*, mais leur taille est telle que la résonance qui s'établit n'est pas suffisante pour compenser l'effet inductif-attractif ce qui revient à appauvrir globalement le cycle en électrons.

Substitutions en présence d'un groupe méta-orienteur

Cf. question 12.E

Le groupe CH=O, par exemple, est inductif-attractif et mésomère-accepteur. Les deux effets concourent donc à appauvrir le cycle, et par conséquent à ralentir la réaction. D'autre part, la double liaison C=O ne peut jamais participer à la délocalisation dans l'intermédiaire, quelle que soit la position dans laquelle l'électrophile s'est liée au cycle.

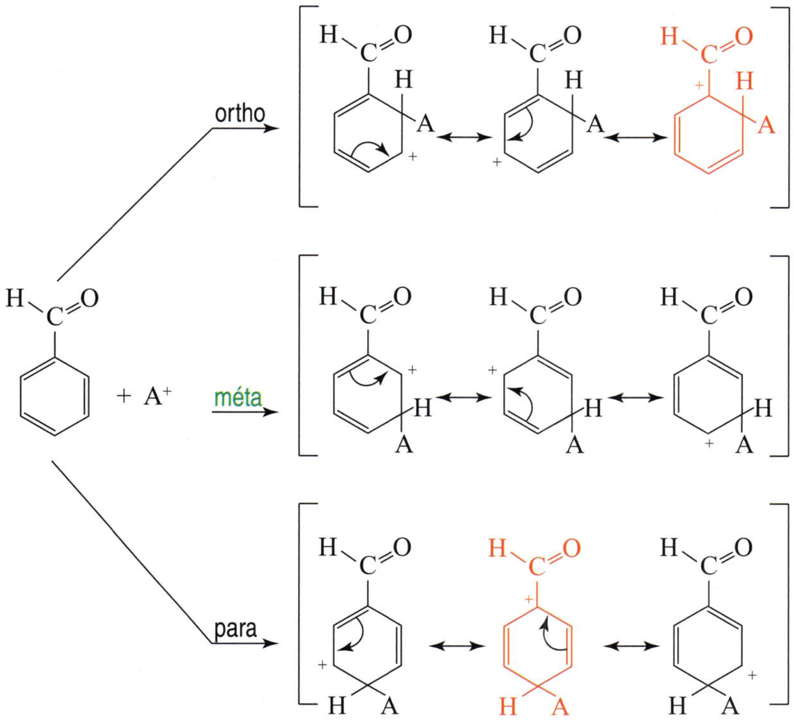

La réaction en *ortho* ou en *para* est cependant particulièrement défavorisée, par le fait que l'une des formes limites décrivant l'intermédiaire (mentionné en rouge) n'a qu'un poids très faible ; elle comporte, en effet, une charge + sur le carbone portant le groupe CH=O, attracteur d'électrons. En définitive, la position *méta*, à défaut d'être favorisée, est moins défavorisée que les positions *ortho* ou *para* ; c'est pourquoi la réaction s'y produit préférentiellement, mais plus difficilement que sur le benzène.

Question 12.G

Les groupes alkyles (CH_3 par exemple) ne donnent pas lieu à un effet mésomère. Comment pourrait-on justifier leur caractère ortho/para-orienteur et activant, en conservant un raisonnement fondé sur la stabilité comparée des intermédiaires possibles ?

Remarque

On peut « justifier » la règle de Holleman d'une façon plus simple, mais moins exacte, en raisonnant sur la molécule initiale, et non sur la stabilité de l'intermédiaire. En effet, dans la molécule de phénol C_6H_5—OH, l'effet mésomère se traduit par l'existence de charges négatives (δ–) sur les positions *ortho* et *para* (cf. question 12.E). On peut donc considérer comme normal qu'un réactif électrophile s'y fixe préférentiellement, et que la réaction soit facile. Inversement, dans la molécule de benzaldéhyde Ph—CH=O, ou de nitrobenzène Ph—NO_2, l'effet mésomère fait apparaître des charges positives (δ+) sur ces mêmes positions *ortho* et *para* (cf. question 12.E). Dans ces conditions, un réactif électrophile se lie plutôt en position *méta*, non (ou moins) appauvrie, mais plus difficilement.

b) Substitution nucléophile aromatique

Les dérivés halogénés aromatiques portant un groupement électroattracteur en position convenable peuvent conduire à la substitution de l'halogène par un nucléophile.

Le groupement attracteur NO_2, placé en ortho ou para, appauvrit en électrons le cycle benzénique et favorise l'approche du nucléophile. Cette réaction peut être illustrée de la façon suivante au départ de l'orthochloronitrobenzène :

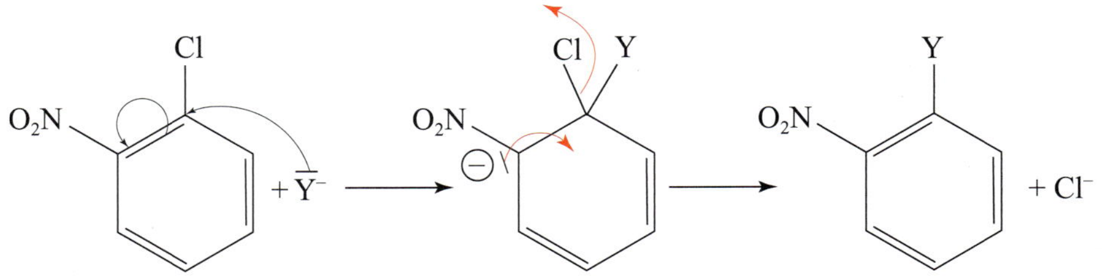

Le nucléophile Y^- se lie au carbone portant l'atome d'halogène en utilisant son doublet associé à la charge négative assurant la nouvelle liaison C—Y. Il résulte de cette première étape un carbanion intermédiaire appelé complexe de Meisenheimer non aromatique. Ce carbanion évolue en éjectant Cl^- pour conduire au dérivé substitué.

Les nucléophiles pouvant être utilisés sont par exemple : RO^-, RR'NH, RS^-, ^-CN.

12.2.3 Oxydation

Mise à part la combustion, le *cycle* benzénique est très résistant à l'oxydation. Les oxydants habituels ($KMnO_4$, par exemple) ne l'attaquent pas, mais, au contact de dioxygène, à 450 °C et en présence d'un catalyseur (V_2O_5), il est coupé et l'on obtient de l'anhydride maléique :

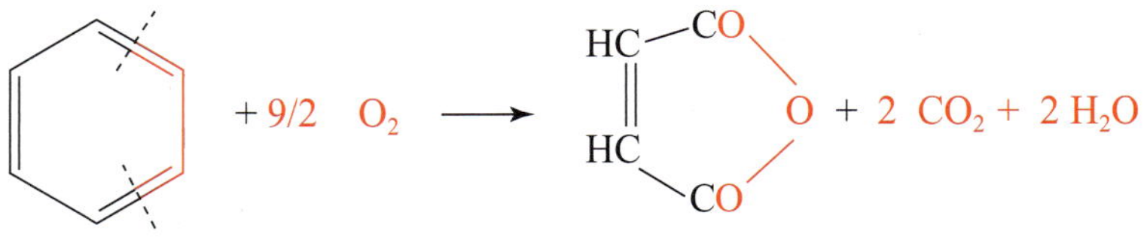

L'oxydation du naphtalène est plus facile que celle du benzène, et donne de l'acide phtalique :

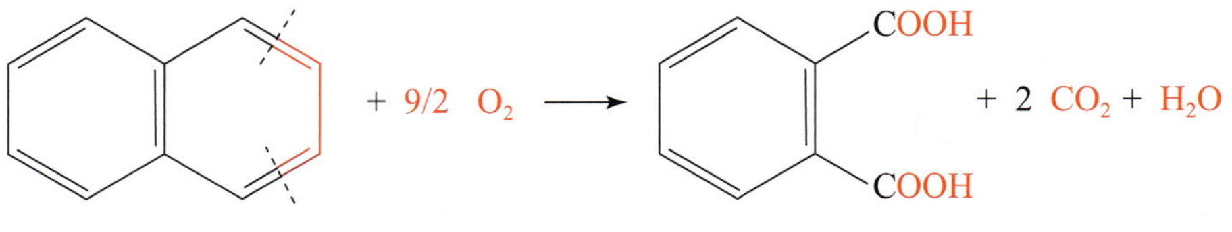

La molécule du naphtalène ne comporte que cinq doublets π pour l'ensemble de ses deux cycles, et si on en attribue virtuellement trois à l'un de ces cycles, l'autre ne peut plus être « pleinement » un cycle benzénique ; il ressemble davantage à un diène conjugué, comme en témoigne la relative facilité de son oxydation.

Les *chaînes latérales* s'oxydent beaucoup plus facilement que les cycles. Elles sont alors coupées, quelle que soit leur longueur, entre le premier et le deuxième atome de carbone (en partant du cycle), et il apparaît une fonction acide sur le carbone qui reste lié au noyau (position benzylique). On obtient donc toujours le même acide, qui est l'acide benzoïque.

Exemples

$$C_6H_5 — CH_3 \xrightarrow{KMnO_4} C_6H_5— COOH + H_2O$$

$$C_6H_6 — CH_2 — CH_2 — CH_3 \xrightarrow{KMnO_4} C_6H_5— COOH + 2CO_2 + 3H_2O$$

S'il y a plusieurs chaînes latérales, chacune est coupée de la même manière, et l'on obtient autant de fonctions acides que le cycle portait de groupes alkyles.

12.3 État naturel

Le *cycle benzénique* est assez fréquent dans des molécules naturelles de structures plus ou moins complexes, notamment polycycliques, et comportant par ailleurs des fonctions diverses. Mais les *hydrocarbures benzéniques* sont beaucoup plus rares. Ils sont cependant présents dans certains gisements pétroliers, ceux d'Indonésie en particulier.

12.4 Préparation

L'*obtention des termes simples* (benzène, toluène, xylènes) est possible, industriellement, à partir de deux sources :

- le *pétrole* : par simple distillation s'ils s'y trouvent à l'état naturel, ou par une « cyclisation déshydrogénante » d'alcanes [8.2.4].
- la *houille* : par pyrogénation (traitement par la chaleur), qui fournit entre autres des goudrons riches en composés benzéniques, et en hydrocarbures notamment.

Voir chap. 8, § 8.2.4

Web

La *synthèse des autres termes* peut comporter, comme opération principale, le branchement d'une chaîne latérale, ou la réunion directe de deux cycles.

12.4.1 La réaction de Friedel et Crafts

Elle permet de substituer une chaîne hydrocarbonée à un hydrogène, sur un cycle benzénique. Elle comporte plusieurs variantes :

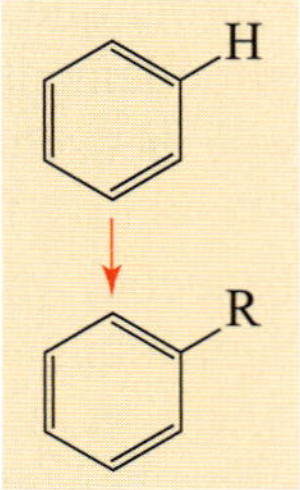

➤ *Alkylation* directe, soit avec un halogénure d'alkyle :

Voir page 288

$$ArH + RX \xrightarrow{[AlCl_3]} Ar - R + HX$$

soit avec un alcène :

$$ArH + R - CH = CH_2 \xrightarrow{[H^+]} Ar - CH(CH_3) - R$$ [Cf. question 12.D]

Voir page 288

➤ *Acylation*, suivie de la réduction de la fonction cétone créée, par exemple par la réaction de Clemmensen [8.4.3] :

$$ArH + R - COCl \xrightarrow{[AlCl_3]} Ar - CO - R \xrightarrow{Zn,\ H_3O^+} Ar - CH_2 - R$$

12.4.2 La réaction de Fittig

Entre deux dérivés halogénés, en présence de sodium ou de zinc, cette réaction permet soit de réunir un cycle et une chaîne, soit de réunir deux cycles :

Analogue à la réaction de Wurtz [8.4.1.b], elle présente comme elle l'inconvénient de fournir souvent des mélanges.

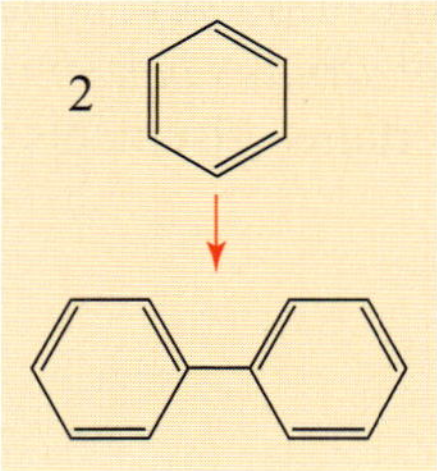

$$Ar - X + R - X + Zn \longrightarrow Ar - R + ZnX_2$$

$$Ar - X + Ar' - X + Zn \longrightarrow Ar - Ar' + ZnX_2$$

L'utilisation des arènes

Web

Le benzène est, de loin, le plus important des hydrocarbures benzéniques. Il est à la base de très nombreuses fabrications (matières plastiques et résines, colorants, explosifs, détergents, insecticides, textiles, etc.

Mais le benzène est toxique pour l'homme (maladies du foie), notamment par inhalation de ses vapeurs. Son utilisation est donc très strictement réglementée et contrôlée. Les arènes à plusieurs noyaux accolés (du type du pyrène, par exemple), sont, quant à eux, cancérigènes. Il s'en trouve dans les goudrons que contient la fumée de tabac.

Voir page 278

L'ESSENTIEL

Substitution électrophile S_E sur le benzène

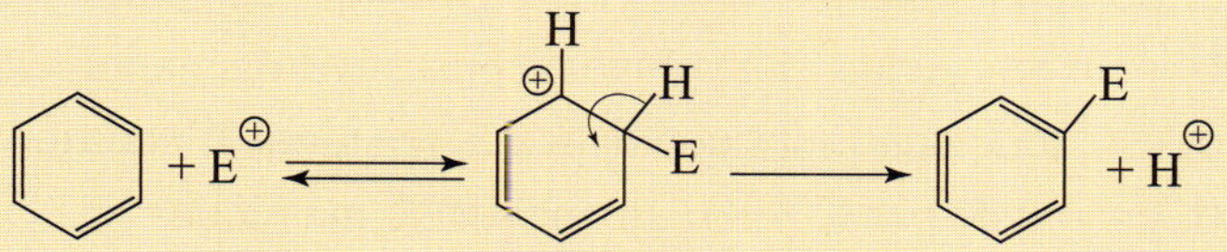

$E^{\oplus}$ = électrophile chargé mais peut-être aussi une molécule

Les principales réactions de substitutions électrophiles

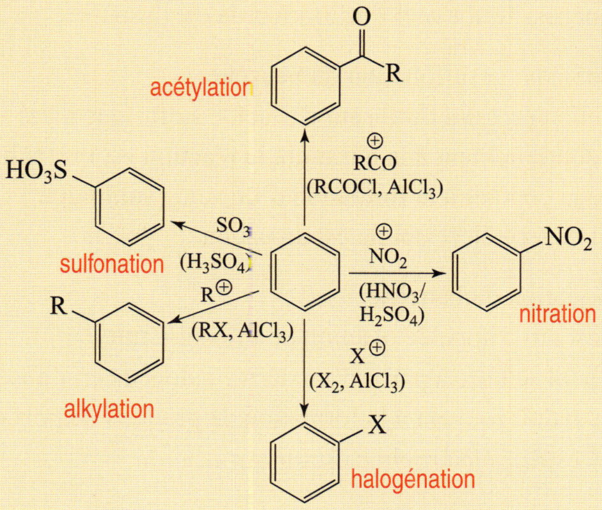

Substitution électrophile S_E sur les dérivés du benzène

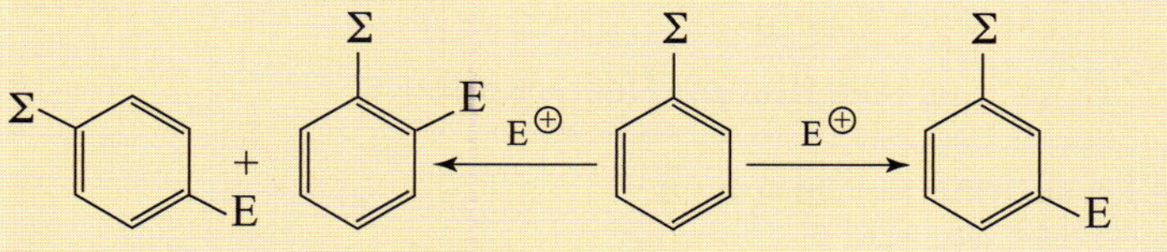

mélange ortho + para majoritaire si Σ = substituant donneur d'électron

méta majoritaire si Σ = substituant attracteur d'électron

QCM

Les réponses se trouvent à la page 663.

1. Le benzène

- ☐ **a.** possède 3 liaisons C=C plus courtes que ses 3 liaisons C—C
- ☐ **b.** peut être réduit en cyclohexane par hydrogénation catalytique
- ☐ **c.** est facilement impliqué dans des réactions d'addition électrophile
- ☐ **d.** est oxydé par $KMnO_4$ en anhydride maléique

2. La substitution aromatique sur le benzène

- ☐ **a.** répond à un mécanisme en une étape
- ☐ **b.** passe par un intermédiaire non aromatique
- ☐ **c.** conduit à un produit de réaction non aromatique
- ☐ **d.** nécessite souvent l'utilisation de catalyseurs

3. Concernant la sulfonation du benzène

- ☐ **a.** elle nécessite l'utilisation d'acide sulfurique dilué
- ☐ **b.** contrairement à la nitration, la réaction est inversible
- ☐ **c.** elle conduit à la formation d'un acide sulfinique
- ☐ **d.** l'espèce électrophile est un cation

4. L'alkylation du benzène

- ☐ **a.** est aussi appelée réaction de Friedel-Crafts
- ☐ **b.** peut se faire à partir d'un dérivé halogéné en l'absence de catalyseur
- ☐ **c.** conduit souvent à la formation de produits de polysubstitution
- ☐ **d.** l'espèce électrophile est un carbocation

5. La nitration du phénol

- ☐ **a.** conduit majoritairement au *méta* nitrophénol
- ☐ **b.** est plus lente que celle du benzène
- ☐ **c.** est régiosélective
- ☐ **d.** est une substitution électrophile

6. La sulfonation du toluène

- ☐ **a.** est plus lente que celle du phénol et est orientée en *ortho, para*
- ☐ **b.** est plus rapide que celle du benzène et est orientée en *méta*
- ☐ **c.** est plus lente que celle du chlorobenzène
- ☐ **d.** nécessite l'utilisation d'acide sulfurique concentré

7. L'acylation du chlorobenzène

- ☐ **a.** nécessite l'utilisation d'un chlorure d'acide et d'un catalyseur

- ☐ **b.** est plus rapide que l'acylation du benzène
- ☐ **c.** conduit à une cétone
- ☐ **d.** est orientée en *méta*

8. Concernant le toluène
- ☐ **a.** il s'oxyde facilement en acide benzoïque par action de $KMnO_4$
- ☐ **b.** il peut être obtenu à partir du benzène par une réaction de Friedel-Crafts
- ☐ **c.** en présence de Cl_2, il peut conduire à 2 types de réaction en fonction des conditions réactionnelles
- ☐ **d.** il ne réagit pas dans des conditions classiques de nitration

9. Quel groupement, lié à un cycle benzénique, est désactivant et oriente en ortho-para
- ☐ **a.** Cl
- ☐ **b.** OH
- ☐ **c.** NO_2
- ☐ **d.** CHO

10. L'intermédiaire réactionnel d'une SE sur le benzène
- ☐ **a.** est un carbocation non résonant
- ☐ **b.** est un aromatique
- ☐ **c.** est un radical résonant
- ☐ **d.** est une espèce à courte durée de vie

EXERCICES

Les solutions se trouvent à la page 676.

Les **règles de nomenclature** permettant de faire correspondre réciproquement un nom et une formule, sont exposées dans le chapitre 7 (pour les stéréoisomères, au chapitre 3).

12-a Quel est le produit principal formé dans les réactions suivantes (si elles sont possibles) ?

1) Toluène + Ph—CH_2Cl [$AlCl_3$]
2) Toluène + chlorobenzène [$AlCl_3$]
3) Ph—CH_2—CH_2—CH_2—COCl [$AlCl_3$]
4) Ph—CH_2—CH_2—CH_3 + Cl_2 (à chaud, en présence de lumière)
5) Benzène + Cyclohexène (milieu acide)
6) Ph—CH=CH—Ph + Dihydrogène [Ni] (20 °C, pression atmosphérique)

7) Ph—CH=CH—Ph + Dihydrogène [Ni] (150 °C, 100 atm)

8) Benzène + ClCO—CH_2—CH_2—COCl [$AlCl_3$]

9) Benzène + Trichlorométhane $CHCl_3$ [$AlCl_3$]

10) Ph—CH_2—CH_3 + Cl_2 [$AlCl_3$]

11) Chlorobenzène + Chlorure de méthyle [$AlCl_3$]

12) Parachlorotoluène + Zn

12-b Comment peut-on préparer chacun des composés suivants, en plusieurs étapes, à partir du benzène et de tout autre composé organique ou minéral nécessaire ?

1) Acide *para*-benzènedicarboxylique (*p*-HOOC—C_6H_4—COOH ; acide téréphtalique)

2) Acide *méta*-benzènedicarboxylique (*m*-HOOC—C_6H_4—COOH)

3) 1-phénylpropène

4) 1-phénylpropyne

5) 1,2-diphényléthane-1,2-diol (Ph—CHOH—CHOH—Ph)

12-c Pour préparer les composés suivants à partir du benzène, peut-on effectuer les deux substitutions successives dans un ordre quelconque ? Sinon, par laquelle faut-il commencer (on supposera qu'il est toujours possible d'isoler l'un des deux isomères dans un mélange *ortho*/*para*).

1) *méta*-bromonitrobenzène

2) *para*-bromonitrobenzène

3) acide *ortho*-nitrobenzoïque

4) *para*-chlorotoluène

5) *méta*-bromoéthylbenzène

6) *para*-méthylacétophénone (*p*-CH_3—C_6H_4—CO—CH_3)

12-d L'acylation du benzène par le chlorure de l'acide formique H—COCl donnerait l'aldéhyde benzoïque C_6H_5—CH=O, mais elle n'est pas possible car le composé H—COCl n'existe pas. Mais on peut obtenir cet aldéhyde en faisant réagir sur le benzène un mélange gazeux de monoxyde de carbone CO et de chlorure d'hydrogène HCl, en présence de chlorure d'aluminium (réaction de Gatterman-Koch). Quel mécanisme plausible peut-on imaginer pour cette réaction ?

12-e Les réactions suivantes conduisent à un faible rendement en produit proposé ou ne sont pas possibles. Préciser les raisons de l'échec et donner, lorsqu'il existe, le produit attendu.

a) $C_6H_6 + CH_3Cl \longrightarrow C_6H_5Cl + CH_4$

b) $C_6H_6 + CH_3CH_2CH_2Cl \xrightarrow{AlCl_3}$ 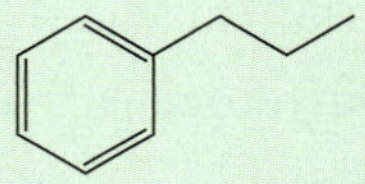

c) 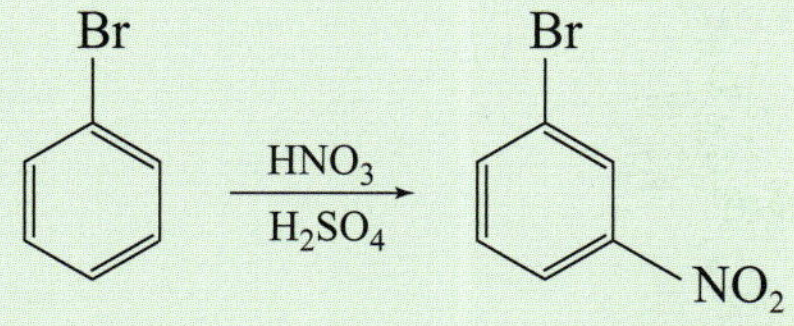

d) 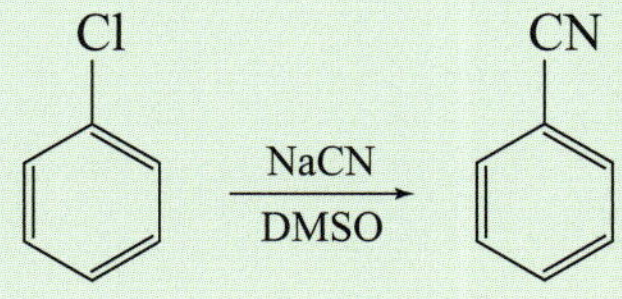

e) 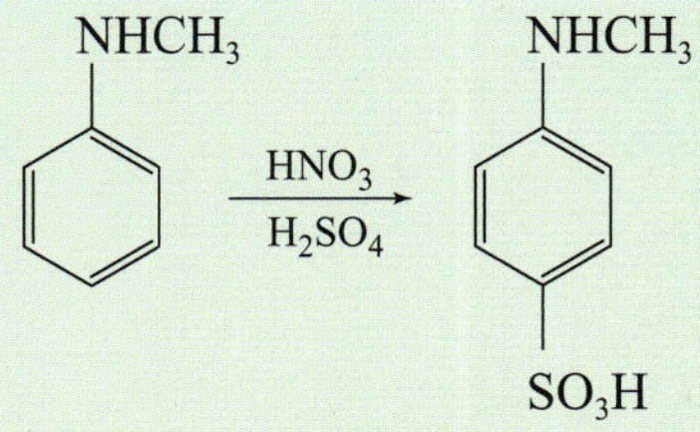

12-f 1) Quelle orientation (*ortho, méta* ou *para*) peut-on attendre pour une substitution électrophile effectuée sur le trifluorométhylbenzène C_6H_5—CF_3 ?

2) Le groupe NH_2, normalement *ortho/para*-orienteur et activant, devient *méta*-orienteur et désactivant pour une réaction effectuée dans un milieu fortement acide. Comment l'expliquer ?

12-g Un composé A ($C_{14}H_{12}$) décolore une solution de dibrome et peut fixer, en présence de nickel, à la pression et à la température ordinaires, une mole de dihydrogène par mole. Son oxydation brutale donne, comme seul composé organique, l'acide benzoïque. Quelle conclusion peut-on tirer de ces informations quant à la structure de A ?

L'addition de dibrome sur A, suivie de l'action de la soude concentrée sur le composé obtenu, donne un composé B ($C_{14}H_{10}$). Celui-ci par hydrogénation sur palladium donne un composé C ($C_{14}H_{12}$), différent de A. Enfin, A, B et C, par hydrogénation sur nickel donnent le même composé D ($C_{14}H_{14}$). Quelle information complémentaire ces données apportent-elles sur la structure de A ? Quelles sont les structures de B, C et D. Comment se nomment A, B, C et D ?

12-h Donner, en expliquant par un mécanisme détaillé, la structure de A issu de la réaction suivante :

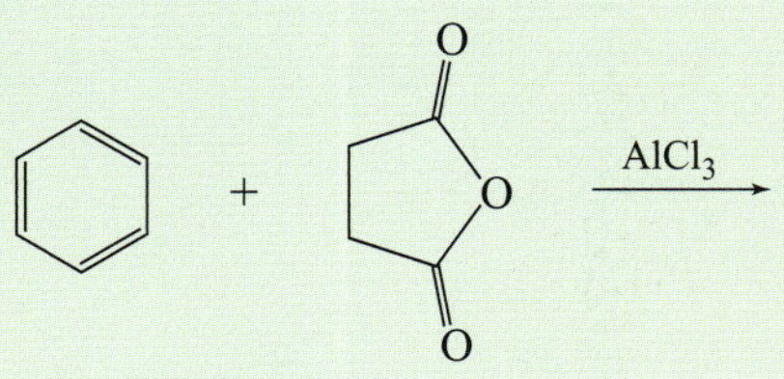

A
acide 4-oxo-4-phénylbutanoïque

12-i Compléter la séquence réactionnelle suivante :

$$C_6H_6 \xrightarrow[H_2SO_4]{HNO_3} \text{a)}$$

$$\text{a)} + CH_3Cl \xrightarrow{AlCl_3} \text{b)}$$

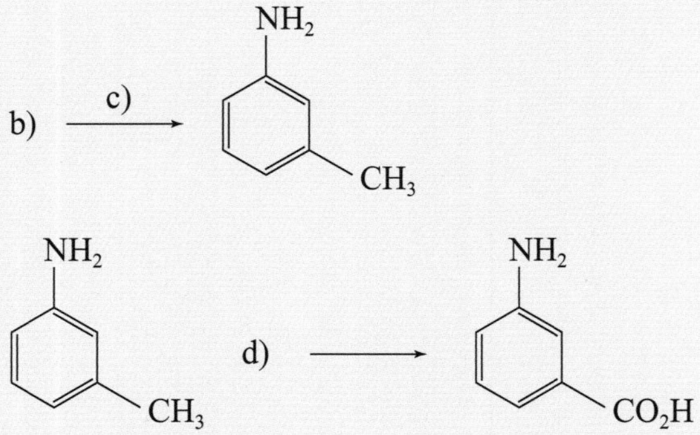

LES DÉRIVÉS HALOGÉNÉS

13

PRÉALABLES

- Règles de nomenclature des dérivés halogénés
- Acidobasicité selon Brönsted
- Acidobasicité selon Lewis
- Les solvants et leur rôle

MOTS-CLÉS

- Carbocation
- Élimination
- Intermédiaire de réaction
- Inversion de Walden
- Mécanisme concerté
- Substitution nucléophile

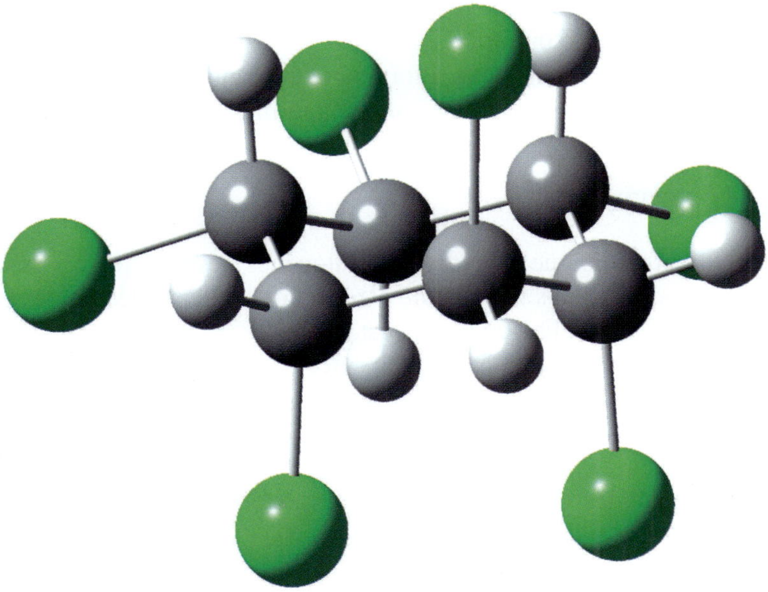

Le lindane $C_6H_6Cl_6$

Les *dérivés halogénés* (on dit également « halogénures ») résultent du remplacement d'un ou plusieurs atomes d'hydrogène d'un hydrocarbure par un halogène X, chlore, brome, iode ou, plus rarement, fluor. Ils contiennent donc tous, par définition, au moins une **liaison carbone halogène** >C—X.

La *nomenclature* des dérivés halogénés est exposées au chapitre 7 [7.2.1].

Il existe une très grande diversité de dérivés halogénés, et leur réactivité diffère notablement selon qu'ils sont saturés ou non, benzéniques ou non, mono- ou polyhalogénés. D'autre part, les dérivés fluorés constituent une classe nettement à part : leurs modes d'obtention et leur comportement chimique sont très différents de ceux des dérivés chlorés, bromés ou iodés.

Ce chapitre concerne essentiellement les dérivés *monohalogénés saturés*, représentés d'une manière générale par **RX**, où **X** est un atome de chlore, de brome ou d'iode. Quelques indications sur les dérivés fluorés y sont également données. Le comportement particulier des dérivés halogénés non saturés (vinyliques, allyliques, benzéniques, benzyliques) est évoqué au chapitre 20.

Voir § 20.2.1.b

13.1 Caractères physiques

Les dérivés halogénés ont des points d'ébullition plus élevés que ceux des hydrocarbures correspondants. Ils ont également des densités plus grandes, surtout les dérivés polyhalogénés bromés ou iodés, qui comptent parmi les composés organiques ayant les plus fortes densités (CH_3I : 2,28 ; $CHBr_3$: 2,85).

Ils sont insolubles dans l'eau, mais sont de bons solvants (et souvent employés comme tels) pour de nombreux composés organiques, entre autres les corps gras.

La liaison C—X est polarisée et les dérivés halogénés possèdent un moment dipolaire moléculaire non nul (sauf si la géométrie moléculaire est telle que la résultante des moments des liaisons soit nulle).

Voir chap. 4, § 4.3.1

Les dérivés halogénés sont souvent fortement odorants (cf. chloroforme, trichloréthylène, *para*-dichlorobenzène utilisé comme antimite, etc.).

13.2 Réactivité

Le comportement chimique des dérivés halogénés résulte, pour l'essentiel, des perturbations apportées dans la structure électronique de la molécule par *l'électronégativité de l'halogène.* La liaison C—X est *polarisée*, et le carbone se trouve déficitaire, porteur d'une charge δ+ ; il est donc sujet à l'*attaque de réactifs nucléophiles.* Les liaisons C—H avoisinantes sont, par ailleurs, soumises à l'*effet inductif-attractif* de l'halogène, et prédisposées à se rompre en libérant un ion H^+ sous l'*action d'une base* (H labile).

Voir chap. 4, § 4.3.2

Plus précisément, les dérivés halogénés se prêtent à deux types principaux de réactions :

➤ *Réactions de substitution* de l'halogène par un autre atome ou groupe d'atomes, à la suite d'une attaque par une espèce *nucléophile*. La très grande variété de ces réactions confère aux dérivés halogénés un grand intérêt comme intermédiaires de synthèses, permettant l'accès à des fonctions très diverses.

- *Réactions d'élimination* de l'halogène et d'un H porté par le carbone adjacent, avec formation d'une double liaison, lors de l'attaque par une *base*.

Ce type de réaction sera décrit au chapitre 14

En outre, les dérivés halogénés forment, avec certains métaux des composés *organométalliques*.

La *réactivité* (facilité de réaction) des dérivés halogénés augmente dans l'ordre RF ≪ RCl < RBr < RI (< = moins réactif que) ; les dérivés fluorés sont presque inertes chimiquement.

Remarque

Ce classement peut surprendre, car il correspond à un *affaiblissement* progressif de la polarisation de la liaison C—X (les halogènes se classent, pour l'électronégativité, dans l'ordre F > Cl > Br > I). Il montre que la réactivité des dérivés halogénés se relie non à la polarisation de la liaison C—X, mais à sa *polarisabilité*, c'est-à-dire son aptitude à accentuer sa polarisation à l'approche d'un réactif, jusqu'à une éventuelle rupture hétérolytique (ionisation), libérant l'anion X^-. Contrairement à la polarisation permanente qui augmente de C—I à C—F, la polarisabilité augmente de C—F à C—I ; elle est en effet fonction du rayon atomique de l'halogène, qui augmente de F à I.

Dans la pratique du laboratoire, on utilise souvent les dérivés bromés, qui concilient une réactivité généralement suffisante et une préparation facile. Industriellement, pour des raisons de coût, on utilise habituellement des dérivés chlorés, malgré leur plus faible réactivité. Le chlore est « l'halogène industriel », à cause de la préparation facile du dichlore à partir d'une matière première peu onéreuse, le chlorure de sodium, par électrolyse.

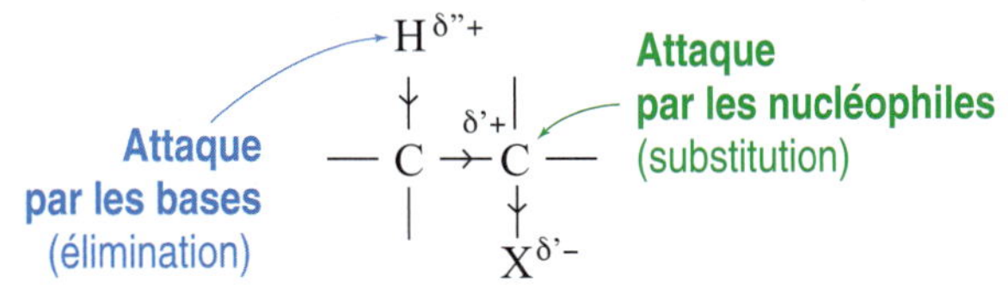

13.2.1 Réactions de substitution

La substitution de l'halogène par un autre atome, ou groupe d'atomes, Y comporte la rupture de la liaison C—X et la formation d'une nouvelle liaison entre le carbone et le réactif.

En quittant le carbone, l'halogène « emporte » le doublet de la liaison rompue, de sorte que le réactif doit « apporter » le doublet nécessaire à la nouvelle liaison C—Y. Le carbone joue donc le rôle d'accepteur (d'électrons) et le réactif celui de donneur (d'électrons), ou de nucléophile. Cette réaction est une *substitution nucléophile*.

Voir chap. 5, § 5.3.2 b

Remarque

La réaction s'effectue entre un nucléophile (le réactif Y^-) et un électrophile (le dérivé halogéné). Mais les réactions sont classées comme électrophiles ou nucléophiles selon le rôle joué par l'espère choisie comme « réactif », par rapport à l'espèce choisie comme « substrat », et ce dernier est ici le dérivé halogéné.

Le réactif nucléophile peut être un **anion**, et le bilan de la réaction est alors :

$$\overset{\delta+}{R} - \overset{\delta-}{X} + Y{:}^- \rightarrow R - Y + X{:}^-$$

Exemple

$$CH_3Cl + OH^- \rightarrow CH_3OH + Cl^-$$

L'anion qui constitue le réactif proprement dit est nécessairement accompagné d'un cation qui, usuellement, ne joue pas un rôle actif. Ainsi, l'action de la soude en milieu aqueux sur un dérivé halogéné peut s'écrire :

$$RX + NaOH \rightarrow ROH + NaX$$

ce qui pourrait éventuellement laisser croire que le « moteur » de la réaction serait l'affinité du sodium pour l'halogène. Mais, en réalité, la soude et le sel de sodium sont totalement dissociés, dans l'état initial comme dans l'état final :

$$RX + Na^+ + OH^- \rightarrow ROH + Na^+ + X^-$$

de sorte que le cation Na+ est simplement « spectateur », non « acteur », et que la réaction se réduit effectivement à :

$$RX + OH^- \rightarrow ROH + X^-$$

Le réactif nucléophile peut être également **une molécule**, au sein de laquelle le doublet engagé dans la réaction peut être :

➤ un *doublet libre*, le bilan de la réaction étant alors :

$$R-X + Y{:} \rightarrow [R-Y]^+ + X^-$$

Exemple

Amine tertiaire — Ammonium quaternaire

Lorsque la molécule nucléophile comporte de l'hydrogène lié à l'atome porteur du doublet libre, la substitution proprement dite est suivie de l'élimination d'un proton :

$$R-X + H\ddot{Y} \rightarrow [R-\overset{+}{Y}H]X^- \rightarrow R-Y + HX$$

Exemple

$$R-X + H_2\ddot{O} \rightarrow \left[R-\overset{+}{\ddot{O}}\begin{matrix}H\\H\end{matrix}\right]X^- \rightarrow R-\ddot{O}H + HX$$

➤ un doublet π, comme dans la réaction de Friedel et Crafts :

Voir page 288

$$C_6H_6 + RX \xrightarrow{[AlCl_3]} C_6H_5-R + HX$$

Questions 13.A

Au chapitre 12, la réaction de Friedel et Crafts a été présentée comme une substitution électrophile. Elle est considérée ici comme une substitution nucléophile. Comment peut on surmonter cette apparente contradiction et concilier ces deux points de vue ?

Voir page 288

Le tableau ci-dessous regroupe divers exemples de substitution nucléophile sur les dérivés halogénés RX.

Tableau 13.1 Exemples de substitution nucléophile sur les dérivés halogénés RX

Réactif	Nucléophile	Produit formé	
Anions			
Soude (NaOH)	OH^-	Alcool	$R-OH$
Alcoolate (R'ONa)	$R'O^-$	Ether	$R-O-R'$
Sel organique (R'COONa)	$R'-COO^-$	Ester	$R'-COOR$
Cyanure (KC≡N)	$^-C\equiv N$	Nitrile	$R-C\equiv N$
Alcynure (R'C≡CNa)	$R'-C\equiv C^-$	Alcyne substitué	$R-C\equiv C-R'$
Organomagnésien (R'MgX)	R'^-	Hydrocarbure	$R-R'$
Nitrite ($AgNO_2$)	NO_2^-	Dérivé nitré	$R-NO_2$
Molécule			
Eau	H_2O	Alcool	$R-OH$
Ammoniac	NH_3	Amine primaire	$R-NH_2$
Amine primaire	$R'-NH_2$	Amine secondaire	$R-NH-R'$
Amine tertiaire	R'_3N	Ammonium quaternaire	$(R'_3RN)^+$
Benzène	C_6H_6	Arène substitué	C_6H_5-R
Une liste plus complète se trouve au chapitre 26 [26.3.1.a].			

Question 13.B

Quelles sont les étapes de la réaction entre l'ammoniac et le bromoéthane, conduisant à l'éthylamine $CH_3-CH_2-NH_2$?

a) Les deux mécanismes de la substitution nucléophile

La substitution nucléophile, souvent désignée par le symbole S_N, peut s'accomplir selon deux schémas (deux « mécanismes ») qui diffèrent essentiellement par la chronologie des deux évènements principaux : la rupture de la liaison C—X et la formation de la liaison nouvelle C—Y. Ces deux mécanismes sont envisagés ci-après dans l'hypothèse où le nucléophile est un anion Y^-, mais leur description pourrait facilement se transposer au cas où le nucléophile serait une molécule.

Déroulement en deux étapes (mécanisme S_N1)

La substitution peut s'effectuer en deux temps, la rupture de la liaison C—X *précédant* la formation de la liaison C—Y. Une première étape, dans laquelle le nucléophile n'intervient pas, produit un carbocation intermédiaire R^+ ; dans une seconde étape, celui-ci réagit avec le nucléophile pour donner le produit :

1re étape : $R{-}X \rightleftarrows R^+ + X^-$

2e étape : $R^+ + Y^- \rightarrow R{-}Y$

Voir chap. 5, § 5.2.3

Il s'agit donc d'une « réaction complexe », au sens défini précédemment, dont le profil énergétique est celui de la figure 5.2b. On désigne ce type de réaction par le symbole « S_N1 », où le chiffre 1 signifie « monomoléculaire », en référence à la première étape qui ne met en jeu qu'une seule molécule.

Toutefois, la rupture de la liaison C—X, dans cette première étape, ne peut pas être réellement spontanée dans une molécule isolée. Elle met en jeu la participation du solvant et, éventuellement, d'un catalyseur (comme $AlCl_3$ [p. 289]).

Voir § 13.2.1.b

Déroulement en une seule étape (mécanisme S_N2)

La substitution peut également s'accomplir en un seul « acte », la rupture de la liaison C—X et la formation de la liaison C—Y étant simultanées (réaction « concertée »).

Voir chap. 5, § 5.2.3

Il s'agit alors d'une « réaction élémentaire » dont le profil est celui de la figure 5.2a. Le système en réaction passe par un état de transition (déjà décrit précédemment [5.2.2] dans lequel X et Y sont tous deux liés au carbone, par des liaisons « en train de se rompre » et « en train de se former » :

$$Y^- + \overset{\delta+}{R}{-}\overset{\delta-}{X} \rightarrow [Y\cdots R\cdots X]^- \rightarrow Y{-}R + X^-$$

État de transition

Ce type de réaction est désigné par le symbole « S_N2 », dans lequel le chiffre 2 signifie « bimoléculaire », en référence au fait qu'elle est déclenchée par une collision entre les *deux* réactifs, RX et Y^-.

b) Les facteurs déterminants du mécanisme

Ces deux mécanismes ne sont pas exclusifs l'un de l'autre, et souvent ils interviennent simultanément : certaines molécules d'halogénure se dissocient en R^+ et X^- pendant que d'autres, encore entières, entrent en collision avec Y^- et réagissent à cette occasion. Les deux processus sont en compétition et la part respective qu'ils prennent à la formation du produit dépend de leurs vitesses relatives.

Mais divers facteurs peuvent favoriser l'un ou l'autre, et souvent les conditions sont réunies pour que l'un des deux mécanismes soit très largement dominant, parce que nettement plus rapide que l'autre. C'est ce qui autorise à parler, par simplification, de « réactions S_N1 » et de « réactions S_N2 ».

Les facteurs susceptibles de déterminer le mécanisme dominant d'une substitution nucléophile, en accélérant l'un des deux processus par rapport à l'autre, sont nombreux : nature du substrat RX (c'est-à-dire à la fois structure de R et nature de l'halogène X), nature du nucléophile, nature du solvant, présence d'un catalyseur, concentrations, température,… Deux seulement de ces facteurs seront envisagés ici :

Structure du dérivé halogéné

Le carbone portant l'halogène peut être primaire, secondaire ou tertiaire et on dit alors que le dérivé halogéné lui-même est primaire, secondaire ou tertiaire (on emploie parfois aussi le terme « nullaire » pour le groupe CH_3) :

Voir page 9

Tableau 13.2

CH_3X	R — CH_2X	R — CH(X) — R'	R — C(R')(R'') — X
(nullaire)	**Primaire**	**Secondaire**	**Tertiaire**

La vitesse de la substitution selon le mécanisme S_N1 augmente avec le degré de substitution du carbone :

$$R_3CX > R_2CHX > RCH_2X > CH_3X$$

> = plus rapide que

Le rapport de vitesse entre CH_3X et $(CH_3)_3CX$ peut atteindre, toutes choses égales par ailleurs, 10^4. Cet effet est imputable à la plus grande stabilité des carbocations les plus substitués [**§ 5.3.2.a**] ; leur formation nécessite une plus faible énergie d'activation et la première étape de la substitution, qui est cinétiquement déterminante (**p. 122**) est plus rapide. Tout autre facteur de stabilisation du carbocation (résonance, par exemple) aura aussi pour effet de favoriser ce mécanisme.

La vitesse de la réaction selon le mécanisme S_N2 diminue au contraire lorsque le degré de substitution du carbone augmente :

$$CH_3X > RCH_2X > R_2CHX > R_3CX$$

Cet effet est attribuable à l'encombrement créé par les groupes R autour du carbone portant l'halogène, que le nucléophile doit pouvoir atteindre lors de la collision. Plus le nombre de ces groupes est grand, et plus ils sont volumineux, plus la proportion de collisions inefficaces [**§ 5.2.2**] est importante.

La même argumentation a déjà été utilisée pour justifier l'orientation de l'addition électrophile (règle de Markownikov, p. 223) et celle de la substitution électrophile (règle de Holleman, p. 290).

Question 13.C

Quel est le mécanisme le plus probable pour la réaction entre la soude (OH^-) et CH_3—CHBr—CH=CH_2 ? Une indication : elle conduit au mélange des deux alcools CH_3—CHOH—CH=CH_2 et CH_3—CH=CH—CH_2OH.

Nature du solvant

L'influence du solvant sur les deux types de substitution nucléophile a déjà été analysée, ayant servi d'exemple au chapitre 5, à propos du rôle des solvants dans les réactions. Les conclusions peuvent se résumer ainsi :

- les solvants protiques (eau, méthanol...) favorisent les processus S_N1 en facilitant la formation du carbocation R^+ par l'établissement d'une « liaison hydrogène » avec l'halogène ;
- les solvants polaires aprotiques (acétone, DMSO...) favorisent le processus S_N2, en solvatant le cation associé au nucléophile.

Malgré les restrictions formulées plus haut quant à l'unicité du mécanisme selon lequel s'effectue une substitution nucléophile, on peut donc considérer qu'un dérivé halogéné primaire, dans un solvant polaire aprotique, réagit selon le mécanisme S_N2 et qu'un dérivé halogéné tertiaire, dans un solvant protique, réagit selon le mécanisme S_N1. Les halogénures secondaires, par contre, donnent plus souvent lieu à des mécanismes de substitution mixtes.

c) Étude expérimentale de la substitution nucléophile

Comment sait-on qu'il existe deux mécanismes-types pour la substitution nucléophile ? Et comment peut-on déterminer par quel mécanisme se réalise effectivement telle ou telle réaction ?

Chacun des deux processus S_N1 et S_N2 a des conséquences observables expérimentalement, d'ordre cinétique et d'ordre stéréochimique, qui constituent sa « signature ». Il en est de même, du reste, pour beaucoup d'autres réactions et il est classique, pour étudier les mécanismes réactionnels, de mettre en œuvre soit la « méthode cinétique » (p. 122) soit la « méthode stéréochimique ».

Voir chap. 5, § 5.4.2

Aspect cinétique

L'étude expérimentale de l'hydrolyse basique du chlorure de tertiobutyle $(CH_3)_3CCl$, ou plus simplement tBuCl,

$$\text{tBuCl} + OH^- \longrightarrow \text{tBuOH} + Cl^-$$

Voir page 122

montre que sa loi de vitesse est de la forme :

$$v = k[\text{tBuCl}]$$

La réaction est d'ordre 1, et la concentration en ions OH^- n'a pas d'influence sur sa vitesse. Un tel résultat est caractéristique d'une réaction complexe, dont la vitesse est réglée par celle de son étape la plus lente (étape cinétiquement déterminante). Dans le cas présent, cette étape monomoléculaire, ne mettant en jeu qu'une seule molécule tBuCl ; ce ne peut être que tBuCl $\longrightarrow$ $tBu^+ + Cl^-$, et il est normal que ce soit la plus lente car elle exige de l'énergie. Dans ces conditions, la seconde étape est nécessairement $tBu^+ + OH^- \rightarrow tBuOH$; elle est rapide, comme toute réaction entre deux ions. Ainsi se trouve établi le schéma en deux étapes, caractéristique d'une *réaction* S_N1, indiqué précédemment.

L'hydrolyse basique du bromure d'éthyle CH_3CH_2Br (ou EtBr),

$$EtBr + OH^- \rightarrow EtOH + Br^-$$

se révèle expérimentalement d'ordre globale 2 et d'ordre partiel 1 par rapport à chacun des deux réactifs :

$$v = k[EtBr][OH^-]$$

Une telle loi de vitesse est caractéristique d'une réaction élémentaire (une seule étape) et bimoléculaire (collision de deux « particules »), désignée précédemment comme *réaction* S_N2.

Question 13.D

Si, ayant fait réagir un dérivé halogéné avec de la soude en très grand excès, on constate que la réaction est d'ordre 1 ($v = k[RX]$), peut-on en conclure que son mécanisme est S_N1 ? Pourquoi ?

Aspect stéréochimique

Le principe de la méthode stéréochimique d'étude des mécanismes réactionnels a déjà été indiqué. Son application à la substitution nucléophile suppose qu'on réalise la réaction sur un seul énantiomère d'un substrat chiral, optiquement actif, dans lequel le carbone portant l'halogène est asymétrique. Un tel substrat (par exemple, $CH_3—\overset{*}{C}HCl—CH_2—CH_3$ sera représenté dans la suite par $\overset{*}{C}abcX$).

Voir chap. 5, § 5.4.2

Si la réaction est effectuée dans des conditions qui déterminent un *mécanisme* S_N1 (prouvé par la cinétique), on observe une *racémisation* : le produit est obtenu sous la forme du mélange inactif de ses deux énantiomères. La réaction n'est donc pas stéréospécifique.

Voir mélange racémique p. 56

Ce résultat est parfaitement cohérent avec le schéma suggéré par la cinétique : le carbocation intermédiaire est plan et le nucléophile peut, avec une égale probabilité, l'approcher par l'une au l'autre des ses faces.

Voir chap. 5, § 5.3.2.a

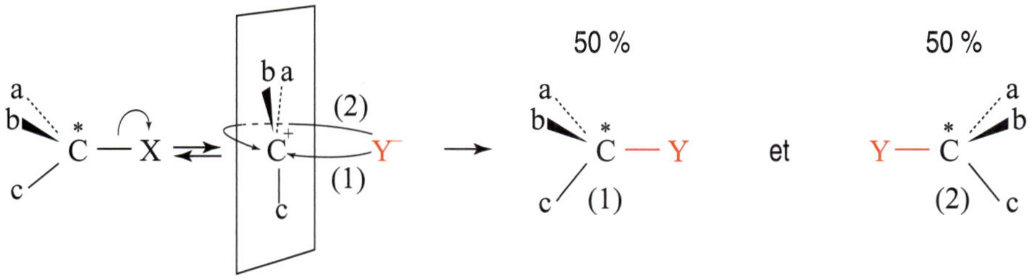

Il est à noter que, si sa structure le lui permet, le carbocation formé pourra se réarranger avant de donner le produit de substitution.

Voir chap. 26, § 26.1.1

C'est le cas, par exemple, des réactions mettant en jeu des ions argent facilitant la rupture de la liaison C—X :

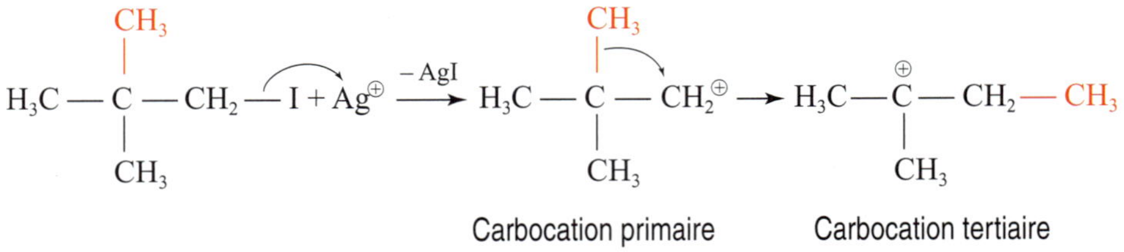

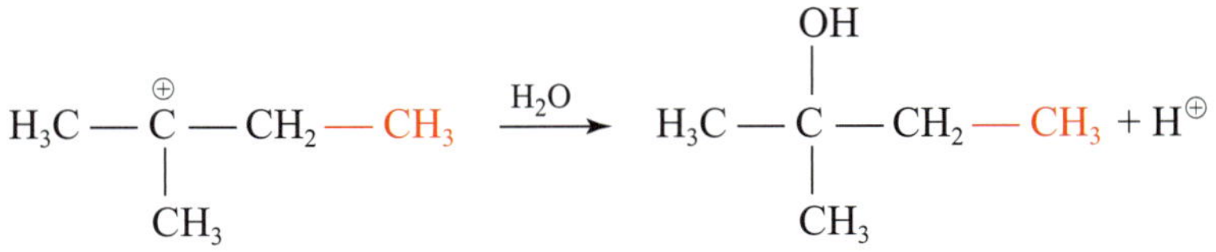

Le carbocation obtenu, de structure primaire, se réarrange favorablement en un carbocation de structure tertiaire plus stable par migration d'un groupement alkyle. Le solvant H_2O joue également le rôle de nucléophile dans cette réaction appelée hydrolyse. Toutes les réactions impliquant le solvant en tant que nucléophile sont appelées solvolyse et donne un mécanisme de type S_N1.

Si la réaction est réalisée dans des conditions qui déterminent un *mécanisme S_N2*, on constate que la réaction est stéréospécifique : un énantiomère du substrat donne un seul énantiomère du produit. On peut, de plus, mettre en évidence qu'elle s'accompagne d'une *inversion* de la configuration du carbone asymétrique (inversion de Walden).

Ce résultat, lui aussi, confirme et complète les indications fournies par l'étude cinétique. Pour que la collision soit efficace, le nucléophile doit s'approcher du carbone par le côté opposé à X. Cette approche provoque une polarisation accrue de la liaison C—X qui finira par subir une rupture hétérolytique, lorsque le nucléophile Y sera totalement lié au carbone. Dans l'état de transition, Y ayant commencé à se lier au carbone et X n'étant pas encore totalement séparé de lui, les trois autres liaisons, repoussées par l'approche de Y sont coplanaires. Après le départ de X, elles se trouvent « retournées » et la configuration du carbone est inversée par rapport à la molécule initiale.

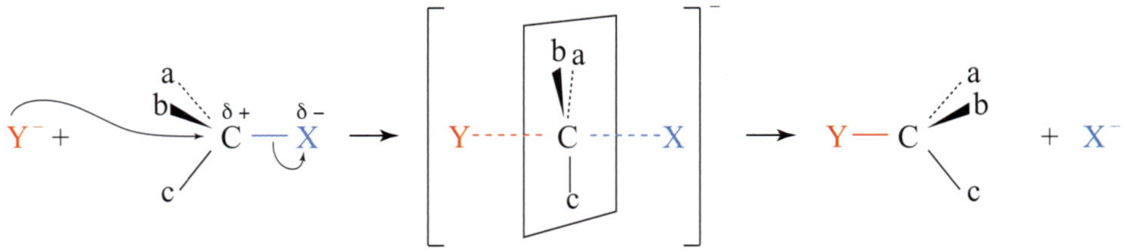

Remarque

Voir chap. 3, § 3.3.2

Toutefois cette inversion ne se traduit pas nécessairement par un changement de signe du pouvoir rotatoire, puisqu'il y a eu une modification chimique de la molécule.

13.2.2 Réactions d'élimination

Lorsqu'un dérivé halogéné possède au moins un atome d'hydrogène sur un carbone adjacent à la liaison C—X, l'action d'une base provoque sa *déshydrohalogénation*. Cet hydrogène est éliminé ainsi que l'halogène, et il se forme une double liaison :

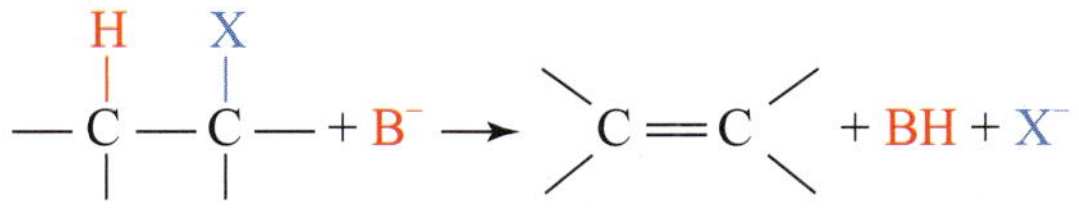

Exemple

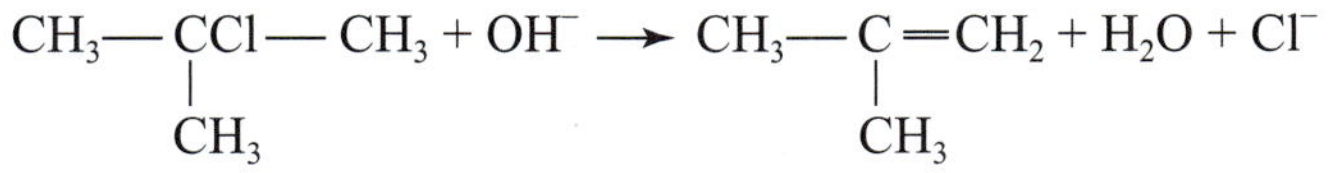

De nombreuses bases peuvent provoquer cette élimination, des bases fortes comme OH^- (soude, potasse), NH_2^- (amidure de sodium $NaNH_2$), RO^- (alcoolates RONa), mais aussi des bases plus faibles comme l'ammoniac NH_3, les amines R—NH_2 ou les alcools ROH.

Cette réaction est *régiosélective* : si la double liaison peut se former en deux positions, elle se forme préférentiellement avec le carbone le plus substitué, ou encore celui qui porte le moins d'atomes d'hydrogène (*règle de Zaïtsev*, formulée empiriquement en 1875).

Exemple

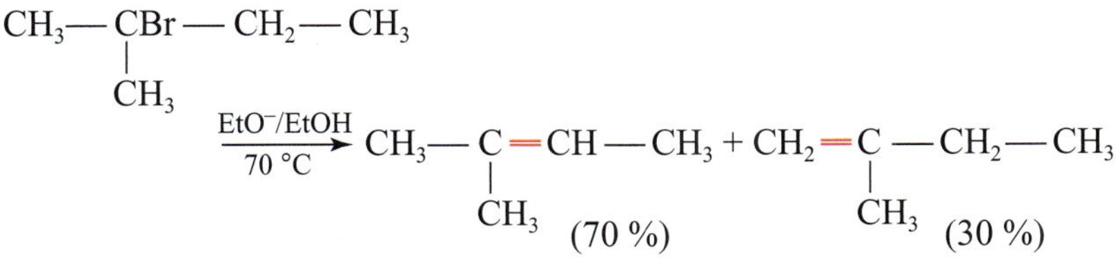

Dans cette réaction, l'aptitude de la liaison C—H à se rompre, en libérant l'hydrogène sous la forme d'un H^+ « récupéré » par la base, est attribuable à sa polarisation par l'effet inductif attractif de l'halogène. On peut donc être surpris qu'un hydrogène porté par le même carbone que l'halogène ne soit pas enlevé encore plus facilement par une base, selon le schéma :

Voir chap. 13, § 13.1

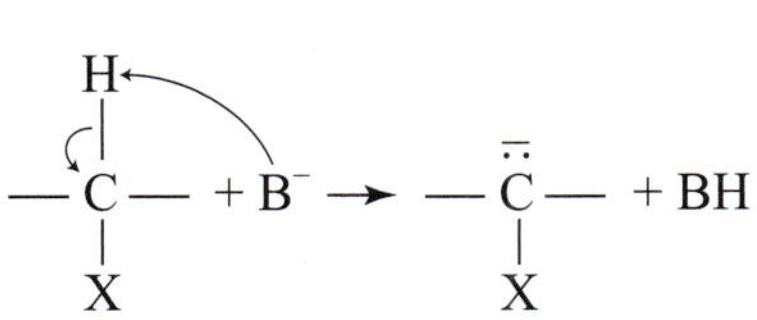

En fait, ce processus est défavorisé énergétiquement par rapport au départ d'un hydrogène du carbone voisin, qui constitue donc, lorsqu'il est possible, la seule éventualité à considérer. Mais on observe cependant le schéma ci-dessus, en présence d'une base très forte, lorsqu'il est le seul possible, comme c'est le cas dans le chloroforme $CHCl_3$:

$$CHCl_3 \xrightarrow{tBuO^-} (CCl_3)^- \longrightarrow CCl_2 + Cl^-$$

Après l'enlèvement de H^+, l'élimination spontanée d'un ion Cl^- conduit au dichlorocarbène, espèce extrêmement réactive et non isolable.

a) Les deux mécanismes de l'élimination

Comme pour la substitution nucléophile, des informations sur le mécanisme de l'élimination sont apportées par son étude cinétique et stéréochimique. Elles conduisent à considérer deux schémas possibles, désignés par les symboles E1 et E2.

Dans le **mécanisme E1**, monomoléculaire (réaction d'ordre 1 : $v = k[RX]$), l'élimination s'effectue en deux étapes, par l'intermédiaire d'un carbocation :

1re étape (lente) :

2e étape (rapide) :

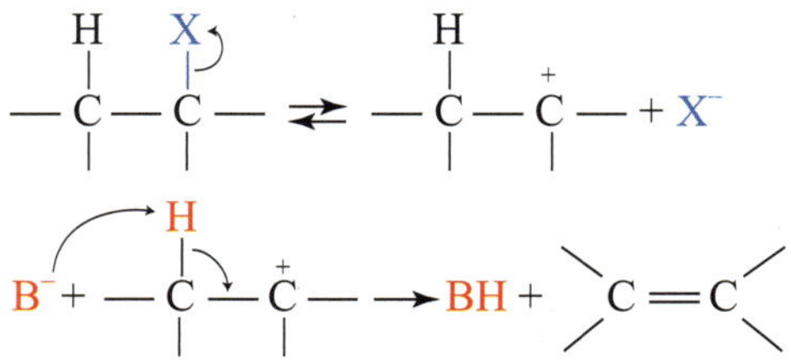

Ce processus est favorisé par les facteurs qui facilitent la formation du carbocation intermédiaire, et qui augmentent sa stabilité (halogénure tertiaire, solvant protique). On l'observe plutôt avec les bases faibles.

Voir chap. 26, § 26.1.1

Il peut donner lieu également, comme dans le cas des S_N1, au réarrangement du carbocation avant la formation du produit d'élimination.

Dans le **mécanisme E2**, bimoléculaire (réaction d'ordre 2, avec $v = k[RX]\,[B^-]$), l'élimination a lieu en une seule étape, dans un processus concerté et continu :

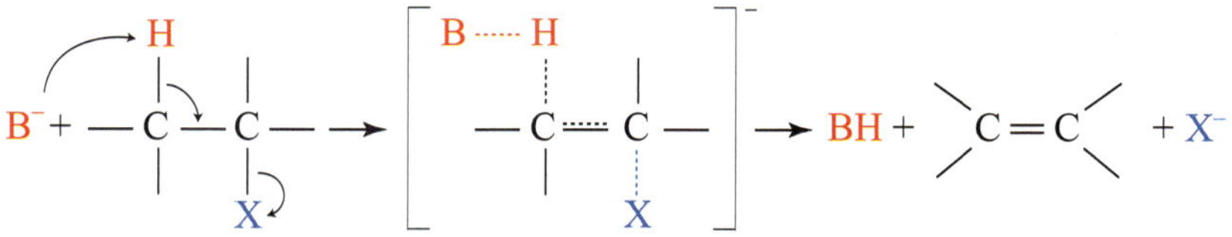

Ce mécanisme est favorisé si le carbocation qui pourrait se former n'est pas particulièrement stabilisé, en présence de bases fortes, dans des solvants polaires aprotiques.

b) Aspect stéréochimique

La réaction E1 n'est pas stéréospécifique en raison de la possibilité de rotation interne qui existe dans le carbocation. Si l'alcène formé peut exister sous deux formes stéréoisomères *Z* et *E*, on obtient un mélange dans lequel la forme *E*, est souvent majoritaire en raison de sa plus grande stabilité.

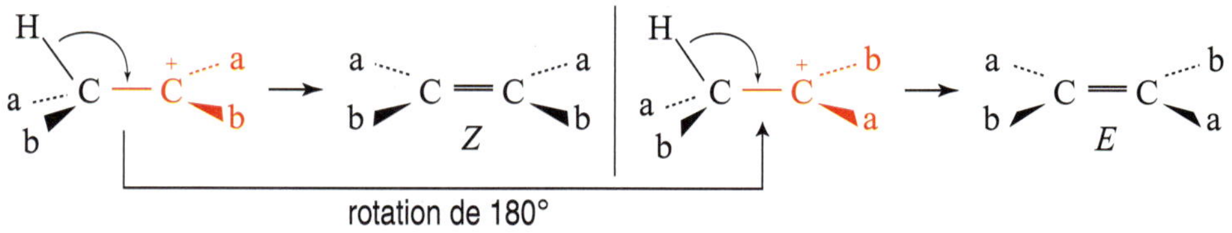

La réaction E2 est, au contraire, stéréospécifique, en ce sens qu'elle fournit un seul stéréoisomère *Z* ou *E* de l'alcène, dont la configuration est déterminée par celles, *R* ou *S*, que possèdent les deux carbones concernés dans le dérivé halogéné. Cette stéréospécificité ne peut donc être mise en évidence que si ces deux carbones sont asymétriques. Les résultats expérimentaux conduisent à attribuer une géométrie particulière à l'état de transition, dans lequel les liaisons C—H et C—X sont coplanaires et antiparallèles :

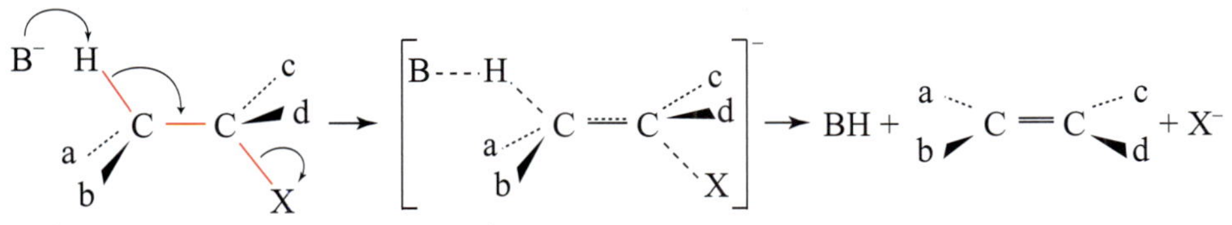

État de transition

Remarque

La disposition de ces deux liaisons rappelle la position « trans » par rapport à une double liaison. C'est en ce sens que l'on qualifie cette réaction de « trans-élimination », expression où le préfixe trans ne s'applique pas au produit de la réaction. Afin d'éviter toute ambiguïté, il est préférable d'utiliser le terme de « anti-élimination ».

Voir chap. 3, § 3.5.1

Question 13.E

Si on effectue la réaction

$$Ph—CHBr—CHBr—Ph + OH^- \rightarrow Ph—CBr{=}CH—Ph + H_2O + Br^-$$

sur l'isomère 2*R*,3*S* du substrat, et dans les conditions telles que le mécanisme soit E2, quel stéréoisomère du produit obtient-on ?

Les résultats obtenus lorsqu'on effectue la réaction sur des substrats cycliques illustrent bien cette *exigence stéréochimique* du mécanisme E2. Ainsi, la déshydrobromation du composé A, qui peut *a priori* donner soit le composé B soit le composé C, semblerait devoir donner préférentiellement B (règle de Zaïtsev et conjugaison de la double liaison avec le cycle benzénique).

A : B : C :

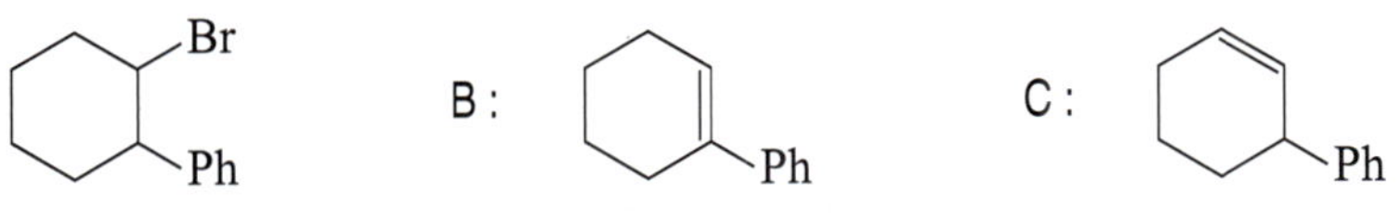

En fait, l'isomère *cis* de A donne effectivement B, mais son isomère *trans* donne C. Ceci s'explique bien si l'on observe que, dans le cyclohexane, seules des liaisons axiales sont coplanaires et antiparallèles. Dans l'isomère *cis* de A, la liaison C—Br est antiparallèle avec la liaison C—H du carbone portant le groupe phényle, mais

Voir chap. 2, § 2.3.2.a

dans son isomère *trans* elle est antiparallèle avec l'une des liaisons C—H de l'autre carbone voisin :

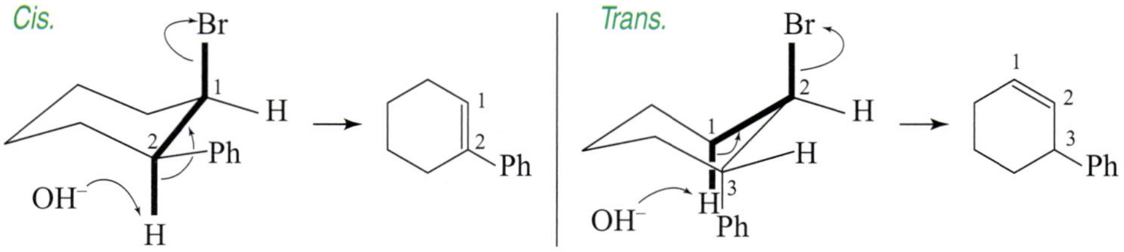

13.2.3 La compétition substitution-élimination

Il ressort de ce qui précède qu'un même réactif, OH^- par exemple, peut provoquer sur un dérivé halogéné soit une substitution, soit une élimination.

Exemple

$$CH_3—CH_2—CH_2Cl + OH^- \xrightarrow{S_N} CH_3—CH_2—CH_2OH + Cl^-$$

$$CH_3—CH_2—CH_2Cl + OH^- \xrightarrow{E} CH_3—CH{=}CH_2 + H_2O + Cl^-$$

Voir chap. 5, § 5.5.2

Les bases sont en effet toujours plus ou moins nucléophiles, et réciproquement et, selon le site où se produit la collision (le carbone ou l'un des hydrogènes voisins), l'un ou l'autre de ces caractères se manifeste.

Il y a donc pratiquement toujours compétition entre les deux réactions, quelle que soit celle que l'on désire réaliser, et l'on obtient un mélange des deux produits. Parfois cependant l'un des deux est très largement majoritaire, voire quasi exclusif, ce qui signifie que l'une des deux réactions est pratiquement impossible à réaliser.

La situation se complique encore du fait que chacune des deux réactions peut s'effectuer par deux mécanismes, eux-mêmes en compétition. Dans le cas le plus général, ce sont donc quatre réactions S_N1, S_N2, E1 et E2, qui sont susceptibles de se produire de façon concomitante, et deux d'entre elles (S_N1 et E1) ont une première étape commune conduisant au même carbocation intermédiaire.

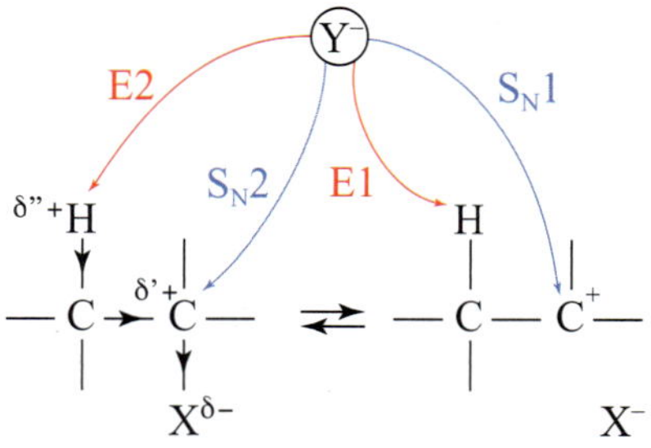

Questions 13.F

Combien de produits (et lesquels) pourraient résulter de la réaction entre le 3-chlorobut-1-ène et la soude, si toutes les éventualités concevables se réalisaient ?

Remarque

Les facteurs susceptibles d'influer sur la part prise par chacune des réactions possibles sont nombreux : nature du substrat, du réactif et du solvant, température, concentration, catalyse, etc. Une discussion approfondie du sujet ne peut trouver place ici, et on se bornera à quelques indications.

a) Nature du substrat

La part de l'élimination augmente avec le nombre de groupes alkyles liés au carbone portant l'halogène ; elle augmente donc dans l'ordre $RCH_2X < R_2CHX < R_3CX$.

Remarque

Ainsi, dans des conditions où l'action de l'ion éthylate EtO^- sur le bromure de propyle $CH_3—CH_2—CH_2Br$ donne 9 % d'élimination, elle en donne 87 % avec le bromure d'isopropyle $(CH_3)_3$ CHBr et 98 % avec le bromure de tertiobutyle $(CH_3)_3$ CBr (le % complémentaire correspond, dans chaque cas, à la substitution). Les tentatives de substitutions diverses sur un halogénure de tertiobutyle conduisent d'ailleurs à peu près toutes à la formation presque exclusive d'isobutène $(CH_3)_2C=CH_2$.

Cet effet de la structure de l'halogènure, qui crée des limitations à l'application de certaines réactions en synthèse, à une origine stérique. Après une substitution, le carbone conserve sa géométrie tétraédrique, alors qu'après une élimination deux carbones tétraédriques (sp^3) sont devenus éthyléniques (sp^2), avec un passage de 109,5° à 120° pour les angles formés par leurs liaisons. Il résulte de cette modification géométrique une « décompression » des atomes ou groupes liés à ces carbones, favorable au déroulement de la réaction. Mais cette décompression est peu effective sur un carbone primaire (dont l'environnement est peu « comprimé », vu le faible volume de l'hydrogène), alors qu'elle est très effective sur un carbone tertiaire, d'autant plus que les groupes qui l'entourent sont plus volumineux.

Une analyse plus fine conduit à distinguer les réactions monomoléculaires (S_N1 et E1) des réactions bimoléculaires (S_N2 et E2). Pour les réaction S_N1 et E1, la décompression est déjà réalisée dans le carbocation, mais la formation d'une liaison avec le nucléophile (substitution) entraîne le retour à la géométrie tétraédrique et une « recompression » ; au contraire, la formation d'une double liaison (élimination) rend définitive la géométrie plane plus favorable. Dans la réaction E2, la décompression est déjà amorcée dans l'état de transition ; elle le stabilise et diminue l'énergie d'activation de l'étape cinétiquement déterminante, qui est donc d'autant plus rapide que cette décompression est importante. La réaction S_N2 sur un halogénure encombré (tertiaire) est au contraire défavorisée, les groupes alkyles gênant l'approche du nucléophile par « l'arrière ».

Voir § 13.2.1.c

b) Nature du réactif

Si les caractères basique et nucléophile, qui ont les mêmes origines [§ 5.3.2.b, 5.5], sont toujours associés, par contre leurs « forces » (« basicité » et « nucléophilie ») ne vont pas de pair. Il existe des bases fortes faiblement nucléophiles, comme OH^- ou RO^- ; elles provoquent plutôt des éliminations, surtout si elles sont concentrées. Inversement, un réactif fortement nucléophile et faiblement basique, comme I^-, provoque plutôt des substitutions.

c) Température

Une élévation de la température favorise l'élimination au détriment de la substitution.

Pesticides et environnement

Les *pesticides* (insecticides, herbicides, fongicides) sont des produits destinés à lutter contre les insectes ou les plantes nuisibles. Ce sont souvent des composés chlorés, les deux plus connus étant le D.D.T. (**D**ichloro**D**iphényl**T**richloréthane) et le lindane (l'un des stéréoisomères de l'hexachlorocyclohexane, ou HCH) :

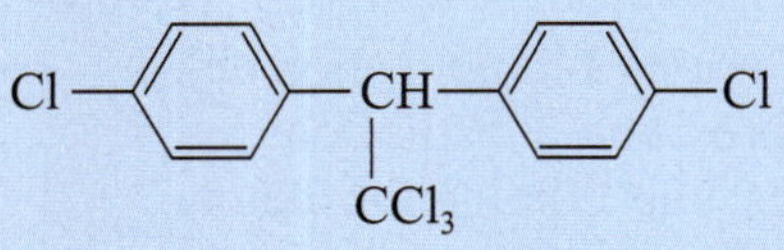

D.D.T

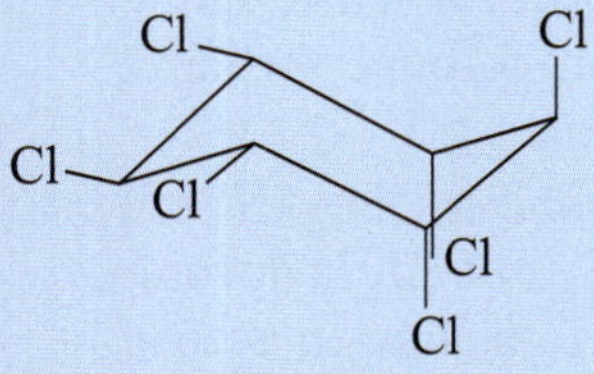

Lindane

Le D.D.T., en particulier, a été employé en quantités énormes depuis la seconde guerre mondiale (on estime que, depuis cette époque, on en a globalement répandu, dans le monde, 5 à 6 millions de tonnes). Grâce à son utilisation, entre autres résultats, le rendement des cultures de coton a été multiplié par deux, et celui de la culture de cacao par 3,5, au bénéfice de l'économie des pays producteurs. La destruction systématique de l'anophèle, moustique propagateur de la malaria, a sauvé quelque 15 millions de vie humaines, et diverses épidémies ont été évitées.

Mais c'est un composé très stable, qui à une longue durée de vie dans les milieux naturels (plusieurs années ou même dizaines d'années) et le vent, les eaux de ruissellement ou les courants marins l'ont dispersé à l'échelle de toute notre planète. On en retrouve actuellement dans les graines oléagineuses, dans le plancton et dans certains mollusques marins qui sont capables de l'extraire de l'eau de mer et de le concentrer dans leur organisme ; il s'en trouve même dans la glace polaire, et dans la graisse des pingouins. Il est responsable de la fragilisation de la coquille des œufs de certains oiseaux, dont l'espèce est de ce fait menacée. Certains équilibres naturels en ont aussi été modifiés : la disparition de certains insectes peut entraîner celle des oiseaux qui s'en nourrissent, ou, au contraire, faire proliférer d'autres insectes dont ils étaient les prédateurs.

Les *fréons*, ou « chlorofluorocarbones » (CFC), dérivés chlorés et fluorés du méthane, ont été largement utilisés comme fluide dans le circuit de refroidissement des réfrigérateurs, ou comme fluide propulseur dans les « bombes à aérosols ». Ces applications ont correspondu incontestablement à des « commodités » de la vie moderne, mais on a libéré ainsi chaque année dans l'atmosphère terrestre environ un million de tonnes de ces CFC. Conscients du rôle néfaste qu'ils jouent au niveau de la couche d'ozone de la haute stratosphère, la fabrication des fréons est interdite depuis le 31 décembre 1995.

Ces exemples, comme bien d'autres, montrent l'ambiguïté qui peut marquer le « progrès », dont il est rare que les aspects positifs n'aient pas une contrepartie. Même les progrès de la médecine, et l'allongement de l'espérance de vie (passée de 50 à 75 ans en moins d'un siècle), dû en partie à la découverte et à la synthèse de médicaments nouveaux, peuvent conduire à des problèmes liés au vieillissement de la population, et à la modification de l'équilibre entre actifs et non-actifs.

Mais, s'agissant de la chimie, et de sa présence dans la vie courante, il semble que le public en voie parfois plus facilement les aspects négatifs que les aspects positifs. Selon un préjugé assez répandu, ce qui est « chimique » est mauvais, par opposition aux vertus intrinsèques de ce qui est « naturel ». La chimie est souvent associée à toxicité, pollution, danger.

Cette opposition un peu simpliste semble ignorer que la nature, à commencer par la vie elle-même, repose sur des phénomènes chimiques, et que dans la nature tout n'est pas nécessairement « bon » (il existe des composés toxiques naturels...).

D'autre part, il est clair que les utilisations de la chimie sont ce que les hommes en font. S'il ne peut être nié que l'activité chimique, industrielle mais aussi domestique (le chauffage, l'utilisation d'une voiture), peut polluer l'environnement, il faut observer que la chimie peut également fournir les moyens d'analyse, de contrôle ou d'épuration propres à lutter contre cette pollution, ou à l'éviter.

On pourrait probablement se passer de bombes aérosols, ou de colorants dans les bonbons, mais peut-on (et doit-on) se passer d'engrais ou des pesticides ? Il n'y a pas de réponse à cette question en dehors de choix politiques, économiques, sociaux, éthiques. Il nous appartient de gérer des situations où s'affrontent des enjeux contradictoires, économiques et écologiques.

Les chimistes, pour leur part, continuent de travailler, pour offrir des possibilités nouvelles ou meilleures dans d'innombrables domaines (voir introduction (p. 12). Ils cherchent entre autres, des pesticides efficaces et moins toxiques que ceux que l'on connaît actuellement... mais ils seront peut-être plus chers !

13.3 Préparations

Les dérivés halogénés ne se trouvent pratiquement pas à l'état naturel, mais ils peuvent être préparés par un assez grand nombre de réactions.

Question 13.G

Quelles réactions conduisant à des dérivés halogénés ont déjà été rencontrées dans les chapitres précédents ?

13.3.1 Dérivés monohalogénés

- **La substitution directe d'un hydrogène par un halogène** n'est une bonne méthode que dans des cas particuliers.

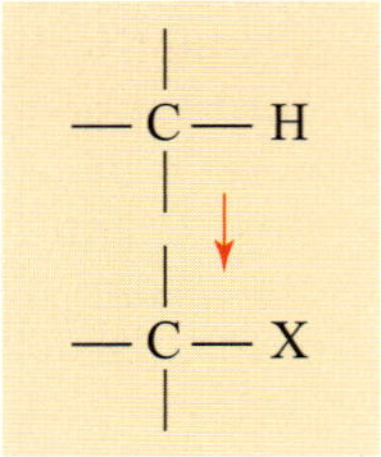

Voir chap. 8, § 8.2.1

L'halogénation radicalaire d'un *alcane* quelconque donne en effet toujours des mélanges d'isomères et de produits contenant un nombre variable d'atomes d'halogène. Mais elle peut donner spécifiquement des dérivés halogénés en position allylique ou en position benzylique [§ 8.2.2]. L'halogénation électrophile du cycle benzénique est également une réaction utilisable. Enfin, il est possible d'halogéner les cétones sélectivement en position α [§ 18.2.2.d].

Voir page 286

Voir page 222

- **L'addition d'un hydracide halogéné sur une double liaison** permet de préparer avec certitude un dérivé *mono*halogéné.

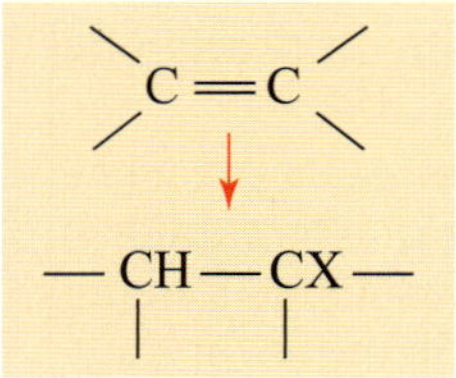

La régiosélectivité de la réaction, différente selon les conditions opératoires (règle de Markownikov, effet Karasch), rend en général nettement majoritaire l'un des deux produits d'addition possibles.

- **La transformation d'un alcool ROH en dérivé halogéné RX** est la méthode la plus générale et la plus utilisée. Elle peut s'effectuer à l'aide le divers réactifs :

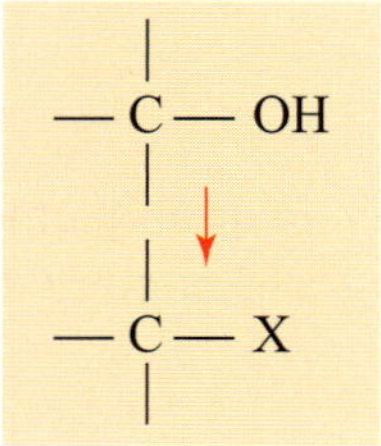

– *hydracide halogéné* :

$$ROH + HBr \leftrightarrows RBr + H_2O$$

– *dérivé halogéné du phosphore* (PCl_3, PCl_5, PBr_3, …)

$$3\ ROH + PBr_3 \rightarrow 3RBr + P(OH)_3$$

$$ROH + PCl_5 \longrightarrow RCl + HCl + POCl_3$$

– *chlorure de thionyle* ($SOCl_2$)

$$ROH + SOCl_2 \longrightarrow RCl + SO_2 + HCl$$

13.3.2 Dérivés dihalogénés

a) Sur le même carbone (dérivés « géminés », ou gem-dihalogénés)

Voir chap. 18, § 18.2.1.j

• **Action du pentachlorure de phosphore PCl_5 sur un aldéhyde ou une cétone** :

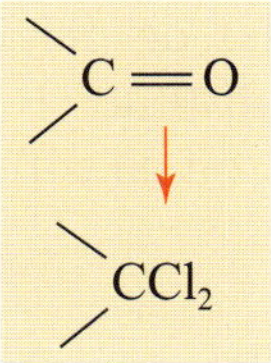

$$R—CH{=}O + PCl_5 \longrightarrow R—CHCl_2 + POCl_3$$

$$R—\underset{\underset{O}{\|}}{C}—R' + PCl_5 \longrightarrow R—CCl_2—R' + POCl_3$$

Voir chap. 10, § 10.2.1.c

• **Addition d'un hydracide halogéné sur une triple liaison** :

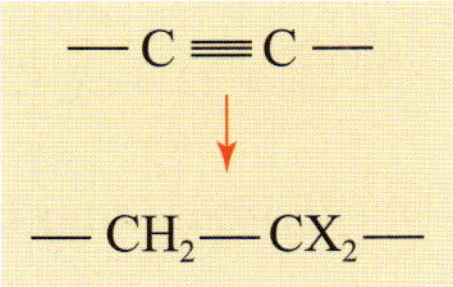

$$R—C{\equiv}CH + 2HCl \longrightarrow R—CCl_2—CH_3$$

Dans le cas d'un alcyne vrai, les deux halogènes se placent normalement sur le deuxième carbone de la chaîne (règle de Markownikov), mais il est possible d'inverser le sens de l'addition, présence d'un peroxyde (effet Karasch). Dans le cas d'un alcyne substitué, on obtient un mélange.

b) Sur deux carbones voisins (dérivés « vicinaux », ou vic-dihalogénés)

Voir page 228

• **Addition d'un halogène sur une double liaison** :

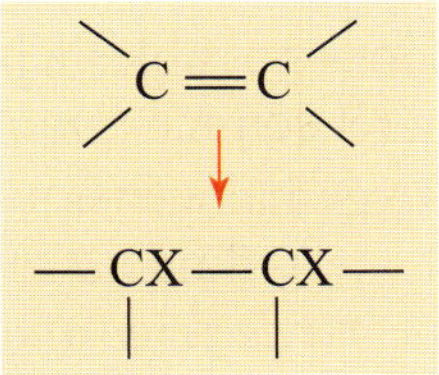

$$R—CH{=}CH—R' + X_2 \longrightarrow R—CHX—CHX—R'$$

Si l'on désire obtenir un stéréoisomère déterminé du produit, la réaction doit être effectuée sur un stéréoisomère déterminé de l'alcène.

13.4 Dérivés fluorés

Les dérivés fluorés constituent une classe très particulière de dérivés halogénés. Contrairement aux dérivés chlorés, bromés ou iodés, qui sont très réactifs, ils sont totalement inertes chimiquement dans les conditions normales, ce comportement étant attribuable à la très faible polarisabilité de la liaison C—F, elle-même conséquence du faible rayon de l'atome de fluor.

Voir § 13.2

Ils ne peuvent pas être préparés par l'action directe du difluor sur les hydrocarbures, car la réaction, très violente, est difficile à contrôler ; elle provoque généralement la rupture de toutes les liaisons C—C et C—H. En raison de l'intérêt pratique de certains dérivés fluorés, des méthodes de préparation particulières ont été recherchées, et l'une d'elles consiste à substituer F à Cl dans des dérivés chlorés, par l'action du fluorure mercurique HgF_2 ou du trifluorure d'antimoine SbF_3.

Voir chap. 8, § 8.2.1

Exemples

$$2\ CH_3{-}CH_2Br + HgF_2 \rightarrow 2\ CH_3{-}CH_2F + HgBr_2$$

$$3\ CCl_4 + 2\ SbF_3 \rightarrow 3\ CF_2Cl_2 + 2\ SbCl_3$$

$$3\ CHCl_3 + 2\ SbF_3 \rightarrow 3\ CHClF_2 + 2\ SbCl_3$$

Le tétrafluoroéthylène $F_2C{=}CF_2$, que l'on prépare en vue de sa polymérisation ultérieure, s'obtient aussi par une réaction particulière :

$$2\ CHClF_2 \xrightarrow{800\ °C} F_2C = CF_2 + 2HCl$$

On sait également préparer des *perfluoroalcanes* C_nF_{2n+2}, par action du fluorure de cobalt CoF_3 sur les alcanes.

Les utilisations des dérivés fluorés sont regroupées avec celles des autres dérivés halogénés dans le paragraphe suivant.

13.5 Termes importants. Utilisations

Les dérivés halogénés constituent certainement la classe de composés organiques dont les applications sont les plus nombreuses et les plus diverses, dans les domaines industriel, agricole, médical et domestique. L'énumération qui suit en constitue quelques exemples, mais elle n'est en aucune façon exhaustive.

La très grande variété des réactions possibles à partir des dérivés chlorés, bromés ou iodés leur confère un grand intérêt comme *intermédiaires de synthèse*.

On utilise par ailleurs des dérivés halogénés comme *solvants* (trichloréthylène $ClCH{=}CCl_2$, chloroforme $CHCl_3$, ...), fluide *d'extincteur* (bromotrifluorométhane CF_3Br), et on les a utilisé comme *fluide frigorifique* et fluide propulseur dans les *bombes aérosols* (Chlorofluorocarbones, « CFC », par exemple fréon-12 CF_2Cl_2) ; on pense même pouvoir utiliser les dérivés perfluorés comme sang artificiel. Les dérivés polychlorés du biphényle (« PCB », Pyralène) sont des liquides utilisés comme fluides de refroidissement et d'isolement dans les transformateurs.

Un domaine d'applications particulièrement important a été celui des *insecticides* et des *pesticides* : D.D.T. (dichlorodiphényltrichloréthane), H.C.H. ou Lindane (hexachloro-cyclohexane), etc., ainsi que celui des *herbicides* (chlorophénols).

Enfin, certains *polymères* (« matières plastiques ») parmi les plus utilisés dérivent de monomères chlorés : polychlorure de vinyle, ou « PVC » (polymère du chlorure de vinyle $ClCH{=}CH_2$), polychloroprène (caoutchouc synthétique, polymère du chloroprène $CH_2{=}CCl{-}CH{=}CH_2$).

Le téflon est le polymère du tétrafluoroéthylène :

$$nF_2C = CF_2 \longrightarrow \left(CF_2 - CF_2 \right)_n$$

Il possède des propriétés particulièrement remarquables (résistance totale à tous les agents chimiques, résistance mécanique, stabilité à haute température) qui sont mises à profit dans des applications très diverses (revêtement de poêles type « Téfal », pièces mécaniques comme des engrenages autolubrifiés, film isolant type « Gore-Tex », etc.).

L'intérêt, si grand soit-il, des applications de dérivés halogénés ne doit cependant pas faire oublier certains problèmes liés à leur utilisation, notamment en matière d'environnement. Ce point de vue est développé dans l'encadré placé à la fin de ce chapitre.

L'ESSENTIEL

Substitution nucléophile S_N1 et Élimination E1 monomoléculaires

- S_N1 :

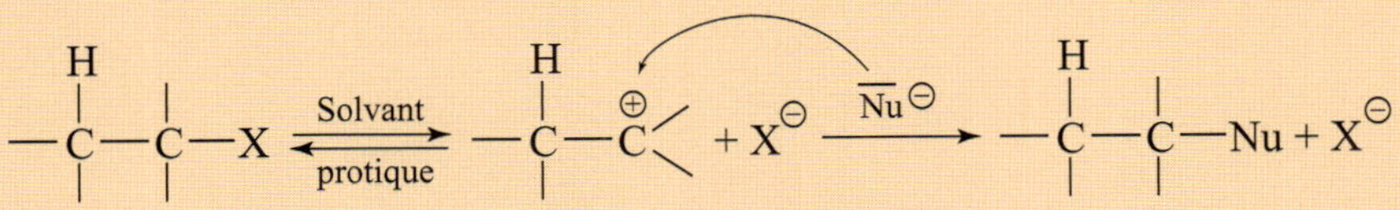

$\overline{Nu}^{\ominus}$ = nucléophile chargé mais peut-être aussi une molécule

Vitesse de la substitution :
$v = k[RX]$
$R_3CX > R_2CHX > RCH_2X > CH_3X$

Stéréochimie = RACEMISATION

- E1 :

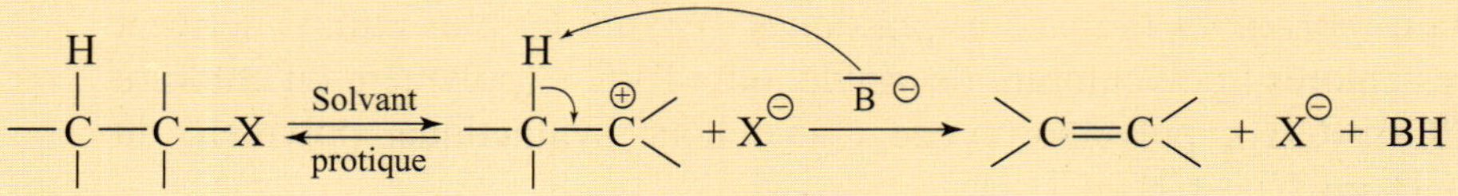

$\overline{B}^{\ominus}$ = base chargée mais peut-être aussi une molécule

Vitesse de l'élimination :
$v = k[RX]$
$R_3CX > R_2CHX > RCH_2X > CH_3X$

favorisée par une élévation de température
Régiosélective (règle de Zaïtsev)
Stéréochimie = non stéréospécifique car mélange alcènes Z et E

Substitution nucléophile S_N2 et Élimination E2 bimoléculaires

- S_N2 :

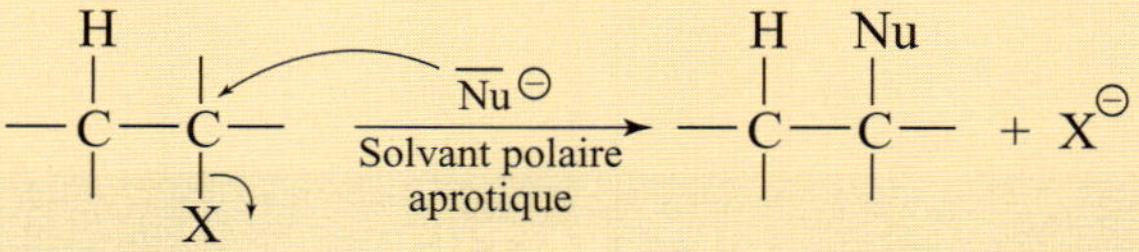

$\overline{Nu}^{\ominus}$ = nucléophile chargé mais peut-être aussi une molécule

Vitesse de la substitution :
$v = k[RX][\overline{Nu}^{\ominus}]$
$CH_3X > RCH_2X > R_2CHX > R_3CX$

Stéréochimie = INVERSION DE WALDEN

- E2 :

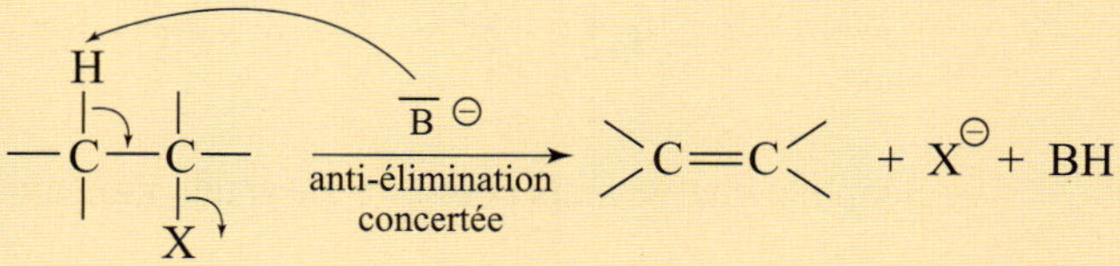

$\overline{B}^{\ominus}$ = base chargée mais peut-être aussi une molécule

Vitesse de l'élimination :
$v = k[RX][\overline{B}^{\ominus}]$
$R_3CX > R_2CHX > RCH_2X > CH_3X$

favorisée par une élévation de température
Régiosélective (règle de Zaïtsev)
Stéréochimie = stéréospécifique car alcènes Z ou E

EXERCICES ET QCM

QCM

Les réponses se trouvent à la page 663.

1. La réactivité chimique des dérivés halogénés varie dans l'ordre :

☐ **a.** RCl<RI<RBr<RF
☐ **b.** RI<RBr<RCl<RF
☐ **c.** RF<RCl<RBr<RI
☐ **d.** RF<RBr<RCl<RI

2. Relever les affirmations correctes

☐ **a.** les dérivés halogénés présentent des densités importantes, nettement supérieures à 1
☐ **b.** certains dérivés halogénés sont utilisés comme solvant
☐ **c.** dans un dérivé halogéné, le carbone lié à l'atome d'halogène est sensible aux attaques électrophiles
☐ **d.** les dérivés halogénés se prêtent à deux types principaux de réaction : élimination et substitution

3. Concernant la S_N1

☐ **a.** il s'agit d'une réaction s'effectuant en une seule étape
☐ **b.** elle est favorisée pour des dérivés halogénés tertiaires
☐ **c.** à partir d'un dérivé halogéné chiral, on observe une rétention de configuration du centre asymétrique
☐ **d.** la vitesse de la réaction est indépendante de la concentration en RX

4. Concernant la S_N2

☐ **a.** elle passe par un intermédiaire réactionnel
☐ **b.** la réaction est stéréospécifique
☐ **c.** elle est peu influencée par l'encombrement stérique de RX
☐ **d.** elle s'accompagne souvent de réarrangements de squelette

5. Concernant la E1

☐ **a.** elle conduit à un seul stéréoisomère de l'alcène
☐ **b.** elle conduit généralement à l'alcène le moins substitué
☐ **c.** elle est stéréospécifique
☐ **d.** elle est favorisée avec les dérivés halogénés tertiaires

6. Concernant la E2

☐ **a.** on l'observe avec les bases faibles
☐ **b.** l'équation de vitesse est du type : $v = k\,[RX]\,[B^-]$
☐ **c.** elle ne respecte pas la règle de Saytsev
☐ **d.** elle est plus sensible à l'encombrement que ne l'est la E1.

7. Relever les affirmations correctes

- ☐ **a.** la présence de sels d'argent favorisent les mécanismes SN2 et E2
- ☐ **b.** une SN1 s'accompagne souvent de réarrangement de squelette
- ☐ **c.** dans une SN1, la vitesse de réaction est indépendante de la concentration en nucléophile
- ☐ **d.** les solvants protiques favorisent le processus S_N2

8. À partir du 2-chlorobutane, une réaction d'élimination par une base forte

- ☐ **a.** conduit majoritairement au but-1-ène
- ☐ **b.** répond à un mécanisme de type E2
- ☐ **c.** est régiosélective
- ☐ **d.** passe par un intermédiaire de réaction

9. À partir du (R) 3-bromo-3-méthylhexane, une réaction de substitution par MeOH

- ☐ **a.** se passe selon un mécanisme en deux étapes
- ☐ **b.** conduit à un produit de réaction possédant un centre asymétrique de configuration *S*
- ☐ **c.** est d'ordre 1
- ☐ **d.** conduit a un produit inactif sur la lumière polarisée

EXERCICES

Les solutions se trouvent à la page 677.

Les ***règles de nomenclatures***, permettant de faire correspondre réciproquement un nom et une formule, sont exposées dans le chapitre 7 (pour les stéréoisomères, au chapitre 3).

13-a L'action de la soude sur le 1-chlorobicyclo [2.2.1] heptane,

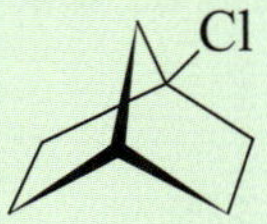

(géométrie décrite § 2.3.2.a)

ne donne ni substitution, ni élimination. Comment expliquer cette non-réactivité ? (Recherchez quel(s) facteur(s) défavorable(s) pourrai(ent)t exister dans toutes les hypothèses de mécanismes).

13-b Comment pourrait-on obtenir stéréospécifiquement le (2*R*)-butan-2-ol $CH_3—\overset{*}{C}HOH—CH_2—CH_3$ en disposant, comme composé de départ, du (2*R*)-2-chlorobutane (on exclut donc la méthode qui consisterait à fractionner le mélange racémique obtenu à la suite d'une réaction S_N1).

13-c On met en solution dans l'acétone l'énantiomère dextrogyre du 2-iodobutane et de l'iodure de sodium. Dans ces conditions, il se produit une substitution de l'iode contenu dans le composé organique par les ions iodures, selon le mécanisme S_N2. Le pouvoir rotatoire observé sur la solution évolue-t-il ? Comment ? Si l'on appelle $+\alpha$ sa valeur initiale, vers quelle valeur finale tend-il ? Cette valeur dépend-elle de la quantité d'iodure de sodium mise en solution ?

13-d On réalise la réaction

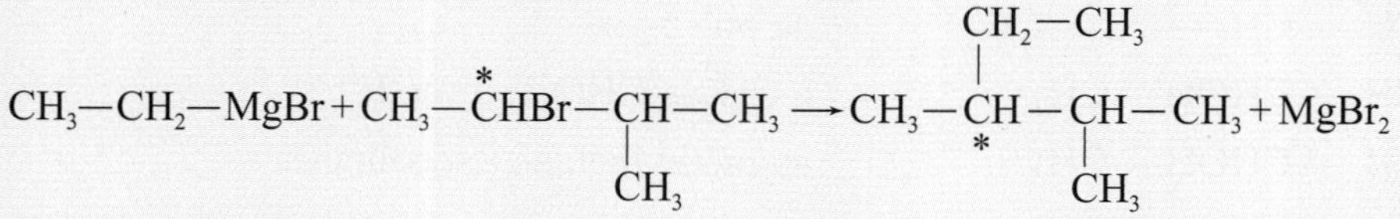

dans des conditions telles que son mécanisme soit S_N2. Si le carbone asymétrique (*) du substrat était dans la configuration *R*, quelle est sa configuration dans le produit ? Que peut-on en conclure ?

13-e Les réactions S_N1 et E1 ont une première étape commune, qui est cinétiquement déterminante. Considérées isolément, elles auraient donc, dans des conditions identiques, la même vitesse. Pourquoi alors, lorsqu'elles ont lieu simultanément, en compétition, ne se forme-t-il pas toujours autant de produit d'élimination que de produit de substitution ?

13-f Quels sont les produits principaux des réactions suivantes ?

1) $H_2C{=}CH{-}CH_2{-}CH_2Br$ + KOH (concentrée, à chaud)

2) $H_2C{=}CH{-}CH_2{-}CH_2Br + HBr$

3) Chlorobenzène + chlorure de tertiobutyle (en présence de $AlCl_3$)

4) $CH_3{-}CHOH{-}CH_3 + PBr_3$

5) $CH_3{-}CH_2{-}CH_2Cl + CH_3{-}CH_2{-}ONa$

6) 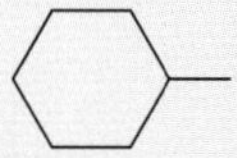—OH + $SOCl_2$

7) $BrCH_2{-}CH_2Br + KC{\equiv}N$

8) Bromocyclohexane + soude (diluée, à froid)

9) $HC{\equiv}C{-}CH_2{-}CH_2I + NaNH_2$

10) $Ph{-}CH{=}O + PCl_5$

11) $CH_3{-}CH_2{-}CHCl{-}CH_3 + CH_3{-}CH_2{-}MgCl$

12) $C_6H_5{-}CH_2Cl + CH_3{-}NH{-}CH_3$

13) $CH_3Br + (CH_3)_3N$

13-g Comment peut-on préparer le 2-bromopentane à partir de :

1) Pent-1-yne

2) $CH_3{-}CH_2{-}CH_2{-}CH_2{-}CH_2OH$

3) 1-bromopentane

4) 1,2-dibromopentane

5) $CH_3—CHOH—CH_2—CH_2—CH_3$

13-h Comment peut-on passer, en une ou plusieurs étapes :

1) du 1-chloropentane au pent-1-yne

2) du 1-chloropentane au 1-phénylpentane

3) du 1-chloropentane au butanal $CH_3—CH_2—CH_2—CH{=}O$

4) de $CH_3—CH_2—CO—CH_3$ au but-2-yne

5) de $CH_3—CHOH—CH_3$ à $CH_3—CH(NH_2)—CH_3$

6) de $CH_3—CHOH—CH_3$ au méthylbutane (isopentane)

7) de 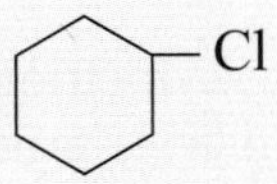

à 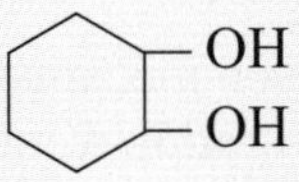

13-i Quelle est la formule des composés (a), (b), (c) et (d) participant aux réactions suivantes :

$$(a) + H_2O \xrightarrow{H_2SO_4} (b)$$

$$(b) + SOCl_2 \rightarrow (c) + SO_2 + HCl$$

$$2(c) + 2Na \rightarrow \text{3,3,4,4-tétraméthylhexane} + 2NaCl$$

$$c) + CH_3O^- \rightarrow (d) + CH_3OH + Cl^-$$

(a) présente dans l'infrarouge, une bande intense à 890 cm^{-1}.

13-j Même question pour l'enchaînement de réactions :

$$HC{\equiv}CH + NaNH_2 \rightarrow (a) + NH_3$$

$$(a) + \text{bromure d'isopropyle} \rightarrow (b) + NaBr$$

$$(b) + H_3O \xrightarrow{Hg^{2+}} (c)$$

$$(c) + PCl_5 \rightarrow (d) + POCl_3$$

13-k Le chauffage du *cis* 1-bromo-2-méthylcyclohexane en présence de potasse conduit à la formation du méthylcyclohexène alors que le composé *trans* donne, dans les mêmes conditions, le 3-méthylcyclohexène. Expliquer ce résultat.

13-l Traité à chaud par la soude (NaOH), le 3-bromo-4-méthylhexane I conduit par une réaction d'élimination à II majoritairement et à III.

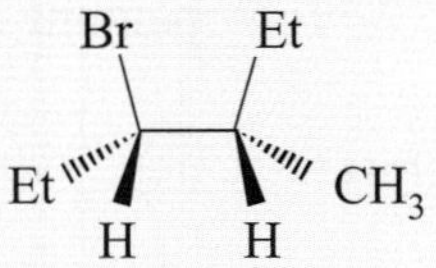

I

a) Donner la configuration absolue des carbones asymétriques de I ainsi que les formules semi-développées de II et III. Justifier la formation majoritaire de II.

b) Cette élimination est de type E2. Donner son mécanisme et déterminer la stéréochimie de II.

c) Ecrire le mécanisme et étudier la stéréochimie du produit majoritaire obtenu au départ de I traité dans les conditions favorisant l'élimination E1.

13-m Le (2S,3S) 3-méthyl-2-bromopentane est traité par de l'éthanolate de sodium et on note v = k[RBr][EtONa]. La réaction conduit à deux produits dont l'un est optiquement actif. L'autre donne par ozonolyse, suivie d'une hydrolyse en présence de Zn, de l'éthanal et de la butanone.

Identifier les produits et le mécanisme de cette réaction.

14

LES COMPOSÉS ORGANOMÉTALLIQUES

Organomagnésiens ou réactifs de Grignard

PRÉALABLES

- Règles de nomenclature des composés organométalliques
- Acidobasicité selon Brönsted
- Acidobasicité selon Lewis

MOTS-CLÉS

- Addition
- Intermédiaire de réaction
- Organométalliques
- Réaction acide base
- Solvatation
- Substitution

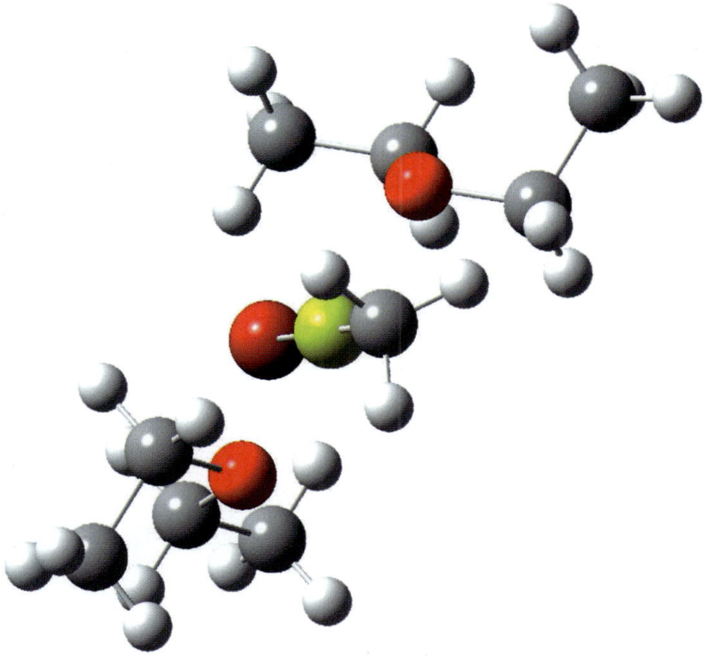

Le bromure de méthylmagnésium CH_3MgBr dans l'éther « ordinaire »

Les *composés organométalliques* sont des composés organiques dans lesquels un métal se trouve *directement lié* à un ou plusieurs atomes de carbone : R—C≡C—Na, dérivé sodé d'un alcyne vrai, est un composé organométallique, mais R—ONa, alcoolate, n'en est pas un.

De nombreux métaux donnent des combinaisons organométalliques, entre autres :

	Exemples
Li, Na, K (métaux alcalins, monovalents)	$CH_3—C≡C—Na$
Mg, Cd, Zn, Hg (métaux bivalents)	$CH_3—Cd—CH_3$
Al (métal trivalent)	$(CH_3—CH_2—CH_2)_3\,Al$
Pb (métal tétravalent)	$(CH_3—CH_2)_4\,Pb$

Leur *stabilité* augmente, donc leur *réactivité* diminue, des métaux légers monovalents (alcalins) aux métaux lourds polyvalents. Les dérivés sodés RNa sont trop réactifs pour pouvoir être isolés, alors que le tétraéthylplomb (Et_4Pb) est un composé stable utilisé comme additif dans les carburants pour améliorer leur « indice d'octane ».

Question 14.A

À quelle caractéristique de la liaison carbone-métal pourrait-on relier les différences de réactivité observées entre les organométalliques ? Sur cette base, comment situer la réactivité des organomagnésiens par rapport aux extrêmes signalés ci-dessus ?

Voir chap. 10, § 10.2.3.a

Les organométalliques se forment parfois par une réaction directe entre le métal et un composé possédant un hydrogène labile (exemple : la sodation des alcynes vrais). Plus généralement, ils résultent de la réaction du métal sur un dérivé halogéné.

Exemple

$$R—Cl + 2\,Li \rightarrow LiCl + R—Li \text{ (alkyllithium)}$$

Certains peuvent également être obtenus par une réaction de « double décomposition » (ou d'échange) à partir d'un autre organométallique.

Exemple

$$2\,R—MgBr + CdCl_2 \rightarrow R—Cd—R + MgBr_2 + MgCl_2$$

La *nomenclature* des organométalliques est exposée au chapitre 7 [7.2.2]

On distingue les organométalliques *symétriques* (exemple : R—Zn—R, dialkylzinc) et *mixtes* (exemple : R—MgBr, bromure d'alkylmagnésium).

ORGANOMAGNÉSIENS MIXTES

Les composés organomagnésiens mixtes ont pour formule générale **R—MgX**.

Remarque

Cette formule ne correspond pas à la structure réelle des organomagnésiens mixtes, qui est plus complexe (notamment dans leurs solutions). Mais elle rend cependant bien compte de leur comportement et elle est couramment admise pour les représenter, mais elle n'est qu'un symbole.

R peut être un groupe *alkyle* (acyclique ou cyclique, saturé ou non), ou un groupe *aryle* (en ce cas, la formule devient Ar—MgX). X peut être Cl, Br ou I, mais Cl correspond à des organomagnésiens peu actifs et I à des halogénures parfois malaisés à préparer ; on utilise donc souvent le brome.

Les organomagnésiens mixtes n'existent absolument pas à l'état naturel ; ce sont tous des composés synthétiques et qui, à leur tour, ne servent qu'à la synthèse. Leur utilisation est extrêmement intéressante pour préparer de nombreuses fonctions, comme on pourra le constater dans la suite, bien qu'il n'y soit signalé qu'une partie de leurs nombreuses réactions.

14.1 PRÉPARATION

Une méthode souvent employée pour préparer les organomagnésiens repose sur une réaction dont le bilan est très simple :

$$\text{RX} + \text{Mg} \longrightarrow \text{R—MgX}$$

Deux conditions doivent cependant être observées :

a) La réaction doit être faite en *présence d'un éther* (R—O—R), qui joue le rôle de solvant mais participe aussi à la formation de l'organomagnésien, dont la formule complète devrait s'écrire :

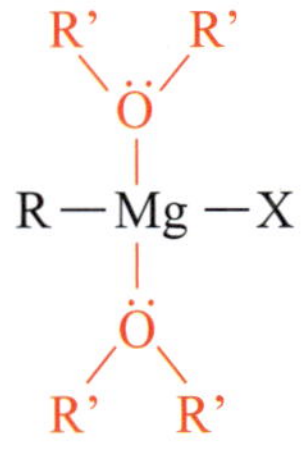

Question 14.B

Comment expliquer que des molécules puissent ainsi se lier, sans qu'aucune de leurs liaisons ne se rompe ? Comment qualifier la liaison Mg—O ? Ne faudrait-il pas, en principe, indiquer des charges sur certains atomes ?

Mais, lors de réactions ultérieures, tout se passe comme si l'organomagnésien avait simplement pour formule R—MgX, de sorte que l'on peut « ignorer » les deux molécules d'éther liées par coordinence, par les doublets libres de l'oxygène, sur l'atome de magnésium. On utilise le plus souvent, dans ce rôle, l'éther « ordinaire » (oxyde d'éthyle $CH_3—CH_2—O—CH_2—CH_3$).

La réaction se réalise en plaçant dans un ballon des copeaux de magnésium et de l'éther, et en faisant tomber goutte à goutte l'halogénure RX. La chaleur dégagée par la réaction produit une élévation de température, limitée par l'ébullition de l'éther (Eb = 35 °C) et progressivement le magnésium disparaît, tandis que la phase liquide prend une teinte gris-foncé. On obtient ainsi directement l'organomagnésien en solution dans l'éther, et on ne l'isole pas ; les réactions ultérieures se font avec cette solution (voir encart ci-dessous).

b) Le « milieu réactionnel » doit être strictement *anhydre* (exempt d'eau) : l'éther et l'halogénure, liquides, ne doivent contenir aucune trace d'eau en solution, le magnésium et la verrerie doivent être parfaitement secs en surface, sinon la réaction ne « démarre » pas.

UNE SYNTHÈSE ORGANOMAGNÉSIENNE AU LABORATOIRE

Supposons qu'il s'agisse de préparer du 2-méthylbutan-2-ol par une synthèse magnésienne à partir de bromure d'éthyle CH_3CH_2Br et d'acétone $CH_3—CO—CH_3$, en trois étapes :

1) *Formation du bromure d'éthylmagnésium :*

$$CH_3CH_2Br + Mg \rightarrow CH_3CH_2—MgBr$$

2) *Addition de l'acétone :*

$$CH_3—CH_2—MgBr + CH_3—CO—CH_3 \rightarrow CH_3—CH_2—C(OMgBr)(CH_3)—CH_3$$

3) *Hydrolyse de l'alcoolate magnésien :*

$$CH_3—CH_2—C(OMgBr)(CH_3)—CH_3 + H_2O \rightarrow CH_3—CH_2—C(OH)(CH_3)—CH_3$$

La synthèse s'effectue dans l'appareillage classique de la plupart des réactions organiques, constitué par un ballon à trois cols (a), équipé d'une ampoule à robinet (b), d'un réfrigérant (c) dans l'enveloppe duquel circule de l'eau froide, et d'un agitateur interne (d) entraîné par un moteur (e) (cet agitateur pénètre dans le ballon par l'intermédiaire d'un joint à mercure (f) qui assure l'étanchéité).

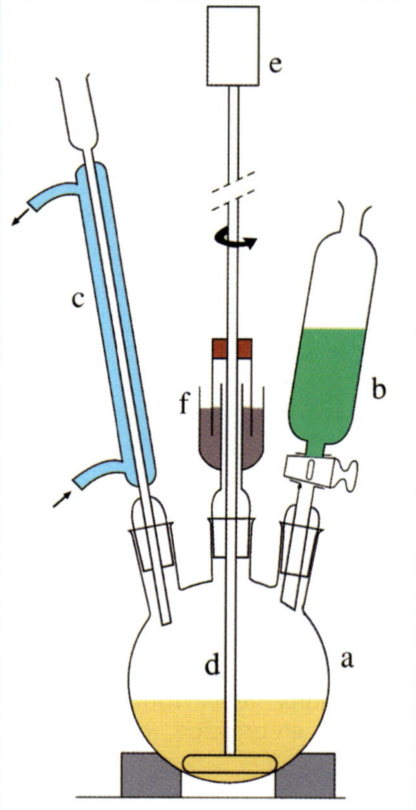

1) On place dans le ballon le magnésium (sous forme de copeaux) et on le recouvre avec de l'éther (photo A) ; puis on remplit l'ampoule à robinet avec une solution de bromure d'éthyle dans de l'éther, et on la fait couler lentement, goutte à goutte, dans le ballon.

A

La chaleur dégagée par la réaction élève la température dans le ballon et l'éther qu'il contient se met à bouillir ; les vapeurs d'éther se condensent dans le réfrigérant et on voit couler de l'éther liquide au bas du réfrigérant (reflux). On peut être amené à refroidir le ballon en le plaçant dans de l'eau froide, pour « calmer » la réaction et éviter « d'engorger » le réfrigérant. Progressivement le magnésium disparaît et le contenu du ballon devient gris foncé (photo B). À la fin de cette première étape, on a dans le ballon une solution de bromure d'éthylmagnésium dans l'éther.

B

2) La seconde étape s'effectue sans délai, dans le même ballon ; on introduit lentement, à l'aide de l'ampoule à robinet, une solution d'acétone dans l'éther, en refroidissant le ballon ; le rythme de l'addition est réglé de façon que le mélange réactionnel ne s'échauffe pas exagérément.

Une fois l'addition terminée, on laisse tourner quelque temps l'agitateur. Le ballon contient alors une solution dans l'éther d'alcoolate de magnésium.

3) L'hydrolyse de l'alcoolate s'effectue en versant le contenu du ballon sur un mélange eau/glace (photo C).

C

Le résultat est une bouillie blanche, par suite de la formation d'hydroxyde de magnésium ; celui-ci est dissous par l'addition d'un peu d'acide chlorhydrique et on obtient alors un liquide limpide formé de deux couches non miscibles : la couche supérieure (phase éthérée) contient la majeure partie de l'alcool, en solution dans l'éther ; la couche inférieure (phase aqueuse) est constituée par une solution dans l'eau de $MgCl_2$ et $MgBr_2$ contenant en outre un peu de l'alcool (sa solubilité dans l'eau n'est pas nulle).

On opère la séparation de ces deux phases en versant le tout dans une ampoule à décanter ; après quelques instants de repos, les deux couches se séparent (schéma 1 ci-dessous et photo D) et il est facile de les recueillir séparément dans deux récipients distincts (schémas 2 et 3).

D

Afin de récupérer aussi complètement que possible l'alcool formé, il faut encore « extraire » l'alcool qui se trouve dans la phase aqueuse, en utilisant le fait qu'il est beaucoup plus soluble dans l'éther que dans l'eau. On remet la phase aqueuse dans l'ampoule à décanter et on l'agite vigoureusement avec un peu d'éther (photo E).

Après repos et séparation des deux couches, on recommence une ou deux fois, de façon à « épuiser » totalement la phase aqueuse.

E

On réunit enfin toutes les solutions éthérées, on les sèche en y introduisant un desséchant solide (par exemple, Na_2SO_4 anhydre), puis on filtre et on distille. On recueille d'abord l'éther (Eb_{760} = 35 °C), puis le thermomètre monte à 102 °C, point d'ébullition du 2-méthylbutan-2-ol que l'on recueille à part.

Il ne reste qu'à vérifier la pureté du produit (indice de réfraction, spectres...) et à le peser pour déterminer le rendement de la synthèse ; dans le cas présent, si l'on a bien travaillé, ce rendement doit être voisin de 90 % (1 mole de réactifs donne 0,9 mole d'alcool) mais de nombreuses réactions ont des rendements plus faibles.

14.2 Réactivité

Dans les réactions auxquelles il participe, un organomagnésien subit une rupture hétérolytique tenant compte de la polarisation de la liaison C—Mg :

$$\overset{\delta-}{\mathrm{R}} — \overset{\delta+}{\mathrm{MgX}}$$

Aussi, les réactions des organomagnésiens peuvent s'interpréter comme des réactions du groupe R qui possède un double caractère :

- *basique* : c'est une base très forte (puisque son acide conjugué, l'hydrocarbure RH, est toujours un acide extrêmement faible), qui réagit avec tous les composés possédant un *hydrogène labile*,
- *nucléophile* : il réagit facilement avec les composés possédant un *carbone déficitaire* (porteur d'une charge δ+). Si ce carbone est saturé (comme dans un dérivé halogéné), il en résulte une substitution ; s'il est non saturé (comme dans un aldéhyde, une cétone ou un nitrile), il en résulte une *addition*.

Voir chap. 5, § 5.5.1

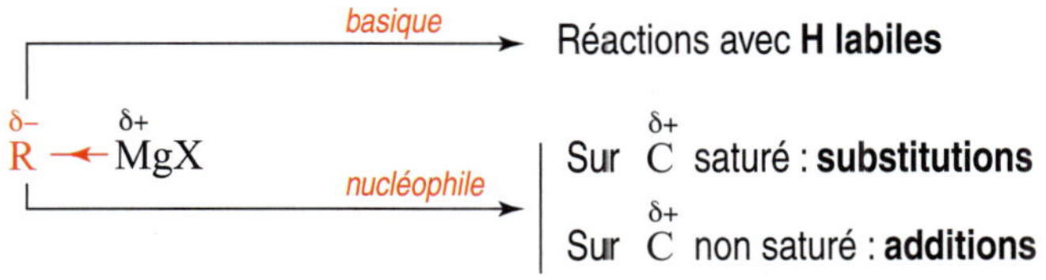

Par rapport aux dérivés halogénés, à partir desquels ils se préparent, les organométalliques présentent une *inversion de polarisation*. Dans les dérivés halogénés, le carbone, moins électronégatif que l'halogène, est déficitaire (charge δ+) ; dans les composés organométalliques au contraire, étant plus électronégatif que le métal, il est excédentaire (charge δ–).

En conséquence, les dérivés halogénés permettent de réaliser des réactions typiques du comportement d'un *carbone électrophile* (apte à réagir avec des nucléophiles), soit par l'intermédiaire du carbocation R^+ effectivement formé, soit par un processus concerté. Par contre, les organométalliques, et en particulier les organomagnésiens, permettent de réaliser des réactions typiques du *carbone nucléophile* (apte à réagir avec des électrophiles), par un processus concerté.

De ce fait, la chimie des dérivés halogénés et celle des organométalliques présentent un aspect complémentaire, et couvrent une grande partie du domaine de la chimie de synthèse.

14.2.1 Réactions avec les composés à hydrogène labile

Le bilan général de ce type de réaction peut se schématiser ainsi :

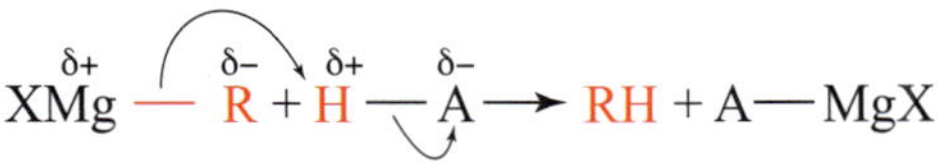

Exemples

Eau	R—MgX	+	HO—H	→	RH	+	HO—MgX
Hydracide	—		X—H	→	—		X—MgX
Alcool	—		RO—H	→	—		RO—MgX
Phénol	—		ArO—H	→	—		ArO—MgX
Acide carboxylique	—		R—COO—H	→	—		R—COO—MgX
Alcyne vrai	—		R—C≡C—H	→	—		R—C≡C—MgX
Ammoniac	—		NH_2—H	→	—		NH_2—MgX
Amine primaire	—		R—NH—H	→	—		R—NH—MgX

X—MgOH représente un composé instable, qui se décompose en $\frac{1}{2}MgX_2$ et $\frac{1}{2}Mg(OH)_2$. Pour simplifier l'écriture, on emploie cependant cette formule, en quelque sorte fictive.

Les composés formés sont facilement hydrolysables, selon la réaction générale :

$$\text{A—MgX} + \overset{\delta+}{\text{H}}\text{—}\overset{\delta-}{\text{OH}} \longrightarrow \text{AH} + \text{X—MgOH}$$

En définitive, on récupère donc le composé initial AH, et le bilan global se réduit à l'hydrolyse de l'organomagnésien (RMgX → RH).

La seule de ces réactions qui présente de l'intérêt est celle des alcynes vrais, car elle donne un nouvel organomagnésien, acétylénique, susceptible de donner ultérieurement toutes les réactions de synthèse des organomagnésiens (exemple : synthèse des alcynes à partir de l'acétylène [§ 10.3.2]).

14.2.2 Réactions de substitution

a) Dérivés halogénés

Vis-à-vis du carbone saturé déficitaire d'un dérivé halogéné, un organomagnésien se comporte comme un réactif nucléophile : son groupe R se substitue à l'halogène :

$$\overset{\delta+}{\text{XMg}}\text{—}\overset{\delta-}{\text{R}} + \overset{\delta+}{\text{R'}}\text{—}\overset{\delta-}{\text{X}} \longrightarrow \text{R—R'} + MgX_2$$

Cette réaction offre donc un moyen de réunir deux groupes hydrocarbonés, en créant une nouvelle liaison carbone-carbone. Elle a déjà été rencontrée, d'une part comme méthode de préparation des hydrocarbures [§ 8.4.1.b], et d'autre part comme un exemple de substitution nucléophile sur les dérivés halogénés [§ 13.2.1].

Question 14.C

Peut-on s'attendre à obtenir un bon rendement pour la synthèse du 2,2-diméthylbutane par la réaction entre $(CH_3)_3CCl$ et CH_3—CH_2MgCl ?

b) Orthoformiate d'éthyle

Voir chap. 18, § 18.2.1.g

Dans l'orthoformiate d'éthyle, le carbone porteur des trois groupes OEt est fortement déficitaire. Il est attaqué par le groupe R qui se substitue à l'un des groupes OEt ; il en résulte un acétal, dont l'hydrolyse ultérieure donne un aldéhyde. L'ensemble de ces deux réactions constitue une intéressante méthode de préparation des aldéhydes, avec allongement de la chaîne :

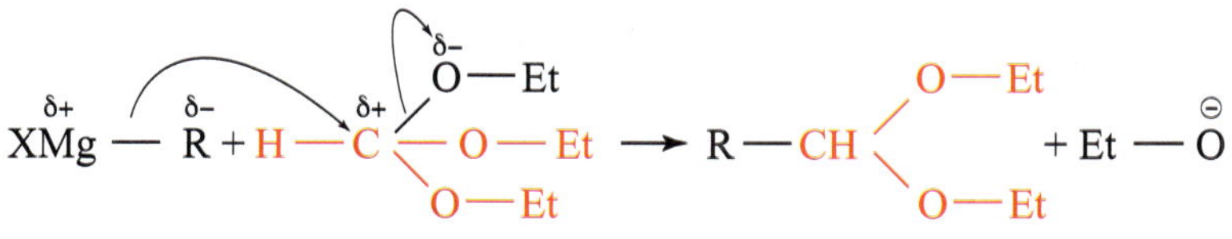

orthoformiate d'éthyle acétal

14.2.3 Réactions d'addition

Les organomagnésiens manifestent une grande réactivité à l'égard des groupes >C=O et —C≡N. Le carbone y est lié à un élément plus électronégatif que lui, de sorte qu'il se trouve déficitaire et apte à réagir avec le groupe R. Par contre, les liaisons multiples carbone-carbone (>C=C< et —C≡C—), dans lesquelles les carbones ne sont pas électrophiles, ne donnent pas lieu à des réactions avec les organomagnésiens.

Le produit résultant de l'addition est sans intérêt en lui-même, mais son hydrolyse conduit à diverses fonctions nouvelles. Ces réactions sont importantes en synthèse.

a) Aldéhydes. Cétones. Dioxyde de carbone

Les organomagnésiens réagissent sur le *groupe carbonyle* >C=O selon le schéma suivant :

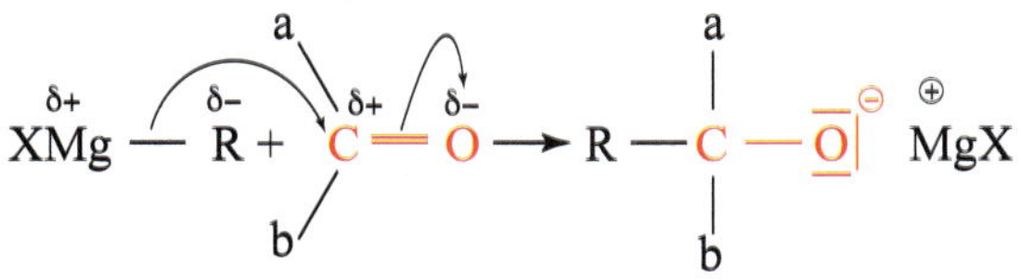

Il se forme un alcoolate de magnésium, dont l'hydrolyse donne un alcool :

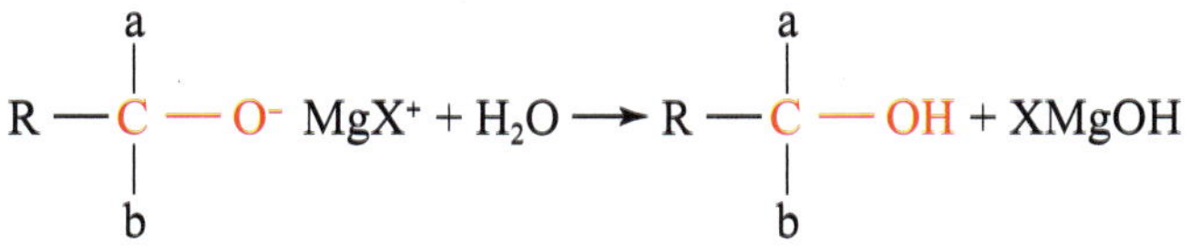

Cette réaction en deux étapes se résume donc dans le bilan global :

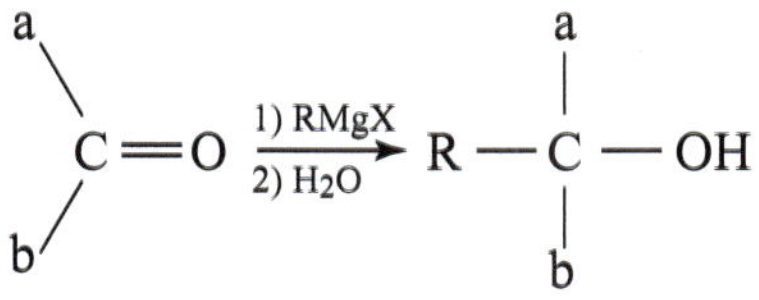

Les **aldéhydes** R—CH=O et les **cétones** R—CO—R' réagissent selon ce schéma. Le **dioxyde de carbone** CO_2, ou O=C=O, réagit normalement par l'une de ses doubles liaisons mais, du fait de la présence de l'autre double liaison, on obtient un acide et non un alcool. Ces résultats sont résumés ci-après (dans tous les cas l'organomagnésien apporte le groupe R, les groupes R' et R'' provenant du substrat) :

• si a = b = H	$H_2C{=}O$	Formaldéhyde	→ $R{-}CH_2OH$	Alcool primaire
• si a = H, b = R'	R'—CH=O	Aldéhyde quelconque	→ R—CH(OH)—R'	Alcool secondaire
• si a = R', b = R''	R'—C(=O)—R''	Cétone	→ R—C(R')(OH)—R''	Alcool tertiaire
• si a = b = O	O=C=O	Dioxyde de carbone	→ R—C(=O)—OH	Acide carboxylique

Question 14.D

Comment la réaction d'un organomagnésien sur l'orthoformiate d'éthyle peut-elle fournir un aldéhyde, puisque les organomagnésiens réagissent facilement sur les aldéhydes. Ne devrait-on pas obtenir un alcool ?

b) Esters. Chlorures d'acides

Les **esters**, R—CO—OR', réagissent d'abord normalement par leur groupe carbonyle, comme les aldéhydes ou les cétones. Mais cette première étape d'addition est immédiatement suivie d'une seconde, au cours de laquelle s'élimine spontanément une molécule d'alcoolate de magnésium, ROMgX, et il se forme une cétone. Celle-ci réagit alors à son tour avec l'organomagnésien, pour donner, dans une troisième étape, un alcool tertiaire :

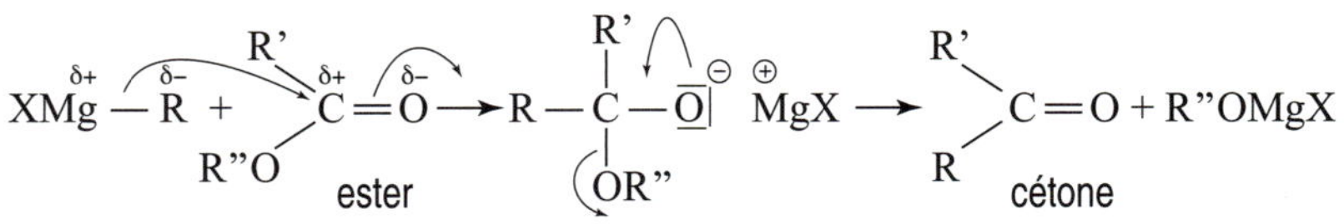

puis

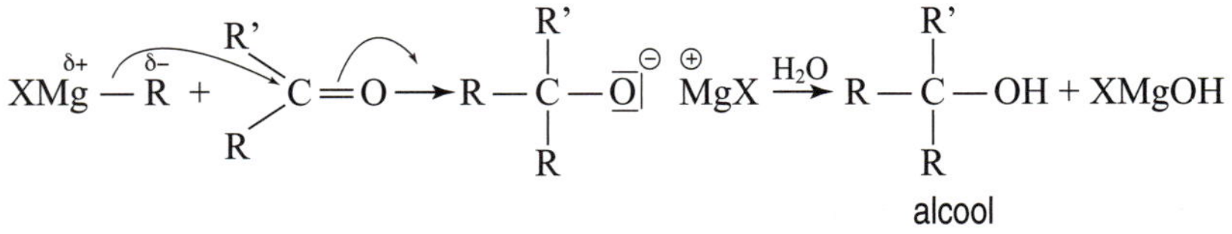

La cétone qui se forme d'abord résulte d'un processus d'*addition-élimination,* dont le bilan est en fait la *substitution* nucléophile du groupe R''O— par le groupe R de l'organomagnésien.

Question 14.E

Au cours de cette substitution, dans quel ordre se succèdent la formation et la rupture des liaisons concernées ? Sur ce point, comment cette réaction se compare-t-elle aux substitutions S_N1 et S_N2.

Voir chap. 13, § 13.2.1.a

L'alcool tertiaire obtenu à l'issue de cette réaction comporte nécessairement, parmi ses trois groupes alkyles, deux fois celui du magnésien. Cette préparation des alcools tertiaires est donc moins générale que celle qui utilise une cétone par laquelle on peut *a priori* préparer n'importe quel alcool tertiaire.

Voir § 14.2.3.a

Les **chlorures d'acides**, R—COCl, réagissent de la même façon que les esters, le chlore jouant le même rôle que le groupe R''O de ceux-ci. Il se forme donc d'abord une cétone, à la suite de l'addition-élimination détaillée ci-dessous :

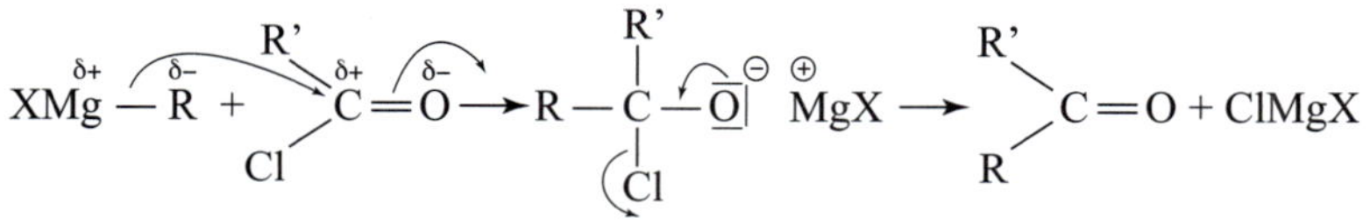

et cette cétone, avec une seconde molécule d'organomagnésien, donne l'alcool tertiaire $R_2R'C$—OH.

Cependant, à très basse température (– 60 °C) la réaction conduit à la cétone R—CO—R', car dans ces conditions l'organomagnésien ne réagit pas sur elle pour donner un alcool tertiaire.

Question 14.F

Quelle explication donner au fait qu'à très basse température un organomagnésien ne réagisse plus avec les cétones, mais réagisse encore avec les chlorures d'acides ?

c) Nitriles

La réaction entre un organomagnésien et un nitrile R—C≡N conduit d'abord après hydrolyse à une *imine*, par une addition sur la triple liaison C≡N dont le schéma est identique à celui de l'addition sur le groupe carbonyle C=O :

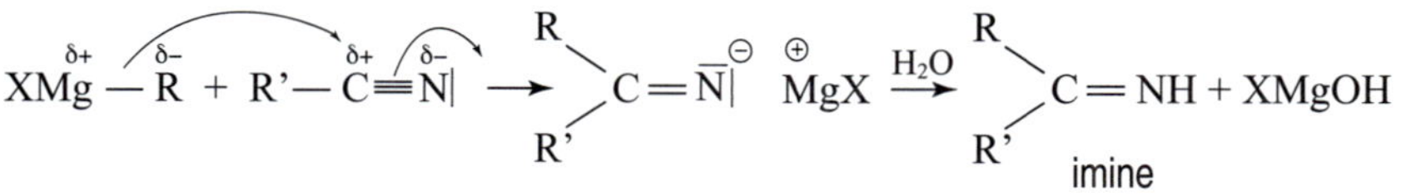

Mais l'imine s'hydrolyse facilement elle-même, et le produit final de la réaction est une *cétone* :

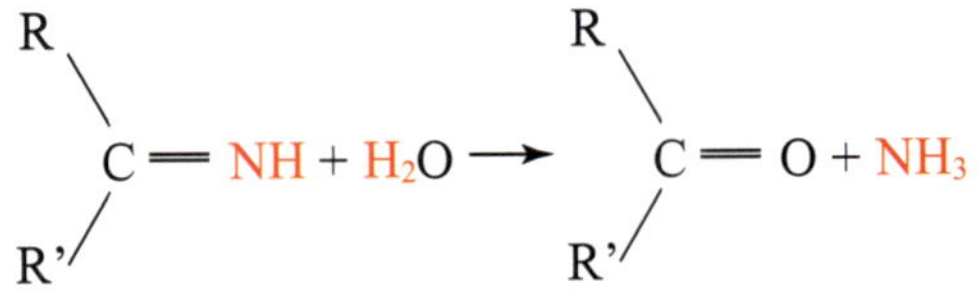

d) Époxydes

Voir chap. 9, § 9.2.2.a et chap. 15 , § 15.5

Les époxydes possèdent un cycle fortement contraint, qui s'ouvre facilement par rupture d'une des liaisons C—O. Cette ouverture peut notamment être provoquée par une attaque nucléophile sur l'un des deux carbones ; l'hydrolyse en milieu acide en a déjà été un exemple, la réaction avec les organomagnésiens en constitue un autre.

Sur l'oxyde d'éthylène, le plus simple des époxydes, elle s'effectue selon le schéma :

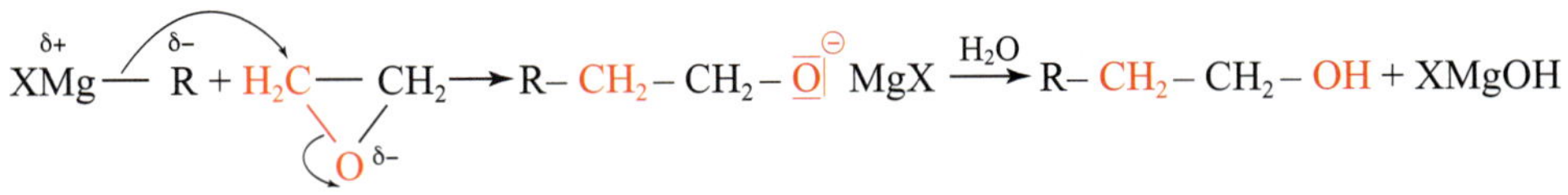

Avec d'autres époxydes, il peut se poser une question d'orientation de la réaction, si la molécule est dissymétrique. Ainsi, le 1,2-époxypropane peut donner deux produits différents avec le bromure de méthylmagnésium :

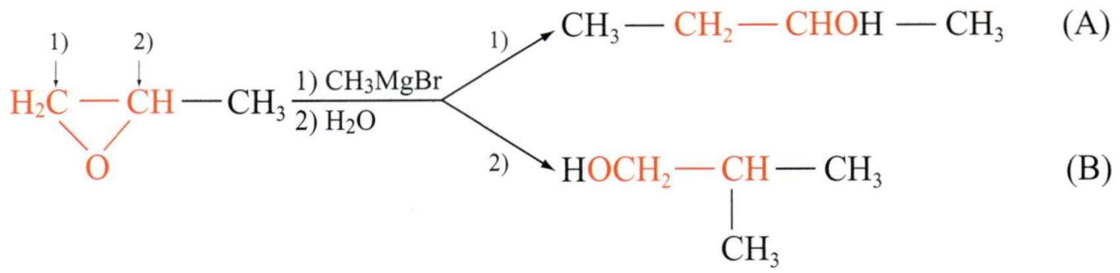

La réaction est *régiosélective* : on obtient majoritairement l'alcool résultant de l'attaque sur le carbone le moins encombré (donc, dans l'exemple ci-dessus, l'alcool A, résultant de l'attaque sur le groupe CH_2).

Cette réaction est considérée comme une addition, puisque l'organomagnésien s'additionne comme sur un groupe carbonyle : R se lie au C et MgX à O, à la suite de la rupture d'une liaison C—O. Mais on peut aussi la considérer comme une substitution nucléophile sur le carbone, R se substituant à l'oxygène. Si ce carbone est asymétrique, on peut mettre en évidence que cette substitution s'accompagne d'une inversion de configuration (mécanisme S_N2).

Voir chap. 13, § 13.2.1

ORGANOCADMIENS

Les organocadmiens symétriques R—Cd—R, dont le mode de préparation à partir des organomagnésiens a déjà été indiqué, sont moins réactifs que les organomagnésiens. En particulier, ils ne réagissent pas avec les cétones, ce qui permet de préparer celles-ci à partir de chlorures d'acides, par la réaction

Voir chap. 14, § 14.1

$$R\text{—}Cd\text{—}R + 2R'\text{—}COCl \longrightarrow 2R\text{—}CO\text{—}R' + CdCl_2$$

sans qu'il soit nécessaire comme avec les organomagnésiens, d'opérer à très basse température.

Voir chap. 14, § 14.2 3.b

L'ESSENTIEL

Les réactifs de Grignard

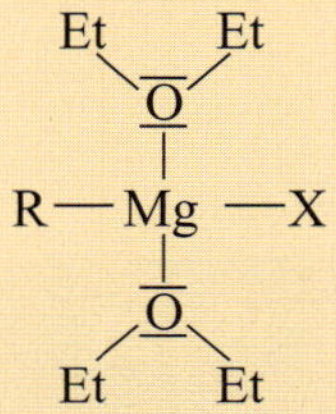

Le solvant Et_2O participe à la formation du réactif de Grignard

Caractère basique des réactifs de Grignard

Réaction acide-base

$$\underset{\text{acide}}{A\text{—}H} + \underset{\text{base}}{R\text{—}MgX} \longrightarrow R\text{—}H + AMgX$$

Caractère nucléophile des réactifs de Grignard

Réactions de substitution

- Substitution directe :

$$X\text{—}R' + R\text{—}MgX \longrightarrow R\text{—}R' + MgX_2$$

- Substitution par addition-élimination :

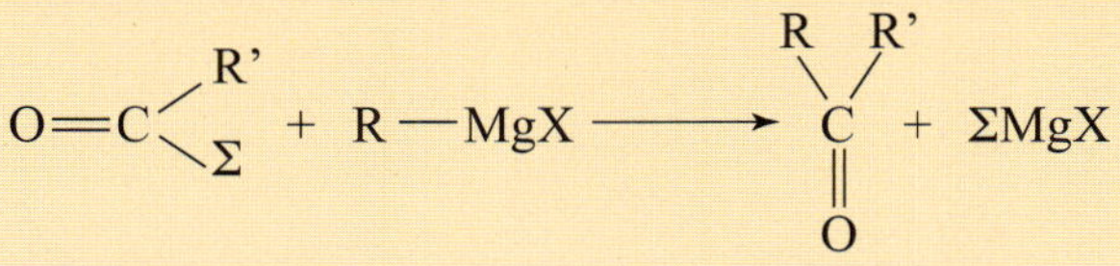

Σ = X ; OR''
chlorure d'acyle ou ester

Cétone

puis

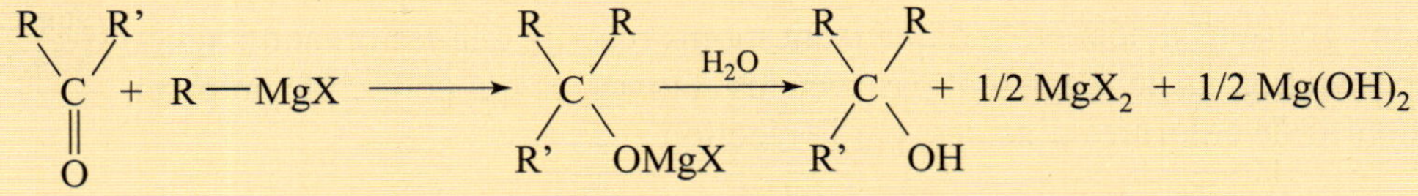

Réactions d'addition alcoolate alcool

Réaction d'addition

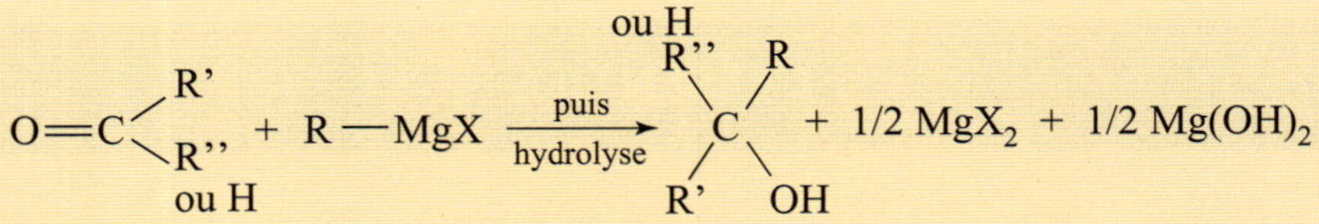

alcool

VICTOR GRIGNARD 1871 – 1935 (PRIX NOBEL DE CHIMIE 1912)

Victor Grignard est le seul chimiste français dont le nom figure dans tous les manuels de chimie organique. Il a en effet mis au point une classe de molécules particulièrement utilisée en synthèse organique : les organomagnésiens (ou encore appelés réactif de Grignard).

Originaire de Cherbourg et né d'une famille modeste, Victor Grignard commença sa carrière comme préparateur dans un laboratoire de chimie à la faculté des Sciences de Lyon. En 1901, il présente une thèse de doctorat remarquée concernant les organométalliques mixtes. Il fut nommé Maître de Conférences à Lyon puis occupa de 1909 à 1919 la chaire de Chimie Organique à l'institut chimique de Nancy. En 1912 c'est la consécration puisqu'il obtient le prix Nobel de Chimie qu'il partage avec Paul Sabatier de Toulouse (pour ses travaux sur la catalyse hétérogène). Durant la première guerre mondiale, il fut mobilisé et affecté avec le grade de caporal comme garde barrière d'une petite gare de la Normandie natale. Remarqué, par hasard, par un officier, ses talents de chimistes purent être mis à profit alors que le conflit s'éternisait, pour l'amélioration des techniques de production d'explosifs puis pour l'analyse des gaz asphyxiants. Après la guerre c'est à Lyon, en tant que directeur de l'Ecole de chimie, qu'il termina sa carrière.

QCM

Les réponses se trouvent à la page 663.

1. Les organométalliques sont définis comme étant des composés organiques

- ☐ **a.** dans lesquels un atome de carbone est lié à un métal
- ☐ **b.** contenant un métal
- ☐ **c.** résultant de l'action d'un métal sur un alcool
- ☐ **d.** dans lesquels un atome de carbone est lié à un métal alcalin ou alcalinoterreux

2. Les organomagnésiens

- ☐ **a.** sont des bases fortes
- ☐ **b.** sont générés dans des solvants protiques comme les alcools
- ☐ **c.** existent à l'état naturel
- ☐ **d.** possède une liaison C-Mg polarisée

3. Les organomagnésiens

- ☐ **a.** peuvent être impliqués dans des S_N1
- ☐ **b.** réagissent avec les cétones pour conduire à la formation d'alcools secondaire (après hydrolyse)
- ☐ **c.** peuvent réagir avec le dioxyde de carbone
- ☐ **d.** nécessitent l'utilisation de solvants éthérés

4. La réaction du bromure de méthylmagnésium sur un ester conduit, après hydrolyse, à la formation

- ☐ **a.** d'une cétone
- ☐ **b.** d'un alcool tertiaire
- ☐ **c.** d'un alcool secondaire
- ☐ **d.** d'un acide carboxylique

5. Un organomagnésien réagit sur un alcyne vrai pour former

- ☐ **a.** un produit d'addition sur la triple liaison
- ☐ **b.** un alcène issu d'une réduction
- ☐ **c.** un alcynure issu d'une réaction acide base
- ☐ **d.** une dimérisation de l'alcyne par couplage radicalaire

6. Relever les affirmations correctes

- ☐ **a.** pour générer un organomagnésien, seuls les solvants éthérés sont utilisables
- ☐ **b.** l'atome de carbone de la liaison C-Mg est polarisé $\delta+$
- ☐ **c.** les organomagnésiens réagissent violemment avec l'eau
- ☐ **d.** les organomagnésiens sont des nucléophiles et des bases fortes

7. ? + CH_3MgBr → butanone (après hydrolyse)

- ☐ a. CH_3CH_2CHO
- ☐ b. $CH_3CH_2COOCH_3$
- ☐ c. CH_3COCH_3
- ☐ d. CH_3CH_2CN

8. ? + CH_3CH_2MgBr → 2-hydroxy-2-méthylbutan-2-ol (après hydrolyse)

- ☐ a. propanone
- ☐ b. propanal
- ☐ c. orthoformiate d'éthyle
- ☐ d. acide propanoique

9. ? + CH_3MgBr → propan-1-ol (après hydrolyse)

- ☐ a. éthanal
- ☐ b. éthanoate d'éthyle
- ☐ c. oxyde d'éthylène
- ☐ d. dioxyde de carbone

EXERCICES

Les solutions se trouvent à la page 678.

Les **règles de nomenclature**, permettant de faire correspondre réciproquement un nom et une formule, sont exposées dans le chapitre 7 (pour les stéréoisomères, au chapitre 3).

14-a Complétez les réactions suivantes (le second membre correspond au résultat final, après hydrolyse) :

1) $CH_3—CH_2—MgBr + C_6H_5—CH=O \rightarrow \ldots$
2) $CH_3—CH_2—MgBr + \ldots \rightarrow CH_3—CH_2—CO_2H$
3) $CH_3—CH_2—MgBr + H—CH=O \rightarrow \ldots$
4) $CH_3—CH_2—MgBr + \ldots \rightarrow CH_3—CH_2—CH_2—CH_2OH$
5) $CH_3—CH_2—MgBr + CH_3—C\equiv CH \rightarrow \ldots$
6) $CH_3—CH_2—MgBr + CH_3—CH_2—CO—OCH_3 \rightarrow \ldots$
7) $CH_3—CH_2—MgBr + CH_3—CHOH—CH_3 \rightarrow \ldots$
8) $CH_3—CH_2—MgBr + H_2O \rightarrow \ldots$
9) $CH_3—CH_2—MgBr + \ldots \rightarrow CH_3—CH_3 + CH_3OH$
10) $CH_3—CH_2—MgBr + \ldots \rightarrow CH_3—CH_2—CH(CH_3)—CH_3$
11) $CH_3—CH_2—MgBr + CH_3—CH_2—CO—CH_3 \rightarrow \ldots$
12) $CH_3—CH_2—MgBr + C_6H_5—C\equiv N \rightarrow \ldots$

14-b Comment peut-on préparer les composés suivants, en une ou plusieurs étapes, à partir du bromure de phénylmagnésium ?

1) $C_6H_5—CHCl_2$ 2) $C_6H_5—CHCl—CH_3$

3) $C_6H_5—CO—CH_3$ 4) $C_6H_5—CH_2—CH_2Br$

5) $C_6H_5—C(CH_3)=CH_2$ (C portant un groupe CH_3)

14-c Par quel enchaînement de réactions peut-on passer

1) de $R—CH=CH_2$ à $R—CH(CH_3)—CO_2H$

2) de $R—CH=CH_2$ à $R—CH(CH_3)—CH_2OH$

(sans autre matière première organique)

3) de $Ph—CO—Ph$ à $Ph—C(=CH_2)—Ph$

4) de $CH_3—CH_2—COCl$ à $CH_3—CH_2—C(OH)(CH_3)—CH_2—CH_3$

5) de $R—C\equiv N$ à $R—CCl_2—CH_3$

6) de $R—CH_2Cl$ à $R—CH_2—CH_2—Cl$

7) de $R—CH_2Cl$ à $R—CH_2—CH_2—CH_2Cl$

8) de $Ph—C\equiv CH$ à $Ph—C(CH_3)=CH_2$

9) de $CH_3—CH_2OH$ à $CH_3—CH_2—CH=O$

14-d Identifier les composés représentés par (a), (b), (c), (d) et (e) dans l'enchaînement de réactions suivant :

(a) + PCl_5 → (b) + $POCl_3$

(b) + 2 OH^- → (c) + 2 H_2O + 2 Cl^-

(c) + CH_3MgBr → (d) + CH_4

(d) + $H_2C—CH_2$ (époxyde, pont O), puis H_2O → (e)

(e) $\xrightarrow{H_2SO_4}$ $CH_3—CH(CH_3)—C\equiv C—CH=CH_2 + H_2O$

14-e La réaction $Ph—CO—CH_3 + CH_3—CH_2MgBr \rightarrow Ph—\overset{*}{C}(OH)(CH_3)—CH_2—CH_3$

s'accompagne de la création d'un carbone asymétrique. Compte tenu de la géométrie du groupe $>C=O$ dans la molécule initiale, cet alcool est-il obtenu sous une forme optiquement active ou inactive ?

14-f On considère la réaction du bromure d'éthylmagnésium sur le *cis*-2,3-époxybutane :

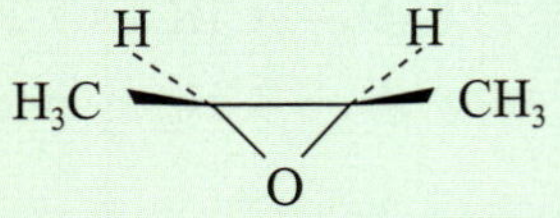

pour donner, après hydrolyse, l'alcool $CH_3—CH_2—CH(CH_3)—CHOH—CH_3$

1) La molécule initiale contient-elle un ou des carbone(s) asymétrique(s) ? Est-elle optiquement active ?

2) La molécule obtenue est-elle optiquement active ?

3) L'attaque du bromure d'éthylmagnésium peut avoir lieu indifféremment sur l'un ou l'autre des deux carbones du cycle, également encombrés. Les deux modes d'attaque donnent-ils deux molécules identiques ou non ?

4) Pratiquement, cette réaction donne-t-elle l'alcool sous une forme optiquement active, ou inactive ?

14-g Proposer une synthèse des alcools suivants à partir de l'éthène comme unique réactif organique et de tous les réactifs minéraux nécessaires :

a) CH_3CH_2OH b) $CH_3CH_2CH_2OH$ c) $CH_3CH_2CH_2CH_2OH$

14-h Proposer une synthèse du composé B à partir du composé A incluant obligatoirement le passage par un organomagnésien :

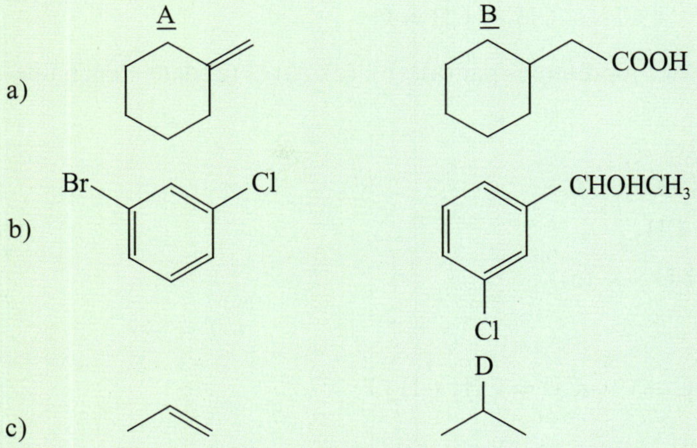

14-i Le composé A réagit avec deux équivalents de composé B puis le milieu est hydrolysé. Plusieurs stéréoisomères sont isolés. Identifier les et donner la relation de stéréoisomérie qui les lient deux à deux.

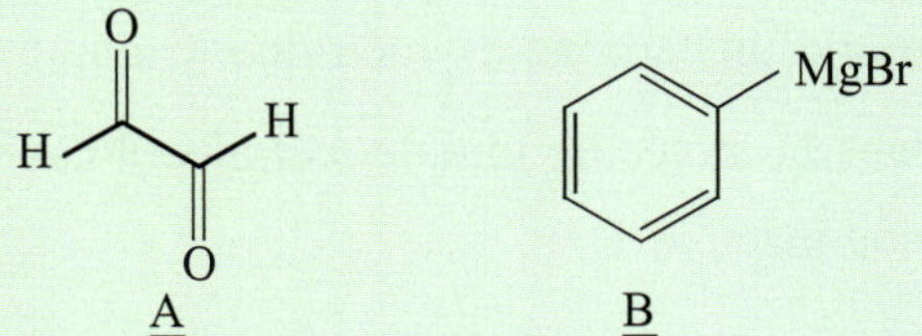

A B

15

Les alcools

Les éthers-oxydes – Les thiols

PRÉALABLES

- Règles de nomenclature à propos de la fonction alcool
- Acidité et basicité selon Brönsted
- Réactions de Substitutions nucléophiles et d'Éliminations

MOTS-CLÉS

- Alcool
- Alcoolate
- Déshydratation intermoléculaire
- Déshydratation intramoléculaire
- Élimination
- Estérification
- Liaison hydrogène
- Substitution nucléophile

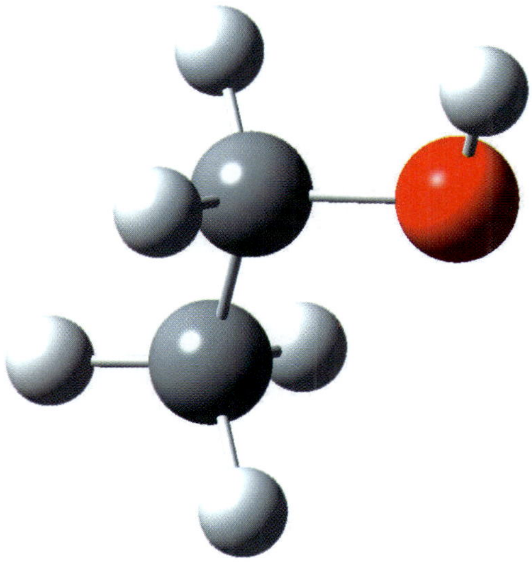

L'éthanol C_2H_6O

Les *alcools* sont les composés dans lesquels un groupe *hydroxyle* OH est lié à un carbone saturé (sp^3). Leur groupement fonctionnel est donc **>C—OH** et leur formule générale est **R—OH**.

On connaît aussi des composés dans lesquels un groupe OH est lié à un carbone non saturé, mais ce ne sont pas des alcools :

- si un groupe OH est lié à l'un des carbones d'un cycle benzénique, il s'agit d'un *phénol* [**chapitre 16**]
- si un groupe OH est porté par l'un des deux carbones d'une double liaison il s'agit d'un *énol*, forme tautomère généralement instable d'un aldéhyde ou d'une cétone [**§ 1.3.4**]

Ceci n'exclut pas la présence éventuelle d'un cycle benzénique, ou d'une double liaison, dans la molécule d'un alcool, à la condition que le groupe hydroxyle ne soit pas directement lié à un carbone non saturé (sp^2).

Exemples

Alcools :

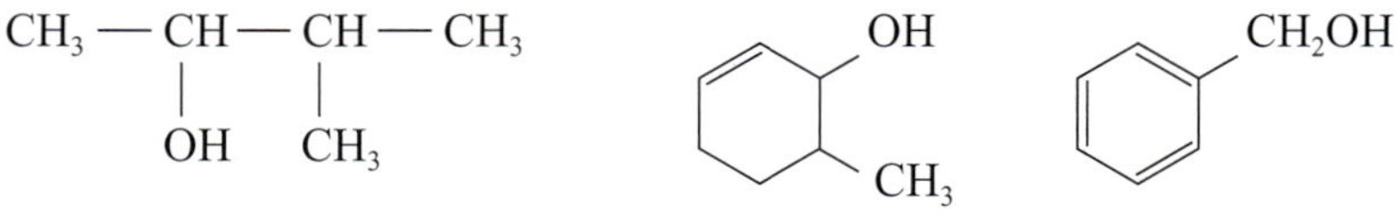

Phénol :

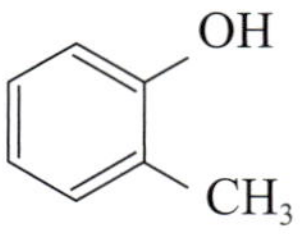

Énol :

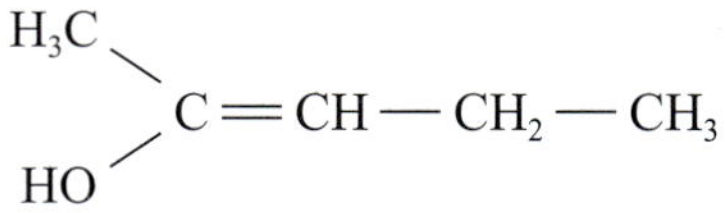

On distingue trois « classes » d'alcools, en fonction du degré de substitution du carbone portant la fonction [**§ 1.2.1.a**] :

La *nomenclature* des alcools est exposée au chapitre 7 [7.2.3].

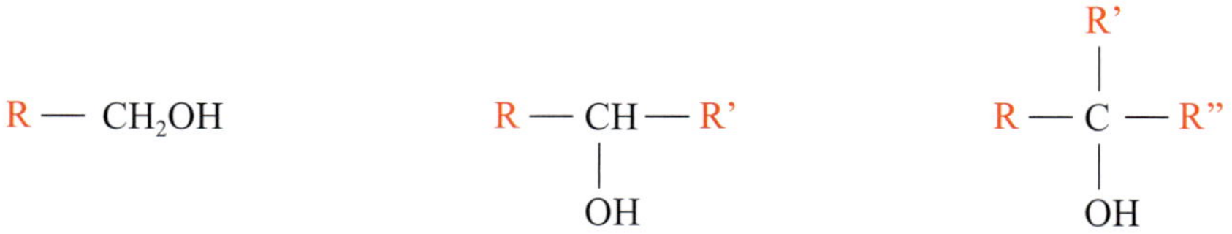

Alcool primaire — Alcool secondaire — Alcool tertiaire

15.1 Caractères physiques

Aucun alcool n'est gazeux à la température ordinaire. Les alcools acycliques sont liquides jusqu'en C_{12}, solides au-delà.

Les *points d'ébullition* des alcools sont beaucoup plus élevés que ceux des hydrocarbures correspondants et de presque tous les autres composés fonctionnels possédant le même nombre d'atomes de carbone, comme le montrent les données suivantes :

Points d'ébullition (en °C, sous 1 atm) de quelques composés en C_2

$CH_3—CH_3$	- 88,5	$CH_3—CH_2Br$	38,4
$CH_3—O—CH_3$	- 24,0	$CH_3—CH_2I$	72,3
$CH_3—CH_2Cl$	13,1	$CH_3—CH_2—OH$	78,3
$CH_3—CH{=}O$	20,8	$CH_3—CO_2H$	118,1

Il apparaît clairement que l'élévation très importante du point d'ébulition consécutive au remplacement d'un H de l'éthane par un groupe OH (+ 167°) n'est pas due à l'augmentation de la masse moléculaire qui en résulte. L'éther $CH_3—O—CH_3$, isomère de l'éthanol $CH_3—CH_2OH$, bout beaucoup plus bas que lui, et l'iodure d'éthyle $CH_3—CH_2I$, bien que beaucoup plus lourd que lui, bout cependant plus bas également. Seul l'acide acétique bout plus haut.

La valeur élevée des points d'ébullition des alcools est due à l'existence de liaisons intermoléculaires, appelées **liaisons hydrogène**. Celles-ci résultent de la forte polarisation de la liaison O—H, qui entraîne la présence de charges partielles importantes sur O et sur H. Il se manifeste des forces d'attraction électrostatique entre l'oxygène d'une molécule et l'hydrogène d'une autre, qui provoquent des « associations » de molécules, en nombre plus ou moins grand (on dit, d'ailleurs, que les alcools sont des liquides « associés »). Ces associations peuvent, par exemple, prendre les formes suivantes :

Sur ce sujet, on pourra consulter également le *Cours de Chimie physique* (chapitre 7 [7.3.2]).

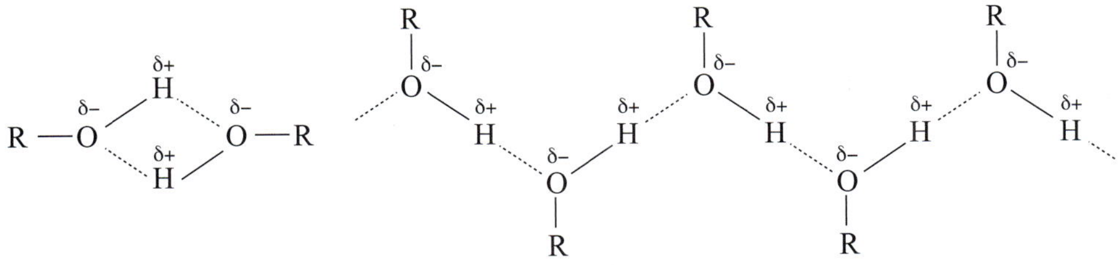

Structure « dimère » Structure « polymère »

Remarque

La liaison hydrogène est loin d'être aussi forte qu'une liaison covalente normale, et la mise en solution d'un alcool (dans un solvant qui ne soit pas susceptible de former lui-même des associations de ce type) suffit à la rompre par dispersion des molécules au sein du solvant. Mais elle augmente néanmoins l'énergie nécessaire pour libérer une molécule des interactions exercées par ses voisines dans la phase liquide, et la faire passer dans la phase gazeuse, et l'élévation du point d'ébullition en est une conséquence. La liaison hydrogène a également un effet sur la *viscosité*, qui est plus grande que pour un liquide non associé, car elle réduit la mobilité des molécules les unes par rapport aux autres.

La liaison hydrogène existe dans tous les composés organiques possédant un H acide lié à un hétéroatome (alcools R—OH, phénols Ar—OH, acides R—CO—OH, amines RR'NH ou RNH_2) et également dans certains composés minéraux (eau, H—OH, fluorure d'hydrogène HF). Dans tous les cas, elle a pour conséquence une forte élévation du point d'ébullition par rapport à la valeur prévisible en fonction de la masse moléculaire, ou par analogie avec des composés voisins.

Les premiers termes des alcools sont *solubles dans l'eau*, grâce à l'établissement de liaisons hydrogène mixtes, entre les groupes OH de molécules d'alcool et de molécules d'eau. Mais cette solubilité diminue à mesure que la masse moléculaire augmente, car la partie hydrocarbonée de la molécule prend de plus en plus d'importance par rapport au groupe fonctionnel, et il y correspond une insolubilité dans l'eau (les hydrocarbures y sont insolubles).

> Les alcools sont *toxiques*. L'absorption de méthanol peut provoquer la cécité et même la mort ; les effets néfastes de l'éthanol (alcool éthylique) sur l'organisme sont d'autre part bien connus.

15.2 RÉACTIVITÉ

Deux caractéristiques du groupement fonctionnel des alcools déterminent leur réactivité : *la polarisation des liaisons* C—O et O—H, due à la forte électronégativité de l'oxygène, et la présence sur ce dernier de *deux doublets libres* :

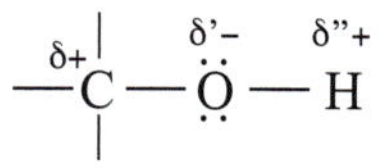

Selon les conditions, les alcools peuvent réagir de deux façons :

➤ *Par rupture de la liaison* O—H, qui se produit en *milieu basique*. L'hydrogène « fonctionnel » présente une certaine labilité, ou aptitude à se laisser « arracher » par une base sous la forme H^+, avec la formation d'un ion alcoolate RO^- :

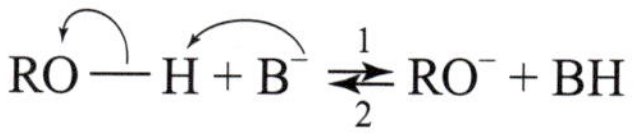

Les réactions qui en résultent sont dues au caractère basique et nucléophile de l'ion RO^-, qui peut provoquer des éliminations ou des substitutions sur d'autres molécules.

Voir chap. 4, § 4.3.2

Cet équilibre n'est cependant déplacé significativement dans le sens 1 qu'en présence d'une base forte. Ce caractère « acide » des alcools décroît des alcools primaires aux secondaires et de ceux-ci aux tertiaires, et on peut voir dans cette évolution une conséquence de l'effet inductif répulsif des groupes R, qui « contrarierait » la polarisation de la liaison O—H, et diminuerait la stabilité de l'ion RO^-. Mais ces différences de réactivité sont aussi très largement liées au rôle du solvant ; le classement indiqué plus haut s'observe en solution dans l'eau, mais il peut être inversé en phase gazeuse.

➤ *Par rupture de liaison* C—O, qui se produit en milieu acide. La « protonation » de l'oxygène entraîne la formation d'un ion oxonium :

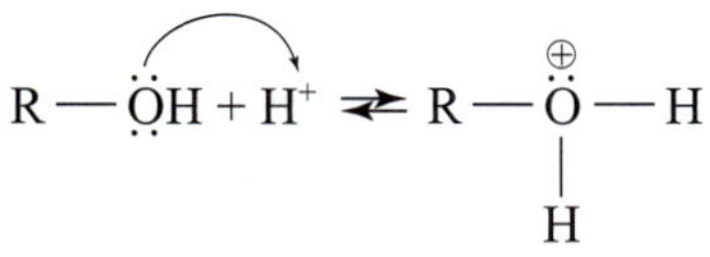

ion oxonium

Les acides de Lewis (électrophiles) peuvent jouer le même rôle.

L'ion oxonium ainsi formé à la possibilité :

- de conduire à la formation d'un carbocation R^+ :

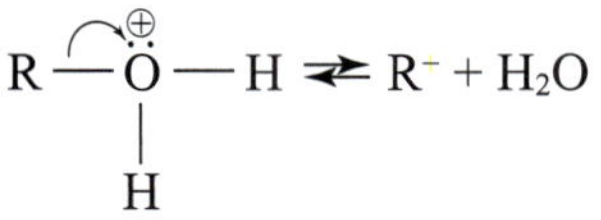

Les réactions associées à cette rupture de la liaison C—O résultent soit de la fixation d'un nucléophile sur R^+ (bilan : substitution de OH par ce nucléophile), soit du départ d'un proton (H^+) en α du carbone portant la charge + (bilan : élimination de H et OH, et formation d'une double liaison).

Voir chap. 13, § 13.2.1

Cette rupture est d'autant plus facile que l'alcool est tertiaire ou secondaire.

- d'évoluer directement, sans formation du carbocation, par fixation d'un nucléophile sur le carbone lié à l'atome d'oxygène et départ simultané de la molécule d'eau.

Cette rupture est d'autant plus facile que l'alcool est primaire.

Les alcools peuvent donc jouer le rôle d'un *acide* en présence d'une base, et celui d'une *base* en présence d'un acide ; ils sont *amphotères*. En milieu neutre, aucun des deux schémas n'est possible et les alcools sont pratiquement non réactifs.

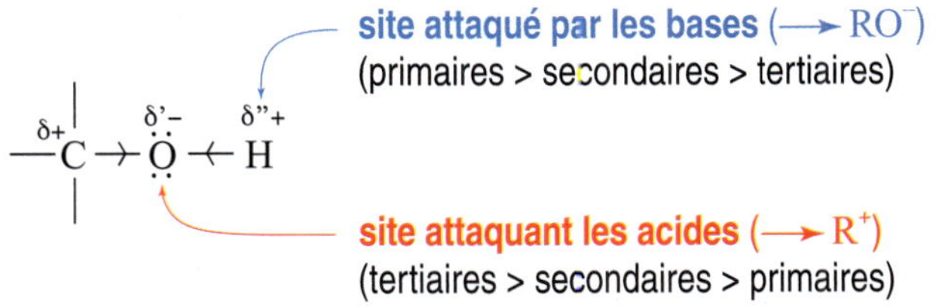

15.2.1 Réaction avec les bases

Le comportement des alcools en milieu basique traduit la *labilité de l'hydrogène fonctionnel*, conséquence de la forte polarisation de la liaison O—H. L'enlèvement de cet hydrogène par une base conduit à la formation des **alcoolates**, tels que :

CH_3ONa	Méthanolate (ou méthylate) de sodium
$CH_3—CH_2—CH_2OK$	Propan-1-olate (ou propylate) de potassium

Question 15.A

Quels autres cas de labilité de l'hydrogène avons-nous déjà rencontrés ? Par quelles possibilités de réactions se traduisaient-ils ?

La mise en présence d'un alcool et d'une base B^- donne lieu à l'établissement de l'équilibre :

$$ROH + B^- \underset{2}{\overset{1}{\rightleftharpoons}} RO^- + BH$$

Voir chap. 5, § 5.5.1

entre les *deux couples acidobasiques* ROH/RO^- et BH/B^-. Cet équilibre est d'autant plus déplacé dans le sens 1 que la base B^- est plus forte, c'est-à-dire que le pK_a du couple BH/B^- est plus élevé.

Le pK_a des alcools se situe entre 16, pour les alcools primaires, et 18, pour les alcools tertiaires (ou encore, leurs constantes d'acidité K_a se situe entre 10^{-16} et 10^{-18}). Leur réaction avec la soude en solution aqueuse ($pK_a(H_2O/OH^-) = 15{,}7$) est donc toujours très incomplète, puisque la base RO^- est notablement plus forte que la base OH^-. À l'équilibre, il ne se forme que très peu d'alcoolate :

$$ROH + OH^- \underset{2}{\overset{1}{\rightleftharpoons}} RO^- + H_2O$$

ou $$ROH + NaOH \underset{2}{\overset{1}{\rightleftharpoons}} RONa + H_2O$$

En revanche, l'action de l'eau sur un alcoolate (sens 2) provoque son hydrolyse à peu près totale.

Pour former effectivement les alcoolates, il faut faire intervenir des bases plus fortes que RO^-, comme NH_2^- (amidure de sodium $NaNH_2$: $pK_a(NH_3/NH_2^-) = 35$) qui donne une réaction pratiquement totale :

$$ROH + NH_2^- \longrightarrow RO^- + NH_3$$

Les organométalliques (les organomagnésiens en particulier) donnent également une réaction complète ($pK_a(RH/R^-) \approx 50$).

Les alcoolates peuvent également être obtenus par l'action directe d'un métal en particulier un métal alcalin comme Na ou K, sur l'alcool :

$$ROH + Na \longrightarrow RONa + \frac{1}{2}H_2$$

Question 15.B

S'agit-il aussi d'une réaction acidobasique ? Quel est le caractère du métal qui est mis en jeu ?

Les ions alcoolates RO^- sont des bases fortes, mais leur basicité varie cependant en raison inverse de l'acidité de l'alcool dont ils sont la base conjuguée. Les alcoolates tertiaires R_3CO^- (par exemple $tBuO^-$, ion « tertiobutylate ») sont donc les plus fortement basiques.

Les alcoolates sont utilisés dans diverses réactions, soit de substitution nucléophile :

Voir chap. 13, § 13.2.1

Exemple

$$CH_3—CH_2O^- + CH_3Br \rightarrow CH_3—CH_2—O—CH_3 + Br^-$$

soit d'élimination :

Voir chap. 13, § 13.2.2

Exemple :

$$CH_3O^- + (CH_3)_3CCl \rightarrow CH_2{=}C(CH_3)_2 + Cl^- + CH_3OH$$

15.2.2 Réaction avec les acides minéraux

Un atome ou un groupe d'atomes est d'autant meilleur groupe partant qu'il correspond à une base faible. Le groupe OH est donc un mauvais groupe partant : la liaison qui l'unit au carbone se rompt très difficilement. Mais le groupe $—\overset{+}{O}H_2$ qui résulte de la fixation d'un proton, en milieu acide, sur l'un des doublets libres de l'oxygène, se sépare beaucoup plus facilement du carbone, comme peut le faire par exemple un halogène. Comme dans le cas des dérivés halogénés, des réactions de *substitution* ($\overset{+}{O}H_2$ remplacé par un nucléophile) ou d'*élimination* (départ de $\overset{+}{O}H_2$ et d'un H en α) deviennent possibles.

Ces réactions peuvent s'effectuer selon les mécanismes S_N1 ou S_N2 [**§ 13.2.1**], E1 ou E2 [**§ 13.2.2**]. Les mécanismes monomoléculaires en deux étapes (S_N1 et E1) s'observent principalement avec les alcools tertiaires, en raison de la stabilité particulière des carbocations tertiaires.

Remarque

Les sulfonates d'alkyles, facilement obtenus à partir de chlorures de sulfonyle et d'un alcool, contiennent un excellent groupe partant et peuvent ainsi donner des réactions de substitution ou d'élimination.

Exemples

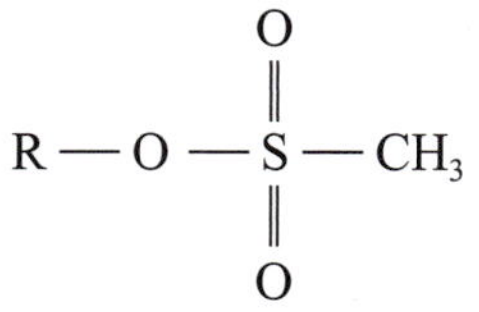

Méthane sulfonate d'alkyle
(ou mésylate d'alkyle)

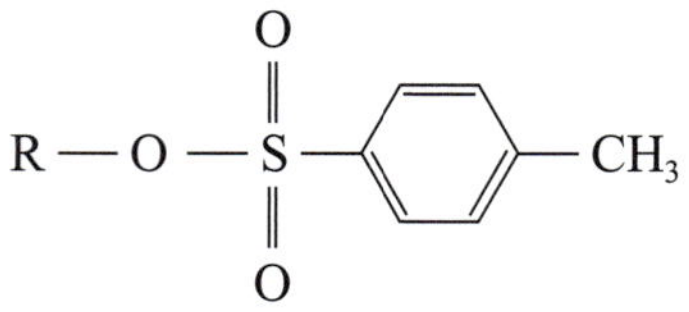

p-toluène sulfonate d'alkyle
(ou tosylate d'alkyle)

Question 15.C

Pourquoi la protonation de l'oxygène facilite-t-elle la rupture de la liaison C—O ?

a) Réaction des alcools avec les acides minéraux

Il s'agit de réactions de substitution, correspondant au bilan général

$$R—OH + HY \rightleftharpoons R—Y + H_2O$$

dans lesquelles l'acide HY joue un double rôle : il assure la protonation de l'oxygène et son anion Y^- constitue le réactif nucléophile. Les composés RY qui en résultent sont souvent appelés « esters minéraux », bien que le terme ester désigne, en principe, exclusivement le produit de la réaction entre un alcool et un acide organique R—COOH.

- *Hydracides halogénés*

Voir chap. 13, § 13.3.1

Les hydracides halogénés HX réagissent avec les alcools, pour donner des dérivés halogénés, dont c'est une bonne méthode de préparation.

Exemples

$$CH_3—OH + HCl \rightleftharpoons Cl^- + CH_3—\overset{+}{O}H_2 \rightarrow CH_3–Cl + H_2O \quad (S_N2)$$

$$tBu—OH + HCl \rightleftharpoons tBu–\overset{+}{O}H_2 + Cl^- \rightleftharpoons \underbrace{tBu^+ + Cl^-}_{\downarrow\ tBu–Cl} + H_2O \quad (S_N1)$$

Voir chap. 5, § 5.5.2

Cette réaction peut être catalysée par les ions Zn^{2+} ($ZnCl_2$ en solution), agissant comme acide de Lewis. Ils peuvent en effet, grâce à leurs orbitales vacantes, se fixer sur l'un des doublets libres de l'oxygène et ainsi faciliter la rupture de la liaison C—O (pour les mêmes raisons que dans le cas de la protonation, cf. Question 15.C) :

a) $R-\ddot{O}H + Zn^{2+} \longrightarrow R-\overset{+}{O}(Zn^{+})-H \longrightarrow R^{+} + ZnOH^{+}$

b) $R^{+} + Cl^{-} \longrightarrow R-Cl$

Dans ces conditions, à la température ordinaire, la réaction des alcools tertiaires est pratiquement immédiate, celle des alcools secondaires a lieu en une dizaine de minutes, mais les alcools primaires ne réagissent que très lentement.

Remarque

Sous le nom de « *test de Lucas* », cette réaction constitue un moyen de caractérisation analytique des trois classes d'alcools. On l'effectue en mélangeant dans un tube à essai un petit échantillon de l'alcool et une solution de chlorure de zinc dans l'acide chlorhydrique; lorsque l'halogénure se forme, au bout d'un temps variable, la solution se trouble, car il est insoluble dans l'eau.

Les alcools peuvent également être convertis en dérivés halogénés par divers réactifs : dérivés halogénés du phosphore, chlorure de thionyle.

Voir chap. 13, § 13.3.1

Acide nitrique

L'acide nitrique transforme les alcools en nitrates d'alkyles, ou « esters nitriques » :

$$R-OH + HNO_3 \longrightarrow R-O-NO_2 + H_2O$$

Cette réaction se pratique surtout sur des polyalcools (par exemple le glycérol ou propane-1,2,3-triol), pour fabriquer des explosifs.

Voir chap. 20, § 20.1.2.b

b) Déshydratation

En présence d'acide sulfurique H_2SO_4, ou phosphorique H_3PO_4, dont les anions sont peu nucléophiles, les alcools ne donnent pas d'esters, mais ils se *déshydratent*, c'est-à-dire subissent une perte d'eau. Dans cette réaction, l'acide joue le rôle de catalyseur.

Selon la température, cette déshydratation conduit soit à un alcène par une réaction intramoléculaire, soit à un éther par une réaction intermoléculaire.

Exemple

$$H_3C-CH_2OH \xrightarrow[170\ °C]{H_2SO_4} H_2C=CH_2 + H_2O$$

Alcène

Réaction intramoléculaire (élimination). Participation d'une seule molécule d'alcool.

$$H_3C-CH_2OH \xrightarrow[140\ °C]{H_2SO_4} H_3C-CH_2-O-CH_2-CH_3 + H_2O$$

Ether-oxyde

Réaction intermoléculaire (substitution). Participation de deux molécules d'alcool.

Les alcools peuvent également être *déshydratés* au contact d'un catalyseur solide, comme l'alumine Al_2O_3, en phase gazeuse, vers 350-400 °C. On obtient alors uniquement l'alcène.

Les alcools tertiaires se déshydratent très facilement, dès 50 °C, les alcools secondaires plus difficilement, vers 100 °C, et les alcools primaires encore plus difficilement, vers 150 °C.

Voir chap. 13, § 13.2.2

Si deux alcènes isomères par la position de la double liaison peuvent se former, celui qui se forme majoritairement, parfois même exclusivement, peut-être prévu par la *règle de Zaïtsev* (comme pour la déshydrohalogénation des dérivés halogénés) : la double liaison se forme préférentiellement avec le carbone le plus substitué, pour donner l'alcène le plus stable.

Exemple

le butan-2-ol $CH_3—CH_2—CHOH—CH_3$ donne presque uniquement le but-2-ène $CH_3—CH=CH—CH_3$ et seulement des « traces » de but-1-ène $CH_3—CH_2—CH=CH_2$.

Voir chap. 9, § 9.1

D'autre part, si l'alcène formé peut exister sous deux formes stéréoisomères *Z* et *E*, la réaction donne la forme dans laquelle les deux substituants les plus volumineux sont en position *trans*, également parce que c'est la plus stable.

On peut attribuer le mécanisme E1 suivant à la déshydratation intramoléculaire des alcools en phase liquide, au contact d'un acide comme H_2SO_4 :

1. Première étape : protonation de l'alcool et formation d'un carbocation,

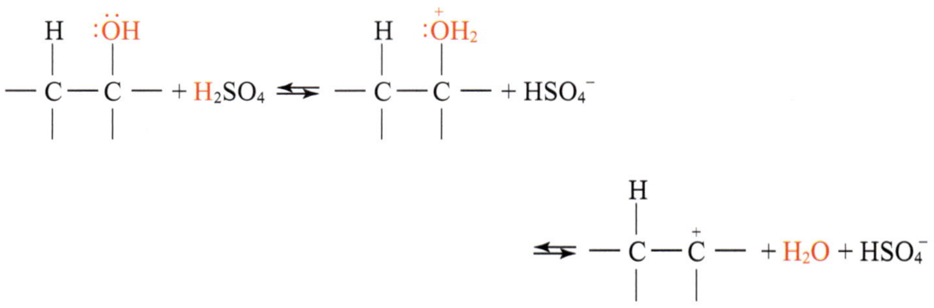

2. Seconde étape : perte d'un proton par le carbocation,

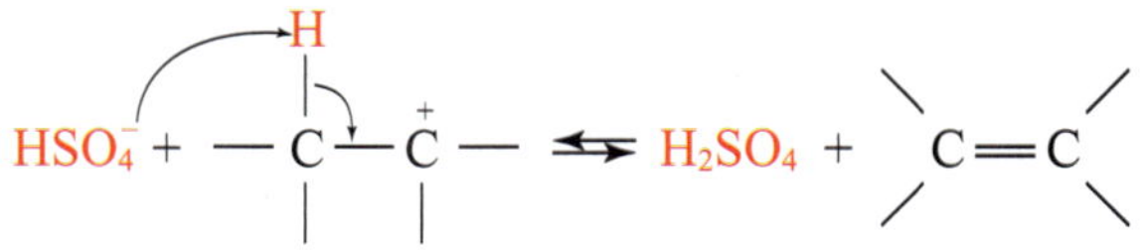

Alcène

Lors de cette déshydratation, *via* la formation d'un carbocation, l'isomérisation de la double liaison carbone-carbone peut se produire :

Exemple : le butan-1-ol donne le même alcène que le butan-2-ol

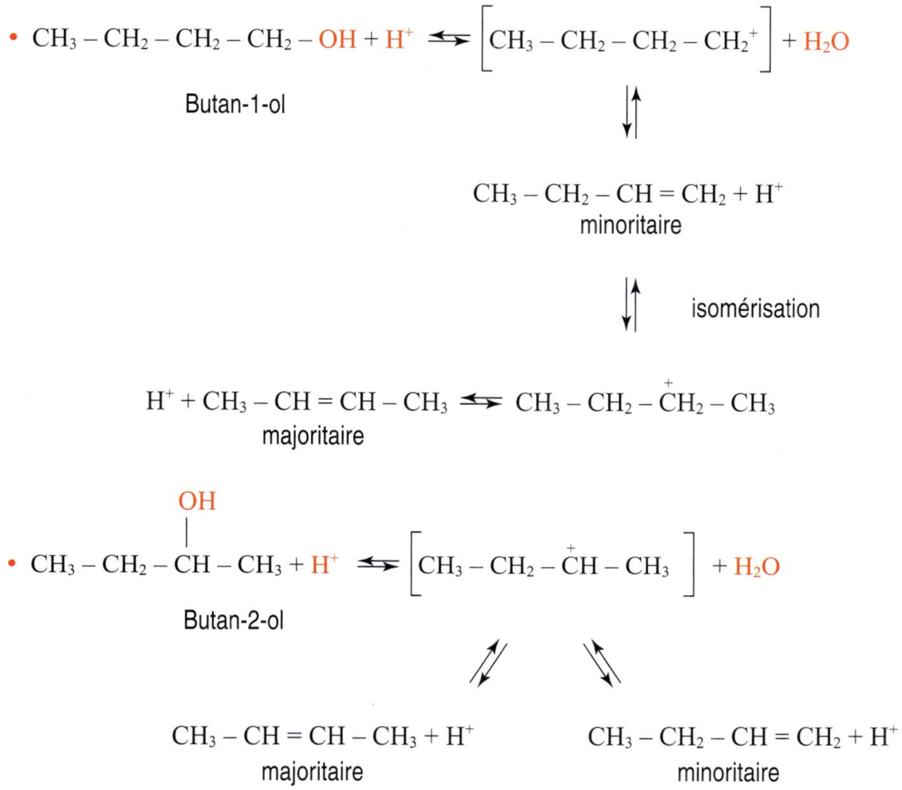

L'alcène le plus stable (présente la double liaison carbone-carbone la moins hydrogénée ou la plus substituée [**§ 9.1**]) se forme majoritairement.

Dans le cas d'une déshydratation intermoléculaire, les deux mécanismes S_N1 et S_N2 peuvent être envisagés :

S_N1 : le carbocation formé comme précédemment subit l'attaque d'une deuxième molécule d'alcool,

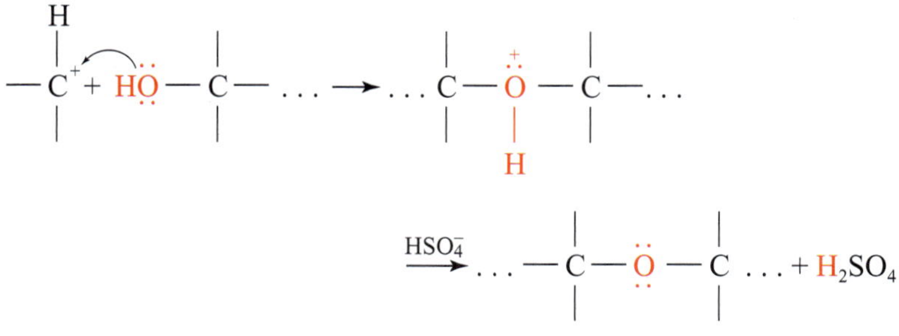

Ether-oxyde

S_N2 : l'ion formé comme précédemment subit l'attaque d'une deuxième molécule d'alcool,

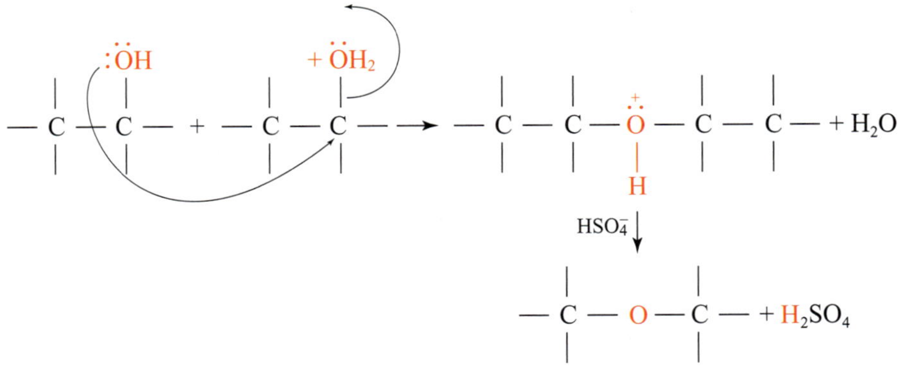

Ces mécanismes rendent bien compte de la formation des deux produits, alcène et éther, ainsi que du rôle catalytique de l'acide sulfurique qui n'est, en définitive, pas « consommé ». Ils justifient également l'influence de la température sur le résultat de la réaction (alcène à température élevée, éther à température plus basse).

La déshydratation des alcools donne lieu à une compétition entre une réaction d'élimination (formation de l'alcène) et une réaction de substitution (formation de l'éther-oxyde par substitution de OR à OH dans la molécule impliquée par la première étape). La situation est analogue à celle qui a déjà été rencontrée à propos des dérivés halogénés, la seule différence est que le « groupe partant » est OH (ou $\overset{+}{O}H_2$) au lieu de X.

Voir chap. 13, § 13.2.3

Les alcools secondaires donnent lieu à la compétition entre les deux mécanismes monomoléculaires E1 et S_N1.

Les alcools primaires, en raison de la moindre stabilité de leur carbocation, se déshydratent de façon intramoléculaire selon un mécanisme El avec réarrangement du squelette carbonée et de façon intermoléculaire selon un mécanisme S_N2.

Les alcools *tertiaires* donnent un alcène par une réaction E1, mais ils ne donnent pas d'éthers, trop instables en raison du volume important des deux groupes liés à l'oxygène.

La déshydratation en phase gazeuse sur alumine s'interprète comme une catalyse par un acide de Lewis, analogue à celle des ions Zn^{2+} dans la réaction des alcools avec HCl. La formation exclusive d'alcènes s'explique par la température élevée à laquelle la réaction a lieu.

Voir chap. 15, § 15.2.2

Question 15.D

La déshydratation d'un alcool et l'hydratation d'un alcène [§ 9.2.1.b], sont deux réactions inverses, qui ont lieu dans les mêmes conditions [H_2SO_4] et comportent les mêmes intermédiaires. Si l'on déshydrate un alcool, puis réhydrate l'alcène obtenu, on devrait donc retrouver l'alcool dont on est parti. Est-ce toujours le cas ?

15.2.3 Estérification

Les alcools réagissent avec les acides carboxyliques R—COOH pour donner un *ester*, selon le bilan :

$$\underset{\text{Acide}}{R-\underset{\underset{\displaystyle O}{\|}}{C}-OH} + \underset{\text{Alcool}}{R'-OH} \underset{2}{\overset{1}{\rightleftarrows}} \underset{\text{Ester}}{R-\underset{\underset{\displaystyle O}{\|}}{C}-OR'} + H_2O$$

Exemple

$$\underset{\text{Acide benzoïque}}{C_6H_5-COOH} + \underset{\text{Méthanol}}{CH_3OH} \rightleftarrows \underset{\text{Benzoate de méthyle}}{C_6H_5-CO-OCH_3} + H_2O$$

La réaction, catalysée par les acides forts (H_2SO_4 par exemple) est *inversible*, la réaction inverse (sens 2) étant l'*hydrolyse* de l'ester. Comme toute réaction inversible, elle est incomplète, ou *limitée*, en ce sens que la consommation des réactifs n'est pas complète. Elle aboutit à un état d'équilibre dans lequel les *quatre* espèces figurant dans le bilan sont présentes, dans des proportions qui n'évoluent plus, les deux réactions inverses se produisant simultanément avec la même vitesse et annulant leurs effets.

En outre, l'estérification est une réaction particulièrement lente. Dans certains cas, à la température ordinaire, l'état d'équilibre n'est atteint qu'au bout de plusieurs jours.

Remarque

La quantité d'ester formée à l'équilibre dépend principalement de la classe de l'alcool. À partir de 1 mole d'acide et 1 mole d'alcool, on obtient environ :
- si l'alcool est primaire .... 0,67 mole d'ester
- si l'alcool est secondaire .... 0,60 mole d'ester
- si l'alcool est tertiaire .... 0,05 mole d'ester

Pour rendre une réaction inversible plus complète et améliorer son rendement (proportion des réactifs transformée en produit), on peut en principe agir sur trois paramètres : la température, la pression, les concentrations des composés en présence (« action de masse »).

Les lois du déplacement des équilibres sont exposées dans tous les manuels de chimie physique ou générale (voir, par exemple, le *Cours de Chimie physique*, chapitres 16 et 17).

Dans le cas de l'estérification, la température est sans effet car la réaction est pratiquement « athermique » (chaleur, ou enthalpie, de réaction nulle). Le seul intérêt d'élever la température est d'atteindre l'état d'équilibre plus rapidement, mais sa composition n'est pas modifiée. La pression est également sans effet, parce que la réaction ne s'accompagne pas d'une variation de volume significative.

Mais on peut modifier l'équilibre final pour obtenir une plus grande quantité d'ester en utilisant un excès de l'un des réactifs (celui qui est le moins cher) par rapport à l'autre. Celui qui est « en défaut » peut alors être estérifié à peu près totalement, et l'excès inutilisé de l'autre est récupérable. Ainsi, avec 1 mole d'un alcool primaire et 10 moles d'acide, on obtient 0,97 mole d'ester (le taux d'estérification de l'alcool est 97 %, et il reste 9,03 moles d'acide récupérables).

Le même résultat peut être obtenu en éliminant l'un des produits de la réaction au fur et à mesure de sa formation. Un procédé très couramment employé pour rendre l'estérification complète (même sans excès de l'un des réactifs) est d'éliminer l'eau, par diverses techniques (fig 15.1).

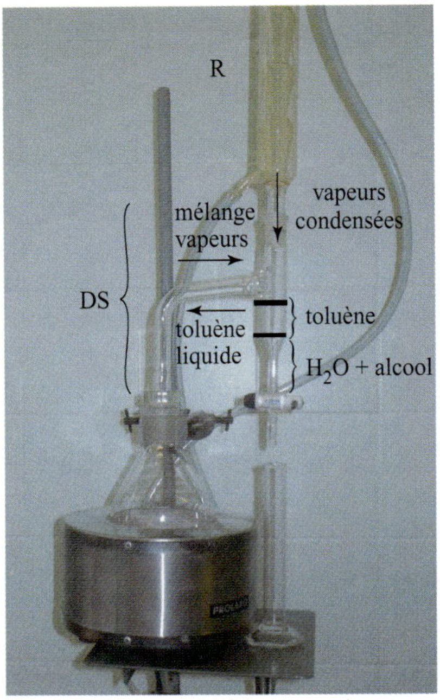

Figure 15.1 **La technique de l'estérification.** Pour éliminer au fur et à mesure de sa formation l'eau qui résulte de l'estérification, on peut ajouter du toluène au mélange d'acide et d'alcool, et opérer à la température d'ébullition du mélange. Le toluène, l'eau et l'alcool forment un « azéotrope », c'est-à-dire qu'ils distillent ensemble, dans des proportions constantes, et ainsi l'eau se trouve entraînée dans la phase gazeuse. Après refroidissement et condensation (au cours de son passage dans le réfrigérant R), le mélange qui s'est vaporisé est recueilli dans un séparateur Dean-Stark DS, où il décante en phases : la phase supérieure est constituée de toluène, qui est renvoyé dans le ballon ; la phase inférieure, qui contient l'eau et un peu d'alcool, est soutirée.
On calcule la quantité d'alcool à utiliser en tenant compte de la perte qui se produit ainsi.

L'étude expérimentale du **mécanisme** de l'estérification offre un exemple de l'une des méthodes de détermination des mécanismes réactionnels, la méthode du *marquage isotopique*.

Il n'est pas possible de savoir *a priori* si la molécule d'eau formée dans la réaction contient le groupe OH de l'acide ou celui de l'alcool. Pour le savoir, on effectue la réaction avec un alcool, préparé spécialement, dans lequel l'oxygène est l'isotope ^{18}O (au lieu de l'isotope « normal » ^{16}O), et on peut mettre en évidence que cet oxygène « lourd » se retrouve dans la molécule de l'ester, non dans celle d'eau. La réaction comporte donc les coupures de liaisons suivantes (*O* désignant l'oxygène ^{18}O) :

$$\mathrm{R-C(=O)}\;\vdots\;\mathrm{O-H + R'-}\mathit{O}\;\vdots\;\mathrm{H} \rightleftharpoons \mathrm{R-C(=O)-}\mathit{O}\mathrm{-R' + H_2O}$$

Le mécanisme suivant peut alors s'appliquer aux alcools primaires et secondaires :

Voir chap. 19, § 19.2.1.c

1. Fixation de l'ion H^+ sur l'oxygène du groupe carbonyle de l'acide carboxylique permettant d'exalter le caractère électrophile du carbone de ce même groupe carbonyle

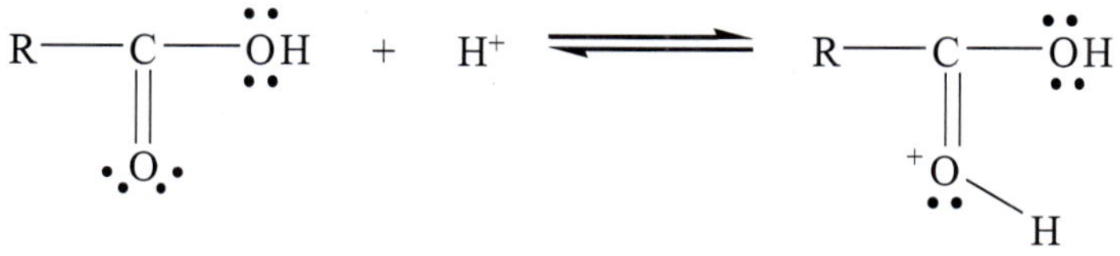

2. attaque nucléophile de l'alcool sur le carbonyle

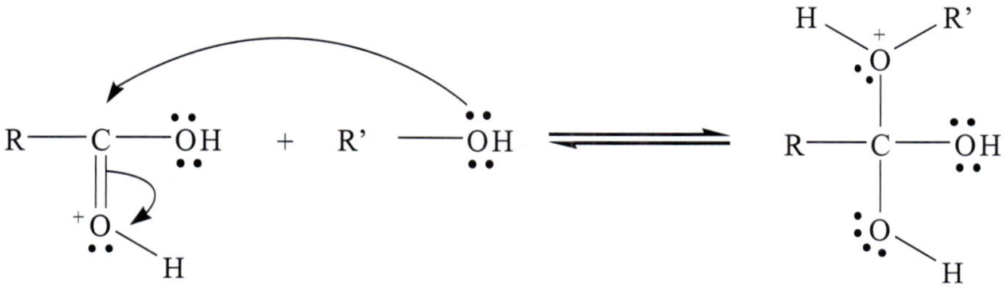

3. prototropie [§ 1.3.4] et amélioration du caractère nucléofuge du groupement OH

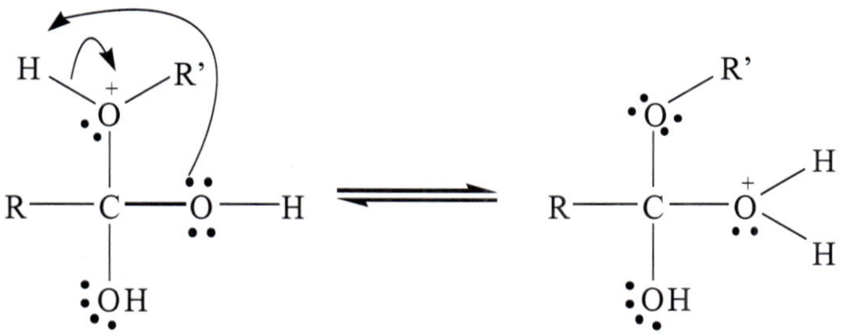

4. départ de H_2O et formation de l'ester protoné

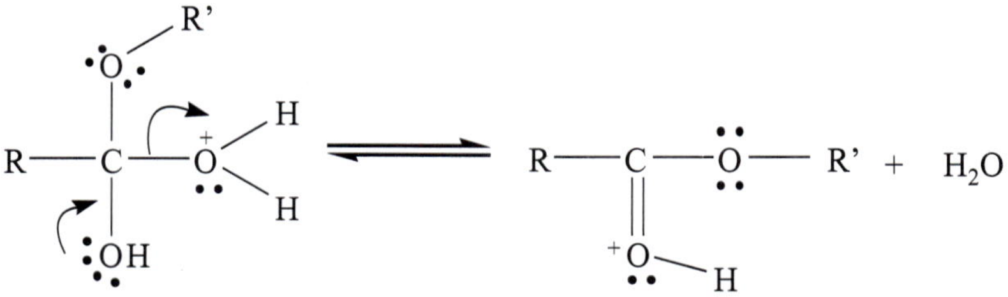

5. régénération du catalyseur

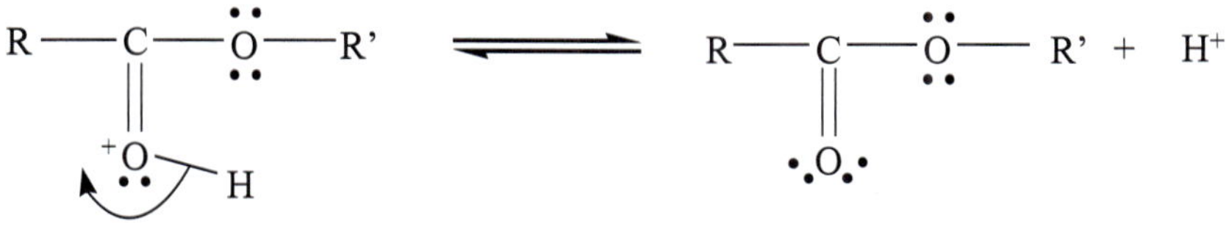

Les esters peuvent être obtenus dans de meilleures conditions (réactions plus rapides et totales) en utilisant à la place de l'acide l'un de ses dérivés, *anhydride* ou *chlorure d'acide* [§ 19.5.1-2]. Avec un chlorure d'acide, la réaction normale (non inversible) est :

$$R-\underset{\underset{O}{\|}}{C}-Cl + R'-OH \longrightarrow R-\underset{\underset{O}{\|}}{C}-OR' + HCl$$

mais les alcools tertiaires peuvent donner une réaction différente :

$$R-COCl + R'_3C-OH \longrightarrow R'_3C-Cl + R-COOH$$

en raison de la facilité avec laquelle leur liaison C—O se rompt.

De même, les chlorures dérivant d'acides soufrés peuvent conduire à la formation d'esters appelés sulfonates.

Exemples

- $$H_3C-\overset{\overset{O}{\|}}{\underset{\underset{O}{\|}}{S}}-Cl + R-OH \longrightarrow H_3C-\overset{\overset{O}{\|}}{\underset{\underset{O}{\|}}{S}}-O-R + HCl$$

chlorure de méthanesulfonyle (ou chlorure de mésyle) — Méthane sulfonate d'alkyle (ou mésylate d'alkyle)

- $$p\text{-}H_3C-C_6H_4-\overset{\overset{O}{\|}}{\underset{\underset{O}{\|}}{S}}-Cl + R-OH \longrightarrow p\text{-}H_3C-C_6H_4-\overset{\overset{O}{\|}}{\underset{\underset{O}{\|}}{S}}-O-R + HCl$$

chlorure de *p*-toluène sulfonyle (ou chlorure de tosyle) — *p*-toluène sulfonate d'alkyle (ou tosylate d'alkyle)

Ces réactions permettent de transformer le groupe —OH (mauvais groupe partant) en bon groupe partant $—OSO_2R$. Les esters ainsi obtenus à partir d'un alcool peuvent être engagés dans des réactions de substitutions nucléophiles.

15.2.4 Oxydation. Déshydrogénation

C'est dans ces réactions que les trois classes d'alcools se différencient le plus nettement.

a) Oxydation

En présence des oxydants usuels (permanganate ou bichromate de potassium en milieu acide, par exemple), les alcools subissent une oxydation selon le schéma :

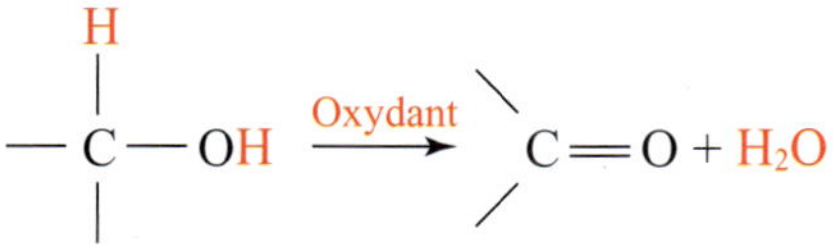

Exemple

$$3\ CH_3—CHOH—CH_3 + Cr_2O_7^{2-} + 8\ H^+$$
$$\longrightarrow 3\ CH_3—CO—CH_3 + 7\ H_2O + 2\ Cr^{3+}$$

- Les *alcools primaires* sont transformés en aldéhydes qui, étant très oxydables, sont ensuite transformés en acides [§ 18.2.3]. Mais si l'on effectue la réaction à une température supérieure au point d'ébullition de l'aldéhyde, il distille au fur et à mesure de sa formation, échappe à l'oxydation, et peut être récupéré.
- Les *alcools secondaires* sont transformés en cétones, qui peuvent éventuellement être ensuite oxydées en donnant deux acides [§ 18.2.3], mais seulement si les conditions d'oxydation sont très brutales.
- Les *alcools tertiaires* ne possédant pas d'hydrogène sur le carbone fonctionnel ne peuvent être oxydés. Mais ils se déshydratent, car l'oxydation se fait généralement en milieu acide, en donnant un alcène qui peut ensuite être oxydé avec coupure de la double liaison [§ 9.2.2.b].

Alcool primaire	R—CH$_2$OH → R—CH=O → R—COOH Aldéhyde — Acide
Alcool secondaire	R—CHOH—R' → R—CO—R' - - -> 2 Acides Cétone
Alcool tertiaire	R—COH(R")—R' → Alcène → Produits d'oxydation

b) Déshydrogénation

À 300 °C, en phase vapeur, au contact de cuivre jouant le rôle de catalyseur, les alcools se déshydrogènent selon le schéma :

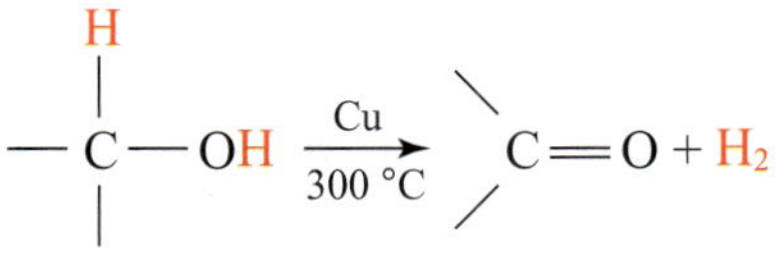

Comme dans l'oxydation, les alcools primaires donnent un aldéhyde et les alcools secondaires donnent une cétone. Les alcools tertiaires ne peuvent pas se déshydrogéner.

Questions 15.E

– Pourquoi dit-on que l'on « oxyde » un alcool en le transformant en aldéhyde ou cétone qui ne contient pas plus d'oxygène que lui ? Est-ce l'hydrogène qui se retrouve dans H_2O qui est oxydé ?

– La déshydrogénation d'un alcool donne le même produit (aldéhyde ou cétone) que son oxydation. Peut-on, pour cette raison, dire que c'est aussi une oxydation ? Si oui, quel est l'oxydant ?

15.3 État naturel

Il existe des alcools dans la nature, notamment dans les végétaux qui contiennent divers alcools « terpéniques », souvent très odoriférants : menthol, terpinéol, linalol, etc. Dans les organismes animaux on en trouve également, par exemple le cholestérol. La vitamine A est aussi un alcool

Voir formules et autres exemples au chapitre 24.

Mais le plus souvent, dans la nature, la fonction alcool est associée dans la même molécule à d'autres fonctions (aldéhyde, cétone, acide, ...), et fréquemment elle est estérifiée.

15.4 Préparations

La fonction alcool constitue en quelque sorte un carrefour en synthèse, et les voies pour y accéder sont nombreuses, mais toutes ne sont pas générales pour les trois classes d'alcools.

15.4.1 À partir d'un alcène

Voir chap. 9, § 19.2.1.b

L'**hydratation des alcènes**, catalysée par l'acide sulfurique conduit à des alcools. Mais seul l'éthylène fournit un alcool primaire (l'éthanol, dont c'est d'ailleurs une préparation industrielle) ; les autres alcènes ne peuvent donner que des alcools secondaires ou tertiaires (règle de Markownikov).

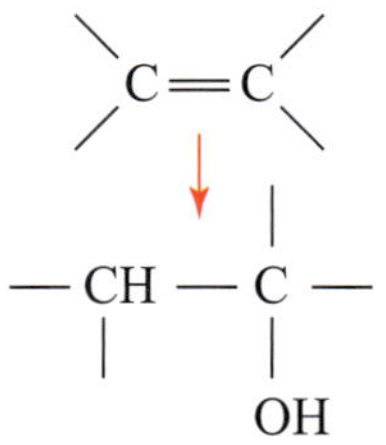

L'hydratation des doubles liaisons par **hydroboration** [§ 9.2.1.b], permet toutefois d'obtenir une addition de l'eau « anti-Markownikov ».

Exemple

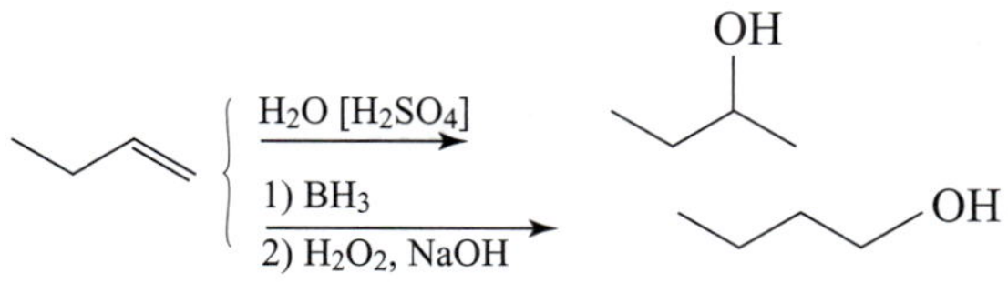

15.4.2 À partir d'un dérivé halogéné

Voir chap. 13, § 13.2.1

L'**hydrolyse** par action de l'eau ou de la soude des dérivés halogénés conduit, par une substitution nucléophile, à un alcool. Cette substitution risque d'être « concurrencée » par une élimination, donnant un alcène [**§ 13.2.2**] surtout si l'halogénure est tertiaire ; ce risque est fortement diminué si l'on utilise, à la place de soude, de l'hydroxyde d'argent AgOH. On peut également tourner cette difficulté en faisant d'abord réagir le dérivé halogéné avec de l'acétate de sodium $CH_3—CO_2Na$ pour former l'ester $CH_3—CO_2R$, qui est ensuite hydrolysé en alcool R—OH et acide acétique [**§ 15.4.4**].

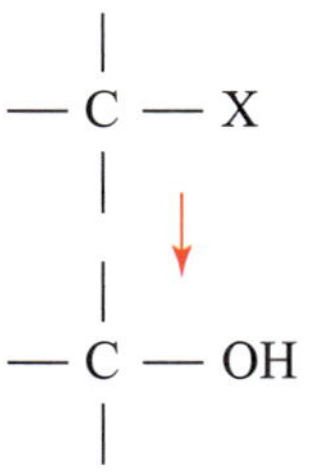

Exemple

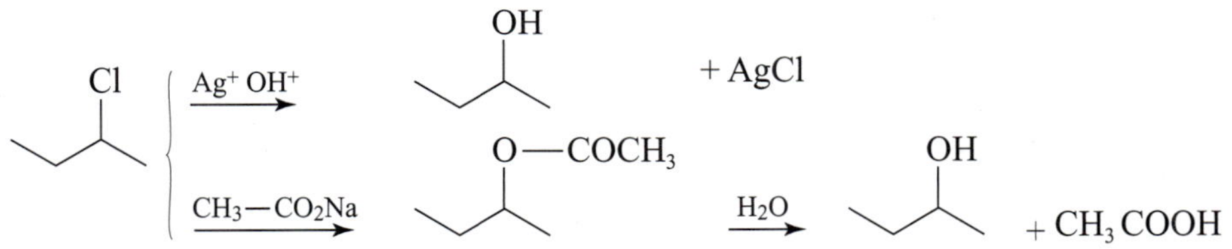

15.4.3 À partir d'un aldéhyde, d'une cétone ou d'un époxyde

Voir chap. 18, § 18.2.1.a

L'**hydrogénation catalytique** des aldéhydes et des cétones conduit, respectivement, aux alcools primaires et aux alcools secondaires.

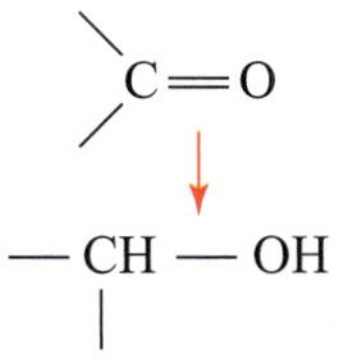

Exemples

$$CH_3—CH_2—CH{=}O + H_2 \xrightarrow{[Ni]} CH_3—CH_2—CH_2OH$$

Aldéhyde — Alcool primaire

$$CH_3—CO—CH_2—CH_3 + H_2 \xrightarrow{[Ni]} CH_3—CHOH—CH_2—CH_3$$

Cétone — Alcool secondaire

Voir chap. 18, § 18.2.1.c

La **réduction par un hydrure métallique**, comme $LiAlH_4$, suivie d'une hydrolyse, transforme également les aldéhydes en alcools primaires et les cétones en alcools secondaires. L'attaque par un ion hydrure H^- peut aussi ouvrir le cycle des époxydes, avec formation d'un alcool [§ 15.5].

Exemples

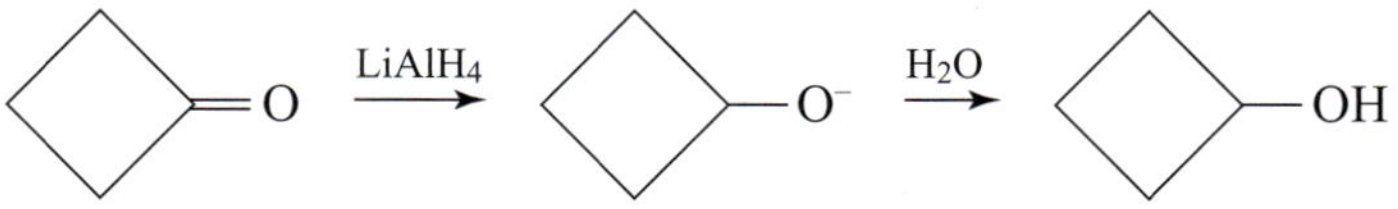

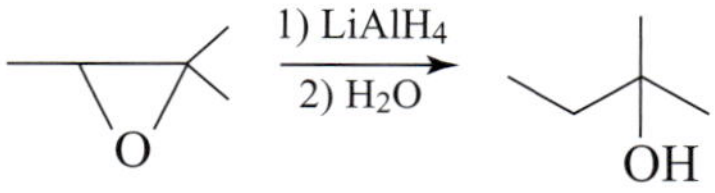

La **réaction des réactifs de Grignard** sur les aldéhydes, les cétones et les époxydes, suivie d'une hydrolyse, permet d'effectuer la *synthèse* d'alcools des trois classes. Ces réactions ont été présentées en détail au chapitre 14 [§ 14.2.3] et leurs résultats sont simplement résumés ci-dessous :

$$R—MgX + \text{Formaldéhyde } H_2C{=}O \xrightarrow{\text{puis } H_2O} R—CH_2OH$$ Alcools primaires

$$R—MgX + \text{autres aldéhydes } R'—CH{=}O \xrightarrow{\text{puis } H_2O} R—CHOH—R'$$ Alcools secondaires

$$R—MgX + \text{Cétones } R'—CO—R'' \xrightarrow{\text{puis } H_2O} R—\underset{\displaystyle R''}{\underset{|}{C}}OH—R'$$ Alcools tertiaires

$$R—MgX + \text{Oxyde d'éthylène } H_2C\underset{O}{—}CH_2 \xrightarrow{\text{puis } H_2O} R—CH_2—CH_2OH$$ Alcools primaires

$$R—MgX + \text{autres époxydes} \xrightarrow{\text{puis } H_2O}$$ Alcools secondaires ou tertiaires

15.4.4 À partir d'un ester

L'**hydrolyse des esters**, en milieu acide, fournit un acide carboxylique et un alcool :

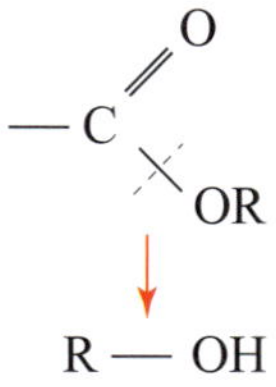

$$R-\underset{\underset{\displaystyle O}{\|}}{C}-OR' + H_2O \overset{H^+}{\rightleftharpoons} R-\underset{\underset{\displaystyle O}{\|}}{C}-OH + R'-OH$$

Cette réaction, inversible, est limitée par la réaction inverse (estérification). On peut la rendre plus complète et améliorer son rendement en utilisant un grand excès d'eau (application de la loi « d'action de masse »).

Voir chap. 15, § 15.2.3

La **saponification des esters** consiste en une réaction avec une solution de soude :

$$R-\underset{\underset{\displaystyle O}{\|}}{C}-OR' + NaOH \longrightarrow R-\underset{\underset{\displaystyle O}{\|}}{C}-ONa + R'-OH$$

Web
§ chimie industrielle

Elle fournit le même alcool que l'hydrolyse, mais elle n'est pas inversible, puisque l'acide formé est neutralisé, et peut donc être totale. Cette réaction doit son nom au fait que, appliquée aux esters particuliers que sont les corps gras [**§ 20.1.2.b, § 24.1**], elle sert à préparer les savons.

Le mécanisme de la saponification des esters peut-être illustré de la façon suivante :

1. attaque nucléophile de l'ion hydroxyde sur le carbone du groupe carboxyle de l'ester

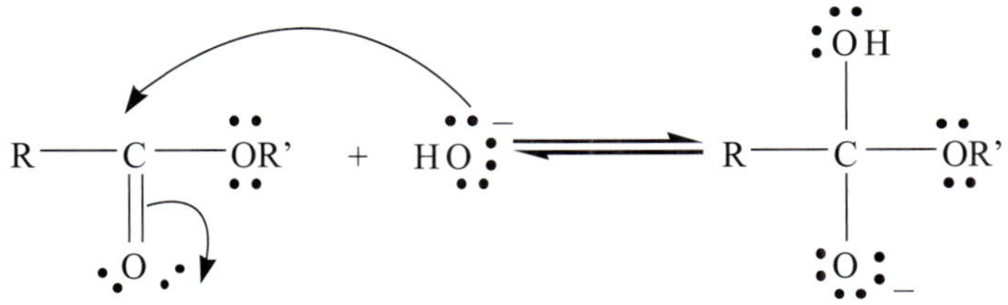

2. départ de l'ion alcoolate et formation d'un acide carboxylique

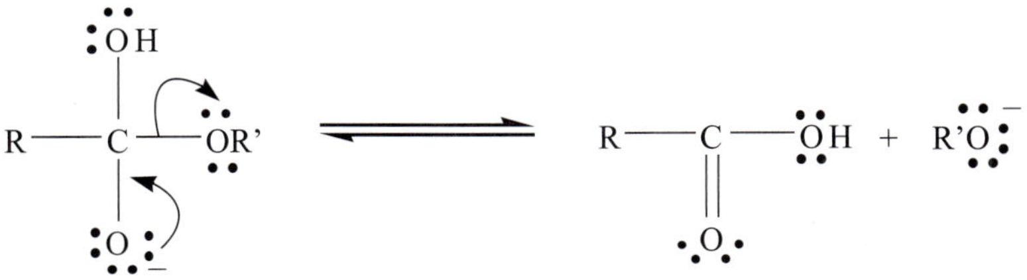

3. déprotonation de l'acide carboxylique par l'ion alcoolate avec formation d'un ion carboxylate. Cette étape quantitative rend totale la réaction globale

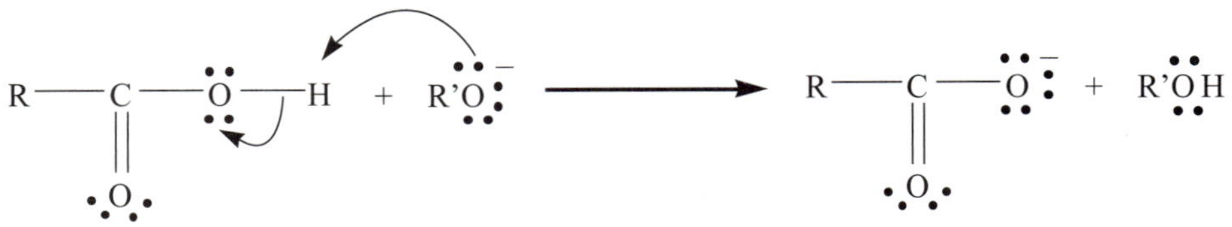

La **réduction des esters**, soit par le dihydrogène en présence d'un catalyseur, soit par un hydrure métallique (réduction par l'ion hydrure H^-) fournit *deux alcools* :

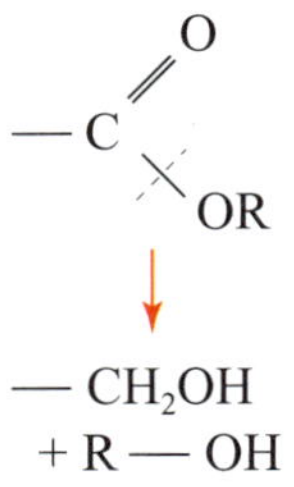

$$R-\underset{\underset{O}{\|}}{C}-OR' + 2H_2 \longrightarrow R-CH_2OH + R'-OH$$

$$R-\underset{\underset{O}{\|}}{C}-OR' + 2H^- \text{ (puis } H_2O) \longrightarrow R-CH_2OH + R'-OH$$

(la seconde équation représente le bilan global d'une réaction qui comporte en réalité deux étapes, cf. question 15.F ci-après).

Voir chap. 14, § 14.2.3.b

La **réaction d'un réactif de Grignard sur un ester** conduit à un alcool tertiaire qui comporte nécessairement deux fois le groupe alkyle de cet organomagnésien.

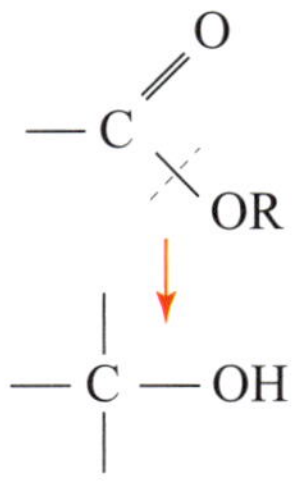

Exemple

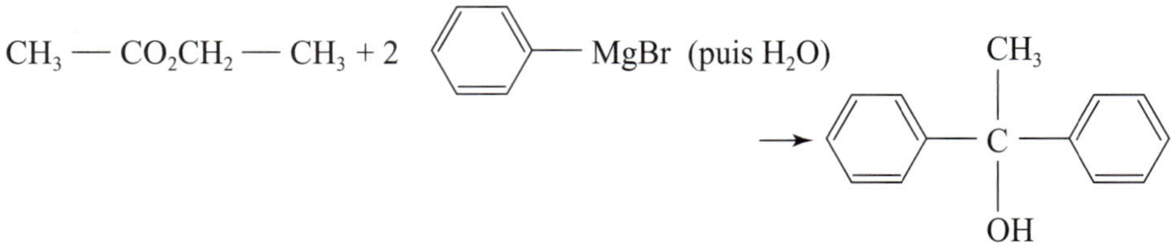

Question 15.F

Qu'y a-t-il de commun entre la saponification d'un ester, sa réduction par un hydrure et sa réaction avec un organomagnésien ? Connaissant le mécanisme de sa réaction avec un organomagnésien [§ 14.2.3.b], proposez un mécanisme plausible pour les deux autres réactions.

Question 15.G

Faites une liste, disposée verticalement, des méthodes de préparation des alcools, et faites à côté trois colonnes correspondant aux trois classes d'alcools. Pour chaque réaction, indiquez par une croix dans la (ou les) colonne(s) correspondante(s) si elle est applicable aux trois classes, ou seulement à l'une, ou deux, d'entre elles.

15.5 Termes importants. Utilisations

Pour le tonnage produit et la diversité des utilisations, le *méthanol* CH_3OH est le plus important des alcools. Il est connu depuis 1661 et sa structure a été établie en 1835. On l'obtient industriellement par synthèse, à partir d'un mélange d'oxyde de carbone et de dihydrogène :

$$CO + 2\,H_2 \xrightarrow[250\,°C,\ 50\ bars]{ZnO} CH_3OH$$

Le mélange de CO et H_2 nécessaire est lui-même obtenu par réaction soit du coke (carbone), soit du méthane [§ 8.2.3.b], avec la vapeur d'eau, à haute température. La production mondiale annuelle de méthanol est de 35 millions de tonnes, dont la moitié environ est convertie en méthanal (formaldéhyde) $H_2C{=}O$ par oxydation catalytique. Ce dernier est utilisé entre autres à la préparation de résines thermodurcissables [§ 16.2.6.b].

Web

Le méthanol est également employé à la synthèse de l'acide acétique, par réaction avec CO, ainsi qu'à la préparation d'esters méthyliques (par exemple, le méthacrylate de méthyle $H_2C{=}C(CH_3){-}CO_2Me$, dont la polymérisation donne le « Plexiglas »). Enfin, il est encore utilisé comme solvant et comme additif dans les carburants.

L'*éthanol* est également produit en grande quantité (environ huit millions de tonnes/an), soit par hydratation de l'éthylène, soit par fermentation de solutions sucrées, naturelles (jus de raisin ou de betterave) ou artificielles (hydrolyse de l'amidon ou de la cellulose). Sous la forme de la fabrication de diverses boissons alcoolisées, cette réaction est sans doute la plus ancienne des réactions organiques connues de l'homme et exploitées par lui ; mais elle constitue également un procédé de préparation de l'éthanol pur.

Voir chap. 22, § 22.4.2

Le *propan-2-ol* est la matière première de la préparation de l'acétone $CH_3{-}CO{-}CH_3$ [§ 18.5].

Enfin, divers alcools comportant de 6 à 16 atomes de carbone sont utilisés dans la préparation de détergents, ou autres composés « tensio-actifs ».

Web

ÉTHERS-OXYDES

Leur nomenclature est exposée au chapitre 7 [7.2.5].

Les *éthers-oxydes* (souvent appelés plus simplement « éthers ») ont pour groupement fonctionnel l'enchaînement $>\!C\!-\!O\!-\!C\!<$, et pour formules générales **R—O—R** (éthers symétriques) ou **R—O—R'** (éthers mixtes).

MOLÉCULES CREUSES ET CHIMIE SUPRAMOLÉCULAIRE

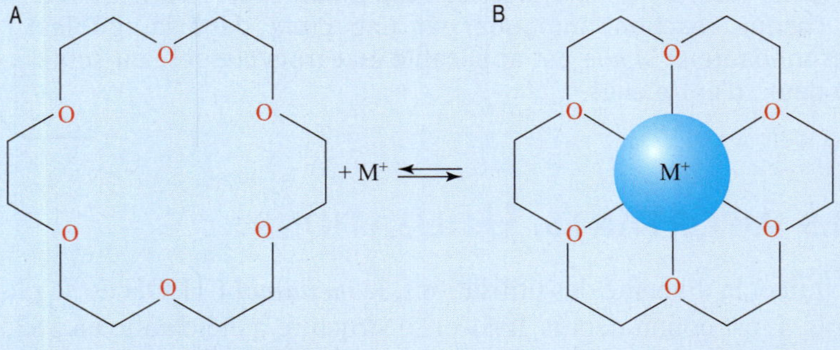

Un éther-couronne (18-couronne-6) — Un cation métallique complexé

Les *éthers-couronnes* sont des polyéthers cycliques, de la forme $\left[\!-\!(CH_2-CH_2-O)_n\!-\!\right]$ tels que le composé A :

Ils présentent la propriété de pouvoir « complexer » un cation métallique qui vient se placer dans l'espace libre central, et y est maintenu par des interactions avec les oxygènes, auxquels leurs doublets libres donnent un caractère nucléophile [§ 15.5]. Mais ils ne forment un complexe stable qu'avec un cation dont la dimension correspond à celle de cet espace libre ; ainsi les éthers-couronnes comportant 12, 15 ou 18 atomes complexent respectivement les cations Li^+, Na^+ et K^+. Une telle molécule est donc capable de « reconnaître » un cation déterminé dans un mélange, et de l'en extraire sélectivement.

Cette complexation des cations peut être utilisée pour rendre plus réactif l'anion qui accompagne le cation, de la même manière qu'un solvant dipolaire aprotique « active » les réactifs anioniques. On peut même, en présence d'un éther-couronne, dissoudre un sel comme le permanganate de potassium $KMnO_4$ dans un milieu organique où il n'est normalement pas soluble (par exemple, le benzène) et obtenir ainsi un réactif oxydant très fort (par les ions MnO_4^- « libérés ») en milieu anhydre.

Cette reconnaissance est encore plus sélective avec les *cryptants*, molécules analogues mais à trois dimensions, comme le composé C :

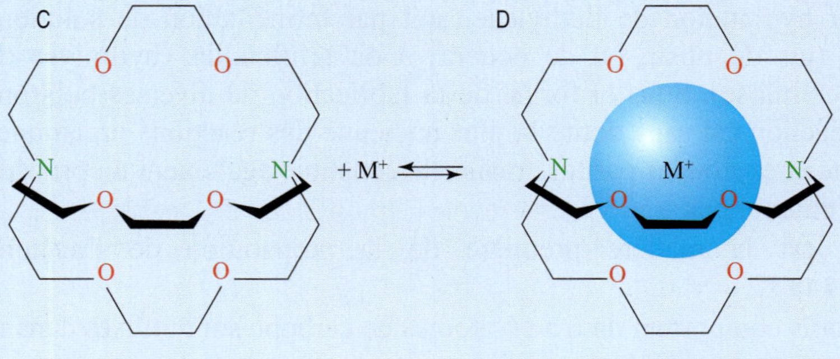

Un cryptant — Un cryptate

Ces molécules présentent en leur centre une cavité, approximativement sphérique, dans laquelle peuvent aussi venir se loger des cations métalliques, à la condition que leur diamètre corresponde à celui de cette cavité. Selon la longueur des chaînes reliant les deux atomes d'azote (« ajustable » à volonté lors de la synthèse du cryptant) on peut donc construire des molécules capables de « mettre en cage » sélectivement un cation déterminé.

On sait aussi préparer des molécules creuses capables de « reconnaître » et complexer sélectivement un cation tétraédrique, comme NH_4^+, ou de « trier » parmi des espèces ioniques de forme linéaire, celles qui ont une longueur déterminée, grâce à une cavité interne non plus sphérique mais cylindrique.

En remplaçant les fonctions éthers par des fonctions amines protonées (site électrophiles), on peut, d'une manière analogue, complexer sélectivement des anions.

Cette *chimie des molécules creuses* constitue l'aspect le plus simple d'une *chimie supramoléculaire*, développée en France par Jean-Marie Lehn (Université de Strasbourg, Prix Nobel de Chimie 1987), qui étudie les associations de deux ou plusieurs espèces chimiques maintenues ensemble par des forces intermoléculaires. La chimie supramoléculaire s'intéresse aux associations de plusieurs espèces chimiques, reliées par des liaisons non covalentes (interactions moléculaires, liaisons intermoléculaires). Ce type d'interaction jouant un rôle primordial dans une multitude de processus biologiques, une des applications de la chimie supramoléculaire consiste à mettre au point des systèmes mimant des structures ou des réactions de systèmes biologiques. De plus, certaines associations peuvent présenter des propriétés notamment optiques et électriques, très particulières, qui permettent d'envisager des applications d'un très grand intérêt et très nouvelles, dans des domaines variés, comme celui de la catalyse ou celui du stockage, du traitement et du transfert de signaux et d'informations.

Jean-Marie Lehn (Prix Nobel de Chimie 1987)

Source : photo fournie par J.-M. Lehn.

Jean-Marie Lehn est professeur de Chimie à l'université Louis Pasteur de Strasbourg et, depuis 1979, professeur au Collège de France à Paris. Depuis les années 70, ses travaux l'ont conduit à la réalisation de molécules cages comportant une cavité de forme et de taille appropriées dans laquelle une espèce chimique peut s'insérer (principe de la clé et de la serrure). Ses travaux sont basés sur la reconnaissance moléculaire qui joue un rôle primordial dans les processus biologiques et lui ont valu le prix Nobel en 1987.

Ils sont *peu réactifs* et, pour cette raison, souvent employés comme solvants. La présence de deux doublets libres sur l'oxygène les rend cependant aptes à former des liaisons par coordinence, soit avec des molécules comportant des orbitales vides (trifluorure de bore BF_3, organomagnésiens [**§ 14.1**]), soit avec des cations métalliques (éthers-couronne, voir encadré).

Les éthers sont coupés, à chaud, par les hydracides HI et HBr, en donnant deux dérivés halogénés.

Exemple

$$CH_3—O—CH_2—CH_3 + 2HI \xrightarrow{\Delta} CH_3I + CH_3—CH_2I + H_2O$$

Les éthers-oxydes peuvent être obtenus par déshydratation des alcools [**§ 15.2.2.b**], mais on peut également les préparer par une réaction entre un alcoolate et un dérivé halogéné (*réaction de Williamson*).

$$RO^- + R'—X \rightarrow R—O—R' + X^-$$

Les alcoolates et les dérivés halogénés étant des dérivés des alcools, il existe donc deux méthodes pour préparer un éther R—O—R' à partir des deux alcools ROH et R'OH :

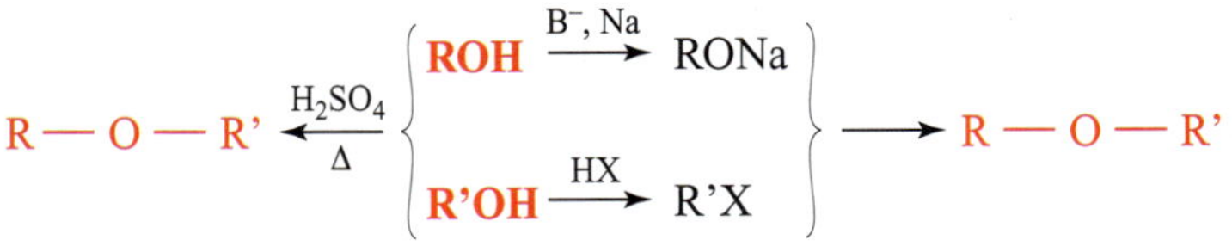

Voir chap. 13, § 13.2.3

La réaction de Williamson a cependant un champ d'application limité, du fait que la substitution nucléophile souhaitée d'ordre 2 soit sensible à l'encombrement stérique elle est toujours plus ou moins en compétition avec une élimination qui devient même la réaction principale si le dérivé halogéné est tertiaire.

Question 15.H

La méthode par déshydratation présente, quant à elle, aussi un inconvénient, lorsqu'il s'agit de préparer un éther mixte. Lequel ? (situation analogue : cf. 8.4.1.b).

Question 15.I

Quel mécanisme plausible pourrait-on attribuer à la coupure d'un éther par HI ? (les deux dérivés halogénés se forment successivement).

Les **époxydes** peuvent être considérés (bien que ce ne soit pas leur méthode de préparation) comme les éthers « internes » des α-diols :

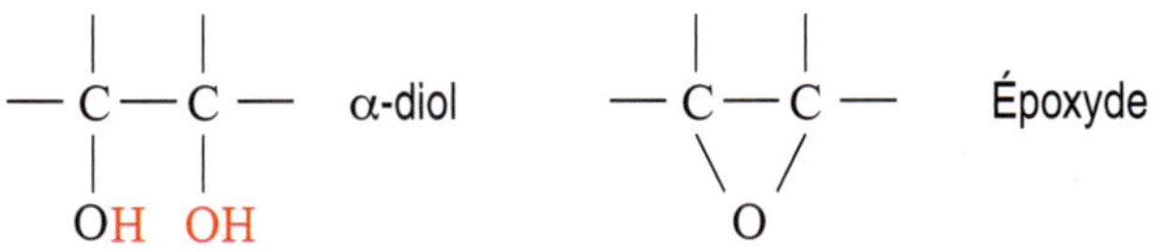

Ils s'obtiennent par oxydation des alcènes au moyen d'un peracide [**§ 9.2.2.a**]. Contrairement aux éthers ouverts, ils sont *très réactifs*, en raison de la forte contrainte (déformation angulaire) qui règne dans leur cycle [**§ 2.2.3**]. Ils présentent une grande tendance à s'ouvrir par rupture de l'une des liaisons C—O, à l'occasion d'une attaque nucléophile sur l'un des deux carbones. Deux exemples de cette réactivité ont déjà été rencontrés : l'hydrolyse en milieu acide [§ 9.2.2.a] et la réaction avec les organomagnésiens [§ 14.2.3.d]. Ils peuvent également être ouverts par les hydrures métalliques ($LiAlH_4$), sources d'ions hydrures H^- à caractère nucléophile ; on obtient un alcool, après hydrolyse de l'alcoolate qui se forme en premier lieu :

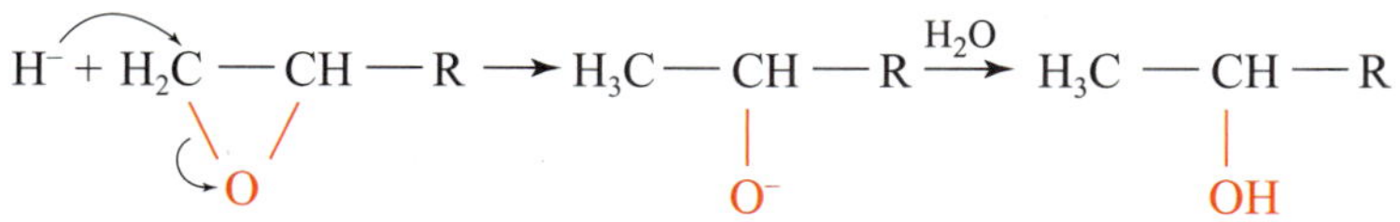

L'attaque de l'ion hydrure, comme les autres attaques nucléophiles, évolue selon un mécanisme bimoléculaire S_N2 et a lieu préférentiellement sur le carbone le moins substitué, parce qu'il est moins encombré (la réaction est donc régiosélective). D'autre part, également comme les autres attaques nucléophiles, elle s'accompagne d'une inversion de configuration sur la carbone concerné (la réaction est stéréospécifique).

THIOLS-THIOÉTHERS

Les *thiols*, encore appelés *mercaptans*, et les *thioéthers* sont respectivement analogues aux alcools et aux éthers-oxydes, un atome de soufre remplaçant l'atome d'oxygène :

R — SH Thiols **R — S — R'** Thioéthers

15.6 Thiols

Préparation

Les réactions permettant de préparer des thiols sont souvent calquées sur certaines de celles qui conduisent aux alcools :

- **Addition du sulfure d'hydrogène sur un alcène** :

$$R-CH=CH_2 + H_2S \xrightarrow{H_2SO_4} R-CHSH-CH_3$$

Comme l'hydratation des alcènes [§ 9.2.1.b], la réaction s'effectue en présence d'acide sulfurique, et obéit à la règle de Markownikov.

- **Substitution dans un dérive halogéné** par un ion SH^- :

$$RX + SH^- \longrightarrow R-SH + X^-$$

Le réactif est l'hydrogénosulfure de sodium NaSH, analogue soufré de la soude, et la réaction est très semblable à l'hydrolyse en milieu basique des dérivés halogénés par réaction avec l'ion OH^-.

Propriétés

Remarque
Les thiols ont une odeur très nauséabonde, et peuvent être détectés dans l'air à des teneurs extrêmement faibles (1 partie pour 50 milliards).

Le soufre étant moins électronégatif que l'oxygène, la liaison S—H est moins polarisée que la liaison O—H. En conséquence, il n'y a pas de liaisons hydrogène fortes entre les molécules des thiols, dont le point d'ébullition est très inférieur à celui des alcools correspondants (CH_3OH, Eb = 64,7 °C ; CH_3SH, Eb = 6 °C).

Malgré cette différence d'électronégativité entre S et O, les thiols sont nettement *plus acides que les alcools* (pK_a entre 9 et 12), de même que H_2S est plus acide que H_2O. Il intervient ici d'autres facteurs que l'électronégativité, tels que la différence de rayon entre S et H (plus grande que entre O et H) et la longueur de la liaison S—H. Les thiols donnent donc plus facilement que les alcools des dérivés métalliques, appelés *thiolates* :

$$R—SH + Na \longrightarrow R—SNa + \frac{1}{2}H_2$$

Voir § 15;2.1

Même en présence de soude, qui ne réagit pratiquement pas avec les alcools, il se forme une certaine quantité de thiolate de sodium :

$$R—SH + NaOH \rightleftharpoons R—SNa + H_2O$$

L'ion thiolate se comporte comme un réactif nucléophile, susceptible, par exemple, de donner des réactions de substitution telles que :

$$R—S^- + R'—X \longrightarrow R—S—R' + X^-$$

qui conduit à un thioéther.

L'*estérification* des thiols par les acides carboxyliques est difficile, mais leurs esters s'obtiennent facilement par réaction avec un chlorure d'acide

$$R—COCl + R'—SH \longrightarrow R—CO—SR' + HCl$$

L'*oxydation* des thiols est très différente de celle des alcools :

- un oxydant doux comme le diiode conduit à un disulfure d'alkyle :

$$2\,R—SH + I_2 \longrightarrow R—S—S—R + 2\,HI$$

- l'acide nitrique transforme les thiols en acides sulfoniques :

$$R—SH \xrightarrow{HNO_3} R—SO_3H$$

Le groupement fonctionnel thiol, et le pont disulfure —S—S—, jouent des rôles importants dans divers processus biologiques (synthèse des protéines et des acides gras).

15.7 Thioéthers

Les thioéthers, ou sulfures d'alkyles, peuvent être obtenus par action d'un thiolate sur un dérivé halogéné (cf. plus haut), et par addition d'un thiol sur un alcène :

$$R{-}SH + R'{-}CH{=}CH_2 \longrightarrow R'{-}CH_2{-}CH_2{-}S{-}R$$

Il s'agit d'une réaction radicalaire, conduisant au produit « anti-Markownikov » (analogie avec l'effet Karasch [p. 10]).

L'oxydation d'un thioéther donne facilement un *sulfoxyde*, qui peut ultérieurement être à son tour oxydé en *sulfone* :

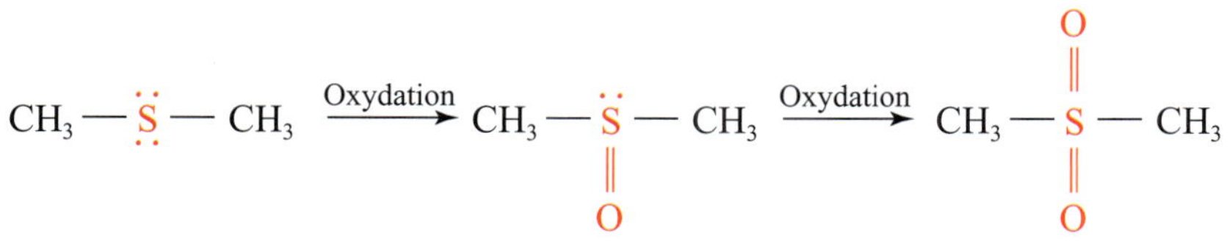

Sulfure de diméthyle — Diméthylsulfoxyde (DMSO) — Diméthylsulfone

L'ESSENTIEL

Trois classes d'alcool

$R\,CH_2OH$	$R_2\,CH\,OH$	$R_3\,COH$
primaire I	secondaire II	tertiaire III

Caractère acide des alcools

$$R{-}HO \xrightarrow{\text{Base}} R{-}\overline{\underline{O}}|^{\ominus}$$

alcoolate

Les alcoolates sont :

- des nucléophiles :

$$R{-}\overline{\underline{O}}|^{\ominus} + R'{-}X \longrightarrow R{-}O{-}R + X^{\ominus}$$

éther — Ethérification de Williamson

- des bases :

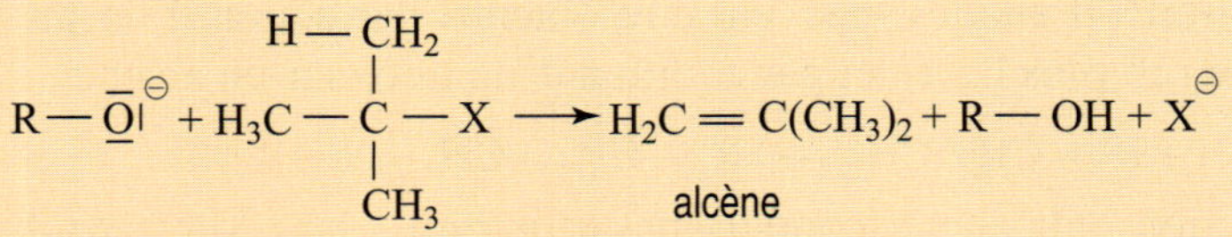

Caractère basique des alcools

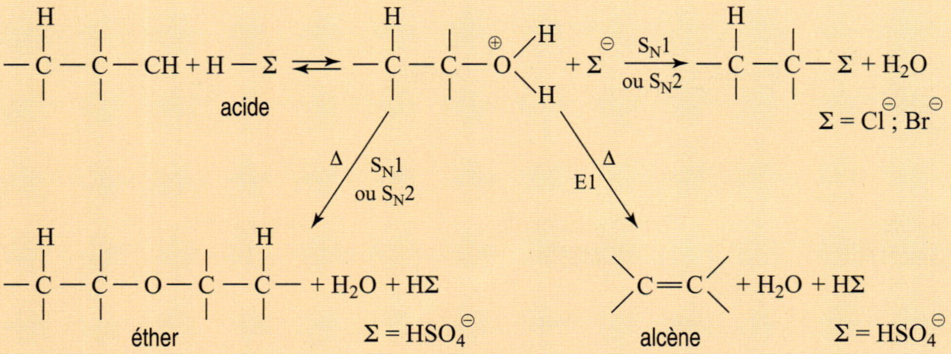

Caractère nucléophile des alcools

Estérification :

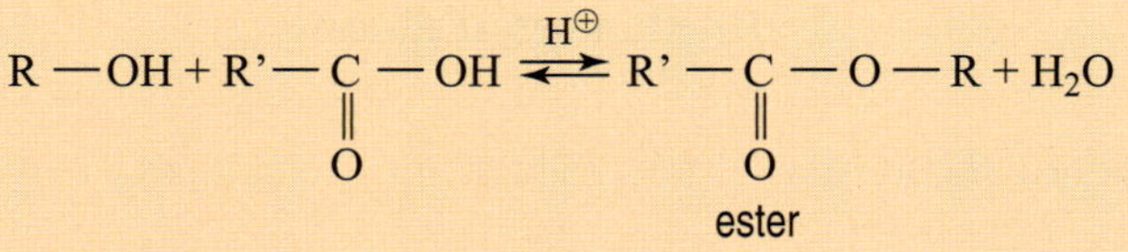

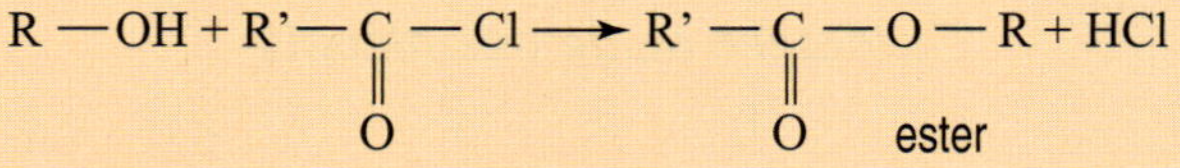

QCM

Les réponses se trouvent à la page 663.

1. Les alcools sont définis comme étant des composés :

- ☐ **a.** porteur d'un groupe fonctionnel hydroxyle
- ☐ **b.** contenant une liaison C—O
- ☐ **c.** porteur d'un groupe fonctionnel hydroxyle lié à un atome de carbone
- ☐ **d.** porteur d'un groupe fonctionnel hydroxyle lié à un atome de carbone hybridé sp^3

2. Soit le composé $CH_3CH_2CH(CH_3)CH_2OH$

- ☐ a) c'est le 2-méthyl-1-hydroxybutane
- ☐ b) c'est un alcool primaire
- ☐ c) il est gazeux à température ordinaire
- ☐ d) il peut conduire, par oxydation ménagée à une cétone

3. Les valeurs élevées des points d'ébullition des alcools sont liées principalement

- ☐ **a.** à leur moment dipolaire
- ☐ **b.** à leur masse molaire
- ☐ **c.** à leur constante diélectrique élevée
- ☐ **d.** au réseau de liaisons H

4. L'atome d'oxygène d'une fonction alcool

- ☐ **a.** est polarisé δ^+
- ☐ **b.** est un site pouvant attaquer les acides de Lewis
- ☐ **c.** peut être protoné pour former un ion alcoolate
- ☐ **d.** peut être protoné pour former un ion oxonium

5. Relever les affirmations correctes

- ☐ **a.** dans l'eau comme solvant et en présence d'une base forte, il est possible de former un alcoolate à partir d'un alcool avec un très bon rendement
- ☐ **b.** le pKa du couple éthanol/éthanolate est supérieur à celui du couple H_2O/OH^-
- ☐ **c.** le pKa des alcools est compris entre 18 et 20
- ☐ **d.** un alcoolate peut être obtenu par action d'un métal alcalin sur un alcool

6. Les alcools tertiaires se déshydratent

- ☐ **a.** plus facilement que les alcools primaires
- ☐ **b.** en présence d'une catalyse acide pour donner majoritairement des éthers
- ☐ **c.** en présence d'un acide minéral ou d'un catalyseur solide
- ☐ **d.** selon un mécanisme de type E1

7. La déshydratation d'un alcool pour former un alcène

- ☐ **a.** obéit à la règle de Zaytsev
- ☐ **b.** conduit généralement à l'alcène le moins substitué
- ☐ **c.** nécessite un catalyseur et un chauffage modéré afin d'éviter la formation d'éthers
- ☐ **d.** est une réaction inversible

8. Relever les affirmations correctes

- ☐ **a.** un alcool, quelque soit sa classe, peut être oxyde en dérivé carbonylé
- ☐ **b.** l'oxydation ménagée d'un alcool primaire peut donner un aldéhyde et/ou un acide carboxylique selon les conditions
- ☐ **c.** les alcools secondaires ne peuvent pas être oxydés de façon ménagée
- ☐ **d.** un alcool secondaire peut être transformé en cétone, en l'absence d'oxydant, en présence d'un catalyseur et à haute température

9. La réaction d'estérification (acide carboxylique + alcool)

- ☐ **a.** est une réaction rapide et totale
- ☐ **b.** est inversible
- ☐ **c.** est incomplète
- ☐ **d.** est exothermique

EXERCICES

Les solutions se trouvent à la page 679.

Les **règles de nomenclature**, permettant de faire correspondre réciproquement un nom et une formule, sont exposées dans le chapitre 7 (pour les stéréoisomères, au chapitre 3).

15-a Peut-on s'attendre à ce que les équilibres

$$CH_3O^- + (CH_3)_3COH \underset{2}{\overset{1}{\rightleftarrows}} CH_3OH + (CH_3)_3CO^-$$

$$^-OH + CH_3OH \underset{2}{\overset{1}{\rightleftarrows}} H_2O + CH_3O^-$$

$$(CH_3)_3CO^- + CH_3OH \underset{2}{\overset{1}{\rightleftarrows}} (CH_3)_3OH + CH_3O^-$$

évoluent préférentiellement dans l'un des sens 1 ou 2 ? Si oui, dans lequel ? Pourquoi ?

15-b Proposer un mécanisme pour la transformation suivante :

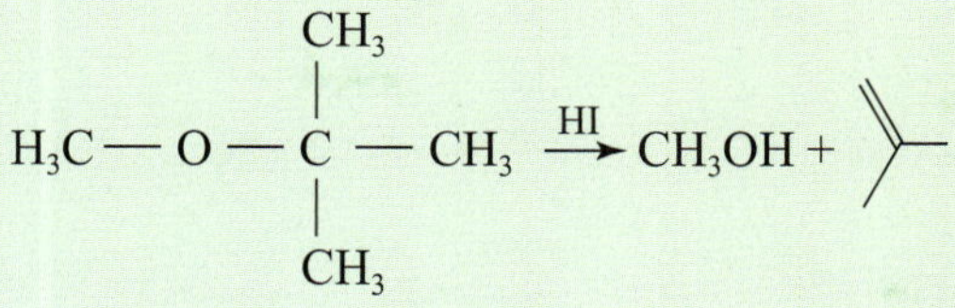

15-c En présence de soude aqueuse, on observe la transformation suivante :

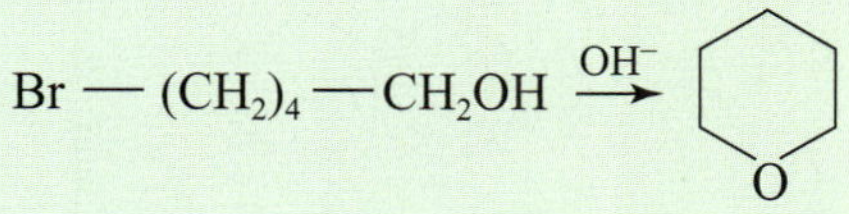

Comment l'expliquer ? Quels autres produits sont susceptibles de se former également dans ces conditions ?

15-d Que peut donner la réaction entre le benzène et le propan-2-ol en milieu acide ?
Quelles autres réactions déjà rencontrées permettraient d'obtenir le même produit ? Qu'y-a-t-il de commun entre elles et la réaction envisagée ici ?

15-e Indiquez le (ou les) composé (s) résultant des réactions suivantes :

1) Propan-2-ol + HBr
2) Propan-1-ol + Na
3) Cyclohexanol chauffé avec H_2SO_4
4) Alcool tertiobutylique chauffé avec H_2SO_4
5) Éthanol + $CH_3—CH_2—COCl$
6) Cyclohexanol + oxydant très énergique
7) Ph—CH_2OH + $KMnO_4(H_2SO_4)$
8) 1-méthylcyclohexanol + $K_2Cr_2O_7(H_2SO_4)$, à chaud
9) Butan-2-ol + PCl_5
10) Cyclopentanol + H—COOH
11) 3-méthylpentan-3-ol sur Cu, à 300 °C
12) Ph—CH=CH—CO_2—CH_2—CH_3 + OH^- (soude en solution aqueuse)
13) Ph—CH=CH—CO_2—CH_2—CH_3 + $LiAlH_4$, puis H_2O

15-f Comment passer de A à B ?

A	B
KCN et 	
CH_3OH et 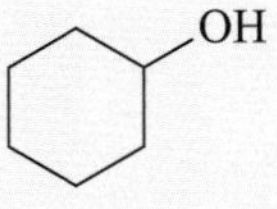	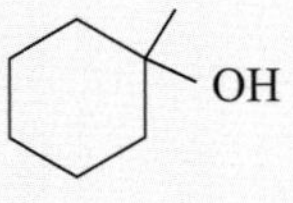
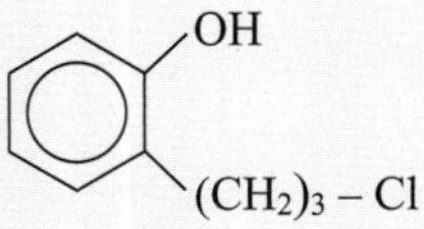	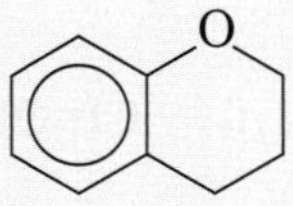
CH_3CH_2OH	$CH_3CH_2OCH_2CH_3$
CH_3CH_2OH et $H_3C-CH(CH_3)-OH$	$H_3C-CH(CH_3)-O-C(=O)-CH_3$

15-g Par quelle méthode simple pourrait-on déterminer la quantité d'alcool contenue dans un carburant formé d'un mélange d'hydrocarbures saturés et d'éthanol ?

15-h À partir de méthanol CH_3OH, comme unique matière première organique, et de réactifs minéraux, comment pourrait-on préparer les alcools suivants (en plusieurs étapes) :

1) Éthanol
2) Propan-1-ol (deux façons)
3) Propan-2-ol
4) Butan-2-ol
5) 2-méthylpropan-2-ol

15-i Comment peut-on transformer, en une ou plusieurs étapes, à l'aide de réactifs minéraux exclusivement, le butan-2-ol en :

1) 2-bromobutane
2) 2,3-dibromobutane
3) But-2-yne
4) $CH_3-CH_2-CO-CH_3$
5) But-1-yne
6) $CH_3-CH_2-CH(CH_3)-C\equiv N$

7) 3,4-diméthylhexan-3-ol

8) $CH_3—CH_2—\underset{\displaystyle CH_3}{\underset{|}{CH}}—COOH$

9) $CH_3—CH_2—\underset{\displaystyle CH_3}{\underset{|}{CH}}—NH_2$

15-j Trouver la formule des composés désignés par (a), (b), (c), etc. dans les réactions suivantes :

1) $CH_3—C{\equiv}CH + H_2O(Hg^{2+}) \rightarrow$ (a)

(a) + H_2 (Ni Raney) $\rightarrow$ (b)

(b) + Na $\rightarrow$ (c) + $\frac{1}{2}H_2$

(b) + $SOCl_2 \rightarrow$ (d) + SO_2 + HCl

(c) + (d) $\rightarrow$ (e) + NaCl

(e) + 2 HI $\rightarrow$ 2(f) + H_2O

2) (g) + Mg $\rightarrow$ (h)

(h) + $CO_2 \rightarrow$ (i) (après hydrolyse)

(i) + (j) $\rightleftarrows$ (k) + H_2O

(k)+ $LiAlH_4 \rightarrow CH_3—CH_2—CH_2OH + CH_3OH$ (après hydrolyse)

(l) + 2 (h), puis $H_2O \rightarrow$ (l) + CH_3OH

15-k Proposer une méthode de synthèse efficace de l'oxyde d'isopropyle et de méthyle ($(CH_3)_2CHOCH_3$), mettant en jeu la réaction de Williamson, en choisissant les réactifs dans la liste suivante :

$(CH_3)_2CHOH$; CH_3OH ; CH_3I ; $(CH_3)_2CHI$; $NaNH_2$

15-l Identifier les réactifs et les produits A, B, C et D des réactions suivantes :

A $\xrightarrow[2)\ H_2O,\ Zn]{1)\ O_3}$ B

B $\xrightarrow[2)\ H_2O]{1)\ CH_3MgBr}$ C + 1/2 $Mg(OH)_2$ + 1/2 $MgBr_2$

C $\xrightarrow{H^+}$ D + H_2O

D $\xrightarrow[2)\ H_2O_2]{1)\ O_3}$ 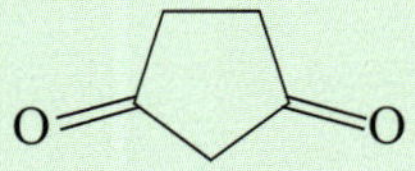 + $2H_3CCOOH$

15-m On considère la réaction (I) suivante :

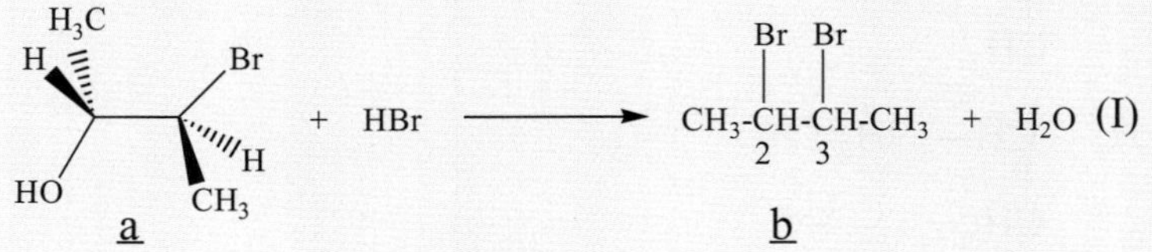

Les atomes de carbone asymétriques du produit b sont de configuration C_2(S) et C_3(R).

a) Donner la configuration absolue des atomes de carbone asymétriques du réactif a.

b) Représenter le composé b en perspective de Cram. Est-il doué d'activité optique ?

c) Donner le mécanisme correspondant à une réaction de a avec HBr selon une réaction de type S_N1. Quel(s) serai(en)t le(s) produits obtenu(s) ?

d) Donner le mécanisme correspondant à une réaction de a avec HBr selon une réaction de type S_N2. Quel(s) serai(en)t le(s) produits obtenu(s) ?

En déduire que la réaction (I) ne correspond ni à une S_N1 ni à une S_N2.

16

LES PHÉNOLS

PRÉALABLES

- Règles de nomenclature des phénols
- Acidobasicité selon Brönsted
- Acidobasicité selon Lewis
- Effets inductif et mésomère
- Substitution électrophile aromatique
- Règle d'orientation de Holleman

MOTS-CLÉS

- Déshydratation intermoléculaire
- Liaison hydrogène
- Phénol, phénolate
- Substitution électrophile

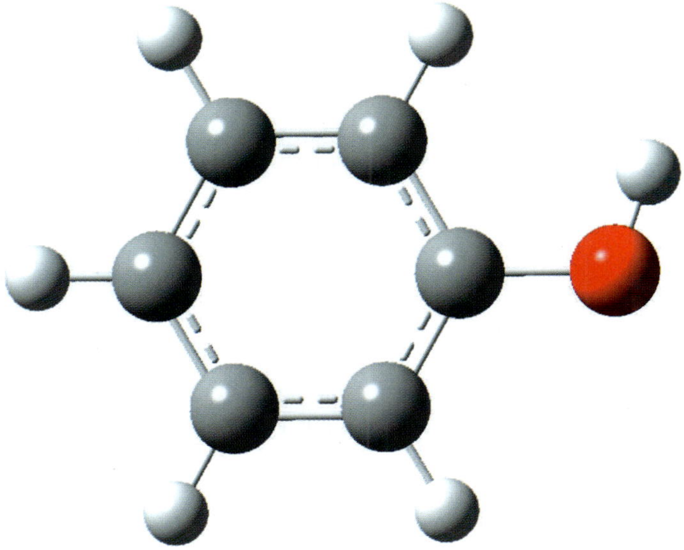

Le phénol C_6H_5OH

Les *phénols* sont les composés qui comportent un groupe hydroxyle OH lié à l'un des carbones *d'un cycle benzénique* :

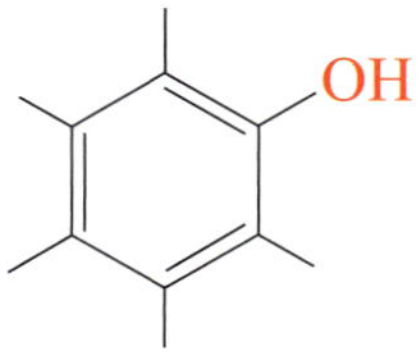

Voir chapitre 12

Les groupes hydrocarbonés qui possèdent leur « valence disponible » sur un carbone d'un cycle benzénique étant les groupes (ou radicaux) aryles Ar, la formule générale des phénols est **Ar—OH**. Le premier terme, C_6H_5—OH, dérivant du benzène, est souvent représenté par Ph—OH (Ph = groupe ou radical phényle [§ 1.4]).

Si le groupe OH se trouve sur la *chaîne latérale* d'un hydrocarbure benzénique, il ne s'agit plus d'un phénol mais d'un *alcool benzénique*, dont les propriétés sont celles d'un alcool normal. Ainsi, du toluène C_6H_5—CH_3 dérivent quatre composés hydroxylés :

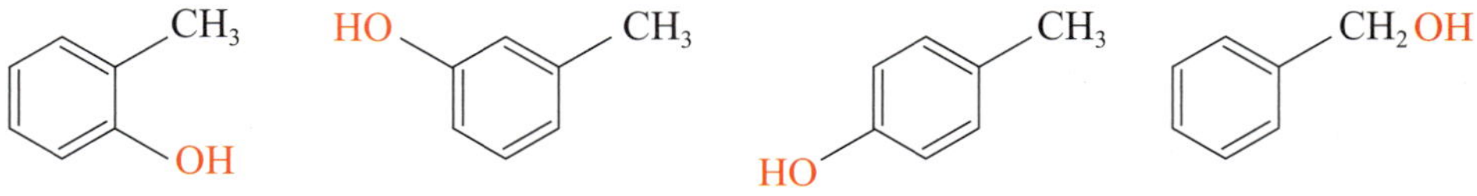

(A) (B) (C) (D)

A, B et C sont des phénols (*ortho-*, *méta-* et *para-*crésol), mais D est un alcool (alcool benzylique).

16.1 Caractères physiques

Presque tous les phénols sont solides à la température ordinaire. Ils sont, comme les alcools, le siège d'associations intermoléculaires par liaison hydrogène.

Les premiers termes sont légèrement solubles dans l'eau. Ils possèdent en général une odeur forte.

16.2 Réactivité

Comme les alcools, les phénols possèdent l'enchaînement C—O—H, avec deux liaisons polarisées et deux doublets libres sur l'oxygène. On pourrait donc supposer que leur réactivité est analogue à celle des alcools.

Mais le groupe hydroxyle OH est en interaction avec le cycle benzénique, au sein d'un système conjugué qui englobe dans une même délocalisation électronique les trois doublets π du cycle et les doublets de l'oxygène :

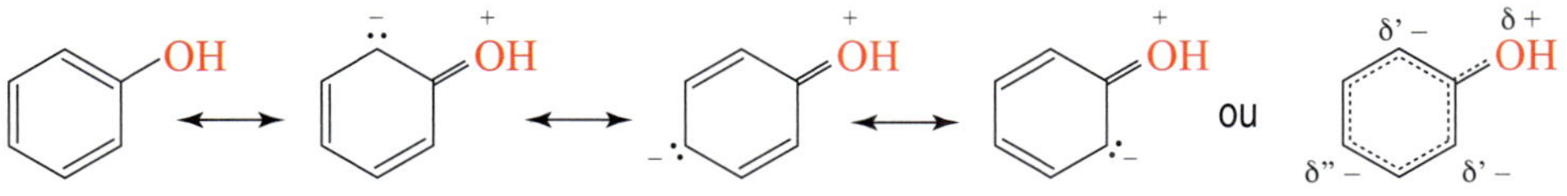

Il en résulte une *modification réciproque de la réactivité du groupe* C—OH (*par rapport aux alcools) et de celle du cycle (par rapport à celle des hydrocarbures benzéniques).*

16.2.1 Réactivité de la fonction

a) La *rupture de la liaison* O—H est *facilitée*

D'une part, le déficit électronique sur l'oxygène provoque un accroissement de sa polarisation. D'autre part, l'ion phénolate ArO^-, base conjuguée des phénols, est stabilisé par résonance et sa formation, moyennant le départ de H^+, en est favorisée. Les réactions associées à cette rupture sont donc plus faciles, ou plus complètes, qu'avec les alcools.

Il faut observer toutefois que les phénols eux-mêmes sont aussi stabilisés par résonance. Mais ils le sont *moins que les ions phénolates* correspondants car, dans la molécule ArOH la délocalisation entraîne une « séparation de charges » (création de pôles δ+ et δ–, cf. ci-dessus hybride décrivant le phénol), alors que dans un ion phénolate elle disperse seulement la charge sur quatre sites, ce qui est très favorable à la stabilité :

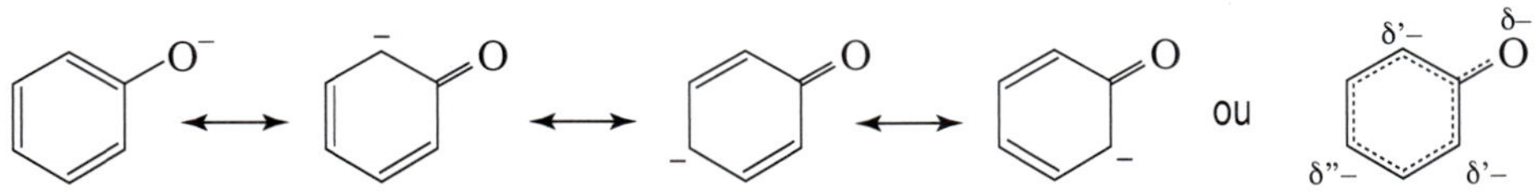

b) La *rupture de la liaison* C—O est rendue *plus difficile*

D'une part cette liaison est renforcée par la délocalisation (elle n'est pas double, mais elle est « plus que simple », cf. hybride décrivant le phénol). D'autre part, comme dans les alcools sa rupture nécessite la fixation préalable d'un électrophile (H^+, Zn^{2+}, etc.) sur un doublet de l'oxygène. Or cette fixation est défavorisée pour deux raisons :

Voir chap. 15, § 15.2

- le déficit sur l'oxygène (charge δ+) diminue l'affinité d'un électrophile pour lui,
- la fixation de cet électrophile immobiliserait l'un des doublets et diminuerait les possibilités de délocalisation ainsi que le gain de stabilité qu'elle procure.

Les réactions observées avec les alcools comportant la rupture de la liaison C—O sont donc beaucoup plus difficiles, ou même impossibles, avec les phénols.

En résumé, les phénols sont *plus acides* et *moins basiques* (ou *nucléophiles*) que les alcools.

16.2.2 Réactivité du cycle

OH est un substituant « activant et *ortho/para*-orienteur » ; voir discussion détaillée [12.2.2.a]

La contrepartie de « l'appauvrissement » de l'oxygène est « l'enrichissement » du cycle, particulièrement dans les positions *ortho* et *para* (cf. hybride du phénol, ci-dessus). En conséquence, la présence du groupe OH *facilite* les substitutions électrophiles sur le cycle, et les *oriente* préférentiellement vers ces positions *ortho* et *para*.

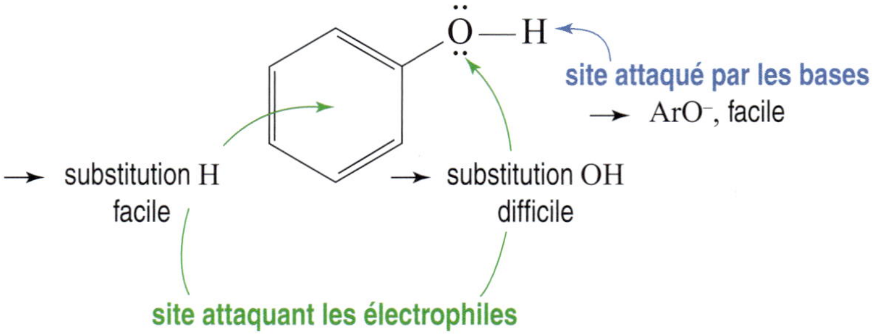

16.2.3 Formation des phénolates

La *labilité de l'hydrogène fonctionnel* des phénols est beaucoup plus forte que celle des alcools. Lorsqu'ils sont solubles dans l'eau, l'équilibre

$$\mathrm{ArOH + H_2O \underset{2}{\overset{1}{\rightleftharpoons}} ArO^- + H_3O^+}$$

est suffisamment déplacé dans le sens 1 pour que leurs solutions soient « acides » au sens usuel du terme (pH < 7, virage d'indicateurs colorés).

Les phénols sont des acides faibles, mais leurs pK_a (10 pour le phénol ordinaire PhOH) sont comparables à celui du cyanure d'hydrogène (acide cyanhydrique) HCN, ou à celui de l'ion ammonium NH_4^+, couramment considérés comme des acides. Ils sont très inférieurs à ceux des alcools (16 à 18), ce qui peut s'exprimer aussi en disant que leurs constantes d'acidité K_a sont 10^6 à 10^8 fois plus grandes que celles des alcools.

On dit aussi « *phénates* » mais l'appellation « *phénolates* » est plus correcte.

Avec la soude, OH^- étant une base beaucoup plus forte que ArO^-, la formation des *phénolates* est une réaction pratiquement totale :

$$\mathrm{ArOH + OH^- \longrightarrow ArO^- + H_2O}$$

ou

$$\mathrm{ArOH + NaOH \longrightarrow ArONa + H_2O}$$

Les phénolates peuvent se former également par la réaction directe entre un phénol et un métal comme Na ou K :

$$\mathrm{ArOH + Na \longrightarrow ArONa + \frac{1}{2} H_2}$$

Les phénols étant plus acides que les alcools, les ions phénolates ArO^- qui sont leurs bases conjuguées sont moins basiques que les alcoolates RO^-, bases conjuguées des alcools. Ils ne peuvent donc pas être utilisés dans les réactions où un alcoolate est employé dans le rôle d'une base forte (éliminations) [§ 15.2.1] mais ils peuvent donner des substitutions nucléophiles.

Exemple

$$PhO^- + CH_3—CH_2—CH_2Cl \longrightarrow CH_3—CH_2—CH_2—O—Ph + Cl^-$$

(synthèse d'un éther-oxyde par la réaction de Williamson [§ 15.5].

Question 16.A

La réaction tBuONa + ArOH → tBuOH + ArONa pourrait-elle être utilisée pour préparer les phénolates ?

16.2.4 Estérification

Les *acides carboxyliques* n'estérifient que très difficilement, et très peu, les phénols. Leurs esters se forment en revanche facilement en présence d'un chlorure d'acide ou d'un anhydride.

Voir chap. 19, § 19.5.1-2

$$ArOH + \underset{\text{Chlorure d'acide}}{R—COCl} \longrightarrow \underset{\text{Ester}}{R—CO—OAr} + HCl$$

$$ArOH + \underset{\text{Anhydride}}{R—CO—O—CO—R} \longrightarrow \underset{\text{Ester}}{R—CO—OAr} + R—COOH$$

Exemple

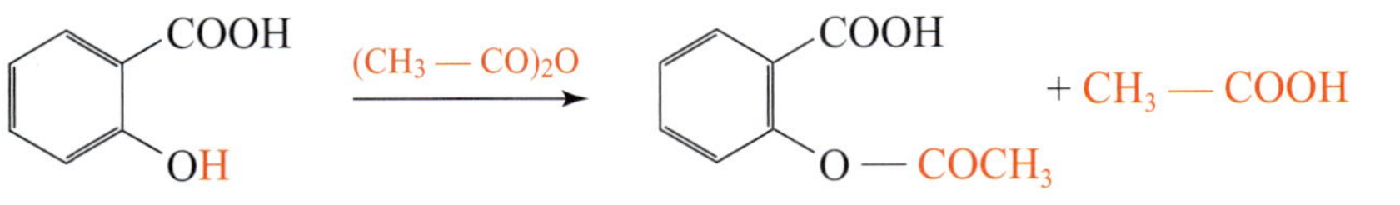

Acide salicylique

Acide acétylsalicylique
(Aspirine)

Les *acides minéraux* ne réagissent pas avec les phénols. Ainsi, on ne peut pas préparer les halogénures d'aryles ArX par réaction entre un phénol et un hydracide halogéné HX. Étant donné le mécanisme de la substitution de OH par X en milieu acide [§ 15.2.2.a], cette impossibilité de réaction démontre bien que la protonation de l'oxygène dans les phénols est très défavorisée [§ 16.2.1].

16.2.5 Déshydratation. Éthers

La déshydratation des phénols ne peut être qu'intermoléculaire, et se limite donc à la formation d'éther-oxydes ; elle est possible par catalyse, à haute température :

$$2\ \mathrm{ArOH} + \mathrm{Na} \xrightarrow[400\ °\mathrm{C}]{\mathrm{ThO_2}} \mathrm{Ar} — \mathrm{O} — \mathrm{Ar} + \mathrm{H_2O}$$

Voir § 16.2.3

Il existe aussi des éthers mixtes, de la forme Ar—O—R, qui s'obtiennent par la réaction d'un phénolate sur un halogénure d'alkyle (méthode de Williamson).

Seuls les éthers mixtes peuvent être coupés par l'iodure d'hydrogène HI [§ 15.5], la réaction ne donne que le dérivé iodé RI :

$$\mathrm{Ar} — \mathrm{O} — \mathrm{R} + \mathrm{HI} \longrightarrow \mathrm{ArOH} + \mathrm{RI}$$

Question 16.B

Pourquoi la déshydratation d'un phénol ne peut-elle être qu'intermoléculaire ? Que pourrait-on attendre d'une déshydratation intramoléculaire ?

Question 16.C

Pourquoi la réaction des éthers de la forme Ar—O—R avec HI ne donne-t-elle pas, comme avec les éthers de la forme R—O—R, deux dérivés halogénés ? Et pourquoi celui qui se forme est-il RI et non ArI ?

16.2.6 Réactions du cycle benzénique

Le cycle benzénique des phénols présente l'ensemble des propriétés caractéristiques qui ont été décrites au chapitre 12. Mais la présence du groupe hydroxyle peut modifier la facilité ou l'orientation de certaines réactions.

a) Additions

À température et sous une pression élevées l'*hydrogénation* du cycle des phénols conduit à des alcools secondaires cycliques.

Exemple

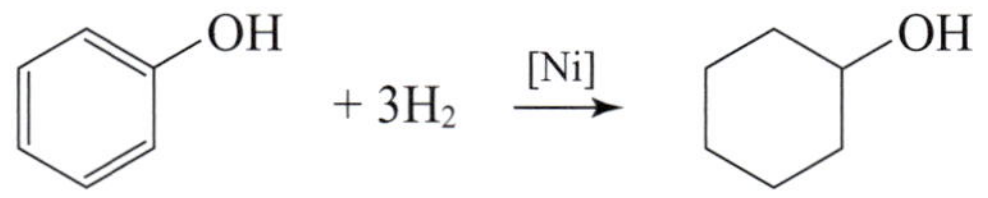

Cyclohexanol

b) Substitutions

Les substitutions électrophiles possibles sur le cycle benzénique (halogénation, nitration, sulfonation, alkylation, acylation [§ 12.2.2.a]) sont plus faciles sur le cycle d'un phénol, le groupe OH ayant un effet « activant ». Elles se portent préférentiellement sur les positions *ortho* et *para* par rapport à la fonction phénol.

Exemple

On obtient très facilement, par nitration, le 2,4,6-trinitrophénol (acide picrique) :

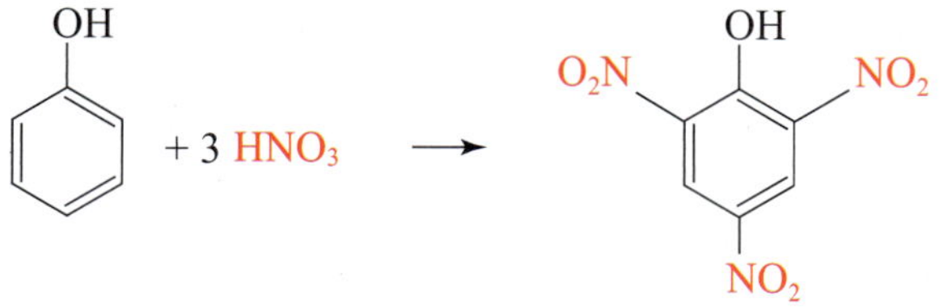

Acide picrique

mais la nitration ne peut pas se poursuivre au-delà de cette trisubstitution.

L'activation des positions *ortho* et *para* par le groupe OH permet des réactions qui ne sont pas possibles avec les hydrocarbures benzéniques. C'est le cas de la réaction avec les sels de diazonium pour donner des colorants. C'est aussi celui d'une réaction du phénol avec le formaldéhyde $H_2C{=}O$, qui conduit à des produits de très grande masse moléculaire constituant des « résines thermodurcissables », comme la bakélite.

Voir chap. 17, § 17.2.5

Web

Schématiquement, la réaction consiste en une élimination d'eau entre deux cycles benzéniques et une molécule de formaldéhyde :

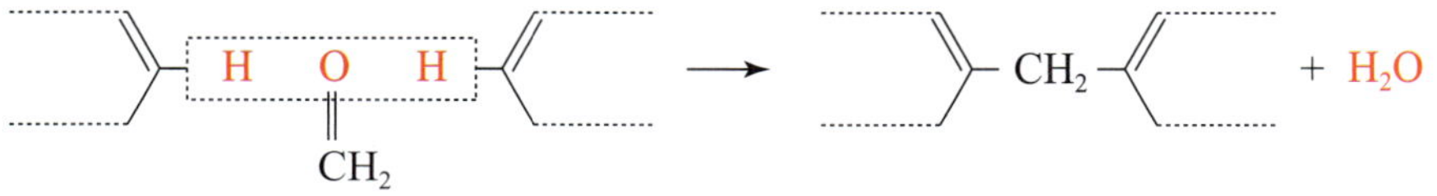

mais grâce à l'existence de trois sites réactifs sur chaque cycle (les deux positions *ortho* et la position *para*), il se constitue un réseau complexe tridimensionnel (réduit ici à une représentation fragmentaire et bidimensionnelle) :

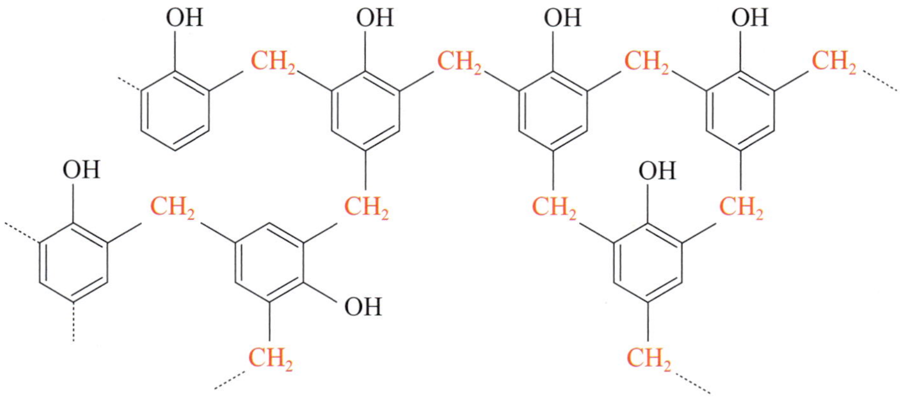

16.3 État naturel

De nombreux phénols existent à l'état naturel dans les végétaux, dont ils sont souvent des constituants très odoriférants.

Exemples

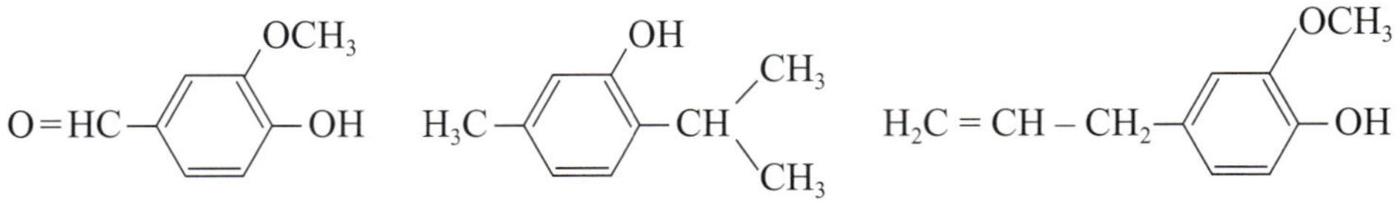

Vanilline (Vanille) Thymol (Thym) Eugénol (clou de girofle)

Vanille de l'île de la Réunion.
La vanilline ou 4-hydroxy-3-méthoxy-benzaldéhyde est présente naturellement dans les gousses de vanille, en train ici de sécher. Photo D. Decobecq.

16.4 Préparations

L'**hydrolyse** ou l'hydrolyse en milieu basique **des halogénures d'aryles ArX** par analogie avec la préparation des alcools à partir des halogénures d'alkyle RX [§ 15.4.2] est difficile à réaliser car les halogénures d'aryles sont très peu réactifs [§ 20.2.1.b]. Elle nécessite une température très élevée :

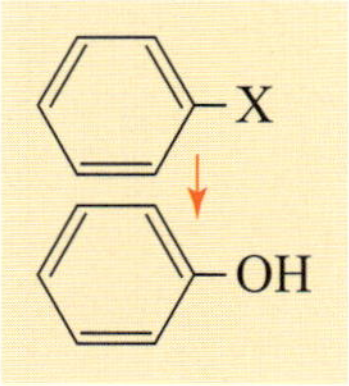

$$C_6H_5Cl + OH^- \xrightarrow{300\ °C} C_6H_5OH + Cl^-$$

La **fusion alcaline des acides sulfoniques** (obtenus par la sulfonation d'un hydrocarbure [§ 12.2.2.a]) conduit en trois étapes aux phénols :

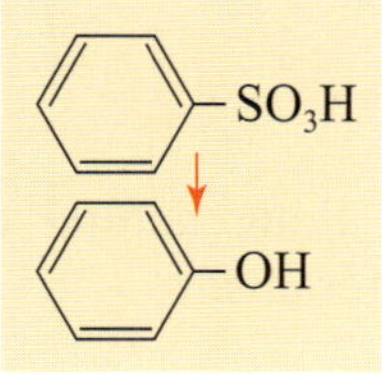

1. Neutralisation de l'acide

$$Ar—SO_3H + NaOH \longrightarrow Ar—SO_3Na + H—O—H$$

2. Formation d'un phénolate

$$Ar—SO_3Na + 2\ NaOH \longrightarrow Ar—ONa + Na_2SO_3 + H_2O$$

3. Formation du phénol

$$Ar—ONa + HCl \longrightarrow ArOH + NaCl$$

Les deux premières réactions ont lieu vers 350-400 °C, entre l'acide sulfonique et la soude fondus ensemble à sec.

La **diazotation des amines primaires benzéniques Ar—NH_2** conduit aux phénols à la suite d'une réaction dite « désamination nitreuse » qui se résume ainsi :

Voir chap. 17, § 17.2.5.b

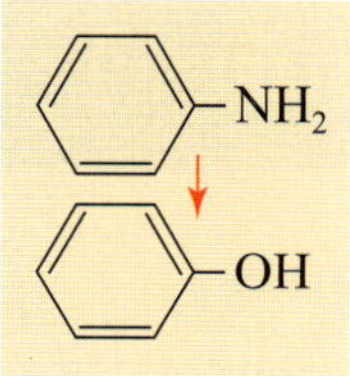

1. Formation d'un dérivé diazoté

$$ArNH_2 + HNO_2 + HCl \xrightarrow{0\ °C} ArN_2^+Cl^- + H_2O$$

2. Hydrolyse

$$ArN_2^+Cl^- + H_2O \xrightarrow{100\ °C} ArOH + N_2 + HCl$$

La **distillation de la houille** fournit des *goudrons*, dont on peut retirer divers phénols, en particulier les termes les plus simples, phénol ordinaire et crésols. Les goudrons sont des mélanges très complexes, dont on extrait les phénols, constituants acides, par un lavage à la soude.

Web

La **préparation industrielle du phénol ordinaire** s'effectue à partir de benzène et de propène, par l'intermédiaire du cumène, et fournit en même temps de l'acétone qui est un autre produit intéressant. On pourrait transformer indépendamment le benzène en phénol et le propène en acétone, mais l'intérêt économique du procédé provient du fait qu'il permet de réaliser simultanément les deux transformations en un minimum d'étapes.

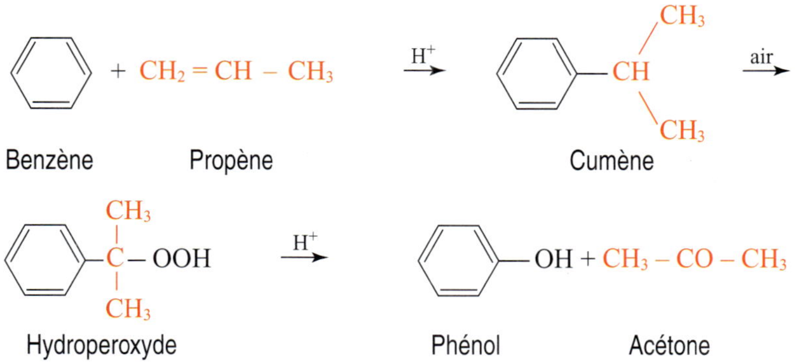

16.5 Termes importants. Utilisations

Le « phénol ordinaire », C_6H_5OH, est le seul phénol vraiment important sur le plan industriel. On en produit annuellement dans le monde 5 millions de tonnes et ses utilisations sont très diverses : résines thermodurcissables du type phénol-formaldéhyde, textiles synthétiques de la catégorie des polyamides (notamment les nylons), colorants, herbicides, fongicides et germicides. En outre, il intervient dans de nombreuses synthèses en « chimie fine » (médicaments, etc.).

Les naphtols, phénols dérivant du naphtalène [7.2.4] sont également utilisés dans la synthèse des colorants.

L'ESSENTIEL

Les phénols

Caractère acide des phénols Ar—OH

$$\mathrm{Ar{-}\overline{\underline{O}}{-}H \xrightarrow{\text{Base}} Ar{-}\overline{\underline{O}}|^{\ominus}}$$

phénolates

Les phénolates sont des nucléophiles

$$\mathrm{Ar{-}\overline{\underline{O}}|^{\ominus} + R'{-}X \longrightarrow Ar{-}O{-}R + X^{\ominus}}$$

éthers — Éthérification de Williamson

Caractère nucléophile des phénols Ar—OH

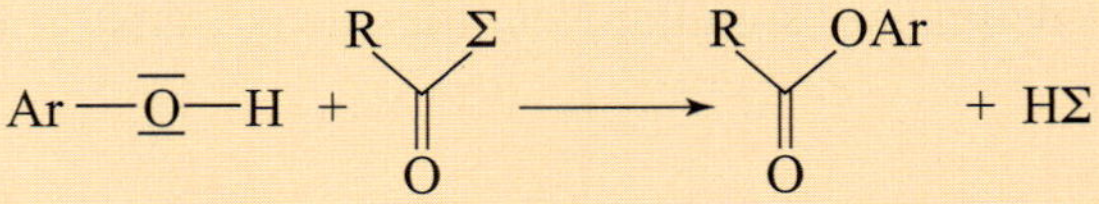

$\Sigma = O-C(=O)-R$; Cl anhydride ou chlorure d'acyle

QCM

Les réponses se trouvent à la page 663.

1. Dans le phénol et par rapport au benzène, la présence d'un groupe OH provoque
- ☐ **a.** un enrichissement en électrons du cycle aromatique, surtout en position *méta*
- ☐ **b.** un enrichissement en électrons du cycle aromatique, surtout en position *otho-para*
- ☐ **c.** un appauvrissement en électrons du cycle aromatique, surtout en position *méta*
- ☐ **d.** un appauvrissement en électrons du cycle aromatique, surtout en position *otho-para*

2. Relever les affirmations correctes
- ☐ **a.** le phénol est moins acide que les alcools
- ☐ **b.** l'ion phénate peut être généré a partir du phénol dans l'eau comme solvant
- ☐ **c.** l'ion phénate est plus basique que l'ion hydroxyde
- ☐ **d.** le pKa du couple phénol/phénolate est de l'ordre de 5

3. Relever les affirmations correctes
- ☐ **a.** Le phénol peut être engagé dans une réaction de déshydratation
- ☐ **b.** le phénol peut, en présence d'un acide carboxylique, conduire facilement à la formation d'un ester
- ☐ **c.** contrairement aux alcools, le phénol ne réagit pas avec les acides minéraux
- ☐ **d.** le groupement hydroxyle du phénol est moins réactif chimiquement que celui d'un alcool

4. Les substitutions électrophiles aromatiques sur le phénol
- ☐ **a.** sont plus faciles que sur le benzène
- ☐ **b.** se font avec une orientation en *méta*
- ☐ **c.** peuvent facilement conduire à des produits de polysubstitution
- ☐ **d.** nécessite toujours l'utilisation de catalyseur

5. La nitration du phénol
- ☐ **a.** est facile et conduit à la formation de trinitrophénol
- ☐ **b.** est impossible
- ☐ **c.** est possible, en présence de catalyseur et conduit au *para* nitrophénol
- ☐ **d.** est facile et conduit à la formation de pentanitrophénol

6. L'ion phénolate
- ☐ **a.** peut être utilisé comme nucléophile dans des S_N2
- ☐ **b.** présente 4 formes limites de résonance qui ont le même poids (elles contribuent toutes de la même façon à l'hybride de résonance)

☐ c. est stabilisé par résonance donc peu nucléophile

☐ d. possède 1 forme limite qui contribue de façon prépondérante à l'hybride de résonance

7. Choisir une méthode de synthèse du méta nitrophénol à partir du benzène

☐ a. i) Sulfonation (H_2SO_4—SO_3) ii) fusion alcaline (NaOH) puis H^+ iii) Nitration (HNO_3—H_2SO_4)

☐ b. i) Nitration (HNO_3—H_2SO_4) ii) NaOH, 300 °C

☐ c. i) Nitration (HNO_3—H_2SO_4) ii) chloration (Cl_2—$AlCl_3$) iii) NaOH 50 °C

☐ d. i) Nitration (HNO_3—H_2SO_4) ii) chloration (Cl_2—$AlCl_3$) iii) NaOH 300 °C

EXERCICES

Les solutions se trouvent à la page 680.

Les **règles de nomenclature**, permettant de faire correspondre réciproquement un nom et une formule, sont exposées dans le chapitre 7 (pour les stéréoisomères, au chapitre 3).

16-a Les phénolates sont-ils stables dans l'eau ? Quelles sont les espèces présentes dans leurs solutions ? Celles-ci sont-elles acides, neutres ou basiques ?

16-b Quels sont les produits principaux des réactions suivantes ?

1) *ortho*-crésol + H_2 (Ni Raney)

2) *méta*-crésol + H_2SO_4 concentré

3) Phénol + Chloroéthane ($AlCl_3$)

4) *para*-crésol + CH_3—COCl

5) *para*-nitrophénol + HNO_3/H_2SO_4

6) Acide *méta*-benzénedisulfonique + NaOH (350 °C), puis HCl

7) Phénol + CH_3MgBr, puis H_2O

8) HO  SO_3H + NaOH (solution aqueuse)

9) HO 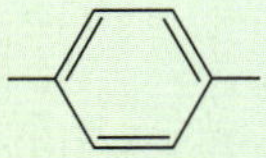 SO_3H + NaOH (fusion à 350 °C)

10) HO 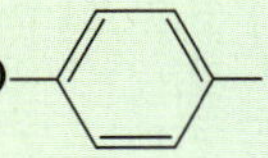 CH_2OH + CH_3I, en milieu basique (NaOH en solution aqueuse)

11) HO 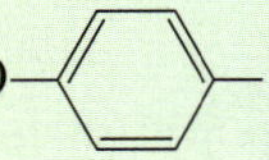 CH_2OH + HBr

12) Ph—CH_2—O—CH_2—CH_3 + Iodure d'hydrogène HI

13) Ph—O—CH_2—CH_3 + Iodure d'hydrogène HI

16-c Quel est le comportement des réactifs suivants vis-à-vis du phénol et vis-à-vis du cyclohexanol ?

1) HCl
2) HNO_3 *concentré*
3) H_2 (Ni Raney)
4) CH_3—CH_2—MgBr
5) CH_3—COCl
6) Na
7) NaOH (en solution)
8) H_2SO_4 concentré
9) CH_3—COOH
10) CH_3Br ($AlCl_3$)
11) Cu (300 °C)
12) $NaNH_2$

16-d Comment pourrait-on transformer en une ou plusieurs étapes ?

1) le benzène en *para*-nitrophénol
2) le benzène en *méta*-crésol
3) le benzène en *para*-crésol
4) le benzène en cyclohexanone 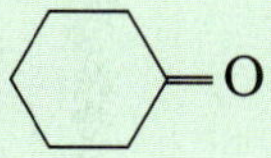

5) le benzène en styrène 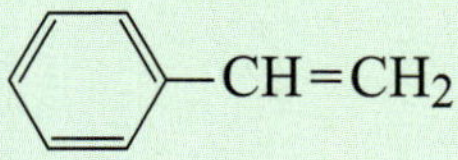

6) le phénol en cyclohexène
7) le phénol en iodocyclohexane
8) le toluène en acide *para*-nitrobenzoïque 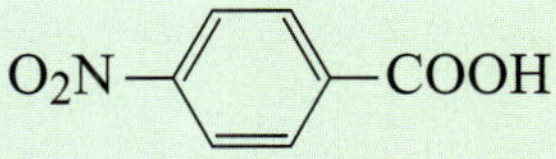

16-e Classer, par ordre d'acidité croissante, les composés suivants :

a) 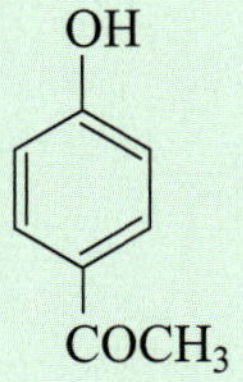

b) 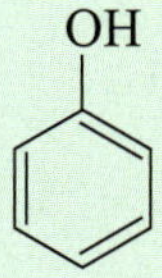

c) 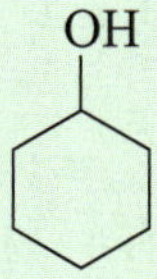

16-f Le pk_a de l'acide picrique (p. 391) est de 0,37 et celui du phénol est de 10. Expliquer.

16-g L'aspirine est l'acide acétylsalicylique. Proposer une méthode de synthèse de cet analgésique à partir du benzène.

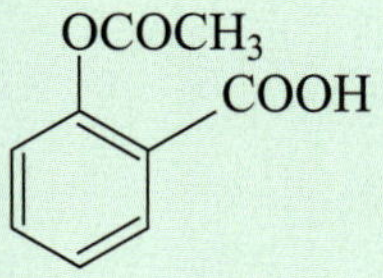

aspirine

17 Les amines

Préalables

- Règles de nomenclature de la fonction amine
- Acidobasicité selon Brönsted
- Acidobasicité selon Lewis

Mots-clés

- Alkylation, acylation
- Amine
- Ammonium, amidure
- Élimination de Hofmann
- Énamine
- Imine
- Liaison hydrogène
- Nitrosation, diazotation

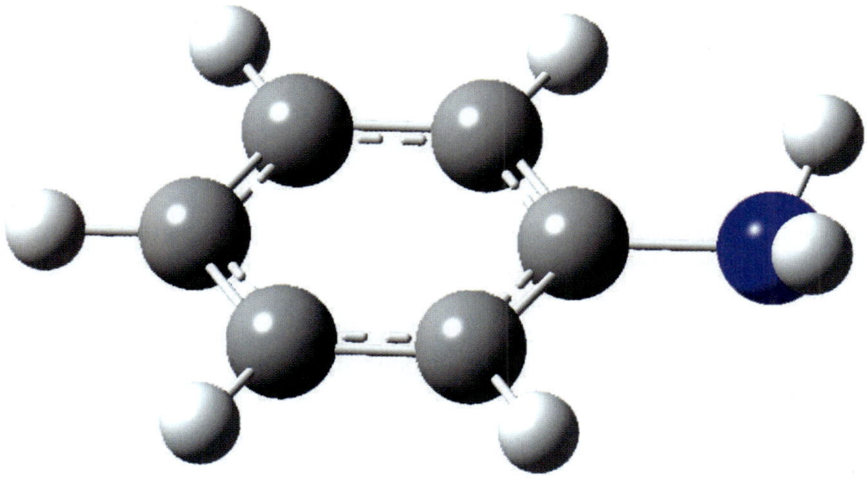

L'aniline $C_6H_5NH_2$

Les *amines* sont des composés dans lesquels un atome d'azote est directement lié à un ou plusieurs atomes de carbone. Elles peuvent être considérées, et définies, comme des dérivés de l'ammoniac NH_3 résultant de la substitution progressive des trois atomes d'hydrogène par des groupes hydrocarbonés. Il existe donc trois classes d'amines :

Ammoniac — Amine primaire — Amine secondaire — Amine tertiaire

Voir chap. 12

Voir chap. 15

La *nomenclature* des amines a été exposée au chapitre 7 § 7.2.6

R, R' et R'' peuvent être identiques ou différents ; si l'un d'eux au moins est un groupe aryle Ar, il s'agit d'une amine benzénique (on dit aussi « aromatique »).

Les expressions « *primaire* », « *secondaire* » et « *tertiaire* » n'ont pas ici la même signification que pour les alcools. Pour les amines, elles sont relatives au degré de substitution de l'azote, et non pas à celui du carbone qui porte le groupe fonctionnel. Ainsi une amine comportant un groupe NH_2 sur un carbone secondaire, comme $CH_3—CH(NH_2)—CH_3$ est une amine *primaire*, de la forme $R—NH_2$ (avec R = isopropyle), alors que l'alcool analogue $CH_3—CH(OH)—CH_3$ est un alcool secondaire. Le véritable analogue oxygéné d'une amine secondaire serait un éther-oxyde [**§ 15.5**].

Question 17.A

Un alcool tertiaire comporte au minimum .... atomes de carbone ; une amine tertiaire en comporte au minimum ....

17.1 Caractères physiques

Voir chap. 15, § 15.1

Les amines les plus légères ($MeNH_2$, Me_2NH, Me_3N, $EtNH_2$) sont gazeuses à 20 °C ; les autres sont des liquides ou solides selon leur masse moléculaire. Les liaisons N—H donnent lieu, comme les liaisons O—H, à une association par liaisons hydrogène, mais elle est beaucoup plus faible que pour les alcools, car l'azote est moins électronégatif que l'oxygène. Les points d'ébullition des amines, tout en étant plus élevés que ceux des hydrocarbures, sont donc moins élevés que ceux des alcools correspondants ($CH_3—CH_2OH$: 78 °C ; $CH_3—CH_2NH_2$: 16,6 °C).

Les premiers termes conservent des propriétés physiques analogues à celles de l'ammoniac : grande solubilité dans l'eau, odeur « ammoniacale ».

Les amines benzéniques $Ar—NH_2$ sont des liquides visqueux, ou des solides, insolubles dans l'eau et d'odeur désagréable.

Question 17.B

Les deux amines $(CH_3)_3$ N et $CH_3—CH_2—CH_2—NH_2$ sont isomères ; sachant que leurs deux points d'ébullition sont (à la pression atmosphérique) 3 °C et 49 °C, attribuez à chacune le sien. Parmi les composés dont les points d'ébullition sont donnés au § 15.1, quels sont ceux qui correspondent à une situation analogue ?

17.2 Réactivité

Dans l'enchaînement C—N—H, l'azote est plus électronégatif que le carbone et l'hydrogène, de sorte que les deux *liaisons C—N et N—H sont polarisées*. D'autre part, il porte un doublet libre :

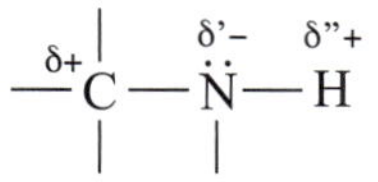

Voir chap. 15, § 15.2

La situation est donc comparable à celle des alcools, mais l'azote est moins électronégatif que l'oxygène et la réactivité des amines est, pour cette raison, notablement différente en fait de celle des alcools.

- La disponibilité du *doublet libre* est beaucoup plus grande et les amines sont beaucoup plus basiques que les alcools. Elles sont aussi *plus nucléophiles* et réagissent facilement avec les composés comportant un carbone déficitaire électrophile : il en résulte une substitution si ce carbone est saturé (dérivés halogénés, alkylation des amines [**§ 17.2.2**]), ou une addition s'il est insaturé (aldéhydes, cétones, dérivés des acides [**§ 17.2.3-4**]).
- La *rupture des liaisons* C—N et N—H est beaucoup plus difficile que celle des liaisons C—O et O—H. Celle de la liaison C—N ne s'observe pratiquement pas, même après protonation de l'azote, et celle de la liaison N—H est très difficile. Les amines sont donc beaucoup *moins acides* que les alcools.

En résumé, et toujours comparativement aux alcools, la réactivité des amines se « concentre » très nettement sur *l'azote* et *son doublet libre*, qui est pratiquement le *seul site réactionnel.* Les liaisons ou les atomes avoisinants ne participent que rarement, et secondairement, aux réactions.

Enfin, leur réactivité différencie beaucoup plus nettement les amines primaires, secondaires et tertiaires que les trois classes d'alcools (mais on a vu que le signification de ces termes n'est pas la même dans les deux cas). Dans les mêmes conditions, les trois classes d'amines donnent souvent des produits différents, et certaines réactions n'appartiennent qu'à l'une des trois classes. La présence ou l'absence d'hydrogène sur l'azote est fréquemment à l'origine de ces différences.

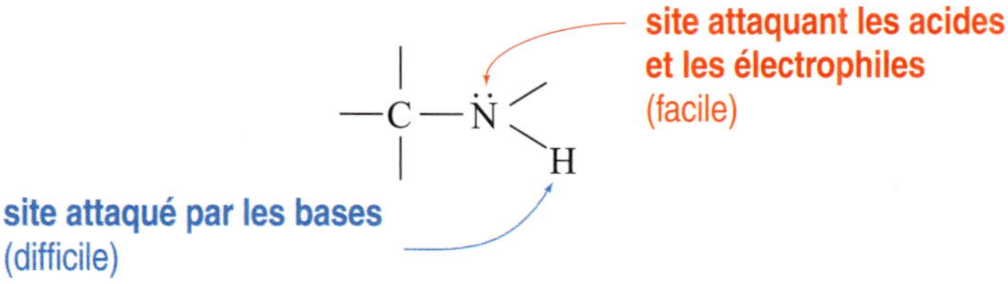

17.2.1 Propriétés acidobasiques

Voir chap. 5, § 5.5.1

Au sens de Brönsted, les amines peuvent *a priori* avoir tout à la fois un caractère *basique* (accepteur de proton) grâce à leur doublet libre, et un caractère *acide* (donneur de proton) si elles possèdent au moins un hydrogène lié à l'azote ; la polarisation de la liaison N—H doit, en effet, conférer une certaine labilité à cet hydrogène.

Par exemple, pour une amine primaire :

- *Comportement basique* (en présence d'un acide) :

$$R-\ddot{N}H_2 + AH \rightleftharpoons R-\overset{+}{N}H_3 + A^- \qquad (1)$$

L'amine est, en ce cas, la forme basique du couple $R-\ddot{N}H_2/R-\ddot{N}H_2$.

- *Comportement acide (*en présence d'une base*)* :

$$R-\ddot{N}H_2 + B \rightleftharpoons R-\ddot{\underset{..}{N}}H^- + BH^+ \qquad (2)$$

L'amine est alors la forme acide du couple $R-\ddot{N}H_2/R-\ddot{N}H_2$.

a) Caractère basique

Dans ce paragraphe, relatif à une propriété *commune à toutes les amines*, elles seront représentées d'une façon générique par R_3N, étant entendu que les trois groupes R peuvent être identiques ou différents, et que l'un d'eux, ou deux d'entre eux, peu(ven)t être un atome d'hydrogène (amines respectivement secondaires R_2NH et primaires RNH_2).

Le caractère acidobasique dominant des amines est celui que traduit l'équilibre *(1)* ci-dessus : elles présentent un net caractère basique.

➤ *Dans l'eau*, il s'établit l'équilibre :

$$R_3\ddot{N} + H-OH \rightleftharpoons R_3\overset{+}{N}H + OH^-$$

dont la constante d'équilibre $K_b = [R_3\overset{+}{N}H][OH^-]/[R_3N]$, qui est liée à la constante d'acidité K_a du couple $R_3\overset{+}{N}H/R_3N$ par la relation $K_a \cdot K_b = 1 \cdot 10^{-14}$, vaut environ 10^{-10} ($pK_a \approx 10$). $R_3\overset{+}{N}H$ est un acide faible et R_3N, sa base conjuguée, est une base moyennement forte. Les solutions d'amines dans l'eau sont donc basiques (pH > 7).

Cette réaction est tout a fait analogue à celle de l'ammoniac NH_3 avec l'eau, pour donner l'ion ammonium NH_4^+. Les cations résultant de la protonation des amines sont des ions *alkylammoniums* (mono-, di- ou trialkylammoniums, selon la classe de l'amine).

- *En présence d'acides*, il se forme des sels d'alkylammoniums. Par exemple, avec HCl :

$$R_3N + HCl \rightleftharpoons (R_3\overset{+}{N}H,\ Cl^-)$$

Chlorure d'alkylammonium

Ces sels, en raison de leur structure ionique, sont des solides cristallisés, solubles dans l'eau. La réaction peut avoir lieu *en solution aqueuse* ; si l'amine était insoluble dans l'eau, elle se dissout alors. En milieu acide, toutes les amines sont solubles dans l'eau (sous la forme d'un de leurs sels) et on utilise parfois ce fait pour extraire les amines d'un mélange (par exemple, extraction des amines contenues dans les goudrons de houille par un « lavage acide » de ces goudrons). Elles peuvent ensuite être « libérées » par l'action d'une base forte telle que OH^- (soude ou potasse) en excès, qui déprotone l'ion alkylammonium formé :

Web

$$R_3\overset{+}{N}H + OH^- \rightleftharpoons R_3N + H_2O$$

La réaction peut aussi avoir lieu *en phase gazeuse*. La mise en présence de HCl gazeux et de vapeurs d'une amine provoque, comme avec l'ammoniac, la formation d'une abondante et épaisse fumée blanche, constituée de microcristaux du chlorure.

Influence des facteurs structuraux sur la basicité des amines

- ***En phase gazeuse***, la basicité des amines (mesurée non pas par la valeur de K_a qui ne concerne par définition que les réactions dans l'eau, mais par la variation d'enthalpie libre $\Delta G°$ associée à la formation de l'acide conjugué), augmente avec le nombre de groupes R liés à l'azote :

Voir, par exemple, « Cours de Chimie physique » Chapitre 9.

$$NH_3 < RNH_2 < R_2NH < R_3N \quad (< = \text{« moins basique que »})$$

Ces variations peuvent s'expliquer par les effets inductif-répulsifs des groupes R, qui stabilisent *l'acide conjugué plus que la base*, en « comblant » partiellement le *déficit électronique* sur l'azote :

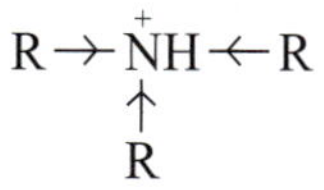

Cette stabilisation est d'autant plus importante que les groupes R sont plus nombreux (on retrouve ici l'argumentation déjà utilisée pour expliquer que la stabilité des carbocations croît avec leur degré de substitution par des groupes alkyle ; les deux situations sont très comparables).

Voir chap 5, § 5.3.2.a

- ***En solution*** dans l'eau, les amines secondaires sont les plus basiques, et les amines primaires et tertiaires ont sensiblement la même basicité. L'interprétation de ces différences est plus difficile ; outre les facteurs intervenant en phase gazeuse, la solvatation préférentielle de l'une des deux espèces conjuguées doit aussi être prise en compte.

Voir chap. 4, § 4.4.1.a

Les amines benzéniques Ar—NH_2 sont beaucoup moins basiques que les amines saturées. La constante d'acidité du couple Ar—NH_3^+/Ar—NH_2 vaut environ 10^{-5} (p$K_a \approx 5$) ; elle est donc 10^5 fois plus grande que celle d'une amine saturée. L'origine de cette différence réside dans la participation du doublet libre de l'azote au système conjugué, dans lequel il est délocalisé avec les doublets π du cycle.

D'une part, la densité électronique sur l'azote s'en trouve réduite, et le déficit ainsi créé (δ+) défavorise la protonation. D'autre part, la protonation de l'azote supprime la possibilité de délocalisation du doublet libre, qui se trouve « immobilisé » sous la forme d'un doublet σ dans la nouvelle liaison N—H. L'acide conjugué Ar—$\overset{+}{N}H_3$ est donc *moins stabilisé par résonance que la base* Ar—NH_2 et, de ce fait, sa formation est énergiquement défavorisée.

Question 17.C

Quelle situation analogue à celle des amines benzéniques a déjà été rencontrée ?

b) Caractère acide

La labilité de l'hydrogène lié à l'azote d'une amine primaire ou secondaire est très faible ($K_a \approx 10^{-30}$; p$K_a \approx 30$). Les équilibres du type (2) [§ 17.2.1] ne s'établissent significativement qu'en présence de bases extrêmement fortes. Dans l'eau la dissociation des amines primaires et secondaires est nulle (H_2O n'est pas une base assez forte), mais elles réagissent avec les réactifs de Grignard.

Voir chap. 14, § 14.1

Exemple

CH_3CH_2—NH_2 + CH_3MgBr → CH_3CH_2—NHMgBr + CH_4

Comme les alcynes vrais [§ 10.2.3.a] ou les alcools [§ 15.2.1], les amines primaires ou secondaires réagissent avec les métaux alcalins, pour donner un dérivé métallique, non isolable.

Exemple

$(CH_3)_2$ NH + Na → $(CH_3)_2$ NNa + 1/2 H_2

Il s'agit de la réduction par le métal des ions H^+ provenant de la dissociation de l'amine. La proportion d'amine dissociée est, à tout moment, extrêmement faible, mais la dissociation progresse, jusqu'à être totale, à mesure que les ions H^+ sont consommés par la réduction.

17.2.2 Alkylation

Les amines, par la présence du doublet libre sur l'azote, peuvent constituer des réactifs nucléophiles et, à ce titre, donner par exemple des réactions de *substitution nucléophile* dans des molécules comportant un site déficitaire et électrophile. Tel est le cas des *dérivés halogénés*, dont les réactions de substitution en présence d'un réactif nucléophile ont déjà été étudiées en détail. Les amines ont d'ailleurs déjà été considérées, dans cette étude, comme des réactifs nucléophiles possibles.

Voir chap. 13, § 13.2.1

Le schéma général de la réaction est :

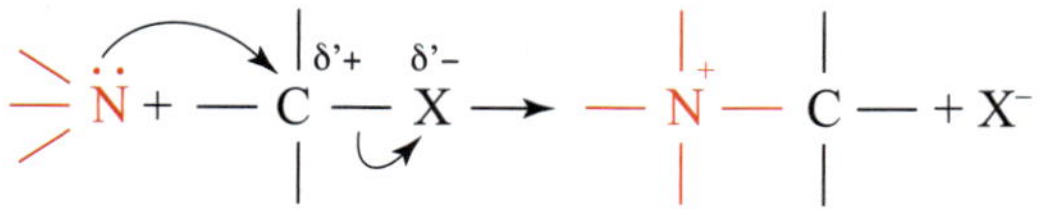

Il s'agit *a priori* d'une propriété commune à toutes les amines, puisqu'elle est associée à la possession du doublet libre sur l'azote, mais le résultat final dépend en fait de la classe de l'amine.

a) Amines primaires et secondaires

La réaction conduit à un ion di- ou trialkylammonium, qui se « déprotone » facilement (en fait, le proton qu'il perd est fixé par une molécule de l'amine initiale n'ayant pas encore réagi).

- Amine primaire :

$$\underset{\text{Amine primaire}}{R-\ddot{N}H_2} + R'X \rightarrow R-\overset{+}{N}H_2-R' + X^- \rightleftarrows \underset{\text{Amine secondaire}}{R-\ddot{N}H-R'} + H^+ \quad (H^+)$$

- Amine secondaire :

$$\underset{\text{Amine secondaire}}{R-\ddot{N}H-R'} + R''X \rightarrow R-\overset{+}{N}H(R'')-R' + X^- \rightleftarrows \underset{\text{Amine tertiaire}}{R-\ddot{N}(R'')-R'} + H^+$$

Le bilan global est celui d'une *alkylation* : substitution sur l'azote d'un H par un groupe R, transformant une amine primaire en amine secondaire, et une amine secondaire en amine tertiaire. Cette réaction est connue sous le nom de *réaction de Hofmann*.

b) Amines tertiaires

Par suite de l'absence d'hydrogène sur l'azote, l'ion tétraalkylammonium qui se forme ne peut perdre un proton ; il constitue donc le produit final de la réaction :

$$R-\ddot{N}(R'')-R' + R'''X \rightarrow R-\overset{+}{N}(R'')(R''')-R' + X^-$$

Remarque

Les ions tétraalkylammoniums sont également appelés « ammoniums quaternaires », et on dit que l'on a réalisé la « quaternisation » de l'amine tertiaire.

L'amine secondaire obtenue par alkylation d'une amine primaire peut, aussitôt formée, réagir à son tour avec le dérivé halogéné pour donner une amine tertiaire. Cette dernière peut d'autre part, dès qu'elle est formée, se quaterniser. Cette réaction donne donc généralement des mélanges, ce qui diminue son intérêt comme méthode de synthèse des amines. On peut cependant favoriser la monoalkylation d'une amine primaire ou secondaire, en la faisant réagir en grand excès par rapport au dérivé halogéné. D'autre part, la quaternisation d'une amine tertiaire ne donne évidemment qu'un seul produit.

Question 17.D

Quels sont les produits pouvant résulter de la réaction entre $CH_3CH_2NH_2$ et CH_3Br ? Si l'on emploie un excès de l'amine, lequel de ces produits est obtenu en plus grande quantité ? Pour quelle raison exacte devient-il le produit principal ?

c) Utilisation des sels d'ammonium quaternaires. Élimination de Hofmann

Les ions ammonium quaternaires sont obtenus en même temps qu'un anion, généralement un halogénure (Cl^-, Br^-, I^-) avec lequel ils forment un « *sel d'ammonium quaternaire* ».

Exemple

$$(CH_3)_3\ddot{N} + CH_3Cl \longrightarrow (CH_3)_4N^+, Cl^-$$

L'action de l'hydroxyde d'argent AgOH sur un halogénure d'ammonium quaternaire permet d'obtenir l'hydroxyde correspondant :

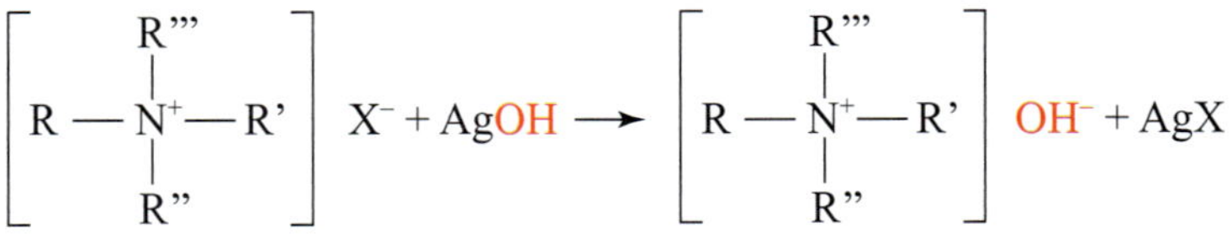

Ces hydroxydes sont des bases très fortes (aussi fortes que la soude ou la potasse). D'autre part, ils se décomposent sous l'action de la chaleur selon le bilan :

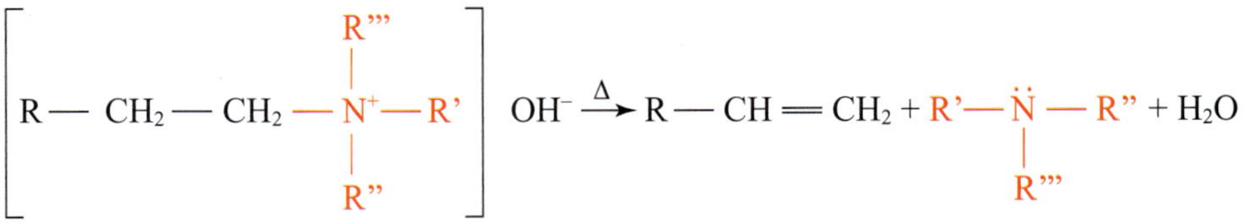

Il s'agit de la réaction **d'élimination de Hofmann**, dont le mécanisme peut se représenter ainsi :

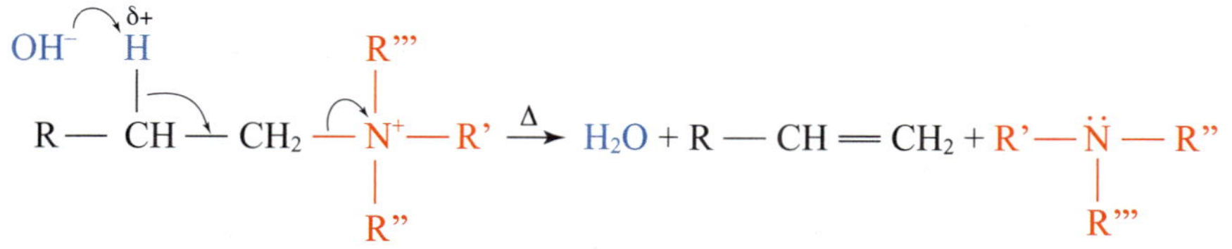

On reconnaît dans ce schéma une élimination de type E2, dans laquelle le « groupe partant » est $\overset{+}{N}R_3$. L'électronégativité de l'azote et le déficit électronique dont il est le siège provoquent la même polarisation et le même effet inductif que l'halogène dans un dérivé halogéné, avec les mêmes conséquences.

Voir chap. 13, § 13.2

L'élimination de Hofmann est régiosélective : si deux alcènes isomères peuvent se former, elle donne préférentiellement celui dont la double liaison est *la moins substituée*.

Exemple

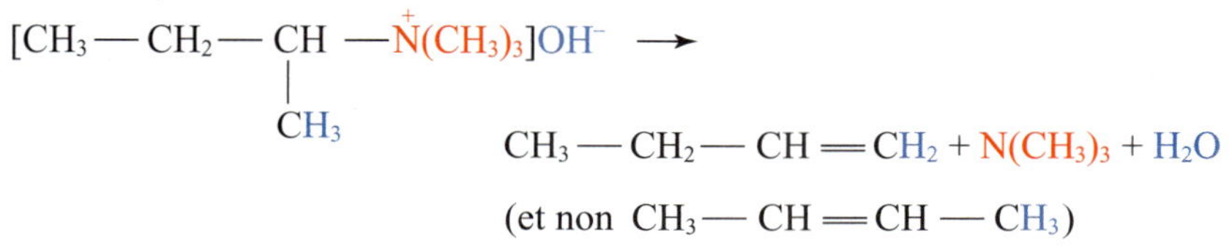

L'élimination de H et de X dans un dérivé halogéné donne au contraire préférentiellement l'alcène le plus substitué (règle de Zaïtsev) ; l'élimination de Hofmann suit donc une orientation « *anti-Zaïtsev* ».

Par ailleurs, elle est stéréospécifique (anti-élimination), comme le sont normalement les réactions de type E2.

Voir chap. 13, § 13.2.2

Question 17.E

Si on chauffe fortement l'hydroxyde de tétraméthylammonium $(CH_3)_4\overset{+}{N}$, OH^-, on obtient de la triméthylamine $(CH_3)_3N$ et du méthanol CH_3OH. Comment expliquer ce résultat ? A-t-il, comme l'élimination de Hofmann, son équivalent dans la réactivité des dérivés halogénés ?

17.2.3 Acylation

Les amines primaires et secondaires réagissent avec les chlorures d'acides R—COCl, pour donner des **amides substitués** [§ 19.5.1,4]. La réaction, dont le bilan comporte le remplacement, sur l'azote, d'un H par un groupe *acyle* R—CO, est une

Voir chap. 19, § 19.5.1

acylation. Son mécanisme sera envisagé, en même temps que celui de diverses réactions analogues des chlorures d'acides.

Exemple

$$2\,C_6H_5{-}NH_2 + CH_3{-}COCl \rightarrow C_6H_5{-}NH{-}CO{-}CH_3 + C_6H_5{-}\overset{+}{N}H_3Cl^-$$

La même transformation peut être réalisée avec un anhydride d'acide [**§ 19.5.2**], ou avec un acide carboxylique. Elle est importante à deux titres : d'une part les peptides et les protéines, constituants de la matière vivante, résultent de la création de fonctions amides entre molécules d'aminoacides [**§ 23.2**], d'autre part, certains « polyamides » (comme le nylon, le perlon…) sont utilisés comme textiles artificiels.

Web

Les amines primaires et secondaires réagissent également avec les chlorures dérivés d'acides soufrés pour donner des sulfonamides. Au départ d'une amine primaire, les sulfonamides engendrés sont solubles dans la soude aqueuse alors que ceux issus d'une amine secondaire ne le sont pas. Sous le nom de *test de Hindsberg*, ces réactions constituent un moyen de caractérisation analytique des classes d'amines.

Tableau 17.1 Test de Hindsberg

Amine I

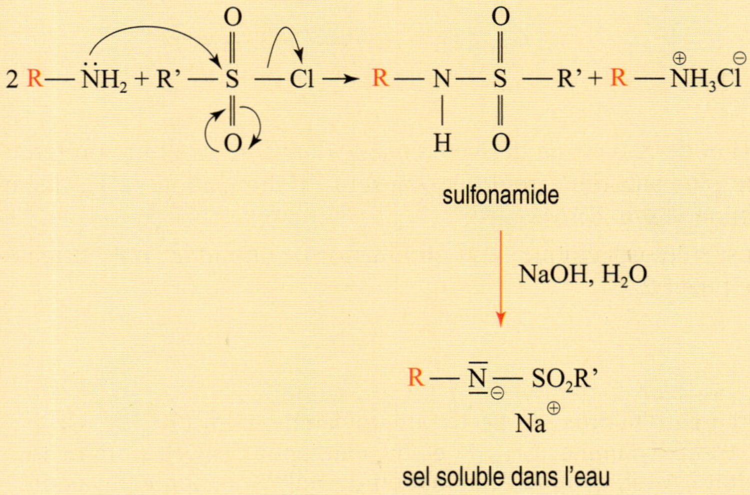

Amine II

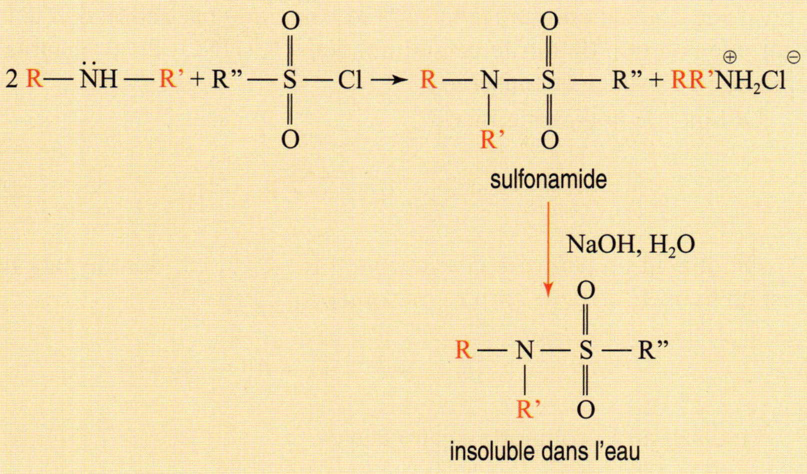

17.2.4 Réaction avec les aldéhydes et les cétones

Comme l'ammoniac, les amines primaires et secondaires, en raison de leur caractère nucléophile, peuvent s'additionner sur la double liaison C=O des aldéhydes et des cétones, pour donner un aminoalcool :

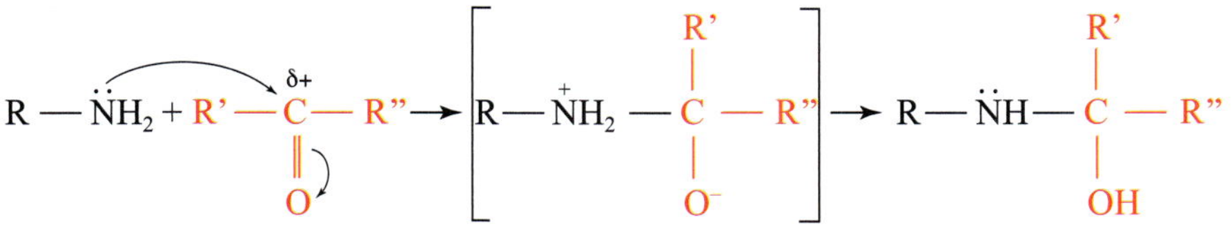

(si R"=H la réaction concerne un aldéhyde).

Si l'amine est primaire, ce qui assure la présence d'un H sur l'azote dans l'aminoalcool, celui-ci se déshydrate spontanément et il se forme une **imine**, que l'on appelle aussi « *base de Schiff* » :

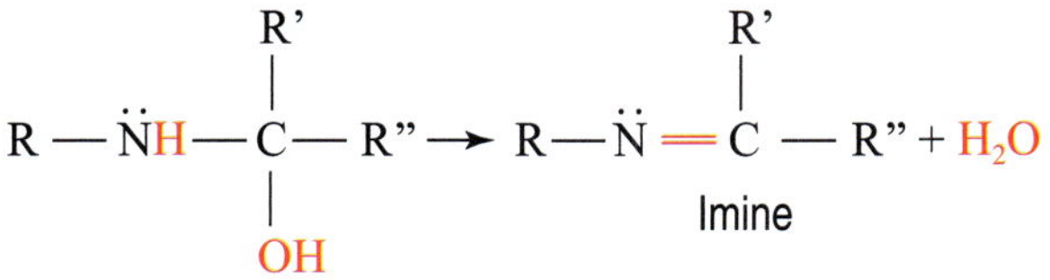

Si l'amine est secondaire, cette déshydratation est impossible. Mais s'il existe de l'hydrogène dans l'un des groupes alkyles, en α de la fonction alcool, la déshydratation peut avoir lieu dans la chaîne carbonée, et on obtient une *énamine* :

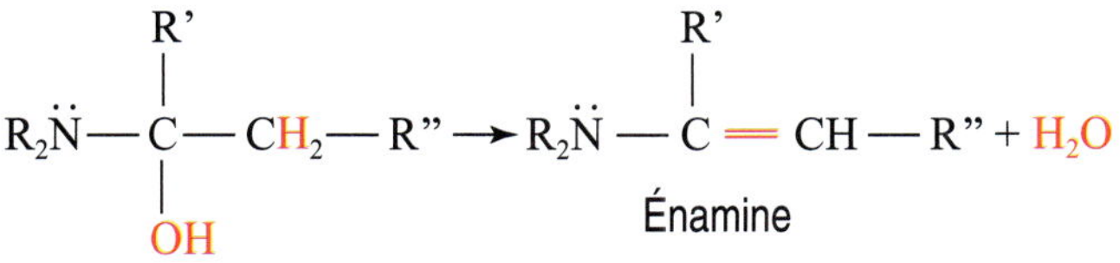

17.2.5 Diazotation

La diazotation est une réaction propre aux seules *amines primaires*. Elle a lieu en présence d'acide nitreux HNO_2, libéré « *in situ* » par action de l'acide chlorhydrique sur une solution de nitrite de sodium $NaNO_2$ (HNO_2 étant instable ne peut pas être préparé à l'avance et conservé).

Le bilan de la diazotation est :

$$R—NH_2 + NaNO_2 + 2HCl \xrightarrow{0\,°C} R—N_2^+, Cl^- + NaCl + 2H_2O$$

On obtient un *chlorure de diazonium* $R—N_2^+, Cl^-$ dont le cation (ion diazonium) est un hybride de deux formes mésomères :

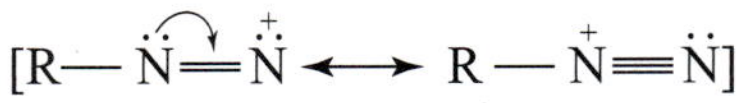

La diazotation comporte quatre étapes :

1. Formation de l'ion nitrosonium $\overset{+}{N}=O$, à partir de l'acide nitreux :

$$NaNO_2 + HCl \rightarrow HNO_2\,(\text{ou } HO—N=O) + NaCl$$

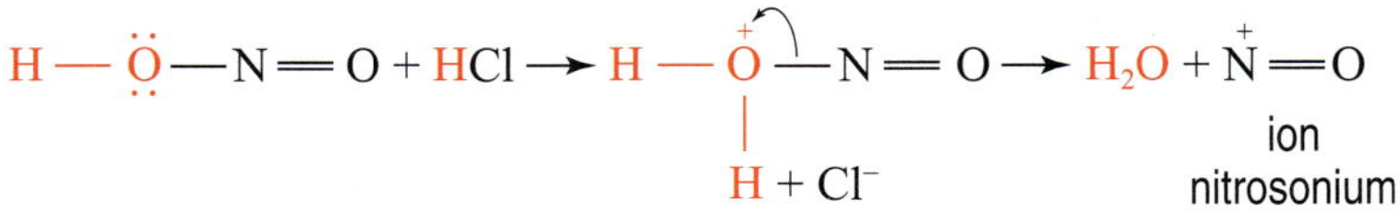

2. Nitrosation de l'amine (formation d'une nitrosoamine) :

3. Transposition de la nitrosoamine en composé hydroxyazoïque, par un réarrangement analogue à l'équilibre céto-énolique [§ 1.3.4 ; 18.2.2.a] :

$$R—NH—N=O \rightarrow R—N=N—OH \qquad \text{Hydroxyazoïque}$$

4. Formation du cation diazonium (analogue à la formation d'un carbocation à partir d'un alcool [§ 15.2]) :

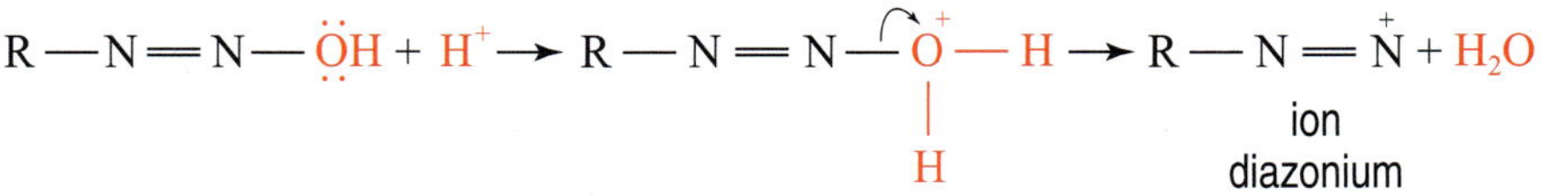

Diverses possibilités de réactions ultérieures existent, au-delà de la formation du chlorure de *diazonium*, qui n'est pas l'objectif final de la réaction de diazotation lorsqu'on la réalise :

a) Amines primaires saturées R—NH$_2$

Les ions alkyldiazoniums R—N_2^+, Cl^- ne sont pas stables. Ils se décomposent immédiatement avec dégagement de diazote, en donnant un carbocation R^+ qui réagit aussitôt avec l'eau :

$$R-\overset{+}{N}\equiv N \longrightarrow R^+ + N_2 \xrightarrow{H_2O} R-OH + N_2 + H^+ \quad (HCl)$$

On obtient un alcool et le bilan global se réduit à :

$$R-NH_2 \xrightarrow[H_2O]{NaNO_2,HCl} R-OH$$

On dit que l'on a réalisé une « *désamination nitreuse* ».

b) Amines primaires benzéniques Ar—NH$_2$

Les ions aryldiazoniums Ar—N_2^+ sont stables, en raison de la résonance (délocalisation électronique) qui existe entre le cycle benzénique et le groupe diazo, et ils peuvent donner diverses réactions intéressantes :

Avec perte de l'azote

Les sels d'aryldiazonium réagissent avec divers nucléophiles. Ces réactions peuvent s'interpréter par la formation intermédiaire du carbocation Ar^+ ($Ar-N_2^+ \longrightarrow Ar^+ + N_2$), qui réagit ensuite avec le nucléophile.

Exemples

$$Ar^+ + \begin{cases} H_2O \xrightarrow{100\ °C} Ar-OH + H^+ \\ KC\equiv N \longrightarrow Ar-C\equiv N + K^+ \\ NaBF_4 \longrightarrow Ar-F + BF_3 + Na^+ \end{cases}$$

Le bilan complet, pour la première de ces réactions par exemple serait :

$$ArN_2^+, Cl^- + H_2O \longrightarrow Ar-OH + N_2 + HCl$$

Les sels d'aryldiazonium constituent également des intermédiaires réactionnels pour la préparation de dérivés halogénés aromatiques selon l'équation suivante :

$$R-N_2^+, Cl^- \xrightarrow{CuX} Ar-X \qquad X = Cl, Br, I$$

Contrairement aux réactions enoncées précédemment le mécanisme de ces transformations est radicalaire (formation de l'intermédiaire Ar• et non Ar^+).

Certaines de ces réactions permettent d'obtenir des composés qui seraient très difficiles à préparer autrement ; c'est le cas des iodures et fluorures d'aryles, qui ne peuvent pas être obtenus par l'action directe de l'halogène sur l'hydrocarbure benzénique (I_2 ne réagit pas et F_2 donne des réactions difficilement contrôlables).

Sans perte de l'azote

Voir chap. 12, § 12.2.2

Le cation diazonium peut constituer le réactif électrophile dans une réaction de substitution sur le cycle benzénique. Il faut cependant que le cycle soit « activé », comme l'est celui des phénols et des amines benzéniques (OH et NH_2 sont des substituants « activants » et « *ortho*/*para*-orienteurs ».

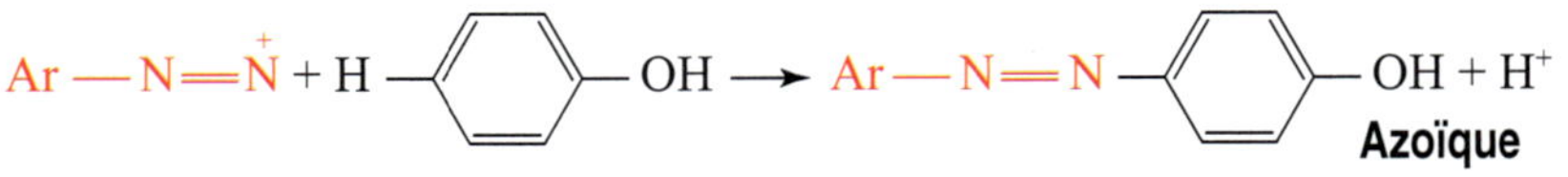

Ces réactions, parfois appelées « copulations », constituent une importante voie de synthèse pour la fabrication de matières colorantes employées, notamment, pour la teinture des textiles.

LES COLORANTS

L'homme a très tôt cherché à donner, par « teinture », des couleurs aux tissus dont il se vêt, ou dont il décore son habitation. Dès l'antiquité, il savait extraire à cet effet des *matières colorantes*, soit de végétaux (indigo, garance), soit d'animaux (carmin tiré de la cochenille, pourpre extraite du murex). Ces produits faisaient alors l'objet d'un commerce important, entre pays producteurs et utilisateurs.

Jusqu'au milieu du XIXe siècle, seuls les colorants naturels ont été utilisés mais il s'est ensuite développé une très importante industrie des colorants de synthèse, notamment en Allemagne dans la seconde moitié du XIXe siècle, qui fournit actuellement des milliers de colorants divers, adaptés à de nombreux usages particuliers. Dans cette chimie particulière, les amines benzéniques (anilines, naphtylamine) jouent un rôle très important, par les réactions de diazotation et de copulation [§ 17.2.5.b].

La couleur est liée au phénomène d'absorption du rayonnement par la matière ; elle apparaît si cette absorption a lieu dans le domaine spectral du visible [§ 6.1.1]. Ceci se produit si la molécule comporte un système conjugué suffisamment étendu, de sorte que les colorants ne peuvent pas être des molécules simples. Pour qu'ils présentent une couleur intense, leur molécule doit contenir un grand nombre de groupes non saturés, appelés en l'occurrence groupes « chromophores » (C = C, C = N, N = N, N = O, cycle benzénique), tous conjugués. Ils possèdent souvent aussi des groupes dits « auxochromes », tels que OH ou NH_2, dont les doublets libres participent également au système conjugué.

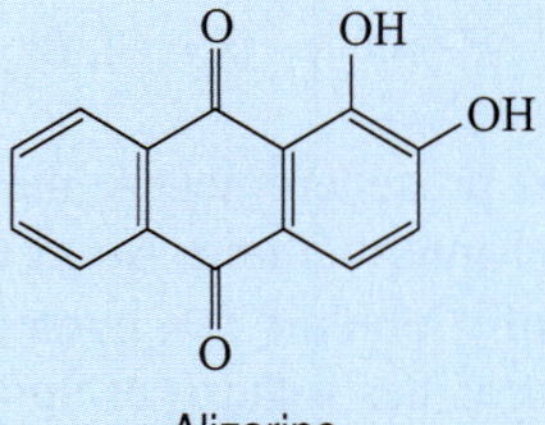

Alizarine

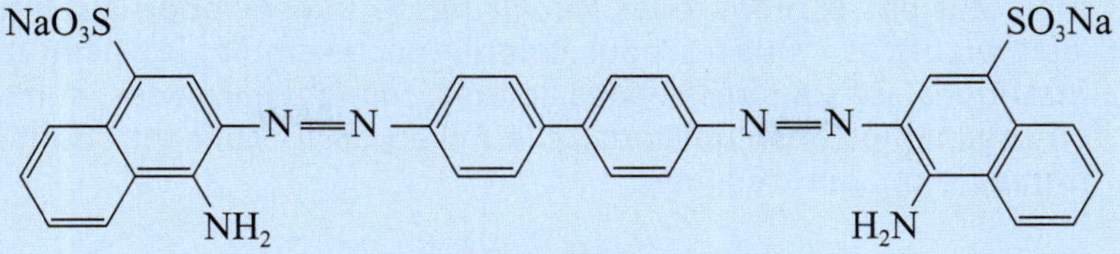

Rouge Congo

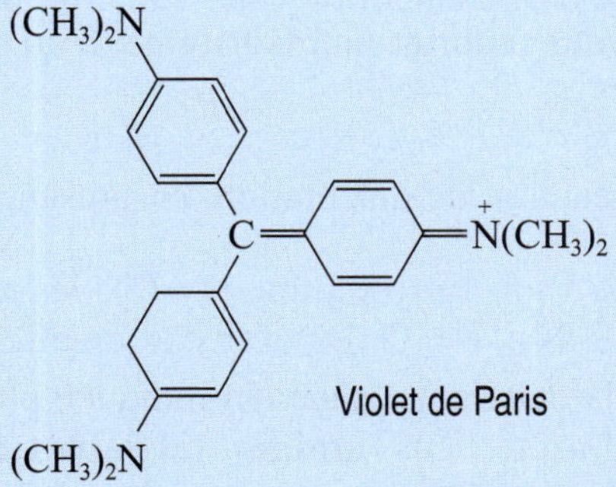

Violet de Paris

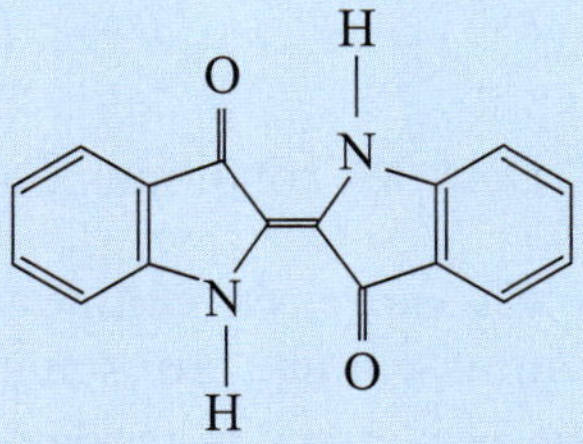

Indigo

Exemples de colorants

Mais un composé coloré, même intensément, n'est un « colorant » que s'il présente en outre une certaine affinité chimique pour la fibre textile, de sorte qu'il ne s'élimine pas lors des lavages (il ne doit pas « déteindre »). Or les fibres textiles ont des natures chimiques très variées, et en particulier plus ou moins polaires. Pour obtenir des teintures irréversibles on a donc été amené à faire la synthèse de colorants présentant eux aussi des structures et des fonctions très variées, aptes à se lier aux divers types de fibres.

En principe, la teinture s'effectue par trempage du textile dans une solution de colorant, mais on a dû aussi mettre au point un grand nombre de procédés particuliers, correspondant aux divers types de situation. Ainsi, dans certains cas, le colorant est produit « in situ », par une réaction de copulation réalisée en plongeant dans une solution de diazoïque un textile préalablement imprégné d'une solution de phénol ou d'amine.

Par la diversité des colorants qu'elle fournit, la chimie contribue à égayer la vie et permet à chacun de se vêtir selon ses goûts.

Remarque

Il ne faut pas confondre les « *colorants* », utilisés pour la teinture des textiles, et les « *pigments* » utilisés pour colorer, par exemple, les peintures ou les matières plastiques. Ce sont des solides colorés, minéraux (oxydes, sulfures, chromates, ...) ou organiques, insolubles dans le milieu où ils sont introduits, employés sous la forme de poudre très fine.

Question 17.F

Pouvez-vous reconstituer le déroulement de cette substitution, et justifier son orientation en *para*, sans vous reporter (immédiatement) au § 12.2.2 ?

Dans les conditions de la réaction de diazotation, en présence de $NaNO_2$ et HCl (c'est-à-dire, en définitive, de l'ion nitrosonium $\overset{+}{N}{=}O$), les **amines secondaires** fournissent une nitrosoamine $R_2N{-}N{=}O$. Dans ce cas, en effet, la réaction ne peut pas se poursuivre au-delà de la deuxième étape (b) indiquée plus haut, par suite de l'absence d'hydrogène sur l'azote. Les **amines tertiaires** ne donnent pas de réaction ; si elles sont benzéniques, elles peuvent être nitrosées sur le cycle, par une substitution électrophile, mais il ne s'agit pas d'une réaction de leur groupe fonctionnel.

17.3 État naturel

La fonction amine est souvent présente dans des composés naturels, d'origine végétale ou animale, au sein de structures assez complexes, où elle est en outre associée à diverses autres fonctions.

On la trouve dans de nombreux alcaloïdes, composés polycycliques et hétérocycliques d'origine végétale (caféine, cocaïne, morphine, nicotine, quinine, etc...[§ 21.3]). Elle intervient de diverses façons dans les mécanismes fondamentaux de la vie animale : aminoacides constitutifs des protéines [§ 23.2], bases azotées des acides nucléiques [§ 22.4.3.b], neurotransmetteurs de l'influx nerveux entre les cellules cérébrales (acétylcholine, noradrénaline, ...), régulation de la pression sanguine (adrénaline), mécanisme de la vision, etc...

17.4 Préparations

➤ La **méthode de Hofmann** consiste à alkyler, par un dérivé halogéné RX,

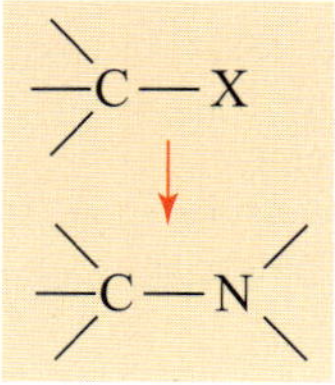

- l'ammoniac pour obtenir une amine primaire :

$$RX + NH_3 \rightarrow R{-}NH_2 + HX$$

- une amine primaire pour obtenir une amine secondaire :

$$R'X + R{-}NH_2 \rightarrow R{-}NH{-}R' + HX$$

- une amine secondaire pour obtenir une amine tertiaire :

$$R''X + R{-}NH{-}R' \rightarrow R{-}N(R''){-}R' + HX$$

Mais l'amine voulue peut subir elle-même, en cours de réaction, une nouvelle alkylation et on obtient toujours des mélanges de molécules plus ou moins alkylées ; même la préparation d'une amine tertiaire (alkylation totale de NH_3) peut conduire en outre à un sel d'ammonium quaternaire. Tout au plus peut-on limiter la proportion de produits indésirables en employant un grand excès d'ammoniac, ou d'amine initiale, par rapport au dérivé halogéné.

Voir § 17.2.2.b

Voir question 17.E

➤ La **méthode Gabriel** permet, dans le seul cas de la préparation des *amines primaires*, de ne pas obtenir un mélange. Elle utilise, à la place d'ammoniac, le phtalimide de potassium qui ne peut être alkylé qu'une seule fois. Après l'alkylation, un traitement en milieu basique crée le groupe NH_2 :

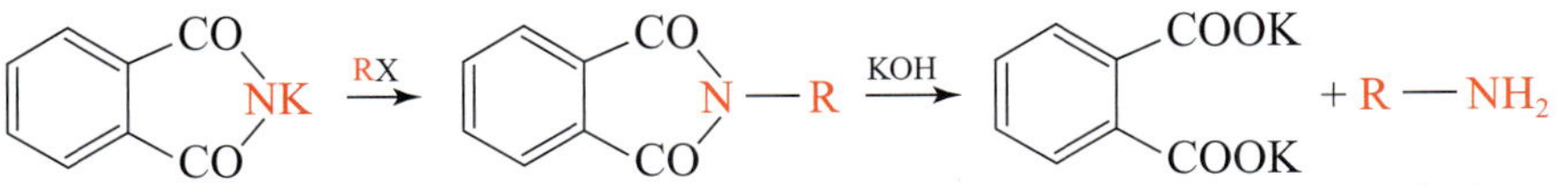

Phtalimide de potassium — Phtalate de K — Amine primaire

➤ La **réaction d'un alcool avec l'ammoniac ou une amine** primaire ou secondaire conduit au même résultat que celle d'un dérivé halogéné. Elle a lieu en phase vapeur, à 300 °C :

Voir § 17.1.14

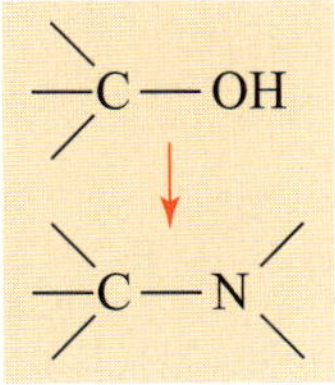

$$R{-}OH + NH_3 \rightarrow R{-}NH_2 + H_2O$$

$$R{-}OH + R'{-}NH_2 \rightarrow R{-}NH{-}R' + H_2O$$

$$R{-}OH + R'{-}NH{-}R'' \rightarrow R'{-}N(R){-}R'' + H_2O$$

➤ L'**amination réductrice des aldéhydes et des cétones** consiste à les faire réagir avec l'ammoniac, ou avec une amine primaire ou secondaire, et du dihydrogène,

Voir § 17.2.4

en présence d'un catalyseur tel que Ni. On peut considérer qu'il se forme d'abord une imine et que sa double liaison C=N est ensuite hydrogénée.

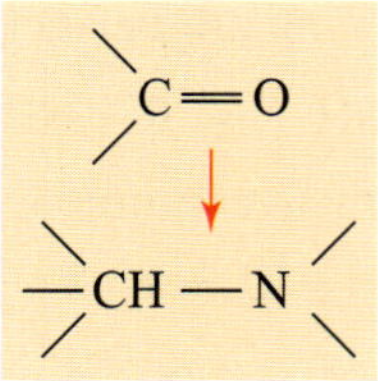

$$R—CO—R' + NH_3 + H_2 \xrightarrow{[Ni]} R—\underset{\displaystyle R'}{\underset{|}{CH}}—NH_2 + H_2O$$

$$R—CO—R' + R''NH_2 + H_2 \xrightarrow{[Ni]} R—\underset{\displaystyle R'}{\underset{|}{CH}}—NH—R''$$

$$R—CO—R' + R''—NH—R''' + H_2 \xrightarrow{[Ni]} R—\underset{\displaystyle R'}{\underset{|}{CH}}—\underset{\displaystyle R''}{\underset{|}{N}}—R'''$$

R' = H si le composé de départ est un aldéhyde.

➤ La **réduction d'une autre fonction azotée** peut constituer une bonne méthode de préparation des *amines primaires*.

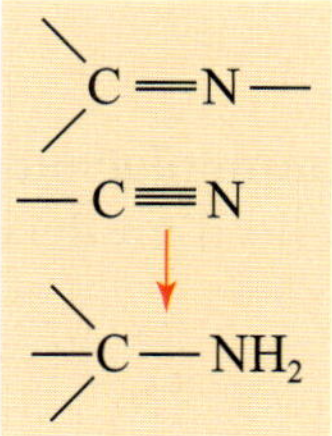

- *Fonctions insaturées* :

Nitriles [§ 19.5.5] $R—C{\equiv}N + 2H_2 \xrightarrow{[Ni],\ t} R—CH_2—NH_2$

Oximes [§ 18.2.1.h] $R—CH{=}N—OH + 2H_2 \xrightarrow{[Ni],\ t} R—CH_2—NH_2 + H_2O$

La réduction (hydrogénation) peut aussi être réalisée par un hydrure métallique, comme $LiAlH_4$ [§19.5.5].

- *Dérivés nitrés* :

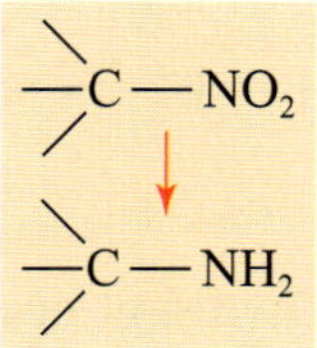

$$R—NO_2 + 6(H) \rightarrow R—NH_2 + 2H_2O$$

L'agent réducteur peut être H_2 en présence d'un catalyseur, un hydrure tel que $LiAlH_4$ (source d'ions hydrures H^-), ou encore le fer en milieu chlorhydrique. Cette réaction est particulièrement intéressante avec les dérivés nitrés benzéniques, faciles à préparer (préparation de l'aniline Ph—NH_2 à partir du nitrobenzène Ph—NO_2).

Voir chap. 12, § 12.2.2.a

➤ La **dégradation des amides** R—CO—NH_2 par l'hypobromite de sodium fournit une amine primaire, par une réaction assez complexe dont le bilan est :

$$—CO—NH_2 \downarrow —NH_2$$

$$R—C(=O)—NH_2 + NaOBr \longrightarrow R—NH_2 + CO_2 + NaBr$$

Question 17.G

Pourquoi la réaction $H_2C{=}CH_2 + NH_3 \longrightarrow H_3C—CH_2—NH_2$, n'est-elle pas possible ? (si elle l'était, quel serait son mécanisme ? pourquoi l'ammoniac ne peut-il pas jouer le rôle nécessaire ?). L'eau ne s'additionne pas non plus directement sur les alcènes, mais une catalyse acide est possible ; l'est-elle également ici ?

Question 17.H

La réaction $RX + NH_2^- \longrightarrow R—NH_2 + X^-$, n'est pas une bonne méthode de préparation possible des amines, car elle peut conduire à un autre résultat. Lequel ? Pourquoi ?

Sur le **plan industriel**, l'amine simple, monofonctionnelle, la plus importante est l'*aniline* $C_6H_5—NH_2$. Elle est notamment utilisée dans la fabrication de colorants, ainsi que dans celle des polyuréthanes (objets moulés, « mousse plastique »).

Voir encadré p. 412

Web

Une diamine, l'*hexaméthylènediamine* $H_2N(CH_2)_6NH_2$, sert à la synthèse du Nylon 6/6. Certains *acides aminés* sont également à la base de la fabrication de textiles artificiels (acide 11-aminoundécanoïque $H_2N(CH_2)_{10}COOH$ pour le Rilsan, acide 6-aminocaproïque $H_2N(CH_2)_5COOH$ pour le Nylon 6 et le Perlon).

Les *sels d'ammonium quaternaires* [§ 17.2.2.b], ont diverses utilisations, comme agents tensioactifs et détergents, comme bactéricides et également comme catalyseurs par « transfert de phase » (à l'interface entre un milieu organique et un milieu aqueux).

Dans le **domaine de la santé,** beaucoup de molécules aminées possédant une activité physiologique sont utilisées en médecine (éphédrine, amphétamine, théophylline, barbituriques, etc…). Certaines, comme les alcaloïdes de l'opium (pavot), la mescaline (cactus) et l'acide lysergique (dont le « LSD » est le diéthylamide) ont un pouvoir hallucinogène.

L'ESSENTIEL

3 Classes d'amine

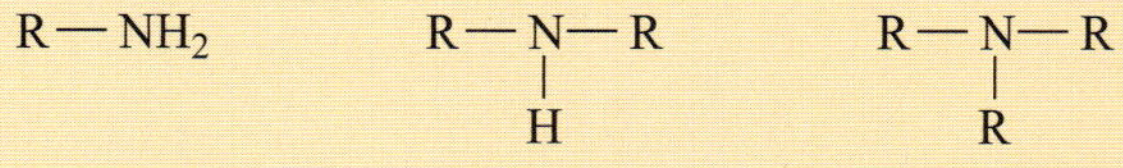

primaire I **secondaire II** **tertiaire III**

Caractère acide des amines I et II

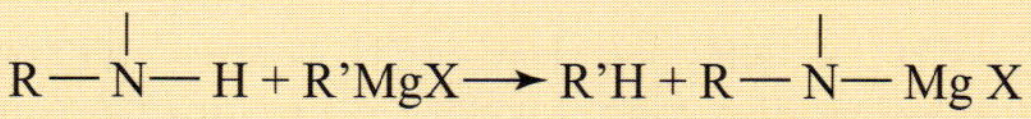

amidure

Caractère basique des amines

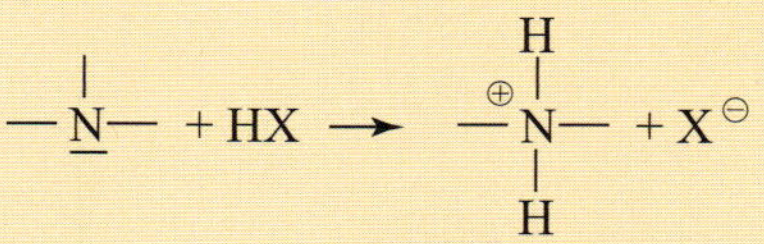

halogénure d'alkylammonium

Caractère nucléophile des amines

Alkylation des amines puis élimination de Hofmann :

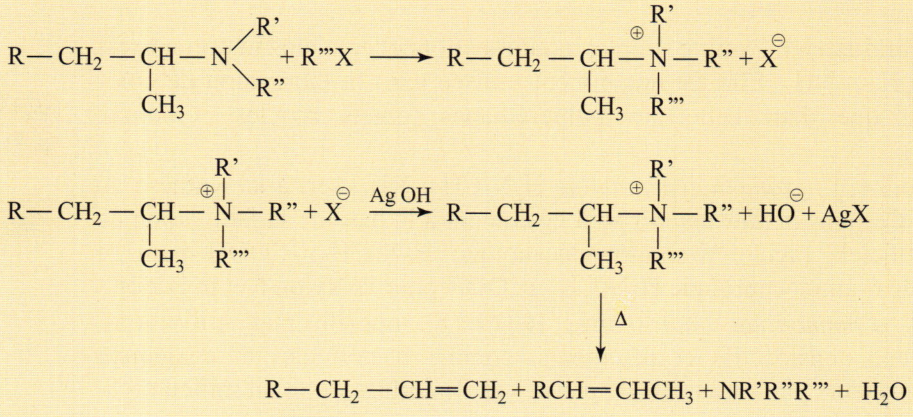

majoritaire

Acylation des amines I et II :

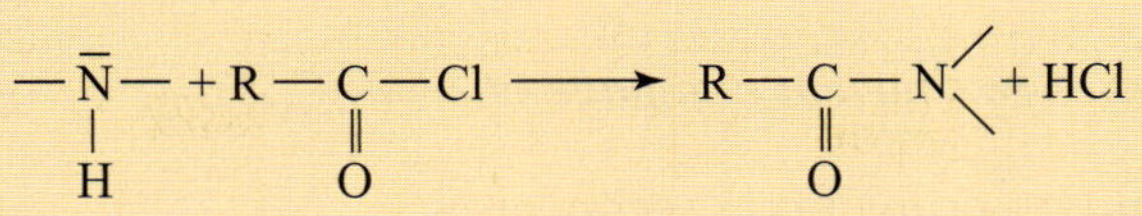

Réaction avec les aldéhydes et les cétones :

- Amines I :

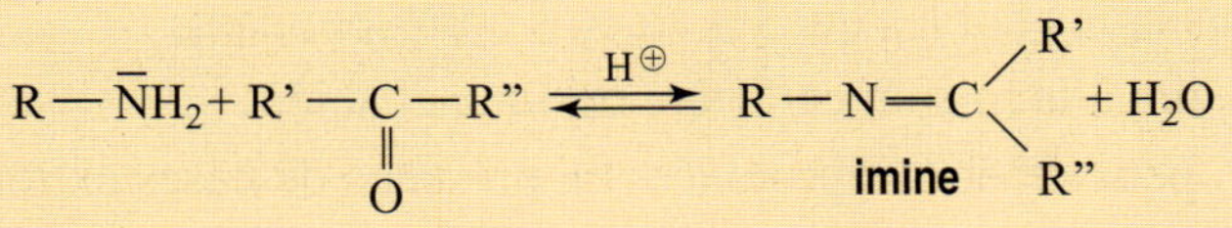

- Amines II :

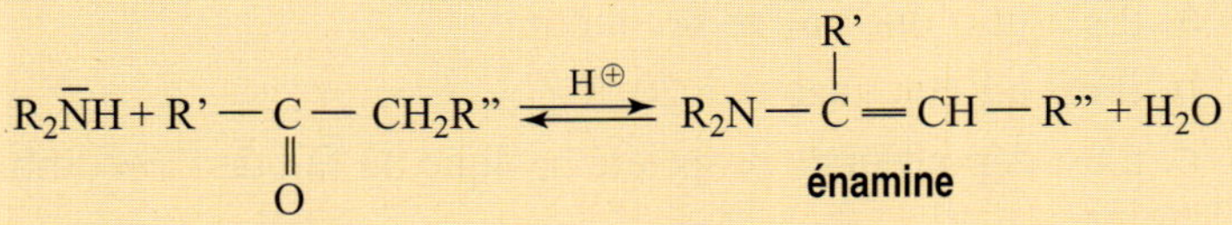

Diazotation des amines I :

$$R-\bar{N}H_2 \xrightarrow{NaNO_2,\ H^{\oplus}} R-N_2^{\oplus} \xrightarrow{H_2O} R-OH$$

alcool

QCM

Les réponses se trouvent à la page 663.

1. Les amines primaires et secondaires

- ☐ **a.** donnent lieu à une association par liaisons H plus forte qu'avec les alcools.
- ☐ **b.** présentent des températures d'ébullition plus élevées que les hydrocarbures mais plus faibles que les alcools correspondants
- ☐ **c.** ont à la fois un caractère basique et acide
- ☐ **d.** peuvent être déprotonées en présence de bases extrêmement fortes

2. Soit le composé suivant : CH_3—NH—CH_3

- ☐ **a.** il s'agit d'une amine secondaire
- ☐ **b.** il est à l'état gazeux à 20 °C
- ☐ **c.** il est dépourvu de propriété basique du fait de l'encombrement de la fonction amine
- ☐ **d.** à l'état gazeux, il s'agit d'une base plus forte que l'ammoniac

3. Les amines tertiaires

- ☐ **a.** du fait de l'encombrement, sont dépourvues de propriété nucléophile
- ☐ **b.** réagissent avec CH_3I pour donner un sel d'ammonium quaternaire
- ☐ **c.** ont une géométrie plane
- ☐ **d.** sont utilisées comme bases faibles

4. L'alkylation d'une amine primaire par un halogénure d'alkyle conduit généralement à

- ☐ **a.** une amine secondaire
- ☐ **b.** une amine tertiaire
- ☐ **c.** un mélange de produits d'alkylation
- ☐ **d.** un amide

5. L'élimination d'Hofmann

- ☐ **a.** est régiosélective
- ☐ **b.** respecte la règle de Zaitsev
- ☐ **c.** se fait à basse température
- ☐ **d.** conduit à la formation d'un alcène et d'un sel d'ammonium quaternaire

6. Une imine résulte de la réaction de

- ☐ **a.** une cétone et une amine secondaire
- ☐ **b.** un aldéhyde et une amine secondaire
- ☐ **c.** un dérivé carbonylé et une amine primaire
- ☐ **d.** un dérivé carbonylé et une amine secondaire

7. La diazotation d'une amine primaire

- ☐ **a.** est réalisée à partir de $NaNO_3$
- ☐ **b.** est réalisée à partir de $NaNO_2$
- ☐ **c.** conduit à un azoture
- ☐ **d.** conduit à un ion diazonium

8. Les ions diazoniums RN_2^+ sont

- ☐ **a.** tous stables à 0 °C
- ☐ **b.** généralement instables et se décomposent immédiatement
- ☐ **c.** stable à 0 °C si R= groupement aromatique
- ☐ **d.** stable à 0 °C si R= groupement aliphatique

9. Relever les affirmations correctes

- ☐ **a.** les amines benzéniques sont moins basiques que les amines aliphatiques
- ☐ **b.** les amines primaires réagissent avec le chlorure d'acétyle pour conduire à la formation d'une amine secondaire
- ☐ **c.** une amine, quelle que soit sa classe (I^{aire}, II^{aire} ou III^{aire}) est protonée en milieu acide pour former un ion ammonium
- ☐ **d.** les amines peuvent être impliquées dans des substitutions nucléophiles

EXERCICES

Les solutions se trouvent à la page 681.

Les **règles de nomenclature**, permettant de faire correspondre réciproquement un nom et une formule, sont exposées dans le chapitre 7 (pour les stéréoisomères, au chapitre 3).

17-a Combien y a-t-il d'amines de formule brute $C_4H_{11}N$? Donnez un nom à chacune d'elles, en précisant si elle est primaire, secondaire ou tertiaire.

17-b Un excès d'iodure de méthyle permet de transformer une amine A ($C_4H_{11}N$) en un sel d'ammonium B ($C_7H_{18}NI$). Quelle est la classe de l'amine A ?
B est transformé en hydroxyde d'ammonium C qui conduit, après chauffage, à trois alcènes D, E et F dont l'un est largement majoritaire. Les trois produits, obtenus par traitement des alcènes à l'acide sulfurique dilué, donnent le même composé après réaction avec le bichromate de potassium en milieu acide.
Proposer une formule simplifiée pour les composés A, B, C, D, E et F.

17-c Quel est le produit principal résultant de chacune des réactions suivantes ?

1. Isopropylamine + CH_3Br
2. Ammoniac + Chlorure de tertiobutyle
3. Triéthylamine + iodure d'éthyle

4. $CH_3—CH_2—CH=O + NH_3 + H_2$ (Ni)
5. *para*-nitrotoluène + dihydrogène
6. Butan-2-ol + éthylamine (300 °C)
7. $CH_3—CO—CH_3 + CH_3NH_2 + H_2$ (Ni)
8. $CH_3—CH_2—C{\equiv}N + LiAlH_4$ (suivie d'une hydrolyse)
9. *ortho*-méthylaniline + $NaNO_2$ + HCl
10. $CH_3—CH_2—CO—NH_2$ + NaOBr
11. Aniline + $C_6H_5—CH=O$
12. N-méthyléthylamine + HCl
13. Propan-2-amine + $NaNO_2$ + HCl
14. Diéthylamine + $C_6H_5—COCl$
15. $C_6H_5—N_2^+, Cl^-$ + aniline
16. 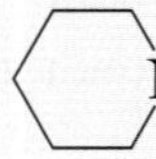NH + CH_3Cl en excès, puis AgOH et chauffage.

17-d Comment pourrait-on effectuer, en plusieurs étapes, la transformation

1. de $C_6H_5—NH_2$ en $C_6H_5—CH_2—NH_2$
2. de $CH_3—CH=CH_2$ en $CH_3—CH(NH_2)—CH_3$
3. de $CH_3—CH=CH_2$ en $CH_3—CH_2—CH_2—NH_2$
4. du benzène en 1,3,5-tribromobenzène
5. de N-méthylbutylamine en but-1-ène
6. d'aniline en cyclohexène

17-e Quatre amines acycliques, A, B, C et D, sont isomères et ont pour formule C_3H_9N.

– A et C, traitées par le nitrite de sodium en milieu chlorhydrique donnent un dégagement de diazote et un produit de formule C_3H_8O ; D, dans les mêmes conditions ne donne rien.

– Le produit résultant du traitement de A par $NaNO_2$ ne réagit que très lentement avec une solution de chlorure de zinc dans l'acide chlorhydrique (test de Lucas). Indiquer la formule développée des quatre amines.

17-f Identifier les composés E, F, G, H et I participant aux réactions suivantes :

$$E(C_5H_{13}N) \xrightarrow{CH_3I} F(C_7H_{18}NI)$$

$$F \xrightarrow{AgOH} G(C_7H_{19}NO)$$

$$G \xrightarrow{\Delta} H(C_3H_9N) + I(C_4H_8) + H_2O$$

$$I + O_3, \text{ puis } H_2O \longrightarrow H_2C=O + CH_3—CO—CH_3 + H_2O_2$$

En fait, deux structures sont possibles pour E ; comment pourraient-elles être distinguées en RMN ?

17-g Quelle est la structure (y compris la géométrie) des deux produits d'élimination obtenus à partir du (2*R*,3*R*)-2-bromo-3-méthylpentane,

a) en présence de soude concentrée, dans un solvant polaire aprotique (par exemple, DMSO)

b) par élimination de Hofmann, après réaction de ce composé avec la triméthylamine. Nommez ces deux produits. Sont-ils optiquement actifs ?

17-h Donner les formules des composés A à D impliqués dans la séquence réactionnelle suivante :

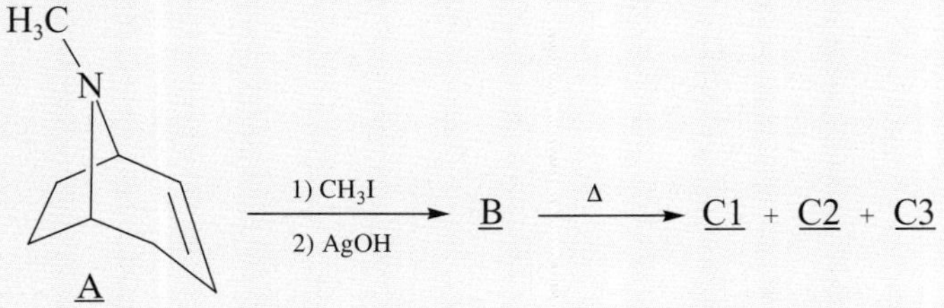

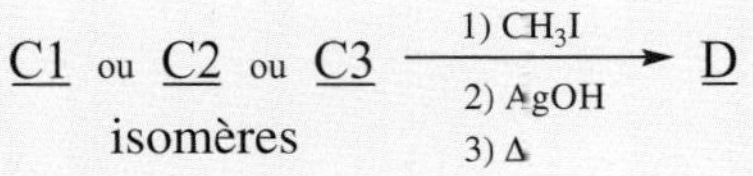

17-i Soumis au test d'Hindsberg (p. 408), les amines A (C_2H_7N), B ($C_5H_{13}N$) et C ($C_6H_{15}N$) donnent les résultats suivants :

A donne une solution. La neutralisation de celle-ci par HCl donne un composé insoluble A'.

B soumis au même traitement donne un composé B' insoluble dans la soude et qui ne se solubilise pas en milieu acide.

C ne réagit pas au test d'Hindsberg.

Donner la classe de chaque amine soumise au test.

Le traitement de B par un excès de MeI puis par AgOH et enfin par la chaleur conduit essentiellement au but-1-ène. La formation de cet alcène permet d'attribuer deux structures possibles à B. Lesquelles ?

18

Les aldéhydes et les cétones

PRÉALABLES

- Règles de nomenclature des fonctions cétone et aldéhyde
- Acidobasicité selon Brönsted
- Acidobasicité selon Lewis

MOTS-CLÉS

- Acétal
- Addition nucléophile
- Aldéhyde
- Aldolisation, crotonisation
- Cétone
- Cyanhydrine
- Énamine
- Énolisation
- Imine
- Oxime

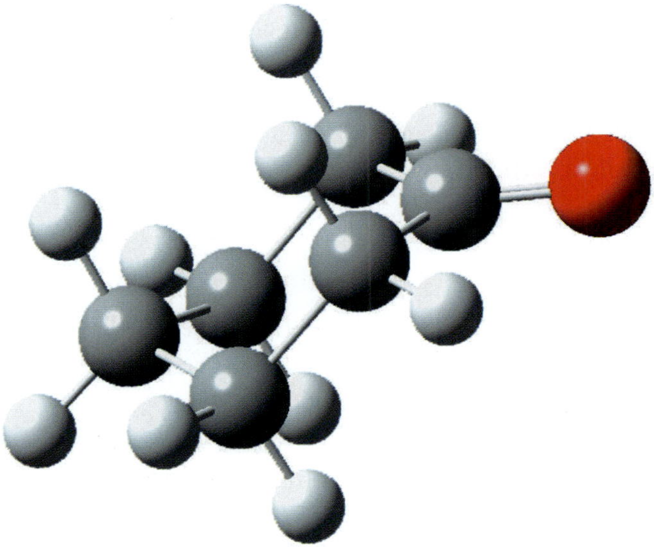

La cyclohexanone $C_6H_{10}O$

Les fonctions *aldéhyde* et *cétone* ont le même groupe fonctionnel $>C{=}O$, appelé *groupe carbonyle*, et ne diffèrent que par le nombre de groupes alkyles ou aryles qui l'entourent, ou encore par le degré de substitution du carbone fonctionnel :

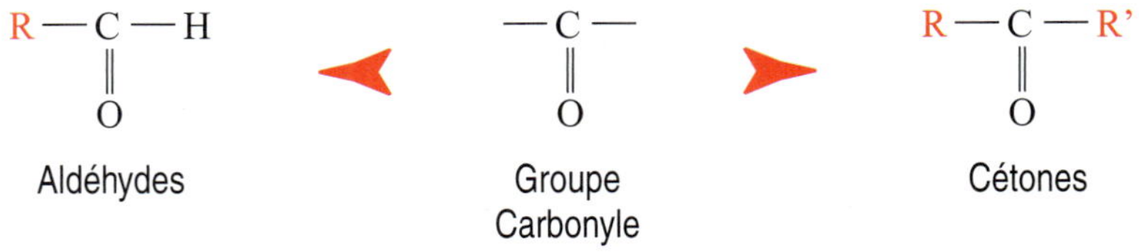

R=H, alkyle ou aryle — R et R'= alkyle ou aryle

Aldéhydes et cétones sont des *composés carbonylés*, et présentent beaucoup d'analogies (comme en présentent, par exemple, les alcools primaires et secondaires), mais la tradition a cependant maintenu cette distinction de deux fonctions distinctes.

La *nomenclature* des aldéhydes et des cétones a été exposée au chapitre 7 [§ 7.2.7-8].

On représente souvent les aldéhydes par R—CHO, ou RCHO, sans expliciter la double liaison C=O ; mais il faut se garder d'écrire R—COH, qui suggérerait un groupe hydroxyle OH lié au carbone (C—OH), comme dans un alcool. De même, les cétones sont souvent représentées par R—CO—R', ou même RCOR', mais il faut avoir présent à l'esprit qu'il ne s'agit pas en ce cas d'un enchaînement C—O—C, comme dans un éther-oxyde.

18.1 Caractères physiques

Le formaldéhyde $H_2C{=}O$ est gazeux dans les conditions ordinaires, et l'acétaldéhyde CH_3—CHO est un liquide extrêmement volatil, bouillant à 21 °C. Mais tous les autres aldéhydes, ainsi que toutes les cétones, sont des liquides, ou des solides si leur masse moléculaire est élevée.

Les caractéristiques spectroscopiques des composés carbonylés, dans l'UV et en RMN ont été indiquées au chapitre 6.

Les premiers termes, par exemple l'acétone CH_3—CO—CH_3, sont solubles dans l'eau, mais cette solubilité diminue lorsque la masse moléculaire augmente ; elle est pratiquement nulle à partir de cinq carbones.

18.2 Réactivité

Les éléments structuraux déterminant la réactivité des aldéhydes et des cétones sont :

- l'existence d'une *liaison* π entre C et O,
- la présence de deux *doublets libres* sur O,
- la différence d'électronégativité entre C et O, entraînant la *polarisation* de la double liaison et un effet inductif-attractif sur les liaisons voisines :

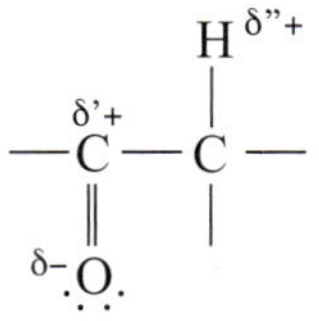

➤ Les principales réactions des aldéhydes et des cétones ont presque toutes pour origine l'une ou l'autre des caractéristiques suivantes, et parfois les deux :

1. *L'insaturation de la double liaison* C=O : elle entraîne des *réactions d'addition* qui débutent le plus souvent par l'attaque du fragment nucléophile sur le carbone insaturé déficitaire, suivie de la fixation du fragment électrophile sur l'oxygène (exemple : addition des organométalliques).

Cependant, les doublets libres de l'oxygène lui confèrent une certaine *basicité,* et sa protonation a pour effet d'accroître le déficit électronique sur le carbone fonctionnel, en raison d'une résonance dans le cation formé. En milieu acide, les additions s'effectuent donc dans l'ordre inverse (le réactif nucléophile se fixe sur C dans la *seconde* étape), et elles bénéficient d'une « catalyse acide » (exemple : formation des hémiacétals).

2. *La labilité des hydrogènes en* α *du groupe carbonyle* (portés par l'un des carbones voisins), est due à l'effet inductif de l'oxygène mais aussi, et surtout, à la formation en milieu basique d'un ion *énolate*, stabilisé par résonance :

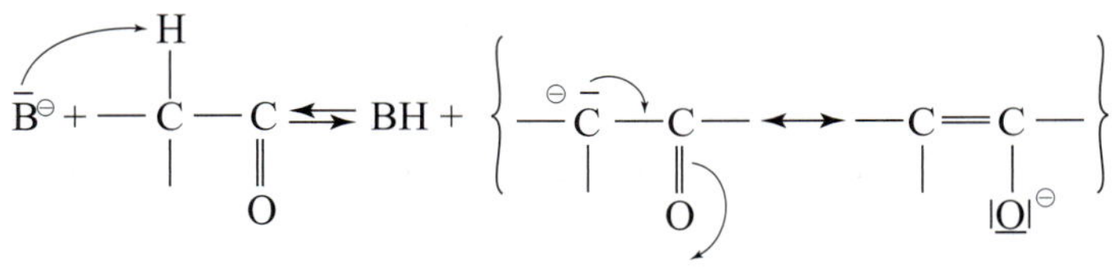

Il en résulte diverses possibilités de *substitution* de ces H labiles (alkylation, halogénation…)

➤ Par ailleurs, les aldéhydes et les cétones, à la condition de posséder au moins un H en α du carbonyle, donnent lieu à l'*équilibre céto-énolique* entre deux formes tautomères :

Voir chap. 1, § 1.3.4

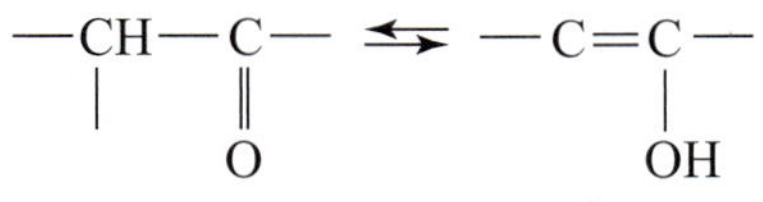

L'établissement de cet équilibre est catalysé tout à la fois par un milieu basique et par un milieu acide ; son existence interfère souvent avec le déroulement des réactions.

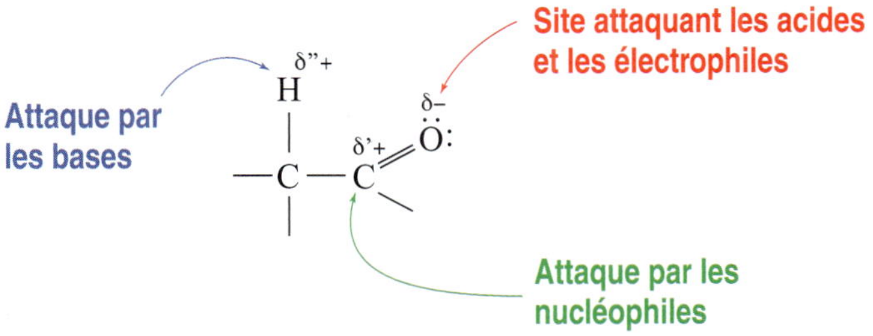

18.2.1 Additions sur le groupe carbonyle (et leurs suites)

a) Dihydrogène

En présence d'un catalyseur, par exemple le nickel de Raney [§ 9.2.1.a], un aldéhyde ou une cétone peut fixer une molécule de dihydrogène sur sa double liaison C=O, et donner un alcool :

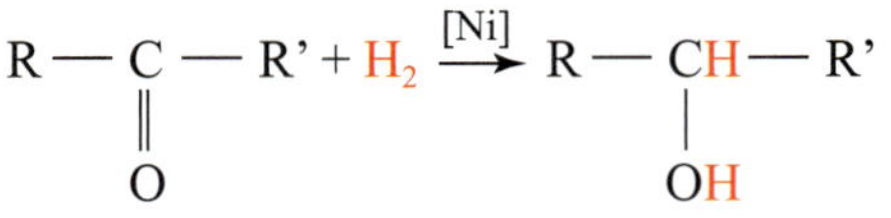

Un aldéhyde (R' = H) fournit un alcool primaire et une cétone (R et R' ≠ H) fournit un alcool secondaire.

Remarque

L'hydrogénation de la liaison C=O est plus difficile que celle de la liaison éthylénique C=C et nécessite des conditions plus « brutales » : chauffage vers 80-100 °C, pression de dihydrogène de quelques atmosphères. Avec un catalyseur tel que le platine, il est possible d'hydrogéner sélectivement la liaison éthylénique d'un aldéhyde ou d'une cétone insaturé, à pression et température ordinaires, sans hydrogéner son groupe carbonyle.

Exemple

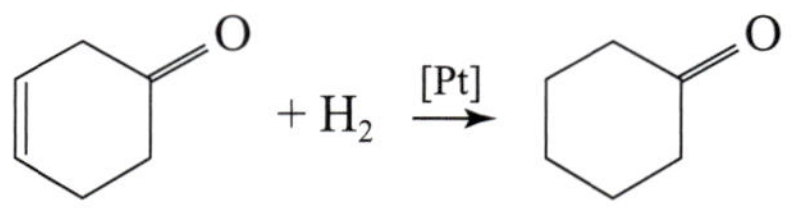

b) Schémas des additions ioniques

Le mécanisme d'addition le plus fréquent est celui d'une réaction nucléophile en deux étapes ; il est en accord avec le caractère déficitaire (électrophile) du carbone dans le groupe carbonyle.

Le réactif qui s'additionne fournit, par sa rupture hétérolytique, un cation et un anion, et c'est celui-ci qui, dans une première étape, se lie au carbone, grâce au doublet qu'il apporte. Le doublet π de la liaison C=O « reflue » sur l'oxygène, qui porte de ce fait une charge négative. Dans la seconde étape, le cation du réactif se lie sur lui :

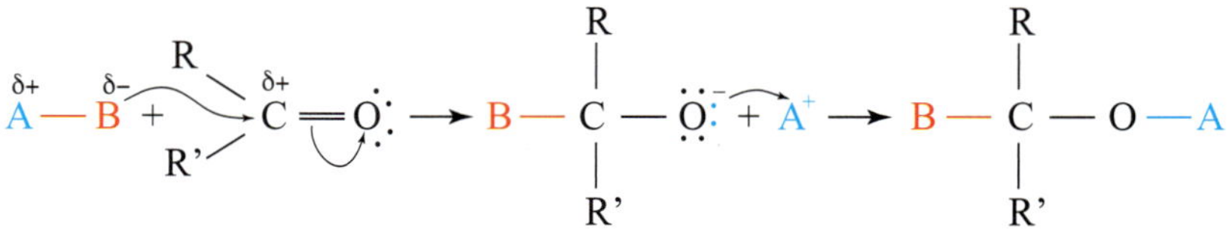

Si le fragment A est un métal, le composé formé est un *alcoolate,* qui peut être ensuite hydrolysé [§ 15.2.1] , et en définitive le bilan global se résume à :

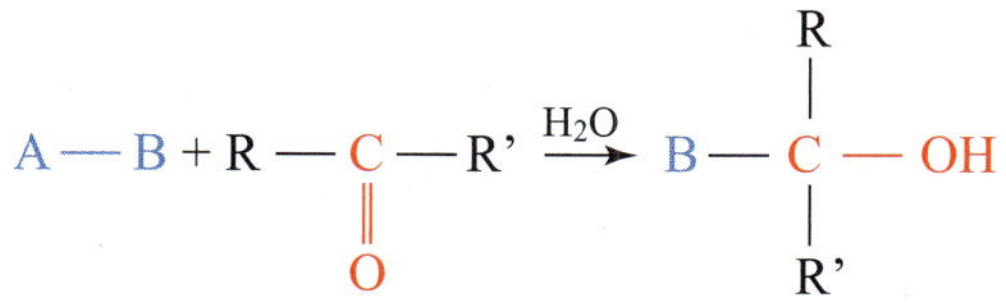

(exemple : addition des hydrures [§ 18.2.1.c], ou des organométalliques [§ 18.2.1.d]).

Si le fragment A est un hydrogène (H^+), le composé formé dans l'addition, qui est déjà de la forme $B-\overset{|}{\underset{|}{C}}-OH$, peut être stable et constituer le produit final de la réaction (exemple : addition de HCN [§ 18.2.1.e]). Mais, en ce cas également, des réactions ultérieures peuvent se produire (exemple : réaction avec divers composés azotés).

Ces additions nucléophiles ont lieu en milieu basique (le fragment B^- est une base, au sens de Brönsted ou au sens de Lewis). D'autres additions sur le groupe carbonyle ont lieu en *milieu acide* et la basicité de l'oxygène y joue alors le rôle principal.

Voir § 18.2

La première étape est en effet la protonation de l'oxygène, dans un équilibre acidobasique qui s'établit entre le composé carbonylé et son acide conjugué. La forme protonée est le siège d'une délocalisation électronique et, dans l'une de ses formes limites, le carbone est porteur d'une charge +. Dans l'hybride, le carbone est donc plus fortement déficitaire que dans la molécule neutre, et son attaque par un nucléophile, dans une seconde étape, est ainsi facilitée :

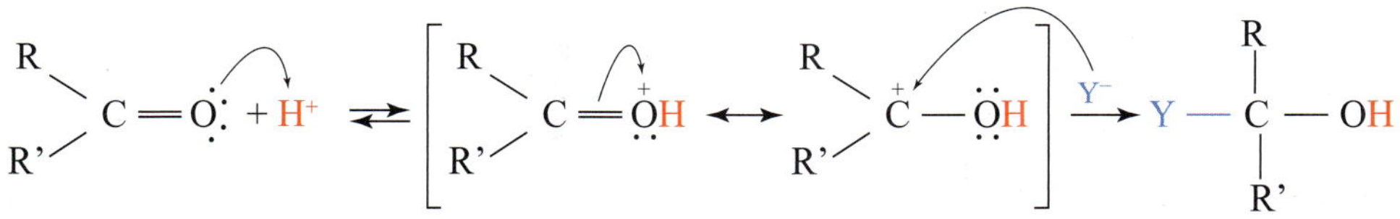

(exemple : addition des alcools [§ 18.2.1.g]).

Remarque

Le point commun des réactions regroupées ci-après sous la désignation de « réactions d'addition » est qu'elles comportent toutes la *fixation d'un nucléophile sur le carbone* (dans la première ou la seconde étape), et l'*utilisation du doublet π pour fixer un électrophile sur l'oxygène.* Mais certaines d'entre elles sont suivies, spontanément, d'autres réactions et leur bilan global n'est pas celui d'une simple addition, au sens usuel du terme. Il en résulte que cette rubrique « réactions d'addition » présente une grande diversité et peut, au premier abord, paraître manquer d'unité.

Question 18.A

Dans ces réactions d'addition, les cétones sont moins réactives que les aldéhydes. Deux raisons peuvent l'expliquer ; l'une est d'ordre géométrique (ou stérique), l'autre est d'ordre électronique. Quelles pourraient être ces deux raisons ?

c) Hydrures

Les hydrures métalliques, tels que $NaBH_4$ (borohydrure de sodium), ou $LiAlH_4$ (aluminohydrure de lithium), sont des donneurs potentiels d'ions hydrure (l'hydrogène y possède le nombre d'oxydation –I). Ils réagissent très facilement avec les aldéhydes et les cétones, qu'ils transforment (réduisent), après hydrolyse de l'alcoolate d'abord formé, en alcools respectivement primaires et secondaires :

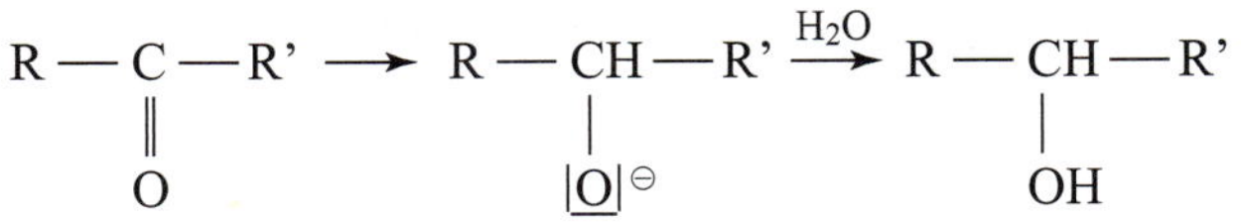

Voir § 18.2.1.a

Le bilan est le même que celui de l'hydrogénation catalytique, mais cette réaction est plus facile à mettre en œuvre. D'autre part, elle présente l'intérêt d'être spécifique des liaisons C=O, et de ne pas réduire (hydrogéner) les liaisons éthyléniques C=C éventuellement présentes dans la même molécule.

Exemple

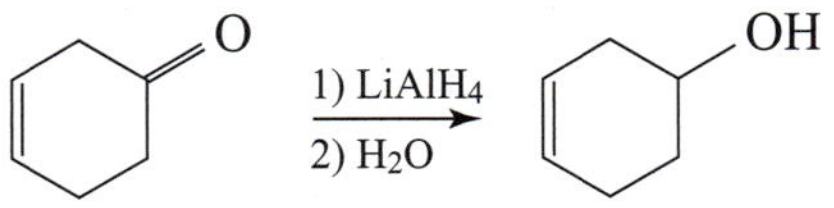

d) Organométalliques

Ces réactions ont déjà été décrites au chapitre 14.

Les organométalliques réagissent par la rupture de leur liaison carbone-métal, qui fournit un groupe R constituant un réactif nucléophile qui peut se fixer sur le carbone fonctionnel d'un aldéhyde ou d'une cétone. Il se forme un alcoolate, dont l'hydrolyse ultérieure conduit à un alcool.

Exemple

action d'un organomagnésien R—MgBr sur une cétone,

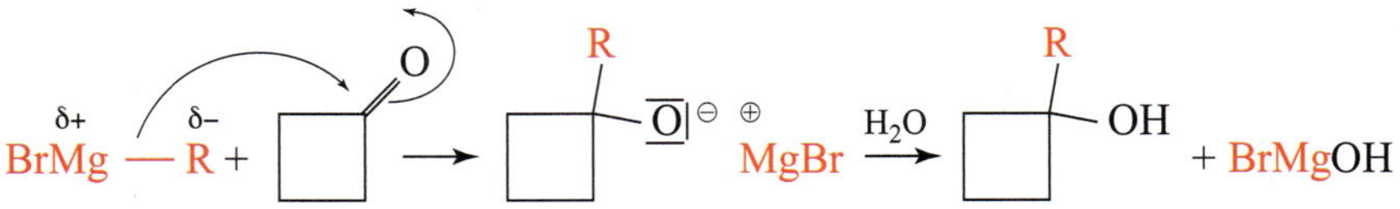

L'organométallique peut aussi être un organoalcalin (RNa, RLi) ; il peut résulter de la métallisation d'un alcyne vrai [**§ 10.2.3.b**].

Les aldéhydes donnent des alcools secondaires (sauf $H_2C{=}O$ qui donne des alcools primaires) ; les cétones donnent des alcools tertiaires.

e) Cyanure d'hydrogène

Le cyanure d'hydrogène (ou acide cyanhydrique) H—C≡N s'additionne sur le groupe carbonyle en donnant une *cyanhydrine* :

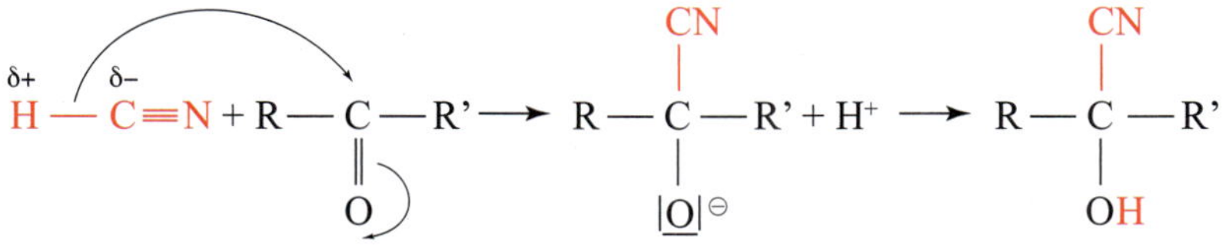

Les cyanhydrines possèdent deux fonctions (alcool et nitrile) très réactives, et constituent un intermédiaire intéressant pour l'accès à divers types de composés.

Exemple

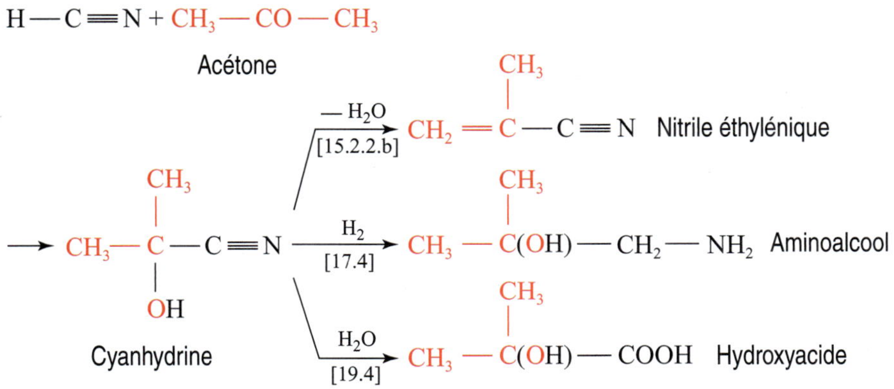

L'hydrolyse du nitrile éthylénique donne l'acide méthacrylique

$$CH_2{=}C(CH_3){-}COOH,$$

dont l'ester méthylique (méthacrylate de méthyle, $CH_2{=}C(CH_3){-}COOCH_3$) se polymérise pour donner le « Plexiglas ».

Question 18.B

En fait, HCN ($K_a = 10^{-10}$, ou $pK_a = 10$) ne s'additionne que très lentement et la réaction doit être catalysée par une base forte, comme OH^-. Comment justifier le rôle de cette base ?

f) Eau. Hydratation

L'eau peut s'additionner sur le groupe carbonyle, pour donner un *hydrate* d'aldéhyde ou de cétone, mais la réaction est inversible et, à l'équilibre, la quantité formée de cet hydrate est généralement très faible.

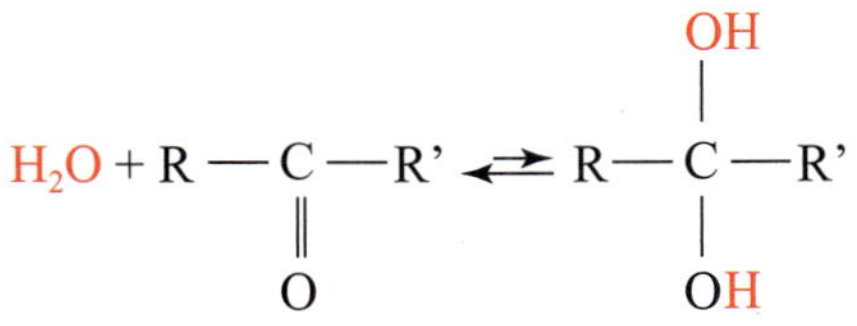

Il existe cependant des exceptions comme le méthanal $H_2C{=}O$ et le chloral $C1_3C{-}CH{=}O$ qui forment des hydrates stables, par une réaction totale. Dans sa solution aqueuse, appelée *formol*, le méthanal est entièrement sous forme d'hydrate.

g) Alcool. Formation d'acétals

Par chauffage avec un alcool, en présence de HC1 anhydre, les aldéhydes et les cétones se transforment en *hémiacétals,* puis en *acétals* :

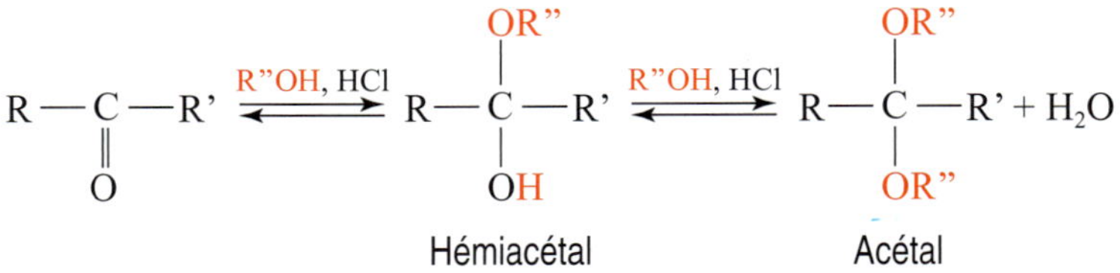

La réaction est inversible et les acétals s'hydrolysent facilement en aldéhyde ou cétone, et alcool.

Cette réaction offre un exemple d'addition sur le groupe carbonyle catalysée par un acide. La première phase, conduisant à l'hémiacétal, est une simple addition de l'alcool ; elle débute par la protonation du groupe carbonyle, selon le schéma déjà indiqué [§ 18.2] suivie de l'attaque nucléophile de l'alcool sur le carbone, auquel il se lie par l'un des doublets libres de son oxygène :

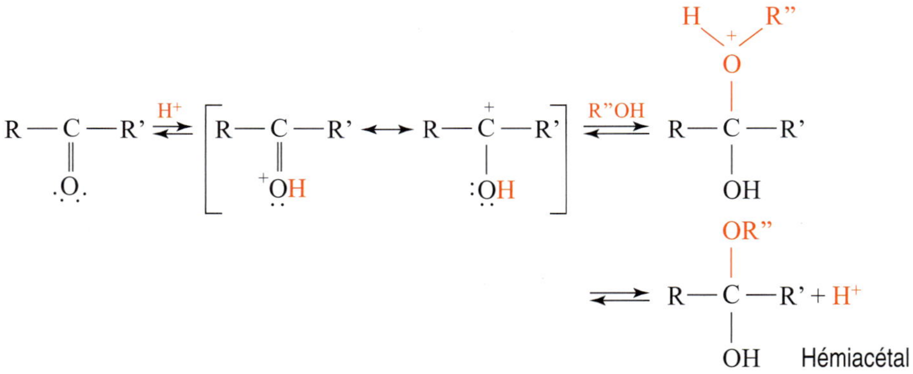

Voir chap. 15, § 15.2.2.b

Dans la seconde phase, il se crée une fonction éther-oxyde, de façon très « classique », entre les groupes OH de l'hémiacétal et de l'alcool, avec élimination d'une molécule d'eau :

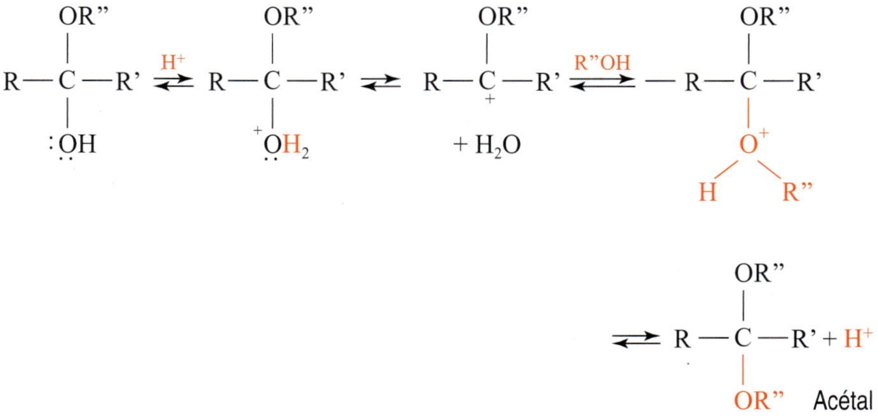

La formation d'un acétal constitue un moyen de « protéger » une fonction aldéhyde ou cétone pendant que l'on effectue sur une autre partie de la molécule une réaction qui aurait pu la concerner aussi. Les fonctions éther-oxydes de l'acétal sont en effet très peu réactives et la facilité de leur hydrolyse permet la « récupération » ultérieure aisée de la fonction carbonylée. On utilise souvent, dans cette application, un dialcool comme l'éthane-1,2-diol $HOCH_2—CH_2OH$ au lieu de deux molécules d'un monoalcool ; il se forme alors un acétal cyclique, appelé *dioxolane*.

Voir chap. 15, § 15.5

Exemple : alkylation d'un aldéhyde, après l'avoir halogéné en α [§ 18.2.2.d].

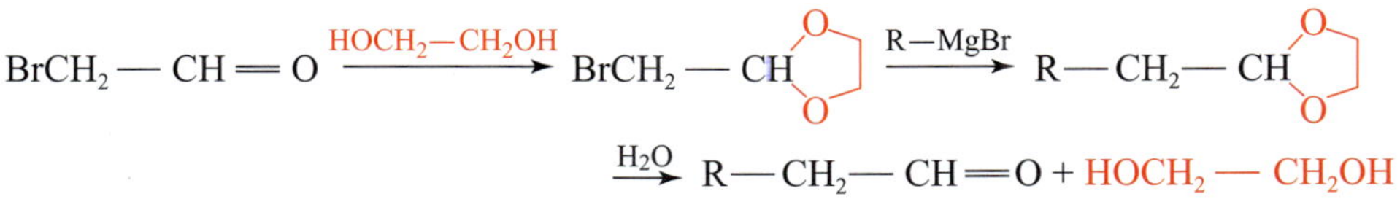

On évite ainsi une réaction simultanée de l'organomagnésien sur la fonction aldéhyde, qui l'aurait transformée (définitivement) en alcool secondaire.

Question 18.C

La formation d'un acétal étant inversible, c'est une réaction incomplète ; dans certains cas il ne se forme même que très peu d'acétal à l'équilibre. Comment pourrait-on la rendre plus complète, voire totale ? (l'estérification présente une situation très analogue).

h) Amines et réactifs azotés divers

Il a déjà été signalé que l'ammoniac et les amines primaires $R—NH_2$ donnent avec les aldéhydes et les cétones des **imines**, à la suite d'une addition sur le groupe carbonyle conduisant, dans un premier temps, à un aminoalcool :

Voir chap. 17, § 17.2.4

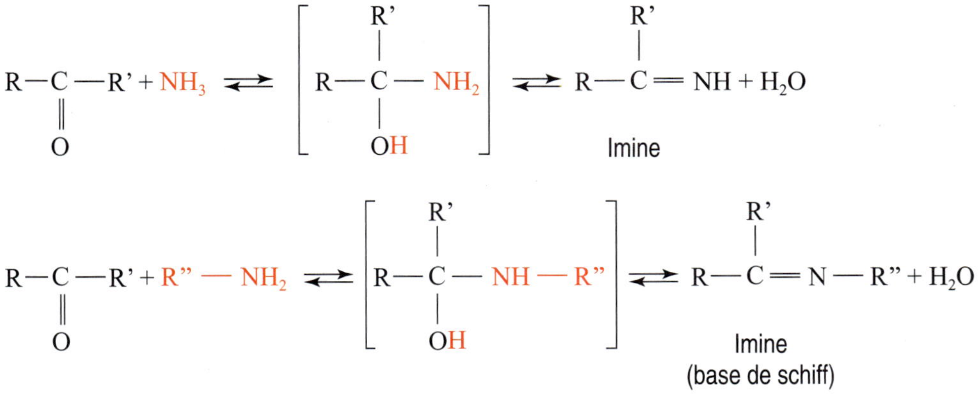

La même réaction est possible avec divers composés azotés de la forme A—NH_2, selon le bilan :

$$R-\underset{\underset{O}{\|}}{C}-R' + A-NH_2 \longrightarrow R-\underset{\underset{R'}{|}}{C}=N-A + H_2O$$

L'intérêt principal de ces réactions est de conduire à des dérivés généralement cristallisés et faciles à obtenir purs, très utiles pour contribuer à la caractérisation et l'identification d'un aldéhyde ou d'une cétone, par la détermination de leur point de fusion (cf. fig. 6.1).

Tableau 18.1 Quelques dérivés

Réactif		Dérivé	
HO—	Hydroxylamine	R—C(R')=N—OH	Oxime
H_2N—	Hydrazine	R—C(R')=N—NH_2	Hydrazone
C_6H_5—NH—	Phénylhydrazine	R—C(R')=N—NH—C_6H_5	Phénylhydrazone
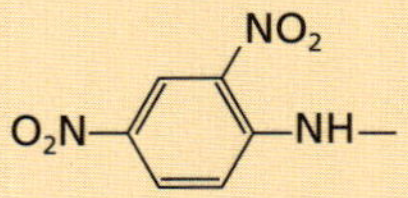	2,4-dinitro-phénylhydrazine	R—C(R')=N— 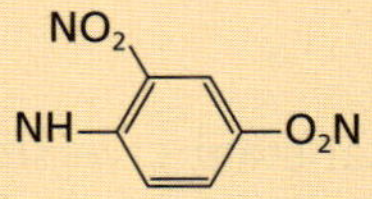	2,4-dinitro-phénylhydrazone
H_2N—CO—NH—	Semicarbazide	R—C(R')=N—NH—CO—NH_2	Semicarbazone

Les dérivés des aldéhydes correspondent à R'=H.

Les **hydrazones**, chauffées en milieu basique, perdent une molécule de diazote :

$$R-\overset{\overset{R'}{|}}{C}=N-NH_2 \xrightarrow{OH^-,\ \Delta} R-CH_2-R' + N_2$$

On peut ainsi réaliser, par leur intermédiaire, la réduction totale d'un aldéhyde ou d'une cétone en hydrocarbure ($>C=O \rightarrow\ >CH_2$). C'est la *réduction de Wolff-Kishner.*

Les **oximes**, en milieu acide, subissent une transformation (*réarrangement de Beckmann*) qui donne un amide substitué :

$$R-\underset{\underset{R'}{|}}{C}=N-OH \xrightarrow{H^+} R-\underset{\underset{O}{\|}}{C}-NH-R'$$

Voir chap. 3, § 3.5.1

Les oximes possèdent deux isomères du type *Z/E*

et on observe que, dans cette réaction, c'est toujours le groupe R « antiparallèle » avec OH qui migre du carbone sur l'azote. On est donc conduit à attribuer à la première étape de ce réarrangement un mécanisme concerté (une condition d'antiparallélisme analogue a été rencontrée dans le mécanisme E2 d'élimination des dérivés halogénés) :

Voir chap. 13, § 13.2.2

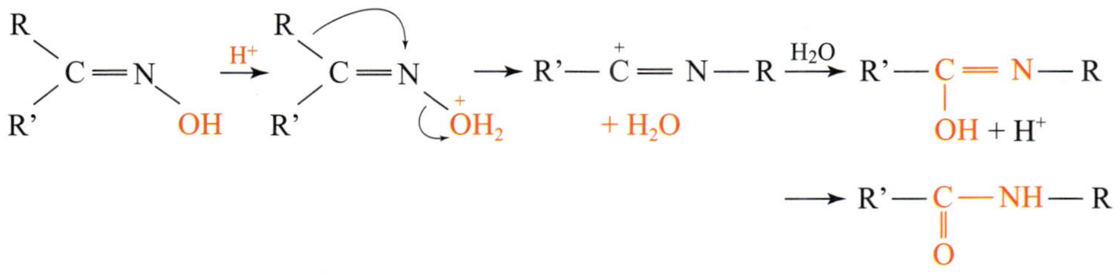

Question 18.D

On pourrait penser que la protonation du groupe OH conduit d'abord (comme dans la déshydratation des alcools [§ 15.2.2.b]) à la rupture de la liaison N—O et à la formation du cation RR'C=N$^+$; la migration de l'un des groupes R interviendrait ensuite. Pourquoi cette hypothèse ne peut-elle être retenue ? Quel serait en ce cas le résultat de la réaction ?

i) Réaction de Cannizzaro

Il s'agit d'une réaction *particulière aux aldéhydes ne possédant pas d'hydrogène en α du groupe carbonyle* (par exemple, le benzaldéhyde C_6H_5—CHO). En présence de soude concentrée, ils subissent une réaction de « dismutation » au cours de laquelle une molécule d'aldéhyde est oxydée en acide (sous la forme de son sel de sodium), alors qu'une autre est réduite en alcool primaire :

Remarque

Une *dismutation* est une réaction d'oxydoréduction entre deux molécules d'un composé, l'une oxydant l'autre et étant réduite par elle. Le nombre d'oxydation de l'élément concerné, identique dans les deux molécules initiales, se trouve augmenté dans l'un des produits et diminué dans l'autre (dans le cas présent, il s'agit de celui du carbone fonctionnel, égal à +I dans l'aldéhyde, à –I dans l'alcool et à +III dans l'acide).

Exemple

$$2C_6H_5—CHO + OH^- \longrightarrow C_6H_5—COO^- + C_6H_5—CH_2OH$$

Benzaldéhyde — Benzoate (de Na) — Alcool benzylique

Cette réaction peut être décrite en deux étapes :

1. attaque nucléophile de OH^- sur le carbone fonctionnel déficitaire de l'aldéhyde :

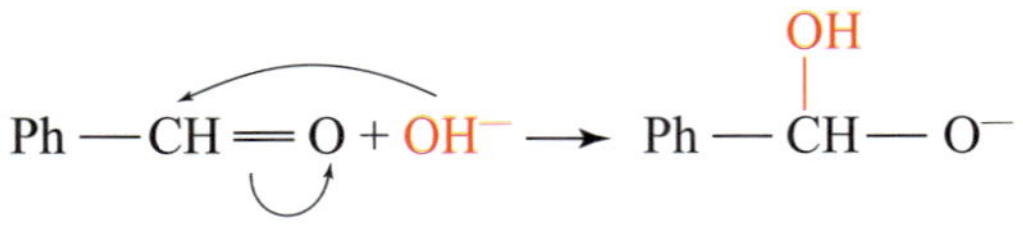

2. « reconstitution » de la double liaison C=O, avec élimination d'un ion hydrure H^- qui se lie sur le carbone fonctionnel d'une autre molécule, et enfin transfert d'un H^+ entre l'acide et l'alcoolate formés ($Ph—CH_2—O^-$ est beaucoup plus basique que $Ph—COO^-$) :

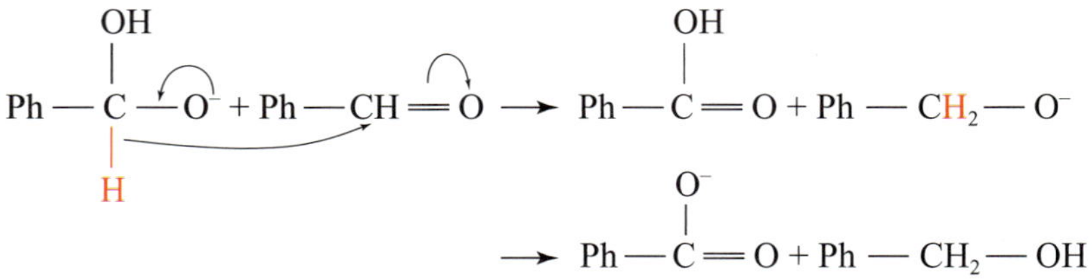

Voir § 18.2.1.c

La réduction en alcool primaire s'effectue donc exactement de la même manière qu'en présence d'un hydrure métallique ; c'est une simple addition nucléophile sur le groupe carbonyle. La libération de l'ion H^- par l'autre molécule résulte d'un processus d'addition élimination, dont le bilan global est la substitution de OH^- à H^-.

Question 18.E

Pourquoi cette réaction ne peut-elle avoir lieu qu'avec des aldéhydes ? Et pourquoi faut-il qu'ils ne possèdent pas d'hydrogène en α ?

j) Pentachlorure de phosphore

Voir chap. 13, § 13.3.2

Le pentachlorure de phosphore PCl_5 transforme les aldéhydes et les cétones en dérivés dihalogénés géminés (dérivés *gem*-dihalogénés) :

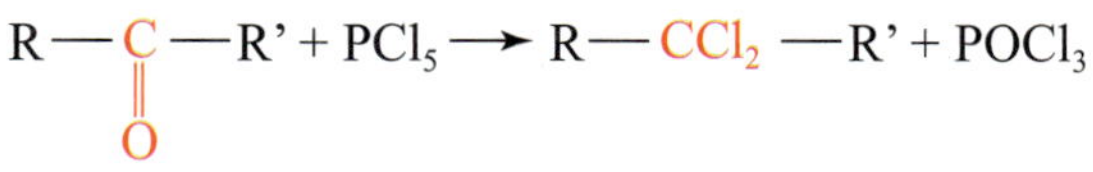

Bien qu'il s'agisse en apparence de la substitution de l'oxygène par deux chlores, cette réaction débute par une *addition* sur le groupe carbonyle.

k) Ylures au phosphore

Les ylures au phosphore s'additionnent sur les dérivés carbonylés pour donner des composés susceptibles de se décomposer en dérivés éthyléniques. Cette réaction est appelée réaction de Wittig.

Les ylures au phosphore sont obtenus à partir des sels de phosphonium eux-mêmes obtenus à partir de phosphines et de dérivés halogénés :

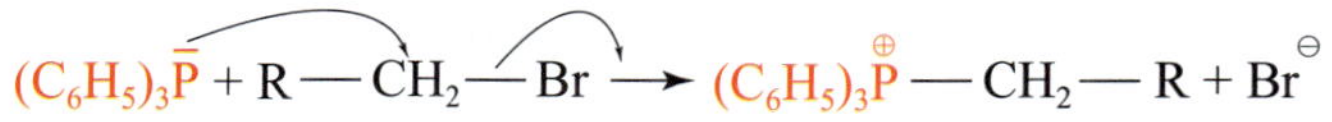

Phosphine Sel de phosphonium

L'effet inductif-attractif du phosphore chargé positivement confère aux protons voisins un caractère acide pouvant ainsi être arrachés par une base suffisamment forte en conduisant à un ylure :

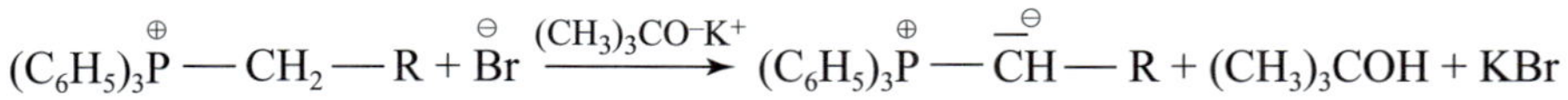

Ylure

Par son caractère nucléophile, l'ylure s'additionne sur un dérivé carbonylé pour conduire à une bétaïne qui se décompose en éthylénique selon le mécanisme :

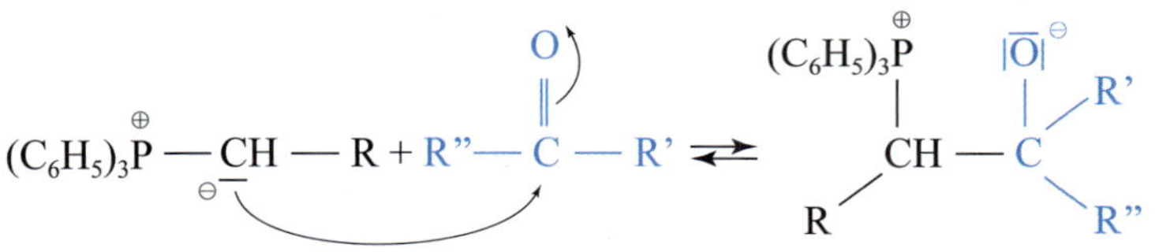

Bétaïne

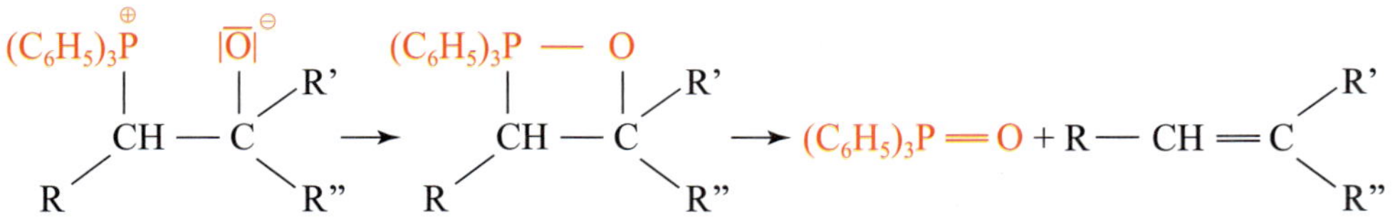

Oxyde de phosphine

18.2.2 Réactions associées à la labilité de l'hydrogène en α du carbonyle

Les atomes d'hydrogène portés par un carbone « en α » du carbonyle (c'est-à-dire un carbone adjacent à celui du carbonyle) sont *labiles,* ou encore « acides ». La constante d'acidité correspondante [§ 5.5.1] est extrêmement faible (K_a = 10^{-20}, ou pK_a = 20) et la dissociation dans l'eau, pour les termes qui y sont solubles, est pratiquement nulle. Mais ces hydrogènes peuvent être « arrachés » par une base suffisamment forte, telle que OH^-, $CH_3CH_2O^-$, NH_2^- :

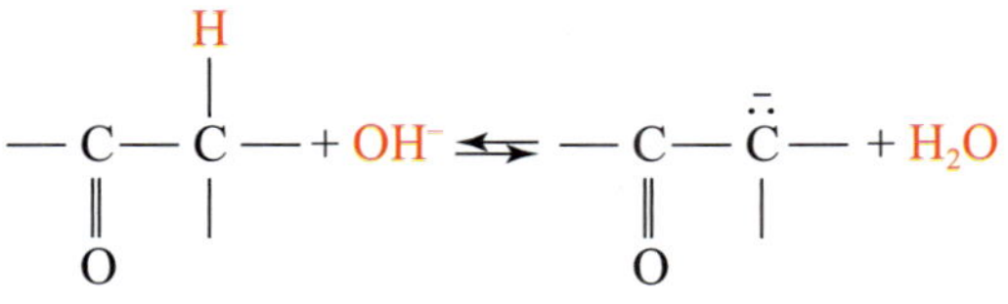

Aldéhyde ou cétone Ion énolate

L'origine de cette labilité a déjà été indiquée [§ 18.2], et la structure mésomère de l'ion énolate, dont la stabilisation par résonance joue un rôle important, est à nouveau envisagée ci-après [§ 18.2.2.a].

Remarque

Les cétones possèdent deux carbones en α et, si tous deux portent de l'hydrogène, les réactions qui le mettent en cause peuvent avoir lieu sur l'un ou l'autre de ces deux carbones. Dans les cétones mixtes R—CO—R'(R≠R') il peut donc se poser des problèmes d'orientation préférentielle, mais ils ne seront pas discutés ici.

a) Équilibre céto-énolique

Voir chap. 1, § 1.3.4

Les aldéhydes et les cétones peuvent exister sous deux formes *tautomères* en équilibre l'une avec l'autre : la forme *cétonique* (on emploie ce terme même pour les aldéhydes) et la forme *énolique* :

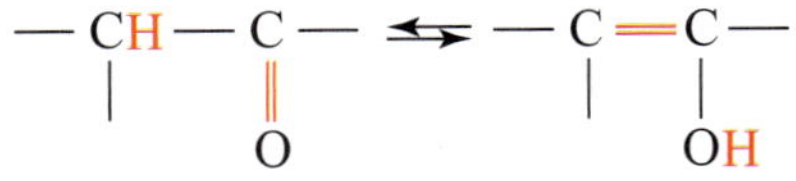

Forme cétonique (aldéhyde ou cétone) — Forme énolique (énol)

Exemple

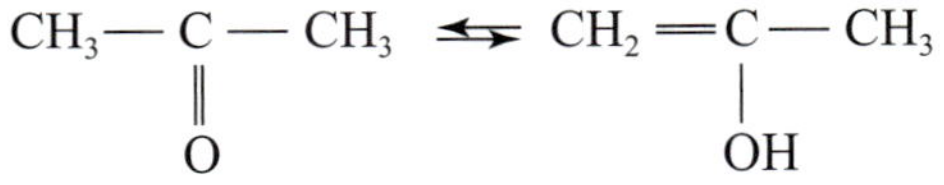

Acétone — Propèn-2-ol

L'établissement de l'équilibre à partir de l'une des deux formes, très lent en milieu neutre, est catalysé par les bases et par les acides. En milieu basique, la transformation réciproque des deux formes tautomères s'effectue par l'intermédiaire de l'ion énolate, selon le mécanisme suivant :

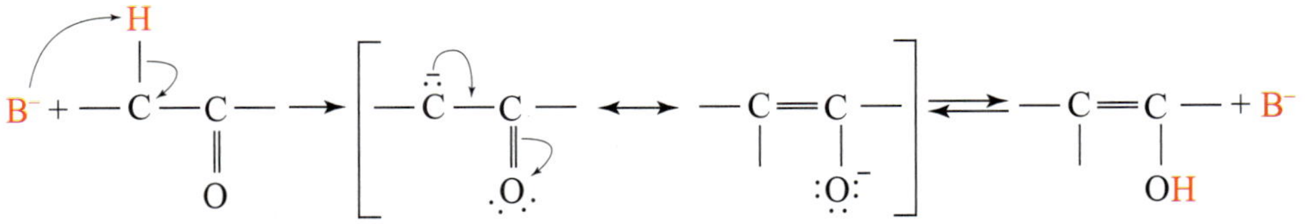

Aldéhyde cétone — + BH Ion énolate — Énol

Dans chacune des deux réactions inverses (cétone → énol et énol → cétone), le rôle de la base est le même. Il consiste à être le « véhicule » d'un proton (H^+), pris sur un site et transporté sur un autre, pendant que les électrons se déplacent entre les liaisons C—C et C—O. Un tel transfert de proton est une « *prototropie* ».

Cette réaction constitue un bon exemple pour illustrer la différence entre *équilibre chimique* et *mésomérie*. La forme cétonique et la forme énolique existent réellement et sont continuellement en transformation chimique réciproque de l'une en l'autre ;

elles sont en « équilibre chimique ». Mais les deux formules utilisées pour décrire l'ion énolate (entre les crochets) ne sont que des « formes limites » [§ 4.4.1], qui n'ont pas chacune une réalité propre. La structure réelle, et unique, de l'ion énolate doit être imaginée comme un « hybride » de ces deux structures fictives, entre lesquelles il y a « mésomérie » ou « résonance ». Cet hybride peut être représenté approximativement par le schéma :

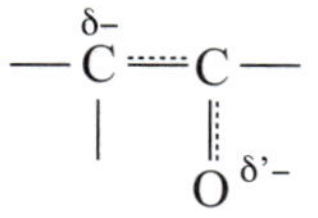

$(\delta + \delta' = -1)$

dans lequel la charge négative est *répartie entre deux sites*, l'oxygène et le carbone en α. C'est la raison pour laquelle un proton peut se lier sur l'un ou l'autre de ces deux sites, et passer de l'un à l'autre, transporté par la base B^-.

La forme énolique des aldéhydes et cétones simples, saturés, est très instable et à l'équilibre elle n'est présente qu'en très faible quantité (l'acétone, prise ci-dessus comme exemple, ne contient à l'équilibre que 0,0003 % d'énol). Mais la forme énolique peut devenir prédominante si elle est particulièrement stabilisée (plus stabilisée que la forme cétonique). C'est le cas, par exemple, de la pentane-2,4-dione $CH_3—CO—CH_2—CO—CH_3$, qui contient 80 % de l'une de ses formes énoliques,

$$CH_3—C(OH)=CH—CO—CH_3\ ;$$

celle-ci est en effet stabilisée à la fois par la conjugaison de ses doubles liaisons (C=C et C=O) et par une liaison hydrogène interne :

Voir chap. 15, § 15.1

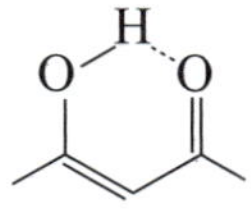

Question 18.F

L'équilibre céto-énolique peut aussi se réaliser en milieu acide. Quel est alors l'intermédiaire de la réaction ? Quel pourrait être son mécanisme ?

b) Alkylation

L'ion énolate formé en milieu basique [§ 18.2, 2.2.a] est un nucléophile et peut, à ce titre, donner des réactions de substitution avec les dérivés halogénés [§ 13.2.1] :

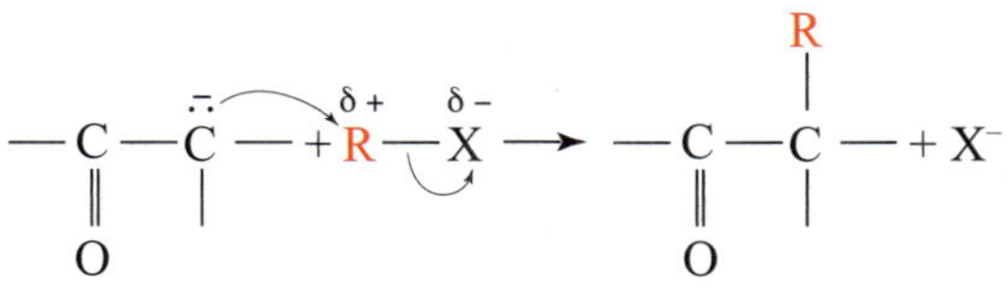

Si l'on considère le résultat par rapport au composé carbonylé de départ, on a réalisé son *alkylation en* α du carbonyle. La réaction peut se poursuivre aussi longtemps qu'il reste des hydrogènes substituables en α (il peut même être difficile de la limiter à une monoalkylation) ; mais les hydrogènes portés par les autres carbones de la molécule ne sont pas labiles, et la réaction se limite aux positions α.

Exemple

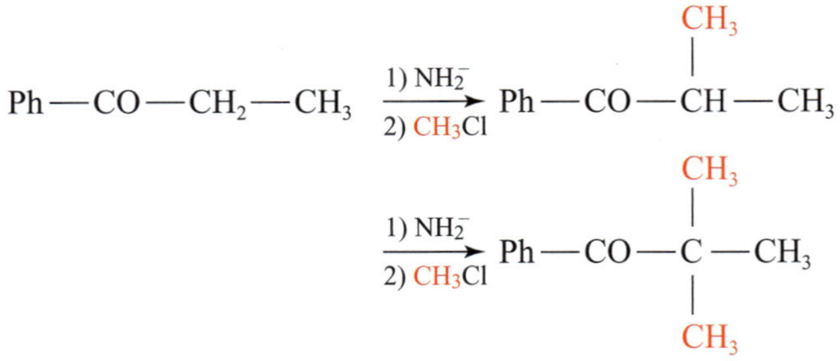

Question 18.G

Au cours de l'alkylation d'un aldéhyde ou d'une cétone par un dérivé halogéné RX, il peut se former aussi un « éther d'énol » 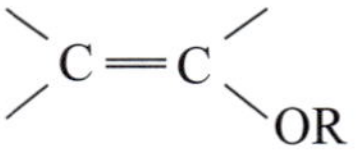 (on dit qu'il y a eu « *O*-alkylation » au lieu de « *C*-alkylation »). Comment expliquer sa formation ?

c) Aldolisation. Cétolisation

Les aldéhydes et les cétones donnent en milieu basique un anion (énolate) qui se comporte comme un réactif nucléophile [§ 18.2.2.b]. Par ailleurs, ils réagissent avec les nucléophiles, qui se lient sur leur carbone fonctionnel déficitaire (cf. par exemple l'addition des organométalliques [§ 18.2.1.d]).

Il n'est donc pas étonnant qu'en milieu basique un aldéhyde ou une cétone possédant au moins un H en α réagisse *sur lui même*, en l'absence de tout autre réactif : l'énolate formé à partir d'une première molécule s'additionne sur le groupe carbonyle d'une autre :

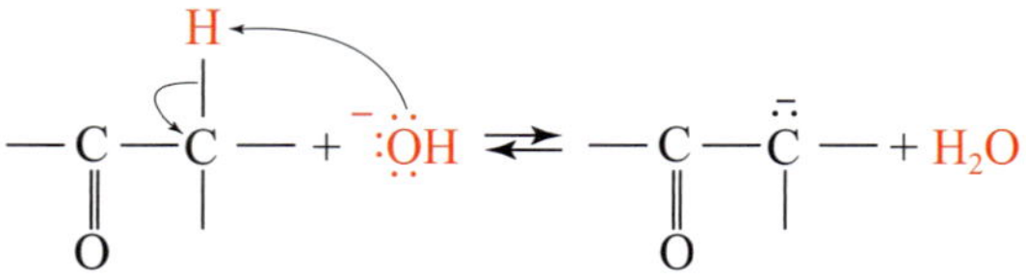

puis

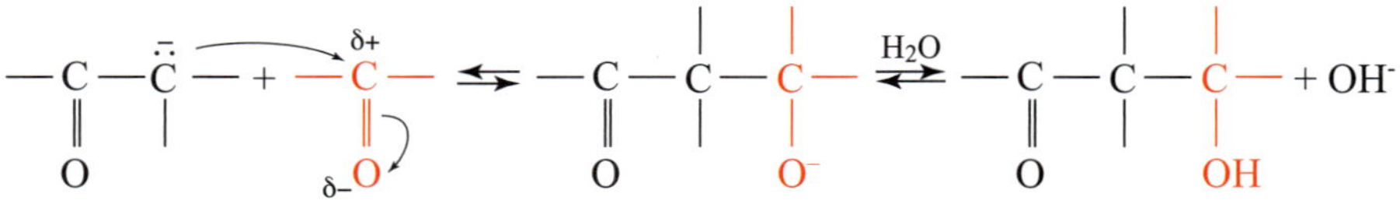

La réaction peut avoir lieu entre deux molécules du même aldéhyde ou de la même cétone, mais aussi entre molécules différentes, même entre un aldéhyde et une cétone. Le composé qui en résulte comporte à la fois une fonction *alcool* (primaire, secondaire ou tertiaire) et, selon les cas, une fonction *aldéhyde* (c'est alors un **aldol**) ou une fonction cétone (c'est alors un **cétol**).

Exemples

Propanal + propanal :

a) $CH_3-CH_2-CHO + OH^- \rightleftharpoons CH_3-\overset{\ominus}{C}H-CHO + H_2O$

b)
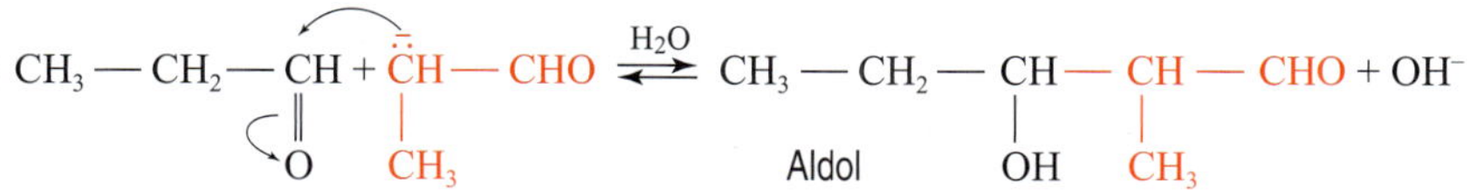

Acétone + acétone :

a) $CH_3-CO-CH_3 + OH^- \rightleftharpoons CH_3-CO-\overset{\ominus}{C}H_2 + H_2O$

b)
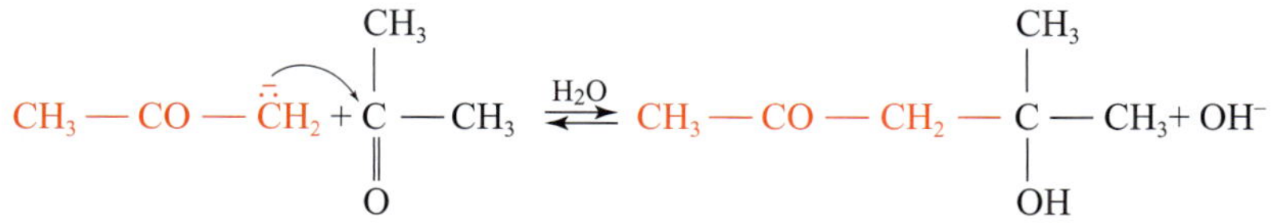

Éthanal + formaldéhyde (ce dernier étant non « énolisable », puisque démuni de H en α) :

a) $CH_3-CHO + OH^- \rightleftharpoons \overset{\ominus}{C}H_2-CHO + H_2O$

b) $O=CH_2 + \overset{\ominus}{C}H_2-CHO \xrightleftharpoons{H_2O} HOCH_2-CH_2-CHO + HO^-$

Aldol

Les aldols et cétols ainsi obtenus se déshydratent facilement, en donnant un aldéhyde ou une cétone *non saturé* (ou éthylénique). Cette déshydratation a lieu en milieu basique et se produit par un simple chauffage ; on l'appelle souvent « crotonisation », du nom de l'aldéhyde éthylénique obtenu dans l'exemple suivant :

$$CH_3-CHOH-CH_2-CHO \xrightarrow[\text{chauffage}]{^-OH} CH_3-CH=CH-CHO$$

Aldol — Aldéhyde crotonique

Question 18.H

Les réactions d'aldolisation-cétolisation et de crotonisation réalisées ci-dessus en milieu basique peuvent également être observées en milieu acide (*via* la formation d'un énol).

Proposer un mécanisme pour les réactions de cétolisation-crotonisation en milieu acide de la propanone.

d) Halogénation

L'ion énolate peut également réagir avec les dihalogènes X_2 (Cl_2, Br_2, I_2) pour donner un aldéhyde ou une cétone halogéné en α du carbonyle :

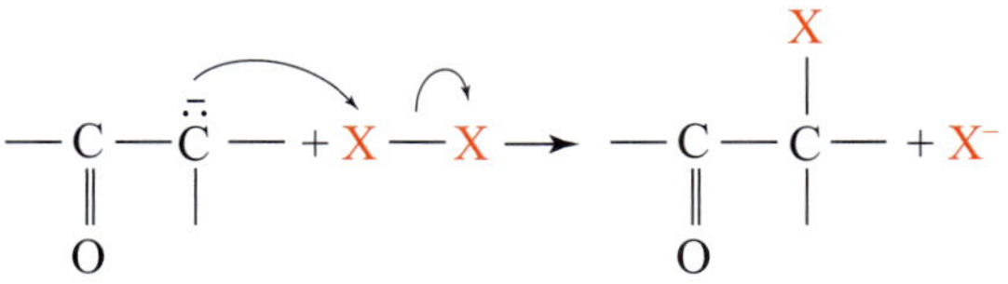

Exemple

$$CH_3—CH_2—CHO \underset{}{\overset{OH^-}{\rightleftarrows}} CH_3—\overset{-}{C}H—CHO \xrightarrow{Br_2} CH_3—CHBr—CHO + Br^-$$

Pour les cétones possédant de l'hydrogène dans les deux positions α, l'halogénation s'effectue préférentiellement sur le carbone le moins substitué (portant le plus d'hydrogène).

e) Réaction aux haloformes

L'halogénation en milieu basique conduit à un résultat particulier avec les composés carbonylés possédant un groupe —CO—CH_3, c'est-à-dire avec :

- les cétones « méthylées », de la forme R—CO—CH_3
- un aldéhyde, l'éthanal CH_3—CH=O.

La réaction, que chaque substitution rend plus facile pour les hydrogènes restant à substituer, aboutit très vite à un dérivé trihalogéné R—CO—CX_3. Celui-ci subit ensuite une coupure en « haloforme » CHX_3 (chloroforme, $CHCl_3$, bromoforme $CHBr_3$, iodoforme CHI_3) et sel de l'acide R—COOH :

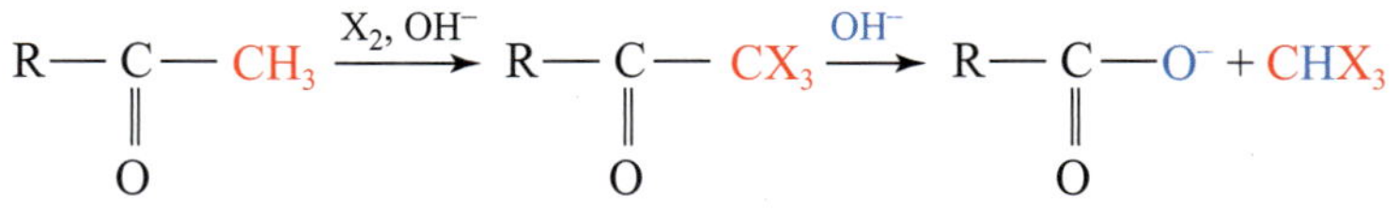

On peut ainsi préparer le chloroforme (solvant, anesthésique) dans de meilleures conditions que par l'action directe du dichlore sur le méthane. D'autre part, l'iodoforme est un solide jaune qui « précipite », très reconnaissable à son aspect et à son odeur, et son obtention est un test de caractérisation des cétones méthylées.

Cette réaction particulière a pour origine le caractère de « bon groupe partant » qu'acquiert le groupe CH_3 à mesure que ses hydrogènes sont remplacés par des halogènes (polarisation de plus en plus importante de sa liaison avec le carbone du carbonyle). La phase de rupture de la liaison CO—CX_3 correspond à un schéma « d'addition-élimination » déjà rencontré à propos de la réaction entre un organomagnésien et un chlorure d'acide [§ 14.2.3.b] (analogie entre l'influence exercée par X ou par CX_3, tous deux très fortement inductif-attractif) :

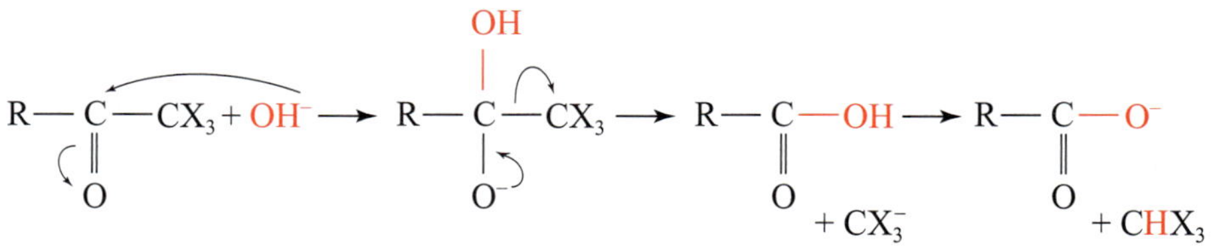

18.2.3 Oxydation

Les aldéhydes et les cétones, qui réagissent de façon très similaire dans la plupart des réactions décrites jusqu'ici, se différencient par contre beaucoup plus nettement dans les réactions d'oxydation.

a) Les aldéhydes

Ils s'oxydent en donnant *un acide*, sans modification de la chaîne carbonée :

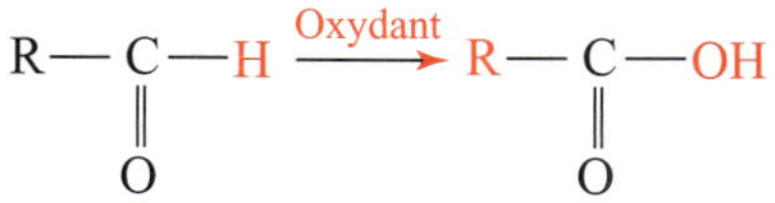

Cette oxydation est *très facile*, non seulement en présence des oxydants classiques comme le permanganate de potassium $KMnO_4$ ou le bichromate de potassium $K_2Cr_2O_7$, mais aussi au contact du dioxygène de l'air et avec des réactifs particuliers tels que la « liqueur de Fehling » ou le « nitrate d'argent ammoniacal ».

- La *liqueur de Fehling* est une solution, bleu foncé, d'ion Cu^{2+} complexés par des ions tartrate $^{-}O_2C—CHOH—CHOH—CO_2^-$. L'oxydant est le cuivre (II) qui est réduit par l'aldéhyde en cuivre (I), sous la forme d'un précipité rouge-brique de Cu_2O apparaissant en même temps que la solution se décolore. Le bilan simplifié de la réaction est

$$R—CHO + 2Cu^{2+} + 5OH^- \rightarrow R-COO^- + Cu_2O + 3H_2O$$

- Le *nitrate d'argent ammoniacal* (réactif de Tollens) est une solution d'ions Ag^+ complexés par l'ammoniac ($[Ag(NH_3)_2]^+$). L'oxydant est l'argent (I) qui est réduit en argent métallique. Celui-ci se dépose sur les parois du tube qui prend l'aspect argenté d'un miroir (test « du miroir d'argent »). Le bilan simplifié de la réaction est :

$$R—CHO + 2Ag^+ + 3OH^- \rightarrow R—COO^- + 2Ag + 2H_2O$$

Argenture du verre

La réduction du nitrate d'argent par un aldéhyde peut constituer un procédé d'argenture du verre ; il est facile, par exemple, d'argenter une vieille ampoule électrique ou tout autre objet creux en verre.

Se procurer (en pharmacie) du nitrate d'argent et du glucose, et préparer deux solutions à 10 % environ (utiliser de l'eau distillée ou de l'eau « déminéralisée » vendue pour les batteries d'auto).

Ajouter goutte à goutte à la solution de nitrate d'argent de l'ammoniaque, en quantité juste suffisante pour redissoudre le précipité brun qui se forme au début (agiter au cours de l'addition d'ammoniaque).

Bien nettoyer et dégraisser l'intérieur de l'ampoule, rincer à l'eau distillée et verser dedans des volumes approximativement égaux de chaque solution ; chauffer un peu le mélange en plongeant l'ampoule dans de l'eau chaude. L'argenture est obtenue en une dizaine de minutes.

Attention : le nitrate d'argent, cristallisé ou en solution, ne doit pas entrer au contact de la peau ; en cas de contact accidentel, rincer immédiatement et abondamment.

La solution de nitrate d'argent ammoniacal ne doit être préparée qu'au moment de l'emploi et ne doit pas être conservée (risque de formation lente d'un dérivé explosif).

b) Les cétones

Elles s'oxydent beaucoup plus difficilement, et seulement en présence d'oxydants très « énergiques » ($KMnO_4$) concentré, à chaud et en milieu acide ; anhydride chromique CrO_3 ; acide nitrique...). Cette oxydation entraîne la coupure de la chaîne carbonée entre le groupement carbonyle et l'un des deux carbones en α, avec formation de *deux acides*. La coupure peut en général se produire d'un côté ou de l'autre du carbonyle, de sorte que l'on obtient le plus souvent un mélange d'acides (quatre au maximum, si la cétone est dissymétrique) :

$$R-CH_2 \overset{1}{\vdots} CO \overset{2}{\vdots} CH_2-R' \begin{cases} \text{coupure 1} \longrightarrow R-COOH + R'-CH_2-COOH \\ \text{coupure 2} \longrightarrow R-CH_2-COOH + R'-COOH \end{cases}$$

Cette réaction a plus d'intérêt lorsqu'on l'applique à une cétone cyclique pour obtenir un diacide. C'est une méthode de préparation industrielle de l'acide adipique (matière première de la synthèse du nylon) à partir de la cyclohexanone :

Web

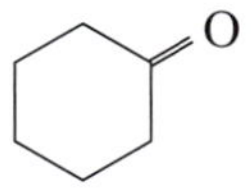

$$\longrightarrow HOOC-(CH_2)_4-COOH$$

L'oxydation des cétones s'explique mieux si l'on considère qu'elles réagissent sous leur forme énolique, et qu'il s'agit en définitive de la coupure d'une double liaison éthylénique [§ 9.2.2.b] :

$$R-CH_2-CO-R' \rightleftarrows R-CH=\underset{\displaystyle OH}{\underset{|}{C}}-R' \xrightarrow{\text{Oxydant}} R-COOH + HOOC-R'$$

Question 18.1

Comment peut-on accepter cette explication, sachant qu'une cétone ne contient qu'une certaine proportion, parfois très faible, de forme énolique, et que, cependant, elle est oxydée en totalité ?

18.2.4 Polymérisation

a) Le formaldéhyde

Normalement gazeux, il existe aussi sous la forme d'un trimère $(CH_2O)_3$, appelé *trioxyméthylène* ou *trioxane*, et d'un polymère $(CH_2O)_n$, appelé *paraformaldéhyde*.

Remarque

Ces produits sont des solides blancs pulvérulents. Ils se dépolymérisent facilement, par simple chauffage et la manière usuelle de se procurer du méthanal au laboratoire (par exemple pour faire une synthèse organomagnésienne), consiste à décomposer par la chaleur, au moment voulu, une petite quantité de trioxane.

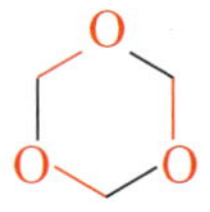

Trioxane

Paraformaldéhyde

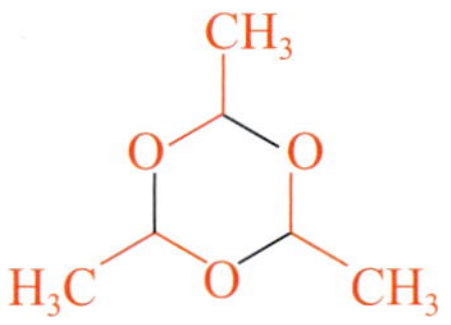

Paraldéhyde

b) L'acétaldéhyde

Il existe également sous la forme d'un trimère, le *paraldéhyde*, qui est un liquide bouillant à 125 °C (l'acétaldéhyde bout à 21 °C). Le paraldéhyde se dépolymérise facilement par chauffage en présence de traces d'un acide et cette opération constitue aussi un moyen commode pour obtenir, au moment de l'emploi, l'acétaldéhyde qu'il est malaisé de conserver à cause de son bas point d'ébullition.

Remarque

On connaît également un polymère de l'acétaldéhyde $(CH_3CHO)_n$, appelé *métaldéhyde*, ou encore « méta » ; c'est un solide blanc parfois utilisé comme combustible de camping.

18.3 ÉTAT NATUREL

Les fonctions aldéhyde et cétone sont fréquentes dans les composés naturels, soit seules, soit associées à d'autres fonctions. En particulier, de nombreuses « essences » végétales, de la famille des *terpènes* sont des aldéhydes ou des cétones.

Voir chap. 24, § 24.2

Exemples

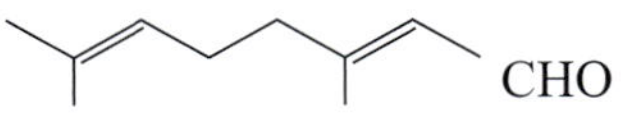

Géranial (géranium)

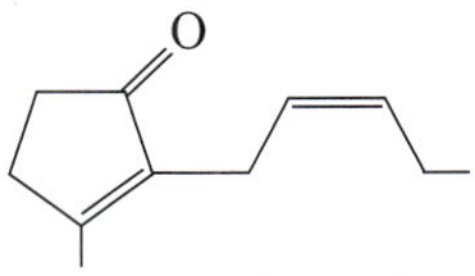

Jasmone (jasmin)

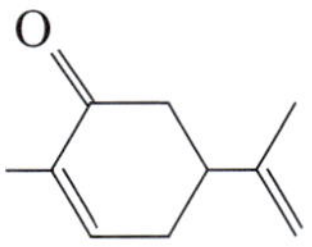

Carvone (carvi)

D'autres exemples sont cités par ailleurs : camphre [§ 24.2.2], citronellal [exercice 24-c], vanilline [§ 16.3]. On trouve aussi la fonction cétone dans divers *stéroïdes* [§ 24.3] : testostérone, progestérone, cortisone.

18.4 PRÉPARATIONS

18.4.1 Méthodes communes aux aldéhydes et aux cétones

➤ L'**oxydation** ou la **déshydrogénation des alcools** primaires ou secondaires conduit, respectivement, aux aldéhydes et aux cétones :

Voir chap. 15, § 15.2 4

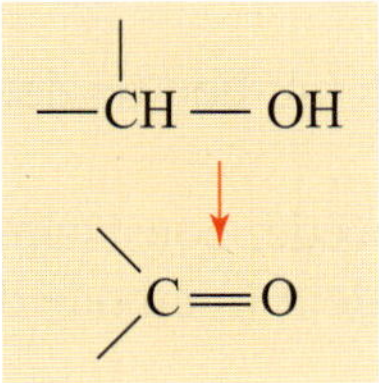

$$R—CHOH—R' \xrightarrow{\text{Oxydant}} R—CO—R' + H_2O$$

$$R—CHOH—R' \xrightarrow{\text{Cu, 300 °C}} R—CO—R' + H_2$$

R' = H : alcool primaire → aldéhyde
R et R' ≠ H : alcool secondaire → cétone

Voir chap. 9, § 9.2.2.b

➤ La **coupure des alcènes par oxydation** fournit des composés carbonylés, aldéhydes ou cétones selon la structure de la molécule :

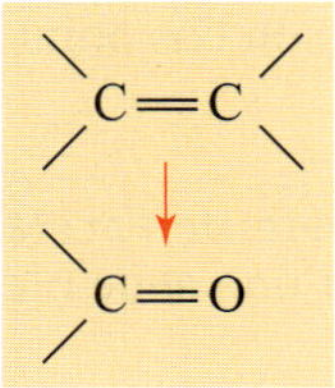

$$\underset{\substack{|\\R'}}{R-C}=\underset{\substack{|\\R'''}}{C}-R'' \xrightarrow{\text{Oxydant}} \underset{\substack{|\\R'}}{R-C}=O + O=\underset{\substack{|\\R'''}}{C}-R''$$

Il est difficile, dans ces conditions, d'éviter l'oxydation des aldéhydes en acides. La coupure par l'ozone si elle n'est pas applicable à des quantités importantes en raison des risques qu'elle présente, permet par contre d'éviter cet inconvénient.

➤ Le **contact d'un acide, en phase gazeuse, avec MnO à 300 °C** provoque une réaction qui peut se schématiser par :

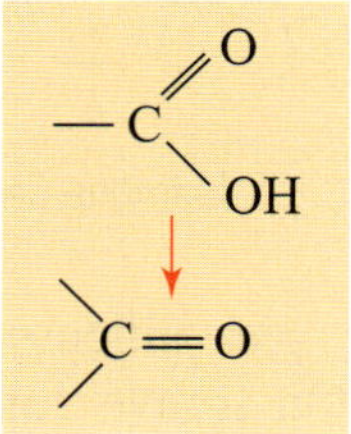

$$R-CO \boxed{-OH + HO-CO-} R \xrightarrow{\text{MnO, 300 °C}} R-CO-R + CO_2 + H_2O$$

On obtient donc une cétone symétrique. Si on utilise un mélange de deux acides R—COOH et R'—COOH, on obtient un mélange des trois cétones R—CO—R, R—CO—R' et R'—CO—R' ; mais si l'un des deux acides est l'acide formique H—COOH il se forme de façon préférentielle un aldéhyde :

$$R-CO \boxed{-OH + HO-CO-} H \xrightarrow{\text{MnO, 300 °C}} R-CO-H + CO_2 + H_2O$$

Voir chap. 20, § 20.1.4.c

Avec une molécule d'un diacide (au lieu de deux molécules d'un monoacide) on obtient une cétone cyclique.

Il existe une variante de ce procédé, consistant à former le sel de calcium d'un acide et à le décomposer par la chaleur (méthode de Piria) :

$$R-\underset{\substack{\|\\O}}{C} \boxed{-O-Ca-O-\underset{\substack{\|\\O}}{C}-} R \xrightarrow{\Delta} R-\underset{\substack{\|\\O}}{C}-R + CaCO_3$$

18.4.2 Méthodes particulières aux aldéhydes

➤ **Réduction des chlorures d'acides**, par le dihydrogène en présence de palladium :

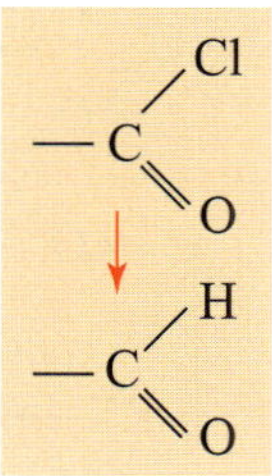

$$R-\underset{\underset{O}{\|}}{C}-Cl + H_2 \xrightarrow{[Pd]} R-\underset{\underset{O}{\|}}{C}-H + HCl$$

➤ **Action d'un organomagnésien sur l'orthoformiate d'éthyle** ; la réaction donne un acétal [§ 18.2.1.g] dont l'hydrolyse fournit un aldéhyde :

Voir chap. 14, § 14.2 2.b

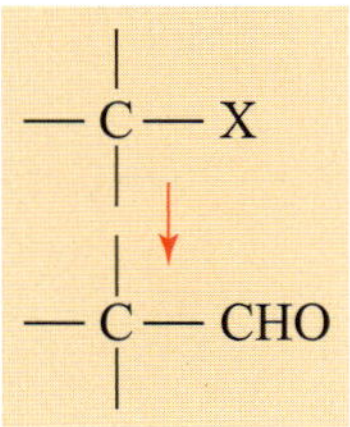

$$HC(OCH_2-CH_3)_3 \xrightarrow{RMgX} R-CH(OCH_2-CH_3)_2 \xrightarrow{H_2O} R-CH=O$$

18.4.3 Méthodes particulières aux cétones

➤ **Action d'un organomagnésien sur un nitrile** :

Voir chap. 14, § 14.2 3.c

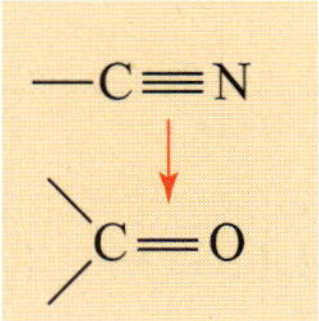

$$R-C\equiv N \xrightarrow{R'MgX} R-\underset{\underset{R'}{|}}{C}=N-MgX \xrightarrow{H_2O} R-\underset{\underset{R'}{|}}{C}=NH$$

$$\xrightarrow{H_2O} R-\underset{\underset{R'}{|}}{C}=O + NH_3$$

Voir chapitre 14

➤ **Action d'un organocadmien sur un chlorure d'acide** :

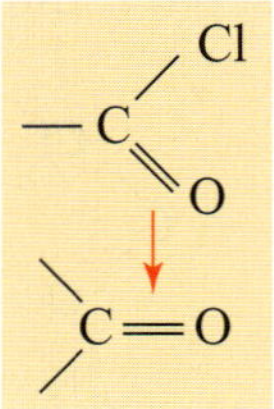

$$2R—\underset{\underset{O}{\|}}{C}—Cl + R'—Cd—R' \longrightarrow 2R—CO—R' + CdCl_2$$

Voir chap. 10, § 10.2.1.1.d

➤ **L'hydratation d'un alcyne** donne une cétone, par l'intermédiaire de sa forme énolique :

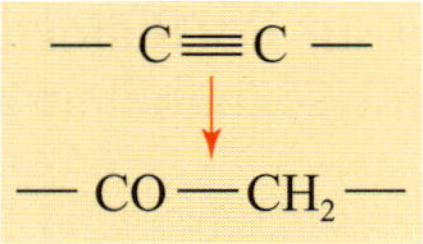

$$R—C\equiv C—R' + H_2O \xrightarrow{[Hg^{2+}]} R—\underset{\underset{OH}{|}}{C}=CH—R' \rightleftarrows R—\underset{\underset{O}{\|}}{C}—CH_2—R'$$

Un alcyne vrai donne une cétone de la forme R—CO—CH_3 et seul l'acétylène donne un aldéhyde, l'acétaldéhyde CH_3—CHO.

Voir chap. 12, § 12.2.2.a

➤ **L'acylation d'un hydrocarbure benzénique** constitue un mode de synthèse des cétones benzéniques, de la forme Ar—CO—R :

$$ArH + R—COCl \xrightarrow{AlCl_3} Ar—CO—R + HCl$$

Utilisations

Web

Le **méthanal**, ou *formaldéhyde*, $H_2C=O$ est l'aldéhyde industriellement le plus important. Il est obtenu par oxydation catalytique du méthanol [§ 15.5] par le dioxygène. Il est commercialisé sous la forme de solutions dans l'eau, appelées *formol*, et il est utilisé principalement dans la production de résines thermodurcissables, du type phénoplastes [§ 16.2.6.b] par condensation avec le formol ou du type aminoplastes par condensation avec l'urée ou la mélamine. Il est également utilisé dans la fabrication des colles urée-formol, employées pour la réalisation des panneaux de particules. Enfin, c'est par ailleurs un antiseptique.

L'**éthanal**, ou *acétaldéhyde*, CH_3—CHO est produit industriellement par une oxydation catalytique directe de l'éthylène. Il est surtout utilisé à la préparation de l'acide acétique et de l'anhydride acétique.

L'**acétone** CH_3—CO—CH_3 se prépare industriellement à partir du propène, soit par hydratation en propan-2-ol suivie d'une déshydrogénation, soit par l'intermédiaire du cumène [§ 16.4]. Elle est utilisée comme solvant et dans diverses synthèses, entre autres celle du méthacrylate de méthyle [§ 18.2.1.e] dont la polymérisation donne le Plexiglas.

La **cyclohexanone**, obtenue par hydrogénation du phénol en cyclohexanol suivie d'une déshydrogénation, est une matière première dans la synthèse des nylons.

L'ESSENTIEL

Les dérivés carbonylés

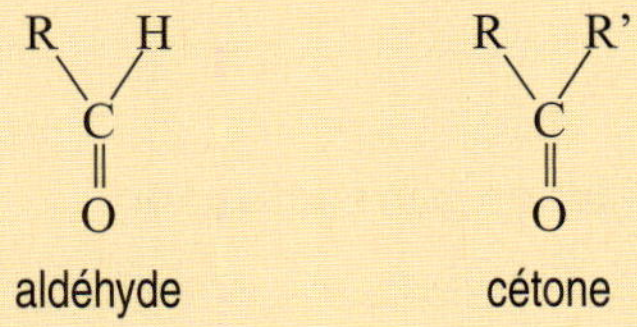

Caractère électrophile

Caractère acide

Réactions par attaque nucléophile : addition sur le groupe carbonyle

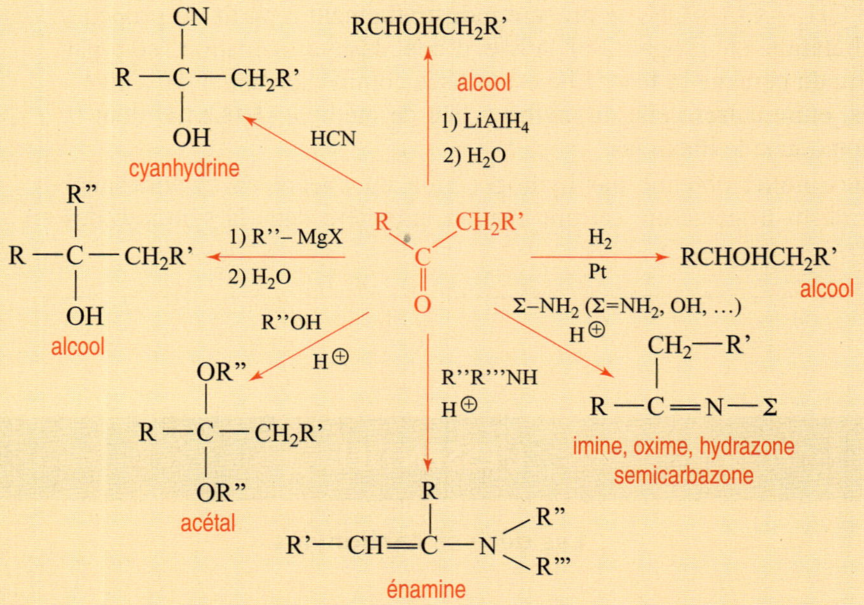

Réactions par attaque d'une base : réaction par énolisation

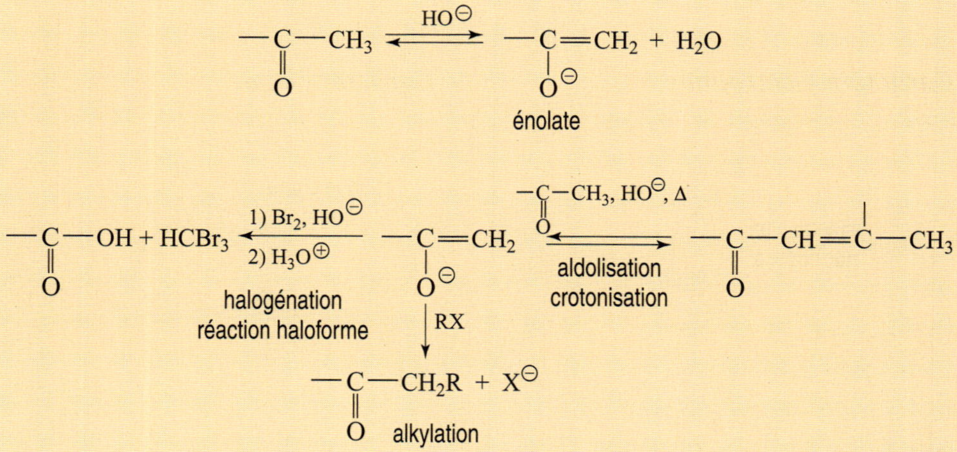

QCM

Les réponses se trouvent à la page 664.

1. Les cétones
- ☐ **a.** sont porteuses d'une fonction carbonyle
- ☐ **b.** sont très généralement solubles dans l'eau
- ☐ **c.** peuvent donner des liaisons hydrogène
- ☐ **d.** peuvent recevoir des liaisons hydrogène

2. Les aldéhydes
- ☐ **a.** renferme le même groupe fonctionnel que les cétones
- ☐ **b.** sont moins réactives que les cétones vis-à-vis d'un électrophile
- ☐ **c.** présentent une liaison C=O polarisée
- ☐ **d.** contrairement aux cétones, ne peuvent donner lieu au phénomène d'équilibre céto-énolique

3. Soit le composé suivant : $CH_3CH_2COCH_3$
- ☐ **a.** il s'agit de la propanone
- ☐ **b.** il peut être réduit en alcane par H_2/catalyseur
- ☐ **c.** il peut réagir avec un alcool en présence d'une catalyse acide
- ☐ **d.** il peut réagir avec un organomagnésien pour donner un alcoolate de magnésium

4. La formation d'un acétal à partir d'un dérivé carbonylé et d'un alcool
- ☐ **a.** est une réaction catalysée par une base
- ☐ **b.** est une réaction entièrement équilibrée
- ☐ **c.** passe par un intermédiaire de type hémiacétal
- ☐ **d.** se fait avec élimination d'une molécule d'eau

5. Relever les affirmations correctes
- ☐ **a.** les imines sont formées à partir de dérivés carbonylés et d'amines I^{aire} ou II^{aire}
- ☐ **b.** l'ammoniac peut réagir avec les cétones
- ☐ **c.** une imine en présence d'eau acidulée est instable
- ☐ **d.** les imines sont aussi appelées *Bases de Schiff*

6. Relever les affirmations correctes
- ☐ **a.** les cétones existent toujours sous deux formes tautomères énol et cétone
- ☐ **b.** l'équilibre céto-énolique est catalysé par les acides et les bases
- ☐ **c.** la forme énolique des cétones et des aldéhydes simples sont généralement instables

☐ d. énol et cétone représente deux formes limites de résonance d'une même espèce

7. L'ion énolate

☐ a. est une base forte

☐ b. est un nucléophile fort

☐ c. peut être formé à partir d'un composé carbonylé en milieu acide

☐ d. est résonant

8. La réaction de cétolisation

☐ a. est une auto-condensation d'un aldéhyde sur lui-même en milieu basique

☐ b. conduit à une hydroxycétone

☐ c. est une réaction totale et irréversible

☐ d. peut être suivie d'une déshydratation

9. L'halogénation d'un dérivé carbonylé consiste en

☐ a. l'addition de X_2 sur la fonction carbonyle

☐ b. l'introduction d'un atome d'halogène en position α du CO

☐ c. l'introduction d'un atome d'halogène en position β du CO

☐ d. l'introduction de deux atomes d'halogène en position α et en position β du CO

10. La réaction aux haloformes

☐ a. est possible avec tout dérivé carbonylé possédant au moins un proton énolisable

☐ b. nécessite l'utilisation de dihalogène (par exemple le dibrome)

☐ c. correspond à une réaction d'oxydation d'un dérivé carbonylé en acide carboxylique

☐ d. conduit à une α halogénocétone

EXERCICES

Les solutions se trouvent à la page 682.

Les **règles de nomenclature**, permettant de faire correspondre réciproquement un nom et une formule, sont exposées dans le chapitre 7 (pour les stéréoisomères, au chapitre 3).

18-a Quel est le produit principal formé dans chacune des réactions suivantes ?

1) Cyclopentanone + CH_3CH_2MgBr, puis H_2O

2) C_6H_5—COCl + H_2 (Pd)

3) 2,2-diméthylpropanal chauffé avec NaOH concentrée.

4) 2-méthylbutanal +$LiAlH_4$, puis H_2O
5) Butanal en milieu basique (OH^-)
6) $HOCH_2—CH_2—CH_2—CH_2—CH=O$ + HCl gazeux.
7) Acétophénone + $H_2N—NH_2$
8) $C_6H_5—COCl$ + benzène ($AlCl_3$)
9) Butanone + HCN
10) Cyclohexanone + PCl_5
11) tBu—CO—CH_3 + Br_2 en milieu basique
12) Pentan-3-one + $KMnO_4$ concentré, à chaud, en milieu acide.

18-b Par quelles réactions peut-on préparer la butanone, en une ou plusieurs étapes, à partir de :

1) 2-chlorobutane
2) Éthanal (seul composé organique)
3) 2,3-dichlorobutane
4) $CH_3—C≡N$
5) But-1-ène
6) 3-méthylpentan-2-ol

18-c Par quels enchaînements de réactions peut-on préparer les composés suivants à partir de l'acétaldéhyde comme seule matière première organique (on peut utiliser par contre tout composé minéral utile) :

1) $CHCl_3$
2) $CH_3—CH_2Cl$
3) HC≡CH
4) Éthane-1,2-diol
5) Butanal
6) Butan-2-one
7) $H_3C—CH=CH—CHO$
8) But-2-ène
9) Buta-1,3-diène
10) Diéthylamine
11) 2-chlorobutane
12) $CH_3—CO—O—CH_2—CH_3$

18-d Donner la nature du ou des réactif(s) nécessaire(s) à la transformation suivante :

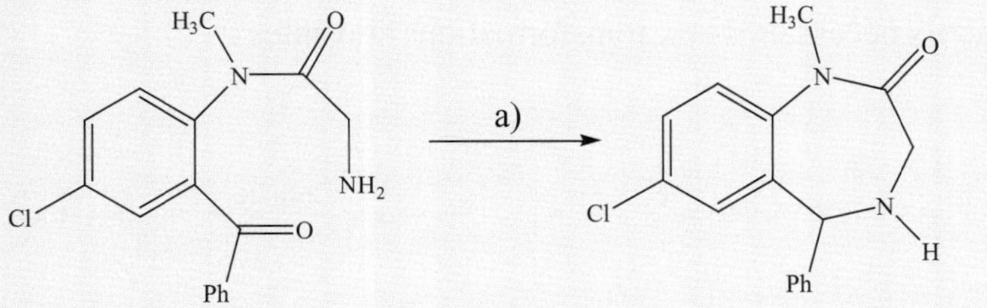

18-e Si l'on laisse un certain temps de l'acétone en contact avec de l'eau $H_2{}^{18}O$ (eau dans laquelle l'oxygène n'est pas l'isotope « normal » ^{16}O mais l'oxygène « lourd » ^{18}O), on constate qu'il se forme des molécules $CH_3—C^{18}O—CH_3$, ainsi que des molécules d'eau « normale » H_2O. Par quel mécanisme peut-on expliquer cet échange de ^{18}O entre l'eau et l'acétone ?

18-f L'étude expérimentale de l'halogénation d'une cétone en milieu basique montre que sa loi de vitesse [§ 5.2.3] est de la forme v = $k[OH^-]$ [Cétone] ; la vitesse de cette réaction ne dépend donc pas de la concentration de l'halogène (ordre nul par rapport à l'halogène). Quel mécanisme est suggéré par ce résultat expérimental ?

18-g En milieu basique, le (+)-2-méthylbutanal perd progressivement son activité optique (pouvoir rotatoire), qui finit par s'annuler. Quelle peut en être la raison ?

18-h Pour préparer le pentaérythritol, matière première de la fabrication d'un explosif, on fait réagir l'acétaldéhyde avec le formaldéhyde en milieu basique (OH^-), et l'on obtient successivement, en trois étapes, les composés de formule $C_3H_6O_2$, $C_4H_8O_3$ et $C_5H_{10}O_4$. Ce dernier, en présence de soude concentrée, se transforme en deux composés, de formule $C_5H_{12}O_4$ (pentaérythritol) et $C_5H_9O_5Na$ (ce dernier est le sel de sodium d'un composé $C_5H_{10}O_5$). Quelle est la formule du pentaérythritol ?

18-i Quels sont les composés (a), (b) et (c) participant aux réactions suivantes ?

$$\text{(a)} \xrightarrow{[OH^-]} \text{(b)}$$

$$\text{(b)} \xrightarrow{[OH^-]} \text{(c)} + H_2O$$

$$\text{(c)} + O_3\text{, puis } H_2O \rightarrow O{=}CH{-}CO{-}CH_2{-}CH_2{-}CH_2{-}CH{=}O + H_2O_2$$

(c) réduit la liqueur de Fehling.

18-j Expliquer, par un mécanisme, le déroulement de cette réaction :

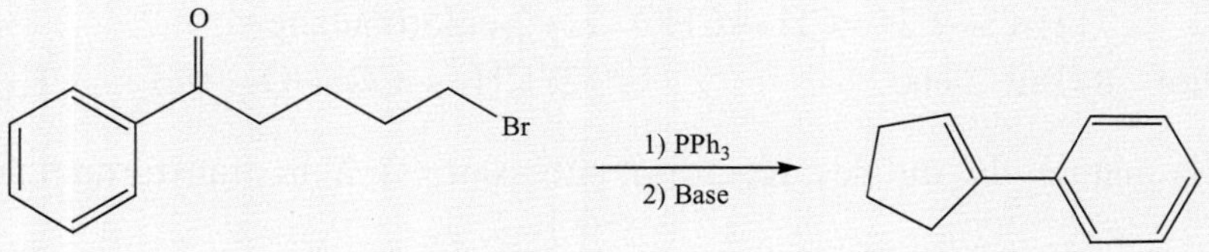

18-k Donner les réactifs nécessaires aux transformations suivantes :

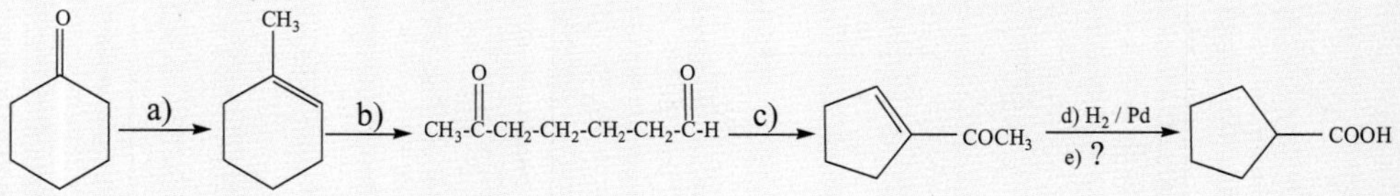

19

LES ACIDES CARBOXYLIQUES ET LEURS DÉRIVÉS

PRÉALABLES

- Règles de nomenclature à propos du groupe carboxyle.
- Acidobasicité selon Brönsted.
- Acidobasicité selon Lewis.
- Effets inductif et mésomère.

MOTS-CLÉS

- Anhydride
- Amide
- Carboxylate
- Chlorure d'acide
- Décarboxylation
- Estérification
- Hydrolyse, saponification
- Liaison hydrogène
- Nitrile

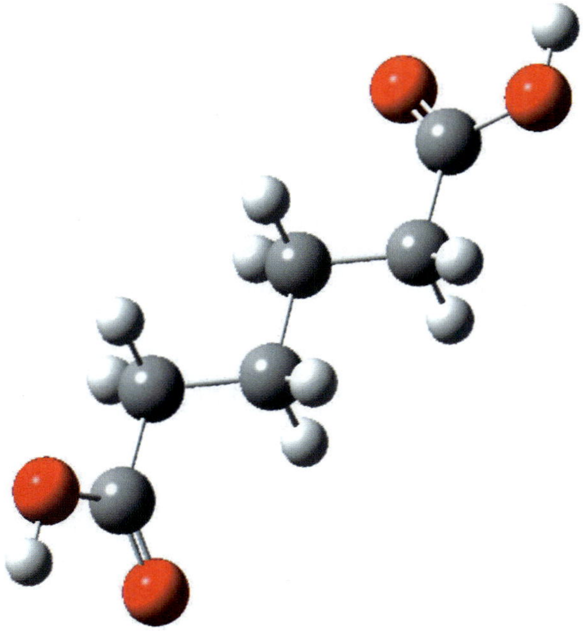

L'acide adipique $C_6H_{10}O_4$

Les acides organiques ou *acides carboxyliques,* ont pour formule générale :

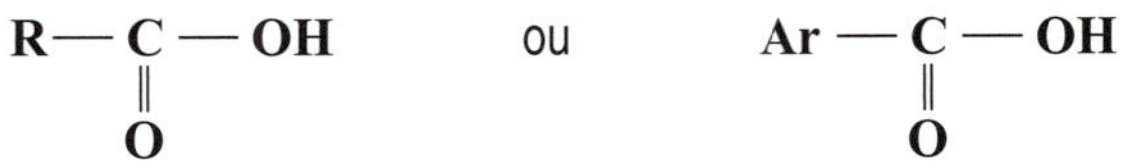

La *nomenclature* des acides a été exposée au chapitre 7 [7.2.9].

Ils doivent leur nom à celui du groupe 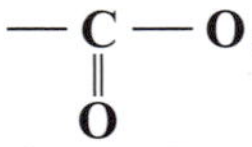, appelé *groupe carboxyle.* On les représente par les formules simplifiées **R—COOH** ou **R—CO_2H** (ou Ar—COOH, Ar—CO_2).

19.1 Caractères physiques

Les acides acycliques linéaires sont des liquides, ou des solides dont le point de fusion ne dépasse pas 100 °C (l'acide stéarique $C_{17}H_{35}$—COOH, dont sont faites les bougies « stéariques » fond à 70 °C). Les acides ont les points d'ébullition les plus élevés parmi les composés possédant une fonction simple sur une chaîne donnée. Ils sont supérieurs à ceux des alcools car les acides sont associés par une liaison hydrogène plus fortement encore que les alcools. Ils se trouvent en grande partie sous la forme d'un dimère cyclique.

Voir chap. 15, § 15.1

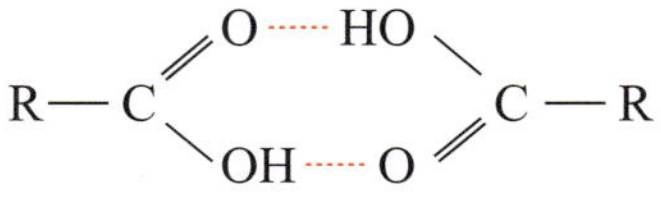

Leur solubilité dans l'eau, totale jusqu'en C_4, diminue ensuite et devient nulle à partir de C_9.

19.2 Réactivité

Le groupement fonctionnel des acides carboxyliques réunit le groupe OH, caractéristique des alcools, et le groupe C=O, caractéristique des aldéhydes et des cétones. Mais la réactivité des acides *n'est pas la somme de celle des alcools et de celle des cétones.* Les deux groupes OH et C=O ne sont pas indépendants dans le groupe COOH, et le comportement de chacun est fortement modifié par le voisinage de l'autre. Ils sont en effet engagés « solidairement » dans une *structure mésomère, ou résonante,* dans laquelle ils perdent leur « individualité ».

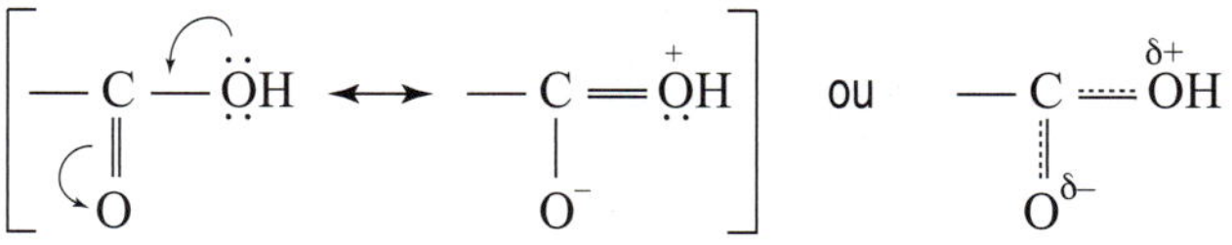

a) Groupe OH

L'hydrogène est beaucoup plus labile que celui des alcools ou même des phénols. Les acides carboxyliques, quoique acides faibles, sont notablement *dissociés en solution aqueuse.* Cette acidité est attribuable à l'effet inductif – attractif exercé par *les deux oxygènes*, mais aussi, et surtout, *à la stabilisation par résonance de l'ion carboxylate* R—COO^-, base conjuguée des acides.

Voir § 19.2.1.a

b) Groupe C=O

Le carbone fonctionnel des acides est nettement moins électrophile (moins réactif vis-à-vis des nucléophiles) que celui des aldéhydes ou des cétones. D'autre part, les réactifs nucléophiles sont toujours simultanément plus ou moins basiques, et ils réagissent souvent en priorité avec l'hydrogène labile (exemple : un organomagnésien RMgX donne RH au lieu de se lier sur le carbone du C=O). En conséquence, les réactions *d'addition nucléophile* sont peu nombreuses et, parfois, n'ont lieu qu'après une première réaction avec l'hydrogène du groupe OH (exemple : réduction par les hydrures).

Voir § 19.2.2

En revanche, certains dérivés des acides (esters, chlorures d'acides) réagissent avec les nucléophiles mais, après une étape d'addition, il se produit une élimination et le bilan final est une *substitution*.

Voir § 19.2.1-3

c) Hydrogène en α

La labilité des hydrogènes en α du carbonyle est beaucoup plus faible que pour les aldéhydes ou les cétones ; la forme énolique est inexistante. La délocalisation des électrons π du carbonyle dans le groupe carboxyle les rend en effet moins disponibles pour une résonance avec le doublet libre du carbanion en α.

Voir chap. 18, § 18.2.2

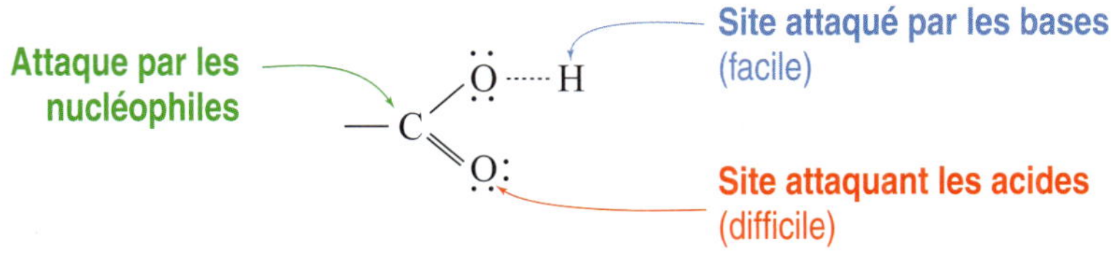

19.2.1 Propriétés acidobasiques

a) Acidité

Le caractère dominant des acides carboxyliques est (comme leur nom l'indique…) leur acidité. S'ils sont solubles dans l'eau, il s'établit dans leurs solutions un équilibre de dissociation :

$$R-COOH + H_2O \underset{2}{\overset{1}{\rightleftharpoons}} R-COO^- + H_3O^+$$

dont la constante d'équilibre (constante d'acidité K_a de l'acide vaut 10^{-4} à 10^{-5}) (pK_a = 4 à 5). C'est une acidité faible par rapport à celle des acides dits « forts » (HCl, HNO_3, etc.), totalement dissociés, mais cependant forte pour un composé organique. Elle est principalement due à l'effet favorable exercé sur la réaction dans le sens 1 par la stabilité de l'ion R—COO⁻, siège d'une délocalisation électronique (résonance) :

Voir chap. 5, § 5.5.1

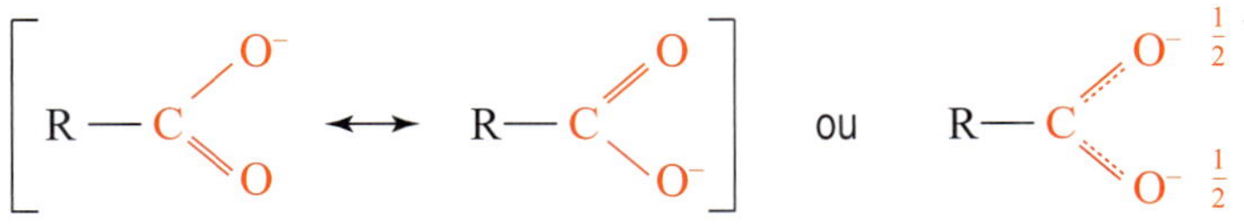

L'acide R—COOH est également le siège d'une résonance, mais elle provoque une « séparation de charge », créant un pôle positif sur l'oxygène de l'hydroxyle et

Voir § 19.2

un pôle négatif sur celui du carbonyle. La délocalisation électronique dans l'ion carboxylate R—COO^- provoque une division de sa charge – 1 entre les deux oxygènes qui, par raison de symétrie, portent chacun une charge – 1/2 (les deux formes limites qui le décrivent ont le même « poids »). Cette dispersion de la charge a un effet stabilisant important, et l'anion est *plus stabilisé* que la molécule. D'autre part, l'absence d'un site fortement chargé négativement diminue l'affinité de cet anion pour l'ion H^+, et défavorise la réaction dans le sens 2.

Question 19.A

Dans la molécule R—COOH, la longueur de la liaison C=O est 0,120 nm et celle de la liaison C—OH est 0,134 nm. Dans l'ion R—COO^-, les deux liaisons carbone-oxygène ont la même longueur : 0,127 nm. Que montrent ces valeurs ?

b) Sels

Les acides carboxyliques donnent de nombreux sels, soit avec les métaux eux-mêmes, soit avec certains de leurs composés (hydroxydes, carbonates, etc.).

Exemples

$$2CH_3—COOH + Zn \longrightarrow (CH_3—COO)_2Zn + H_2$$

acétate de zinc

$$C_6H_5—COOH + KOH \longrightarrow C_6H_5—COOK + H_2O$$

benzoate de potassium

$$2H—COOH + CaCO_3 \longrightarrow (H—COO)_2Ca + CO_2 + H_2O$$

Formiate de calcium

Certaines propriétés de ces sels sont à mentionner ici :

- Les *sels de métaux alcalins* (Na, K) sont décomposés par la chaleur : ils se « décarboxylent » et donnent un hydrocarbure RH. Ceux des acides acycliques à longue chaîne (16 à 18 carbones) constituent les *savons* (voir encadré).

Web @

Voir chap. 18, § 18.4.1

- Les sels de calcium, également par décomposition thermique, donnent des cétones (méthode de Piria).
- Les sels d'ammonium R—CO_2NH_4 peuvent se déshydrater en donnant des amides qui, à leur tour, par une deuxième déshydratation, donnent des nitriles :

$$R—CO_2NH_4 \xrightarrow{-H_2O} R—CO—NH_2 \xrightarrow{-H_2O} R—C\equiv N$$

Sel d'ammonium — Amide — Nitrile

c) Basicité

Les acides carboxyliques peuvent aussi avoir un comportement basique, en fixant un H^+, mais cette basicité est très faible et ne se manifeste qu'en présence d'acides très forts. Les deux atomes d'hydrogène du groupe COOH possèdent des doublets libres, et ils constituent donc deux sites aptes à être protonés. Mais la protonation se réalise préférentiellement sur celui du groupe carbonyle (maintien des possibilités de délocalisation) :

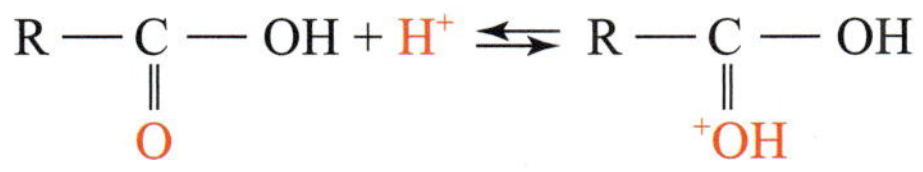

Ceci explique que, dans un acide, les liaisons hydrogène ne s'établissent pas entre les groupes OH (comme dans les alcools), mais entre le groupe OH d'une molécule et le groupe C=O d'une autre.

Voir § 19.1

LES AGENTS TENSIOACTIFS ET LA DÉTERGENCE

Les savons sont des sels alcalins (de sodium ou de potassium) d'acides acycliques saturés à longue chaîne, comme le stéarate de sodium $C_{17}H_{35}COONa$ par exemple. Leurs propriétés détergentes résultent de l'antagonisme qui existe entre les deux parties de leur molécule. La chaîne hydrocarbonée, non polaire [**§ 4.3.1**], a les caractères d'un hydrocarbure : insoluble dans l'eau, elle est hydrophobe (elle « fuit » l'eau), mais elle est lipophile, c'est-à-dire qu'elle a de l'affinité pour les milieux organiques, et en particulier les corps gras. Le groupe carboxylate COO^-, très polaire, présente au contraire de l'affinité pour l'eau, composé polaire ; il est hydrophile (figure 19.1).

Une solution de savon dans l'eau contient peu de molécules isolées. Elles se concentrent aux interfaces entre la solution et une autre phase, notamment à l'interface eau/air. Il s'y constitue un *film monomoléculaire* ordonné, dans lequel les groupes hydrophiles sont tournés vers la solution, les chaînes hydrophobes tendant au contraire à en sortir. La présence de ce film diminue la tension superficielle de la solution qui est inférieure à celle de l'eau. D'où le nom d'agents « tensioactifs » donné aux savons et aux détergents de synthèse. Un film analogue se constitue aussi à l'interface entre la solution aqueuse et une autre phase liquide, par exemple à la surface d'une goutte d'huile.

À partir d'une certaine concentration, il se constitue d'autre part dans la solution des *micelles*, agglomérats de quelques dizaines à quelques centaines de molécules tournant leurs groupes COO^- vers l'extérieur (figure 19.2).

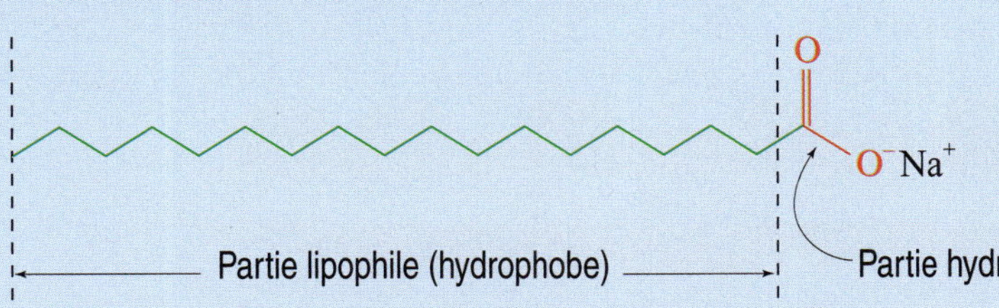

Figure 19.1

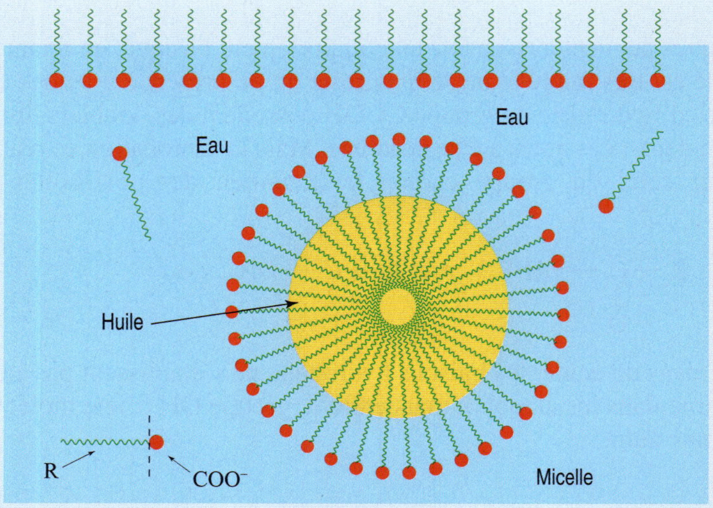

Figure 19.2

La figure 19.3 montre de façon très schématique et simplifiée, comment le savon élimine les salissures, par exemple un film de graisse déposé sur une fibre textile. Il se forme d'abord un film monomoléculaire de savon à l'interface eau/graisse, pour lequel les micelles fonctionnent comme des « réserves » d'ions R—COO⁻. La présence de ce film favorise la formation progressive de globules de graisse qui s'enrobent eux-mêmes d'un film de savon, pendant que la fibre nettoyée s'en recouvre aussi. Les globules et la fibre présentent donc en surface des charges électriques de même signe (les charges négatives des groupes COO⁻), et la répulsion électrostatique favorise la dispersion des globules de graisse dans la solution, où ils forment une « émulsion ».

Ils seront ensuite éliminés par le rinçage, qui débarrassera aussi la fibre de savon. Une action mécanique simultanée (sous les coups de battoirs des lavandières ou dans le tambour des machines à laver) favorise la séparation des particules de graisse et de la fibre.

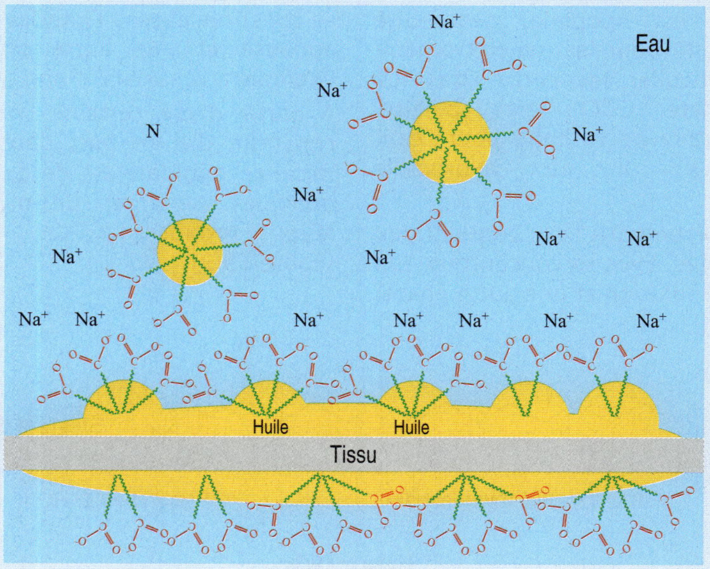

Figure 19.3

Le pouvoir moussant du savon s'explique aussi par la formation d'un film à l'interface eau/air.

Actuellement, on utilise en fait beaucoup plus souvent des *détergents de synthèse* que du savon, mais le « principe » est le même. Ces détergents possèdent, comme le savon, une chaîne hydrocarbonée importante (comportant souvent un cycle benzénique) et un groupe polaire. Mais celui-ci, au lieu d'être un groupe carboxylate est, par exemple, un groupe sulfonate SO_3^- [Voir Web]. Les « lessives » que l'on emploie ne contiennent le plus souvent que 10 à 15 % de détergent, qui s'y trouve associé à d'autres constituants (polyphosphates, silicates, perborates, ...), dont les rôles sont multiples : stabilisation de l'émulsion de salissures pour éviter une redéposition sur les fibres, adoucissement de l'eau par « séquestration » des ions Ca^{2+}, décoloration des tâches etc.

19.2.2 Réduction

Voir § 19.2

Bien que l'attaque nucléophile sur le carbone fonctionnel soit difficile, un nucléophile très fort comme l'ion hydrure H^-, fourni par l'aluminohydrure de lithium $LiAlH_4$, peut se lier sur lui. Mais, dans un premier temps, il se produit une réaction acidobasique, plus rapide, entre H^- et l'hydrogène labile.

1. $R—COOH + LiAlH_4 \longrightarrow R—COO^-Li^+ + H_2 + AlH_3$

2. $R—COO^-Li^+ \xrightarrow[2)\ H_2O]{1)\ LiAlH_4} R—CH_2OH$

En définitive, l'acide est *réduit* en alcool primaire. Cette réduction est plus facile si l'acide est préalablement estérifié [§ 15.4.4].

19.2.3 Décarboxylation

À température plus ou moins élevée, les acides carboxyliques peuvent se « décarboxyler », c'est-à-dire perdre leur groupe carboxyle $—CO_2—$ sous la forme d'une molécule de dioxyde de carbone. Il se forme un hydrocarbure, selon le schéma :

$$R—CO_2H \xrightarrow{\Delta} RH + CO_2$$

Les acides simples ne se décarboxylent qu'à température très élevée (700 °C pour l'acide acétique). Mais ceux qui possèdent en position β un second groupe carbonyle (β-cétoacides [§ 20.2.4.c], acide malonique [§ 20.1.4.b]) se décarboxylent beaucoup plus facilement, parfois même à la température ordinaire. On a d'autre part vu plus haut [§ 19.2.1.b] que les sels d'acides carboxyliques peuvent aussi se décarboxyler ; cette réaction constitue une préparation des hydrocarbures.

19.3 État naturel

Voir chap. 24, § 24.1

De nombreux acides carboxyliques sont présents dans la nature, mais le plus souvent sous la forme d'esters. En particulier, les corps gras d'origine végétale ou animale (lipides) sont des esters du glycérol et de divers « acides gras », acycliques à chaîne linéaire plus ou moins longue. L'acide abiétique contenu dans la résine de pin, est par contre un exemple d'acide « libre » à l'état naturel.

Divers hydroxyacides se rencontrent également : acide lactique $CH_3—CHOH—COOH$ (lait, muscles), acide citrique

$$HOOC—CH_2—C(OH)(COOH)—CH_2—COOH$$

Voir page 588

(jus de citron), acide cholique (bile). Enfin, divers acides aminés sont les « matériaux » constitutifs des protéines [§ 23.2].

19.4 Préparations

Diverses **réactions d'oxydation** fournissent des acides, avec conservation ou diminution du nombre des atomes de carbone. On peut mentionner en particulier les cas suivants :

Voir chap. 9, § 9.2.2.b

- *Alcènes* :

$$R—CH{=}C(R'')—R' \xrightarrow{\text{Oxydant}} R—CH{=}O + R'—CO—R''$$

$$R—CH{=}O \longrightarrow R—COOH \qquad R'—CO—R'' \dashrightarrow \text{2 acides}$$

Voir chap. 12, § 12.2.3

- *Hydrocarbures benzéniques à chaînes latérales* :

$$C_6H_5—R \xrightarrow{\text{Oxydant}} C_6H_5—COOH \quad \text{(+ dioxyde de carbone et eau)}$$

Voir chap. 18, § 18.2.3

- *Aldéhydes et cétones* :

$$R—CH{=}O \longrightarrow R—COOH$$

$$R—CO—CH_2—R' \longrightarrow R—COOH + R'—COOH$$

La **synthèse à partir d'un dérivé halogéné** peut s'effectuer de plusieurs façons, pour former un acide possédant *soit un, soit deux carbones de plus* que le dérivé halogéné :

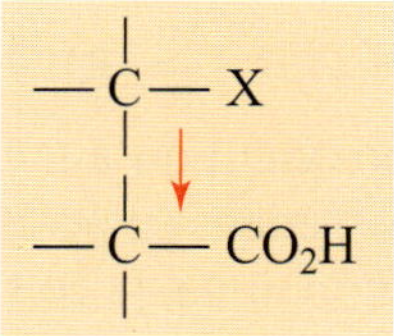

Voir chap. 14, § 14.2.3.a

- *Synthèse organomagnésienne* :

$$RX \xrightarrow{Mg} R—MgX \xrightarrow{CO_2} R—C({=}O)—OMgX \xrightarrow{H_2O} R—C({=}O)—OH + XMgOH$$

- *Passage par un nitrile* :

Voir § 19.5.5

$$RX \xrightarrow{KC\equiv N} R—C\equiv N \xrightarrow{H_2O} R—COOH + NH_3$$

- *Synthèse malonique* :

Voir chap. 20, § 20.1.4.b

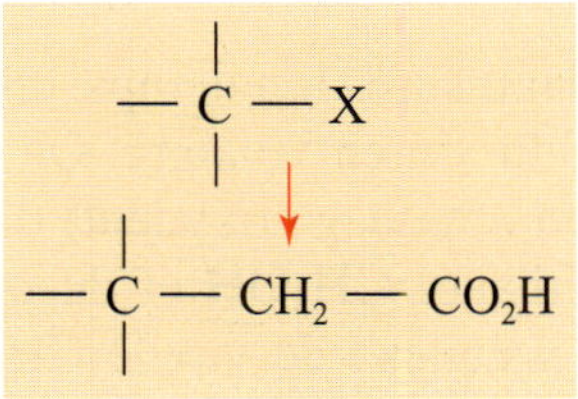

1. alkylation du malonate d'éthyle

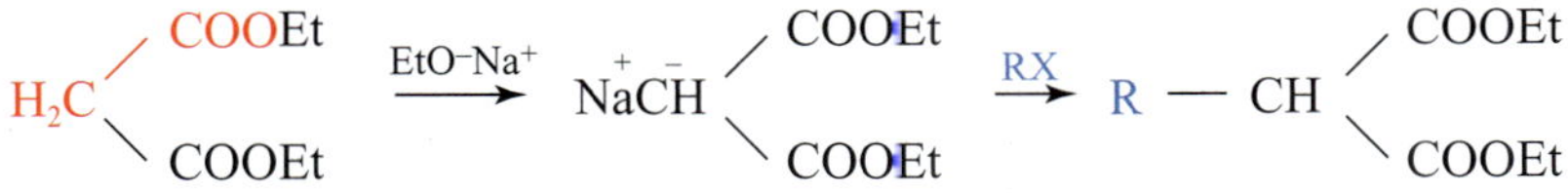

2. hydrolyse et décarboxylation

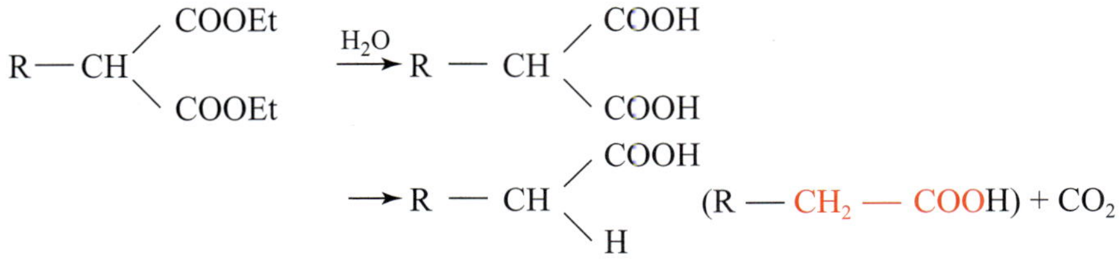

Une réaction analogue utilisant l'*acétylacétate d'éthyle* au lieu du malonate d'éthyle peut également être utilisée [§ 20.2.4.c].

Voir chap. 15, § 15.2.3

L'**hydrolyse** ou la **saponification d'un ester** peut constituer une méthode de préparation des acides, dans la mesure où cet ester est un produit naturel (puisque, dans le cas contraire, il faut disposer de l'acide pour préparer cet ester) :

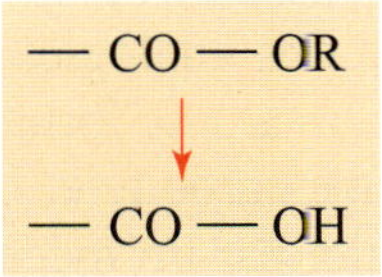

- *hydrolyse* $R—COOR' + H_2O \rightleftharpoons R—COOH + R'OH$
- *saponification* $R—COOR' + NaOH \rightarrow R—COONa + R'—OH$

$R—COONa + HCl \rightarrow R—COOH + NaCl$

Voir chap. 18, § 18.2.2.e

La **réaction aux haloformes** permet de passer d'une cétone méthylée $R—CO—CH_3$ à un acide, avec perte d'un atome de carbone :

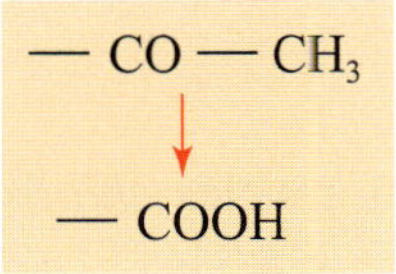

$$R—CO—CH_3 \xrightarrow{X_2,OH^-} R—CO—CX_3 \xrightarrow{OH^-} R—COO^- \xrightarrow{HCl} R—COOH$$

Voir chap. 15, § 15.5

Web

Utilisations

L'acide *acétique* est connu depuis très longtemps, en raison de sa formation dans la transformation spontanée du vin en vinaigre. On le prépare par oxydation de l'acétaldéhyde, par oxydation (craquage oxydant) d'alcanes comme le butane et par synthèse à partir du méthanol CH_3OH et du monoxyde de carbone. Il est utilisé pour préparer divers acétates : de vinyle $CH_3—CO_2—CH{=}CH_2$ (polymérisable), d'éthyle, de butyle et de pentyle (solvants), de cellulose [**§ 22.4.2.a**] (films, peintures, textiles artificiels).

Parmi les autres acides ayant des applications industrielles, on peut citer l'acide acrylique $CH_2{=}CH—CO_2H$ (esters polymérisables), l'acide undéc-10-énoique $H_2C{=}CH—(CH_2)_8—COOH$ obtenu par craquage thermique de l'huile de ricin (Rislan), ainsi que divers diacides : adipique (nylon 6/6), phtaliques (polyesters).

19.5 Les dérivés des acides

On considère comme dérivant de la fonction acide les cinq fonctions suivantes :

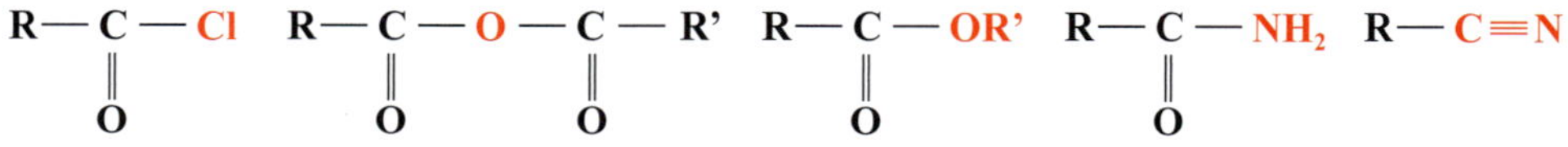

Chlorure d'acide — Anhydride d'acide — Ester — Amide — Nitrile

(Dans ces formules générales les groupes R et R' peuvent être identiques ou différents. Ils peuvent être remplacés par des groupes aryles Ar).

Les *quatre premières* présentent des analogies, car elles sont toutes de la forme R—CO—Z, où Z est, ou contient, un atome fortement électronégatif et porteur d'au moins un doublet libre, lié au groupe carbonyle. Leur réaction la plus typique est la substitution de Z par un nucléophile, par un mécanisme en deux étapes d'*addition-élimination.* Leur réactivité vis-à-vis des nucléophiles est plus faible que celle des aldéhydes ou des cétones ; elle décroît selon le classement :

La *nomenclature* de ces fonctions a été exposée au chapitre 7 [7.2.10-15].

$$R—COCl > (RCO)_2O > R—CO_2\,R' > R—CONH_2$$

(> = « plus réactif que »).

Les *nitriles*, de structure très différente, donnent surtout des réactions d'*addition*, débutant par une attaque nucléophile sur leur carbone insaturé déficitaire.

19.5.1 Chlorures d'acides

Les *chlorures d'acides* (également appelés *chlorures d'acyles,* les groupes R—CO portant le nom général de groupes « acyles ») sont particulièrement représentatifs des caractères chimiques des composés de la forme R—CO—Z.

a) Préparation

Le passage d'un acide au chlorure d'acide correspondant est possible par réaction avec l'un des composés suivants :

- Chlorure de thionyle $SOCl_2$:

$$R{-}COOH + SOCl_2 \rightarrow R{-}COCl + SO_2 + HCl$$

- Pentachlorure de phosphore :

$$R{-}COOH + PCl_5 \rightarrow R{-}COCl + POCl_3 + HCl$$

- Trichlorure de phosphore :

$$3R{-}COOH + PCl_3 \rightarrow 3R{-}COCl + H_3PO_3$$

On peut observer que ces trois réactifs sont également utilisables pour substituer par Cl le groupe hydroxyle OH d'un alcool [§ 13.3.1]. Par contre, l'action directe de HCl, qui transforme facilement un alcool en chlorure [§ 15.2.2.a] est impossible ici.

Question 19.B

On ne peut pas non plus transformer un phénol Ar—OH en dérivé chloré Ar—Cl par l'action de HCl [§ 16.2.4]. L'explication peut-elle être la même dans les deux cas ?

b) Réactivité

Substitutions nucléophiles

Comme dans les dérivés halogénés simples RX, le chlore des chlorures d'acides est substituable par divers réactifs nucléophiles : anions, molécules à doublet libre, molécules à doublet π. Le bilan de ces substitutions est simplement (dans le cas de la réaction avec un anion),

Voir chap. 13, § 13.3 1

$$R{-}\underset{\underset{O}{\parallel}}{C}{-}Cl + Y^- \rightarrow R{-}\underset{\underset{O}{\parallel}}{C}{-}Y + Cl^-$$

Mais la réaction s'effectue en deux étapes : la première est l'addition du nucléophile sur le carbone fonctionnel puis, dans la seconde, le doublet π reprend sa place pendant que la liaison C—Cl se rompt :

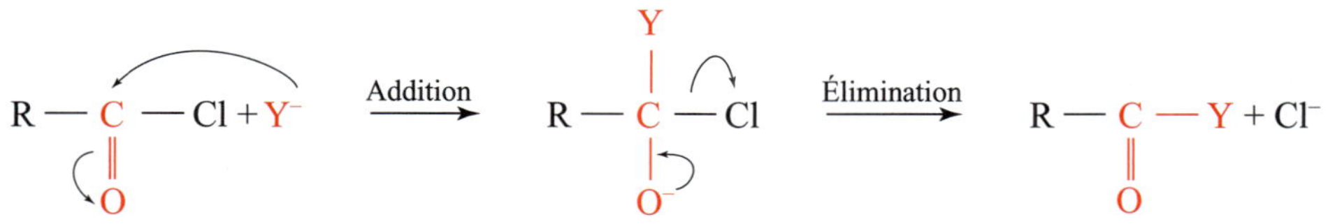

➤ Anions

- Saponification (OH^-)

$$R{-}COCl + OH^- \rightarrow R{-}COOH + Cl^- \xrightarrow{OH^-} R{-}COO^- + H_2O$$

Sel

Voir chap. 14, § 14.2.3.b

- Organométalliques

$$R—COCl + R'MgX \longrightarrow \underset{\text{Cétone}}{R—CO—R'} \xrightarrow[\text{après hydrolyse}]{R'MgX} \underset{\text{Alcool tertiaire}}{R—\underset{|\;R'}{C(OH)}—R'}$$

$$2R—COCl + R'—Cd—R' \longrightarrow \underset{\text{Cétone}}{2R—CO—R'} + CdCl_2$$

➤ Molécules à doublet libre

En pratique, ces molécules (H_2O, ROH, NH_3, ...) possèdent toujours un H labile qui, dans une dernière étape, est éliminé. Le bilan global se ramène à l'élimination d'une molécule HCl.

Exemple

l'hydrolyse,

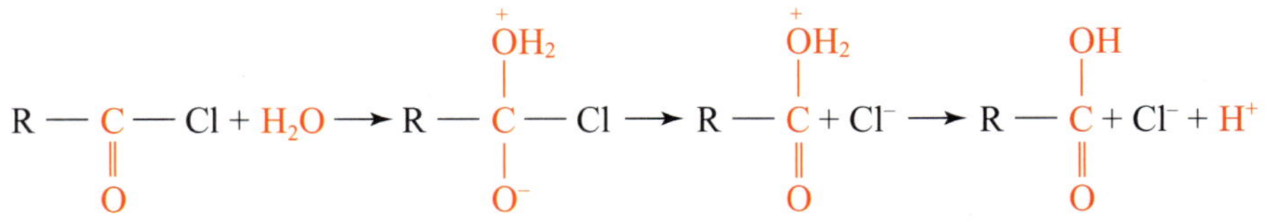

soit en résumé : $R—COCl + H_2O \longrightarrow R—COOH + HCl$

Les *alcools*, l'*ammoniac* et les *amines* réagissent de façon analogue :

$$R—COCl + R'OH \longrightarrow \underset{\text{Ester}}{R—COOR'} + HCl$$

$$R—COCl + NH_3 \longrightarrow \underset{\text{Amide}}{R—CONH_2} + HCl$$

$$R—COCl + R'—NH_2 \longrightarrow \underset{\text{Amide } N\text{-substitué}}{R—CO—NH—R'} + HCl$$

Ces trois dernières réactions constituent des préparations usuelles des esters et des amides.

➤ Molécules possédant un doublet π

Voir chap. 12, § 12.2.2.a

L'exemple le plus intéressant est la réaction avec le cycle benzénique, qui a été précédemment décrite comme une acylation de celui-ci. Mais, par rapport au chlorure d'acide, on peut la considérer comme une substitution de Cl par le cycle :

$$R—COCl + C_6H_6 \xrightarrow{AlCl_3} R—CO—C_6H_5 + HCl$$

Hydrogénation

L'hydrogénation des chlorures d'acides, en présence d'un catalyseur au palladium Pd, conduit à un aldéhyde et constitue une voie par laquelle il est possible de réduire, indirectement, un acide en aldéhyde ; la réduction directe des acides conduit en effet à l'alcool primaire correspondant.

Voir § 19.2.2

$$R-COCl + H_2 \xrightarrow{[Pd]} R-CHO + HCl$$

19.5.2 Anhydrides d'acides

Les anhydrides d'acides (on dit aussi, plus simplement, *anhydrides*) dérivent formellement des acides de la même manière que les éther-oxydes dérivent des alcools. On peut en effet considérer qu'ils résultent d'une déshydratation intermoléculaire selon le schéma

Voir page 374

$$R-\underset{\underset{O}{\|}}{C}-\boxed{OH + H}O-\underset{\underset{O}{\|}}{C}-R \longrightarrow R-\underset{\underset{O}{\|}}{C}-O-\underset{\underset{O}{\|}}{C}-R + H_2O$$

Ils peuvent être effectivement préparés par la déshydratation directe d'un acide, en présence de pentoxyde de phosphore (anhydride phosphorique) P_2O_5. Mais ils sont obtenus plus facilement par une réaction entre un chlorure d'acide et un sel, calquée sur la méthode de Williamson de préparation des éther-oxydes :

Voir chap. 15, § 15.5

$$R-\underset{\underset{O}{\|}}{C}-Cl + R-\underset{\underset{O}{\|}}{C}-ONa \longrightarrow R-\underset{\underset{O}{\|}}{C}-O-\underset{\underset{O}{\|}}{C}-R + NaCl$$

(cette réaction constitue un exemple supplémentaire de substitution nucléophile sur un chlorure d'acide [§ **19.5.1**], le nucléophile étant l'ion carboxylate $R-COO^-$).

Remarque

Les réactions des anhydrides sont pratiquement les mêmes que celles des chlorures d'acides, avec une réactivité moindre. Le « groupe partant » dans les substitutions nucléophiles est O—CO—R au lieu d'être —Cl et, dans les réactions des chlorures d'acides où il se forme HCl, il se forme avec les anhydrides une molécule d'acide R—COOH.

Exemples

$$R-CO-O-CO-R + H_2O \longrightarrow 2R-COOH$$

$$R-CO-O-CO-R + R'OH \longrightarrow R-COOR' + R-COOH$$

Cette dernière réaction constitue une préparation usuelle des esters.

19.5.3 Esters

Il a déjà été question des esters, à diverses reprises, dans les chapitres antérieurs, à propos de leur formation [§ **15.2.3**] ainsi qu'à propos de leurs réactions : hydrolyse, saponification, réduction [§ **15.4.4**], réaction avec les organomagnésiens [§ **14.2.3.b**], décomposition par la chaleur [§ **9.4.1.a**]. Ces réactions sont du même type que celles des chlorures d'acides et des anhydrides.

La décomposition par la chaleur d'un ester selon le bilan :

$$R-\underset{\underset{O}{\|}}{C}-O-CH_2-CH_2-R' \xrightarrow{\Delta} R-\underset{\underset{O}{\|}}{C}-OH + H_2C=CH-R'$$

Voir chap. 13, § 13.2.2.a

Voir chap. 5, § 5.2.3 et 5.3.3

est une réaction d'élimination [**§ 5.1.1**] qui s'effectue par un mécanisme particulier différent des deux mécanismes d'élimination E1 et E2 qui ont déjà été décrits.

C'est une réaction purement intramoléculaire, monomoléculaire ainsi que le montre son *ordre cinétique égal* à 1 par rapport à l'ester. On observe d'autre part que c'est une réaction *stéréospécifique* : la géométrie de la double liaison formée, comparée avec celle de l'alcène de départ, montre que l'hydrogène éliminé avec le groupe R—COO se place, au moment de la réaction, dans le même plan que lui, et en position « *cis* » (ou « *syn* »). On appelle donc cette réaction « *syn*-élimination », et on lui attribue un mécanisme *électrocyclique* comportant un transfert électronique « circulaire » à l'intérieur de la molécule :

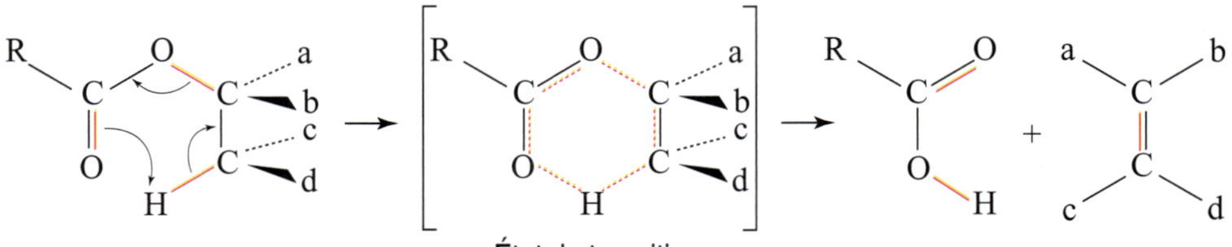

État de transition

Contrairement à ce que l'on aurait pu penser, dans la molécule d'acide « régénérée » à partir de l'ester, l'atome d'oxygène doublement lié au carbone n'est pas celui qui l'était dans la molécule d'acide qui a initialement donné l'ester.

Question 19.C

Si on décompose par la chaleur l'acétate de (1R,2S)1,2-diméthylbutyle

$CH_3—CO_2—\overset{2}{C}H(CH_3)—\overset{3}{C}H(CH_3)—CH_2—CH_3$ dans quelle configuration (Z ou E) obtient-on l'alcène formé ?

19.5.4 Amides

Le remplacement de l'hydroxyle des acides par un groupe aminé conduit aux amides :

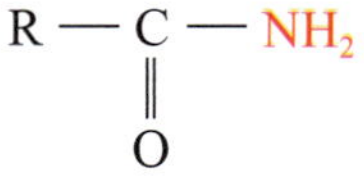

Amide

Amide *N*-substitué

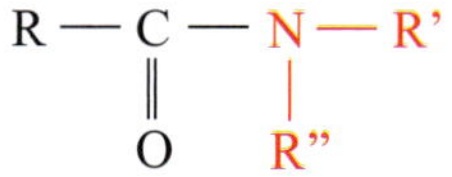

Amide *N,N*-disubstitué

Le passage des acides aux amides peut s'effectuer par l'intermédiaire de l'une des autres fonctions dérivées des acides :

- chlorure d'acide (Z=Cl), anhydride (Z=OCOR) ou ester (Z=OR') :

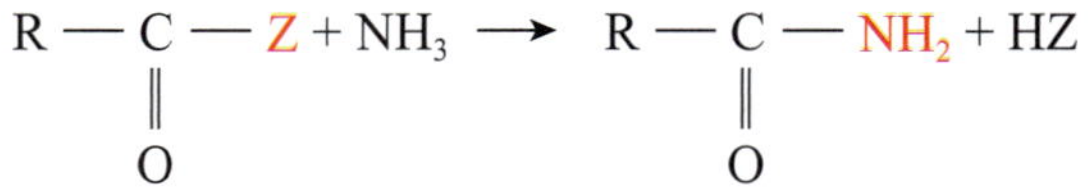

(avec une amine primaire ou secondaire à la place de l'ammoniac, on obtient les amides *N*-substitués).

- nitriles :

On peut également transformer un acide en amide par l'intermédiaire d'un sel d'ammonium :

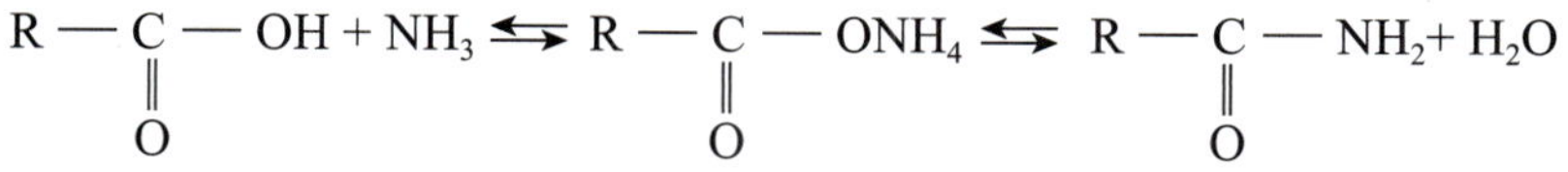

Considérant ces deux dernières réactions, on peut donc situer les amides « entre » les nitriles et les sels d'ammonium, du point de vue « hydratation-déshydratation », dans un schéma global comportant des transformations toutes inversibles :

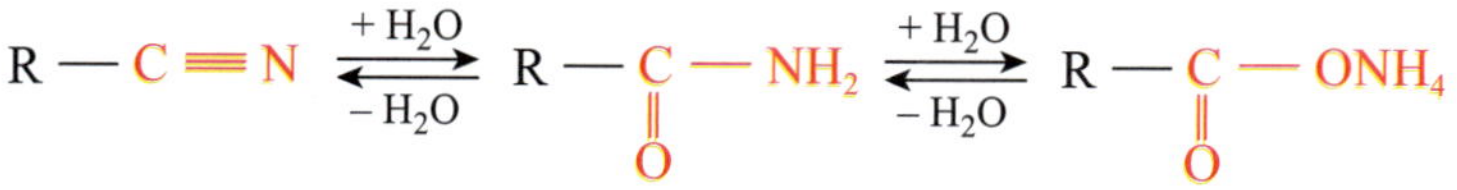

$\longrightarrow$ Milieu acide : $R-COOH + NH_4^+$
Milieu basique : $R-COO^- + NH_3 + H_2O$

Contrairement aux amines, qui contiennent également le groupe NH_2, les amides ne sont que très faiblement basiques en raison de la résonance dont ils sont le siège :

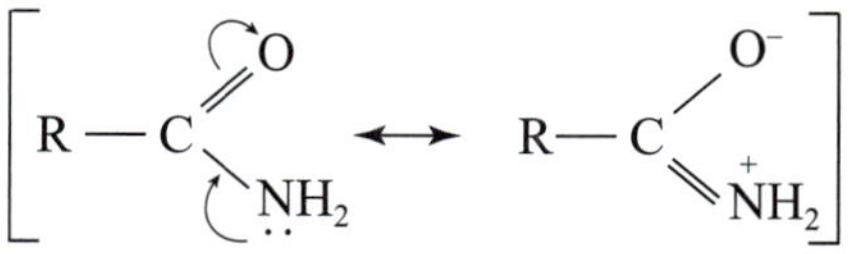

Comme dans le cas des amines benzéniques également peu basiques, cette résonance provoque une diminution de densité électronique sur l'azote ; d'autre part, la stabilité qui lui correspond est perdue en cas de protonation sur l'azote, supprimant la délocalisation de son doublet libre.

Voir page 403

En présence d'hypobromite de sodium NaOBr, les amides subissent une dégradation en amines

$$R-CONH_2 + NaOBr \rightarrow R-NH_2 + CO_2 + NaBr$$

Par ailleurs ils donnent lieu à une tautomérie avec une forme analogue à la forme énolique des composés carbonyles :

Voir chap. 1, § 1.3.4

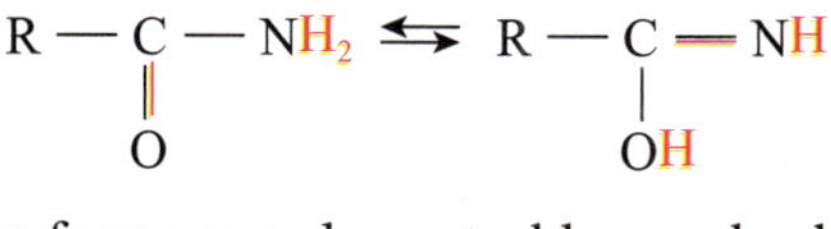

et ils réagissent sous cette forme avec le pentachlorure de phosphore pour donner un dérivé qui, traité par l'ammoniac, conduit aux **amidines** :

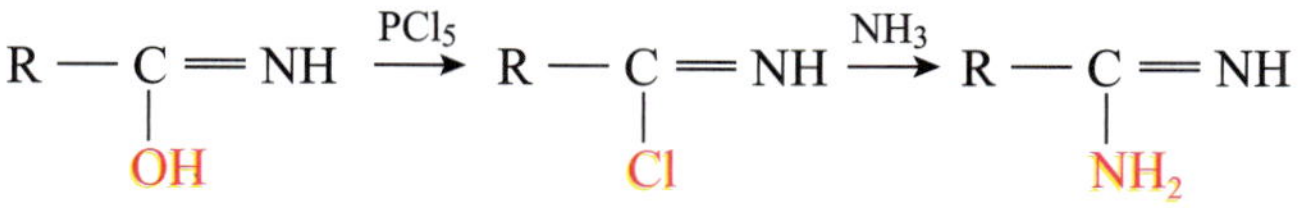

Amidine

Les amidines sont des bases fortes, car le cation formé en milieu acide est stabilisé par résonance entre deux formes mésomères symétriques :

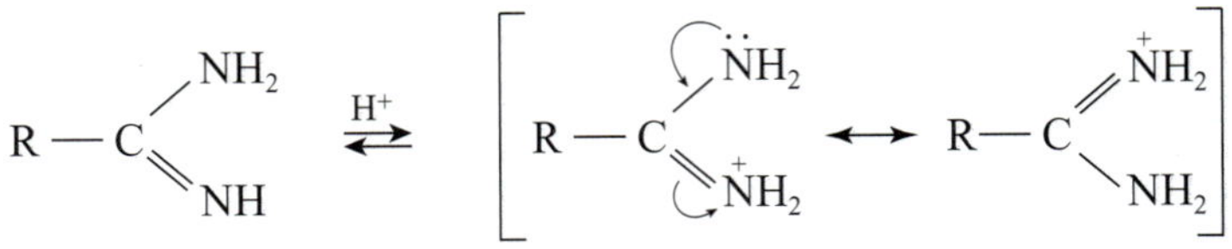

Question 19.D

Par quelle représentation unique peut-on décrire la structure de ce cation ? Comment se répartit la charge + 1 entre les deux atomes d'azote ?

19.5.5 Nitriles

On peut préparer les nitriles R—C≡N :

➤ par déshydratation des *sels d'ammonium*.

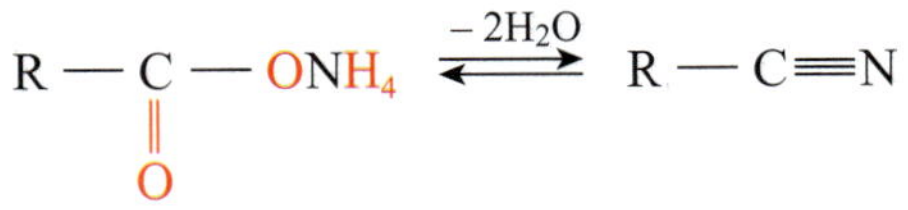

➤ par action du *cyanure de potassium* KC≡N sur un dérivé halogéné :

$$RX + KC{\equiv}N \rightarrow R{-}C{\equiv}N + KX$$

Les nitriles benzéniques, Ar—C≡N, peuvent être obtenus par l'action du cyanure de potassium sur un sel de diazonium [§ 17.2.5].

Le premier terme, H—C≡N (appelé cyanure d'hydrogène ou, moins correctement, « acide cyanhydrique ») possède un caractère acide ($K_a = 6.10^{-10}$) qui le différencie nettement des autres termes et dont l'origine a déjà été discutée.

Voir chap. 10, § 10.2

➤ Les autres nitriles donnent principalement des réactions d'addition nucléophiles sur leur triple liaison :

- Dihydrogène :

$$R{-}C{\equiv}N + 2H_2 \rightarrow R{-}CH_2{-}NH_2$$

- Hydrures :

$$R{-}C{\equiv}N \xrightarrow[2)\ H_2O]{1)\ LiAlH_4} R{-}CH_2{-}NH_2$$

- Eau :

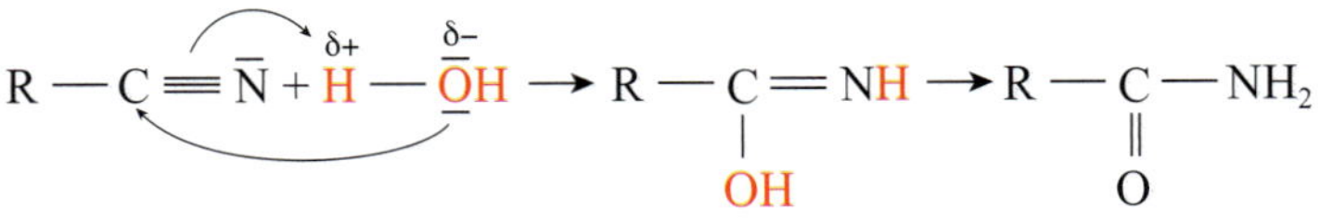

(on remarquera l'analogie de cette réaction avec l'hydratation d'un alcyne conduisant en premier lieu à une forme énolique, puis à une cétone [§ 10.2.1.d]).

Voir chap. 14, § 14.2.3.c

➤ Organomagnésien :

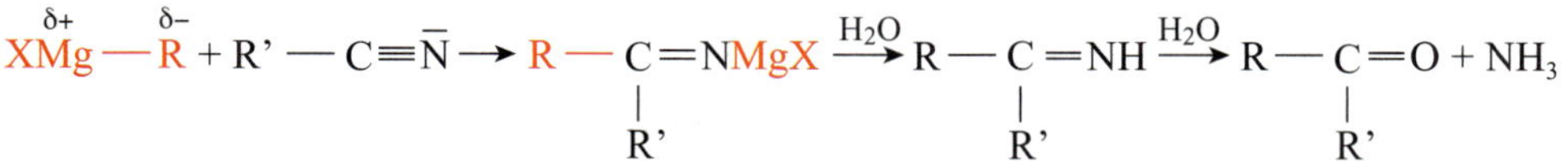

19.5.6 Dérivés de l'acide carbonique

L'acide carbonique H_2CO_3, stable uniquement en solution aqueuse, peut être rapproché des acides organiques. Sa structure est en effet

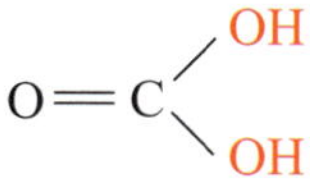

de sorte qu'il s'agit d'un « pseudo-diacide », avec deux groupes OH, mais un seul C=O. Cet acide carbonique possède des dérivés correspondant à ceux d'un acide carboxylique normal :

a) Esters carboniques

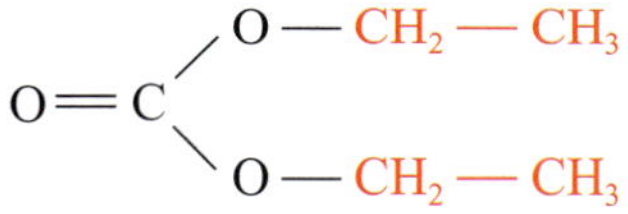

Carbonate d'éthyle

b) Chlorure d'acide

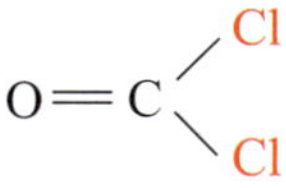

Phosgène

habituellement appelé « phosgène » et qui se forme directement par action du dichlore sur l'oxyde de carbone, en présence de lumière (d'où son nom). C'est un gaz très toxique.

c) Mono-amide

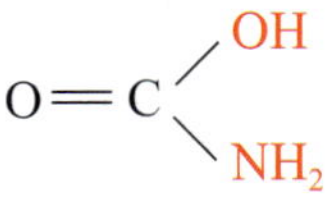

Acide carbamique

C'est l'acide carbamique, dont les sels (exemple : carbamate d'ammonium) et les esters, appelés *uréthanes* (exemple : carbamate d'éthyle, ou uréthane « ordinaire ») sont utilisés en médecine.

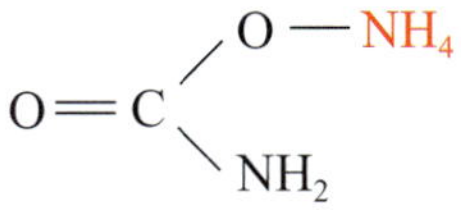

Carbamate d'ammonium

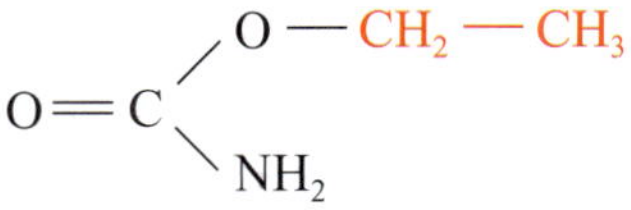

Carbamate d'éthyle (uréthane)

Son amidine

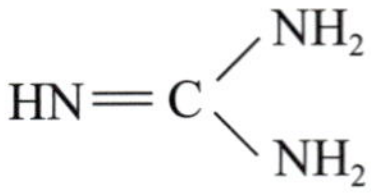

est la *guanidine*, base aussi forte que les hydroxydes alcalins (soude, potasse) du fait de la très grande symétrie de son acide conjugué

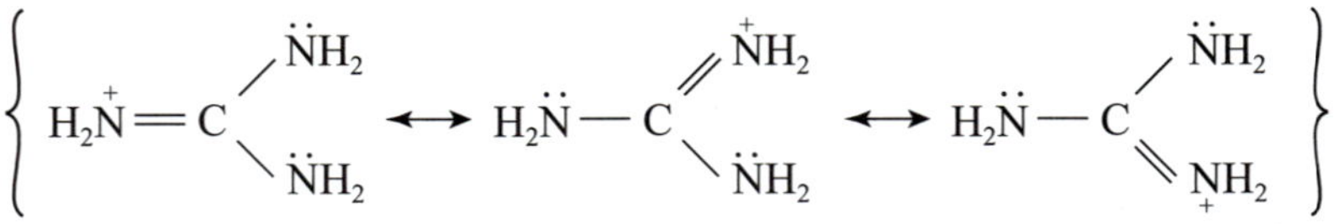

Question 19.E

Donnez une représentation unique de ce cation « guanidinium », et indiquez la répartition de la charge + 1 entre les trois atomes d'azote.

d) Nitrile

$$HO—C \equiv N$$ Acide cyanique

e) Di-amide

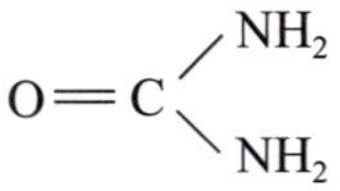

Urée

L'urée est une substance importante à la fois biologiquement et industriellement (engrais, alimentation animale, résines). On peut l'obtenir de trois façons :

1. par l'action du chlorure d'acide correspondant sur l'ammoniac :

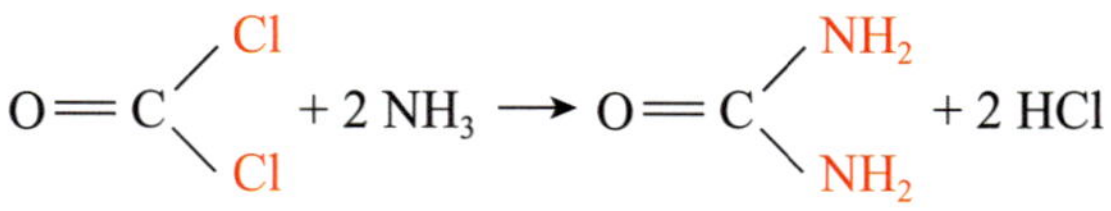

Phosgène Urée

2. par l'intermédiaire du cyanamide calcique $CaCN_2$, à partir du carbure de calcium :

$$CaC_2 + N_2 \longrightarrow CaCN_2 + C$$

$$CaCN_2 + H_2O + CO_2 \longrightarrow NH_2—C \equiv N \xrightarrow{H_2O} O{=}C(NH_2)_2$$

Cyanamide Urée

3. par une réaction entre l'ammoniac et le dioxyde de carbone :

$$CO_2 + 2NH_3 \longrightarrow H_2N - CO - NH_2 + H_2O$$

C'est, par ailleurs, un produit de dégradation des matières albuminoïdes, et il s'en trouve dans l'urine (20 g/l environ).

L'urée est un solide blanc, soluble dans l'eau ; elle est faiblement basique.

Son *hydratation* conduit au carbonate d'ammonium (propriété normale d'un amide) :

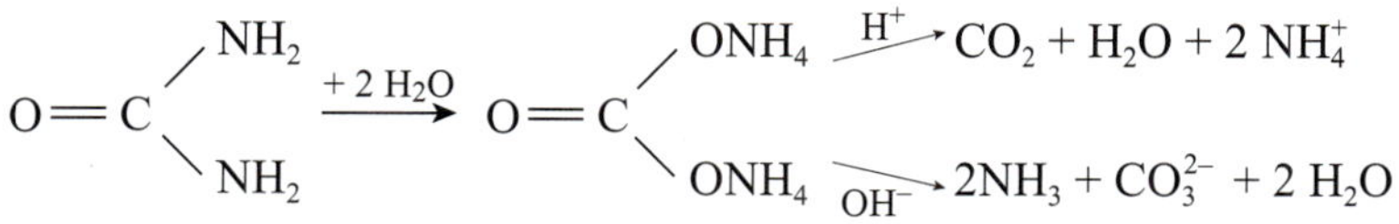

Remarque

C'est ainsi que, grâce à l'humidité du sol, l'urée utilisée comme engrais apporte aux végétaux l'azote ammoniacal qui leur est nécessaire.

Par *action de l'hypobromite de sodium*, il se produit une dégradation, comme avec les amides ordinaires.

$$O{=}C(NH_2)_2 + 2\,NaOBr \longrightarrow N_2 + 2\,H_2O + CO_2 + 2\,NaBr$$

(d'où la possibilité de doser l'urée par mesure du volume d'azote dégagé, après avoir absorbé CO_2 dans une solution alcaline).

La *labilité des quatre hydrogènes* permet une réaction de condensation avec le formaldéhyde, donnant des « matières plastiques » (résines urée-formaldéhyde).

Web

En présence d'un *chlorure d'acide*, il se forme un *uréide* :

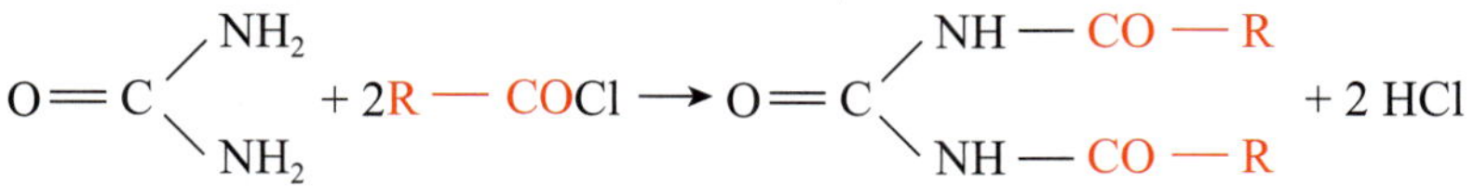

Uréide

et si la réaction est faite avec le chlorure d'un diacide, on obtient un uréide cyclique ; par exemple, avec le chlorure de l'acide malonique.

Voir chap. 20, § 20.1.4.b

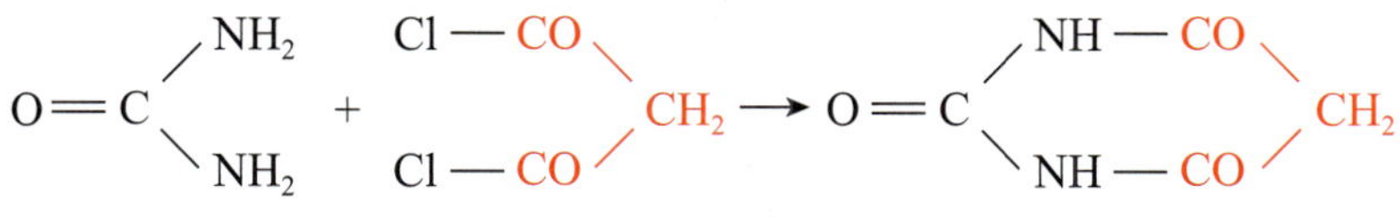

Malonylurée

Les deux atomes d'hydrogène du groupe $—CH_2—$ de la malonylurée sont labiles, à cause du voisinage immédiat de deux groupes carbonyles, et cet uréide cyclique est également appelé « acide barbiturique ». Ses dérivés dans lesquels ces deux hydrogènes sont remplacés par divers radicaux (éthyle, phényle,…) sont employés en médecine comme calmants.

L'ESSENTIEL

Les acides et leurs dérivés

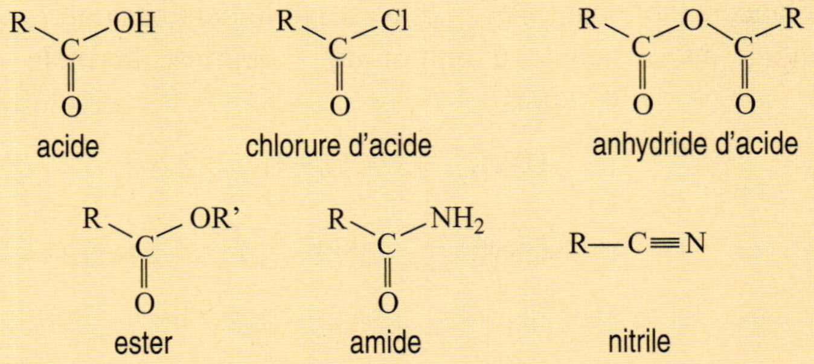

Les acides carboxyliques

Caractère acide des acides carboxyliques

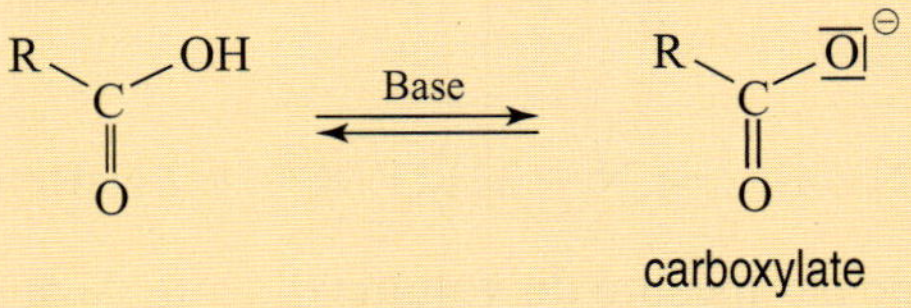

Caractère électrophile des acides carboxyliques

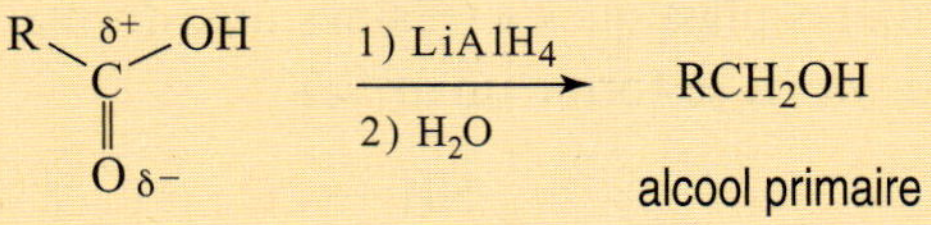

Les dérivés d'acides

Caractère électrophile des dérivés d'acides

Substitution par addition-élimination

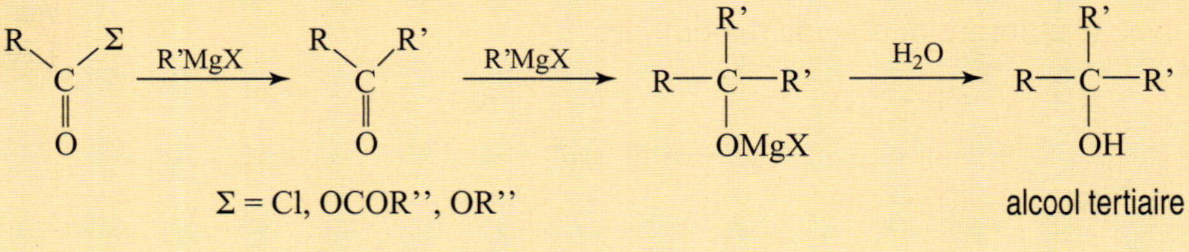

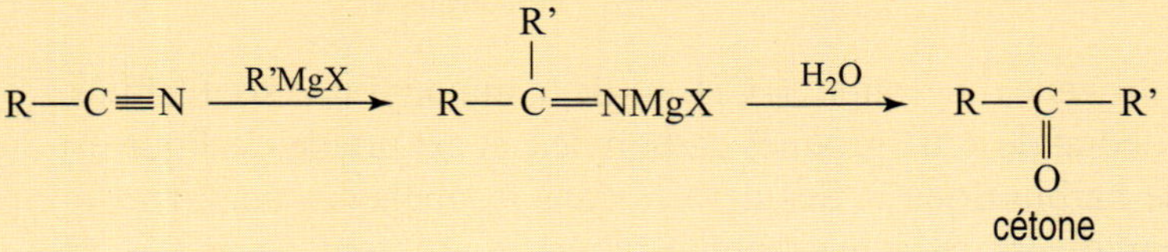

QCM

Les réponses se trouvent à la page 664.

1. Les acides carboxyliques

☐ **a.** ont des points d'ébullition inférieurs à ceux des alcools de même longueur de chaîne carbonée

☐ **b.** sont toujours solubles dans l'eau

☐ **c.** sont associés par des liaisons hydrogène fortes

☐ **d.** possèdent le groupement fonctionnel « carbonyle »

2. Le pKa du couple acide éthanoïque/éthanoate est d'environ

☐ **a.** 2,5

☐ **b.** 1

☐ **c.** 8

☐ **d.** 5

3. Pour réduire un acide carboxylique en alcool, on peut utiliser

☐ **a.** H_2 en présence de catalyseur

☐ **b.** $NaBH_4$

☐ **c.** $LiAlH_4$

☐ **d.** $KMnO_4$

4. Les chlorures d'acides

☐ **a.** sont formés à partir des acides carboxyliques par action de Cl_2

☐ **b.** réagissent avec les organomagnésiens pour former des cétones

☐ **c.** réagissent avec les alcools pour former des anhydrides d'acides

☐ **d.** réagissent avec les amines pour former des amides

5. Les anhydrides d'acides

☐ **a.** s'hydrolysent pour donner des acides carboxyliques

☐ **b.** présentent une réactivité supérieure aux chlorures d'acides vis-à-vis des alcools

☐ **c.** peuvent être obtenus par déshydratation d'un acide carboxylique

☐ **d.** peuvent être utilisés pour synthétiser des esters

6. Les nitriles RCN

☐ **a.** sont réduit par H_2/catalyseur en amines primaires

☐ **b.** sont hydrolysés en acides carboxyliques

☐ **c.** peuvent conduire par réduction aux amides

☐ **d.** ne réagissent pas avec les organomagnésiens

7. Les esters peuvent être transformés en acides carboxyliques par

- ☐ a. H_2O / H^+ catalytique
- ☐ b. $LiAlH_4$ puis H_2O
- ☐ c. chauffage vigoureux
- ☐ d. NaOH puis H_2O, H^+

8. Les amides $RCONH_2$

- ☐ a. sont des bases
- ☐ b. peuvent être obtenues par action d'ammoniac sur un acide carboxylique
- ☐ c. peuvent être décrites par plusieurs formes limites de résonance
- ☐ d. peuvent être obtenues à partir des nitriles

EXERCICES

Les solutions se trouvent à la page 683.

Les **règles de nomenclature**, permettant de faire correspondre réciproquement un nom et une formule, sont exposées dans le chapitre 7 (pour les stéréoisomères, au chapitre 3).

19-a Les alcools ROH, les phénols ArOH et les acides R—COOH possèdent tous un groupe hydroxyle OH, et un hydrogène labile. Mais leur caractère acide se manifeste avec des « forces » très différentes.

– Comment ces trois fonctions se classent-elles par rapport à leur constante d'acidité respective ?

– Quels sont, dans leur structure, les éléments communs justifiant leur caractère acide, et les facteurs particuliers qui justifient les différences entre leur constante d'acidité ?

– Certains de ces facteurs peuvent-ils également être invoqués pour interpréter l'acidité du cyclopentadiène qui ne possède pas d'hydroxyle [encadré chapitre 12] ?

19-b Quel est le produit principal formé dans les réactions suivantes ?

1) $CH_3COOH + Et_3N$
2) $CH_3CH_2COOH + LiAlH_4$ puis H_2O
3) $PhCH_2COOH + SOCl_2$
4) $CH_3COOH + CH_3OH$ + catalyse acide
5) $CH_3COCl + CH_3MgBr$ puis H_2O
6) $CH_3COCl + CH_3CH_2NH_2$
7) $CH_3COOCOCH_3 + CH_3CH_2OH$
8) $CH_3CH_2CN + H_2O$
9) $CH_3CN + H_2$ + Ni de Raney

10) Ph-CH_2CN + CH_3MgBr puis H_2O

11) $CH_3CH_2COOCH_3$ + CH_3MgBr puis H_2O

12) $CH_3COOCH_2CH_3$ + NaOH, H_2O

13) $CH_3CH_2COOCH_3$ + $LiAlH_4$ puis H_2O

19-c Par quelles suites de réactions peut-on transformer l'acide propanoïque, à l'aide de réactifs minéraux seulement en :

1) 1,1-dichloropropane
2) 3,3-dichloropentane
3) Pentan-3-ol
4) Hexan-3-ol
5) Propanoate de propyle
6) Acide butanoïque
7) Propylamine
8) Butylamine

19-d Comment pourrait-on préparer l'acide propanoïque à partir de chacun des composés suivants (et de tout composé organique ou minéral nécessaire) ?

1) Propanoate d'éthyle
2) But-1-ène
3) Propanamide
4) Butanone
5) Bromure d'éthyle
6) 1-chloropropane

19-e Par quel enchaînement de réactions peut-on passer :

1) de CH_3COCl	à	CH_3CO-C_6H_5
2) de CH_3CH_2COCl	à	CH_3CH_2CHO
3) de CH_3COOH	à	$CH_3C(OH)(CH_2CH_3)_2$
4) de CH_3COOH	à	$CH_3COCH_2CH_3$
5) de $CH_3CH_2CH_2COCH_3$	à	$CH_3CH_2CH_2COOH$
6) de $C_6H_5CH_3$	à	C_6H_5COOH
7) de $C_6H_5CH_2Br$	à	$C_6H_5CH_2COOH$ (donner 2 possibilités)
8) de $C_6H_5CH_2Br$	à	$C_6H_5CH_2CH_2COOH$
9) de CH_3CN	à	$CH_3COOCH_2CH_3$
10) de CH_3CN	à	$CH_3CH_2NHCOCH_2CH_3$

19-f Trouver la formule des composés remplacés par les lettres (a), (b), (c) etc. dans l'enchaînement des réactions suivantes :

(a) + HBr $\rightleftarrows$ (b) + H_2O
(b) + Mg $\rightarrow$ (c)
(c) + CO_2, puis H_2O $\rightarrow$ (d) + BrMgOH
(d) + NaOH $\rightarrow$ (e) + H_2O
(d) + PCl_5 $\rightarrow$ (f) + $POCl_3$ + HCl
(e) + (f) $\rightarrow$ (g) + NaCl
(a) + (g) $\rightarrow$ $CH_3—CH_2—CO_2—CH_2—CH_3$ + $CH_3—CH_2—COOH$.

20

COMPOSÉS À FONCTIONS MULTIPLES ET MIXTES

PRÉALABLES

- Addition électrophile sur les alcènes
- Substitution nucléophile
- Réactions d'énolisation et d'aldolisation-cétolisation
- Synthèse malonique
- Addition nucléophile sur les dérivés carbonylés

MOTS-CLÉS

- Acyloïnes
- Cétoacides et cétoesters
- Composés carbonylés éthyléniques
- Composés dicarbonylés
- Composés halogénés éthyléniques
- Diacides
- Diènes – polyènes
- Diols et polyols

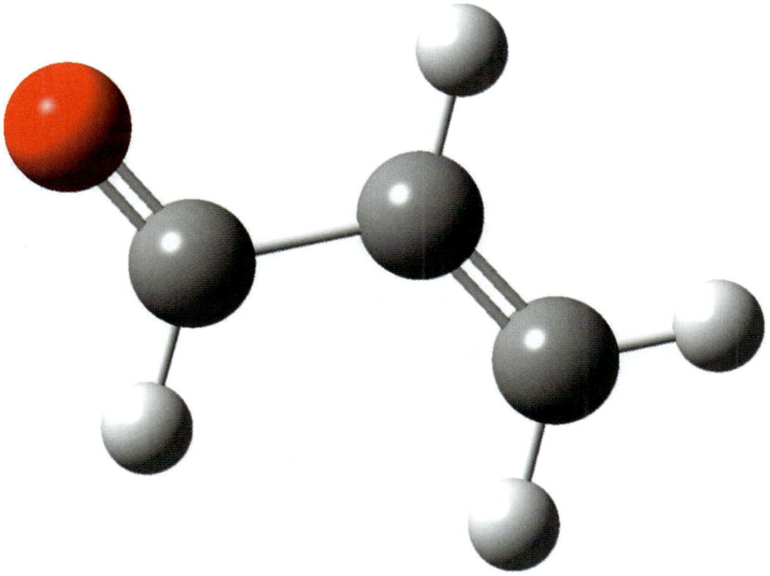

L'acroléine C_3H_4O

Jusqu'ici il a été supposé que les composés étudiés ne comportaient dans leur molécule qu'une seule fonction (composés à *fonctions simples*). Or il est fréquent de trouver réunies dans une même molécule plusieurs fonctions, soit identiques (composés à *fonctions multiples*), soit différentes (composés à *fonctions mixtes*).

Dans ces composés, chaque fonction peut garder son « individualité » et réagir normalement, indépendamment de la (ou des) autre(s). Mais il n'en est pas toujours ainsi, et la position relative des fonctions sur la chaîne carbonée joue un rôle important.

➤ Lorsque deux fonctions sont très proches (position α [§ 7.4], il peut se produire une perturbation mutuelle plus ou moins importante de leurs propriétés (exemple : doubles liaisons conjuguées [§ 20.1.1.a], diols α [§ 20.1.2].

➤ Lorsque deux fonctions sont peu éloignées (position α) l'effet principal de leur réunion peut être une « activation » des atomes compris entre elles (exemple : labilité des hydrogènes du CH_2 compris entre deux groupes carbonyles [§ 20.1.3.b].

➤ Lorsque deux fonctions sont éloignées l'une de l'autre, elles gardent en principe leur indépendance, mais il peut alors se produire des réactions internes à la molécule (réactions « intramoléculaires ») aboutissant à une cyclisation. Il ne faut pas perdre de vue, en effet, que des atomes de carbone séparés par quatre ou cinq liaisons peuvent être proches l'un de l'autre dans l'espace, par le jeu des rotations possibles autour des liaisons [§ 2.3.1.a], et que les cycles à cinq ou six atomes sont les plus faciles à former (exemple : lactones [§ 20.2.3.b]).

Voir chap. 2, § 2.3.1.a

On peut imaginer un très grand nombre de combinaisons des fonctions simples, prises deux par deux, trois par trois, etc. mais seules seront envisagées ici quelques associations de fonctions parmi les plus fréquentes ou les plus caractéristiques par les propriétés nouvelles qui y apparaissent.

Les règles de base de la nomenclature applicables aux fonctions mixtes ont été indiquée au Chapitre 7 [7.3].

20.1 Composés à fonctions multiples

20.1.1 Diènes et polyènes

Les deux doubles liaisons d'un diène peuvent se trouver dans les positions relatives suivantes :

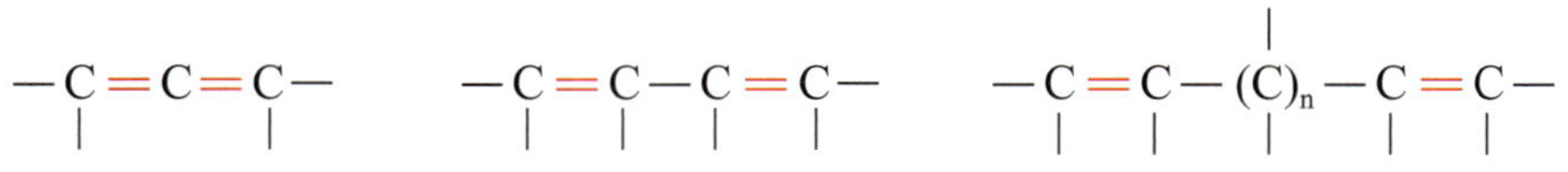

(A) (B) (C)

Voir chap. 10, § 10.3.1

➤ La structure (A) est celle des **allènes**, composés instables qui se transforment facilement en alcynes.

➤ Dans la structure (C), où deux liaisons simples au moins séparent les deux doubles liaisons, les propriétés de ces dernières ne sont pas modifiées par rapport à celles d'un alcène simple. Les réactions habituelles des alcènes peuvent avoir lieu sur chacune d'elles, et le spectre ultraviolet de ces diènes est le même que celui d'un alcène.

➤ Dans la structure (B), en revanche, où les deux doubles liaisons sont *conjuguées*, leurs propriétés sont profondément modifiées par leur proximité. Elles réagissent comme un ensemble, constituant en quelque sorte un nouveau groupe fonctionnel, et leur spectre ultraviolet est fortement modifié.

Voir chap. 6, § 6.6.1.c

a) Diènes conjugués

Le cas d'une telle structure a déjà été envisagé à propos de la mésomérie [§ 4.4.1]. Contrairement à ce que suggère la formule habituelle, les électrons π des deux doubles liaisons ne restent pas localisés entre les carbones 1 et 2 d'une part, 3 et 4 d'autre part. Ils sont *délocalisés* dans un nuage électronique qui intéresse l'ensemble des trois liaisons du système conjugué. La liaison centrale, entre les carbones 2 et 3, n'est pas une simple liaison σ, mais elle possède un caractère partiel de double liaison :

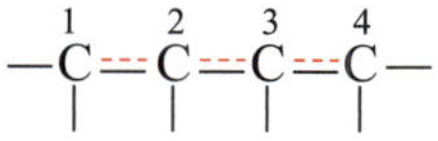

L'exemple le plus simple des diènes de ce type est le buta-1.3-diène $H_2C{=}CH{-}CH{=}CH_2$, que l'on obtient à partir du pétrole par vapocraquage.

Web

Addition en 1,4

Si on fait agir du chlorure d'hydrogène sur le buta-1,3-diène on obtient, après addition d'une molécule HCl par molécule de butadiène, un mélange de 3-chlorobut-1-ène (a), normalement attendu, et de 1-chlorobut-2-ène (b), non attendu *a priori* :

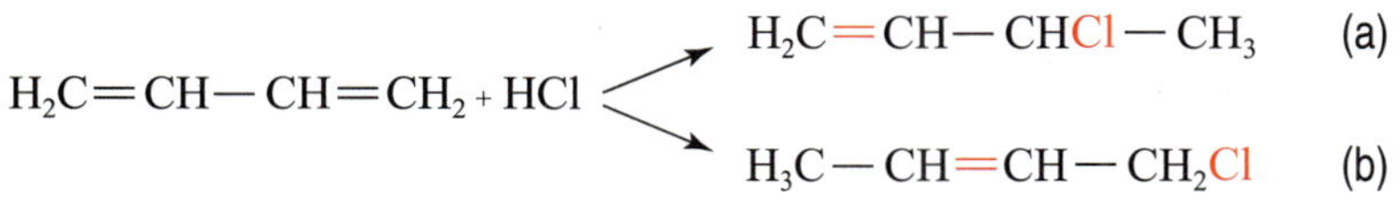

Ce résultat est explicable sur la base du mécanisme normal d'addition des hydracides sur les doubles liaisons, en tenant compte de la structure particulière du carbocation intermédiaire obtenu en ce cas. La fixation initiale d'un H^+ sur l'un des carbones terminaux donne en effet un carbocation dans lequel les électrons π et la charge positive sont délocalisés :

Voir page 222

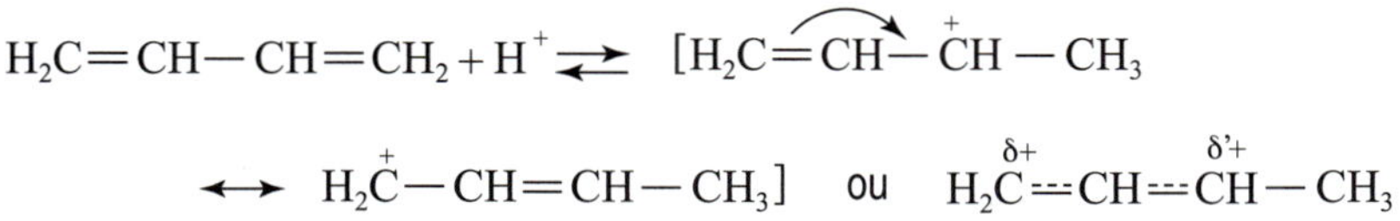

et l'anion Cl^- a donc la possibilité de se lier sur l'un ou l'autre des carbones 1 et 3, tous deux déficitaires.

Question 20.A

Dans l'addition de HCl sur le butadiène, pourquoi n'obtient-on pas également du 4-chlorobut-1-ène ? D'autre part, quel(s) produit(s) peut-on attendre de l'addition d'une seconde molécule de HCl ?

On constate que les proportions des produits (a) et (b) de la réaction varient selon les conditions opératoires utilisées :

- dans des conditions dites cinétiques (temps réactionnel court, température basse), (a) est majoritaire.
- dans des conditions dites thermodynamiques (temps réactionnel long, température élevée), (b) est prépondérant.

On dit que (a) est le produit cinétique (celui qui se forme le plus vite) et que (b) est le produit thermodynamique (le plus stable).

Question 20.B

Pourquoi (b) est-il plus stable que (a) ? Dessinez le profil énergétique de la réaction.

On obtient également deux produits d'addition (par addition-1,2 et par addition-1,4) au cours de la réaction d'un diène conjugué avec un dihalogène. Ainsi, l'addition du dibrome sur le buta-1,3-diène donne les deux produits (a') et (b') :

$$H_2C{=}CH{-}CH{=}CH_2 + Br_2 \longrightarrow \begin{cases} H_2C{=}CH{-}CHBr{-}CH_2Br & \text{(a')} \\ BrCH_2{-}CH{=}CH{-}CH_2Br & \text{(b')} \end{cases}$$

L'interprétation est la même : la fixation de Br^+ est la première étape de la réaction et, lorsqu'elle a eu lieu sur le carbone 1, le carbocation formé possède deux sites déficitaires sur lesquels Br^- peut ensuite venir se lier :

$$H_2C{=}CH{-}CH{=}CH_2 + Br^+ \longrightarrow [H_2C{=}CH{-}\overset{+}{C}H{-}CH_2Br$$

$$\longleftrightarrow H_2\overset{+}{C}{-}CH{=}CH{-}CH_2Br] \text{ ou } H_2\overset{\delta+}{C}{\cdots}CH{\cdots}\overset{\delta'+}{C}H{-}CH_2Br$$

Cycloaddition (réaction de Diels-Alder)

Les composés éthyléniques peuvent s'additionner « en 1,4 » sur les diènes conjugués, en formant une chaîne cyclique à six carbones avec une double liaison (cycle du cyclohexène). Schématiquement, la réaction peut se représenter ainsi :

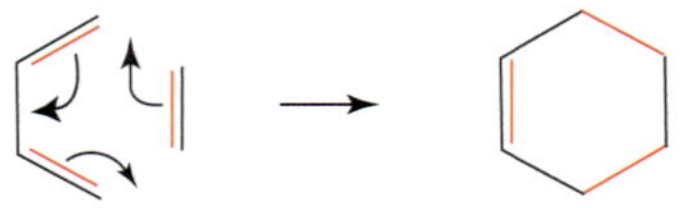

On appelle cette réaction, *réaction de Diels-Alder*. C'est une *cycloaddition*, à laquelle on attribue un mécanisme *électrocyclique* (transfert électronique circulaire concerté). Le rendement est faible si le diène n'est pas « enrichi » par des substituants à caractère donneur et si le composé éthylénique (le « diénophile ») n'est pas « appauvri » par un ou des substituant(s) attracteur(s).

Voir chap. 5, § 5.3.3

Exemple

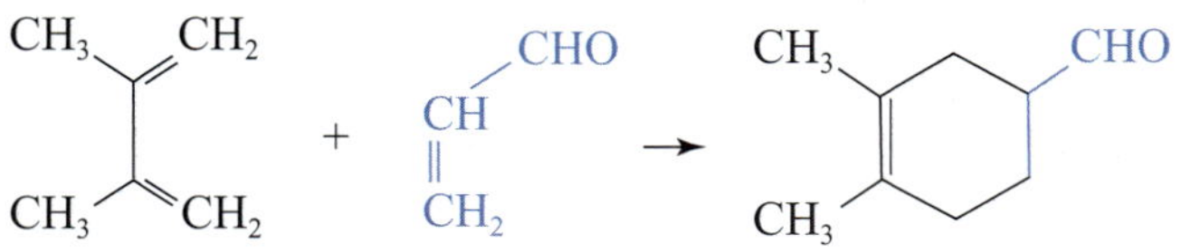

Dans la réaction de Diels-Alder, la stéréochimie du diène et du diénophile est conservée dans le produit de la réaction : la réaction est stéréospécifique.

Exemples

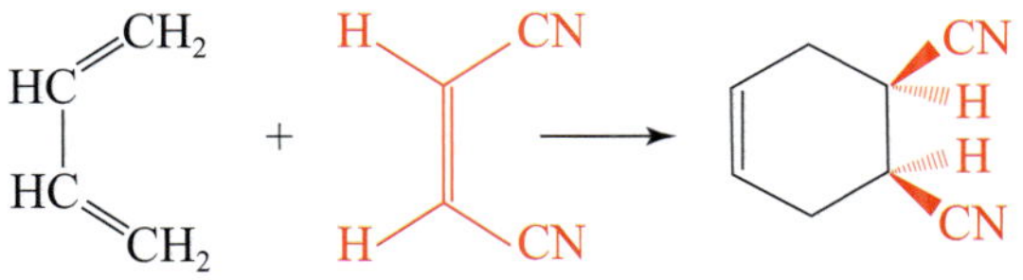

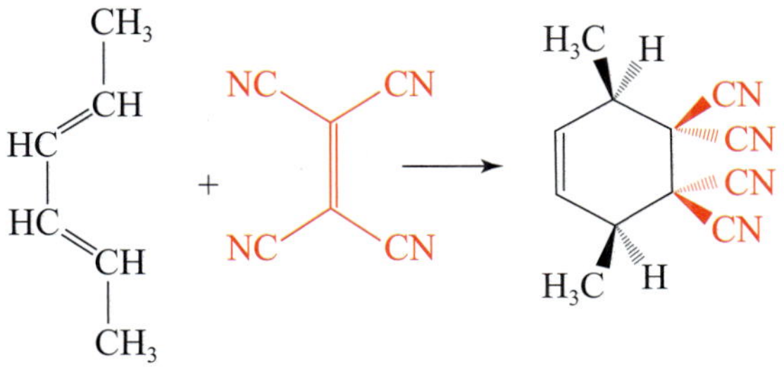

Cette réaction est également possible avec des systèmes diéniques inclus dans des cycles, comme celui du cyclopentadiène ou celui du furane.

Voir page 509

Dans ce cas, la réaction peut conduire à deux produits stéréoisomères pontés pour lesquels le (ou les) substituant(s) du diénophile se trouve(nt) en *cis* ou en *trans* par rapport au pont. Ces stéréoisomères sont nommés respectivement *exo* et *endo*.

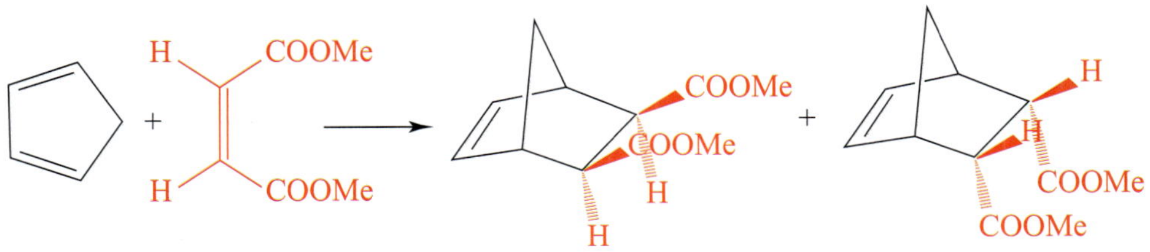

Stéréoisomère *exo* **Stéréoisomère *endo***

Question 20.C

Compte tenu des exigences géométriques de la réaction, les diènes suivants peuvent-ils participer à une synthèse diénique ?

a) 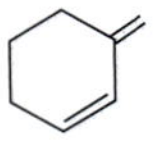 b) 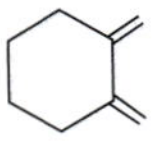 c)  d) 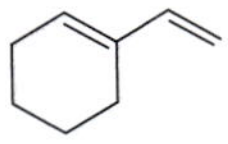

Polymérisation

Les diènes conjugués simples, comme le butadiène, peuvent se polymériser selon le schéma :

$$n\,H_2C{=}CH{-}CH{=}CH_2 \rightarrow -(CH_2{-}CH{=}CH{-}CH_2)_n-$$

Ces polymères se présentent sous la forme d'*élastomères*, c'est-à-dire de substances analogues au caoutchouc, et on fabrique précisément une grande variété de caoutchoucs synthétiques par des réactions de ce type.

Web

Le caoutchouc naturel est d'ailleurs le polymère d'un diène simple, l'isoprène :

$$CH_2{=}CH{-}\underset{\displaystyle CH_3}{\underset{|}{C}}{=}CH_2$$

b) Polyènes

Si les doubles liaisons sont contiguës, il s'agit d'un *cumulène*

$$=C=C=C=C=C=$$

Si elles sont séparées par un carbone saturé au moins, elles restent indépendantes et les propriétés sont celles d'un alcène répétées (cas des polymères de diènes conjugués, cf. ci-dessus).

Les polyènes conjugués

$$\ldots-\underset{|}{C}=\underset{|}{C}-\underset{|}{C}=\underset{|}{C}-\underset{|}{C}=\underset{|}{C}-\underset{|}{C}=\underset{|}{C}-\ldots$$

sont les plus intéressants ; certains possèdent plus de dix doubles liaisons conjuguées et sont en rapport avec des substances biologiquement importantes (carotène, vitamine A).

Voir chap. 24, § 24.2.2

À mesure qu'augmente le nombre de doubles liaisons conjuguées, la longueur d'onde du maximum d'absorption dans l'ultra-violet [**§ 6.6.1.c**] se déplace vers la région visible du spectre ; à partir de cinq doubles liaisons, l'absorption se produit effectivement dans la région violette du spectre visible et, en conséquence, la substance apparaît colorée en jaune. À mesure que le déplacement s'accentue vers le bleu, puis vers le vert du spectre, la couleur « s'approfondit » en passant à l'orangé et au rouge.

20.1.2 Diols et polyols

Ces composés réunissent dans une même molécule deux fonctions alcool, ou davantage, qui peuvent être séparément primaires, secondaires ou tertiaires.

Exemple

$R-CHOH-CH_2OH$ — Diol α primaire-secondaire

$$R-\overset{\displaystyle R'}{\overset{|}{\underset{\displaystyle OH}{\underset{|}{C}}}}-CH_2-\overset{\displaystyle R''}{\overset{|}{\underset{\displaystyle OH}{\underset{|}{C}}}}-R'''$$

Diol β bitertiaire

Voir chap. 18, § 18.2.1.f

Les deux —OH d'un diol ne peuvent être sur le même carbone (ce serait alors un hydrate d'aldéhyde ou de cétone généralement instable).

a) Diols (glycols)

La préparation des diols, ou glycols, s'effectue selon les mêmes méthodes que celle des alcools simples, mais à partir d'un composé possédant :

➤ soit deux groupements transformables en fonctions alcool, par exemple un dihalogénure :

$$-CCl-CCl- + 2OH^- \rightarrow -C(OH)-C(OH)- + 2Cl^-$$

➤ soit un groupement transformable et une fonction alcool :

$$CH_3-CHOH-CH_2-CH{=}O + H_2 \rightarrow CH_3-CHOH-CH_2-CH_2OH$$

Aldol

Voir § 18.2.2.c

Seuls les α-glycols ont, en outre, des méthodes de préparation qui leur sont propres.

Exemple

- Oxydation ménagée d'un alcène [cf. 9.2.2.a] :

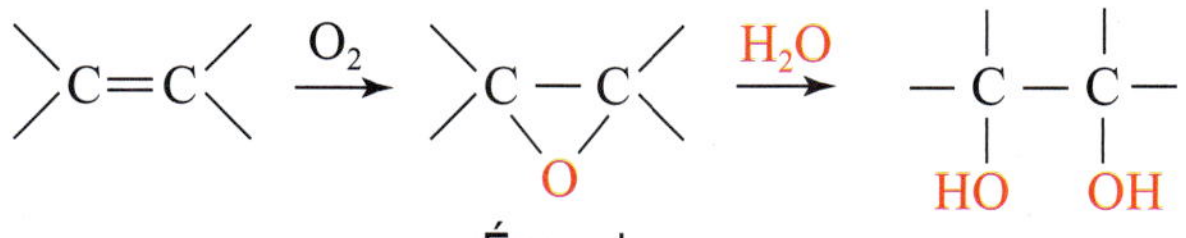

Époxyde

- Réduction des cétones par un métal (Mg) :

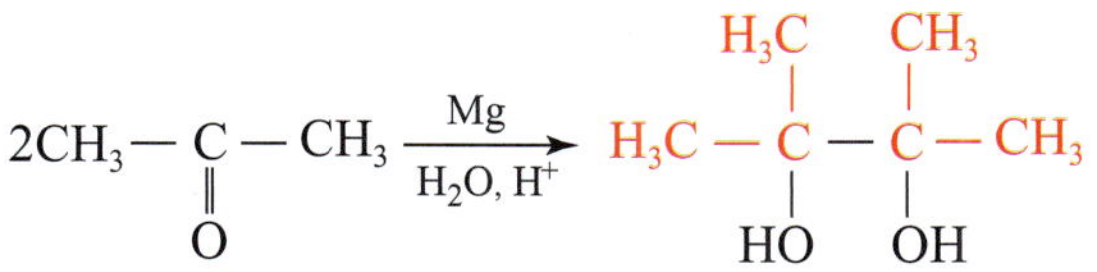

Acétone Pinacol

Caractères physiques

Les caractères physiques des diols sont très sensiblement modifiés par rapport à ceux des alcools simples ; l'accumulation des groupes hydroxyles dans une molécule entraîne :

- une élévation très importante du point d'ébullition (liaisons hydrogène plus nombreuses) :

  CH_3-CH_2OH Eb = 78,3 °C

  HOH_2C-CH_2OH Eb = 198 °C

- une augmentation de la viscosité ;
- un accroissement de la solubilité dans l'eau ;
- une saveur sucrée.

Pour les triols et polyols, ces caractères sont encore plus accentués.

Réactivité

Les propriétés des diols sont, dans l'ensemble, celles des alcools répétées deux fois (exemple : formation de diesters). Cependant, quelques particularités peuvent résulter de la proximité plus ou moins grande des deux fonctions, notamment dans les réactions de déshydratation et d'oxydation :

La déshydratation des α-diols

Elle s'accompagne d'un réarrangement moléculaire, connu sous le nom de « transposition pinacolique » :

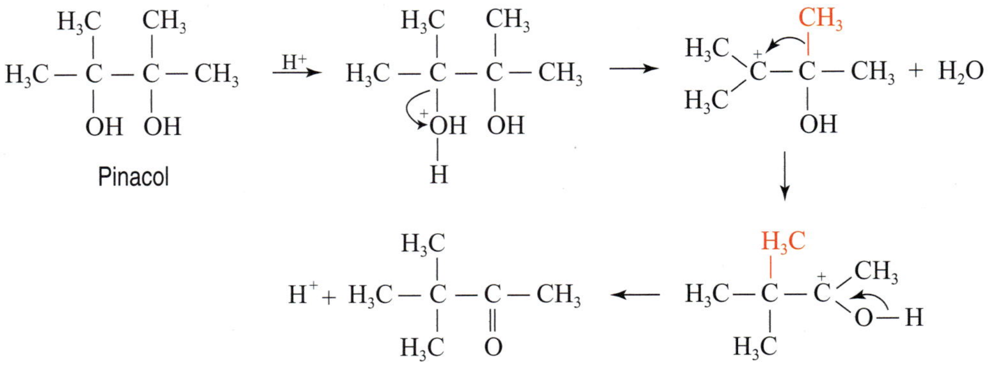

Pinacol

Pinacolone

Si l'une des deux fonctions est primaire, on obtient un aldéhyde au lieu d'une cétone.

Question 20.D

Vérifiez effectivement qu'il est normal, en ce cas, d'obtenir un aldéhyde. Qu'aurait-on pu obtenir d'autre ? Prenez comme exemple

$$(CH_3)_2C(OH)-CH_2OH$$

et examinez quel est celui des deux OH qui partira le plus probablement, en fonction de la stabilité de l'intermédiaire qui se formera.

La déshydratation des β-diols

Elle donne, d'une façon normale, un diène, mais celle des **γ-diols** peut conduire à une cyclisation, par formation d'un éther-oxyde interne :

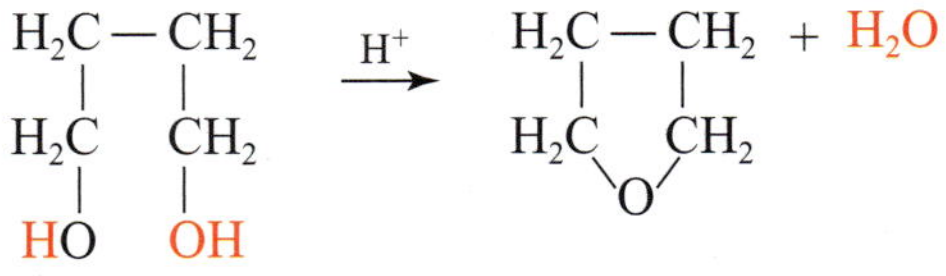

Butane-1,4-diol Tétrahydrofurane

Question 20.E

Quel peut être le mécanisme de cette déshydratation ?
(rappelez-vous comment se forme un éther à partir de deux molécules d'un mono-alcool).

L'oxydation des α-diols

Par l'acide périodique HIO_4 ou par le tétracétate de plomb $(CH_3CO_2)_4Pb$, elle provoque la coupure de la liaison C—C entre les deux fonctions, et la formation de deux composées carbonylés, aldéhydes ou cétones selon la classe de la fonction alcool.

Exemples

$$R-CHOH-CH_2OH \xrightarrow{HIO_4} R-CH{=}O + H_2C{=}O$$

$$\begin{array}{ccccc} & H_3C & & CH_3 & \\ & | & & | & \\ CH_3- & C & - & C & -CH_3 \\ & | & & | & \\ & HO & & OH & \end{array} \xrightarrow{HIO_4} 2CH_3-CO-CH_3$$

Diols importants

L'éthane-diol $HOH_2C—CH_2OH$ ou « éthylène-glycol », fabriqué à partir de l'éthylène (par oxydation, et hydratation de l'oxyde d'éthylène, ou par traitement basique de la chlorhydrine $ClCH_2—CH_2OH$ (p. 231), est utilisé dans la fabrication d'explosifs (esters nitrique), dans celle du tergal et comme antigel.

Voir chap. 9, § 9.2.2.a

b) Triols

Un seul est vraiment important, le ***glycérol*** (ou « glycérine ») :

$$HOH_2C-CHOH-CH_2OH \qquad \text{Propane-1,2,3-triol}$$

Il se trouve à l'état naturel, sous forme de triesters,

$$\begin{array}{l} R-COO-CH_2 \\ \qquad\qquad\quad | \\ R-COO-CH \\ \qquad\qquad\quad | \\ R-COO-CH_2 \end{array}$$

qui constituent les corps gras, graisses ou huiles, d'origine animale ou végétale (huile de lin, d'olive, d'arachide, beurre, etc.). Les acides R—COOH de ces esters sont des acides acycliques linéaires à longue chaîne, appelés précisément « acides gras » (exemple : acide stéarique $C_{17}H_{35}—COOH$).

Voir chap. 24, § 24.1

La préparation du glycérol à partir de ces corps gras peut se faire par hydrolyse, fournissant à côté du glycérol les acides gras à l'état libre, ou par saponification, auquel cas les acides gras sont transformés en sels de sodium ou de potassium qui constituent les *savons*.

Le glycérol se prépare aussi à partir du propène obtenu par craquage du pétrole :

$$CH_2{=}CH-CH_3 \xrightarrow[400\,°C]{Cl_2} CH_2{=}CH-CH_2Cl \xrightarrow{HOCl}$$

$$CH_2OH-CHCl-CH_2Cl \xrightarrow{NaOH} CH_2OH-CHOH-CH_2OH$$

Question 20.F

Pourquoi, dans la première étape, le dichlore donne-t-il avec le propène une substitution, et non une addition sur la double liaison, pourtant *a priori* plus facile ? (réponse : voir 8.2.2 et p. 286)

C'est un liquide très visqueux, bouillant à 290 °C, de saveur sucrée et toxique ; ses principaux dérivés sont des esters :

- avec l'acide nitrique, on obtient le *trinitrate de glycérol*, qui est un explosif (appelé nitroglycérine)

$$\begin{array}{l} CH_2OH \\ | \\ CHOH \\ | \\ CH_2OH \end{array} + 3\,HNO_3 \rightarrow \begin{array}{l} CH_2-O-NO_2 \\ | \\ CH-O-NO_2 \\ | \\ CH_2-O-NO_2 \end{array} + 3\,H_2O$$

Mélangé avec une matière inerte pour réduire sa sensibilité au choc, il constitue la dynamite, inventée par Alfred Nobel (1833-1896).

- avec l'acide ortho-phtalique

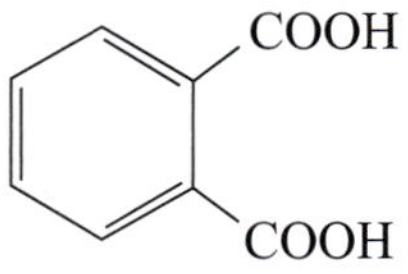

il se produit une réaction de polyestérification, conduisant à des résines thermodurcissables (*résines « glycérophtaliques »*).

La déshydratation du glycérol conduit à l'acroléine

$$CH_2{=}CH-CH{=}O$$

Question 20.G

Essayez de proposer un mécanisme vraisemblable expliquant la formation d'acroléine lors de la déshydratation du glycérol.

c) Polyols

Les seuls importants contiennent en outre une fonction carbonylée ; ce sont les sucres, qui seront étudiés au chapitre 22.

20.1.3 Composés dicarbonylés

Il s'agit de dialdéhydes, de dicétones et d'aldéhydes-cétones, dont les deux fonctions peuvent occuper des positions relatives diverses.

a) Composés α-dicarbonylés

Ils peuvent être obtenus par oxydation d'un composé carbonylé simple au moyen d'oxyde de sélénium SeO_2 (réaction de Riley).

Exemples

$$CH_3-CH{=}O + SeO_2 \rightarrow O{=}CH-CH{=}O + H_2O + Se$$

glyoxal

$$C_6H_5-CH_2-CO-C_6H_5 + SeO_2 \rightarrow C_6H_5-CO-CO-C_6H_5 + H_2O + Se$$

dibenzoyle

On peut également préparer les α-dicétones par oxydation d'un α-cétol secondaire (acyloïne) :

$$R-CHOH-CO-R' \xrightarrow{\text{oxydant}} R-CO-CO-R' + H_2O$$

Parmi les réactions des composés α-dicarbonylés, dont beaucoup sont identiques à celles d'un composé carbonylé simple, il convient de faire mention toutefois d'un comportement particulier en milieu basique : le chauffage d'une α-dicétone en présence d'une base provoque une transposition appelée « *réarrangement benzylique* ».

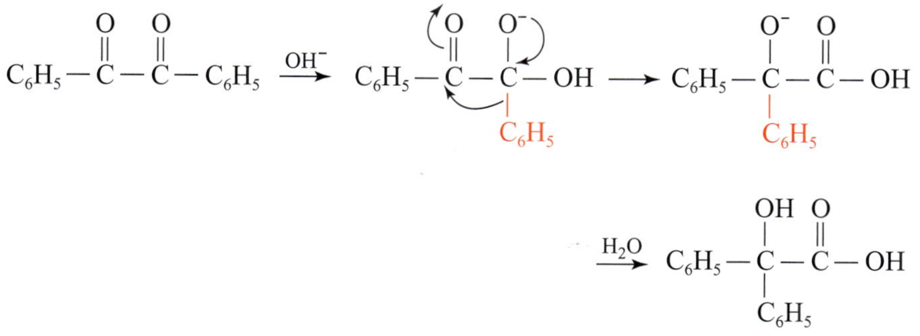

Dans le cas du glyoxal, O=CH—CH=O, ce réarrangement, comportant alors la migration d'un H^-, se ramène à une réaction de Cannizzaro intramoléculaire.

Voir chap. 18, § 18.2.1.i

b) Composés β-dicarbonylés

Les β-dicétones de la forme R—CO—CH_2—CO—R' sont les plus importants des composés de ce type.

Leur principale méthode de préparation consiste en la réaction entre une cétone et un ester en présence d'une base, telle que l'ion éthylate $CH_3—CH_2O^-$ (condensation de Claisen mixte). Cette réaction présente une grande analogie avec la cétolisation [cf. 18.2.2.c], le carbanion (ion énolate) formé à partir de la cétone s'additionne sur le groupe carbonyle de l'ester. Mais, comme dans toutes les attaques nucléophiles sur les esters (composés de la forme « R—CO—Z », cette addition est suivie d'une élimination spontanée qui « restitue » un ion éthylate :

Voir chap. 19, § 19.5.1

Exemple

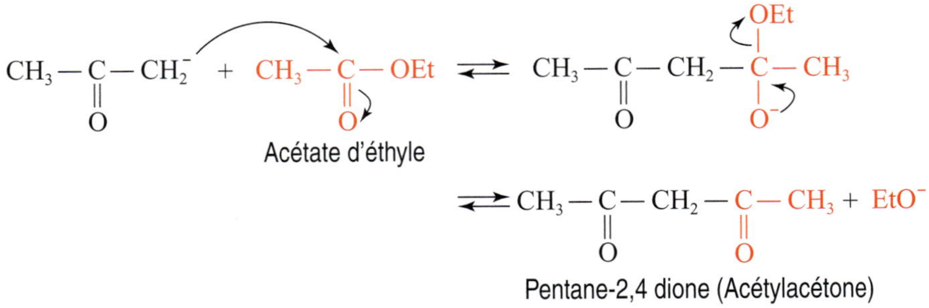

Voir chap. 18, § 18.2.2.a

Une caractéristique des β-dicétones est l'existence d'un *équilibre tautomère* avec une forme énolique nettement prédominante :

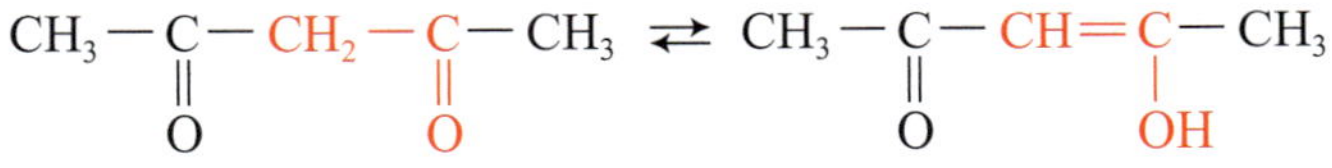

Forme cétonique (20 %) Forme énolique (80 %)

Question 20.H

Une autre forme énolique est possible :
$CH_2{=}C(OH)—CH_2—CO—CH_3$.
Pour quelle raison sa formation est-elle moins probable ?

La propriété dominante de la forme cétonique est la labilité des H du groupe $—CH_2—$ situé entre les deux carbonylés. En effet, outre l'effet inductif attracteur des deux C=O, le carbanion correspondant est fortement stabilisé par résonance :

Cf. labilité des hydrogènes en α d'un cabonyle [18.2]

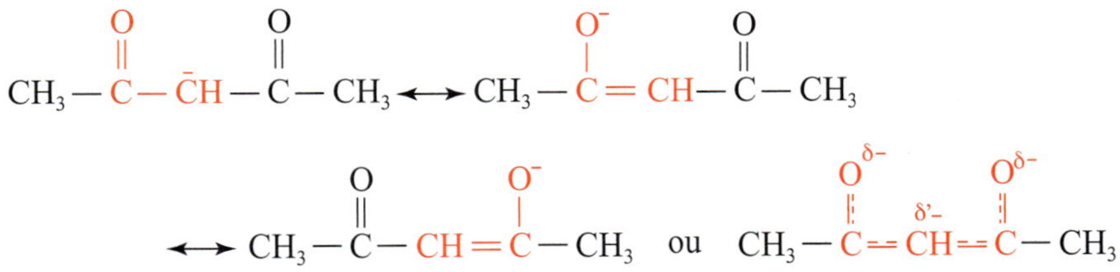

Cette labilité se traduit (comme pour les autres cas de labilité de l'hydrogène rencontrés jusqu'ici : alcynes vrais, aldéhydes, cétones...) par la possibilité de remplacer ces atomes d'hydrogène par un puis deux groupes alkyle :

$$CH_3-CO-CH_2-CO-CH_3 \xrightarrow{EtO^- Na^+} CH_3-CO-\bar{C}H-CO-CH_3$$

$$\xrightarrow{RX} CH_3-CO-\underset{\displaystyle R}{\underset{|}{CH}}-CO-CH_3 + X^-$$

Par ailleurs, en milieu basique, les β-dicétones subissent une coupure en acide (obtenu sous la forme de son sel) et cétone :

$$CH_3-CO \vdots CH_2-CO-CH_3 \xrightarrow{NaOH} CH_3-COONa + CH_3-CO-CH_3$$

c) Quinones

Les quinones sont des dicétones éthyléniques conjuguées cycliques, telles que :

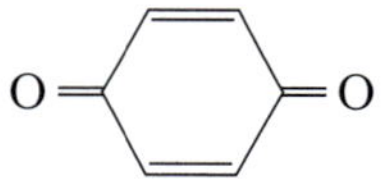

Parabenzoquinone

ou

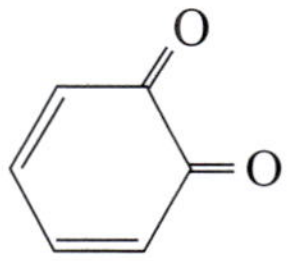

Orthobenzoquinone

Leur comportement est souvent celui des cétones éthyléniques conjuguées.

Additions 1,4

Voir § 20.2.1.a

Le chlorure d'hydrogène, par exemple, s'additionne sur la parabenzoquinone de la façon suivante :

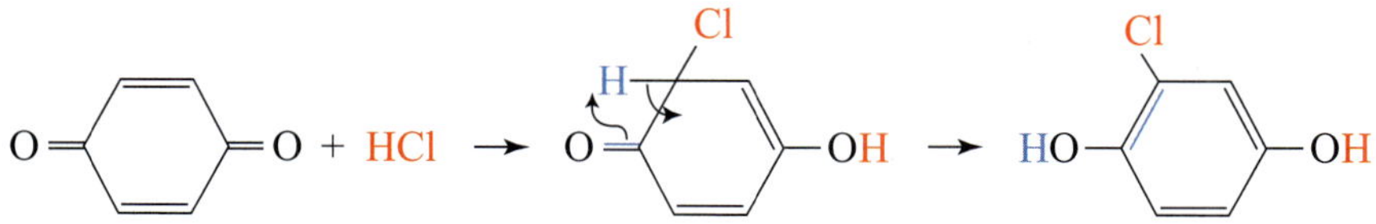

Réaction de Diels-Alder

Voir p. 482

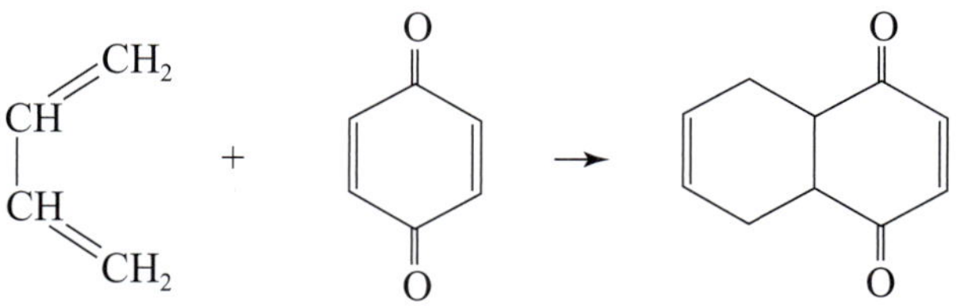

- *Réduction*

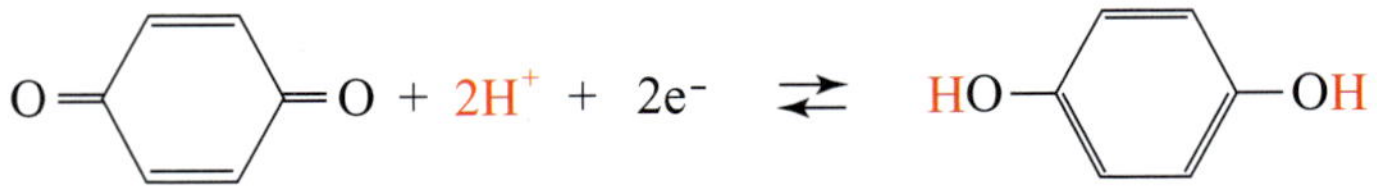

Hydroquinone
(paradiphénol)

La réaction est inversible, et la transformation inverse, outre qu'elle constitue une préparation de la quinone, traduit le caractère réducteur de l'hydroquinone qui justifie, en particulier, son emploi comme révélateur photographique (réduction des ions Ag^+ de l'émulsion en argent métallique).

20.1.4 Diacides

Les méthodes générales de préparation des diacides consistent souvent à appliquer les réactions habituelles de création de la fonction acide à un composé bifonctionnel convenable (saponification d'un diester, hydrolyse d'un dinitrile, etc.).

Voir chap. 4, § 4.3.2

L'influence mutuelle des deux fonctions se traduit essentiellement par une augmentation de leur acidité, par suite d'un effet inductif-attractif réciproque. Cet effet diminue rapidement lorsque l'éloignement des deux groupes fonctionnels augmente :

HOOC — COOH	pKa = 1,50
$HOOC-CH_2-COOH$	pKa = 2,77
$HOOC-CH_2-CH_2-COOH$	pKa = 4,48

Toutefois, lorsqu'une des deux fonctions a été ionisée, la fonction restante devient moins fortement acide, par suite de l'effet inductif-répulsif du groupe $-COO^-$ créé à son voisinage :

$$HOOC-CH_2-COOH \rightleftarrows HOOC-CH_2-COO^- + H^+ \qquad pKa^1 = 2,77$$

$$HOOC-CH_2-COO^- \rightleftarrows {}^-OOC-CH_2-COO^- + H^+ \qquad pKa^2 = 5,70$$

Par ailleurs, les diacides sont plus ou moins sensibles à la chaleur, et se décomposent selon des schémas divers (voir exemple ci-après).

a) Acide oxalique HOOC—COOH

Il est préparé par pyrolyse du formiate de sodium, lui-même obtenu par action de l'oxyde de carbone sur la soude (l'origine de l'acide oxalique est donc entièrement minérale) :

$$CO + NaOH \rightarrow H-COONa$$

$$2H-COONa \xrightarrow{\text{chauffage}} H_2 + NaOOC-COONa$$

Son caractère chimique le plus marquant est d'être un réducteur énergique.

$$C_2O_4H_2 \rightarrow 2CO_2 + 2H^+ + 2e^-$$

b) Acide malonique $HOOC—CH_2—COOH$

Ses deux propriétés essentielles sont :

- la labilité des deux H du groupe $—CH_2—$,
- une instabilité se traduisant par la perte facile d'une molécule de CO_2 (décarboxylation) :

$$HOOC—CH_2—COOH \rightarrow CH_3—COOH + CO_2$$

Ces propriétés sont mises à profit dans les « *synthèses maloniques* », où on l'utilise de préférence un ester malonique, moins instable (p. 463).

c) Acide adipique $HOOC—(CH_2)_4—COOH$

Cet acide est la matière première de la synthèse du nylon 6/6. On peut le préparer industriellement de deux façons résumées ci-dessous :

Web

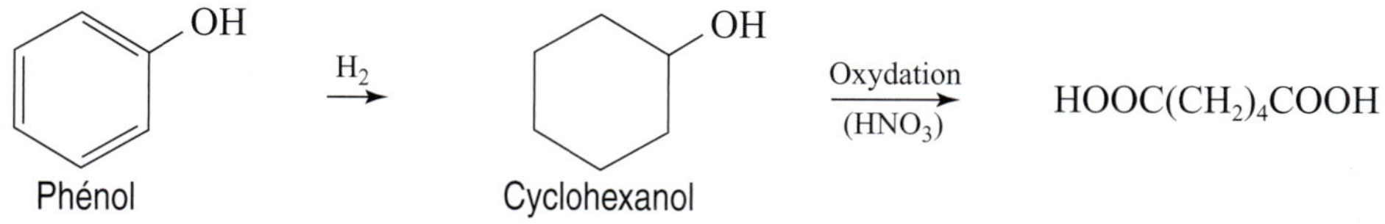

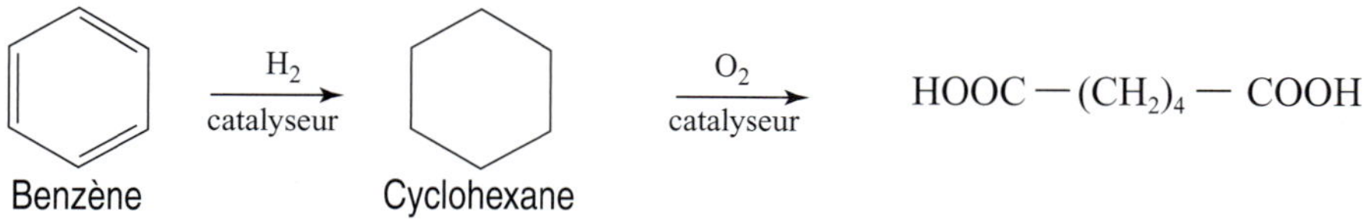

Par chauffage, l'acide adipique subit une cyclisation intramoléculaire, les deux groupes fonctionnels participant à une réaction analogue à celle qui permet d'obtenir une cétone à partir de deux molécules d'un monoacide.

Voir page 445

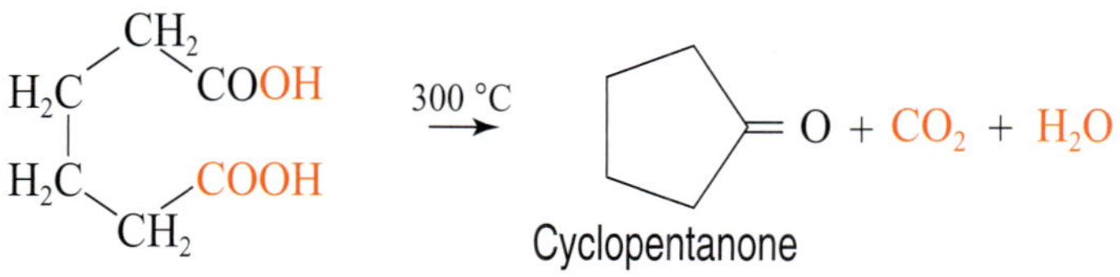

d) Acides phtaliques

- *L'acide orthophtalique :*

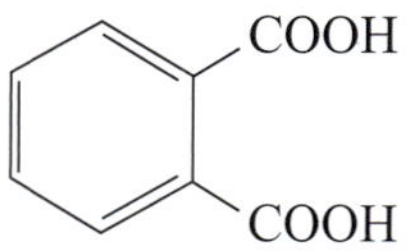

est fabriqué par oxydation du naphtalène, ou de *l'ortho*-xylène.

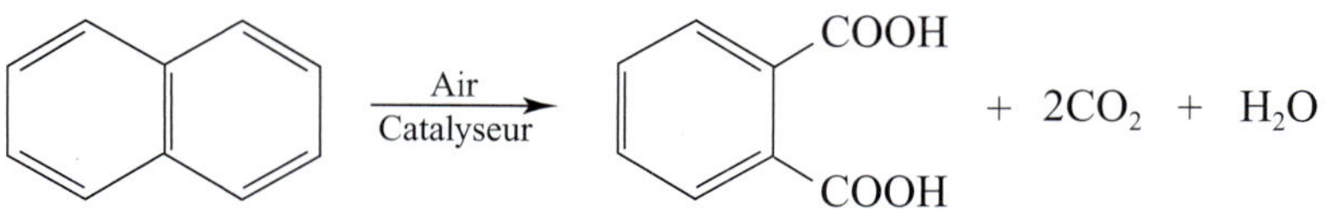

Par réaction avec des phénols, il permet d'obtenir des colorants (phtaléines) ; en présence d'un polyalcool (entre autres le glycérol) il se produit une polyestérification conduisant à des produits macromoléculaires.

Web

- *L'acide téréphtalique :*

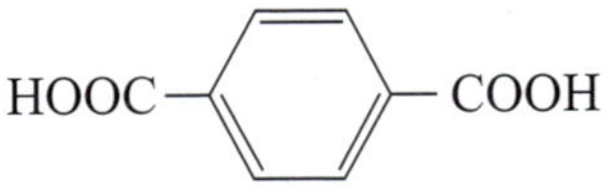

est obtenu par oxydation du *para*-xylène, ou d'un autre hydrocarbure benzénique ayant deux chaînes latérales en position *para*, et sert à la fabrication du tergal, par polyestérification avec le glycol ordinaire.

Web

20.2 Composés à fonctions mixtes

Toutes les combinaisons possibles des fonctions simples ne sont pas d'égal intérêt. Ce qui suit restera limité à quelques groupes de composés de particulière importance, eu égard au nombre de représentants connus de ce groupe, ou à leur rôle dans les processus biologiques, par exemple.

20.2.1 Composés éthyléniques

La présence simultanée dans une molécule d'une double liaison et d'une fonction quelconque est fréquente (alcools, aldéhydes, cétones, acides, halogénures éthyléniques). Souvent les propriétés de ces deux groupes fonctionnels ne s'en trouvent pas sensiblement modifiées ; les alcools éthyléniques, par exemple, ont à la fois les propriétés normales des alcools et des alcènes.

Il se manifeste cependant un mode de réactivité bien particulier lorsque la double liaison se trouve en position conjuguée par rapport à un autre groupement contenant également des électrons π. Le cas des diènes conjugués a déjà été abordé, mais les mêmes particularités apparaissent pour les composés carbonylés éthyléniques.

Voir § 20.1.1.a

a) Composés carbonylés éthyléniques

Les *aldéhydes et cétones α-β-éthyléniques* sont caractérisés par l'enchaînement :

$$-\underset{|}{C}=\underset{|}{C}-\underset{|}{C}=O$$

dans lequel les électrons π de la liaison éthylénique sont conjugués avec ceux du groupe carbonyle ; la délocalisation des électrons π confère à la liaison centrale un caractère partiellement éthylénique,

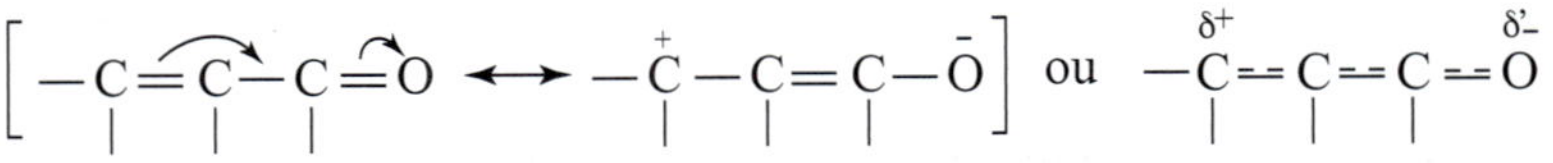

Voir chap. 4, § 4.4.1

L'effet mésomère fait apparaître une charge δ^+ sur le carbone « en 4 » (par rapport à l'oxygène). Par ailleurs l'électronégativité de l'oxygène et la polarisation de la liaison C=O provoquent un autre déficit sur le carbone « en 2 », comme dans tous les composées carbonylés [cf. 18.2]. Un réactif nucléophile, un organomagnésien par exemple, peut donc réagir sur deux sites, et on observe la formation de deux produits : l'attaque « en 2 » donne l'alcool tertiaire normalement attendu, et l'attaque « en 4 » donne une cétone saturée alkylée en β par rapport au carbonylé :

- *Attaque « en 2 » :*

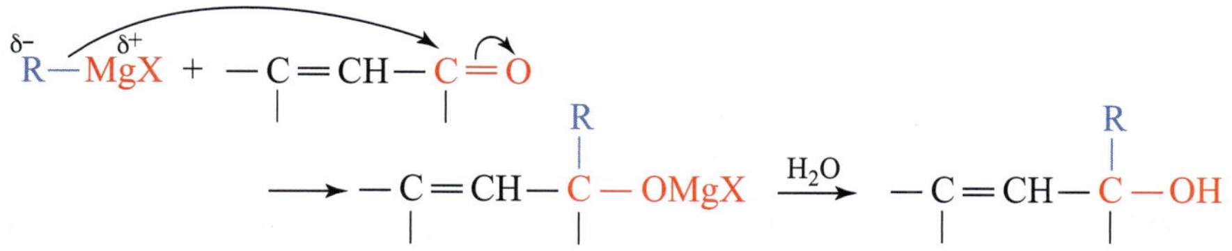

Alcool tertiaire

- *Attaque « en 4 » :*

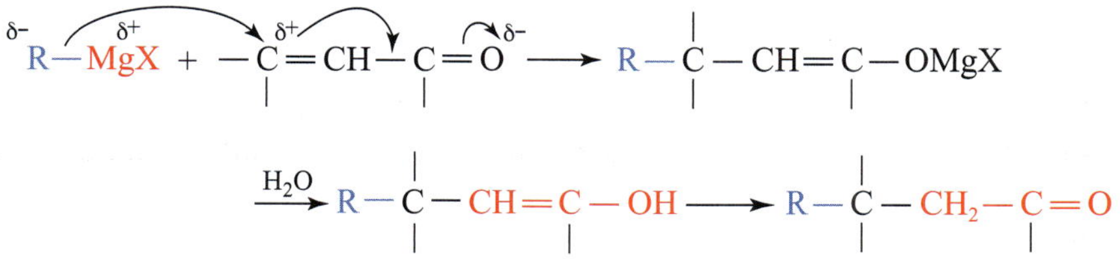

Énol Cétone saturée

S'il n'y a pas conjugaison (aldéhydes et cétone β,γ-éthyléniques, par exemple) les propriétés sont pratiquement celles d'un aldéhyde ou d'une cétone saturé et d'un alcène.

b) Dérivés halogénés éthyléniques

Les possibilités de réaction de la liaison carbone-halogène sont en principe les mêmes que pour les dérivés halogénés saturés (réactions de substitution diverses et d'élimination), mais la réactivité de cette liaison, entendue au sens de « facilité de réaction », peut être modifiée de façon importante par le voisinage d'une liaison non saturée.

Voir chaɔitre 13

Composés de la forme —C=C—X *(halogénures « vinyliques »)*

Leur réactivité est beaucoup moins grande que celle des halogénures saturés, et on peut attribuer ce fait à la participation de deux formes mésomères à la structure de la molécule :

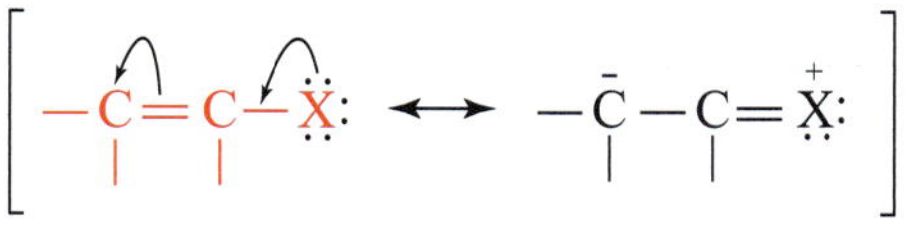

La stabilisation de la molécule initiale (qui n'existe plus dans le carbocation résultant du départ de l'halogène), l'appauvrissement électronique qui en résulte pour l'atome d'halogène et le renforcement de la liaison C—X rendent plus difficile la rupture de celle-ci avec départ de X^-. En outre, la mobilité des électrons π compense partiellement le déficit du carbone porteur de l'halogène, qui est donc moins électrophile.

Le cas des *halogénures benzéniques* du type ArX (halogène porté par le cycle) est analogue.

Composés de la forme —C=C—C—X *(halogénures « allyliques »)*

Leur réactivité est, au contraire, nettement plus grande que celle des halogénures saturés ; l'explication réside dans le fait que la molécule n'est pas stabilisée par résonance, alors que le carbocation résultant du départ de l'halogène l'est et se forme donc facilement.

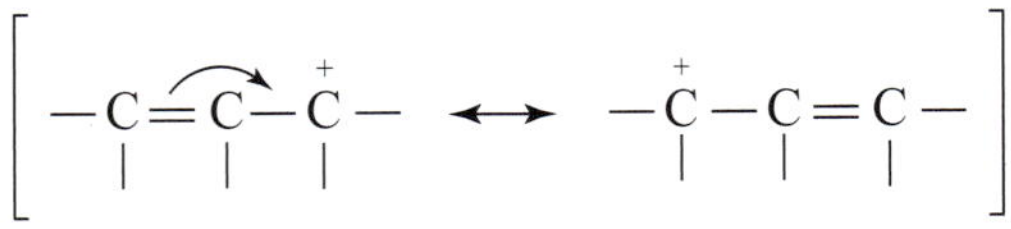

Le cas des halogènures du type C_6H_5—CH_2X (*halogénures benzyliques*) est analogue.

Si l'halogène et la double liaison sont séparés par plus d'un carbone, le comportement de l'halogénure est semblable à celui d'un halogénure saturé.

20.2.2 Aldéhydes-alcools et cétones-alcools

Les réactions d'aldolisation et cétolisation, conduisant à des β-*aldols* et des β-*cétols*.

β-aldol β-cétol

Voir chap. 18, § 18.2.2.c

ont déjà été envisagées. Les deux fonctions sont, dans ces composés, relativement indépendantes, et il n'apparaît pas, du fait de leur réunion dans une même molécule, de propriétés nouvelles notables, si ce n'est une plus grande facilité de déshydratation de la fonction alcool (réaction de crotonisation).

Remarque

Parmi les α-*cétols*, ceux dont la fonction alcool est secondaire sont communément appelés *acyloïnes* en série aliphatique, et *benzoïnes* en série benzénique. On obtient les acyloïnes par une réaction de condensation entre deux molécules d'un ester, en présence de sodium.

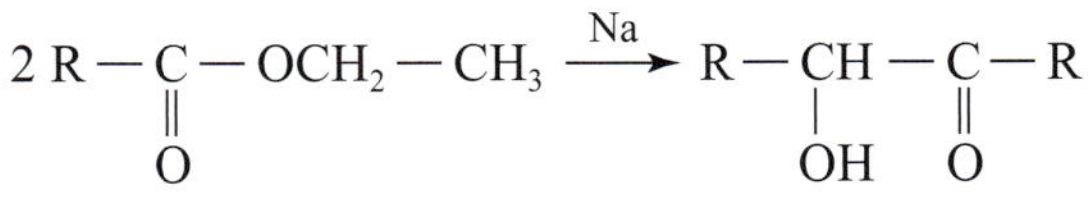

20.2.3 Acides-alcools

Pour les obtenir, on peut, en utilisant les méthodes classiques de préparation de chaque fonction :

➤ partir d'un acide et créer la fonction alcool.

Exemple

$$R-CH_2-COOH \xrightarrow{Cl_2} R-CHCl-COOH \xrightarrow{H_2O} R-CHOH-COOH$$

➤ créer les deux fonctions.

Exemples

$$R-CH=CH_2 \xrightarrow{HOCl} R-CHOH-CH_2Cl$$

$$\xrightarrow{KCN} R-CHOH-CH_2-C\equiv N \xrightarrow{H_2O} R-CHOH-CH_2-COOH$$

ou

$$R-CH=O \xrightarrow{HCN} R-CHOH-C\equiv N \xrightarrow{H_2O} R-CHOH-COOH$$

Il se manifeste quelques particularités dans les propriétés des acides-alcools α, d'une part, et γ ou δ, d'autre part.

a) Acides α-alcool. Lactides

Les acides *α-alcools*, comme l'acide lactique

$$CH_3-CHOH-COOH$$

peuvent donner lieu à une estérification réciproque de deux molécules, avec formation d'un diester cyclique, appelé un *lactide* (même s'il ne s'agit pas de l'acide lactique) :

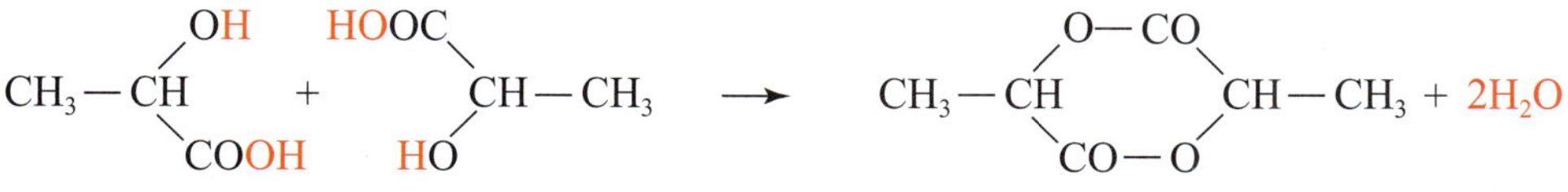

Lactide

Cette réaction est si facile qu'il n'est pas possible de conserver un acide α-alcool, si ce n'est sous forme d'un de ses sels.

b) Acides β- et γ-alcool. Lactones

Les *acides alcools* γ ou δ ont leurs deux fonctions suffisamment proches dans l'espace pour qu'il puisse se produire une estérification intramoléculaire, donnant une γ- ou δ-lactone :

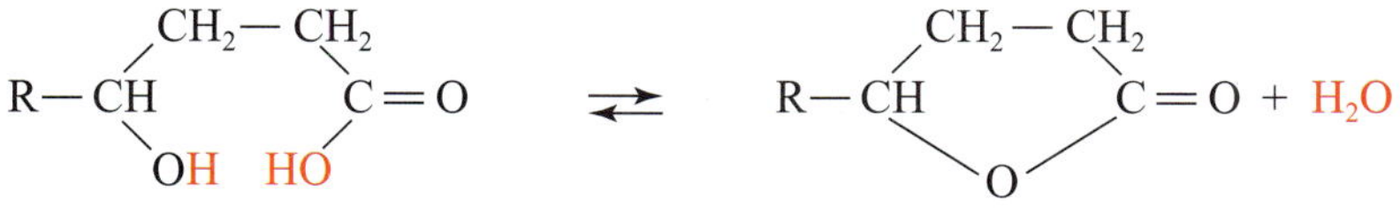

Acide γ-alcool γ-lactone

Cette réaction est très facile, au point qu'il est difficile d'isoler à l'état pur un acide-alcool de ce type, car il est constamment en équilibre avec la lactone, qui peut même constituer la majeure partie du mélange (les acides β-alcools ne manifestent pas cette tendance, car la lactone correspondante comporterait un cycle à quatre atomes, peu stable).

En milieu basique les lactones peuvent être ouvertes par divers réactifs nucléophiles, selon le schéma général suivant :

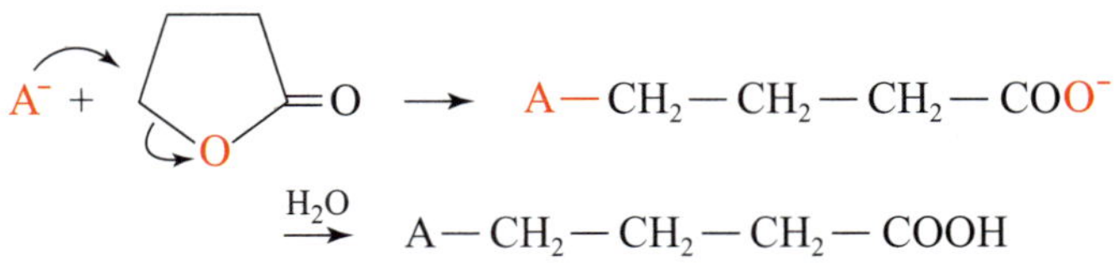

Exemples :

OH^- (potasse)	→	$HOCH_2—CH_2—CH_2—COOH$	Acide γ-alcool
RO^- (alcoolate)	→	$ROCH_2—CH_2—CH_2—COOH$	Acide-éther
NH_2^- (amidure)	→	$H_2N—CH_2—CH_2—CH_2—COOH$	Acide aminé
CN^- (cyanure)	→	$N \equiv C—CH_2—CH_2—CH_2—COOH$	Acide nitrile

En milieu acide, par un mécanisme plus complexe, en deux étapes, l'ouverture s'effectue selon un schéma différent :

Exemples

H_2O	→	$HO—CH_2—CH_2—CH_2—COOH$	acide-alcool
ROH (alcool)	→	$HO—CH_2—CH_2—CH_2—COOR$	ester-alcool

20.2.4 Acides et esters cétoniques

a) α-céto-acides

$$R—\underset{\underset{O}{\|}}{C}—\underset{\underset{O}{\|}}{C}—OH$$

Une *préparation* générale des α-céto-acides consiste en l'action du cyanure cuivreux sur un chlorure d'acide, suivie de l'hydrolyse du « cyanure d'acide » obtenu :

$$R—COCl + CuC \equiv N \rightarrow R—COC \equiv N \xrightarrow{H_2O} R—CO—COOH$$

(réaction très apparentée à la réaction de la fonction acide par action du cyanure de potassium sur un dérivé hologéné, [p. 461]).

Leur *comportement* est caractérisé par une forte tendance à perdre un atome de carbone, soit par chauffage,

$$R-CO-COOH \xrightarrow{170\ °C} R-COOH + CO$$

soit par oxydation,

$$R-CO-COOH \xrightarrow{\text{oxydant}} R-COOH + CO_2$$

b) β-céto-acides

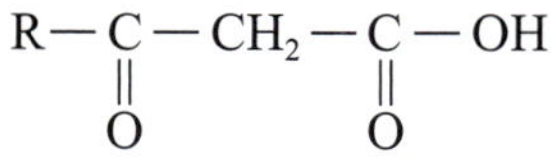

Obtenus en général par hydrolyse des β-céto-esters, ils se décarboxylent très facilement, par un léger chauffage, c'est-à-dire perdent une molécule de CO_2 en donnant une cétone.

$$\underset{\text{acide acétylacétique}}{CH_3-CO-CH_2-COOH} \xrightarrow{\text{chauffage}} \underset{\text{acétone}}{CH_3-CO-CH_3} + CO_2$$

c) β-céto-esters

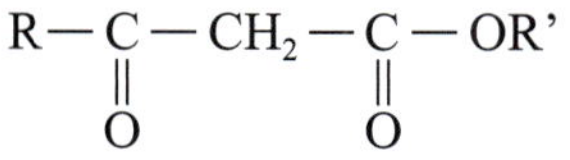

Ils sont beaucoup plus stables que les β-céto-acides (le mécanisme de la réaction de décarboxylation montre que la présence d'un hydrogène sur l'un des oxygènes du carboxyle est nécessaire pour qu'elle puisse avoir lieu).

Parmi les nombreuses méthodes de préparation des β-céto-esters, on ne retiendra ici que deux réactions :

Condensation de Claisen

Voir § 20.1.3.b

Entre deux molécules d'ester, par exemple deux molécules d'acétate d'éthyle :

a)

b)

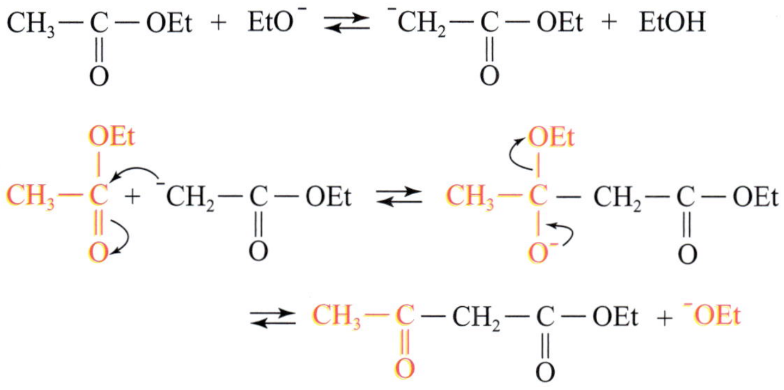

acétylacétate d'éthyle

Question 20.I

Cette réaction peut être effectuée entre deux esters différents ; dans le cas général combien de produits peut-on alors obtenir simultanément ? Une telle condensation mixte est donc, en général, d'un médiocre intérêt, mais on la considère comme une réaction intéressante si l'un des esters est, par exemple, un formiate (H—CO—OR) ou un benzoate (C_6H_5—CO—OR). Pourquoi ?

Voir chap. 14, § 14.2.3.c

- *Action d'un organomagnésien sur un nitrile-ester*

$$RMgX + N{\equiv}C-CH_2-COOEt \longrightarrow XMgN{=}C(R)-CH_2-COOEt$$

$$\xrightarrow{H_2O} O{=}C(R)-CH_2-COOEt + NH_3 + XMgOH$$

Voir chap. 1, § 1.3.4

Il a déjà été signalé que l'acétylacétate d'éthyle existe sous deux formes tautomères, en équilibre mutuel :

$$\underset{\text{forme cétonique}}{CH_3-\overset{}{C}(=O)-CH_2-C(=O)-OC_2H_5} \rightleftarrows \underset{\text{forme énolique}}{CH_3-C(OH){=}CH-C(=O)-OC_2H_5}$$

La forme cétonique est marquée essentiellement par la labilité des deux atomes d'hydrogène du groupe —CH_2—, qui est mise à profit dans diverses réactions. Il est facile de remplacer l'un de ces hydrogènes par un groupe alkyle, en passant par le dérivé sodé (c'est-à-dire par le carbanion obtenu par attaque d'une base) :

$$CH_3-CO-CH_2-CO-OC_2H_5$$

$$\xrightarrow{EtO^-\,Na^+} CH_3-CO-\overset{-}{C}H(Na^+)-CO-OC_2H_5 + NH_3$$

$$\xrightarrow{RX} CH_3-CO-CH(R)-CO-OC_2H_5 + NaX$$

Le produit alkylé peut ensuite subir, de même que l'acétylacétate d'éthyle lui-même, diverses réactions de coupure :

- *En milieu alcalin*

$$CH_3-CO\,\vdots\,CH(R)-CO\,\vdots\,OC_2H_5 + 2\,KOH \longrightarrow CH_3-COOK + R-CH_2-COOK + C_2H_5OH$$

et l'enchaînement réactionnel complet constitue une méthode de préparation de l'acide R—CH_2—COOH à partir de l'halogénure RX.

Voir page 462

En milieu acide

l'ester est hydrolysé et l'acide β-cétonique formé se décompose spontanément, en perdant CO_2 :

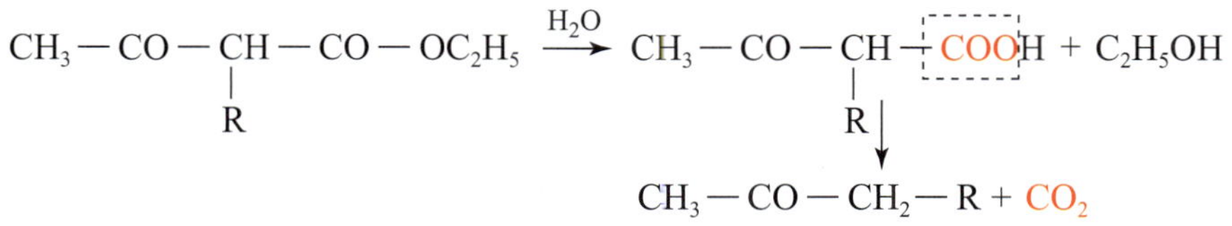

Le mécanisme de la décarboxylation des β-céto-acides est concerté et implique un état de transition cyclique.

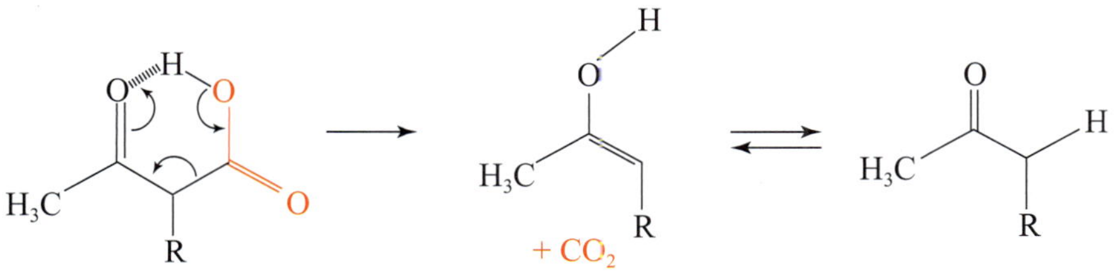

On dispose ainsi d'une méthode de préparation des cétones de la forme R—CH_2—CO—CH_3 (toujours à partir de RX).

20.2.5 Acides aminés

Parmi les acides aminés, ou amino-acides, sont particulièrement importants :

- ceux dont le groupe amine est situé à l'autre extrémité de la chaîne (ω-amino-acides), dont la polycondensation conduit aux polyamides,
- ceux dont les deux groupes fonctionnels sont contigus (α-aminoacides) qui jouent un rôle essentiel dans la constitution de la matière vivante.

Web

L'étude sera développée dans le chapitre 23

L'ESSENTIEL

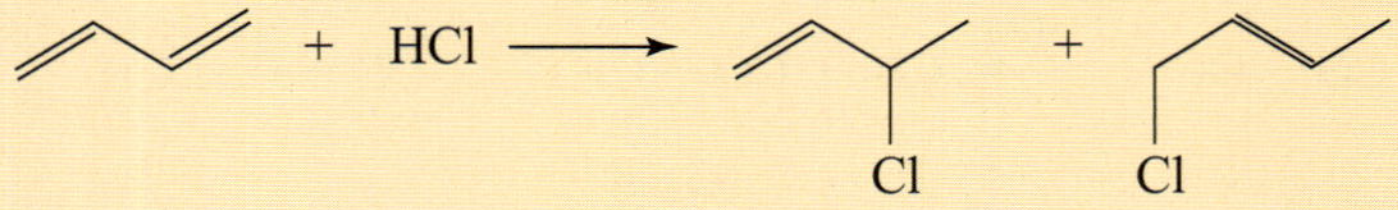
+ HCl
+
Cl
Cl

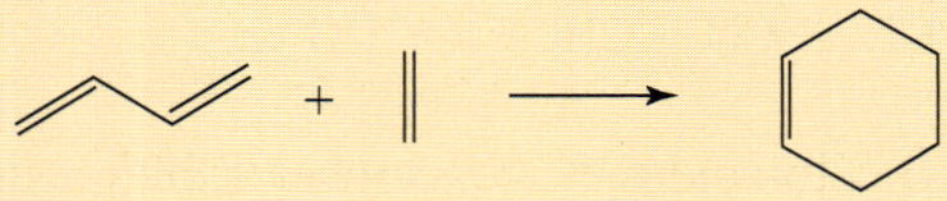
+

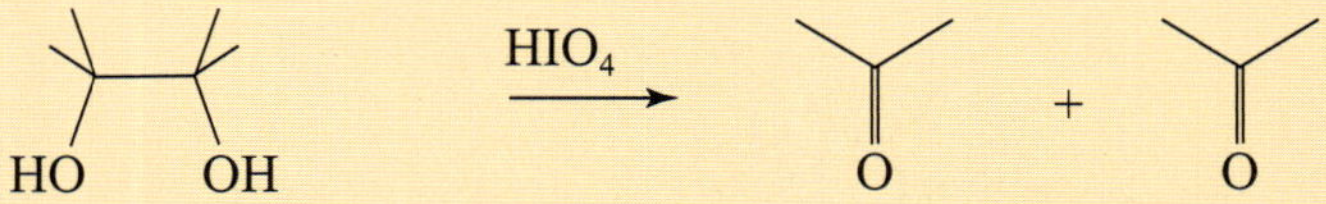
HO OH
HIO4
O
+
O

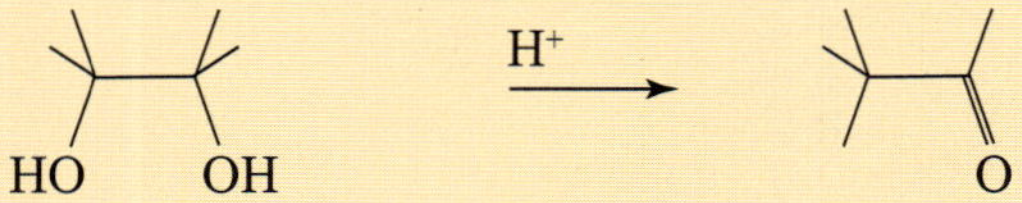
HO OH
H+
O

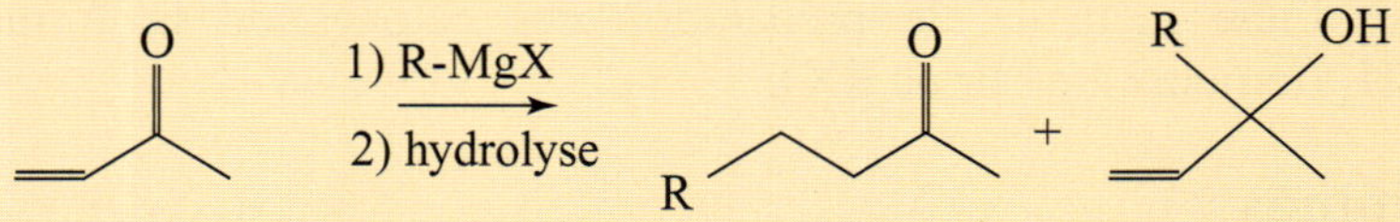
O
1) R-MgX
2) hydrolyse
O
R
+
R
OH

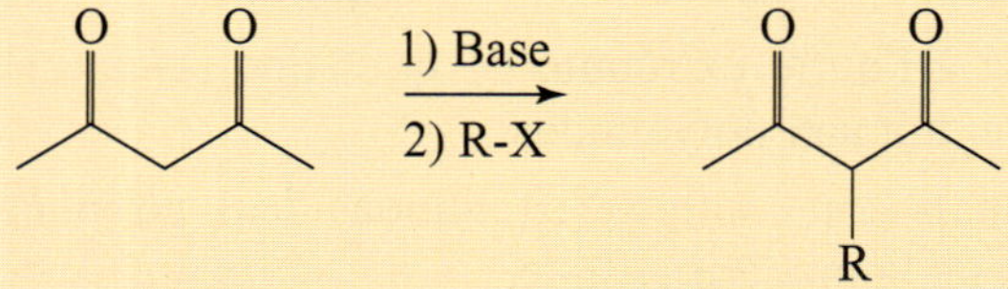
O O
1) Base
2) R-X
O O
R

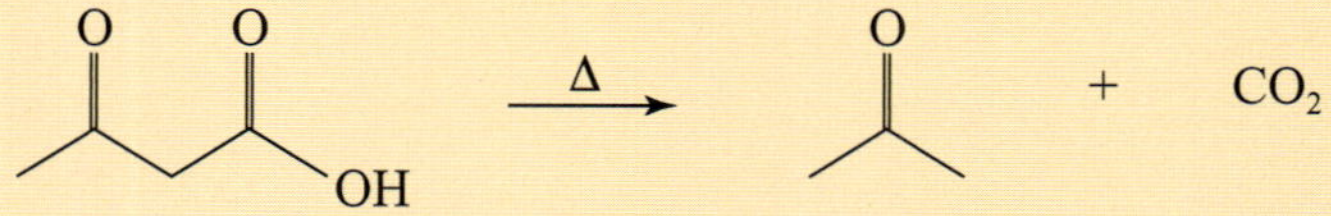
O O
OH
Δ
O
+
CO2

QCM

Les réponses se trouvent à la page 664.

1. Concernant la réactivité chimique des composés à fonctions multiples et mixtes, répondre par vrai ou faux

- ☐ **a.** une perturbation mutuelle est toujours observée
- ☐ **b.** une perturbation mutuelle peut se produire
- ☐ **c.** elle est toujours plus grande que pour les composés à fonctions simples
- ☐ **d.** elle est toujours plus faible que pour les composés à fonctions simples

2. Les diènes 1,3

- ☐ **a.** présentent le phénomène de mésomérie
- ☐ **b.** réagissent avec HCl pour donner deux produits d'addition
- ☐ **c.** sont peu réactifs
- ☐ **d.** peuvent être impliqués dans une réaction de Diels-Alder

3. Relever les affirmations correctes

- ☐ **a.** le produit dit « cinétique » correspond au produit le plus stable d'une réaction
- ☐ **b.** les conditions dites « thermodynamiques » sont les suivantes : temps réactionnel long, température élevée
- ☐ **c.** Pour une réaction réversible, le produit cinétique est toujours majoritaire
- ☐ **d.** l'addition de HCl sur le buta-1,3-diène conduit à la formation d'un produit « cinétique » et d'un produit « thermodynamique ».

4. La réaction de Diels Alder

- ☐ **a.** est une cycloaddition
- ☐ **b.** conduit toujours à la formation d'un cycle à 6 carbones
- ☐ **c.** est une réaction non stéréosélective
- ☐ **d.** met en jeu un alcène et un diène 1,2.

5. Les diols 1-2

- ☐ **a.** sont également appelés β diols
- ☐ **b.** sont oxydés par HIO_4 en acides carboxyliques avec rupture de la liaison C-C
- ☐ **c.** peuvent être obtenus par oxydation ménagée d'un alcène
- ☐ **d.** peuvent conduire, dans des conditions de déshydratation, à un réarrangement pinacolique

6. Les composés β dicarbonylés

- ☐ **a.** présentent un équilibre céto-énolique dans lequel la forme cétonique est généralement majoritaire
- ☐ **b.** peuvent être obtenus par oxydation d'une cétone par de l'oxyde de sélénium

☐ c. présentent des atomes d'hydrogène sur le CH_2 situé entre les 2 C=O particulièrement labiles
☐ d. présentent une faible réactivité chimique

7. Les cétones α,β éthyléniques
☐ a. présentent une double liaison C=C réactive vis-à-vis des nucléophiles
☐ b. présentent une double liaison C=C réactive vis-à-vis des électrophiles
☐ c. présentent un système résonant faisant apparaitre une charge partielle δ- sur l'atome de carbone en position 4 par rapport à l'oxygène
☐ d. peuvent réagir en position 2 ou 4 avec les nucléophiles

8. Quel peut être le résultat de la réaction suivant :
$CH_3COOCH_2CH_3 + CH_3CH_2ONa$
☐ a. une énolisation de l'acétate d'éthyle par réaction acide-base
☐ b. une hydrolyse du motif ester pour former de l'acétate de sodium
☐ c. une auto-condensation de l'acétate d'éthyle sur lui-même
☐ d. une décarboxylation avec production de propane et de CO_2.

9. Soit l'acide acétylacétique CH_3COCH_2COOH
☐ a. par léger chauffage conduit à la formation de propanone et de CO_2
☐ b. conduit en milieu basique à une cyclisation
☐ c. s'énolise en présence d'un équivalent d'éthanolate de sodium
☐ d. peut être obtenu par une réaction d'autocondensation d'éthanoate d'éthyle en milieu basique suivie d'une saponification

EXERCICES

Les solutions se trouvent à la page 684.

Les règles de nomenclatures, permettant de faire correspondre réciproquement un nom et une formule, sont exposées dans le chapitre 7 (pour les stéréoisomères, au chapitre 3).
Ces exercices font appel à l'ensemble des réactions rencontrées jusqu'ici. Des exercices de récapitulation sont par ailleurs proposés à la page 688.

20-a Quel est le produit principal formé dans les réactions suivantes ?
1. Buta-1,3-diène + propènal
2. cyclohexène + peracide puis H_2O, H^+
3. cyclohexane-1,2-diol + HIO_4
4. $CH_3MgBr + CH_2{=}CH{-}CO{-}CH_3$
5. Benzaldéhyde + KCN puis H_2O, H^+

6. $CH_3COCH_2COOCH_3 + CH_3ONa$ puis $PhCH_2Br$
7. Hydrolyse du produit de la réaction 6)
8. Butanoate d'éthyle + EtONa
9. (*Z*) But-2-ène + Br_2
10. Méthylpropène + HOCl
11. Produit de la réaction 10) + KCN puis hydrolyse

20-b Comment peut-on, en plusieurs étapes, transformer l'acétone en chacun des composés suivants, en n'utilisant que des réactifs minéraux ?

1) $CH_3-C(CH_3)=CH-CO-CH_3$ 2) $CH_3-CH(CH_3)-CH_2-COCl$ 3) $CH_3-C(CH_3)_2-CCl_2-CH_3$

20-c Comment peut-on, en plusieurs étapes, en utilisant tout composé organique ou minéral nécessaire, transformer :
1. le butane-1,4-diol en acide adipique (ou acide hexanedioïque)
2. le butane-1,4-diol en 1,4-dichlorobut-2-ène
3. le propanal en $CH_3—CH_2—CHOH—COOH$
4. le cyclohexa-1,4-diène en $O=CH—CH_2—CH=O$
5. $HOOC—CH_2—CH_2—NH_2$ en $HOOC—CH_2—CH_2OH$
6. le buta-1,3-diène en but-2-ène
7. le propanoate d'éthyle en hexane-3,4-diol
8. la pentan-2-one en acide 2-méthylpentanoïque
9. la pentan-2-one en acide 3-méthylhexanoïque
10. l'éthanal en acide but-2-énoique
11. ROH en $R—CH_2—CH_2OH$ (sans utiliser les organomagnésiens)
12. l'hex-3-èn-2-one en 4-méthylhexan-2-one

20-d Lorsque l'on tente d'oxyder le butane-1,4-diol en acide butanedioïque à l'aide de CrO_3, on obtient une proportion importante de γ-butyrolactone. Expliquer cette observation.

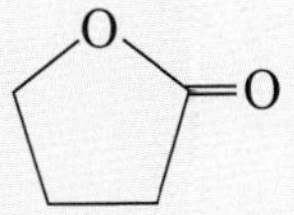

γ-butyrolactone

21

COMPOSÉS HÉTÉROCYCLIQUES

PRÉALABLES

- Aromaticité, règle de Hückel
- Substitution électrophile aromatique (halogénation, nitration, sulfonation, réaction de Friedel et Crafts)
- Substitution nucléophile aromatique

MOTS-CLÉS

- Alcaloïde
- Furane
- Porphyrine
- Pyridine
- Pyrrole
- Thiophène

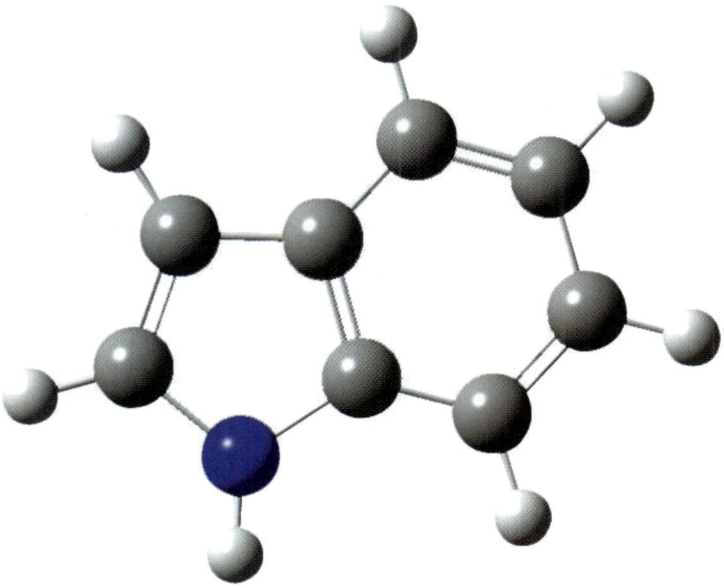

L'indole C_8H_7N

Un *hétérocycle* est une chaîne cyclique comportant un ou plusieurs atomes autres que du carbone (« hétéroatomes »). Un *composé hétérocyclique* est un composé dont la molécule contient un ou plusieurs hétérocycles, éventuellement associés à des chaînes carbonées, cycliques ou acycliques.

Les hétéroatomes les plus courants sont l'oxygène, l'azote et le soufre, et les hétérocycles les plus stables sont, comme pour les cycles carbonés, ceux qui comportent cinq ou six atomes. Mais il en existe qui n'en comportent que trois ou quatre.

Les composés hétérocycliques simples ne se trouvent pas à l'état naturel, mais les hétérocycles sont très fréquents au sein de molécules plus ou moins complexes, dans de très nombreux composés naturels (alcaloïdes en particulier).

Question 21.A

Nous avons déjà rencontré, dans les chapitres précédents, divers hétérocycles. Lesquels ?

21.1 HÉTÉROCYCLES À CINQ ATOMES

21.1.1 Les principaux hétérocycles à cinq atomes

Les principaux hétérocycles à cinq atomes sont *insaturés*. Il en existe une grande diversité, dont les composés suivants offrent quelques exemples :

➤ *Un hétéroatome :*

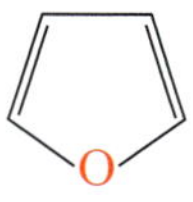

Furane

Pyrrole

Thiophène

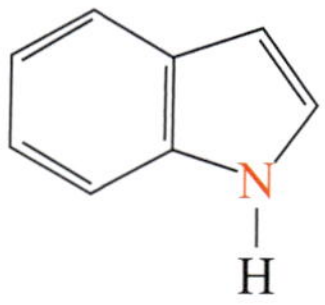

Indole

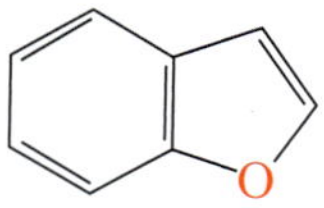

Coumarone

➤ *Deux hétéroatomes :*

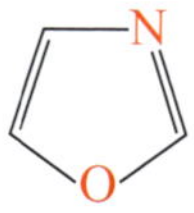

Oxazole

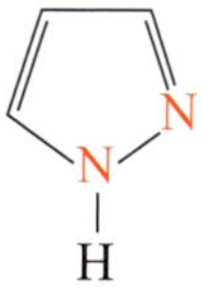

Pyrazole

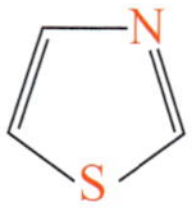

Thiazole

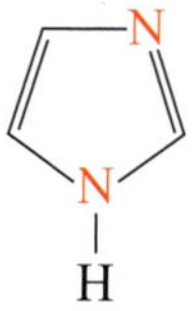

Imidazole

➤ *Plusieurs hétéroatomes :*

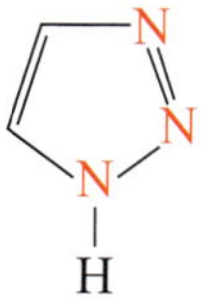

1, 2, 3,–triazole

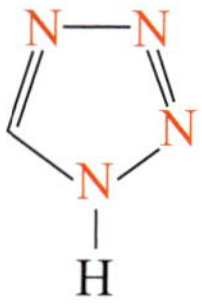

Tétrazole

Il existe cependant aussi des hétérocycles saturés.

Exemples

Tétrahydrofurane

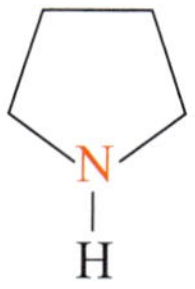

Pyrrolidine

Mais ces derniers ne présentent pas d'intérêt particulier. Leurs propriétés sont pratiquement les mêmes que celles des composés analogues à chaîne acyclique : éthers-oxydes pour le tétrahydrofurane et amines secondaires pour la pyrrolidine.

21.1.2 Furane, Pyrrole, Thiophène

Ces trois composés sont très représentatifs des caractères les plus originaux de la « chimie hétérocyclique ».

a) Sources et préparations

Le furane, le pyrrole et le thiophène peuvent être obtenus à partir du même composé de départ, l'aldéhyde succinique, qu'il convient en l'occurrence de considérer sous sa forme énolique [cf. 1.3.4 ; 18.2] (réaction de Paal-Knorr) :

$$\begin{array}{c} O{=}CH{-}CH_2{-}CH_2{-}CH{=}O \\ (\text{ou } HO{-}CH{=}CH{-}CH{=}CH{-}OH) \\ \text{Aldéhyde succinique} \end{array} \quad \begin{array}{l} \xrightarrow{P_2O_5} \text{Furane} \\ \xrightarrow{NH_3} \text{Pyrrole} \\ \xrightarrow{P_2S_5} \text{Thiophène} \end{array}$$

Par ailleurs, il existe pour chacun d'eux des préparations spécifiques :

➤ *Le furane* est généralement préparé par « décarboxylation » catalytique du furfural, lui-même obtenu à partir de déchets céréaliers (paille, épis de maïs) :

Furfural

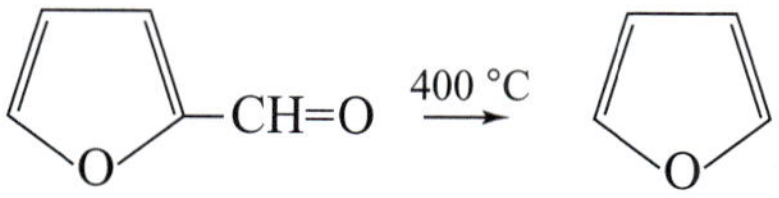

➤ Le *pyrrole* peut être obtenu à partir du furane, par une réaction catalytique, à 400 °C, avec de l'ammoniac et de la vapeur d'eau :

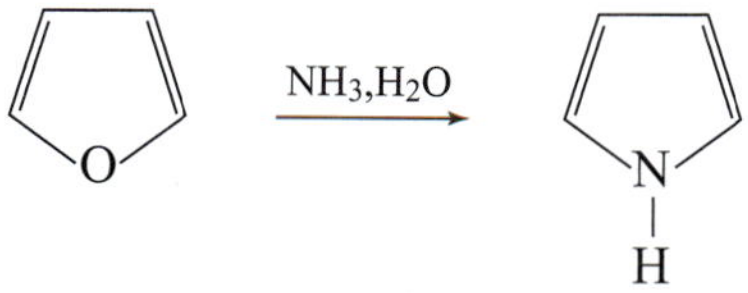

➤ Le *thiophène* peut se préparer par une réaction à haute température entre le butane et le soufre :

$CH_3{-}CH_2{-}CH_2{-}CH_3 + 4\,S \xrightarrow{550\ °C}$ 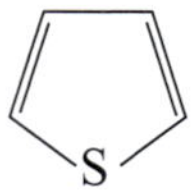 $+ 3\,H_2S$

Enfin, on trouve du pyrrole et du thiophène dans les *goudrons de houille*.

Web

b) Structure

Voir page 281

Les électrons non-liants (doublets libres) présents sur l'hétéroatome, O, N ou S, participent avec les électrons π des doubles liaisons à une structure conjuguée comportant un total de six électrons délocalisés. Comme dans le cas du benzène, et plus généralement des composés cycliques conjugués comportant $4n + 2$ électrons délocalisés (règle de Hückel), ces six électrons occupent des orbitales moléculaires englobant la totalité du cycle. On ne peut représenter cette structure que par un ensemble de plusieurs formes limites en résonance et un schéma décrivant approximativement leur hybride.

Exemple : pour le pyrrole,

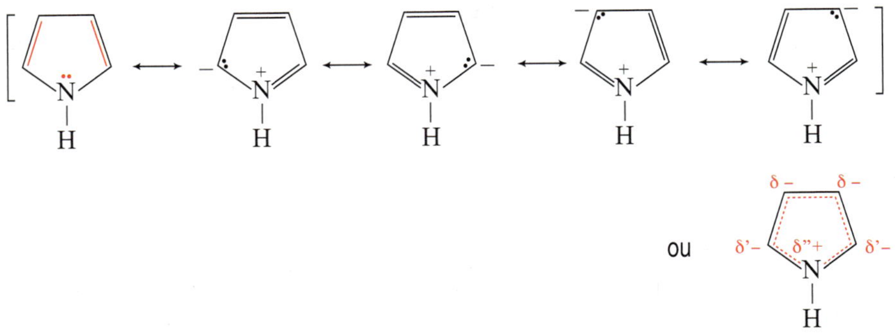

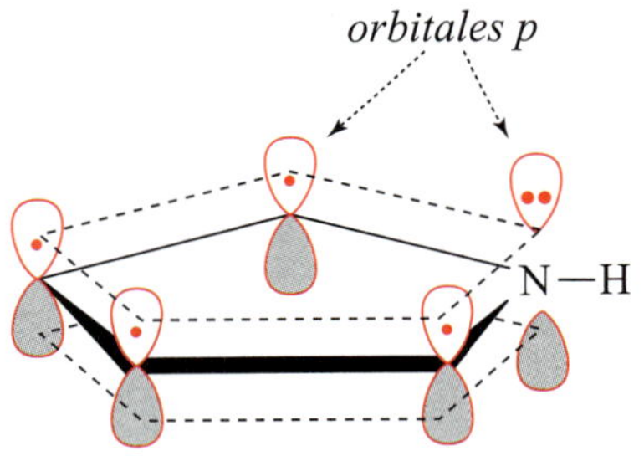

Structure du pyrrole en terme d'Orbitales Moléculaires

Voir page 281

Le pyrrole présente exactement le même type de structure électronique que l'ion cyclopentadiényle. On dit que deux structures présentant une telle analogie sont *isoélectroniques*. Les conséquences au plan chimique sont les mêmes dans les deux cas.

DES MOTEURS MOLÉCULAIRES

Nanotechnologies, nanosciences, visualisation et manipulation des molécules individuelles, électronique moléculaire : un changement d'échelle révolutionnaire est en cours dans la capacité de stockage et de codage de l'information. C'est à tout le moins un champ d'investigation passionnant et prometteur pour les physiciens et les chimistes. Déjà l'on voit apparaître des interrupteurs, des redresseurs, des portes logiques moléculaires.

Un moteur rotatif « tout moléculaire » a été réalisé au laboratoire de Chimie Organo-Minérale de l'Université Louis Pasteur à Strasbourg. Les éléments de cette machine appelée rotaxane sont une roue-un anneau moléculaire- traversée par un axe-un segment moléculaire rigide. Les extrémités de l'axe portent des groupes volumineux, à la façon d'une haltère, empêchant la roue de quitter inopinément l'axe. Un cation métallique, le cuivre est connecté à l'axe et à la roue, les rendant ainsi solidaires. Dans l'axe est inclus un site S permettant la connection de l'axe au métal. Dans la roue du rotaxane, en revanche, deux sites de connections différents, S_1 et S_2, diamétralement opposés, ont été incorporés. D'un point de vue moléculaire, ces sites S_1 et S_2 ont des propriétés « complexantes » différentes : lorsque le métal cuivre est au degré d'oxydation(I), Cu(I), la connection se fera par le site S_1, lorsque le métal est au degré d'oxydation(II), la connection se fera par le site S_2.

L'oxydation et la réduction cycliques du métal, c'est-à-dire le passage alternatif de l'état Cu(I) à l'état Cu(II), entraîneront alors une rotation de 180° de la roue autour de l'axe.

Laboratoire de Chimie Organo-Minérale de l'Université Louis Pasteur à Strasbourg.

Chercheurs impliqués : Jean-Pierre Sauvage, Jean-Marc Kern, Laurence Raehm, Ingo Poleschak.

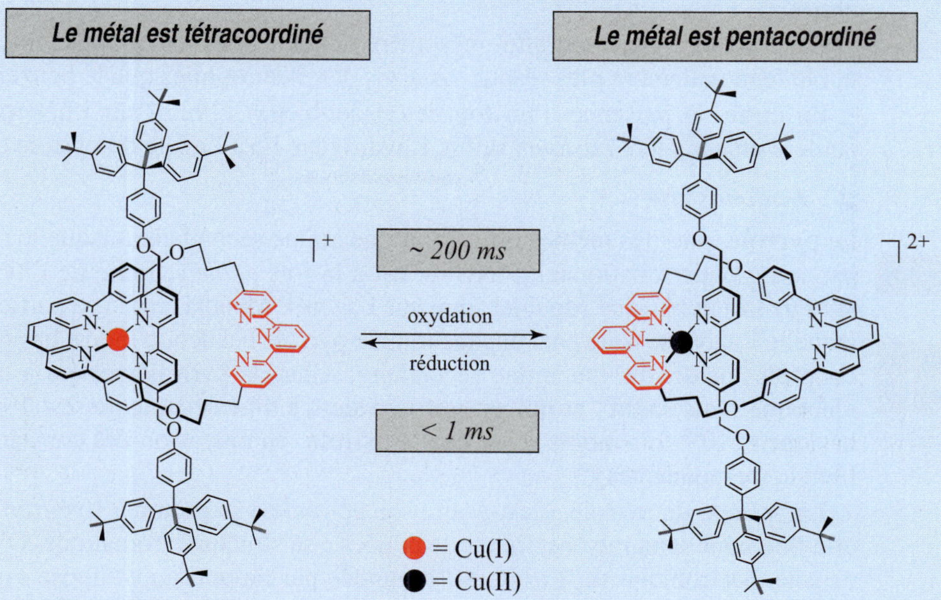

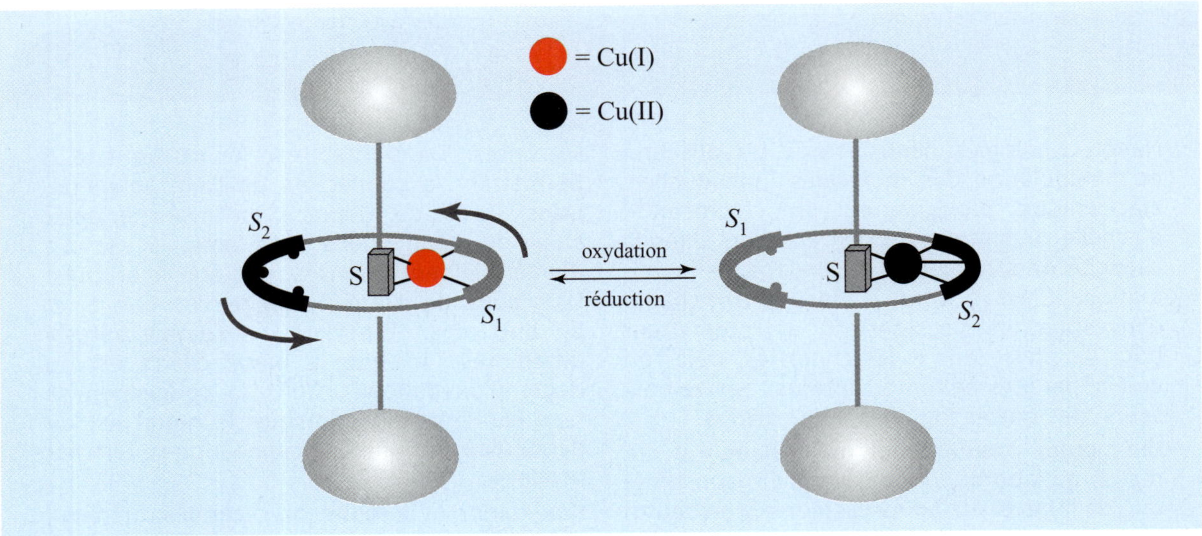

c) Réactivité

La structure électronique du furane, du pyrrole et du thiophène est composée de six électrons π délocalisés dont deux proviennent de l'hétéroatome.

Cette structure électronique justifie le *caractère aromatique* que manifestent ces hétérocycles, très comparable à celui du benzène : grande stabilité, difficulté des réactions d'addition et facilité des réactions de *substitution* par des réactifs électrophiles.

L'hétéroatome, par son effet mésomère donneur, enrichit le cycle en électrons ce qui le rend nettement plus réactif vis-à-vis des électrophiles que le benzène.

En outre, la présence d'un (ou deux) doublet(s) libre(s) sur l'hétéroatome leur confère un caractère *basique*. Enfin, l'hydrogène lié à l'azote du pyrrole est *labile*.

Acidobasicité

Voir page 400

Voir chap. 21, § 21.1.1

Le **pyrrole**, pour les mêmes raisons qu'une amine secondaire à laquelle il ressemble par son groupe fonctionnel —NH—, est à la fois *acide* (labilité de l'hydrogène lié sur l'azote) et basique (doublet libre sur l'azote). Mais la structure particulière dans laquelle l'azote se trouve ici engagé rend le pyrrole beaucoup moins basique et beaucoup plus acide, qu'une amine secondaire. Ainsi, la pyrrolidine, qui a un squelette identique mais saturé, et qui est une « vraie » amine secondaire, est 10^{11} fois plus basique et 10^{18} fois moins acide que le pyrrole (comparaison des constantes d'équilibre correspondantes).

La basicité du pyrrole, c'est-à-dire son aptitude à se protoner (fixer un proton) est affaiblie pour deux raisons, toutes deux liées à sa structure aromatique. D'une part, la densité électronique sur l'azote est diminuée par rapport au composé saturé correspondant (voir schéma de l'hybride ci-dessus), en raison de la délocalisation du doublet libre. D'autre part, la fixation d'un proton sur l'azote transforme le pyrrole en un cation dans lequel la structure aromatique est détruite, et la stabilité correspondante perdue ; cette fixation est donc énergétiquement défavorisée :

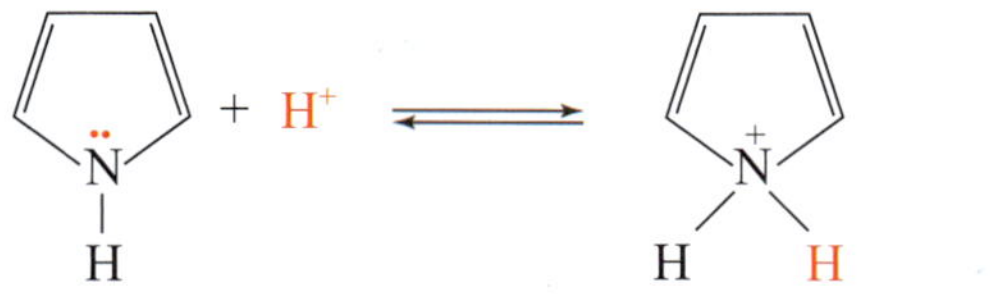

Le cation formé comporte seulement deux doubles liaisons conjuguées et, comme les diènes conjugués, il se polymérise du reste facilement. Voir page 484

La labilité de l'hydrogène se manifeste, comme dans les autres cas, par la possibilité de former des dérivés métalliques en présence d'un réactif comme la soude. La métallation du pyrrole est plus facile que celle des amines secondaires.

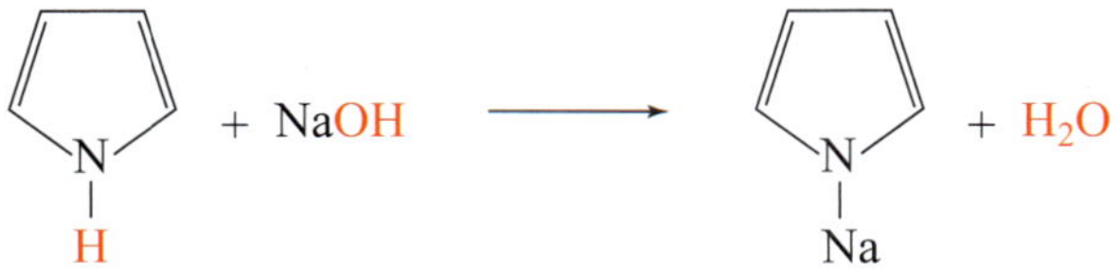

Question 21.B

Le type d'argumentation utilisé pour justifier les caractères acidobasiques du pyrrole, en les comparant à ceux des amines saturées, est d'une grande généralité. Il a déjà été employé dans d'autres cas ; lesquels ?

Le furane et le thiophène présentent également un certain caractère basique. Par contre, ils ne peuvent évidemment pas disposer d'un H labile.

Réactions d'addition

L'*hydrogénation* catalytique de ces trois hétérocycles, difficile pour le thiophène qui « empoisonne » certains catalyseurs, conduit au cycle saturé correspondant.

Exemple

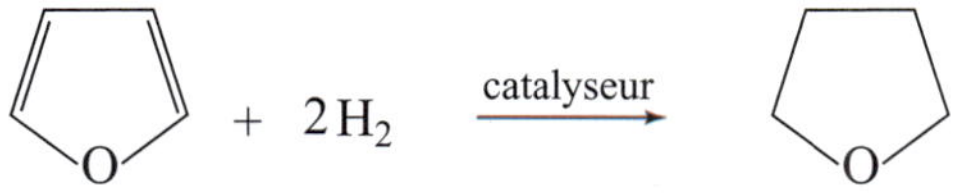

Remarque

Le tétrahydrofurane, ou « THF », est souvent utilisé comme solvant en chimie organique, notamment pour préparer les organomagnésiens ; sa fonction éther-oxyde lui permet d'y jouer le même rôle, indispensable, que l'oxyde de diéthyle (Et_2O). C'est, par ailleurs, la matière première d'un procédé de synthèse du nylon.

Le furane, par son système de deux doubles liaisons conjuguées, peut participer à des réactions de Diels-Alder. Voir page 482

Question 21.C

Quelle molécule résulterait d'une réaction de Diels-Alder entre le furane et l'éthylène ?

Réactions de substitution

Comme les hydrocarbures benzéniques, et plus facilement que ceux-ci, le furane, le pyrrole et le thiophène se prêtent à diverses réactions de substitution électrophile : halogénation, nitration, sulfonation, alkylation, acylation. Les conditions dans lesquelles ces réactions peuvent avoir lieu, et leur mécanisme, sont les mêmes qu'avec le benzène. La très grande réactivité de ces trois composés est due à l'enrichissement électronique du cycle au détriment de l'hétéroatome qui joue un rôle mésomère-donneur. La monosubstitution peut conduire à deux isomères de position, mais elle a lieu préférentiellement sur le carbone voisin de l'hétéroatome (position 2).

Voir chap. 12, § 12.2.2.a

Exemples

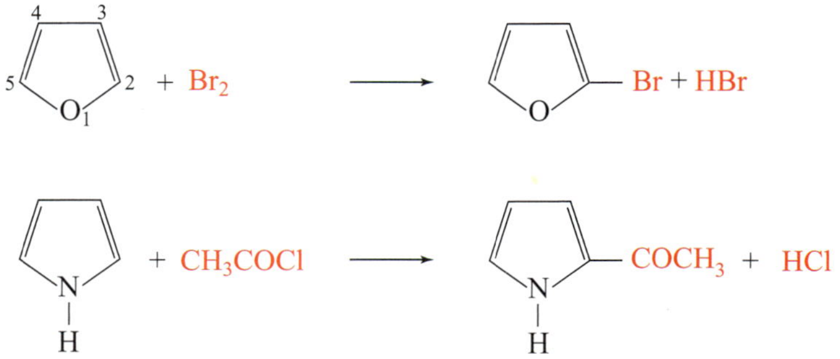

Question 21.D

Écrivez le mécanisme complet de la réaction entre le pyrrole et le chlorométhane. En utilisant le même genre d'argumentation que pour justifier l'orientation des substitutions sur le cycle benzénique, expliquez pour quelle raison l'alkylation du pyrrole s'effectue préférentiellement en position 2.

Voir page 278

Les réactions qui nécessitent un milieu fortement acide (nitration, sulfonation) peuvent provoquer la polymérisation du furane, du pyrrole et du thiophène. Des conditions plus douces que pour le benzène doivent donc être observées, la réaction demeurant possible grâce à la grande réactivité du cycle aromatique (par exemple, pour la nitration, l'acide nitrique peut être remplacé par le nitrate d'acétyle $CH_3—CO—ONO_2$, autre source d'ions NO_2^+, pour la sulfonation, l'acide sulfurique peut être remplacé par SO_3, pyridine.

Voir page 512

Exemples

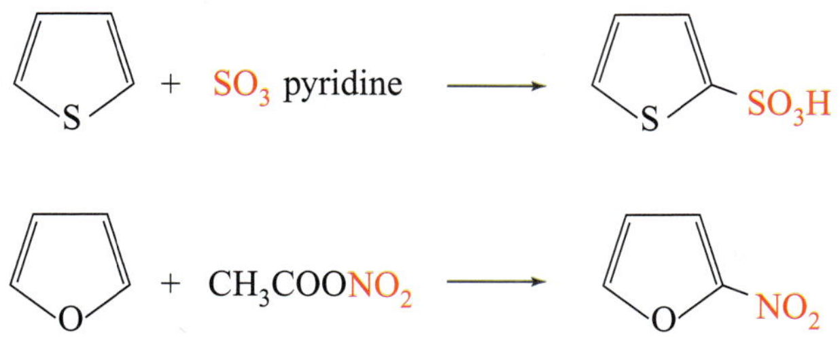

21.2 HÉTÉROCYCLES À SIX ATOMES

21.2.1 Les principaux hétérocycles à six atomes

Voici quelques exemples de structures dans cette série :

➤ *Un hétéroatome :*

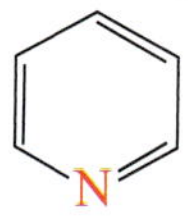

Pyridine

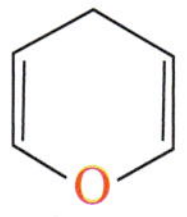

Pyrane

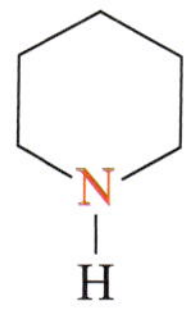

Pipéridine

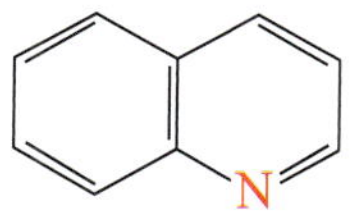

Quinoléine

➤ *Plusieurs hétéroatomes :*

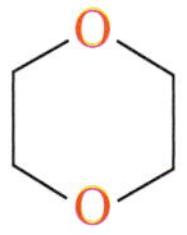

Dioxane

Pyrazine

Pyrimidine

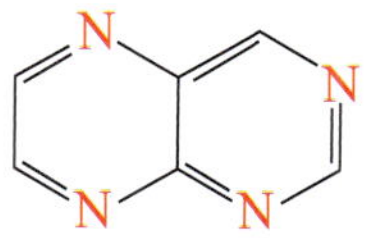

Ptéridine

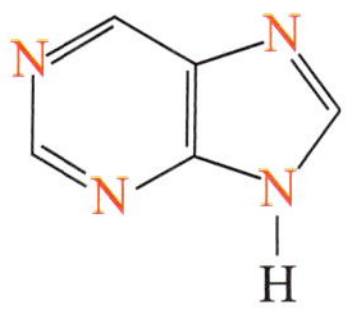

Purine

21.2.2 La pyridine

La pyridine ne se prépare pas. On l'extrait des goudrons de houille, qui contiennent également les méthylpyridines isomères (picolines). La pyridine est souvent utilisée comme solvant pour réaliser des réactions.

a) Structure

La pyridine présente une ressemblance avec le benzène encore plus directe que celle des hétérocycles à cinq atomes. Sa molécule, hexagonale et plane, comporte comme le benzène trois doublets d'électrons π délocalisés :

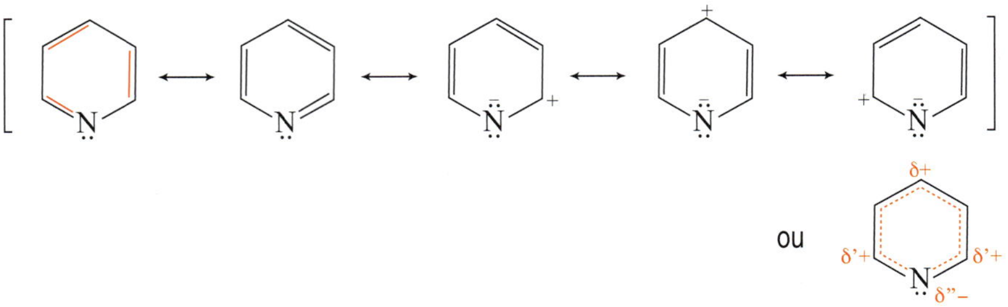

Contrairement au cas du pyrrole, le doublet libre de l'azote n'est pas impliqué dans cette délocalisation. L'azote est dans l'état d'hybridation sp^2, son doublet libre occupe l'une des orbitales hybrides dont l'axe est dans le plan du cycle, et il apporte au système conjugué un électron célibataire occupant l'orbitale p non hybridée.

Voir chap. 4, § 4.4.2

Structure de la pyridine en terme d'Orbitales Moléculaires

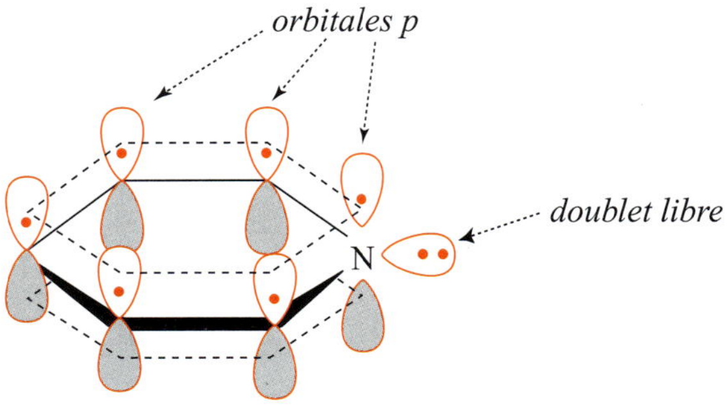

b) Réactivité

Basicité

La pyridine est une base très notablement plus forte que le pyrrole (constantes d'équilibre dans le rapport 10^5). Cette différence est attribuable au fait que le doublet libre de l'azote ne participe pas au système conjugué : d'une part il est plus « disponible » (la densité électronique sur l'azote n'est pas affaiblie), d'autre part l'acide conjugué de la pyridine, résultant de la protonation de l'azote, conserve son caractère aromatique :

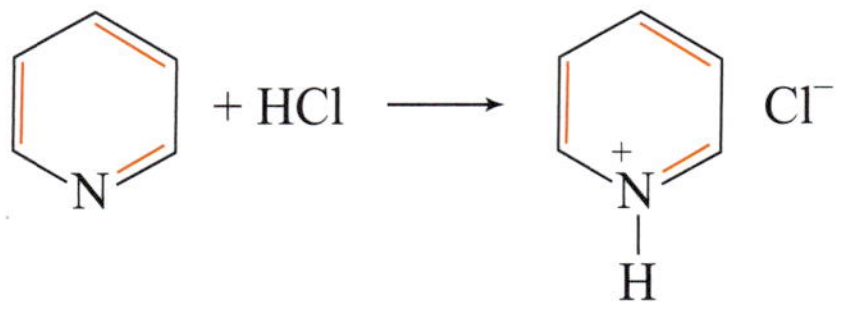

Chlorure de pyridinium

Réactions de substitution

Contrairement au cas du pyrrole, l'atome d'azote de la pyridine n'exerce pas d'effet mésomère donneur et joue au contraire un rôle désactivant par son effet inductif attracteur. Par conséquent, le noyau pyridine est pauvre en électrons ce qui entraîne une faible réactivité vis-à-vis des électrophiles et une réactivité vis-à-vis des nucléophiles bien supérieure à celle du benzène.

Remarque

Substitutions électrophiles : les substitutions électrophiles (nitration, sulfonation, bromation...) se font difficilement et préférentiellement sur le carbone 3 (ou 5) moins désactivé que les autres positions. La réaction de Friedel et Crafts est impossible.

De plus, les réactifs électrophiles se lient de préférence à l'atome d'azote de la pyridine en donnant un ion pyridinium instable à l'hydrolyse encore moins réactif vis-à-vis des électrophiles que la molécule initiale, l'appauvrissement du cycle se trouvant alors accentué par la charge positive portée par l'atome d'azote.

Exemple

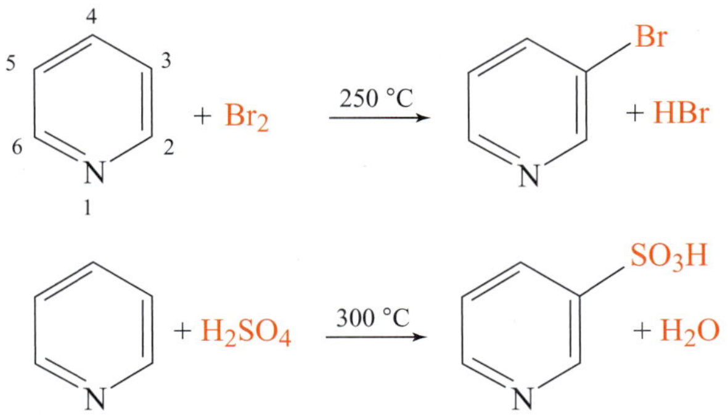

Question 21.E

Écrire les mécanismes de substitution électrophile par Br_2 sur les positions 2, 3 et 4 de la pyridine. Montrer que les positions 2 et 4 sont les moins désactivées.

➤ *Substitutions nucléophiles* : les substitutions nucléophiles se font préférentiellement sur les positions 2 et 4 (et 6).

Exemple

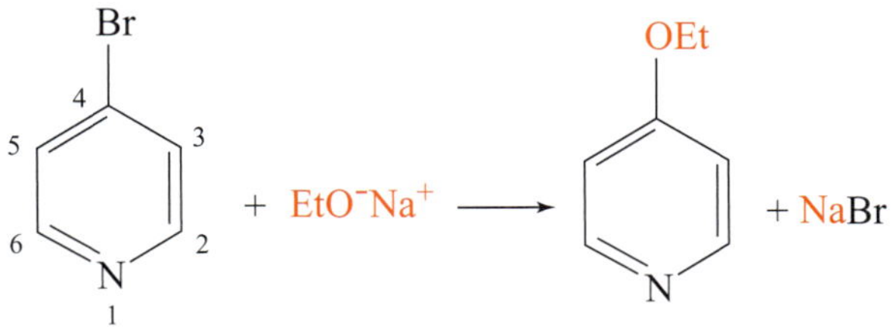

Question 21.F

Écrire le mécanisme détaillé de cette substitution nucléophile.

▶ *Réactions d'addition*

Voir § 21.2

Le dihydrogène en présence de platine comme catalyseur, ou le sodium dans l'éthanol, réduisent la pyridine en pipéridine.

▶ *Oxydation*

Le cycle de la pyridine est très résistant aux agents oxydants, par contre les chaînes latérales s'oxydent facilement (ce comportement est très analogue à celui des hydrocarbures benzéniques).

Exemples

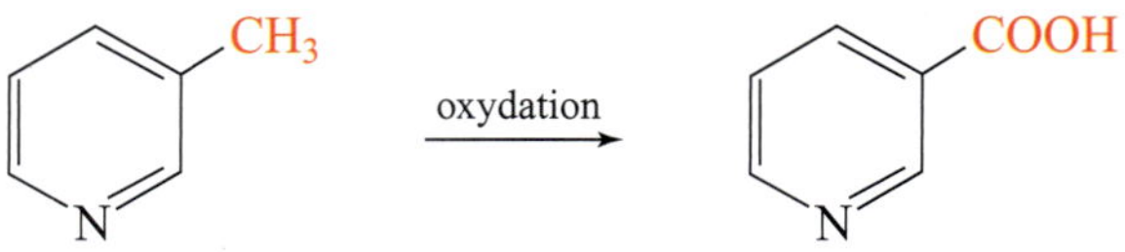

21.3 ALCALOÏDES. PORPHYRINES. COMPOSÉS BIOLOGIQUEMENT ACTIFS

Les structures hétérocycliques, principalement azotées, se retrouvent dans de nombreux composés naturels d'origine végétale appelés alcaloïdes. Elles y sont diversement associées, soit entre elles, soit avec des motifs structuraux différents très variés.

Exemples

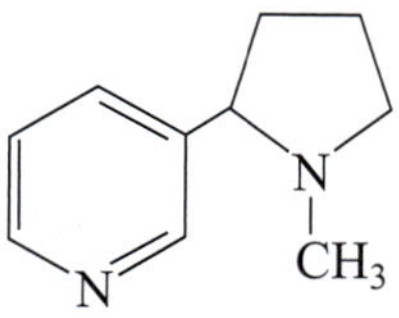

Nicotine (tabac)

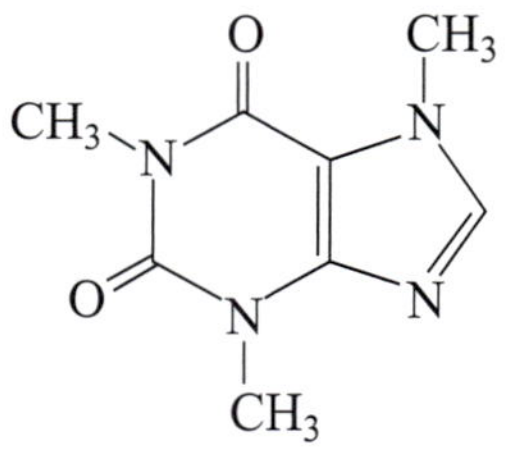

Caféine (café, thé)

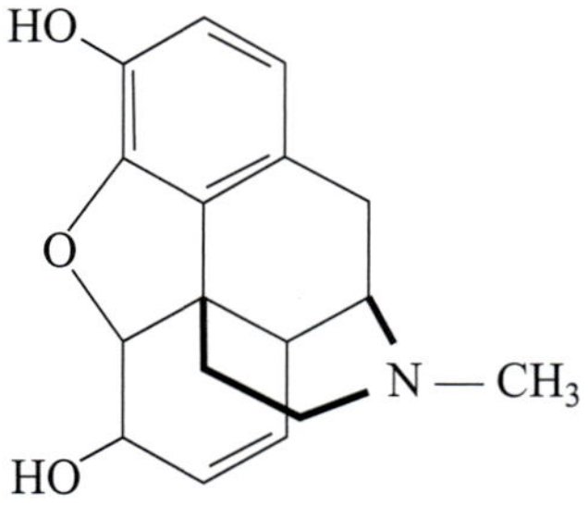

Morphine (opium)

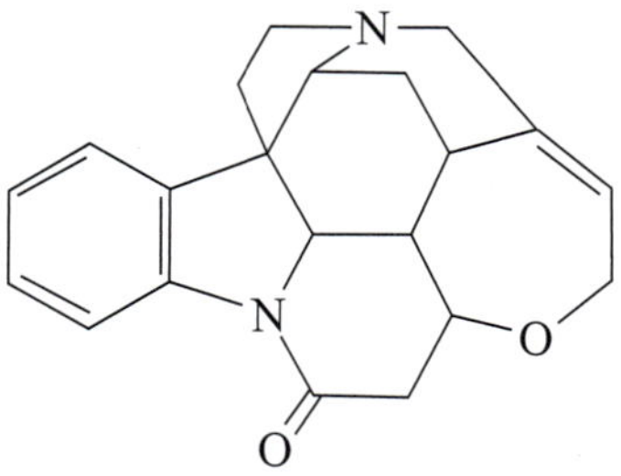

Strychnine (noix vomique)

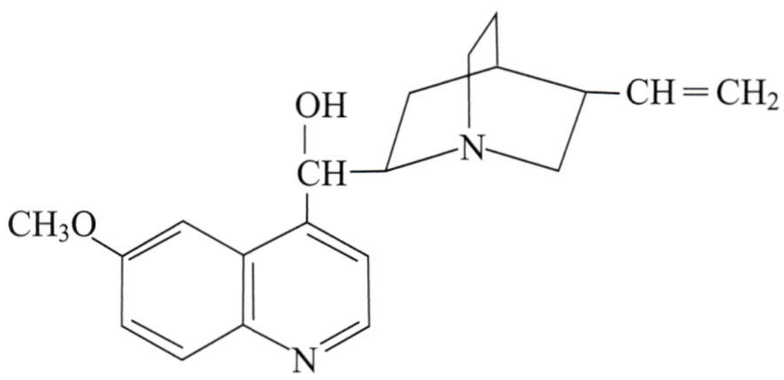

Quinine (Quinquina)

On trouve également des motifs hétérocycliques dans la structure très complexe des *porphyrines* (chlorophylle, hémoglobine,...).

Exemple

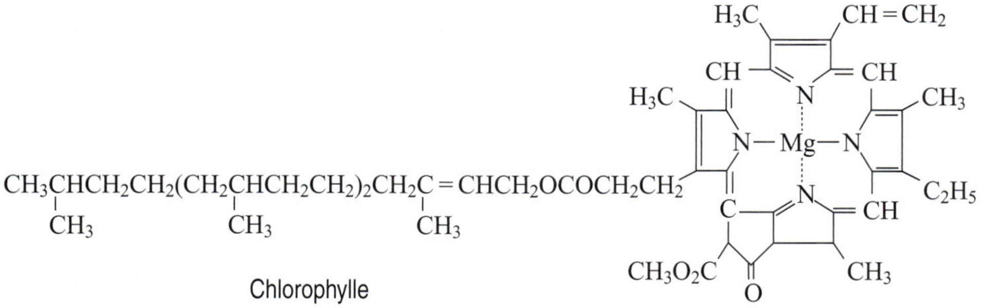

Chlorophylle

Enfin, de nombreux composés biologiquement actifs (antibiotiques, hypnotiques, etc.) possèdent également des éléments structuraux hétérocycliques.

Exemples

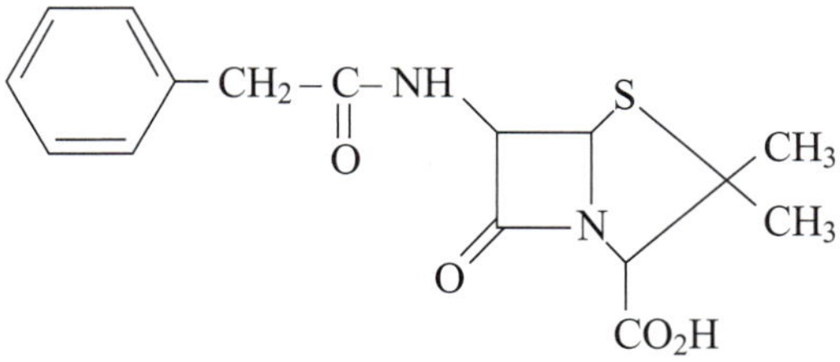

Pénicilline

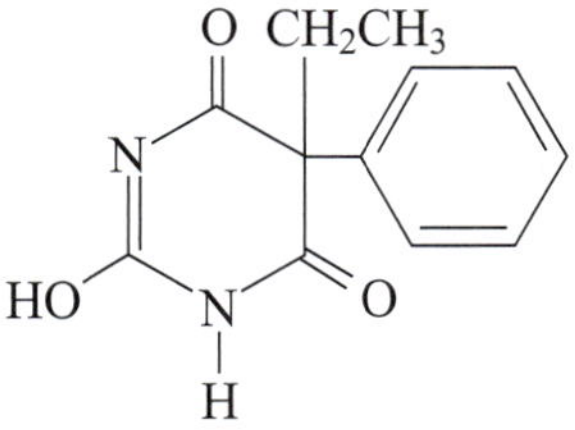

Phénobarbital (barbiturique)

L'ESSENTIEL

Hétérocycles aromatiques (4n + 2 électrons résonants, règle de Hückel)

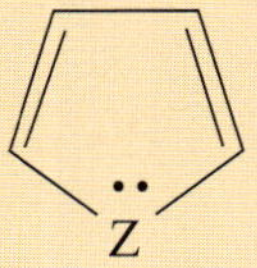

Z = O Furane
Z = NH Pyrrole
Z = S Thiophène

le doublet libre participe au système conjugué

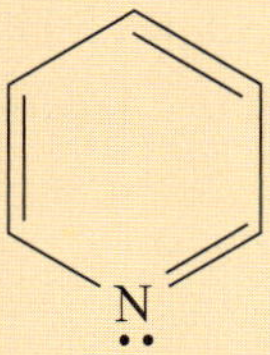

Pyridine

le doublet libre ne participe pas au système conjugué

Réactivité du thiophène (Z=S), pyrrole (Z=NH), furane (Z=O)

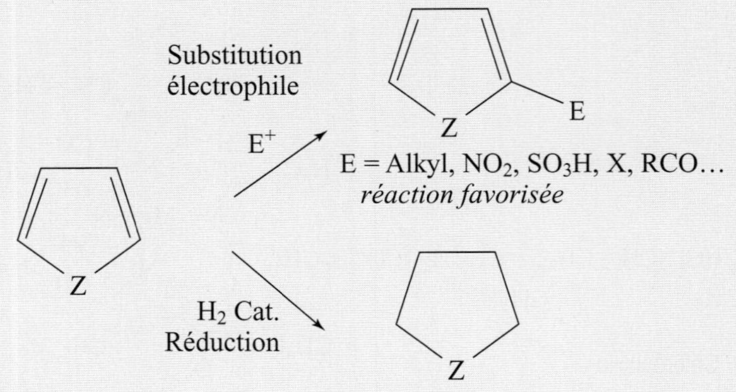

Réactivité de la pyridine

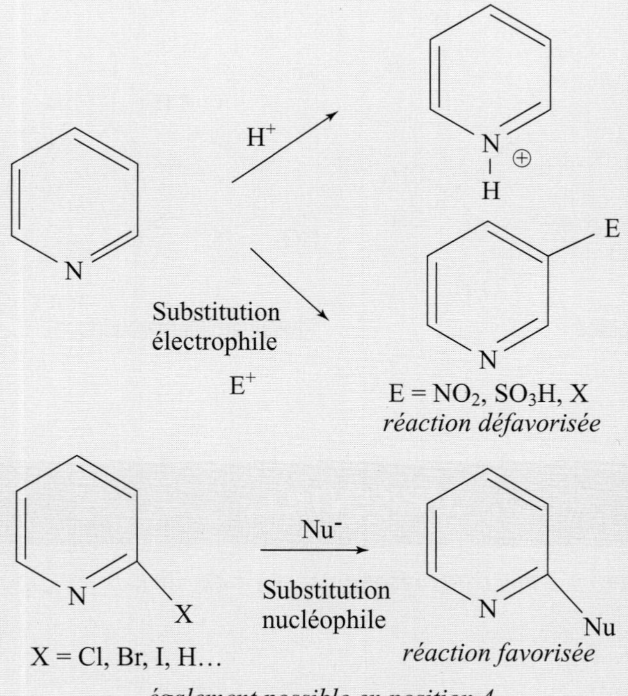

QCM

Les réponses se trouvent à la page 664.

1. Relever les composés aromatiques

☐ a. 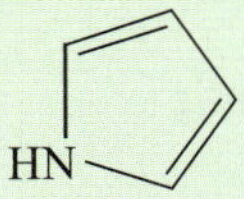

☐ b. 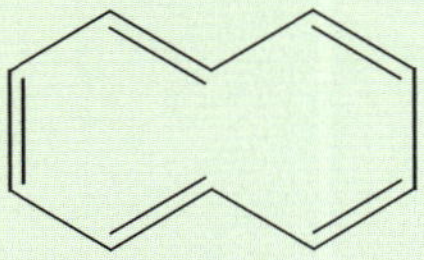

☐ c. 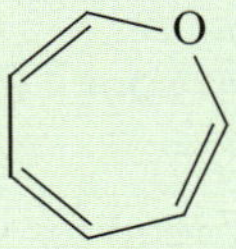

☐ d. 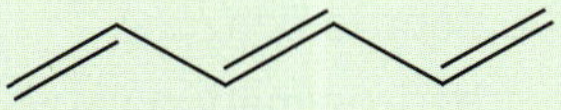

2. Le furane

☐ a. se prête facilement aux réactions de substitutions électrophiles aromatiques

☐ b. comparé au benzène, la présence d'un atome d'oxygène dans le cycle diminue sa réactivité vis-à-vis des électrophiles

☐ c. ne peut pas participer à des réactions de Diels-Alder du fait de son aromaticité

☐ d. réagit avec les électrophiles en position 3.

3. Le pyrrole

☐ a. est souvent utilisé comme base faible

☐ b. comme le furane, réagit avec les électrophiles par des réactions de substitution

☐ c. présente une réactivité chimique proche de celle d'une amine secondaire

☐ d. réagit avec Br_2 en position 2 ou 5

4. La pyridine

☐ a. est souvent utilisée comme base faible

☐ b. comme le pyrrole, réagit bien avec les électrophiles par des réactions de substitution

☐ c. contrairement au pyrrole, peut conduire à des réactions de substitution nucléophile

☐ d. présente un cycle aromatique enrichi en électrons par la présence d'un atome d'azote donneur.

5. La réaction de bromation par Br_2

- ☐ **a.** est relativement rapide sur le pyrrole en position 2
- ☐ **b.** est relativement lente sur la pyridine en position 2
- ☐ **c.** du pyrrole est plus rapide que pour la pyridine
- ☐ **d.** de la pyridine n'est pas régiosélective

6. L'addition de chlorure d'hydrogène (HCl) sur la pyridine conduit :

- ☐ **a.** à la 2-chloropyridine
- ☐ **b.** à la 3-chloropyridine
- ☐ **c.** au chlorure de pyridinium
- ☐ **d.** à la pipéridine

7. Relever les affirmations correctes

- ☐ **a.** les conditions réactionnelles nécessitant un milieu acide fort sont à éviter sur le pyrrole
- ☐ **b.** l'atome d'oxygène du furane par son effet électroattracteur rend les substitutions électrophiles aromatiques plus difficiles que pour le benzène
- ☐ **c.** le THF (tétrahydrofurane) peut être préparé par hydrogénation catalytique du furane
- ☐ **d.** contrairement au furane, le thiofène n'est pas aromatique

8. La réaction de sulfonation de la pyridine

- ☐ **a.** est réalisable à température ambiante
- ☐ **b.** conduit à la 3-bromopyridine
- ☐ **c.** se fait difficilement du fait du rôle désactivant joué par l'atome d'azote
- ☐ **d.** se fait selon un mécanisme de substitution nucléophile

EXERCICES

Les solutions se trouvent à la page 684.

Les **règles de nomenclature** permettant de faire correspondre réciproquement un nom et une formule, sont exposées dans le chapitre 7 (pour les stéréoisomères, au chapitre 3).

21-a On considère les trois hétérocycles suivants :

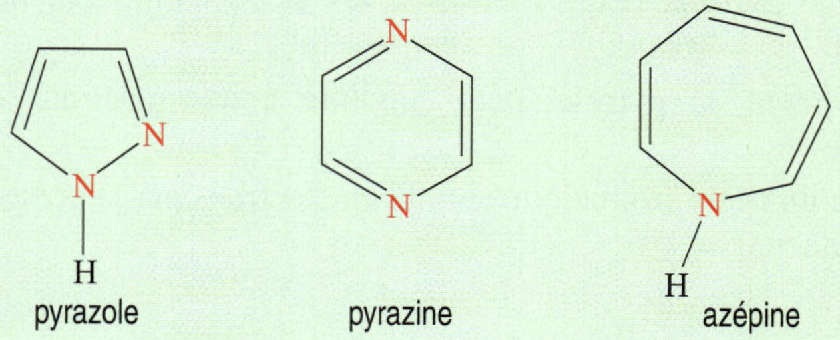

1. Dire pour chaque hétérocycle si le (ou les) doublet(s) du (ou des) atomes d'azote participe(nt) à un même système conjugué avec les doublets π.
2. Chacun d'eux est-il aromatique ?
3. Dans le cas du pyrazole, les deux atomes d'azote présentent-ils la même basicité ? dans la négative, lequel est-il le plus basique ? Pourquoi ?

21-b La pyrrolidine et le pyrrole ont des moments dipolaires portés par le même axe, mais ils sont de sens contraire.

1. Quelle est la direction de leur axe commun par rapport à la molécule ?
2. Quel est le sens de chacun sur cet axe ?

21-c Quel est le produit principal formé dans les réactions suivantes ?

1. Pyrrole + SO_3 Pyridine
2. Furane + H_2 catalyseur
3. Furane + Br_2
4. Thiophène + CH_3COCl
5. Pyridine + H_2SO_4-SO_3
6. Pyridine + HCl
7. 4-chloropyridine + MeONa

21-d Quelle est la formule des composés représentés par (a), (b), (c), etc. dans les réactions suivantes ?

1. (a) + $SOCl_2$ → (b) + SO_2 + HCl

   (b) + (c) → (d)

   (d) = 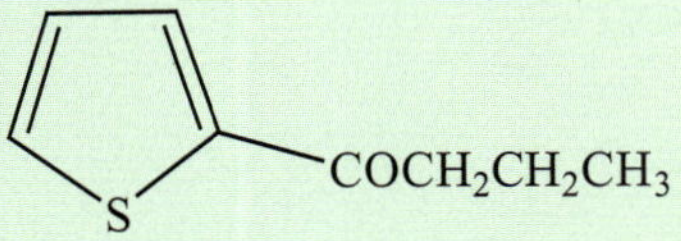

2. Pipéridine + CH_3Br en excès → (e)

   (e) + AgOH → (f) + AgBr

   (f) par chauffage → (g)

21-e Quel mécanisme vraisemblable pourrait décrire les réactions suivantes et expliquer leur résultat ?

1. Tétrahydrofurane + HCl → 1,4-dichlorobutane
2. $EtO_2C—CHBr—CH_2—CO_2Et$ + Pyridine → $EtO_2C—CH{=}CH—CO_2Et$
3. 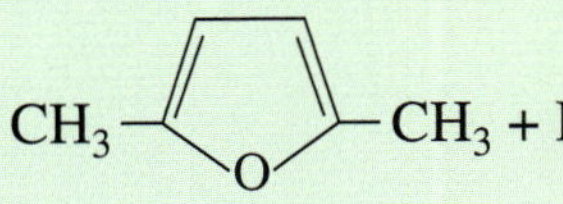

 + H_2SO_4 dilué → $CH_3—CO—CH_2—CH_2—CO—CH_3$

22 Les glucides

PRÉALABLES

- Chiralité et configuration absolue d'un atome de carbone asymétrique.
- Conformations du cyclohexane.
- Réactivité des alcools (oxydation, estérification, réaction avec les acides minéraux).
- Réactivité des dérivés carbonylés (réaction d'addition, d'acétalisation, action des amines, des hydrures, de l'acide cyanhydrique).

MOTS-CLÉS

- Acide nucléique
- Forme anomère
- Glucide
- Glucose
- Hémiacétal
- Hétéroside
- Holoside
- Hydrate de carbone
- Mutarotation
- Ose
- Oside
- Projection de Fischer
- Série D et série L des sucres

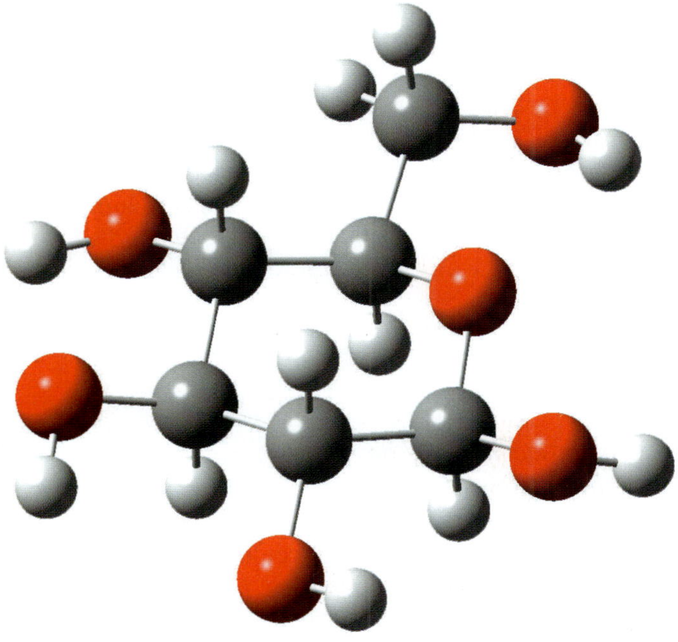

Le glucose $C_6H_{12}O_6$

Les glucides constituent une classe de produits naturels dont la formule brute peut souvent être mise sous la forme $C_m(H_2O)_n$, d'où l'appellation qui leur est également donnée d'*hydrates de carbone*. Toutefois, outre que l'oxygène et l'hydrogène ne s'y trouvent absolument pas sous la forme de molécules d'eau, certains termes peuvent répondre à cette définition ; le terme de glucide apparaît donc préférable.

Ce sont des composés polyhydroxylés comportant en outre une fonction aldéhyde ou cétone (ou du moins susceptibles de la libérer par l'hydrolyse). Ces substances se trouvent dans les végétaux, qui en font la synthèse à partir de CO_2 et H_2O présents dans l'atmosphère, grâce à l'énergie apportée par la lumière solaire et captée par la chlorophylle (processus de la photosynthèse) :

$$n\,CO_2 + n\,H_2O \xrightarrow[\text{solaire}]{\text{lumière}} (CH_2O)_n + n\,O_2$$

L'un des glucides les plus simples ainsi formés est le *glucose* (sucre des fruits) $C_6H_{12}O_6$. Par condensation il forme des substances de masse moléculaire beaucoup plus élevée, comme la *cellulose* $(C_6H_{10}O_5)_n$ qui constitue les parois des cellules végétales, ou *l'amidon* qui, stocké dans les graines notamment, sert de réserve en vue de la croissance de la plante.

Les glucides contenus dans les aliments jouent également un rôle primordial dans le métabolisme animal. Au cours de la digestion, ils sont dégradés (hydrolysés) en glucose qui est ensuite condensé en *glycogène* (rôle du foie). Ce dernier, comme l'amidon des végétaux, stocké dans l'organisme, constitue une substance de réserve : apporté au niveau des cellules musculaires par le sang, il y est oxydé par une réaction enzymatique, avec dégagement d'énergie (17 kJ/g). Ainsi se trouve réalisée, en définitive, la transformation de l'énergie solaire en énergie mécanique (musculaire) et calorifique dans le corps.

D'autre part, les acides nucléiques (ADN, ARN), porteurs des caractères génétiques héréditaires au niveau des noyaux des cellules vivantes ont une structure partiellement glucidique.

Remarque

Enfin, dans la vie pratique, la cellulose est liée à l'industrie du papier, des textiles naturels (coton) ou artificiels (rayonne, viscose), de la cellophane, de matières plastiques (celluloïd, rhodoïd), d'explosifs, d'adhésifs, etc.

22.1 Classification

22.1.1 Les Oses

Voir § 22.2.3.b

Encore appelés *monosaccharides* ou *sucres simples* sont les plus simples des glucides. Ce sont des composés comportant de 3 à 8 atomes de carbone qui, sauf exceptions (cas des désoxy-sucres) sont tous porteurs de fonctions oxygénées : fonctions alcool et une fonction aldéhyde ou cétone. Selon le nombre d'atomes de carbone, ce sont des *trioses, tétroses, pentoses, hexoses*... Par ailleurs, selon qu'ils comportent une fonction aldéhyde ou une fonction cétone, on les appelle *aldoses* ou *cétoses*, de sorte que si l'on veut indiquer tout à la fois la nature de la fonction carbonylée et le nombre d'atomes de carbone, on dira, par exemple : *aldopentoses, céto-pentoses, aldohexoses, cétohexoses…*

Ce sont les unités structurales entrant dans la constitution des glucides plus complexes.

22.1.2 Les Osides

Ils résultent de la condensation, avec élimination d'eau, des molécules d'oses et, éventuellement, de substances non glucidiques également.

Les *holosides* sont formés par la réunion de motifs exclusivement glucidiques et, par hydrolyse, ne fournissent donc que des oses. Ceux qui ne comportent qu'un nombre restreint (inférieur à 10) de ces motifs sont nommés *oligoholosides* (ou *oligosaccharides)* et, selon la valeur de ce nombre, on parle de *diholoside, triholoside… (ou disaccharide, trisaccharide…)*. D'autres résultent de la condensation d'un très grand nombre de molécules d'oses (jusqu'à 3 000 environ), ce sont les *polyholosides (ou polysaccharides ou osanes),* qui sont de véritables « hauts polymères » naturels.

Les *hétérosides (ou glycosides)* proviennent de la condensation d'oses et de substances non glucidiques. Par hydrolyse, ils fournissent d'une part un ou plusieurs oses, et d'autre part une *aglycone* (composé n'appartenant pas au groupe des glucides, par exemple un phénol). Si, dans l'hétéroside, l'aglycone est liée au motif glucidique par un groupe oxygéné, il s'agit d'un *O*-hétéroside ; si c'est par un atome d'azote, il s'agit d'un *N*-hétéroside.

L'ensemble de cette nomenclature, compliquée par l'existence de nombreux termes synonymes, est résumé dans le tableau suivant (en majuscules les termes retenus pour la suite, en minuscules les synonymes) :

Tableau 22.1

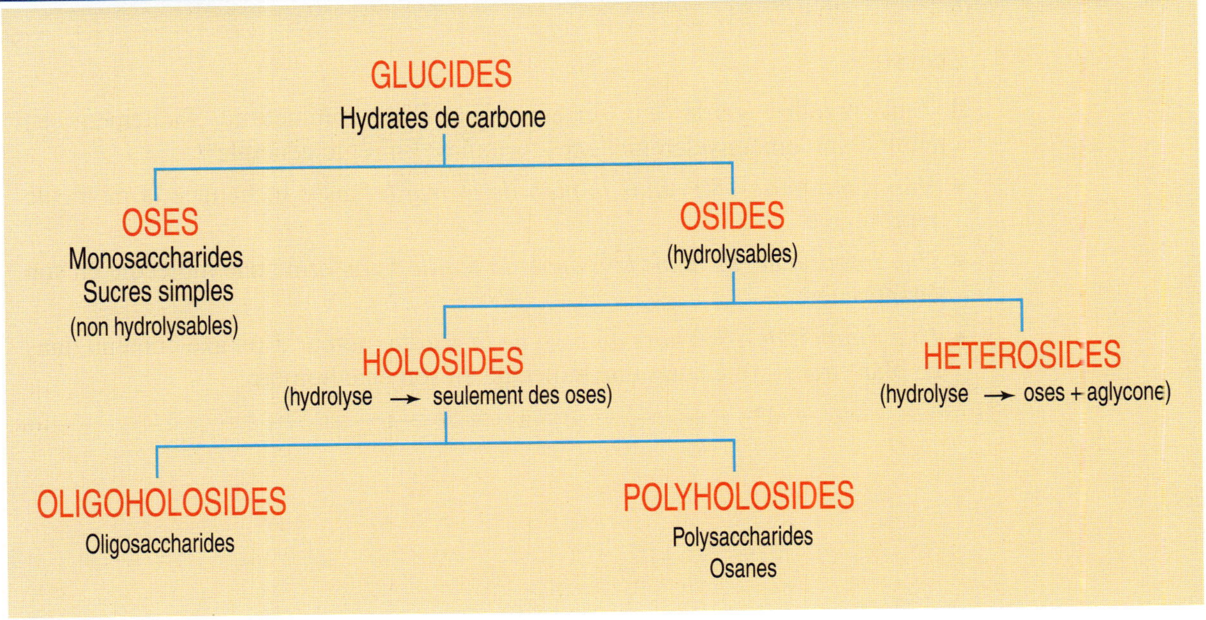

22.2 Structures des oses

22.2.1 La représentation de Fischer

Dans la chimie des glucides, les aspects stéréochimiques sont importants. Mais il s'agit de molécules comportant plusieurs carbones asymétriques, et la représentation perspective (procédé du « coin volant » [cf. 2.1.3]) est mal adaptée à leur description. On utilise donc de manière habituelle une autre représentation conventionnelle, appelée *« projection de Fischer »*.

Les quatre liaisons formées par un carbone saturé sont représentées par des traits pleins mais :

- un trait *vertical* correspond à une liaison située *en arrière* du plan de la feuille ;
- un trait *horizontal* correspond à une liaison dirigée *en avant* du plan de la feuille.

On dispose la chaîne principale verticalement, le carbone le plus oxydé en haut.

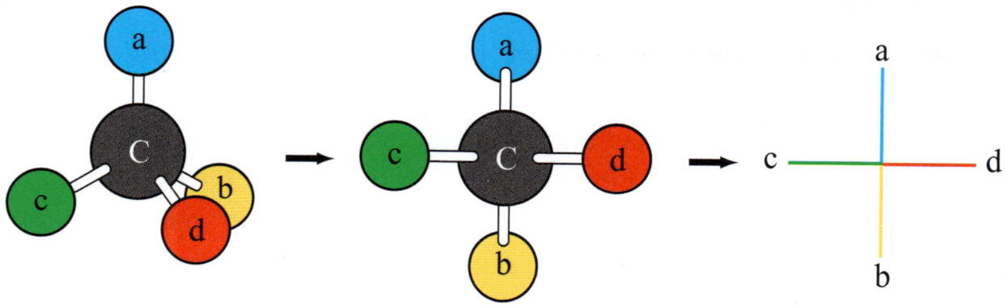

Figure 22.1
La projection de Fischer
La représentation d'une molécule en « projection de Fischer » suppose qu'on la considère dans une position déterminée conventionnelle : le carbone étant « à hauteur d'œil », deux des liaisons sont dans un plan horizontal et viennent vers l'observateur, les deux autres sont dans un plan vertical et sont dirigées vers l'arrière.

Conseils

Il faut prendre garde aux erreurs que l'on commettrait facilement en « manipulant » inconsidérément ces formules. En règle générale :

- *Une rotation de 180° dans le plan de la feuille* laisse inchangée la molécule représentée.
- *Une rotation de 90° dans le plan de la feuille* transforme une molécule en son énantiomère.
- *Une rotation de 180° hors du plan de la feuille* (autour d'un axe contenu dans ce plan) transforme aussi une molécule en son énantiomère.

FISCHER EMIL HERMANN (Euskirschen, 1852 – Berlin, 1919)
PRIX NOBEL DE CHIMIE 1902

Né à Euskirchen (Prusse rhénane), Fischer a fait ses études à l'université de Bonn et à celle de Strasbourg où il a travaillé sous la direction de Adolf Von Baeyer. Il fut professeur de chimie aux universités de Munich (1879), d'Erlangen (1882), de Würzburg (1885) et de Berlin (1892). Fischer a profondément marqué l'histoire de la chimie organique par ses travaux sur la synthèse des sucres, des peptides et des purines. Il fut le premier à établir les structures du glucose, du fructose et du mannose qu'il synthétisa à partir du glycérol en 1890. Il mit également en évidence l'isomérie D et L des sucres. Il est aussi le premier à définir les formules de nombreux dérivés de la famille des purines, comme l'acide urique, la xanthine et la caféine. À partir de 1899, Fischer s'intéressa à l'étude des aminoacides et des protéines. Il mit au point de nouvelles méthodes d'hydrolyse de protéines et de purification des aminoacides et il détermina la façon dont ceux-ci se combinent les uns aux autres par formation du lien peptidique. Ses travaux, en mettant en relation les domaines de la stéréochimie et de la chimie organique avec la biologie, ont posé les bases de la chimie organique moderne.

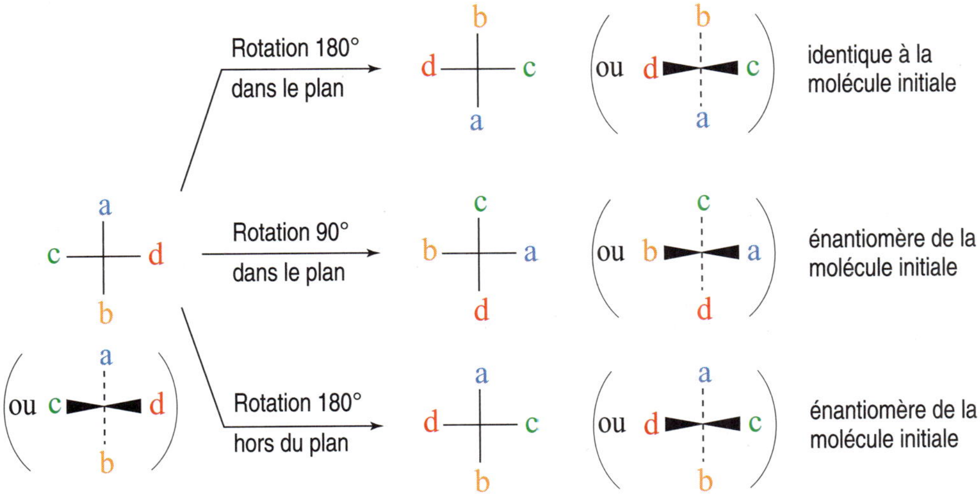

Voir chap. 3, § 3.2.1

a) Un carbone asymétrique

Les deux énantiomères de l'acide lactique se représentent ainsi :

Forme R

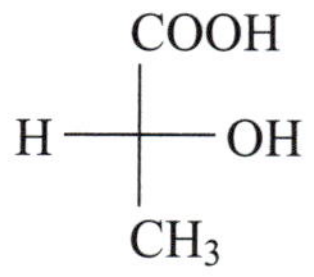

identique à

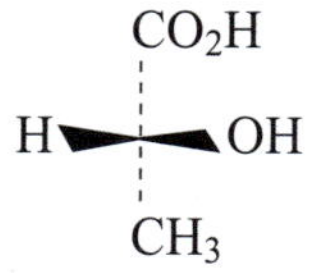

ou encore à

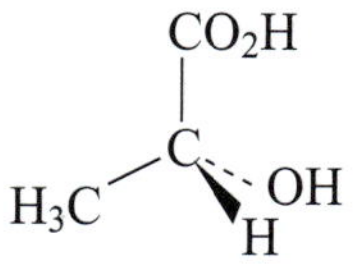

Forme S

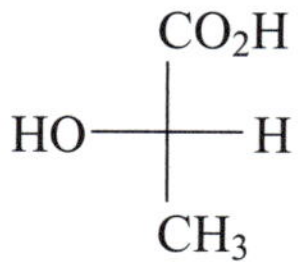

identique à

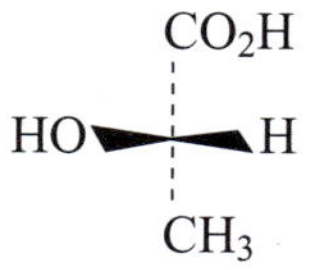

ou encore à

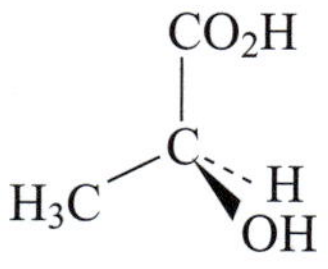

Le carbone le plus oxydé ($COOH$) est le plus haut, le carbone le moins oxydé (CH_3) est en bas.

b) Deux carbones asymétriques

La représentation en projection de Fischer de la molécule A ci-après suppose qu'on la considère d'abord dans la conformation particulière B où les H et les OH sont tous en avant du plan du papier (la rotation des deux carbones asymétriques l'un par rapport à l'autre ne modifie pas leurs configurations respectives).

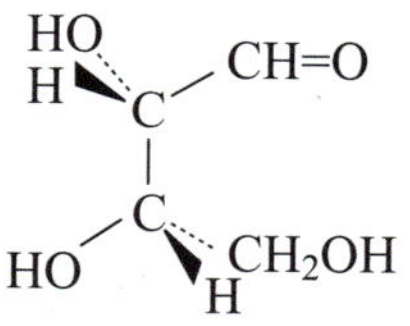

(A)

Une conformation décalée

identique à

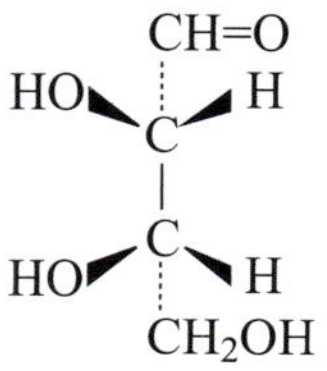

(B)

Une conformation éclipsée

ou encore à

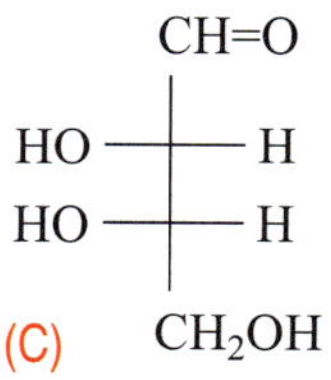

(C)

Projection de Fischer

Les règles de transformation de cette représentation sont les mêmes que précédemment. Une rotation de 180° autour d'un axe vertical le transforme en D qui est son énantiomère :

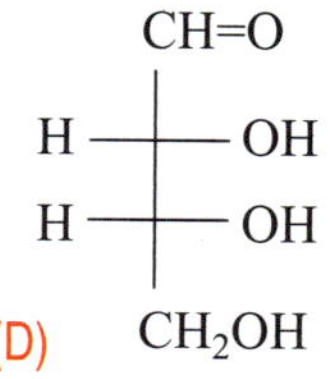

(D)

Énantiomère de (C)

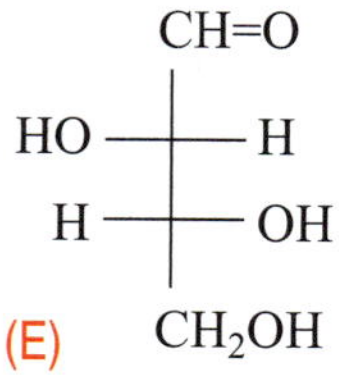

(E)

Diastéréoisomère de (C)

Voir chap. 3, § 3.4

Par suite, E est un diastéréoisomère de C, puisque l'un de ses carbones a subi une inversion alors que l'autre conservait sa configuration.

c) Plusieurs carbones asymétriques

Le glucose $HOH_2C—\overset{*}{C}HOH—\overset{*}{C}HOH—\overset{*}{C}HOH—\overset{*}{C}HOH—CH{=}O$ possède quatre carbones asymétriques (*), chacun dans une configuration bien déterminée. Sa molécule peut être représentée soit dans une conformation « en zigzag » (F), soit dans une conformation convexe (G).

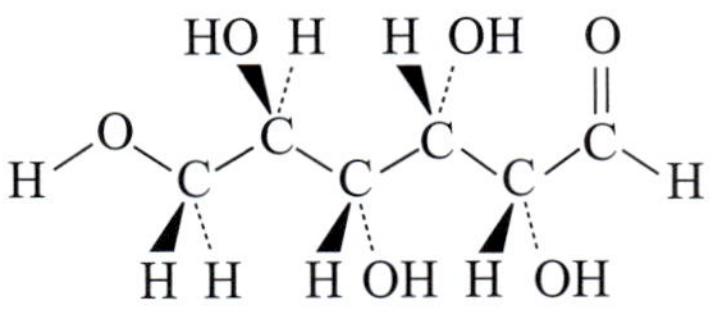

(F)

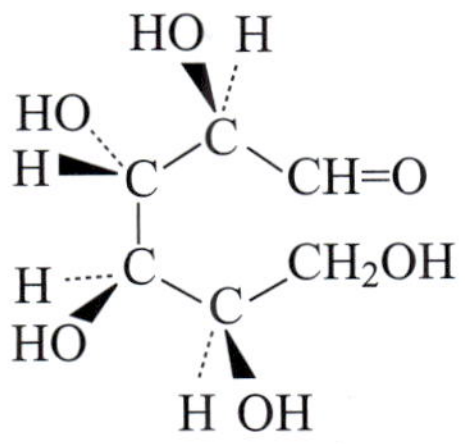

(G)

Le glucose dans deux conformations

et sa projection de Fischer s'obtient en imaginant que l'on « déroule » la chaîne de (F) et allonge verticalement dans le plan du papier, en orientant les H et les OH vers l'avant. Par convention, on place la fonction la plus oxydée (ici CH=O, plus oxydée que CH_2OH) en haut :

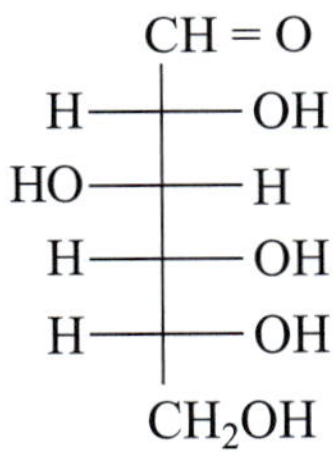

équivalent à

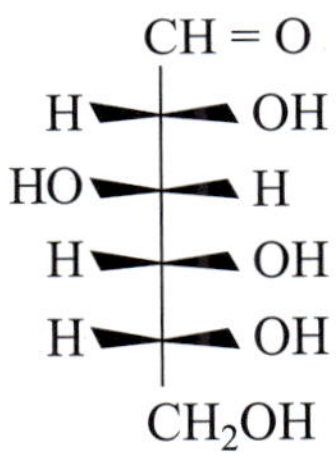

22.2.2 Série D et série L

Le glycéraldéhyde est un ose ne contenant qu'un seul atome de carbone asymétrique, il existe donc sous forme de deux énantiomères. Or, seul le (R) glycéraldéhyde (qui est dextrogyre) existe dans la nature ; il est généralement appelé D-glycéraldéhyde. L'énantiomère non naturel qui est lévogyre est dénommé L-glycéraldéhyde.

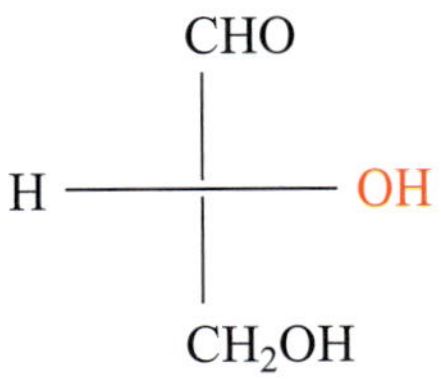

D-Glycéraldéhyde
configuration R, (+)

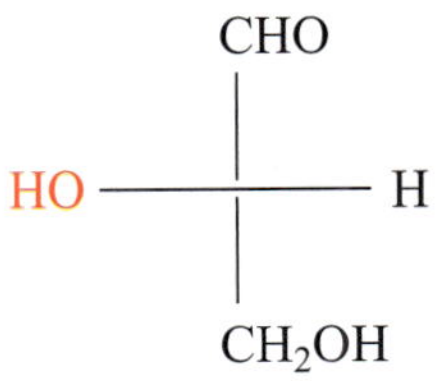

L-Glycéraldéhyde
configuration S, (–)

Les monosaccharides naturels (glucose, fructose, ribose..) possèdent très généralement la configuration du D-glycéraldéhyde (configuration R) au niveau du carbone asymétrique le plus éloigné de la fonction aldéhyde. On dit alors que ces composés font partie de la série D des sucres ; la série L étant la série non naturelle. L'énantiomère d'un sucre de la série D est un sucre appartenant à la série L.

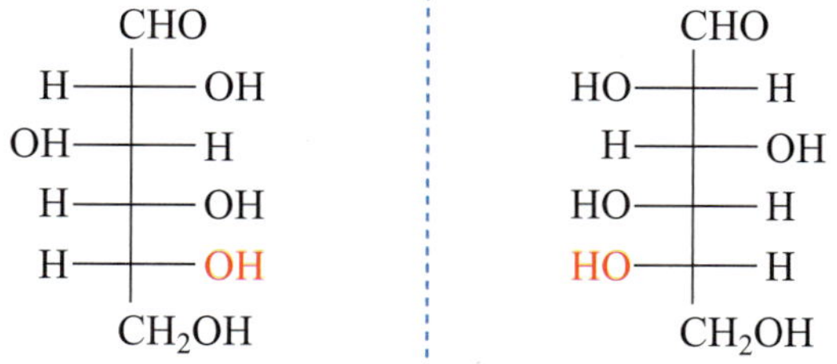

D-Glucose L-Glucose

Mis à part le cas particulier du glycéraldéhyde, l'appartenance à la série D ou L n'implique pas un signe déterminé pour le pouvoir rotatoire.

22.2.3 Les oses

Seuls seront envisagés ici les oses comportant six atomes de carbone *(hexoses)*. Le *glucose* représentatif de la série des aldohexoses, fera l'objet du développement le plus important ; la série des cétohexoses sera illustrée par le *fructose.*

a) Aldohexoses : le glucose

Il existe trois aldohexoses naturels, mais le glucose est le plus important par suite de son abondance dans la nature (sucre des fruits et du miel) et de la participation de la « structure glucose » à la constitution des oligo- et polyosides les plus intéressants.

Les aldohexoses comportent quatre atomes de carbone asymétriques et il y correspond donc $2^4 = 16$ stéréoisomères.

Les projections de Fischer des huit aldohexoses de la série D sont représentées cidessous ; chacun de ces composés possède un énantiomère (non représenté) appartenant à la série L.

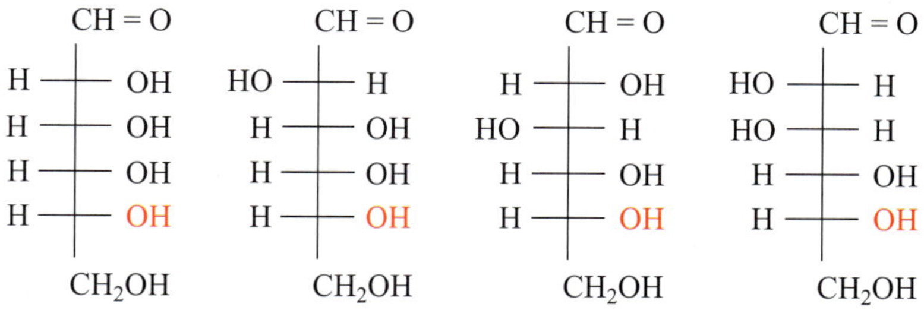

A **B** **C** **D**

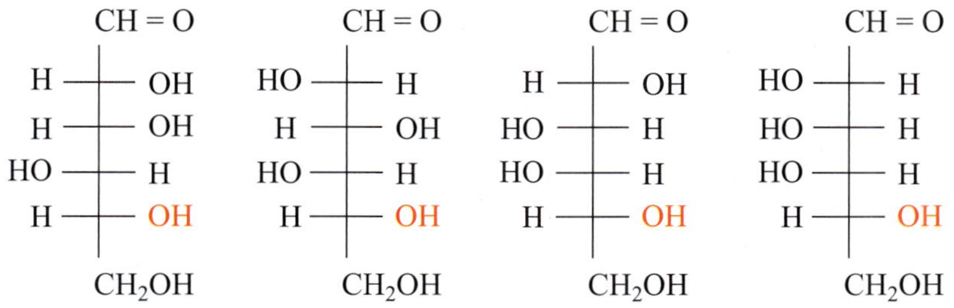

E **F** **G** **H**

Le glucose naturel est l'isomère C, ainsi que l'a démontré Fischer en 1896 dans un travail demeuré célèbre qu'il n'est pas possible de détailler ici. Il est par ailleurs dextrogyre, c'est donc le (+)-(D)-glucose. Seuls deux autres aldohexoses existent à l'état naturel, le (+)-(D)-mannose (isomère D) et le (+)-(D)-galactose (isomère G), mais tous les autres ont été obtenus par synthèse.

Voir page 528

La notation D ou L pour un ose ne concerne que la configuration du carbone 5 mais on peut évidemment, en outre, caractériser la configuration de chacun des carbones asymétriques. Ainsi, le glucose possède la configuration complète 2*R*, 3*S*, 4*R*, 5*R*.

Voir chap. 3, § 3.1.1

Question 22.A

Comparez les formules stéréochimiques du D-glucose et du D-galactose et établissez par comparaison la configuration absolue de chaque carbone asymétrique dans ce dernier.

b) Désoxyaldoses

On désigne ainsi des aldoses dans lesquels un ou plusieurs groupes alcool sont remplacés par des atomes d'hydrogène.

Exemples

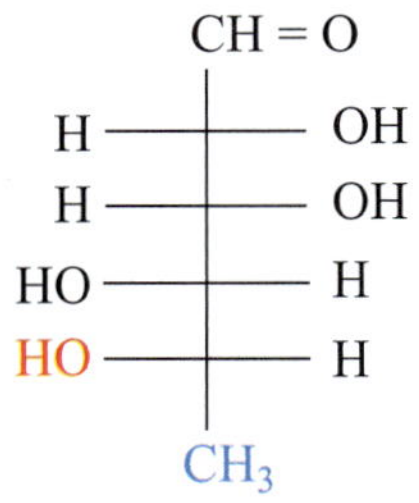

(+)-(L)-Rhamnose
(désoxy-6(L)-Mannose)

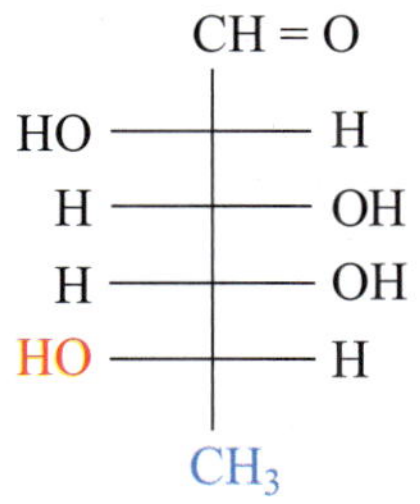

(–)-(L)-Fucose
(désoxy-6(L)-Galactose)

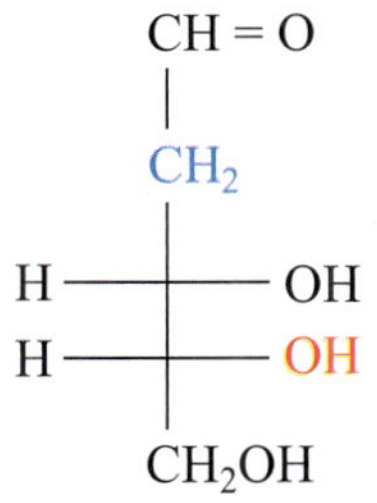

Désoxy-2(D)-Ribose

Le désoxy-2 (D)-ribose, en particulier, est un composant important qui se trouve dans les produits d'hydrolyse des acides désoxyribonucléiques (ADN) présents dans les chromosomes.

Voir § 22.4.3.b

c) Cétoses : le fructose

La structure la plus fréquente pour les cétohexoses comporte la fonction cétone sur le carbone 2.

Exemple

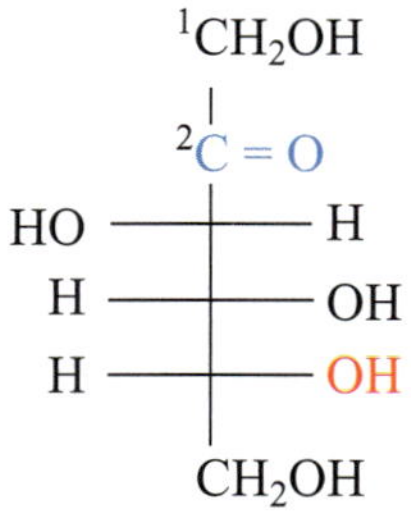

(–)-(D)-Fructose

Le (—)-(D)-fructose se trouve dans les fruits et sa structure se retrouve, d'autre part, dans la constitution des divers oligoholosides.

22.2.4 Forme cyclique (*hémiacétalique)*

Un *hémiacétal* résulte de l'addition d'une molécule d'un alcool sur une fonction aldéhyde ou une cétone,

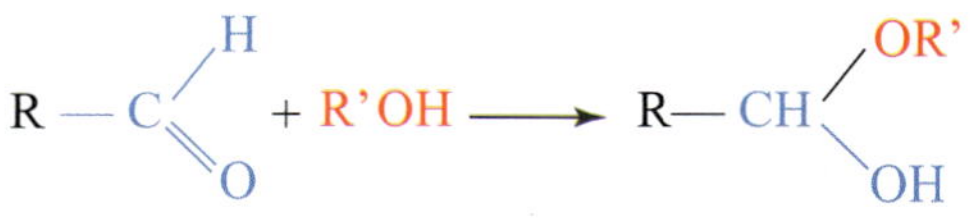

Voir chap. 18, § 18.2.1.g

alors qu'un acétal provient de la condensation de deux molécules d'alcool avec un aldéhyde ou une cétone.

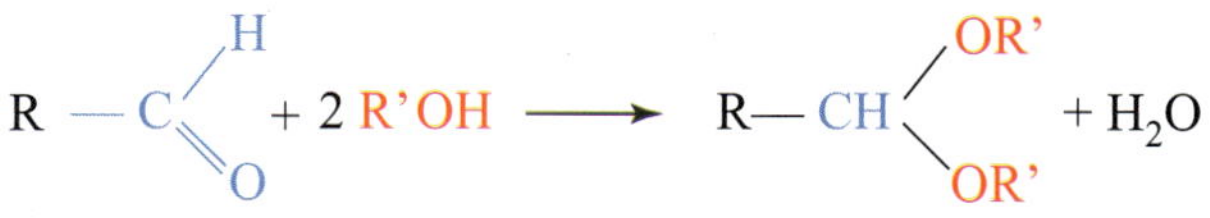

Si, comme dans le cas des oses, un groupe carbonyle et un groupe hydroxyle sont présents sur la même molécule, la formation d'un hémiacétal conduit alors à une structure cyclique. Ainsi, le glucose et les autres hexoses et pentoses existent sous forme d'un mélange de formes cycliques à cinq ou six chaînons, les formes ouvertes étant généralement très minoritaires.

a) Cas du glucose

Les hétérocycles formés par réaction d'hémiacétalisation sont apparentés à la structure du pyrane dans le cas du cycle à six chaînons et à la structure du furane dans le cas du cycle à cinq chaînons d'où les noms de formes « pyranose » et « furanose » données respectivement à ces deux structures. Dans le cas du glucose, on les nomme glucopyranose et glucofuranose.

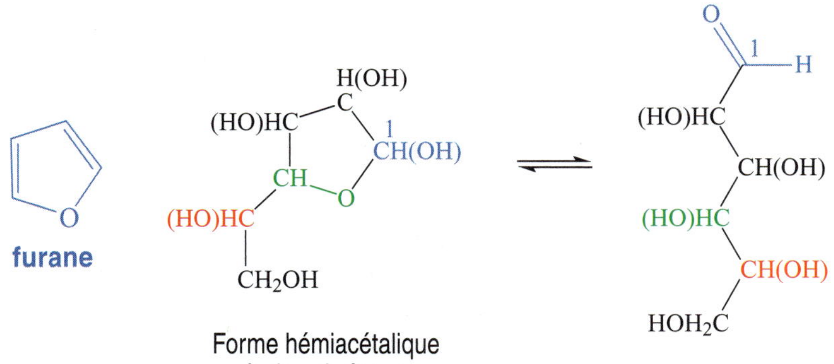

Forme hémiacétalique
à cinq chaînons
Glucofuranose

Forme aldéhyde

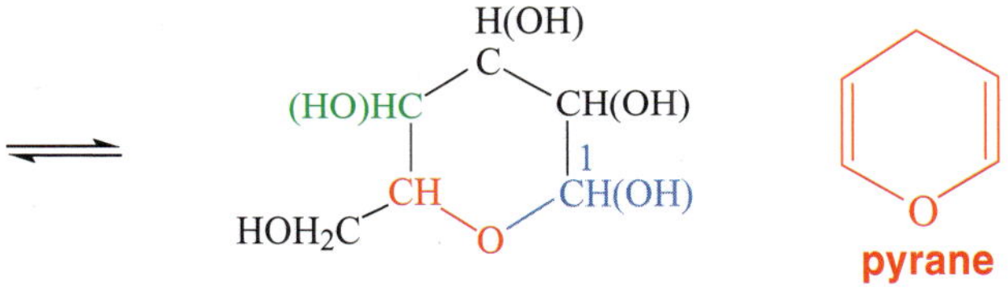

Forme hémiacétalique
à six chaînons
Glucopyranose
(plus stable)

La cyclisation du glucose en forme hémiacétalique a pour effet de créer un centre d'asymétrie supplémentaire sur le carbone 1. Il y a donc deux stéréoisomères de cette forme cyclique, différant uniquement par la configuration de ce carbone. On les désigne par α et β et on les appelle *formes anomères* (le carbone 1 est également appelé « carbone anomère »).

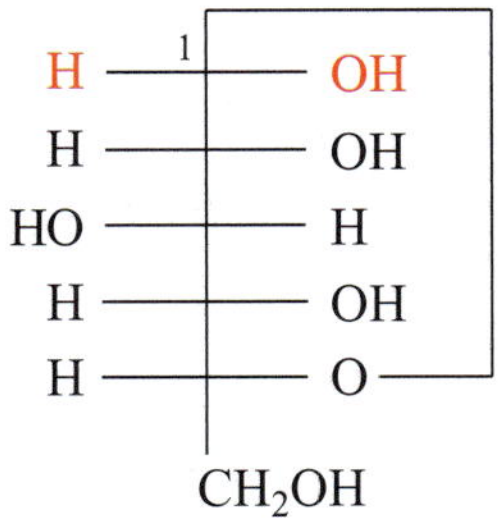

Forme hémiacétalique α
ou α-(D)-glucopyranose

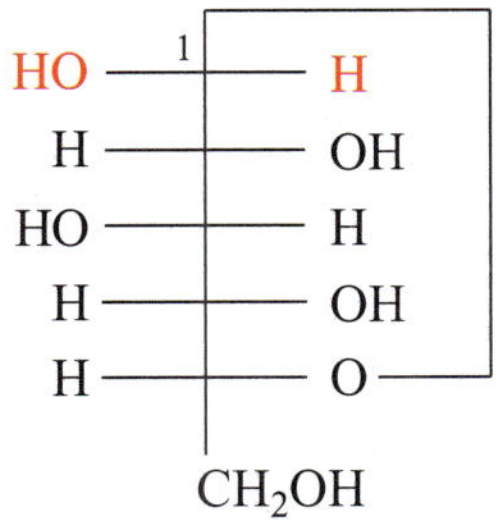

Forme hémiacétalique β
ou β-(D)-glucopyranose

Pour ces deux formes cycliques, la représentation de Fischer est souvent abandonnée au profit d'une représentation plus proche de la réalité (représentation de Haworth) : le cycle est supposé plan, les deux liaisons d'un carbone (une équatoriale et une axiale) sont représentées par un trait vertical, les atomes placés au sommet de ces traits sont au-dessus du plan du cycle, les autres sont en-dessous.

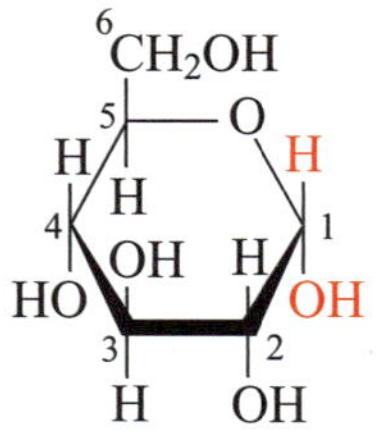

α-(D)-glucopyranose

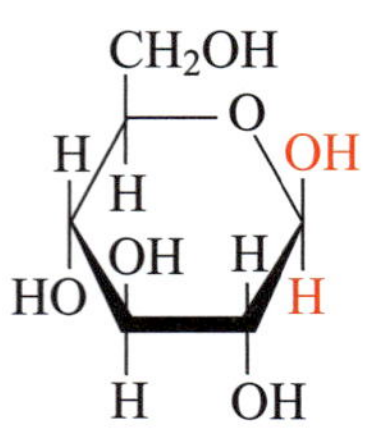

β-(D)-glucopyranose

Question 22.B

Faites l'effort de vous convaincre réellement, par une vue dans l'espace, que ces représentations sont bien équivalentes, quant à la configuration de chaque carbone asymétrique, aux projections de Fischer correspondantes.

La géométrie réelle de ce cycle à six atomes (qui est un hétérocycle) est très voisine de celle du cyclohexane, la conformation la plus stable étant du type « chaise ». Ceci permet de justifier que la forme β est plus stable que la forme α, car tous les substituants y sont en position équatoriale.

Voir chap. 2, § 2.3.2.a

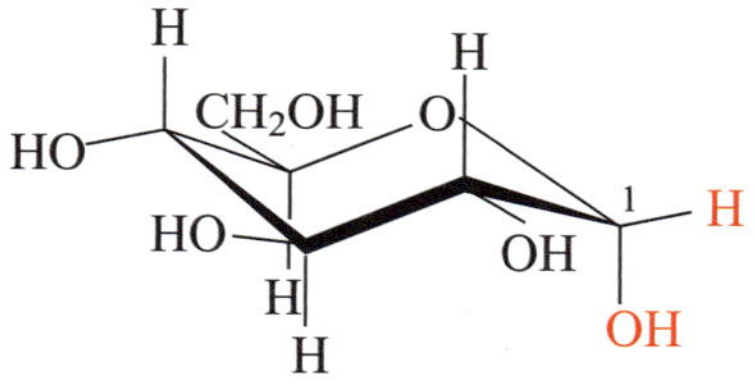

α-(D)-Glucose

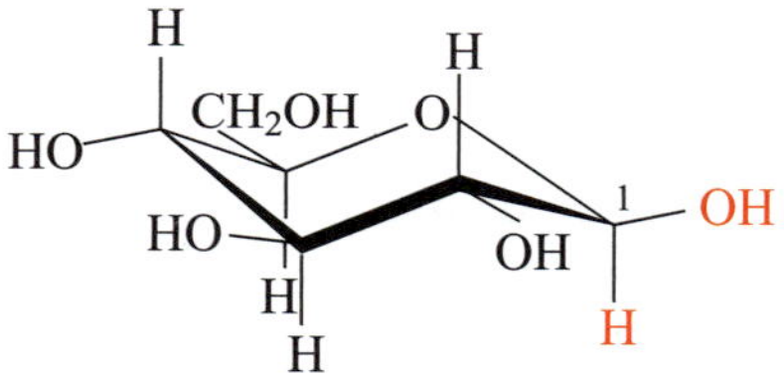

β-(D)-Glucose

b) Cas du fructose

Le fructose possède également une forme cyclique à cinq atomes (fructofuranose) et à six atomes (fructopyranose) qui peuvent exister sous deux formes anomères α et β. Les représentations de Haworth du β-(D)-fructopyranose et du β-(D)-fructofuranose sont données ci-dessous.

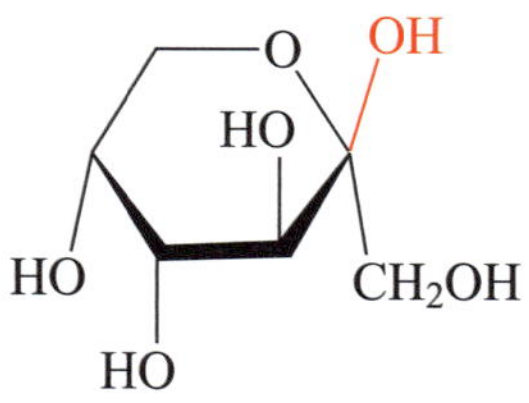

β-(D)-fructopyranose

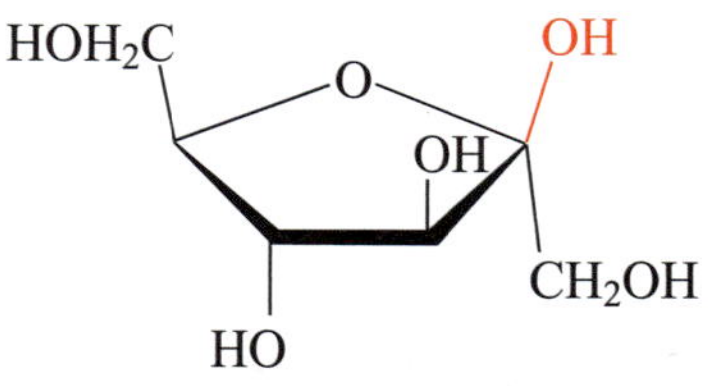

β-(D)-fructofuranose

22.2.5 Mutarotation

Les deux glucopyranoses α et β peuvent être isolés purs à l'état cristallisé, et leurs pouvoirs rotatoires spécifiques sont différents :

α-(D)-Glucose $[\alpha] = +113°$
β-(D)-Glucose $[\alpha] = +19°$

Question 22.C

Vous paraît-il aisément compréhensible que les deux formes α et β qui correspondent aux deux configurations énantiomères par rapport au carbone anomère, aient des pouvoirs rotatoires de même signe et de valeurs absolues différentes ?

Lorsque l'on met en solution l'un ou l'autre de ces anomères, on constate une évolution dans le temps du pouvoir rotatoire de la solution qui, dans les deux cas, se stabilise après quelques heures à la valeur de + 52°.

Voir chap. 3, § 3.2.2

Ce phénomène, appelé **mutarotation**, résulte de l'existence de l'équilibre tautomère entre les formes cyclique et ouverte, par suite duquel les deux anomères α et β se trouvent, en définitive, en équilibre réciproque, par l'intermédiaire de la forme ouverte :

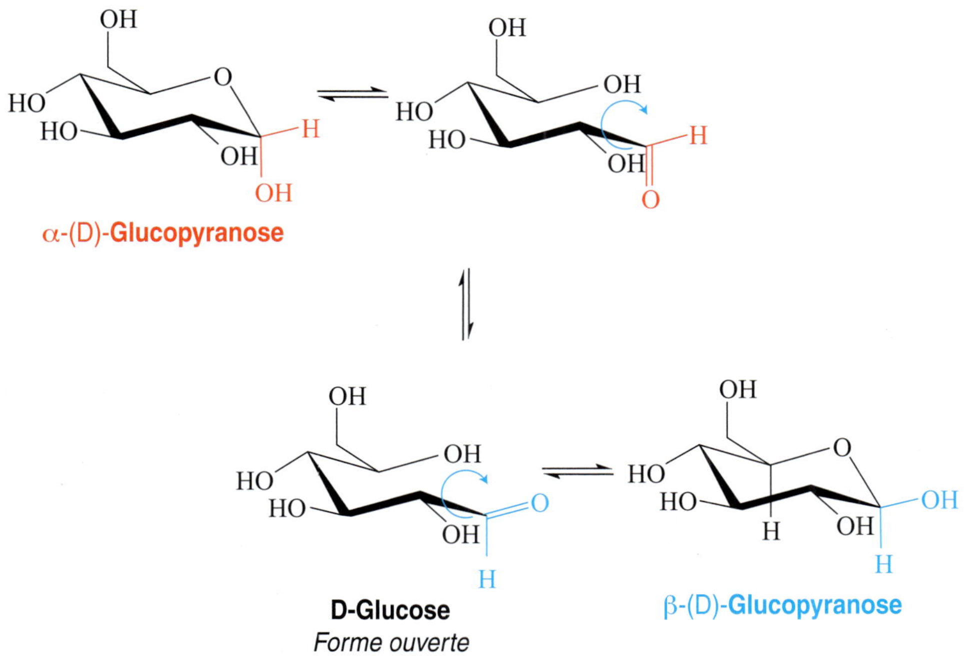

Le pouvoir rotatoire final de la solution, + 52°, est celui du mélange en équilibre des deux anomères, contenant environ 65 % de forme β (la plus stable ainsi qu'il a été vu plus haut) et 35 % de forme α, plus une très faible quantité de forme ouverte.

Toutefois cet équilibre ne s'établit qu'en solution, en présence d'ions H^+ ou OH^- de l'eau, exerçant un rôle catalytique.

22.3 Propriétés chimiques du glucose et des oses simples

En solution, le glucose est très majoritairement présent sous différentes formes cycliques en équilibre rapide avec la forme ouverte. Ainsi, grâce aux phénomènes d'interconversion, la fonction aldéhyde, bien que masquée, reste réactive.

On peut alors distinguer deux types de réaction : celles qui concernent la forme linéaire et notamment le groupe carbonyle et celles qui concernent les formes cycliques.

22.3.1 Réactivité de la fonction aldéhyde

a) Oxydation du glucose

Voir chap. 18, § 18.2.3

Les aldoses (dont fait partie le glucose) répondent positivement aux tests d'oxydation caractéristiques de la présence de la fonction aldéhyde comme la liqueur de Fehling ou le nitrate d'argent ammoniacal [cf. 18.2.3] pour conduire à la formation d'acide aldonique. On parle alors de sucres réducteurs. Des conditions oxydantes plus vigoureuses (acide nitrique) convertissent le glucose en acide glucarique (HOOC—CH(OH)—CH(OH)—CH(OH)—CH(OH)—COOH). La réduction du glucose par $NaBH_4$ conduit au sorbitol.

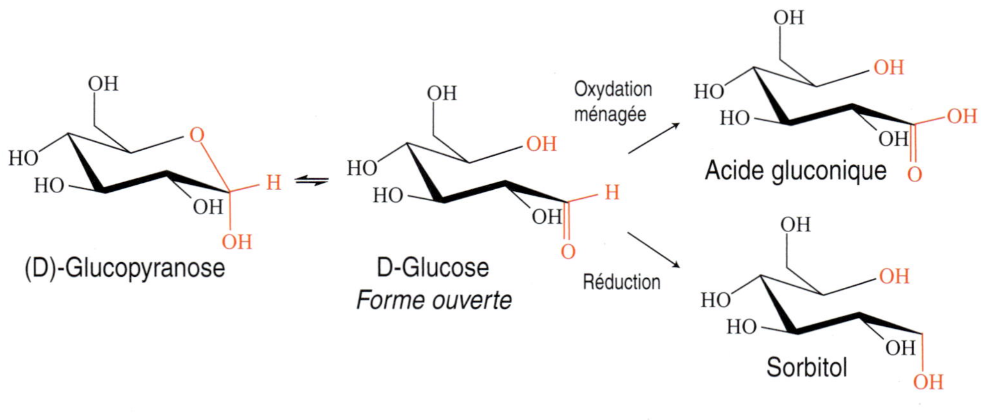

b) Allongement et dégradation des oses

- *Action de l'hydroxylamine*

Il se forme, normalement, l'oxime de la fonction aldéhyde [cf. 18.2.1.h], dont la déshydratation donne une cyanhydrine. En présence d'oxyde d'argent, cette dernière se scinde en acide cyanhydrique et en aldopentose (D-arabinose à partir du D-glucose). Cet enchaînement de réactions constitue la méthode de dégradation de Wöhl.

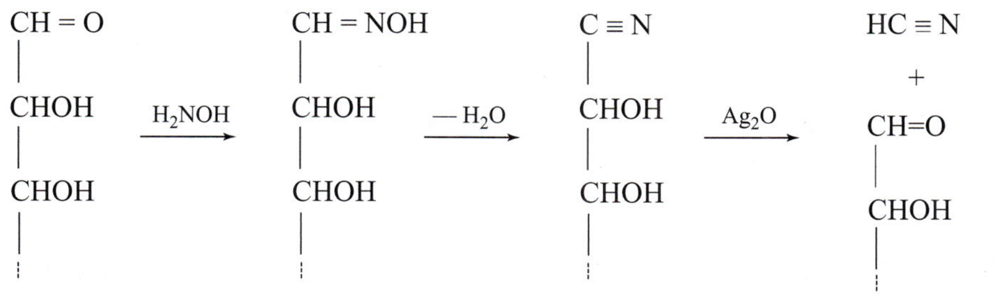

D–glucose — Oxime — Cyanhydrine — D–arabinose

Question 22.D

Un aldohexose de la série D est soumis à une dégradation de Wöhl, qui conduit à un aldo .... ose X. Celui-ci peut être oxydé par HNO_3, en un diacide Y optiquement inactif. X est à nouveau soumis à une dégradation de Wöhl, et on obtient un aldo .... ose Z que l'on oxyde également par HNO_3. Le résultat de cette oxydation est de l'acide tartrique sous une forme optiquement active. Pouvez-vous déterminer duquel des 16 aldohexoses on est parti ?

Action de l'acide cyanhydrique

Voir chap. 18, § 18.2.1.e

La formation d'une cyanhydrine par addition sur la fonction aldéhyde offre, par enchaînement de réactions figuré ci-dessous, un moyen de passer d'un aldose à son homologue supérieur, comportant un carbone et une fonction alcool secondaire de plus (méthode de Kiliani) :

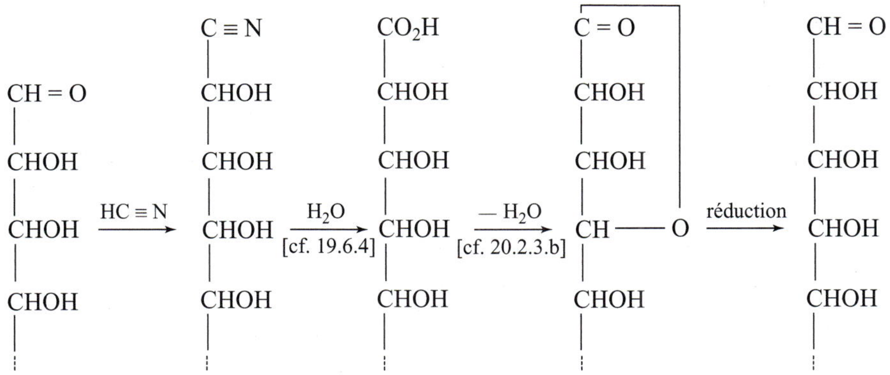

Aldose n-carbones — Cynahydrine — Acide — γ-lactone — Aldose (n + 1) carbones

Toutefois cette synthèse n'est pas stéréospécifique, et on obtient les deux diastéréoisomères relativement au nouveau carbone asymétrique.

Question 22.E

Quelle est l'étape dont la non-stéréospécificité est en cause ici ?

Fermentation

Une solution de glucose abandonnée à l'air subit une réaction de fermentation, provoquée par le développement de microorganismes (levures) produisant un enzyme (catalyseur biologique), la zymase. Ce processus de fermentation est très complexe et on retiendra seulement qu'il aboutit à la formation d'alcool éthylique et de dioxyde de carbone.

$$C_6H_{12}O_6 \rightarrow 2CH_3CH_2OH + 2CO_2$$

22.3.2 Réactivité des formes cycliques (hémiacétaliques)

Certains des caractères chimiques des aldohexoses et du glucose en particulier ne sont pas en accord avec la forme aldéhyde utilisée jusqu'ici : par exemple, dans les conditions où un aldéhyde donnerait un acétal diméthylique (chauffage avec du méthanol en présence de HCl anhydre [cf. 18.2.1.g], le glucose ne donne qu'un dérivé monométhylé obtenu sous les deux formes isomères α et β.

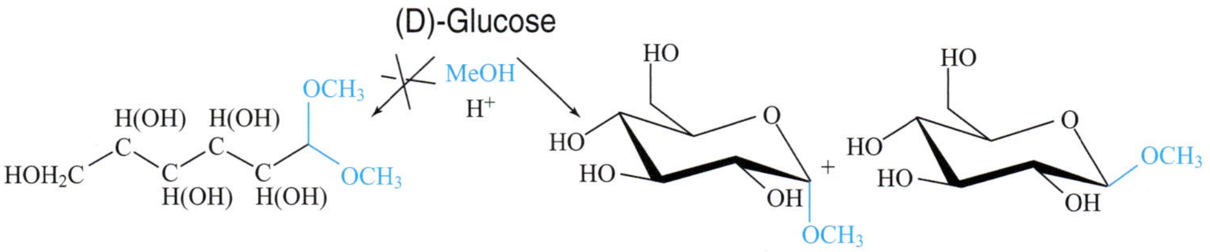

α-(D)-Glucopyranoside β-(D)-Glucopyranoside

Dans cette réaction, l'hémiacétal du monosaccharide réagit pour conduire à la formation d'un acétal mixte dans lequel le groupement hydroxyle porté par le carbone anomérique est remplacé par un groupe méthoxy.

Les composés obtenus sont des *hétérosides* dont l'*aglycone* est le méthanol ; on les appelle, puisqu'ils dérivent du glucose, « *glucosides* ».

22.4 Les osides

Certains oses existent à l'état libre dans la nature (glucose, fructose) mais beaucoup plus fréquemment les structures glucidiques correspondantes se trouvent associées dans les produits naturels, soit entre elles (**holosides**), soit avec des substances diverses de nature non glucidique (**hétérosides**).

Selon que la partie glucidique principale corresponde au glucose, au fructose, au galactose… on appelle les osides « glucosides », « fructosides », « galactosides »…

Les parties glucidiques sont constituées par des pyranoses ou par des furanoses et, lorsque la jonction entre deux motifs met en cause le carbone 1 (carbone anomère) il peut exister une variété α et une variété β de l'oside (les deux glucopyranosides du paragraphe 22.3.2, qui sont les plus simples des hétérosides du glucose que l'on puisse concevoir, illustrent ce fait).

Remarque

Bien que le terme « glycoside » soit synonyme de « hétéroside », on emploie couramment l'expression « *liaison glycosidique* » pour désigner la jonction entre deux motifs dans un oside, qu'il s'agisse d'un holoside ou d'un hétéroside (ou, en d'autres termes, que ces motifs soient tous deux glucidiques ou non).

22.4.1 Les oligoholosides

Parmi les oligoholosides (osides comportant moins de 10 motifs d'oses), seuls les diholosides seront envisagés ici.

Ils résultent de la condensation, avec élimination d'eau, de deux molécules d'oses, identiques ou différentes, et ils peuvent se différencier par :

- la nature des oses qui les constituent ;
- la nature des cycles (type pyranose ou type furanose) ;
- la configuration (α ou β) de la liaison glycosidique ;
- la position de la liaison glycosidique, qui ne concerne pas toujours les carbones anomères des deux cycles mais parfois celui d'un seul et un carbone quelconque de l'autre.

Les diholosides sont des substances très abondantes dans la nature, parmi lesquelles on peut citer le saccharose (dans la canne à sucre et la betterave), le maltose (dans le malt) et le lactose (dans le lait).

a) Saccharose

Le saccharose, extrait du jus de canne à sucre ou de betterave, constitue le sucre ordinaire et c'est certainement le plus abondant et le moins cher des produits organiques purs préparés en grande quantité. Il résulte de l'association du D-Glucose et du D-Fructose qui sont, du reste, les produits résultant de son hydrolyse :

La production mondiale est de l'ordre de 130 millions de tonnes par an et la moyenne mondiale de consommation par habitant et par an est de 21 kg (chiffres correspondant pour la France : 34 kg).

$$C_{12}H_{22}O_{11} + H_2O \rightleftharpoons C_6H_{12}O_6 + C_6H_{12}O_6$$

(+)-Saccharose (+)-(D)-Glucose (–)-(D)-Fructose

Cette hydrolyse peut être réalisée soit par les acides dilués (catalyse par H^+), soit biologiquement par un enzyme, *l'inverstase*. Cette réaction est couramment désignée comme *« inversion du saccharose »,* car le mélange obtenu est lévogyre (pouvoir rotatoire du fructose supérieur, en valeur absolue, à celui du glucose) alors que le saccharose est dextrogyre.

Question 22.F

Immédiatement après l'hydrolyse du saccharose, le pouvoir rotatoire spécifique du mélange obtenu vaut + 10,5°. Il diminue ensuite pour se stabiliser en quelques heures à la valeur de – 20°, cette évolution étant attribuable à la mutarotation du glucose formé.

– Ce fait a-t-il une signification quant à la nature de la liaison glycosidique dans le saccharose ?

– Quelle est la valeur du pouvoir rotatoire spécifique (—)-(D)-Fructose ?

La structure complète du saccharose est la suivante :

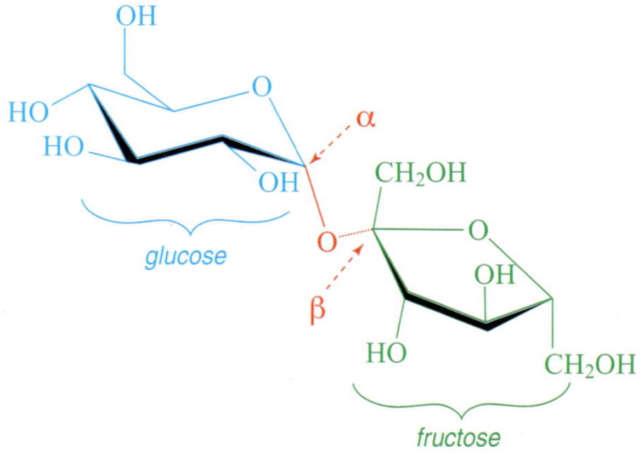

Le glucose se trouve ici sous la forme glucopyranose et le fructose sous la forme fructofuranose. Le pont glycosidique, établi par un atome d'oxygène, unit les deux carbones anomères par la liaison α du glucose et par la liaison β du fructose. Le saccharose peut donc être considéré indifféremment comme un α-glucoside ou comme un β-fructoside.

Le saccharose n'est pas réducteur, précisément parce que les deux carbones anomères sont engagés dans la liaison glycosidique et que toute forme ouverte, aldéhydique ou cétonique, est de ce fait impossible.

b) Maltose

Provenant de l'hydrolyse de l'amidon, le maltose peut, à son tour, être hydrolysé en fournissant deux molécules de glucose :

$$\underset{\text{Maltose}}{C_{12}H_{22}O_{11}} + H_2O \rightarrow \underset{\text{Glucose}}{2C_6H_{12}O_6}$$

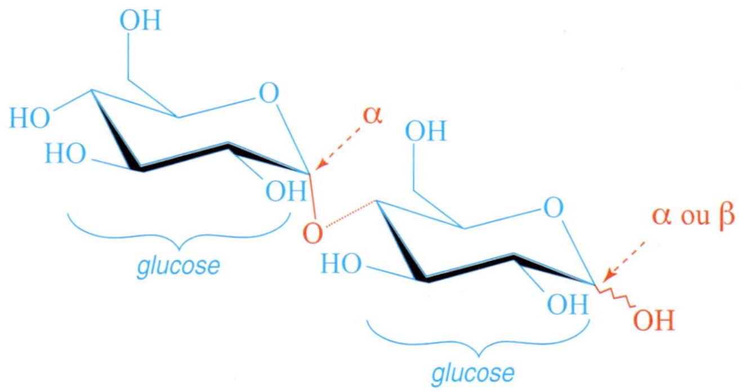

La liaison glycosidique est établie entre le carbone anomère de l'un des cycles (celui de gauche sur la figure) et le carbone 4 de l'autre. Ce dernier possède un carbone anomère libre (à l'extrême droite sur la figure), de sorte qu'il peut exister une forme α et une forme β du maltose, différant par la configuration, comme pour le glucose lui-même.

Pour la même raison, il peut également exister une forme ouverte (aldéhyde) de ce cycle, de sorte que le maltose est réducteur et présente le phénomène de la mutarotation.

c) Cellobiose

Le cellobiose, produit de dégradation de la cellulose, présente les mêmes caractères chimiques que le maltose. Son hydrolyse fournit également deux molécules de glucose, et la seule différence entre le cellobiose et le maltose réside dans la configuration de la liaison glycosidique sur le cycle lié par son carbone anomère ; alors que dans le maltose cette liaison avait la configuration α, dans le cellobiose elle a la configuration β.

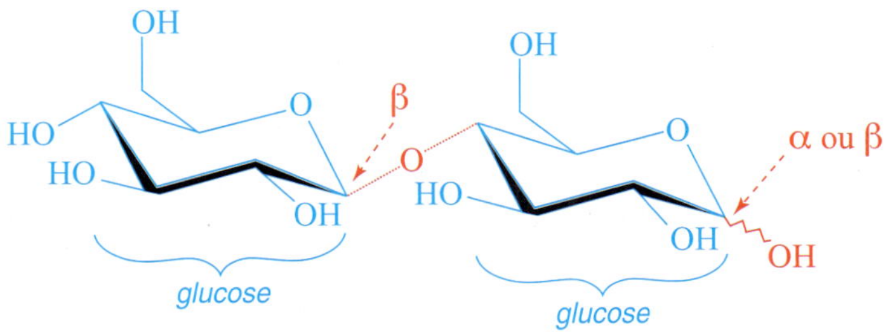

d) Lactose

Le lactose se trouve, à la teneur de 5 % environ, dans le lait. C'est un diholoside réducteur (donc un des cycles doit avoir son carbone anomère libre), dont l'hydrolyse fournit une molécule de glucose et une molécule de galactose.

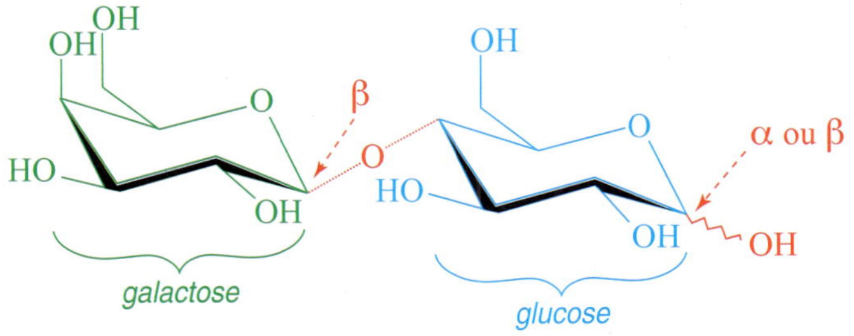

22.4.2 Les polyholosides

Les *polyholosides* (ou *polysaccharides* ou *osanes*) sont des substances de masse moléculaire très élevée, résultant de la condensation d'un grand nombre de molécules d'oses. Les plus communs correspondent à la condensation d'hexoses (particulièrement de glucose), et sont des *hexosanes*, mais il existe des composés analogues provenant de la condensation de pentoses (xylose par exemple), qui sont des *pentosanes*.

Les polyholosides les plus importants sont la cellulose, l'amidon et le glycogène. L'enchaînement entre les cycles pyranose y est réalisé par une liaison glycosidique entre le carbone 1 (anomère) de l'un et le carbone 4 ou le carbone 6 du suivant.

a) Cellulose

La cellulose est constituée par un enchaînement de cycles glucopyranose, avec une liaison glycosidique du type C1 (β)-C4, de sorte que le motif principal, répété *n* fois, correspond à la structure du β-cellobiose.

Voir § 22.4.1.c

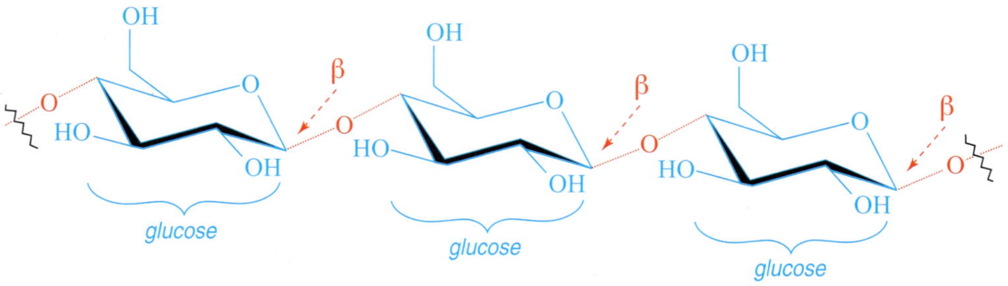

La valeur de *n* n'est pas connue avec précision (les méthodes de détermination de la masse moléculaire utilisables sont imprécises, et risquent de provoquer une dégradation partielle des chaînes), mais on considère 1 500 comme une valeur vraisemblable, ce qui correspond à une masse moléculaire de l'ordre de 500 000.

Des méthodes récentes semblent toutefois indiquer des valeurs plus élevées (8 000 à 12 000 cycles glucose par chaîne).

La cellulose, qui constitue la paroi des cellules végétales, est un des principaux constituants du bois ; le coton est de la cellulose presque pure (98 %).

La cellulose est insoluble dans l'eau, mais son hydrolyse complète (par ébullition avec un acide dilué ou par voie enzymatique) donne du cellobiose puis du glucose.

Outre la fabrication du papier (voir encadré), qui ne comporte pas de modification chimique de la cellulose, ses applications pratiques sont nombreuses :

L'estérification des fonctions alcool par l'acide nitrique conduit au nitrate de cellulose (improprement appelé « nitrocellulose ») utilisé dans la fabrication d'explosifs (fulmi-coton, coton-poudre, « plastic »). L'anhydride acétique donne un acétate à partir duquel on obtient le rhodoïd (films photographiques, etc.) et un textile artificiel, la « rayonne acétate ». La cellophane et la « rayonne viscose » sont formées de cellulose régénérée, partiellement dépolymérisée, à partir d'une solution de xanthate de cellulose (ester d'un acide soufré).

La cellulose n'est pas assimilable par l'homme, mais les ruminants peuvent l'utiliser, après hydrolyse enzymatique au cours de la digestion, à la synthèse de leurs propres glucides.

LE PAPIER ET LE CARTON

Le papier et le carton, présents dans d'innombrables circonstances de la vie quotidienne, sont les produits d'une industrie très ancienne mais très évolutive, mettant en œuvre des technologies très avancées et s'appuyant sur une recherche, fondamentale et appliquée, très active (la moitié des sortes de papier actuellement utilisées n'existaient pas une dizaine d'années auparavant).

Le papier a été inventé en Chine au début du IIe siècle. On broyait des bambous dans de l'eau, puis on étendait en une couche mince la pâte ainsi obtenue et on la laissait sécher. Les Arabes, au VIIIe siècle, utilisèrent d'une façon analogue le lin, le chanvre et le coton (le « papier de soie » date de cette époque).

Il a été introduit en Europe au XIIe siècle, et dès le XIIIe siècle étaient construits en France les premiers « moulins à papier » (appellation due au fait que les pilons destinés à broyer les fibres étaient entraînés par une roue à aubes hydraulique). Au XVIIe siècle la production française de papier était la plus importante d'Europe et la première « machine à papier » fonctionnant en continu a été inventée par le Français Louis Nicolas Robert en 1798.

Les papiers et cartons sont utilisés dans de très nombreux domaines ; communication écrite (papiers à écrire ou à photocopier, journaux, périodiques, livres, affiches,...), emballage, protection et conservation, arts graphiques, usages domestiques et sanitaires, usages industriels divers, etc. La consommation par an et par habitant en France est passée de 116 kg en 1980 à 179,2 kg en 2006 (24e rang mondial, la Finlande arrivant en tête avec 329,9 kg par habitant). Cet accroissement concerne principalement le papier-journal et les papiers ou dérivés à usage domestique ou sanitaire (mouchoirs, essuie-mains, couches, etc.), mais le développement de la bureautique et de l'informatique entre aussi pour une part importante dans cette croissance.

Pour répondre à des besoins et des exigences très divers (par exemple, papier pour chèques infalsifiables ou pour stérilisation, papier antiglisse ou antistatique, papier à cigarettes etc.), le papier doit présenter des caractéristiques mécaniques et physicochimiques très diverses et parfois très particulières (indéchirabilité, porosité ou imperméabilité aux gaz ou aux liquides, souplesse ou rigidité, transparence ou opacité aux rayons ultraviolets, ...).

C'est en fait souvent un produit complexe, comportant des additifs très variés (polychlorure de vinyle, silicones, résines, bitume, etc.) et dont la fabrication requiert des technologies sophistiquées.

Mais le principe de base de cette fabrication n'a pas vraiment varié depuis dix-huit siècles. Elle comporte trois phases principales :

▪ Préparation de la pâte

Formée de fibres cellulosiques en suspension dans de l'eau, elle était préparée autrefois à partir de textiles cellulosiques (coton, lin) usagés, mais ce procédé est réservé maintenant à la fabrication de papiers de luxe.

La matière première usuelle est le bois de résineux ou de feuillus (cimes et branches, chutes de scierie, petits bois provenant d'arbres coupés pour l'entretien des forêts), dont il faut séparer la cellulose (parties tendres) de la lignine (parties dures). Ce résultat est obtenu soit par un procédé mécanique, en râpant le bois sur de très grosses meules tournantes en présence d'eau, soit chimiquement, par « cuisson » du bois en présence de réactifs divers (bisulfite, soude) vers 170 °C. On peut aussi réutiliser (« recycler ») de vieux papiers récupérés, qui fournissent directement une pâte cellulosique sans lignine, et les papiers et cartons récupérés fournissent actuellement 47 % de la matière première de l'industrie papetière française. La pâte subit ensuite un traitement de blanchiment, par le peroxyde d'hydrogène (« eau oxygénée »), le dioxygène ou l'ozone, puis un raffinage au cours duquel lui sont incorporés divers additifs (colle, charge, colorants, etc.).

▪ Formation de la feuille

La pâte est étendue en un mince tapis sur une toile sans fin horizontale, entraînée par des cylindres et se déplaçant longitudinalement à grande vitesse. L'eau qu'elle contient est alors éliminée par égouttage, aspiration et pressage et l'épaisseur de la couche de pâte diminue progressivement, en même temps que les fibres cellulosiques s'enchevêtrent les unes dans les autres (feutrage). La feuille de papier formée est décollée de la toile complètement séchée entre des cylindres chauffants, puis enroulée en bobines. Certaines machines modernes, dont la longueur peut atteindre près de deux cents mètres, « sortent » en continu une feuille de 10 m de large, à la vitesse de 1 km à la minute, et les bobines obtenues, qui peuvent peser jusqu'à 30 tonnes, sont ensuite découpées en différentes largeurs selon la destination du papier.

▪ Finissage et transformation

Selon l'utilisation prévue, le papier peut subir ensuite des traitements divers : enduction, couchage, calandrage, gaufrage, rainurage, découpage, impression, etc.

Remarque

On désigne par le terme d'*hémicelluloses* des constituants des végétaux en fait très différents de la cellulose. Ce sont des polyholosides ramifiés dont la chaîne principale peut être formée de motifs xylose (qui est un aldopentose), galactose, ou glucose et mannose. Les hémicelluloses accompagnent constamment la cellulose dans la constitution des tissus végétaux lignifiés, comme le bois.

b) Amidon

L'amidon est stocké notamment dans les graines et les racines des plantes, et constitue une réserve, source potentielle de glucose.

En général, l'amidon est formé de deux constituants : l'amylose (environ 20 %) et l'amylopectine (environ 80 %).

L'*amylose*, comme la cellulose, est constitué d'unités glucose (glucopyranose), mais la jonction entre les cycles est du type C1 (α)-C4, de sorte que le motif principal est celui du maltose, et non plus celui du cellobiose. L'hydrolyse de l'amylose fournit, du reste, du maltose qui, à son tour, peut s'hydrolyser en glucose.

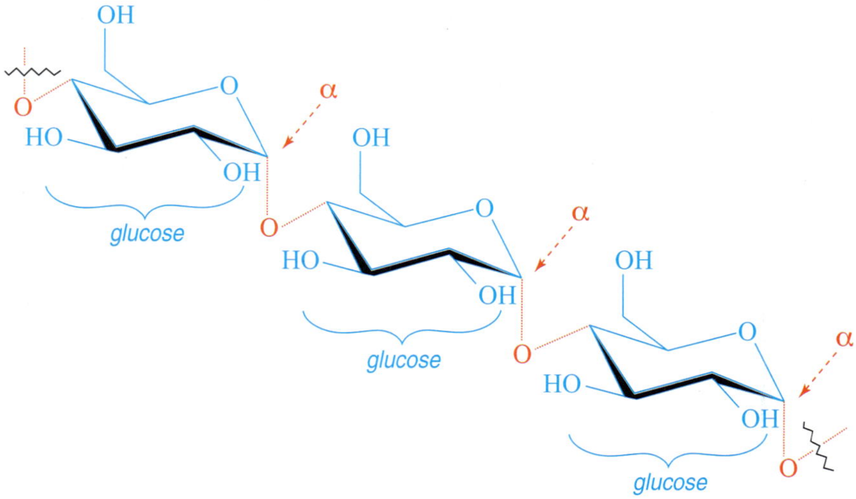

La masse moléculaire de l'amylose est beaucoup plus faible que celle de la cellulose (environ 200 cycles glucose) et il est soluble dans l'eau (« amidon soluble »).

L'amylopectine donne également, par hydrolyse, du maltose puis du glucose. La constitution des chaînes est donc analogue à celle de l'amylose, mais la structure d'ensemble de la molécule est beaucoup plus complexe : plusieurs centaines de chaînes, comportant chacune 20 à 25 unités glucose, sont réunies selon un schéma ramifié, par des liaisons glycosidiques de type C1-C6, à une chaîne principale enroulée en hélice.

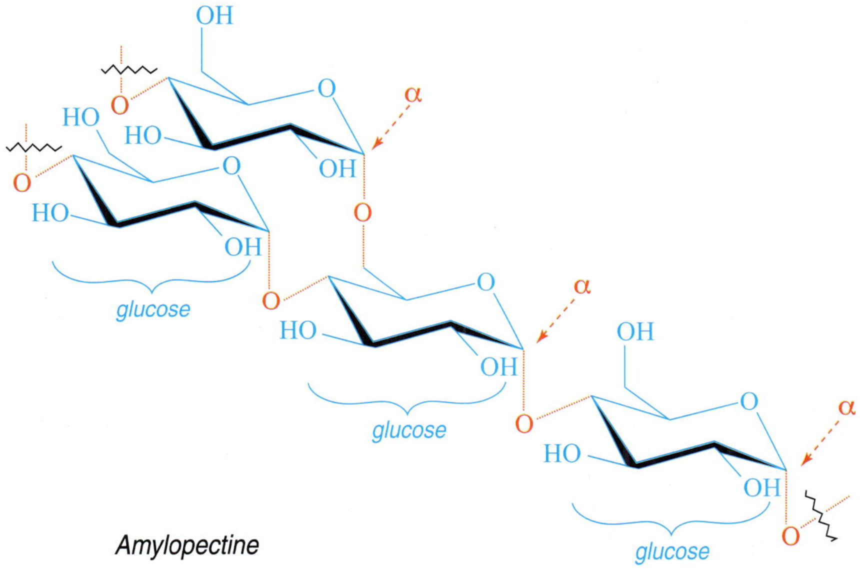

Amylopectine

c) Glycogène

Le glycogène, analogue à l'amylopectine, est produit et stocké par les organismes animaux pour constituer une réserve énergétique. Il comporte des chaînes plus courtes que l'amylopectine, mais sa masse moléculaire est extrêmement élevée (jusqu'à 15 millions).

22.4.3 Les hétérosides

Les *hétérosides* (ou *glycosides)* sont constitués par l'association de glucides et de substances diverses, de nature non glucidique. La liaison entre le glucide (sous la forme pyranose ou furanose) et la partie non glucidique, appelée *aglycone*, met en cause la carbone anomère du glucide, de sorte qu'il existe des α-hétérosides et des β-hétérosides. Enfin, l'aglycone peut se lier au glucide soit par un atome d'oxygène (*O-hétérosides*) soit par un atome d'azote (*N-hétérosides*).

Exemples

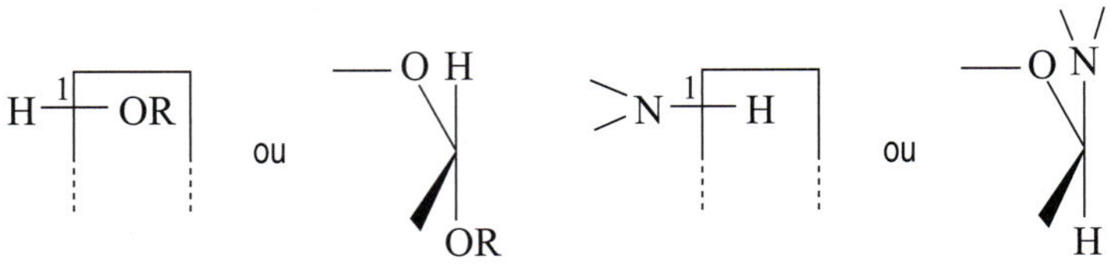

α-O-Hétéroside β-N-Hétéroside

a) Hétérosides d'origine végétale

On trouve en abondance des hétérosides dans la nature, et notamment dans le règne végétal. Beaucoup sont des β-glucopyranosides (c'est-à-dire que la partie glucidique correspond au glucopyranose, et que l'aglycone est liée par un pont glycosidique de type β), et souvent l'aglycone est un composé phénolique. L'hydrolyse rompt la liaison glycosidique et restitue le glucide et l'aglycone libres.

Exemples d'hétérosides végétaux :

➤ *L'amygdaline*

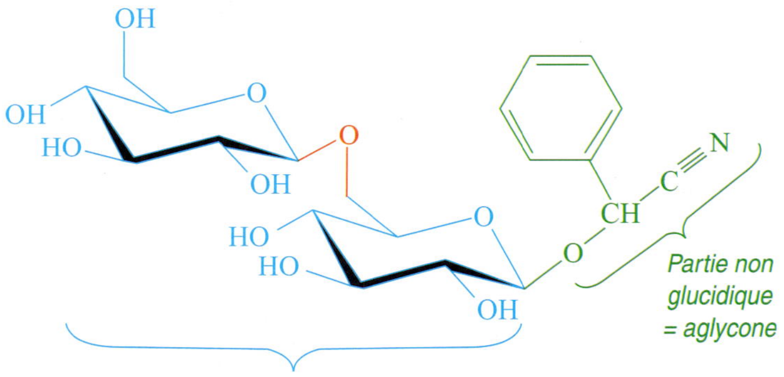

se trouve dans les amandes amères et dans les noyaux de certains fruits, la partie glucidique est le gentiobiose et l'aglycone est la cyanhydrine du benzaldéhyde.

➤ *La coniférine*

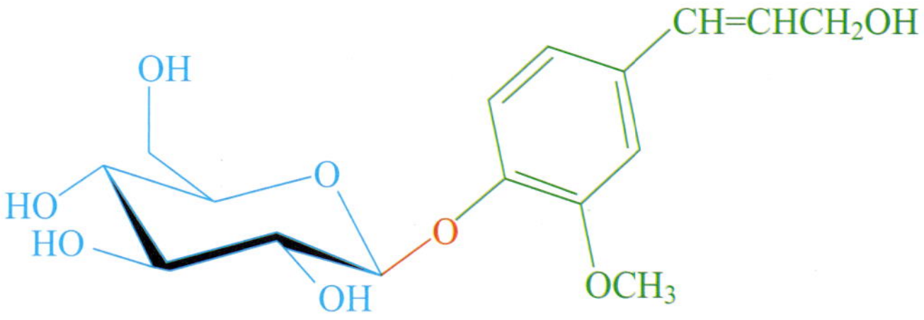

est un β-(D)-glucopyranoside, dont l'aglycone (on dit parfois « *aglucone* » lorsque le glucide est le glucose) est l'alcool coniférylique ; elle est présente dans la sève des conifères.

b) Acides nucléiques

Les *N*-hétérosides dans lesquels la partie glucidique correspond au (D)-ribose ou au désoxy-2 (D)-ribose, et l'aglycone à diverses bases hétérocycliques du groupe de la pyrimidine et de la purine, sont d'une très grande importance biologique. On les appelle *ribonucléosides* ou *désoxyribonucléosides.*

Voir chap. 2, § 2.3.2.a

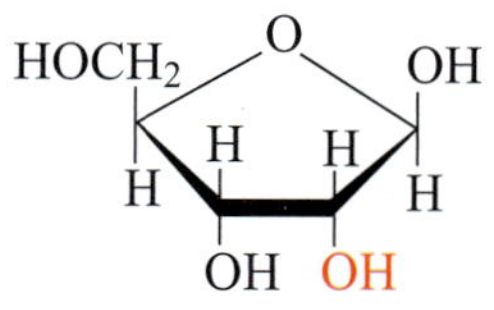

(D)-ribose
(forme furanose)

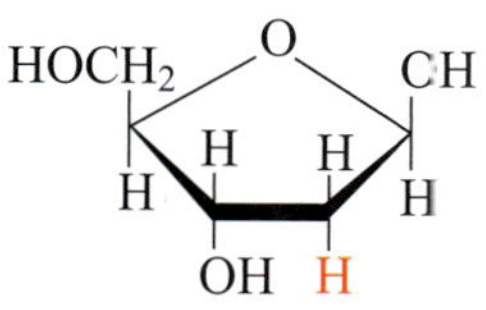

Désoxy-(D)-ribose
(forme furanose)

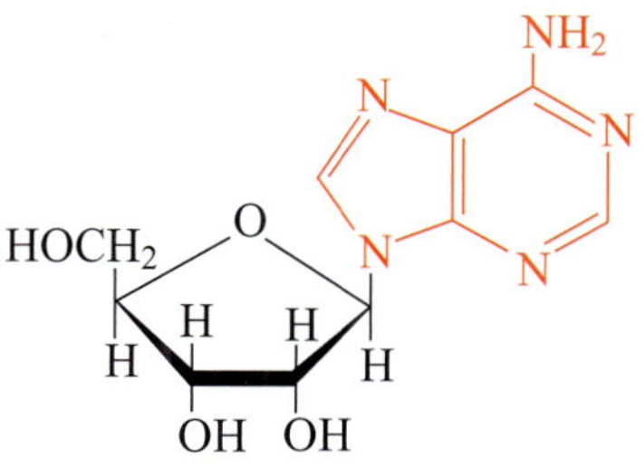

L'adénosine, un ribonucléoside
dont la base azotée est l'adénine

Les acides ribonucléique (ARN) et désoxyribonucléique (ADN) présents dans le noyau des cellules vivantes sont formés de la réunion d'un très grand nombre (3 000 à 10 millions) de tels hétérosides, la liaison entre les cycles étant assurée par de l'acide phosphorique qui estérifie les fonctions alcool des carbones 3 et 5 ; on appelle « nucléotide » chaque motif complet comportant un groupe phosphate, un cycle glucidique et une base azotée. La masse moléculaire de telles chaînes peut varier de 1 million à 4 milliards et ces molécules peuvent être « vues » individuellement au microscope électronique.

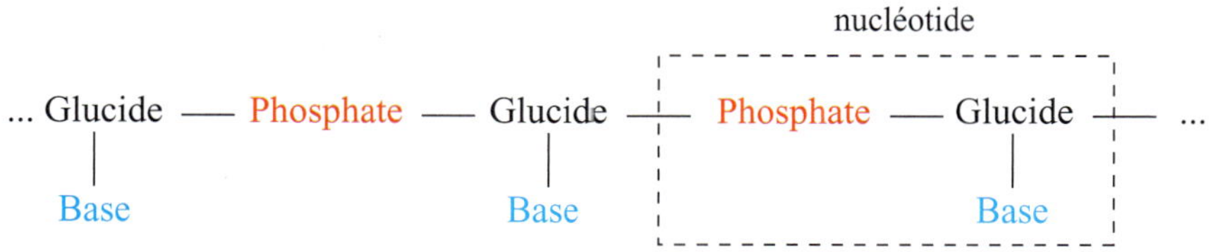

Schéma de la constitution d'un acide nucléique

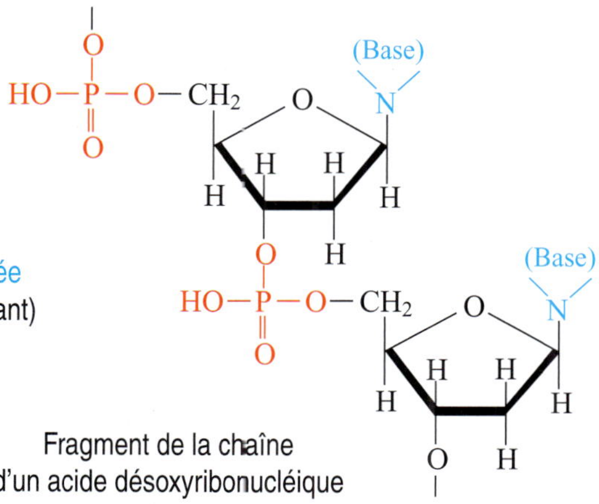

Base = base azotée
(voir schéma suivant)

Fragment de la chaîne
d'un acide désoxyribonucléique

Tous les cycles glucidiques d'un acide nucléique donné ne portent pas la même base azotée et, bien qu'on ne connaisse que quatre types de bases dans ces composés (adénine, guanine, cytosine, thymine), il y a évidemment de très nombreuses structures possibles, se différenciant aussi bien par la proportion relative de chaque base azotée que par l'ordre dans lequel elles se succèdent le long de la chaîne.

Bases azotées :

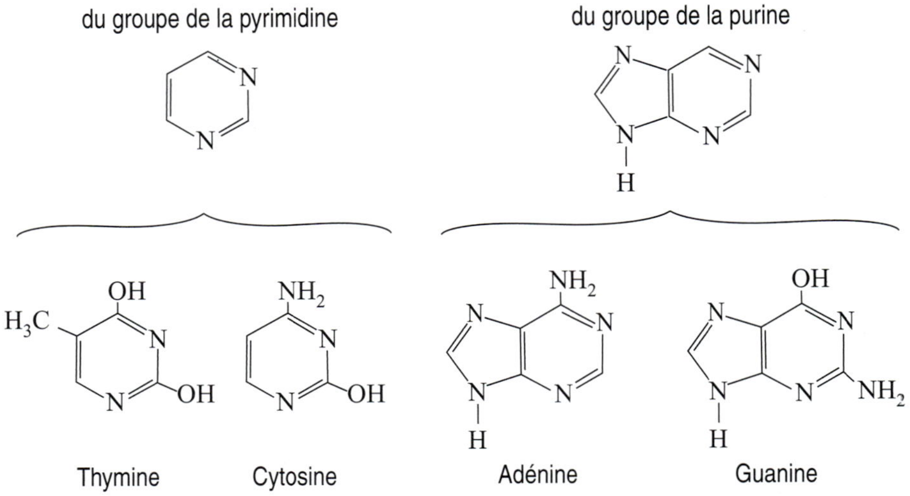

L'uracile, qui se rencontre également dans l'ARN, correspond à la thymine mais sans le groupe méthyle.

Pour une espèce donnée, la nature et les proportions de chaque base sont déterminées, mais l'ordre dans lequel elles sont disposées sur les motifs glucidiques peut donner lieu à un nombre fantastique de combinaisons (rappelons qu'il peut y avoir jusqu'à 10 millions de ces motifs), ce qui laisse la possibilité d'une spécificité également au niveau de l'individu.

Voir chap. 23, § 23.2.3

Par association de ces acides désoxyribonucléiques avec des protéines se forment les désoxyribonucléoprotéines dont sont constitués les chromosomes, et qui jouent un rôle essentiel dans la biosynthèse de protéines spécifiques à l'espèce et à l'individu. Les acides désoxyribonucléiques sont ainsi le support des informations génétiques.

L'ESSENTIEL

Représentation de Haworth

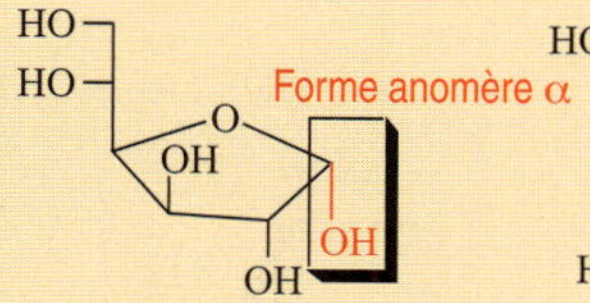

α-Glucofuranose

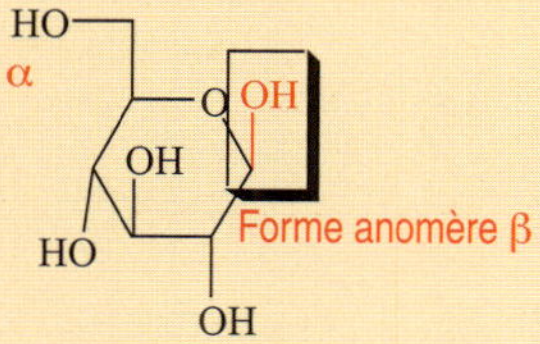

β-Glucopyranose

Représentation de Fischer

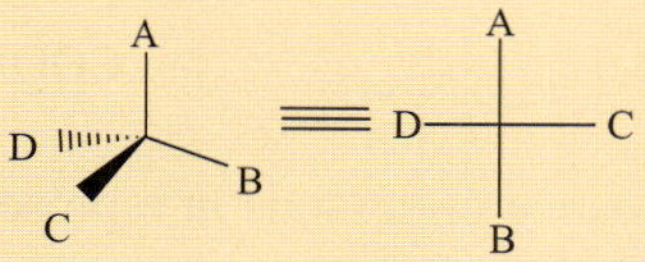

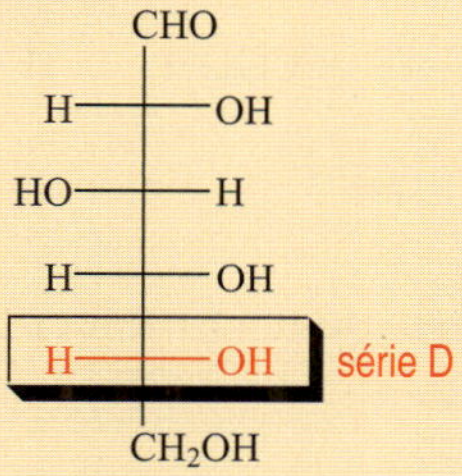

D-Glucose

Réactivité du glucose

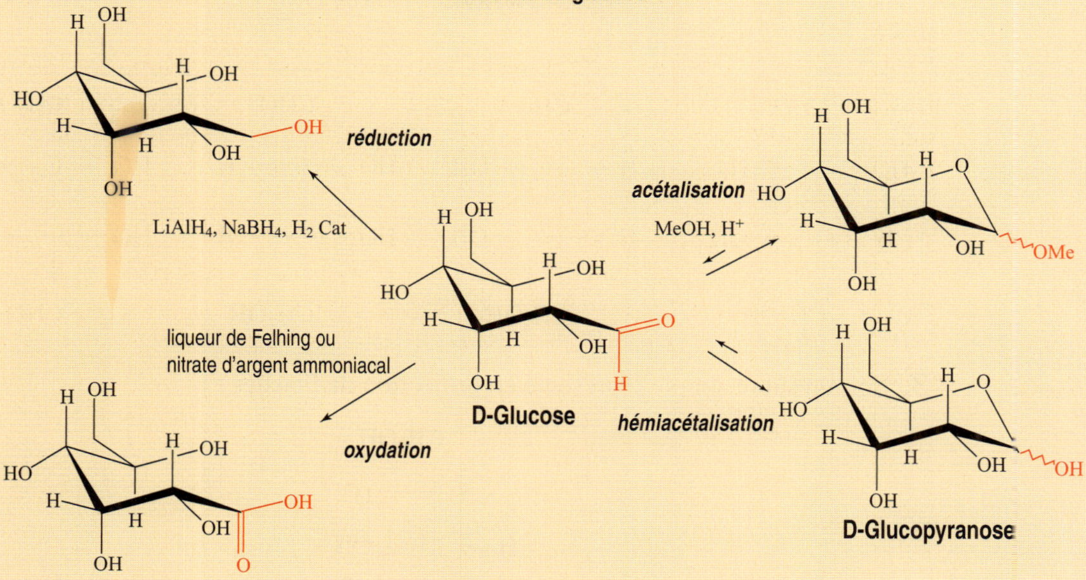

QCM

Les réponses se trouvent à la page 664.

1. Choisir pour la molécule donnée ci-dessous la (ou les) représentation(s) de Fischer correspondante(s)

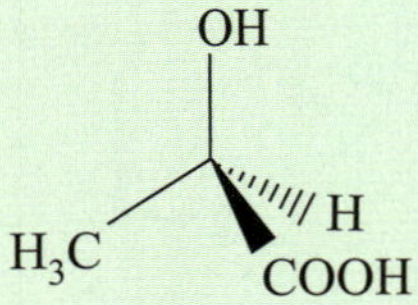

☐ a.

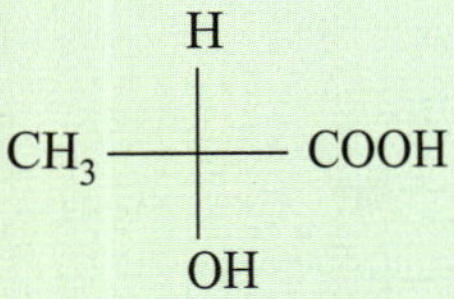

☐ b.

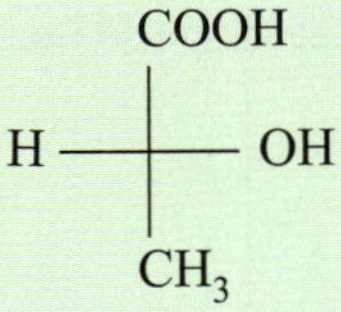

☐ c.

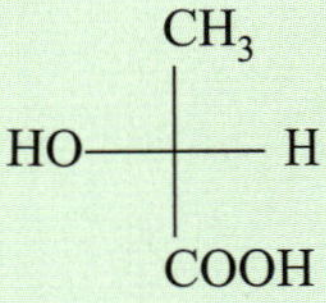

☐ d.

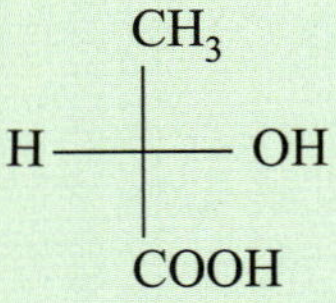

2. Choisir pour la molécule donnée ci-dessous la représentation de Fischer correspondante.

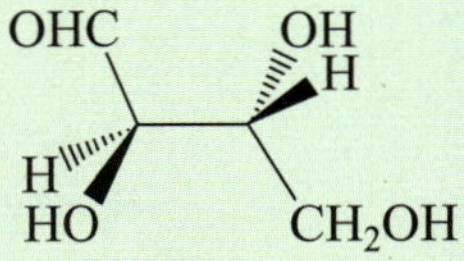

☐ a.

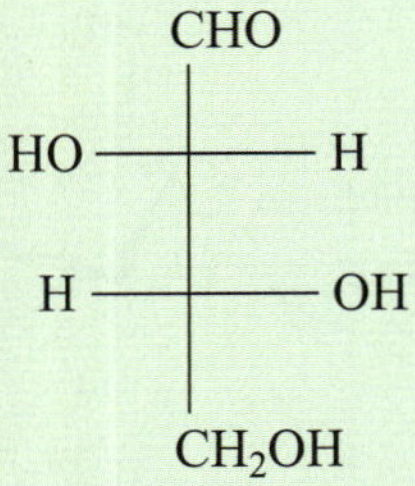

☐ b.

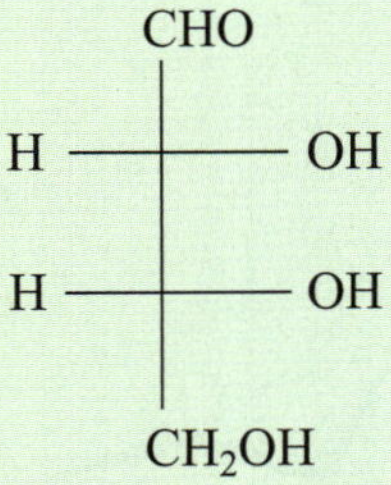

☐ c.

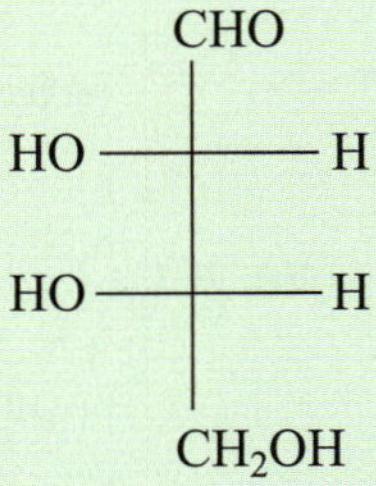

☐ d.

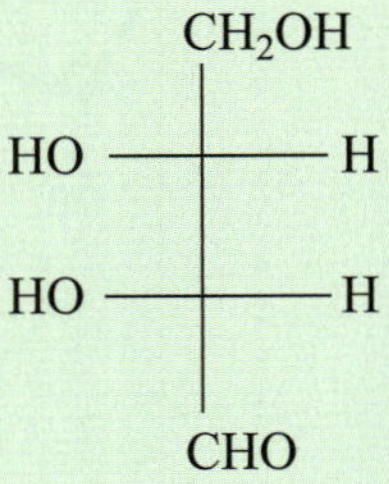

3. Soit un sucre simple représenté en projection de Fischer :

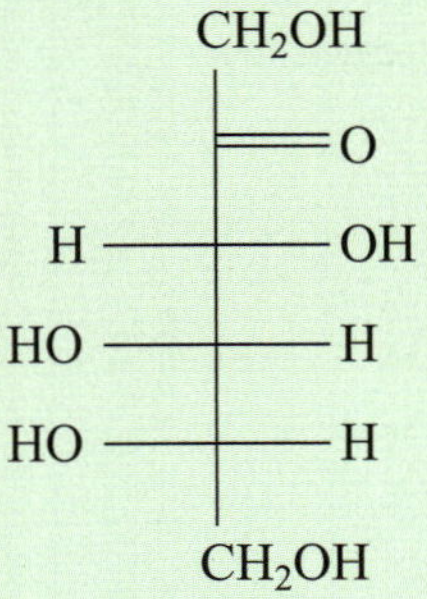

☐ a. il s'agit d'un aldohexose
☐ b. il appartient à la série L
☐ c. il s'agit d'un sucre réducteur.
☐ d. il ne peut pas présenter de forme cyclique en solution

4. Concernant le sucre représenté dans la question 3, quelles sont les configurations des centres asymétriques

☐ a. R, R, S
☐ b. S, S, S
☐ c. R, S, S
☐ d. S, R, R

5. Le D-glucose, en solution dans l'eau, est majoritairement présent sous forme

☐ a. linéaire
☐ b. cyclique
☐ c. β
☐ d. furanosique

6. Le glucofuranose

☐ a. est toujours sous la forme α
☐ b. est un composé cyclique
☐ c. est moins stable que le glucopyranose
☐ d. est un isomère du glucopyranose

7. Une forme cyclique du D-xylose est représentée ci-dessous.

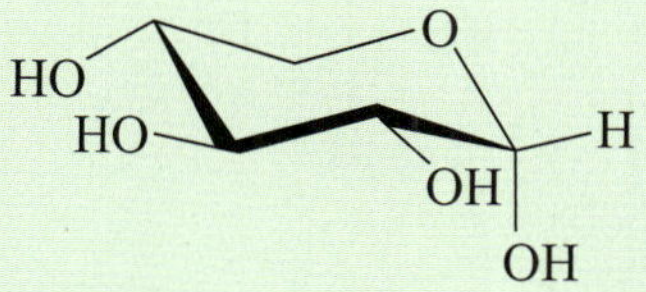

Il s'agit de :

☐ a. l'α-(D)-xylopyranose
☐ b. du β-(D)- xylopyranose
☐ c. d'un aldopentose
☐ d. d'un cétopentose

8. La mutarotation

☐ a. résulte d'un équilibre chimique entre formes cycliques et ouverte d'un sucre
☐ b. peut être représentée par des formes limites de résonance
☐ c. conduit, à partir d'un sucre pur, à un mélange de stéréoisomères
☐ d. est le phénomène de déviation d'un faisceau de lumière polarisée traversant une solution contenant un ose

9. Choisir un (ou plusieurs) synonyme (s) du terme « sucre simple »

- ☐ **a.** holoside
- ☐ **b.** ose
- ☐ **c.** sucre réducteur
- ☐ **d.** monosaccharide

10. On veut oxyder le glucopyranose en acide gluconique

- ☐ **a.** il est nécessaire, dans un premier temps, d'hydrolyser le glucopyranose en sa forme ouverte de façon à rendre accessible la fonction aldéhyde
- ☐ **b.** il est nécessaire d'utiliser un réactif d'oxydation spécifique des fonctions OH hémiacétalliques
- ☐ **c.** il est possible d'oxyder directement le glucopyranose en acide gluconique en utilisant un oxydant doux
- ☐ **d.** il est possible d'oxyder le glucopyranose en acide gluconique mais une protection temporaire des fonctions alcool est nécessaire

EXERCICES

Les solutions se trouvent à la page 685.

22-a Donner la configuration des atomes de carbone asymétriques :

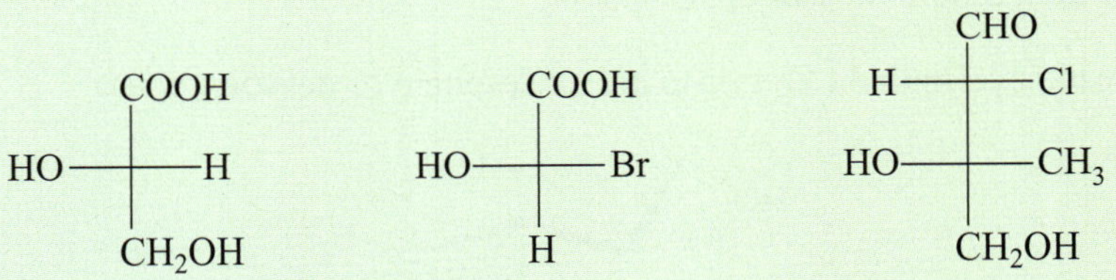

22-b Représenter selon la projection de Fischer l'acide (S) 2,3-dihydroxypropanoïque.

22-c Soit la projection de Fischer du xylose :

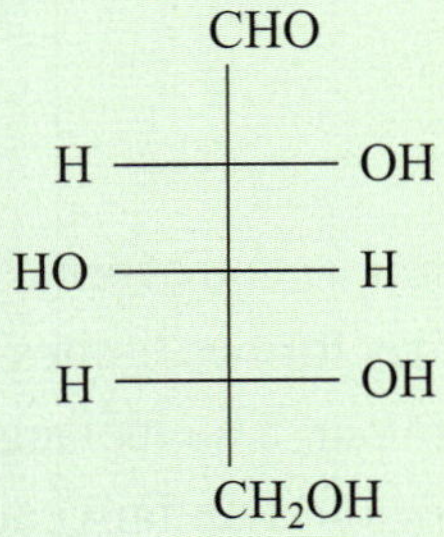

a) Combien le xylose présente-t-il de stéréoisomères de configuration ?

b) Donner la configuration absolues des carbones asymétriques.

c) Appartient-il à la série D ou L des sucres ?

d) Peut-on former le glucose à partir du xylose par la méthode de Kiliani ?

22-d Donner la configuration absolue des atomes de carbone asymétriques du D-mannose représenté en projection de Fischer dans le paragraphe 22.2.3 a), isomère D. Quelle serait la configuration absolue des atomes de carbone asymétriques du L-mannose ?

22-e Comment peut-on faire la synthèse de l'acide tartrique, à partir du (D)-glycéraldéhyde ? Le produit obtenu est-il optiquement actif ? Qu'y aurait-il de changé si l'on partait de (L)-glycéraldéhyde ?

22-f Quel est le résultat de la dégradation de Wöhl sur le glycéraldéhyde ?

22-g Sachant que le (D)-érythrose (qui est un aldotétrose) est oxydable en acide *méso*-tartrique, quelle est la configuration absolue de ses deux carbones asymétriques ?

22-h Combien obtient-on d'aldotétroses en appliquant la méthode de Kiliani au (+)-(D)-glycéraldéhyde ? Combien obtient-on d'aldopentoses en l'appliquant de nouveau à ces aldotétroses, puis d'aldohexoses en l'appliquant encore à chacun de ces aldopentoses ? Dresser, à la façon d'un arbre généalogique, un tableau de filiation de tous ces composés, en indiquant leur configuration (Fischer).
(On raisonnera uniquement sur des structures ouvertes).

23

Les acides aminés

Les peptides – Les protéines

PRÉALABLES

- Réactivité des amines (propriétés acido-basiques, alkylation, réaction avec les aldéhydes et les cétones, synthèse de Gabriel, diazotation).
- Réactivité des acides carboxyliques et de leurs dérivés.
- Chiralité et configuration absolue d'un atome de carbone asymétrique.

MOTS-CLÉS

- Acide α-aminé
- Enzyme
- Peptide
- Protéine
- Structure primaire, secondaire et tertiaire d'une protéine

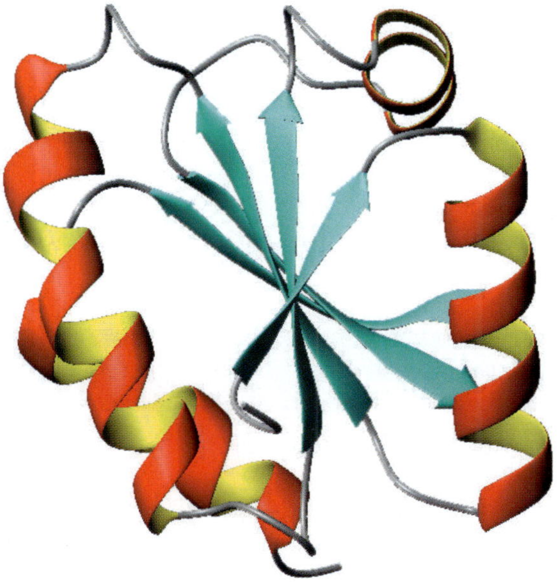

Les hélices α sont représentées en rouge et jaune, les feuillets β en bleu.

Structure tertiaire d'une protéine

Le terme d'acide aminé, ou d'aminoacide, désigne des composés dans la molécule desquels on trouve réunies une fonction amine et une fonction acide carboxylique. Outre que la fonction amine peut être primaire, secondaire ou tertiaire, la position relative des deux fonctions peut varier (acides α-aminés, β-aminés, etc.).

Exemple

$$\begin{array}{l} R-\underset{\displaystyle NH_2}{\underset{|}{CH}}-CO_2H \end{array} \qquad\qquad R-\underset{\displaystyle R'}{\underset{|}{N}}-CH_2-CH_2-CO_2H$$

Acide α-aminé (amine primaire) — Acide β-aminé (amine tertiaire)

Parmi toutes les structures possibles d'acides aminés, les acides α-aminés présentent un intérêt particulier : ils jouent un rôle fondamental dans la constitution des tissus et dans les processus chimiques du vivant. En effet, reliés les uns aux autres par réaction entre la fonction acide carboxylique d'un acide α-aminé et la fonction amine d'un autre (par formation d'un lien amide), ils conduisent à des polymères naturels appelés selon leur masse molaire peptides ou protéines.

23.1 Les acides α-aminés

Le type le plus simple et le plus courant des acides α-aminés (ou α-aminoacides) d'importance biologique correspond à la formule générale :

$$R-\underset{\displaystyle NH_2}{\underset{|}{CH}}-CO_2H$$

mais certains, de structure plus complexe, comportent soit deux fonctions amine et une fonction acide (acides aminés « basiques »), soit deux fonctions acide et une fonction amine (acides aminés « acides »).

La plupart des aminoacides importants portent un nom particulier, par lesquels ils sont toujours désignés ; il n'y a donc pas lieu d'envisager des règles de nomenclature systématique.

Tableau 23.1 Les vingt aminoacides constituants principaux des protéines naturelles

Acides α-aminés « neutres »		
Glycine (ou glycocolle)	Gly	$H_2N-CH_2-CO_2H$
Alanine	Ala	$CH_3-\underset{\displaystyle NH_2}{\underset{|}{CH}}-CO_2H$

Valine	Val	$CH_3-CH(H_3C)-CH(NH_2)-CO_2H$
Leucine*	Leu	$CH_3-CH(CH_3)-CH_2-CH(NH_2)-CO_2H$
Isoleucine	Ile	$CH_3-CH_2-CH(H_3C)-CH(NH_2)-CO_2H$
Sérine	Ser	$HOCH_2-CH(NH_2)-CO_2H$
Thréonine	Thr	$CH_3-CH(OH)-CH(NH_2)-CO_2H$
Méthionine*	Met	$CH_3-S-CH_2-CH_2-CH(NH_2)-CO_2H$
Cystéine	Cys	$HS-CH_2-CH(NH_2)-CO_2H$
Proline	Pro	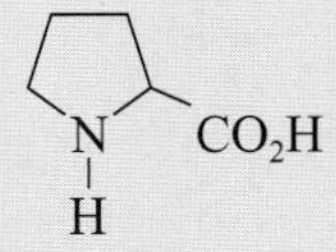
Phénylalanine*	Phe	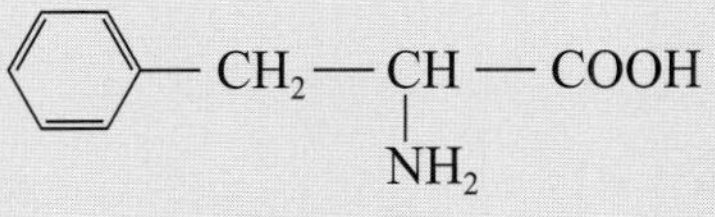
Tyrosine	Tyr	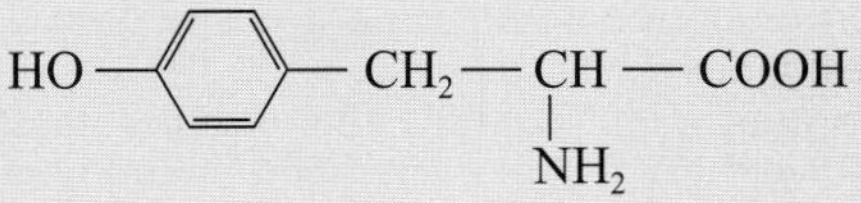
Tryptophane*	Try	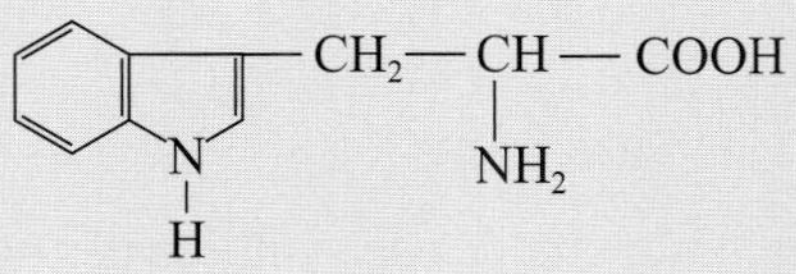

Acides α-aminés « acides »		
Acide aspartique	Asp	$HO_2C-CH_2-CH(NH_2)-CO_2H$
Acide glutamique	Glu	$HO_2C-CH_2-CH_2-CH(NH_2)-CO_2H$
Acides α-aminés « basiques »		
Lysine*	Lys	$H_2N-(CH_2)_4-CH(NH_2)-CO_2H$
Arginine	Arg	$H_2N-(CH_2)_4-CH(NH_2)-CO_2H$
Histidine	His	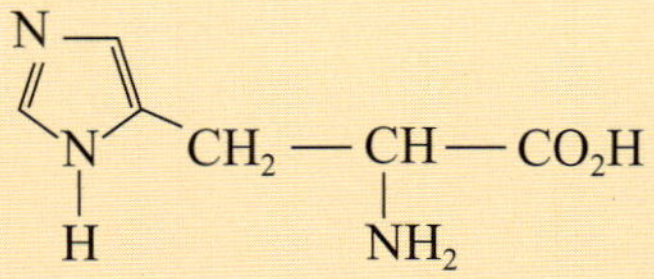
Acides α-aminés carbonylés « amidoacides »		
Asparagine	Asp	$H_2N-CO-CH_2-CH(NH_2)-COOH$
Glutamine	Glu	$H_2N-CO-CH_2-CH_2-CH(NH_2)-COOH$

Les aminoacides sont dits « neutres » s'ils possèdent autant de fonctions acide que de fonctions amine, « acides » s'ils possèdent plus de fonctions acide que de fonctions amine, et « basiques » s'ils possèdent plus de fonctions amine que de fonctions acide. Dans la deuxième colonne figurent les abréviations usuelles par lesquelles on les désigne.
Les aminoacides marqués d'un * sont les aminoacides « essentiels » : l'organisme humain ne peut pas en faire la synthèse, et ils doivent donc nécessairement lui être apportés par l'alimentation.

23.1.1 Synthèse

Certaines méthodes de synthèse des aminoacides sont empruntées aux réactions classiques de création des fonctions amine et acide, d'autres sont spécifiques.

a) Amination d'un acide α-halogéné

$$NH_3 + ClCH_2-CO_2H \longrightarrow H_2N-CH_2-CO_2H + HCl$$

Acide monochloracétique — Glycine

Afin d'éviter que la fonction amine primaire ainsi formée ne réagisse à nouveau avec l'acide halogéné, se transformant alors en amine secondaire ou tertiaire, on peut appliquer la méthode de Gabriel, déjà signalée pour la préparation des amines simples.

Voir chap. 17, § 17.4

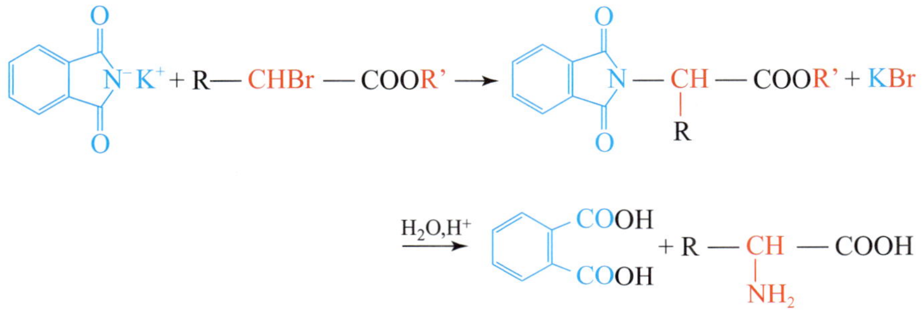

b) Amination réductrice d'un α-cétoacide

Voir page 416

$$CH_3-\underset{\underset{O}{\|}}{C}-COOH \xrightarrow[\text{[Ni]}]{NH_3,H_2} CH_3-\underset{\underset{NH_2}{|}}{CH}-COOH$$

c) Réaction de Strecker

Elle consiste à faire réagir sur un aldéhyde ou une cétone de l'ammoniac et de l'acide cyanhydrique. Dans un premier stade, il se forme un amino-nitrile, dont l'hydrolyse donne l'aminoacide correspondant :

Exemple

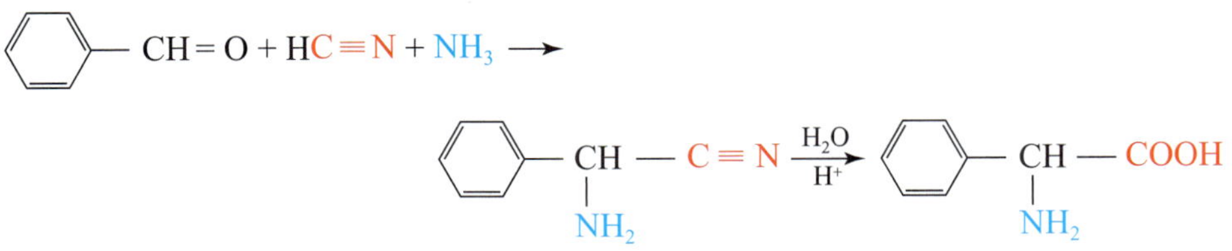

Phénylglycine

D'autres méthodes spécifiques de synthèse des aminoacides ont été mises au point (synthèse phtalimidomalonique, synthèse par les azlactones) mais leur description ne peut être envisagée ici.

23.1.2 Configuration

Mis à part le cas de la glycine, les α-aminoacides possèdent un carbone asymétrique en α de la fonction acide, et sont donc optiquement actifs, avec une forme dextrogyre et une forme lévogyre.

Voir page 60

Les aminoacides qui jouent un rôle dans les processus biologiques ont tous la même configuration absolue, et appartiennent à la « série L » par référence au (—)-(L)-glycéraldéhyde.

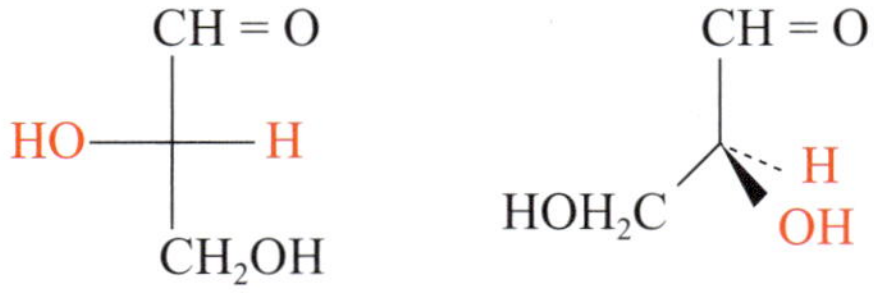

(—)-(L)-Glycéraldéhyde

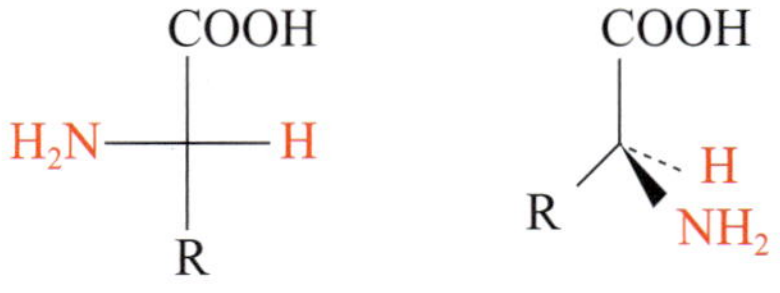

(L)-Aminoacide

Cette identité de configuration absolue ne permet pas de préjuger du signe du pouvoir rotatoire qu'il convient donc de préciser dans chaque cas, selon la notation habituelle.

Exemples : (+)-(L)-Alanine (dextrogyre), (—)-(L)-Leucine (lévogyre).

Question 23.A

Vérifiez que le (L)-Glycéraldéhyde et un (L)-aminoacide ont, dans le cas général, la même configuration absolue. Quelle est cette configuration ?
Un des vingt aminoacides naturels présente la configuration inverse. Lequel est-ce ?

23.1.3 Propriétés acidobasiques

Un aminoacide contient deux groupements « antagonistes », l'un étant acide (donneur de H^+), l'autre basique (accepteur de H^+). En milieu basique la fonction acide est dissociée :

$$H_2N-\underset{\substack{|\\ R}}{CH}-COOH \xrightleftharpoons{OH^-} H_2N-\underset{\substack{|\\ R}}{CH}-COO^- + H_2O$$

Voir chap. 17, § 17.2.1.a

et en milieu acide la fonction amine est « protonée » :

$$H_2N-\underset{\substack{|\\ R}}{CH}-COOH \xrightleftharpoons{H^+} H_3\overset{+}{N}-\underset{\substack{|\\ R}}{CH}-COOH$$

En outre, différentes raisons conduisent à penser qu'un aminoacide se trouve, de façon habituelle et prépondérante, sous la forme d'un ion dipolaire, résultant d'un transfert de H^+ entre deux fonctions, c'est-à-dire d'une sorte de neutralisation « interne ». On appelle cet ion bipolaire « *zwitter-ion* » ou « *sel interne* » :

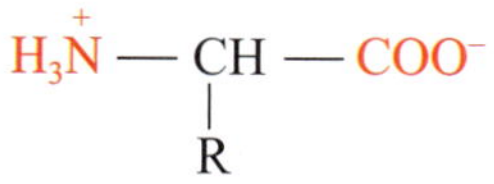

Les aminoacides présentent, en effet, des caractères physiques plus en accord avec une structure ionique que purement covalente : état cristallin, point de fusion élevé, solubilité dans l'eau, insolubilité dans l'éther.

Question 23.B

Que pensez-vous de la possibilité d'un transfert réellement intramoléculaire d'un proton dans un acide α-aminé, sachant qu'un proton peut être échangé entre deux sites mais ne peut se trouver libre ? Quel autre schéma pourrait-on proposer ?

Les différents équilibres auxquels donne lieu un aminoacide en solution peuvent se résumer ainsi :

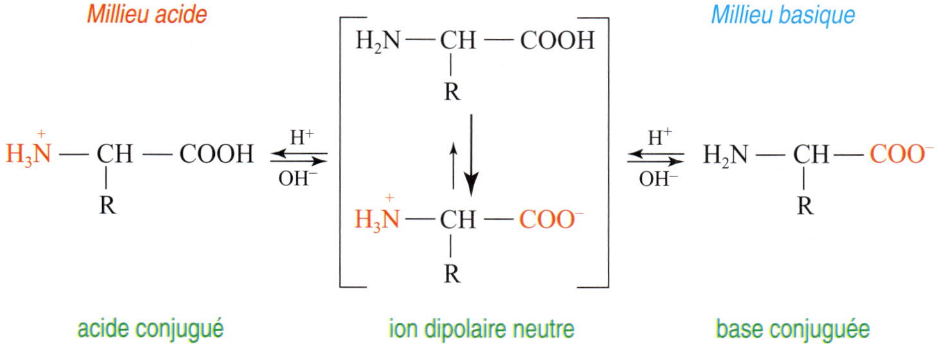

Question 23.C

La forme protonée d'un aminoacide en milieu acide comporte deux groupements acides : __________ et __________ ; lorsqu'on rend le milieu basique, ces deux groupements cèdent un __________ à la base, mais le premier à le faire est le groupe __________. __________ est donc plus acide que __________. Inversement, la forme anionique existant en milieu basique comporte deux groupements : __________ et __________ ; lorsqu'on rend le milieu acide, ces deux groupes __________ un proton, mais le premier à le faire est le groupe __________. __________ est donc moins basique que __________.

Question 23.D

Que peut-on prévoir quant à la proportion de forme dipolaire dans l'équilibre

par rapport au cas d'un acide aminé acyclique ?

L'équilibre entre la molécule et l'ion dipolaire est indépendant du pH puisque cette transformation, purement interne, ne fait pas appel aux ions H^+ du milieu. Mais les équilibres entre l'aminoacide et son acide ou sa base conjugués sont sous la dépendance du pH de la solution. En milieu fortement basique la formation de la base conjuguée (anion) est favorisée, tandis que celle de l'acide conjugué (cation) l'est en milieu fortement acide.

Il existe, par suite, une valeur du pH pour laquelle la concentration en cation et anion est la même. Cette valeur définit le **point isoélectrique** de l'aminoacide ; elle correspond en outre, habituellement, à un minimum de la solubilité dans l'eau.

Cette appellation de *point isoélectrique* trouve sa justification dans le comportement d'une solution d'aminoacide, pour différentes valeurs du pH, lors d'une électrolyse. En milieu basique, l'aminoacide est principalement sous la forme de l'anion $H_2N—CHR—COO^-$ et on observe donc une migration vers l'anode. En milieu acide, il est principalement sous la forme du cation $H_3\overset{+}{N}—CHR—COOH$ et la migration s'effectue vers la cathode. Au point isoélectrique, les concentrations de ces deux sortes d'ions sont égales et, à condition que leurs mobilités soient égales, on n'observe globalement aucun transfert préférentiel vers l'une des électrodes.

Remarque

Ces comportements sont mis à profit dans la séparation analytique des aminoacides par *électrophorèse*.

La valeur du pH correspondant au point isoélectrique dépend du rapport entre la force des deux fonctions acide et basique, variable selon la structure générale de la molécule.

Tableau 23.2 **Valeur du pH au point isoélectrique pour quelques aminoacides**

	pH		pH
Glycine	6,0	Proline	6,3
Alanine	6,0	Acide aspartique	2,8
Sérine	5,7	Acide glutamique	3,2
Thréonine	5,6	Lysine	9,6
Cystéine	5,1	Arginine	11,2

23.1.4 Propriétés chimiques

Certaines propriétés sont purement et simplement celles que possèdent habituellement les groupes —NH_2 et —COOH :

La *fonction acide* donne des sels en présence de bases, des esters par réaction avec un alcool, et peut être transformée, de la manière habituelle en chlorure d'acide.

Voir chap. 19, § 19.5.1

La *fonction amine primaire* réagit avec les chlorures d'acide en donnant un amide [cf. 17.2.3] :

$$H_2N-\underset{\displaystyle R}{\underset{|}{CH}}-COOH + R'-COCl \longrightarrow R'-CONH-\underset{\displaystyle R}{\underset{|}{CH}}-COOH$$

et avec l'acide nitreux (réaction de diazotation et de désamination nitreuse [cf. 17.2.5].

$$H_2N-\underset{\displaystyle R}{\underset{|}{CH}}-COOH \xrightarrow{HNO_2,\ H^+} HO-\underset{\displaystyle R}{\underset{|}{CH}}-COOH + N_2\nearrow + 2\,H_2O$$

(une mesure du volume de diazote dégagé constitue un dosage commode des aminoacides dans un mélange, méthode de Van Slyke).

D'autres propriétés résultent de la coexistence et de la proximité des deux fonctions, et sont donc spécifiques des α-aminoacides. Tel est le cas de la formation de divers dérivés cycliques.

23.1.5 Lactames et dicétopipérazines

Les acides γ-aminés donnent lieu à une réaction interne analogue à celle qui transforme les acides γ-alcools en lactones ; le dérivé cyclique est ici un *lactame* :

Voir chap. 20, § 20.2.3.b

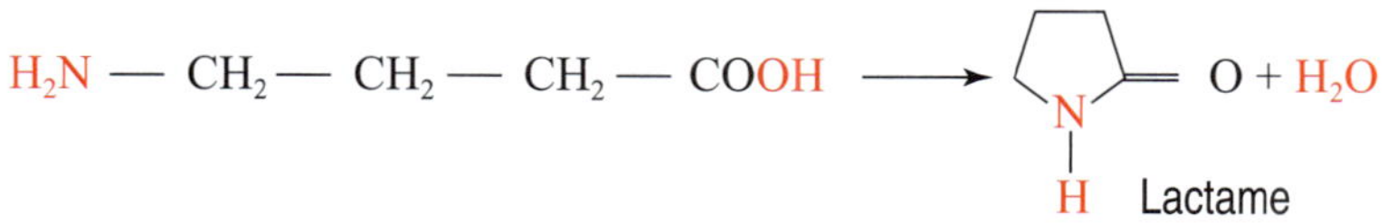

Lactame

mais les lactames d'acides α- et β-aminés correspondraient à des cycles à trois ou quatre atomes dont la stabilité est fortement diminuée par la contrainte géométrique. C'est pourquoi les acides α-aminés, comme les α-alcools, donnent plutôt un dérivé cyclique résultant de la condensation de deux molécules l'une sur l'autre, appelée dicétopipérazine :

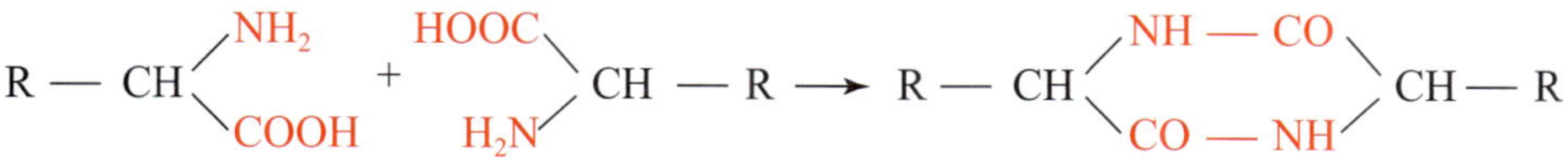

Dicétopipérazine

23.2 Protéines et peptides

Les protéines sont les constituants essentiels de nombreux tissus vivants, végétaux ou animaux (protéines fibreuses formant la peau, les muscles, les cheveux, la soie, la laine...) et en outre, jouent souvent un rôle primordial dans divers processus vitaux (enzymes, hormones, protéines globulaires comme l'hémoglobine, l'albumine, les protéines du plasma sanguin, protéines participant au déterminisme génétique).

Elles résultent de la condensation d'un grand nombre de molécules d'aminoacides, selon le schéma conduisant à des chaînes plus ou moins longues, linéaires ou cycliques. La liaison —CO—NH—, qui constitue le groupement caractéristique des ces enchaînements est appelée *« liaison peptidique »*.

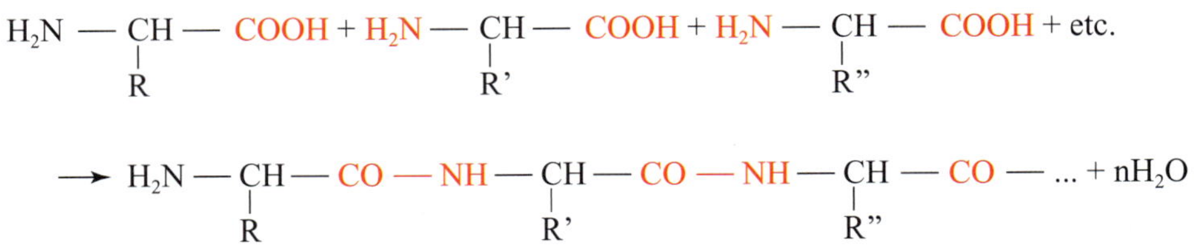

Les peptides ont une structure analogue, mais correspondent à la condensation d'un nombre plus limité d'aminoacides et il n'y a donc pas de différence essentielle entre eux et les protéines, si ce n'est la masse moléculaire. On fixe, de façon arbitraire, la limite entre peptides et protéines à une masse moléculaire de 10 000, celle des protéines pouvant atteindre plusieurs dizaines de millions.

On appelle dipeptide, tripeptide, ... polypeptide les peptides résultant de la condensation de deux, trois, ...*n* acides aminés ; les protéines sont donc des polypeptides particulièrement complexes.

Les diverses protéines et les divers peptides se différencient par :

- le nombre de molécules d'aminoacides qui les constituent ;
- la nature des groupes R portés latéralement par la chaîne principale ;
- l'ordre dans lequel se succèdent ces groupes R.

En outre, certaines protéines, dites *« protéines conjuguées »* comportent, indépendamment de la chaîne peptidique habituelle, un groupe de nature totalement différente, appelé *« groupe prosthétique »*. C'est le cas, par exemple, des nucléoprotéines présentes dans le noyau des cellules, dont le groupe prosthétique est un acide nucléique. Les vitamines constituent parfois le groupe prosthétique de protéines conjuguées.

Voir § 22.4.3.b

Bien que le nombre de types différents d'aminoacides entrant dans la constitution des protéines soit restreint (une vingtaine d'aminoacides courants, regroupés dans le tableau 23.1, et quelques dizaines d'autres beaucoup plus rares), la diversité des protéines est pratiquement infinie, compte tenu du très grand nombre d'arrangements possibles de ces motifs élémentaires. Pour un polypeptide formé par la condensation de dix molécules d'aminoacides toutes différentes, le nombre d'arrangements possibles est (10 !) = 3 628 000. Le nombre d'arrangements pour une protéine correspondant à plusieurs centaines d'aminoacides de 15 ou 20 types différents (cas le plus fréquent) est inimaginable et ceci permet de comprendre que, malgré la faible diversité des matériaux de base, chaque espèce et même chaque individu peut avoir ses protéines spécifiques.

Remarque

Chaque organisme individuel édifie ses propres protéines à partir de celles qui se trouvent dans ses aliments, préalablement dégradées au cours de la digestion en acides aminés, qui sont ensuite recondensés en nombre et dans l'ordre voulus.

En définitive, la source unique de protéines est constituée par les plantes qui, seules, sont capables d'en faire la synthèse à partir de CO_2 et H_2O de l'atmosphère et de l'azote du sol (Photosynthèse).

LA SYNTHÈSE PEPTIDIQUE SUR SUPPORT SOLIDE

La synthèse peptidique classique [**§ 23.2.2**], bien qu'efficace pour la préparation de peptides de petites tailles, n'est plus utilisable pour la synthèse d'enchaînements plus longs. En effet, en plus des problèmes de faible solubilité des peptides contenant plus de 10 résidus, les purifications nécessaires à chaque étape sont fastidieuses et peuvent entraîner des problèmes de racémisation des centres chiraux.

Depuis le milieu des années soixante, une amélioration importante de la méthode a été apportée (notamment par Merrifield, prix Nobel 1984) en fixant la chaîne peptidique en croissance sur un polymère insoluble (généralement du polystyrène). Cette technique, appelée Synthèse Peptidique sur Support Solide, permet la préparation aisée et rapide de peptides de longues tailles voire même de petites protéines. Ainsi, les étapes longues et délicates de purification sont remplacées par des lavages de la résine permettant une élimination rapide de tous les sous produits ou réactif en excès non fixés sur le polymère.

Dans ce type de méthode, un gros excès de réactif peut être utilisé pour rendre les réactions rapides et totales, l'excès étant facilement éliminé.

En fin de synthèse, le peptide est décroché du support solide et est purifié. Cependant, en utilisant cette technique et compte tenu de l'absence de purification intermédiaire, les rendements de chaque étape doivent être les plus élevés possibles. Par exemple, pour la synthèse d'une ribonucléase de 123 acides aminés, 122 réactions de couplages (formation de la fonction amide) sont nécessaires ; si le rendement de couplage est de 99 %, ce qui constitue un rendement excellent, le rendement final sera de $0{,}99^{122} = 27\ \%$. Le peptide sera donc accompagné de 73 % de peptides plus courts qu'il faudra éliminer lors de la purification.

Cette technique de synthèse sur support solide est également utilisée de façon plus générale pour réaliser des réactions autres que des réactions peptidiques ; on parle alors de Synthèse Organique sur Support Solide.

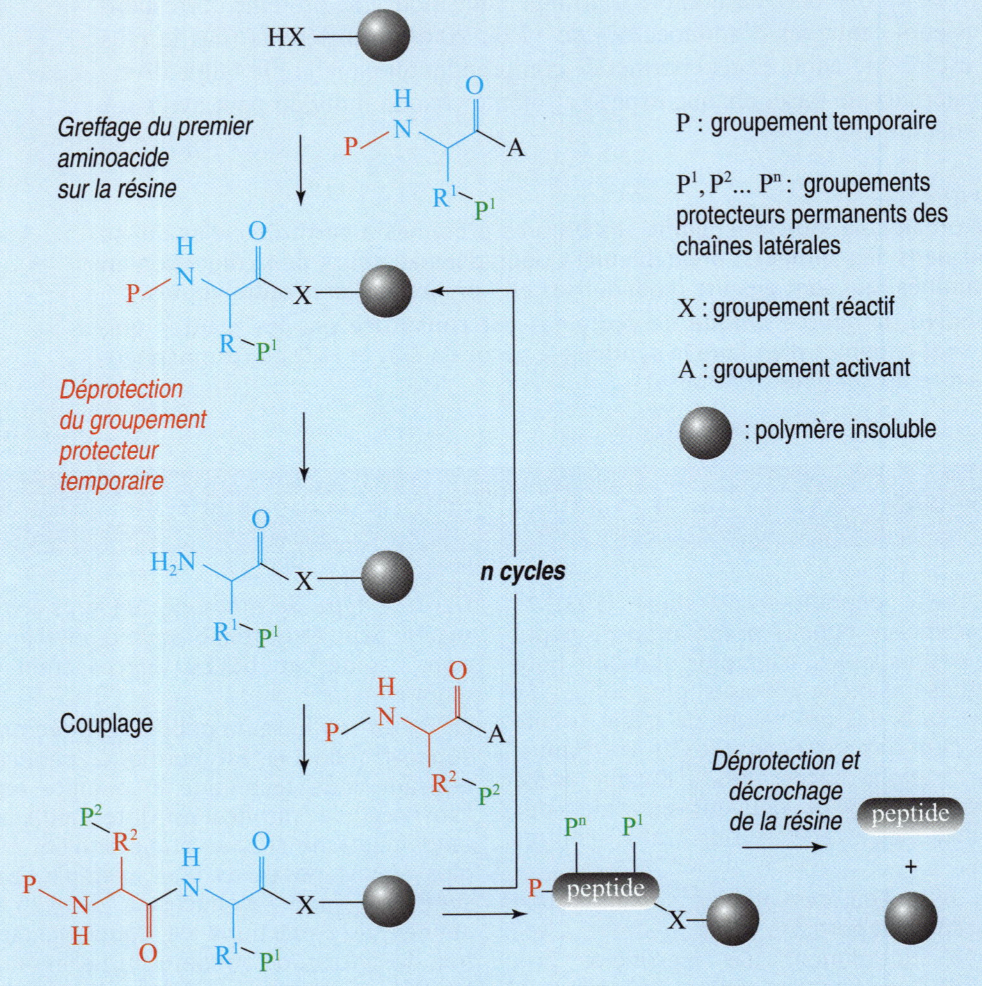

Principe de la synthèse peptidique sur support solide

23.2.1 Représentation

Lorsque l'on représente un peptide (ou une protéine), l'extrémité aminée (appelée aussi *N*-terminale) est placée par convention à gauche et l'extrémité acide carboxylique (appelée aussi *C*-terminale) à droite. La chaîne peptidique est appelée chaîne principale et les substituants portés par l'atome de carbone en α de la fonction acide (ou amide) sont appelés chaînes latérales.

On les représente d'une manière simplifiée en désignant chaque fragment —NH—CH(R)—CO— par l'abréviation du nom de l'aminoacide correspondant (voir tableau 23.1) en ajoutant H et OH aux deux extrémités (H à gauche, correspondant à l'extrémité *N*-terminale et OH à droite correspondant à l'extrémité *C*-terminale).

Quelques exemples

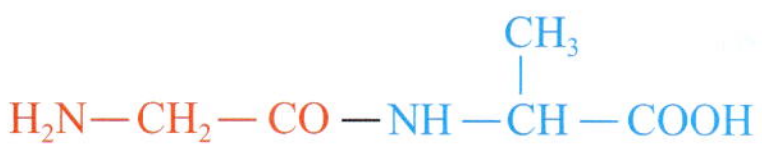

H-Gly-Ala-OH

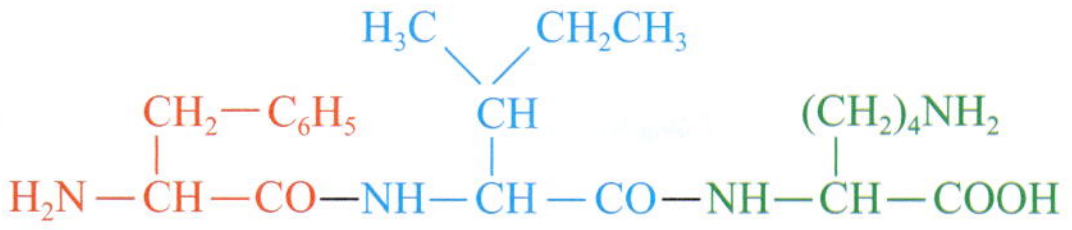

H-Phe-Ile-Lys-OH

23.2.2 Synthèse peptidique et synthèse de protéine

Le principe de la synthèse peptidique repose sur l'enchaînement des aminoacides dans un ordre déterminé par création de liaisons amide entre une fonction acide carboxylique d'un partenaire et une fonction amine d'un autre partenaire. Pour obtenir un arrangement déterminé, il faut procéder par étape et introduire les aminoacides les uns après les autres. Il s'agit d'une entreprise très difficile et délicate et ce pour plusieurs raisons :

- les acides aminés sont des composants plurifonctionnels ; aussi, lors de la formation d'une liaison amide, tous les autres groupes fonctionnels devront être protégés. Cependant, l'élongation ultérieure de la chaîne peptidique nécessitera la déprotection sélective d'une de ces extrémités (l'extrémité aminée) en laissant intacts les autres groupes protecteurs des chaînes latérales et de la fonction acide carboxylique terminale.
- tous les acides (sauf la glycine) sont porteurs d'au moins un atome de carbone asymétrique ; les conditions réactionnelles utilisées devront éviter toute racémisation (éviter le milieu acide ou basique fort).
- la fonction acide carboxylique d'un acide aminé n'est pas assez réactive pour réagir directement avec une fonction amine dans des conditions douces : une activation de la fonction acide est donc nécessaire.

Exemple de la synthèse d'un tripeptide :

L'extension de la chaîne peptidique se fait de la droite vers la gauche (de l'extrémité *C*-terminale vers l'extrémité *N*-terminale).
A = groupe activant
P = groupe protecteur temporaire (fonction amine)
P^n = groupe protecteur permanent (chaînes latérales)

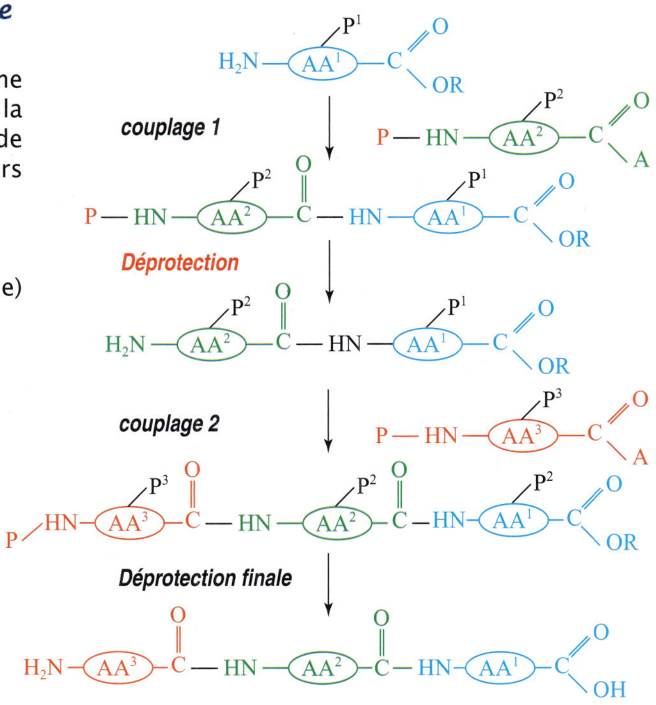

Voir p. 567

Ce type de synthèse peut être réalisé sur support solide ce qui permet une automatisation de la méthode et la préparation d'enchaînement allant jusqu'à plusieurs centaines d'aminoacides ce qui correspond à la synthèse de petites protéines.

23.2.3 Structure primaire des peptides et protéines

La séquence des aminoacides (l'ordre dans lequel ils sont enchaînés les uns aux autres) au sein d'un peptide (ou d'une protéine) définit sa structure primaire. Son hydrolyse complète le dégrade en aminoacides qui peuvent être séparés et identifiés mais ne donne pas accès à la structure primaire du peptide. Celle-ci peut être élucidée par deux techniques principales (une chimique et une enzymatique) qui peuvent dans certains cas être complémentaires :

a) par voie chimique, une dégradation contrôlée permet de couper chimiquement un seul résidu aminoacide à la fois à partir de l'extrémité *N*-terminale (dégradation d'Edman). Le résidu est caractérisé et l'opération est recommencée. Cette technique peut être automatisée ;
b) par voie enzymatique, des enzymes (comme la trypsine ou la chymotrypsine) sont capables de couper de façon spécifique une chaîne peptidique pour former des fragments plus petits qui sont analysés séparément.

LA RÉACTION DE MAILLARD ET LA GASTRONOMIE MOLÉCULAIRE PAR HERVÉ THIS

Quand on fait colorer la viande, fait-on una caramélisation ?

Le brunissement des viandes rôties ou grillées résulte de réactions physiques et chimiques variées. L'une des plus importantes est un groupe de réactions auxquelles on a donné le nom de leur découvreur, le chimiste nancéien Louis Camille Maillard.

Photographie D. Decobecq

Les réactions de Maillard ont lieu quand on chauffe des acides aminés (il y en a en abondance dans les viandes) avec des sucres (il y en a aussi : le glucose, par exemple, est le carburant de nos cellules). Chauffez par exemple de la lysine avec du glucose, dans de l'eau : après quelques dizaines de minutes, le milieu prend une couleur de bouillon... et pour cause ! La confection d'un bouillon n'est pas seulement une extraction des jus de la viande ; elle résulte aussi de réactions chimiques entre certains des composés extraits.

La cuisine confond souvent les réactions de Maillard avec la caramélisation, mais cette dernière est très différente, puisqu'elle ne fait intervenir que les sucres. Les réactifs sont différents... et les produits de la réaction aussi. Pour le démontrer, il suffit de faire un sirop de saccharose et d'y placer un petit morceau de viande blanche (blanc de poulet). On mesure alors la température en chauffant doucement : quand la viande brunit, la température n'est que de 120 °C environ, et le sirop est encore transparent et incolore. C'est la preuve que la réaction de Maillard n'est pas la caramélisation. Puis à une température supérieure, vers 145 °C, le sirop caramélise.

Ce qui a été découvert dans les dernières années, c'est que les graisses participent aux réactions de Maillard, dans les étapes finales. Une fois la condensation initiale effectuée (formation d'une base de Schiff), les composés formés continuent de réagir ; certains le font avec des phospholipides, par exemple, ce qui conduit à des goûts plus riches, plus proches des notes de viande grillée.

Comment utiliser la connaissance des réactions de Maillard pour créer des goûts nouveaux en cuisine ? Il ne faut pas être très malin pour penser à faire réagir des acides aminés spécifiques et des sucres spécifiques, au lieu de se contenter de faire griller les viandes et d'obtenir les produits de réaction de plusieurs dizaines d'acides aminés différents avec plusieurs sucres. On peut aussi laquer un blanc de poulet avec un acide aminé et un sucre, puis faire brunir au grill ou au chalumeau.

Hervé This

Physico-chimiste INRA au Collège de France. Co-créateur de la « Gastronomie Moléculaire ». Ce chercheur physico chimiste a parfaitement démontré l'importance de la réaction de Maillard en matière culinaire.

Question 23.E

Un octapeptide conduit aux fragments suivants lorsqu'il est traité par la trypsine et la chymotrypsine :
Action de la trypsine : Ile-Pro-Tyr-Leu Arg et Ser-Val-Arg
Action de la chymotrypsine : Ser-Val-Arg-Ile-Pro-Tyr et Leu-Arg.
Donner la structure de ce peptide.

Remarque

La structure des protéines est parfois extrêmement complexe. Ainsi le virus de la mosaïque du tabac est une nucléoprotéine dont la masse moléculaire avoisine 40 millions, et dont la composition correspond à 95 % de protéine et 5 % d'acide ribonucléique (ARN) ; sa partie protéinique est formée d'un agrégat de 2 200 chaînes identiques, comportant chacune 158 aminoacides (arrangés selon un ordre qui est connu) et d'une masse moléculaire de 18 000.

23.2.4 Structure secondaire des protéines

La géométrie tridimensionnelle des longues chaînes d'acides aminés constitue la structure secondaire des protéines. Il existe deux arrangements importants : l'hélice α et le feuillet β :

a) L'hélice α

Dans l'hélice α la chaîne peptidique est enroulée en hélice dont chaque spire comporte environ quatre liaisons peptidiques, donc environ quatre aminoacides, leurs groupes R étant tournés vers l'extérieur de cette sorte de « solénoïde » (Figure 23.1).

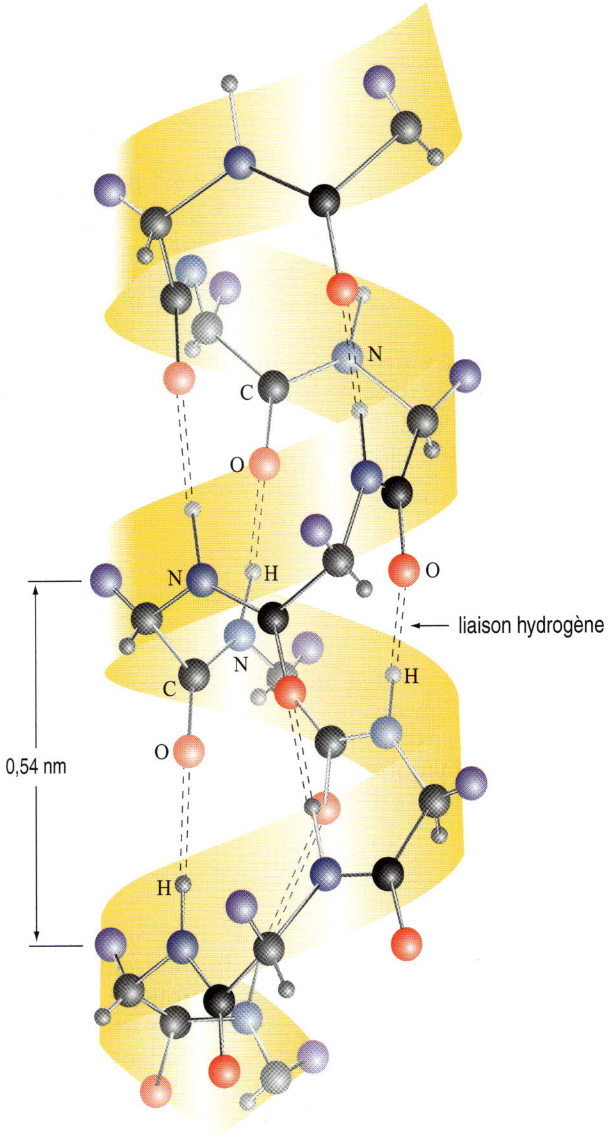

Figure 23.1

La structure en hélice des protéines

Toutes les protéines ont la même chaîne principale, constituée par la répétition *n* fois du motif $+\text{CO}-\text{NH}-\underset{|}{\text{CH}}+$ les groupes R, qui seuls varient, sont latéraux par rapport à cette chaîne. Le nombre de motifs par « spire » est toujours le même (3,6) ; il résulte d'une optimisation de la géométrie pour permettre la formation de liaisons hydrogène [15.1]. Le « pas » est également toujours le même (0,54 nm). Les groupes R sont rejetés à l'extérieur de l'hélice, de sorte que la configuration du carbone asymétrique détermine le sens d'enroulement de l'hélice. Les aminoacides présents dans la nature appartiennent tous à la série L [23.1.2], et le sens de l'hélice est toujours celui d'un « filetage à droite » (hélice α).

Le sens d'enroulement correspond à celui d'une vis filetée « à droite » (hélice α), et cette conformation particulière est maintenue par des liaisons hydrogène s'établissant entre un groupe C=O et un groupe N—H d'une spire à la suivante, parallèlement à l'axe principal de l'hélice.

b) Le feuillet β

Dans les feuillets β, les chaînes peptidiques se placent parallèlement (ou antiparallèlement) et sont associées par des liaisons hydrogène. Les chaînes latérales se disposent d'un côté ou de l'autre du plan du feuillet (Figure 23.2).

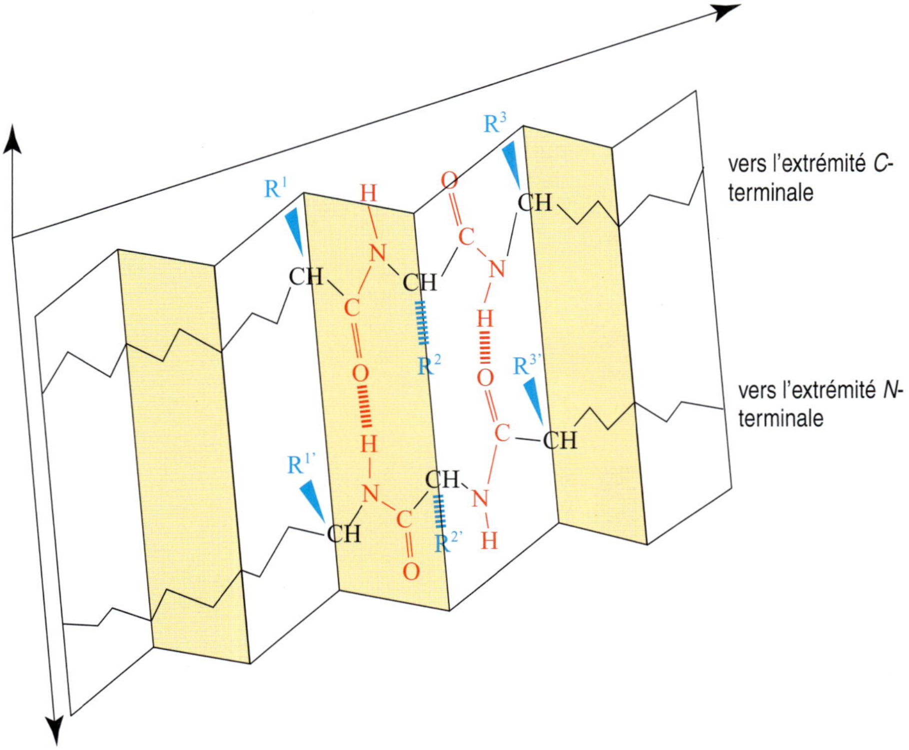

Figure 23.2
Structure en feuillet des protéines
Exemple d'arrangement antiparallèle des chaînes peptidiques. Les chaînes sont associées par des liaisons hydrogène s'établissant entre les NH et les CO des liaisons amide, les chaînes latérales (R^n) se disposant alternativement vers le haut et vers le bas du plan du feuillet.

LA RÉACTION DE MAILLARD

La réaction de Maillard, encore appelée « brunissement non-enzymatique » est un processus chimique responsable, par exemple, de la couleur de la croûte du pain ou encore de la saveur d'une viande grillée.

Cette réaction implique des composés présentant un groupe fonctionnel aldéhyde ou cétone (provenant généralement des sucres) et un groupe fonctionnel amine (provenant généralement d'acides aminés ou de protéines) qui réagissent entre eux pour produire, par un processus complexe impliquant des étapes de déshydratation, de réarrangement et de fragmentation, des substances aromatiques et colorées.

Cette réaction présente un intérêt bien entendu dans les Sciences de l'Aliment mais aussi en médecine et en agrochimie puisqu'elle intervient aussi dans les processus de transformation des matières végétales dans les sols et contribue à la formation de l'humus.

Louis Camille Maillard est un grand scientifique lorrain, né à Pont-à-Mousson en 1878, mort à Paris en 1936. Chimiste, biologiste, médecin, ses vastes connaissances lui ont permis de concevoir et de mener à bien un grand nombre de travaux, dont les principaux resteront classiques dans les annales de la Science.

23.2.5 Structure tertiaire des protéines

La structure tertiaire d'une protéine concerne la forme tridimensionnelle de la macromolécule et est liée à l'arrangement les uns par rapport aux autres des hélices et des feuillets. Cette structure tertiaire peut dans certains cas faire apparaître des cavités particulières appelées « sites actifs » dont la forme tridimensionnelle et la taille permettent l'emboîtement spécifique d'un substrat.

23.2.6 Propriétés des protéines

Les protéines n'ont pas de point de fusion défini et subissent, sous l'action de la chaleur, des transformations diverses irréversibles (« dénaturation »), dont la coagulation du blanc d'œuf à chaud est un exemple. Lorsqu'elles sont solubles, elles ne donnent pas des solutions vraies mais des solutions colloïdales qui précipitent par addition d'un électrolyte (exemple : précipitation de la caséine en solution colloïdale dans le lait sous l'action des acides).

23.2.7 Enzymes

Les enzymes sont les catalyseurs grâce auxquels s'accomplissent dans les organes vivants les réactions dont dépend leur vie et leur croissance. Ce sont des protéines, mais certains doivent leur activité à un groupe prosthétique, que l'on nomme en ce cas coenzyme.

L'action des enzymes est extrêmement spécifique d'une part à l'égard du type de réaction à effectuer (hydrolyse, réduction, oxydation) et d'autre part de la structure et de la géométrie des substances concernées. Ainsi un enzyme susceptible d'hydrolyser le cellobiose n'hydrolyse pas le maltose, et inversement, alors que ces deux osides ne diffèrent que par la configuration de la liaison glycosidique. Cette spécificité peut être mise à profit pour déterminer la configuration d'un oside.

Voir chapitre 22

Les enzymes assurent le déroulement des réactions dans des conditions beaucoup plus douces qu'au laboratoire.

Remarque

Les toxines, produites par des bactéries pathogènes ou contenues, par exemple, dans le venin des serpents, sont aussi des protéines ; mais elles exercent une activité catalytique ayant pour effet de bloquer l'action d'enzymes nécessaires au métabolisme.

L'ESSENTIEL

Représentation de Fischer

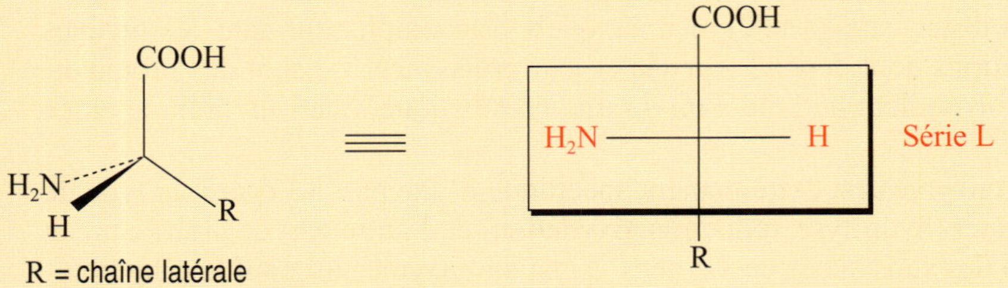

R = chaîne latérale

Propriétés acidobasiques

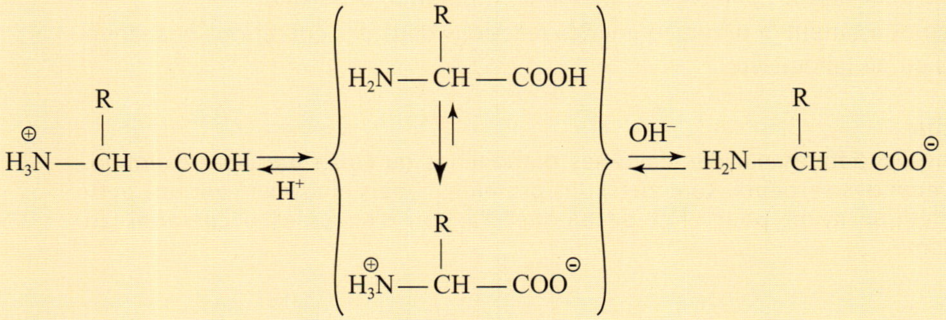

Point isoélectrique :
concentration en anions = concentration en cations

Les peptides

Les peptides résultent de la condensation d'un nombre limité d'acides aminés reliés entre eux par des liaisons peptidiques.

Représentation d'un tripeptide

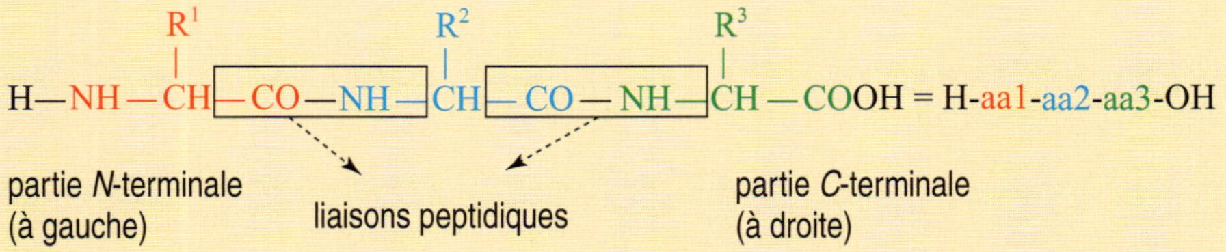

Les protéines

Les protéines sont les constituants essentiels de nombreux tissus du vivant et jouent un rôle primordial dans de nombreux processus biochimiques (enzymes, hormones, hémoglobine,...). Elles sont formées d'enchaînements d'un très grand nombre d'acides aminés. La structure tridimensionnelle des longues chaînes d'acides aminés constitue leur structure secondaire (en hélice α ou en feuillet β). L'arrangement des hélices et des feuillets entre eux constitue leur structure tertiaire.

QCM

Les réponses se trouvent à la page 664.

1. Les acides α aminés naturels

- ☐ a. sont tous chiraux
- ☐ b. possèdent 0 ou 1 seul carbone asymétrique
- ☐ c. sont les composants des lipides
- ☐ d. se présentent sous forme de Zwitter-ions

2. Pour un acide aminé, le point isoélectrique

- ☐ a. représente une valeur de pH
- ☐ b. représente une valeur de potentiel électrique
- ☐ c. est souvent proche de 4
- ☐ d. peut être mis à profit pour sa caractérisation.

3. Soit la représentation en projection de Fischer d'un acide aminé de la série L.

- ☐ a. la lettre L signifie que le centre asymétrique est de configuration S
- ☐ b. la lettre L signifie que l'acide aminé est dextrogyre
- ☐ c. ce composé présente une conformation plane
- ☐ d. le carbone asymétrique peut être de configuration *R* ou *S*.

4. Combien existe-t-il de tripeptides formés à partir de 3 acides aminés différents.

- ☐ a. 1
- ☐ b. 4
- ☐ c. 6
- ☐ d. 12

5. Peptides et protéines se différentient par :

- ☐ a. leurs masses molaires
- ☐ b. leurs compositions centésimales
- ☐ c. la nature des chaînes latérales portées par les acides aminés qui les constituent
- ☐ d. leurs structures tridimensionnelles

6. Une protéine

- ☐ a. est une molécule d'origine animale
- ☐ b. résulte de la condensation d'un grand nombre d'acides aminés
- ☐ c. présente toujours une conformation en hélice
- ☐ d. possède une structure primaire qui lui est propre

7. La structure secondaire d'une protéine

- ☐ **a.** est indépendante de la séquence des acides aminés qui la composent
- ☐ **b.** représente la conformation de la molécule
- ☐ **c.** définit l'ordre dans lequel les acides aminés sont liés les uns aux autres
- ☐ **d.** est généralement décrite sous forme d'hélices et de feuillets

8. La synthèse du dipeptide H-Gly-Ser-OH à partir des deux acides aminés le composant nécessite

- ☐ **a.** l'activation de la fonction acide carboxylique de la sérine
- ☐ **b.** la protection provisoire de la fonction amine de la glycine
- ☐ **c.** la protection provisoire de la fonction amine de la sérine
- ☐ **d.** l'activation de la fonction acide carboxylique de la glycine

9. Soit le tripeptide H-Tyr-Met-Ile-OH

- ☐ **a.** le résidu isoleucine est en position *N* terminale
- ☐ **b.** la position *N* terminale est occupée par un résidu thréonine
- ☐ **c.** le tripeptide contient 3 fonctions amide
- ☐ **d.** le résidu méthionine présente une fonction amine

10. Une enzyme

- ☐ **a.** est une protéine
- ☐ **b.** est un catalyseur
- ☐ **c.** est composée uniquement d'un enchaînement d'acides aminés
- ☐ **d.** présente un mode d'action peu spécifique.

EXERCICES

Les solutions se trouvent à la page 685.

23-a a) Représenter, en projection de Fischer, tous les stéréoisomères de la thréonine. La thréonine naturelle appartenant à la série L, combien peut-elle présenter de stéréoisomères ? Sont-ils énantiomères ou diastéréoisomères ?

b) Outre la thréonine, quel autre acide aminé présente-t-il également plus de deux stéréoisomères ?

23-b Proposer une synthèse de :

a) la valine à partir de $(CH_3)_2CHCH(OH)COOH$

b) l'alanine à partir de $CH_3CH(Br)COOH$

c) la leucine à partir de $(CH_3)_2CHCH_2CH_2OH$

d) la leucine à partir de $(CH_3)_2CHCOOH$

23-c Compléter les réactions suivantes :

Glycine + NaOH → ?

Valine + HCl → ?

Leucine + $NaNO_2$, H^+ → ?

Sérine + MeOH, H^+ → ?

Lysine + PCl_5 → ?

23-d 23,4 mg d'un aminoacide sont traités, en solution aqueuse, par le nitrite de sodium en milieu chlorhydrique. On obtient un dégagement gazeux de 4,48 cm^3 (mesuré à 0 °C et sous 760 mm de mercure).

- Quel est ce gaz ?
- Quelle est la masse moléculaire minimale de cet aminoacide ?
- Pourquoi cette masse moléculaire pourrait-elle être plus grande, et quelles seraient ses autres valeurs possibles ?

23-e Écrire la structure complète des peptides suivants :

H—Ala—Ser—OH

H—Gly—Leu—Val—Cys—Ala—OH

H—Ala—Val—Leu—Gly—OH

23-f L'hydrolyse complète de 100 g d'un polypeptide fournit :

Glycine	3,01 g
Alanine	0,89 g
Valine	3,68 g
Isoleucine	1,28 g
Sérine	7,29 g
Proline	6,90 g
Arginine	86,40 g

- quelle est la proportion relative (en molécules) des divers aminoacides dans ce polypeptide ?
- la masse moléculaire de ce polypeptide étant 10 000, quel est le nombre de chaque aminoacide que comporte une molécule ?

23-g Lors de l'électrolyse partielle d'une protéine, un peptide a été isolé. Par dégradation d'Edman, on a pu montrer qu'une glycine occupe la position *N*-terminale. Par ailleurs il a été montré qu'une phénylalanine occupe la position *C*-terminale.

Une hydrolyse enzymatique conduit à la formation des trois fragments suivants :

H—Val—Arg—Leu—Phe—OH
H—Gly—Leu—Tyr—OH
H—Asp—Pro—OH

Donner la séquence du peptide.

24

LES LIPIDES – LES TERPÈNES – LES STÉROÏDES

PRÉALABLES

- Saponification et hydrolyse d'un ester.
- Chiralité et carbone asymétrique.

MOTS-CLÉS

- Acide gras
- Cholestérol
- Glycéride
- Lipide
- Règle isoprénique
- Stéroïde
- Terpène

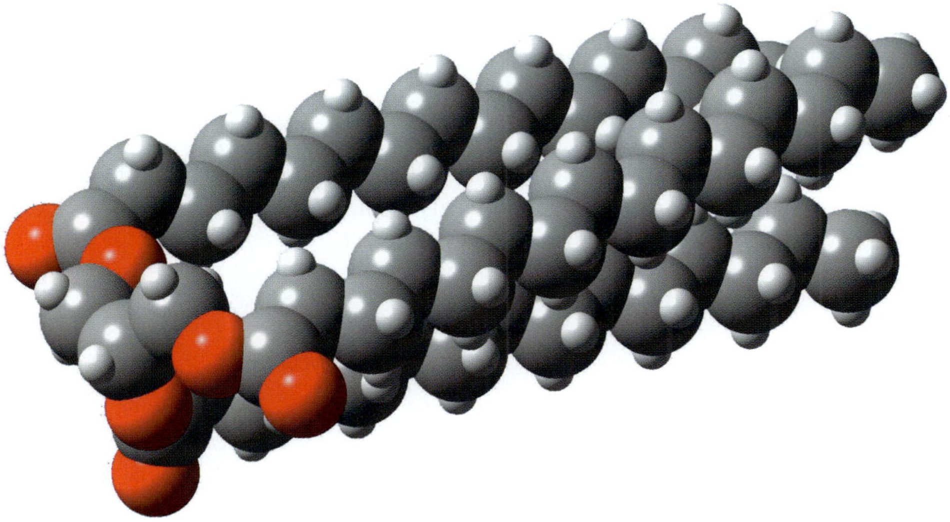

Un triglicéride (un triester d'acides gras)

Les termes de « *Lipides* », « *Terpènes* » et « *Stéroïdes* » désignent des classes de composés naturels, abondamment présents dans le règne végétal et le règne animal. Ils présentent entre eux certains apparentements au niveau de leur biogenèse (c'est-à-dire leur synthèse par les organismes vivants) et jouent, à des titres divers, des rôles importants dans de nombreux processus biologiques.

La diversité de ces séries, ainsi que la relative complexité de la chimie correspondante, ne permettront pas – au niveau de ce livre – de dépasser le stade d'une présentation générale, illustrée par les exemples les plus significatifs.

24.1 Les lipides

Les lipides constituent une classe très hétérogène ; en effet il y a peu de rapports entre, par exemple, un *triglycéride* (corps gras) et un *sphingomyéline* (constituant du tissu nerveux), si ce n'est la présence à peu près générale, dans toutes ces molécules, d'acides acycliques à longues chaînes linéaires, dénommés « *acides gras* ».

24.1.1 Les acides gras

Les acides gras les plus courants comportent un nombre pair d'atomes de carbone, entre 4 et 18. Selon que la chaîne carbonée comporte ou ne comporte pas de double liaison carbone-carbone, on parle d'acide gras insaturé ou saturé. Quelques exemples d'acides gras sont donnés ci-dessous :

Exemples d'acides gras :

Acide palmitique	$CH_3—(CH_2)_{14}—COOH$
Acide stéarique	$CH_3—(CH_2)_{16}—COOH$
Acide arachidique	$CH_3—(CH_2)_{18}—COOH$
Acide oléique	$CH_3—(CH_2)_7—CH{=}CH—(CH_2)_7—COOH$
Acide linolénique	$CH_3—CH_2—(CH{=}CH—CH_2)_3—(CH_2)_6—COOH$

24.1.2 Glycérides. Huiles et graisses

Les huiles et graisses utilisées comme lubrifiants (huile de graissage, vaseline) ont une origine « minérale » pétrolière : ce sont essentiellement des mélanges d'hydrocarbures.

Les corps gras d'origine végétale ou animale (par exemple : beurre, huile d'arachide, huile de lin, ...) sont des triesters du glycérol $HOCH_2—CHOH—CH_2OH$ et d'acides gras R—COOH ; leur formule générale est :

$$\begin{array}{l} CH_2— O — CO — R \\ | \\ CH — O — CO — R' \\ | \\ CH_2— O — CO — R'' \end{array}$$

Triglycéride

Les corps gras naturels sont non seulement des triesters mixtes du glycérol (les trois fonctions alcool sont habituellement estérifiées par des acides différents), mais des mélanges de glycérides divers : ainsi dans le beurre interviennent une quinzaine d'acides différents.

L'hydrolyse ou la saponification des corps gras [**cf. 15.4.4**] fournit donc du glycérol (dont c'est une préparation) et un mélange d'acides gras, ou de leurs sels. Les sels de sodium ou de potassium résultant de la saponification par la soude ou la potasse constituent les *savons*.

Voir page 463

Remarque

Les glycérides qui correspondent à des acides gras non saturés sont liquides à la température ordinaire (huiles), alors que ceux qui correspondent à des acides gras saturés sont solides (graisses). Il en résulte que l'hydrogénation catalytique d'une huile, faisant disparaître son caractère insaturé, la transforme en une graisse. Cette opération (« *durcissement des huiles* ») est couramment pratiquée sur des huiles végétales non directement consommables (coton, soya) pour obtenir des margarines, substitut du beurre. Outre la valorisation de ces produits, ce traitement a l'avantage de supprimer la tendance au *rancissement* ; celui-ci consiste en effet en une oxydation lente par l'oxygène de l'air au niveau des doubles liaisons et il ne peut se produire dans un glycéride saturé.

Voir chap. 9, § 9.2.1.a

Dans le cas des huiles contenant une forte proportion d'acides non saturés, l'oxydation conduit, par une sorte de polymérisation, à un durcissement complet, particulièrement rapide si l'huile est étalée sous forme d'un film mince offrant une grande surface de contact avec l'air. Ce phénomène est mis à profit dans la fabrication des peintures « à l'huile », dans la composition desquelles entre des *huiles « siccatives »*, notamment de l'huile de lin, qui en s'oxydant donne un film dur et brillant.

24.1.3 Cérides. Cires

Les cires sont des esters d'*acides gras* et de *monoalcools*, comportant les uns comme les autres de 16 à 36 atomes de carbone ; les acides portent parfois en outre des groupes hydroxyles.

La cire d'abeille est un exemple de cire d'origine animale. La cire de Carnauba est une cire végétale qui constitue une couche protectrice sur les feuilles d'un palmier brésilien et qui est utilisée dans la fabrication de produits d'entretien (sols, carrosseries, …).

$$CH_3-(CH_2)_n-\overset{\overset{\displaystyle O}{\|}}{C}-O-(CH_2)_m-CH_3$$

n = 24,26 m = 29,31

Cire d'abeille

24.1.4 Lipides complexes

Il s'agit de composés parfois très différents des glycérides, présents dans de nombreux tissus vivants. Il n'est pas possible de faire plus ici que citer, entre autres, deux exemples.

a) Phospholipides

Voir chap. 17, § 17.2.2.c

Ce sont des dérivés du glycérol dont deux fonctions alcool sont estérifiées par des acides gras (comme dans les glycérides) et la troisième par de l'acide phosphorique ; celui-ci estérifie simultanément, par une seconde fonction acide, un aminoalcool dont la fonction amine est parfois « quaternisée », c'est-à-dire transformée en sel d'ammonium quaternaire.

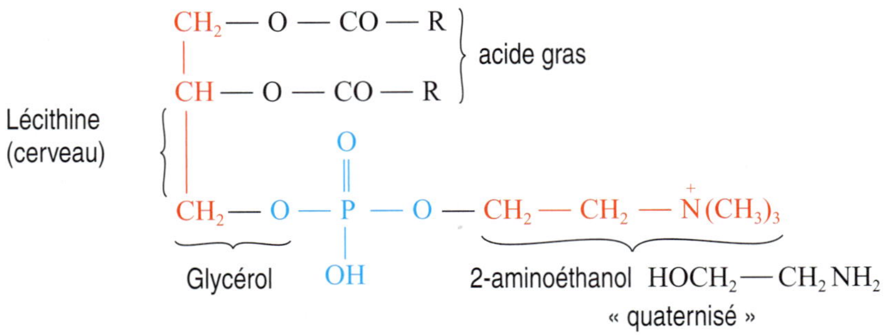

b) Lipoprotéines

Les lipoprotéines constituent la forme sous laquelle se trouvent les lipides présents dans le plasma sanguin ; elles existent également dans le cerveau et les nerfs. Ce sont des associations entre des protéines solubles et des lipides, notamment des phosphatides.

24.1.5 Rôle biologique

Les lipides constituent, avec les glucides et les protides, l'une des trois grandes classes d'aliments et, parmi eux, les triglycérides sont les plus courants (lait et produits laitiers, huiles diverses, ...).

Dégradés par l'organisme en unités à deux carbones (acide acétique), ils fournissent la « matière première » de la biosynthèse de nombreuses substances et, notamment, des stéroïdes.

Voir § 24.3

Les lipides représentent d'autre part dans l'organisme une forme de stockage de l'énergie. Les calories en excès apportées par l'alimentation sont utilisées à la synthèse de graisses qui constituent des réserves sur lesquelles l'organisme peut parfois vivre plusieurs mois (hibernation des animaux). La combustion d'un gramme de lipide fournit en moyenne 38 kilojoules alors que celle d'un gramme de glucides n'en fournit que 17.

Enfin, les lipides interviennent dans de nombreux mécanismes biologiques (fonctionnement de la cellule nerveuse, respiration et oxydation par l'oxygène, etc.).

L'ANALYSE DES LIPOPROTÉINES DU SANG

La prévention des maladies cardiovasculaires passe bien souvent par l'analyse des taux de lipoprotéines dans le sang. Les lipoprotéines sont des molécules complexes qui, comme leur nom l'indique, possèdent une partie lipidique et une partie protéinique permettant ainsi le transport des lipides hydrophobes dans l'organisme.

Les lipoprotéines sont classées selon leur densité :

- les lipoprotéines de très basse densité (ou VLDL) ; leur rôle consiste à transporter les triglycérides dans l'organisme ;
- les lipoprotéines de basse densité (ou LDL, ou encore *mauvais cholestérol*) apportent le cholestérol fabriqué par le foie aux organes qui en ont besoin ;
- les lipoprotéines de haute densité (ou HDL ou encore *bon cholestérol*) reprennent le cholestérol inutilisé dans les organes, puis le ramènent au foie pour destruction et élimination.

Les taux de LDL et HDL doivent s'équilibrer et ce sera la prédominance de LDL qui entraînera des grosses conséquences au niveau de la santé : ainsi dans le cas d'un excès de LDL, l'excès de cholestérol se dépose sur les artères et entraîne l'obstruction lente des plus petites d'entre elles, notamment au niveau des coronaires, provoquant par exemple lors du passage d'un caillot de sang dans ce goulet d'étranglement, l'infarctus du myocarde.

La cause d'un taux élevé en cholestérol est liée (à l'exception des cas héréditaires) à un manque d'exercice physique, au fait de fumer et à une alimentation trop riche en graisses animales saturées (charcuterie, viandes grasses, lard, beurre, fromages gras, pâtisserie, fritures...). Il est démontré qu'il est possible de modifier favorablement les taux de LDL et HDL, par un mode de vie et une alimentation appropriés. Les aliments conseillés sont les poissons, les légumes et les fruits, les viandes maigres, les céréales et des huiles végétales telles qu'olive, colza, noix, soja.

Les taux considérés comme normaux sont donnés dans le tableau suivant :

Cholestérol total		**< 2 g/L**
	dont LDL	< 1,3 g/L
	dont HDL	> 0,4 g/L chez l'homme > 0,5 g/L chez la femme
Triglycérides		**< 1,5 g/L**

24.2 LES TERPÈNES

Les terpènes sont présents dans les végétaux, dont ils sont souvent les constituants odoriférants (exemples : térébenthine, camphre, menthol, citronnelle, fleurs diverses…) et dont on sait depuis très longtemps les extraire sous la forme des « *huiles essentielles* ».

De nombreux composés terpéniques sont employés en parfumerie ou dans diverses autres industries et d'autre part certains représentants de cette classe jouent des rôles biologiques importants (hormones, vitamines).

Remarque

Au sens strict, les terpènes sont des hydrocarbures, mais de nombreux dérivés fonctionnels de structure apparentée (alcools, aldéhydes, cétones, acides...) sont également considérés comme des composées terpéniques.

24.2.1 Règle isoprénique

Tous les composés terpéniques se présentent structuralement comme des polymères de l'isoprène :

$$CH_2{=}\underset{\displaystyle CH_3}{\underset{|}{C}}{-}CH{=}CH_2$$

ou

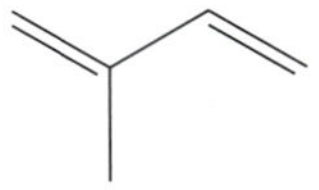

(C_5H_8)

qui n'est cependant pas leur véritable précurseur dans la synthèse qu'en effectue la nature. Il est en effet toujours possible de « découper » la formule développée d'un terpène en « motifs isoprène ». Les traits pointillés ajoutés à certaines des formules ci-après montrent comment elles peuvent ainsi être « sectionnées » en unités structurales correspondant au squelette de l'isoprène.

Les terpènes sont classés en fonction du nombre de motifs isoprène qui les composent :

- deux pour un monoterpène en C_{10} ;
- trois pour un sesquiterpène en C_{15} ;
- quatre pour un diterpène en C_{20} ;
- six pour un triterpène en C_{30} ;
- huit pour un tétraterpène en C_{40}.

Ainsi, les hydrocarbures terpéniques ont pour formules brutes $C_{10}H_{16}$ pour les monoterpènes, $C_{15}H_{24}$ pour les sesquiterpènes, $C_{20}H_{32}$ pour les diterpènes... Les composés terpéniques oxygénés ont des chaînes carbonées analogues à celles des hydrocarbures terpéniques (exemple : le camphre a le même squelette carboné que l'α-pinène). On trouvera ci-après une présentation très succincte de quelques composés terpéniques possédant une importance particulière, biologique ou industrielle.

24.2.2 Exemples de composés terpéniques

Les monoterpènes se rencontrent particulièrement comme constituants odorants des essences végétales : le limonène est un constituant de l'essence de menthe et de citron, le pinène constitue 20 % de la résine de pin.

Le collophane (ou acide abiétique) est le constituant principal de la résine de pin et est utilisé pour l'encollage du papier ainsi que pour la préparation de vernis et de savons.

Le β-carotène (qui donne leur couleur aux carottes et aux feuilles d'automne) joue un rôle essentiel dans la croissance et dans le mécanisme de la vision. Son oxydation dans l'organisme provoque la coupure de la double liaison centrale et la formation de deux molécules d'un aldéhyde, le rétinal, dont la réduction en alcool donne la vitamine A.

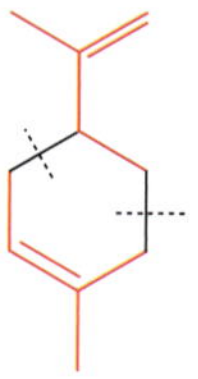

Limonène

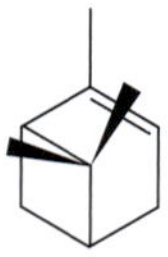

α-pinène

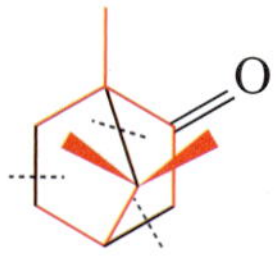

Camphre

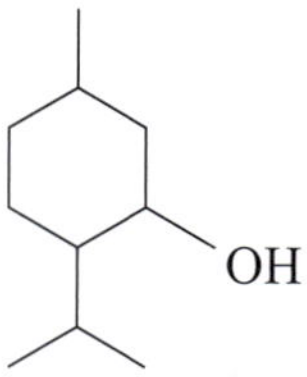

Menthol

monoterpènes

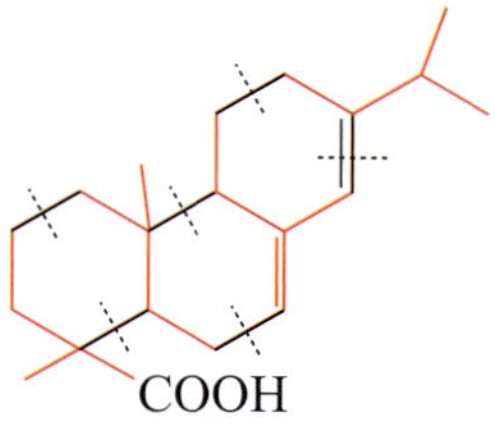

Collophane

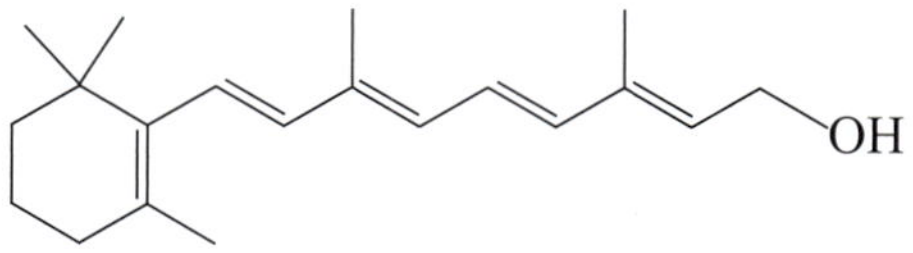

Vitamine A

diterpène

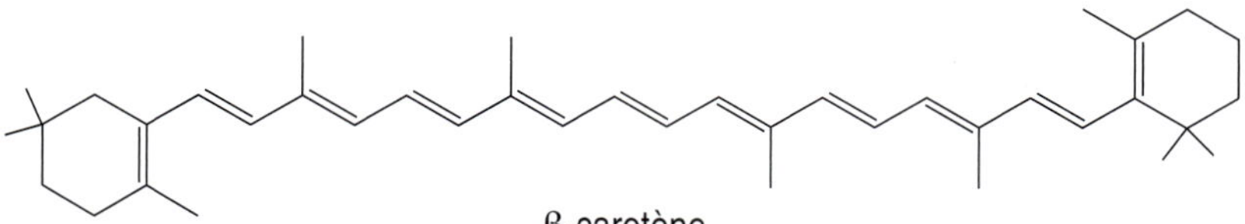

β-carotène

tétraterpène

Question 24.A

Découper le menthol, l'α-pinène, la vitamine A et le β-carotène en « unités isoprène ».

24.3 Les stéroïdes

Les stéroïdes constituent une classe de composés abondamment présents dans la nature (règne végétal et règne animal), contenant le squelette du « perhydrocyclopentanophénanthrène » :

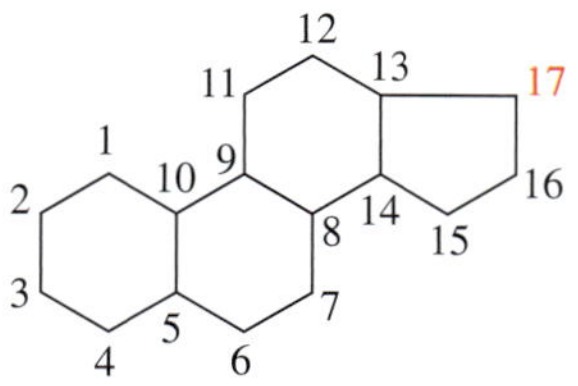

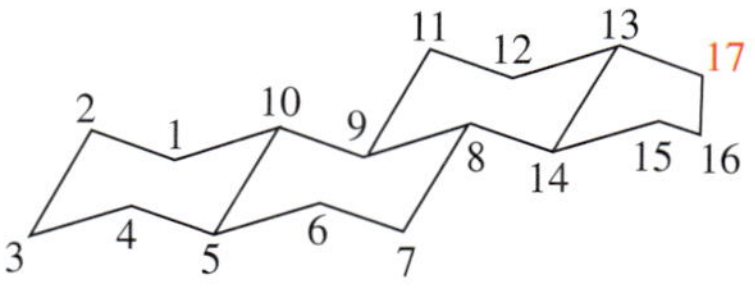

et portant en outre diverses fonctions ou insaturations, ainsi que des chaînes latérales sur le carbone 17.

Voir § 24.2

Ce ne sont pas des terpènes et la « règle isoprénique » ne peut leur être appliquée, mais ils présentent des liens avec les triterpènes du point de vue de la biosynthèse ; ce sont des triterpènes « dégradés » (ainsi, le cholestérol ne possède que vingt-sept atomes de carbone).

Le cholestérol est le stéroïde le plus important ; il est présent dans tous les tissus, soit à l'état libre (calculs biliaires, tissu cérébral et nerveux), soit sous forme d'esters (palmitate, stéarate, oléate…). Il joue un rôle important dans la biogenèse des acides biliaires et d'hormones sexuelles stéroïdiques (comme la testostérone ou la progestérone) qui gouvernent les caractères sexuels secondaires et la physiologie de la reproduction. Les corticostéroïdes sont des hormones produites par les glandes surrénales ; et dont la principale est la cortisone, utilisée dans le traitement des maladies inflammatoires et de l'arthritisme.

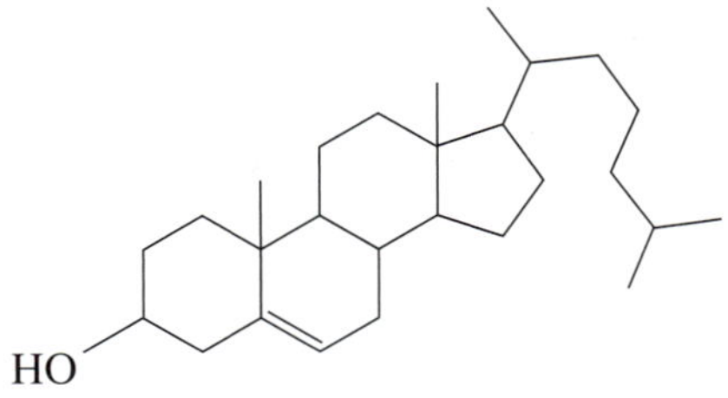

Cholestérol

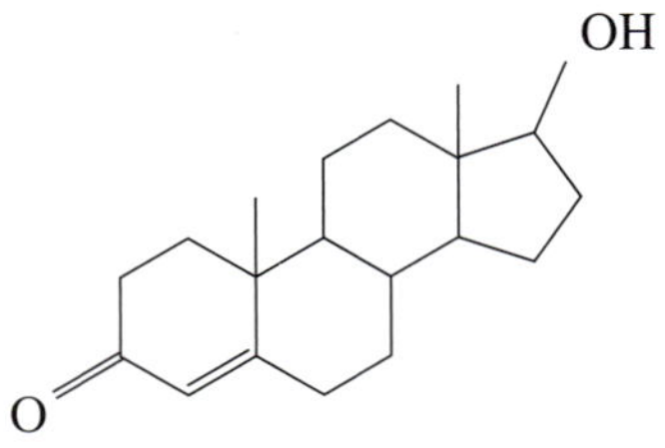

Testostérone

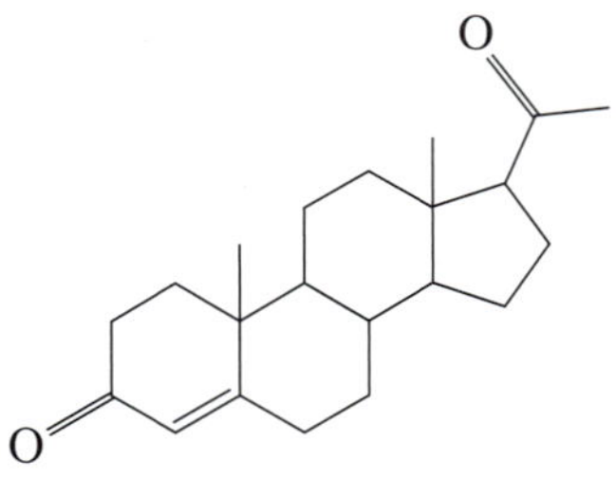

Progestérone

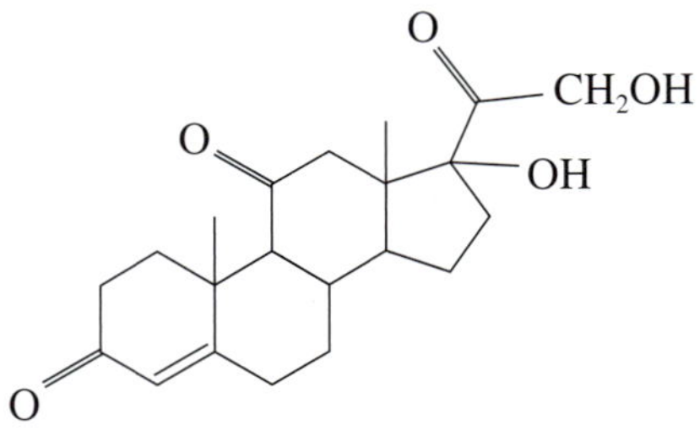

Cortisone

Question 24.B

Repérer et dénombrer dans la formule du cholestérol les atomes de carbone asymétriques.

L'ESSENTIEL

Les acides gras sont des acides carboxyliques à longues chaînes linéaires que l'on trouve dans **les lipides** : dans les glycérides (en tant que triesters du glycérol), les cires (en tant qu'ester d'alcools à longues chaînes carbonées), les lipides complexes qui interviennent dans de nombreux processus biologiques. [§ 24.1]

un triglycéride

CH_2 — O — CO — R
|
CH — O — CO — R'
|
CH_2 — O — CO — R"

R, R' et R" = longues chaînes carbonées (généralement entre 4 et 18 atomes de carbone)

Les terpènes sont extraits des végétaux sous forme « d'huiles essentielles ». Ils répondent à la règle isoprénique : il est possible de découper leur formule en motifs isoprène (deux pour un *monoterpène*, trois pour un *sesquiterpène*, quatre pour un *diterpène*, six pour un *triterpène*...). [§ 24.2]

exemple de monoterpène

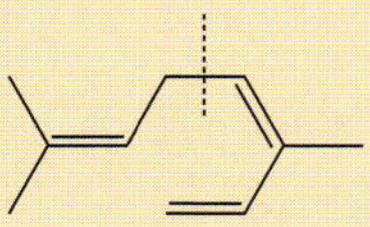

Ocimène (basilic)

exemple de sesquiterpène

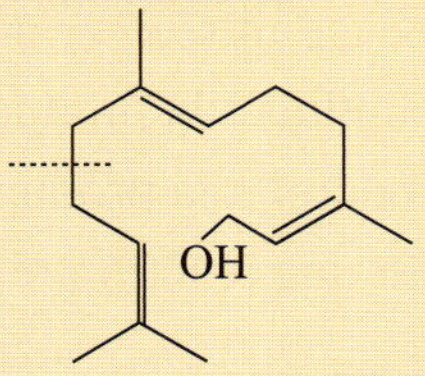

Farnésol (anis)

Les stéroïdes constituent une classe de composés qui jouent un rôle important dans un grand nombre de phénomènes biologiques notamment dans les processus hormonaux. Ils contiennent tous le squelette carboné du « perhydrocyclopentaphénanthrène ». [§ 24.3]

Exemples de stéroïdes

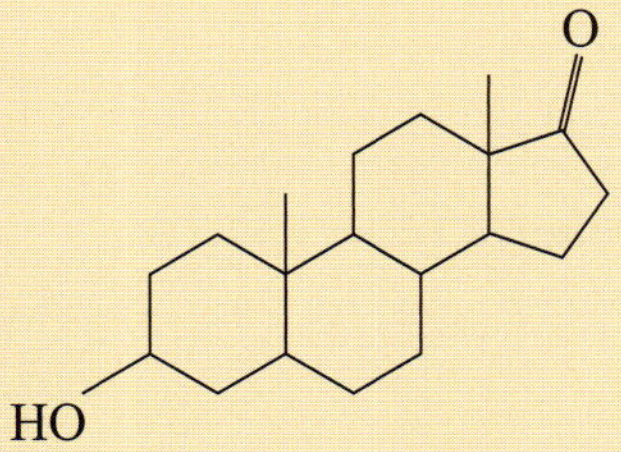

Androstérone (hormone sexuelle)

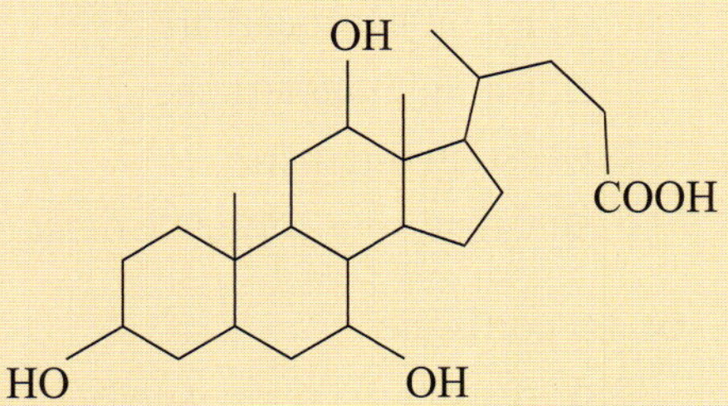

Acide cholique (bile)

QCM

Les réponses se trouvent à la page 664.

1. Les lipides
- ☐ **a.** appartiennent à la famille des triglycérides
- ☐ **b.** contiennent souvent des acides gras
- ☐ **c.** ont des formules chimiques pouvant être « découpées » en motifs isoprènes
- ☐ **d.** sont des corps hydrophiles

2. Les triglycérides
- ☐ **a.** appartiennent à la famille des lipides
- ☐ **b.** par saponification (puis neutralisation), conduisent à la formation d'acides gras
- ☐ **c.** par saponification (puis neutralisation), conduisent à la formation de glycérol
- ☐ **d.** sont des corps gras d'origine animale

3. La saponification d'un ester d'acide gras
- ☐ **a.** est catalysée par un acide
- ☐ **b.** conduit à la production d'un acide gras
- ☐ **c.** conduit à la production d'un sel d'acide gras
- ☐ **d.** est une réaction réversible et équilibrée

4. Les terpènes
- ☐ **a.** conduisent par hydrolyse à la production d'acides gras
- ☐ **b.** sont souvent extraits des végétaux sous forme d'huiles essentielles
- ☐ **c.** se présentent structuralement comme des polymères du butadiène
- ☐ **d.** sont des composés oxygénés.

5. Le limonène
- ☐ **a.** est un hydrocarbure
- ☐ **b.** est un monoterpène
- ☐ **c.** est un diterpène
- ☐ **d.** existe sous forme de deux énantiomères

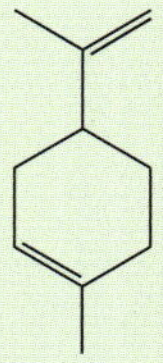

6. La cortisone
- ☐ **a.** respecte la règle isoprènique
- ☐ **b.** contient 7 atomes de carbone asymétriques
- ☐ **c.** est un stéroïde
- ☐ **d.** est un corticoïde

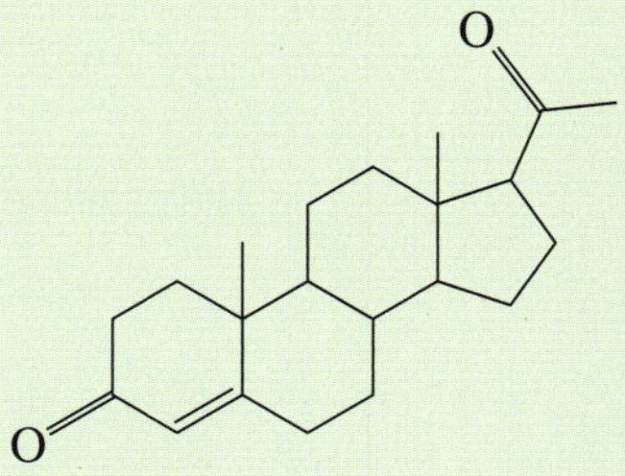

EXERCICES

Les solutions se trouvent à la page 686.

24-a On envisage la saponification de 1kg de palmitine (triester du glycérol et de l'acide palmitique) par l'hydroxyde de potassium.

1. Écrire la formule semi-développée de la palmitine.
2. Calculer la masse minimum d'hydroxyde de potassium nécessaire pour que la réaction soit totale.

24-b L'acide α-linolénique est un acide gras de type *oméga-3* que l'on trouve principalement dans les huiles végétales. Cet acide gras ne peut pas être synthétisé par l'organisme et doit donc être apporté par l'alimentation. On dit pour cela que c'est un acide gras essentiel.

acide α-linolénique : $CH_3—CH_2—(CH{=}CHCH_2)_3—(CH_2)_6—COOH$

1. Combien l'acide linolénique présente-t-il de stéréoisomères ?
2. Un seul des stéréoisomères est métabolisable par l'organisme, il s'agit du (*Z, Z, Z*) ; écrire sa formule spatiale.

24-c Proposez un mécanisme réactionnel pour les réactions suivantes :

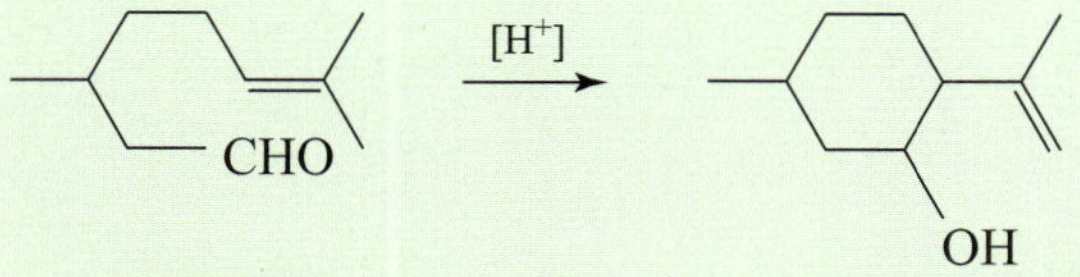

Citronellal — Isopulégol

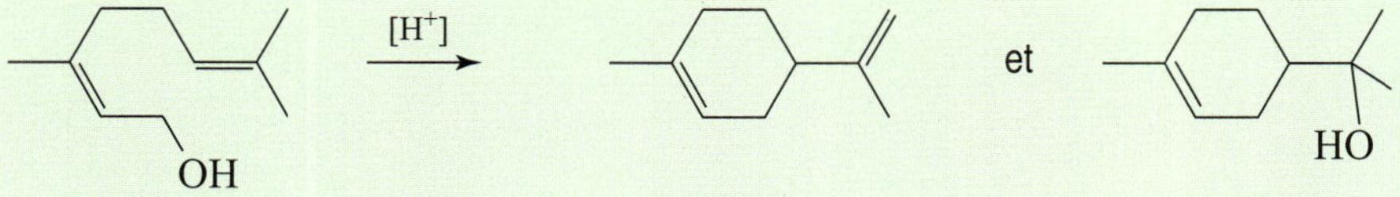

Nérol — Limonène — α-terpinéol

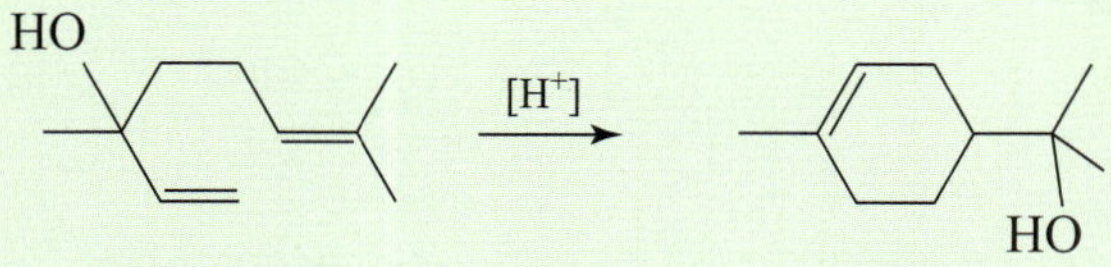

Linalol — α-terpinéol

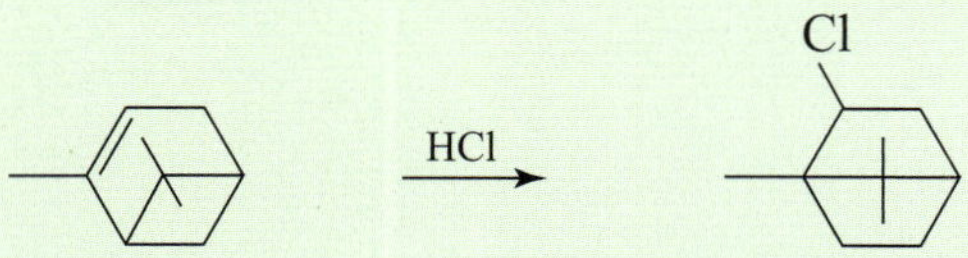

α-pinène — chlorure de Bornyle

24-d Connaissant l'existence de la dernière réaction citée dans l'exercice précédent, proposez une synthèse du camphre à partir de l'α-pinène.

25 LA CHIMIE VERTE

PRÉALABLES

- Catalyse chimique
- L'oxydation ménagée des alcools
- Substitution nucléophile
- Les glucides

MOTS-CLÉS

- biocarburant
- biocatalyse
- biomasse
- catalyse
- carbonylation
- cellulose
- eau
- extractible
- fluides super critiques
- hémicellulose
- lignine
- solvants

Vers une chimie respectueuse de l'expérimentateur et de l'environnement

Face à la dégradation de notre environnement, aux changements climatiques globaux et à la diminution des réserves de matières premières fossiles, une prise de conscience internationale récente initie un changement fondamental dans la façon de considérer notre consommation et notre mode de vie. Nos attitudes quotidiennes destructrices pour la planète et productrices de déchets devront évoluer dans un avenir proche vers des comportements responsables et respectueux vis-à-vis de l'environnement.

Bien entendu, la chimie en général et l'industrie chimique en particulier ont un rôle fondamental à jouer dans ce grand challenge. Durant toute sa phase d'expansion, l'industrie chimique a produit et libéré des quantités importantes et incontrôlées de déchets, de polluants pour les sols, les airs et l'eau ce qui a contribué à la dégradation non seulement de l'environnement mais aussi de son image auprès du public. Depuis la fin du XXe siècle, une façon nouvelle de concevoir la chimie est apparue qui, d'année en année se développe et tend à devenir une nouvelle norme. Cette « nouvelle chimie », plus respectueuse de l'environnement et de l'expérimentateur, se nomme *chimie verte*. Selon ses principes, une réaction n'est plus seulement caractérisée par son rendement chimique ou son prix de revient mais aussi par son impact environnemental, la toxicité et la nocivité des produits et auxiliaires, l'origine de ses matières premières, son coût énergétique... La chimie verte propose donc aux chimistes une nouvelle façon de raisonner, de travailler, de pratiquer leur science. Son essor est lié à la prise de conscience collective que chacun de nous est acteur face à la dégradation de notre environnement et qu'il est impératif de protéger notre planète dans un esprit de *développement durable*.

25.1 Les principes de la chimie verte

La *chimie verte* se décline en 12 principes décrits par deux chimistes américains Anastas et Warner.

1. **prévention :** mieux vaut produire moins de déchets que de chercher à les éliminer
2. **économie d'atome :** maximiser l'incorporation des atomes contenus des produits de départ dans le produit de réaction
3. **synthèses chimiques moins nocives :** minimiser l'utilisation ou la production de produits toxiques pour les humains et pour l'environnement
4. **conception de produits chimiques plus sécuritaires :** les produits seront conçus de façon à remplir leur fonction primaire en minimisant leurs effets annexes (toxicité)
5. **solvants et auxiliaires plus sécuritaires :** supprimer ou utiliser des substances moins toxiques comme solvants et agents auxiliaires
6. **amélioration du rendement énergétique :** utiliser quand c'est possible des conditions réactionnelles de température et de pression correspondant aux conditions ambiantes
7. **utilisation de matières premières renouvelables :** favoriser les matières premières issues de la biomasse
8. **réduction de la quantité de produits dérivés** : éviter les étapes réactionnelles inutiles

9. **catalyse** : avoir recours le plus possible à des procédés catalytiques
10. **conception de substances non persistantes** : produits chimiques conduisant à des produits de dégradation non persistante, produits biodégradables
11. **analyse en temps réel de la lutte contre la pollution** : suivi des réactions optimisées afin d'éviter les accidents et la production de produits dangereux
12. **chimie plus sécuritaire pour prévenir les accidents** : produits chimiques conçus de façon à limiter les accidents (explosion, incendie, rejet…)

25.2 L'ÉVALUATION DE LA CHIMIE VERTE

Afin de pouvoir comparer différents procédés chimiques ou deux voies de synthèse d'un même produit en termes d'impact environnemental, il est nécessaire d'avoir à notre disposition des méthodes d'évaluation. Deux méthodes sont décrites ci-dessous : l'Utilisation Atomique et le facteur E.

25.2.1 L'utilisation atomique

L'utilisation atomique évalue dans quelle mesure les atomes des réactifs se retrouvent dans le produit de réaction.

Calcul de l'Utilisation Atomique UA :

$A + B \rightarrow C$ **UA** = M (C) / [M(A) + M(B)] x 100

Ce mode d'évaluation ne tient pas compte ni des solvants, ni des excès molaires.

Certaines familles de réactions présentent une meilleure Utilisation Atomique que d'autres :

- Bonne utilisation atomique : les additions ([cf. 5.1.1], [cf. 14.2])

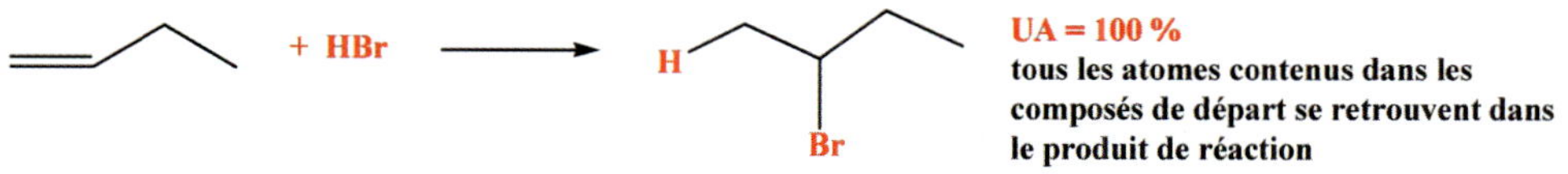

- Mauvaise utilisation atomique : les substitutions ([cf. 5.1.1], [cf. 5.3.2], [cf. 6.2.6])

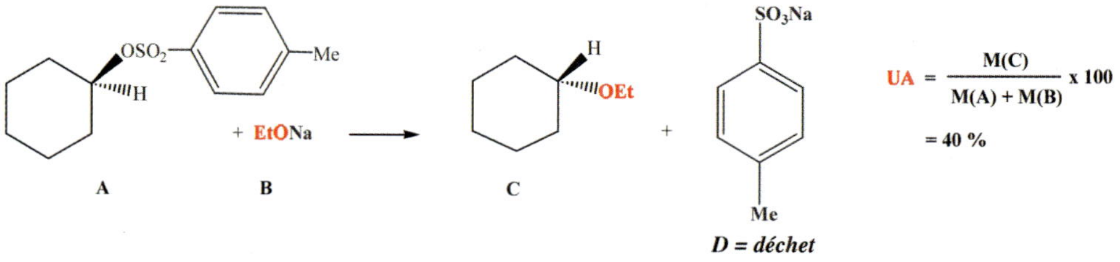

25.2.2 Le facteur E

La détermination du facteur E d'une réaction ou d'une suite de réaction permet d'évaluer la quantité de déchets produits. Il s'exprime en Kg (de déchets) par Kg (de produit).

Exemple

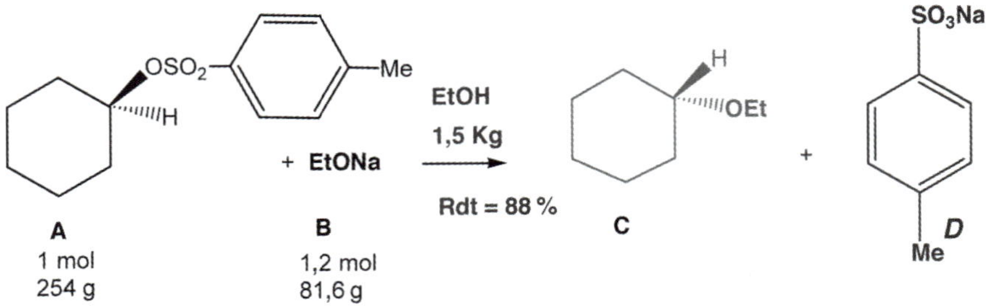

masse de C = M(C) x 0,88 = 112,6 g

masse de déchets = (254 + 81,6 + 1 500) – 112,6 = 1 723

Facteur E = 1 723 / 112,6 = 15,3 Kg/Kg

Contrairement à l'Utilisation Atomique, ce mode d'évaluation tient compte des solvants mais aussi des excès molaires et des rendements.

Ce facteur permet également de comparer l'impact environnement de l'industrie chimique. Le tableau donné ci-dessous rassemble les facteurs E de l'industrie chimique pharmaceutique, fine et lourde.

	Facteur E
Chimie lourde	1 à 5
Chimie fine	5 à 50
Chimie pharmaceutique	25 à 100

25.3 Les solvants

L'industrie chimique actuelle (particulièrement la chimie fine et pharmaceutique) consomme des quantités très importantes de solvants organiques utilisés dans les synthèses à proprement parler mais aussi dans les étapes ultérieures d'extraction liquide-liquide, de purification chromatographique, de caractérisation etc.

L'utilisation de ces solvants a un impact important d'une part sur l'environnement mais aussi sur la santé des expérimentateurs. De plus, les solvants sont pour beaucoup des substances susceptibles de provoquer des incendies et/ou explosions. De nos jours, l'usage de solvants est soumis à des contrôles et des restrictions importantes : le stockage des solvants et les réactions chimiques doivent être réalisés dans des locaux spécialement équipés et ventilés, les solvants organiques usagés sont généralement recyclés par distillation ou incinérés. Malgré ces mesures, une part non négligeable des solvants utilisés est disséminée dans l'environnement au cours des différentes étapes d'un procédé, soit dans l'atmosphère pour les solvants les plus volatils (par exemple au cours des étapes d'évaporation), soit dans les effluents aqueux (par exemple au cours des étapes d'extraction liquide-liquide). Ces constatations ont entraîné le développement de procédés faisant appel à des solvants

« verts », c'est-à-dire des solvants peu ou non dangereux et/ou présentant un impact modéré sur la santé humaine et sur l'environnement. Cependant, il est à souligner qu'un solvant fait partie intégrante d'une réaction chimique et qu'il est bien souvent difficile de substituer un solvant par un autre. Les solvants verts sont donc aujourd'hui utilisés pour des réactions et des procédés spécifiques, la généralisation de leur utilisation nécessitant des mises au point et des études au « cas par cas ». Le développement de procédés chimiques respectueux de l'environnement est un processus long à mettre en place car nécessitant une modification en profondeur des mentalités de chacun.

25.3.1 L'eau comme solvant

L'eau est le solvant vert par excellence : abondant, non dangereux, non polluant. Durant très longtemps l'eau a été peu utilisée comme solvant en chimie du fait de la faible solubilité de la plupart des composés organiques.

Depuis peu, de nombreux travaux de recherche sont menés et tendent à montrer que l'eau est un solvant pouvant être utilisés pour de nombreuses réactions non seulement mettant en jeu des composés hydrophiles et hydrosolubles (exemple : les sucres) mais aussi des composés fortement hydrophobes. Par exemple, il a été montré pour les cycloadditions de type Diels-Alder qu'une réactivité radicalement différente pouvait être observée dans l'eau avec dans certains cas des accélérations des vitesses réactionnelles surprenantes comparées aux conditions réactionnelles classiques en milieu solvant organique. Ces accélérations sont expliquées par des interactions hydrophobes favorables.

Exemple

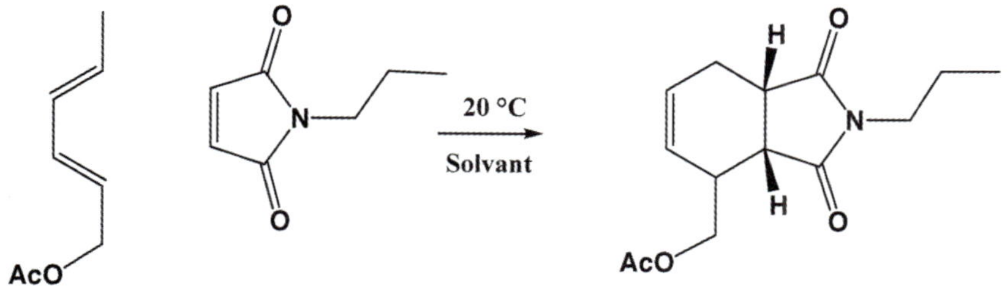

Solvant	Temps réactionnel	Rendement
Toluène	44 h	79 %
MeOH	48 h	82 %
H_2O	8 h	81 %

25.3.2 Le CO_2 super critique

Les fluides super critiques sont produits en plaçant un corps dans des conditions de température et de pression particulières qui lui sont propres. Ils sont caractérisés par des propriétés intermédiaires entre l'état gazeux et l'état liquide : faible viscosité, haute diffusibilité (comportement d'un gaz), bonne dissolution des solutés (comportement d'un liquide). Le dioxyde de carbone est de loin le fluide super critique le plus couramment utilisé du fait de ses conditions de température et de pression relativement faciles à atteindre (T = 31 °C, P = 74 bars). De plus, le CO_2 est un corps présentant un coût modéré, une forte abondance naturelle, une faible toxicité et réactivité qui le rendent particulièrement attractif comme solvant.

Le CO_2 supercritique est actuellement utilisé pour décaféiner de café et pour le nettoyage à sec des vêtements en substitution de solvants organiques particulièrement polluants et toxiques. Il est également utilisable comme solvant de réactions chimiques.

25.3.3 Les liquides ioniques

Les liquides ioniques sont des sels organiques liquides dans les conditions d'utilisation (T < 100 °C). Les principaux avantages des liquides ioniques sont liés à leur très faible pression de vapeur (pas d'émission de polluants gazeux) et leur recyclage aisé. De plus il est possible de moduler les propriétés physiques et chimiques de ces solvants selon la nature du cation et/ou de l'anion qui les composent.

Exemples de liquides ioniques

CATIONS

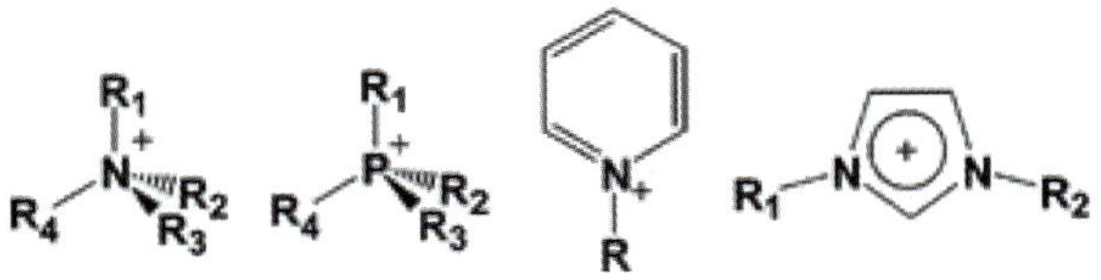

ANIONS

BF_4^-, PF_6^-, SbF_6^-, NO_3^-
$CF_3SO_3^-$, $(CF_3SO_3)_2N^-$,
$ArSO_3^-$, $CF_3CO_2^-$, $CH_3CO_2^-$,
$Al_2Cl_7^-$

Les liquides ioniques connaissent actuellement un essor considérable et sont utilisables dans un très grand nombre de procédés : réaction chimique, réaction enzymatique, extraction…

25.4 La catalyse

La catalyse constitue l'un des grands principes de la chimie verte car elle permet à la fois de réduire la consommation d'énergie, de diminuer la quantité de réactif et de faciliter les séparations. Ainsi, actuellement des recherches intenses sont menées dans le but de substituer des processus stœchiométriques par des processus catalytiques.

25.4.1 La catalyse chimique

La catalyse chimique comparée aux procédés classiques stœchiométriques permet généralement de diminuer considérablement la quantité de déchets (augmentation de l'Utilisation Atomique) tout en augmentant la sélectivité de la réaction.

Quelques exemples sont donnés ci-dessous :

a) L'oxydation ménagée d'un alcool

L'oxydation d'un alcool en dérivé carbonylé ou en acide carboxylique est une transformation couramment réalisée en chimie organique et fait intervenir classiquement un oxyde métallique comme oxydant (oxyde de manganèse ou de chrome). Ce type de réaction qui conduit à la formation de déchets importants en masse et polluants (composés d'oxydes de métaux lourds) peut être avantageusement substitué par des réactions utilisant l'oxygène comme oxydant en présence d'un catalyseur.

Procédé stœchiométrique (oxydation de Jones)

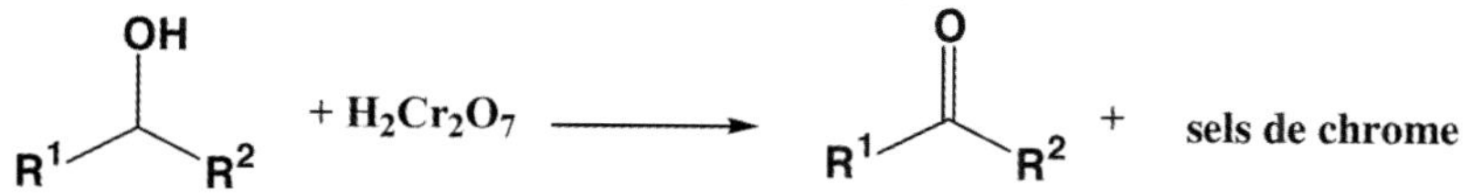

Procédé catalytique

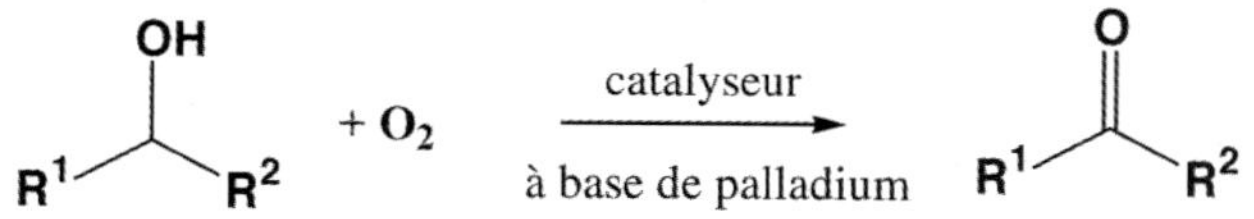

b) La carbonylation

La réaction de carbonylation consiste en l'introduction d'un radical carbonyle dans une molécule. Des méthodes catalytiques impliquant le monoxyde de carbone comme agent de carbonylation peuvent, là encore, venir avantageusement en remplacement des procédés classiques.

Procédé classique

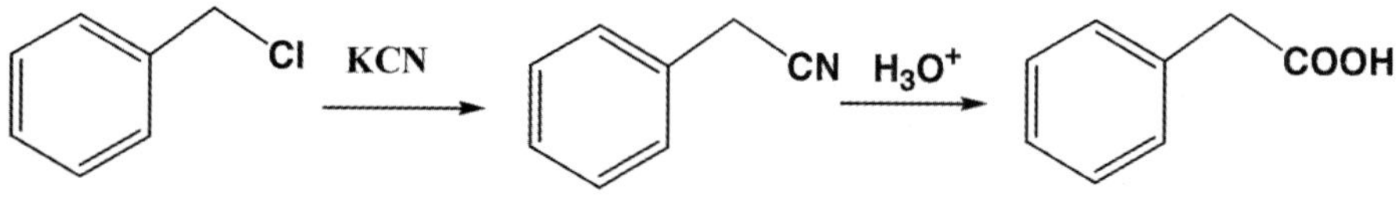

Procédé catalytique

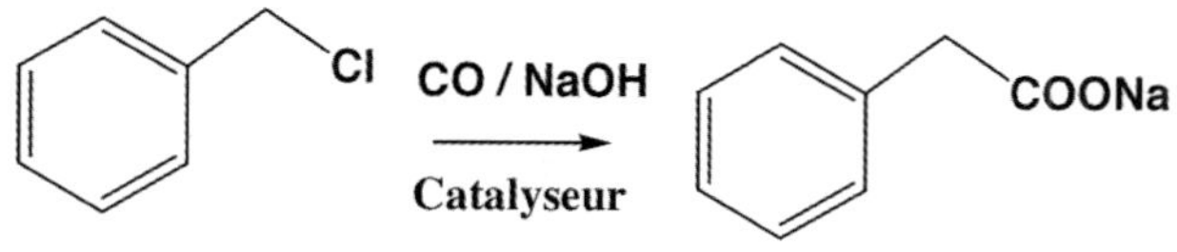

c) Exemple de la synthèse industrielle de l'ibuprofène

L'ibuprofène est l'un des analgésiques les plus produits et vendus dans le monde. La première synthèse industrielle, brevetée par la société Boots dans les années 1960 est donnée ci-dessous.

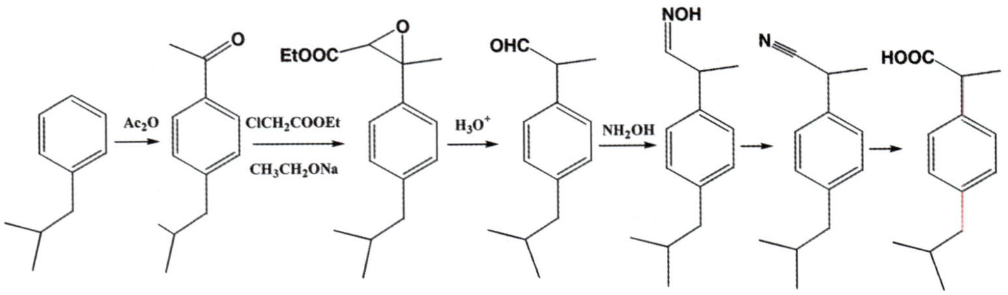

Cette synthèse, qui comporte 6 étapes stœchiométriques et présente une Utilisation Atomique de 40 %, s'accompagne de la formation de quantités importantes de déchets.

Dans les années 1990, un nouveau procédé vert a été mis au point (voir ci-dessous).

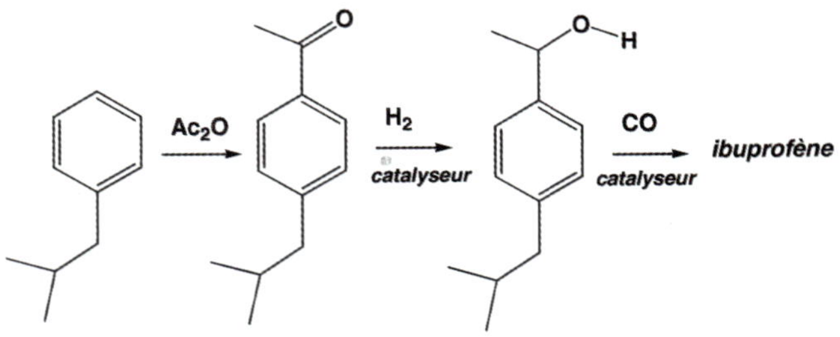

Ce nouveau procédé met en œuvre 3 étapes dont deux catalysées. L'Utilisation Atomique est dans ce cas de 77 %. Le seul sous produit formé est l'acide acétique (dans la première étape) qui peut être recyclé. Ainsi, en tenant compte du recyclage et de la valorisation de l'acide acétique, l'UA est de 100 %.

25.4.2 La biocatalyse

La biocatalyse constitue un cas particulier de la catalyse mettant en œuvre un biocatalyseur, très généralement une enzyme. Les enzymes sont des protéines qui dans la nature jouent le rôle de catalyseurs biologiques pour des réactions chimiques très variées. Isolée, une enzyme peut être utilisée en chimie pour effectuer une réaction spécifique comparable à celle qu'elle est conçue pour réaliser *in vivo*. Les avantages de la biocatalyse sont très nombreux : les conditions réactionnelles sont douces (pH voisin de 7, température proche de l'ambiante, eau comme solvant), les réactions sont souvent régio et/ou stéréospécifiques et les schémas de synthèse sont simplifiés (étapes de protection / déprotection de fonctions chimiques supprimées). Il existe actuellement plus de 130 procédés industriels impliquant un biocatalyseur.

Cependant, l'utilisation de biocatalyseurs implique bien souvent une mise au point longue de façon à déterminer les conditions opératoires optimales ; le coût des enzymes bien souvent très élevé constitue également un frein à leur utilisation.

25.5 Vers un monde sans pétrole

La société actuelle est confrontée à un double problème : la raréfaction des réserves de pétrole (accompagnée d'une augmentation des prix) et le réchauffement climatique très probablement lié aux rejets massifs de CO_2 dans l'atmosphère. L'une des alternatives au pétrole les plus étudiées repose sur l'utilisation d'une matière renouvelable, disponible en quantité et présentant un impact sur le CO_2 atmosphérique en théorie nul : la biomasse lignocellulosique. La biomasse lignocellulosique constitue l'ensemble de la matière végétale formée par photosynthèse, elle est constituée de nombreuses molécules complexes qui, jusqu'à présent, ont été peu valorisées et constitue une importante réserve d'énergie. Ces molécules peuvent être des composés phénoliques ou des polysaccharides : potentiellement, un grand nombre d'applications est envisageable. La transformation de ces molécules naturelles peut être d'autant plus intéressante que la matière première est abondante et souvent peu coûteuse.

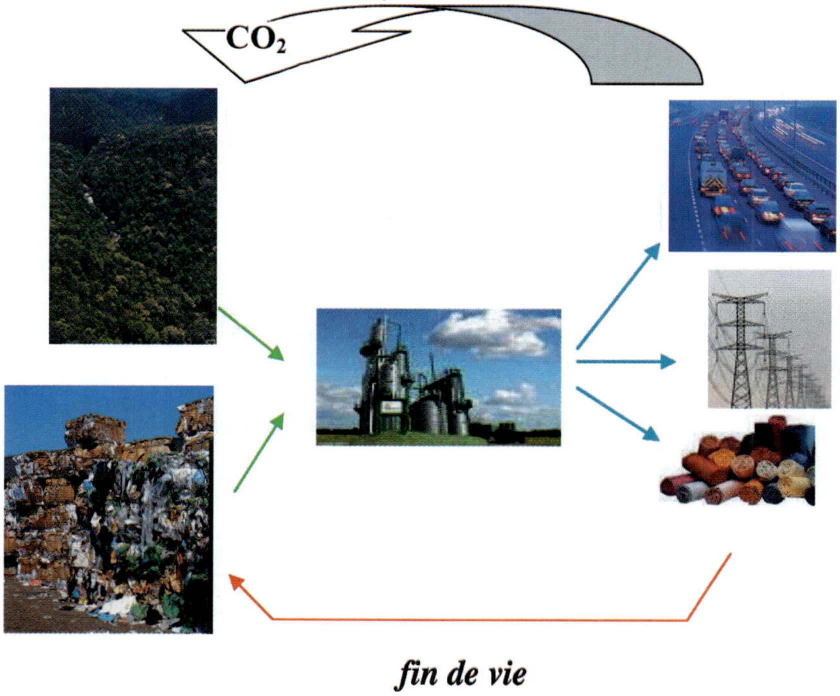

Figure 25.1

Le concept de bioraffinerie propose une approche alternative pour l'utilisation des matériaux lignocellulosiques. Ce concept est basé sur le modèle de la raffinerie pétrolière qui utilise du pétrole brut, d'origines variées, pour fabriquer des carburants et des produits dérivés. De même, la bioraffinerie consiste à fractionner la plante puis à purifier et transformer les différents composants afin d'obtenir des produits aux usages variés dans des domaines énergétiques (biocarburants), non énergétiques (polymères, tensioactifs, solvants, agromatériaux...) et agro-alimentaires.

Les avantages sont liés au fait que la ressource est renouvelable et que le cycle du carbone est fermé : le CO_2 produit lors de la fin de vie des carburants et des matériaux est consommé grâce aux plantes par le phénomène de la photosynthèse pour régénérer la matière lignocellulosique consommée.

25.5.1 La composition de la biomasse lignocellulosique

La biomasse, qu'elle soit d'origine forestière ou agricole est composée des trois mêmes polymères principaux qui sont la cellulose, la lignine et les hémicelluloses.

Voir chap. 22, § 22.4.1.a

- La cellulose est un polymère linéaire de haute masse molaire dont l'élément de base est le motif cellobiose (2 unités glucoses reliées par une liaison β glucosidique). Les molécules de cellulose sont associées entre elles par un réseau de liaisons hydrogène intra et intermoléculaires et forment des fibrilles. La cellulose est partiellement cristallisée. La cellulose représente environ 40 à 50 % de la masse du bois sec.

Cellulose

unité β-D-glucopyranosique

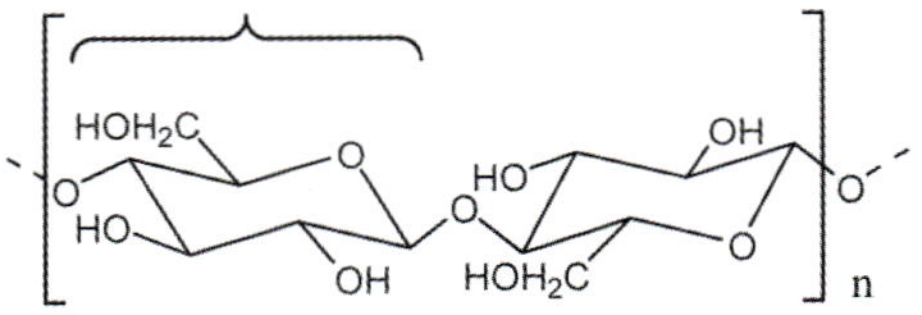

unité cellobiose

Bois : n=300-1700
Coton : n= 800-10000

- La lignine est un polymère complexe phénolique dont les unités de base sont des unités phénylpropane. Elle représente environ 20 à 30 % du bois sec.

Structure simplifiée d'un fragment de lignine de résineux

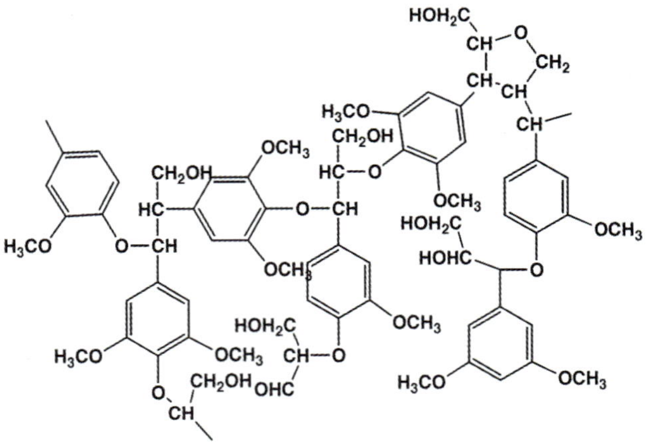

- Les hémicelluloses sont des polysaccharides constitués de différents oses (pentoses et hexoses). Contrairement à la cellulose, les hémicelluloses sont ramifiées. Elles représentent environ 10 à 30 % du bois sec.

exemple d'hémicellulose : un arabino-4-O-méthylglucoronoxyle

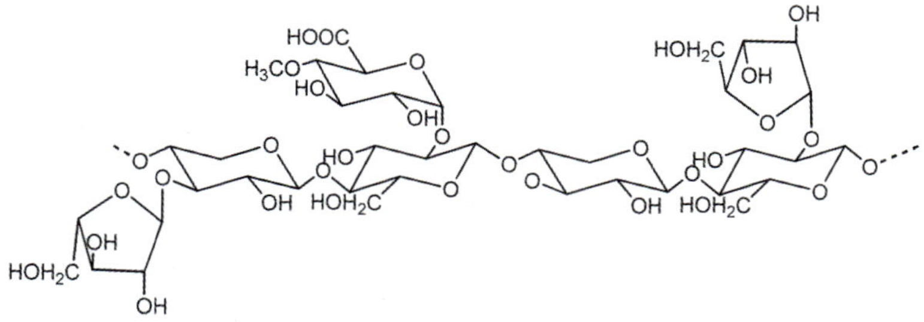

La lignine et les hémicelluloses présentent une très grande diversité (selon les espèces, les individus, le climat…) et une grande complexité. Comme ces polymères sont intimement liés par des liaisons covalentes, il est impossible de les extraire sans les modifier chimiquement.

- Les extractibles : les substrats lignocellulosiques renferment également d'autres substances comme des protéines et des petites molécules très variables : des lipides, des terpènes, des composés aromatiques (flavonoïdes, tanins), des sucres…

25.5.2 Valorisations actuelles et futures des constituants de la biomasse lignicellulosique

a) Utilisations de la cellulose

La cellulose est le constituant de la biomasse lignocellulosique de loin le plus valorisé et ce depuis fort longtemps. La principale utilisation de la cellulose réside dans l'élaboration de la pâte à papier. Elle est également utilisée pour la conception de nombreux dérivés (esters de cellulose, éthers de cellulose, nitrate de cellulose, xanthate de cellulose) utilisés pour des applications très variées.

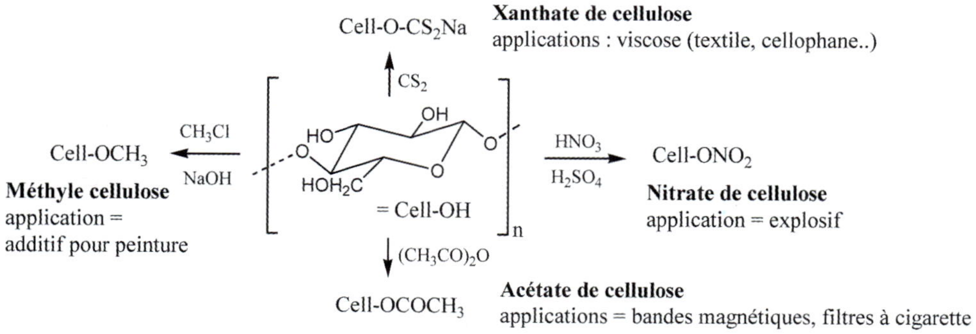

Une autre voie de valorisation beaucoup plus récente et en plein développement consiste à dégrader la cellulose en ses unités monomérique puis à transformer le glucose par des procédés chimiques ou microbiologiques (fermentation par des levures) en carburant, en monomère ou en molécules d'intérêt.

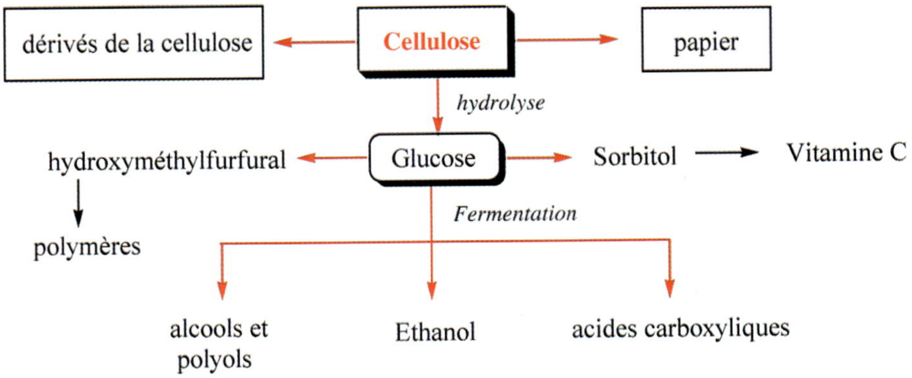

b) Utilisations de la lignine

La lignine (plus ou moins dégradée) est produite en grande quantité par l'industrie du papier en tant que déchet. L'une des principales voies de valorisation est la combustion pour produire de l'énergie. Actuellement des nombreux travaux de recherche sont en cours afin de trouver de nouvelles applications : l'une des plus prometteuses est l'utilisation de lignine comme liant dans des matériaux composites biodégradables (par exemple en remplacement des résines urée-formol).

c) Utilisations des hémicelluloses

Les hémicelluloses, comme la lignine, sont des constituants de la biomasse dont l'étude de la valorisation n'est qu'à son tout début. Elles peuvent être utilisées soit comme polymères (additifs alimentaires, liants pour composites) soit après hydrolyse en sucres simples.

d) Utilisations des extractibles

Les extractibles du bois sont utilisés par l'homme depuis la préhistoire pour des applications très diverses. On distingue plusieurs grandes familles de molécules :

- les graisses et les cires ;
- les terpènes (exemples : l'huile de térébenthine, la colophane extraite de résines de conifères mais également de nombreuses molécules à intérêt thérapeutique) ;
- les phénols (exemple l'acide salicylique, extrait de l'écorce de saule, est à la base de l'aspirine, le médicament le plus utilisé au monde) ;
- les alcaloïdes.

25.5.3 Les biocarburants

Les biocarburants sont des carburants produits à partir de sources renouvelables (très généralement végétales) et non de réserves fossiles. On distingue les biocarburants de première et de seconde générations.

a) Les biocarburants de première génération

Les biocarburants de première génération sont actuellement consommés par les automobilistes additionnés à l'essence ou au gazole à hauteur de quelques %. Il existe deux filières distinctes : l'agroéthanol (additionné à l'essence) et le biodiesel (addition au gazole).

L'agroéthanol est produit par fermentation de sucres d'origines végétales par des levures (généralement la levure de boulanger). Les plantes utilisées pour la production d'agroéthanol sont soit des plantes amylacées (contenant de l'amidon : blé, maïs) soit des plantes sucrées (contenant du sucre : canne à sucre, betterave). Dans le cas de l'utilisation de plantes amylacées, une étape d'hydrolyse de l'amidon en glucose est nécessaire avant la fermentation.

Le biodiesel est composé d'esters éthyliques d'acides gras ; il est produit à partir d'huile végétale (colza, soja) par une réaction de transestérification des triesters gras du glycérol par l'éthanol.

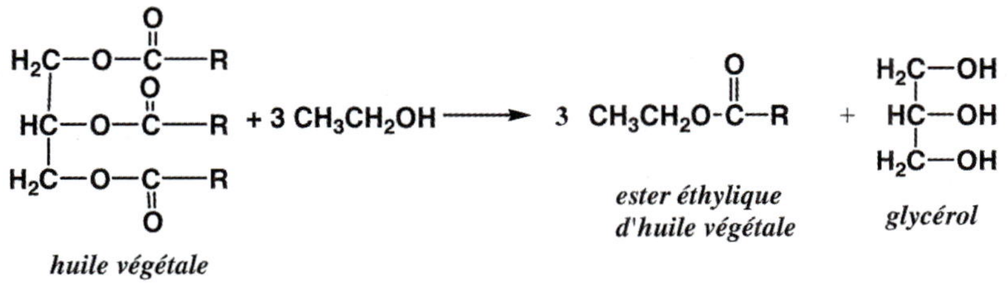

Le principal intérêt des biocarburants est de ne pas provenir de réserves fossiles et de constituer une énergie renouvelable. Cependant, afin de raisonner sur l'efficacité environnementale d'un carburant, il est indispensable d'établir un écobilan complet qui tient compte de tout le processus de fabrication (culture, transformation, transport..). Que ce soit l'agroéthanol ou le biodiesel, les biocarburants de première génération sont produits à partir de matières premières nobles provenant des organes de réserves énergétiques des plantes (tubercules, graines). La production de ce type de carburant nécessite généralement des cultures intensives des sols avec utilisation de machines agricoles, d'engrais, de pesticides... de plus ce type de production entre en concurrence directe avec l'alimentation humaine et animale. Le bilan environnemental global de ces biocarburants est donc fortement discutable.

b) Les biocarburants de seconde génération

Les biocarburants de seconde génération sont produits non pas à partir des organes de réserve des plantes mais à partir des organes de structure (partie lignocellulosique). Sont concernés le bois, la paille, les tourteaux, les déchets agricoles et forestiers en général....c'est-à-dire des matières premières peu onéreuses, produites de façon extensive. Par conséquent, les biocarburants de seconde génération présentent un bilan environnemental bien meilleur que ceux de première génération et ne concurrencent pas l'alimentation. Cependant, leurs procédés de production sont plus complexes et on ne dispose pas, à l'heure actuelle, de technologies industrielles pour la conversion de la biomasse lignocellulosique en carburant. La recherche est en cours et exploite deux voies de production différentes : biochimique ou thermochimique.

- La voie biochimique vise à extraire les sucres présents dans la biomasse lignocellulosique en vue d'une étape ultérieure de fermentation en éthanol. Les principales difficultés rencontrées résident dans la dissociation polysaccharides – lignine et dans la fermentation des hydrolysats obtenus, contenant des aldopentoses (qui proviennent des hémicelluloses : xylose, arabinose) difficile à faire fermenter.

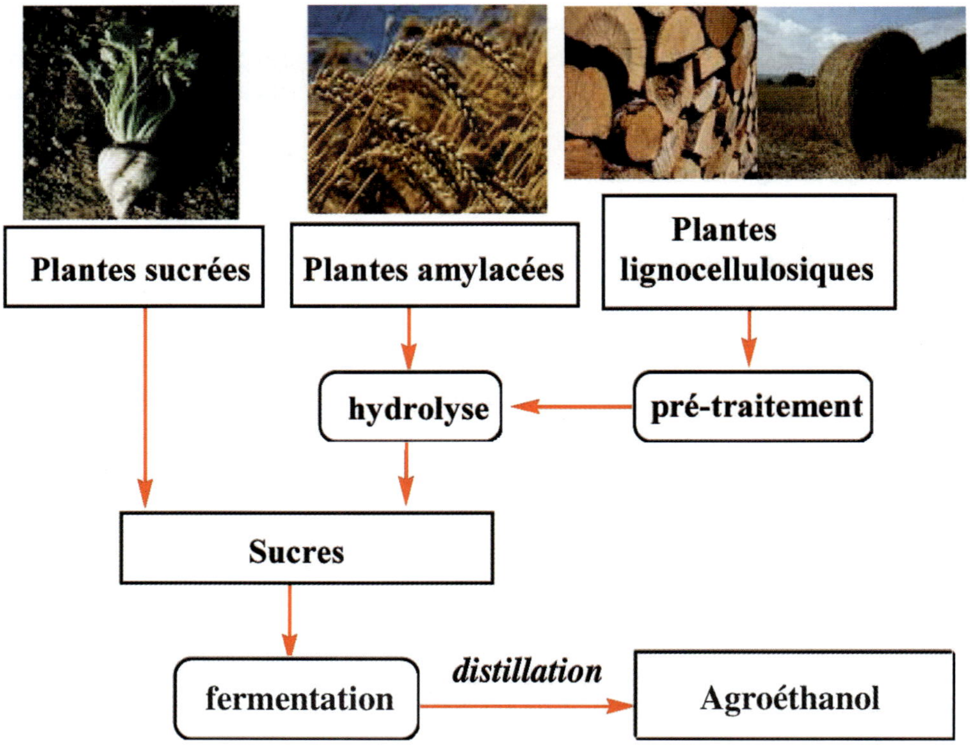

- Pour la voie thermochimique, le procédé le plus prometteur consiste à gazéifier la biomasse (par un chauffage à haute température) de façon à transformer la matière organique en H_2 et CO. Ce mélange gazeux est ensuite en présence de catalyseurs converti en hydrocarbures (procédé Fischer Tropsch). De nombreux problèmes technico-économiques sont encore à surmonter pour rendre ces procédés exploitables à une échelle industrielle (purification des gaz, corrosion, alimentation des réacteurs…)

gazéification **synthèse de Fischer Tropsch**

$$\text{Biomasse} \xrightarrow[\text{1-40 bars}]{\text{800-1200 °C}} \left[CO + 2\ H_2 \right]_n \xrightarrow{\text{catalyseur}} -(CH_2)_n- + n\ H_2O$$

26 LES GRANDES CLASSES DE RÉACTIONS

MOTS-CLÉS

- Addition
- Carbocation
- Carbonion
- Contrôle cinétique/Thermodynamique
- Effet isotopique
- Elimination
- Postulat de Hammond
- Réaction électrolytique
- Réaction radicalaire
- Réarrangement
- Relation de Hammet
- Solvant
- Substitution
- Théorie HSAB

État de transition d'une S_N2

Deux démarches différentes peuvent être adoptées pour présenter la chimie organique : l'une consiste à en ordonner le contenu selon une *classification des composés* en fonctions (alcools, amines, etc.) ou en grandes classes (glucides, stéroïdes, etc.), l'autre est fondée sur une *classification des types de réaction* (additions électrophiles, substitutions nucléophiles, etc.).

Ces deux approches ne sont ni opposées, ni exclusives l'une de l'autre, mais complémentaires, puisqu'elles permettent de considérer *les mêmes faits* sous des angles différents. La déshydratation des alcools, par exemple, figurera dans le premier cas parmi l'ensemble des propriétés de la fonction alcool, alors que dans le second elle sera envisagée à l'occasion d'une étude générale des réactions d'élimination, en même temps que certaines réactions des dérivés halogénés, des ammoniums quaternaires ou des esters.

Pour parvenir à une bonne compréhension, en profondeur, de la chimie organique, il est fructueux d'opérer un regroupement entre ces deux points de vue. Le choix de la première démarche, qui convient mieux pour un premier contact avec la chimie organique, a été fait jusqu'ici dans ce livre, mais ce chapitre propose, *sans rien ajouter* à la matière déjà traitée, une sorte de catalogue des réactions déjà rencontrées où elles sont classées en fonction de leur type et de leur mécanisme.

Remarque

Toutes les réactions précédemment décrites n'ont pas toutes trouvé leur place dans cette classification. Seules sont répertoriées ici celles dont le mécanisme a été effectivement indiqué et présente un certain caractère de généralité. Il n'est du reste pas possible d'exposer toute la chimie organique dans une étude ordonnée par types de réactions, car certaines entrent difficilement dans une classification systématique, et les rapprochements auxquels on serait alors conduit peuvent devenir assez artificiels.

Vous avez ici la possibilité d'effectuer un travail personnel extrêmement efficace, en essayant d'abord de recenser vous-même dans les chapitres antérieurs les réactions relevant de chaque type de bilan et de mécanisme. Pour cela :

- relevez d'abord la liste des types de réactions pris en compte dans la suite de ce chapitre, c'est-à-dire en fait la liste des rubriques qu'il comporte, ou encore les sous-titres du paragraphe 26.2 ;
- puis, sans prendre connaissance de façon détaillée du contenu de ces rubriques, recherchez (essentiellement dans les chapitres 8 à 20) les réactions qui correspondent à chacune d'elles et comparez ensuite votre « moisson » aux listes proposées.

Ce chapitre débute par un court résumé des modes de formation et des comportements réactionnels des principaux intermédiaires (carbocations, carbanions), et se termine par un recensement des principaux outils de raisonnement utilisables pour élucider le mécanisme des réactions. Sur ces deux points aussi, vous pouvez procéder d'abord à une recherche personnelle dans les chapitres antérieurs.

26.1 Les intermédiaires de réactions

Les réactions qui ne s'effectuent pas en une seule étape, par un mécanisme « concerté » au cours duquel les liaisons se rompent et se forment plus ou moins simultanément, comportent un ou plusieurs intermédiaire(s), qui peuvent être :

- des **molécules** (exemple : une cétone dans la réaction d'un organomagnésien sur un ester [cf. 14.2.3.b]) ;
- des **radicaux libres** (exemple : $CH_3^{\bullet}$ dans la chloration du méthane [cf. 8.2.2]) ;
- des **carbocations** (exemple : R^+ dans l'élimination E1 [cf. 13.2.1.a]) ;
- des **carbanions** (exemple : $R—C\equiv C^-$ dans les réactions des alcynes vrais en milieu basique [cf. 10.2.3.a]) ;
- des **ions divers** (exemple : $R—\overset{+}{O}H_2$ dans la déshydratation des alcools [cf. 15.2.2.b]) ;
- des **carbènes** (exemple : CCl_2 [cf. 13.2.2]).

Les carbocations et les carbanions sont des intermédiaires particulièrement fréquents et importants. Beaucoup d'informations à leur sujet ont été données dans les chapitres précédents ; elles sont regroupées et résumées ci-après.

26.1.1 Carbocations

Les carbocations portent une charge positive, et une orbitale vide, *sur un carbone*.

a) Structure

Les carbocations présentent une géométrie plane :

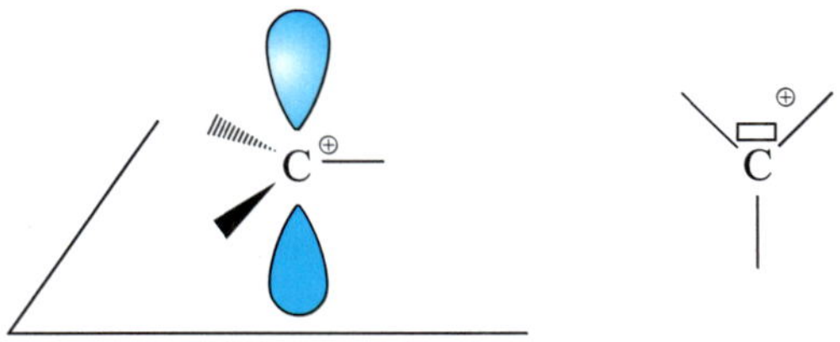

b) Stabilité relative

Voir chap. 15, § 15.4.2

Elle augmente avec le degré de substitution du carbone :

Primaires < Secondaires < Tertiaires

On observe souvent un *réarrangement* des carbocations (réarrangement de Wagner-Meerwein), à la suite de la migration d'un H ou d'un groupe R, avec leurs électrons de liaison, sur le carbone déficitaire. Cette migration se produit toutes les fois que la stabilité du carbocation s'en trouve augmentée, comme c'est le cas lorsqu'un carbocation primaire devient ainsi secondaire ou tertiaire, ou lorsqu'un carbocation secondaire devient tertiaire.

Exemples

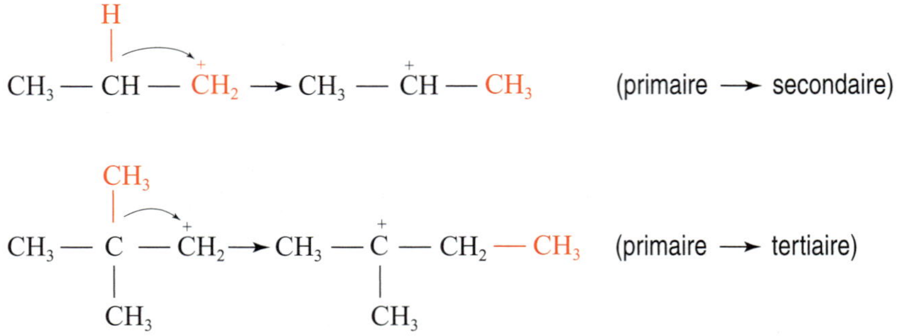

c) Modes de formation

Rupture hétérolytique d'une liaison entre un carbone et un atome plus électronégatif que le carbone :

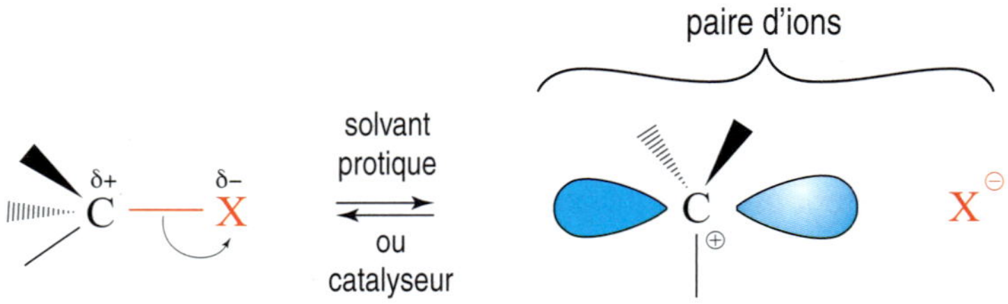

Une telle rupture se rencontre notamment dans les réactions des dérivés halogénés, des alcools et des hydroxydes d'ammonium quaternaire. Elle peut être facilitée dans un solvant protique et/ou par une catalyse acide, parfois indispensable ($AlCl_3$ pour les dérivés halogénés [**p. 288**] ; H^+ ou Zn^{2+} pour les alcools [**p. 356**]).

Fixation d'un électrophile sur une double liaison :

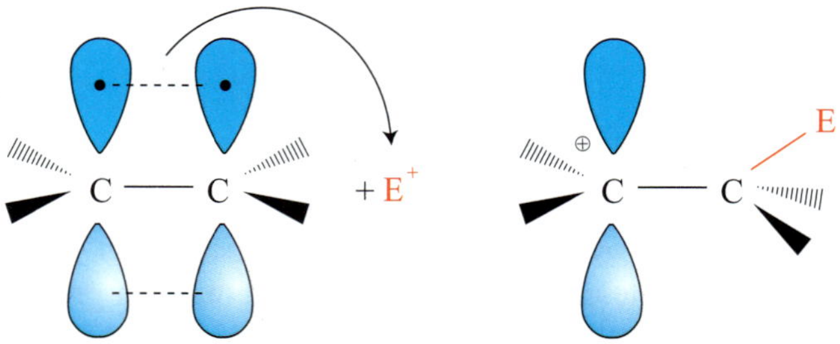

Cet électrophile peut être H^+ [**p. 222**], Cl^+ ou Br^+ [**p. 228** ; **p. 286**], ou un autre carbocation [**cf. 9.2.3** ; **p. 288**].

d) Réactions

Dans tous les cas, les réactions des carbocations aboutissent à l'arrivée d'un doublet électronique sur le carbone porteur de la charge.

- *Réaction avec un nucléophile*

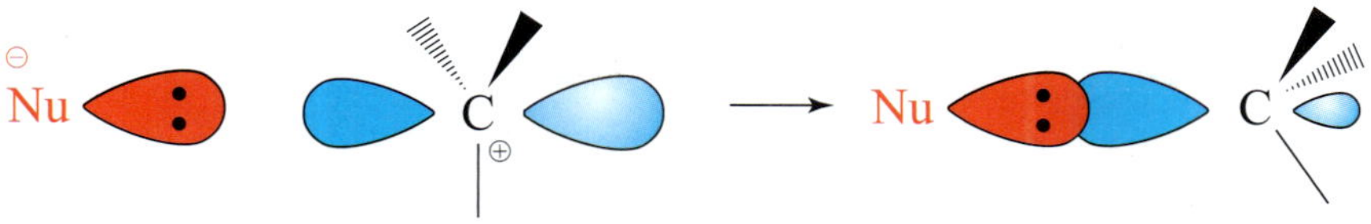

Ce nucléophile peut être un *anion* (Cl^-, CN^-, OH^-...), une molécule possédant un doublet libre (H_2O, NH_3,...) ou une molécule non saturée (alcène, hydrocarbure benzénique) [cf. 13.2 ; p. 288].

Voir chap. 13, § 13.2 2 et chap. 15, § 15.2 2.b

- *Élimination d'un H^+ en α avec création d'une double liaison*

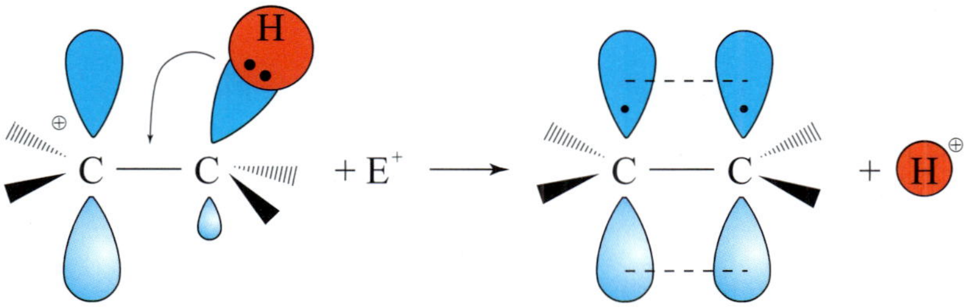

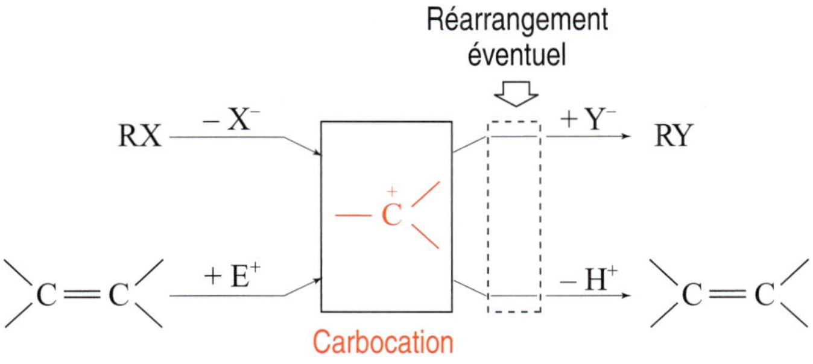

26.1.2 Carbanions

Les carbanions portent une charge négative, et un doublet libre, *sur un carbone*.

a) Structure

Les carbanions présentent une géométrie pyramidale :

Voir chap. 5, § 5.3.2.a

b) Stabilité relative

Elle diminue quand le degré de substitution du carbone augmente :

Primaires > Secondaires > Tertiaires

c) Modes de formation

Ils se forment par rupture hétérolytique d'une liaison entre un carbone et un atome moins électronégatif que le carbone :

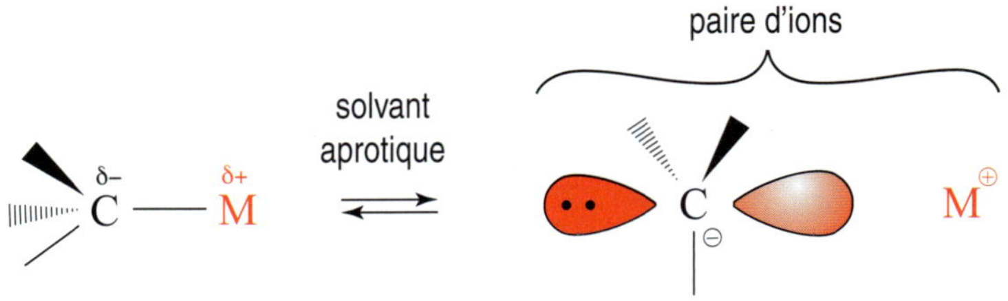

Une telle rupture se rencontre essentiellement dans les réactions des organométalliques (dérivés sodés M = Na, organomagnésiens M = MgX, organolithiens M = Li).

Deux méthodes de préparations d'organométalliques sont rappelées ci-dessous :

- *Échange halogène-métal (réaction de Grignard)*

$$RX + Mg \xrightarrow{Et_2O} \overset{\delta-}{R} - \overset{\delta+}{Mg}X$$

- *Échange hydrogène-métal (réaction acide-base)*

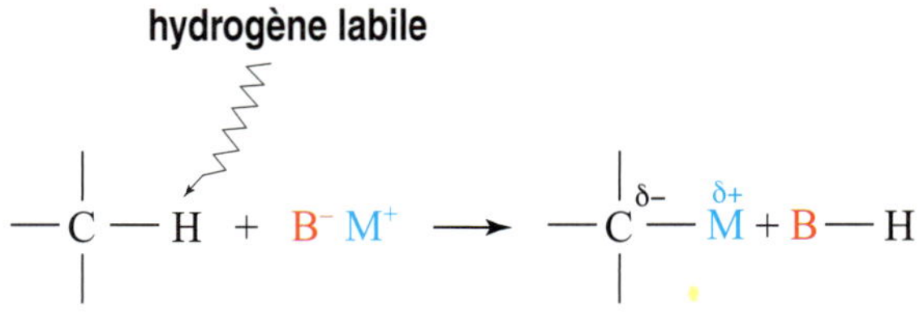

De tels hydrogènes labiles se trouvent, par exemple, dans les alcynes vrais [cf. 10.2.3], le cyclopentadiène [p. 281], les composés carbonylés [cf. 18.2.2].

d) Réactions

Dans tous les cas, les réactions des carbanions aboutissent à la mise en commun de leur doublet libre.

- *Comportement basique*

Les carbanions sont des bases fortes, capables de prendre un H^+ même à des acides faibles :

$$R^- + AH \rightleftharpoons RH + A^-$$

Voir chap. 14, § 14.2.1.a

Les réactions des organomagnésiens constituent des exemples typiques de ce comportement.

Comportement nucléophile

Les carbanions manifestent de l'affinité pour les carbones déficitaires, mais deux cas peuvent se présenter :

➤ carbone déficitaire saturé : le carbanion se *substitue* à l'un des atomes ou groupes portés par ce carbone :

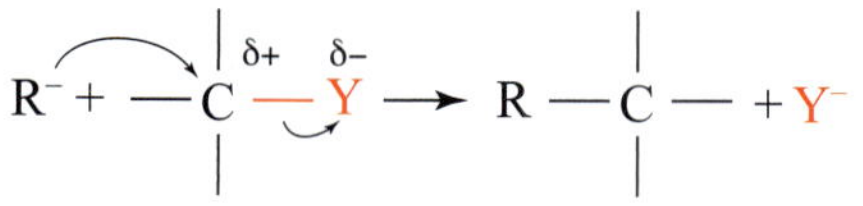

Les exemples sont nombreux : alkylation des alcynes vrais [cf. 10.3.2] ou des composés carbonylés [cf. 18.2.2.b] ; réactions des organomagnésiens avec un dérivé halogéné [cf. 14.2.1.a] ou avec l'orthoformiate d'éthyle [cf. 14.2.1.b], etc.

➤ carbone déficitaire non saturé : le carbanion, en se liant à ce carbone, amorce une réaction d'*addition* :

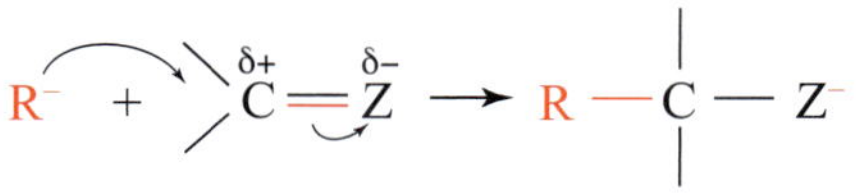

Les additions nucléophiles des organomagnésiens sur les aldéhydes et les cétones [cf. 14.2.3.a], ou sur les nitriles [cf. 14.2.3.c] illustrent ce comportement.

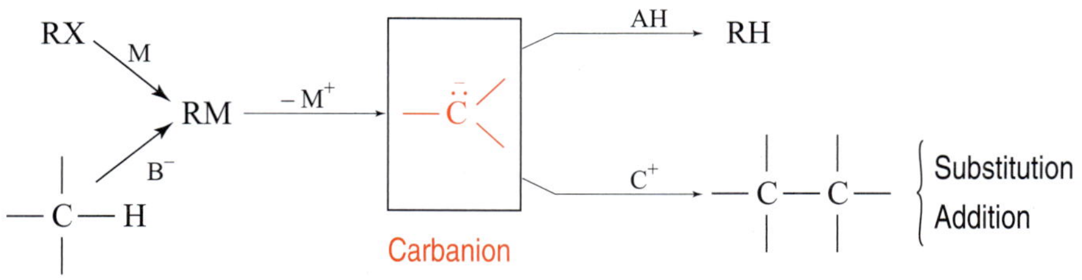

26.2 Les grandes classes de réactions

Les réactions sont classées ici dans les quatre grandes catégories définies par référence à leur bilan : substitutions, additions, éliminations et réarrangements. Dans chacune de ces catégories, elles sont en outre classées en fonction de leur mécanisme, nucléophile ou électrophile [cf. 5.3.2.b], et selon la nature du substrat auquel elles sont applicables.

Voir chap. 5, § 5.1.1

26.2.1 Substitutions

a) Substitution nucléophile

- *Sur un carbone saturé*

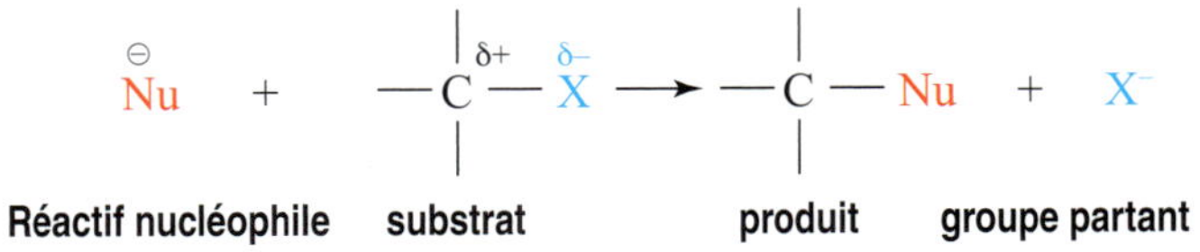

Cette réaction peut se faire selon deux mécanismes : S_N1 et S_N2.

La S_N2

C'est une substitution nucléophile bimoléculaire impliquant une seule étape (absence d'intermédiaire réactionnel) ; elle obéit à une cinétique d'ordre deux (qui justifie le mécanisme bimoléculaire). Elle est concertée (les liaisons sont simultanément formées et rompues) et est stéréospécifique (inversion de configuration au niveau du centre réactionnel). Elle est favorisée pour les halogénoalcanes primaires (peu encombrés) et dans un solvant aprotique dipolaire.

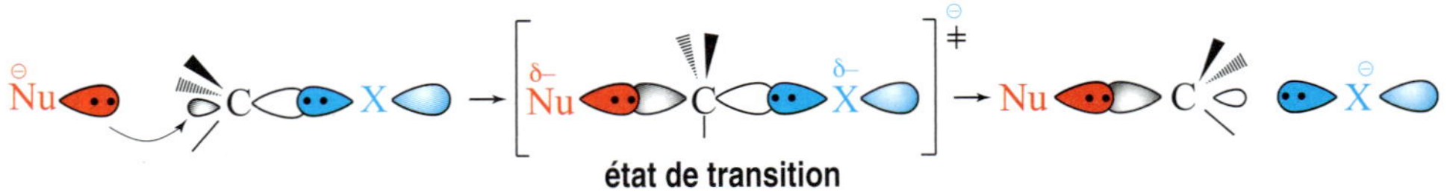

La S_N1

C'est une substitution nucléophile unimoléculaire impliquant deux étapes (présence d'un intermédiaire réactionnel) ; elle obéit à une cinétique d'ordre un (qui justifie le mécanisme unimoléculaire). Lors de la première étape, on observe la dissociation de la liaison C—X avec formation d'un carbocation intermédiaire, c'est l'étape cinétiquement déterminante. Elle est non stéréospécifique (racémisation lorsque la substitution a lieu au niveau d'un centre chiral). Elle est favorisée pour les halogénoalcanes tertiaires (carbocation stabilisé) et dans un solvant protique polaire.

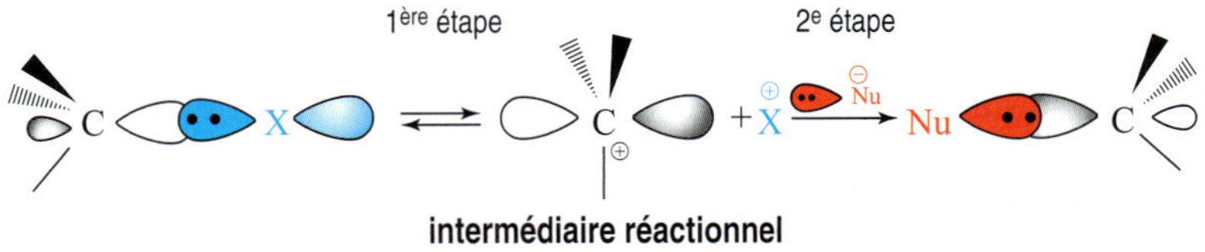

Le nucléophile, dans tous les cas, porte un doublet libre et ce peut être un anion ou une molécule neutre ; le substrat peut être une molécule ou un cation mais la nature (neutre ou ionique) du produit de la réaction est déterminée dans tous les cas par la règle de conservation des charges (par exemple : un anion + une molécule → une molécule + un anion, ou une molécule + une molécule → deux molécules). Ces réactions peuvent aboutir à la création de liaisons C—C, C—O, C—N, C—S, C—X.

Tableau 26.1 Réaction de substitution nucléophile

Réactif	Substrat	Produit	Groupe partant	Référence
OH^-	Dérivé halogéné	Alcool	X^-	13.2.1
RO^-	—	Éther	X^-	13.2.1 ; p. 372
ArO^-	—	Éther	X^-	16.2.3
SH^-	—	Thiol	X^-	15.5
RS^-	—	Thioéther	X^-	15.7
$RCOO^-$	—	Ester	X^-	13.2.1
CN^-	—	Nitrile	X^-	13.2.1 ; 19.6.5
NO_2^-	—	Dérivé nitré	X^-	13.2.1
$RC{\equiv}C^-$	—	Alcyne	X^-	p. 256, 13.2.1
$—C(=O)—C^-—$	—	Dérivé alkylé	X^-	18.2.2.b ; 20.1.3.b ; 20.2.4.c
R^-(RMgX)	—	Hydrocarbure	X^-	8.4.1.b ; 13.2.1 ; 14.2.2.a
H_2O	—	Alcool	X^-	13.2.1
NH_3	—	Amine	X^-	p. 414
R_3N	—	Ammonium quat.	X^-	17.2.2
HX	Alcool	Dérivé halogéné	H_2O	p. 356

Remarque

Beaucoup d'étapes élémentaires dans des processus complexes sont des substitutions nucléophiles S_N2 ; exemple : ouverture d'un ion bromonium par attaque de Br^- [p. 228] ou d'un époxyde par un organomagnésien.

Voir chap. 14, § 14.2.3.d

- *Sur un groupe carbonyle*

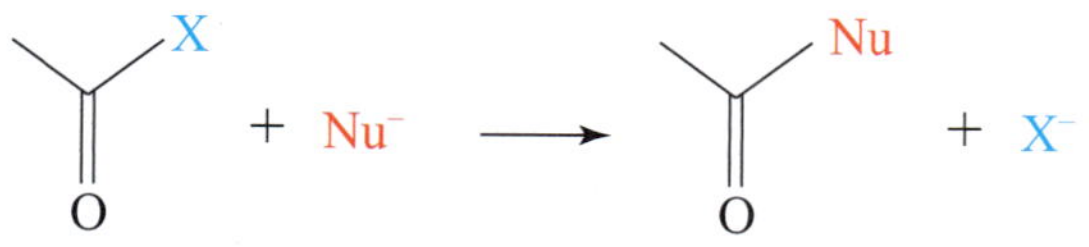

Cette réaction est en fait le résultat d'un processus d'addition-élimination catalysé ou non par les acides.

Voir chap. 15, § 15.4.4

➤ On rencontre par exemple le mécanisme par catalyse acide dans la réaction d'hydrolyse des esters.

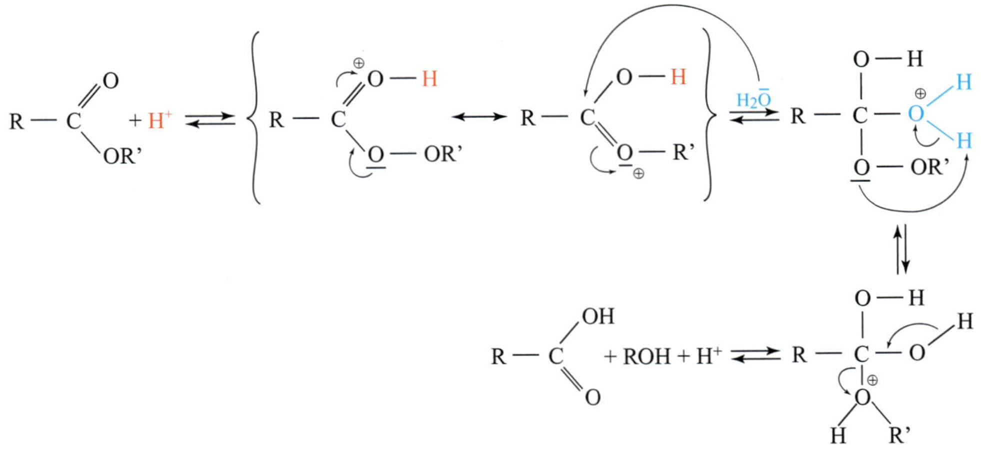

➤ Le mécanisme en milieu basique peut s'écrire comme suit :

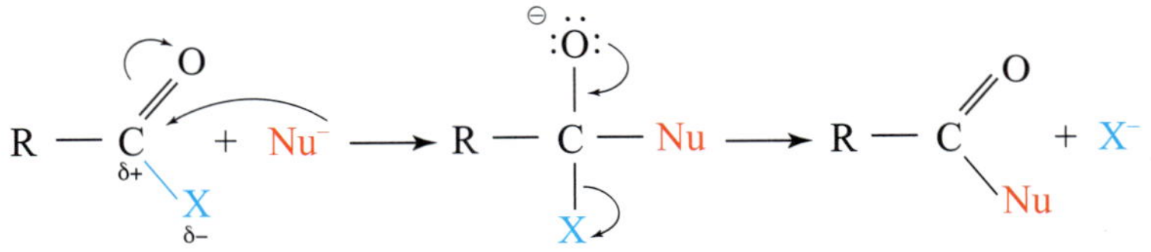

Sur un cycle benzénique

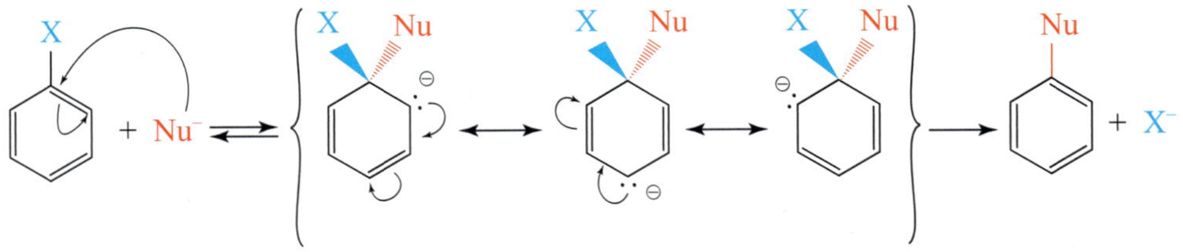

Ces réactions sont rendues difficiles par l'interaction électronique existant entre les doublets libres de l'halogène X et les électrons π du cycle ; en outre, la mobilité des électrons du cycle a pour effet que l'atome de carbone portant le groupe partant X est peu déficitaire donc peu électrophile.

Dans l'exemple rappelé ci-dessous concernant la synthèse du phénol, les conditions de température nécessaires traduisent bien cette difficulté.

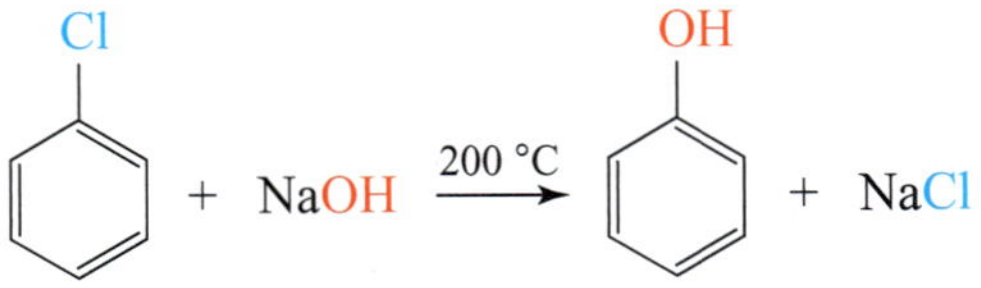

Tableau 26.2 Réaction de substitution nucléophile par addition-élimination

Réactif	Substrat	Produit	Groupe partant	Référence
R^-(RMgX)	Chlorure d'acide	Cétone (alcool)	Cl^-	14.2.3.b
NH_3	—	Amide	Cl^-	19.5.1
Amine	—	Amide N-substitué	Cl^-	19.5.1
$RCOO^-$	—	Anhydride	Cl^-	19.5.2
RO^-	—	Ester	Cl^-	—
ROH	—	Ester	Cl^-	19.5.1
H_2O	—	Acide	Cl^-	19.5.1
H_2O	Ester	Acide	RO^-	15.4.4
OH^-	—	Acide	RO^-	15.4.4
H^-	—	Alcool	RO^-	15.4.4
R^-(RMgX)	—	Alcool	RO^-	14.2.3.b
Énolate (cétone)	—	β-dicétone	RO^-	20.[illegible].3.b
Énolate (ester)	—	β-cétoester	RO^-	20.2.4.c
OH^-	R—CO—CX_3	Acide	CX_3^-	18.2.2.d

La présence d'un ou de plusieurs groupements fortement attracteurs (généralement le groupement NO_2) positionnés en ortho et/ou para par rapport au groupe partant X facilite grandement cette réaction.

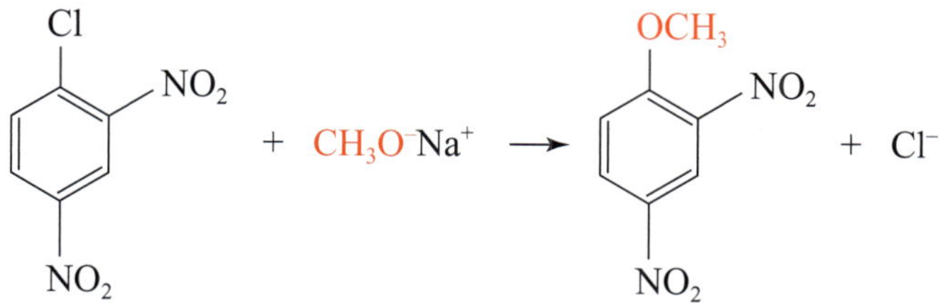

Question 26.A

Écrire le mécanisme détaillé de cette substitution nucléophile aromatique.

Voir chap. 17, § 17.2.5

Les réactions des sels de diazonium benzéniques avec perte de diazote sont également des substitutions nucléophiles sur l'un des carbones du cycle ; s'effectuant en deux étapes, la réaction s'apparente à une S_N1.

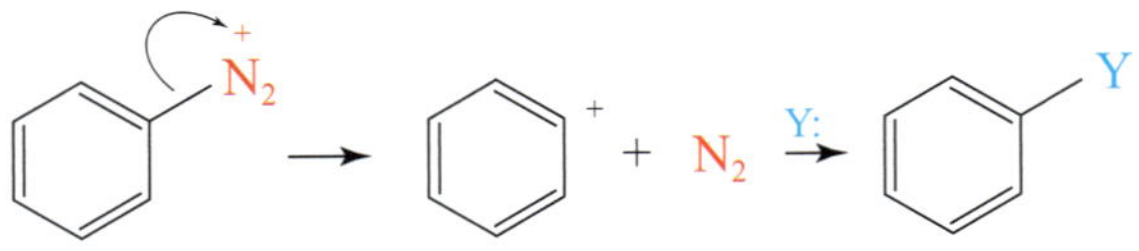

Y : peut-être, entre autres, H_2O, I^-, CN^-, F^-.

b) Substitution électrophile aromatique

Le principal exemple est fourni par les réactions de substitution électrophile sur le *noyau benzénique* [cf. 12.2.2.a] ou sur les *hétérocycles* présentant un caractère aromatique.

Voir pages 514 et 515

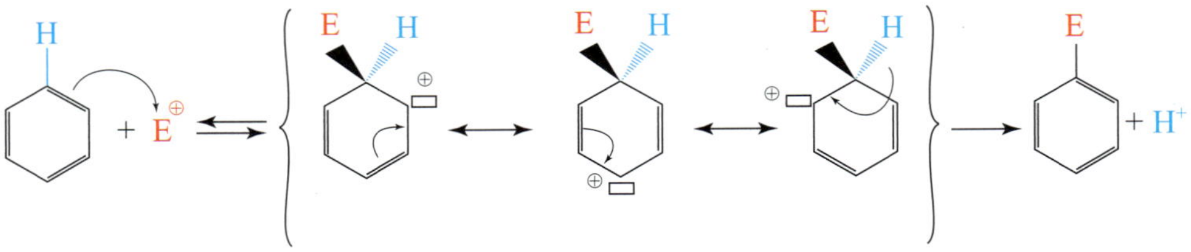

La présence d'un ou de plusieurs groupements donneurs d'électrons liés au cycle aromatique facilite cette réaction.

Tableau 26.3 Réaction de substitution électrophile

Réactif (E^+)	Réaction	Produit	Référence
Cl_2 (Cl^+)	Chloration	Ar—Cl	p. 286
$HNO_3(NO_2^+)$	Nitration	Ar—NO_2	p. 287
$H_2SO_4(SO_3)$	Sulfonation	Ar—SO_3H	p. 288
RX (R^+)	Alkylation	Ar—R	p. 288
R—COCl (R—$\overset{+}{C}$O)	Acylation	Ar—CO—R	p. 289
Ar—$\overset{+}{N}_2Cl^-$	Copulation	Ar—N=N—Ar	17.2.5

26.2.2 Additions

a) Addition électrophile

Le substrat est attaqué par le fragment électrophile provenant de la rupture du réactif, pour donner un cation sur lequel vient ensuite se lier l'autre fragment. Ces réactions sont caractéristiques des liaisons éthyléniques ou acétyléniques ; les petits cycles (cyclopropane) réagissent de façon analogue.

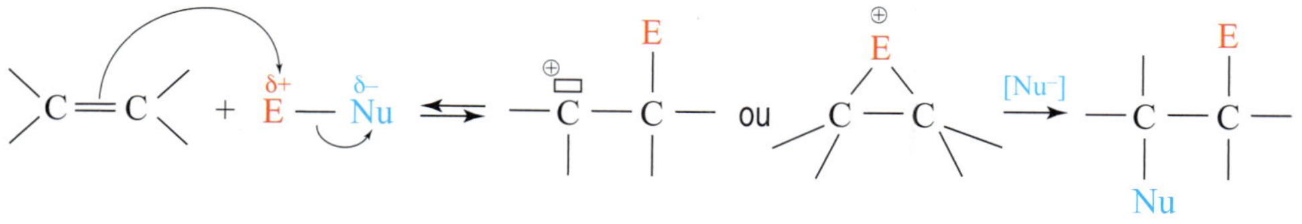

Tableau 26.4 Réaction d'addition électrophile

Réactif	Substrat	Produit	Référence
X_2	>C=C<	—CX—CX—	p. 228
HX	>C=C<	—CH—CX—	p. 222
H_2O	>C=C<	—CH—C(OH)—	p. 226
HOCl	>C=C<	—CCl—C(OH)—	p. 23
R—CO_3H	>C=C<	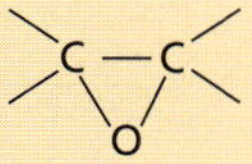	9.2.2.a
X_2	—C≡C—	—CX=CX—	10.2.1 b
HX	—C≡C—	—CH=CX—	10.2.1 c
H_2O	—C≡C—	—CO—CH_2—	10.2.1 d
HX X_2	C=C—C=C C=C—C=C	addition 1,2 + addition 1,4	20.1.1 a
HX		—CH—C—CX—	11.2.2 b
X_2		—CX—C—CX—	11.2.2 b

b) Addition nucléophile

Le fragment nucléophile provenant du réactif attaque les électrons π d'une liaison multiple (ou une liaison d'un cycle tendu) pour donner un anion qui, le plus souvent, capte ensuite un proton dans une étape finale d'hydrolyse.

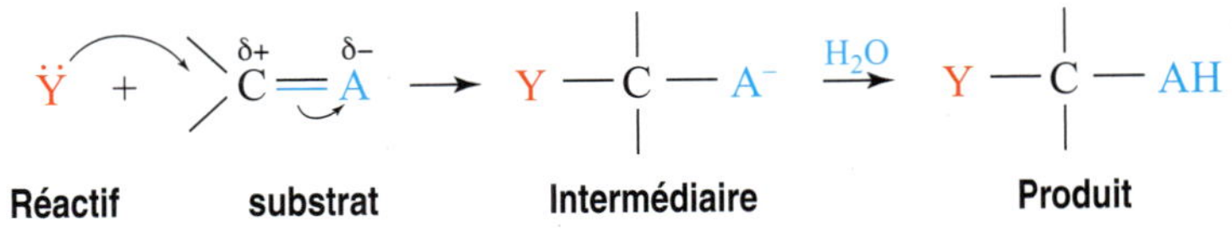

Tableau 26.5 Réaction d'addition nucléophile

Réactif	Substrat	Produit	Référence
H_2O	>C=O	HO—C—OH	18.2.1.f
ROH	>C=O	HO—C—OR	18.2.1.g
HC≡N	>C=O	N≡C—C—OR	18.2.1.e
H^-	>C=O	H—C—OH	18.2.1.c
$RC{\equiv}C^-$	>C=O	RC≡C—C—OH	p. 256
—CO—C^-—	>C=O	—CO—C—C—OH	18.2.2.c
R^-(RMgX)	>C=O	R—C—OH	14.2.3.a
R^-(RMgX)	O=C=O	R—CO—OH	14.2.3.a
H^-	>C=N—	H—C—NH—	p. 416
H^-	—C≡N	$—CH_2—NH_2$	19.5.5
R^-(RMgX)	—C≡N	R—C=NH(R—C=O)	14.2.3.c
H^-	>C—C< (époxyde, O)	H—C—C—OH	p. 374

Réactif	Substrat	Produit	Référence
R⁻(RMgX)	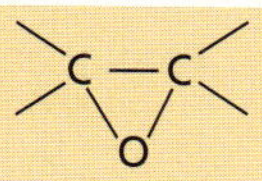	R—C—C—OH	p. 374
R⁻(RMgX)	>C=C—C=O[a]	R—C—CH—C=O	20.2.1.a
A—H	γ-lactone	A—C—C—C—COOH	20.2.3.b

a. Une double liaison se prête normalement à des attaques électrophiles : une attaque nucléophile n'est possible que dans le cas d'une double liaison conjuguée avec un groupement attracteur d'électrons.

26.2.3 Éliminations

Les deux principaux mécanismes de β-élimination (E1 et E2) sont rappelés ci-dessous.

➤ Le mécanisme E2, comme celui de S_N2, est bimoléculaire et obéit à une cinétique d'ordre deux. Il est concerté et stéréospécifique.

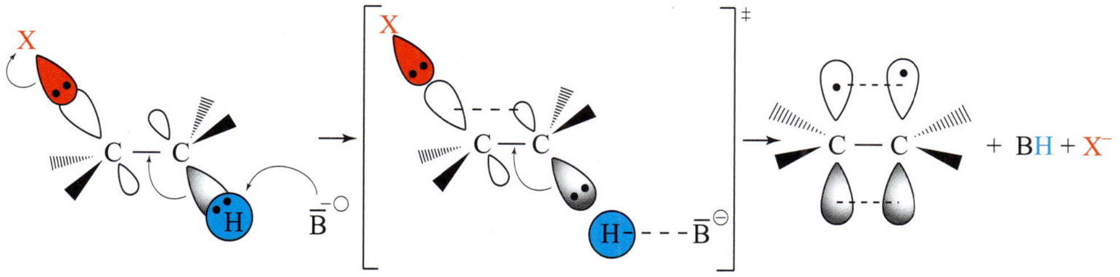

➤ Le mécanisme E1 est unimoléculaire, impliquant deux étapes (la formation du carbocation étant l'étape cinétiquement déterminante). Il obéit à une cinétique d'ordre un et est non stéréospécifique.

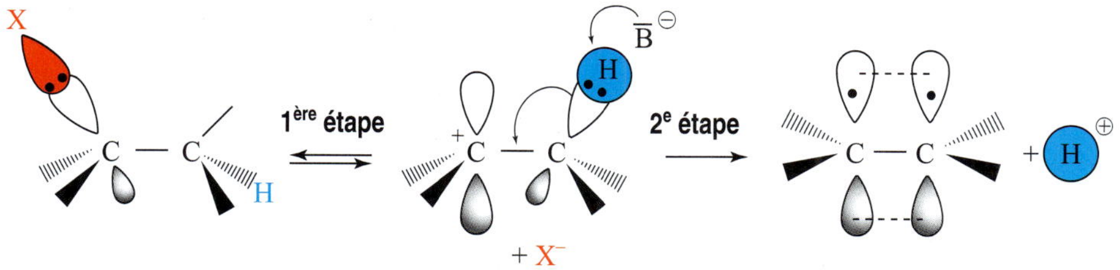

Le résultat d'une réaction d'élimination peut être la création d'une double liaison, d'une triple liaison ou d'un cycle. C'est sur ce critère que sont classées les réactions rassemblées ci-après, sans autre référence à leurs mécanismes, qui sont divers (E1 et E2 [cf. 13.2.2.a] ; *syn*-élimination [cf. 19.6.3]).

Tableau 26.6 Réaction d'élimination

Réactif	Substrat	Produit	Référence
Base	Dérivé monohalogéné	>C=C<	13.2.2
Base	Ammonium quaternaire	>C=C<	17.2.2.c
Acide	Alcool	>C=C<	15.2.2.b
Métal	Dérivé gem-dihalogéné	>C=C<	9.4.1.c[a]
Chaleur	Ester	>C=C<	19.5.3
Base	Dérivé dihalogéné	—C≡C—	10.3.1
Catalyse	Alcool	>C=O	15.2.4.b
Oxydant	Alcool	>C=O	15.2.4.a[b]
P_2O_5	Amide	—C≡N	19.5.4
Métal	Dérivé ω-dihalogéné	Cycle	11.4.1
Acide	γ-diol	Hétérocycle	p. 486

a. 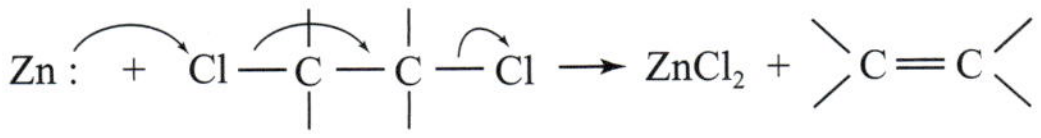

b. 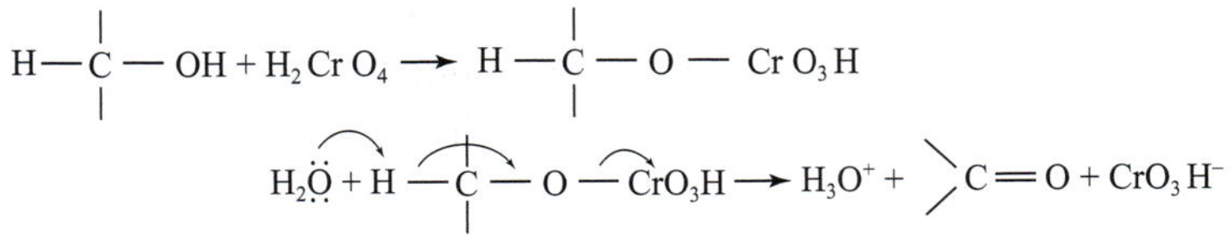

26.2.4 Réarrangements

Une réaction peut ne pas se limiter à une transformation du groupe fonctionnel, et comporter une participation du squelette de la molécule. Il n'est pas possible de dégager des principes généraux à partir des quelques exemples de réarrangements qui ont été signalés, et qui seront seulement rappelés ici :

a) Réarrangement de Wagner-Meerwein

Voir § 26.1.1.b

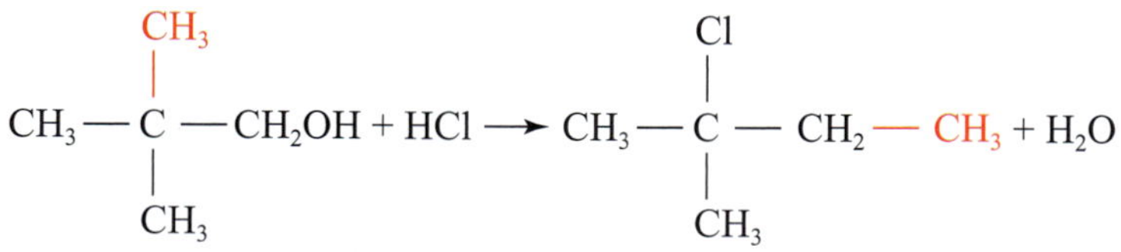

Autre exemple : réaction de Friedel-Crafts [p. 288].

b) Réarrangement pinacolique

Voir page 486

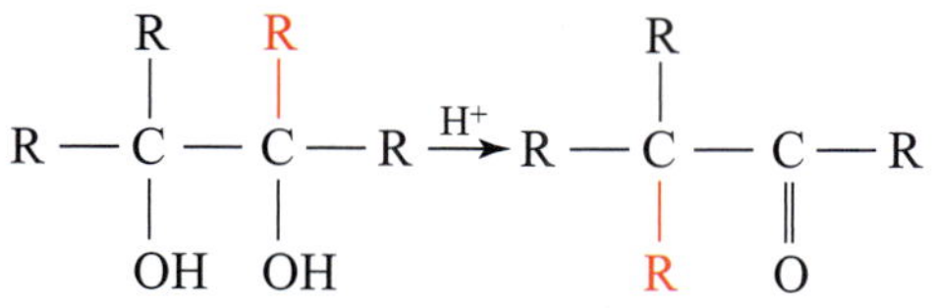

c) Réarrangement benzylique

Voir chap. 20, § 20.1.3.a

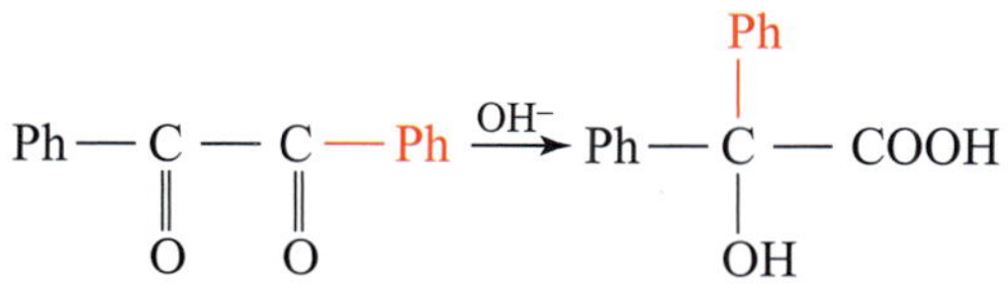

d) Réarrangement de Beckmann

Voir chap. 18, § 18.2.1.h

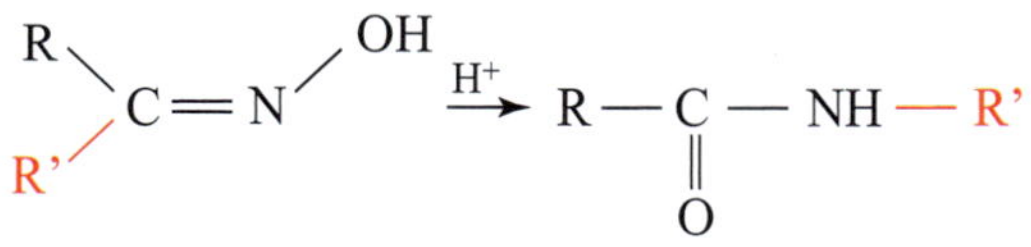

La préparation d'une cétone à partir de deux molécules d'un acide [p. 446 ; 20.2.4.c], pour laquelle aucun mécanisme n'a été indiqué, peut s'interpréter également par un réarrangement, après que, dans une première étape, se soit formé un anhydride :

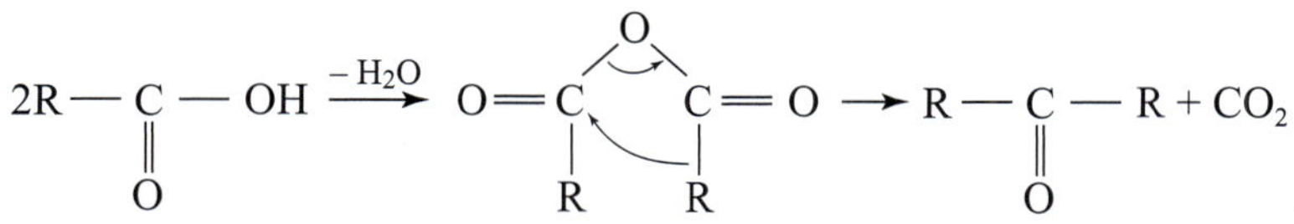

26.2.5 Réactions radicalaires

Relativement peu nombreuses, il a paru préférable de les regrouper, plutôt que de les évoquer de façon dispersée dans les rubriques précédentes (substitutions, additions, …).

a) Substitution radicalaire

Voir chap. 8, § 8.2.2

Le mécanisme de cette réaction photochimique en chaîne a été précisé, et trois exemples ont été rencontrés, concernant toujours la substitution de H par un halogène sur un carbone saturé :

- Chloration du méthane [cf. 8.2.2].
- Chloration du propène, sans addition sur la double liaison [cf. 20.1.2.b].
- Chloration du toluène, sélectivement sur la chaîne latérale [p. 286].

b) Addition radicalaire

Les hydracides, dans des conditions propres à évoquer une réaction radicalaire (présence d'un amorceur, comme un peroxyde) s'additionnent sur la liaison éthylénique dans le sens contraire à celui que laisserait prévoir la règle de Markownikov (effet Karasch).

Voir page 225

L'addition des halogènes sur le cycle benzénique est également une addition radicalaire, photochimique et en chaîne.

c) Polymérisation radicalaire

La polymérisation des dérivés vinyliques, celle du styrène par exemple [cf. 9.2.3], s'effectue selon un mécanisme radicalaire en chaîne, dont la phase de propagation peut se schématiser ainsi :

1) $C_6H_5-CH=CH_2 + R^\bullet$ (radical fourni par l'amorceur)

$$\longrightarrow C_6H_5-\dot{C}H-CH_2-R$$

2) $$R-CH_2-\underset{\displaystyle C_6H_5}{\underset{|}{CH^\bullet}} + H_2C=\underset{\displaystyle C_6H_5}{\underset{|}{CH}} \longrightarrow R-\underset{\displaystyle C_6H_5}{\underset{|}{CH_2}}-CH-CH_2-\underset{\displaystyle C_6H_5}{\underset{|}{CH^\bullet}},\ \text{etc.}$$

26.2.6 Réactions électrocycliques

Dans les réactions électrocycliques, les liaisons se forment et se rompent simultanément au sein d'un même état de transition comportant un transfert circulaire d'électrons à l'intérieur de la molécule ; ce sont des réactions concertées.

Voir page 482

Par exemple, la réaction de Diels-Alder est électrocyclique ; elle engage six électrons π délocalisés.

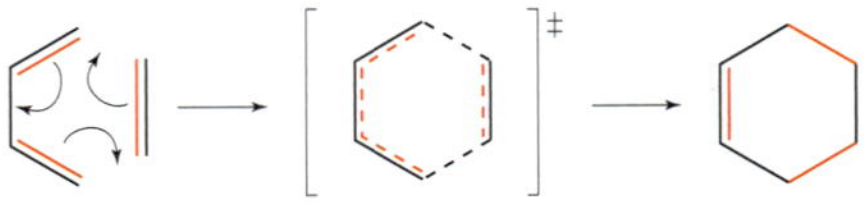

Les réactions de décarboxylation de β-cétoacides [cf. 20.2.4.b] et décomposition thermique des esters [cf. 19.5.3] sont également des réactions électrocycliques.

26.3 Outils de raisonnement en chimie organique

Dans les chapitres précédents, la plupart des réactions étudiées ont été accompagnées par la description de leur mécanisme. L'établissement des mécanismes réactionnels a fait l'objet d'une étude intensive au cours des années 1940 à 1960 par la vérification expérimentale. Dans ce paragraphe, nous donnons un certain nombre d'outils élémentaires de la chimie organique qui ont été utilisés pour une meilleure compréhension de cette discipline et pour la mise en place des mécanismes réactionnels.

26.3.1 Contrôle cinétique – contrôle thermodynamique

La composition finale des produits d'une réaction peut être gouvernée par leur stabilité relative, on parle alors dans ce cas de **contrôle thermodynamique**. Il s'agit notamment des réactions acido-basiques étudiées dans le chapitre 5 où le résultat de la réaction dépend des valeurs respectives des pKa des couples mis en jeu. Dans d'autres cas, ce sont les vitesses des réactions compétitives qui déterminent la composition finale, on parle alors de **contrôle cinétique**. Il s'agit notamment des réactions de substitution nucléophile et d'élimination vues au chapitre 13. Certaines réactions, quant à elles, peuvent être soit sous contrôle cinétique soit sous contrôle thermodynamique. L'expérimentateur pourra alors contrôler la nature des produits formés en modulant les conditions opératoires telles que la température et le temps de réaction mais également la quantité des réactifs impliqués.

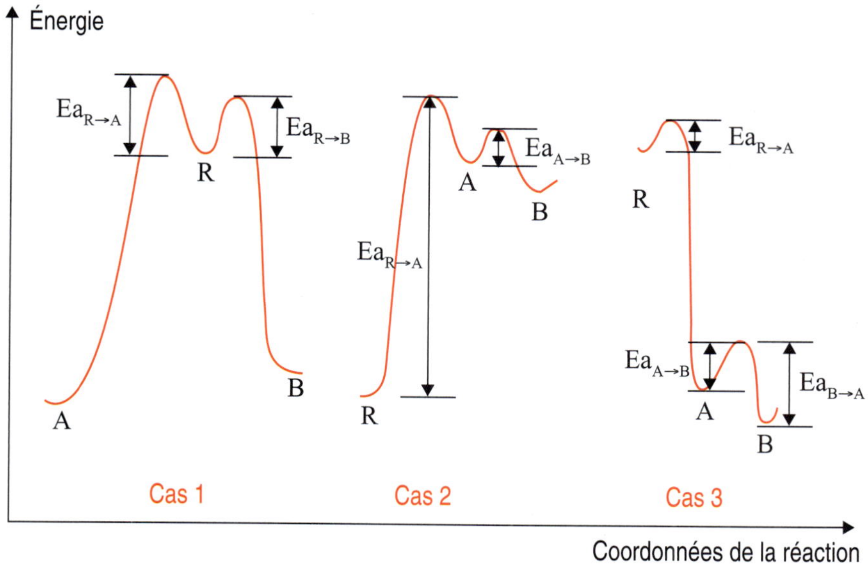

Figure 26.1
Profils énergétiques de réactions sous contrôle cinétique ou thermodynamique

Le cas 1 de la figure 26.1 décrit le profil énergétique d'une réaction sous contrôle cinétique. On remarque que l'énergie à fournir pour passer de R à A ($Ea_{R\to A}$) ou B ($Ea_{R\to B}$) est très inférieure à celle qu'il faut fournir pour passer de A ($Ea_{A\to R}$) ou de B ($Ea_{B\to R}$) à R. La réaction est irréversible et la formation de A et de B ne dépend que de leurs vitesses relatives de formation.

Le cas 2 décrit une réaction sous contrôle thermodynamique. L'énergie nécessaire pour passer de A à B ($Ea_{A\to B}$)ou de B à A ($Ea_{B\to A}$) est très inférieure à celle nécessaire à la conversion de R en A ($Ea_{R\to A}$). Ainsi, dès que l'énergie fournie au système permet la formation de A, un équilibre s'établit entre A et B. La quantité de A et de B ne dépend pas des conditions opératoires et sera uniquement reliée à la constante d'équilibre thermodynamique existant entre A et B.

Dans le cas 3, on remarque que l'énergie nécessaire à la formation de A à partir de R ($Ea_{R\to A}$) est légèrement inférieure à celles permettant la conversion de A en B ($Ea_{A\to B}$) ou de B en A ($Ea_{B\to A}$). Dans ce cas, l'ajustement des conditions opératoires permettra soit d'accumuler A, la réaction sera alors sous contrôle cinétique soit d'établir l'équilibre entre A et B, les proportions de A et de B dépendront de la constante d'équilibre entre A et B, la réaction sera alors sous contrôle thermodynamique.

Exemples

Nous allons illustrer le cas 3 en détaillant la réaction d'addition de HCl sur le buta-1,3-diène vue au chapitre 20.

- Considérons tout d'abord les faits expérimentaux observés :
  - L'addition de HCl sur le butadiène à froid conduit à la formation majoritaire du 3-chlorobut-1-ène.
  - La même réaction effectuée à chaud conduit à la formation majoritaire du 1-chlorobut-2-ène.
  - Enfin, si la réaction débute à froid puis se termine à chaud, on observe tout d'abord la formation du 3-chlorobut-1-ène qui disparaît peu à peu au profit du 1-chlorobut-2-ène.
- Comment peut-on expliquer ces résultats expérimentaux et les traduire en terme de mécanisme réactionnel ?

Comme pour toute addition électrophile sur un alcène, la réaction débute par l'addition de H^+ sur l'une ou l'autre des doubles liaisons du diène (la molécule est symétrique) ce qui conduit à la formation du carbocation le plus stable [9.2.1 ; 20.1.1].

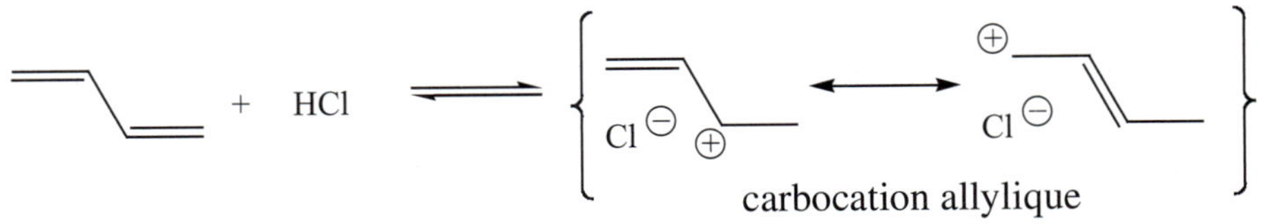

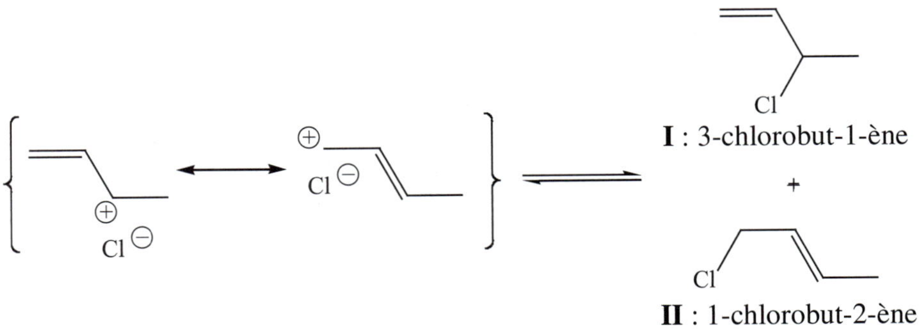

Dans le cas de l'addition de H^+ sur le butadiène, le carbocation intermédiaire le plus stable est le cation allylique résonnant. On explique ensuite la formation des deux produits, le 3-chlorobut-1-ène et le 1-chlorobut-2-ène, par l'addition de Cl^- sur l'un ou l'autre des deux sites positifs de l'intermédiaire réactionnel.

- Illustrons maintenant ces faits expérimentaux par un diagramme énergétique (fig. 26.2).

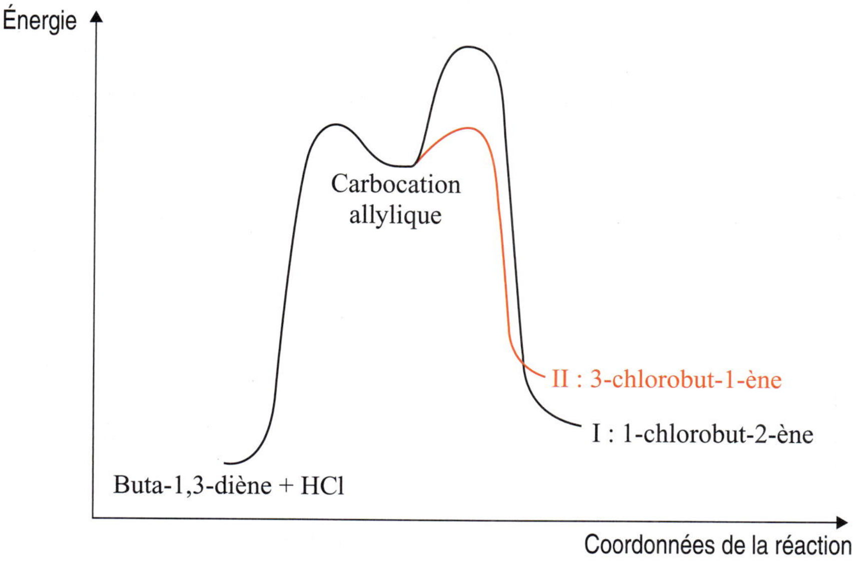

Figure 26.2
Profil énergétique de l'addition de HCl sur le buta-1,3-diène

- À froid, on apporte peu d'énergie au système, le produit majoritaire est le 3-chlorobut-1-ène. Le 1-chlorobut-2-ène n'apparaît que lorsque l'on apporte de l'énergie fournie par le chauffage du milieu réactionnel. Nous en déduisons que la formation du 3-chlorobut-1-ène est plus rapide que celle du 1-chlorobut-2-ène, ce qui se traduit sur le diagramme par un état de transition d'énergie plus basse pour la formation de II à partir du carbocation que pour celle de I.
- Le dernier fait expérimental est la preuve de l'existence d'un équilibre entre les deux produits. En effet, la transformation de II en I ne peut-être envisagée que par le retour à l'intermédiaire réactionnel possible par la réversibilité de cette étape. L'énergie fournie par chauffage conduit à la formation majoritaire du produit le plus stable.

Nous sommes dans le cas typique d'une réaction qui peut être **sous contrôle cinétique ou sous contrôle thermodynamique.** Pour que cela puisse se produire, l'existence d'un équilibre entre les deux produits est nécessaire. Lorsque les conditions opératoires permettent cet équilibre, la réaction conduit à la formation majoritaire du produit thermodynamique qui n'est autre que le produit le plus stable. Dans notre cas ce produit correspond à l'alcène le plus substitué. En fait le résultat de la réaction dépend de l'énergie apportée au système. Lorsque peu d'énergie est fournie, la seule barrière énergétique franchissable est la plus petite conduisant au produit cinétique,

Voir chap. 9, § 9.1

la réaction est sous contrôle cinétique. Si l'on apporte plus d'énergie au système, cela permet de franchir la barrière énergétique nécessaire à la formation du produit cinétique mais également celle conduisant au produit thermodynamique. De plus, cet apport d'énergie permet la transformation de II en I *via* le retour au carbocation possible par la réversibilité de cette étape. La réaction donne alors en toute logique majoritairement le produit le plus stable, **la réaction est donc sous contrôle thermodynamique.**

- Pour être complet, il est nécessaire d'expliquer pourquoi l'addition de Cl^- est plus facile en position 3 qu'en position 1. Il faut raisonner en probabilité d'existence de la charge positive dans le carbocation. Celle-ci sera plus importante sur le carbone secondaire que sur le carbone primaire de part la présence d'un nombre supérieur de groupements alkyles inductif-répulsifs [cf. 4.3.2] capable de stabiliser la charge positive, l'attaque sera donc facilitée sur cette première position.

26.3.2 Le postulat de Hammond

Nous avons vu que bon nombre de réactions étaient complexes c'est-à-dire en s'effectuant en deux ou plusieurs étapes, par une succession de réactions élémentaires [cf. 5.2.3] (fig. 5.2). Dans le cas d'une réaction qui se déroule en 2 étapes, le profil énergétique fait apparaître 2 maxima d'énergie, correspondants aux états de transition de chaque étape et un minimum relatif à l'intermédiaire réactionnel. On peut donc observer une étape lente (étape 1) ou cinétiquement déterminante qui va régir la vitesse de l'ensemble du processus de transformation de A en B et une étape rapide (étape 2). La vitesse de chaque étape dépend respectivement de l'énergie d'activation E_a correspondant à la différence d'énergie entre l'état de transition 1 et l'état initial (pour la première étape) ou entre l'état de transition 2 et l'état intermédiaire qui le précède (pour la deuxième étape). L'évaluation qualitative de la vitesse nous oblige à connaître la structure de l'état de transition ce qui n'est pas chose aisée si l'on se réfère à la définition que l'on en a donnée au chapitre 5. La connaissance de la nature de l'état de transition peut également être très utile pour l'établissement du mécanisme réactionnel d'une réaction. Malheureusement les états de transition sont très instables et n'ont qu'une existence fugace, il n'existe pas de moyens expérimentaux permettant de les piéger et donc de les identifier. L'utilisation du **postulat de Hammond** permet dans certains cas de simplifier le problème.

Voir chap. 5, § 5.2.3

Enoncé du postulat

Le postulat de Hammond suggère que les structures énergétiques d'énergies voisines qui se transforment l'une en l'autre ont des structures moléculaires semblables. Ainsi, lorsqu'une réaction fait apparaître consécutivement un état de transition et un état intermédiaire ou l'inverse, le postulat de Hammond énonce qu'il est possible d'assimiler la structure de l'état de transition à celui de l'intermédiaire réactionnel. En conséquence, tout ce qui stabilisera l'intermédiaire réactionnel stabilisera également l'état de transition.

Voir chap. 9, § 9.2.1

Prenons l'exemple de l'addition de HCl sur un alcène. C'est une réaction en 2 étapes dont la première est cinétiquement déterminante. En utilisant le postulat de Hammond, il est possible de dire **que les états de transition de la première et de la**

deuxième étape ressemblent tous les deux à l'intermédiaire réactionnel, celui-ci leur étant proche en énergie.

L'utilisation du postulat de Hammond a plusieurs intérêts :

Prévoir le produit d'une réaction : si le réactif d'une réaction peut évoluer de plusieurs façons différentes et que la réaction est cinétiquement contrôlée alors la réaction la plus rapide conduira à l'intermédiaire le plus stable.

Exemple

Voir chap. 9

Cas de l'addition de HCl sur le propène décrit au chapitre 9. On sait d'après la règle de Markownikov que la réaction évolue vers la formation du carbocation le plus stable. En fait, le postulat de Hammond permet de dire que l'état de transition conduisant au carbocation le plus stable sera de plus basse énergie que celui qui conduit au carbocation le moins stable (fig. 9.1). La vitesse de réaction étant inversement proportionnelle à l'énergie d'activation Ea (Loi d'Arrhénius, [cf. 5.2.3]), il est possible d'en déduire que le carbocation le plus stable sera formé plus rapidement que le moins stable. C'est la raison pour laquelle l'addition notamment de HCl sur un alcène dissymétrique conduit au carbocation le plus stable qui par réaction avec Nu^- conduit au produit le plus substitué [cf. 9.2.b].

Prévoir l'influence d'un paramètre sur la vitesse de réaction : il sera possible de faire varier la vitesse d'une réaction en 2 étapes en jouant sur les conditions opératoires à condition que celles-ci aient une influence sur la stabilité de l'intermédiaire réactionnel.

Exemple

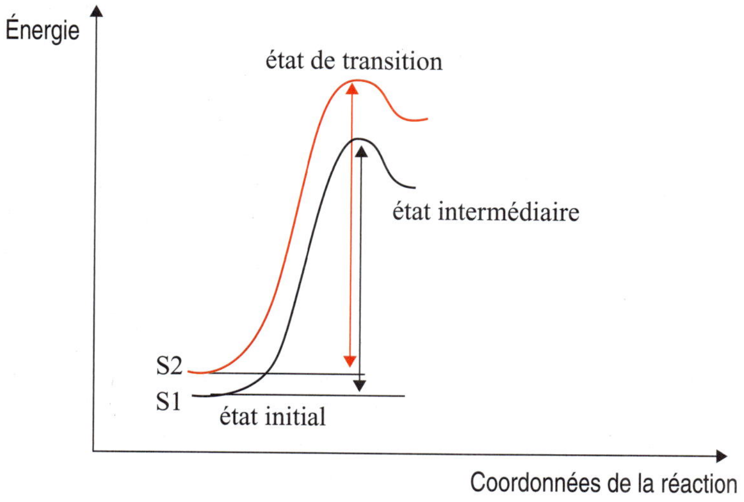

Figure 26.3
Influence du solvant sur la vitesse d'une réaction

Imaginons effectuer la même réaction dans un solvant S_1 puis dans un solvant S_2. Si S_1 stabilise plus l'état intermédiaire que S_2 alors la réaction sera plus rapide dans S_1 que dans S_2 (fig. 26.3). En effet, en vertu du Postulat de Hammond, l'état de transition qui précède l'état intermédiaire sera également stabilisé dans le solvant S_1. La différence d'énergie entre l'état de initial et l'état de transition (Ea) sera alors plus petite et la vitesse de réaction sera donc augmentée à condition bien évidemment que la stabilisation du réactif de départ ne soit pas ou peu affectée par le changement de solvant. Ceci est relativement fréquent si l'on imagine que les réactifs sont dans la plupart des cas neutre et que les états intermédiaires sont chargés et donc plus sensibles d'un point de vue stabilité aux variations de solvant [cf. 5.6].

26.3.3 La relation de Hammett

La relation de Hammett est un outil très intéressant qui permet entre autre de quantifier, au cours d'une réaction, **les effets électroniques (donneurs ou accepteurs) de substituants sur l'état de transition associé à l'étape cinétiquement déterminante** (ou, dans certains cas, sur l'intermédiaire réactionnel). Elle permet aussi de définir le mécanisme réactionnel de certaines réactions.

a) le σ de Hammett

Si l'on considère l'échelle des pKa correspondant à **l'ionisation des acides benzoïques *para-* ou *méta*-substitués**, on s'aperçoit qu'il est possible de corréler ces valeurs avec le pouvoir électro-donneur ou électro-accepteur des groupements fixés en para ou en méta (la corrélation n'est pas possible dans le cas de substitution en ortho car les effets électroniques se trouvent perturbés par des effets attribuables à l'encombrement lié à la forte proximité dans ce cas des groupes X et COOH).

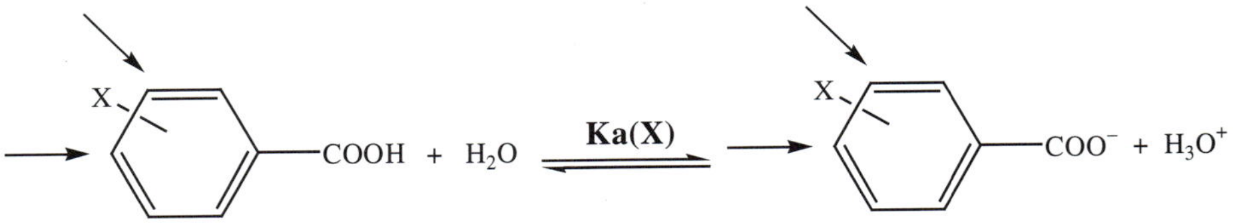

Ka(X) = constante d'équilibre de la réaction d'ionisation des acides benzoïques dans l'eau

Ainsi, comme le montre les données du tableau 26.7, les groupements donneurs d'électrons situés en haut du tableau conduisent aux valeurs de pKa les plus élevées alors que les groupements accepteurs d'électrons contribuent à diminuer ce pKa.

Tableau 26.7 Valeurs de pKa de quelques acides benzoïques substitués en méta et para

Substituant X	pKa de p–XC_6H_4COOH	pKa de m–XC_6H_4COOH
NH_2	4,82	4,2
OCH_3	4,49	4,09
CH_3	4,37	4,26
H	4,20	4,20

Substituant X	pKa de *p*–XC_6H_4COOH	pKa de *m*–XC_6H_4COOH
F	4,15	3,86
I	3,97	3,85
Cl	3,98	3,83
Br	3,97	3,80
CN	3,53	3,58
NO_2	3,43	3,47

On peut de manière arbitraire définir une valeur σ_x correspondant à la différence de pKa entre le composé substitué par X–H et celui de l'acide benzoïque non substitué X=H : **σ_X= pKa (C_6H_5COOH)–pKa(X–C_6H_4COOH) = log(Ka(X)/Ka(H))**

Si l'on se souvient que pKa = –log (Ka) alors σ_X peut s'exprimer en log (Ka(X)/ Ka(H)). La différence de valeur entre les pKa des acides benzoïques substitués et celui de l'acide benzoïque permet de définir un nouveau paramètre σ_X qui est caractéristique du pouvoir électro–donneur ou électro-accepteur du substituant sur l'ionisation des acides benzoïques. Il est donc possible de définir pour chaque groupement X une valeur σ_x positive pour les groupements attracteurs d'électrons et négative pour les groupements donneurs d'électrons. En effet, si X est donneur d'électrons, le pKa de X–C_6H_5COOH sera supérieur à celui de C_6H_5COOH et la différence correspondant à σx sera donc négative. L'inverse est tout aussi vraie ce qui nous permet de faire correspondre des **valeurs de σ_X négatives à des groupements attracteurs d'électrons**.

Prenons l'exemple de l'acide *para*-nitrobenzoïque. Son pKa est de 3,43, la différence pKa(C_6H_5COOH)–pKa(*p*–NO_2–C_6H_4COOH), égale à 4,20 – 3,43 = +0,77, correspond au σ_{NO2} et dénote du pouvoir électro-attracteur de NO_2 de par sa valeur positive.

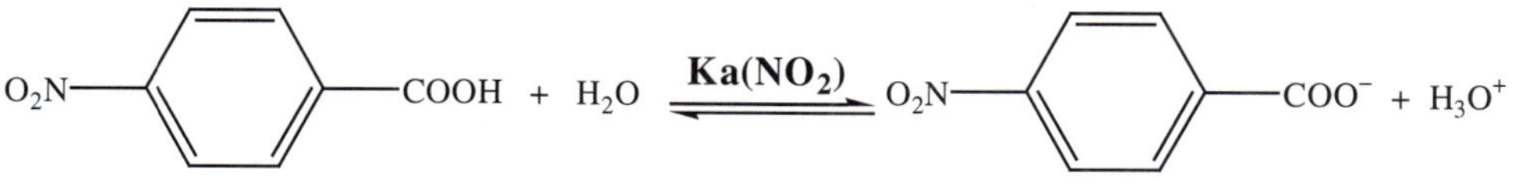

Ka(NO_2) = constante d'équilibre de la réaction d'ionisation de l'acide para-nitrobenzoïques dans l'eau

Différentes valeurs de σ peuvent être observées pour un même groupement X en fonction de sa positon méta ou para par rapport au groupement carboxyle COOH (tableau 26.8).

Tableau 26.8 **Valeurs de σ_X pour quelques substituants**

Constantes σ_x de Hammett								
Substituant	méta $_m$	para $_p$	Substituant	méta $_m$	para $_p$	Substituant	méta $_m$	para $_p$
H	0	0	F	+0,34	+0,06	CF_3	+0,43	+0,54
CH_3	–0,07	–0,17	Cl	+0,37	+0,23	CO_2H	+0,36	+0,41
C_2H_5	–0,07	–0,15	Br	+0,39	+0,23	CO_2CH_3	+0,32	+0,39
$(CH_3)_3C$	–0,10	–0,20	I	+0,35	+0,28	$COCH_3$	+0,38	+0,50
C_6H_5	+0,06	–0,01	$OCOCH_3$	+0,39	+0,31	SO_2CH_3	+0,60	+0,72
$(CH_3)_3Si$	–0,04	–0,07	$NHCOCH_3$	+0,21	0,00	CN	+0,56	+0,62
OCH_3	+0,12	–0,27	SH	+0,25	+0,15	NO_2	+0,71	+0,78
OH	+0,12	–0,37	SCH_3	+0,15	+0,00	$(CH_3)_2S^+$	+1,00	+0,92
NH_2	–0,16	–0,66	CO_2^-	–0,10	+0,00	$(CH_3)_3N^+$	+0,88	+0,82

Ces différences s'expliquent de la manière suivante :

- Lorsque le substituant n'a qu'un pouvoir inductif [cf. 4.3.2] (groupement méthyle par exemple), l'effet inductif ressenti par le groupement COOH sera d'autant plus fort que le groupement X sera plus proche de lui donc en méta.
- Pour un groupement doué à la fois des effets inductifs et mésomères [cf. 4.4.1] (le groupement OCH_3 par exemple), lorsqu'il est placé en méta, seul son effet inductif attracteur influe sur l'ionisation de la fonction acide. Son σ_m est donc positif et égal à 0,12 (tableau 26.2).

Voir chap. 4, § 4.4.1

En para, l'effet mésomère donneur l'emporte sur l'effet inductif attracteur, la conjugaison conduit à apporter des électrons au pied du carbonyle ce qui contribue à diminuer l'acidité. Dans ce cas, son σ_p est donc négatif et égal à –0,27 (tableau 26.8), significatif d'un effet donneur. On voit en effet, sur la figure 26.4, que lorsque le groupe OCH_3 est en méta aucune forme mésomère n'apporte des électrons au groupement COOH. Aucun effet mésomère donneur n'est ressenti par le groupement COOH. Par contre lorsqu'il est situé en para, les électrons peuvent se déplacer jusqu'à la fonction acide carboxylique qui ressent de ce fait l'effet donneur du groupe OCH_3.

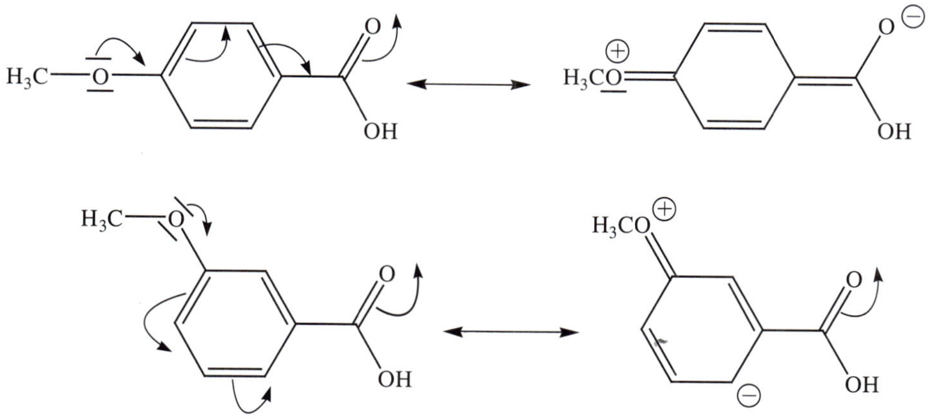

Figure 26.4 Influence des effets électroniques du groupement OCH_3 sur l'ionisation des acides *méta-* ou *para*-methoxybenzoïques

Question 26.B

Les constantes d'ionisation, à 20 °C, des acides *méta-* et *para*-cyanobenzoïques sont respectivement de $2{,}51 \cdot 10^{-4}$ et $2{,}82 \cdot 10^{-4}$. L'acide benzoïque a une constante d'ionisation Ka de $6{,}76 \cdot 10^{-5}$ à 20 °C. Calculer σ_m et σ_p pour le substituant cyano (CN).

b) La constante ρ de Hammett

Connaissant la variation du pKa des acides benzoïques en fonction de la nature et de la position d'un substituant X, est-il possible de prévoir l'évolution chimique d'une autre réaction ?

La réponse est affirmative si l'on peut établir une corrélation linéaire entre la réaction étudiée et la réaction d'ionisation des acides benzoïques.

C'est le cas, par exemple, de la saponification des esters benzoïques substitués, pour laquelle il est possible d'établir une corrélation entre la vitesse de saponification des esters benzoïques k_x (constante de vitesse) et les pKa(X) des acides benzoïques correspondants.

Voir chap. 15, § 15.4.4

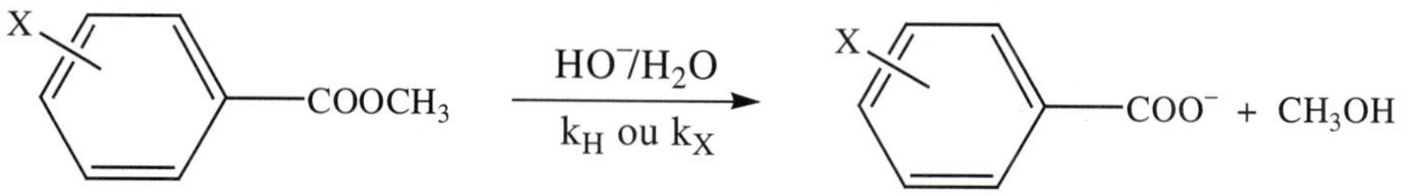

k_X = constante de vitesse de la réaction de saponification pour X

k_H = constante de vitesse de la réaction de saponification pour X=H

Il est possible notamment de montrer que la variation de $\log(k_X/k_H)$ en fonction du log(Ka(X)/Ka(H)) décrit une droite passant par l'origine (fig. 26.5) (ceci est vérifié pour un certain nombre de substituants placés en para ou en méta de la fonction ester comme NO_2, Me, Cl). **La pente de cette droite, appelée ρ, caractérise la sensibilité de la réaction d'hydrolyse aux variations de X**. C'est une constante qui ne dépend que de la réaction étudiée.

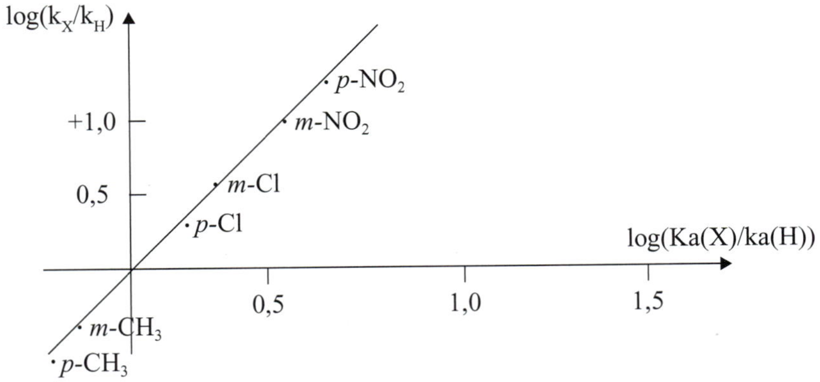

Figure 26.5
Corrélation entre les constantes de vitesse (k_X, k_H) relatives à la réaction de saponification des esters benzoïques sustitués et les constantes thermodynamiques (Ka(X), Ka(H)) associées à la réactions d'ionisation des acides benzoïques correspondants.

c) La relation de Hammett

Compte tenu de ce qui a été défini plus haut, à savoir, log (Ka(X)/Ka(H))=σ_X, nous pouvons alors établir la relation suivante qui est appelée relation de Hammett.

$$\log(k_X/k_H)=\rho\sigma_X$$

Bien d'autres réactions que la saponification des esters benzoïques vérifient cette relation. Le tableau 26.9 regroupe les valeurs de ρ pour certaines d'entre elles. La réaction d'ionisation dans l'eau des acides benzoïques substitués est utilisée comme réaction de référence pour déterminer la valeur des ρ d'autres réactions. Elle est caractérisée par une constante ρ égale à +1,00.

Tableau 26.9 Valeurs de ρ pour diverses réactions

Réaction	
Ionisation des acides benzoïques dans l'eau à 20 °C	+1,00
Ionisation des phénols dans l'eau à 25 °C	+2,11
Formation des cyanhydrines à partir des benzaldéhydes dans l'eau à 25 °C	+1,83
Saponification des benzoates d'éthyle dans l'éthanol (85 %) à 25 °C	+2,54
Hydrolyse acide des benzamides dans l'eau à 100 °C	+0,12
Estérification des acides benzoïques par le méthanol en milieu acide à 25 °C	–0,23
Alkylation des diméthylanilines par l'iodure de méthyle dans l'acétone à 35 °C	–3,30
Hydrolyse des chlorures de benzyle dans un mélange acétone-eau à 30 °C (S_N1)	–1,82
Substitution des chlorures de benzyle par I^- dans l'acétone à 20 °C	+0,79
Alkylation des ions phénolates par l'iodure d'éthyle dans l'éthanol à 40 °C (S_N2)	–0,99

Lorsqu'une telle relation peut s'établir, on peut tirer un certain nombre de renseignements qui nous seront utiles en particulier pour l'établissement des mécanismes réactionnels.

d) Signification des valeurs σ et ρ

Comme nous l'avons défini précédemment, σ_X est une constante qui ne dépend que de X. Sa valeur nous renseigne sur le pouvoir électro-donneur ou électro-attracteur de X sur l'ionisation des acides benzoïques. Nous avons vu que des substituants X électro-attracteurs possèdent des $\sigma_X>0$ et inversement des valeurs de $\sigma_X<0$ correspondent à des substituants donneurs d'électrons.

Les ρ sont des constantes positives ou négatives qui ne dépendent que de la réaction étudiée. **Elles correspondent à la sensibilité de la réaction à la variation de X**.

Valeur absolue de ρ

Les réactions très sensibles à la variation de X auront des valeurs absolues de ρ très élevées (fig. 26.6, droite verte ou rouge). A l'inverse, si la réaction est peu sensible à la variation de X alors la valeur absolue de ρ sera faible (fig. 26.6, droite bleue).

Signe de ρ

ρ peut être positive ou négative. Quelle interprétation peut-on faire du signe de ρ ?

Pour répondre à cette question, il faut revenir à la relation de Hammett : $\log (k_X/k_H) = \rho \, \sigma_X$

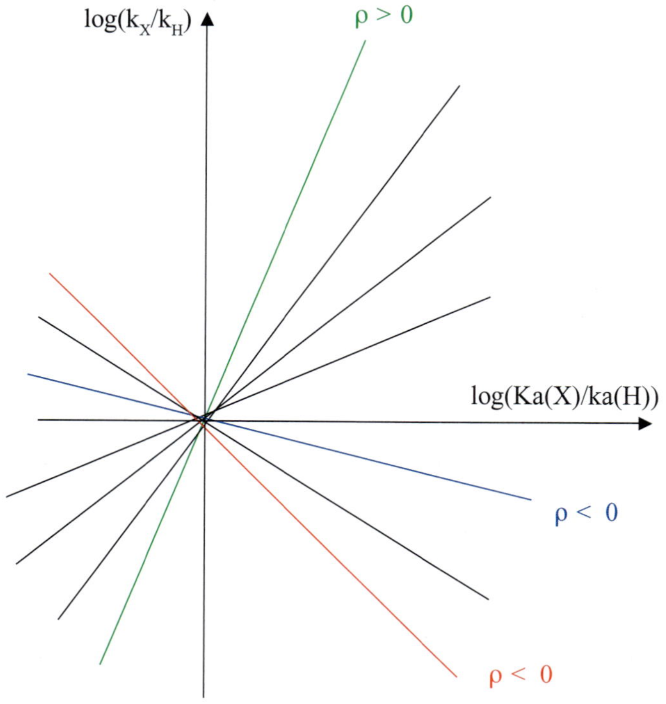

Figure 26.6
Valeurs de ρ pour différentes réactions

Si la valeur de σ est positive, ce qui correspond à un substituant attracteur d'électrons, et si celle de ρ est également positive alors, d'après la relation de Hammett, log (k_X/k_H) est positif. Cela signifie que la réaction est accélérée par la présence d'un groupement attracteur d'électrons. Cela signifie encore que l'état de transition de l'étape cinétiquement déterminante est plus chargé négativement que le réactif. Il sera donc stabilisé par des groupements attracteurs d'électrons.

Voir paragraphe 26.2.2 sur le postulat de Hammond

Si la valeur de σ est négative, caractéristique d'un substituant donneur d'électrons, et si celle de ρ est également négative alors log (k_X/k_H) est positif. Cela signifie que la réaction est accélérée par la présence d'un groupement donneur d'électrons. Cela signifie aussi que l'état de transition de l'étape cinétiquement déterminante est moins chargé négativement que le réactif. Il sera donc stabilisé par des groupements donneurs d'électrons.

Voir chap. 12, § 12.2.2.a

Exemple 1

Prenons l'exemple d'une substitution électrophile aromatique. La première étape, cinétiquement déterminante, est l'addition de l'électrophile sur le cycle aromatique avec formation d'un véritable carbocation. La valeur de ρ est égale à –6,40. Cette valeur négative est en accord avec la charge positive développée par l'intermédiaire réactionnel. La forte valeur absolue correspond au développement d'une charge directement sur le cycle lui-même, la stabilité de cet intermédiaire (et donc celle de l'état de transition qui le précède) sera très sensible à la nature du groupement X.

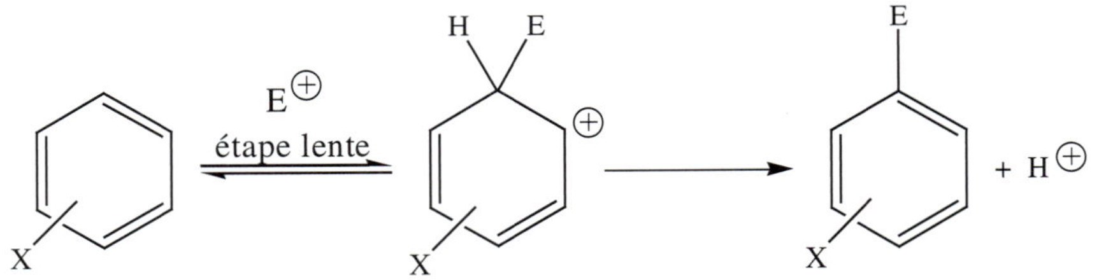

Exemple 2

À l'inverse, prenons le cas d'une substitution nucléophile d'ordre 2 comme par exemple la réaction des ions iodure I^- sur les chlorures de benzyle (ρ = + 0,79). La réaction se déroule en une étape et l'état de transition associée à cette unique étape ne développe pas de charge réelle. L'effet du substituant X sur la stabilité de cet état de transition va être limité d'où une faible valeur absolue de ρ. Son signe positif est dû à un apport d'électrons à l'état de transition par l'attaque de I^-.

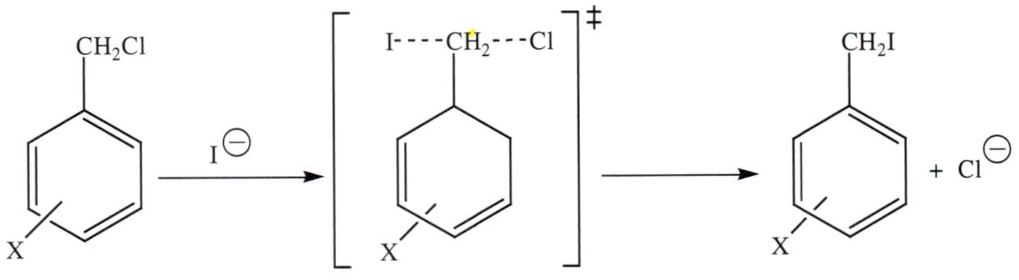

état de transition

e) Recherche du mécanisme d'une réaction

Connaissant la valeur de ρ d'une réaction, il nous sera possible de définir son mécanisme réactionnel.

Exemple 1

La réaction de saponification des benzoates d'éthyle a une sensibilité ρ égale à +2,54.

Si l'on s'intéresse au passage des esters aux carboxylates, deux mécanismes peuvent être intuitivement proposés (dans les deux cas la première étape est cinétiquement déterminante). Le premier correspond à une attaque du carbonyle de l'ester par l'ion hydroxyde et conduit à un état de transition I chargé négativement. Le second passe par la rupture de la liaison C–OEt et conduit à un état de transition II chargé positivement.

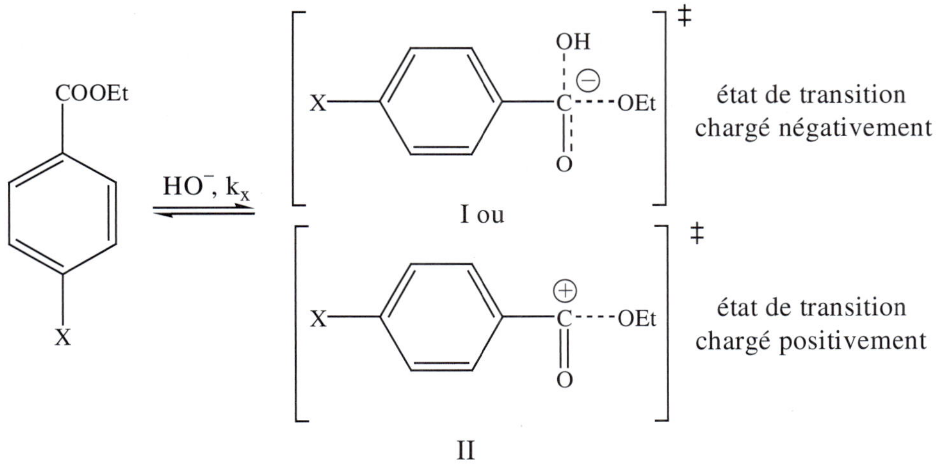

Connaissant la valeur de ρ de cette réaction (+2,54), il est facile de trancher entre ces deux propositions. En effet, comme nous l'avons défini précédemment si la valeur de ρ est positive alors la réaction sera accélérée par la présence de groupement attracteur d'électrons (σ > 0). Comparons les deux états de transition I et II. Seule la structure I chargée négativement peut être stabilisée par la présence d'un X attracteur d'électrons. Ceci permet de conclure, sans ambiguïté, que le mécanisme de la réaction est celui correspondant à l'attaque de l'hydroxyde sur le carbonyle. C'est ce mécanisme qui a été proposé dans le chapitre 15.

Voir chap. 15

Exemple 2

Substitution nucléophile des chlorures de benzyle parasubstitués.

La réaction d'hydrolyse, dans un mélange eau-acétone, des chlorures de benzyle a un ρ de −1,82 alors que la réaction des ions iodures I^- sur ces mêmes chlorures a un ρ de +0,79.

Ces deux réactions correspondent à des substitutions nucléophiles. La valeur négative du ρ de la première, nous indique que le passage du réactif à l'état de transition correspond à une perte d'électrons.

La seconde, caractérisée par un ρ positif montre que l'on apporte des électrons à l'état de transition. Nous pouvons en déduire que la première réaction est une S_N1 qui conduit à la formation d'un carbocation intermédiaire. Par contre I^- réagit selon un mécanisme de S_N2, avec attaque directe de l'anion sur le carbone sp^3 du chlorure de benzyle.

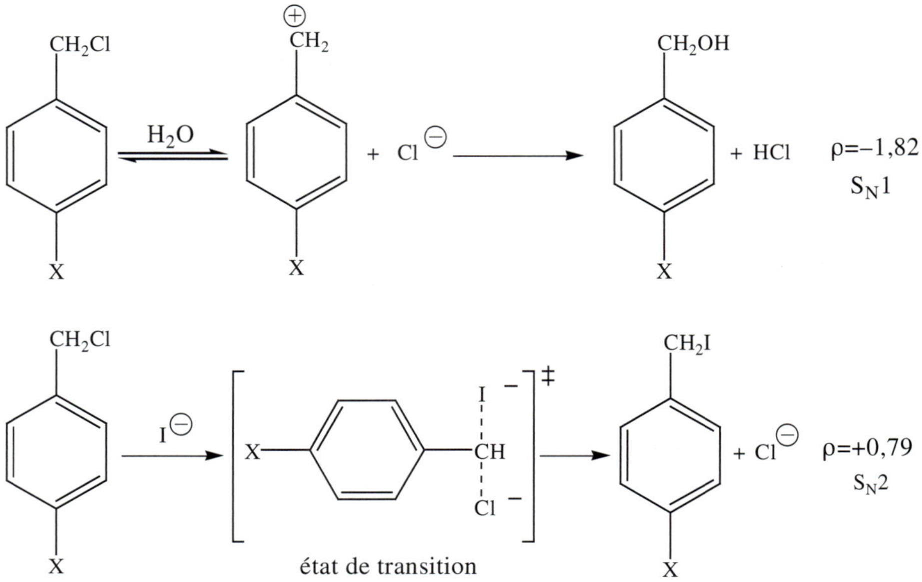

Question 26.C

On donne les valeurs de Hammett des substitutions nucléophiles suivantes :

a) $ArCH_2Cl + OH^- \xrightarrow{H_2O} ArCH_2OH + Cl^-$ $\rho = -0{,}333$

b) $ArCH_2Cl + H_2O \longrightarrow ArCH_2OH + Cl^-$ $\rho = -2{,}178$

c) $ArCHClPh + EtOH \longrightarrow ArCHPh + Cl^-$ $\rho = -5{,}090$

Justifier les valeurs de ρ et la variation observée en fonction de la nature de la réaction.

Question 26.D

On donne différentes valeurs de ρ en valeur absolue : 5,92 ; 2,54 ; 0,99.
Faites correspondre chacune de ces valeurs à une réaction ci-après en précisant le signe de la constante et en expliquant votre choix.

a) 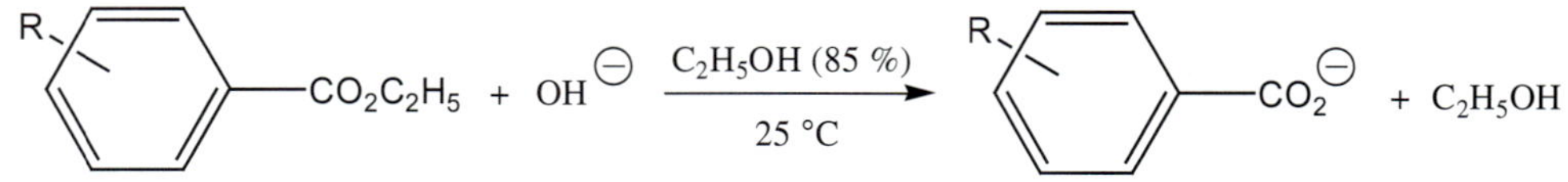

b) 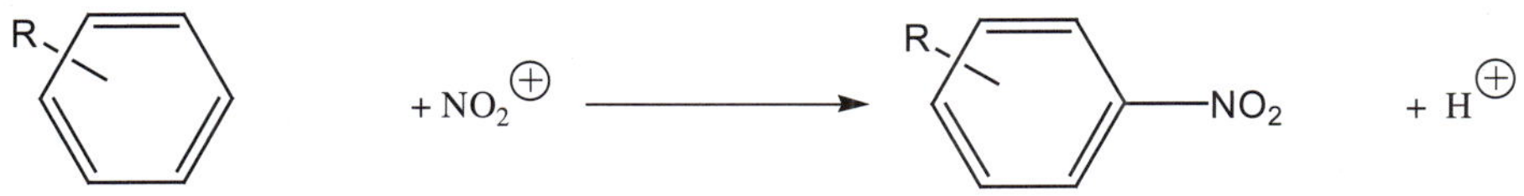

c) 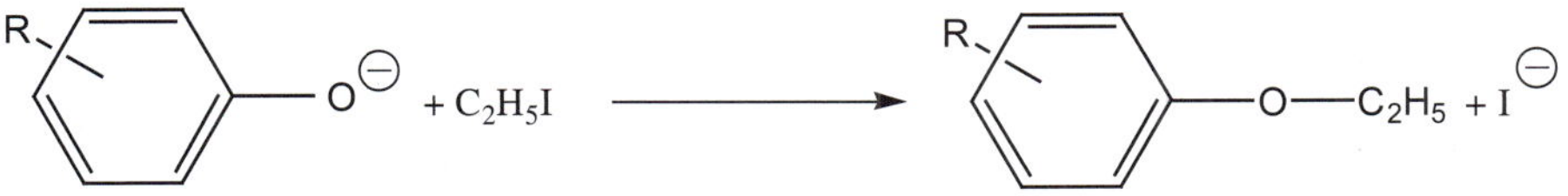

26.3.4 L'effet isotopique cinétique du deutérium et du tritium

L'hydrogène est le seul élément qui possède des isotopes deux fois plus lourd (le deutérium D) et trois fois plus lourd que lui (le tritium T). Ceci a des conséquences exploitables dans l'étude des mécanismes réactionnels. En effet, si le remplacement d'un hydrogène par l'un de ses isotopes n'a aucune conséquence sur les propriétés chimiques du substrat, un effet appelé effet isotopique cinétique peut être parfois observé. Ainsi, en calculant le rapport k_H/k_D, où **k_H correspond à la constante de vitesses de la réaction sur un substrat non deutérié et k_D la constante de vitesse de la même réaction effectuée sur le substrat deutérié**, il sera possible de définir un effet isotopique. On peut expliquer ce phénomène en considérant que la liaison entre deux atomes peut être définie comme deux masses reliées par un ressort. La loi de Hoocke montre que k la force du ressort, qui peut être dans ce cas assimileé à la force de la liaison, augmente avec la masse des atomes. Ceci démontre qu'il faudra plus d'énergie pour rompre une liaison C–D qu'une liaison C–H ce qui peut dans certains cas conduire à des valeurs de k_H et k_D différentes.

En fonction de sa valeur, le rapport k_H/k_D nous renseigne sur le mécanisme réactionnel.

Le tableau ci-dessous regroupe les valeurs que peut prendre le rapport k_H/k_D et l'interprétation que l'on peut en faire concernant le mécanisme d'une réaction caractérisée par un tel rapport.

Tableau 26.10 Les différents effets isotopiques cinétiques et leur signification

k_H/k_D	Type d'effet	Signification
$2<k_H/k_D<7$	Effet isotopique primaire	Rupture de liaison C–H ou C–D dans l'étape lente
$1,2<k_H/k_D<2$	Effet isotopique secondaire normal	Pas de rupture de liaison C–H ou C–D dans l'étape lente mais modification de la force de liaison due au changement de l'état d'hybridation sp^2sp^3 du centre réactif
$k_H/k_D<1$	Effet isotopique secondaire inverse	Pas de rupture de liaison C–H ou C–D dans l'étape lente mais modification de la force de liaison due au changement de l'état d'hybridation sp^3sp^2 du centre réactif

a) Effet isotopique primaire (EIP)

L'effet isotopique primaire (EIP) est le plus élevé, il est compris entre 2 et 7. **Il sera mesuré pour toute réaction faisant intervenir la rupture d'une liaison C–H ou C–D dans son étape lente**. C'est le cas notamment de la formation d'énolate décrit dans le tableau 26.5.

b) Effet isotopique secondaire (EIS)

Si aucune liaison C–H ou C–D n'est rompue dans l'étape lente, il reste cependant la possibilité de mesurer un effet isotopique secondaire (EIS) compris entre 1 et 2.

Effet isotopique secondaire normal

Il est observé si **l'état d'hybridation de l'atome qui porte l'hydrogène ou le deutérium change au cours de l'étape lente**. Ainsi, si l'atome passe d'un état sp^3 à un état sp^2 alors on mesurera un EIS normal compris entre 1,2 et 2.

Exemple

La réaction d'hydrolyse du chlorure de benzyle paraméthylé est une réaction de type S_N1 avec formation d'un carbocation (C sp^2) dans l'étape lente.

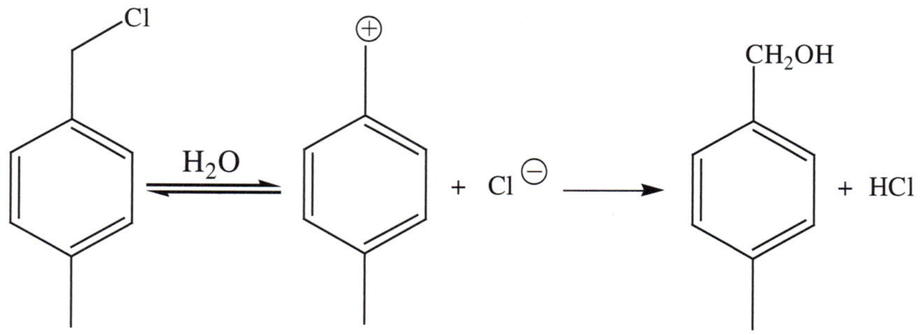

Effet isotopique secondaire inverse

À l'inverse si l'état d'hybridation passe de sp^2 à sp^3, on mesurera un EIS compris entre 1 et 1,2.

Exemple

L'addition de HCN sur un aldéhyde conduit à la formation d'une cyanhydrine. L'effet isotopique mesuré est de 0,7 et correspond donc à un EIS inverse. Ce résultat démontre le changement sp^2sp^3 du carbone du groupe carbonyle dans l'étape cinétiquement déterminante.

Ceci s'explique par l'attaque du carbone de l'acide cyanhydrique sur le carbonyle avant la protonation de l'oxygène. Ce résultat n'est pas surprenant si l'on considère que l'acide cyanhydrique n'est pas assez fort pour se dissocier en $H^+ + CN^-$.

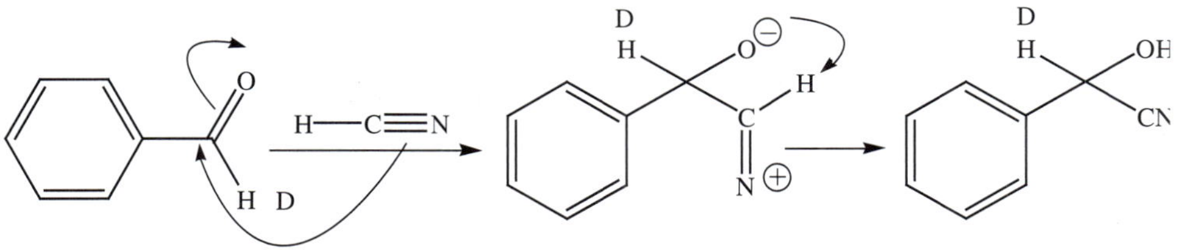

Tableau 26.11	**Effets isotopiques cinétiques de quelques réactions**	
Réactions	**k_H/k_D**	**Commentaire**
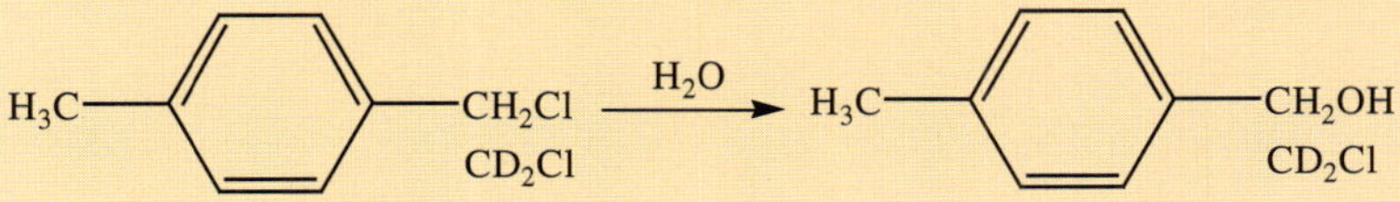	1,30 EIS	SN_1 Pas de rupture de C–H ou C–D Mais passage d'un carbone sp^3 à un carbone sp^2
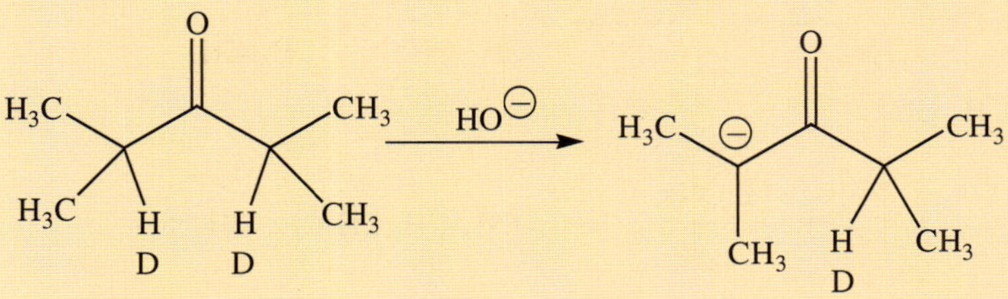	6,1 EIP	Formation d'énolate par arrachement du proton
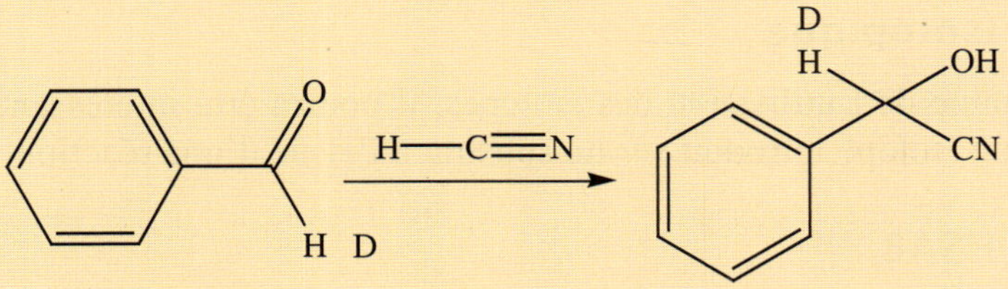	0,7 EIS	Formation d'une cyanhydrine Pas de rupture de C–H ou C–D dans l'étape cinétiquement déterminante mais passage d'un carbone sp^2 à un carbone sp^3

c) Effet isotopique dans les réactions d'élimination

La mesure de l'effet isotopique sera très utile pour différencier un mécanisme d'élimination de type E1 ou de type E2. En effet, un mécanisme de type E1, qui ne conduit pas à la rupture d'une liaison C–H ou C–D dans son étape lente correspondant à la formation d'un carbocation, aura dans tous les cas un k_H/k_D inférieur à 2. En revanche, on peut s'attendre à la mesure d'un effet isotopique primaire compris entre 2 et 7 dans le cas d'une E2.

Voir chap. 13, § 13.2.2

Question 26.E

Prévoir la nature primaire ou secondaire de l'éventuel effet isotopique des réactions suivantes (l'étoile marque les hydrogènes qui peuvent être remplacés par du deutérium).

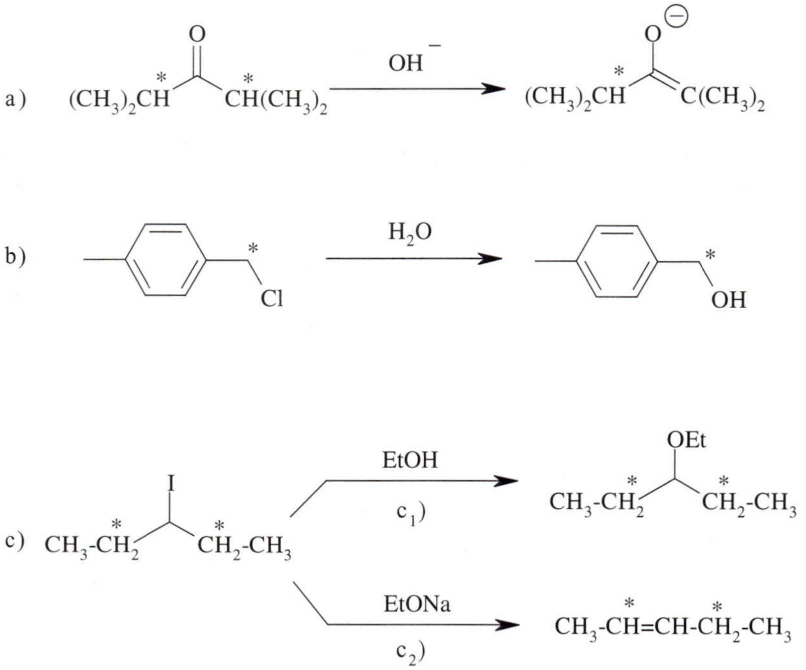

26.3.5 Marquage isotopique

Cette technique a été utilisée notamment dans le chapitre 15 [cf. 15.2.3] pour mieux comprendre le mécanisme d'estérification des alcools.

Toujours dans le domaine de l'utilisation des isotopes, il pourra être intéressant de regarder le devenir d'un isotope introduit sur un substrat à l'issue d'une réaction.

26.3.6 La théorie HSAB

Il est possible d'affiner notre réflexion sur la prédiction d'une réaction chimique en introduisant ici la théorie HSAB (*Hard and Soft Acid* and Base ou Acide et Base Dur et Mou en français).

a) Définition des acides et bases durs et mous

Cette théorie définie par Pierson dans les années 60 considère que toute entité chimique peut être rangée, dans l'une des catégories répertoriées ci-dessous et définies comme suit :

- **Base dure** : petit atome donneur d'électron, de forte électronégativité, faiblement polarisable
- **Base molle** : atome ou groupe d'atomes donneur de faible électronégativité, fortement polarisable

➤ **Acide dur** : atome accepteur petit, avec une forte charge positive, faiblement polarisable

➤ **Acide mou** : atome ou groupe d'atomes accepteur, gros, avec une charge positive faible, polarisable

On peut déterminer la **dureté absolue** d'une entité comme étant égale à **η = (EI+AE)/2** où EI correspond à son énergie d'ionisation et AE son affinité électronique. Il existe des tables dans lesquelles les entités sont classées dans l'absolu.

b) Variation de la dureté

D'un point de vue qualitatif, il est possible de comparer la dureté d'entités en examinant différents facteurs.

➤ **La dureté varie avec la taille des entités**. Si l'on se réfère au tableau de Mendeleiev, il est possible de dire que la dureté de l'atome d'oxygène est supérieure à celle du carbone (O et C sur la même ligne avec C à droite de O donc O plus électronégatif que C). Il est possible également, en comparant les éléments d'une même colonne, de dire que l'ion Li^+ est plus dur que Na^+ et lui-même plus dur que K^+ (à charge égale, la taille de l'atome augmente)

➤ **La dureté varie également avec la charge des entités** : ainsi, pour un même atome la dureté augmente avec sa charge. Par exemple, le Nickel (0) est plus mou que le Nickel (+I) et lui même plus mou que le Nickel (+II) (pour un même atome, la charge augmente).

➤ **La dureté diminue avec la conjugaison**. Si l'on compare la dureté de deux entités possédant un atome d'oxygène chargé négativement comme par exemple les ions méthanolate et phénolate, il est possible de remarquer que la charge négative est fortement localisée sur l'oxygène dans le cas du méthanolate ce qui rend ce site dur. La résonance de la charge négative, observée dans le cas du phénolate, diminue la densité électronique sur l'oxygène rendant ce site plus mou que le précédent.

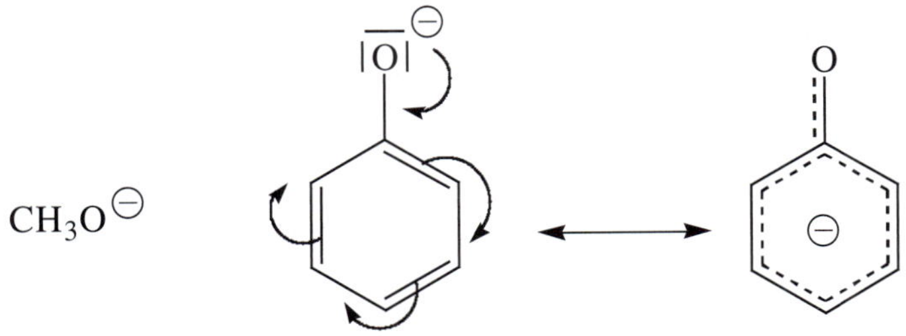

méthanolate phénolate

➤ **La dureté varie avec l'état d'hybridation d'un atome**. Ainsi par exemple, un carbone sp (50 % de caractère s et 50 % de caractère p) sera plus dur qu'un carbone sp^2 (1/3 de caractère s et 2/3 de caractère p) et lui-même plus dur qu'un carbone sp^3 (1/4 de caractère s et 3/4 de caractère p). En fait, plus le caractère s d'une orbitale est important plus les électrons localisés dans cette orbitale seront proches du noyau.

Voir chap. 4, § 4.2.2

Question 26.F

Classer les ions donnés ci-dessous par ordre de dureté décroissante :

a) F^-, I^-, Br^-, Cl^-

b) OH^-, F^-, CH_3^-, NH_2^-

c) CH_3O^-, CH_3^-

d) CH_3O^-, CH_3S^-

e) $C_6H_5O^-$, CH_3O^-

f) $CH_3CH^-CH_2COCH_3$, $CH_3CH^-COCH_3$

c) Prévision du déroulement d'une réaction

On peut utiliser ces données pour prévoir le résultat d'une réaction. En effet, en plus de permettre de classer des entités en fonction de leur dureté, la théorie HSAB énonce également que les associations entre les acides et bases de dureté voisine sont favorisées.

Si une molécule possède plusieurs sites de réaction pouvant être classés selon les critères de la théorie H.S.A.B., il sera possible de prévoir le résultat de la réaction de cette molécule avec un réactif donné.

Exemple

Les ions thiocyanates ^-SCN possèdent, de part la résonance, deux sites potentiels pouvant attaquer un électrophile. En effet, la charge négative peut être portée par le soufre qui est un gros atome ou par l'azote plus petit. D'après la théorie HSAB, il est possible de dire que le soufre est plus mou que l'azote.

Comparons maintenant les deux électrophiles, CH_3I et CH_3COCl. Le carbone sp^3 du méthyle de CH_3I est plus mou que le carbone sp^2 du carbonyle de CH_3COCl. En toute logique, CH_3I sera plutôt attaqué par le soufre alors que CH_3COCl sera quant à lui plutôt attaqué par le site dur de l'ion thiocyanate, à savoir par l'azote.

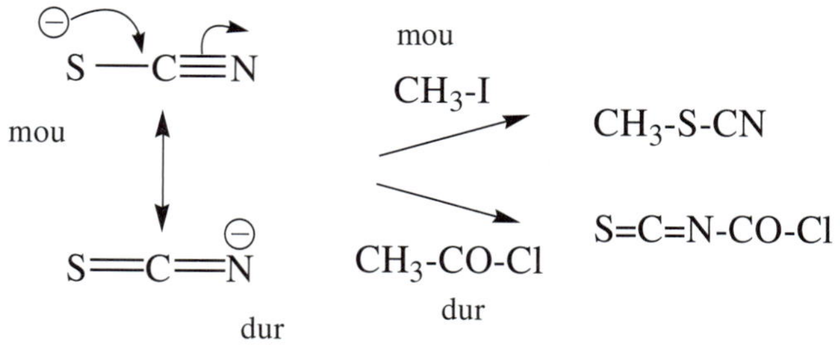

Compétition entre substitution et élimination

Nous avons vu au chapitre 13 que les réactions de substitutions pouvaient être en compétition avec les éliminations. En fait, l'orientation d'une réaction vers le produit de substitution ou d'élimination dépendra, entre autre, du rapport basicité/nucléophilie de l'espèce attaquante.

Revenons tout d'abord sur les notions de basicité et de nucléophilie.

- La basicité au sens de Brönsted peut être définie comme l'aptitude d'une entité riche en électrons à capter un proton. Le pouvoir basique d'une entité est déterminé par un équilibre thermodynamique acido-basique.
- La nucléophilie peut être définie comme l'aptitude d'une entité riche en électrons à attaquer un carbone. Le pouvoir nucléophile est alors déterminé par la mesure d'une vitesse de réaction, c'est un phénomène cinétique.
- La basicité et la nucléophile sont des propriétés liées. Ainsi, on comprendra aisément que, à la fois la basicité et la nucléophilie des anions sont supérieures à celles des molécules neutres correspondantes. L'ion hydroxyde HO^- est plus basique et plus nucléophile que l'eau de part la présence d'un excès de charge négative.

En utilisant, la théorie HSAB énoncée plus haut, on peut définir que le rapport basicité/nucléophilie sera plus grand pour des entités dures que pour des entités molles. En effet, si l'on considère la compétition entre l'élimination et la substitution susceptibles de se produire au départ d'un même composé, il est possible de classer les deux sites d'attaque, que sont le proton et le carbone, selon leur dureté. L'hydrogène est en effet plus dur que le carbone. Ainsi, la réaction d'une base dure avec le proton sera privilégiée alors que la réaction sur le carbone sera quant à elle favorisée par les bases molles.

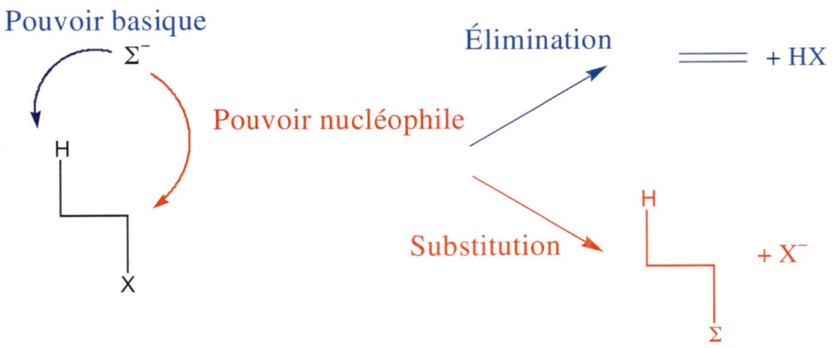

Exemple

Réaction du méthanolate et du phénolate de sodium sur le bromure d'isopropyle.

Si l'on se réfère au chapitre 13, la réaction d'un dérivé bromé secondaire avec une entité chargée négativement peut conduire à une substitution nucléophile d'ordre 2 de l'halogène ou bien à une élimination d'ordre 2 de HBr.

Voir chap. 13

Ces deux réactions se produisent respectivement par l'attaque de l'entité chargée négativement sur le carbone secondaire (on parle alors de nucléophile) ou par l'attaque sur le proton (on parle alors d'une base).

Nous avons vu précédemment que l'ion phénolate était plus mou que le méthanolate de sodium. Nous en déduisons que le méthanolate conduira préférentiellement à la réaction d'élimination alors que l'attaque du phénolate se fera plutôt sur le carbone ce qui conduira à une substitution nucléophile.

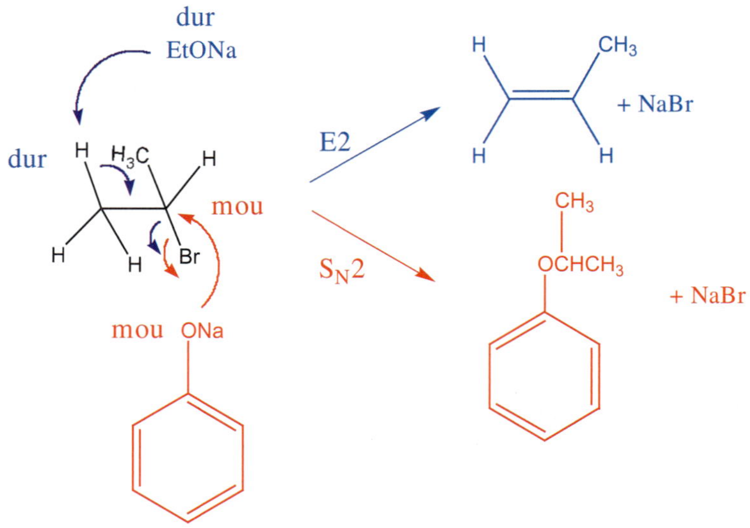

26.3.7 Description et rôle des solvants

Nous avons déjà parlé du rôle physique et chimique que joue un solvant sur le déroulement d'une réaction [cf. 5.6]. Nous avons vu en particulier le pouvoir du solvant sur la solvatation des espèces présentes au cours d'une réaction. Nous allons approfondir ce sujet et montrer comment il est possible de prévoir le rôle du solvant sur le déroulement d'une transformation chimique.

Revenons tout d'abord à la description des différentes catégories de solvant qui ont été définies au chapitre 5.

a) Les solvants protiques polaires

Ils possèdent tous un proton lié à un hétéroatome électronégatif ce qui leur confère un pouvoir donneur de liaisons hydrogène. Ils solvatent très bien les anions.

Les plus connus et utilisés sont l'eau (H_2O), le méthanol (CH_3OH), l'éthanol (CH_3CH_2OH) et le diméthylformamide (DMF, $(CH_3)_2NCHO$).

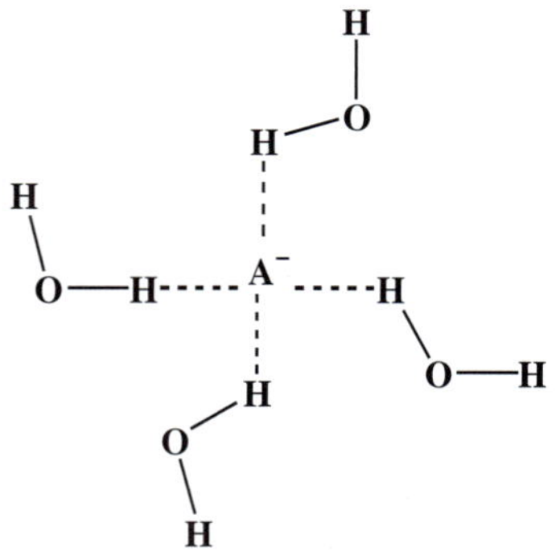

Solvatation d'un anion A^- par l'eau

La force de solvatation des anions dépendra de leur taille. Les protons des solvants protiques polaires sont des sites durs et s'associeront plus volontiers avec des petits anions. Parmi les halogénures (F^-, Cl^-, Br^-, I^-), le plus solvaté, donc le moins réactif, est de loin l'ion fluorure qui ne réagit pas dans les solvants protiques polaires.

b) Les solvants aprotiques

Ils sont par définition dépourvus de proton lié à un hétéroatome électronégatif. Ils ne peuvent donc pas donner de liaison hydrogène mais ils peuvent néanmoins en recevoir. Il est possible, en fonction de la valeur de leur moment dipolaire et de leur constante diélectrique, de les classer en trois sous-catégories :

- **les aprotiques dipolaires** possédant un moment dipolaire μ supérieur à 3 Debye et une constante diélectrique ε supérieure à 15
- **les aprotiques peu polaires** possédant un moment dipolaire compris entre 3 et 2,5 Debye et une constante diélectrique inférieure à 15
- **les aprotiques apolaires** possédant un moment dipolaire inférieur à 2,5 et une constante diélectrique inférieure à 15. Ce classement impose la connaissance des valeurs de μ et de ε pour chaque solvant, ce qui nécessite un effort de mémoire supplémentaire. Il est néanmoins possible de raisonner sur la structure des solvants afin de les associer à l'une ou l'autre de ces trois sous-catégories.

Liste des solvants aprotiques les plus utilisés :

- **Aprotique dipolaire** : non donneur de liaison hydrogène ; $\mu > 3$ Debye et $\varepsilon > 15$

HMPT, DMF, CH_3COCH_3, CH_3CN, DMSO, $PhNO_2$, CH_3NO_2

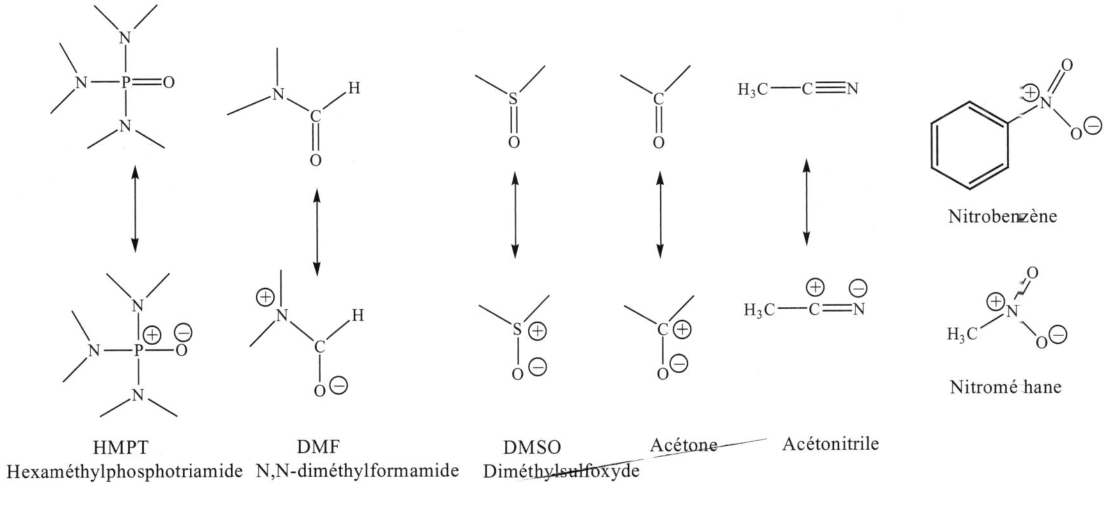

Il est possible de remarquer que tous les solvants aprotiques dipolaires possèdent une liaison multiple (double ou triple) entre deux atomes d'électronégativité différente. La délocalisation des électrons mobiles permet d'inscrire une charge négative sur l'atome le plus électronégatif. La présence de cette charge sur un atome peu encombré est responsable de la solvatation des cations.

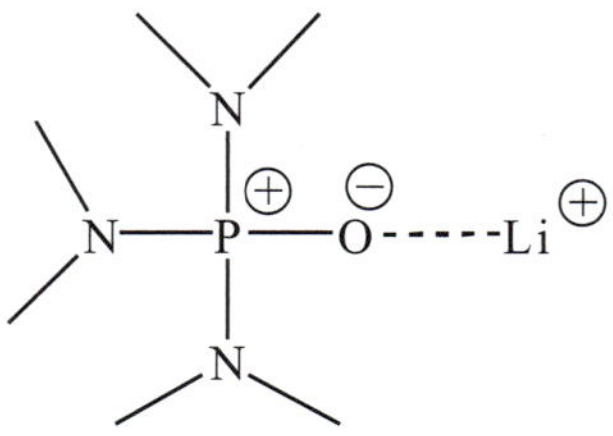

- **Aprotique peu polaire :** non donneur de liaison hydrogène ; $3 > \mu > 2{,}5$ Debye et $\varepsilon < 15$

Et_2O, THF, dioxane

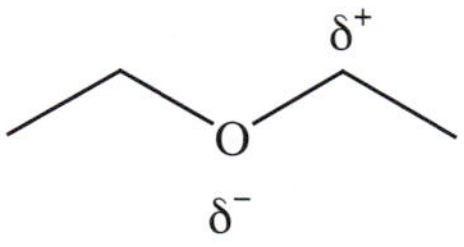

Diéthyléther Et_2O

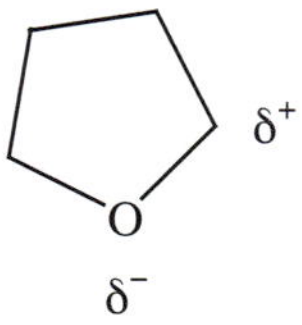

THF
Tétrahydrofurane

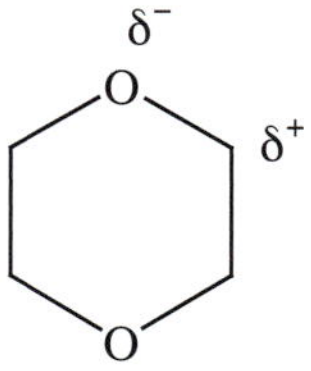

Dioxane

Les solvants aprotiques peu polaires présentent une liaison simple entre deux atomes d'électronégativité différente, ce qui permet d'inscrire des charges partielles δ^+ et δ^-. Les propriétés de cette catégorie de solvant seront les mêmes que celles des solvants aprotiques dipolaires mais à un degré moindre.

- **Aprotique apolaire :** non donneur de liaison hydrogène ; $\mu < 2$ Debye et $\varepsilon < 15$

cyclohexane, benzène, alcane

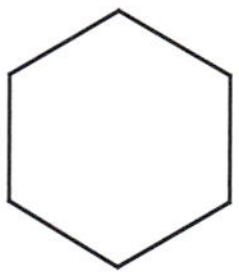

Cyclohexane

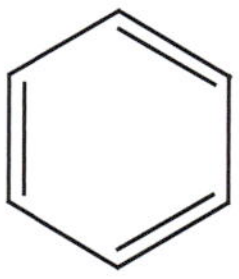

Benzène

$CH_3\text{-}(CH_2)_n\text{-}CH_3$

Alcanes

Les solvants aprotiques apolaires ne possèdent que des atomes de carbone et d'hydrogène d'électronégativité comparable. Ce sont des hydrocarbures qui ne solvatent ni les anions, ni les cations.

c) Rôle du solvant sur le déroulement d'une réaction

Examinons maintenant, comment le changement de solvant peut influer sur le déroulement d'une réaction.

Prenons l'exemple de la réaction, effectuée dans le DMSO (solvant aprotique dipolaire), du bromure de propyle avec des ions flourure associés à un cation de nature variable M^+.

Nous avons vu au chapitre 5 que les solvants aprotiques polaires étaient capables de solvater les cations. Ainsi, M^+ sera donc solvaté par le DMSO ce qui permettra à l'anion libéré de son cation de réagir. Là encore, la solvatation du cation va dépendre de sa nature et la théorie HSAB permet une approche qualitative de ce phénomène. La solvatation des cations par les solvants aprotiques dipolaires dépend de l'interaction existante entre le site négatif du solvant qui peut être qualifié de dur selon la théorie HSAB et le cation. Il est clair que la solvatation des cations variera avec la dureté du cation. Ainsi, l'ion Li^+, qui est l'un des cations les plus durs, sera fortement solvaté dans le DMSO. En revanche, les ions ammonium, comme Et_4N^+, seront considérés comme mous et seront donc moins solvatés. Il est certain que la réaction sera favorisée lorsque l'on utilisera LiF dans le DMSO plutôt que Et_4N^+F

Voir chap. 5

Question 26.G

Expliquer le résultat des réactions suivantes en utilisant la théorie HSAB :

a) $CH_3CH{=}CH_2 \xleftarrow{C_2H_5O^-} (CH_3)_2CHBr \xrightarrow{^-HC(COOCH_3)_2} (CH_3)_2CHCH(COOCH_3)_2$

b)

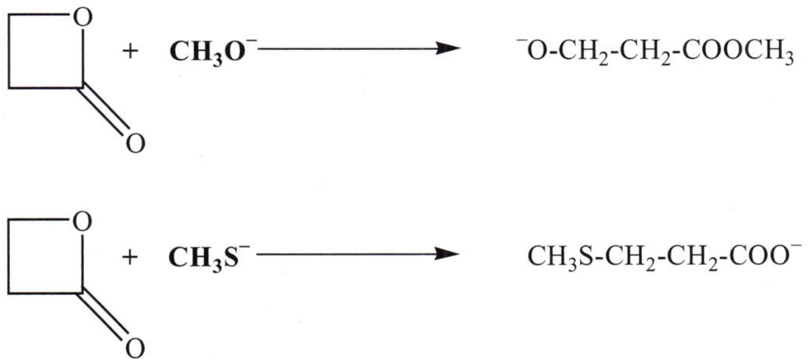

EXERCICES

Les solutions se trouvent à la page 686.

26-a La formation d'esters à partir des chlorures d'acides s'effectue selon deux mécanismes réactionnels différents en fonction de la base utilisée :

– En présence de pyridine, le mécanisme est classique et la réaction s'effectue de la manière suivante :

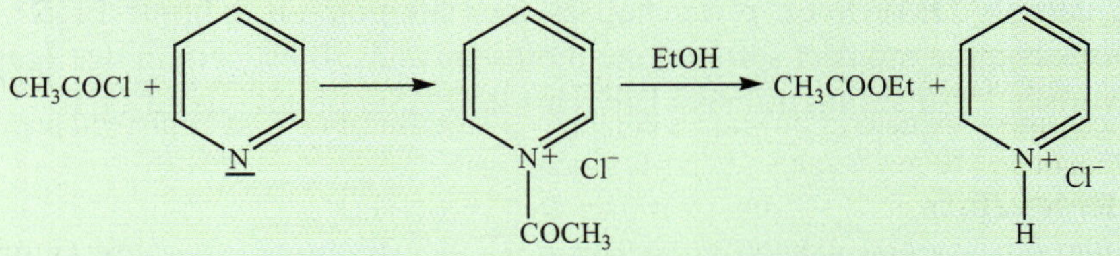

– En présence par contre de triéthylamine la réaction passe par la formation d'un cétène **très réactif** comme suit :

$$CH_3COCl + Et_3\overline{N} \longrightarrow \underset{\text{Cétène}}{CH_2{=}C{=}O} \xrightarrow{EtOH} CH_3COOEt + Et_3NH^+,Cl^-$$

1. Ecrire les mécanismes réactionnels de ces deux réactions.
2. À quel grand type de réaction appartient la première étape de chacune de ces réactions.
3. Parmi toutes les méthodes vues dans ce chapitre pour prouver les mécanismes réactionnels, quelle est à votre avis, la plus pertinente pour justifier le mécanisme de la réaction utilisant la triéthylamine. Qu'en attendez-vous ?

26-b La mesure de la basicité d'une série de pyridines monosubstituées révèle les résultats suivants :

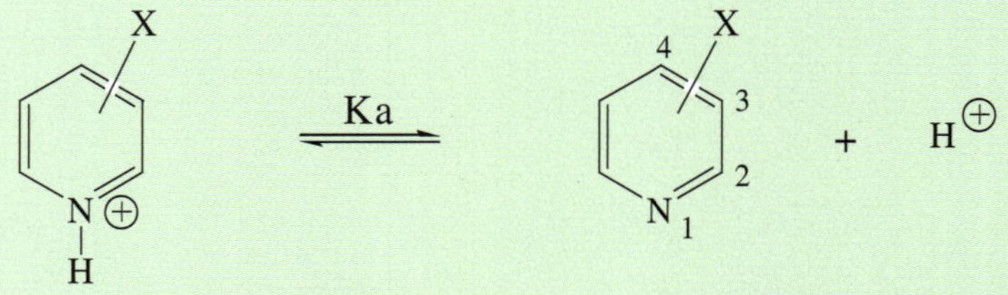

Substituant X	3–Cl	4–Cl	3–CH_3	4–CH_3	H	3–OCH_3	4–OCH_3	3–NO_2
pKa	2,84	3,83	5,68	6,02	5,2	4,88	6,62	0,81

1. Peut-on appliquer la corrélation de Hammett aux pyridines substituées en utilisant les valeurs des constantes σ des benzènes substitués ? Justifier.
2. Pourquoi n'y a t-il pas de pyridines substituées en position 2 dans cette liste?
3. Tracer le graphe de log Ka_X/Ka_H en fonction des constantes des substituants σ.
4. Déterminer et interpréter la valeur de la constante de réaction ρ.

Lorsqu'une question comporte plusieurs sous-questions, les réponses à chacune de celles-ci sont séparées par un tiret.

Les renvois au texte ne sont pas indiqués systématiquement pour tous les sujets évoqués, mais l'index alphabétique vous permettra de retrouver, si nécessaire, les paragraphes correspondants.

Chapitre 1

1.A Essentiellement leur électronégativité ; également divers caractères physiques et chimiques (conductivité électrique, état physique, signe des ions formés…). – Voir classification périodique en annexe. – Halogènes ; métaux alcalins.

1.D Non, car ils n'ont pas la même formule brute.

1.E Même nombre pour une chaîne acylique linéaire ou ramifiée ; nombre inférieur pour une chaîne cyclique (cf.**1.D**). – 2n + 2. – 2n (une double liaison *ou* un cycle) ; 2n–2 (une triple liaison *ou* deux doubles liaisons, *ou* une double liaison et un cycle, *ou* deux cycles), etc.

1.F Il y en a 8 : trois avec le squelette du pentane, 4 avec celui de l'isopentane, 1 avec celui du néopentane. – Isomères. – Oui, avec l'enchaînement C—O—C au lieu de C—O—H.

1.G

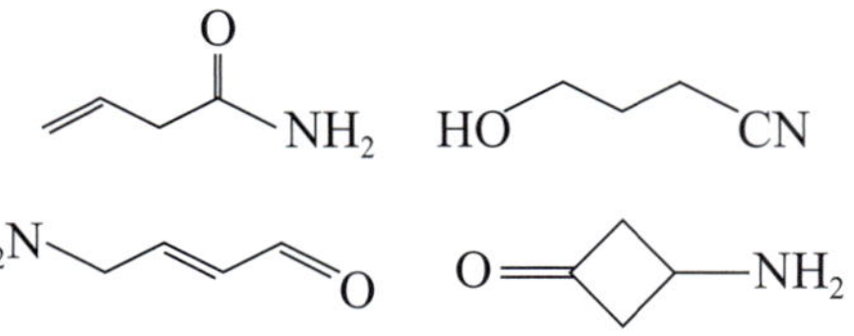

1.H

$CH_3—CH_2—CH_2OH$ et $CH_3—\underset{\displaystyle OH}{\underset{|}{CH}}—CH_3$

$CH_3—CH_2—CHCl_2$, $CH_3—CCl_2—CH_3$,
$CH_3—CHCl—CH_2Cl$,
$ClCH_2—CH_2—CH_2Cl$.

1.I Radicaux libres. – Radical ou groupe.

Chapitre 2

2.A Non. a) : deux liaisons alignées ; b) : angle des liaisons dans le plan du papier trop petit.

2.B Oui. – a) et c).

2.C Tétraèdre : non dans les trois cas. – Carré : oui pour b) et c).

2.D Dans les conformations éclipsées du propane, un H et un CH_3, se font face ; il y a entre eux une plus forte répulsion qu'entre deux H (CH_3 plus gros que H).

2.E

Les liaisons C—H de chaque groupe CH_2 sont éclipsées avec celles des deux autres.

Chapitre 3

3.A Chiraux : chaussure (droite, gauche), auto (volant à droite ou à gauche), montre (sens de numérotage du cadran), tire-bouchon (sens de l'hélice).

3.B Pour les molécules chirales, par rapport à un plan vertical :

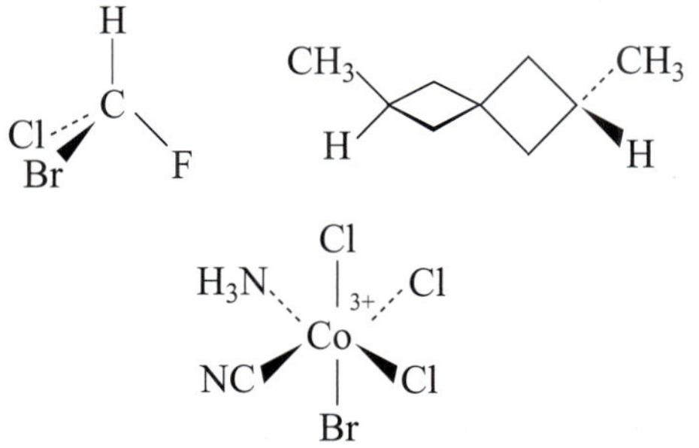

3.C a) et b) non chirales (plan de symétrie). – c) chirale.

3.D a) : celui qui porte OH. – b) : ceux qui portent les CH_3. – c) : celui qui porte NH_2.

3.F
R (1 : OH ; 2 : CH_2OH ; 3 : CH_2NH_2 ; 4 : $CH{=}CH_2$)

3.G Les énantiomères *cis* deviendraient identiques (forme méso).

3.H Quatre paires d'énantiomères : *RRR* et *SSS*, *RRS* et *SSR*, *RSR* et *SRS*, *SRR* et *RSS*. Deux molécules appartenant à deux paires différentes sont diastéréoisomères. – Un facteur 2 pour chaque C asymétrique supplémentaire. – 2^n stéréoisomères et 2^{n-1} racémiques (s'il n'y a pas de forme(s) méso). – (2^n-m) stéréoisomères et (2^{n-1}-m) paires d'énantiomères s'il y a m formes méso.

3.I Stéréoisomères. – Énantiomères. – Asymétrique. – Diastéréoisomères. – Deux. – Double liaison.

Chapitre 4

4.A a) 14 él. σ, 4 él. π, 4 él. n. – b) 20 él. σ, 2 él. π, 1 case vide. – c) 14 él. σ. – d) 6 él. σ. 2 él. n.

4.B L'azote est entouré de quatre doublets, comme le carbone du méthane ; il se « localisent » dans les quatre directions tétraédriques. – Hybridation sp^3, l'une des orbitales hybrides étant occupée par le doublet non liant.

4.C

$$H_3\overset{\delta+}{C}—\overset{\delta-}{O}H \quad HC{\equiv}\overset{\delta-}{C}—\overset{\delta+}{Na} \quad H_3\overset{\delta+}{C}—\overset{\delta-}{N}H_2$$

$$H_3\overset{\delta-}{C}—\overset{\delta'+}{Mg}—\overset{\delta-}{C}H_3 \quad H_3\overset{\delta+}{C}—\overset{\delta-}{Cl}$$

a), e), c), d), b).

4.D b) et d) : μ = 0 ;

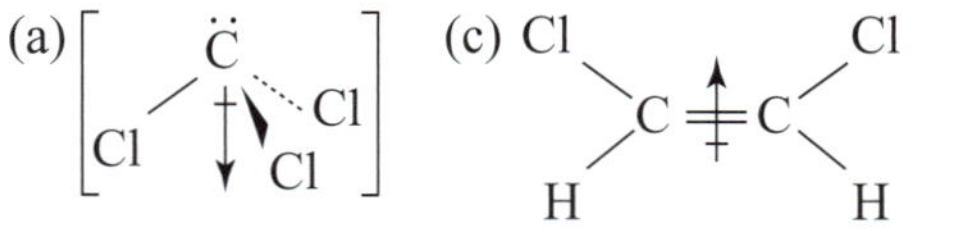

4.E b) et c) : formes limites [b) ↔ c)] ; a), d) isomères.

4.F

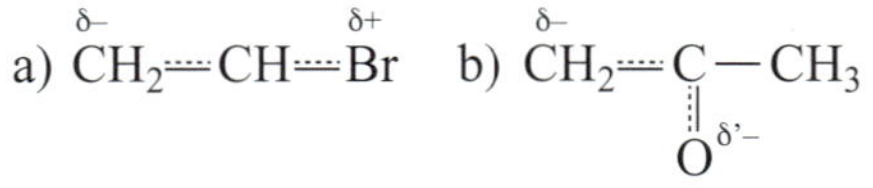

4.G

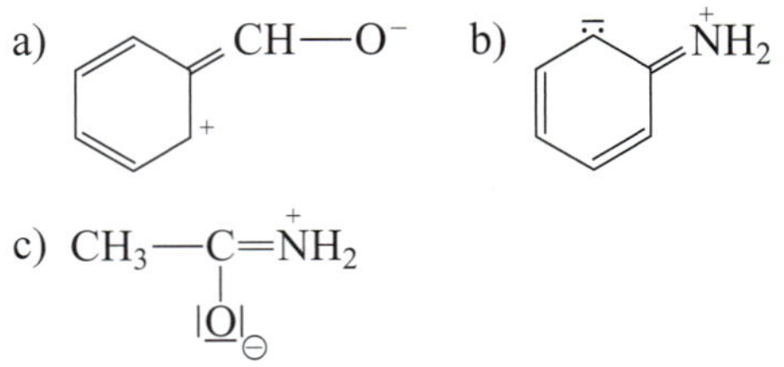

4.H a) non (seulement délocalisation dans le cycle, sans apparition de charges).

b) oui : 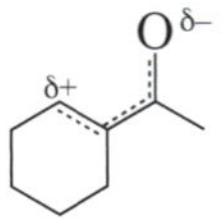

c) non (doubles liaisons non conjuguées).

4.I Le premier, car les doubles liaisons y sont conjuguées.

Chapitre 5

5.A Dans l'ordre : élimination, substitution, addition, élimination avec réarrangement.

5.B Le contact avec une flamme élève la température des réactifs (combustible et dioxygène) et augmente l'énergie cinétique de leurs molécules. Tout autre moyen d'élever la température provoque le même effet. La présence d'eau empêche la température de dépasser 100 °C, qui est sa température maximale.

5.C Celle dont l'ordre est 2 peut être une réaction élémentaire (ordre = molécularité) ; celle dont l'ordre est 1 ne le peut pas (ordre ≠ molécularité).

5.D La plupart des liaisons covalentes sont plus ou moins polarisées. Elles ne le sont pas si elles unissent des atomes du même élément, dans un environnement symétrique (HO∇OH, $H_3C\nabla CH_3$), ce qui est rare.

5.E

$$H—CO—O^- + H^+ ;\ CH_3—\overset{+}{C}H—\ddot{O}H ;$$

$$CH_3—\overset{+}{N}H_3 ;\ HC{\equiv}C{:}^- + NH_3$$

5.F Celui qui passe par le carbocation tertiaire, constituant l'intermédiaire le plus stable.

Chapitre 6

6.A 88 mg de CO_2 contiennent 24 mg de C, 72 mg d'eau contiennent 8 mg de H et 44,8 mL de diazote correspondent à 56 mg. On trouve C % = 20,00, H % = 6,66 et N % = 46,6. Le total est inférieur à 100, le composé contient donc aussi de l'oxygène et O % = 26,74.

6.B Oui. Il correspond à la formule C_7H_9N
C % = 78,50, H % = 8,41 et N % = 13,08 ;
L'accord est satisfaisant compte-tenu de la précision des mesures.

6.C $M = 148,2 \approx 148$. Une mole contient 72,5 ($\approx$ 72) g de C, 3,99 ($\approx$ 4) g de H et 71,5 ($\approx$ 71) g de Cl. La formule est $C_6H_4Cl_2$.

6.D Il manque la pression à laquelle a été déterminée la température d'ébullition, et la température à laquelle a été mesuré l'indice de réfraction.

6.E 400 kJ/mol correspond à :
$\Delta E = 4.10^5/6,02.10^{23} = 6,6.10^{-19}$ J/molécule.
$\nu = \Delta E/h = 6,6.10^{-19}/ 6,6.10^{-34} = 10^{15}$ Hz.
$\lambda = c/\nu = 3.10^8/10^{15} = 3.10^{-7}$ M = 300 nM (UV).

6.F IR : fonction alcool, nombre et position des doubles liaisons, configuration Z.
UV : existence des doubles liaisons, leur non-conjugaison.

6.G a) H équivalents dans les CH_2, mais non équivalence des deux CH_2.
b) H équivalents dans le CH_2 et dans le CH_3, mais non équivalence des deux groupes.
c) Tous les H des deux CH_2 équivalents, et de même tous les H des deux CH_3 équivalents.

6.H a) 1 pic. – b) 2 pics (rapport 3:2). – c) 2 pics (rapport 9:2, ou 4,5:1). – d) 3 pics (rapport 6:3:1).

6.I Il y a 8 combinaisons possibles pour les spins de ces trois protons (entre parenthèses, celles qui modifient de la même façon le champ local au niveau du proton observé) : ↑↑↑, (↑↑↓, ↑↓↑, ↓↑↑). (↑↓↓, ↓↑↓, ↓↓↑), ↓↓↓. On observe donc quatre pics, correspondant aux quatre valeurs possibles du champ local, d'intensités relatives 1:3:3:1 [voir également la figure 6.10].

Chapitre 7

7.A a) 1) 2,3,4,7-tétraméthyl-5-propyloctane ; 2) 1,1,3-triméthylcyclopentane ; 3) 1-méthyléthyl (ou isopropyl) cyclohexa-1,3-diène ; 4) 2-éthyl-3,3-diméthylpent-1-ène.
b) 1- $(CH_3)_2CHCH_2CH[CH(CH_3)_2)]C(CH_3)_2CH_2CH_2CH_2CH_3$
2- $CH_3(CH_2)_3CH[CH_2CH(CH_3)_2)]CH[C(CH_3)_3]CH_2CH_2CH_2CH_2CH_2CH_3$

7.B
a) 1) 5-hydroxy-4-méthylhexan-3-one ; 2) 4,4-diméthylcyclohex-2-énone ; 3) acide 5-cyano-4-formyl-6-méthylhept-2-énoïque ; 4) N, N-diéthylallylamine.
b) 1: $ClCH_2COCH_2COOCH_2CH_3$;

2) 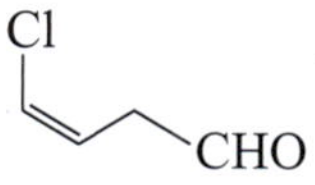

3) 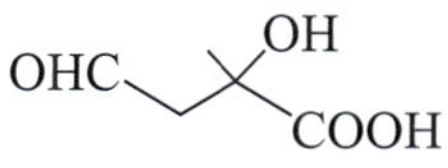

Chapitre 8

8.A Monochlorés : 2 (1- et 2-chloropropane). – Dichlorés : 4 (1,1-, 1,2-, 1,3- et 2,2-dichloropropane). – Trichlorés : 5 (1,1,1-, 1,1,2-, 1,1,3-, 1,2,2- et 1,2,3-trichloropropane. – Tétrachlorés: 6 (1,1,1,2-, 1,1,1,3-, 1,1,2,2-, 1,1,2,3-, 1,1,3,3- et 1,2,2,3-tétrachloropropane).

8.B Les premières molécules CH_3Cl formées peuvent réagir avec Cl_2, en présence du méthane, pour donner CH_2Cl_2, puis $CHCl_3$. – En employant un gros excès de CH_4 par rapport à Cl_2 de façon que, même en présence de molécules chlorées, les collisions CH_4/Cl_2 soient les plus fréquentes.

8.C Elle diminue, car la proportion de collisions efficaces augmente ; on tend vers la proportion statistique des produits.

8.D Néopentane. – Non, car il n'existe ni alcène ni alcyne possédant ce squelette carboné.

Chapitre 9

9.B On obtient une forme méso, inactive, qui est le (3*R*,4*S*)-3,4-diméthylhexane.

9.C Mettre en présence un échantillon du produit final et des ions NO_3^-, pour vérifier s'il se forme alors, ou non $R{-}NO_3$.

9.D Base. – Acide.

9.E $CH_3{-}CBr(CH_3){-}CH_2{-}CH_3$
(passage par le carbocation le plus substitué).
$C_6H_5{-}CHBr{-}CH_2{-}CH_3$ (passage par le carbocation stabilisé par résonance avec le cycle benzénique).

9.G

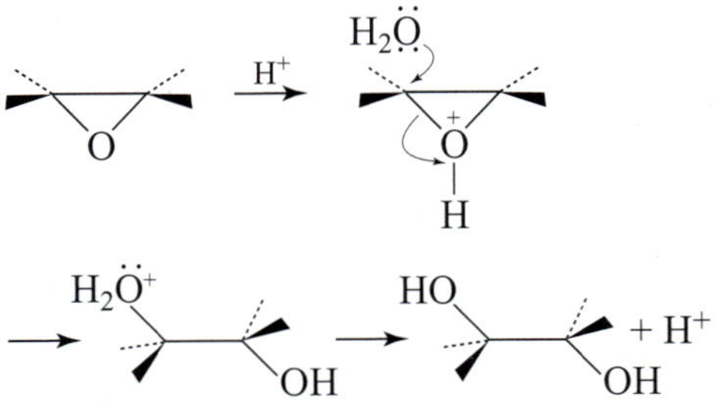

9.H 2-chloro- et 3 chloro-2-méthylpentane. – Non ; seul le 1-chloro-3-méthylbutane convient.

Chapitre 10

10.A H_2/Pd donne l'alcène *Z* et Na/NH_3 l'alcène *E*. – Non, car l'alcane obtenu $R{-}CH_2{-}CH_2{-}R'$ n'a pas de stéréoisomères.

10.B 1re étape : $CH_3{-}\overset{+}{C}{=}CH_2$ plus stable que $CH_3{-}CH{=}\overset{+}{C}H$ (effet inductif-répulsif de CH_3) [cf. 5.3.2.a].

2e étape : $CH_3{-}\overset{+}{C}Cl{-}CH_3$ plus stable que $CH_3{-}CHCl{-}\overset{+}{C}H_2$ (délocalisation des doublets libres de Cl :

$$>\overset{+}{C}{-}\ddot{\underset{..}{Cl}}{:} \longleftrightarrow\ >C{=}\overset{+}{\underset{..}{Cl}}{:}).$$

10.C

$$H{-}C{\equiv}N \longrightarrow H^+ + \overline{C}{\equiv}N,$$

$$\text{puis } HC{\equiv}CH \xrightarrow{CN^-} NC{-}CH{=}CH^- \xrightarrow{H^+} NC{-}CH{=}CH_2$$

Mais HCN étant un acide faible, la concentration en CN^- est très faible et la réaction, une fois amorcée, se poursuit selon le schéma :

$$HC{\equiv}CH \xrightarrow{CN^-} NC{-}CH{=}CH^- \xrightarrow{HCN} NC{-}CH{=}CH_2 + CN^-, \text{ etc.}$$

10.D NH_2^- peut arracher son proton à $RC{\equiv}CH$, et $RC{\equiv}C^-$ peut en arracher un à H_2O ; donc le classement est $NH_2^- > RC{\equiv}C^- > OH^-$. – Les acides conjugués sont NH_3, $RC{\equiv}CH$ et H_2O ; leur classement est $H_2O > RC{\equiv}CH > NH_3$ [cf. 5.5.1]. – $NH_2^- + H_2O \rightarrow NH_3 + OH^-$ (pratiquement totale).

10.E À chaque étape un H est transféré d'un C à un autre. La base ne peut l'enlever de son site initial que sous la forme H^+ et il se forme un carbanion. Le « dépôt » de H^+ sur un autre carbone est rendu possible par le fait que ce carbanion a une structure mésomère, et que sa charge – se divise entre deux carbones.
Formation de l'allène :

$$CH_3{-}C{\equiv}C{-}CH_3 \xrightarrow{NH_2^-}$$

$$[CH_3{-}C{\equiv}C{-}CH_2^- \longleftrightarrow CH_3{-}\overset{..}{\overline{C}}{=}C{=}CH_2] + NH_3$$

$$\longrightarrow CH_3{-}CH{=}C{=}CH_2 + NH_2^-$$

La seconde étape est analogue.

Chapitre 11

11.B

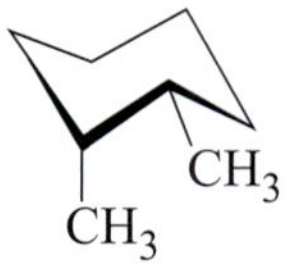

(un méthyle en axial et un en équatorial)

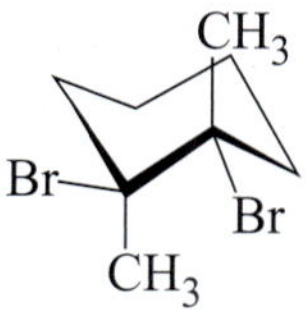

(deux bromes en équatorial)

11.C Parce qu'il en résulterait la formation d'un carbocation primaire, moins stable. – On aurait pu obtenir $CH_3—CH_2—CH_2—CH_2Cl$, mais sa formation passerait par un carbocation primaire, alors que le produit indiqué se forme à partir d'un carbocation secondaire, plus stable.

Chapitre 12

12.B

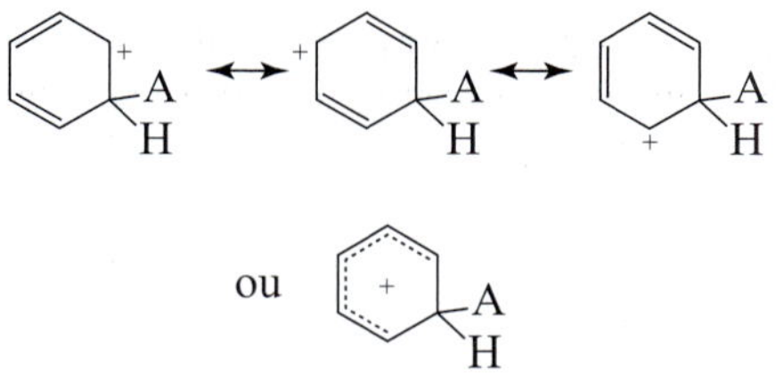

12.C L'addition d'un hydracide sur une double liaison : orientation « Markow-nikov » si la réaction est électrophile et « anti-Markownikov » si elle est radicalaire, (effet Karasch).

12.D Le réactif électrophile est $CH_3—\overset{+}{C}H—CH_3$, résultant de la protonation du propène : il se forme de préférence à $CH_3—CH_2—\overset{+}{C}H_2$ moins stable car primaire. La suite de la réaction est conforme au schéma général.

12.E OH : inductif-attractif et mésomère-donneur. – CH_3 : inductif-répulsif. – CH=O : inductif-attractif et mésomère-accepteur.

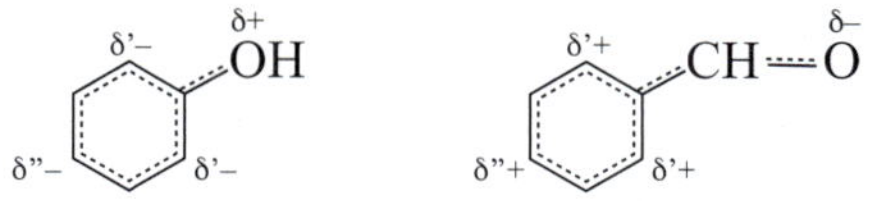

12.F Règle de Markownikov [cf. 9.2.1.b].

12.G Si l'électrophile se fixe en *ortho* ou *para*, l'une des formes-limites de l'intermédiaire est un carbocation tertiaire (charge + sur le carbone portant R). S'il se lie en *méta*, toutes les formes-limites sont des carbocations secondaires (vérifiez-le).

Chapitre 13

13.A Ces deux points de vue correspondent à des choix différents pour définir le « substrat » et le « réactif » [cf. 5.3.2.b]. Si le benzène est considéré comme substrat, il est attaqué par une espèce déficitaire (électrophile) R^+ et la réaction est dite électrophile. Si le substrat est le dérivé halogéné, le benzène se comporte en réactif donneur d'électrons qui, dans un comportement nucléophile, se lie au carbone déficitaire : la réaction est dite nucléophile.

13.B $CH_3—CH_2Br + NH_3$

$$\rightarrow [CH_3—CH_2—\overset{+}{N}H_3]Br^-$$
$$\rightarrow CH_3—CH_2—NH_2 + HBr$$

13.C S_N1, car le carbocation intermédiaire est stabilisé par résonance :

$$CH_3—\overset{+}{C}H—CH{=}CH_2$$
$$\leftrightarrow CH_3—CH{=}CH—\overset{+}{C}H_2\ ;$$

ceci explique également la formation de deux produits, puisqu'il existe deux sites déficitaires susceptibles de recevoir l'anion OH^-.

13.D Non, car dans ces conditions la concentration de OH^- varie peu au cours de la réaction (si on a pris 10 moles de soude pour 1 de RX, il en reste 9 à la fin de la reaction). $[OH^-]$ est donc un terme sensiblement constant dans l'équation

$$v = k\,[RX][OH^-]$$

et, *de ce seul fait*, v ne dépend plus que de [RX], même si la réaction est bimoléculaire.

13.E

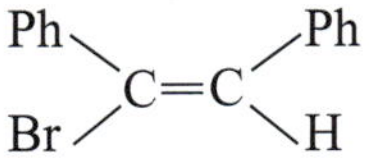

Isomère *E* [cf. 3.5.1]

Le substrat est une forme méso, facile à représenter puisque symétrique. Il suffit ensuite de lui donner la conformation exigée par la réaction (H de l'un des carbones antiparallèle à Br de l'autre).

13.F Deux produits de substitution (en raison de la résonance du carbocation) :
$CH_2{=}CH{-}CHOH{-}CH_3$
et $HOCH_2{-}CH{=}CH{-}CH_3$;
un produit d'élimination
$H_2C{=}CH{-}CH{=}CH_2$.

13.G Voir 8.2.1, 9.2.1.b, 10.2.1.b, 10.2.1.c, 11.2.2.b, 12.2.2.a.

Chapitre 14

14.A

À sa polarisation ($\overset{\delta-}{C}-\overset{\delta+}{\text{métal}}$), d'autant plus forte que l'électronégativité du métal est plus inférieure à celle du carbone. – Réactivité moyenne (éléctronégativités : C 2,5 ; Pb 1,8 ; Mg 1,2 ; Na 0,9).

14.B Il s'agit d'une liaison de coordinence [cf. 4.2.1] entre un atome portent un doublet libre (O de l'éther) et un autre possédant une orbitale vite (Mg). Il en résulte des charges « formelles », pas toujours indiquées (ici

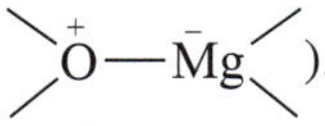

).

14.C Non. La réaction principale sera une élimination donnant de l'isobutène, car $CH_3{-}CH_2{-}MgCl$ est une base très forte et BuCl est un halogénure tertiaire [cf. 13.2.3].

14.D L'aldéhyde n'apparaît qu'à la suite d'une hydrolyse, au cours de laquelle l'organomagnésien pouvant être encore présent est lui-même hydrolysé.

14.E La formation précède la rupture. – Dans la réaction S_N1 l'ordre est inversé, et dans la réaction S_N2 les deux actes sont plus ou moins simultanés.

14.F Dans les chlorures d'acide la présence du chlore augmente le déficit électronique sur le carbone fonctionnel, et facilite les attaques nucléophiles ; ils sont pour cette raison plus réactifs que les cétones, où, au contraire, le second groupe R diminue ce déficit (effet inductif-répulsif).

Chapitre 15

15.A Alcynes vrais, H en α dans les dérivés halogénés et les carbocations. Dans les deux cas, l'H labile peut être enlevé par une base ; au-delà, les alcynes vrais peuvent être alkylés (bilan : H remplacé par R [cf. 10.2.3.a, b] et les dérivés halogénés subissent une élimination).

15.B Non. – Le métal joue le rôle d'un réducteur, qui réduit H^+ en H_2 ($2H^+ + 2Na \rightarrow H_2 + 2Na^+$).

15.C Dans l'alcool protoné

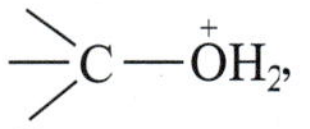

, la polarisation de la liaison C—O est accentuée par le deficit créé sur O. En outre, la rupture fournit alors une entité neutre (H_2O) au lieu d'un anion (OH^-), et elle est moins retenue par le carbocation (énergie de dissociation plus faible).

15.D Non, en raison des règles d'orientation que suivent ces deux réactions (règles de Zaïtsev et de Markownikov). Exemple :

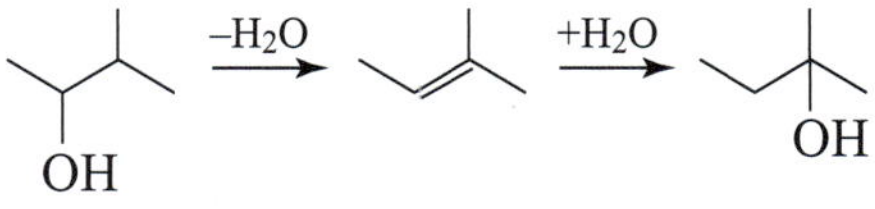

15.E On *oxyde* effectivement un alcool en aldéhyde ou en cétone, car le nombre d'oxydation du carbone fonctionnel augmente de 2 unités (exemple : de –I dans l'éthanol à +I dans l'acétaldéhyde). – Le nombre d'oxydation de H

est + I dans l'alcool comme dans H_2O. – Pour la même raison, la déshydrogénation d'un alcool est aussi une oxydation, mais en ce cas H est réduit, car son nombre d'oxydation passé de +I dans l'alcool à 0 dans H_2.

15.F Ces trois réactions sont des substitutions s'effectuant par un processus d'addition-élimination. – Mécanisme de la saponification et de la réduction :

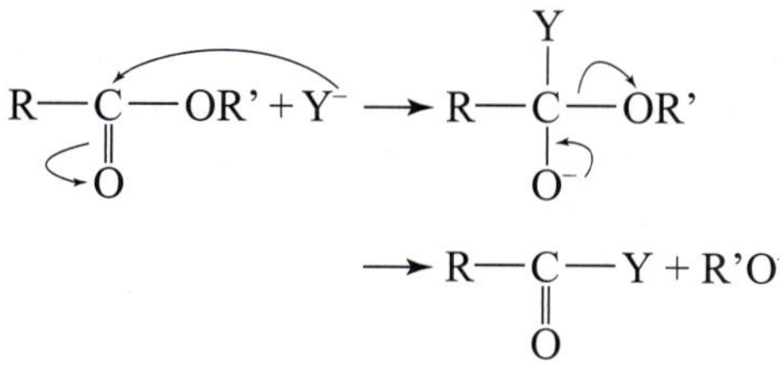

$Y^-=OH^-$: saponification ; $Y^-=H^-$: réduction.

15.G Il faut soumettre à un examen critique les réactions indiquées dans les § 15.4.1 à 15.4.4 en se reportant éventuellement à leur description détaillée. Certaines, quel que soit le substrat, donnent toujours le même résultat (organomagnésien + ester → alcool tertiaire) ; d'autres, peuvent, selon le substrat, donner des résultants différents (ester $R—CO_2R' + OH^- \rightarrow$ alcool primaire, secondaire ou tertiaire selon que R' est un groupe alkyle primaire, secondaire ou tertiaire).
Les règles d'orientation doivent aussi être prises en compte : l'hydratation de $R—CH{=}CH_2$ ne donne pas l'alcool primaire en milieu acide, mais le donne par hydroboration ; l'action des organomagnésiens sur les époxydes obéit aussi à des règles d'orientation et seul l'oxyde d'éthylène donne un alcool primaire, etc.

15.H On risque d'obtenir le mélange des trois éthers R—O—R, R—O—R' et R'—O—R'.

15.I

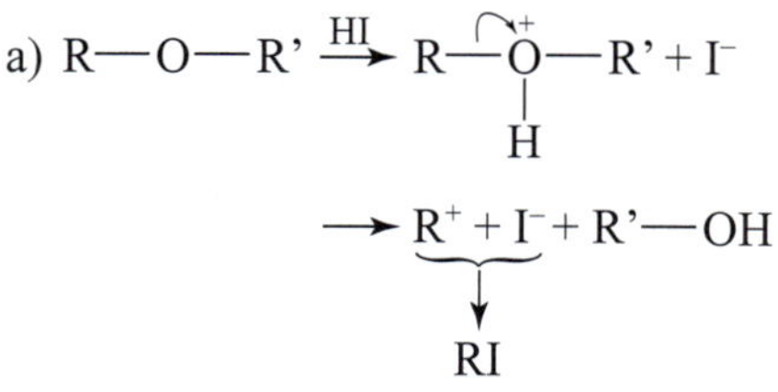

b) $R'—OH + HI \rightarrow R'I + H_2O$

Chapitre 16

16.A Oui, car l'alcoolate BuO^- est plus fortement basique que le phénolate ArO^- et peut donc effectivement enlever un proton à ArOH.

16.B Une déshydratation intramoléculaire donnerait soit une triple liaison, soit trois doubles liaisons à la suite. Ces deux structures sont incompatibles avec un cycle de six carbones pour des raisons géométriques, car elles comportent quatre atomes en ligne droite.

16.C Parce que la coupure en milieu acide donne ArOH et R^+ plutôt que Ar^+ et ROH (difficulté de la rupture cycle-O, voir [cf. 16.2.1]), et que ArOH ne réagit pas avec les hydracides.

Chapitre 17

17.A Quatre.– Trois.

17.B C'est $(CH_3)_3N$ qui bout le plus bas car, ne possédant pas d'H sur l'azote, elle ne peut former de liaisons hydrogène.
CH_3CH_2OH et CH_3OCH_3

17.C Celle des phénols, moins basiques et plus acides que les alcools pour les mêmes raisons.

17.D $CH_3CH_2—NH—CH_3$, $CH_3CH_2—N(CH_3)_2$ et $CH_3CH_2—\overset{+}{N}(CH_3)_3$. – Le premier, car c'est alors avec $CH_3CH_2NH_2$ que CH_3Br entre le plus souvent en collision.

17.E C'est une substitution nucléophile sur l'un des CH_3 :

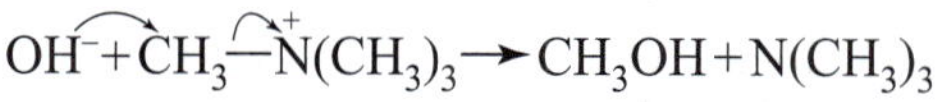

Comme pour un dérivé halogéné, elle est en compétition avec l'élimination. En ce cas on l'observe seule car l'élimination est impossible (elle nécessite que l'un des groupes R au moins comporte plus d'un carbone).

17.F Voir [cf. 12.2.2.a]. $Ar—N{=}N^+$ se comporte comme n'importe quel autre réactif électrophile.

17.G Selon le schéma habituel des additions électrophiles sur la liaison C=C, il faudrait que NH_3 protone d'abord l'éthylène, pour donner

$CH_3—CH_2^+$ qui réagirait ensuite avec NH_2^-. L'acidité de NH_3 est beaucoup trop faible, puisque l'eau, pourtant plus acide que NH_3, ne s'additionne pas directement. – Un acide utilisé comme catalyseur protonerait en priorité NH_3, plus basique que l'éthylène, pour donner NH_4^+.

17.H On obtiendrait une élimination, plutôt qu'une substitution. NH_2^- étant une base forte (noter que NH_3, moins basique, donne par contre la substitution).

Chapitre 18

18.A Le carbone fonctionnel d'une cétone, entouré de deux groupes R, est moins accessible que celui d'un aldéhyde. En outre, dans une addition, le carbone sp^2 devient sp^3 et les angles des liaisons diminuent (120° → 109°28) ; il en résulte une compression des groupes liés au carbone, plus forte dans une cétone. Enfin, l'effet inductif-répulsif du second groupe R rend le carbone fonctionnel d'une cétone moins déficitaire (électrophile) que celui d'un aldéhyde.

18.B

a) $HC{\equiv}N + OH^- \longrightarrow H_2O + \bar{C}{\equiv}N$

b) $N{\equiv}C^- + \rangle C{=}O \longrightarrow N{\equiv}C—\overset{|}{\underset{|}{C}}—O^-$

$\xrightarrow{H_2O} N{\equiv}C—\overset{|}{\underset{|}{C}}—OH + OH^-$

18.C En éliminant l'eau à mesure qu'elle se forme.

18.D Dans $RR'C{=}N^+$, R et R' occupent des positions équivalentes et peuvent migrer aussi bien l'un que l'autre. On obtiendrait un mélange de R—CO—NH—R' et de R'—CO—NH—R (ce qui n'est pas observé).

18.E Elle nécessite la présence d'un H sur le carbone fonctionnel. – S'il y a de l'hydrogène en α, la réaction principale est la formation de l'énolate [cf. 18.2.2].

18.F

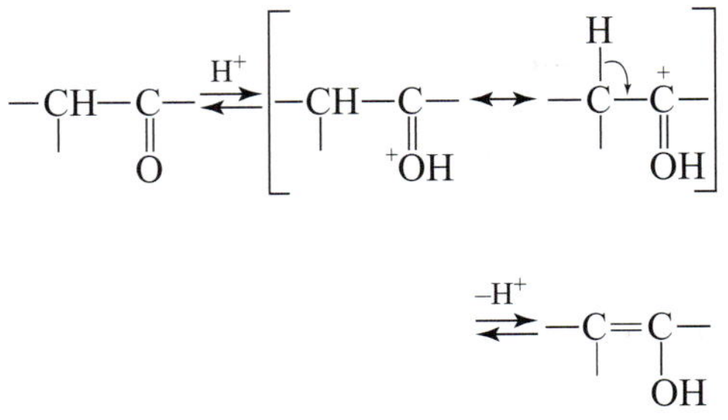

18.G Par résonance de l'ion énolate, et la répartition de sa charge entre le C en α et O, qui peuvent tous deux « attaquer » RX (cf. [cf. 18.2.2.a], schéma de l'hybride).

18.H

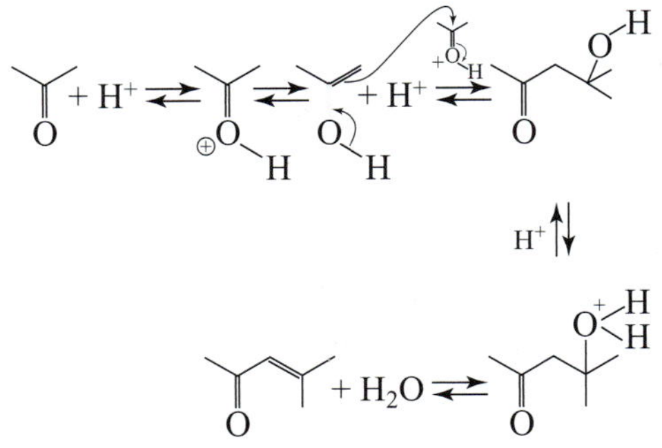

18.I Il y a équilibre chimique entre les deux formes et la consommation de l'une dans une réaction provoque un déplacement de cet équilibre au détriment de l'autre. Ainsi, la totalité des molécules d'un composé peut réagir sous l'une des formes, même si elle est minoritaire.

Chapitre 19

19.A Que les deux liaisons sont identiques, et qu'elles sont « intermédiaires » entre une simple et une double liaison.

19.B Oui. Dans les deux cas, il s'agit de la faible réactivité en milieu acide d'un OH dans une structure où ses doublets libres sont délocalisés [cf. 16.2].

19.C

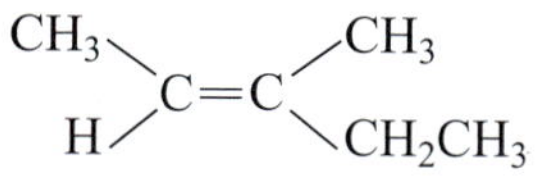

Configuration *E*

19.D

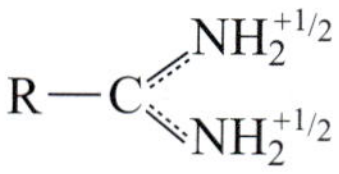

19.E

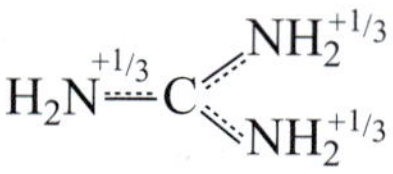

Chapitre 20

20.A Ce serait une addition « anti-Markonikov », passant par le carbocation $H_2C{=}CH{-}CH_2{-}\overset{+}{C}H_2$, non stabilisé par résonance alors que :

$H_2C{=}CH{-}\overset{+}{C}H{-}CH_3$ l'est. – À partir de a), en principe $H_3C{-}CHCl{-}CHCl{-}CH_3$ (mais il se forme aussi $ClCH_2{-}CH_2{-}CHCl{-}CH_3$, car l'effet inductif-attractif de Cl défavorise le carbocation secondaire). – À partir de b), $CH_3{-}CHCl{-}CH_2{-}CH_2Cl$ (les deux carbocations sont secondaires, mais celui dont la charge est la plus proche de Cl est défavorisé).

20.B (b) [**9.1 ; p. 218**] présente la double liaison la plus substituée donc (b) est plus stable.

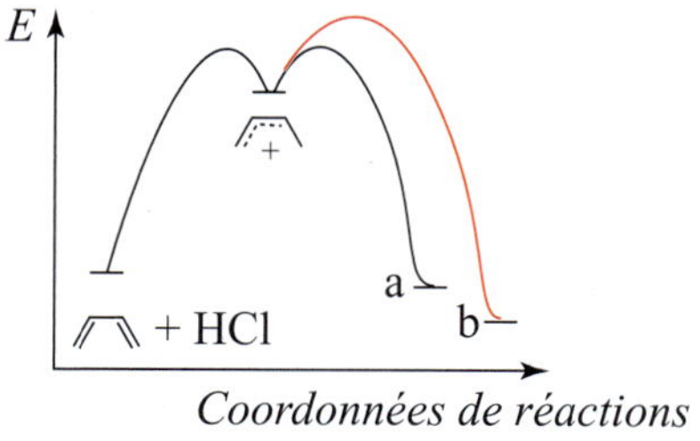

20.C Seul a) ne le subit pas. – b) et c) ont la géométrie voulue, et d), peut la prendre moyennant une rotation autour de la liaison simple

20.D L'OH qui part est celui dont le départ donne naissance au carbocation le plus stable ; dans le cas présent c'est celui de la fonction alcool tertiaire :

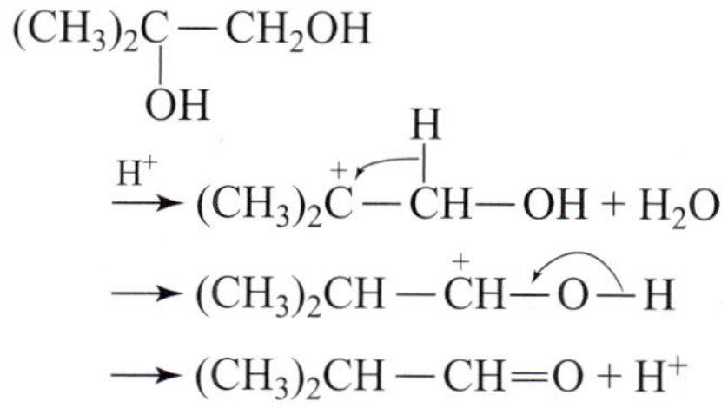

20.E

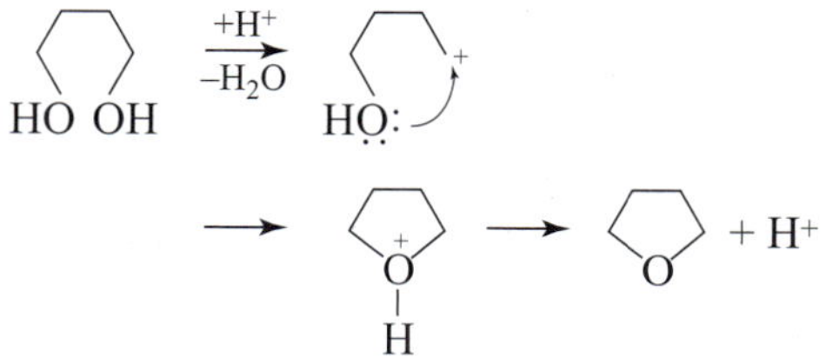

20.G a) Déshydratation et réarrangement pinacolique (cf. 20.D) entre la fonction secondaire et l'une des fonctions primaires :

$$HOCH_2{-}CHOH{-}CH_2OH$$

$$\xrightarrow{H^+} HOCH_2{-}CH_2{-}CH{=}O + H_2O$$

b) Déshydratation normale de la fonction restante.

20.H Les doubles liaisons C=C et C=O n'y sont pas conjuguées.

20.I Quatre produits (même raison qu'en 18.H). – Ces deux esters, ne possédant pas d'H en α ne peuvent donner un carbanion et il ne peut se former que deux produits (réaction de l'autre ester soit sur lui-même, soit sur le formiate ou le benzoate).

Chapitre 21

21.A Époxydes, tétrahydrofurane, lactides, lactones, ozonides (cf. index alphabétique).

21.B Dans le cas des amines benzéniques, tout à fait analogue [**cf. 17.2.1.a**], et aussi dans celui des phénols, comparativement aux alcools [cf. 16.2].

21.C

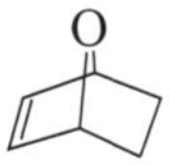

[20.1.1.a] (Diels-Alder)

21.D

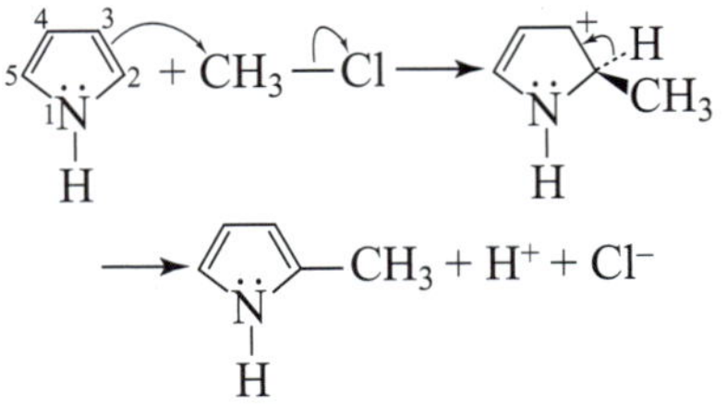

En cas d'attaque sur C2, la délocalisation dans le cation intermédiaire intéresse le doublet π restant et le doublet n de l'azote, dans un système conjugué allant de C3 à N. En cas d'attaque sur C_3, le cation est moins stabilisé (le système conjugué va seulement de C4 à N).

21.F

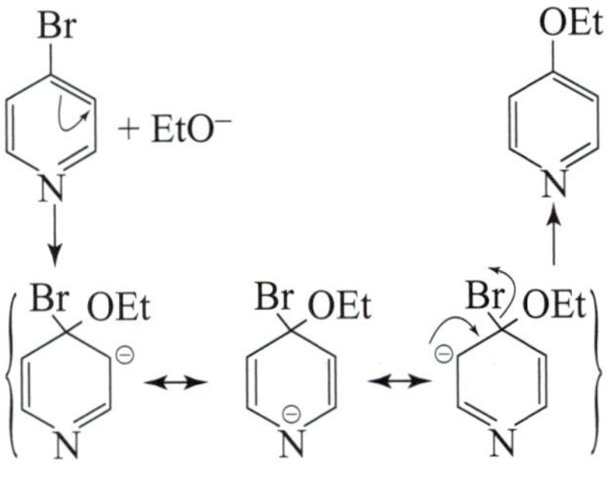

21.E

en 2

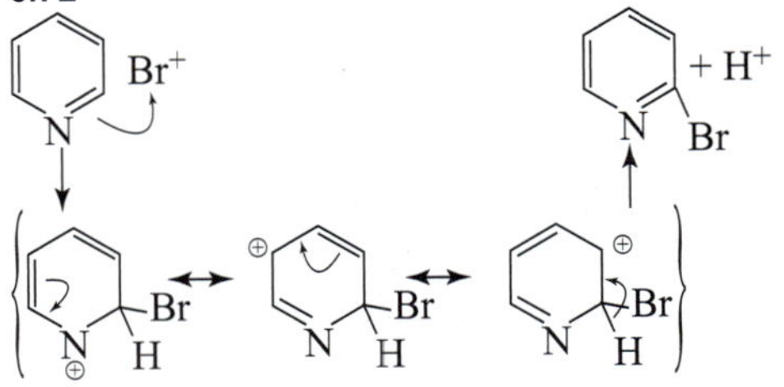

en 3

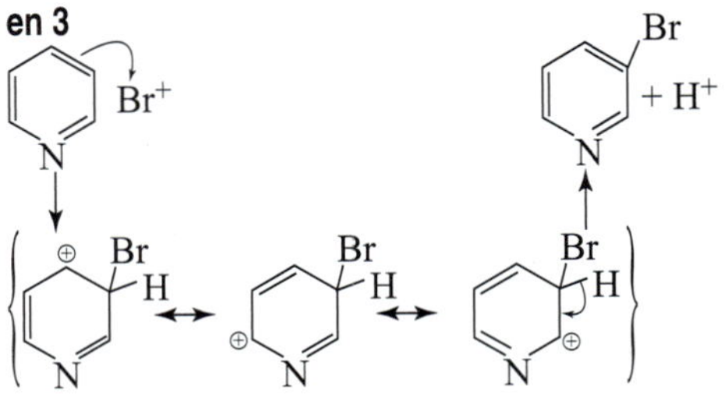

en 4

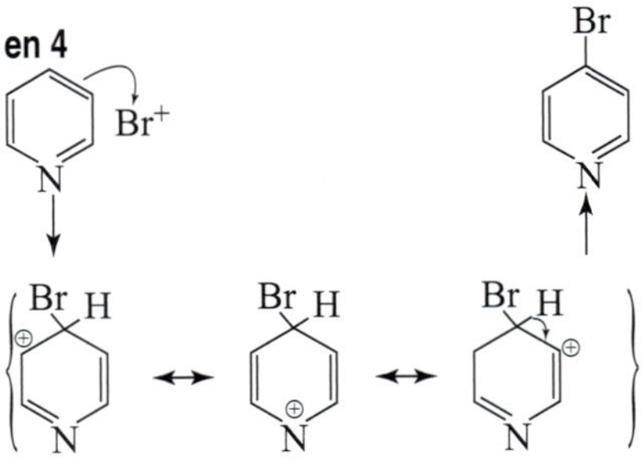

Les carbocations issus d'attaques sur les positions 2 et 4 conduisent à un carbocation résonant moins stable que le carbocation issu d'une attaque en 3 (localisation de la lacune électronique sur l'atome d'azote attracteur dans la forme limite 1 de l'attaque en 2 et de la forme limite 2 dans l'attaque en 4 ; dans le cas d'une attaque sur la position 3, la lacune n'est jamais localisé sur l'atome d'azote).

Chapitre 22

22.A Seul le carbone 4 (celui de la fonction aldéhyde ayant l'indice 1) n'a pas la même configuration. La configuration absolue du (D)-galactose est donc 2*R*, 3*S*, 4*S*, 5*R*.

22.C Ces deux formes ne sont énantiomères que par rapport au carbone anomère, mais les autres carbones asymétriques ont la même configuration dans l'une et l'autre. Elles sont donc diastéréoisomères, et leurs pouvoirs rotatoires ne sont pas nécessairement de signe opposé, ni de même valeur absolue.

22.D Aldopentose. – Aldotétrose. – L'acide en C_5 contient les carbones 2 à 6 de l'aldohexose initial et, étant inactif, sa molecule doit avoir un plan de symétrie. Il peut donc s'agir

soit de

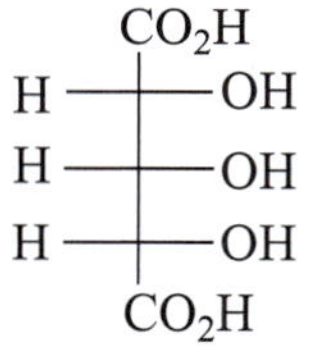

(provenant de A ou B)

soit de

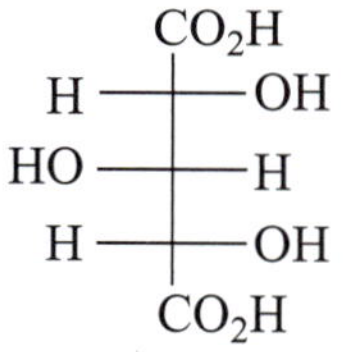

(provenant de E ou F)

L'acide tartique contient les carbones 3 à 6, de l'aldohexose et, étant obtenu sous une forme active, ne peut avoir pour configuration que

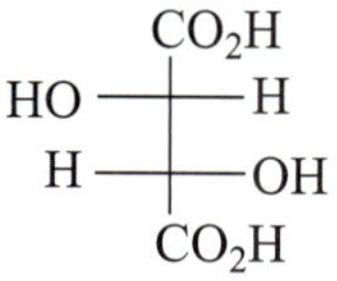

L'aldohexose ne pouvait donc être que E et F (et il n'est pas possible de lever cette incertitude) ; A ou B auraient donné de l'acide tartrique inactif.

22.E L'addition de HCN sur le groupe carbonyle, qui créé le nouveau centre d'asymétrie, et qui peut avoir lieu sur l'une ou l'autre des faces de ce groupe.

22.F Puisque le pouvoir rotatoire diminue, le glucose a donc été obtenu initialement sous sa forme α. Ceci démontre que dans le saccharose la liaison glycosidique met en jeu la liaison α du glucose. – Le calcul peut se faire à partir de la valeur initiale ou de la valeur finale du pouvoir rotatoire du mélange. Son pouvoir rotatoire apparent est la moyenne pondérée de ceux de ses constituants et on peut donc, par exemple, écrire au début :

$$[\alpha] = +\ 10{,}5° = 0{,}5\ (+\ 113°) + 0{,}5\ (x)$$

+ 113° étant le pouvoir rotatoire du glucose α [cf. 22.2.5] et x celui du fructose. On trouve x = –92°.

Chapitre 23

23.A Tous deux ont la configuration *S*. La cystéine.

22.B Même sans faire une construction géométrique précise, il est possible de penser que le doublet libre de l'azote peut être suffisamment proche de l'hydrogène pour qu'un transfert intramoléculaire ait lieu.

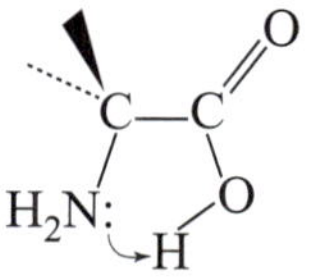

Un mécanisme intermoléculaire est envisageable également, le transfert d'un proton s'effectuant entre le groupe COOH d'une molécule et le groupe NH_2 d'une autre, à l'occasion d'une collision.

23.C NH_3^+ et COOH. – Proton. – COOH. – COOH. – NH_3^+. – NH_2 et COO^-. – Captent. – NH_2. – COO^-. – NH_2.

23.D L'équilibre est moins favorable à la forme dipolaire, par suite de la plus faible basicité de la fonction amine.

23.E Ser-Val-Arg-Ile-Pro-Tyr-Leu-Ar.

Chapitre 24

24.A.

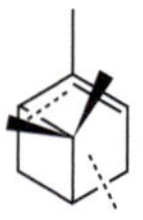

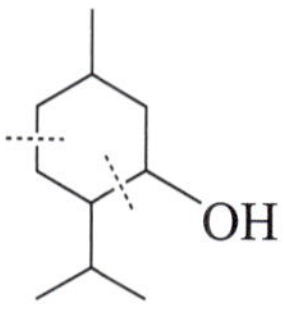

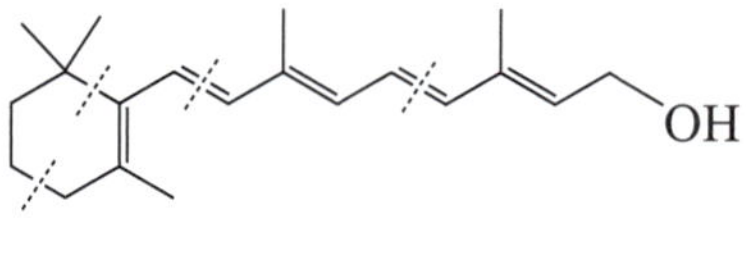

24.B

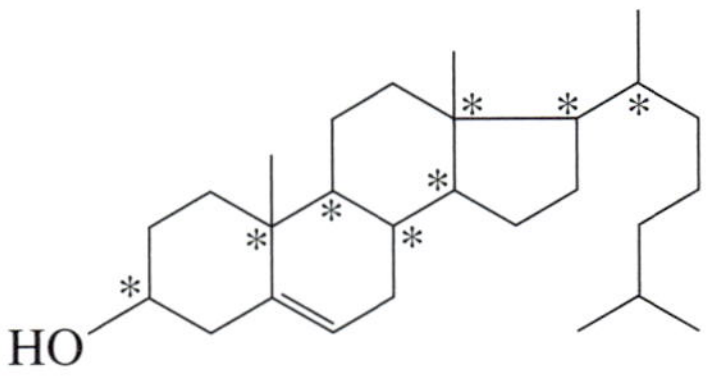

Chapitre 26

26.B $\sigma_m = +0{,}56$; $\sigma_p = +0{,}62$

26.C a) SN_2, seule une charge partielle δ^+ est développée sur le carbone sp^3 subissant l'attaque. La réaction est peu sensible aux variations de X, la valeur absolue est donc faible. La valeur de ρ est positive cela signifie que le départ de Cl se fait légèrement avant l'attaque de HO^-, ce qui développera une charge positive partielle sur le carbone benzylique

b) SN_1, passage par un carbocation. Développement d'une vraie charge positive sur le carbone benzylique, la valeur de ρ est positive. La réaction est plus sensible aux variations de X que la précédente, la valeur absolue de ρ est donc plus élevée

c) SN_1

26.D a) ρ = +2,54 ; b) ρ = –5,92 ; c) ρ = –0,99

26.E a) EIP ; b) EIS ; c_1) EIS ; c_2)EIP

26.F

a) F^-, Cl^-, Br^-, I^-
b) F^-, OH^-, NH_2^-, CH_3^-
c) CH_3O^-, CH_3^-
d) CH_3O^-, CH_3S^-
e) CH_3O^-, $C_6H_5O^-$
f) $CH_3CH^-CH_2COCH_3$, $CH_3CH^-COCH_3$

26.G a) $C_2H_5O^-$, plus dur que $^-HC(COOCH_3)_2$ qui est un anion résonnant, attaquera plutôt le site dur (H) du réactif $(CH_3)_2CHBr$ conduisant à une élimination. À l'inverse, $^-HC(COOCH_3)_2$ est mou et attaquera le carbone plutôt mou du réactif $(CH_3)_2CHBr$ et conduira à une substitution nucléophile.

Chapitre 7

1c, 2c, 3b, 4c, 5a, 6c, 7c, 8a, 9b, 10d, 11b

Chapitre 8

1c, 2ad, 3ac, 4acd, 5bc, 6c, 7bcd, 8a

Chapitre 9

1ad, 2c, 3b, 4bc, 5bc, 6b, 7d, 8bcd, 9ad, 10bd

Chapitre 10

1ac, 2b, 3d, 4bd, 5acd, 6b, 7bc, 8c

Chapitre 11

1ac, 2bd, 3bd, 4c, 5d

Chapitre 12

1b, 2bd, 3b, 4acd, 5cd, 6ad, 7ac, 8abc, 9a, 10d

Chapitre 13

1c, 2abd, 3b, 4b, 5d, 6b, 7bc, 8bc, 9acd*

Chapitre 14

1a, 2ad, 3cd, 4b, 5c, 6acd, 7d, 8a, 9c

Chapitre 15

1d, 2b, 3d, 4bd, 5bd, 6acd, 7ad, 8bd, 9bc

Chapitre 16

1b, 2b, 3c, 4ac, 5a, 6ad, 7d

Chapitre 17

1bcd, 2abd, 3bd, 4c, 5a, 6c, 7bd, 8bc, 9acd

Chapitre 18

1ad, 2ac, 3cd, 4bcd, 5bcd, 6abc, 7abd, 8bd, 9b, 10bc

Chapitre 19

1c, 2d, 3c, 4d, 5acd, 6ab, 7ad, 8bcd

Chapitre 20

1b, 2abd, 3bd, 4ab, 5cd, 6c, 7ad, 8ac, 9acd

Chapitre 21

1ab, 2a, 3bd, 4ac, 5abc, 6c, 7abc, 8c

Chapitre 22

1bc, 2a, 3b, 4c, 5bc, 6bcd, 7bc, 8ac, 9bd, 10c

Chapitre 23

1d, 2ad, 3d, 4c, 5a, 6bd, 7d, 8bd, 9c, 10ab

Chapitre 24

1b, 2abc, 3c, 4b, 5abd, 6bcd

Lorsqu'on travaille sur des exercices, il faut pouvoir vérifier ses réponses ou, le cas échéant, se « débloquer ». Mais ce travail n'est réellement fructueux que si l'on a réellement, patiemment, cherché la réponse, même si l'on doit, en définitive, « sécher ».

Vous trouverez donc rarement ici la solution complète d'un exercice. Le plus souvent vous n'y trouverez qu'une amorce de solution, ou des indications destinées à vous guider sans vous dispenser de tout effort personnel.

- Cherchez d'abord la solution sans aide ou, si nécessaire, en vous reportant au cours. Si vous pensez avoir trouvé, ne vous contentez pas d'une *réponse purement mentale* et plus ou moins vague : *écrivez complètement* votre solution (par exemple, toutes les réactions successives d'une synthèse par étapes) et *ensuite* confrontez-la avec celle qui vous est fournie. Si vous avez trouvé juste, bravo… passez à l'exercice suivant. Sinon, recherchez la cause de votre erreur, vérifiez le point correspondant du cours, et reconstituez *intégralement* la solution exacte et complète. Ne passez à l'exercice suivant qu'après avoir totalement éclairci le précédent.
- Si vous n'avez rien trouvé après un temps de réflexion raisonnable, recherchez une aide dans les indications fournies, mais essayez *de vous contenter tout d'abord d'un renseignement fragmentaire* (par exemple, dans un exercice de synthèse en plusieurs étapes, ne regardez que la première ou la dernière et essayez de faire le « raccordement » par vous-même). Lorsqu'ainsi vous aurez du être aidé(e) pour un exercice, il serait bon, quelques jours plus tard de le refaire, seul(e) cette fois.

Conseil pour les exercices du type « comment transformer un composé A en un composé B ? » : il existe, le plus souvent, moins de méthodes de préparation de B que de possibilités de transformer A. Il est donc préférable de procéder « à reculons », en faisant l'inventaire des réactions *a priori* susceptibles de donner B, et en recherchant ensuite laquelle peut convenir compte tenu de la nature de A. Examinez notamment si le passage de A à B s'accompagne d'une variation du nombre des atomes de carbone, ceci permettant une sélection efficace des méthodes de préparation envisageables pour B.

Les indications fournies sont souvent des références à un paragraphe du Cours où se trouve, plus ou moins en évidence, la clé du problème. Plusieurs références séparées par des virgules signifient que plusieurs réactions doivent être mises en œuvre successivement, chacun des paragraphes indiqués traitant de l'une d'elles. Des références séparées par un tiret signifient qu'il y a deux solutions possibles au problème posé.

Il peut vous être utile de savoir qu'il existe, en complément de ce Cours, un recueil d'***Exercices résolus de chimie organique***.

Chapitre 1

1.a Formules possibles (d'autres le sont également, notamment en envisageant des structures cycliques) :

a) $HC{\equiv}C{-}C{\equiv}CH$
b) $H_3C{-}C{\equiv}C{-}CH{=}CH_2$
c) $H_2C{=}CH{-}CH{=}CH_2$
d) $CH_3{-}(CH_2)_{13}{-}CH_3$
e) $ClCH{=}CH{-}CH_2Cl$
f) $CH_3{-}CH_2{-}CH{=}O$
g) $HC{\equiv}C{-}C{\equiv}N$
h) $H_3C{-}COCl$
i) $CH_2{=}CH{-}S{-}CH{=}CH_2$
j) $CH_3{-}NH_2$
k) $Cl_3C{-}COOH$
l) $H_2C{-}CH{=}CH{-}CO{-}NH_2$.

1.b

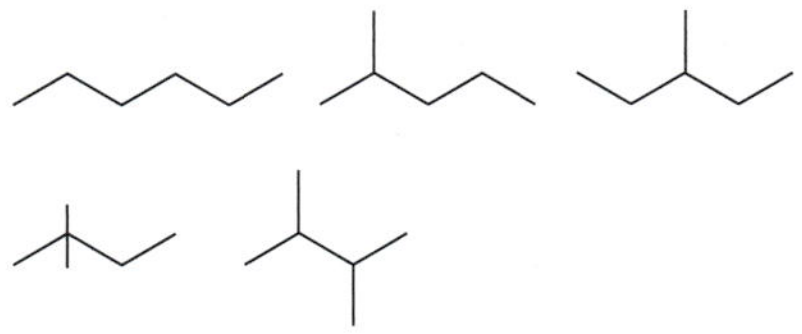

1.c

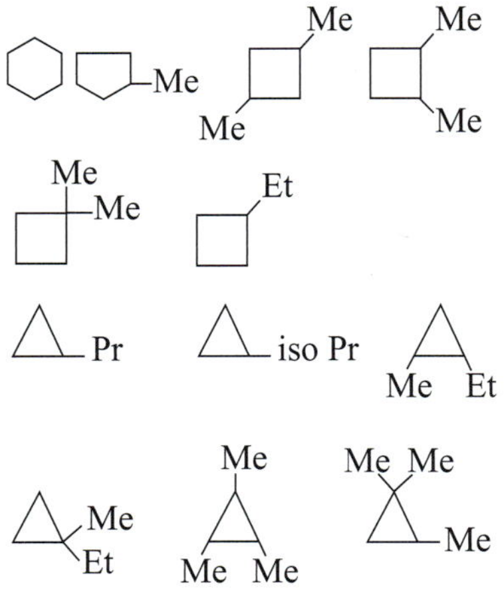

1.d La molécule comporte nécessairement un cycle portant une chaîne latérale et une seule ; le cycle peut avoir 6, 5, 4 ou 3 carbones et la chaîne respectivement 1, 2, 3 ou 4 carbones (avec 3 ou 4 carbones, elle peut être linéaire ou ramifiée). En tout, sept structures sont possibles.

1.e Formules brutes possibles :
C_3H_4O, C_4H_6O, C_5H_8O, $C_6H_{10}O$, etc.
C_4H_6O correspond à la masse molaire 70. Formules possibles :
$CH_3—CH{=}CH—CH{=}O$
$CH_2{=}CH—CH_2—CH{=}O$
$CH_2{=}C(CH_3)—CH{=}O$.

1.f Impossibles :
$C_{15}H_{33}$, $C_2H_2Cl_6$, $C_{33}H_{32}Br$, $C_5H_4Br_3$.

1.g a) $CH_2{=}CH—CH_2—CH_2—OH$ et $CH_2{=}C(CH_3)CH_2—OH$

b) 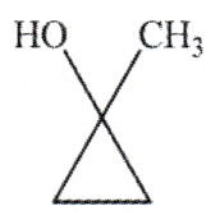

et 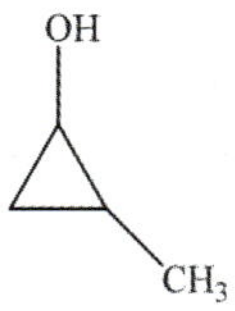

c) $CH_3\text{-}\overset{O}{\overset{\|}{C}}\text{-}CH_2\text{-}CH_3$ et $CH_3\text{-}CH_2\text{-}CH_2\text{-}\underset{\underset{O}{\|}}{C}\text{-}H$

1.h Série 1 :

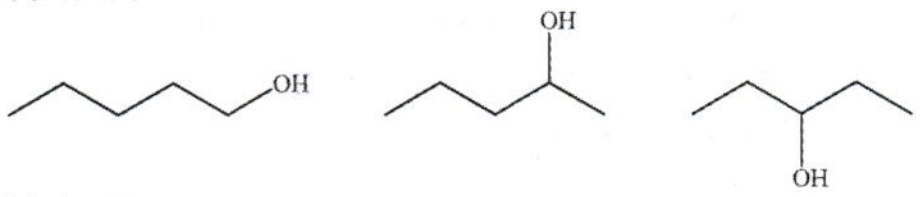

Série 2 :

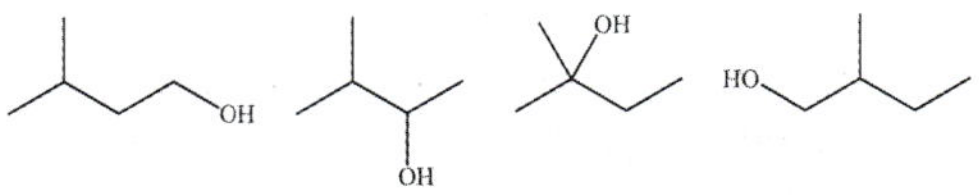

Série 3 :

Isomères de squelette : les composés de la série 1 sont isomères de squelette des composés des séries 2 et 3.
Les 3 composés de la série 1 sont isomères de position.
Les 4 composés de la série 2 sont isomères de position.

1.if Alcool :

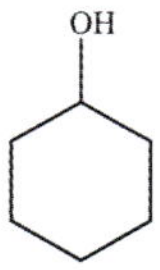

Aldéhyde

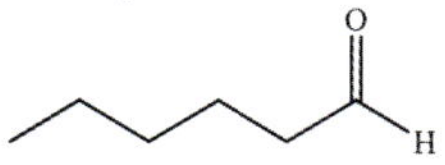

Cétone

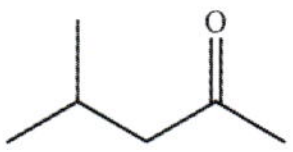

Ether

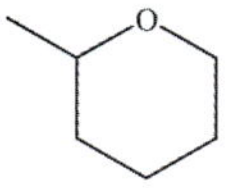

Chapitre 2

2.a a) α : 2(H—N—N et H—N—H) ; δ : 1 (1 rotation possible) ; d : 2(N—H et N—N). – b) α : 5 ; δ : 1 ; d : 4. – c) α : 3 ; δ : 2 ; d : 2.

2.b a) 0,185 nM. – b) 0,242 nM.

2.c 0,251 nM (α = 109°25').

$2R_H$ = 0,240 nM ; $2R_{Cl}$ = 0,360 nM. Deux H en position 1,3 diaxiale sont presque « au contact » ; la présence de deux Cl entraîne une déformation de la molécule.

2.d a) Liaisons C—C et C—O. – b) Aucune. – c) Liaison C—CH_3. – d) Aucune. – e) Cycle chaise ou bateau ; liaisons du cycle avec chaque substituant ; liaisons C—CH_3 dans le groupe tBu. – f) liaison cycle —OH.

2.e a) et c).

2.f Les liaisons du carbone éthylénique en « tête de pont » devraient être coplanaires et ne peuvent pas l'être.

2.g

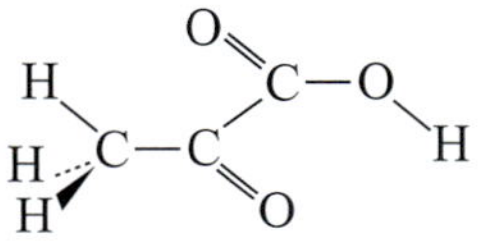

(a)

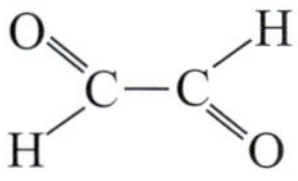

(b)

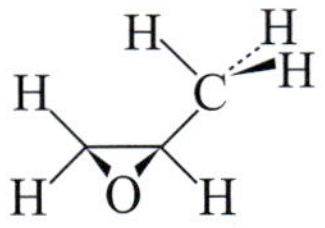

(c)

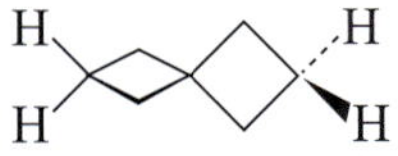

(d)

(e)

2.h Réponses :

a) 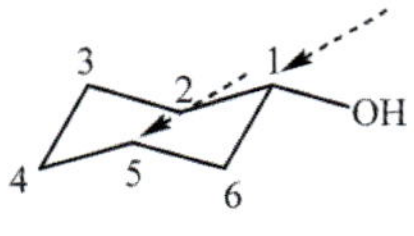

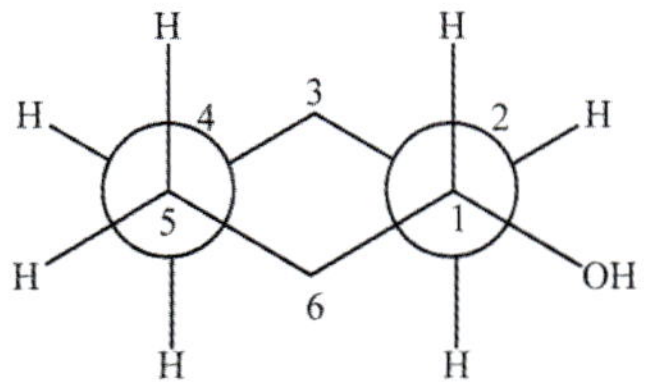

b) 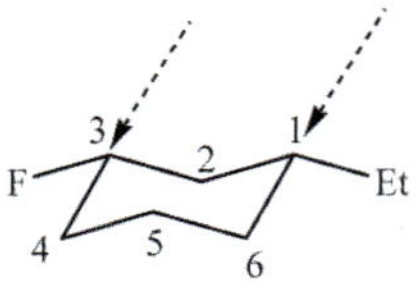

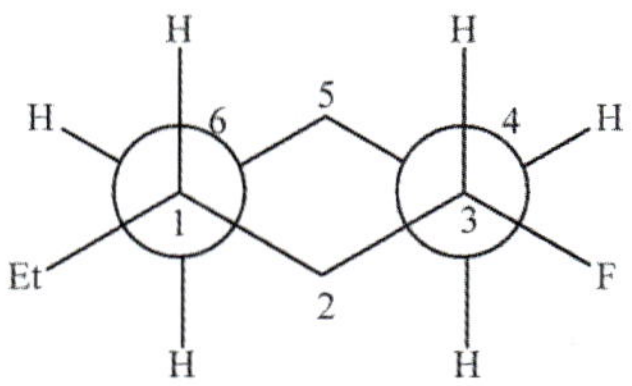

c) 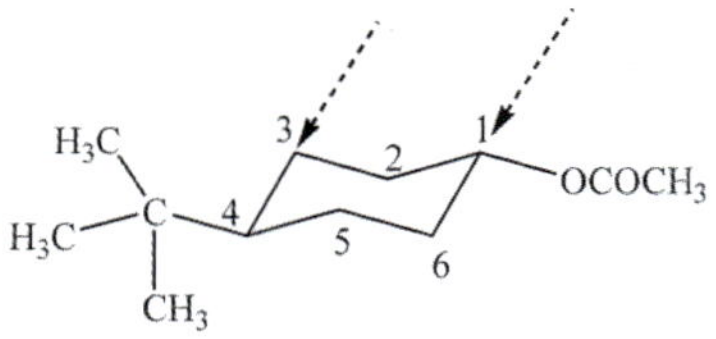

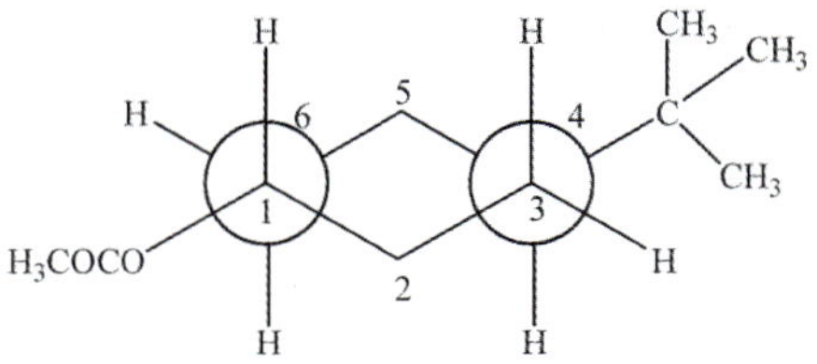

d) 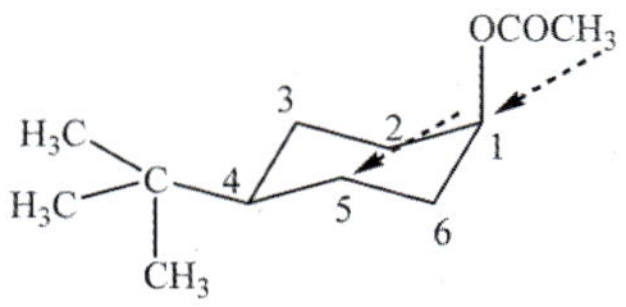

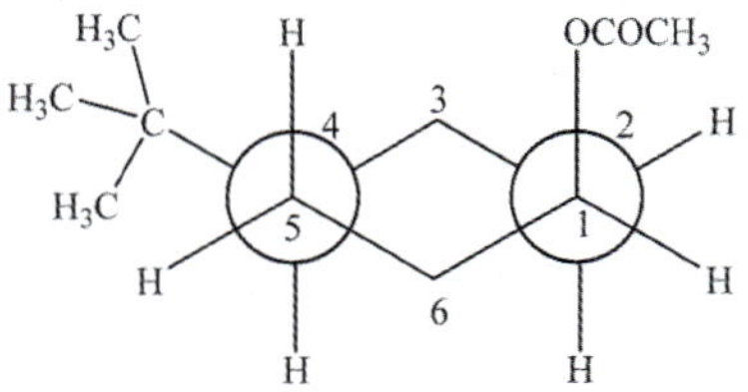

2.i

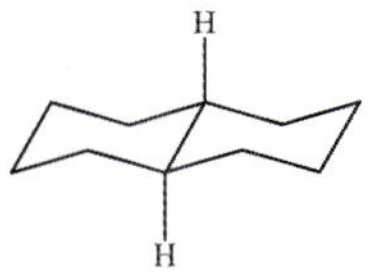

Chapitre 3

3.a a) Achirale : pas de C*. – b) Chirale : 2C* (portant les CH_3—). – c) Achirale ; deux C* (portant les OH), forme méso. – d) Chirale ; un C* (portant Br). – e) Achirale ; pas de C*. – f) Chirale ; pas de C*. – g) Achirale. – h) Chirale ou achirale (forme méso), selon configuration des deux C* (portant les OH). – i) Chirale ; un C* (portant CH_3).

3.b Trois :
$CH_3—\overset{*}{C}HOH—CH_2—CH_2—CH_3$,
$(CH_3)_2CH—\overset{*}{C}HOH—CH_3$,
$CH_3—CH_2—\overset{*}{C}H(CH_3)—CH_2OH$.

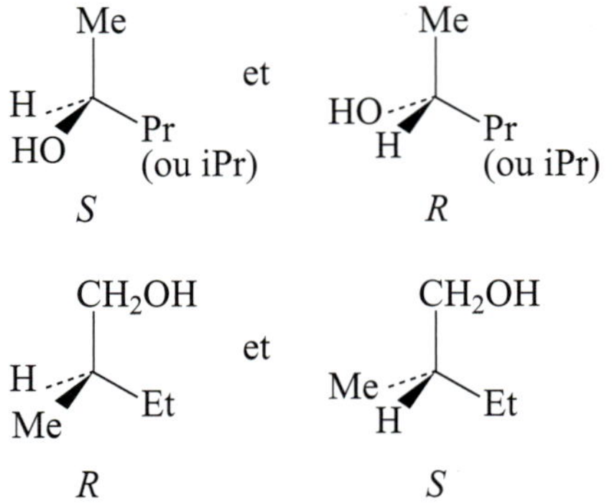

3.c Vingt.

3.d a) *R*. – b) *R*. – c) *S*. – d) *S,R*. – e) *R*. – f) *R*. – g) *Z*. – h) *R,R,E*. – i) *S,S* (de gauche à droite).

3.e a) Conformation (la configuration des C* est la même dans les deux molécules). – b) Configuration (la configuration de l'un des C* est différente ; les deux molécules sont diastéréoisomères).

3.f a) et e) : 1C* ; deux énantiomères *R* et *S*.
b) et c) : 2C* ; deux énantiomères *like* (*R,R* et *S,S*) et deux énantiomères *unlike* (*R,S* et *S,R*) pour c) la paire *like* est *cis* et la paire *unlike* est *trans*.
d) et h) : 1C* et 1C=C ; deux paires d'énantiomères *R,Z*/*S,Z*, et *R,E*/*S,E*, (dans d la double liaison du cycle n'engendre pas de stéréoisomères).
f) 2C* identiques et 1 C=C ; deux paires d'énantiomères *R,Z,R*/*S,Z,S* et *R,E,R*/*S,E,S* (*like*) ; deux formes méso (*unlike*) *R,Z,S*(≡*S,Z,R*) et *R,E,S*(≡*S,E,R*).
g) 2C=C identiques ; trois diastéréosisomères *Z,Z*,*E,E* et *E,E*(≡*E,Z*).
i) Pas de stéréoisomères.

3.g a) énantiomères ; b) conformères ; c) diastéréoisomères ; d) diastéréoisomères.

3.h - dichlorocyclobutane :

a) 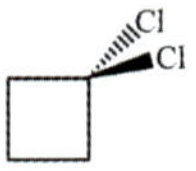

b) 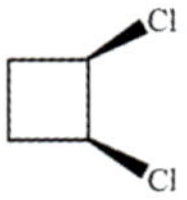

c) 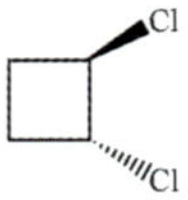

d) 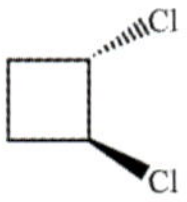

c) et d) chiraux (couple d'énantiomères)
- chlorocyclobutanol :

a) 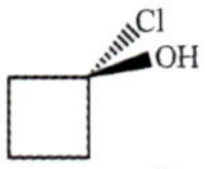

b) 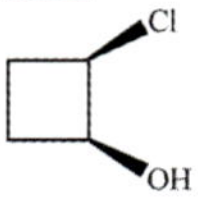

c) 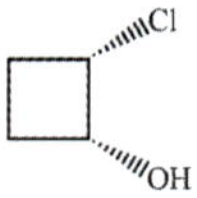

d) 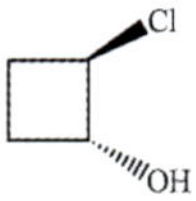

e) 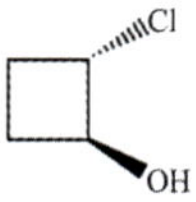

b) et c) chiraux (couple d'énantiomères) ; c) et d) chiraux (couple d'énantiomères).

3.i La présence des substituants sur les cycles entrave la rotation de l'un par rapport à l'autre ; il existe deux conformations bloquées énantiomères (optiquement actives sans carbone asymétrique) :

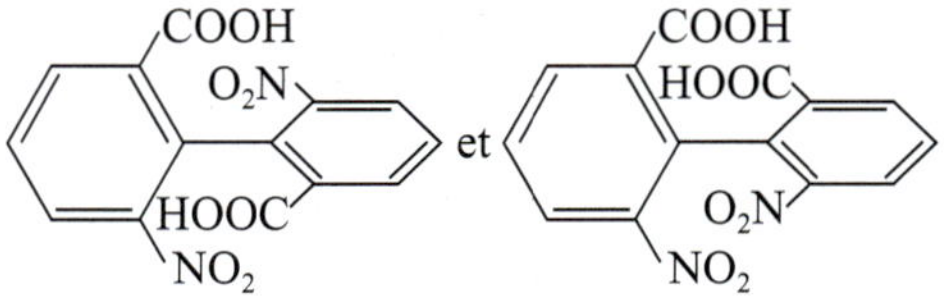

3.j

1) 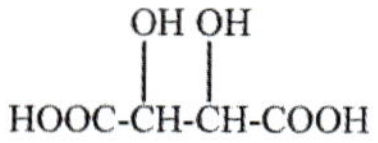

2) 2 carbones asymétriques, $2^2 = 4$ stéréoisomères de configuration. En réalité, 3 stéréoisomères de configuration :

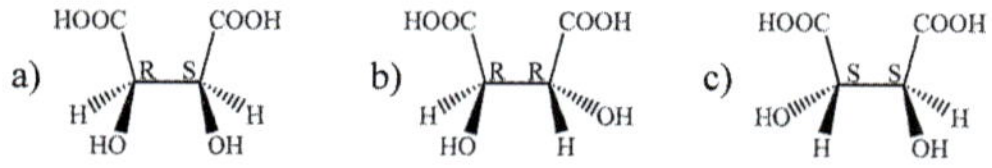

a) Forme méso unique (présence d'un plan de symétrie). Optiquement inactif (son image dans un miroir lui est superposable).
b) et c) optiquement actifs (couple d'énantiomères).

3.k 200 $g \cdot L^{-1}$. – $[\alpha] = + 66{,}5°$.

Chapitre 4

4.a

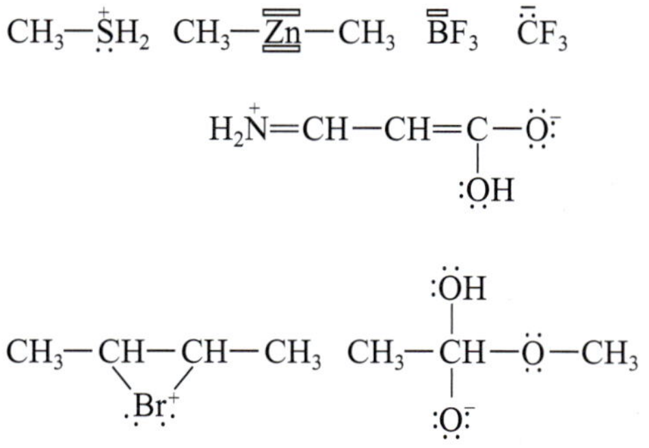

4.b a) 2,33. – b) 1,26. – c) 0. Le moment de la molécule est la résultante de ceux des deux liaisons C—Cl ; il est d'autant plus petit qu'elles forment un angle plus grand, et nul si cet angle est 180°.

4.c 1) $ClCH_2COOH$ ($pk_{a2} = 2{,}85$) ; ICH_2COOH ($pk_{a3} = 3{,}12$) ; $BrCH_2COOH$ ($pk_{a4} = 2{,}87$) ; FCH_2COOH ($pk_{a1} = 2{,}66$).
L'effet inductif attracteur de l'halogène contribue à l'acidité. Plus l'halogène est électronégatif, plus l'effet inductif est important, plus le pk_a est faible et donc plus l'acide est fort.
2) $ClCH_2CH_2CH_2COOH$ ($pk_{a3} = 4{,}52$) ;
$CH_3CHClCH_2COOH$ ($pk_{a1} = 4{,}06$) ;
$CH_3CH_2CHClCOOH$ ($pk_{a2} = 2{,}87$)
Plus le groupement COOH est proche de l'atome de Cl (effet inductif attracteur), plus il subit son effet électronique, plus le pk_a est petit et plus l'acide est fort.
3) $ClCH_2COOH$ ($pk_{a3} = 2{,}85$) ;
$Cl_2CHCOOH$ ($pk_{a1} = 1{,}26$) ;
Cl_3CCOOH ($pk_{a2} = 0{,}70$)
Effet cumulatif du chlore. Plus il y a d'atomes de chlore, plus l'effet inductif attracteur est important, plus le pka est petit et plus l'acide est fort.

4.d

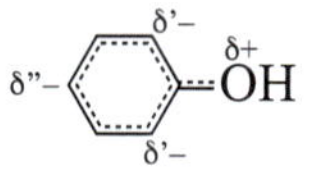

4.e

a) 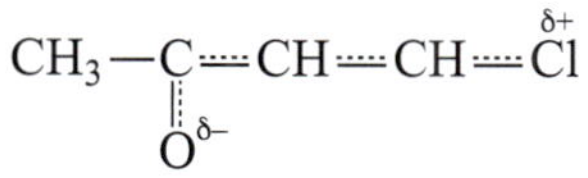

d) 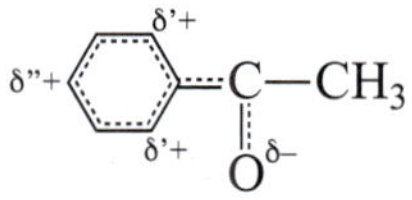

b), c), e, : non.

4.f

Dans l'acroléine $\overset{\delta+}{CH_2} \cdots CH \cdots CH \cdots \overset{\delta-}{O}$ l'effet mésomère est de même sens que l'effet inductif, et renforce le moment dipolaire. Dans le chlorure de vinyle

$$\overset{\delta+}{CH_2} \cdots CH \cdots \overset{\delta-}{Cl}$$

il est de sens opposé et diminue le moment dipolaire résultant de l'effet inductif.

4.g La différence est due à la stabilisation de (A) par la conjugaison des doubles liaisons ; elle donne une mesure de l'énergie de résonance dans (A).

4.h

a) 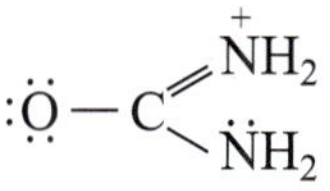

b) 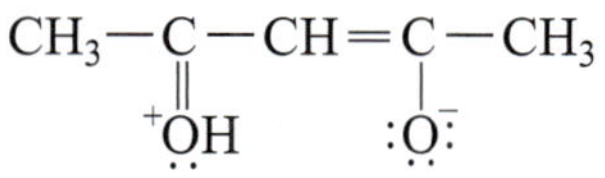

c) 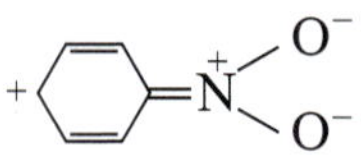 d) 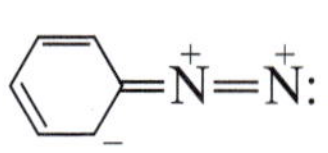

4.i

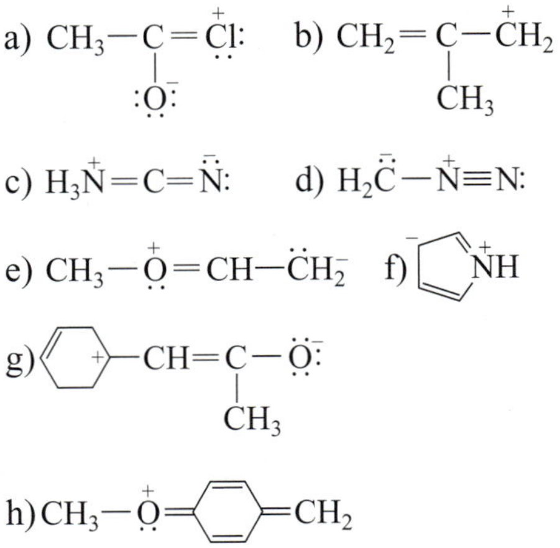

4.j Réponses :

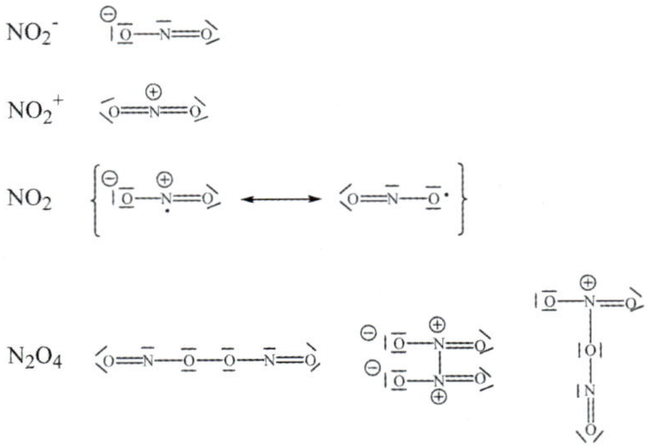

Chapitre 5

5.a Électrophile = réactif (neutre ou chargé) susceptible d'accepter un doublet d'électrons
nucléophile = réactif (neutre ou chargé) susceptible de donner un doublet d'électrons
électrophiles neutres : BF_3, C_2H_5OH, $AlCl_3$, H_2O, H_2S
électrophiles chargés : le carbocation, NH_4^+, NO_2^+
nucléophiles neutres : R_3N, C_2H_5OH, H_2O, H_2S, $P(C_6H_5)_3$
nucléophiles chargés : H^- (hydrure), HO^-, le carbanion, Br^-, RO^-

5.b a) C tertiaire. – b) Azote. – c) C chargé +. – d) C du groupe C=O. – e) C du CH_2. – f) C du CH_2.

5.c a) Substitution nucléophile. – b) Substitution électrophile. – c) Substitution radicalaire. – d) Addition électrophile. – e) Addition nucléophile.

5.d a) Acide + base (Lewis). – b) Base + acide (Brönsted). – c) Acide + base (Brönsted). – d) Base + acide (Lewis).

5.e a) H^+, $CH_3—\overset{+}{C}(OH)—CH_3$.
b) OH^-. – c) PrO^-, $\overset{+}{M}gBr$.
d) CH_3^+, $AlCl_4^-$.
e) $R—CH(C_6H_5)—CH_2^{\bullet}$.
f) $R—\overset{+}{O}(\overset{+}{Zn})—H$.
g) $CH_3—\overset{+}{C}H—OH$.

5.f Réaction complexe, puisque l'un des deux réactifs ne figure pas dans l'équation de vitesse (ordre nul par rapport à Br_2). L'étape cinétiquement déterminante met en jeu une molécule d'acétone et un ion OH^- ; vu le caractère basique de OH^-, on peut supposer qu'il enlève un proton à l'acétone :

$$CH_3—CO—CH_3 + OH^- \rightarrow CH_3—CO—CH_2^- + H_2O$$

et que le carbanion formé réagit ensuite avec Br_2, rapidement :

$$CH_3—CO—CH_2^- + Br_2 \rightarrow CH_3—CO—CH_2Br + Br^-$$

5.g

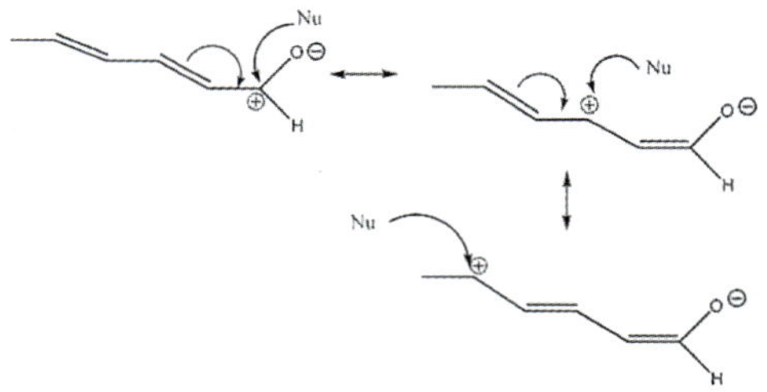

5.h a) : b) > c) > a) (> veut dire plus stable que)
b) stabilisé par résonance (5 formes mésomères) et par l'effet inductif donneur du groupement méthyle
c) stabilisé par résonance (2 formes mésomères)
a) Pas de stabilisation par résonance. Les électrons π sont trop éloignés de l'électron célibataire. Ce radical est uniquement stabilisé par l'effet inductif donneur des groupements alkyles.

5.i L'eau est un solvant protique. Il donne des liaisons hydrogène. Le DMSO est un solvant aprotique dipolaire qui ne donne pas de liaison hydrogène mais qui peut en recevoir. Le maximum de viscosité est atteint quand toutes les molécules de DMSO sont en interaction forte par liaison hydrogène avec les molécules d'eau ajoutées. La baisse de viscosité est liée à la dilution par ajout d'un excès d'eau par rapport au DMSO.

Chapitre 6

6.a a) C_3H_9N.
b) $CH_3—NH—CH_2—CH_3$.

6.b a) C_5H_5.
b) $H_2C{=}CH—CH{=}CH—CH_3$ et
$H_2C{=}C(CH_3)—CH{=}CH_2$.
(la formule brute pourrait correspondre à la présence d'une triple liaison, ou d'un cycle, mais l'UV indique qu'il s'agit de deux doubles liaisons conjuguées).
c) Oui ; intensité du signal vers 5,2-5,7 ppm, correspondant aux H seuls sur un carbone sp^2 (trois dans un cas, un seul dans l'autre).

6.c $CH_2{=}CH—CH_2—CH{=}O$ (l'IR indique un groupe $CH_2{=}CH—$, et une fonction aldéhyde ; l'UV indique qu'il n'y a pas de conjugaison entre les deux).

6.d A) 1 signal (les 4H sont équivalents).
B) 3 signaux (les H des deux groupes CHCl sont équivalents, mais ceux du groupe CH_2, auxquels correspond un déplacement chimique différent, ne le sont pas).
C) 2 signaux (les H du groupe CH_2 sont équivalents).

6.e Le déblindage dû au chlore décroît progressivement avec l'éloignement, comme l'effet inductif.

6.f $Cl_2CH—CHCl_2$: 1 singulet (H équivalents).
$Cl_2CH—CH_2Cl$: de gauche à droite sur le spectre, 1 triplet (intensité 1) et 1 doublet (intensité 2).

6.g C'est le cyclohexane, dans lequel les 12 H sont équivalents. Si l'un d'eux est remplacé par Cl, ils ne sont plus équivalents et de nombreux couplages apparaissent.

6.h C_3H_7Cl ne peut être que $CH_3—CH_2—CH_2Cl$ ou $CH_3—CHCl—CH_3$. Seul le second peut avoir le spectre décrit (l'heptuplet correspond au proton de —CHCl—, déblindé par le chlore et couplé avec six voisins ; le doublet correspond aux six protons des groupes CH_3, couplés avec le proton du carbone central).

6.i Le spectre est celui d'un groupe éthyle $—CH_2—CH_3$; l'amine est $(CH_3CH_2)_3N$.

6.j Le résultat de la combustion permet d'obtenir l'analyse centésimale suivante : % C : 39,8 ; % H : 6,6 ; % O : 53,5, ce qui permet de proposer la formule brute $(C_2H_6O)n$. Le spectre RMN permet de déduire un CH_3 lié à un CH_2 et à un OH d'alcool confirmé par le spectre infrarouge. Il s'agit donc de l'alcool éthylique. Celui qui conduit ne boit pas ! ! ! ! ! !

6.k Formule brute : $C_5H_{10}O$
Représentation spatiale en accord avec les informations :

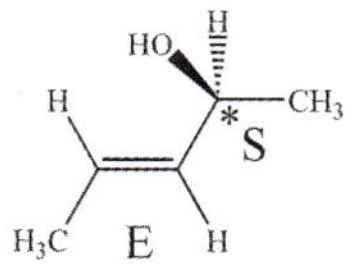

6.l a) $CH_3—O—CH_3$
b) $Cl—CH_2—CH_2—O—CH_2—CH_2—Cl$
c) $CH_3—CH_2—COOCH_3$ ou
$CH_3—CH_2—O—CO—CH_3$

6.m CH_2Cl_2 : 1 singulet d'intensité 2
$Br\text{-}CH_2\text{-}CH_2\text{-}CH_2\text{-}Br$: 1 triplet d'intensité 4 (2 CH_2Br) et un quintuplet d'intensité 2 (CH_2 central)
$CH_3O\text{-}CH_2\text{-}CCl(CH_3)_2$: 1 singulet d'intensité 3 (CH_3O), 1 singulet d'intensité 2 (OCH_2) et 1 singulet d'intensité 6 ($CCl(CH_3)_2$)

Chapitre 7

7.a Un seul nom est indiqué, mais parfois un autre est possible.
1) Benzonitrile. – 2) Perchloréthane.
3) Cyclohexyléthène.
4) *N*-méthyl-*N*-propylisopropylamine.
5) 2-oxopent-4 énoate de méthyle.
6) benzoate de phényle.
7) 3-éthoxypropyne.

8) 2,3-dihydroxypropanal.
9) acide (E)-2-chlorobut-2-énedioïque.
10) 4-bromocyclohex-2-énone.
11) *méta*-divinylbenzène.
12) *1*-cyclohexylhepta-1,3-dièn-6-yne.
13) 3,7-diméthyloct-6-én-1-ol.
14) cis-1,3-diméthylcyclopentane.
15) Pentan-2-ol.

7.b

1) $Me_2CH—CH_2—CHEt—CH_2—CMe_2—CH_2—CH_3$

2) 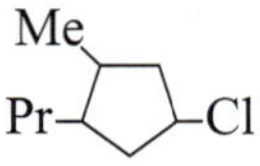

3) $MeO—CO—CH_2—CH_2—CO—OMe$
4) $CH_3—CH_2—CO—NH—Bu$
5) $CH_3—CH{=}C(CH_3)—CO—CH_3$
6) $Ph—CH_2—CH_2—NH—CH_2—CH_3$

7) 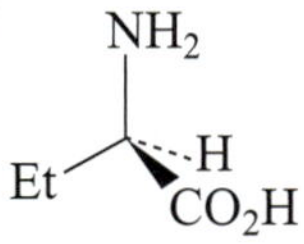

8) $Cl_3C—CO_2NH_4$

9) 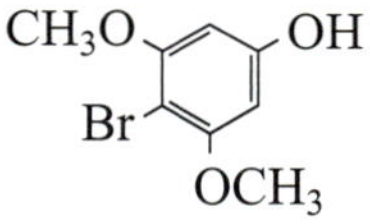

10) $H_3C—C{\equiv}C—CHOH—CH_3$

11) 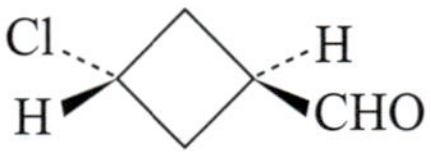

12) $Ph_3C—OH$.

7.c 1) 4-éthyldécane. – 2) 3-fluorobutanone. – 3) 2,3-diméthylbutane-2,3-diol. – 4) 3-oxopent-4-ène nitrile. – 5) *N*-méthyl-*N*-phénylaniline. – 6) But-2-yne. – 7) 2-méthylhexane. – 8) 1-éthylcyclohexène. – 9) Cyclopent-2-énol. – 10) 3,3-diméthylbutanone.

7.d

a) 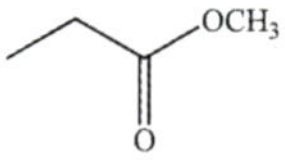

b) 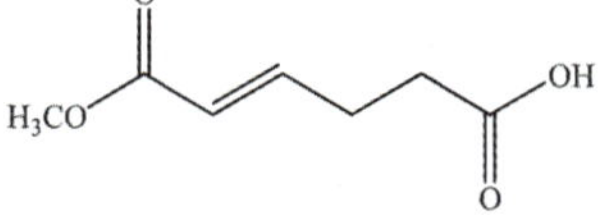

c) 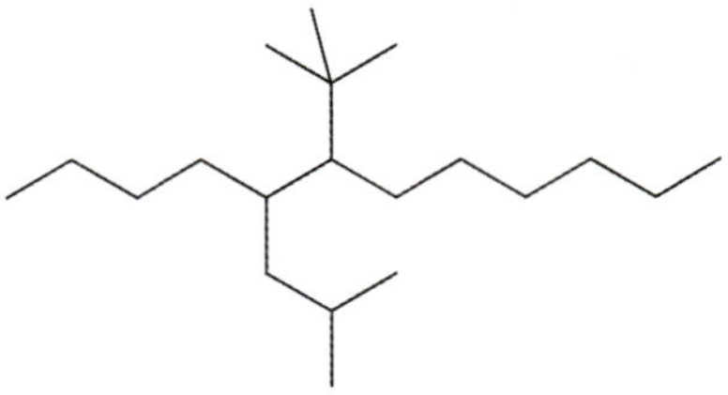

d) 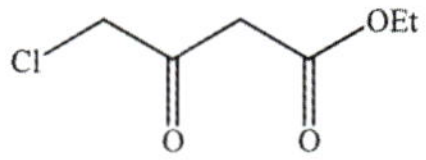

e) 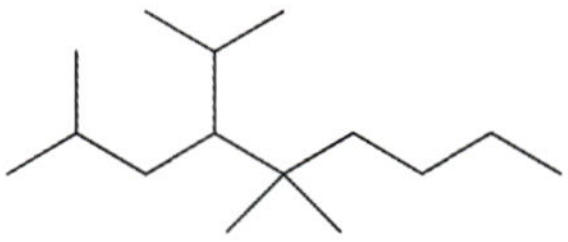

f) 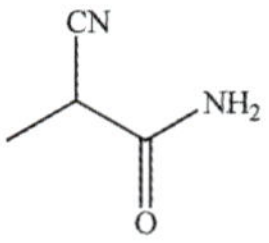

7.e Réponses :

a) 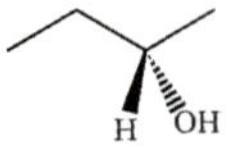

b) 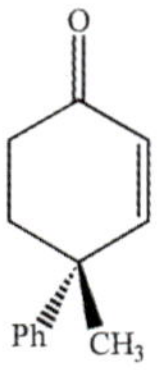

c) 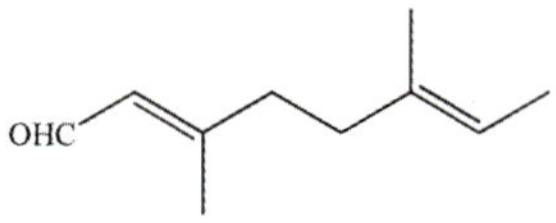

d) 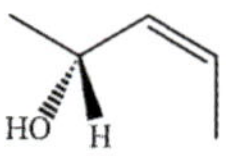

e) 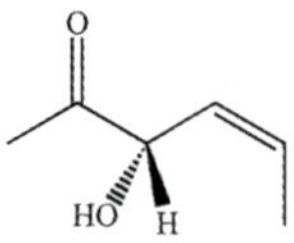

7.e a) 3,6-diéthyl-2,5-diméthylnonane
b) 1-éthyl-3-méthyl-5-propylcyclohexane
c) acide 2-hydroxyheptanedioïque
d) acide 4-cyano-3-oxobutanoïque
e) 3-oxobutanenitrile

Chapitre 8

8.a $\mathbf{C_5H_{12}}$: trois (pentane, méthylbutane, diméthylpropane) ; $\mathbf{C_6H_{14}}$: cinq (hexane, 2-méthylpentane, 3-méthylpentane, 2,2-diméthylbutane, 2,3-diméthylbutane).

8.b A = diméthylpropane et B = 1-chlorodiméthylpropane

8.c **E** : 3-méthylpentan-2-one. – **F** : 3-méthylpentanal ou 2-éthylbutanal.

8.d Volume nécessaire : 24,2 L

8.e La proportion statistique serait 60 % de 1-chlorobutane (6H substituables) et 40 % de 2-chlorobutane (4H substituables).

$$\frac{27}{73} = \frac{60}{40} \times \frac{v_1}{v_2}, \text{ d'où } \frac{v_1}{v_2} = 0{,}25$$

8.f Un alcane en C_n contient (2n + 2)H.
$(n \times 12) + (2n + 2) = 129$ d'où $n = 9{,}07 \approx 9$; formule brute de l'alcane C_9H_{20}. Il comporte 18 H dans les CH_3 et 2 H dans un CH_2 (rapport 18:2 = 9:1). L'absence de couplages impose que la structure soit $(CH_3)_3C—CH_2—C(CH_3)_3$.

8.g Voir 1) 2) 8.4.3 ;
3) 4) 5) 8.4.2 ;
6) 8.4.1.a ;
7) 8.4.1.b>

Chapitre 9

9.a A :
$CH_3—CH_2—C(Me){=}CH—CH_2—CH_3$;
3- méthylhex-3-ène.
B :
$CH_3—CH(Me)—CH_2—CH_2—CH{=}CH_2$;
5-méthylhex-1-ène.

9.b 1)
$CH_3—CH{=}C(Me)—CH(Me)—CH_3$;
3,4-diméthylpent-2-ène.
2)
$CH_3—CH_2—C(Me){=}CH—CH{=}CH_2$;
4-méthylhexa-1,3-diène
3)

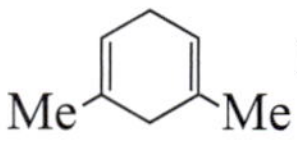

1,5-diméthylcyclohexa-1,4-diène

9.c
1) CH_3—CCl—Et
|
CH_3

2) ICH_2—C(OH)—Et
|
CH_3

3) $BrCH_2$—CBr—Et
|
CH_3

4) CH_3—C(OH)—Et
|
CH_3

5) $BrCH_2$—CH—Et
|
CH_3

6) $HOCH_2$—CH—Et
|
CH_3

7) H_2C—C(Me)—Et
\ /
O

8) $HOCH_2$—C(OH)—Et.
|
CH_3

9.d 1) 9.4.1.c, 9.2.1.a. – 2) 9.4.1.c, 9.2.1.b (addition ionique d'hydracides halogénés). – 3) 9.4.1.c, 9.2.1.b (addition radicalaire d'hydracides halogénés). – 4) 9.4.1.b, 9.2.1.b (addition de dihalogènes). – 5) 9.4.1, 9.2.1.b (hydratation). – 6) 9.4.1.a, 9.2.1.b (hydratation par hydroboration). – 7) 9.4.1.a, 9.2.2.a. – 8) 9.4.1.c, 9.2.2.b ($KMnO_4$). – 9) 9.4.1.b, 9.2.2.b (ozonolyse). – 10) 8.2.1, 9.4.1.b.

9.e 1) (a) : $CH_3—CH_2—CHCl—CH_2Cl$; (b) $CH_3—CH_2—CH{=}CH_2$
2) (c) est un alcène, (d) un bromoalcane et (e) un organomagnésien ; sa réaction avec CH_3Br ajoute un CH_3 au squelette initial [8.4.1.], mais on ne peut savoir lequel a été ajouté qu'en déterminant la structure de (c) d'après son ozonolyse.

9.f

1) 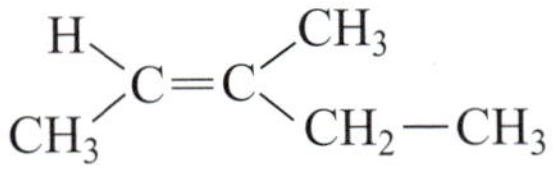

(Z)-3-méthylpent-2-ène

2) 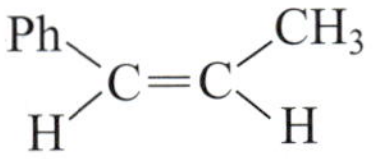

(Z)-1-phénylpropène

9.g

1) 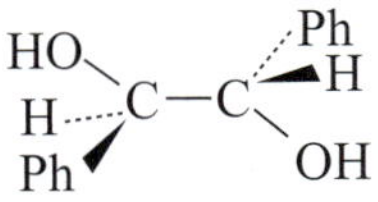

(1*R*, 2*S*)-1,2-diphényléthane-1,2-diol (forme méso)

2) 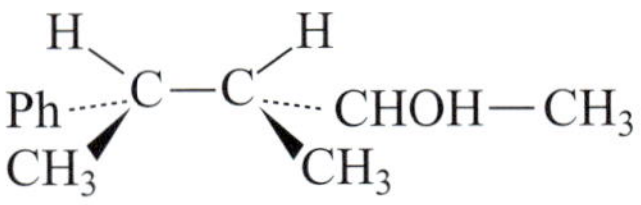

(3*R*, 4*S*)-3-méthyl-4-phénylpentan-2-ol et son énantiomère (3*S*, 4*R*)

9.h C'est un diène conjugué (UV), et les doubles liaisons sont de la forme —C=CH— (avec une liaison libre sur C) (IR). Sa masse molaire est voisine de 112 (hydrogénation) et la valeur la plus voisine pour C_nH_{2n-2} est 110 (n = 8). L'ozonolyse et la RMN montrent qu'il contient, en plus des quatre carbones du motif C=C—C=C, quatre CH_3. Sa formule ne peut être que

$$Me_2C{=}CH{-}CH{=}CMe_2$$

(les deux méthyles liés sur un même carbone ne sont pas équivalents en RMN, compte tenu de la géométrie de la molécule).

9.i Résultat normal. L'effet inductif-attractif des trois fluors déstabilise le carbocation $F_3C{-}\overset{+}{C}H{-}CH_3$ (renforcement du déficit sur le carbone), plus qu'il ne déstabilise $F_3C{-}CH_2{-}\overset{+}{C}H_2$ dont la charge négative est plus loin d'eux.

9.j $CH_3{-}CH(CH_3){-}CBr_2{-}CH_3$. Stabilisation du carbocation intermédiaire par résonance avec les doublets libres du brome déjà en place.

9.k

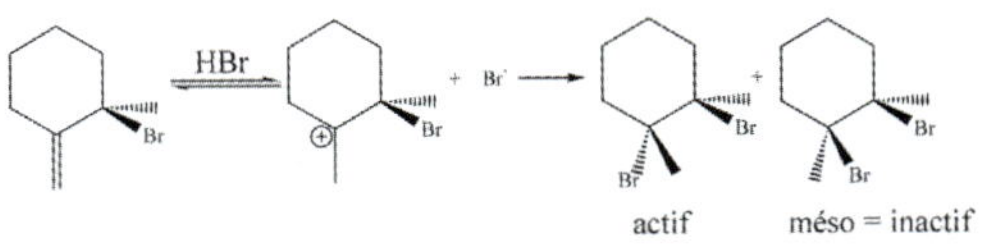

9.l

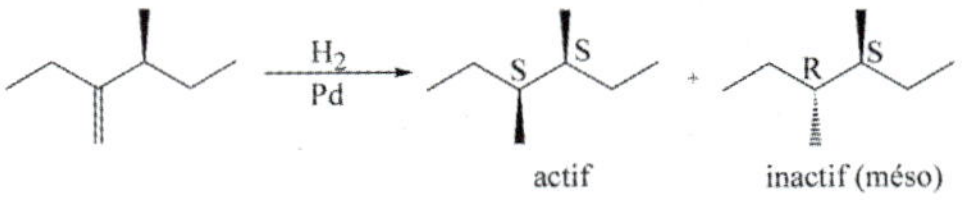

9.m

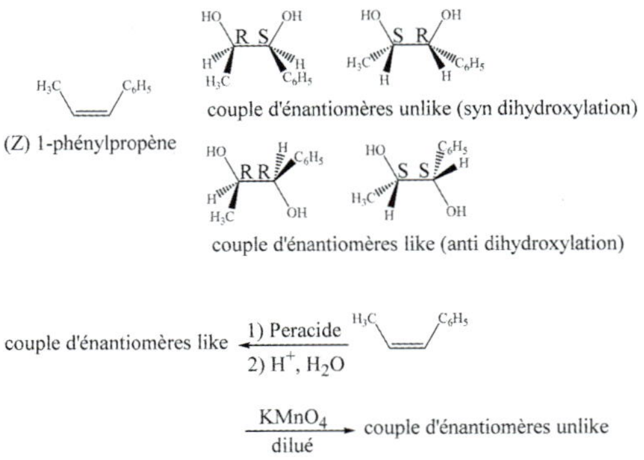

Chapitre 10

10.a 1) 10.2.1.b ; 1,2-dichloropropène.
2) 10.2.1.c ; 2,2-dichlorobutane.
3) 10.2.3.a ; Propylacétylure de cuivre (I).
4) 10.2.1.d (addition d'eau) ; 3-méthylbutanone.
5) 9.2.1.a ; (Z)-pent-2-ène.
6) pas de réaction.
7) 3 Br_2, 9.2.1.b (addition de dihalogènes), 10.2.1.b ; 2-méthyl-1,2,3,3,4,4-hexabromobutane.
8) 10.2.3.a ; phénylacétylure de sodium.
9) 10.2.3.a ; butylacétylure de sodium.
10) 10.2.3.a ; bromure de but-1-ynylmagnésium + éthane.
11) 10.2.3.b (réaction avec les aldéhydes et les cétones) ; 2-méthylpent-3-yn-2-ol.

10.b 1) 9.2.1.b (addition de dihalogènes), 10.3.1.
2) 10.2.1.a, 9.2.1.b (hydratation).
3) 10.2.1.c, 10.3.1.
4) 10.2.1.b, 10.2.1.c.
5) Préparation de BuBr : 10.2.1.a, 9.2.1.b (addition radicalaire d'hydracides halogénés),

puis 10.2.3.a, 10.2.3.b (réaction avec les dérivés halogénés).
6) Préparation (10.3.2) et double alkylation (10.3.2) de l'acétylène. Préparation de CH_3CH_2X à partir de CH_3CH_2OH : 9.4.1.a, 9.2.1.b (addition ionique d'hydracides halogénés) (mais il existe une méthode plus directe : 13.3.1 (transformation d'un alcool en dérivé halogéné)). L'acétylène pourrait aussi être obtenu à partir de CH_3CH_2OH : 9.4.1.a, 9.2.1.b (addition de dihalogènes), 10.3.1.
7) 10.2.1.d (addition d'eau).
8) 10.2.1.a (Na), 9.2.1.b (addition de dihalogènes).
9) 10.2.1.a (H_2/Pd), 9.2.1.b (addition de dihalogènes).
10) 10.2.1.a, 9.2.2.b (ozonolyse).
11) 10.2.1.a, 9.2.2.b ($KMnO_4$).

10.c 1) 10.2.1.a, 9.2.1.b (addition de dihalogènes).
2) 10.2.1.b, 10.2.1.c.
3) 9.4.2.a, 9.2.2.a.
4) 9.4.2.a, 9.2.1.b (addition ionique d'hydracides halogénés), 8.4.1.b (ou hydrogénation du but-1-yne obtenu en 5).
5) cf. 10-b, 5).
6) 9.4.2.a, 9.2.1.b (hydratation).
7) 10.2.1.d (addition d'eau), puis 10.2.3.b (réaction avec les aldéhydes et les cétones) avec l'aldéhyde obtenu.
8) À partir de 7) : 9.4.1.a, 9.4.2.a.
9) À partir de 8) : 9.2.2.b (ozonolyse).

10.d La formule brute de la forme C_nH_{2n-2}, peut correspondre à la présence de deux doubles liaisons, ou une double liaison et un cycle, ou une triple liaison. Les données concernant l'hydrogénation indiquent qu'il s'agit d'un alcyne ; celles qui concernent l'addition de Br_2 n'apportent rien (elles pourraient correspondre aussi à un diène). L'hydratation et l'ozonolyse indiquent toutes deux que cet alcyne est symétrique, de la forme R—C≡C—R ; ces informations sont donc redondantes, et il est inutile de préciser qu'il n'y a pas de réaction avec $AgNO_3$. Il est inutile également d'indiquer que l'ozonolyse donne un aldéhyde, et l'hydratation une cétone; il ne peut en être autrement.

Les groupes R comportent trois carbones, et il peut s'agir de groupes propyle ou isopropyle. La RMN indique que ce sont des isopropyles. Réponse : Me_2CH—C≡C—$CHMe_2$.

10.e La première réaction fait penser que A est un composé à H labile, et que le gaz est CH_4. B est alors un autre organomagnésien qui réagit avec un composé C, *a priori* un aldéhyde ou une cétone, pour donner un alcool D.
La dernière réaction indique que E est un alcyne, et ce ne peut être que l'éthynylcyclohexène (ci-dessous). Ce dernier résulte d'une déshydratation qui créee la double liaison dans le cycle et deux alcools (D et D') peuvent donner E. Mais seul D peut résulter de la synthèse magnésienne.

A : HC≡CH B : HC≡C—MgBr

C : 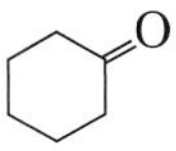

D : 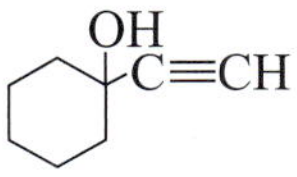

D' : 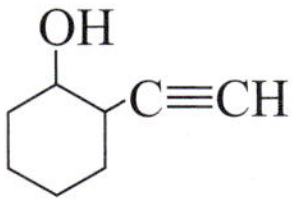

E : 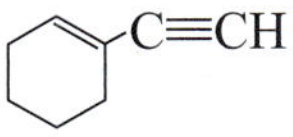

Chapitre 11

11.a 1) 2) 11.2.2.b
3) 11.2.2.a

11.b 1) 9.4.1, 9.2.1.b (ou mieux 13.3.1).
2) 9.4.1, 9.2.1.b (addition de dihalogènes).
3) 9.4.1, 8.2.2 (chloration en « position allylique »).
4) 9.4.1.a, 9.2.2.a.
5) 9.4.1.a, 9.2.2.b.

11.c 1) 11.2.2.b (HCl), 9.4.1.b.
2) 9.2.1.b (hydratation) (sur le propène précédemment préparé).
3) 11.2.2.b, 8.2.2.
4) Propène, puis 9.2.1.b, 8.2.2.

11.d 1) 11.2.2.b (HCl), 9.4.1.b.
1) coupure oxydante 9.2.2b ;
2) 2) diol cis 9.2.2a ; ***3***
3) *anti*-addition. Deux conformations en équilibre :

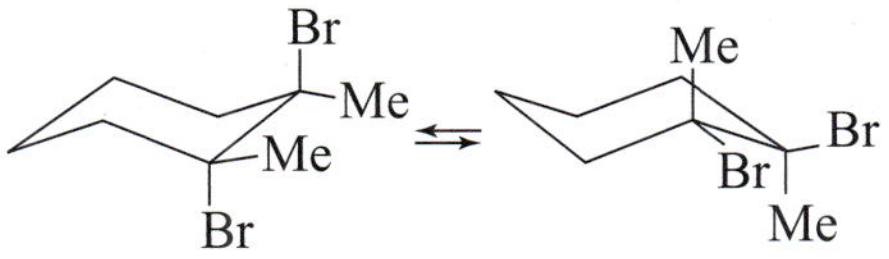

La conformation la plus stable est celle où les substituants les plus encombrants sont équatoriaux, mais CH_3 et Br n'ont pas des volumes très différents (cf. rayons de covalence et de Van der Waals).
Les deux Br, chargés négativement (δ–), ont alors tendance à se placer aussi loin que possible l'un et l'autre, donc tous deux axiaux.
La molécule est chirale (ci-dessus, *R,R*) ; il se forme en quantité égale son énantiomère (*S,S*) et on obtient le racémique, inactif.
4) hydrogénation catalytique 9.2.1a ;
5) oxydation avec coupure de chaîne 9.2.2b ;
6) diol trans 9.2.2a ;
7) hydratation par hydroboration 9.2.1b.

Chapitre 12

12.a 1) Me 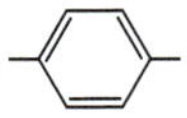 CH_2—Ph

2) Pas de réaction. – 3) 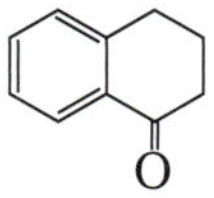

4) 1-chloro-1-phénylpropane.
5) Cyclohexylbenzène.
6) 1,2-diphényléthane.
7) 1,2-dicyclohexyléthane.
8) Ph—CO—CH_2—CH_2—CO—Ph.
9) Triphénylméthane.
10) *o*- et *p*-chloroéthylbenzène.
11) *o*- *et p*-chlorotoluène.

12) Me 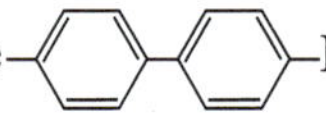 Me .

12.b 1) 12.2.2.a (alkylation, p-xylène), 12.2.3.
2) 12.2.2.a (acylation avec CH_3COCl), 12.2.2.a (alkylation avec CH_3Cl), 8.4.3., 12.2.3.
3) 12.2.2.a (alkylation avec PrCl), 12.2.2.a (halogénation en présence de hν), 9.4.1.b.
4) À partir du 1-phénylpropène : 9.2.1.b (addition de dihalogènes), 10.3.1.
5) 12.2.2.a (alkylation avec $ClCH_2CH_2Cl$), 12.2.2.a (halogénation en présence de hν), 9.4.1.b, 9.2.2.a (oxydation par $KMnO_4$).

12.c 1) Nitration. – 2) Bromation. – 3) Alkylation. – 4) Indifférent (mais l'effet activant de CH_3 facilite une chloration ultérieure). – 5) Acylation. – 6) Alkylation.

12.d La réaction nécessite $H\overset{+}{C}{=}O$, qui peut se former par protonation de CO :

$$HCl + :C{=}O \rightarrow H\overset{+}{C}{=}O + Cl^-$$

Suite normale.

12.e a) CH_3Cl est un électrophile qui peut donner en présence de $AlCl_3$ les produits $C_6H_5CH_3$ et HCl issus d'une substitution électrophile.
b) $C_6H_5CH(CH_3)_2$ est le produit attendu.
c) Les halogènes orientent la nitration en ortho et para.
d) Pas de substitution nucléophile sur le chlorobenzène trop riche en électron.
e) Dans ces conditions, il faut considérer la nitration et non la sulfonation. En milieu acide, l'amine se transforme en ammonium [**17.2.1**]. La nitration de cette amine aromatique aurait donc lieu en méta et non en para..

12.f 1) *méta* (pour éviter une charge positive, dans l'intermédiaire, sur le carbone portant CF_3.)
2) En milieu acide il se protone (—NH_2 → —$\overset{+}{N}H_3$) ; $\overset{+}{N}H_3$ ne possède plus de doublet délocalisable et se comporte uniquement comme groupe attractif.

12.g Vu la formule brute de A, son oxydation doit donner deux molécules d'acide benzoïque ; ce doit être :

Ph—CH=CH—Ph

(1,2-diphényléthylène, ou stilbène).
B est Ph—C≡C—Ph (Diphénylacétylène), C est l'isomère *Z* du stilbène, donc A est son isomère *E*, D est le 1,2-diphényléthane.

12.h

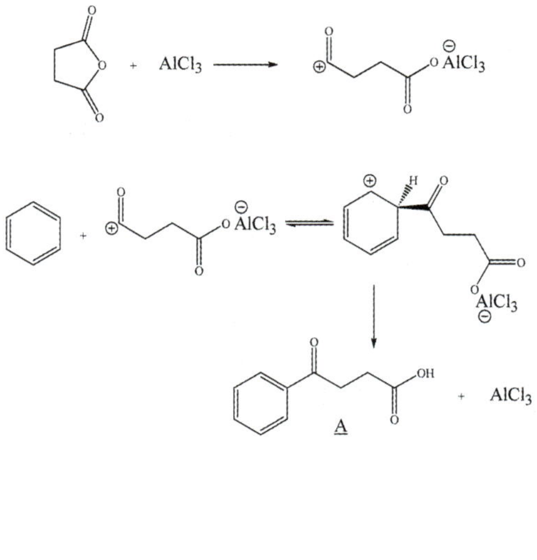

12.i

a) = 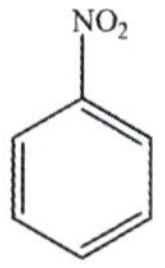 d) = 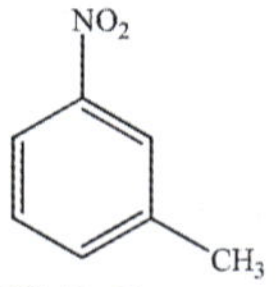

c) = H_2, Pd d) = $KMnO_4$

Chapitre 13

13.a S_N2 : difficulté d'accès « par l'intérieur » au carbone portant Cl : S_N1 et E1 : impossibilité pour le carbocation d'être plan ; E1 et E2 : impossibilité de former une double liaison en « tête de pont » (cf. 2.f).

13.b Il faut faire deux réactions S_N2 successives (par exemple préparer d'abord le (2S)-2-iodobutane par réaction avec I^-).

13.c α tend vers zéro. Chaque substitution provoque une inversion, mais à partir du moment où le mélange contient autant de forme dextrogyre que de forme lévogyre, dont la probabilité de réaction, avec I^- est la même, les inversions $R \rightarrow S$ et $S \rightarrow R$ se compensent et la composition n'évolue plus.

13.d Elle est encore *R*, bien qu'il y ait eu « physiquement » inversion, pour une question de nomenclature (la séquence Br, iPr, Me, H est remplacée par la séquence iPr, Et, Me, H). Une inversion ne se traduit pas toujours par un changement de nom.

13.e Dans la seconde étape, le carbocation commun peut être consommé plus rapidement par l'une des réactions que par l'autre. Les deux produits se forment dans le même rapport que celui des deux constantes de vitesse de ces secondes étapes.

13.f 1) Buta-1,3-diène. – 2) 1,3-dibromobutane. – 3) Chlorotertiobutylbenzène (*ortho* et *para*). – 4) 2-bromopropane.
5) Et—O—Pr. – 6) Chlorocyclohexane.
7) $N{\equiv}C{-}CH_2{-}CH_2{-}C{\equiv}N$.
8) Cyclohexanol.
9) $NaC{\equiv}C{-}CH{=}CH_2$.
10) Ph—$CHCl_2$. – 11) 3-méthylpentane.
12) Ph—CH_2—NMe_2. – 13) Me_4N^+.

13.g 1) 9.4.2.a, 13.3.1 (transformation d'un alcool en dérivé halogéné).
2) 9.4.1.a, 13.3.1 (transformation d'un alcool en dérivé halogéné).
3) 9.4.1.b.
4) 9.4.1.c.
5) 13.3.1 (transformation d'un alcool en dérivé halogéné).

13.h 1) 9.4.1.b, 9.2.1.b (addition de dihalogènes), 10.3.1.
2) 12.2.2.a (alkylation).
3) 9.4.1.b, 9.2.2.b (ozonolyse).
4) 13.3.2.a (action de PCl_5), 10.3.1.
5) 13.3.1 (transformation d'un alcool en dérivé halogéné), 13.2.1.
6) 13.3.1 (transformation d'un alcool en dérivé halogéné), 13.2.1.
7) 9.4.1.b, 9.2.2.a (peracide ou $KMnO_4$ selon le stéréoisomère voulu).

13.i L'enchaînement (a) → (b) → (c) correspond visiblement à alcène → alcool → halogénure d'alkyle. Ce dernier s'identifie d'après l'alcane qu'il donne dans la troisième réaction (réaction de Wurtz). Pour (a) deux structures peuvent être envisagées, mais son spectre IR permet d'en éliminer une.

13.j Les réactions successives sont décrites aux paragraphes 10.2.3.a, 10.2.3.b (réaction avec les dérivés halogénés), 10.2.1.d (addition d'eau) et 13.3.2.a (action de PCl_5).

13.k Ce résultat ne peut s'expliquer que par un mécanisme d'élimination bimoléculaire E2. Une élimination monomoléculaire E1 aurait donnée le même produit dans les deux cas : le méthylcyclohexène.

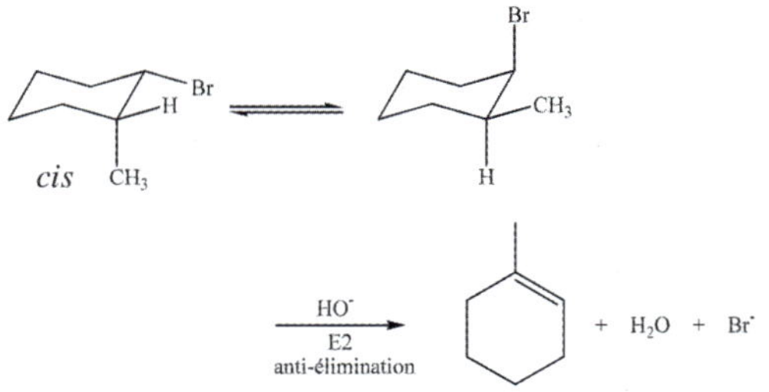

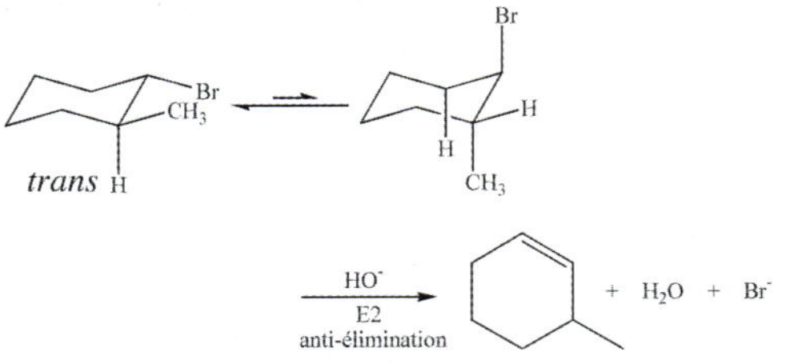

13.l a) 3S,4S

II = $CH_3—CH_2—CH{=}C(CH_3)CH_2—CH_3$, alcène le plus substitué majoritaire ;

III = $CH_3—CH{=}CH—CH(CH_3)CH_2—CH_3$, minoritaire

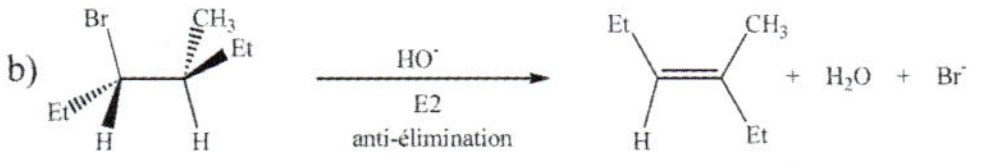

I — II : alcène E

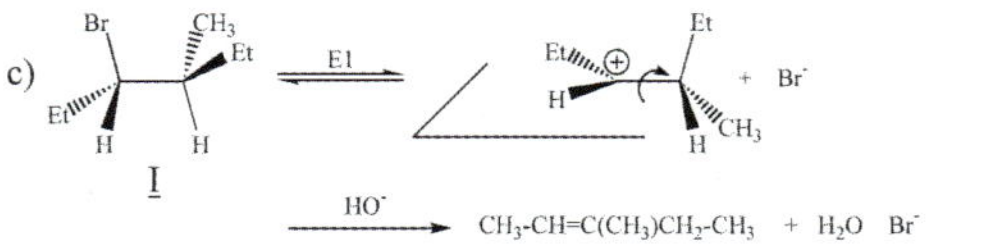

Mélange E+Z avec E majoritaire (II)

13.m v = k[RBr][EtONa] → mécanisme bimoléculaire ($S_N2/E2$).

Un produit optiquement actif → produit de substitution.

L'autre produit est un alcène (réagit avec l'ozone) → produit d'élimination.

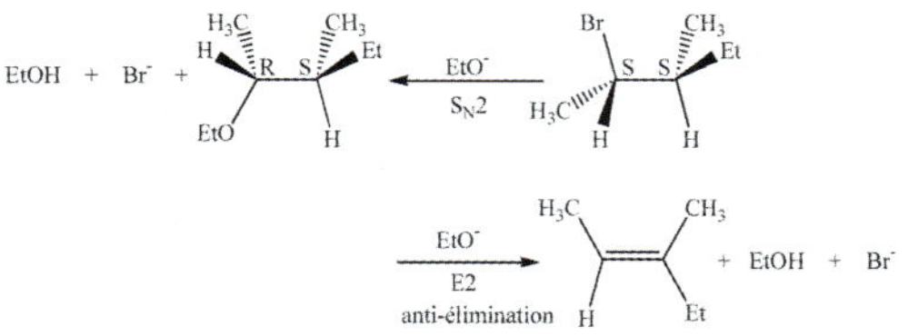

alcène E

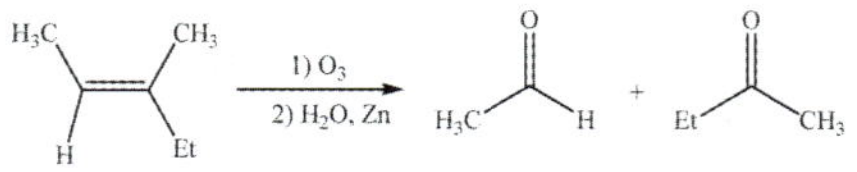

Chapitre 14

14.a 1) Ph—CHOH—Et. – 2) CO_2.
3) PrOH. – 4) Oxyde d'éthylène.
5) $CH_3CH_3 + CH_3—C{\equiv}CMgBr$ ($CH_3C{\equiv}CH$ après hydrolyse).
6) $Et_3C(OH)$. – 7) CH_3CH_3 + $Me_2CH—OMgBr$ (Me_2CHOH après hydrolyse). – 8) CH_3CH_3. – 9) CH_3OH.
10) Me_2CHCl. – 11) $Et_2C(OH)Me$.
12) Ph—CO—Et.

14.b 1) 14.2.2.b, 13.3.2.a (action de PCl_5).
2) 14.2.3.a, 13.3.1 (transformation d'un alcool en dérivé halogéné).
3) 14.2.3.c. – 4) 14.2.3.d, 13.3.1 (transformation d'un alcool en dérivé halogéné).
5) 14.2.3.a, 9.4.1.a.

14.c 1) 9.2.1.b (addition ionique d'hydracides halogénés), 14.1, 14.2.3.a.
2) 9.2.1.b (addition ionique d'hydracides halogénés), 14.1, 14.2.3.a (avec $H_2C{=}O$ obtenu par action de O_3 sur R—CH=CH).
3) 14.2.3.a (avec MeMgBr), 9.4.1.a.
4) 14.2.3.b (chlorures d'acide à –60 °C avec MeMgCl ou EtMgCl), 14.2.3.a (avec EtMgCl ou MeMgCl).
5) 14.2.3.c, 13.3.2.a (action de PCl_5).
6) 14.1, 14.2.3.a, 13.3.1 (transformation d'un alcool en dérivé halogéné).
7) 14.1, 14.2.3.d, 13.3.1 (transformation d'un alcool en dérivé halogéné).
8) 10.2.1.d (addition d'eau), 14.2.3.a, 9.4.1.a.
9) 13.3.1 (transformation d'un alcool en dérivé halogéné), 14.1, 14.2.2.b.

14.d (a) doit être un aldéhyde ou une cétone, (b) un dérivé *gem*-dihalogéné et (c) un alcyne. La troisième réaction montre que c'est un alcyne *vrai*. Deux alcools pourraient donner par déshydratation le produit final, mais un seul des deux peut résulter de la quatrième réaction.

14.e Le groupe >C=O étant plan, l'attaque par ses deux faces est également probable, et on obtient autant d'alcool *R* que d'alcool *S* (racémique, inactif). Situation comparable à celle de l'attaque de Br^- sur les deux faces d'un carbocation [9.2.1.b] (addition de dihalogènes).

14.f 1) Deux C* identiques ; forme méso inactive (plan de symétrie). – 2) Oui, elle contient deux C* différents. – 3) Ils donnent deux énantiomères. – 4) Les deux attaques étant également probables, on obtient le produit sous la forme du racémique, inactif.

14.g A) H_2O, H_2SO_4 (hydratation de l'éthène).

B) 1) Ozonolyse de l'éthène, suivie d'une hydrolyse en présence de Zn, qui conduit au méthanal HCHO ;
2) $CH_2{=}CH_2$ + HBr → CH_3—CH_2Br ;
3) CH_3—CH_2Br + Mg (dans l'éther) → CH_3—CH_2MgBr ;
4) CH_3—CH_2MgBr + HCHO (issus de 1) (puis hydrolyse) → $CH_3CH_2CH_2OH$
1) Ethène + O_2 (en présence d'un catalyseur) → époxyéthane [9.29.] ;
2) $CH_2{=}CH_2$ + HBr → CH_3—CH_2Br ;
3) CH_3—CH_2Br + Mg (dans l'éther) → CH_3—CH_2MgBr ;
4) CH_3—CH_2MgBr + époxyéthane (obtenu en 1)) (suivie d'une hydrolyse) → $CH_3CH_2CH_2CH_2OH$ (p. 386).

14.h a)

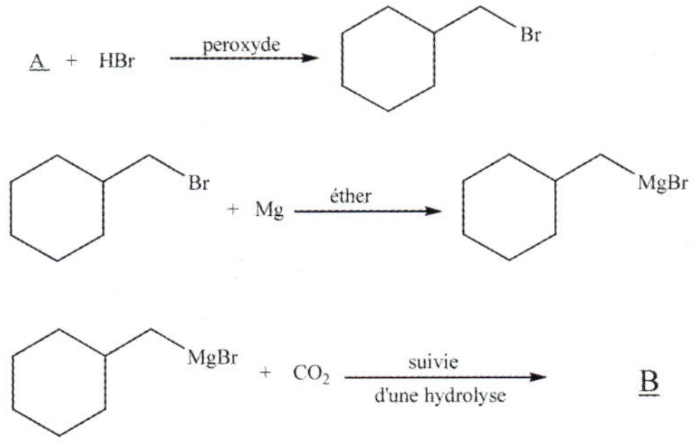

b)

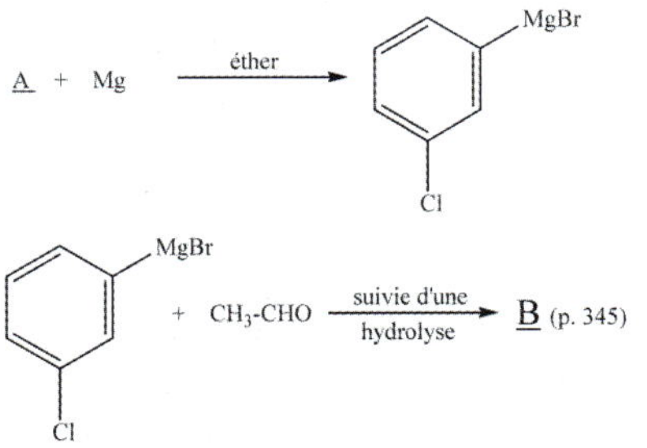

1) <u>A</u> + HBr → $CH_3CHBrCH_3$;
2) $CH_3CHBrCH_3$ + Mg (dans l'éther) → $CH_3CH(MgBr)CH_3$;
3) $CH_3CH(MgBr)CH_3$ + D_2O → <u>B</u>

14.i

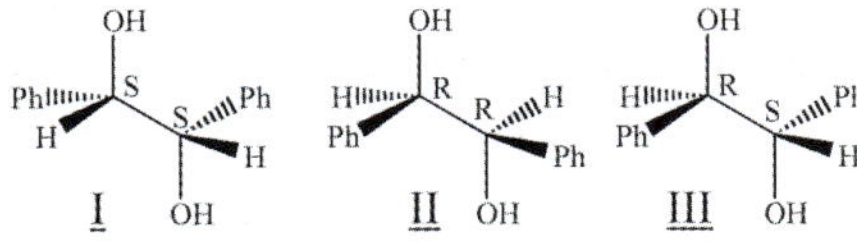

méso

<u>I</u> et <u>II</u> : couple d'énantiomètres ; <u>I</u> et <u>III</u> puis <u>II</u> et <u>III</u> : couples de diastéréoisomères.

Chapitre 15

15.a Sens 1 $(CH_3)_3CO^-$ est plus fortement basique que CH_3O^-
Sens 1 CH_3O^- plus basique que HO^-
Sens 2.

15.b

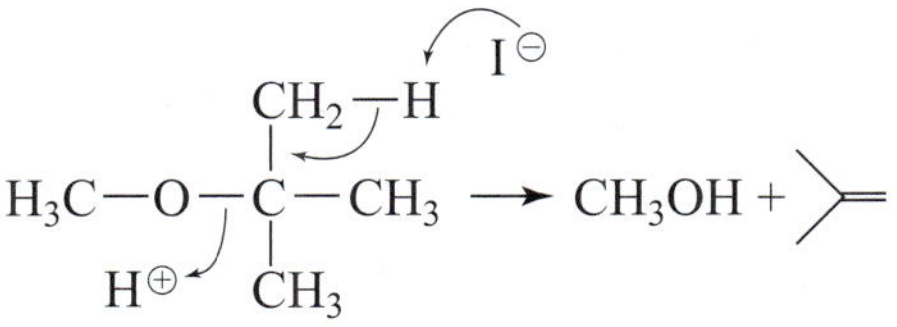

15.c C'est une réaction de Williamson interne. Les produits de substitution et d'élimination résultant de la réaction de OH^- sur la fonction « dérivé halogéné » de la molécule.

15.d Isopropylbenzène. – Réaction sur le benzène du 2-chloropropane en présence de $AlCl_3$, ou du propène en milieu acide. Dans les trois cas, la réaction résulte de la formation du carbocation.

$$CH_3—\overset{+}{C}H—CH_3$$

(cf. [12.2.2.a] (alkylation) et 12.D).

15.e 1) iPrBr. – 2) PrONa.
3) Cyclohexène. – 4) Isobutène.
5) Et—CO_2Et.
6) $HOOC(CH_2)_4COOH$. – 7) PhCOOH.
8) CH_3—CO—$(CH_2)_4$—COOH.
9) Et—CHCl—Me.
10) HCO_2—  .
11) Pas de réaction (ou déshydratation par la chaleur).
12) Ph—CH=CH—CO_2Na + EtOH.
13) Ph—CH=CH—CH_2OH + EtOH.

15.f – 15.2.2.a (hydracides halogénés, transformation d'un alcool en dérivé halogéné) puis S_N2 avec KCN.
– 15.2.2.a (hydracides halogénés, transformation d'un alcool en dérivé halogéné), 14.1, 15.2.4.a (oxydation du cyclohexanol en cyclohexanone), 14.2.3.a (addition d'un réactif de Grignard sur une cétone).
– Réaction de Williamson intramoléculaire.

– 15.2.2.b (déshydratation intermoléculaire).
– 15.2.3.

15.g Action du sodium et mesure du volume de gaz dégagé (quel est ce gaz ?) Quelle relation y a-t-il entre le volume dégagé et la composition du mélange ?).

15.h Il y a augmentation du nombre de carbones, il s'agit donc de synthèses organomagnésiennes. L'exercice repose sur la double possibilité de transformer un alcool soit en dérivé halogéné et organomagnésien, soit en aldéhyde ou cétone par oxydation. Raisonnement initial : quelle est la réaction organomagnésienne qui peut conduire à l'éthanol ? Comment peut-on obtenir les deux réactifs nécessaires à partir du méthanol ?

15.i 1) 15.2.2.a (hydracides halogénés).
2) 15.2.2.b, 9.2.1.b (addition de dihalogènes).
3) 15.2.2.b, 9.2.1.b (addition de dihalogènes), 10.3.1.
4) 15.2.3.a-15.2.3.b.
5) 15.2.3.a-15.2.3.b, 13.3.2.a (action de PCl_5), 10.3.1.
6) 15.2.2.a (hydracides halogénés), 13.2.1.
7) 15.2.2.a (hydracides halogénés), 14.1 d'une part ; 15.2.3.a-15.2.3.b d'autre part, puis 14.2.3.a.
8) 15.2.2.a (hydracides halogénés), 14.1, 14.2.3.a.
9) 15.2.2.a (hydracides halogénés), 13.2.1.

15.j 1) La nature des réactions est facilement reconnaissable : (f) est CH_3—CHI—CH_3.
2) Les deux premières réactions représentent la synthèse magnésienne d'un acide, la troisième la formation d'un ester, qui est réduit dans la quatrième. Mais il faut déterminer d'où proviennent (de l'acide ou de l'alcool ?) les groupes Me et Pr des produits. La façon dont a été obtenu l'acide permet de répondre. La dernière réaction est indépendante.

15.k Ethérification de Williamson entre l'alcoolate du 2-méthylpropanol et l'iodure de méthyle.

15.l

A = 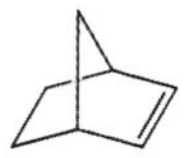

B = 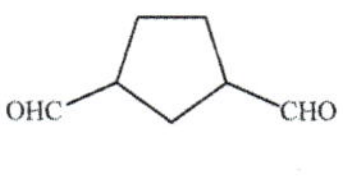

C = 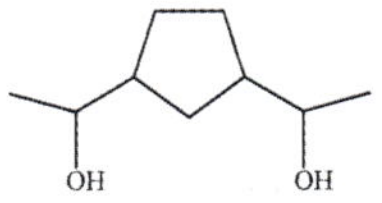

D = 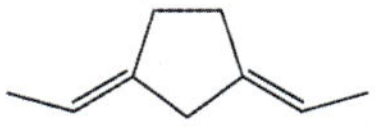

15.m a) C_2(R), C_3(S)
b)

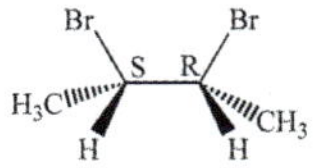

b = méso optiquement inactif
c)

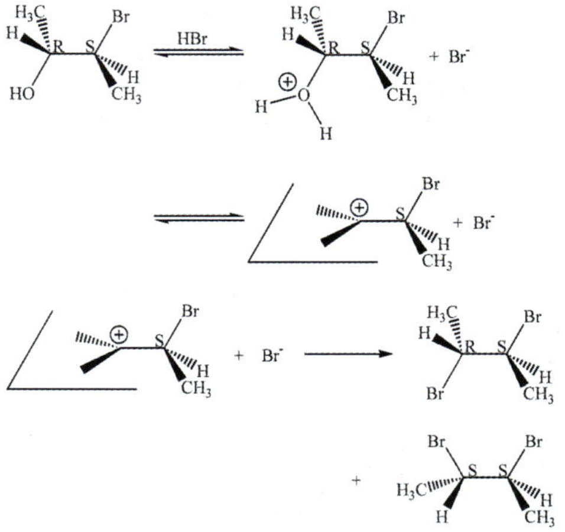

d)

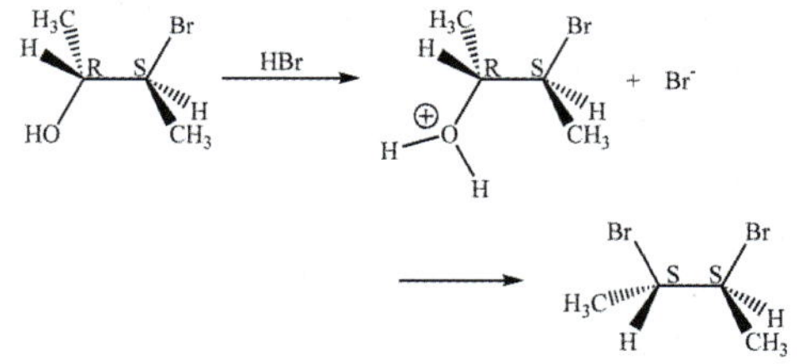

Aucun des deux mécanismes ne conduit à la formation de b seul. Par conséquent, il ne s'agit ni d'une S_N1 ni d'une S_N2.

Chapitre 16

16.a Dans une solution aqueuse de phénolate ArONa, il s'établit l'équilibre :

$$ArO^- + H_2O \underset{1}{\overset{2}{\leftrightarrows}} ArOH + OH^-,$$

mais la réaction 1 est très partielle (on peut préparer ArO^- par action de OH^- sur ArOH). La solution est basique. Espèces présentes : ArOH, H_2O, ArO^-, OH^-, H_3O^+ (très minoritaire), Na^+.

16.b 1) Hydrogénation du cycle.

2), 3) et 5) substitution sur le cycle, orientée par les substituants présents [13.2.2.a] (orientation des substitutions).
4) Estérification. – 6) *méta*-diphénol.
7) Phénol + CH_4. – 8) Réaction sur les deux fonctions. – 9) *Para*-diphénolate.
10) Phénolate, qui donne un éther avec CH_3I (pas de réaction sur la fonction alcool).
11) Estérification de la fonction alcool.
12) $PhCH_2I$ et EtI. – 13) PhOH et EtI

16.c Réagissent avec le phénol seulement : 3), 10) (sur le cycle), 7) (sur la fonction). – Réagissent avec le cyclohexanol seulement : 1), 9), 11) (cf. chap. 15). – Réagissent avec les deux : 4), 5), 6), 12) (identiquement), 2), 8) (différemment).

16.d 1) 12.2.2.a (sulfonation), 16.4 (fusion alcaline), 12.2.2.a (nitration).
2) 12.2.2.a (sulfonation), 12.2.2.a (alkylation), 16.4 (fusion alcaline).
3) 12.2.2.a (alkylation), 12.2.2.a (sulfonation), 16.4 (fusion alcaline).
4) 12.2.2.a (sulfonation), 16.4 (fusion alcaline), 12.2.1.a, 15.2.3.a.
5) 12.2.1.b, 14.1, 14.2.3.a, 15.2.2.b.
6) 12.2.1.a, 15.2.2.b.
7) 12.2.1.a, 15.2.2.a (hydracides halogénés).
8) 12.2.2.a (nitration), 12.2.3.

16.e a) > b > c) (> signifie plus acide que)
Il faut raisonner sur la stabilité de la base conjuguée de chaque acide.
Les bases conjuguées de a) et b) sont stabilisées par résonance (bases faibles) contrairement à celle de c) (base forte). a) et b) sont donc plus acides que c). Il existe 6 formes mésomères pour la base conjuguée de a) (base mieux stabilisée) et 5 formes pour celle de b). a) est donc plus acide que b).

16.f Réponses : Les groupements NO_2 attracteurs par effets inductif et mésomère contribuent fortement à l'acidité de l'acide picrique. C'est un acide fort qui donne une base conjuguée faible car très bien stabilisée par résonance (8 formes mésomères). Le phénol est un acide moins fort. Sa base conjuguée est moins bien stabilisée par résonance (5 formes mésomères).

16.g Benzène → phénol (p. 408) puis

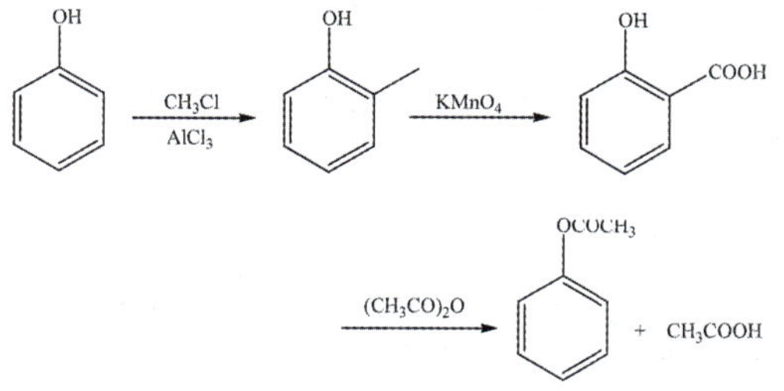

Chapitre 17

17.a *Primaires* : Butylamine, 1-méthyl-propylamine, 2-méthylpropylamine, 1,1-diméthyléthylamine.
Secondaires : N-méthylpropylamine, N-méthyl-1-méthyléthylamine, Diéthylamine
Tertiaire : N,N-diméthyléthylamine.

17.b A ($C_4H_{11}N$) est une amine primaire car le sel d'ammonium B ($C_7H_{18}NI$) correspondant contient trois atomes de carbone de plus.
Formules semi-développées possibles pour A :
a) $CH_3—CH_2—CH_2—CH_2—NH_2$;
b) $CH_3—CH(CH_3)—CH_2—NH_2$;
c) $CH_3—CH_2—CH(CH_3)—NH_2$;
d) $CH_3—C(CH_3)_2—NH_2$
Seul l'hydroxyde d'ammonium C issu de l'amine c) peut donner 3 alcènes D, E et F après chauffage, avec D largement majoritaire (élimination d'Hofmann) (p. 420). (a), b) et d) n'en donne qu'un).

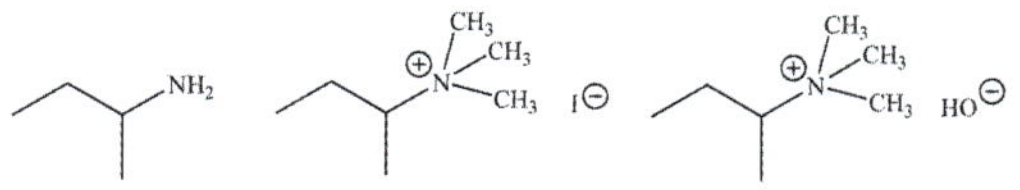

A : $C_4H_{11}N$ B : $C_7H_{18}NI$ C

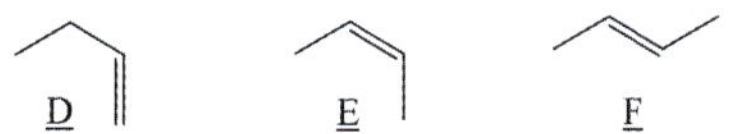

D E F

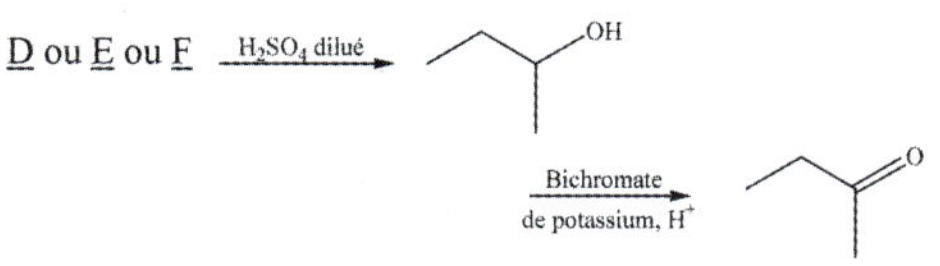

17.c 1) iPr—NH—Me. – 2) $tBuNH_2$.
3) $Et_4N^+I^-$. – 4) $PrNH_2$. – 5) *p*-aminotoluène.
6) iBu—NH—Et. – 7) iPr—NH—Me.
8) $PrNH_2$. – 9) *o*-Me—C_6H_4—N_2^+, Cl^-.
10) $EtNH_2$. – 11) Ph—CH=N—Ph.

12) Me—NH_2^+—Et, Cl^-. – 13) iPrOH.
14) Ph—CO—NEt_2.
15) Ph—N=N—C_6H_4—NH_2.
16) H_2C=CH—CH_2—CH_2—CH_2—NMe_2

17.d 1) 17.2.5, 17.4 (réduction d'une autre fonction azotée).
2) 9.2.1.b (addition ionique d'hydracides halogénés), 17.4 (réduction d'une autre fonction azotée).
3) 9.2.1.b (addition radicalaire d'hydracides halogénés), 17.4 (méthode de Hofmann).
4) 12.2.2.a (nitration), 17.4 (réduction d'une autre fonction azotée), 17.2.5.
5) 17.2.2.c.
6) 17.2.5 (formation du phénol), 16.2.6, 9.4.1.a.

17.e A et C sont primaires, et D est tertiaire [17.2.5]. Les deux composés de formule C_3H_8O sont des alcools, et celui qui provient de A est primaire [15.2.2.a]. Il n'existe que quatre amines C_3H_9N et il est donc facile d'identifier A, B et D. Par élimination, on identifie alors C.

17.f On voit aisément que F est un iodure et G un hydroxyde d'ammonium quaternaire ; celui-ci, dans la troisième réaction, est décomposé par la chaleur en alcène et amine tertiaire H (qui ne peut être que Me_3N). L'alcène, identifiable par son ozonolyse est l'isobutène. F est donc de la forme R—$\overset{+}{N}Me_3$ et E, qui n'a que deux carbones de moins, est de la forme R—NH—Me. R peut être iBu ou tBu ; en RMN tBu donne un pic unique (pas de couplages) et iBu un spectre complexe.

17.g a) (*E*)-3-méthylpent-2-ène.
b) 3-méthylpent-1-ène.
Tous deux non actifs.

17.h

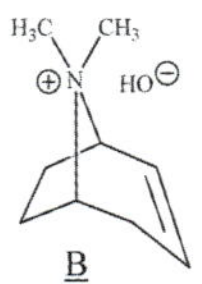
B

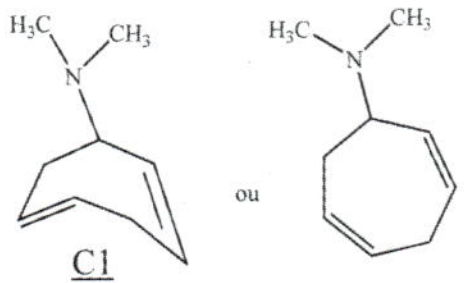
C1

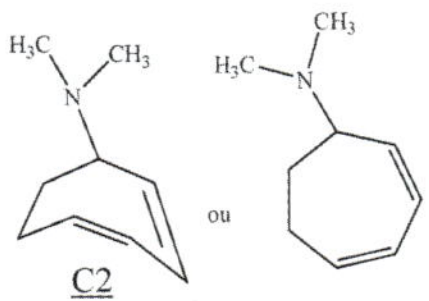
C2

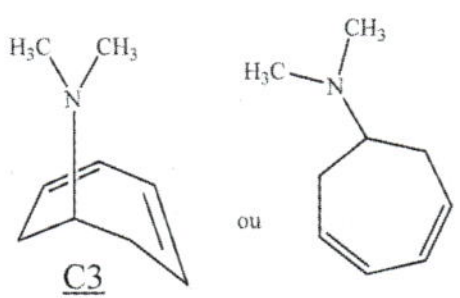
C3

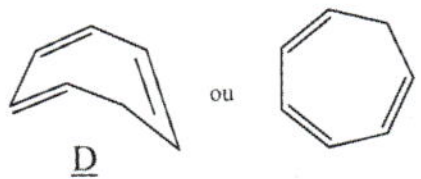
D

17.i D'après le test d'Hindsberg, A est une amine primaire, B une amine secondaire et C une amine tertiaire.
Formules semi-développées possibles pour B :
a) CH_3—CH_2—CH_2—CH_2—NH—CH_3 ;
b) CH_3—CH(CH_3)—CH_2—NH—CH_3 ;
c) CH_3—CH_2—CH(CH_3)—NH—CH_3 ;
d) CH_3—C(CH_3)$_2$—NH—CH_3 ;
e) CH_3—CH_2—CH_2—NH—CH_2—CH_3 ;
f) CH_3—CH(CH_3)—NH—CH_2—CH_3.
Seules les amines a) et c) peuvent donner majoritairement le but-1-ène après réaction avec CH_3I, AgOH puis chauffage (élimination d'Hofmann) (**p. 406**)

Chapitre 18

18.a 1) 1-éthylcyclopentanol.
2) Ph—CH=O.
3) tBu—CH_2OH et tBu—COONa, 18.2.1.i.
4) 2-méthylbutan-1-ol.
5) Pr—CHOH—CH(Et)—CHO.
6) (CH_2)$_4$ cycle —CHOH—O— (cycle : (CH_2)$_4$, CHOH, O)
7) Ph—C(Me)=N—NH_2.
8) Ph—CO—Ph.
9) Et—C(OH)(Me)—CN.
10) 1,1-dichlorocyclohexane.
11) tBu—COO^- + CHBr.
12) Et—COOH + CH_3COOH.

18.b 1) 15.4.2, 18.4.1 (oxydation des alcools).
2) sur une partie de CH_3CHO : 18.2.1.a, 15.2.2.a (hydracides halogénés), 14.1, puis avec le reste 15.4.3 (réactions des organomagnésiens), 18.4.1 (oxydation des alcools).
3) 10.3.1, 18.4.3 (hydratation d'un alcyne).
4) 18.4.3 (organomagnésien sur un nitrile).
5) 15.4.1, 18.4.1 (oxydation des alcools).
6) 15.2.2.b, 18.4.1 (coupure des alcènes).

18.c 1) 18.2.2.d. – 2) 18.2.1.a, 15.2.2.a (hydracides halogénés). – 3) 18.2.1.j, 10.3.1. – 4) 18.2.1.a-18.2.1.c, 15.2.2.b, 9.2.2.a. – 5) 18.2.2.c, 15.2.2.b, 18.2.1.a. – 6) cf. 18-b 2). – 7) 18.2.2.c, 15.2.2.b. – 8) cf. 18-b 2) jusqu'au

butan-2-ol, puis 15.2.2.b. – 9) 18.2.2.c, 18.2.1.a, 15.2.2.b.
10) 17.4 (amination réductrice). – 11) cf. 18-b 2) jusqu'au butan-2-ol, puis 15.2.2.a (hydracides halogénés). – 12) d'une part 18.2.1.a, d'autre part 18.2.3 (oxydation des cétones), puis 15.2.3.

18.d a) 1) H^+, formation de l'imine [17.2.4] ; 2) H_2/Ni, hydrogénation de la double liaison carbone-azote. L'ensemble de ces réactions illustre l'amination réductrice d'une cétone (p. 428).

18.e Il s'établit l'équilibre

$$CH_3—CO—CH_3 + H_2{}^{18}O \underset{1}{\overset{2}{\rightleftarrows}} (CH_3)_2C(^{18}OH)(OH)$$

et dans l'hydrate de cétone, les deux OH sont équivalents. La réaction (2) peut donc donner indifféremment $H_2{}^{18}O$ ou H_2O ; si elle donne H_2O, l'atome ^{18}O reste dans la cétone. Ainsi ^{18}O tend progressivement à se répartir également entre l'eau et l'acétone.

18.f Un mécanisme en deux étapes, dont l'étape cinétiquement déterminante ne fait pas intervenir l'halogène. C'est une preuve expérimentale que la réaction débute par la formation (lente) de l'énolate.

18.g Il s'établit l'équilibre entre l'aldéhyde et son énolate et dans celui-ci le carbone 2 (asymétrique dans l'aldéhyde) est plan, à cause de la résonance. Lorsqu'un H^+ « revient » se fixer sur lui, il peut le faire sur l'une ou l'autre des faces du plan, en donnant l'un ou l'autre des deux énantiomères de l'aldéhyde avec la même probabilité; il se produit une racémisation. On l'observerait aussi à partir de l'énantiomère lévogyre.

18.h $C(CH_2OH)_4$. Les trois premières réactions sont des aldolisations entre l'acétaldéhyde et, successivement, trois molécules de formaldéhyde (qui ne peut pas donner d'énolate). La quatrième est caractéristique du comportement en milieu basique d'un aldéhyde sans H en α [18.2.1.i].

18.i La séquence (a) → (b) → (c) évoque une aldolisation/cétolisation suivie d'une déshydratation, mais il peut paraître étonnant que (b) provienne d'une seule molécule de (a). Dans la troisième réaction, une coupure par O_3 ne donne qu'une seule molécule, donc (c) est un composé cyclique. Puisque c'est un aldéhyde (réduction de la liqueur de Fehling), ce ne peut être que —CHO et (b) est donc un alcool cyclique.
(a) = OCH—$(CH_2)_4$—CHO.

18.j Il s'agit d'une réaction de Wittig (**p. 436**) intramoléculaire. La triphénylphosphine permet d'obtenir le bromure de phosphonium qui, par déprotonation, conduit à un ylure au phosphore. Par son caractère nucléophile, l'ylure s'additionne, de façon intramoléculaire, sur la cétone donnant ainsi une bétaïne qui se décompose en éthylénique.

18.k a) 1) CH_3MgBr puis hydrolyse ;
2) H_2SO_4, chauffage (déshydratation de l'alcool obtenu en 1)).
b) O_3 suivie d'une hydrolyse en présence de Zn (ozonolyse).
c) NaOH puis chauffage (cétolisation puis crotonisation) (**p. 441**). L'énolate de la cétone du côté du CH_2 s'additionne sur le groupe carbonyle de l'aldéhyde pour donner un cétol qui se déshydrate par chauffage.
d) hydrogénation de la double liaison carbone-carbone.
e) NaOH, I_2 (réaction aux haloformes) (**p. 442**).

Chapitre 19

19.a RCOOH > ArOH > ROH. Commun : H lié à O très électronégatif. Particulier : pour RCOOH et ArOH, stabilisation de la base conjuguée par résonance ; pour RCOOH effet inductif de l'autre oxygène. Pour le cyclopentadiène, seule la résonance est en cause.

19.b 1) réaction acide-base ;
2) réduction en alcool ;
3) chlorure d'acide ;
4) estérification ;
5) alcool tertiaire 19.5.1b ;
6) amide ;
7) ester ;
8) hydrolyse en acide carboxylique ;
9) Hydrogénation en amine ;
10) cétone 19.5.5 ;
11) alcool tertiaire (voir question 5) ;

12) saponification ;
13) réduction en alcool primaire

19.c 1) 19.5.1, 18.4.2 (réduction des chlorures d'acide), 18.2.1.j.
2) 18.4.1 (acide carboxylique en présence de MnO), 18.2.1.j.
3) 18.4.1 (acide carboxylique en présence de MnO), 18.2.1.a.
4) 19.5.1, 18.4.2 (réduction des chlorures d'acide) ; d'autre part 19.2.2, 13.3.1 (transformation d'un alcool en dérivé halogéné), 14.1 puis 14.2.3.a. – 5) 19.2.2, 15.2.3.
6) 19.2.2, 13.3.1 (transformation d'un alcool en dérivé halogéné), 14.1, 14.2.3.a.
7) 19.5.4 (+ NH_3, - $2H_2O$), 17.4 (réduction d'une autre fonction azotée).
8) idem à partir de PrCOOH.

19.d 1) 19.4 (saponification d'un ester).
2) 19.4 (réactions d'oxydation). – 3) 19.5.4.
4) 19.4 (réaction aux haloformes).
5) 14.1, 14.2.3.a.
6) 15.4.2, 15.2.3.a, 18.2.3 (oxydation des aldéhydes).

19.e 1) S_E 12.2.2a ;
2) hydrogénation 19.5.1b ;
3) formation du chlorure d'acide puis addition de CH_3CH_2MgCl puis hydrolyse ;
4) formation du chlorure d'acide puis addition de $(CH_3CH_2)_2Cd$;
5) réaction aux haloformes 18.2.2e ;
6) Oxydation 12.2.3 ;
7) formation d'un organomagnésien puis addition de CO_2 puis hydrolyse ou substitution nucléophile par CN^- puis hydrolyse 14.4 ;
8) synthèse malonique 20.1.4b ;
9) hydrolyse puis estérification ;
10) réduction 19.5.5 puis acylation par CH_3CH_2COCl 19.6.1b.

19.f La nature des réactifs et des produits indiqués montre que (a) est un alcool… (d) un acide… (g) un anhydride. La dernière réaction permet de remonter la séquence.

Chapitre 20

20.a 1) Diels-Alder ;
2) 9.2.2a ;
3) coupure oxydante ;
4) 20.2.1a ;
5) 20.2.3 cyanhydrine ;
6) $CH_3COCH(CH_2Ph)COOCH_3$;
7) $CH_3COCH_2CH_2Ph + CO_2$;
8) condensation de Claisen 20.1.3.b ;
9) 9.2.1b ;
10) 9.2.1b ;
11) acide 3-hydroxy-3-méthylbutanoique

20.b 1) [18.2.2.c]. – 2) à partir de 1) : [18.2.1.a], [18.2.2.d], [15.6.1]. – 3) [**20.2.2.a**] (pinacolone), [**18.2.1.j**].

20.c Les intermédiaires sont (ou l'un des intermédiaires est) :
1) $NC(CH_2)_4CN$. – 2) Buta-1,3-diène. –
3) Cyanhydrine. – 4) Ozonide. –
5) Ion diazonium. – 6) 1,4-dichlorobut-2-ène. –
7) Acyloïne. – 8) 2-bromopentane (pour une synthèse magnésienne). – 9) 2-bromopentane (pour une synthèse malonique). – 10) Aldol. –
11) $R—CH_2—CO_2H$. – 12) [**20.2.1.a**].

20.d Formation intermédiaire d'acide 4-hydroxybutanoïque.

Chapitre 21

21.a 1) pyrazole : NH oui, N= non ; pyrazine : non ; azépine oui.
2) Aromaticité : pyrazole : oui ; pyrazine : oui ; azépine non. – 3) Dans le cas du pyrazole, l'atome d'azote dont le doublet ne participe pas au système conjugué est plus disponible donc est plus basique.

21.b 1) Axe de symétrie de la molécule, passant par N et le milieu du côté opposé.
2) Pyrrole : de N (pôle positif) vers le cycle qui contient le barycentre des charges négatives (effet mésomère) ; pyrrolidine : du cycle vers l'azote (effet inductif seulement).

21.c

a) 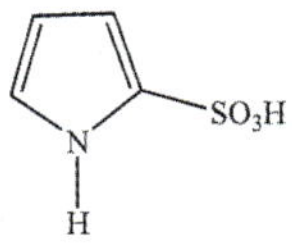

b) 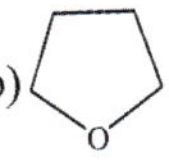

c) 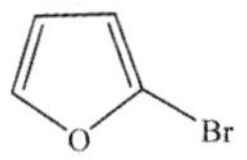

d) 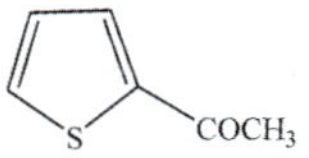

e) 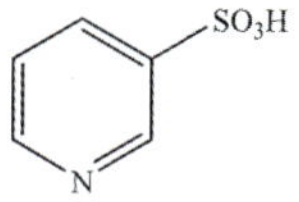

f) 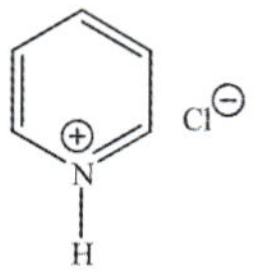

g) 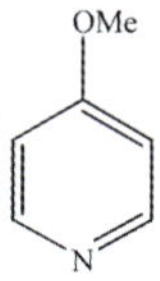

21.d. (a) acide butanoique, (c) thiophène

21.e. 1) Le tétrahydrofurane se comporte comme un éther et subit une coupure acide [**p. 372**]. – 2) La pyridine joue le rôle de la base dans une élimination [**cf. 13.2.2**].
3) Ouverture du cycle par hydrolyse, comme un époxyde [question 9.G] ; il se forme un double énol qui se réarrange en dicétone.

Chapitre 22

22.a *S* ; *R* ; 2*R*,3*S*.

22.b

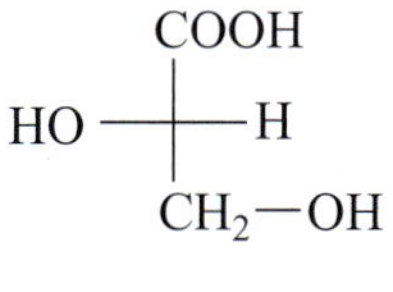

22.c a) 8
b) 2R, 3S, 4R
c) D
d) non

22.d D-mannose : 2S, 3S, 4R, 5R ;
L-mannose : 2R, 3R, 4S, 5S

22.e Le glycéraldéhyde est le premier aldose (aldotriose). L'application de la méthode de Kiliani donne un aldotétrose, dont l'oxydation fournit l'acide tartrique. La configuration du carbone adjacent à la fonction alcool primaire de l'aldotétrose est fixée (série D), mais on obtient les deux configurations de l'autre C asymétrique. L'acide tartrique obtenu est donc un mélange de forme méso et de l'un des énantiomères (*RR* ou *SS*). A partir du L-glycéraldéhyde, on obtiendrait la forme méso et l'autre énantiomère (*RR* ou *SS*). Dans les deux cas, le mélange est optiquement actif.

22.f $HOH_2C—CH{=}O$.

22.g 2*R*,3*R*.

22.h Chaque terme a deux « descendants », dans lesquels le nouveau carbone asymétrique a deux configurations différentes.

Chapitre 23

23.a a) Deux carbones asymétriques, donc quatre formes :

(A) 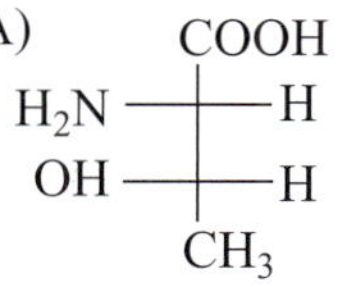

(B) 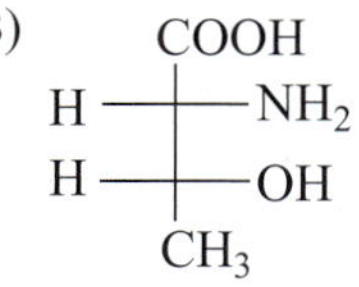

(C) 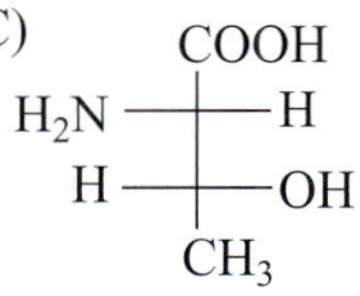

(D) 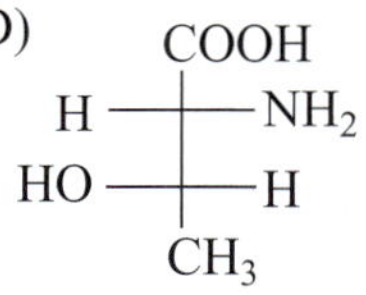

(A) et (B) d'une part, (C) et (D) d'autre part, sont énantiomères ; autres relations : diastéréoisomérie.
b) Isoleucine (également deux carbones asymétriques).

23.b a) oxydation puis amination réductrice,
b) méthode de Gabriel,
c) réaction de Strecker,
d) inspirez vous de la méthode de synthèse des α–cétoacides 20.2.4.a)

23.c 1) $H_2N—CH_2—CO_2Na$.
2) $iPr—CH(\overset{+}{N}H_3)—COOH$.
3) $iBu—CHOH—CO_2H$.
4) $HOH_2C—CH(NH_2)—CO_2CH_3$.
5) Chlorure d'acide.

23.d Azote-117 (le dégagement d'azote correspond à 0,0002 mole). 117 est la masse correspondant à 1 groupe NH_2, si l'aminoacide ne contient qu'un groupe NH_2 sa masse molaire est 117, s'il en contient deux elle est $117 \times 2 = 234$, etc.

23.e

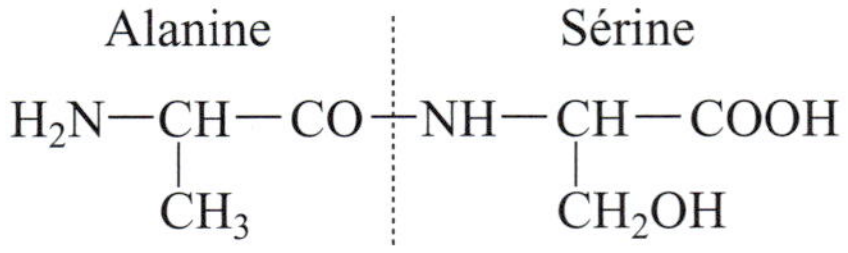

23.f Les masses indiquées pour chaque aminoacide correspondent, en moles, respectivement à : 0,040, 0,010, 0,031, 0,009, 0,063, 0,060 et 0,496. Dans une molécule du polypeptide il y a donc, respectivement, 4, 1, 3, 10, 6, 6 et 50 molécules de chacun des aminoacides.

23.g H-Gly-Leu-Tyr-Asp-Pro-Val-Arg-Leu-Phe-OH.

Chapitre 24

24.a

1) 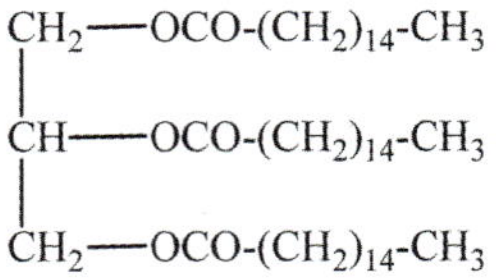

2) M = 806 g/mol ; n = 1,24 mole ;
n (KOH) = 3,72 mole ; m(KOH) = 208,3g ;

24.b 1) 8 stéréoisomères

2) 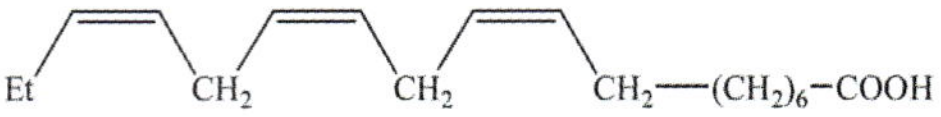

24.c

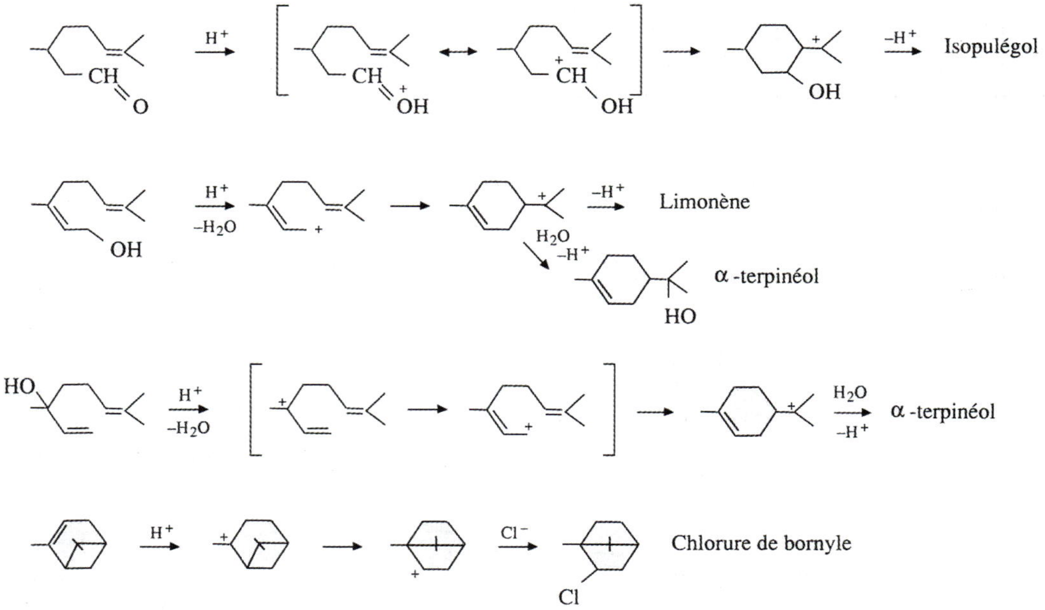

Cette dernière réaction comporte un réarrangement de carbocation (cf. [12.2.2]). En règle générale, ces réarrangements transforment un carbocation en un autre plus substitué que lui [26.1.1] ; ici un carbocation tertiaire se réarrange en carbocation secondaire et la justification de cette « anomalie » est la diminution des contraintes dans la molécule (un cycle en C_4 se transforme en cycle en C_3).

24.d Passage du pinène au chlorure de bornyle par addition de HCl ; hydrolyse ou saponification du chlorure de bornyle en alcool ; oxydation de celui-ci en camphre.

Chapitre 26

26.a a) 1 : mécanisme

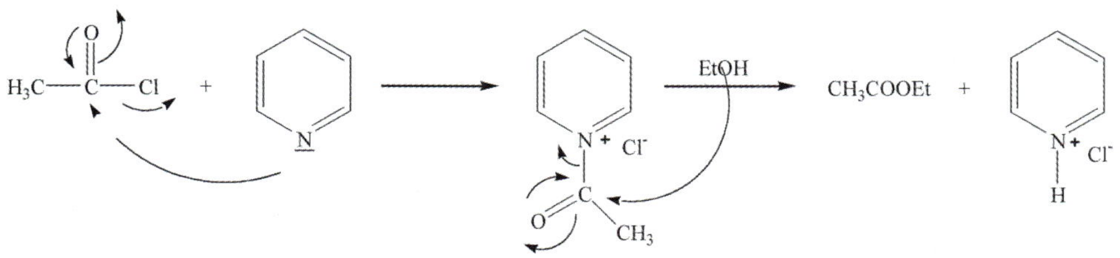

a) 2 : mécanisme

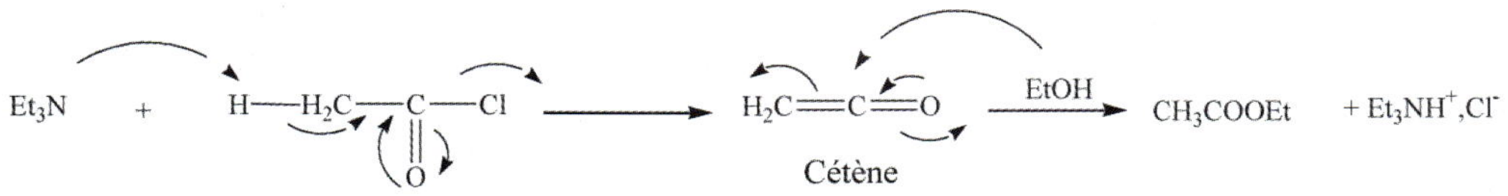

b) 1 : Substitution Nucléophile ;

b) 2 : Elimination

c) Effet isotopique cinétique. Un effet isotopique pourrait être observé en remplaçant un atome d'hydrogène du groupement CH_3 du chlorure d'acyle par un atome de deutérium.

Un effet isotopique primaire peut être attendu. Le cétène étant très réactif, il parait raisonnable de considérer la déprotonation du chlorure d'acide comme l'étape lente (étape cinétiquement déterminante) de la formation de l'ester CH_3COOEt.

26.b 1) La corrélation de Hammett peut être appliquée à la réaction de déprotonation des sels de pyridinium substitués si la variation de $\log Ka_X/Ka_H$ en fonction des constantes des substituants σ décrit une droite passant par l'origine et de pente ρ :

$\log Ka_X/Ka_H = \sigma\rho$ équation de Hammett

2) La corrélation de Hammett n'est pas possible dans le cas de pyridines substituées en position 2 car les effets électroniques se trouvent perturbés par des interactions attribuables à l'encombrement stérique.

3) $\log Ka_X/Ka_H = f(\sigma)$

$\log Ka_X/Ka_H = \log Ka_X - \log Ka_H = -\,pKa_X + pKa_H$

Tableau de valeurs :

X	$\log Ka_X/Ka_H$	σ
3–Cl	2,36	0,37
4–Cl	1,37	0,23
3–CH_3	– 0,48	– 0,07
4–CH_3	– 0,82	– 0,17
3–OCH_3	0,32	0,12
3–OCH_3	– 1,42	– 0,27
3–NO_2	4,39	0,71

Courbe $-\,pKa_X + pKa_X = \sigma\rho$

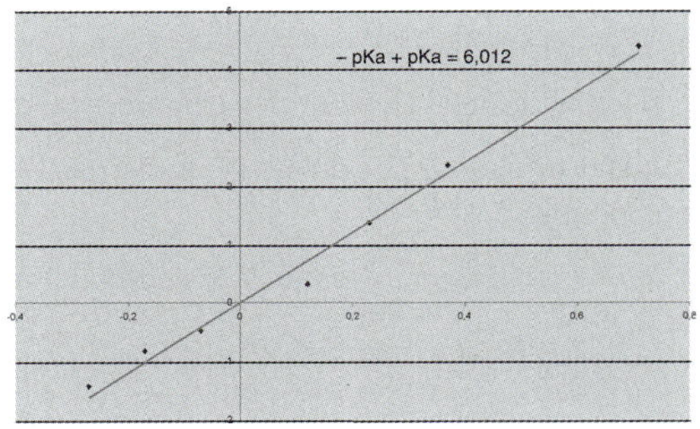

4) D'après la courbe, ρ = + 6,012.

Cette valeur positive indique que la réaction de déprotonation des sels de pyridinium monosubstitués est favorisée par la présence d'un groupement attracteur. Elle est aussi en accord avec l'abaissement du caractère positif de l'état de transition associé à cette déprotonation. Sa forte valeur absolue correspond à la diminution de la charge positive portée par l'atome d'azote impliqué dans le cycle. L'état de transition est donc très sensible à la nature du groupement X.

Problème n° 1 : Synthèse de la tyrosine à partir de composés organiques industriels ainsi que de composés minéraux.

La tyrosine est un acide aminé essentiel (**p. 559**). Si dans le corps, il peut-être synthétisé à partir de la phénylalanine (**p. 559**), il est également possible de l'obtenir à partir de réactifs issus de la pétrochimie selon la suite réactionnelle suivante :

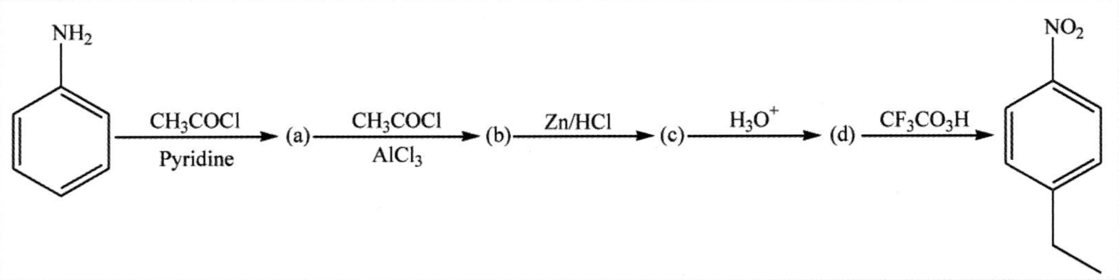

1. Donner la structure des composés (a), (b), (c) et (d).

2. Donner les mécanismes des réactions conduisant à (a) et à (b).

3. Le zinc en milieu acide chlorhydrique peut conduire à la formation de (c). Donner un autre réactif capable d'assurer cette transformation en l'illustrant par un mécanisme.

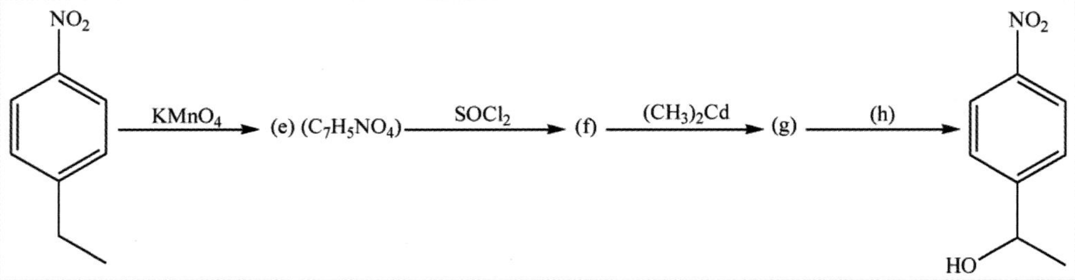

4. Donner la structure des composés (e), (f), (g) ainsi que celle du réactif (h).

5. Donner les mécanismes des réactions conduisant à (f) et à (g).

6. Quel produit aurait donné (f) traité par l'iodure de méthylmagnésium sans opérer à très basse température ?

7. Combien de stéréoisomères de configuration peuvent illustrer le produit issu de la transformation de (g) ?

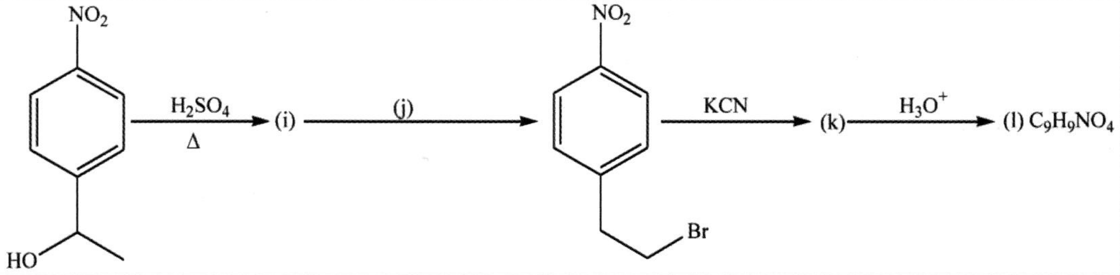

8. Donner la structure des composés (i), (k), (l) ainsi que celle du réactif (j).

9. Donner les mécanismes des réactions conduisant à (i), au produit issu de la transformation de (i) puis à (k).

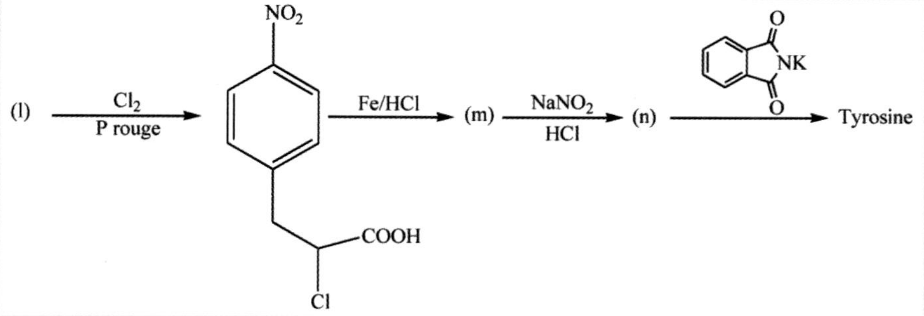

10. Donner la structure des composés (m) et (n).

11. Donner les mécanismes des réactions conduisant à (n) puis à la tyrosine.

12. Quel nom porte la dernière transformation utilisant le phtalimide de potassium ? Quel est l'intérêt d'utiliser ce réactif ?

Réponses :

1.

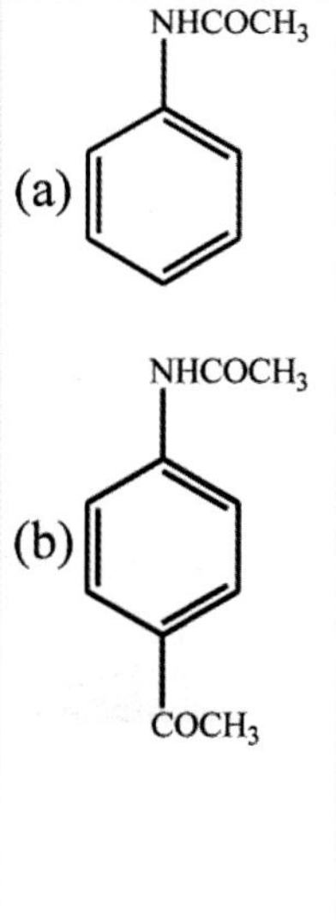

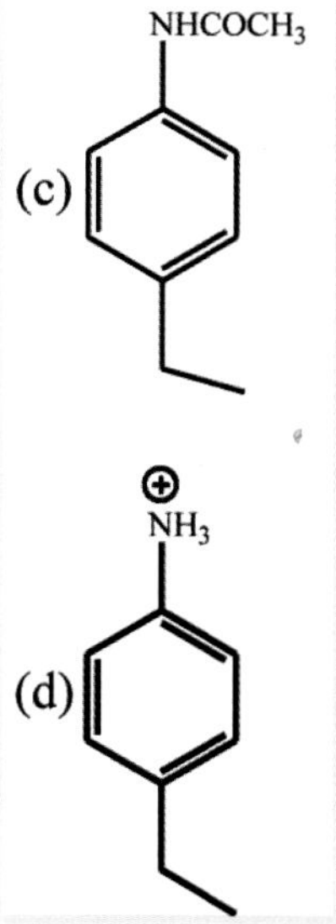

2. Mécanisme conduisant à (a) [**cf. 17.2.3**]. Mécanisme conduisant à (b) (**p. 289**).

3. (c) peut-être obtenu par action de l'hydrazine en présence de potasse sur (b) (réaction de Wolff-Kishner) (**p. 434**).

4.

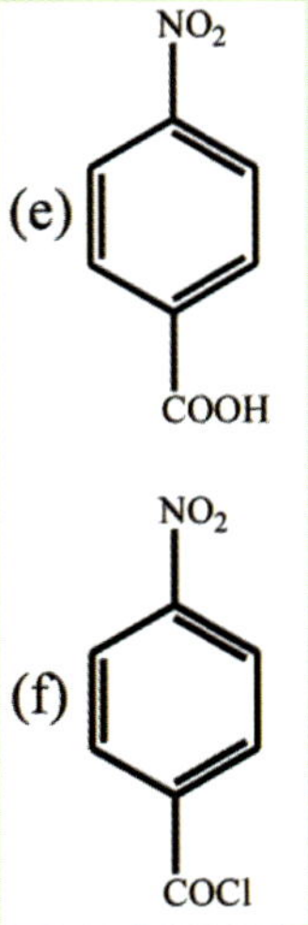

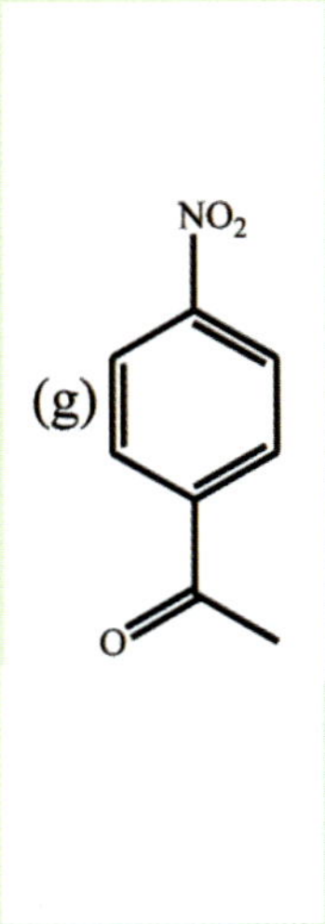

Réactif (h) = $NaBH_4$

5. Mécanisme conduisant à (f) [cf. 19.6.1]. Mécanisme conduisant à (g) (p. 343).

6.

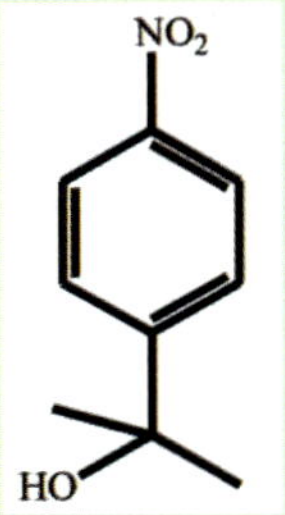

7. 2 stéréoisomères de configuration = 2 énantiomères

8.

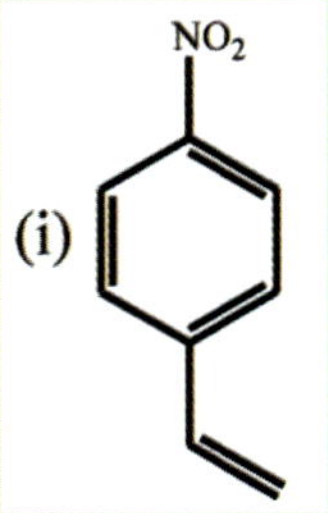

(k)
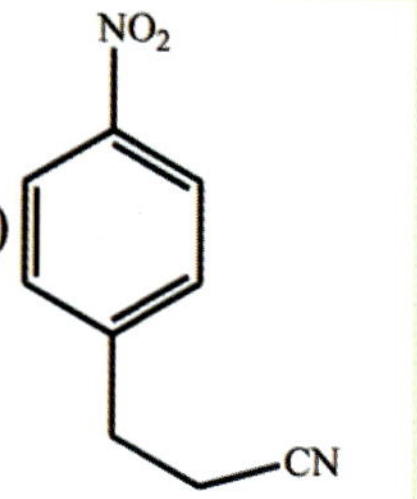

(l)
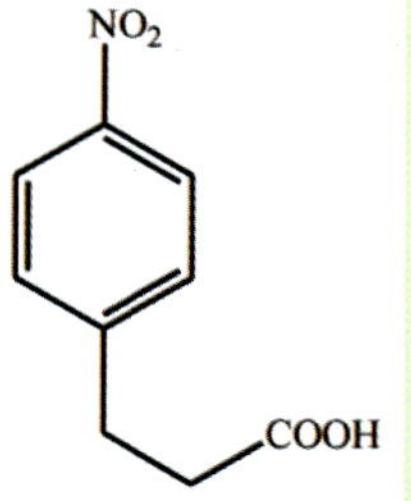

Réactif (j) : HBr en présence d'un peroxyde (mécanisme homolytique et en chaîne) (**p. 226**).

9. Mécanisme conduisant à (i) (**p. 358**). Mécanisme conduisant au produit issu de la transformation de (i) (**p. 228**). Mécanisme conduisant à (k) (S_N2, **p. 308**).

10.

(m)
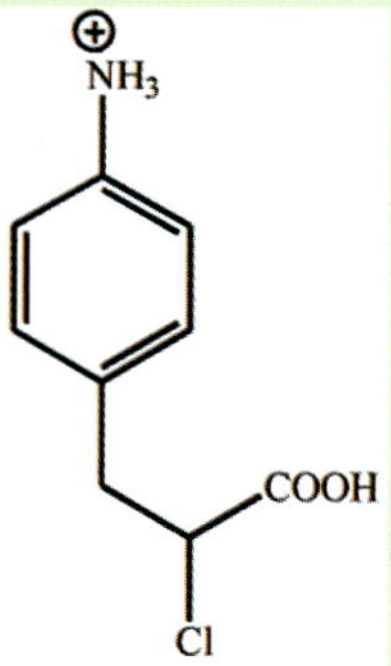

(n)
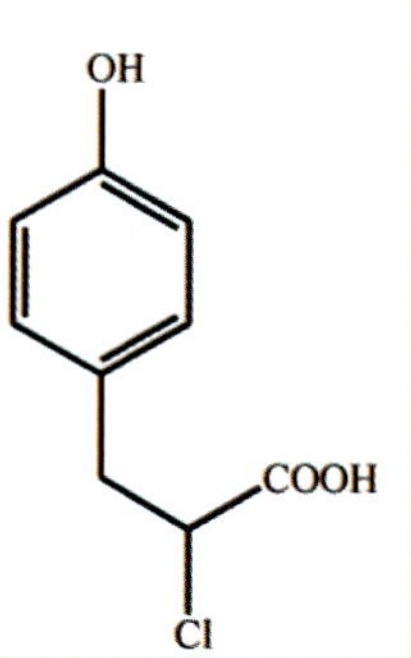

11. Mécanisme conduisant à (n) (**p. 410**). Mécanisme conduisant à la tyrosine (**p. 415**).

12. La méthode Gabriel (**p. 415**). Permet d'obtenir exclusivement une amine primaire.

Problème n° 2 : Synthèse d'un édulcorant : l'aspartane

L'aspartame est un édulcorant de synthèse ayant un pouvoir sucrant 200 fois supérieur à celui du saccharose. C'est un dipeptide [cf. 23.2] obtenu à partir de deux acides α-aminés : la phénylalanine (p. 559) et l'acide aspartique (p. 560).

A. Synthèse de la phénylalanine :

1. Donner la structure des composés (a), (b), (c) puis (d).

2. Donner les mécanismes des réactions conduisant à (a) puis à (d).

3. Sans le donner, quel la nature du mécanisme conduisant à (b) ?

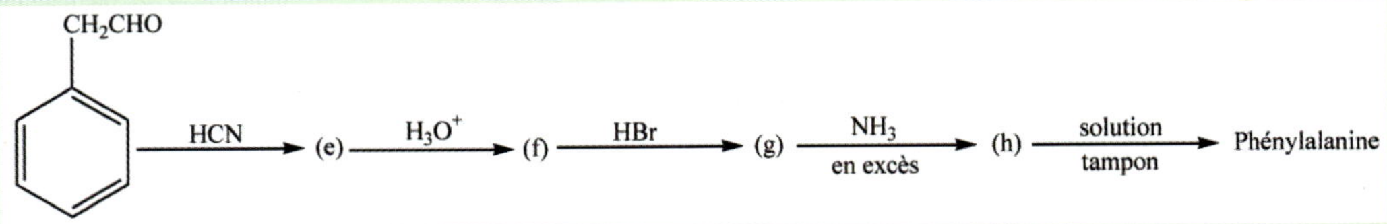

4. Donner le nom de la phénylalanine en nomenclature officielle.

5. La phénylalanine naturelle appartient à la série L. Donner les représentations de Cram et de Fischer de cet acide aminé et déterminer la configuration absolue de son carbone asymétrique.

6. (g) est un acide α-halogéné pour lequel l'analyse centésimale révèle : 47,16 % de carbone, 3,93 % d'hydrogène, 13,97 % d'oxygène et 34,93 % de brome. Donner la structure des composés (e), (f), (g) puis (h).

7. Donner les mécanismes des réactions conduisant à (e), à (f), à (g) puis à (h).

B. Synthèse de l'acide aspartique :

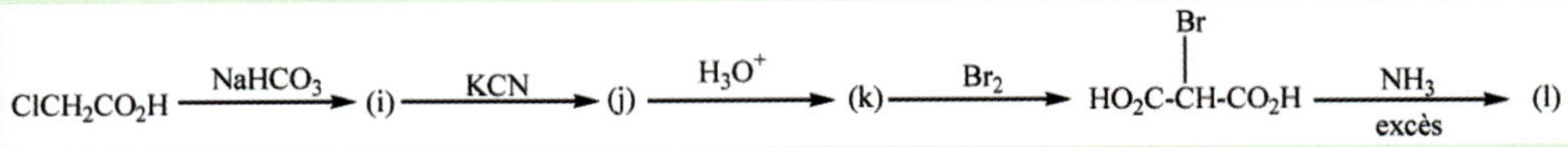

8.

(l) a pour formule $C_3H_{12}O_4N_3$. Donner la structure des composés (i), (j), (k) puis (l).

9. Donner les mécanismes des réactions conduisant à (j) puis à (l).

10. Donner le nombre, la nature (singulet, doublet…) et l'intensité des signaux attendus dans le spectre de RMN ^{1}H du produit issu de la transformation de (k).

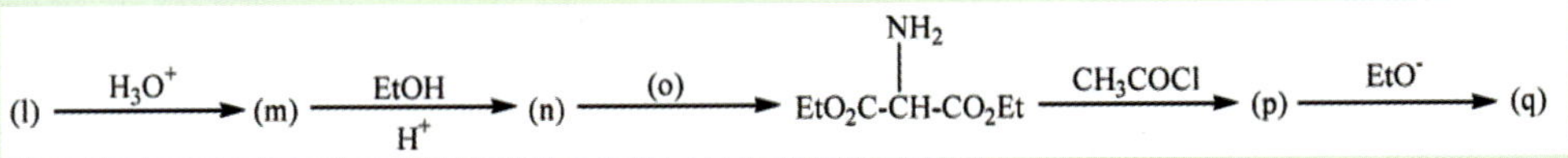

11. (p) a pour formule $C_9H_{15}O_5N$. Donner la structure des composés (m), (n), (p) et (q) puis du réactif (o).

12. Donner les mécanismes des réactions conduisant à (n) puis à (p).

13. Donner le nombre, la nature (singulet, doublet…) et l'intensité des signaux attendus dans le spectre de RMN ^{1}H du produit issu de la transformation de (n).

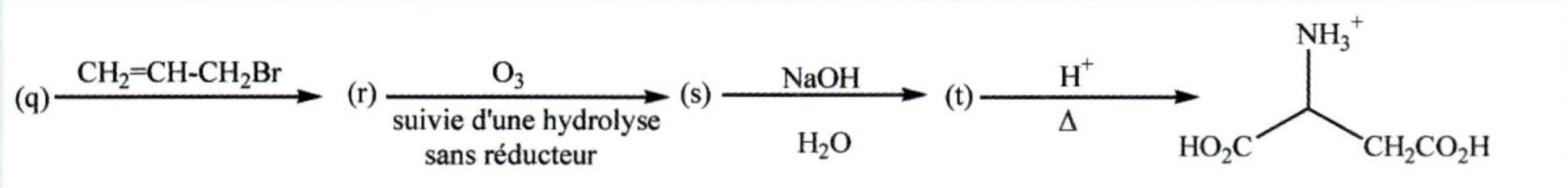

sel d'ammonium de l'acide aspartique

14. Donner le nom de l'acide aspartique en nomenclature officielle.

15. Donner la structure des composés (r), (s) puis (t).

16. Donner les mécanismes des réactions conduisant à (r), à (t) puis au sel d'ammonium de l'acide aspartique.

17. Quel composé est obtenu par la synthèse malonique ? quelles sont les étapes de la synthèse du sel d'ammonium de l'acide aspartique caractéristiques de la synthèse malonique ?

C. Synthèse de l'aspartame :

L'aspartame peut être obtenu par couplage peptidique entre l'ester méthylique de la phénylalanine et l'acide aspartique. Ce dipeptide à la séquence suivante : H-Asp-Phe-OCH_3.

18. Sachant que le groupement amino se trouve en α de la fonction amide, donner sa formule simplifiée. Donner celle de l'autre régioisomère possible.

19. Représenter en Cram l'aspartame constitué de carbones asymétriques de configuration absolue S.

Réponses :

1.

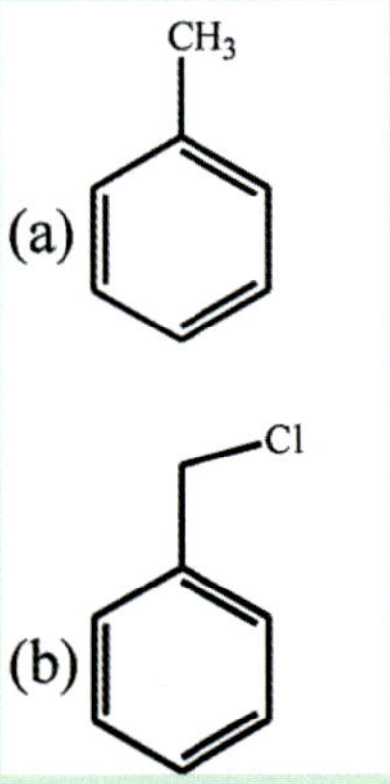

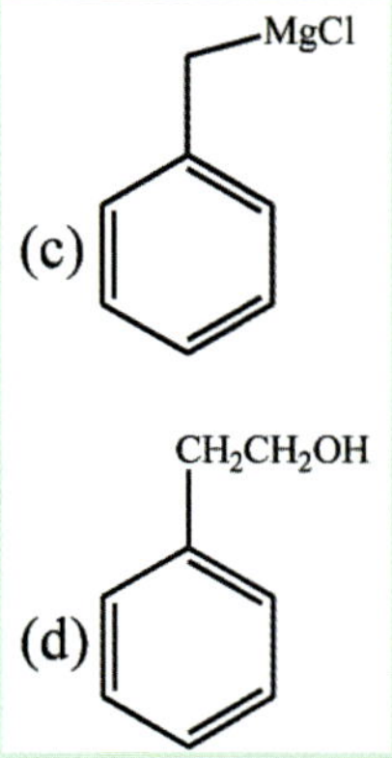

2. Mécanisme conduisant à (a) (p. 288). Mécanisme conduisant à (d) [cf. 14.2.3].

3. Mécanisme homolytique. Formation de radicaux (**p. 287**).

4. Acide 2-amino-3-phénylpropanoïque

5.

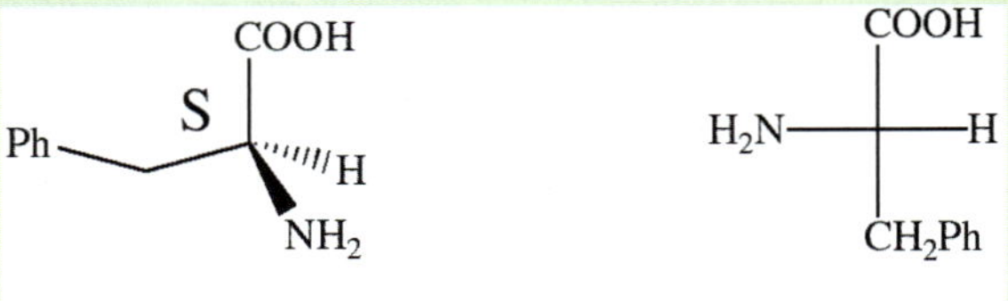

Cram Fischer

6.

(e)

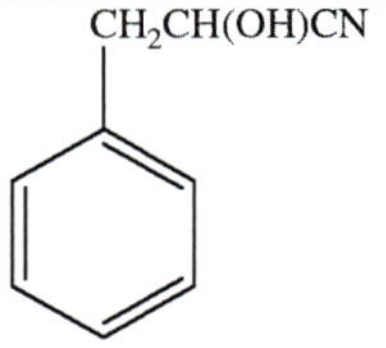

(f)

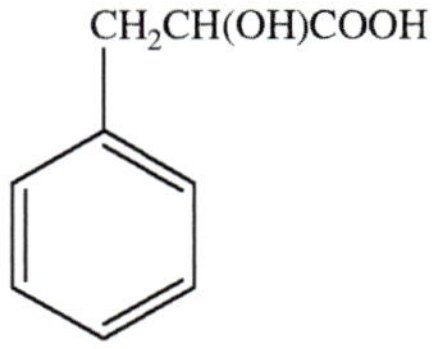

(g)

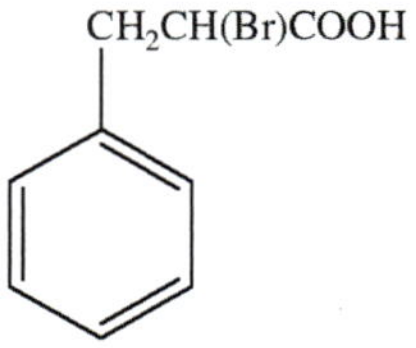

(h)

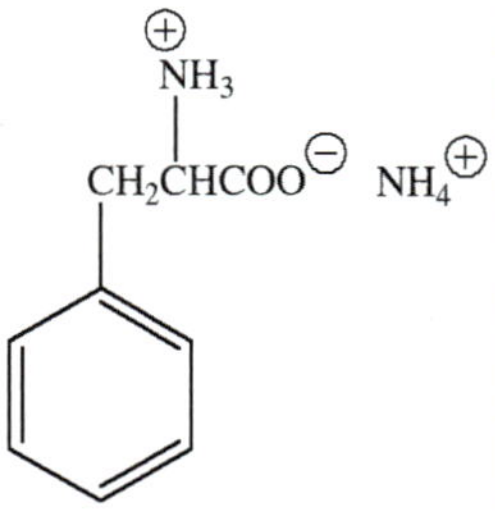

7. Mécanisme conduisant à (e) (**p. 431**). Mécanisme conduisant à (f) (**p. 468**). Mécanisme conduisant à (g) (**p. 356**). Mécanisme conduisant à (h) (S_N2 p. 308 puis [**cf. 19.2.1**].

8.

(i) $ClCH_2CO_2^-$

(j) $NCCH_2CO_2^-$

(k) $HO_2CCH_2CO_2H$

(l) $^{+}NH_4\,^{-}O_2C\overset{\overset{^{+}NH_3}{|}}{C}HCO_2^{-}\,NH_4^{+}$

9. Mécanisme conduisant à (j) (S_N2 **p. 308**). Mécanisme conduisant à (l) (S_N2 **p. 308** puis [**cf. 19.2.1**]).

10. 1 singulet d'intensité 2 ($2CO_2H$) ; 1 singulet d'intensité 1 (CHBr).

11.

(m) $HO_2C\overset{\overset{^{+}NH_3}{|}}{C}HCO_2H$

(n) $EtO_2C\overset{\overset{^{+}NH_3}{|}}{C}HCO_2Et$

(p) $EtO_2C\overset{\overset{NHCOCH_3}{|}}{C}HCO_2Et$

(q) $EtO_2C\underset{\ominus}{\overset{\overset{NHCOCH_3}{|}}{C}}CO_2Et$

(o) Base : $NaHCO_3$

12. Mécanisme conduisant à (n) (**p. 361**). Mécanisme conduisant à (p) [**cf. 17.2.3**].

13. 1 singulet d'intensité 2 (NH_2) ; 1 singulet d'intensité 1(CH) ; 1 quadruplet d'intensité 4 ($2CH_2$) ; 1 triplet d'intensité 6 ($2CH_3$).

14. Acide 2-aminobutanedioïque

15.

(r)

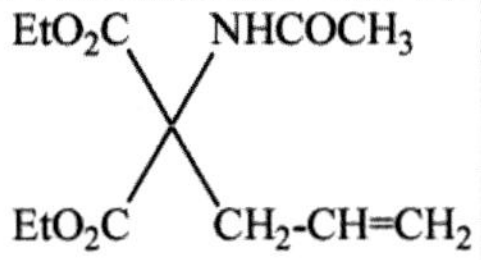

(s)

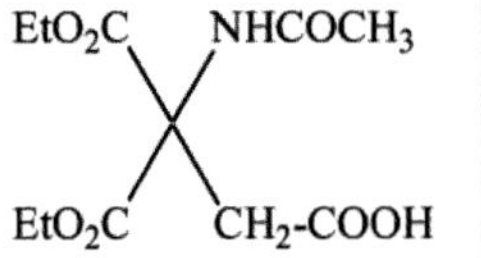

(t)

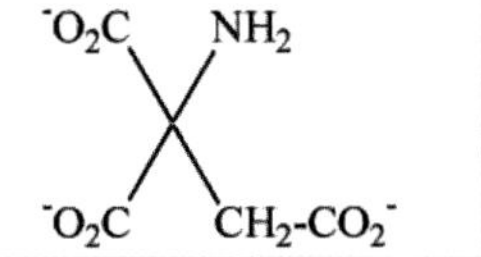

16. Mécanisme conduisant à (r) (**p. 462**). Mécanisme conduisant à (t) (**p. 462**). Mécanisme conduisant au sel d'ammonium de l'acide aspartique (**p. 500**).

17. La synthèse malonique conduit à la formation d'acide carboxylique. (p) donne (q), (q) donne (r), (s) donne (t) et la formation du sel d'ammonium de l'acide aspartique sont les étapes caractérisant la synthèse malonique.

18.

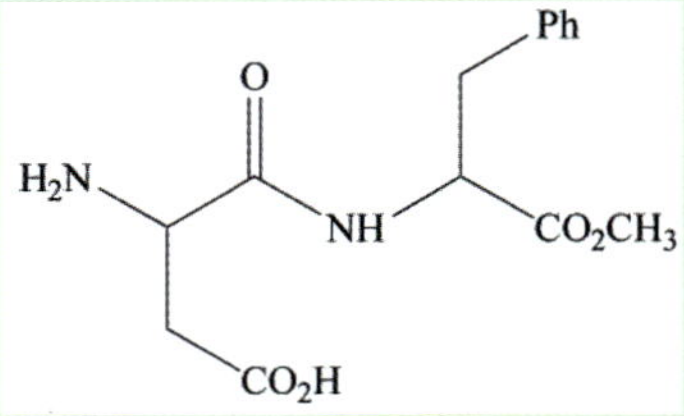

autre régioisomère :

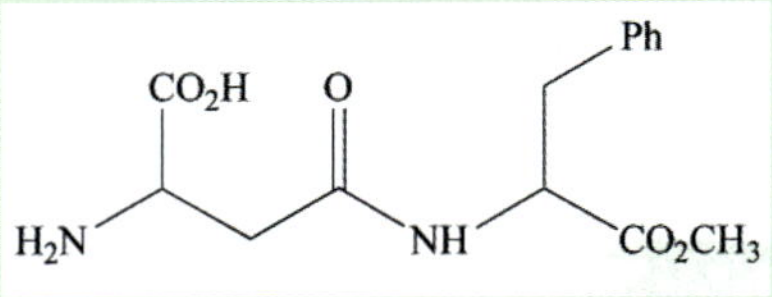

19.

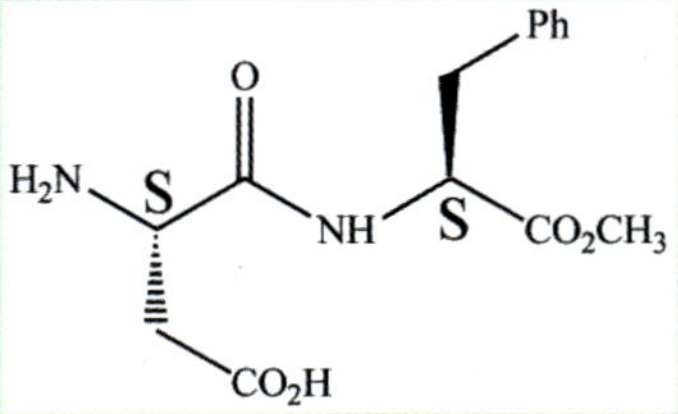

Lexique

Le vocabulaire de la chimie organique, comme celui de toute science, peut constituer, au moins au début de son étude, un obstacle à sa compréhension. En principe, le sens de tous les termes utilisés dans ce livre y est expliqué, mais il peut être commode de retrouver rapidement la signification d'un mot, et ce lexique est là pour vous le permettre.

Il ne contient évidemment pas tout le vocabulaire de la chimie organique (qui est d'ailleurs, pour une part, celui de la chimie en général), mais il pourra vous permettre de clarifier vos idées à propos des termes les plus importants, ou pouvant prêter à confusion. Si vous n'y trouvez pas un mot, pensez à utiliser aussi l'**Index alphabétique** qui se trouve après ce lexique, et que celui-ci ne remplace pas.

Les indications numériques entre crochets renvoient à un paragraphe du livre, le premier nombre étant le numéro du chapitre et les autres ceux du paragraphe. Les mots imprimés en caractère gras dans le texte ont une rubrique propre dans ce lexique.

Abréviations : *v.* = voir (renvoie à une autre rubrique du lexique) ; adj. = adjectif ; n.m. = nom masculin ; n.f. = non féminin.

ACCEPTEUR

Espèce susceptible d'accepter (d'un donneur) la cession d'un ion H^+ (*v.* **Base**) ou la mise en commun d'un de ses doublets électroniques (*v.* **Électrophile**).

Contraire : **Donneur**.

ACIDE (n.m. ou adj.).

a) Au sens de Brönsted : espèce, molécule ou ion, capable de céder un ion H^+ (proton) à une autre espèce (**Base**) susceptible de le fixer sur un doublet libre.

Exemples : HCl, capable de céder un H+ à un alcène [9.2.1.b], ou à un alcool [15.2.2.a].

b) Au sens de Lewis : espèce disposant d'une case (**orbitale**) vide (vacante) susceptible de se lier avec une espèce (**Base**) disposant d'un doublet libre (non liant), pour former une liaison par « coordinence » ; *v.* aussi **Électrophile**.

Exemple : H^+ se liant sur le doublet libre d'une amine [17.2.1] ; HCl, se liant avec un ion Cl^- ; un organomamagnésien se liant avec un éther [14.1]

ACIDE CONJUGUÉ (sous-entendu : « d'une base de Brönsted ») :
espèce, molécule ou ion, résultant de la fixation d'un ion H^+ sur le doublet libre d'une base [5.5.1].
Exemples : H_3O^+ est l'acide conjugué de H_2O ; NH_3 est l'acide conjugué de NH_2^-.

ACTIVATION **(Énergie d'–)**.
Gain d'énergie potentielle nécessaire pour que les espèces participant à une réaction (**Réactifs**) puissent atteindre l'**état de transition** [2.2]. Ce gain provient de la transformation de l'énergie cinétique présente au moment de la collision entre les réactifs.

ADDITION
Réaction conduisant à la fixation, sur deux sites d'une molécule non saturée ou d'un petit cycle :
• Soit de deux atomes ou groupe d'atomes se liant chacun par une liaison simple.
Exemple : addition du dihydrogène sur un alcène [9.2.1.a], de cyanure d'hydrogène sur une cétone [18.2.1.c] de l'eau sur un époxyde [9.2.2.a].
• Soit d'un atome ou groupe d'atomes se liant par deux liaisons simples.
Exemple : formation d'un époxyde par oxydation d'un alcène [9.2.2.a].

BASE (n.f.) **BASIQUE** (adj.)
a) Au sens de Brönsted : espèce capable de fixer, sur un doublet libre ou un doublet π lui appartenant, un ion H^+ cédé par un **acide** (on dit également de « se protoner », ou « être protonée »).
Exemples : NH_3, H_2O, les alcools, les alcènes.
b) Au sens de Lewis : espèce susceptible de fixer sur un doublet libre lui appartenant une espèce (**Acide**) possédant une case vacante ; *v.* aussi **Nucléophile**.
La basicité selon Brönsted est un cas particulier de la basicité selon Lewis, où l'espèce acide (dotée d'une case vacante) est H^+.

BASE CONJUGUÉE (sous entendu : « d'un acide de Brönsted ») :
espèce, molécule ou ion, résultant de la perte d'un ion H^+ par un acide [6.6.1].
Exemple : OH^- est la base conjuguée de H_2O, $CH_3CO_2^-$ celle de CH_3CO_2H, NH_3 celle de NH_4^+).

CHIRAL (adj.)
Qui possède la propriété de **Chiralité** (*v.* ce terme).
Contraire : Achiral.

CHIRALITÉ
Propriété d'une molécule (ou plus généralement d'un objet ou d'une forme) de ne pas être identique (au sens de superposable) à son image dans un miroir plan. Une telle molécule est douée d'activité optique, c'est-à-dire possède un pouvoir rotatoire [3.2.2].

COMPOSÉ (n.m.)
Terme d'acception très large, très fréquemment utilisé dans le même sens que « **corps** », mais supposant cependant que ledit corps soit un corps composé et non un corps simple.
Exemple : les hydrocarbures sont des *composés* formés uniquement de carbone et d'hydrogène ; le cyanure d'hydrogène est un *composé* très toxique.

CONCERTÉ **(Mécanisme –)**
Processus réactionnel au cours duquel la rupture d'une liaison et la formation d'une autre sont plus ou moins simultanées.
Exemple : substitution nucléophile de type S_N2 [13.2.1.a].
Contraire : Réaction par étapes successives, avec existence d'intermédiaire(s).
Exemple : la réaction de type S_N1 [10.2.1.a].

CONDENSATION **(Réaction de –)**
Réaction dans laquelle deux molécules identiques réagissent ensemble pour donner un composé comportant deux fois plus d'atomes de carbone.
Exemples : alcoolisation d'un aldéhyde [12.2.2.c] condensation de Claisen d'un ester [20.2.4.c].
Par extension, on dit également dans certains cas consacrés par l'usage, d'une réaction analogue entre deux molécules différentes mais appartenant généralement à la même fonction.
Exemple : acétolisation mixte [18.2.2.c] réaction de Claisen entre deux esters différents [20.2.4.c].

CONDENSATION EN CARBONE
Nombre d'atomes de carbone constitutifs d'une molécule.

CONFIGURATION
Disposition géométrique dans l'espace des liaisons et des atomes d'une molécule. Le terme s'emploie essentiellement dans deux cas :
• la configuration des atomes ou groupes liés à un carbone asymétrique dans un composé chiral (on parle alors de la configuration *de ce carbone asymétrique, R ou S*) [3.3.1],
• la configuration des atomes ou groupes liés aux deux carbones d'une double liaison (on parle alors de la configuration *de cette double liaison, Z ou E*) [3.5].

CONFORMATION
Géométrie parti-culière d'une molécule, eu égard aux possibilités de rotation interne autour de certaines de ses liaisons. La transformation d'une conformation en une autre n'implique que des rotations internes autour de certaines liaisons.
Exemple : les formes éclipsée et décalée de l'éthane [2.3.1.a].
Contre exemple : les formes « énantiomères » de l'acide lactique [3.2.1] : aucune rotation interne ne peut transformer l'une en l'autre.

CONJUGAISON
Situation relative d'éléments structuraux (liaisons multiples, doublets libres, cases vides) permettant une interaction entre eux et la délocalisation d'électrons π, n ou impairs. On parle alors de « structure conjuguée ».
Exemple : conjugaison de deux doubles liaisons *séparées par une liaison simple*, ou d'une double liaison et d'un doublet libre sur un atome adjacent [4.4.1.a].
v. Résonance, Mésomérie.

CORPS (chimique)
En pratique, synonyme d'espèce (*v.* ce terme).
Exemples : l'eau, le dichlore, l'acide sulfurique, le chlorure de sodium, le phénol... sont des « corps ».
• Corps simple : formé d'atomes d'un seul élément (Cl_2, O_2, O_3, S_8, Cu, ...).
• Corps composé : formé d'atomes de deux ou plusieurs éléments (H_2O, Na_2SO_4 ? $C_6H_{12}O_3$...).
• Corps pur : constitué d'une seule espèce chimique, simple ou composé.
Contraire : mélange : constitué de deux ou plusieurs espèces (eau sucrée, air, carburants, ...) Un mélange peut (en principe) être fractionné en ses constituants (corps purs), par des procédés physiques (distillation, cristallisation, chromatographie, ...).

DÉGRADATION (Réaction de –)
Réaction, s'accompagnant de la coupure d'une molécule en deux ou plusieurs fragments.
Exemple : coupure d'une cétone en deux acides par oxydation [12.2.3], hydrolyse d'une protéine en acides aminés [23.2.3].
Contraire : **Synthèse** (*v.* ce terme).

DÉRIVÉ
a) Composé considéré par référence à un autre, comme pouvant être obtenu à partir de lui :
• Soit par une réaction effective.
Exemple : le chlorobenzène est un dérivé du benzène ; les esters, anhydrides et chlorures d'acide sont des dérivés des acides carboxyliques.
• Soit de manière purement formelle.
Exemple : les alcools dérivent des alcanes par substitution d'un groupe OH à un H (réaction non réalisable directement).
b) On dit aussi « les dérivés du pétrole », ou « les dérivés de la houille », pour signifier l'ensemble des produits que l'on peut obtenir par divers traitements appliqués à ces matières premières.

DÉRIVÉ CARACTÉRISTIQUE
Dérivé, le plus souvent cristallisé, dont la formation permet d'identifier la fonction à laquelle appartient le composé à partir duquel on l'a obtenu, et éventuellement d'identifier ce composé lui-même.
Exemple : les 2,4-dinitrophénylhy-drazones (DNPH) [18.2.1.k]. Leur formation, facilement constatable, caractèrise, les aldéhydes et les cétones ; en outre la mesure de leur température de fusion permet souvent, en se reportant à des tables, d'identifier l'aldéhyde ou la cétone dont il s'agit.

DIASTÉRÉOISOMÈRES
Stéréoisomères qui ne sont pas images l'un de l'autre dans un miroir (qui ne sont pas énantiomères).

Exemples : Les formes *Z* et *E* du 1,2-dichloréthylène [3.5].
Contre-exemple : Les deux stéréoisomères de l'acide lactique qui sont énantiomères [3.2.1].

DIASTÉRÉOISOMÉRIE
Relation existant entre des **stéréoisomères** qui ne sont pas **énantiomères** (*v.* **Diastéréoisomères**).

DONNEUR
Espèce susceptible de céder (à un accepteur) un ion H^+ (*v.* **Acide**), ou de mettre en commun l'un de ses doublets électroniques libres (*v.* **Nucléophile**).
Contraire : **accepteur**.

ÉLECTRONÉGATIVITÉ
« Force » avec laquelle un atome d'un élément donné tend à attirer les électrons, et à en capter éventuellement un ou plusieurs, ou à attirer vers lui le doublet d'électrons partagé d'une liaison covalente à laquelle il participe, en la polarisant. Chaque élément possède son électronégativité, comprise entre 4,0 (Fluor) et 0,7 (Francium) dans l'échelle de Pauling (*v.* Annex). Un élément très électronégatif ne porte pas nécessairement une charge négative (exemple : O de l'ion H_3O^+).

ÉLECTROPHILE (n.m. ou adj.).
a) Espèce (**molécule ou ion**) possédant un site de faible densité électronique, siège d'une charge positive entière (+) ou fractionnaire (δ+), ou une case vide. Elle peut réagir par ce site avec une espèce présentant au contraire un site de forte densité électronique (charge – ou δ–), ou un doublet libre ou π, qui fournit les électrons de la liaison formée.
Exemple : H^+ qui peut réagir avec le doublet π des alcènes [9.2.1.b], ou avec le doublet libre des alcools [15.2] ; les dérivés halogénés, comme CH_3Cl, qui réagissent par leur carbone déficitaire (δ+) avec OH^- (3 doublets libres sur O) [13.2].
b) Se dit aussi d'une *réaction* dans laquelle le « **réactif** » a un comportement électrophile vis-à-vis du « **substrat** » (*v.* ces termes).
Exemple : Substitution électrophile de H par NO_2^+ (réactif) sur un carbone de benzène (substrat).
Contraire : **Nucléophile**.

ÉLIMINATION
Réaction au cours de laquelle deux atomes ou groupes d'atomes sont enlevés à une molécule, avec création d'une liaison supplémentaire et formation soit d'une double ou triple liaison, soit d'un cycle.
Exemples : déshydratation d'un alcool en alcène [16.2.2.b] ou d'un diol en époxyde [15.5] ; cyclisation d'une chaîne par action du zinc sur un dérivé dihalogéné [11.4.1].

ÉNANTIOMÈRES (n.m. ou adj.).
Les deux formes non superposables d'un composé **chiral**, entre lesquelles existe une relation d'**énantiomérie** (*v.* ce terme). Les énantiomères vont toujours par paires.

ÉNANTIOMÉRIE
Relation existant entre les deux formes, images l'une de l'autre dans un miroir et non superposables, d'un composé **chiral**.

ESPÈCE (chimique)
Désigne une entité chimique quelconque, corps simple ou composé, molécule ou ion.
Exemple : dichlore Cl_2, chlorure de sodium NaCl, benzène C_2H_4, ion ammonium NH_4^+ ; ion Br^-.
Contre-exemple : « les alcools » ne constituent pas une espèce chimique (au sens où l'on dirait que les chiens constituent une espèce dans le règne animal) : ils appartiennent à la « fonction alcool », et chacun d'eux est une « espèce chimique ».

FONCTION
Ensemble de caractères chimiques associés à la présence dans une molécule d'un atome ou groupe d'atomes particulier (**groupe fonctionnel, ou caractéristique**).
Exemple : la fonction aldéhyde, associée au groupe d'atomes —CH=O ; toutes les molécules qui le contiennent sont des aldéhydes, ont des propriétés analogues, et on peut les représenter de manière générique par R—CH=O.

HÉTÉROLYSE
Mode de coupure d'une liaison covalente dans lequel le doublet commun reste constitué et lié à l'atome le plus électronégatif, sur lequel il constitue alors un doublet libre ; il se crée une case vide sur l'autre atome. Il concerne surtout les liaisons fortement pola-

risées et il est symbolisé par A—B (B plus électronégatif que A).
Exemple : rupture de la liaison carbone-halogène dans un dérivé halogéné RX, pour donner un carbocation R^+ et un ion halogénure X^-.

HÉTÉROLYTIQUE (réaction)
Réaction qui procède selon le schéma de **l'hétérolyse**.

HOMOLYSE
Mode de coupure d'une liaison dans lequel les électrons du doublet commun sont désappariés (séparés), chacun des deux atomes précédemment liés en conservant un ; il en résulte deux **radicaux libres**. Il concerne particulièrement les liaisons non ou peu polarisées.
Exemple : rupture de la liaison C—H des alcanes dans l'halogénation photochimique [8.2.2].

HOMOLYTIQUE (réaction)
Réaction qui procède selon le schéma de **l'homolyse**.
Synonyme : **Radicalaire**.

INDUCTIF (Effet –)
Influence de la **polarisation** d'une liaison sur les liaisons avoisinantes, qui se trouvent polarisées dans le même sens qu'elle ; cette polarisation induite décroît rapidement avec la distance. Cet effet peut être « attractif » ou « répulsif » [4.3.2].

INTERMÉDIAIRE
Espèce, molécule ou ion, ne figurant pas dans l'équation-bilan d'une réaction mais se formant transitoirement au cours de son déroulement, avec une durée de vie parfois très courte. Une réaction qui comporte un intermédiaire présente un profil énergétique « à deux bosses » [5.2.6] et la formation de cet intermédiaire correspond au minimum d'énergie, entre deux **états de transition**. Plus ce minimum est bas, plus l'intermédiaire est stable et plus facile (**rapide**) est la réaction.
Exemple : le carbocation qui se forme dans la première étape de la substitution nucléophile monomoléculaire SN1 [13.2.1.a].

INVERSIBLE (Réaction –)
Réaction pouvant s'effectuer « dans les deux sens », à partir des composés figurant dans l'un ou l'autre des membres de son équation-bilan et conduisant à un « équilibre chimique ». On dit aussi, avec le même sens « réversible », mais ce terme a une signification particulière en thermodynamique et il est préférable de le réserver à cet usage.

INVERSION (de configuration)
Concerne la configuration des liaisons d'un carbone asymétrique. L'inversion modifie leur orientation spatiale comme le ferait une réflexion dans un miroir. En l'absence de modification chimique, une configuration *R* devient *S*, et réciproquement, et le pouvoir rotatoire change de signe sans changer de valeur absolue. S'il y a modification chimique (inversion accompagnant une réaction, comme dans la substitution S_N2 [13.2.1.c], une configuration *R* ne devient pas nécessairement *S*, et *vice versa*, et le nouveau pouvoir rotatoire est indépendant, en valeur et en signe, du premier.

ISOMÈRES (n.m. ou adj.)
Espèces possédant la même formule brute (**formées des mêmes atomes**) mais des formules développées différentes (**disposition de ces atomes les uns par rapport aux autres différente**) [1.3]. Si leur différence apparaît dans leurs formules développées planes : isométrie plane, qui peut être « de constitution » ou « de position ». Si leur différence apparaît seulement dans leur représentation géométrique ou spatiale : isomérie stérique ou **stéréoisomérie** qui peut être une énantiomérie ou une **diastéréo-isomérie** (*v.* ces termes).

ISOMÈRIE
Relation qui existe entre les molécules isomères (*v.* ce terme).

LABILITÉ (de l'hydrogène)
Aptitude plus ou moins grande, pour un atome d'hydrogène dans une molécule, à se laisser « enlever », sous la forme H^+, par une base. Ce terme a donc un sens voisin de « acidité », mais on l'emploie plutôt dans les cas d'acidité faible ou très faible.
Exemple : la labilité de l'H terminal des alcynes vrais [10.2].

MÉCANISME (de réaction, ou réactionnel)
Description du déroulement d'une réaction au niveau microscopique (**niveau des atomes**

et molécules) détaillant le mode électronique (**homolytique ou hétérolytique**) et l'ordre chronologique des ruptures et formations de liaisons, ainsi que l'existence éventuelle d'étapes successives et d'intermédiaire(s), qui ne figurent pas dans l'équation bilan. Cette description peut inclure l'aspect géométrique (**stéréochimique**) de la réaction. Les mécanismes ainsi décrits sont des « modèles », qui rendent compte des observations expérimentales, et permettent d'établir une typologie des réactions [chap. 26], mais qui ne prétendent pas traduire toujours exactement une réalité physique, sans doute plus complexe dans la plupart des cas.

***Exemple* :** les mécanismes d'élimination dans les dérivés halogénés [13.2.2].

MÉSOMÈRE (Effet –)

Apparition de charges sur certains sites (atomes) dans les systèmes **conjugués** (*v.* ce terme), du fait de la délocalisation électronique qui les caractérise, et indépendamment des phénomènes de polarisation. Ces charges sont des charges entières dans la représentation des formes limites, et des charges fractionnaires dans la représentation de leur hybride, où leur valeur absolue dépend du « poids » relatif de chaque forme limite.

***Exemple* :** effet mésomère-donneur du groupe OH dans les phénols [16.2] ; effet mésomère-accepteur de l'oxygène dans l'acroléine [4.4.1].

MÉSOMÉRIE

Procédé de description des structures **conjuguées**, utilisant plusieurs formules fictives (**formes limites**), la structure réelle étant un hybride de ces formules [4.4.1], plus stable que chacune d'elles.

v. **Conjugaison**, **Résonance**.

NUCLÉOPHILE (n.m. ou adj.)

a) Espèce (**molécule ou ion**) possédant un site de forte densité électronique (siège d'une charge négative entière (–) ou fractionnaire (δ–), ou un doublet libre, et qui réagit par ce site avec une espèce présentant au contraire un site de faible densité électronique, ou une case vide, en fournissant les électrons de la nouvelle liaison.

***Exemple* :** l'ion hydroxyle OH^- qui « attaque » le site déficitaire des dérivés halogénés pour donner des alcools [13.2.1] ; l'éther (oxyde d'éthyle) qui se lie par l'un de ses doublets libres au magnésium d'un organomagnésien [14.1] ; le carbanion R—C≡C–, lorsqu'il « attaque » le carbone d'un groupe C=O [10.2.3.b].

b) Se dit aussi d'une réaction dans laquelle le « réactif » a un comportement nucléophile vis-à-vis du « substrat » (*v.* ce terme).

***Exemple* :** addition nucléophile d'un organomagnésien sur un époxyde [15.5].

***Contraire* :** électrophile.

ORBITALE

Dans le modèle ondulatoire de l'atome et de la liaison, synonyme de *fonction d'onde*. Une orbitale peut être s, p, d, f ou hybride [4.2.2]. Dans le langage courant on emploie souvent (mais à tort) ce terme, hors du cadre du modèle ondulatoire, comme synonyme de *case quantique*.

OXYDATION

Réaction au cours de laquelle un élément du **substrat** voit son nombre d'oxydation (N.O.) augmenter (corrélativement, un élément du **réactif** subit nécessairement une **réduction**, son N.O. diminuant [5.7]).

***Exemple* :** oxydation d'un alcool primaire R—CH_2OH (N.O. de C = –I) en aldéhyde R—CH=O (N.O. de C = +I) par $KMnO_4$ (le N.O. de Mn passe de + VII à + VI). La même réaction peut se réaliser par « déshydrogènation » de l'alcool (R—CH_2OH → R—CHO+H_2) et, bien qu'il n'intervienne pas d'oxydant, il s'agit encore pour l'alcool d'une oxydation : c'est l'élément hydrogène qui est réduit, son N.O. passant de + 1 à 0.

***Contraire* : Réduction.**

POLARISATION (d'une liaison)

Dissymétrie de la répartition de la densité électronique dans une liaison covalente entre deux éléments d'électronégativités différentes, le doublet commun étant plus attiré par l'élément le plus électronégatif. La polarisation se traduit par l'existence de charges fractionnaires sur les atomes, et d'un moment dipolaire non nul [4.3.1]. Elle peut être à l'origine d'un **effet inductif** (*v.* ce terme).

***Exemple* :** la liaison C—Cl dans H_3C—Cl ($H_3\overset{\delta-}{C}$—$\overset{\delta+}{Cl}$, Cl étant plus électronégatif que C).

PRÉPARATION (Réaction de –)

Réaction considérée comme un moyen d'obtenir effectivement (de « préparer ») l'un de ses **produits** dans des conditions de faisabilité réelle.

Exemples : l'hydratation d'un alcène constitue une préparation des alcools [15.4.1] ; la réaction d'un acide carboxylique sur un alcool constitue une préparation des esters [15.6.5].

Contre-exemple : la polymérisation de l'acétylène en benzène ($3C_2H_2 \rightarrow C_6H_6$) ne constitue pas une préparation du benzène, est elle trop difficile à réaliser et son rendement est très mauvais.

PRODUIT

a) Au sens strict, espèce résultant d'une réaction (« produite » par elle), et figurant dans le second membre de l'équation-bilan.

b) Dans le langage courant, plus ou moins synonyme de **corps** ou de **substance**, même s'il s'agit d'un mélange, avec parfois une nuance péjorative (agressivité, toxicité), notamment dans l'expression « produit chimique », s'opposant à « produit naturel ».

Exemples : un désherbant, un insecticide, un colorant. Mais le sucre, le sel, l'aspirine, une crème solaire ou la bière sont au même titre aussi des « produits chimiques ».

PROTONATION

Fixation d'un ion H^+ (**ou proton**) sur un site. Cet ion est fourni par un **acide (selon Brönsted)** et sa fixation sur l'accepteur suppose la présence d'un doublet libre ou π, caractéristique d'une **base**. On parle souvent d'équilibre de protonation car ce type de réaction (**transfert d'un H^+**) est toujours **inversible** et donne donc lieu à un équilibre chimique ; la protonation est d'autant plus complète que l'acide et/ou la base sont plus forts.

Exemple : protonation d'une amine dans l'eau [17.2.1.a].

RACÉMISATION

a) Transformation d'un **énantiomère** pur en mélange racémique (**mélange des deux énantiomères en quantités égales**) d'un composé chiral.

Exemple : on ne peut conserver en milieu acide un énantiomère pur d'un alcool, car il se racémise.

b) Obtention d'un mélange racémique du produit dans une réaction « non **stéréospécifique** » effectuée sur un énantiomère pur du **substrat**.

Exemple : La substitution nucléophile monomoléculaire [13.2.1.a].

RADICAL

Fragment d'une molécule qui reste inchangé au cours des réactions.

Exemple : le radical éthyle CH_3CH_2 dans l'éthanol CH_3CH_2OH.

Synonyme : Groupe.

RADICALAIRE (Réaction –)

v. **Homolytique**.

RADICAL LIBRE

Fragment résultant de la rupture **homolytique** d'une liaison, dans lequel l'un des atomes porte un électron impair (ou célibataire).

RÉACTIF

a) D'une manière générale, corps participant à une réaction, et figurant dans le premier membre de son équation-bilan.

b) Dans un sens plus restrictif, celui des corps participant à une réaction qui provoque une transformation dans la molécule considérée comme « principale », désignée comme le **substrat**.

Exemple : La réaction d'un alcool avec HCl [15.2.5.a] a pour intérêt de transformer l'alcool en dérivé chloré, et non de donner de l'eau ; l'alcool est la molécule principale (substrat) et HCl est le « réactif » au moyen duquel on réalise cette transformation.

N.B. Dans certains cas, la distinction entre réactif et substrat ne s'impose pas de manière évidente et ne peut être qu'arbitraire [5.3.2.b].

c) D'une manière encore plus restrictive, le terme « réactif » peut désigner un composé susceptible de donner avec certains corps une réaction caractéristique, permettant de les identifier.

Exemple : la 2,4-dinitrophénylhydrazine est un réactif des fonctions aldéhyde et cétone [18.2.1.h].

RÉARRANGEMENT

Modification de la structure d'une molécule ou d'un ion par déplacement interne, d'un site à un autre, d'un atome ou groupe d'atomes ; on dit aussi *transposition*. Les réarrangements interviennent au cours d'une réaction, et leurs effets s'ajoutent alors à ceux de cette réaction.

Exemples : réarrangement d'un carbocation (réarrangement de Wagner-Merwein [26.1.1]) à l'occasion d'une substitution ; transposition pinacolique [20.1.2.a] à l'occasion d'une élimination.

RÉDUCTION

Réaction au cours de laquelle un élément du **substrat** voit son nombre d'oxydation (N.O.) diminuer (corrélativement, un élément du **réactif** subit nécessairement une oxydation, son N.O. augmentant).

Exemple : hydrogénation d'un nitrile en amine primaire, $R—C{\equiv}N + 2H_2 \rightarrow R—CH_2NH_2$. Le N.O. du carbone « fonctionnel » passe de + III à – I, mais celui des quatre H, passe de 0 à + I.

Contraire : **Oxydation**.

RÉGIOSÉLECTIVE (Réaction –)

Concerne les réactions susceptibles d'avoir lieu sur divers sites d'une molécule, en donnant des produits isomères. Une telle réaction est régiosélective si elle ne donne pas les divers produits possibles dans les proportions statistiques, certain(s) étant formés préférentiellement.

Exemple : addition des hydracides sur les alcènes (règle de Markownikov) [9.2.1.b] ; substitutions sur un cycle benzénique déjà substitué (règles de Holleman) [12.2.2.a].

RÉGIOSPÉCIFIQUE (Réaction –)

Concerne les réactions susceptibles d'avoir lieu sur divers sites d'une molécule, en donnant des produits isomères. Une telle réaction est régiospécifique si elle ne donne qu'un seul des produits possibles. C'est un cas limite ; le plus souvent les réactions ne sont que **stéréosélectives** (*v.* ce terme).

RENDEMENT (d'une réaction)

Rapport, exprimé en pourcentage, de la quantité obtenue du produit attendu à la qualité théorique maximale que la réaction pourrait donner, en la supposant complète. Même si la consommation des réactifs est totale, la quantité des produits attendus peut être réduite par l'existence de réactions parasites, parfois majoritaires.

RÉSONANCE

Interaction entre certaines parties (**liaisons, atomes**) d'une structure, donnant lieu à la délocalisation de certains électrons (π ou n) sur une zone plus ou moins étendue, avec stabilisation par abaissement de leur niveau d'énergie.

Exemples : doubles liaisons « conju-guées » (délocalisation de deux doublets p sur trois liaisons) [20.1.1.a], carbocations allyliques (délocalisation d'un doublet π sur deux liaisons) [20.2.1.b].

v. **Conjugaison**, **Mésomérie**.

RÉTENTION (de configuration)

Concerne la configuration des liaisons d'un carbone asymétrique. Synonyme de *conservation* de cette configuration, au cours d'une réaction. Elle n'exclut pas une transformation chimique, un des atomes ou groupes liés au carbone asymétrique pouvant, par exemple, être remplacé par un autre. En ce cas, la rétention n'implique pas qu'une configuration *R* (ou *S*) reste *R* (ou *S*).

SOLVATATION

Interaction entre un solvant et un soluté (**espèce en solution**), à la suite de laquelle le soluté, surtout s'il s'agit d'un ion, s'entoure de molécules de solvant retenues sur lui par des forces électrostatiques et/ou des liaisons hydrogène [5.6].

STÉRÉOISOMÈRES (n.m. ou adj.)

Isomères ne différant que par la disposition géométrique dans l'espace de leurs atomes, ces derniers étant liés selon le même enchaînement dans chacun d'eux (formules développées planes identiques).

Exemple : les deux stéréoisomères *Z* et *E* du 1,2-diochloroéthylène [3.5], de même formule plane ClCH=CHCl ; les quatre isomères du 1-bromo-2-chlorocyclobutane [3.4.3].

Contre-exemple : ClCH=CHCl et $Cl_2C{=}CH_2$ qui ne sont pas stéréoisomères mais isomères de position [1.3.2] avec deux enchaînements différents de leurs atomes ; 1-bromo-2-chlorocyclobutane et 1-bromo-3-chlorocyclobutane [3.4.3].

STÉRÉOISOMÉRIE

Forme d'**isomérie** associée *uniquement* à une différence d'ordre géométrique entre des molécules, dans lesquelles les atomes sont liés de la même façon (*v.* **Stéréoisomères**).

Exemple : isomérie « *Z-E* » d'un composé éthylénique [3.5] ; Isomérie « optique » ou

« *R-S* », d'un composé chiral [3.1].
Contre-exemple : isomérie de « posi-tion » ou « de constitution » [1.3.1.2], qui ne sont pas des cas de stéréoisomérie.
Synonyme : **Isomérie stérique**.

STÉRÉOSÉLECTIVE (Réaction –)
Concerne les réactions dont le **substrat** et/ou le **produit** possèdent des **stéréoisomères**. Réaction dans laquelle un **substrat** de configuration donnée et unique est transformé en un mélange des stéréoisomères du produit, en quantités inégales (un stéréoisomère « dominant »).

STÉRÉOSPÉCIFIQUE (Réaction –)
Concerne les réactions dont le **substrat** et/ou le **produit** possèdent des **stéréoisomères**. Réaction dans laquelle un **substrat** de configuration déterminée et unique est transformé en un produit de configuration déterminée et unique.
Exemple : substitution nucléophile bimoléculaire S_N2 (inversion sur le carbone site de la réaction) [13.2.1.c] ; l'addition du dibrome sur les alcènes (anti-addition) [9.2.1.b].
Contre exemple : élimination de type E1 qui conduit à un mélange des isomères *Z* et *E* d'un alcène [13.2.2.a] ; les réactions qui conduisent à un mélange racémique du produit, comme la substitution S_N1 [13.2.1.c].
Contraire : réaction non-stéréospécifique (donne, à partir de chaque configuration du substrat, un mélange de stéréoisomères du produit).

STÉRIQUE (Isomérie –)
v. **Stéréoisomérie**.

STRUCTURE
Manière dont les atomes constitutifs d'une molécule, ou d'un ion, sont liés les uns aux autres ; organisation interne d'un édifice covalent. Ce terme recouvre à la fois l'aspect électronique (nature des liaisons, répartition de la densité électronique, polarisation, résonance,...) et l'aspect géométrique (angles des liaisons, distances inter-atomiques).
Exemples : CH_3CH_2OH et CH_3OCH_3, formés des mêmes atomes, n'ont pas la même structure ; le benzène est un exemple d'une *structure* conjuguée ; le méthane a une *structure* tétraédrique.

SUBSTANCE
Terme souvent employé comme synonyme de « **corps** » ou de « **produit** », mais il évoque davantage les propriétés et caractères physiques de la matière : une *substance* solide, liquide ou gazeuse, isolante ou conductrice, dure ou molle,... Mais une « substance » n'est pas nécessairement un corps pur. Ainsi le liège, le caoutchouc, la laine, le papier, un alliage, le granite, – sont des « substances » formées de plusieurs constituants.

SUBSTITUTION
Réaction dans laquelle un atome ou groupe d'atomes remplace un autre atome ou groupe d'atomes sur un site dans une molécule.
Exemple : alkylation d'un cycle benzénique (un H remplacé par un groupe alkyle) [12.2.2.a].

SUBSTRAT
Désigne, dans une réaction, le composé « principal » sur lequel on désire effectuer une modification, à l'aide d'un « agent » qui est le **réactif** (*v.* ce terme).

SYNTHÈSE (Réaction de –)
Préparation d'un composé à partir des éléments (exemple : synthèse de l'eau) ou à partir de composés de formules plus simples. En chimie organique, réaction de **préparation** dans laquelle le nombre d'atomes de carbone augmente par rapport aux composés de départ, à la suite de la création d'une nouvelle liaison carbone-carbone (augmentation de la « **condensation en carbone** »).
Exemple : synthèse des alcynes par alkylation de l'acétylène [10.3.2].
Contre-exemple : la préparation d'un alcyne par création de la triple liaison dans une chaîne carbonée [10.3.1] n'est pas une synthèse (la condensation en carbone n'augmente pas).
Contraire : **dégradation** (*v.* ce terme).

TRANSITION (État de –).
État non stable par lequel passent les espèces participant à une réaction, à la suite d'une collision initiale entre elles ou avec le solvant, avant la formation des produits ou d'un intermédiaire. L'état de transition correspond, dans le profil énergétique de la réaction, au passage par un maximum d'énergie potentielle [5.2.3].

TRANSPOSITION *v.* **Réarrangement**.

INDEX

D

E

F

K

L

M

N

O

S

T

U

V

52647-(II)-(7)-STY-CSB 90°-JME
Imprimé en France par I.M.E. - 25110 Baume-les-Dames
Dépôt légal : mai 2009 - suite du tirage : septembre 2011

La première imprimerie en France titulaire de :